조상 이야기

전면 개정판

조상 이야기
생명의 기원을 찾아서

리처드 도킨스, 옌 웡
이한음 옮김

까치

THE ANCESTOR'S TALE : A Pilgrimage to the Dawn of Life

by Richard Dawkins and Yan Wong

Copyright © Richard Dawkins 2004, Richard Dawkins & Yan Wong 2016
All rights reserved.
First published by Weidenfeld & Nicolson Ltd, London.
This Korean edition was published by Kachi Publishing Co., Ltd. in 2018 by
arrangement with the The Orion Publishing Group Ltd. through KCC(Korea
Copyright Center Inc.), Seoul.

역자 이한음
서울대학교 생물학과를 졸업했다. 저서로 과학 소설집 『신이 되고 싶은 컴퓨터』가 있
으며, 역서로 『바디 : 우리 몸 안내서』, 『초파리를 알면 유전자가 보인다』, 『유전자의
내밀한 역사』, 『살아 있는 지구의 역사』, 『DNA : 유전자 혁명 이야기』, 『생명 : 40억 년
의 비밀』, 『암 : 만병의 황제의 역사』, 『위대한 생존자들』, 『식물의 왕국』 등이 있다.

편집, 교정 _ 권은희(權恩喜)

조상 이야기 : 생명의 기원을 찾아서

저자/리처드 도킨스, 옌 웡
역자/이한음
발행처/까치글방
발행인/박후영
주소/서울시 용산구 서빙고로 67, 파크타워 103동 1003호
전화/02 · 735 · 8998, 736 · 7768
팩시밀리/02 · 723 · 4591
홈페이지/www.kachibooks.co.kr
전자우편/kachibooks@gmail.com
등록번호/1-528
등록일/1977. 8. 5
초판 1쇄 발행일/2005. 11. 15
개정판 1쇄 발행일/2018. 1. 30
      3쇄 발행일/2023. 8. 25

값/뒤표지에 쓰여 있음

ISBN 978-89-7291-654-3 03400

이 도서의 국립중앙도서관 출판예정도서목록(CIP)은 서지정보유통지원시스템 홈페이지
(http://seoji.nl.go.kr)와 국가자료공동목록시스템(http://www.nl.go.kr/kolisnet)에서 이용하실 수
있습니다.(CIP제어번호: CIP2018001036)

존 메이너드 스미스(1920-2004)

그는 초고를 읽은 뒤 고맙게도 헌사를 받아들였다.
하지만 안타깝게도 그것은 이제 추도사가 되었다.

추도사

강의나 "연구 모임" 따위는 다 잊어버려라. 유람이나 하라고
관광 버스에 태워 보내라. 그 잘난 시청각 기기들도 다 잊어라.
학회에서 진정으로 중요한 것은 존 메이너드 스미스가 참석했느냐와
널찍하고 흥겨운 술집이 있느냐뿐이다. 그가 참석할 수 없다면,
당신은 학회 일정을 조정해야 한다는 것을 명심하라……
그는 젊은 연구자들의 마음을 사로잡고 그들을 즐겁게 할 것이고,
그들의 말에 귀를 기울일 것이며, 그들에게 영감을 줄 것이고,
그들의 스러져가는 열정에 다시 불을 붙일 것이고, 대화를 통해서
그들에게 새로운 생각들을 불어넣음으로써 어서 가서 실험하고픈
생기와 활력과 열정이 넘치는 모습으로 그들을 연구실이나
진흙투성이 벌판으로 돌려보낼 것이다.

이제 두 번 다시 그런 학회는 열리지 못할 것이다.

차례

개정판 서문

이 책의 초판이 나온 지 10년 뒤, 옌 웡과 나는 옥스퍼드 자연사 박물관 근처에서 만나 새로운 10주년 판을 내면 어떨지 논의했다. 초판을 쓸 때 옌은 내 연구 조수로 일했고, 그 뒤에 리즈 대학교에서 강의를 했고 지금은 텔레비전 방송 진행자로 일하고 있다. 그는 초판의 구상과 집필에 대단히 중요한 역할을 했고, 몇몇 장에서는 공동 저자로 이름을 올렸다. 10년 동안 어떤 변화가 있었는지 논의하던 우리는 전 세계의 분자유전학 연구실들을 비롯한 곳에서 많은 새로운 정보가 나왔음을 깨달았다. 옌은 개정하는 일을 맡았고, 나는 출판사에 이번에는 옌을 책 전체의 공동 저자로 올려야 한다고 말했다.

다행히도 초서의 착상을 따라서 우리가 캔터베리라고 부르는 생명의 기원을 향한 장엄한 여정에 순례자들이 합류하는 랑데부 지점들의 순서는 새로운 연구들이 나왔어도 크게 바뀌지 않았다. 다만 여기저기서 한두 가지 사소하게 뒤집힌 사항들이 나올 것이고, 랑데부 지점이 두 곳 추가되었고, 연대에도 일부 수정이 이루어졌다. 초판에서 우리는 각 유전자들이 서로 다른 경로를 통해 대물림될 수 있다는 점을 강조하려고 애썼다. 그 결과 예기치 않게 내용이 여러 갈래로 뻗어나갔기에, 이 개정판에서는 새로운 이야기를 넣고 기존 이야기를 수정하여 더 철저히 탐구하고자 했다. 특히 각 랑데부의 연대를 더 구체적으로 제시하고, 종 사이의 유전적 관계라는 더 미묘한 관점을 취했다. 생명의 계통수 하나는 진화 과정을 단순화한 것일 수밖에 없다. 이 경고는 캔터베리라는 목적지에 가까이 갈수록 더 크게 어른거린다. 우리의 먼 세균 사촌들 사이에 수평 유전자 전달이 일어났음이 규명된 사례들이 점점 더 늘기 때문이다.

이제는 초판에서보다 지구의 생물 수백만 종 사이의 기본 관계를 훨씬 더 우아한 방식으로 기술할 수 있다. 전에 리즈 대학교에서 옌과 공동 연구를 한 바 있고 현재 런던 임피리얼 칼리지에 재직 중인 제임스 로신델은 프랙털(fractal)을 써서 방대한 진화 계통수를 나타내는 탁월한 방법을 고안했다. "원줌(OneZoom)"이라는 그의 경이로운 시각화 방식은 생명의 나무를 따라 가는 우리의 순례길에 딱 맞는다. 이 프랙털의 장면들은 총 40개의 우리 랑데부 지점들을 나타내는 데 도움이 된다.

개정판에는 새로 추가한 이야기도 있고, 제거되거나 수정하여 더 적합한 다른 순례자에게 넘긴 이야기도 있다. 옌은 내 유전체(2012년에 오로지 텔레비전 다큐멘터리를 위해 서열을 분석했다)를 이용하여, 한 사람의 DNA를 통해 인류의 인구통계학적 역사를 재구성하는 흥미로운 새 기술을 보여주자는 창의적인 착상을 제시했다. 그 내용은 여러 사람의 유전체를 토대로 비슷한 분석을 한 연구들과 함께 "이브 이야기"에 담겼다.

화석에서 고대 유전체를 복원하는 기술은 네안데르탈인과 인류가 상호교배를 했다는 이전의 추측을 뒷받침하고 알려지지 않았던 인류의 아종(亞種)들을 밝혀냄으로써 최근 인류 진화를 보는 관점을 근본적으로 바꾸어놓았다. 개정판에서는 그 아종인 "데니소바인"이 네안데르탈인 대신 이야기를 한다. 나는 고대 DNA가 코끼리새의 이야기도 뒤엎었다는 사실이 아주 마음에 든다. 그 새의 교훈은 이제 나무늘보가 새로운 이야기를 통해서 전달한다. 현생 생물들의 전체 유전체 서열 분석 자료들이 계속 나옴에 따라 새로운 이야기들도 추가되었다. 미래의 자연 연구자들은 그런 풍부한 정보원을 흔하게 이용할 것이라고 생각하니 좀 묘하다. 개정판에서는 새로운 이야기꾼 셋을 추가했다. 침팬지, 실러캔스, 기바통발이다. 한편 긴팔원숭이, 생쥐와 칠성장어 등 유전체가 더 자세히 알려지면서 이야기가 대폭 수정되거나 새로운 서문이나 후기가 붙은 사례들도 있다. 최근에 화석이 발견되면서 이전에 논의한 내용이 변경되기도 했고(새로 발견된 오스트랄로피테쿠스와 아르디피테쿠스의 놀라운 이야기도 넣었다), "폐어 이야기"처럼 새 이야기가 추가되기도 했다. 마지막으로 라바도마뱀 이야기에 관해서 한마디 하자면, 내가 작은 배를 타고 갈라파고스 제도를 돌아보고 있을 때 『가디언』에 썼던 기사를 변덕이 동해서 추가한 것이다.

새로운 생물학적 발견이 이루어지는 속도를 생각할 때, 이 제2판에 실린 내용 중에도 다시 바뀔 대목이 생기리라는 것은 말할 필요도 없다. 과학은 그런 식이니까 말이다. 사실 이 책이 나오기 몇 달 전에도 생명의 나무에서 오래된 굵은 가지들이 새로 발견되었음을 시사하는 학술 논문이 몇 편 발표되었다. 놀랍게도 DNA 서열 분석기술의 발달로 오늘날 자연사학자들은 다른 측면에서는 거의 아는 것이 없는 종인데 전체 유전체 자료는 확보되어 있는 기이한 상황을 목격하고 있다. 이들은 우리 여행길의 한쪽 끝에 있는 인류를 닮은 데니소바인부터 반대쪽 끝에 있는 배양 불가능한 다양한 세균 집단에 이르기까지 다양하다. 앞으로 어떤 발견을 통해서 무엇이 밝혀질지 누가 알겠는가? 그렇지만 우리가 초판에 쓴 내용 중 상당 부분은 10년 뒤에도 옳은 상태로 남아 있다. 우리가 개정판에서 개괄한 자연계의 모습도 그럴 것이라는 좋은 징조임이 분명하다.

우리가 초판에서 잠정적으로 채택한 계통학 문제들에 접근하는 방식—몸과 별개로 그 몸에 든 유전자의 계보를 추적하는 방식—이 지금 많은 현대 생물학 분야들의 토대를 이루고 있음을 보니 기쁘다. 이 개정판에 새로 추가된 내용 중에도 그 방식을 토대로 나온 것이 많다. 그것을 내가 오랜 세월 학자 생활을 하는 내내 주장해왔던 "유전자 관점"이 옳았음을 뒷받침하는 또 하나의 사례로 보아도 용서하시라.

공동 저술한 책은 대명사를 어떻게 써야 할지를 놓고 난처한 상황에 놓이곤 한다. 단수를 써야 할까, 복수를 써야 할까? "나"라고 해야 하나 "우리"라고 해야 하나? 초판에서는 죽 "나"라고 썼고, 개인적인 일화와 그때그때 떠오른 생각도 집어넣는 등 사실상 내 관점에서 썼다. 출판사 측에서는 "우리"라고 바꾸면 그런 내용들과 들어맞지 않을 것이라고 지적하면서, 통일성을 위해서 옌이 대부분을 쓴 장들까지도 포함하여 "나"라고 그냥 쓰자고 우리에게 권했다. 하지만 우리 둘 다 위험을 함께 무릅쓰고 싶어한 대목들도 있다. 특정한 이론이나 분류 기법을 다룰 때가 그렇다. 그럴 때는 "우리"를 썼고, 실제로 우리의 의견임을 뜻한다.

2016년
리처드 도킨스

감사의 글

이 책을 쓰도록 나를 설득한 사람은 오리온 출판사의 설립자인 앤서니 치섬이었다. 책이 출간되기 전에 그가 자리를 옮긴 것을 보니, 내가 알게 모르게 이 책의 탈고를 미루고 있었던 모양이다. 마이클 도버는 탈고가 늦어져도 한결같이 쾌활한 태도로 대해주었고, 내가 무엇을 하려는지 재빨리 명민하게 간파함으로써 내 의욕을 북돋아주었다. 지금까지 그는 많은 현명한 결정을 내렸지만, 그중 최고는 자유 계약 편집자인 래서 메넌과 약혼을 한 것이다. 나는 『악마의 사도』를 낼 때 래서에게 이루 헤아릴 수 없을 정도로 많은 도움을 받았다. 그녀는 큰 그림과 세세한 사항을 동시에 파악할 수 있는 능력, 백과사전적인 지식, 과학 애호 정신과 과학을 전파하려는 사심 없는 열정을 지니고 있으며, 그 모든 재능들은 내가 생각했던 것보다 훨씬 더 다양한 방식으로 나와 이 책에 큰 도움을 주었다. 다른 출판 관계자들도 큰 도움을 주었다. 헌신적으로 도와준 제니 콘델과 디자이너 켄 윌슨에게 특히 감사를 드린다.

내 연구 조수 옌 웡은 이 책을 기획하고, 자료를 조사하고, 집필하는 데까지 모든 단계에 깊이 관여했다. 그는 현대 생물학에 해박하며, 그에 못지않게 컴퓨터 실력도 출중했다. 나는 그것을 기꺼이 도제 역할에 비교하겠다. 뉴 칼리지에서 내가 그의 지도교수로 있었으니, 내가 그의 도제가 된 시기보다 그가 나의 도제가 된 시기가 더 앞섰다고 말할 수 있다. 그는 예전에 내 대학원생이었던 앨런 그래펀 문하에서 박사학위를 받았다. 따라서 옌은 내 손제자 겸 제자라고 할 수 있다. 도제이든 장인이든 간에, 옌이 너무나 많은 기여를 했기에 나는 몇몇 장에서 그를 공저자로 넣자고 주장했다. 옌이 파타고니아를 자전거로 횡단하겠다고 떠난 뒤, 이 책의 마무리를 도와준 사람은 샘 터비였다. 그는 동물학에 대단히 해박할 뿐 아니라, 그것을 세심하게 전개할 수 있는 능력도 지녔다.

그 외에도 마이클 유드킨, 마크 그리피스, 스티브 심프슨, 앤절러 더글러스, 조지 맥개빈, 잭 페티그루, 조지 발로, 콜린 블레이크모어, 존 몰런, 헨리 베넷-클라크, 로빈

15

엘리자베스 콘웰, 린델 브롬햄, 마크 서튼, 베시어 토머스, 엘리자 하울렛, 톰 켐프, 맬고시어 노바크-켐프, 리처드 포티, 데릭 시버터, 알렉스 프리먼, 니키 워런, A. V. 그림스톤, 앨런 쿠퍼, 크리스틴 드블레이즈-밸스태드 등 많은 분들이 온갖 조언과 도움을 주었다. 다른 분들은 책 말미의 주를 통해서 감사를 표했다.

출판사의 부탁을 받고 서평자가 되어 원고를 읽고 적절한 조언을 해준 마크 리들리와 피터 홀랜드에게도 진심으로 감사한다. 그래서인지 미진한 부분은 저자의 책임이라는 의례적인 말에 나는 평소보다 더한 책임감을 느낀다.

찰스 시모니는 늘 그렇듯이 한없는 관용을 보여주었다. 그리고 내 아내 랠러 워드는 이번에도 역시 내게 도움을 주었고, 힘이 되어주었다.

2004년
리처드 도킨스

2013년 말 리처드 도킨스가 내게 지난 10년 동안의 연구 성과를 반영하여 이 책의 개정판을 내자고 제안했다. 별 일 아니라는 투로 서슴없이 제안을 해준 것이 너무나 고마워서 나는 신이 나서 하겠다고 대답했다. 하지만 돌이켜보면, 이 책의 범위를 고려할 때 2014년까지 끝내겠다는 내 생각은 너무 낙관적이었다.

하다 보니, 내가 전에 관여했던 원줌 계획과 로신델의 창의적인 프랙털 표현 방식이 개정판에 큰 도움이 될 수 있다는 점이 점점 명백해졌다. 수많은 종(아니, 사실상 모든 생물)을 하나의 다이어그램으로 표현하는 방식이었다. 이 책과 더 나아가 대중을 위한 생물학 전체는 그의 방식에 큰 도움을 받고 있다. 또 그는 마이크 키시가 운영하는 파일로픽(PhyloPic) 계획을 참고하여 실루엣을 활용하자는 착상도 내놓았다. 각 실루엣의 출처는 이 책의 부록에 적었다. 또 과학을 "공개 접근할" 수 있게 만들자는 야심적인 계획의 탁월한 사례인 열린 생명 나무(Open Tree of Life)의 운영진으로부터도 많은 도움을 받았다. 부지런히 새 글을 올리는 존 호크스와 래리 모런의 블로그도 마찬가지로 "열린" 과학을 옹호하고 있는데, 두 블로그 저자들과 짬짬이 나눈 의견 교환도 이 책에 도움이 되었다.

진화생물학이라는 분야가 이렇게 급성장하는 것을 보니 몹시 흡족하지만, 최신 연구 흐름을 좇아가려면 온종일 그 일에 매달려도 시간이 부족하다. 동물, 진핵생물, 더 나아가 세균의 계통수를 상세히 논의하면서 해석한 대목들은 늘 열정에 넘치는 조디 팝스와 몇 차례 나눈 토의를 통해 많은 도움을 받았다. 또 스테판 쉬펠스는 유전체 분석 분야에서 지대한 도움을 주었고, 태머스 데이비드배럿은 인간 유전체 분야에서 많은 조언을 해주었다. 라이언 그레고리는 친절하게도 새로 추가한 기바통발 이야기를 검토해주었고, 스티브 밸버스는 자신의 이론을 우리가 제대로 해석했는지 확인해주었다. 물론 그러고도 실수와 잘못된 해석이 남아 있다면, 전적으로 내 책임이다.

개별 연구 분야에서 유용한 조언을 해주고 서툰 표현을 바로잡는 데 도움을 준 피터 홀랜드, 팀 렌틴, 캐로베스 스튜어트, 파비언 버키, 데이비드 레그, 마이클 랜드에게도 감사한다. 랜드 러셀, 알렉스 프리먼, 내 아내인 니키 워렌, 그리고 그림과 사진 쪽에서 도움을 준 이사벨라 깁슨과 다이너 챌런에게도 고맙다는 말을 전한다.

출간에 이르기까지 탄복할 만치 총괄적으로 일을 이끈 출판사의 비 헤밍과 계속해서 추가되는 최신 과학 자료들 앞에서도 늘 긍정적인 태도를 유지한 편집자 홀리 할리, 프랙털의 공습에 의연하게 대처한 디자이너 헬렌 어윙에게도 감사한다.

2016년

옌 웡

사후 자만심

역사는 되풀이되지 않으나 거기에는 압운이 있다.
—마크 트웨인
역사는 되풀이된다. 그것이 역사가 잘못되는 이유 중 하나이다.
—클래런스 대로

역사는 좋지 않은 사건들이 잇따라 나타나는 식으로 기술되곤 한다. 이 말은 두 가지 유혹에 대한 경고로 볼 수 있다. 그 유혹들이 어떤 것인지, 적절히 경계하면서 조심스럽게 살펴보자. 첫째, 역사가는 되풀이되는 패턴을 살펴보기 위해서 과거를 들쑤시고 싶은, 적어도 마크 트웨인이 말했듯이 모든 것의 이유와 까닭을 찾고 싶은 유혹을 느낀다. 그러나 "역사는 대개 제멋대로인 데다가 뒤죽박죽이다"라는 마크 트웨인의 또다른 말처럼 탐구할 특정한 장소도 따를 규칙도 없다고 주장하는 사람들은 패턴을 찾으려는 이런 욕구를 자신들을 모욕하는 처사로 받아들인다. 두 번째 유혹은 현재가 덧없다는 생각이다. 즉 역사라는 연극에 등장하는 인물들이 우리의 삶을 미리 보여주는 것이나 다름없다는 듯이, 과거를 우리 시대를 겨냥한 것으로 보는 시각이다.

어떻게 불리든 간에, 이 유혹들은 인류 역사 분야에서 열띤 논쟁을 불러일으킨다. 그리고 진화라는 더 긴 시간 단위에서도 그에 못지않게 논란이 되고 있으며, 더 강력한 양상을 띤다. 진화의 역사는 종들이 잇따라 나타나는 것으로 표현할 수 있다. 그러나 그것이 빈약한 견해라는 내 말에 동의하는 과학자들도 많을 것이다. 진화를 그런 식으로 보면 중요한 사항들을 대부분 놓치게 된다. 진화는 압운(押韻), 즉 반복되는 패턴을 보여준다. 진화가 원래 그렇기 때문이 아니다. 우리가 잘 알고 있는 이유들 때문에 그렇게 보이는 것이다. 바로 다윈주의적 이유들 말이다. 역사학이나 물리학에서와 달리 생물학에서 통용되는 다윈주의적 이유들은 대개 이미 대통합 이론을 이루고 있다. 비록 갖가지 변형된 이론들이 있고 해석도 다양하지만, 의식 있는 전문가들은 모두 그 이론을 받아들였다. 나는 진화사를 쓸 때에 패턴과 원리를 탐구하는 데에 주저하지 않는다. 물론 신중을 기하려고 노력하면서 말이다.

두 번째 유혹인 사후 자만심, 즉 과거가 현재를 규정한다는 개념은 어떠할까? 고인이 된 스티븐 제이 굴드는 대중 신화에서 진화의 주요 상징이, 즉 레밍들(lemmings)이

절벽에서 뛰어내리는 광경(이 신화적인 이야기도 잘못된 것이지만)처럼 널리 알려진 캐리커처가 유인원 조상에서 똑바로 서서 당당하게 걷는 장엄한 인간인 호모 사피엔스 사피엔스까지 서서히 진화했다는 식으로 순서대로 그려놓은 그림이라고 제대로 지적했다. 그 그림은 인류가 진화의 결정판이라는 의미를 은연중에 풍긴다(그리고 그 그림에는 언제나 여성이 아니라 남성이 등장한다). 인류는 모든 진화의 지향점인 양 표현되어 있다. 과거의 진화 흐름들을 끌어당기는 자석인 듯 말이다.

비록 덜 드러나기는 하지만 물리학에도 이런 자만심을 담은 개념이 하나 있다. 잠깐 언급하고 지나가기로 하자. 그것은 물리학 법칙들 자체가, 혹은 우주의 근본 상수들이 인류를 탄생시키는 쪽으로 미세하게 조정되었다는 "인본주의적(anthropic)" 개념을 말한다. 그것이 반드시 허영심을 토대로 했다고 볼 필요는 없다. 그 개념이 반드시 우주가 우리를 존재하도록 하기 위해서 만들어졌다는 의미일 필요는 없다. 그것은 우리가 여기에 있으며, 우리를 탄생시킬 능력이 없는 우주에는 우리가 있을 수 없다는 의미만 가지면 된다. 물리학자들이 지적하다시피, 우리를 탄생시킬 수 있는 우주라면 반드시 별이 있어야 하므로, 우리가 하늘에서 별들을 볼 수 있는 것도 결코 우연이 아니다. 그렇다고 해서 별들이 우리를 만들기 위해서 존재한다는 의미는 아니다. 단지 별들이 없다면 주기율표에서 리튬보다 무거운 원자들은 나타나지 않았을 것이고, 원소 3개만으로 이루어지는 화학 과정은 생명을 지탱하기에는 너무 빈약하다는 뜻일 뿐이다. 본다는 것은 당신이 별을 볼 수 있는 우주에서만 일어나는 활동이다.

말해둘 것이 몇 가지 더 있다. 우리를 만들 수 있는 물리법칙들과 상수들이 있어야만 우리가 존재한다는 진부한 사실을 받아들인다고 해도, 그런 강력한 기본 원칙들이 존재한다는 것 자체가 도저히 있을 법하지 않게 보일 수 있다. 물리학자들은 이런저런 가정들을 들이대면서, 존재할 수 있는 우주들의 집합 전체에서 물리학이 별들을 거쳐 화학으로, 행성을 거쳐 생물학으로 성숙할 수 있도록 허용하는 법칙과 상수를 가진 우주들이라는 부분집합은 아주 작다고 말할지 모른다. 이 말을 법칙들과 상수들이 처음부터 계획되어 있었음이 틀림없다는 의미로 받아들이는 사람들도 있다(그 문제가 마찬가지로 세밀하게 조율된 있을 법하지 않은 계획자의 존재를 설명해야 한다는 더 큰 문제로 금방 회귀한다는 점을 생각할 때, 나는 왜 사람들이 이것을 무엇인가에 대한 설명으로 간주하는지 당혹스럽기는 하지만).

법칙들과 상수들이 태초에 제멋대로 다양해질 수 있었다는 주장을 그다지 확신하지 않는 물리학자들도 있다. 어렸을 때 나는 왜 5에 8을 곱한 값과 8에 5를 곱한 값이 같은지 잘 이해가 되지 않았다. 나는 그것을 어른들이 옳다고 주장하는 사실들 중 하나로 그냥 받아들였다. 나중에 직사각형으로 시각화하는 방법을 썼던 것 같은데, 어쨌든 세월이 지난 뒤에야 나는 그런 곱셈 쌍이 서로 별개가 아니라는 사실을 이해했다. 우리는 원의 둘레와 지름이 서로 독립적이지 않다는 사실을 알고 있다. 둘이 서로 별개라면, 우리는 수많은 가능한 우주들을 추정하고픈 유혹을 느낄 것이며, 각 우주의 π(파이)값은 저마다 다를 것이다. 아마 노벨상 수상자인 스티븐 와인버그 같은 이론물리학자들은 현재 우리가 독립적인 것으로 다루는 우주의 근본 상수들이 언젠가는 어떤 대통합 이론을 통해서 우리가 현재 상상하는 것보다 훨씬 더 적은 자유도를 가지고 있음이 밝혀질 것이라고 주장할지도 모르겠다. 우주가 존재하는 방법은 단 한 가지일지도 모른다. 그러면 우주의 인간 중심적인 모습도 우연의 일치로 여겨지지 않을 것이다.

한편 현재 영국의 왕실 천문학자인 마틴 리스 경 같은 물리학자들은 설명을 요하는 진짜 우연의 일치가 있다고 보며, 상호 독립된 평행한 실제 우주들이 수없이 많이 존재한다는 것을 받아들이면서, 각각은 나름대로의 법칙들과 상수들의 집합을 가지고 있다고 가정함으로써 그것을 설명한다.* 그런 것들에 골몰하는 우리는 우리를 진화시킬 수 있는 법칙들과 상수들이 존재하는 우주들이 얼마나 드물든 간에, 그중 하나에 있는 것이 분명하다.

이론물리학자 리 스몰린은 우리가 존재한다는 것 자체가 통계적으로 일어날 법하지 않다는 문제를 해결할 수 있는 창의적인 다윈주의 개념을 내놓았다. 스몰린의 모형에 따르면, 각 우주는 나름대로의 법칙들과 상수들을 가진 딸 우주들을 낳는다. 딸 우주는 어미 우주에 생긴 블랙홀에서 태어나며, 어미 우주의 법칙들과 상수들을 물려받지

---

* 이 "다중 우주(many universes)" 개념을 데이비드 도이치가 『현실의 짜임새(*The Fabric of Reality*)』에서 탁월하게 조명한, 휴 에버릿이 말하는 양자론의 "다중 세계(many worlds)" 해석과 혼동하지 마라. 두 이론은 겉보기에만 비슷할 뿐 전혀 다르다. 둘 다 참일 수도 있고 둘 다 거짓일 수도 있으며, 어느 한쪽만 참일 수도 있다. 각자 전혀 다른 문제에 대한 해답으로 제시된 것이다. 에버릿의 이론에서는 각 우주들의 근본 상수들이 다르지 않다. 반면에 우리가 여기서 살펴보는 이론은 각 우주들이 각기 다른 근본 상수들을 가지고 있다고 본다.

만 무작위적 변화, 즉 "돌연변이"가 일어날 가능성도 어느 정도 존재한다. 그리고 번식할 수 있는(이를테면 블랙홀을 만들 수 있을 정도로 오래 존속하는) 딸 우주들은 자신의 딸 우주들에게 마찬가지로 법칙들과 상수들을 물려줄 것이다. 스몰린의 모형에서 별은 출산하는 블랙홀이 되기 이전의 모습이다. 따라서 이 우주 다원주의에서는 별을 만들 수 있을 때까지 존속하는 우주가 선호된다. 게다가 이 능력을 후대에 전달하는 우주가 가진 특성들은 생명 유지에 필요한 탄소 원자를 비롯한 커다란 원자들을 만드는 바로 그 특성들이기도 하다. 생명을 탄생시킬 수 있는 우주에 살고 있는 것은 우리만이 아니다. 우주들은 세대를 거치면서 부산물로서 생명을 만들 수 있는 종류의 우주로 서서히 진화해간다.

내 동료인 앤디 가너는 동일한 수학으로 스몰린의 이론과 다윈 진화를 모두 기술할 수 있음을 보여주었다. 나는 그 논리가 호소력이 있다고 보며, 사실 상상력이 풍부한 사람에게는 다 그렇게 보이겠지만, 스몰린 이론의 논리는 다원주의자에게, 아니 사실 상상력이 풍부한 모든 사람들에게 호소력이 있지만, 물리학 분야이므로 내가 판단할 일은 아니다. 나는 그 이론이 완전히 틀렸다고 비난하는 물리학자를 찾아내지는 못할 것 같다. 아마도 그것이 불필요하다는 말 정도가 물리학자들의 입에서 나올 가장 부정적인 말일 것이다. 앞에서 말했듯이, 일부 학자들은 우주가 이른바 미세하게 조정되었다는 주장이 환각임을 밝혀줄 최종 이론이 있다고 추정한다. 우리는 스몰린의 이론을 반박할 방법을 전혀 알지 못하며, 그는 그 이론이 반증 가능성이라는 장점을 지닌다고 주장한다. 과학자들은 일반인들이 생각하는 것보다 반증 가능성이라는 말에 높은 가치를 부여한다. 나는 그의 저서 『우주의 생명(*The Life of the Cosmos*)』을 읽어보기를 권한다.

지금까지는 사후 자만심의 물리학자 판본에 해당하는 이야기였다. 그에 비하면 다윈 이후의 생물학자 판본은 기각하기가 더 쉽다. 비록 다윈 이전의 것은 약간 더 어렵지만, 우리가 여기서 다루려는 것은 바로 다윈 이후의 판본이다. 생물학적 진화는 특권적인 계통도, 미리 정해진 목표도 없다. 진화는 수많은 잠정 목표(관찰할 시점에 살아 있는 종들의 수)에 도달해왔으며, 어느 목표가 다른 목표보다 더 특권을 가진다거나 정점에 있다거나 하는 말은 자만심에 불과하다. 그런 이야기를 하는 것이 바로 우리이므로, 그것은 인간의 자만심이다.

앞으로도 계속 말하겠지만, 그렇다고 해서 진화사에 이유나 까닭이 전혀 없다는 의미는 아니다. 나는 반복되는 패턴들이 존재한다고 믿는다. 또 나는 비록 예전보다 현재 더 논란의 대상이 되기는 하지만, 진화가 방향성을 띠고 진보적이며 심지어 예측 가능하다고 할 만한 의미도 가진다고 믿는다. 하지만 그 진보는 인류를 향한 진보 같은 것이 결코 아니며, 우리가 말하는 예측 가능성은 있는 그대로의 약한 의미이다. 진화 역사가는 아주 조금이라도 인간을 정점에 올려놓는 듯한 이야기 구성을 경계해야 한다.

내가 가지고 있는 책 한 권이 그런 사례에 해당한다(전반적으로 좋은 책이므로 책 제목을 밝히면 그 책의 명성을 훼손할 것 같아서 말하지 않으련다). 그 책은 호모 하빌리스(우리의 조상일 가능성이 높은 인류 종의 하나)와 그 선배인 오스트랄로피테쿠스를 비교한다.* 그 책의 요지는 호모 하빌리스가 "오스트랄로피테쿠스"보다 상당히 더 진화했다는 것이다. 진화했다면 얼마나 더? 그 말은 진화가 어떤 미리 정해진 방향으로 나아가고 있다는 의미가 아닐까? 그 책은 우리에게 정해진 방향이라는 것이 있다는 확신을 심어준다. "턱의 최초의 징후가 뚜렷이 나타난다." "최초"라는 말은 "완전한" 턱을 향해 나아가는 두 번째, 세 번째 징후가 있을 것이라는 기대를 품게 만든다. "이[齒]는 우리의 이와 닮기 시작한다." 마치 그 이가 하빌리스의 식단에 맞게 발달한 것이 아니라, 우리의 이를 향해 난 길로 나아가기 시작했기 때문에 그렇게 생겼다는 식이다. 그 문단은 더 나중에 등장한 멸종한 인류인 호모 에렉투스 이야기로 끝을 맺는다.

비록 그들의 얼굴은 아직 우리와 다르지만, 눈은 한층 더 인간과 비슷하다. 마치 만들다가 만 "미완성" 조각 작품처럼 보인다.

만들다가 말았다고? 미완성이라고? 그 말은 사후에도 깨닫지 못했음을 보여줄 뿐이다. 우리가 호모 에렉투스와 마주 보면 우리의 눈에는 그들의 눈이 만들다가 만 미

---

* 나는 오스트랄로피테쿠스라는 단어를 고전에 소양이 부족한 대다수 현대인들이 덜 헷갈려 할 이름으로 바꾸고도 싶지만, 동물학에서는 먼저 제시된 이름을 택한다는 엄격한 명명 규칙이 있기 때문에 불가능하다. 그 이름은 오스트레일리아와 무관하다. 그 속의 종들은 지금까지 모두 아프리카에서만 발견되었다. 오스트랄로(Australo)는 그냥 남쪽이라는 뜻이다. 오스트레일리아는 남쪽에 있는 커다란 대륙이라는 뜻이고, 남극광(Aurora australis)은 북극광(boreal은 북쪽이라는 뜻)에 대응하는 말이며, 오스트랄로피테쿠스는 아프리카 남쪽에서 최초로 발견되었기 때문에 붙여진 이름이다. 타웅(Taung)이라는 아이 유골이 맨 처음 발견되었다.

완성 조각 작품처럼 보일지도 모르므로, 그 책에서 한 말이 아마 옳을 것이라고 옹호할 수도 있다. 하지만 그것은 우리가 인간의 기준으로 보기 때문에 그러할 뿐이다. 생물은 언제나 자신의 환경에서 살아남기 위해서 노력한다. 생물은 결코 미완성이 아니다. 아니 다른 관점에서 보면 생물은 언제나 미완성이다. 아마 우리도 그러할 것이다.

사후 자만심은 우리 역사의 다른 단계들에서도 우리를 유혹한다. 우리 인간의 관점에서 볼 때는 먼 조상인 어류들이 물을 떠나 육지로 올라간 것이 기념비적인 단계, 즉 진화의 통과의례였다. 데본기에 오늘날의 폐어와 약간 비슷한 육기어류가 그 일을 해냈다. 우리는 조상들을 생각할 때처럼 그리움이 담긴 그윽한 시선으로 그 시대의 화석들을 바라본다. 그러면서 후대에 얻은 지식에 사로잡힌다. 즉 이 데본기 물고기들을 육상동물로 나아가는 "도중에" 있는 생물이라고 보게 된다. 그들에 관한 모든 것들을 육지를 정복하고 다음 단계의 중대한 진화를 촉발시킨 과도기적인 장엄한 탐구로 보려고 한다. 하지만 당시 상황은 그렇지 않았다. 그 데본기 어류들은 그저 자기 삶에 충실했을 뿐이다. 그들은 진화하라는 임무를 맡지도 먼 미래를 탐구하지도 않았다. 그런 관점만 없었더라면 탁월했을 척추동물의 진화를 다룬 그 책에는 다음과 같은 어류에 관한 문장도 있다.

데본기 말에 물에서 땅으로 올라가는 모험을 감행했고, 한 척추동물강에서 다른 척추동물강으로, 말하자면 틈새를 뛰어넘어 최초의 양서류가 되었다.

그 "틈새"란 사후에 본 기준이다. 당시에 틈새 같은 것은 전혀 존재하지 않았으며, 우리가 현재 인정하는 "강(綱, class)"이라는 것도 당시에는 두 종(種, species)에 불과했다. 나중에 다시 살펴보겠지만, 진화가 하는 일은 틈새를 뛰어넘는 것이 아니다.

우리가 역사의 서술 방향을 호모 사피엔스로 향하든 문어나 사자나 세쿼이아 같은 현대의 다른 어떤 종으로 향하든 간에 아무런 차이가 없다. 역사의식이 있는 칼새는 자기 삶에서 가장 큰 성취일 비행을 아주 자랑스러워할 것이다. 또한 칼새다움, 즉 한 번 날아서 1년 동안 공중에 떠 있을 수 있고 심지어 날면서 교미도 할 수 있도록 해주는 매끄러운 날개가 달린 놀라운 비행장치를 진화의 정점이라고 생각할 것이다. 스티븐 핑커식으로 말해서, 만일 코끼리가 역사를 쓸 수 있다면 그들은 맥, 코끼리땃쥐(도약땃쥐), 코끼리바다표범, 긴코원숭이를 진화의 주요 경로를 걷기 시작한 동물들로 볼지 모른다. 어설프게 첫발을 내디뎠다가 어떤 이유인지 몰라도 그 길을 끝까지 걷지 못한 존재들이라고 말이다. 그들은 코끼리와 닮기는 했지만 거리가 먼 동물들이다. 코끼리 천문학자는 어떤 다른 세상에는 코의 루비콘 강을 건너 완전한 코라는 최종 단계에 도달한 외계 생명체가 있지 않을까 하는 상념에 빠질지도 모른다.

우리는 칼새도 코끼리도 아닌 인간이다. 우리가 사라진 옛 시대를 상상할 때, 그 고대 풍경 속에서 그저 그런 평범한 종이었을 우리 조상에게 각별한 애정과 호기심을 가지는 것은 인간으로서 당연한 일이다(그런 종 하나가 언제나 존재했다고 생각하니 흥미롭고도 생소하다). 우리는 이 종을 진화의 "주인공"으로 보고, 다른 종들은 깜짝 출연했거나 등장했다가 사라지는 조연들이라고 생각하고 싶은 인간적인 유혹을 뿌리치기가 어렵다. 하지만 그런 오류에 굴복하지 않고서도 역사에 마땅한 존중을 표하면서 적법하게 인간 중심주의에 빠져들 방법이 하나 있다. 바로 우리 자신의 역사를 거슬러 올라가는 것이다. 이 책은 바로 그 방법을 택했다.

조상을 찾기 위해서 연대를 거슬러올라가는 것은 사실상 멀리 있는 하나의 표적을 겨냥하는 것일 수 있다. 그 멀리 있는 표적은 모든 생물들의 조상이며, 우리는 코끼리든 독수리든 칼새든 살모넬라든 세쿼이아든 여성이든 어디에서 시작하든 간에 하나의 조상에게로 수렴될 수밖에 없다. 목적에 따라 순(巡)연대학이 적합할 때도 있고 역(逆)연대학이 맞을 때도 있다. 어디에서 출발하든지 간에 거슬러올라가면, 생물들이 하나가 되는 지점에 도달한다. 반대로 시대를 따라 내려가면 다양성을 찬미하게 될 것이다. 이 말은 큰 규모뿐만 아니라 작은 규모에도 적용된다. 나름대로 규모는 크지만 그래도 한정된 기간을 다루는 포유류의 순연대학은 그 털 달린 온혈동물 집단들의 풍성함을 드러내는 이야기, 즉 다양성 증가를 보여주는 이야기이다. 현대의 포유동물을 출발점으로 삼는 역연대학은 예외 없이 하나의 원(原)포유동물에게로 수렴될 것이다. 공룡과 동시대에 눈에 잘 띄지 않는 곳에서 곤충을 먹으며 살았던 야행성 동물에게로 말이다. 이것은 국부적인 수렴이다. 그리고 모든 설치류의 가장 최근 공통 조상에게로 다시 한번 국부적 수렴이 이루어진다. 그 조상은 공룡들이 멸종할 무렵에 살았다. 그다음 모든 유인원들(인간을 포함하여)을 수렴하는 공통 조상이 나타난다. 그 조상은 약 1,800만 년 전에 살았다. 규모를 더 키워서 어떤 한 척추동물로부터 시작하여 거슬러올라갈 때에도 비슷한 수렴(convergence) 양상이 나타나며, 어떤 한 동물로부터 모든 동물의 조상까지 거슬러올라가면 더 큰 수렴이 나타난다. 가장 큰 수렴은 동물, 식물, 균류, 세균 등 현대의 모든 생물들로부터 살아 있는 모든 생물들의 공통 조상에게로, 아마도 세균을 닮았을 조상에게로 올라갈 때 일어난다.

앞 문단에서 "수렴"이라는 말을 사용했지만, 사실 그 단어를 순연대학에서 전혀 다른 의미로 사용하기 위해서 남겨두고 싶다. 그래서 당면 목적에는 "합류(confluence)" 또는 곧 이유를 설명하겠지만 "랑데부(rendezvous)"라는 말을 쓰기로 하자. "융합(coalescence)"이라는 말을 쓸 수도 있겠지만, 뒤에 나오다시피 유전학자들이 이미 더 정확한 의미로 그 용어를 채택해서 사용하기 때문에 제외시켰다. 그 단어는 내가 사용하는 "합류"라는 말과 의미가 비슷하지만, 종이 아니라 유전자를 대상으로 한다. 역연대학에서는 특정한 종 집합들의 각 조상들이 특정한 지질학적 시기에 결국 만나게 된다. 그들의 랑데부 지점에 바로 그들 모두의 최종 공통 조상이 있다. 나는 그것을 "공조상(Concestor)"*이라고 부르고자 한다. 즉 초점에 있는 설치류나 포유동물이나 척추동물을 말한다. 가장 오래된 공조상은 모든 생물들을 아우르는 공통 조상이다.

우리는 이 행성에서 사는 모든 생물들의 공조상이 하나였다는 것을 확신할 수 있다. 지금까지 조사한 생물들이 모두 같은 유전암호를 공유한다(정확히 말하면 대부분이 그렇고, 나머지도 거의 똑같다고 할 수 있다)는 것이 바로 그 증거이다. 그리고 복잡성을 고려할 때, 너무나 정교한 그 유전암호가 한 번 이상 나타났을 가능성은 없다. 비록 모든 종을 조사한 것은 아니지만, 우리는 그 어떤 놀라운 일도 일어나지 않으리라고 확신할 수 있을 만큼—한편으로는 아쉽다—충분히 살펴보았다. 완전히 다른 유전암호를 지닌 또는 아예 DNA에 토대를 두지 않은 아주 이질적인 생명체가 지금 발견된다면, 그 생명체가 지구에서 살든 다른 곳에서 살든 간에 내 평생에 가장 흥분되는 생물학적 발견이 될 것이다. 지금으로서는 알려진 모든 생명체들이 30억여 년 전에 살았던 한 조상에게로 이어지는 듯하다. 기원이 다른 생명들이 있었다고 할지라도, 그들은 우리가 발견할 수 있는 후손을 전혀 남기지 않았다. 그리고 현재 독자적으로 발생하는 생명이 있다고 해도, 그것들은 아마 금세 세균들에게 잡아먹힐 것이다.

모든 생물들의 대합류는 생명의 기원 자체와 다르다. 살아 있는 모든 종들은 생명

---

* 이 단어를 제안한 니키 워런에게 감사한다.

의 기원 이후에 살았던 어느 공조상에게서 나온 것들이기 때문이다. 둘이 우연히 일치할 확률은 거의 없다. 둘이 같다면 생명의 기원이 된 생물 자체가 **즉시** 가지를 치고 그 중 오늘날까지 살아남은 것들이 하나 이상 존재한다는 의미가 되기 때문이다. 지금까지 발견된 세균 화석 중 가장 오래된 것은 약 35억 년 전의 것이므로, 생명의 기원은 적어도 그보다 앞섰어야 한다. 대합류, 즉 모든 생물들의 최종 공통 조상은 가장 오래된 화석들보다 앞서 살았을 수도 있으며(화석이 되지 않았다면), 아니면 10억 년 뒤에 살았을 수도 있다(계통들이 하나만 남고 거의 모두 사라졌다면).

어디에서 출발하든 간에 모든 역연대학은 하나의 대합류로 귀결되므로, 우리는 우리 자신의 조상이라는 한 계통에 집중함으로써 인간적인 편견을 합법적으로 탐닉할 수 있다. 진화를 우리를 향해 나아가는 것으로 다루는 대신에, 우리는 현대의 호모 사피엔스를 별 거부감 없이 우리 임의대로 역연대학의 출발점으로 삼을 수 있다. 우리는 과거로 가는 가능한 모든 길들 중에서 이 길을 **택하기로** 한다. 우리 자신의 먼 선조들이 궁금하기 때문이다. 한편으로 우리는 비록 상세히 다룰 필요는 없을지라도, 다른 역사가들, 즉 다른 종에 속한 동물들과 식물들도 잊지 않을 것이다. 그들은 나름대로의 출발점에서 독자적으로 거슬러올라가서 자신의 조상들을 만나기 위한 순례여행을 떠난다. 그리고 결국 우리와 그들의 조상은 겹치게 된다. 우리의 조상들을 차례로 추적하다 보면, 우리는 필연적으로 이 순례자들과 마주치고, 정해진 순서에 따라 그들과 합쳐질 것이다. 그 순서란 그들의 계통들이 우리의 계통과 랑데부를 하는 순서, 즉 친족관계가 점점 더 확대되는 순서를 말한다.

순례여행이라고? 순례자들과 합쳐진다고? 그렇다. 왜 그렇지 않겠는가? 순례여행은 과거로 나아가는 우리 여행을 논의하기에 알맞은 방법이다. 이 책은 현재로부터 과거로 나아가는 장엄한 순례여행의 형태를 취하고 있다. 모든 길들은 생명의 기원으로 이어진다. 그러나 우리가 인간이기 때문에, 우리는 우리 자신의 조상들로 이어지는 길을 따라갈 것이다. 그것은 인간의 조상들을 발견하는 인간의 순례여행이 될 것이다. 길을 가면서 우리는 엄격한 순서에 따라, 즉 우리와의 공통 조상이 나타나는 순서에 따라서 다른 순례자들과 만날 것이다.

약 600만 년을 거슬러올라가면 우리는 첫 동료 순례자들과 만난다. 스탠리가 리빙스턴과 기억에 남을 악수를 했던 아프리카 오지에 사는 침팬지들로서 현재 두 종이 살고 있다. 이 침팬지와 보노보 순례자들은 이미 우리와 만나기 전에 서로 합류했을 것이다.

순례여행을 계속하다가 그다음에 랑데부할 순례자들은 고릴라이며, 또 그다음은 오랑우탄이다(이쯤이면 과거로 꽤 멀리 나아간 상태이며, 더 이상 아프리카에 있지 않을 것이다). 그다음 긴팔원숭이, 구세계원숭이, 신세계원숭이를 거쳐 다양한 포유동물 집단들과 차례로 마주치다가, 드디어 모든 생명의 순례자들이 생명의 기원 자체를 탐구하기 위해서 한 길을 함께 행진하는 순간이 올 것이다. 과거로 거슬러올라가다 보면, 랑데부가 일어나는 대륙을 말하는 것이 더 이상 의미가 없는 시대에 도달할 것이다. 판구조론이 말하는 놀라운 현상들 때문에 그 시대의 세계 지도는 지금과 전혀 다르다. 더 올라가면, 모든 랑데부가 바다에서 이루어진다.

대단히 놀라운 사실은 우리 인간 순례자들이 생명의 기원에 도달할 때까지 랑데부를 고작 40번밖에 하지 않는다는 것이다. 그 40번의 랑데부 각각에서 우리는 공통 조상인 공조상과 마주칠 것이며, 공조상을 랑데부의 숫자로 표시할 것이다. 예를 들면 랑데부 2에서 마주칠 공조상 2는 고릴라와 {사람 + (침팬지 + 보노보)}의 가장 최근 공통 조상이다. 공조상 3은 오랑우탄과 [{사람 + (침팬지 + 보노보)} + 고릴라]의 가장 최근 공통 조상이다. 마지막 공조상은 살아 있는 모든 생명체들의 공통 조상이다. 공조상 0은 살아 있는 모든 인간들의 가장 최근 공통 조상이라는 특별한 지위에 있다.

따라서 우리는 다른 순례자 무리들과 차례차례 합류해서 우애 관계를 맺는 순례자들이 될 것이다. 그 순례자 무리들도 각자 다른 순례자들과 합류하다가 우리와 만났을 것이다. 서로 만난 다음 우리는 함께 공통의 태곳적 목적지, 우리의 "캔터베리"로 뻗은 큰길을 함께 걸어간다. 물론 다른 문학적 비유들도 가능하다. 나는 버니언을 내 모델로 삼고, 『천로역정(*Pilgrim's Regress*)』을 내 표제로 삼을 뻔했다. 그러나 옌 웡과 나는 토론을 할 때마다 계속 초서의 『캔터베리 이야기(*Canterbury Tales*)』로 돌아왔고, 이 책을 보면서 초서를 떠올리는 것이 서서히 자연스럽게 느껴졌다.

초서의 순례자들(대부분)과 달리, 내 순례자들은 비록 똑같이 현재에서 출발하기는 하지만 한꺼번에 길을 떠나지 않는다. 순례자들마다 각기 다른 출발점에서 자신의 옛 캔터베리를 향하며, 그 길의 다양한 지점에서 합류하여 인간의 순례여행에 동참한다. 이런 점에서 내 순례자들은 런던의 타바드 여관에 모인 순례자들과 다르다. 내 순례자들은 캔터베리에서 8킬로미터 못 미친 곳에 있는 보턴언더블리에 모인 초서의 순례자들 중 음흉한 성당 참사 회원과 그의 불충한 시종과 흡사하다. 모든 살아 있는 생물 종들인 내 순례자들은 초서의 선례를 따라 생명의 기원인 캔터베리로 가면서 각자 기회가 있을 때마다 자신의 이야기를 털어놓을 것이다. 이 책의 내용은 대부분 그들의 이야기이다.

죽은 사람은 아무 말도 하지 못하며, 삼엽충 같은 멸종한 생물들도 자신의 이야기를 할 수 있는 순례자가 되지 못하겠지만, 나는 두 부류를 예외로 했다. 도도새 같은 동물들은 역사에 기록될 때까지 살아 있었으며, 쓸 만한 DNA도 아직 남아 있으므로, 명예회원 자격으로 우리와 같은 시대로부터 순례여행을 떠나는 현대의 동물들에 포함시켰다. 우리는 특정한 시기에 그들과 랑데부를 할 것이다. 그들을 최근에 멸종시킨 것이 바로 우리이므로, 그것이 우리가 해줄 수 있는 최소한의 예우일 듯하다. 죽은 자는 말이 없다는 규칙의 예외가 될 또다른 부류의 명예 순례자들은 인간이다. 우리 인간 순례자들이 곧장 자신의 조상들을 찾아가고 있으므로, 우리 조상들을 대신할 수 있을 화석들은 우리 순례여행의 일원이며, 우리는 도구를 만드는 인간인 호모 하빌리스 같은 "그림자 순례자들"로부터 이야기를 듣기로 하자.

나는 내 동물과 식물 이야기꾼들이 최초의 인간에게 말을 하도록 구성하면 재미있을 것이라고 생각하지만, 그렇게 하지는 않겠다. 초서의 순례자들은 이따금 방백을 하거나 말머리를 꺼낼 때를 제외하고, 그렇게 하지 않는다. 초서의 이야기들 중에는 나름대로 서문에 해당하는 부분이 포함된 것들이 많으며, 그중 일부는 후기까지 있는 것들도 있다. 그 부분들은 모두 순례여행의 해설자인 초서 자신의 목소리로 이루어진다. 나는 이따금 그의 선례를 따를 것이다. 초서처럼 한 이야기에서 다른 이야기로 넘어갈 때, 다리 역할을 할 후기를 넣기도 할 것이다.

초서는 이야기를 시작하기에 앞서, 등장인물들을 소개하는 긴 "총서시"를 썼다. 직업들이 언급되고, 여관에서 출발하려는 순례자들의 이름까지 언급되기도 한다. 그러나 나는 새로운 순례자들이 합류할 때마다 그들을 소개하려고 한다. 초서의 유쾌한 여관 주인은 순례자들을 안내하고 여행하는 그들이 이야기를 꺼내도록 분위기를 조성한다. 주인 역할을 맡은 나도 총서시에서 진화사를 재구성하는 방법과 문제점들에 관해서 몇 가지 미리 언급할 생각이다. 우리가 역사를 거슬러올라가거나 내려가거나 할 때에 직면하고 해결해야 하는 것들이다.

그런 다음 역사를 거슬러올라가는 행위 자체에 관해서 이야기를 할 것이다. 비록 우리는 우리의 조상들에게 초점을 맞추고 다른 생물들은 대개 우리와 합류할 때에만 언급할 예정이지만, 이따금 길에서 눈을 돌려, 우리와는 다른 길을 통해서 최종 목적지로 나아가는 다른 순례자들이 있음을 되새길 필요가 있다. 우리는 연대기를 통합하는 데에 필요한 몇몇 표지판들과 숫자가 매겨진 랑데부 이정표들을 우리 이야기의 토대로 삼을 것이다. 각각의 랑데부는 한 장을 차지할 것이고, 그때마다 잠시 멈춰서 순례여행을 점검하고 한두 가지 이야기를 듣기로 한다. 드물기는 하지만 우리 주변 세계에서 무엇인가 중요한 일이 일어나서, 그 일을 생각하느라고 순례자들이 잠시 걸음을 멈출 때도 있다. 그러나 대체로 우리는 순례여행에 활기를 불어넣을 만남의 장소인 그 40개의 이정표를 토대로 삼아 생명의 여명까지 꾸준히 나아갈 것이다.

총서시

우리는 과거를 어떻게 알 수 있으며, 시대를 어떻게 알 수 있을까? 시각 보조도구들은 고대 생물들의 극장을 들여다보고 장면들과 나타났다가 사라지는 배우들을 재구성하는 데에 도움을 줄까? 전통적으로 인류 역사학은 세 가지 주요 방법들을 사용해 왔으므로, 우리는 그보다 더 긴 시간을 다루는 진화에서 그에 상응하는 것들을 찾아내기로 하자. 첫째, 뼈, 화살촉, 토기 파편, 패총, 조각상 등 과거로부터 전해진 확실한 증거인 유물들을 연구하는 고고학이 있다. 진화사에서 가장 확실한 유물은 뼈와 이빨, 그리고 그것들의 산물인 화석이다. 둘째, **재현된 유물들**, 즉 그 자체로는 오래되지 않았지만 오래된 것을 본뜨거나 표현한 것들이 있다. 인류 역사에는 구전되거나 옮겨적거나 복사되어 과거로부터 현재까지 전해져 내려온 것들이 있다. 나는 진화에서는 DNA가 문자로 쓰여 복사되는 것에 상응하는 재현된 유물이라고 주장하고 싶다. 셋째, **삼각측량법**이 있다. 각도를 재서 거리를 알아내는 방법이다. 어떤 지점에서 목표물까지의 거리를 알고 싶다고 하자. 먼저 그곳에서 옆으로 걸어가서 다른 지점을 정한 뒤, 두 지점 사이의 거리를 잰다. 그런 다음 각 지점과 목표물이 이루는 각을 재면, 목표물까지의 거리를 계산할 수 있다. 일부 카메라에도 이 원리를 이용한 거리 측정계가 쓰이고 있으며, 측량사들은 전통적으로 이 방법을 사용했다. 진화학자들이 살아 있는 두(혹은 그 이상의) 후손들을 비교함으로써 조상을 추정하는 것도 "삼각측량"이라고 말할 수 있다. 나는 확실한 유물들, 특히 화석들부터 시작하여 세 가지 증거를 차례로 살펴보고자 한다.

화석

몸이나 뼈는 어찌어찌하여 하이에나, 파먹는 벌레들, 세균의 공격을 피해 살아남아 우리 눈앞에 모습을 드러내곤 한다. 이탈리아 티롤에서 발견된 "얼음 인간"은 약 5,000년 동안 빙하에 갇혀 보존되었다. 호박(나무의 진이 굳은 것) 속에 갇혀 미라가 되어 1억 년 동안 보존되어온 곤충들도 있다. 얼음이나 호박 같은 것들이 없는 상황에서, 보존될 가능성이 가장 높은 것은 이빨, 뼈, 껍데기 같은 단단한 부위들이다. 가장 오래 버티는 것은 이빨이다. 이빨이 생전에 자신의 일을 충실히 하려면 이빨 주인이 먹을 것들보다 더 단단해야 하기 때문이다. 뼈와 껍데기도 나름대로 단단해져야 할 이유가 있다. 따라서 그것들도 장기간 존속할 수 있다. 그런 단단한 부위들과 아주 운 좋게 남은 부드러운 부위들은 돌에 박힌 화석이 되어 수억 년 동안 보존되기도 한다. 최근에는 병원에서 우리 몸을 스캐닝하는 데에 쓰이는 기술을 이용해서 화석이 든 암석을 스캐닝하는 일까지 가능해지면서 전혀 새로운 화석 연구 분야가 탄생하고 있다.

화석은 우리를 매료시키지만, 화석이 없다고 해도 진화사에 관해서 여전히 많은 것을 알 수 있다고 말하면 아마 놀랄 것이다. 마법처럼 모든 화석들이 사라진다고 해도, 유전암호 서열 같은 것을 이용해서 종들이 서로 얼마나 가까운지를 파악하고 대륙과 섬들 사이에 종들이 어떻게 분포되어 있는지를 연구하는 방식인 현대 생물들의 비교 연구를 통해서, 우리의 역사가 진화적이고 살아 있는 모든 생물들이 친척이라는 점이 의심의 여지없이 확실하게 드러날 것이다. 화석은 일종의 덤이다. 덤은 받으면 기쁘지만, 반드시 필요한 것은 아니다. 창조론자들이 화석 기록의 "틈새"를 들먹거릴 때에(지겨울 정도로 그렇게 한다) 그 점을 기억해두면 좋을 것이다. 화석 기록은 하나의 큰 틈새일 수 있지만, 그럼에도 불구하고 진화의 증거는 여전히 압도적일 정도로 확고하다고 말이다. 반면에 우리에게 화석만 있고 다른 증거들은 전혀 없다고 해도, 진화는 여전히 사실로서 압도적인 지지를 받을 것이다. 행복하게도 현재 우리는 둘을 다 가지고 있다.

화석이라는 용어는 흔히 1만 년 이전의 모든 유물을 지칭하는 의미로 쓰인다. 그다지 도움이 되는 관습은 아니다. 1만 같은 우수리 없는 수가 어떤 특별한 의미가 있는 것은 아니기 때문이다. 우리의 손가락이 10개보다 더 적거나 많았더라면, 우리는 전혀 다른 숫자들을 우수리 없는 수라고 생각했을 것이다. 화석이라고 말할 때, 우리는 대개 원래의 물질이 화학적 조성이 다른 광물로 대체되거나 그런 광물이 배어들어 죽음이 새롭게 연장된 것을 가리킨다. 형상이 찍힌 자국도 돌에 아주 오랜 기간 보존될 수 있다. 아마 원래의 물질이 약간 섞이기도 할 것이다. 그런 일은 다양한 방식으로 일어날 수 있다. 그것을 전문용어로 화석생성학(taphonomy)이라고 하는데, 자세한 이야기는 "에르가스트인 이야기"에서 하기로 하자.

맨 처음 화석들을 발견하고 장소를 기록하던 시절에는 화석들의 연대를 알 수 없었다. 할 수 있는 일은 기껏해야 화석들을 연대별로 끼워맞추는 것밖에 없었다. 연대 순서는 누중법칙(Law of Superposition)이라고 하는 가정에 의존한다. 지층은 오래된 것부터 순서대로 쌓이기 마련이다. 물론 예외적인 상황도 있다. 그런 예외들은 간혹 시대에 혼란을 일으키기도 하지만, 대개 금방 간파할 수 있다. 화석이 가득한 오래된 암석이 빙하 같은 것에 밀려서 더 젊은 지층 위로 올라갈 수도 있다. 혹은 지층들이 통째로 뒤집혀서 위아래 순서가 정반대로 바뀔 수도 있다. 이런 비정상적인 사례들은 세계 각지에서 같은 시대의 암석들을 비교함으로써 파악할 수 있다. 그런 것들을 파악하고 나면, 고생물학자들은 세계 각지에 그림 퍼즐 조각들처럼 겹쳐진 지층들 속에서 화석 기록들의 진정한 순서를 끼워맞출 수 있다. 원리는 단순하지만, "나무늘보 이야기"에서 설명했듯이, 세계 지도 자체가 세월이 흐르면서 변화한다는 사실 때문에 실제로는 아주 복잡하다.

조각 그림 맞추기가 왜 필요할까? 왜 원하는 곳을 계속 파내려가서 그곳의 화석들을 시간을 거슬러올라가는 순서로 보면 안 되는 것일까? 시간 자체는 줄기차게 흐를지도 모른다. 하지만 그렇다고 해서 세계 어디에서나 퇴적물들이 지질학적 시간의 처음부터 끝까지 줄기차게 순서대로 쌓인다고 보장할 수는 없다. 화석층들은 조건에 따라 쌓였다가 말았다가 한다.

어느 한 지역에서 어느 한 시대에는 퇴적암과 화석이 전혀 생기지 않을 가능성도 있다. 그러나 그 시대에 세계의 **다른** 지역에서는 화석들이 쌓이고 있을 가능성이 아주 높다. 고생물학자들은 지면 가까이에 놓인 각기 다른 지층들을 찾아 세계 각지를 돌아다니면서 조각들을 끼워맞춰서 연속 기록에 가까운 것을 작성하고자 애쓴다. 다음 장에 실린 것처럼 지질 연대표의 기준이 되는 암석들을 죽 잇는 것이다. 물론 고생물학자들이 전 세계 각지를 돌아다니는 것은 아니다. 그들은 보관함에 든 표본들을 찾아 박물관을 돌아다니거나, 발견 장소가 꼼꼼히 기록된 화석들의 기재문(記載文)을 찾아 대학 도서관의 문헌들을 뒤적거리며 돌아다닌다. 그들은 그런 기재문들을 이용하여 세계 각지의 퍼즐 조각들을 끼워맞춘다.

쉽게 알아볼 수 있는 독특한 암석들과 동일한 종류의 화석들을 가진 특정한 지층들이 여러 지역에서 나타난다는 사실 덕분에 그 일은 더 쉬워진다. 한 예로, 표의 왼쪽 아래에 있는 데본기는 데본이라는 아름다운 고장에서 처음 발견되어 그 이름을 땄다. 데본암이라고도 불리는 이 "구적사암(Old Red Sandstone)"은 영국제도의 여러 지역, 독일, 그린란드, 북아메리카 등지에서 나타난다. 데본암은 어디에서 발견되든 간에 데본암임을 알 수 있다. 암석의 특징 때문이기도 하지만, 그 안에 든 화석이라는 내부 증거 덕분이기도 하다. 이 말이 순환논법처럼 들리겠지만, 실제로는 그렇지 않다. 학자들이 내부 증거를 통해서 사해문서(死海文書)를 성경 "사무엘상서"의 일부라고 파악하는 것과 다르지 않다. 데본암은 독특한 화석들 덕분에 확연히 구별된다.

단단한 몸 화석이 처음으로 나오는 시대부터, 지질시대의 다른 암석들에도 똑같은 말을 할 수 있다. 고대 캄브리아기에서 현재의 신생대 제4기에 이르기까지, 지질시대는 주로 화석 기록의 변화를 토대로 구분한다. 그 결과 화석들의 연속성이 뚜렷이 끊기는 멸종이 한 시대가 끝나고 다른 시대가 시작되는 시점을 규정하곤 한다. 스티븐 제이 굴드가 말했다시피, 페름기 말에 일어난 대규모 멸종 전후의 암석 덩어리를 제대로 분간하지 못하는 고생물학자는 없다. 양쪽 동물들은 서로 전혀 겹치지 않는다. 사실 화석들(특히 미화석들)은 암석들의 종류와 연대를 파악하는 데에 아주 유용하기 때문에, 석유와 광산 회사들이 주로 활용한다.

암석들의 퍼즐 조각들을 수직으로 끼워맞추는 그런 "상대 연대 측정"은 오래 전부터 이루어져왔다. 지질시대들의 명칭은 절대 연대 측정이 가능해지기 이전에, 상대 연대 측정을 위해서 붙여진 것이다. 그 명칭들은 지금도 사용된다. 그러나 화석이 드문 암석들은 상대 연대 측정이 더 어렵다. 캄브리아기 이전의 암석들이 대부분 거기에 속한다. 지구 역사의 9분의 8이나 되는 기간이 말이다.

이 책을 비롯하여 영어권에서는 지질 연대를 표시할 때에 메가아눔(megaannum), 줄여서 "Ma"라는 고대 그리스-로마어에서 유래한 부정확하다고는 할 수 없지만, 조금은 우아하지 못한 단위를 주로 쓴다. 그런데 그런 절대 연대 측정은 물리학, 특히 방사성 물리학이 발전할 때까지 기다려야 했다. 이 부분은 설명이 조금 필요하다. 상세한 설명은 "삼나무 이야기"에서 하기로 하자. 지금은 화석들 또는 그것들이 들어 있거

왼쪽 표

누대	대	기	세	시간 (100만 년 단위)
현생누대	신생대(Cᴢ)	제4기(Q)	홀로세 / 플라이스토세	2.58
		신제3기(N) [제3기(Pg)]	플라이오세 / 마이오세	23.03
		고제3기(Pg)	올리고세 / 에오세 / 팔레오세	66
	중생대(Mᴢ)	백악기(K)	후 / 전	145
		쥐라기(J)	후 / 중 / 전	201.3
		트라이아스기(Tʀ)	후 / 중 / 전	252.17
	고생대(Pᴢ)	페름기(P)	러핑세 / 과달루페세 / 시수랄리아세	298.9
		석탄기(C)	펜실. 후/중/전 · 미시. 후/중/전	358.9
		데본기(D)	후 / 중 / 전	419.2
		실루리아기(S)		443.8
		오르도비스기(O)	후 / 중 / 전	485.4
		캄브리아기(€)	푸롱세 / 제3세 / 제2세 / 테르뇌브세	541

오른쪽 표

누대	대	(100만 년 단위)
현생누대		66
		252.17
		541
선캄브리아누대	원생대	신원생기(Nᴘ) — 1000
		중원생기(Mᴘ) — 1600
		고원생기(Pᴘ) — 2500
	시생대	신시원기 — 2800
		중시원기 — 3200
		고시원기 — 3600
		시생대 — 4000
	명왕누대	

국제층서학위원회가 발표한 연대표를 축약한 표로, 오래되었을수록 짙은 음영으로 나타냈다(가장 최근 암석은 흰색, 가장 오래된 암석은 검은색). 연대는 누대, 대, 기, 세 순으로 나누어져 있다. 시간은 100만 년 단위로 파악된다. 시간의 단위는 "100만 년 전(Ma)"이다. "제3기"는 공식적으로는 더 이상 쓰이지 않지만, 일부 지질학자들은 재도입해야 한다고 주장하므로 여기에 표시했다. 펜실베이니아기와 미시시피기는 미국 지질학자들이 석탄기 대신 쓰는 명칭이다. 이 연대표의 맨 아래쪽은 공식적으로 확정되지 않은 상태이지만, 일반적으로 지구와 태양계의 나머지 부분들이 형성된 시기인 약 46억 년 전까지 이어져 있다고 가정한다.

나, 그 주위에 있는 암석들의 절대 연대를 알려줄 신뢰할 만한 다양한 방법들이 있다는 것 정도만 말해두기로 하자. 게다가 각 방법들은 수백 년(나이테)에서 수천 년(탄소14)을 거쳐, 수억 년(우라늄–토륨–납), 수십억 년(칼륨–아르곤)에 이르기까지 각기 다른 시대에 적용되므로, 그것들을 이용하면 지질시대 전체를 파악할 수 있다.

재현된 유물

고고학 표본들이 그렇듯이, 화석도 어느 정도는 과거로부터 직접 온 유물이다. 이제 두 번째 부류의 역사적 증거들인 세대를 거치면서 복사되는 **재현된** 유물들을 살펴보자. 인간사를 다루는 역사가들에게는 이것이 구전되거나 문헌을 통해서 전해지는 목격담을 의미할 수도 있다. 우리는 14세기 영국에서의 삶이 어떠했는지 직접 목격한 사람을 찾을 수는 없지만, 초서의 글 같은 문헌들 덕분에 당시 생활이 어떠했는지 알 수 있다. 그런 문헌들은 복사되고 인쇄되고 도서관에 보관되었다가, 다시 인쇄되고 유통되며, 오늘날까지도 우리는 그 안에 담긴 정보들을 읽을 수 있다. 어떤 이야기든 일단 인쇄가 되면, 혹은 지금처럼 컴퓨터 매체에 옮겨지고 나면, 먼 미래까지 계속 보전될 가능성이 높다.

　문자로 쓰인 기록은 구전보다 신뢰성이 대단히 높다. 당신은 각 세대의 아이들이 부모를 잘 알 뿐만 아니라, 대다수 아이들이 부모의 회고담을 귀담아들었다가 그것을 다음 세대에 전달한다고 생각할지도 모른다. 그리고 다섯 세대가 지나면 풍성한 구전 이야기들이 남아 있을 것이라고 생각할 수도 있다. 그러나 나는 4대 조상까지는 꽤 명확히 기억하고 있지만, 8대 조상은 약간의 단편적인 일화들밖에 알지 못한다. 한 조상은 신발 끈을 매는 동안에만 별 의미 없는 곡조를 흥얼거리곤 했다(나는 그 곡조를 읊조릴 수 있다). 또 한 조상은 크림을 아주 즐겨 먹었고, 체스를 하다가 지면 체스판을 마구 두들기곤 했다. 또 한 조상은 동네 의사였다. 내가 아는 것은 그 정도뿐이다. 8대에 걸친 조상들의 삶이 어떻게 그 정도로 축소된 것일까? 우리와 당사자인 조상은 정보 중개자들을 몇 단계만 거치면 연결되고 각 단계마다 넉넉하게 대화가 오가건만, 여덟 명이 평생에 걸쳐 겪었던 수천 가지의 온갖 세세한 일화들이 어떻게 그렇게 빨리 잊힐 수 있을까?

안타깝게도 구전은 음유시인들이 낭송하는 시 같은 것으로 만들어져서 계속 읊어지지 않으면 거의 즉시 잊히며, 호메로스가 한 것처럼 나중에 글로 옮긴다고 할지라도, 역사적 정확성은 크게 떨어진다. 구전은 놀랍게도 단 몇 세대만에 무의미하고 거짓된 이야기로 타락한다. 진짜 영웅, 악당, 동물, 화산에 관한 역사적 사실들은 신, 악마, 켄타우로스, 불을 뿜는 용이 나오는 신화로 빠르게 변질된다(취향에 따라서는 발달한다고 말할 사람도 있을 것이다).* 하지만 우리는 구전과 그 불완전함에 구애받을 필요가 없다. 진화사에는 그런 것이 없기 때문이다.

글쓰기는 대단한 진보이다. 종이, 파피루스, 심지어 석판도 지워지거나 파괴될 수 있지만, 문자 기록은 비록 완전히 정확하지는 않을지라도 무한한 세대에 걸쳐 정확히 복사될 잠재력을 가지고 있다. 내가 말하는 정확성(accuracy)과 세대(generation)라는 단어의 특수한 의미를 설명해야겠다. 당신이 내게 뭔가 손으로 쓴 쪽지를 건네주고, 내가 그것을 옮겨적어서 다른 사람(그다음 복사 "세대")에게 건네준다면, 내가 건네준 것은 정확한 사본이 아닐 것이다. 내 글씨체와 당신의 글씨체가 다르기 때문이다. 그러나 당신이 아주 공들여서 글씨를 쓰고, 내가 글자 하나하나를 당신의 글씨체와 똑같이 아주 공들여 베껴 쓴다면, 내가 당신이 쓴 내용을 완전히 정확하게 복사했을 가능성이 꽤 높다. 이론적으로 이런 정확성은 무한한 "세대"까지 전해질 수 있다. 저자와 독자가 합의한 독특한 자모가 있다면, 원본이 파괴되어도 내용은 복사를 통해서 존속할 수 있다. 글쓰기의 이런 특성을 "자기 표준화"라고 할 수 있다. 이것은 자모의 글자들이 불연속적이기 때문에 가능하다. 그 말은 아날로그 부호와 디지털 부호의 차이를 떠오르게 하는데, 좀더 설명을 해보자.

영어의 c와 g 경음의 중간 소리가 나는 자음이 있다(프랑스어인 comme의 c 경음이 바로 그렇다). 하지만 c와 g의 중간처럼 보이는 문자를 써서 이 소리를 나타내려고 시도하는 사람은 아무도 없을 것이다. 우리는 영어의 글자들은 26개의 자모로 된 한 벌, 단 한 벌뿐이어야 함을 잘 이해하고 있다. 우리는 프랑스인들이 똑같은 26개의 글자를 이용하지만 그 글자들이 영어와 정확히 똑같은 소리를 가리키지 않으며, 중간 소리

---

* 존 리더는 『지구의 인류(*Man on Earth*)』에서 문자가 없던 잉카인들(그들이 매듭을 지은 끈을 계산뿐만 아니라 언어로도 썼다는 최근의 주장이 사실이 아니라고 하면)이 구전의 정확성을 향상시킬 보완수단을 마련했다고 말했다. 공인 역사가들이 "엄청난 양의 정보를 암기하고 있다가 통치자들이 요구할 때마다 말해야 했다"는 것이다. "역사가의 지위가 아버지에게서 아들로 대물림되었던 것도 놀랄 일이 아니다."

를 나타내는 것도 있다는 사실을 알고 있다. 사실상 지역 사투리이자 방언인 각각의 언어는 자모를 각기 다른 소리를 자기 표준화하는 용도로 사용하고 있다.

자기 표준화는 세대를 거칠 때마다 내용이 변질되는 "중국 귓속말 놀이"*와 맞서 싸운다. 한 그림을 화가들이 연쇄적으로 모방해서 그리는 행위에서는 모방 양식이 나름대로의 "자기 표준화" 형태로 관습이 되어야만 그런 보호가 이루어질 수 있다. 그림과 달리 글자로 쓰인 사건의 목격담은 수세기가 지난 뒤에도 역사책에 정확히 재현될 가능성이 높다. 우리는 아마 기원후 79년의 폼페이 파괴 장면을 정확히 묘사할 수 있을 것이다. 소(小)플리니우스가 역사가 타키투스에게 보낸 두 통의 편지에 자신이 목격한 광경을 써놓았고, 타키투스의 저술 중 일부가 살아남아 계속해서 글로 옮겨지다가 마침내 인쇄됨으로써 오늘날 우리가 읽을 수 있기 때문이다. 필경사(筆耕士)들이 문서를 옮겨적던 구텐베르크 이전 시대에도, 글쓰기는 기억과 구전에 비해서 정확성을 크게 향상시켰다.

복사를 반복할 때에 정확성이 완벽하게 보존된다는 것은 이론상의 이상에 불과하다. 실제로 필경사들은 오류를 저지를 수 있고, 원문에 담겨 있어야 한다고 (추호의 의심도 없이 진정으로) 생각하는 것을 담기 위해서 사본의 글자를 거리낌 없이 수정한다. 가장 유명한 사례는 19세기의 독일 신학자들이 구약성경의 예언서에 맞추려고 신약성경의 역사를 꼼꼼하게 변조한 것이다. 그 필경사들이 의도적으로 허위로 옮겨적지는 않았을 것이다. 예수가 죽은 뒤에도 오래 생존했던 복음서의 저자들과 마찬가지로, 그들도 예수가 구약성경에 나온 메시아임을 굳게 믿었다. 따라서 예수는 베들레헴에서 태어났어야 하며, 다윗의 후손이어야 했다. 문헌들이 이유도 없이 그렇게 말하지 않는다면, 그런 누락된 부분을 교정하는 것이 양식 있는 필경사의 의무였다. 나는 헌신적인 필경사라면 우리가 맞춤법 실수나 문법 오류를 자동적으로 수정하듯이 그것을 잘못되었다고 간주했을 것이라고 본다.

적극적인 변조와 별개로, 옮겨적어 사본을 만들 때에는 언제든 행이나 단어가 누락되는 오류가 생길 가능성이 있다. 어쨌든 간에 글쓰기는 그것이 발명되기 이전의 시대로

---

* 중국 귓속말 놀이(미국 아이들은 "전화 놀이"라고 한다)는 아이들이 한 줄로 서서 시작한다. 먼저 맨 앞에 있는 아이에게 귓속말로 어떤 말을 한 뒤, 다음 아이에게 그것을 귓속말로 전하게 한다. 그런 식으로 차례차례 마지막 아이까지 귓속말이 이어진다. 그런 다음 마지막 아이의 말을 들어보면, 원래의 말이 신기할 정도로 왜곡되고 변질되어 있음을 알 수 있다.

우리를 데려갈 수가 없다. 글쓰기가 발명된 것은 겨우 5,000여 년 전이다. 기호, 계산용 표시, 그림은 좀더 멀리, 약 수만 년 전까지 거슬러올라가지만, 그 기간도 진화의 시간에 비하면 새 발의 피이다.

다행히도 진화에는 또다른 종류의 복제되는 정보가 있다. 그것은 거의 상상할 수 없을 만큼 무수한 세대에 걸쳐 복제되며, 약간의 시적 감수성을 덧붙여서 말한다면 우리는 그것이 기록된 글에 상응한다고 생각할 수도 있다. 즉 그것은 수억 세대에 걸쳐 놀라울 정도로 정확히 스스로를 재현하는 역사적 기록이다. 우리의 저술체계와 마찬가지로 그것도 자기 표준화하는 자모를 가지고 있기 때문이다. 모든 생물의 DNA 정보는 먼 조상으로부터 놀라울 정도로 고스란히 전해져왔다. DNA의 각 원자들은 끊임없이 교체되지만, 그 서열에 암호로 담긴 정보는 수백만 년, 때로는 수억 년에 걸쳐 계속 복제된다. 우리는 현대의 분자생물학 기술들을 이용하여 DNA 글자 서열 자체를 밝혀냄으로써 이 기록을 직접 읽거나, 그것을 번역한 산물인 단백질의 아미노산 서열을 분석하여 좀더 간접적으로 읽을 수 있다. 혹은 거무스름한 유리창 너머로 훨씬 더 간접적으로, 즉 DNA의 발생학적 산물들을 연구함으로써 읽을 수도 있다. 다시 말해서 몸의 형태와 신체기관들과 화학 작용을 통해서 말이다. 역사를 거슬러올라가기 위해서 굳이 화석을 찾을 필요는 없다. DNA는 세대를 거치면서 아주 서서히 변하고, 역사는 현대 동식물들의 몸속에 DNA의 암호 글자들로 새겨져 있기 때문이다.

DNA 메시지는 진짜 자모로 쓰여 있다. 로마, 그리스, 키릴 문자의 체계처럼 DNA 자모도 자명한 의미는 전혀 없이 개수가 엄격하게 정해진 기호들이다. 그 임의의 기호들을 선택해서 조합하면 복잡성과 크기에 제한이 없는 의미 있는 메시지를 만들 수 있다. 영어 자모는 26개, 그리스어 자모는 24개인 반면, DNA 자모는 4개이다. DNA에서는 글자 셋이 모여 단어 하나가 만들어진다. 따라서 사전에 있는 단어는 64개에 불과하다. 그 단어를 "코돈(codon)"이라고 한다. 사전에 있는 코돈들 중에는 다른 코돈들과 동의어인 것들도 있으며, 그런 상태를 전문용어로 유전암호가 "중첩되었다"고 한다.*

---

* 간혹 중첩(degenerate) 대신에 "여분(redundant)"이라는 말이 잘못 쓰이기도 하지만, 의미가 다르다. 유전암호는 이중나선의 양쪽 가닥이 같은 정보를 담고 있다는 의미에서 여분도 가지고 있다. 실제로 암호가 해독되는 것은 한 가닥뿐이며, 나머지 가닥은 오류를 교정하는 데에 사용된다. 공학자들도 오류를 수정하기 위해서 여분—중복—을 활용한다. 유전암호의 중첩은 그와는 의미가 다르다. 여기서 말하고 있는 것

DNA 사전에 실린 64개의 코돈 단어는 의미상으로는 21가지에 해당한다. 아미노산 20가지에다가 마침표 하나를 뜻한다. 인간의 언어는 무수히 많고 변화하므로 사전에는 수십만 개의 단어가 실려 있다. 그러나 DNA 사전에 있는 64개의 단어는 보편적이며 변하지 않는다(아주 드물게 미미한 변이가 나타나기는 한다). 20가지의 아미노산들은 대개 몇백 개씩 한 줄로 엮여서 단백질 분자를 만든다. 글자의 수는 4개, 코돈의 수는 64개로 한정되어 있지만, 코돈의 순서를 이리저리 바꿔가면서 엮을 수 있는 단백질의 수는 이론적으로 무한하다. 이루 헤아릴 수가 없다. 한 단백질 분자를 규정하는 코돈들로 된 "문장"은 구분할 수 있는 하나의 단위가 되며, 그것을 유전자라고 한다. 유전자는 서열로부터 읽을 수 있는 글자와 다른 별도의 구획 문자 같은 것을 통해서 이웃들(다른 유전자든 무의미한 반복 서열이든 간에)과 분리되어 있는 것이 아니다. 이런 점에서 유전자는 구두점이 없어서 그것을 단어로 표현해야 하는 전보와 비슷하다. 비록 전보는 DNA에는 없는 단어 사이의 빈칸을 이용하지만 말이다.

DNA는 결코 전사되지 않는 무의미의 바다에 떠 있는 의미의 섬들이라는 점에서 글과 다르다. 전사될 때 의미 없는 "인트론들(introns)" 사이에 있는 의미를 가진 "엑손들(exons)"이 서로 합쳐져서 "하나의" 유전자가 된다. 암호를 읽는 장치는 인트론을 건너뛰어서 엑손만을 읽는다. 그리고 의미를 가진 DNA 부위들 중에도 정리하지 않은 하드디스크에 저장된 초고들처럼, 한때는 유용한 유전자였으나 이제는 옛 사본에 불과해짐으로써 읽히지 않는 것들이 많다. 유전체를 대청소가 몹시 필요한 낡은 하드디스크로 보는 이런 관점은 이 책에 이따금 등장할 것이다.

오래 전에 죽은 동물의 DNA 분자들이 그대로 보존된다는 의미는 아니라는 점을 다시 말해두자. DNA 속의 **정보**는 영구히 보존될 수 있지만, 계속해서 복제되어야만 가능하다. 영화 "쥐라기 공원"의 줄거리는 비록 터무니없지는 않지만, 현실에 들어맞지 않는다. 호박 속에 갇힌 피를 **빠는** 곤충은 얼마 동안은 공룡을 재구성하는 데에 필요한 명령문들을 분명히 가지고 있을 수 있다. 더욱이 화석은 공룡의 피에 DNA가 든 적혈구가 있었음을 보여준다(우리 적혈구가 아니라 그들의 후손인 조류의 적혈구와 비슷하다). 또 수백 년 동안 존속할 수 있는 생명 분자가 있다는 말도 사실인 듯하다.

은 중첩이다. 중첩된 암호는 동의어를 담고 있으며, 따라서 실제로 가진 것보다 더 다양한 의미를 가질 수 있다.

한 예로, 연구자들은 4,600만 년 전의 화석화된 모기가 마지막으로 빨았던 피에서 헤모글로빈처럼 생긴 화학물질을 추출했고, 7,000만 년 된 공룡의 뼈에서 콜라겐 단백질을 추출하는 믿기 힘든 일까지 해냈다. 하지만 이런 화학물질들은 작고 튼튼한 것들이다. DNA라는 길게 뻗은 허약한 물질은 상황이 전혀 다르다. DNA는 끊임없이 유지관리가 이루어지지 않으면, 금방 끊겨서 분해되기 시작한다. 몇 년 사이에—부드러운 조직에 든 것은 고작 며칠 사이에—산산이 조각나서 읽을 수 없게 될 수도 있다.

춥고 산소가 없는 조건에서는 읽지 못하는 쪼가리로 분해되는 가차 없는 과정이 좀 느려진다. 현재 가장 오래된 유전체 기록은 캐나다 영구동토대에서 발견된 70만 년 된 말[馬]의 뼈에서 나온 것이다. 얼어붙지 않은 상태에서도, 춥고 안정된 환경에서는 DNA가 수십만 년 동안 보존될 수 있다. 연구자들은 추운 동굴에서 발굴된 인류 뼈들로부터 정도의 차이는 있지만 DNA를 꽤 많이 추출해왔다. 가장 놀라운 성과는 근친교배를 해온 네안데르탈인의 5만 년 된 뼈에서 유전체 전체를 추출한 것이다(뒤에서 더 자세히 살펴보자). 이런 기간들은 인간의 기준으로 보면 무척 길지만, 우리의 여정에 비추어보면 극히 일부에 해당한다. 안타깝게도 화학적으로 볼 때, 고대 DNA가 알아볼 수 있을 만큼 보존되는 최대 연한은 수백만 년에 불과하다. 공룡 시대까지 거슬러올라가지 못한다는 것은 확실하다.

DNA에서 중요한 점은 후손이 끊이지 않는 한, 그 안에 담긴 정보가 오래된 분자가 파괴되기 전에 새로운 분자 속에 복제된다는 것이다. 이런 방식으로 DNA 정보는 그것을 지닌 분자들보다 훨씬 더 오래 살아남는다. 그것은 재생 가능하며, 즉 복제될 수 있으며, 사본들은 원본의 글자들을 거의 완벽하게 담고 있으므로, 무한히 긴 시간 동안 존속할 수 있다. 우리 조상들이 지녔던 DNA 정보 중에는 수억 년 동안 전혀 변하지 않은 채 후손들을 통해서 세대를 거쳐가면서 살아남은 것들도 많다.

이런 식으로 이해하면, DNA 기록은 역사가에게 거의 믿을 수 없을 정도로 풍족한 선물인 셈이다. 모든 종의 모든 개체의 몸속에 길고 상세한 문서가, 즉 오랜 세월 후손들에게로 전해져 내려온 문서가 존재하는 세계를 역사가가 어디 상상이나 할 수 있었을까? 게다가 거기에는 미미한 변화들도 있다. 그 변화들은 기록에 혼란을 일으키지 않을 정도로 작지만, 기록에 독특한 꼬리표를 붙일 수 있을 만큼은 된다. 그보다 더할 때도 있다. 그 문서는 제멋대로 쓰인 것이 아니다. 나는 『무지개를 풀며(*Unwaving* the Rainbow)』에서 동물의 DNA가 "사자(死者)의 유전서" 역할을 하는 다윈주의 사례를 들었다. 즉 조상들의 세계를 기록한 책이라고 말이다. 그것은 체형, 물려받은 행동, 세포화학을 비롯하여 동물이나 식물의 모든 것이 조상들이 살던 세계를 담은 암호 메시지라는 다윈 진화의 실례로부터 도출된 개념이다. 그 메시지 안에는 그들이 찾던 먹이, 그들이 피했던 포식자, 그들이 견딘 기후, 그들이 유혹했던 짝에 관한 내용들이 담겨 있다. 그것은 자연선택이라는 체로 계속 걸러진 뒤에 DNA에 새겨진 메시지이다. 언젠가 우리가 제대로 읽는 법을 배우면, 돌고래의 DNA는 우리가 돌고래의 해부학과 생리학을 통해서 이미 파악한 비밀들을 확인시켜줄지 모른다. 즉 그들의 조상들이 한때 육지에 살았다는 것을 말이다. 4억 년 전, 육지에서 살던 돌고래의 조상들을 포함한 모든 육상 척추동물들의 조상들은 생명이 탄생했을 때부터 살았던 곳인 바다를 떠났다. 우리가 DNA 기록을 읽을 수 있다면, 그 안에 이 사실이 기록되어 있음을 확인할 수 있을 것이다. 현대 동물의 모든 것, DNA뿐만 아니라 팔다리와 심장, 뇌, 번식주기 등도 과거를 기록한 연대기로 간주할 수 있다. 비록 수없이 덮어쓴 기록이라고 할지라도 말이다.

　DNA 연대기는 역사가에게 선물일지 모르지만, 읽기가 쉽지 않으며, 해독하려면 상당한 지식이 필요하다. 어쨌든 그것은 세 번째 역사 재구성 방법인 삼각측량법과 결합시키면 더 강력해진다. 이제 그쪽으로 방향을 돌려보자. 이번에도 우선 인류사에서 비슷한 사례, 특히 언어의 역사를 살펴보기로 하자.

삼각측량법

언어학자들은 언어의 역사를 추적하고 싶어한다. 문자 기록이 남아 있는 지역에서는 비교적 추적하기가 쉽다. 역사언어학자는 재현된 유물들, 이를테면 단어들을 역추적할 때에 앞에서 말한 두 가지 방법 중 두 번째 것을 사용할 수 있다. 현대 영어는 계승되는 문학 전통을 통해서, 즉 셰익스피어, 초서, 『베어울프』를 통해서 중세 영어를 거쳐 앵글로색슨어까지 이어진다. 하지만 말은 글쓰기가 발명되기 훨씬 전부터 사용되었을 것이며, 문자가 없는 언어들도 많다. 죽은 언어들의 역사를 추적하는 언어학자들은 내가 삼각측량법이라고 부르는 것을 변형한 방법을 사용한다. 그들은 현대의 언어들을 비교하여 그것들을 어족으로 묶어서 계층화한다. 로마, 게르만, 슬라브, 켈트 등 유럽의 어족들은 인도 어족과 합쳐져서 인도유럽 어족을 이룬다. 언어학자들은 실제로 약 6,000년 전에 특정한 부족이 쓰던 "원시 인도유럽어"가 있었다고 믿는다. 그들은 더 나아가 후손 언어들이 공유한 특징들을 역으로 추정하여 그 언어의 세부 사항들을 재구성하고자 애쓴다. 인도유럽 어족과 동급에 놓이는 세계 다른 지역의 어족들도 같은 식으로 역추적되었다. 알타이 어족, 드라비다 어족, 우랄-유카기르 어족이 그렇다. 일부 낙관적인(그리고 논쟁적인) 언어학자들은 더 거슬러올라가서 그런 주요 어족들을 더 포괄적인 어족으로 통합할 수 있다고 믿는다. 이런 식으로 그들은 노스트라트어라는 가상의 원형 언어의 구성요소들을 재구성할 수 있다고 믿으며, 그 언어가 1만2,000-1만5,000년 전에 쓰였다고 본다.

많은 언어학자들은 원시 인도유럽어와 같은 등급의 다른 조상 언어들이 있었다는 주장은 기꺼이 인정하지만 노스트라트어 같은 고대어의 재구성 가능성에는 회의적이다. 그 전문가들의 회의적인 시각은 아마추어인 나의 의구심을 더욱 부추긴다. 그러나 진화사에서는 그에 상응하는 삼각측량법, 즉 현대 생물들을 비교하는 다양한 기법들이 제대로 작동하며, 그 기법들을 이용해서 수억 년까지 거슬러올라갈 수 있다는 데에 의문의 여지가 없다. 설령 화석이 전혀 없어도, 현대 동물들을 비교하는 정교한 방법을 통해서 조상들을 꽤 정확하고 설득력 있게 재구성할 수 있다. 언어학자가 현대 언어들과 이미 재구성된 사어(死語)들로부터 삼각측량법을 통해서 과거의 원시 인도유럽어를 연구하는 것처럼, 우리는 현대 생물들의 외부 특징들이나 단백질이나 DNA 서열을 비교함으로써 같은 일을 할 수 있다. 전 세계의 도서관에 점점 더 많은 현대 종들의 DNA들이 점점 더 길고 정확한 목록으로 작성되어 쌓여갈수록, 우리 삼각측량법의 신뢰성도 커질 것이다. 특히 DNA 문서는 겹치는 부위가 대단히 많기 때문이다.

"겹치는 부위"가 무슨 뜻인지 설명해보자. 인간과 세균처럼 유연관계(類緣關係)가 극도로 먼 생물들에서 추출한 DNA들을 비교해도 서로 확연하게 닮은 부분이 상당히 많다. 그리고 인간과 침팬지처럼 아주 가까운 관계에 있는 생물들의 DNA는 공유하는 부분이 훨씬 더 많다. DNA 분자들을 잘 선택한다면, 생물들 사이의 관계가 가까워짐에 따라, DNA 중 공통된 부분의 비율이 계속 늘어나는 완벽한 스펙트럼을 얻을 수 있다. DNA 분자들을 잘 선택하면 인간과 세균 같은 먼 친척에서부터 개구리 두 종처럼 가까운 친척에 이르기까지 모든 생물들을 비교할 수 있다. 언어에서는 독일어와 네덜란드어 같은 가까운 언어들을 제외하고는 언어 사이의 유사성을 파악하기가 더 어렵다. 일부 언어학자들이 노스트라트어로 이끌어줄 추론 사슬이라고 기대하는 것을 다른 언어학자들은 회의의 대상으로 삼을 정도로 연결 고리들이 아주 약하다. 노스트라트어를 삼각측량하는 것이 인간과 세균 사이의 DNA를 삼각측량하는 것에 해당할까? 그러나 인간과 세균은 노스트라트어에 해당하는 공통 조상 이래로 거의 변화를 겪지 않은 유전자들을 간직하고 있다. 그리고 유전암호 자체는 모든 종에서 거의 동일하며, 공통 조상의 것도 같았을 것이 분명하다. 독일어와 네덜란드어의 유사성은 포유류 중 무작위로 택한 두 동물의 유사성에 대응한다고 말할 수 있다. 인간과 침팬지의 DNA는 흡사하므로, 둘은 발음이 약간 다른 두 영어 사투리에 대응한다. 영어와 일본어 또는 스페인어와 바스크어 사이의 유사성은 너무나 적어서 적절한 비유가 될 만한 생물 둘을 고르는 것이 불가능하다. 인간과 세균도 그 정도까지는 아니다. 인간과 세균은 한 문단에서 단어 대 단어가 똑같을 정도로 DNA 서열이 아주 비슷하다.

지금까지는 DNA 서열을 이용한 삼각측량법을 이야기했다. 원리상 그것은 형태적 특징들에도 적용되지만, 분자 정보가 없을 때, 먼 조상은 노스트라트어만큼이나 모호한 존재가 된다. DNA와 마찬가지로 형태적 특징들을 다룰 때, 우리는 한 조상의 많은 후손들이 공유한 특징들이 그 조상에서 유전되었을 가능성이 높다고(아니 적어도 그렇지 않을 가능성보다 그럴 가능성이 약간은 더 있다고) 가정한다. 모든 척추동물은 등뼈가 있으며, 우리는 화석들이 시사하다시피 약 5억 년 전에 살았던 등뼈가 있는 먼 조상에게서 등뼈를 물려받았다고(엄밀히 말하면 등뼈를 만드는 유전자를 물려받았다고) 가정한다. 이런 형태학적 삼각측량법은 이 책에 나온 공조상들의 체형을 상상하는 데에 도움이 되었다. 나는 DNA를 직접 사용하는 삼각측량법에 더 의존하고 싶지만, 한 유전자에 일어난 변화가 생물의 형태를 어떻게 바꾸는지 예측하기란 쉽지 않다.

삼각측량법은 종을 더 많이 포함시킬수록 더 효과적이다. 그러나 그러기 위해서는 계통수를 정확히 그리는 정교한 방법들이 필요하다. 이 방법들은 "긴팔원숭이 이야기"에서 설명하기로 하자. 또 삼각측량법은 진화 가지가 갈라진 시기를 계산하는 데에도 쓰인다. 이것이 바로 "분자시계"이다. 분자시계는 간단히 말해서 살아 있는 종들 사이의 분자 서열이 얼마나 다른지 측정하는 방법이다. 최근에 공통 조상을 가진 가까운 사촌들은 먼 사촌들보다 서열 불일치가 더 적으며, 공통 조상의 연대가 오래되었을수록 두 후손 사이의 분자 불일치도 더 많아진다. 분자시계의 시간 단위는 임의적이지만, 화석을 통해서 알 수 있는 몇몇 중요한 분지점(分枝點)의 연대를 참조하면 그것을 실제 연대로 전환할 수 있다. 실제로는 말처럼 그렇게 간단하지 않다. 이와 관련된 복잡한 문제들과 논쟁들은 "발톱벌레 이야기의 후기"에서 다루기로 한다.

초서의 총서시에는 순례여행을 하는 등장인물들이 모두 소개된다. 내 배우들은 소개하기에는 그 수가 너무 많다. 어쨌든 이야기 자체가 그들을 순서대로 소개하는 셈이다. 40번에 걸친 랑데부 지점들에서 말이다. 하지만 초서와 다른 방식으로 미리 소개할 필요는 있다. 그의 배우 목록은 개인들의 집합이고, 나의 목록은 무리들의 집합이다. 이쯤에서 우리가 동식물들을 무리 짓는 방법을 소개할 필요가 있을 것 같다. 랑데부 11에서 우리의 순례여행에는 설치류 약 2,000종에다가 토끼, 산토끼, 우는토끼 90종 등을 합친 설치동물(Glires)이 합류한다. 종들은 계층구조 방식으로 단계적으로 묶이며, 각 집단마다 이름이 붙는다(쥐와 비슷한 설치류들은 쥣과로 묶이고, 다람쥐와 비슷한 설치류들은 다람쥣과로 묶인다). 그리고 각 집단의 범주에도 나름대로 이름이 붙어 있다. 쥣과는 과라는 분류군에 속하며, 다람쥣과도 마찬가지이다. 이 둘을 합친 설치목은 목에 속한다. 설치동물은 설치류와 토끼류를 합친 것으로 상목에 속한다. 그런 식으로 분류군들은 계층구조를 이루며, 과와 목은 그 계층구조의 중간에 속한다. 그보다 아래에 종(種, species)이 있다. 그 위로 차례로 속(屬, genus), 과(科, family), 목(目, order), 강(綱, class), 문(門, phylum)이 있으며, 그 사이사이에 아-(亞, sub-)와 상-(上, super-)이라는 접두어가 붙는 중간 분류군들이 있다.

앞으로 여러 이야기들을 통해서 알게 되겠지만, 종은 특별한 지위를 가진다. 모든 종은 대문자로 시작되는 속명과 소문자로 시작되는 종명으로 이루어진 자기만의 학명이 있다. 학명은 이탤릭체로 표기한다. 표범, 사자, 호랑이는 학명이 각각 *Panthera pardus*, *Panthera leo*, *Panthera tigris*로서 모두 판테라속, 고양잇과에 속하며, 고양잇과는 식육목, 포유동물강, 척추동물아문, 척삭동물문에 속한다. 분류학 규칙 설명은 이정도로 하고, 앞서 말했다시피 필요할 때에 언급하기로 하자.

랑데부 0

모든 인류

이제 과거로의 순례여행을 시작할 때이다. 우리는 그것을 타임머신을 타고 조상을 찾으러 떠나는 여행으로 생각할 수 있다. 더 정확히 말하면, 우리의 조상 유전자를 찾아가는 여행이다. 그러나 **누구의** 조상을 말하는 것일까? 당신이나 나의 조상? 아니면 밤부티 피그미족이나 토레스 해협 제도에 사는 원주민의 조상일까?

길게 보면, 그 점은 중요하지 않다. 충분히 거슬러올라가면, 모든 사람들의 공통 조상이 나타날 것이다. 당신이 누구든 간에, 당신의 조상은 나의 조상이고 나의 조상은 당신의 조상이기도 하다. 어느 정도 그럴 것이라는 의미가 아니라 말 그대로이다. 이것은 새로운 증거 없이도, 깊이 생각하면 드러나는 진리 중 하나이다. 우리는 귀류법이라는 수학 기법을 이용하여 순수이성으로 그것을 증명할 수 있다. 우리가 탄 가상의 타임머신을 불합리해 보일 만큼 먼 과거로, 즉 우리 조상들이 땃쥐나 주머니쥐와 비슷한 모습이었던 약 1억 년 전으로 보내보자. 그 시대의 세계 어딘가에 내 개인의 조상들 중 최소한 한 명이 살고 있었을 것이다. 그렇지 않았다면 나는 이 자리에 없을 테니 말이다. 이 특이한 작은 포유동물을 헨리라고 부르자. 헨리가 나의 조상이라면 당신의 조상이기도 하다는 것을 증명할 방법을 찾아보자. 먼저 반대 명제를 생각해보자. 즉 나는 헨리의 자손이지만 당신은 헨리의 자손이 아니라고 하자. 당신의 계통과 나의 계통은 현재까지 1억 년 동안 진화했고, 서로 접촉, 즉 상호 교배를 전혀 하지 않은 채 나란히 행진해서 같은 진화적 목적지에 도달해야 한다. 당신의 친척들과 나의 친척들이 서로 교배가 가능할 정도로 아주 흡사한 상태로 말이다. 이런 귀류법이 불합리하다는 것은 명백하다. 헨리가 나의 조상이라면 당신의 조상이기도 해야 한다. 또 나의 조상이 아니라면, 당신의 조상도 될 수 없다.

우리는 얼마나 오래되었는지 "충분히" 밝히지 않고서도, 어떤 후손 인류의 충분히

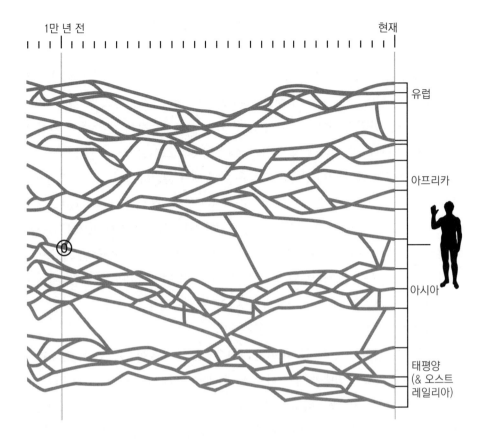

1만 년 전   현재

유럽

아프리카

아시아

태평양
(& 오스트
레일리아)

인류 멋지게 표현된 인류의 가계도. 정확한 묘사는 아니다. 실제 가계도는 감당할 수 없을 정도로 빽빽하다. 회색 선들은 상호 교배의 양상을 보여준다. 교배는 대륙 내에서 많이 이루어졌고, 이따금 대륙 사이에 이주가 이루어지기도 했다. 숫자가 적힌 원은 공조상 0, 즉 살아 있는 모든 인류의 가장 최근 공통 조상을 나타낸다. 공조상 0에서 오른쪽으로 나아가면서 조상이 맞는지 살펴보라. 끝으로 가면 현생 인류가 나올 것이다.

오래된 조상은 인류 전체의 조상임이 분명하다는 것을 방금 증명했다. 인간 종 같은 특정한 후손 집단들의 아주 먼 조상 문제는 도 아니면 모이다. 게다가 헨리가 나의 조상(그리고 당신이 이 책을 읽을 정도의 인간이라면 필연적으로 당신의 조상)이고, 그의 형제인 윌리엄이 살아 있는 모든 웜뱃들(wombats)의 조상일 가능성도 얼마든지 있다. 단지 가능하다는 차원의 이야기가 아니다. 역사의 어느 한순간에 같은 종에 속한 두 동물 중 하나가 모든 인류의 조상인 반면 절대 웜뱃의 조상은 아니고, 다른 하나는 모든 웜뱃의 조상인 반면 절대 인류의 조상은 아닌 때가 **분명히** 있었다는 것도 놀라운 사실이다. 그들은 서로 만났을 수도 있으며, 심지어 형제였을 수도 있다. 웜뱃 대신에 현대의 어떤 종을 대입해도, 그 말은 여전히 참이다. 차근차근 살펴보면, 모든 종들이 서로 친척이라는 사실에서 그런 결과가 나옴을 알 수 있다. "모든 웜뱃들의 조상"이 웜뱃 외의 다른 많은 동물들(캥거루와 코알라, 반디쿠트와 빌비를 비롯하여 우리가 랑데부 14에서 만날 남아메리카와 오스트레일리아의 여러 동물들을 포함하는 모든 유대류)의 조상이기도 하다는 사실을 기억해두자.

내 추론은 귀류법의 형태로 이루어졌다. 그것은 "헨리"가 살아 있는 모든 인류를 낳았거나 그렇지 않음이 명백할 만큼 아주 오래 전에 살았다고 가정한다. 그렇다면 얼마나 오래 전에 살았어야 충분히 오래 전이라고 할 수 있을까? 그것은 좀더 어려운 질문이다. 1억 년은 우리가 추구하는 결론을 확실히 보장하고도 남을 기간이다. 반면에 100년 정도만 거슬러올라갔을 때는 모든 인류를 직접적인 후손이라고 주장할 수 있는 개체는 없다. 그렇다면 100년 전과 1억 년 전이라는 확실한 기준 사이에 있는 1만 년, 10만 년, 혹은 100만 년 전의 불명확한 중간 조상들은 어떠했을까?

이 문제는 단지 호기심 차원의 것이 아니다. 우리의 첫 번째 랑데부 지점과 관련이 있는 문제이다. 우리는 공조상 0을 모든 현생 인류의 가장 최근 공통 조상이라고 정의하고자 하기 때문이다. 내가 『에덴의 강(River Our of Eden)』에서 이 문제를 다룰 때에는 정확한 계산을 한다는 것이 내 능력 밖의 일이었지만, 다행히도 예일 대학교 통계학자 조지프 창이 그 계산의 시발점을 제공했다. 그의 결론은 우리 첫 이야기의 토대를 이룬다. 뒤에서 이유가 뚜렷이 드러나겠지만, 첫 이야기는 태즈메이니아인이 할 것이다.

태즈메이니아인 이야기

조상들을 추적하는 일은 심심풀이로 해볼 만하다. 인류의 역사를 추적할 때처럼, 거기에도 두 가지 방법이 있다. 당신은 자신의 부모 두 명, 조부모 네 명, 증조부모 여덟 명 등을 열거하면서 과거로 거슬러올라갈 수 있다. 아니면 먼 조상을 택한 뒤 그의 아이들, 손자들, 증손자들 등 자신에게 도달할 때까지 후손들을 차례로 나열할 수도 있다. 아마추어 족보 연구자들은 양쪽 방법을 써서 세대를 오르내리면서 교구 기록이나 가정용 성경에 적혀 있는 계통수를 추적한다.

아무나 두 사람을 골라 과거로 거슬러오르면 빠르든 늦든 간에 가장 최근 공통 조상(most recent common ancestor, 줄여서 MRCA라고 하자)과 마주친다. 당신과 나든, 배관공과 여왕이든, 어떻게 짝을 짓든 간에 두 사람은 공조상 한 명(또는 한 쌍)에게로 수렴되게 마련이다. 그러나 우리가 선택한 사람이 가까운 친척이 아니라면, 공조상을 찾기 위해서는 계통수를 아주 멀리까지 거슬러올라야 하며, 그 조상은 대개 우리가 모르는 누군가일 것이다. 현재 살아 있는 모든 인류의 공조상은 더욱더 그렇다. 살아 있는 모든 인류의 가장 최근 공통 조상인 공조상 0의 연대를 파악하는 것은 족보 연구가가 할 수 있는 종류의 일이 아니다. 그것은 추정하는 일이며, 따라서 수학자의 몫이다.

응용수학자는 현실 세계를 단순화한 것, 즉 "모형"을 만들어서 현실을 이해하고자 한다. 모형은 현실을 조망하는 능력을 전혀 잃지 않으면서도 생각을 수월하게 할 수 있도록 도와준다. 때로 모형은 현실 세계를 규명하는 출발점, 즉 기준점 역할도 한다.

살아 있는 모든 인류의 공통 조상의 연대를 추정할 수학 모형을 세울 때, 이주자가 전혀 없는 섬에서 사는 일정 규모의 번식 집단을 상정한다면 가정을 꽤 단순화할 수 있다. 일종의 장난감 세계인 셈이다. 19세기 유럽 정착민들이 농업을 망치는 해로운 존재로 간주하여 절멸시키기 전까지 행복한 시대를 살았던 태즈메이니아 원주민들이 바로 그런 이상적인 집단에 해당한다. 순수 혈통의 마지막 태즈메이니아인 트루가닌는 친구 "킹 빌리"가 죽은 지 얼마 지나지 않은 1876년에 사망했다. 나중에 빌리의 음낭은 담배쌈지로 만들어졌다(나치가 유대인의 피부로 만든 등불 갓을 떠오르게 한다). 태즈메이니아 원주민들은 약 1만3,000년 전 해수면이 높아져 오스트레일리아와 이어져 있던 육교가 물에 잠기면서 고립되었다. 그 뒤로 그들은 외부인을 전혀 접하지 못하다가

19세기에 유럽인들이 들어오자 대량 학살을 당했다. 모형을 세운다는 우리의 목적상, 태즈메이니아가 1800년까지 약 1만3,000년 동안 다른 세계와 완전히 고립되어 있었다고 생각하자. 모형의 목적상 1800년을 "현재"로 정의하자.

다음 단계는 짝짓기 양상을 모형화하는 것이다. 현실 세계에서 사람들은 연애결혼을 하거나 중매결혼을 하지만, 모형 제작자인 우리는 수학적으로 처리하기 쉽도록 세세한 부분을 과감하게 생략하기로 하자. 우리는 다양한 짝짓기 모형을 상상할 수 있다. 무작위 확산 모형은 남녀가 출생지에서 밖으로 확산되는 입자처럼 행동한다고 본다. 그들은 먼 이웃보다는 가까운 이웃과 마주칠 가능성이 더 높다. 그보다 현실성은 더 떨어지지만 더 단순한 것은 무작위 짝짓기 모형이다. 이 모형은 거리를 전혀 고려하지 않고 그냥 섬에 있는 모든 남녀의 짝짓기 기회가 동등하다고 가정한다.

물론 두 모형은 설득력이 한참 떨어진다. 무작위 확산 모형은 사람들이 출발점에서 아무 방향으로나 걸어간다고 가정한다. 하지만 현실에서는 그들의 발길을 인도하는 통로나 길이 있다. 즉 섬의 숲과 풀밭을 가로지르는 좁은 유전자 도랑들이 있다. 무작위 짝짓기 모형은 훨씬 더 비현실적이다. 굳이 살펴볼 필요도 없다. 우리는 단순화한 이상적인 조건에서 무슨 일이 벌어지는지 알아보려고 모형을 만든다. 모형은 놀라운 결과를 내놓을 수도 있다. 그러면 우리는 현실 세계가 그보다 더 놀라운지 덜 놀라운지, 그렇다면 어느 측면에서 그러한지를 살펴볼 필요가 있다.

조지프 창은 수리유전학자들의 오랜 전통에 따라 무작위 짝짓기를 택했고, 인구 크기를 상수로 삼았다. 그가 태즈메이니아를 다룬 것은 아니지만, 우리는 계산을 극도로 단순화해서 우리가 다룰 집단의 수가 5,000명으로 일정하게 유지된다고 가정하자. 대량 학살이 시작되기 전인 1800년에 태즈메이니아 원주민 인구가 그 정도였다고 추정된다. 그런 단순화가 수학 모형 작성의 핵심이라는 것을 다시 한번 말해두어야겠다. 단순화는 그 방법의 약점이 아니라, 특정한 목적에 적합한 강점이다. 물론 유클리드가 선에 폭이 없다고 진짜로 믿지 않은 것처럼, 창도 사람들이 무작위로 짝짓기를 한다고는 믿지 않았다. 우리는 추상적인 가정들이 어디로 이어지는지 계속 따라간 다음에, 세세한 부분들이 현실 세계와 중요한 차이를 보이는지 판단하기로 하자.

그렇다면 우리의 인구 모형에서, 현재 인구의 모든 사람의 공통 조상을 찾으려면 평균 몇 세대를 거슬러올라가야 할까? 창의 계산에 따르면, 12세대보다 조금만 더 올라가면 된다. 사람의 계통수는 대개 한 세기에 서너 세대로 이루어지며, 태즈메이니아인의 공조상은 4세기를 채 거슬러오르기도 전에 나타난다. 놀라울 만치 최근인 양 보이지만, 그렇게 최근일 것이라고 예상하는 타당한 이유가 하나 있다. 이렇게 한번 생각해보라. 어떤 사람이든 간에 가계를 거슬러올라갈수록 조상 혈통의 수는 급격히 증가한다. 부모는 2명, 조부모는 4명, 증조부모는 8명 등, 수학자들이 기하급수적 증가라고 말하는 양상이 나타난다. 2, 4, 8, 16, 32, 64, 128, 256, 512, 1,024, 2,048, 4,096, 8,192······으로 늘어난다. 이제 겨우 몇 세대만 올라가도 공통 조상을 찾을 수 있다는 말이 그리 놀랍지 않게 다가올 것이다.

이 논리에 따르면, 13세대 전의 조상은 8,192명이 된다. 태즈메이니아인도 그럴 것이다. 그렇다면 이 숫자를 태즈메이니아 인구가 겨우 5,000명으로 일정하다는 가정과 어떻게 끼워맞춰야 할까? 핵심은 기하급수적 증가가 우리의 계통수로 이어지는 경로의 수이며, 여러 경로들이 겹쳐져서 동일한 조상으로 거슬러올라갈 수도 있다는 데에 있다.*

더 큰 인구라면 어떻게 될까? 창은 평균적으로 얼마나 멀리 거슬러올라가야 공통 조상을 찾게 될까라는 질문의 일반적인 답을 제시한다. 조상 경로의 수(반드시 조상의 수를 뜻하는 것은 아니다)가 그 집단의 크기와 똑같아질 때까지이다. 그것은 몇 세대 전일까? 이는 2를 몇 번 곱해야 그 집단의 크기에 도달하는가라는 질문과 같다. 수학자들은 이것을 밑이 2인 로그 함수라고 한다. 창의 모형이 내놓은 일반해이기도 하다. 예를 들면, 우리가 설정한 태즈메이니아인 인구인 5,000명의 로그(밑이 2인)를 취하면, 약 12.3명이 된다. 따라서 12세대 남짓만 올라가면 태즈메이니아인 공조상과 마주친다.

어떤 특정 개체군의 가장 최근 공통 조상이 살았던 시기를 "창 1"이라고 부르자. 창 1에서 계속 거슬러올라가면, 머지않아 "창 2"의 시기에 도달할 것이다. 그 집단의 해당 시기에 사는 사람들은 공통 조상이든지, 아니면 살아남은 후손을 전혀 남기지 못한 존재든지 둘 중 하나일 것이다. 창 1과 창 2 사이의 짧은 기간에는 살아남은 후손이 있지만 모든 사람의 공통 조상은 아닌, 중간 범주에 속한 사람들이 있다. 여기에서 창 2에 사는 사람들의 대다수가 보편적인 조상이라는 놀라운 추론이 도출된다. 즉 어느 한 세대의 개체들 중 약 80퍼센트는 이론상 먼 미래에 살게 될 모든 사람들의 조상들

---

* 사실 거슬러올라갈수록 조상 경로의 수는 한없이 증가하면서 금세 지구의 총인구를 넘어선다. 1만 년 전으로 가면, 그 수가 관측 가능한 우주의 원자 수까지도 넘어선다.

이라는 것이다.

수학적으로 계산하면 창 2가 창 1보다 약 1.77배 더 오래되었다는 결과가 나온다. 12.3세대를 1.77배 하면 22세대에 조금 못 미치며, 기간으로는 6–7세기 사이이다. 따라서 타임머신을 타고 시간을 거슬러올라가서, 영국의 제프리 초서가 살던 무렵까지 가면, "도 아니면 모"인 상황에 도달한다. 거기에서 태즈메이니아가 오스트레일리아와 붙어 있었던 시대까지 올라가면서 우리의 타임머신이 만나는 모든 사람들은 후손들로 이루어진 집단을 가지든지 가지지 못하든지 둘 중 하나에 속할 것이다.

논리적으로는 그렇지만, 당신은 어떨지 몰라도 나로서는 이 값이 놀라울 만치 최근이라는 생각이 계속 든다. 더 큰 개체군을 가정해도 결론은 마찬가지이다. 현재 영국의 인구인 6,000만 명을 모형 집단의 크기라고 해도, 우리는 여전히 23세대만 올라가면 창 1에 도달할 것이고, 가장 최근의 보편적인 조상과 만날 것이다. 그 모형을 영국에 적용하면 창 2, 즉 모든 사람이 현대의 모든 영국인의 조상이든지 아니든지 둘 중 하나인 시점은 약 40세대 전, 즉 기원후 850년경이다. 그 모형의 가정들이 참이라면(물론 참은 아니다), 앨프리드 대왕은 현대의 모든 영국인의 조상이든지 아니든지 둘 중 하나이다.

시작할 때에 했던 경고를 여기서 되풀이해야겠다. 영국인이든 태즈메이니아인이든 다른 어느 지역의 집단이든 간에, "모형" 집단과 "실제" 집단 사이에는 온갖 차이점들이 있다. 영국의 인구는 역사적으로 급격히 증가해서 현재의 규모가 되었으므로, 계산 결과와 완전히 다르다. 실제 집단에서는 사람들이 무작위로 짝을 짓는 법이 없다. 그들은 같은 종족이나 언어 집단이나 지역 사람들을 선호하며, 물론 각자 나름대로의 취향도 있다. 비록 지리적으로 섬이기는 해도, 영국의 개체군은 고립되지 않았으므로 역사는 더 복잡해진다. 오랜 세월에 걸쳐 유럽 대륙에서 이민자들이 영국으로 밀려오곤 했다. 로마인, 색슨족, 데인족, 노르만족 등이 그렇다.

태즈메이니아와 영국이 섬이라면, 세계는 이민을 가거나 오는 사람이 전혀 없으므로, 더 큰 "섬"이라고 할 수 있다. 그러나 세계는 바다뿐만 아니라 사람들의 이동을 가로막는 산맥, 강, 사막 등을 통해서 대륙들과 작은 섬들로 불완전하게 나뉜다. 부족이 일부 고립된다면 우리의 산뜻한 계산은 엉망진창이 되며, 어떤 형태로든 작위적인 교배가 이루어져도 마찬가지이다. 현재 세계 인구는 70억 명이지만, 70억의 밑이 2인 로그 함수를 취해서 나온 값인 중세 연대를 랑데부 0으로 잡는다면 불합리할 것이다!

실제 연대는 그보다 더 올라간다. 인류 집단들이 우리가 지금 계산하고 있는 연대보다 훨씬 더 오랫동안 격리되어왔기 때문이다. 태즈메이니아처럼 섬이 1만3,000년 동안 고립되어 있었다면, 인류가 1만3,000년보다 더 나중에 보편적인 조상을 가진다는 것 자체가 불가능하다.

따라서 우리는 세계에서 가장 고립된 섬 집단이 외부인과 마지막으로 번식을 한 때를 찾음으로써 랑데부 0의 하한선을 설정할 수 있다. 그러나 이 하한선을 그대로 받아들이려면, 고립이 절대적이어야 한다. 이 결론은 앞에서 얻은 80퍼센트라는 값에서 따라 나오는 것이다. 태즈메이니아로 이주한 한 남성이 정상적인 번식이 가능할 만큼 사회에 충분히 받아들여진다면, 그가 이윽고 모든 태즈메이니아인의 공통 조상이 될 확률은 80퍼센트이다. 따라서 소규모의 이주라고 해도 격리된 집단의 계통수에 본토의 혈통을 충분히 접목시킬 수 있다. 랑데부 0의 시기는 가장 고립된 인류 집단이 이웃 집단과 완전히 격리된 시기에다가, 그 이웃 집단이 자신의 이웃 집단과 완전히 격리된 시기, 또 후자가 다른 집단과 완전히 격리된 시기 등등을 더한 시기에 따라 달라질 가능성이 높다. 이 모든 계통수를 합칠 수 있으려면 몇 차례 섬을 건너가는 과정이 필요할 수도 있겠지만, 우리는 몇 세기만 거슬러올라가도 공조상 0을 만나게 된다.

나는 외딴 섬으로의 실제 이주 기록이 극히 적고 신뢰할 수도 없기 때문에, 랑데부 0의 연대를 찾는 일에는 전혀 쓸모가 없을 것이라고 본다. 하지만 어느 정도 근거를 가지고 추측을 할 수는 있다. 더글러스 로드와 스티브 올슨, 조지프 창은 실제 나라들과 역사적인 항구들을 갖춘 지구 모형을 구축하여 개인들이 드물게 임의로 지역 사이를 이동한다고 가정하고서 컴퓨터 시뮬레이션을 했다. 실제 세계에 비하면 단순한 모형이기는 해도, 그들은 그 시뮬레이션을 통해서 우리가 찾아야 할 연대가 어디쯤인지 대충 짐작이라도 할 수 있지 않을까 생각했다. 순혈 태즈메이니아인이 전혀 없다고 하고, 랑데부 0이 1만3,000년 전보다는 나중이라고 전제했을 때, 시뮬레이션은 어떤 답을 내놓았을까? 시뮬레이션들의 값을 평균하니, 랑데부 0이 겨우 3,500년 전에 일어났다고 나왔다!

그렇게 놀라울 만치 최근이라니, 나조차도 과연 믿을 수 있을지 확신이 서지 않는다. 그러나 그 연대가 진실과 거리가 멀지 않을 수도 있음을 시사하는, 아니 적어도 조상들의 기하급수적 팽창이 인류 교배에 가해지는 강력한 지리적 및 문화적 제약처럼 보이는 것들을 압도함을 시사하는 감질 나는 단서들이 몇 가지 있다. 한 가지 단서는 기존 족보들에서 나온다. 족보들은 공통점이 거의 없는 사람들끼리도 비교적 최근에 공통 조상이 있었음을 말해준다. 왕가의 족보를 살펴보면 그런 관계가 종종 드러난다. 그런 혈통에 어떤 특별한 무엇인가가 있어서가 아니라, 그저 가계도가 충실히 기록되어 있어서 계보학자들에게 풍부한 연구 자료를 제공한 덕분에 많이 밝혀진 것일 뿐이다. 예를 들면, 전직 미국 대통령 버락 오바마가 영국 국왕 에드워드 1세의 직계 후손임을 보여줄 수도 있다. 아마 북아메리카나 유럽에 사는 사람은 거의 다 비슷하게 왕실 혈통과 이어질 것이다. 사실 도킨스 집안도 맘지(Malmsey, 독한 포도주의 일종/역주)에 얼큰하게 취했던 클래런스 공작을 거쳐 국왕 에드워드 3세까지 이어진다. 계보학자들은 몇 가지 근거를 들어서, 유럽 혈통이 조금이라도 섞인 사람은 모두 족보를 추적하면 샤를마뉴 대제(814년에 사망)에게까지 이어진다고 주장한다. 유럽의 왕실들은 모두 그를 조상 중 한 명이라고 보기 때문이다. 왕족 이외의 인물을 꼽자면, 무하마드가 그보다 좀더 앞서 살았다. 남유럽의 무어인의 역사를 고려할 때, 나는 무하마드의 직계 후손임이 거의 확실하다. 더 범위를 넓히면, 이 책의 독자들은 모두 네부카드네자르에서 중국 최초의 황제에 이르기까지 고대의 많은 위인들뿐 아니라, 스톤헨지를 지은 일꾼에서 네페르티티 여왕의 머리를 손질하던 시녀에 이르기까지 당시에 살았던 수많은 이름 모를 사람들을 조상으로 두고 있을 것이다.

인류의 상호 교배를 막는 장벽에 구멍이 송송 나 있음을 시사하는 두 번째 단서는 유전학에서 나온다. 2013년, 피터 랠프와 그레이엄 쿱은 2,000명이 넘는 유럽인들의 유전체 자료를 분석했다. 그들은 사람들이 공통으로 지닌 거의 똑같은 DNA 부위를 조사했다. "이브 이야기"에서 설명할 이유들 때문에, 이런 긴 DNA 가닥들은 최근에 공통 조상을 가졌음을 의미하며, 두 연구자는 지난 수천 년 사이에 적어도 한 명의 공통 조상이 있었음을 시사하는 부위만을 골라서 조사했다. 예상할 수 있겠지만, 같은 지역 출신의 사람들은 공통 조상이 더 많았다. 그러나 영국과 터키처럼 서로 떨어져 있는 나라에 사는 사람들의 유전 자료도 같은 말을 했다. 랠프와 쿱은 "유럽의 양쪽 끝에 사는 사람들끼리도 지난 1,000년간의 공통 조상이 수백만 명에 이른다고 예상된다"고 결론을 지었다.

위대한 통계학자이자 진화유전학자인 로널드 피셔 경은 특유의 통찰력으로, 공통 조상이 놀라울 만큼 최근에 살았음을 예상한 바 있다. 그는 1929년 1월 15일자로 레너드 다윈(찰스 다윈의 넷째 아들)에게 보낸 편지에 이렇게 썼다. "솔로몬 왕은 100세대 전에 살았고, 그의 대는 끊겼을 수도 있습니다. 하지만 나는 그가 거의 동등한 비율로 우리 모두의 혈통에 섞여 있다고 장담합니다. 그의 지혜는 그렇게 균등하게 전달되지 않았다고 해도요." 나는 피셔가 "우리 모두"라는 말을 정말로 아메리카 원주민부터 줄루족까지 포함하는 의미로 썼는지는 알지 못하며, 이 이야기의 후기에서 이야기하겠지만 "거의 동등한 비율"이라는 말이 DNA를 가리킨다는 주장도 믿지 못하겠다. 그러나 조지프 창의 계산 결과와 그 유전적 증거를 결합하면, 랑데부 0에 관해서 명확한 결론을 내릴 수 있을 듯하다. 모든 현생 인류의 가장 최근 공통 조상인 공조상 0은 기껏해야 수천 년 전에, 최대로 늘려도 수만 년 이내에 살았다는 것이다.

랑데부 0이 이루어지는 지점이 어디인지 알면, 아마 놀랄지도 모르겠다. 당신은 내가 처음에 그러했듯이, 그곳이 아프리카라고 생각하기 쉬울 것이다. 아프리카는 인류 내에서 유전적 격리가 가장 철저하게 나타나는 곳이므로, 살아 있는 모든 인류의 공통 조상을 그곳에서 찾는 것이 논리적일 듯하다. 학자들은 아프리카의 사하라 사막 주변 지역을 없앤다면 인류의 유전적 다양성 중 상당 부분을 잃겠지만, 아프리카를 제외한 다른 모든 지역을 없앤다면 다양성에 별 변화가 없을 것이라는 말을 흔히 한다. 그러나 공조상 0은 아프리카 바깥에서 살았을지도 모른다. 공조상 0은 지리적으로 가장 고립된 집단—논의를 위해서 태즈메이니아라고 하자—을 나머지 세계와 통합하는 가장 최근 공통 조상이다. 태즈메이니아가 완전히 격리된 뒤에 아프리카를 포함한 나머지 세계의 집단들이 오랜 기간 적어도 어느 정도 상호 교배를 했다고 가정하자. 그랬을 때, 창의 계산 논리에 따르면, 공조상 0이 아프리카 바깥에 살았다고 추측할 수 있다. 태즈메이니아 근처에 있던 후손이 그 섬으로 이주했을 것이기 때문이다. 그리고 사실 로드, 올슨, 창의 컴퓨터 시뮬레이션들은 거의 언제나 공조상 0이 동아시아에 살았다는 결과를 내놓았다. 그렇다고 해서 인류의 **유전적** 계통의 대다수가 아시아까지 거슬러올라간다는 말은 아니다. 이 역설처럼 보이는 문제는 "이브 이야기"에서 사람이 아니라 유전자의 계통수를 탐구할 때에 해결될 것이다.

창 1에 관한 계산 덕분에 우리는 첫 랑데부가 이루어지는 연대를 파악하고 공조상 0을 알아낼 수 있다. 그러나 보편적인 창 2야말로 훨씬 더 흥미로운 목적지이다. 비록 이 좀더 멀리 있는 이정표에 관심을 가질 만한 사람은 아무도 없겠지만 말이다. 창 2로 가면, 우리가 만나는 모든 사람은 우리의 공통 조상일 가능성이 높다. 그리고 그 사람이 우리의 공통 조상이 아니라면, 어느 누구의 조상도 될 수 없다. 창 2는 우리가 찾는 대상이 당신의 조상인가, 나의 조상인가를 따질 필요가 더 이상 없어지는 지점을 나타낸다. 그 이정표 이후부터, 모든 독자는 한 무리가 되어 어깨를 나란히 하고 과거로 순례의 길을 걸어간다.

태즈메이니아인 이야기의 후기

우리는 공조상 0이 아마 수만 년 전에 살았으며, 심지어 아프리카에서 살지 않았을 가능성도 있다는 놀라운 결론에 도달한다. 전반적으로 다른 종들의 공통 조상들도 아주 최근에 살았을지 모른다. 그러나 "태즈메이니아인 이야기"에서 생물학적 개념을 새로운 관점에서 살펴보도록 자극하는 것이 이것만은 아니다. 다윈주의 전문가들에게는 한 개체군의 80퍼센트가 보편적인 조상이 될 것이라는 말이 역설처럼 보인다. 무슨 의미인지 설명해보자. 우리는 각 생물을 "적합도(fitness)"라는 양(量)을 최대화하기 위해서 애쓰는 존재로 생각하곤 한다. 적합도가 정확히 무엇을 의미하는지는 논란거리이다. 흔히 선호되는 한 가지 비슷한 개념은 "자식의 수"이다. "손자의 수"라는 개념도 선호되지만, 굳이 손자에 한정지을 뚜렷한 이유는 없으며, 많은 학자들은 "미래의 어느 시점에 살아 있는 후손들의 수" 같은 개념을 선호한다. 그러나 자연선택이 없는 이론적으로 이상화한 개체군에서 전체의 80퍼센트가 가능한 최대 "적합도"를 가진다고 한다면, 즉 개체군 전체가 그들의 후손이라고 주장할 수 있다면, 한 가지 문제가 생기는 듯하다! 이 문제는 다윈주의자들에게 중요하다. 그들은 "적합도"가 모든 동물들이 최대화하고자 끊임없이 투쟁하는 것이라고 가정하기 때문이다.

나는 오래 전부터 생물이 어느 정도 목적성을 가진 존재처럼, 즉 무엇인가를 최대화할 수 있는 존재처럼 행동하는 이유는 오로지 오랜 세대를 거치면서 살아남은 유전자들로부터 만들어졌기 때문이라고 주장해왔다. 생물을 의인화하여 그들이 의도적으로 그렇게 행동한다고 말하고 싶은 유혹도 받는다. "과거에 유전자의 생존"을 "미래에 번식할 의도" 같은 말로 바꾸고 싶은 유혹 말이다. 혹은 "미래에 많은 후손들을 가질 개체의 의도"라는 말로 바꾸고 싶기도 하다. 그런 의인화는 유전자에도 적용될 수 있다. 우리는 유전자를 미래에 자신의 사본 수를 증가시키는 행동을 하게끔 개체의 몸에 영향을 미치는 것으로 보고 싶은 유혹을 느낀다.

개체 수준이든 유전자 수준이든 간에 그런 말을 사용하는 과학자들은 그것이 단지 수사적 표현에 불과함을 잘 알고 있다. 유전자는 단지 DNA 분자에 불과하다. 당신은 "이기적인" 유전자가 **정말로** 생존하려는 의도를 품었다는 생각에 결단코 맞서야 한다! 우리는 반드시 그것을 타당한 말로 옮겨야 한다. 세계는 과거에 살아남았던 유전자들로 가득해진다고 말이다. 세계는 어느 정도 안정적이며 변덕스럽게 변하지 않기 때문에, 과거에 살아남았던 유전자들이 미래에도 잘 생존하는 경향이 나타난다. 그런 유전자들이 살아남아 자식, 손자, 먼 후손들을 퍼뜨리는 몸을 잘 만든다는 의미이다. 따라서 우리는 개체를 토대로 하여 미래를 내다보는 적합도 정의로 돌아온 셈이다. 그러나 현재 우리는 개체가 유전자의 생존수단임을 알고 있다. 손자와 먼 후손들을 가진 개체들은 오직 유전자의 생존이라는 목적을 위한 수단일 뿐이다. 그리고 이 말은 다시 우리에게 역설을 안겨준다. 번식하는 개체의 80퍼센트가 최대 적합도라는 천장에 모여 바글거리는 듯이 보이기 때문이다!

이 역설을 해결하기 위해서, 이론적 토대로 되돌아가자. 즉 유전자에게로 말이다. 우리는 마치 두 가지 잘못된 것이 옳은 것을 만들 수 있다는 듯이 또다른 역설을 제기함으로써 하나의 역설을 상쇄시킨다. 이런 역설을 생각해보자. 각 생물은 미래의 어느 시점에 전체 개체군의 보편적인 조상이면서도 그 집단에 자신의 DNA를 한 조각도 전달하지 않을 수 있다!

개인이 아이를 가질 때마다, 그의 유전자 중 **정확히** 절반이 그 아이에게 전달된다. 또 그녀에게 손주가 생길 때마다, **평균적으로** 그녀의 DNA의 4분의 1이 그 손주에게 전달된다. 자손 첫 세대에서는 기여 비율이 정확하지만, 손자 대부터는 수치가 통계적이다. 기여 비율이 4분의 1을 넘을 수도 있고, 그보다 낮을 수도 있다. 당신의 유전자 중 절반은 아버지에게서, 절반은 어머니에게서 물려받은 것이다. 그리고 당신은 아이를 만들 때, 당신 DNA의 절반을 아이에게 전달한다. 그런데 어느 쪽 절반일까? DNA의 어느 조각("유전자")이든 간에, 당신이 아버지에게서 물려받은 쪽이든 어머니에게서 물려받은 쪽이든 당신의 자식에게 전달될 확률은 동일하다. 그저 우연히 당신이 아버지에게 받은 유전자 말고 어머니에게 받은 유전자만 모두 아이에게 전달할 수도 있다. 그렇다면 당신의 아버지는 손자에게 유전자를 전혀 전달하지 않은 셈이다. 물론 그런 시나리오가 실현될 가능성은 극히 적지만, 더 먼 후손으로 내려갈수록 유전자가 전혀 전달되지 않을 가능성은 더 높아진다. 평균적으로 증손자에게는 당신의 유전자 중 8분의 1, 고손자에게는 16분의 1이 전달될 것이라고 예상할 수 있지만, 더 많을 수도 있고 더 적을 수도 있다. 그러면 어느 한 후손에 대한 기여도가 말 그대로 0이 될 때가 언제인지 궁금해진다.

그 문제를 다른 각도에서 살펴보자. 앞에서 말했듯이, 당신에게 유럽인 조상이 한 명이라도 있다면, 적어도 당신의 혈통 중 한 가닥은 40세대 전의 샤를마뉴 대제에게까지 거슬러올라갈 수 있다. 평균적으로 당신 유전체의 1조 분의 1(2의 40제곱)만이 그 특정한 계통을 통해서 전해져왔을 것이다. 그러나 당신의 유전체에 있는 문자는 30억 개밖에 안 된다! 이 경로를 통해서 유전된 DNA의 양은 평균적으로 DNA 문자 하나의 일부분에 불과해 보인다. 이 계산에 따르면, 당신이 샤를마뉴로부터 DNA를 물려받았을 가능성은 극도로 낮다. 사실 몇 세대 이상만 올라가도, 당시에 살던 조상들의 대다수는 당신에게 **그 어떤** DNA 조각도 물려주지 못하는 것이 정상이다. 하지만 그럴 리가 없지 않은가? 많은 다양한 경로들을 통해서 어떤 특정한 조상으로부터 DNA를 물려받을 수 있을 테니까 말이다. 그 점은 거의 확실하다. 그러나 과거로 올라가는 여행 길에서 우리는 모든 인류의 직계 조상이기는 하지만, 현재 살고 있는 그 누구에게도 DNA를 전달하지 않은 사람들을 만나게 마련이다. 미래로 여행을 한다고 해도 마찬가지이다. 이 책의 독자 중 약 80퍼센트는 수천 년 뒤에 살고 있을 모든 사람의 공통 조상이 되겠지만, 자신의 DNA를 그 후손들에게 물려줄 사람은 훨씬 더 적다.

아마 내가 『이기적 유전자(*The Selfish Gene*)』의 저자라서 그렇게 보는 것인지도 모르겠지만, 나는 이것이 자연선택의 초점을 유전자로 향해야 할 또 하나의 이유라고 본다. 또 개체들, 아니 사실상 유전자들이 미래에 살아남으려고 애쓰는 양상을 살펴보기보다는 현재까지 살아남은 유전자들을 거슬러올라가는 쪽을 생각하는 이유이기도 하다. "미래 계획적인" 사고방식은 오해를 일으키지 않도록 세심하게 사용한다면 도움이 될 수 있지만 사실 반드시 필요한 것은 아니다. "유전자 언어 거슬러올라가기"도 익숙해지면 전자와 마찬가지로 생생하며, 진리에 더 가깝고, 잘못된 해답이 도출될 가능성도 더 적다.

농부 이야기의 서문

우리는 수만 년 전으로 채 올라가기도 전에 첫 랑데부를 했다. 이 지점에서 타임머신 밖으로 나와보면, 우리 조상들에게서 어떤 점이 달라져 있을까? 우리가 마주치는 사람들은 오늘날 우리가 보는 사람들과 별 차이가 없을 것이다. "현재의 우리"에는 독일인과 줄루족, 피그미족과 중국인, 베르베르족과 멜라네시아인이 모두 포함된다는 사실을 명심하자. 5만 년 전 우리의 유전적 조상들은 우리가 오늘날의 세계에서 볼 수 있는 것과 같은 변이 범위 내에 들어갈 것이다.

수억 년 또는 수십억 년이 아니라, 수천만 년을 거슬러올라갈 때에 생물학적 진화 말고, 어떤 변화를 보게 될까? 타임머신 여행의 초기에 우리는 창밖으로 생물학적 진화보다 훨씬 더 빠르게 일어나는 진화와 흡사한 과정을 보게 된다. 그것은 문화적 진화, 체외 진화, 기술 진화 등 다양한 이름으로 불린다. 우리는 자동차나 넥타이, 영어의 "진화"에서 그것을 본다. 우리는 그것과 생물학적 진화의 유사성을 과대평가해서는 안 되며, 여하튼 그것들 곁에 오래 머무르지 않을 것이다. 우리가 나아갈 길은 40억 년에 걸쳐 있으며, 우리는 곧 인류 역사의 규모에서 벌어지는 사건들이 덧없어 보일 정도로 타임머신의 속도를 높여야 한다.

그러나 먼저, 우리의 타임머신이 저속으로 가는 동안, 즉 진화사가 아니라 인류사의 영역을 여행하는 동안에, 두 가지 주요한 문화적 발전에 관한 이야기를 들어보자. "농부 이야기"는 인간이 일으킨 혁신 중 전 세계의 다른 생물들에게 가장 큰 영향을 미쳤다고 평가할 만한 농업혁명에 관한 이야기이다. 그리고 "크로마뇽인 이야기"는 진화 과정 자체에 새로운 매체를 제공했다는 특별한 의미를 가진 인간 정신의 개화, 즉 "대도약(Great Leap Forward)"에 관한 이야기이다.

농부 이야기

농업혁명은 약 1만2,000년 전, 티그리스 강과 유프라테스 강 사이의 이른바 비옥한 초승달 지역에서 마지막 빙하기가 끝날 무렵에 시작되었다. 농경은 중국과 나일 강 연안에서도 독자적으로 발생한 듯하며, 신대륙에서도 완전히 독립적으로 발생한 듯하다. 뉴기니 내륙의 완전히 고립된 고지대에서도 독자적으로 농경 문명이 발생했다는 흥미로운 연구 사례도 있다. 농업혁명은 신석기 시대와 함께 시작되었다.

떠돌이 수렵채집인들이 정착 농경생활로 전환했다는 것은 사람들에게 처음으로 집이라는 개념이 생겼다는 의미일 수도 있다. 최초의 농부들이 살던 시대에도 다른 지역에서는 예전 생활양식을 유지하면서 끊임없이 떠돌아다니는 수렵채집인들이 있었다. 사실 수렵채집인 생활양식("수렵인"에는 어부도 포함시킬 수 있다)은 사라지지 않았다. 지금도 세계 곳곳에서 그렇게 생활하는 사람들을 볼 수 있다. 오스트레일리아 원주민들, 남아프리카의 산족과 친척 부족들("부시맨"이라고 잘못 불린다), 아메리카의 원주민들(항해자들이 착각한 이래로 "인디언"이라고 불린다), 북극권의 이누이트족(그들은 에스키모라고 부르면 싫어한다). 수렵채집인들은 대개 식물도 재배하지 않고 가축도 키우지 않는다. 실제로는 순수한 수렵채집인에서 순수한 농경인이나 목축인까지의 중간에 속한 생활양식들이 모두 발견된다. 그러나 약 1만 년 전에는 모든 인류가 수렵채집인이었다. 아마도 머지않아 수렵채집인은 모두 사라질 것이다. 사라지지 않은 수렵채집인들은 "개화될" 것이다. 혹은 타락할 것이라고 말하는 사람도 있을 것이다.

콜린 터지는 자신의 얇은 책인 『네안데르탈인, 산적, 농부 : 농경은 진정 어떻게 시작되었는가(Neanderthals, Bandits and Farmers: How Agriculture Really Began)』에서 수렵과 채집에서 농경으로의 전환이 사후에 자기 만족에 겨운 상태인 우리가 생각하는 것만큼 우리의 생활을 향상시킨 것이 결코 아니라는 제레드 다이아몬드(『제3의 침팬지[The Third Chimpanzee]』)의 말에 동의한다. 그들은 농업혁명이 인간을 더 행복하게 만든 것이 아니라고 보았다. 농업은 앞서 있었던 수렵채집인 생활양식보다 더 많은 인구를 먹여 살렸지만, 건강이나 행복을 눈에 띄게 증진시킨 것은 아니었다. 사실 인구가 늘어나면 질병도 많아지게 마련이다. 기생생물들은 감염시킬 새로운 숙주를 쉽게 발견할 수 있다면, 현재 숙주의 수명을 연장시키는 문제에 신경을 덜 쓴다는 타당한 진화적인 이유 때문이다.

그렇기는 하지만 수렵채집인의 생활도 유토피아와는 거리가 멀다. 최근에는 수렵채집인 사회와 원시적* 농경사회가 지금 사회에 비해서 자연과 더 "균형"을 이루었다고 보는 시각이 유행하고 있다. 아마 잘못된 생각일 것이다. 그들이 자연에 관해서 우리보다 더 해박했을 수는 있다. 그들이 그 속에서 생활하고 살아남았다는 단순한 이유 때문이다. 그러나 우리와 마찬가지로, 그들도 당시 자신들의 능력을 최대한 발휘하여 환경을 착취하는 데에(그리고 때로는 지나치게 착취하는 데에) 지식을 활용했던 듯하다. 제레드 다이아몬드는 초기 농경인들이 자연을 지나치게 착취함으로써 생태학적 붕괴와 자기 사회의 몰락을 가져왔다고 말한다. 농경 이전의 수렵채집인들도 자연과 균형을 이룬 것과는 거리가 멀며, 아마도 지구 전체에서 많은 대형 동물들을 멸종시켰을 것이다. 우리는 농업혁명 직전까지, 수렵채집인들이 먼 곳으로 이동해서 자리를 잡은 뒤에 수많은 대형(그리고 아마도 맛이 좋았을) 조류와 포유류가 멸종했음을 시사하는 고고학적 기록들을 종종 볼 수 있다.

우리는 "도시"를 "농경"의 반대말로 보는 경향이 있지만, 이 책에 채택된 더 장기적인 관점에서 볼 때, 도시인과 농부는 수렵채집인에 대립되는 존재로 묶여야 한다. 한 마을의 식량은 거의 모두 소유하고 경작하는 땅에서 나온다. 고대에는 마을 주위의 밭에서 나왔고, 현대에는 전 세계 곳곳에서 중간 상인들을 통해서 소비지로 운반되어 판매된다. 농업혁명은 곧 분업화를 낳았다. 도공, 직조공, 대장장이는 자신의 숙련된 기술을 제공하고 다른 사람들이 재배한 식량을 얻었다. 농업혁명이 일어나기 전까지 식량은 소유지에서 키우는 것이 아니라, 소유권이 없는 공유지에서 잡거나 채취하는 것이었다. 공유지에서 동물들을 키우는 목축은 그 중간 단계였을지 모른다.

좋은 변화든 나쁜 변화든 간에, 아마 농업혁명이 갑자기 일어난 사건은 아니었을 것이다. 농경은 신석기 시대의 터닙 타운센드(18세기에 영국에 윤작 농법을 도입한 인물/역주)에 해당하는 어느 천재가 하룻밤에 짜낸 묘안이 아니었다. 소유권이 없는 지역에서 야생동물들을 사냥하는 사람들도 경쟁관계에 있는 사냥꾼들에 맞서 사냥터를 지키거나 자신들이 뒤쫓는 동물들을 지켰을지 모른다. 그런 행위는 자연스럽게 동물들을 기르는 행위로 발전했다. 그다음 그들에게 먹이를 주다가, 마침내 울타리에 가두고 키우게 되었다. 나는 이런 변화들 중에서 그 당시에 혁명적으로 여겨진 것은 전혀 없었

---

* 이 책 전체에서 나는 "원시적(primitive)"이라는 말을 "조상의 상태와 더 비슷한"이라는 학술적인 의미로 사용한다. 거기에 열등하다는 의미는 전혀 들어 있지 않다.

으리라고 장담한다.

그 사이에 동물들도 진화했다. 초보적인 형태의 인위선택을 통해서 "가축화"가 진행되었다. 그 동물들에게 서서히 다윈주의적인 결과가 나타났을 것이다. 교배시켜서 유순한 가축을 만들겠다는 의도가 전혀 없는 상태에서 우리 조상들은 우발적으로 그 동물들이 받는 선택압(選擇壓)을 변화시켰다. 이제 그 가축들의 유전자 풀(gene pool) 내에서 민첩함 같은 야생에서의 생존 기술들은 더 이상 우월한 것이 되지 못했다. 가축들은 세대를 거치면서 점점 더 유순해졌고, 스스로 먹고살 능력이 줄어들었고, 안락한 환경에서 더 쉽게 번식하고 살을 찌웠다. 사회성 개미와 흰개미는 가축화에 해당하는 흥미로운 사례를 보여준다. 그들은 진딧물을 소처럼 키우고 곰팡이를 작물처럼 재배한다. 그 이야기는 랑데부 26에서 개미 순례자들이 합류할 때, "잎꾼개미 이야기"를 통해서 듣도록 하자.

현대의 동물 사육자나 식물 재배자와 달리, 농업혁명기의 우리 선조들은 원하는 형질을 얻기 위해서 인위선택을 하는 방법을 알지 못했을 것이다. 나는 우유를 더 많이 얻기 위해서는 우유가 많이 나오는 암소를 그런 암소를 낳았던 황소와 짝짓도록 하고 우유가 적게 나오는 암소는 제외시켜야 한다는 사실을 과연 그들이 깨달았을지 미심쩍다. 러시아에서 이루어진 여우에 관한 흥미로운 연구 결과를 보면, 가축화로 일어난 우연한 유전적 결과들이 어떤 것인지 약간은 감을 잡을 수 있다.

D. K. 벨랴예프 연구진은 여우들을 포획하여 유순하게 만들기 위해서 체계적으로 교배를 시켰다. 그들은 극적인 성공을 거두었다. 벨랴예프는 20년 동안 각 세대에서 가장 유순한 개체들끼리 짝짓기를 시킴으로써, 사람을 잘 따르고 사람이 다가오면 꼬리를 흔들어대는 양치기 개 콜리와 비슷하게 행동하는 여우를 탄생시켰다. 비록 결과가 그렇게 빨리 나타났다는 데에 놀랄 수는 있지만, 그 일 자체는 그리 놀라운 것이 아니다. 그보다 더 예상 외의 결과는 유순함을 얻기 위해서 선택을 했을 때, 다른 부수 효과들이 나타났다는 점이다. 이 유전적으로 유순해진 여우들은 콜리처럼 행동했을 뿐만 아니라, 외모도 콜리와 비슷했다. 그들은 얼굴과 주둥이가 하얗고, 몸의 털이 은회색이었다. 야생 여우의 특징인 쫑긋 선 귀 대신에, 그들은 "사랑스럽게" 처진 귀를 가졌다. 생식 호르몬 균형에도 변화가 일어났다. 그들은 번식기에만 짝짓기를 하던 습성을 버리고 1년 내내 짝짓기를 했다. 공격성이 약해짐에 따라, 신경 활성 화학물질인 세

로토닌의 농도가 더 높아졌기 때문인 듯했다. 인위선택으로 여우를 "개"로 바꾸는 데에는 고작 20년밖에 걸리지 않은 것이다.*

나는 "개"라는 단어에 따옴표를 했다. 우리의 가축인 개는 여우의 후손이 아니라, 늑대의 후손이기 때문이다. 말이 난 김에 덧붙이자면, 콘라트 로렌츠는 개 중에서 일부 혈통들만(그가 좋아한 차우차우 같은) 늑대의 후손이고 나머지는 자칼에서 유래했다는 유명한 추측을 내놓았는데, 현재 그 생각은 틀린 것으로 밝혀졌다. 그는 기질과 행동에 관한 통찰력이 빛나는 일화들을 동원해서 자신의 이론을 뒷받침했다. 그러나 분자분류학은 인간의 통찰력을 능가하며, 분자 증거들은 현대의 개 혈통들이 모두 회색늑대(*Canis lupus*)의 후손임을 명확히 보여준다.** 개(그리고 늑대)와 가장 가까운 친척은 코요테와 시미엔자칼(지금은 시미엔늑대라고 불려야 할 듯하다)이다. 진짜 자칼(몸 옆으로 누런 줄이 나 있고 등이 검은 자칼)도 개속(*Canis*)에 포함되지만, 더 먼 친척뻘이다.

늑대에서 개로 진화했다는 원래의 이야기도 벨랴예프가 여우를 대상으로 흉내낸 새로운 이야기와 비슷할 것이 분명하다. 단지 벨랴예프가 여우를 유순하게 만들려는 의도가 있었다는 점이 다를 뿐이다. 우리 조상들은 의도하지 않은 채 그렇게 했고, 그 일은 아마도 세계 각지에서 독자적으로 여러 차례에 걸쳐 이루어졌을 것이다. 아마 처음에 늑대들은 인간의 야영지 근처에서 음식 찌꺼기를 찾아 먹었을 것이다. 인간은 그런 청소동물들이 쓰레기를 처리하는 편리한 수단이자 파수꾼, 그리고 껴안고 따뜻하게 잘 수 있는 이불로서도 가치가 있음을 알아차렸을지 모른다. 이 우호적인 시나리오가 놀랍게 여겨지겠지만, 늑대를 숲에서 튀어나오는 공포의 상징으로 여겼던 중세의 전설들은 사실 무지의 소산이었다. 더 탁 트인 곳에서 살았던 우리 조상들은 그보다 더 잘 알고 있었을 것이다. 실제로도 그들이 더 잘 알고 있었음이 분명하다. 결국 늑대를 가축화함으로써, 충실하고 믿음직한 개를 만들었으니 말이다.

늑대의 입장에서 볼 때, 인간의 야영지는 청소동물에게 먹이가 풍부한 곳이었고, 세로토닌 농도가 높고 인간과 있을 때에 편안함을 느끼게 해주는 뇌의 또다른 특성들

---

* 캐나다의 고고학자 수전 크록포드는 그런 변화가 갑상선 호르몬 두 종류의 수치 변화 때문이라고 보았다.
** 또 분자 증거는 이 일이 아마도 농경의 출현 이전에 일어났으며, 다양한 지역 견종들이 가축화가 된 이후에도 야생 늑대들과 교배를 계속해왔음을 보여준다.

("유순한 경향")을 가진 개체들이 가장 큰 혜택을 입었을 가능성이 높다. 몇몇 학자들은 어미 잃은 새끼들을 아이들이 애완동물로 길렀을 것이라는 충분히 타당성 있는 추측들을 해왔다. 길들이기가 상호 의존으로 발전하자, 다른 행동들도 우발적으로 선택에 노출되었을 것이다. 부다페스트의 빌모스 차니 연구진이 탁월하게 규명했듯이 말이다. 그들은 가축인 개가 늑대보다 인간의 얼굴 표정을 더 잘 "읽는다"는 것을 실험으로 밝혀냈다. 이는 오랜 세대 동안 의도하지 않은 채 이루어진 상호 진화의 결과인 듯하다. 그와 동시에 우리도 그들의 표정을 읽었고, 늑대보다 개가 더 인간적인 얼굴 표정을 띠게 되었다. 인간들이 의도하지 않은 채 그렇게 선택을 했기 때문이다. 우리가 개는 사랑스럽고 애처롭고 다정해 보이는 반면에 늑대는 사악해 보인다고 생각하는 것도 이 때문일 것이다.

러시아의 여우 실험으로 돌아가보자. 그 실험은 가축화가 얼마나 빨리 일어날 수 있는지를 보여주며, 유순함을 위한 선택이 이루어질 때에 부수적인 효과들이 나타날 가능성이 높다고 말해준다. 소, 돼지, 말, 양, 염소, 닭, 거위, 오리, 낙타도 마찬가지로 빠르고 예기치 않은 풍부한 부수 효과들이 나타나는 과정을 거쳤을 가능성이 높다. 또 농업혁명 이후에 우리 자신도 나름대로 유순함을 비롯한 부수적인 형질들을 갖추는 쪽으로 가축화와 평행한 길을 따라 진화했을 가능성도 있다.

우리 자신의 가축화 이야기가 우리의 유전자에 뚜렷이 적혀 있는 사례도 있다. 윌리엄 더럼이 『공진화(Coevolution)』에서 꼼꼼하게 다룬 젖당(락토오스) 내성이 전형적인 사례이다. 젖은 아기의 음식이지 어른용으로 "고안된" 것이 아니며, 본래 어른에게는 좋지 않다. 젖에 들어 있는 젖당을 소화하려면 락타아제라는 특수한 효소가 필요하다(이런 명명 규칙은 기억해둘 만하다. 효소의 이름은 그것이 작용하는 물질의 이름에 "아제[ase]"라는 접미사를 붙여서 만들고는 한다). 포유동물의 새끼가 젖을 떼면 락타아제를 만드는 유전자는 활동을 중단한다. 물론 그 유전자가 없어지는 것은 아니다. 유아기에만 필요한 유전자들이라고 해서 유전체에서 제거되지는 않으며, 나비들도 유충 때에만 쓰이는 많은 유전자들을 성체가 된 후에도 고스란히 간직한다. 인간의 아이가 네 살쯤 되면 조절 유전자들이 작용하여 락타아제 생산이 중단된다. 그 결과 어른들은 생우유를 먹으면 헛배부름과, 위경련에서 설사와 구토에 이르기까지 다양한 증세를 보인다.

어른들이 모두 그럴까? 물론 그렇지는 않다. 예외도 있다. 나도 그중 한 명이며, 당신도 그럴 가능성이 높다. 인간 종 전체, 그리고 우리 모두의 조상인 야생 호모 사피엔스로 일반화시켜서 한 말이다. 마치 내가 발바리와 요크셔테리어는 그렇지 않다는 것을 잘 알면서도 "늑대는 무리 지어 사냥하고 달밤에 울부짖는 크고 사나운 육식동물이다"라고 말하는 것과 같다. 다른 점은 우리가 개라는 단어를 가축화한 인간이 아니라 가축화한 늑대를 가리키는 데에 쓴다는 것이다. 가축들의 유전자는 오랜 세대에 걸쳐 인간과 접촉한 결과, 여우의 유전자에 일어났던 것과 같지만 의도적이지 않은 과정을 거치면서 변했다. 그리고 (일부) 인간들의 유전자도 가축들과 오랜 세대에 걸쳐 접촉한 결과 변했다. 젖당 내성은 르완다의 투치족(그리고 덜하기는 해도 그들의 오랜 적인 후투족), 서아프리카의 유목민인 풀라니족(흥미롭게도 정착한 풀라니족은 그렇지 않다), 북인도의 신디족, 서아프리카의 투아레그족, 동북 아프리카의 베자족, 나의 조상인 유럽 부족들(청동기 시대 DNA를 연구한 최근 증거에 따르면 놀라울 만치 최근에), 그리고 전 세계의 몇몇 소수의 부족에게서 진화한 듯하다. 의미심장하게도 이 부족들은 역사적으로 목축을 했다는 공통점이 있다.

그 스펙트럼의 반대쪽 끝에는 중국인, 일본인, 이누이트족, 대다수 아메리카 원주민, 자바인, 피지인, 오스트레일리아 원주민, 이란인, 레바논인, 터키인, 타밀인, 신할라인, 튀니지인, 산족을 비롯한 많은 아프리카 부족, 남아프리카의 츠와나족, 줄루족, 코사족, 스와지족, 북아프리카의 딘카족과 누에르족, 서아프리카의 요루바족과 이그보족 등 어른이 된 뒤에는 젖당 내성이 없는 정상적인 인간들이 있다. 대체로 젖당 내성이 없는 부족들은 역사적으로 목축을 하지 않았다. 도움이 될 만한 예외 사례들이 있다. 동아프리카 마사이족의 전통 식단은 거의 우유와 피로 이루어져 있다. 따라서 당신은 그들이 젖당 내성이 아주 강할 것이라고 생각할지 모른다. 하지만 그렇지 않다. 아마도 그들이 우유를 응고시켜서 먹기 때문인 듯하다. 치즈가 그렇듯이, 우유를 굳히면 젖당이 세균들의 작용으로 거의 제거된다. 그것은 젖당 자체를 제거함으로써 젖당의 해로운 효과를 없애는 한 가지 방법이다. 또다른 방법은 자신의 유전자를 바꾸는 것이다. 앞에서 말한 목축 부족들에게 바로 그런 일이 일어났다.

물론 아무도 유전자를 의도적으로 바꾸지는 못한다. 과학은 이제야 그런 일을 하는 방법을 알아내는 중이다. 대체로 그 일은 자연선택을 통해서 이루어졌으며, 수백 년 전에 일어났다. 나는 정확히 어떤 경로로 자연선택이 어른에게 젖당 내성을 갖추게 했는지 알지 못한다. 아마 어른들은 위급한 시기에 아기의 음식에 의지했을 것이며, 그것에 가장 내성이 강한 개인들이 더 많이 살아남았을 것이다. 아마 일부 사회에서는 젖을 떼는 시기가 늦추어졌을 것이며, 그런 상황에서 아이들의 생존을 위한 선택이 서서히 어른의 내성으로 이어졌을 것이다. 구체적으로 어떠했든 간에, 비록 유전적인 것이지만 그 변화는 문화적으로 유도된 것이다. 소, 양, 염소가 만드는 젖의 양 증가와 유순함의 진화는 그들을 기르는 부족들의 젖당 내성 증가와 함께 이루어졌다. 둘 다 집단 내의 유전자 빈도가 변화했다는 의미에서 진정한 진화적 추세였다. 그러나 둘 다 비유전적인 문화적 변화로 유도된 것이다.

젖당 내성은 빙산의 일각에 불과할까? 우리의 유전체에는 우리 몸의 생화학뿐만 아니라 정신에 영향을 미친 가축화의 증거가 가득 들어 있을까? 벨랴예프가 가축화한 여우처럼, 그리고 우리가 개라고 부르는 가축화한 늑대처럼, 우리도 처진 귀, 다정한 얼굴, 흔들어대는 꼬리에 상응하는 것을 가짐으로써 더 유순하고 더 사랑스러워진 것은 아닐까? 그 생각은 당신에게 맡기기로 하고, 서둘러 계속 나아가자.

수렵이 목축으로 전환되는 동안, 채집도 식물 재배로 비슷한 전환을 겪었다. 그 일도 대부분 의도하지 않은 채 이루어졌을 것이다. 땅에 씨를 뿌리면 그 씨를 맺은 것과 똑같은 식물이 자란다는 사실을 처음 알아차렸을 때처럼, 창조적인 발견의 순간이 있었음은 분명하다. 물을 주고 잡초를 뽑고 비료를 주는 것이 작물의 생장에 도움이 된다는 점을 누군가 처음 발견했을 때처럼 말이다. 그러나 가장 좋은 씨를 먹고 나쁜 씨를 심는 당연해 보이는 방식을 따르는 대신 가장 좋은 씨를 심는다는 탁월한 생각을 떠올리기는 더 쉽지 않았을 것이다(내 아버지는 대학을 막 졸업한 뒤인 1940년대에 아프리카 중부의 농민들에게 농업을 가르쳤는데, 그 부분이 가르치기 가장 어려운 것 중 하나였다고 내게 말씀하셨다). 하지만 채집자에서 재배자로의 전환은 수렵인에서 목축인으로의 전환과 마찬가지로 대개 당사자들이 인식하지 못한 상태에서 이루어졌다.

밀, 귀리, 보리, 호밀, 옥수수 등 우리의 주식이 되는 작물들 중에는 농경이 시작된 이래로 의도하지 않은 채, 그리고 나중에는 의도적으로 이루어진 인간의 선택으로 크게 변형되어온 볏과(grass fiamily) 식물들이 많다. 그들의 유전체에는 그 흔적이 남아 있다. 동시에 우리 자신도 우유에 내성을 가지도록 진화한 것처럼 곡류 내성이 커지는 쪽으로 수천 년에 걸쳐 유전적으로 변화했을지 모른다. 농업혁명 이전에는 밀과 귀리 같은 전분이 많은 곡류가 우리 식단의 주류가 될 수 없었을 것이다. 오렌지나 딸기와 달리, 곡류의 씨는 먹히려고 고안된 것이 아니다. 서양자두나 토마토의 씨는 동물의 소화기관을 거쳐 퍼지는 전략을 채택하지만, 곡류의 씨는 그렇지 않다. 그 관계를 우리의 입장에서 살펴보자. 다른 보조수단이 없다면, 인간의 소화기관은 전분의 양이 적고 단단하며 잘 벗겨지지 않는 껍질을 가진 볏과 식물들의 씨에서 많은 양분을 흡수할 수 없다. 빻고 요리하면 어느 정도 도움이 되지만, 우유 내성의 진화와 마찬가지로, 우리 자신이 야생 상태의 조상들에 비해서 밀에 생리학적 내성을 갖추는 쪽으로 진화했으리라고 상상할 수도 있다. 밀에 내성이 없는 사람도 있다. 꽤 많은 수의 불운한 사람들은 내성이 있다면 더 행복하리라는 것을 고통스럽게 경험하고 있다. 밀 내성이 없는 산족 같은 수렵채집인들과 밀을 오랫동안 먹어온 농경인들을 조상으로 둔 사람들을 비교하면 무엇인가 드러날지 모른다. 여러 부족들 사이의 젖당 내성을 비교한 연구 결과가 있듯이, 밀 내성을 대규모로 비교한 연구 결과도 있을지 모르지만, 나는 아직 찾아내지 못했다. 술 내성을 체계적으로 비교하는 연구도 흥미로울 것이다. 특정한 대립유전자(對立遺傳子, allele)가 있는 사람들은 원하는 것보다 간의 알코올 분해 능력이 떨어진다고 알려져 있다.

어쨌든 동물과 그 먹이식물 사이의 공진화는 새로운 것이 아니었다. 초식동물들은 우리가 밀, 보리, 귀리, 호밀, 옥수수를 길들이기 이전에 오랜 세월 동안 상호 협력하는 쪽으로 진화를 이끌어서, 볏과 식물들에게 일종의 유익한 다윈 선택을 가해왔다. 볏과 식물들은 초식동물들이 있는 상태에서 번성하며, 아마도 화석 기록에 그들의 꽃가루가 처음 나타난 이래로 2,000만 년이라는 세월 동안 거의 그러했을 것이다. 물론 먹히는 식물 개체 자체가 혜택을 얻는 것이 아니라, 일부가 뜯겼을 때에 경쟁자들보다 더 잘 견디는 풀들이 혜택을 받는다. 내 적의 적이 내 동료인 셈이다. 풀들은 흙, 햇빛, 물을 놓고 서로 경쟁하는 다른 식물들을 초식동물들이 뜯어먹으면, 설령 자신도 일부 뜯긴다고 해도 번성할 수 있다. 수백만 년을 거치자 풀들은 야생 소, 영양, 말 같은 초식동물들(그리고 나중에는 잔디 깎는 기계)이 있는 상황에서도 잘 번성할 수 있었다. 그리고 초식동물들은 풀들을 먹고 번성하는 미생물들이 가득 든 일종의 발효통 같은 복잡한 소화기관과 특수한 이빨 등 더 개선된 신체기관들을 갖추었다.

우리는 대개 길들인다는 말을 그런 의미로 쓰지 않지만, 사실은 그런 뜻이다. 대략 1 만2,000년 전부터 우리 조상들은 많은 초식동물들이 밀속(Triticum) 식물들의 조상에 2,000만 년 동안 해왔던 일을 밀속의 야생 풀들에 지속적으로 시도함으로써, 그것들을 우리가 현재 밀이라고 부르는 것으로 길들였다. 우리 조상들은 의도하지 않은 우발적인 길들임을 나중에 의도적이고 계획적인 선택 교배로 전환함으로써(그리고 최근에는 과학적 교배와 유전공학적 돌연변이를 택함으로써) 그 과정을 가속시켰다.

내가 농경의 기원에 관해서 하고 싶은 말은 다했다. 수십만 년 전, 아니 수백만 년 전을 향해 타임머신을 가동하기 전에, 약 5만 년 전에서 한 번 더 잠시 멈추자. 전적으로 수렵채집인들로 이루어진 인간 사회는 이때 농업혁명보다 훨씬 더 큰 혁명인 "문화적 대도약(cultural Great Leap Forward)"이라고 부를 만한 사건을 겪었다. 이 대도약 이야기는 크로마뇽인의 입을 통해서 듣기로 하자. 크로마뇽인이라는 이름은 이 호모 사피엔스 종족의 화석이 처음 발견된 프랑스 도르도뉴 지방의 동굴에서 유래했다.

크로마뇽인 이야기

고고학에서는 약 5만 년 전에 우리 종에게 무엇인가 아주 특별한 일이 일어나기 시작했다고 말한다. 해부학적으로 볼 때는 이 분수령이 된 시기 이전에 살았던 조상들이나 그 이후에 살았던 조상들이나 별 차이가 없다. 이 분수령 이전에 살았던 인류와 우리의 차이는 당시 세계 각지에서 살았던 사람들 사이의 차이나 현대에 사는 우리들끼리의 차이나 별 다를 바 없을 것이다. 해부구조를 보면 그렇다. 그러나 그들의 문화를 보면, 엄청난 차이를 실감하게 된다. 물론 현재 세계 각지의 문화들은 엄청난 차이를 보이며, 아마 당시에도 그랬을 것이다. 그러나 5만 년보다 훨씬 더 이전으로 거슬러올라가면 그렇지 않다. 그 시기에 무슨 일이 일어났다. 많은 고고학자들은 그것을 "사건"이라고 불릴 정도로 갑작스러운 것이라고 본다. 나는 제레드 다이아몬드가 붙인 명칭인 대도약이 더 마음에 든다.

대도약 이전 시기에 인류가 만든 물건들은 100만 년 동안 거의 변화가 없었다. 오늘날 남아 있는 유물들을 보면 거의 전부가 돌로 아주 엉성하게 만든 도구와 무기이다. 나무(아시아에서는 대나무)가 일상 재료로 더 흔히 쓰였다는 것은 의심의 여지가 없지만, 나무 유물들은 오래 보존되기가 어렵다. 우리가 말할 수 있는 것은 그림, 조각, 토우(土偶), 매장물, 장신구가 전혀 없었다는 사실이다. 이 모든 것들은 대도약 이후에야 갑자기 고고학 기록에 나타났으며, 그때 뼈 피리 같은 악기들도 등장했다. 그리고 오래 지나지 않아 크로마뇽인들이 그린 라스코 동굴 벽화 같은 장엄한 작품들이 나타났다(화보 1 참조). 다른 행성에서 온 객관적인 관찰자라면 컴퓨터, 초음속 비행기, 우주 탐사 같은 것들이 존재하는 우리의 현대 문명을 대도약의 산물이라고 생각할지 모른다. 그러나 아주 긴 지질학적 시간으로 보면, 시스틴 성당에서 상대성 이론에 이르기까지, 바흐의 "골드베르크 변주곡"에서 골드바흐의 추측에 이르기까지, 현대에 이루어진 모든 성과들은 빌렌도르프의 비너스나 라스코 동굴 벽화나 거의 동시대에 속하며, 같은 문화혁명의 일부이자 후기 구석기 시대라는 기나긴 정체기 뒤에 갑자기 솟아난 문화적 개화의 일부라고 할 수 있을 것이다. 사실 나는 우리 외계 관찰자의 균일론적 관점이 철저한 분석을 견뎌낼 것이라고는 확신하지 못하지만, 적어도 잠깐 동안은 옹호될 수 있을 것이다.[*]

대도약에 깊은 인상을 받은 일부 전문가들은 언어도 그 시기에 탄생했다고 생각한다. 그들은 그런 갑작스러운 변화를 달리 무엇으로 설명할 수 있겠느냐고 묻는다. 언어가 갑자기 생겨났다는 주장은 언뜻 드는 생각과 달리 그렇게 어리석은 말이 아니다. 글쓰기의 기원 연대가 수천 년 이상 거슬러올라간다고 생각하는 사람은 아무도 없으며, 글쓰기가 발명된 시기에 뇌의 해부구조에 어떤 변화도 없었다는 데에 누구나 동의한다. 이론적으로 말은 같은 문제의 또다른 사례로 볼 수 있다. 하지만 나는 스티븐 핑커 같은 언어학자들은 언어가 그 대도약보다 더 오래되었다는 견해를 지지하리라고 생각한다. 과거로 더 거슬러올라가서, 순례여행이 호모 에르가스테르(에렉투스)에 이르는 100만 년 전이 될 수도 있다.

언어는 아니었다고 할지라도, 아마 대도약은 우리가 새로운 소프트웨어 기술이라고 부를 수 있는 무엇인가가 갑작스럽게 발견된 시기였을 것이다. "─이라면 어떨까" 같은 상상을 꽃피우게 할 조건절 같은 새로운 문법이 갑자기 등장했을지도 모른다. 혹은 초기 언어가 대도약 이전에는 눈앞의 대상에 대한 대화용으로만 쓰였을 수도 있다. 그

---

[*] 데이비드 루이스─윌리엄스의 『동굴 속의 정신(*The Mind in the Cave*)』은 전기 구석기의 동굴 미술 전반과, 그 미술이 호모 사피엔스의 의식 개화에 관해서 우리에게 무엇을 말해줄 수 있는지를 다룬다.

러다가 어느 천재가 단어를 지금 눈앞에 없는 대상을 지칭하는 데도 쓸 수 있다는 사실을 깨달았을지 모른다. "우리 둘 다 볼 수 있는 저 연못"과 "언덕 너머에 연못이 있다고 상상하자"라는 말은 다르다. 또는 대도약 이전의 고고학적 기록에는 전혀 없는 표현 예술이 지시 언어로 이어지는 다리였는지도 모른다. 아마 사람들은 눈앞에 없는 들소에 관해서 이야기하는 법보다, 들소를 그리는 법을 먼저 배웠을 것이다.

　나는 대도약이라는 짜릿한 시기에 더 머무르고 싶지만, 우리는 기나긴 순례여행을 하고 있으므로 다시 과거로 나아가야 한다. 이제 공조상 0, 즉 살아 있는 모든 인류의 가장 최근 조상을 찾을 수 있는 시대로 가자. 우리는 랑데부 0의 연대가 수천 년 또는 수만 년 전일 것이라고 추정했다. 그 다음번 공식 랑데부가 일어나는 지점, 즉 침팬지 순례자들과 만나는 지점은 수백만 년 떨어져 있으며, 나머지 랑데부들은 대부분 수억 년을 더 거슬러올라가야 한다. 순례를 끝까지 하려면, 지금부터 속도를 더 높여서 "깊은 시간"으로 나아갈 필요가 있다. 지난 300만 년의 세월을 특징짓는 30여 차례의 장엄한 빙하기들을 빨리 지나치고, 450-600만 년 전에 일어났던 지중해가 말라붙었다가 다시 채워진 일 같은 극적인 사건들도 휙 넘어가야 한다. 이 첫 가속을 수월하게 하기 위해서, 나는 도중에 몇몇 중간 이정표에 멈춰설 자유를 특별히 허용하고자 한다. 이 지점들에서 우리는 우리의 직계 조상들을, 아니 그럴 가능성이 높은 이들을 만날 것이다. 나는 그들 중 일부에게 자신의 이야기를 할 기회를 줌으로써, 자신의 인류 계통을 중시하려는 우리 자신의 편향된 욕구를 이 "그림자" 순례자들을 통해서 충족시키고자 한다.

고대 호모 사피엔스

랑데부 1로 향할 때에 마주치는 첫 이정표는 20만 년 전에 서 있다. 비교적 따뜻했던 시기이며, 이 바로 뒤에 극심한 빙하기가 찾아온다. 이런 기후 변화가 그 시대의 인류 이야기를 빚어낸 주된 힘이었을 것이 분명하다.

이곳을 들르기로 한 이유는 두 가지이다. 첫째, 모계의 가장 최근 공통 조상이 살았던 시기를 추정한 이들이 내놓은 가장 설득력 있는 연대 중 하나이기 때문이다. 그녀는 "미토콘드리아 이브(mitochondrial Eve)"라고 불리곤 한다. 우리 세포의 미토콘드리아에 들어 있고 오직 어머니를 통해서 얻는 DNA 조각을 이용하여, 우리의 모계를 추적할 수 있기 때문이다. 미토콘드리아 DNA를 이용한 연역법은 최근의 인류 역사를 밝혀내는 데에 중요한 역할을 해왔다. 그 방식에 내재된 위험성은 "이브 이야기"에서 살펴볼 것이다.

여기서 멈춘 두 번째 이유는 에티오피아의 오모 강변에서 발견된 화석을 살펴보기 위해서이다. 이 화석은 원래 1967년 리처드 리키 연구진이 발견한 것인데, 2008년에 추정 연대가 19만5,000년 전으로 훨씬 더 올라간다는 연구 결과가 나오면서 재조명을 받았다. 가장 흥미로운 화석은 강의 양쪽에서 각각 발견된 두 머리뼈 조각들인데, 둘이 조금 다르다. 첫 번째 머리뼈는 완전한 현생 인류의 것이라고 볼 수 있을 만큼, 대부분의 특징이 우리와 비슷하다. 반면에 두 번째 머리뼈는 우리의 것과 형태가 똑같지 않다. 아래쪽이 더 넓고 이마가 덜 둥글다. 더 완전한 화석은 같은 에티오피아의 헤르토에서 발견되었는데(하지만 좀더 최근인 16만 년 전의 것이다), 머리뼈가 "거의 현생" 형태이다. "현생"과 "거의 현생"의 구분이 종이 한 장 차이에 불과하기는 하지만, 어쨌든 헤르토인이 우리가 "고대 호모 사피엔스"라고 뭉뚱그려 말하는 그 선조들과 현대 인류의 중간 존재임은 분명하다. 일부 전문가들은 고대 호모 사피엔스라는 명칭을 더 앞선 종인 호모 에렉투스가 살던 90만여 년 전까지 적용한다. 앞으로 살펴보겠지만, 그 용어 대신에 고대 인류들을 잇는 다양한 학명들을 붙이는 쪽을 선호하는 학자들도 있다. 나는 그들을 언급할 일이 있을 때마다 내 동료인 조너선 킹던이 쓰는 지극히 영국적인 방식의 "현생인," "고대인," "직립인" 등의 용어를 사용함으로써 그 논쟁에서 한 발 비켜서 있을 생각이다. 우리는 직립인과 그들이 진화한 초기 고대인이나, 고대인과 그들이 진화한 초기의 현생인이 뚜렷이 구분된다고 생각해서는 안 된다. 말이난 김에 덧붙이자면, 세 부류 모두 직립했으며, 직립인이 고대인보다 더 오래된 존재라는 사실을 혼동하지 말도록!

우리가 아는 한, 고대인에서 현생인으로의 해부학적 전환은 오직 아프리카에서만 일어났다. 비록 고대인 형태의 화석은 전 세계에서 발견되며, 연대도 수십만 년에 걸쳐 있지만 말이다. 독일의 "하이델베르크인," 잠비아의 "로데시아인"(북로데시아인으로 불리기도 한다), 중국의 "달리인" 등이 대표적이다. 우리처럼 고대인들도 뇌가 컸는데, 뇌 용량은 평균 1,200-1,300세제곱센티미터이다. 평균 1,400세제곱센티미터인 우리의 뇌에 비해서는 약간 적지만, 용량 분포 범위를 따지면 우리와 상당히 겹친다. 그들은 우리보다 몸이 더 탄탄하고, 두개골이 두꺼우며, 눈썹이 튀어나오고, 턱은 더 들어가 있다. 그들은 우리보다는 직립인에 더 가까운 모습이며, 중간 존재처럼 보인다. 일부 분류학자들은 그들을 호모 사피엔스의 아종인 호모 사피엔스 하이델베르겐시스라고 본다(그렇게 구분할 때 우리는 호모 사피엔스 사피엔스가 된다). 반면에 고대인을 아예 호모 사피엔스가 아니라 호모 하이델베르겐시스라고 보는 학자들도 있고, 고대인을 호모 하이델베르겐시스, 호모 로데시엔시스, 호모 안테세소르 등 여러 종으로 나누는 학자들도 있다. 우리는 그 구분방식에도 견해 차이가 있음을 짐작할 수 있다. 그리고 진화의 관점에서 보면, 범위가 겹치는 중간 존재들도 있으리라고 예상할 수 있다.

중간 화석들의 범위가 이렇게 겹치기 때문에, 불행하게도 이를테면 뇌의 크기 순서로 그들이 진화적으로 직선 형태로 죽 이어진다고 상상하려는 유혹에 빠지기 쉽다. 뒤에서 설명하겠지만, 인류의 최근 기원을 설명할 진짜 이야기는 훨씬 더 복잡하다. 진화는 직선으로 진행될 가능성이 적은, 뒤죽박죽인 역사적 과정이다. 이 양상이 가장 뚜렷하게 드러나는 사례는 네안데르탈인이다. 이 명칭은 이 유형의 화석이 처음 발견된 네안더 계곡의 이름을 딴 것이다.*

---

* 현학자의 한마디: 탈(Thal) 또는 현대 독일어로 Tal은 계곡을 뜻한다(화폐 단위인 "탈러[thaler]"와 "달러[dollar]"의 어원이기도 하다). 네안더 계곡은 이런 종류의 화석이 맨 처음 발견된 곳이다. 19세기 말에 독일

네안데르탈인을 보는 한 가지 관점은 그들을 우리의 평행 사촌(parallel cousin : 친사촌이나 이종 사촌/역주)으로 간주하는 것이다. 즉 그들이 고대인에서 나온 별개의 후손으로서, 아프리카가 아니라 주로 유라시아와 중동에서 진화했다고 보는 것이다. 네안데르탈인은 우리에 비해서 몇몇 측면에서 고대인을 더 닮았으며, 우리보다 2배 이상 더 오래 전인 50만 년 전쯤에 고대인 집단에서 갈라져 나왔다고 여겨진다. 그들이 별개의 진화 경로를 거쳤다는 사실은 스페인 북부에 있는 시마 데 로스 우에소스(Sima de los Huesos, "뼈의 구덩이")를 통해서 드러났다. 이곳은 약 40만 년 전의 화석들이 발견된 보물 창고이다. 비록 전부 다 그런 것은 아니지만, 이 화석들 중에는 우리가 더 후기의 전형적인 네안데르탈인 형태라고 보는 특징들을 가진 것들도 있다.

우리와 랑데부를 할 시점에, 이 유라시아 인류는 일부에서 호모 네안데르탈렌시스라는 별도의 학명을 붙이는 쪽을 선호할 만큼, 구별되는 특징들을 충분히 축적했다. 네안데르탈인은 현생인과 달리 눈썹이 튀어나와 있는 등 고대인의 특징들을 몇 가지 간직하고 있었다(그래서 일부 학자들은 그들을 고대인의 일종으로 분류한다). 땅딸막한 몸에 짧은 팔다리, 큰 코 등으로 볼 때, 그들은 추운 환경에 적응했으며, 동물의 모피로 만든 옷으로 체온을 유지했을 것이다. 우리는 네안데르탈인의 배설물 화석을 통해서 그들의 식단을 추론할 수 있다. 그들은 주로 육식을 했고, 식물을 소량 곁들였다. 그들이 우리보다 뇌가 좀더 컸다는 말도 종종 나온다. 비록 체중에 대한 비율을 따지면, 우리보다 "대뇌화(encephalised)"가 덜 이루어졌음이 드러나기는 하지만 말이다("도구인 이야기" 참조). 미약한 증거들을 토대로 그들이 죽은 이를 매장할 때에 장례식을 치렀으며 간단한 예술 작품도 창작했다는 주장도 많이 나와 있다. 그들이 말을 할 수 있었는지는 아무도 모르며, 이 중요한 문제를 놓고 견해 차이가 빚어진다. 고고학 증거들은 네안데르탈인과 현생인 사이에 전문 지식의 교류가 있었다는 것을 시사하지만, 언어가 아니라 모방을 통해서 전해졌을 수도 있다.

이 점은 네안데르탈인과 현생인 사이에 상호작용이 있었는가라는 미묘한 주제로 이어진다. 현생 형태가 아프리카 바깥으로 퍼질 때, 그들은 처음에는 약 10만 년 전 중

의 철자법이 개정되었을 때, 계곡을 뜻하는 철자는 Thal에서 Tal로 바뀌었다. 그러나 학명인 호모 네안데르탈렌시스(Homo neanderthalensis)는 동물학 명명 규칙상 그대로 남았다. 관습과 학명을 따르기 위해서, 우리는 그 단어의 원래 철자에 들어 있던 h를 고수하는 경향이 있다. 하지만 h를 빼고 싶은 사람은 얼마든지 그렇게 써도 좋다.

동 지역에서, 그 뒤에는 서아시아에서 네안데르탈인과 서식 범위가 겹치기 시작했고, 마지막으로 현생인은 약 4만5,000년 전에 네안데르탈인이 살던 유럽으로 진출했다. 화석 기록으로 볼 때, 네안데르탈인은 그로부터 수천 년이 채 흐르지 않은 약 4만 년 전에 사실상 사라졌다. 그 멸종 시점 때문에 많은 이들은 현생인이 그들을 직접 죽였거나 아니면 그들과 경쟁함으로써 그들의 멸종에 관여했다고 주장한다. 네안데르탈인의 멸종 문제는 많은 네안데르탈인의 뼈에서 DNA를 추출하는 데에 성공한 놀라운 연구에 힘입어서 새롭게 주목을 받아왔다. 최근에 살았던 서유럽과 동유럽의 네안데르탈인 사이에 한 가지 중요한 차이가 있었다는 연구가 있다. 현생인이 들어오기 전에, 서유럽의 네안데르탈인은 이미 유전적 다양성이 급감한 상태였고, 당시는 추위가 극도로 심해진 때이기도 했다. 현생인과 경쟁하지 않은 상태에서 네안데르탈인 집단의 크기와 거주지가 요동쳤다는 증거이다. 고대 DNA 연구는 네안데르탈인이 현생인과 상호 교배를 했고 그럼으로써 어떤 면에서는 멸종하지 않았다고 볼 수 있지 않을까 하는 의문을 푸는 데에도 실마리를 제공해왔다. 그 문제는 이 장의 끝인 "데니소바인 이야기의 서문"에서 살펴보기로 하자. 그 서문은 훨씬 더 놀라운 발견을 소개하는 서문 역할을 한다. 네안데르탈인 말고도 인류의 사촌이 더 있다는 이야기이다. 이 수수께끼 같은 "제3의 인류"(실제 증거는 한 소녀의 것이다)는 오로지 DNA를 통해서 추론한 것이다. 그러니 먼저 유전자 연구부터 살펴보기로 하자.

이브 이야기의 서문

"태즈메이니아인 이야기"에서 우리는 족보상의 조상 이야기를 했다. 전통적인 의미의 족보에서 말하는 현대 인류의 조상인 역사적 존재들, 즉 "인류의 조상들"을 다루었다. 그러나 사람들에게 적용될 수 있는 것은 유전자에도 적용될 수 있다. 유전자도 부모 유전자, 조부모 유전자, 손자 유전자가 있다. 유전자도 계통수, 즉 "가장 최근 공통 조상(MRCA)"을 가진다. 게다가 유전자의 계통수는 기존의 역사적 분류에 비해서 한 가지 엄청난 장점이 있다. 바로 대물림된 양상이 오늘날의 유전자에 남아 있다는 것이다. 가족의 족보는 수세기가 흐르면 흐릿해진다. 반만에 오로지 현생생물로부터 추론한 유전자의 역사와 유전자 계통수는 우리 역사를 수백만 년까지 보여줄 수 있다.

이야기를 더 진행하기 전에, "유전자"의 의미를 놓고 일어날 만한 혼란을 미리 없앨 필요가 있겠다. 사람마다 유전자에 붙이는 의미가 다를 수 있지만, 여기에서 특히 위험한 혼란은 다음과 같은 것이다. 일부 생물학자들, 특히 분자유전학자들은 유전자라는 단어를 염색체의 특정한 **지점**("유전자좌")이라는 의미로만 엄격히 사용하며, 그 유전자좌에 있을 수 있는 유전자의 여러 **형태들**에 "대립유전자"라는 단어를 쓴다. 아주 단순한 사례를 들어보면, 그들은 눈 색깔 유전자는 파란색 대립유전자와 갈색 대립유전자를 비롯해 여러 대립유전자의 형태를 취한다라는 식으로 말한다. 반면에 다른 생물학자들, 특히 나와 같은 부류에 속한 사회생물학자, 행동생태학자, 동물행동학자라고 불리는 생물학자들은 유전자를 대립유전자와 동의어로 사용하는 경향이 있다. 우리는 대립유전자들 집합으로 채워질 수 있는 염색체의 한 부분을 말할 때, "유전자좌"라는 말을 쓰곤 한다. 나와 같은 사람들은 "파란색 눈의 유전자에 대응하는 갈색 눈의 유전자를 상상해보자"라는 말을 쉽게 한다. 모든 분자유전학자들이 그런 표현을 좋아하는 것은 아니지만, 나와 같은 부류의 생물학자들 사이에서는 그것이 잘 확립된 관습이며, 나는 종종 그 관습을 따를 것이다.

이브 이야기

"유전자 계통수"와 "사람 계통수"는 상당한 차이가 있다. 사람은 부모 양쪽의 후손인 반면, 유전자는 부모가 하나뿐이다. 당신의 유전자 하나하나는 당신의 어머니나 아버지 한쪽, 조부모 4명 중 1명, 증조부모 8명 중 1명에게서 온 것이다. 그러나 전통적인 방식으로 조상을 추적하면, 모든 사람은 똑같이 부모 2명, 조부모 4명, 증조부모 8명의 후손이 된다. "사람의 족보"가 "유전자의 족보"보다 훨씬 더 뒤섞여 있다는 뜻이다. 어떤 의미에서 유전자는 사람의 계통수에 이리저리 교차되어 그려진 혼란스러운 미로 중 한 경로를 취한다. 성(姓)은 사람이 아니라 유전자처럼 행동한다. 당신의 성은 전체 계통수를 관통하는 하나의 가느다란 선이다. 그것은 남성에서 남성으로 이어지면서 남성 계통을 눈에 띄게 강조한다. 나중에 알게 되겠지만 두 가지 눈에 띄는 예외가 있기는 하나, DNA는 성과 달리 성차별적이지 않다. 유전자 계통수는 남성과 여성의 계통을 동등하게 대한다.

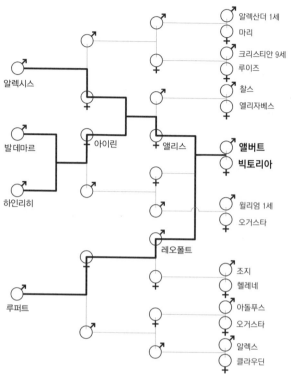

알렉산더 1세
마리
크리스티안 9세
루이즈
찰스
엘리자베스
앨버트
빅토리아
윌리엄 1세
오거스타
조지
헬레네
아돌푸스
오거스타
알렉스
클라우딘

알렉시스
발데마르
아이린
앨리스
하인리히
레오폴트
루퍼트

작센코부르크 가문의 불운한 혈통들

인간의 가계도 중에서는 유럽 왕가들의 가계도가 가장 잘 기록된 축에 속한다. 위의 그림은 작센코부르크 가문의 가계도로서, 알렉시스, 발데마르, 하인리히, 루퍼트 왕자의 혈통을 위주로 표시했다. 그들의 유전자들 중에는 "유전자 가계도"를 추적하기가 유독 쉬운 것이 하나 있다. 그들에게는 불행이지만 우리에게는 다행스럽게도 결함 있는 유전자가 존재하기 때문이다. 그 불운한 가문에는 그림에 나온 네 명의 왕자를 비롯하여 쉽게 알 수 있는 혈액 질환인 혈우병에 걸린 사람이 많았다. 혈우병은 피가 잘 응고되지 않는 병이다. 혈우병은 특이한 양상으로 유전된다. 혈우병은 X 염색체를 통해서 전달된다. 남성들은 X 염색체가 하나뿐이며, 어머니에게서 물려받는다. 여성은 X 염색체가 2개이며, 양쪽 부모에게서 하나씩 물려받는다. 여성들은 결함 있는 유전자를 부모에게서 동시에 물려받아야만 그 병에 걸린다(즉 혈우병은 "열성[劣性]"이다). 남성은 "보호되지 않는" X 염색체 하나가 결함 있는 유전자를 지니기만 하면 그 병에 걸린다. 따라서 여성은 혈우병에 걸리는 일이 거의 없지만, 혈우병 "보인자"인 여성들은 많다. 그들은 결함 있는 유전자를 하나 지니며, 그 유전자가 각 아이에게 전달될 확률은 50퍼센트이다. 임신한 보인자 여성들은 아기가 딸이기를 바라겠지만, 그래도 누구와 혼인하든 간에 그녀의 손자가 혈우병에 걸릴 위험은 상당히 높다. 혈우병에 걸린 남성이 아이를 낳을 정도까지 오래 산다면, 그는 자신의 혈우병 유전자를 아들에게 전달할 수는 없지만(남성은 아버지에게서 X 염색체를 물려받지 못한다) 딸에게는 전달할 수 있다(여성은 아버지에게서 언제나 X 염색체를 물려받는다). 이러한 규칙과 왕가의 남성들이 혈우병을 앓았음을 알고 있으므로, 우리는 그 결함 있는 유전자를 추적할 수 있다. 그 추적 결과를 가계도에 표시했다. 굵은 선이 바로 혈우병 유전자가 대물림되었을 경로를 역추적한 것이다.

앨버트는 혈우병에 걸리지 않은 반면, 그의 아들인 레오폴트 왕자는 혈우병에 걸린 것으로 보아 빅토리아 여왕은 돌연변이였던 듯하다. 아들은 아버지에게서 X 염색체를 물려받지 않기 때문이다. 빅토리아의 방계 친척들 중 혈우병에 걸린 사람은 아무도 없었다. 따라서 왕가에 맨 처음 그 유전자를 도입한 사람은 그녀였다. 복제 오류는 그녀의 어머니인 작센코부르크의 빅토리아의 난자에서 일어났을 수도 있지만, 내 동료 스티브 존스가 『유전자의 언어(*The Language of the Genes*)』에서 설명한 몇 가지 이유들을 감안할 때, "그녀의 아버지인 켄트 공작 에드워드의 존엄한 고환"에서 일어났을 가능성이 더 높다.

빅토리아 여왕의 부모는 혈우병에 걸리지도 그 유전자의 보인자도 아니었지만, 두 사람 중 한 명이 왕가 혈우병 유전자로 돌연변이가 일어날 "부모" 유전자(엄밀히 말하면 대립유전자)를 지니고 있었다. 우리는 비록 검출할 수는 없지만 빅토리아의 혈우병 유전자의 계통을, 돌연변이가 일어나서 혈우병 유전자가 되기 전까지 거슬러올라가볼 수는 있다. 빅토리아는 조상들에게는 없었던 병을 일으키는 유전자를 지녔지만, 그 사실 자체는 우리의 목적과 무관하다. 진단하기가 쉽다는 것만 제외하고 말이다. 그 유전자의 가계도를 역추적할 때, 우리는 그 병이 가시적으로 드러나는 경우를 제외하고 그 효과를 무시하기로 하자. 그 유전자의 계통은 빅토리아 이전까지 거슬러올라가는 것이 분명하지만, 혈우병 유전자로 변하지 않은 상황에서는 가시적인 흔적이 희미해진다. 돌연변이가 일어나서 부모 유전자와 달라졌다고 해도 모든 유전자에는 하나의 부모 유전자가 있기 마련이다. 마찬가지로 모든 유전자는 하나의 손자 유전자, 하나의 증손자 유전자 등을 가진다. 이런 생각이 기묘해 보일 수도 있지만, 우리가 지금 조상을 찾는 순례여행 중이라는 것을 명심하자. 지금 우리는 조상 찾기 순례여행을 개인의 관점이 아니라 유전자의 관점에서 보면 어떠한지 알아보는 중이다.

"태즈메이니아인 이야기"에서 우리는 "공조상" 대신에 MRCA(가장 최근 공통 조상)라는 약자를 썼다. 나는 "공조상"이라는 말을 개인의 가계도든 다른 어떤 생물의 가계도든 간에, 한 가계도에서의 가장 최근 공통 조상을 가리킬 때에만 쓰고 싶다. 따라서 유전자 이야기를 할 때에는 "MRCA"라는 말을 쓰기로 한다. 각기 다른 개체에 있는 2개 이상의 대립유전자들은 분명히 하나의 MRCA를 가진다. 그것이 조상 유전자이며, 대립유전자들은 각각 그것의 (돌연변이가 일어난) 사본이다. 프로이센의 발데마르와 하인리히 왕자의 혈우병 유전자의 MRCA는 어머니인 헤세 및 라인의 아이린이 지닌 두 X 염색체 중 하나에 있었다. 그녀가 태아 상태였을 때, 그녀가 가진 혈우병 유전자의 사본 둘이 떨어져나가서 그녀의 난세포 2개로 들어갔고, 거기에서 불운한 두 아들이 나온 것이다. 이 유전자들은 러시아의 황태자 알렉시스(1904-1918)의 혈우병 유전자와 MRCA가 같다. 그들의 할머니인 헤세의 앨리스 공주가 그 유전자를 가지고 있었다. 따라서 우리가 고른 네 왕자들이 가진 혈우병 유전자의 MRCA는 맨 처음 자신의 존재를 드러낸 빅토리아의 돌연변이 유전자이다.

유전학자들은 한 유전자의 조상을 이런 식으로 역추적하는 과정을 융합(coalescence)이라고 부르곤 한다. 시간을 거슬러올라가면, 두 유전자 계통은 어느 시점에서 하나로 융합된다. 그 시점에서 미래를 내다보면 그 유전자의 두 사본이 두 갈래의 후손들에게로 뻗어나가는 것을 알 수 있다. 융합점이 바로 MRCA이다. 모든 유전자 계통에는 많은 융합점들이 있다. 발데마르와 하인리히의 혈우병 유전자는 어머니인 아이린의 MRCA 유전자로 융합된다. 더 거슬러올라가면 그것은 알렉시스 황태자의 계통과 융합된다. 앞에서 살펴보았듯이, 그 왕가 혈우병 유전자들은 모두 빅토리아 여왕에게서 대융합을 이룬다. 그녀의 유전체는 왕가 전체의 MRCA 혈우병 유전자를 가지고 있다.

이 사례에서 네 왕자가 가진 혈우병 유전자들의 융합은 빅토리아에게서 일어난다. 공교롭게도 빅토리아는 그들의 가계도에서 가장 최근 공통 조상이자, 공조상이기도 하다. 하지만 그것은 단지 우연의 일치일 뿐이다. 우리가 눈 색깔 같은 다른 유전자를 택한다면, 가계도를 가로지르는 길은 전혀 다를 것이며, 유전자들은 빅토리아보다 더 먼 조상에게서 융합할 것이다. 루퍼트 왕자의 갈색 눈 유전자와 하인리히 왕자의 파란색 눈 유전자를 택한다면, 융합은 적어도 조상의 눈 색깔 유전자가 갈색과 파란색의 두 형태로 갈라지는 시점에서 이루어져야 하며, 그 사건은 선사시대에 일어났다. DNA의 각 조각들은 나름대로의 족보가 있으며, 그것들도 출생, 혼인, 사망 기록들을 통해서 성을 추적하는 족보와 별개이기는 하지만 유사한 방식으로 추적할 수 있다.

우리는 한 사람이 가진 똑같은 두 유전자에도 이 방법을 적용할 수 있다. 찰스 왕자의 눈은 파란색이며, 파란색 눈은 열성이므로 그가 파란색 눈 유전자를 쌍으로 지녔다는 의미이다.* 그 두 유전자들은 과거의 어느 시점에서 틀림없이 융합되겠지만, 우리는 융합이 언제 어디에서 이루어질지 알 수 없다. 대개는 수천 년 전이겠지만, 찰스 왕자 같은 특수한 경우에는 파란색 눈 유전자 2개가 빅토리아 여왕이라는 최근 조상에게서 융합할 수도 있다. 찰스 왕자가 부계와 모계 양쪽으로 빅토리아의 후손이기 때문이다. 한쪽은 에드워드 7세를 통해서, 다른 한쪽은 헤세의 앨리스 공주를 통해서 이어진다. 이 가설에 따르면 빅토리아의 파란색 눈 유전자 하나가 각기 다른 시기에 2개의 사본을 만들었다. 이 한 유전자의 두 사본은 현재의 영국 여왕(에드워드 7세의 증손녀)과 그녀의 남편인 필립 공(앨리스 공주의 증손자)에게로 이어졌다. 따라서 빅토리아 유전자의 두 사본이 다시 만나서 찰스 왕자의 각기 다른 염색체상에 놓인 것이다. 사실 파란색 눈이든 아니든 간에, 그의 유전자들 중 일부에 그런 일이 일어난 것은 거의 확실하다. 그리고 그의 파란색 눈 유전자 2개가 빅토리아 여왕이나 그 이전의 누군가에게서 융합되는지에 상관없이, 과거의 어느 시점에 두 유전자의 MRCA가 있는 것도 분명하다. 우리가 이야기하는 것이 한 사람(찰스)의 두 유전자든 두 사람(루퍼트와 하인리히)의 두 유전자든 간에 그것은 중요하지 않다. 논리는 같기 때문이다. 한 사람이 지녔든 서로 다른 사람이 지녔든 간에 두 대립유전자가 문제의 핵심이다. 우리가 역추적하는 이 유전자들은 언제, 어디에서 융합되었을까? 그리고 우리는 집단 내에서 유전적으로 똑같은 지점("유전자좌")에 있는 3개 이상의 유전자들에 대해서도 같은 질문을 할 수 있다.

훨씬 더 먼 과거까지 살펴본다면, 서로 다른 유전자좌에 있는 유전자들에도 같은 질

---

* 사실 눈 색깔은 유전체의 몇몇 영역들이 관여하여 결정되지만, 그래도 이 원리는 적용된다.

문을 할 수 있다. 유전자들은 "유전자 중복"이라는 과정을 통해서 다른 유전자좌에 있는 유전자들을 낳기 때문이다. 우리는 "울음원숭이 이야기"와 "칠성장어 이야기"에서 이 현상을 다시 접할 것이다.

각 유전자나 DNA의 각 영역은 나름의 양상을 띤 융합 지점들을 가질 것이고, 그 지점들은 개별 유전자 가계도에서 드러날 것이다. 유연관계가 아주 가까운 두 사람은 많은 유전자 가계도들에서 서로 가까이 놓일 것이다. 하지만 두 사람이 다른 먼 친척과 더 가깝다는 데에 표를 던지는 "소수파"에 해당하는 유전자 가계도들도 있을 것이다. 우리는 사람들 사이의 친족 거리를 유전자들의 다수결 투표로 생각할 수 있다. 이를테면 당신의 유전자들 중에는 당신이 영국 여왕의 가까운 사촌이라는 쪽에 투표를 하는 것들도 있다. 또 훨씬 더 먼 듯이 보이는 사람들(앞으로 살펴보겠지만 더 나아가 다른 종의 구성원)과 당신이 더 가깝다고 주장하는 유전자들도 있다. DNA의 각 조각은 서로 다른 관점에서 역사를 본다. 세대를 관통하는 길이 각각 다르기 때문이다. 우리는 유전체의 많은 영역을 조사해야만 전반적인 모습을 파악할 수 있을 것이다. 하지만 그 영역들이 한 염색체상에서 서로 가까이 놓여 있다면 조심해야 한다. 그 이유를 알려면, 정자나 난자가 만들어질 때에 일어나는 재조합(recombination)이라는 현상을 알아야 한다.

재조합은 염색체 사이에서 서로 들어맞는 DNA 부위가 무작위로 서로 교환되는 것을 말한다. 평균적으로 인간의 염색체 하나당 교환은 한두 번밖에 일어나지 않는다(정자보다 난자가 만들어질 때에 더 많이 일어난다. 이유는 알려져 있지 않다). 그러나 많은 세대를 거치면, 결국 염색체의 많은 부위들이 교환될 것이다. 일반화시켜 말한다면, 염색체에서 두 DNA 조각이 서로 더 가까이 있을수록, 교환이 둘의 중간 지점에서 일어날 가능성은 더 낮아지므로 둘이 함께 유전될 가능성은 더 높아진다.

따라서 유전자들의 "투표"를 다룰 때, 우리는 두 유전자가 염색체에서 서로 가까이 놓여 있을수록 그들이 같은 역사를 겪었을 가능성이 더 높다는 점을 염두에 두어야 한다. 그리고 가까이 있는 유전자들은 서로 같은 쪽에 투표를 한다. DNA의 부위들이 서로 단단히 결합되어서 그 부분 전체가 한 단위처럼 역사를 거친 극단적인 사례도 있다. 유전자 의회의 그런 파벌들 중에서 둘이 눈에 띈다. 그들의 역사관이 더 타당하기 때문이 아니라, 그들이 생물학적 논쟁들의 틀을 잡는 데에 포괄적으로 사용되었기 때문이다. 둘 다 성차별적인 견해를 가진다. 하나는 전적으로 여성의 몸을 통해서 전해졌고, 다른 하나는 남성의 몸 밖으로 나간 적이 없기 때문이다. 둘 다 내가 앞에서 말한 유전자의 평등한 유전에 대한 주요 예외 사례이다. 바로 Y 염색체와 미토콘드리아이다.

가문의 성(姓)처럼 Y 염색체(그중 남성 특이적 영역)는 늘 남성 쪽으로만 전달된다. Y 염색체는 다른 유전자들도 가지고 있지만, 배아가 여성이 아니라 남성으로 발달하도록 유도하는 유전자를 지니고 있다. 반면에 미토콘드리아 DNA는 오직 여성에게만 전달된다(비록 이 DNA는 배아를 여성으로 발달하도록 만드는 일은 담당하지 않지만 말이다. 남성도 미토콘드리아를 가진다. 다만 그것을 후손에게 전달하지 않을 뿐이다). "위대한 역사적 랑데부"에서 살펴보겠지만, 미토콘드리아는 세포 내에 있는 작은 기관으로서, 약 20억 년 전에 독립 생활을 하다가 세포 내로 들어와서 영구히 거주하게 된 세균의 잔해이다. 미토콘드리아는 이분법이라는 무성생식으로 번식한다. 미토콘드리아는 세균의 수많은 특징들과 DNA의 대부분을 상실했지만, 유전학자들이 이용할 수 있을 만큼은 남아 있다. 미토콘드리아는 우리 몸속에서 독자적인 유전적 번식 계통을 이루며, 우리가 "자신의" 유전자들이라고 생각하는 세포핵 속의 계통과 무관하다.

Y 염색체와 미토콘드리아는 둘 다 인류의 역사를 추적하는 데에 사용되었다. 현대의 영국을 직선으로 가로지르면서 Y 염색체 DNA의 조각들을 채취한 연구가 있다. 연구 결과는 앵글로색슨족의 Y 염색체가 유럽에서 영국으로 건너왔으며, 웨일스 국경에서 갑작스럽게 멈추었음을 보여준다. 남성이 지닌 이 DNA는 유전체의 다른 부분들을 대변하지 못한다. 이유는 쉽게 알 수 있다. 더 확실한 사례를 들어보자. 바이킹의 좁고 긴 배들은 Y 염색체(그리고 다른 유전자들)라는 화물을 싣고 가서 곳곳에 흩어져 살던 집단들에게 그 화물을 퍼뜨렸다. 대다수의 인류 사회에서 남성은 여성에 비해서 자신이 태어난 곳 더 가까이에 정착해서 자식을 낳는 경향이 있다. 그런데 바이킹의 Y 염색체는 이 추세에 어긋날 것이다. 현재 바이킹의 Y 염색체 유전자들의 분포를 조사하면, 그것들이 바이킹의 다른 유전자들보다 약간 더 멀리 "여행을 했다"고 나올 것이다. 통계적으로 볼 때, 다른 유전자들은 생과부를 만드는 Y 염색체 유전자들보다 텃밭에 머물렀을 가능성이 더 높았기 때문이다.

당신이 저버린 그녀와 화덕과 텃밭,

늙은 백발의 생과부를 만드는 사람과 어울리는

여자는 무엇일까? —러디어드 키플링, "데인 여성들의 하프 노래"

미토콘드리아 DNA로도 밝힐 수 있는 것들이 있다. 당신과 나의 미토콘드리아 DNA를 비교한다면, 둘의 조상 미토콘드리아가 얼마나 오래되었는지를 알 수 있다. 그리고 우리 모두는 어머니, 할머니, 증조할머니 등으로부터 미토콘드리아를 물려받았으므로, 미토콘드리아를 비교하면 우리의 가장 최근의 모계 조상이 언제 살았는지 알 수 있다. Y 염색체는 우리의 가장 최근의 부계 조상이 언제 살았는지 말해주므로, Y 염색체를 대상으로도 같은 일을 할 수 있지만, 기술적인 문제들 때문에 쉽지는 않다. Y 염색체와 미토콘드리아 DNA는 유성생식에도 불구하고 결코 때묻지 않는 아름다움을 간직하고 있다. 그 때문에 이 특수한 부류들은 조상을 추적하기가 쉽다.

모든 인류의 미토콘드리아 MRCA, 즉 모든 모계의 공통 조상인 "사람"을 미토콘드리아 이브라고 부르곤 한다. 그녀가 이 이야기의 화자이다. 그리고 물론 모든 부계의 공통 조상은 Y 염색체 아담이라고 불러도 될 것이다. 모든 인간 남성은 아담의 Y 염색체를 가진다(창조론자들이여, 제발 이 말을 고의로 엉뚱하게 인용하지 말기를). 가문의 성이 항상 현대의 규칙에 따라서 엄격하게 대물림되었다면, 우리 모두의 성은 아담일 것이고, 성을 가지게 된 시점이 언제인가 하는 이야기는 무의미해질 것이다.

이브는 오류를 일으키는 요부이므로 대비를 하는 편이 좋다. 오류들은 아주 유용하다. 미토콘드리아 이브가 "우리 모두의 가장 최근 어머니"인 것도, Y-아담이 "모든 남성의 가장 최근 공통 조상"인 것도 결코 아니라는 점을 유념할 필요가 있다. 이브와 아담이 수많은 남녀 중 두 명일뿐임에도, 언론은 이 용어들을 기사 제목으로 뽑아서 호도하곤 한다. 그들은 우리가 가계도를 어머니의 어머니의 어머니로, 또는 아버지의 아버지의 아버지로 거슬러올라갔을 때에 만나는 공통 조상들 중 특수한 사례들이다. 그러나 유전자가 가계도를 관통할 수 있는 방식은 매우 다양하다. 어머니의 아버지의 아버지의 어머니로 가거나, 어머니의 어머니의 아버지의 아버지로 갈 수도 있다. 이런 길들마다 각기 다른 MRCA가 있을 것이다. 그 MRCA는 모두 인류를 하나로 통합하며, 그들 중 상당수는 아담이나 이브보다 더 최근에 살았다.

둘째, 이브와 아담은 부부가 아니다. 혹시라도 그들이 만났다면 그것은 대단한 우연의 일치일 것이며, 그들 사이에 수만 년의 시차가 존재할 수도 있다. 한마디 더 하자면, 모계 공통 조상이 부계 공통 조상보다 더 앞서 살았다고 예상할 믿을 만한 이유들이 있다. 남성은 여성보다 번식 성공률의 편차가 심하다. 다른 여성들보다 5배나 더 많은 아이들을 낳는 여성들도 일부 있기는 하지만, 가장 성공한 남성들은 성공하지 못한 남성들보다 수백 배나 더 많은 아이를 가질 수 있다. 그것은 성공한 남성—선사시대의 "칭기즈 칸"—이 비교적 빠르게 공통 조상이 될 수 있음을 뜻한다. 여성의 가족은 그렇게 커질 수가 없으므로, 성공한 여성이 동일한 업적을 이루려면 세대가 더 많이 필요하다.* 대다수의 집단에서는 모계와 부계의 유전자 가계도를 비교하면 그렇다는 것이 드러난다. 그러나 이는 엄밀한 법칙이라기보다는 통계적 일반화에 가깝다. 아마 의외겠지만, 최근에 Y 염색체 아담과 미토콘드리아 이브라는 특정한 사례에서는 이법칙이 들어맞지 않을 수도 있다는 유전적 연구 결과가 나왔다.

셋째, 아담과 이브는 어느 특정한 개인을 지칭하는 것이 아니라, 대상이 바뀔 수 있는 존칭이다. 만약 내일 어떤 오지 부족의 마지막 생존자가 죽는다면, 아담이나 이브라는 직함은 갑자기 수천 년 더 후대의 인물에게로 전해질 수 있다. 각기 다른 유전자 가계도상의 다른 모든 MRCA들에게도 똑같은 말을 할 수 있다. 이유를 살펴보자. 이브에게 딸이 둘 있었으며, 그중 한 명에게서 나중에 태즈메이니아 원주민이 나오고, 다른 한 명에게서 나머지 인류가 나왔다고 하자. 그리고 "나머지 인류"를 통합하는 모계의 MRCA가 1만 년 뒤에 살았고, 태즈메이니아인들로부터 떨어져나간 이브의 다른 모든 방계 후손들은 사라졌다고 가정하자. 충분히 가능한 이야기이다. 그런 상황에서 마지막 태즈메이니아인인 트루가닌니가 죽으면, 이브라는 직함은 즉시 1만 년 미래로 넘어갈 것이다.

넷째, 아담이나 이브는 자기 세대에는 전혀 눈에 띄지 않는 존재였다. 전설적인 이름을 가졌지만, 미토콘드리아 이브와 Y 염색체 아담은 독야청청한 인간은 아니었다. 둘다 많은 동료들이 있었을 것이며, 여러 상대와 성관계를 가졌을 수도 있고, 그들을 통해서 살아남은 후손들을 낳기도 했을 것이다. 그들이 선택된 유일한 이유는 아담이

---

* 유전학자들은 남성이 여성보다 "유효 집단 크기(effective population size)"가 더 작은 경향이 있다는 조금 모호한 표현을 쓴다.

결국 부계로 이어지는 후손들을 많이 남겼고, 이브가 모계로 이어지는 후손을 많이 남겼기 때문이다. 당시의 다른 사람들도 그만큼 많은 후손들을 남겼을 수도 있다.

"이브"와 "아담"이라는 이름은 상상을 사로잡는다. 그 개념은 논리적으로도 설득력이 있다. 분명히 어느 시점에는 한 명의 모계 조상과 한 명의 부계 조상이 있었어야 한다. 가계도가 본래 그런 것이기 때문이다.* 그러나 그 이름 각각은 얼마든지 옮겨질 수 있는 어느 한 지점을 가리키는 것에 불과하다. 즉 방대한 유전자 가계도의 뿌리는 얼마든지 옮겨질 수 있다. 미토콘드리아와 Y 염색체를 이용해서 인류의 역사를 추론하고 싶다면, 이브와 아담에만 초점을 맞추어서는 안 된다. 두 유전자 가계도의 다른 모든 융합 지점들이 훨씬 더 중요하다. 그리고 그런 지점들을 살펴볼 때에도 극도로 신중해야 한다.

내가 이 책의 초판을 쓰고 있을 때, 누군가가 내게 "모국"이라는 BBC 텔레비전 다큐멘터리를 녹화한 비디오테이프를 보냈다. 테이프에는 "대단히 감동적인 영상"과 "진정 아름답고 기억에 남을 만한 작품"이라는 과대 선전 문구가 적혀 있었다. 주인공은 자메이카에서 영국으로 이민을 온 집안 출신의 세 "흑인"**이었다. 영상은 그들의 DNA를 전 세계의 DNA 데이터베이스에서 검색해서 그들의 조상들이 잡혀서 노예가 되었던 아프리카 지역이 어디인지 추적했다. 그다음에 제작사는 우리의 주인공들이 오래 전에 헤어졌던 아프리카 가족들과 감동적으로 "재회"하는 장면을 담았다. 그들은 Y 염색체와 미토콘드리아 DNA를 이용했다. 우리가 앞에서 살펴보았듯이, 그것들이 우리 유전체의 다른 부분들보다 추적하기가 더 쉽다. 그러나 불행히도 제작자들은 그것의 한계를 명확히 깨닫지 못했다. 특히 텔레비전 방송 나름의 이유들 때문이겠지만, 제작자들은 등장한 사람들을 거의 속일 정도에 이르렀고, 오래 전에 헤어졌던 아프리카 친척들도 재회 때에 실제보다 훨씬 더 감정에 북받친 모습을 보였다.

---

* 더 정확히 말하자면, 비록 모계 "이브"가 논리적으로 참이라고 해도, 미토콘드리아 이브라는 개념은 모든 미토콘드리아 DNA가 반드시 어머니로부터 온다는 법칙에 의존한다. 그런데 그 법칙은 혼합과 침엽수 같은 일부 종들에게는 들어맞지 않으며, 인간을 포함한 포유동물에서도 이따금—하지만 걱정할 만한 만큼은 아니다—깨지곤 한다고 여겨진다. 마찬가지로 Y 염색체 아담이라는 개념은 Y 염색체의 남성 특이적 영역이 오로지 아버지로부터 복제된다는 법칙에 의존한다. 여기서도 그것이 절대적인 참일 가능성은 적다. 유전체의 다른 영역에 있는 DNA 서열이 거기에 덧씌워지는 일이 아주 이따금 일어나기 때문이다. 물론 그런 일은 아주 드물어서, 이 이야기의 결론에 영향을 미치지 못한다.

** 흑인에 따옴표를 붙인 이유는 "메뚜기 이야기"에서 설명하기로 하자.

설명을 해보자. 나중에 카이가마족이라는 부족명을 얻은 마크는 니제르의 카누리족을 방문했을 때, "자기 민족"의 땅에 "돌아왔다"고 믿었다. 볼라는 기니 해안에 있는 한 섬의 부비족 여성 여덟 명으로부터 오래 전에 헤어진 딸처럼 환영을 받았다. 그들의 미토콘드리아가 그녀의 것과 일치했다. 볼라는 이렇게 말했다.

마치 핏줄끼리 만나는 것 같았다⋯⋯가족과 같았다⋯⋯. 나는 그저 울기만 했다. 눈은 눈물로 퉁퉁 부었고, 가슴이 북받쳤다. 내 마음속에는 그저 '모국에 왔구나' 하는 생각뿐이었다.

시시한 감상에 불과하며, 그녀가 그런 생각을 하도록 속여서는 안 되었다. 그녀나 마크가 실제로 방문한 사람들은—적어도 제시된 증거로 볼 때에—미토콘드리아를 공유하는 사람들이었다. 사실 마크는 이미 자신의 Y 염색체가 유럽에서 왔다는 이야기를 들은 상태였다(그는 그 말에 화를 냈으며, 나중에 자신의 미토콘드리아의 뿌리가 아프리카임을 알고 눈에 띄게 안도했다)! 물론 볼라는 Y 염색체가 없으며, 제작자들은 흥미로웠을지도 모르는 그녀 아버지의 Y 염색체를 찾아보는 수고를 하지 않았다. 그녀의 피부색이 아주 엷었기 때문이다. 그러나 볼라도 마크도, 텔레비전 시청자들도 미토콘드리아 바깥의 유전자들은 그 다큐멘터리의 목적에 맞는 모국과 전혀 가깝지 않은 온갖 다양한 "고국들"에서 왔음이 거의 확실하다는 설명을 듣지 못했다. 만일 다른 유전자들을 추적했다면, 그들은 아프리카 전역과 유럽, 심지어는 아시아의 수백 곳에서 마찬가지로 감동적인 "재회"를 할 수 있었을 것이다. 물론 그렇게 되면 극적인 충격을 안겨주겠다는 제작 의도에 지장이 있었을 것이다.

인류의 기원에 관한 주요 논쟁을 다룰 때에는 그것이 미토콘드리아 DNA와 더 최근의 Y 염색체 DNA를 주된 증거로 삼은 논쟁이라는 점을 염두에 두어야 한다. "아프리카 기원" 이론은 현재 아프리카 바깥에서 살고 있는 모든 사람들이 5만 년 전에서 10만 년 전에 단 한 차례 일어난 탈출 사건의 후손이라고 본다. 반대편 극단에는 "독자적인 기원론자들," 즉 "다지역론자들"이 있다. 그들은 아시아, 오스트레일리아, 유럽에서 사는 종족들이 이전의 종인 호모 에렉투스의 각 지역 집단들에서 오래 전에 독자적으로 분화된 후손들이라고 믿는다. 두 명칭 모두 오해의 소지가 있다. "아프리카 기원"은 부적절한 명칭이다. 충분히 거슬러올라가면 우리 조상들이 아프리카 출신이라는 데에 누구나 동의하기 때문이다. "독자적인 기원"도 이상적인 이름은 아니다. 마찬가지로 충분히 거슬러올라가면, 어떤 이론에서든 독자성은 사라질 것이다. 두 이론은 우리가 아프리카에서 나온 시기를 각기 다르게 본다. 두 이론을 "최근 아프리카 기원(Recent African Origin, RAO)" 가설과 "옛 아프리카 기원(Ancient African Origin, AAO)" 가설이라고 부르기로 하자. 그러면 두 이론의 연속성도 부각되는 이점이 있다.

이브의 이야기를 듣는 중이므로, 미토콘드리아 증거부터 살펴보기로 하자. 앞에서 말했듯이, 미토콘드리아는 오직 어머니로부터 복제된다. 그것은 계보가 산뜻하게 융합하는 가계도를 이룬다는 의미이다. 아프리카 바깥의 각 지역 토착 미토콘드리아들은 반드시 두 주요 계통, 즉 "하플로그룹(haplogroup)" 중 한쪽에 속하는 듯하다. M(주로 아시아)과 N(유라시아 전역)이 그것이다. 평균적으로 M 그룹에 속한 DNA 서열은 N 그룹에 속한 서열과 약 30개의 DNA 돌연변이 때문에 차이가 난다. 미토콘드리아 DNA의 어느 부위가 더 중요하고 어느 부위가 더 자유롭게 변이를 일으키는지 알기 때문에, 우리는 "분자시계"("발톱벌레 이야기의 후기" 참조)를 이용해서 이런 돌연변이가 쌓이는 데에 얼마나 오랜 시간이 걸렸을지 추측할 수 있다. 인간과 침팬지의 미토콘드리아는 돌연변이 수가 30개가 아니라, 약 1,500개 차이가 난다. 인간과 침팬지 사이에 그 차이가 쌓이는 데에 700만 년이 걸렸다고 가정하면(이 기간은 논란의 여지가 있는데, "침팬지 이야기"에서 살펴보기로 하자), M과 N의 차이가 진화하는 데에는 약 5만 년에서 9만 년이 걸렸을 것이다. 방사성 연대 측정법으로 연대를 확인한 인류의 화석들에서 추출한 DNA를 써서 미토콘드리아의 돌연변이 속도를 다른 방식으로 보정하여 조사했을 때에도 6만5,000년 전에서 9만 년 전 사이라는 비슷한 결과가 나왔다.

더 넓게 보면, M과 N 계통은 훨씬 더 포괄적인 아프리카 유전자 계통수 내의 두 작은 분파에 불과하다. 그 계통수에서 가장 근원적인 융합(이브)은 그보다 2-3배 더 올라간 시기에 일어난다. 아프리카에서 나온 더 최근의 미토콘드리아가 그때까지 나머지 세계를 차지하고 있던 옛 미토콘드리아를 대체한 것이 분명하다. 유럽인, 아시아인, 북아메리카인, 오스트레일리아인 등 나머지 세계의 모계는 모두 최근 아프리카 기원의 산물이다. 어느 한 융합점과 역사적 사건 사이의 관계가 매우 느슨하다는 단서가 달려 있지만, 그럼에도 미토콘드리아는 아프리카에서 최근에 탈출이 일어났다는 개념을 뒷받침한다. 더 정확히 말하자면, M과 N 계통 사이의 지리적 양상은 아프리카의 뿔(Horn of Africa)을 떠나서 아라비아의 남해안을 따라 이동하여 아시아를 통해서 나머지 세계로 들어가는 한 차례의 탈출이 일어났음을 시사하며, 그 무렵에 완전한 현생 인류의 화석인 오스트레일리아의 멍고인(Mungo man)이 나타난 것까지 설명할 수 있다.

그러나 이 이야기들이 한 조각의 DNA를 토대로 나온 것임을 명심하자. 미토콘드리아에 인류의 역사가 요약되어 있다고 상상한다면, 텔레비전 다큐멘터리 "모국"에서와 똑같은 함정에 빠지게 된다. 최소한 우리는 Y 염색체도 참고해야 한다.

Y 염색체에는 미토콘드리아보다 수천 배 더 많은 DNA가 들어 있다. 그래서 연구하기가 더 어렵기는 해도, Y 염색체는 더 풍부한 정보를 제공한다. 현재까지 그 염색체에서 나온 증거들은 대체로 미토콘드리아와 비슷한 양상을 보여준다. 비록 반드시 동일한 집단에서 나왔다고 장담할 수 없을지라도, 우리의 Y 염색체도 아프리카에서 기원했다. Y 염색체 계통수에서 가장 오래된 융합점이 언제라고 콕 찍어서 말하기는 힘들다. 2013년에 이브보다 더 앞서 새로운 "아담"이 있었을 가능성을 시사하는 희귀한 아프리카 계통이 발견되었기 때문이기도 하다. 그 계통은 이 이야기의 후기에서 설명하기로 하자. 아프리카인들의 유전체 서열 분석이 더 많이 이루어질수록, 더욱더 오래된 아담이(그리고 아마 더 오래된 이브도) 등장할 것이다.

아프리카 바깥의 남성 계통들은 아프리카 중심의 Y 염색체 계통수에서 몇 개의 잔가지에 해당한다. 각 잔가지는 미토콘드리아와 대체로 비슷한(아마 좀더 일찍) 시기에 기원했고, 유럽과 아시아에서 갈라져나간 양상도 거의 비슷하지만, 현재의 미토콘드리아 분포 양상과 정확히 들어맞는 것은 아니다. 잔가지가 여러 개라는 사실은 이주가 두 번 이상 일어났음을 반영할 수도 있고, 아니면 한 차례의 탈출 때에 여러 Y 염색체 집단이 한꺼번에 움직였고 그들 중 일부가 오늘날까지 남아 있음을 시사하는 것일 수도 있다.

지금까지 나온 자료들은 RAO 이론을 뒷받침한다. 문제는 미토콘드리아와 Y 염색체 둘 다 우리를 속일 가능성도 있다는 것이다. 그것들이 우리 유전체의 극히 일부만을 대변한다거나, 성적으로 편향되어 있다거나 하기 때문이 아니다. 문제는 유전자 계통수가 우연과 (더 은밀한) 자연선택 양쪽에 크게 영향을 받는다는 데에 있다. 한 Y 염색체 계통이 아프리카 바깥으로 퍼져나간 양상을 생각해보자. 그것은 인류의 탈출 사건을 반영할 수 있다. 그러나 탈출이 아예 없었고, 우연이나 자연선택의 결과로 그런 양상이 나타났을 수도 있다. 이를테면, 수십만 년 전의 인구가 많은 세계를 상상해보자. 이 세계의 사람들은 이주하지 않았고, 그저 이웃들과 상호 교배를 했다. 이제 Y 염색체에 이점을 제공할 수도 있을 새로운(이를테면 턱수염을 더 수북하게 하는) 유전자가 출현한다고 하자. 추운 기후에서는 이 유전자가 다른 형태의 유전자들보다 선호될 수 있다. 그리고 Y 염색체를 이루는 DNA들은 모두 한 덩어리로 움직이므로, 우연히 그 유리한 유전자와 함께 있던 다른 유전자들도 모두 이 "양성 선택(positive selection)"의 혜택을 보게 될 것이다. 이 Y 염색체와 그 후손들이 상호 교배를 통해서 북반구 전체로 퍼짐에 따라, 기존 유전자들은 대체될 것이다. 일이 그런 식으로 진행되었다면, 현재 Y 염색체를 보는 우리는 그 염색체의 유전자 계통수가 전체 집단에서 급격한 팽창과 대체가 일어났음을 말해주는 증거라고 잘못 해석하기가 쉬울 것이다. 실제로 급격한 팽창 및 대체가 이루어진 것은 단 하나의 "유전자"인데 말이다. 다시 말해서, 새로운 유전자가 집단들 사이로 파문을 일으키면서 급속히 퍼져나갈 때에도, 집단들 자체는 움직이지 않을 수도 있다.

이 가상의 사례는 한 가지 중요한 일반 원리를 보여준다. 하나의 유전자 계통수로는 자연선택이라는 숨은 손과 집단 크기의 변화, 이주, 부족의 분열 같은 더 일반적인 사건들이 미친 영향을 구별할 수가 없다는 것이다. 우리의 역사에 있었던 그런 인구통계학적 변화를 재구성하려면, 유전체 전체에 걸쳐서 DNA 증거를 모아야 한다.

이 탐구를 도울 협력자는 유전자 재조합이다. 앞에서 말했듯이, 재조합은 DNA 가닥을 끊고 이어붙이는 과정이다. 재조합을 통해서 자주 분리되곤 했던 유전자들—한 염색체상에서 서로 멀리 떨어져 있는 유전자들 같은—은 인류의 역사를 증언할 다수의 독립된 증인들이 될 수 있다. 사실 멀리 떨어진 유전자들을 고르라는 요구는 지나치다고 할 수 있다. 모든 DNA를 이용할 수 있는 새로운 기법들이 개발되기 시작했기 때문이다. 실제로 활용하려면 더 시간이 필요하겠지만, 아무튼 우리는 앞으로 재조합의 복잡 미묘한 사항들까지 다루어야 할 것이다.

어느 집단에 속한 사람들의 모든 DNA를 시간을 거슬러오르면서 추적할 수 있다면, 어떻게 될지 상상하는 것에서 시작해보자. 한 DNA 서열의 두 사본을 역추적했을 때에 하나의 염색체로 이어진다면, 두 사본은 공통 조상으로 융합한다. 더 긴 DNA 가닥이

나 염색체 하나를 살펴볼 때에는 다른 가능성도 고려해야 한다. 한 DNA 서열의 사본 하나라고 해도, 부위마다 각기 **다른** 조상으로 이어질 수 있다는 것이다. 시간이 흐르면서 부계의 DNA 영역들과 모계의 DNA 영역들이 조합되어 새로운 염색체가 형성된다면, 그렇게 된다. 시간을 거슬러올라갈 때, 두 계통이 합쳐져서 하나가 되는 대신에, 한 계통이 둘로 나뉘는 일도 생긴다. 그 시점부터 더 거슬러올라갈수록, 그 염색체의 각 영역들의 역사도 갈라져나간다.

거슬러오르면서 계통의 융합과 분기 양상을 보여주는 그래프를 조상 재조합 그래프(ancestral recombination graph, ARG)라고 한다. 여기서 "그래프"는 상호 연결된 선들의 망을 뜻한다. 때로 유전자 역사가들의 "성배"라고 불리기도 한다. 그 안에 한 유전체들의 집합에 담긴 모든 계통 정보가 요약되어 있을 것이기 때문이다. 유감스럽게도 그 그래프는 그리기가 불가능하다. 유전체 서너 개의 관계만 살펴보더라도, 무한히 많은 ARG가 나올 것이고, 정확히 어느 것이 옳다고 콕 찍어내기가 불가능할 것이다. 대신에 유전학자들은 컴퓨터를 활용해서 가능성이 높은 그래프들을 표본 추출한 뒤에 그것들의 평균을 낸다. 엉성하기는 해도, 유전체에 워낙 많은 정보가 들어 있기 때문에 단 몇 명을 대상으로 이 방법을 써도 많은 성과를 얻을 수 있다.

놀라운 점은 이 일이 한 사람의 유전체만으로도 가능하다는 것이다. 우리의 DNA는 대부분 어머니에게서 온 것과 아버지에게서 온 것, 두 개의 사본으로 이루어져 있기 때문이다. 케임브리지 생어 연구소의 리처드 더빈과 헹 리의 연구 덕분에, 우리는 이 방법으로 당신의 모계 DNA와 부계 DNA의 차이를 충분히 설명할 수 있을 만한 가능한 계보(ARG)들을 뽑아서 살펴볼 수 있다. 여기에 "분자시계"를 결부시키면, 염색체의 모계에서 온 부위와 부계에서 온 부위가 만난("융합한") 공통 조상이 살던 시기를 추정할 수 있다. 유전체 전체에서 각기 다른 연대 추정값들이 나오므로, 이 방법은 당신의 역사를 포괄적으로 보여줄 수 있고, 개별 유전자처럼 자연선택에 편향되지도 않을 것이다. "당신의" 역사라고 했지만, 물론 이 방법을 쓰려면 당신 개인의 유전체 서열을 알아야 한다. 저자 중 한 명(리처드 도킨스)은 운 좋게도 자신의 DNA 서열 분석을 완료했다. 채널 4의 텔레비전 다큐멘터리("성, 죽음, 삶의 의미")를 촬영할 당시에 분석했다. 우리는 그 서열을 사례 연구로 삼을 예정이지만, 요점은 몇 년 안에 서열 분석비용이 충분히 저렴해져서 어느 독자라도 자신의 유전체를 대상으로 똑같은 일을 할 수 있다는 것

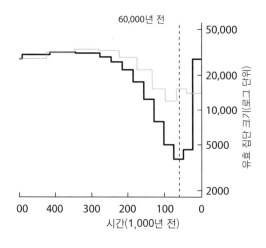

60,000년 전

50,000

20,000

10,000

5000

2000

유효 집단 크기(로그 단위)

00   400   300   200   100   0

시간(1,000년 전)

개인 유전체로부터 인류 이야기 읽기 짙은 선은 내가 (유럽인인) 어머니와 (유럽인인) 아버지로부터 물려받은 DNA의 모든 부위들의 공통 조상들(융합점들)의 연대를 보여준다. 회색 선은 전형적인 나이지리아인의 것이다. PSMC라는 이 방법은 헹 리와 리처드 더빈이 제시했다[247].

이다. 그리고 자신의 유전체에 담긴 역사를 살펴보고 싶지 않을 사람이 누가 있겠는가?

"태즈메이니아인 이야기"에서 추정한 조상의 연대들을 고려할 때, 저자들처럼 당신도 우리 자신의 융합 연대가 대부분 최근일 것이라고 예상할지 모르겠다. 그러나 틀렸다. 유럽 왕가들의 사례와 달리, 전형적인 사람에서 모계와 부계의 융합은 2만 년 전이나 그 이전에 일어나는 사례가 압도적으로 많다. 사실 100만 년을 넘어서는 융합점들도 부지기수이다(그렇다고 해서 이 사실이 "개인의 MRCA"가 훨씬 더 최근이라는 결론을 부정하는 것은 아니다). 따라서 도킨스의 DNA, 아니 사실상 독자 한 사람 한 사람의 DNA는 삼각측량을 통해서 우리의 아프리카 뿌리를 찾고, 인류의 상당 부분의 역사를 포착하는 데에 쓸 수 있다.

이 놀라운 추론이 어떻게 이루어지는지 파악하려면, 융합점이 과거의 집단 크기를 반영한다는 점을 이해해야 한다. 집단이 더 작을수록, 조상 계통들이 충돌할 확률은 커지고, 융합 속도도 더 높아진다. 따라서 유전체의 여러 부위들이 비슷한 시기에 융합한다면, 그 집단이 크기가 작음을, 극단적일 때는 "병목 지점"에 놓여 있음을 시사한다. 반면에 동시에 융합하는 부위가 적다면, 그 시기에 집단의 크기가 컸음을 시사한다. 그렇다면 도킨스 유전체의 융합 빈도를 이용하여 지난 과거의 다양한 시기에 "유효 집단 크기"가 얼마였는지를 추론할 수도 있다. 위의 그래프를 보라.

이 시간별 양상은 모든 비아프리카인들에게 나타나는 한 가지 전형적인 특징을 보여준다. 약 6만 년 전에 집단의 크기가 급감했다는 것이다. 이 양상을 수천 명의 선구

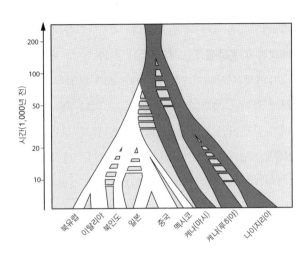

우리가 어디에서 왔는지를 탁월하게 요약한 그림 다양한 토착 집단들의 유전체 전체에 걸쳐서 DNA 부위들의 가장 최근 융합 양상을 해석한 것이다. 수평선들은 집단 사이의 공통 조상을 추적할 수 있는 사례가 적었던 시기를 가리킨다. 시펠스와 더빈의 논문 참조[374].

자들이 아프리카 바깥으로 이주했음을 보여주는 것이라고 해석하고 싶은 유혹을 느낀다. 아마 옳을 것이다. 사하라 이남 아프리카인들의 유전체도 움푹 들어간 양상을 띠기는 하지만—회색 선은 나이지리아인의 것이다—결코 그렇게 극단적이지는 않다. 당신이 지구에 살아 있는 마지막 인간이라고 할지라도, 당신 개인의 유전체만으로도 인류 역사의 상당 부분을 읽을 수 있다니 놀랍기 그지없다.

보잘것없는 한 사람에게서 이 정도의 이야기가 나왔다면, 수십, 수백, 아니 수천 명을 비교하고 그들 유전체의 모든 부위의 온전한 진화 계통수를 추정할 때에 얼마나 많은 이야기들이 나올지 상상해보라. 안타깝게도 그런 엄청난 계산은 현재 컴퓨터의 능력을 한참 넘어선다. 그렇지만 리처드 더빈이 스테판 시펠스와 공동으로 개발한 간편한 방법 덕분에 더 단순하게 추정할 수 있는 것도 있다. 소수의 사람들을 대상으로 유전체의 각 부위의 가장 최근 융합 연대를 추정하는 방법이다. 위의 그림에는 전 세계의 9개 토착 집단들을 대상으로 그런 분석을 한 결과가 실려 있다. 그들의 유전체에는 수백만 개의 융합이 있다. 이 그림은 수십만 년에 걸쳐 인류가 상호 교배를 하고 갈라진 역사를 상당히 잘 보여준다. 그림의 수평선들은 집단들 사이의 공통 융합점들이 극히 적은 시기를 나타낸다. 당시 상호교배가 이루어졌음은 분명하지만, 극히 드물게 일어났을 것이다. 이 그림은 우리가 어디에서 왔는지를 인상적으로 요약해준다.

RAO 가설을 진정으로 검증하는 것은 미토콘드리아나 Y 염색체의 계통수가 아니라, 이런 종류의 전체 유전체 분석이다. 그림에서는 이 점을 강조하기 위해서, 비아프리카 계통들을 하얗게 표시했다. 멕시코인들이 명확히 분리되면서 토착민들이 남북 아메리카에 정착했음을 시사하는 것과 달리, 계통수의 이 가지는 별개로 명확히 갈라져 나가면서 시작되지 않는다. 아프리카 탈출은 약 6만 년 전에 일어났지만, 어느 한 순간에 일어난 사건이 아니었을 수도 있다. 첫 분리가 일어난 이후 수만 년 동안 제한적이기는 했지만 다른 아프리카 집단들과 상호교배가 이루어졌을지도 모른다. 순수한 ROA 개념에 의구심을 던지는 발견이 두 가지 더 있다. 하나는 유럽인들과 아시아인들(특히 멕시코 원주민과 중국인)에 관한 것인데, 그림을 보면 그들이 최근인 약 2만 년 전에 갈라졌다고 나와 있다. 그런데 그림에는 나와 있지 않지만, 시펠스와 더빈은 그들의 유전체 중 거의 10분의 1이 유럽인과 아시아인이 10만 년 전에 갈라졌다고 말한다는 것을 알아냈다. 최근의 탈출 시기보다 한참 앞선 그 연대는 더 이전에도 어떤 형태로든 이주가 있었음을 시사한다. 또 하나는 북유럽인 유전체 중에 일부가 나이지리아인과 20만 년 전에 갈라졌다고 말한다는 것이다. 이 발견은 다음 이야기의 증거와 들어맞는다. 유라시아인의 대다수는 네안데르탈인이나 다른 고대 인류로부터 물려받은 DNA를 몇 퍼센트 가지고 있다는 것이다.

화석 기록은 해부학적 현생 인류가 최근에 아프리카 바깥으로 이주하여 나머지 세계로 퍼졌음을 시사한다. 그러나 아프리카 탈출이 단 한 차례 독립적으로 일어났다는 주장은 지나치게 단순화한 것처럼 보인다. 그 점은 그들이 남긴 화석보다 우리 유전자에서 더 뚜렷하게 드러난다. 실제로 전형적인 비아프리카인의 DNA 중 95퍼센트 이상은 가장 최근인 10만 년 이내에 아프리카로 거슬러올라가지만, 그 DNA조차도 아마 몇 가지 다른 경로들을 통해서 왔을 것이다. 그리고 그 유전체의 나머지 일부에는 더 오래된 수수께끼 같은 계보가 숨어 있곤 한다. 과거의 어느 시점에서든 우리 각자의 계보상의 조상이 엄청나게 많다는 점을 고려하면, 이 혼합 양상도 놀랄 일은 아닐 것이다. 당신이 누구든 관계없이, 수천 세대 전에는 조상들의 대다수가 아프리카인이었다. 하지만 아프리카 바깥의 조상도 몇 명 있었다고 밝혀져도 그리 놀랄 필요는 없지 않을까? 뒤에서 알게 되겠지만, 아프리카 바깥 출신인 우리들에게는 고대 유라시아 조상(아마 지역 호모 에렉투스에게로 거슬러올라갈 수도 있을)도 있다. "이브 이야기"에서 나온 증거들은 "아담과 이브"가 있었다는 식의 단순한 인류의 역사 이야기를 무너뜨린다. 아주 많은 장소에서 아주 많은 조상들이 있었기 때문에, 인류의 다양성을 역추적하면 어느 한 집단(어느 한 쌍은커녕!)에 다다른다는 것 자체가 불가능하다. 그러니 대화의 초점을 사람에게서 유전자로 전환하는 편이 더 낫다. DNA의 각 부위마다 다른 역사를 가지며, 조상을 찾는 우리의 여행은 그 모든 역사들을 엮은 태피스트리이다.

이브 이야기의 후기

이브의 이야기는 단지 한 토막의 DNA로부터 일반적인 결론을 이끌어내지 말라고 경고한다. 우리는 하나의 유전자 계통수가 한 종 전체의 역사를 대변할 수 있다고 너무나 쉽게 가정하곤 한다. 전문가인 생물학자들조차도 이 함정에 빠지곤 한다. 앨버트 페리와 Y 염색체 아담의 사례가 대표적이다. 노예였던 앨버트 페리는 사우스캐롤라이나 출신의 아프리카계 미국인이었다. 그는 우연히 족보 사업체에 제공되어 분석된 증손자의 DNA가 Y 염색체 계통수에서 오래 전에 갈라져나온 지금까지 알려지지 않은 가지에 속한다는 것이 드러남으로써, 사후인 2013년에 유명해졌다. 앨버트 페리의 고대 계통은 다른 경로를 통해서 그의 부계 친족 중 다른 한 명인 고손자에게도 동일한 Y 염색체가 있다는 것이 밝혀짐으로써 확정되었다. 애리조나 대학교의 연구진은 후속 연구를 통해서 동일한 고대 분파에 속한 소수의 Y 염색체들이 어느 지역에 있는지 알아냈다. 그들은 카메룬 남서부에 사는 작은 현생 인류 집단에서 유래했다. 아마 페리의 불운한 조상들이 납치되었던 곳도 그 지역일 것이다.

Y 염색체 계통수에서 새로 발견된 이 오래된 가지는 우리가 새로운 "Y 염색체 아담"을 정의해야 한다는 의미이다. 페리의 부계가 우리의 나머지 계통들과 갈라진 이래로, 그 계통수의 다양한 가지들에서 수천 개의 새로운 돌연변이들이 축적되었다. 그 발견을 보고한 원래 논문에는 이 돌연변이들 중 한 작은 집합을 토대로 그 분기가 34만 년 전에 일어났다고 적혀 있었다. 이 희귀한 카메룬 유형까지 포함하여 전 세계의 Y 염색체들을 전반적으로 분석한 더 최근의 연구는 이 융합, 따라서 Y 아담이 약 24만 년 전에 있었다고 말한다. 어느 추정값을 취하든 간에, 현생 인류가 출현한 시기보다 앞선다. 바로 거기에 함정이 있다. 일부 유전학자들(이들은 좀더 연구를 했어야 마땅하다)은 이 연대를 받아들일 수 없다고 주장해왔다. 현생 인류의 어느 유전자, 아니 사실상 한 염색체 전체가 어떻게 현생 인류 자체가 기원한 시기보다 더 먼저 출현할 수 있

다는 말인가? 말할 필요도 없겠지만, 창조론자 진영은 재빨리 그 주장을 받아들여서, 더욱더 심각하게 오해하고 있음을 자인하는 주장을 열심히 펼치고 있다. 그러나 나머지 과학자들은 그런 오래된 분기가 가능할 뿐 아니라, 충분히 예상할 수 있는 것이라고 장담했다. 사실, 다른 유전자들에 비하면, 그리 오래된 것도 아니다. 2011년에 마이클 블룸과 마티아스 야콥손은 어느 한 인류 유전자 계통수에서 최초의 분기가 대개 100만 년 전에 이루어졌다고 추정했다. 즉 현재의 유전적 차이 중 상당수가 현생 인류의 기원 시기보다 앞서 나타났고, 그 차이가 수십만 년에 이르곤 한다는 의미이다. 여기서 다시금 유전자 수준의 사고와 개체 수준의 사고가 다르다는 것이 드러난다.

유전적 차이는 수천만 년 전까지 거슬러올라갈 수도 있다. 자연선택이 집단의 다양성을 보존하는 쪽으로 작용할 때에는 더욱 그렇다. 예를 하나 들어보자. A와 B라는 두 혈액형이 있으며, 각 혈액형은 서로 다른 질병에 대해서 면역성이 있다고 하자. 각 혈액형은 상대 혈액형이 면역성을 지닌 질병에 걸리기 쉽다. 질병은 자신이 공격할 수 있는 혈액형의 개체수가 많을 때에 번성한다. 감염병이 될 수 있기 때문이다. 따라서 B 혈액형의 사람들이 집단 내에 많아지면, 그들에게 피해를 입히는 질병이 유행할 것이다. 그러면 결국 B 혈액형은 드물어질 때까지 줄어들 것이고, A 혈액형은 늘어날 것이다. 이렇게 두 혈액형이 있는 곳에서는 둘 중 희귀한 쪽이 희귀하다는 이유로 선호된다. 그것이 바로 **다형성(polymorphism)**이 유지되는 비결이다. 다양성 자체를 위해서 다양성이 적극적으로 유지되는 것이다. 아마 오래 전부터 잘 알려져 있던 다형성의 유명한 사례인 ABO 혈액형이 이런 이유로 유지되어왔을 것이다.

다형성 중에는 꽤 안정한 것도 존재할 수 있다. 신종이 형성될 때에도 유지될 만큼 안정한 것도 있다. 우리의 ABO 다형성은 다른 유인원들에게서도 나타나며, 더 나아가 많은 원숭이들에게서도 발견된다. 일부 연구자들은 이 모든 종들이 독자적으로 이 다형성을 "창안했다"고 주장한다. 창안한 이유는 동일하다고 본다. 그러나 가장 최근의 연구들은 우리 모두가 공통 조상에게서 그것을 물려받았고, 수백만 년 동안 각자 따로 진화하는 동안 그것을 간직해왔음을 시사한다. 아마 그 기간 내내 질병이나 그와 비슷한 다른 무엇인가가 작용했기 때문이었을 것이다. 사실 A형과 B형을 담당하는 유전자들은 약 2,500만 년 전 우리가 구세계원숭이와 갈라지기 전에 먼저 분화한 듯하다. 진화의 이런 특징을 종간 다형성(trans-specific polymorphism)이라고 하며, 이것은 사람들 사이의 차이점이 인류 자체가 출현하기 이전으로 거슬러올라갈 수 있음을 결정적으로 보여준다.

우리는 더욱 놀라운 추론을 할 수 있다. 유전자들 중에는 당신이 인간이 아니라 침팬지와 더 가까운 관계라고 말하는 것들도 있다는 점이다. 그리고 나는 당신(또는 "당신의" 침팬지)이 아니라 일부 침팬지와 더 가깝다. 개체로서의 인간뿐만 아니라 종으로서의 인간도 각기 다른 원천에서 온 유전자들의 혼합물을 일시적으로 담고 있는 그릇이다. 개체는 역사를 헤쳐온 유전자들이 서로 교차하면서 지나가는 길에 있는 일시적인 만남의 장소이다. 이 말은 나의 첫 책인 『이기적 유전자』의 핵심 내용을 가계도를 기반으로 표현한 것이기도 하다. 그 책에서 나는 "목적에 봉사하고 나면 우리는 버려진다. 하지만 유전자는 지질학적 시간의 시민이다. 유전자는 영원하다"고 썼다. 미국에서 한 학회가 끝나고 열린 만찬에서, 나는 같은 주제를 시의 형태로 낭송했다.

> 방랑하는 이기적 유전자는 말했네
> 나는 많은 육체들을 보았지.
> 당신은 자신이 더 뛰어나다고 생각하겠지만
> 나는 영원히 살지.
> 당신은 살아 있는 기계에 불과할 뿐이야.

그리고 유전자의 말에 육체가 화답하는 식으로, 앞에서 인용한 "데인 여성들의 하프 노래"를 패러디했다.

> 당신이 처음에는 취했다가, 키웠다가, 나중에는 버린,
> 늙은 눈먼 시계공에 어울리는
> 몸은 무엇일까?

이 책은 DNA의 자연사이다. 생명이 없는 명령문들이 세월을 따라 서로 다른 여행을 하면서 엮어낸 역사이다. 단조롭게 들리겠지만, 결코 그렇지 않다. 매세대, 매일, 매시간, 이 명령문들은 엮여서 다양하고 절묘한 생명체들을 자아낸다. 그 생명체들 덕분에

초라하게 시작한 우리의 순례여행은 장엄한 여행이 된다.

데니소바인 이야기의 서문

고대의 잔해로부터 DNA를 추출하는 일은 우리 시대의 가장 놀라운 기술적 업적에 속할 것이 분명하며, 죽은 자를 소생시키는 일의 유전자판이라고 할 수 있다. 그 일에는 장애물들이 가득하다. DNA는 시간이 흐르면서 분해되며, 남아 있는 조각들도 화학적으로 변형되었을 것이 확실하다. 생물이 죽으면 곧 수많은 미생물들이 뼈로 침투하여, 원래의 유전체와 그 미생물들의 유전체가 뒤섞인다. 더욱 은연중에 진행되면서 끊임없이 문제를 일으키는 것은 우리 주위의 공기를 채우고 모든 표면을 뒤덮고 있는 현생 DNA에 표본이 오염되는 현상이다. 곰팡이 포자, 떠다니는 세균, 물방울에 실려 다니는 바이러스, 사람의 피부 조각, 생명 활동으로 생기는 온갖 유전적 부스러기들이 그런 오염을 일으킨다. 그래서 고대 DNA를 신뢰할 수 있게 선택하고 증폭하고 서열 분석을 해서 알아내려면 믿기 어려울 만큼 엄격하고도 까다로운 실험 절차를 준수해야 한다.

그러니 멸종한 생명체의 DNA를 분리한다는 개념이 매혹적이기는 해도, 최근까지 유전체 전체를 재조립하는 성과가 거의 나오지 못한 것도 놀랄 일이 아니다. 대신에 대부분의 연구는 DNA의 작은 영역들을 표적으로 삼았다. 대개는 미토콘드리아 DNA를 골랐다. 이 DNA는 세포 하나에 수천 개의 사본이 있으며, "이브 이야기"에서 들었듯이 모계를 통해서 전해진다. 미토콘드리아 DNA는 네안데르탈인의 뼈에서 추출한 첫 번째 서열이기도 했다. 그것도 아무 뼈에서 추출한 것이 아니라, "네안데르탈 1", 즉 네안더 계곡에서 처음으로 발견된 바로 그 뼈에서 추출했다. 1997년 독일의 스반테 페보 연구진이 그 연구 결과를 발표했을 때,[*] 많은 이들은 네안데르탈인이 현생 인류와 전혀 별개의 계통이었음을 의미한다는 쪽으로 해석을 했다. 네안데르탈인의 미토콘드리아 DNA는 우리의 것과 염기 문자가 평균 200개 이상 차이가 났다. 반면에 현생 인

---

[*] 고대 인류 DNA라는 분야 전체를 이끌어온 사람은 스웨덴의 유전학자 스반테 페보이다. 그는 이 주제를 다룬 『네안데르탈인 : 잃어버린 게놈을 찾아서(*Neanderthal Man: In Search of Lost Genomes*)』라는 교양서를 썼다.

류는 기껏해야 서로 100개 정도만 다를 뿐이다. 그러나 "이브 이야기"에 담긴 메시지를 기억하자. 유전자마다 들려주는 이야기가 다를 수 있으며, 미토콘드리아 DNA는 사실상 유전자 하나라고 보아도 된다. 그래서 우리는 이 책의 초판에 신중하라는 경고의 말을 적었다. 당시에는 미토콘드리아 DNA 자료만 나와 있었기 때문이다. 지금은 그 문제를 포괄적으로 다룰 수 있다. 네안데르탈인이 살았던, DNA가 보존되는 추운 환경 덕분이다.

2010년, 페보 연구진은 크로아티아에서 나온 약 4만 년 전의 표본 세 점에서 추출한 DNA를 토대로, 군데군데 빠져 있기는 했지만 네안데르탈인 유전체의 초안을 발표했다. 3년 뒤에 같은 연구진은 5만 년 전 시베리아에서 살았던 네안데르탈인 여성의 온전한 유전체 서열을 발표했다. 지금은 많은 네안데르탈인 유전체 서열이 알려져 있다. 이 유전체들은 미토콘드리아 DNA 서열보다 수십만 배 더 많은 자료를 제공한다.

전체 유전체는 네안데르탈인의 삶을 들여다볼 창문이 된다. 예를 들면, 모계 DNA와 부계 DNA가 유사하다는 점을 통해서 우리는 시베리아의 네안데르탈인 부모가 상당한 근친 관계였음을 알 수 있다. (이를테면) 이복 형제자매나 삼촌과 조카처럼 가까운 친척이었다. 인구가 아주 적어서 그런 상황으로 내몰렸을 수도 있지 않을까? "이브 이야기"에서 도킨스의 유전체를 이용하여 조상 집단의 크기를 계산한 것처럼, 우리는 네안데르탈인 유전체를 통해서 그들이 수십만 년에 걸쳐 서서히 쇠락해갔음을 추적할 수 있다. 같은 기간에 아프리카의 우리 조상 집단은 점점 불어난 듯하다. 또 우리는 알려진 유전자들의 돌연변이를 살펴봄으로써 진화적 변화의 증거를 찾을 수도 있다. 페보 연구진의 최근 논문을 인용하면 이렇다. "우리는 뼈대의 형태에 관여하는 유전자들이 네안데르탈인으로 이어지는 계통에서 더 많은 변화를 겪은 반면, 행동과 색소에 관여하는 유전자들은 현생 인류 계통에서 더 많은 변화가 일어났음을 밝힌다."

그러나 대중 언론은 한 가지 질문에 초점을 맞추며, 이해 못할 바도 아니다. 네안데르탈인과 우리가 교배를 했느냐는 질문이다. 우리 유전체에 그들로부터 물려받은 부위가 있을까? 네안데르탈인과 현생 인류의 DNA는 모두 그저 문자열일 뿐이며, 그 문자열의 대부분은 동일하다. 그렇다면 우리 유전체에 네안데르탈인의 족적이 있는지 어떻게 알아낼 수 있을까? 단순히 현생 인류의 서열을 취해서 네안데르탈인의 낌새를 풍기는 영역을 골라낼 수 있을 것 같지는 않다.

방법은 하나 있다. 네안데르탈인이 유라시아에 살았다는 사실을 이용하는 방법이다. 현생 아프리카인들에게는 없으면서 네안데르탈인과 현생 유라시아인에게는 있는 새로운 돌연변이를 찾는 것이다. 그런 돌연변이는 최근에 공통 조상이 있었음을 시사한다. 먼저 현생 인류 사이에 다양성을 보이는 DNA 부위들을 찾는다. 한 서열이 조금 다른 두 가지 형태로 존재하는 영역이다. 대개는 돌연변이로 문자 하나가 달라져서 그런 차이가 생긴다. 이것을 "SNP"*이라고 한다. 사람의 유전체에는 평균 DNA 문자 2,000개에 1개꼴로 수백만 개의 흔한 SNP이 흩어져 있다. 유전자의 바깥에 있으면서 별 중요한 기능이 없는 영역에도 종종 나타난다. 우리가 중립적인 "표지"를 찾을 때에 들여다보는 곳이다.

네안데르탈인과 (대다수) 현생 유라시아인에게 흔한 단일 문자를 찾아낸다고 해서 반드시 최근의 계통을 충분히 추론할 수 있는 것은 아니다. 그들의 것이 원래 형태이고, 아프리카인의 것이 새로운 돌연변이일 수도 있다. 그 점을 알아내고자 침팬지나 고릴라에게서 같은 부위의 서열을 조사한다. 대개 그들이 가진 것이 원본이다. 그러면 유라시아인과 네안데르탈인을 잇는 새로운("파생된") 돌연변이를 찾을 수 있다. 증거는 결정적이다. 비록 일상적인 일은 아니었을지라도, 현생 인류와 네안데르탈인의 상호교배가 이루어진 것은 분명했다. 우리의 유전체에는 이 공통의 파생된 돌연변이들로 뒤덮여 있는 부위들이 있다. 그런 DNA 문자가 수만 개 또는 수십만 개에 이르는 영역들도 있다.

그런 DNA 토막은 많은 것을 알려줄 수 있다. 이를테면, 그 토막을 토대로 상호교배가 이루어진 시기를 추정할 수 있다. 유전체에서 긴 토막은 시간이 흐르면서 재조합을 통해서 잘리고 교환된다는 점을 이용한다. 더 긴 서열이 온전할수록, 상호교배 이후로 더 적은 세대가 흘렀다는 의미이다. 이 효과는 네안데르탈인과 동시대에 살았던 시베리아인들의 고대 DNA를 통해서 확인되었다. 현대의 사람들과 외모가 흡사한 호모 사피엔스 사피엔스였던 그들은 최근에 네안데르탈인과 상호교배를 했던 것이 분명하다. 이 진정한 현생 인류의 유전체는 상당히 더 긴 네안데르탈인 DNA 영역들을 가지고 있다. 이런 점들을 고려할 때, 우리가 네안데르탈인과 상호교배를 한 시기는 우리가 최근에

---

* 이 유용한 약어는 "스닙"이라고 발음하며, 단일 염기 다형성(Single Nucleotide Polymorphism)의 약자이다.

아프리카를 탈출한 시기, 즉 5만 년 전에서 6만 년 전 무렵이었음을 시사한다.*

우리가 할 수 있는 또다른 질문은 이 공통의 DNA 영역들이 네안데르탈인으로부터 우리에게 온 것인가, 아니면 그 반대인가 하는 것이다. 그 DNA 영역 내의 다양한 SNP 지점을 조사하면, 어느 쪽인지 파악할 수 있다. 그 영역이 원래 현생 인류에게서 온 것이라면, 다른 단일 문자 돌연변이들도 들어 있어야 한다. 즉 현생 유라시아인과 아프리카인 계통에서는 쌓인 반면, 네안데르탈인의 계통에서는 나타나지 않은 돌연변이들이 말이다. 그런 돌연변이가 발견된 사례는 거의 없다. 의외로, 사실상 모든 DNA 전달은 네안데르탈인에게서 현생 인류에게로 이루어진 듯하다. 물론 앞으로 고대 유전체의 서열이 좀더 분석되면 그렇지 않다고 드러날 수도 있다. 그러나 이런 양상이 더 일반적이었음이 드러난다면, 네안데르탈인이 현생인과 자식을 낳고, 그 혼혈 아이는 현생인 부족 내에서 키워졌음을 시사하는 것일까? 반드시 그렇다고는 할 수 없다. 그보다는 불어나는 현생 인류 집단에 편승함으로써 네안데르탈인 유전자가 기회를 얻었다는 설명이 우세하다. 반면에 네안데르탈인에게로 전달된 현생인 유전자는 아마 네안데르탈인 집단이 쇠퇴함에 따라 사라졌을 것이다.

흥미로운 양상이 또 하나 있다. 우리 유전체에는 그들과 공유하는 SNP이 거의 없는 "네안데르탈인 사막(Neanderthal desert)"에 해당하는 영역들이 있다. 가장 두드러진 부위는 X 염색체 전체이다. 다른 포유류 종들 사이의 잡종 연구를 통해서, 우리는 번식력에 영향을 미치는 유전자가 X 염색체에 많이 있으며 그 유전자들이 대개 수컷에게 영향을 미친다는 것을 알고 있다(수컷은 X 염색체가 하나이므로 그 유전자 돌연변이의 영향을 더 직접적으로 받기 때문이다/역주). 그것은 인류/네안데르탈인 자손, 특히 남성이 번식 문제를 겪었을 가능성이 있음을 시사한다. 또 주로 고환에서 발현되는 유전자들 중에는 네안데르탈인에게서 온 것이 적은 이유도 설명해줄 수 있다. 실제로 그렇다면, 우리의 네안데르탈인 계통은 남성이 아니라 주로 혼혈 여성을 통해서 이어질 것이다.

그 DNA 영역들이 대부분 네안데르탈인에게로 건너간 것이 아니라 그들로부터 우리

---

* 이 분야에서는 매주 새로운 발견이 이루어지는 듯하다. 이 서문을 쓰는 사이에, 동일한 방식으로 4만 년 된 남성의 턱뼈를 조사한 연구 결과가 발표되었다. 그의 조상들이 겨우 4-6세대 전에 네안데르탈인과 교배를 했다는 결과가 나왔다. 비록 이 상호교배 사건으로 출현한 계통은 대가 끊긴 것으로 생각되지만 말이다.

에게로 온 것이라고 가정한다면, 우리는 실제로 네안데르탈인 유전자를 얼마나 가지고 있는 것일까? 유전체 분석 회사를 통해서 "네안데르탈인 구성 부분"의 비율을 알아볼 수도 있겠지만, 아주 낮다고 나올 것이다. 평균적으로 현대 유럽인은 네안데르탈인 DNA가 유전체의 약 1.2퍼센트, 현대 아시아인은 약 1.4퍼센트를 차지하며, 아프리카인에게는 네안데르탈인 유전자가 거의 없다. 그러나 많은 사람들의 유전체에 있는 네안데르탈인 영역들을 다 더하면, 유전체의 약 20퍼센트가 된다. 그리고 현생 인류의 서열을 더 분석할수록 이 추정값은 더 올라갈 것으로 예상된다. 사실 다양한 현생 인류 집단들에서 유전체의 여기저기에 흩어진 크고 작은 조각들을 다 모으면, 네안데르탈인 DNA가 차지하는 비율은 40퍼센트까지 올라갈지도 모른다. 그러니 네안데르탈인은 완전히 사라진 것이 결코 아니다. 그리고 지금은 그들이 우리와 완전히 별개의 종이라고 생각하기도 쉽지 않다.

이 추론들은 모두 단 하나의 잘 분석된 고대 네안데르탈인 유전체를 통해서 가능해진 것이다. 고대 DNA의 서열을 분석하는 능력 덕분에, 우리의 진화 역사를 이해하는 길로 나아갈 새로운 문이 기적처럼 열렸다. 한편 새로운 수수께끼도 출현했다. 이 긴 서문을 통해서 이제 우리는 그 수수께끼 중 가장 매혹적인 것을 이해할 준비가 되었다.

데니소바인 이야기

이 이야기는 짧다. 우리가 거의 알지 못하는 사람들의 이야기이기 때문이다. 그들의 명칭은 시베리아 알타이 산맥에 있는 데니소바 동굴(Denisova Cave)의 이름을 땄다. 그리고 그 동굴의 이름은 18세기에 그곳에 거주했던 은둔자인 데니스의 이름을 땄다. 10여 년 전만 해도, 그 동굴의 이름을 들어본 사람조차 거의 없었고, 어떻게 발음하는지도 몰랐으나, 지금은 최근 인류 진화에 관한 논쟁에서 중앙에 놓인다. 2009년에 요하네스 크라우제와 푸차오메이는 그 동굴 바닥의 깊숙한 곳에서 캐낸, 끝마디의 절반도 남지 않은 4만 년 전의 손가락뼈 조각에서 DNA를 추출하려고 시도했다. 발굴 현장에 있던 한 고고학자는 그 뼈가 "내가 본 가장 평범한 화석"이라고 말했다고 한다.

그러나 그 뼈는 DNA가 아주 잘 보존되어 있었고, 그 뒤에 기존 견해를 완전히 뒤엎었다는 점에서 경이로운 화석임이 드러났다. 먼저 분석된 것은 미토콘드리아 DNA였는데, 현생인뿐 아니라 네안데르탈인과도 다르다는 것이 드러났다. 유전자 계통수에서 훨씬 더 오래 전에 갈라진 가지에 속했다. 1년쯤 뒤에는 데니소바 발굴지의 거의 같은 층에서 발견된 어금니 두 점에서도 미토콘드리아 DNA를 추출했다. 그 어금니들은 네안데르탈인의 것보다 확연히 더 컸고, 호모 에렉투스나 우리가 순례를 하면서 마주칠 더 이전 인류들*의 어금니에 더 가까웠다. 손가락 끝마디 뼈는 DNA를 추출하기 위해서 빻았기 때문에, 데니소바인이 있었다는 가시적인 증거는 이 치아 두 점뿐이다.

비록 지금까지 말한 내용이 흥미를 돋우기는 하지만, 인류의 새로운 아종(亞種, subspecies)이 있다는 증거치고는 빈약한 수준이다. 지금쯤 독자도 데니소바인 미토콘드리아에서 나온 겨우 한 조각의 DNA를 가지고 너무 길게 이야기하는 것이 아닌가 하는 거북함을 느낄지 모르겠다. 다행히도 빻아졌을 때, 데니소바인 손가락뼈는 놀라운 것을 제공했다. 미토콘드리아 DNA뿐만이 아니라 유전체 전체가 잘 보존되어 있다는 사실이 드러난 것이다. 그 덕분에 데니소바인도 자신의 이야기를 할 자격을 갖추었다.

미토콘드리아 DNA에 비해서 데니소바인의 유전체 전체는 전반적으로 네안데르탈인의 것과 더 비슷하다. 그렇기는 해도 별도의 아종이라는 개념을 뒷받침할 만큼 차이가 난다. 네안데르탈인이 약 80만 년 전에 고대인과 갈라졌다면, 데니소바인과 네안데르탈인의 분기는 64만 년 전에 일어난 것으로 추정된다. 융합 시점 이후에, 그들의 집단은 네안데르탈인과 같은 시기에 같은 방식으로 쇠퇴한 듯하다. 손가락뼈를 남긴 소녀는 아마 자기 종족의 마지막 생존자 중 한 명이었을 것이다.

더 놀라운 점은 현생 인류와 비교할 때에 드러났다. 우리를 네안데르탈인과 비교했을 때와 비슷한 양상이 나타날 것이라고 예상했을지도 모르겠다. 그들도 시베리아에서 살았다고 알려져 있기 때문이다. 현생 유라시아인이 적지만 의미 있는 비율로 네안데르탈인 DNA를 물려받았다는 점을 떠올려보라. 그러나 대조적으로 현생 인류는 데니소바인 DNA를 거의 가지고 있지 않다는 것이 드러났다. 한 집단만 예외였다. 그 예외 집단은 놀랍게도 멀리 남동쪽……오세아니아에서 살고 있다! 그렇다. 오늘날 시베

---

* "호미니드(hominid, 사람과)"라는 유용한 단어는 전통적으로 인류 계통에 속하거나 인류 계통에서 갈라진 모든 종을 가리키는 의미로 쓰였다. 즉 침팬지보다 우리와 유연관계가 더 가깝다고 여겨지는 모든 종에 적용되는 용어였고, 이 책에서도 그런 의미로 쓰고 있다. 그런데 최근 들어서 조금 혼란스럽게도, 이들을 "호미닌(himinin, 사람족)"이라고 부르고, 호미니드라는 용어는 모든 대형 유인원과 그 화석 친척들까지 가리키는 더 포괄적인 의미로 쓰는 것이 유행이 되었다.

리아에서 수천 킬로미터 떨어진 기후도 전혀 다른 곳에 사는 오스트레일리아, 뉴기니, 필리핀의 원주민들, 그리고 그들보다 덜하기는 하지만 폴리네시아와 서인도 제도의 원주민들이 데니소바인 DNA를 가장 많이 가지고 있다. 게다가 적은 양도 아니다. 무려 유전체의 8퍼센트에 이를 때도 있다. 데니소바인 유전체 연구 결과를 발표한 데이비드 라이히 연구진은 인접한 동인도 제도의 원주민들에게는 데니소바인 DNA가 실질적으로 전혀 없다는 점에 주목하여, 데니소바인 DNA가 단순히 현생 인류를 통해서 오세아니아로 전파된 것은 아니라고 결론짓는다. 대신에 그들은 데니소바인들이 시베리아에도 살았지만(더 입증 가능하다) 오세아니아에도 살았다고 주장한다. 주류 인류/데니소바인 교배는 오세아니아에서만 일어났지만, 그 혼혈 후손들은 아시아 본토로 돌아가지 못한 듯하다. 아마 월리스 선(깊은 해협이 가로놓여서 생긴 생태적 분리 선. "나무늘보 이야기" 끝에서 만날 것이다) 때문에 가지 못했을 것이다. 그렇다고 해서 다른 곳에서는 상호교배가 전혀 없었다는 뜻은 아니다. 두 지역의 사이에 사는 티베트인이 데니소바인에게서 고지대 적응 형질의 유전자를 물려받았다는 설득력 있는 주장이 나와 있다.

그래도 놀랄 거리가 부족하다면, 두 가지를 더 말하고 끝내기로 하자. 지금까지 추출하여 분석한 호모속의 DNA 중에서 가장 오래된 것은 스페인의 시마 데 로스 우에소스에서 발견되었다(앞에서 네안데르탈인과 연관지어서 언급한 바 있다). 그 다리뼈는 지금 우리가 이야기하는 유전체보다 10배 더 오래된 것이다. 비록 심하게 조각나 있기는 하지만, 그 DNA들은 대부분 네안데르탈인과 가깝다는 것을 보여준다. 충분히 예상할 수 있는 바이다. 그러나 미토콘드리아 DNA는 예외이다. 미토콘드리아 DNA 서열은 데니소바인과 더 가깝다고 나왔다. 스페인이 오스트레일리아와 아주 멀리 떨어져 있다는 말은 굳이 할 필요도 없을 것이다.

가장 흥미로운 점은 데니소바인, 네안데르탈인, 현생 아프리카인을 비교할 때에 나타난다. 앞에서 데니소바인과 네안데르탈인이 (평균적으로) 현생 아프리카인과 가깝기보다는 서로 더 가깝다는 추정값이 있다고 말한 바 있다. 그러나 유전체의 몇몇 영역을 살펴보면, 아프리카인과 네안데르탈인이 더 가깝고, 데니소바인은 멀찌감치 떨어져 있다고 나온다. 지금까지 나온 설명 중에는 데니소바인 유전체의 일부가 훨씬 더 오래된 비아프리카인 집단(호모 에렉투스를 떠올리게 한다)으로 거슬러올라간다는 주장이 가장 설득력이 있어 보인다. 현생 동남 아시아인 중에서 일부는 최초로 발견된 고대 인류 화석인 자바인까지 계보가 곧장 이어질 수 있을까?* 아마 그럴지도 모른다. 입증할 수 있을까? 이 급속히 변하고 있는 분야에서는 다음번 모퉁이를 돌 때, 어떤 놀라운 증거가 튀어나올지 예측하기가 어렵다. 변화 속도가 워낙 빨라서, 우리가 지금 쓰고 있는 이 내용도 몇 년이 아니라 몇 달 사이에 낡아버릴—더 심하면 뒤집힐—것이 분명하다. 그러니 이 이야기를 이만 끝내야겠다.

이 책의 이전 판본에서는 네안데르탈인이 이야기를 했다. 이 개정판에서는 그 대신에 "데니소바인 이야기"를 실었다. 비록 사촌인 네안데르탈인보다 알려진 것이 훨씬 더 적지만 말이다. 그러나 데니소바인은 어느 한 인류 조상에게 국한되지 않는 두 가지 메시지를 전한다. 그들은 우리가 인류의 역사에 관해서 놀라운 새로운 지식을 얻었음을 말해준다. 더군다나 단 한 점의 손가락뼈에서 엄청난 지식을 뽑아낼 수 있다는 것을 말이다. 더 중요한 점은 그들이 우리의 지식 부족도 대변한다는 것이다. 인류의 이야기는 우리가 이전에 믿었던 것보다 훨씬 더 복잡하다. 인류의 진화를 연구할 학생들에게는 분명히 평생을 연구할 과제들이 많이 있다. 또 새로운 고대 인류 아종을 발견하리라는 것도 거의 확실히 예상할 수 있다. 돌이켜보면, 이 모든 것들은 그리 놀라운 일도 아니다. 동물 종은 서로 간에 복잡한 번식 양상을 보이는 집단, 변종, 아종, 종의 연속체상에 존재하는 것이 일반적이다. 과거의 다양한 시기에 인류도 마찬가지였을 가능성이 높다. 우리는 가까운 친척인 침팬지, 좀더 먼 친척인 긴팔원숭이, 그리고 사실상 순례를 하면서 만날 모든 생물들도 마찬가지임을 보게 될 것이다.

데니소바인 이야기의 후기

이 장에 실린 두 이야기는 인류와 그 유전자에 초점을 맞추었다. 물론 가계도는 모든 종에게 있다. 모든 종은 유전물질을 물려받는다. 유성생식을 하는 종—그리고 대부분의 종은 유성생식을 한다—에는 모두 나름의 아담과 이브가 있다. 유전자와 유전자

---

* 인도네시아에서 화석으로 발견된 작은 "호빗족(hobbit)," 호모 플로렌시스(*Homo florensis*)도 마찬가지이다. 변형된 호모 에렉투스라는 지위가 너무나 열띤 논란이 되고 있기 때문에, 우리는 더 이상 말하지 않으련다.

계통수는 지구 생명의 독특한 특징이다. 치타 DNA에는 1만2,000년 전에 치타 집단이 병목 지점을 통과했다는 흔적이 있으며, 그 내용은 고양잇과 동물들을 보전하려는 이들에게 중요한 의미가 있다. 옥수수 DNA에는 9,000년 동안 멕시코에서 재배되었던 흔적이 뚜렷이 새겨져 있다. 역학자들과 의학자들은 HIV 균주의 융합 양상을 그 바이러스를 이해하고 억제하는 데에 활용할 수 있다. 유전자와 유전자 계통수는 북반구 동식물상의 역사를 보여준다. 빙하기가 위세를 떨칠 때, 온대 종들이 떠밀려서 남유럽의 피난처로 대규모로 이주하는 일이 벌어졌고, 다시 따뜻해지는 시기에는 고위도의 종들이 길을 잘못 들어서 산맥 위쪽에 고립되는 일이 일어났다. 세계의 DNA 분포 양상을 조사하면 이 모든 사건들을 추적할 수 있다.

지금까지 다른 생물들을 대상으로 한 유전적 연구는 주로 개별 유전자를 살펴보는 차원에 머물러 있었다. 그러나 인류 DNA 분석 분야는 모든 생물학을 혁신하겠다고 약속하는 전체 유전체 분석이라는 새로운 길을 열고 있다. 우리 아이들은 지구 생명의 진화를 새로운 관점에서 보게 될 것이다. 단언할 수 있다. 우리 자신의 유전체가 집중적으로 연구되고 있다고 해도, 지금의 우리 기술로는 그저 겉만 긁어대고 있을 뿐임을 우리는 안다. 유전체의 각 지점에서 그려지는 "유전자 계통수"의 모양과 구조에, 또 세대를 따라 전달되는 DNA 조각의 정체성에 더 많은 역사가 담겨 있음을 안다. 그리고 우리는 우리에게 자신의 이야기를 들려줄 차례를 기다리고 있는 온갖 생물들의 무수한 유전체들이 있음을 안다.

앞에서 내가 "사자의 유전서"라는 용어를 창안했다는 말을 했다. 나는 그 용어를『무지개를 풀며』에서 쓴 바 있다. 언젠가는 DNA를 읽어서 우리 조상들이 살던 환경을 상세히 알아낼 수 있게 될 것이라는 예언을 극적으로 표현하기 위해서 그 용어를 썼다. "데니소바인 이야기"는 그 책의 같은 지면을 조금 다르게 해석할 수 있음을 보여준다. 지금 우리는 DNA를 읽어서 인류 집단들의 선사시대에 일어난 주요 사건들의 연대와 장소를 알아낼 수 있다. 이주, 분리와 만남, 병목지점과 팽창 사건이 그렇다. 나는 여태껏 과거 깊숙이 묻혀 있던 단서들을 밝혀내는 현대 통계유전학 기법들의 법의학적 능력에 감탄을 금치 못한다. 하지만 앞으로 인구통계와 지리 측면에서만이 아니라, 우리 조상들의 삶의 전반에 걸쳐 더욱 경이로운 발견들이 이루어질 것이라고 내다본다. 그것은 디지털로 기록된 조상 이야기가 될 것이다.

에르가스트인

우리는 조상을 찾아서 더 깊은 시간으로 올라가다가 100만 년 전에 다시 멈춘다. 이 시대에서 조상이 될 만한 후보자는 뭉뚱그려서 호모 에렉투스라고 부르는 종밖에 없다. 일부에서는 아프리카에서 살던 쪽을 호모 에르가스테르라고 부르는데, 나도 그 견해를 따를 것이다. 이들에게 어울릴 영어식 명칭을 찾다가 나는 그들을 직립인(Erect) 대신 에르가스트인(Ergast)이라고 부르기로 했다. 우리 유전자들의 대부분이 아프리카 종으로 거슬러올라간다는 것을 믿기 때문이기도 하고, 앞에서 말했듯이 그들이 선조(호모 하빌리스)나 후손(우리)보다 더 똑바로 선 것이 아니기 때문이기도 하다. 어떤 이름을 선호하든 간에, 에르가스트인은 약 180만 년 전부터 약 25만 년 전까지 존속했다. 현재 널리 받아들여지는 견해에 따르면, 그들은 우리 현생인들의 조상인 고대인들의 직계 조상이자 고대인들과 같은 시대에 살았다.

에르가스트인은 현대의 호모 사피엔스와 뚜렷한 차이를 보이며, 고대 사피엔스와 달리 우리와 범위가 겹쳐지지 않는 몇 가지 특징들을 가지고 있다. 발견된 화석들은 그들이 중동과 자바를 비롯한 극동에서 살았음을 보여주며, 그것은 그들이 고대에 아프리카 바깥으로 이주했다는 사실을 나타낸다. 당신은 자바인이나 베이징인 같은 예전에 그들을 지칭하던 이름들을 들어보았을 것이다. 그들은 호모속(Homo)으로 인정되기 전에는 피테칸트로푸스나 시난트로푸스라는 속명으로 불렸다. 그들은 우리처럼 두 다리로 걸었지만, 뇌가 더 적었고(초기 화석은 800cc, 후기 화석은 1,000cc), 우리보다 더 납작하고 덜 둥글고 뒤로 넘어간 두개골을 가졌으며, 턱도 덜 튀어나왔다. 눈썹은 눈 위쪽에 수평 선반을 이룰 정도로 튀어나와 있었고, 눈구멍이 좁은 넓적한 얼굴이었다.

뻔한 말처럼 들릴 수도 있지만, 우리는 같은 집단에 속한 에르가스트인들이라고 해도 서로 확연히 다를 수 있다는 말을 하고 넘어가야겠다. 아프리카 바깥에서 발견된 가장 오래된 에르가스트인 화석은 유럽 조지아의 드마니시에 있는 한 동굴에서 나온 머리뼈 5점이다. 함께 있었으니, 그들은 같은 집단에 속했을 것이다. 그런데 그 뼈들은 크기와 모양의 차이가 아주 심하다. 뇌 용량이 780cc인 것부터, 턱이 유달리 튀어나온 성인 남성의 것까지 있다. 후자는 뇌 용량이 546cc로서, 다음 장에서 만날 오스트랄로피테쿠스 "원인(ape-man)"과 비슷한 수준이다. 유달리 차이가 심한 것인 양 생각할지 모르므로, 현재 인류의 뇌 용량 범위가 약 1,000-1,500cc임을 언급해야겠다.

털은 화석으로 남지 않으므로, 우리가 진화의 어떤 시점에서 머리 꼭대기에만 예외적으로 수북하게 털을 남기고 체모의 대부분을 잃어버렸다는 명백한 사실을 어느 시대에서 논의해야 할지 막막하다. 호미니드 화석에서 감질나게 엿보이는 피부와 털의 흔적을 제외할 때, 가장 좋은 단서는 인간 유전학이 제공할지 모른다. 유타 대학교 연구진은 피부색에 관여하는 유전자인 멜라노코르틴 I 수용체 유전자의 DNA 서열 변이를 조사했다. 그들은 적어도 100만 년 전에 우리의 아프리카 조상들에게서 한 바탕 자연선택이 일어났음을 밝혀냈다. 그 시기에 에르가스트인이 아프리카의 뜨거운 해를 가려주는 몸의 털을 잃기 시작했다는 단서도 하나 있다. 그렇다고 해서 그들이 반드시 우리처럼 털이 없었다는 뜻은 아니다. 그리고 그 단서는 매우 빈약한 것이어서, 현대 인류, 적어도 남성은 털이 나는 정도가 매우 다양하다. 털은 진화를 거치면서 증감을 반복할 수 있는 종류의 특징에 속한다. 털이 전혀 없어 보이는 피부 속에는 퇴화한 털들과 관련 세포 구조들이 숨어 있으며, 그것들은 어느 때건 자연선택이 은퇴해 있던 그들을 다시 부를 때에 금방 몸을 두꺼운 털로 뒤덮었다가 다시 사라지는 쪽으로 진화할 준비가 되어 있다. 유라시아에 빙하기가 닥쳤을 때, 털이 수북한 매머드와 코끼리가 급속히 진화한 것을 보라. 조금은 뜬금없어 보일지 모르겠지만, "공작 이야기"에서 진화적으로 인간의 털이 사라진 이야기를 다시 하도록 하자.

여러 차례 화덕을 사용했다는 미묘한 증거들은 적어도 에르가스트인 중 일부 집단들이 불의 사용법을 발견했음을 시사한다. 돌이켜보면 그것은 우리 역사상 기념비적인 사건이었다. 증거는 우리가 기대하는 것보다는 모호하다. 검댕과 숯은 기나긴 세월을 견디지 못하지만, 불은 더 오래 견디는 다른 흔적들을 남긴다. 현대의 연구자들은 다양한 종류의 불을 체계적으로 지피는 실험을 함으로써 불이 남기는 미세한 영향들을 조사했다. 덤불로 피운 모닥불과 나무줄기로 피운 모닥불은 토양을 자화(磁化)시키는 양상이 다르다. 나는 왜 그런 차이가 생기는지 알지 못한다. 어쨌든 그런 흔적들은 아프리카와 아시아 양쪽에서 에르가스트인들이 거의 150만 년 전에 모닥불을 피웠다는 증거가 된다. 그렇다고 해서 반드시 그들이 불을 피우는 법을 알았다는 의미는 아니다. 그들이 자연적으로 일어나는 불을 옮겨다가 다마고치를 돌보듯이 꺼지지 않도록 계속 돌보는 일부터 시작했을 수도 있다. 아마 그들은 처음에는 불을 요리에 이용한 것이 아니라, 위험한 동물을 쫓아내고 빛과 열을 얻고 이목을 집중시키는 데에 이용했을 것이다.

또 에르가스트인은 석기를 만들고 이용했으며, 목기와 골각기도 썼을 것이다. 그들이 말을 할 수 있었는지 여부는 아무도 모르며, 증거를 찾아내기도 쉽지 않다. "찾아내기도 쉽지 않다"는 말이 절제된 표현이라고 생각할지도 모르지만, 우리는 지금 화석 증거들의 이야기를 듣기 시작하는 시대에 와 있다. 모닥불이 토양에 흔적을 남기듯이, 말을 할 필요성은 골격에 미세한 변화를 일으킨다. 남아메리카 숲에 사는 울음원숭이들의 목처럼 큰 목소리를 증폭시킬 수 있게 속이 빈 뼈로 이루어진 공간이 생기는 것 같은 극적인 변화는 아니겠지만, 몇몇 화석에는 검출을 기대할 만한 흔적들이 남아 있을지도 모른다. 불행히도 지금까지 밝혀낸 흔적들은 그 문제를 해결할 수 있을 만큼 충분하지 않으며, 논란은 여전히 남아 있다.

현대 인류의 뇌에서 말과 관련이 있는 부위는 두 군데이다. 브로카 영역과 베르니케 영역이라는 이 두 부위는 우리 역사의 어느 시점에 커진 것일까? "에르가스트인 이야기"에서 다루기 위해서 뇌를 화석화해야 한다면, 두개골 안쪽 표면을 고르는 편이 가장 낫다. 불행히도 뇌의 각 영역들을 구획하는 선들은 화석에 뚜렷이 나타나지 않는다. 일부 전문가들은 뇌의 언어 영역이 200만 년 전에 이미 커졌다고 말한다. 에르가스트인이 언어 능력을 가지고 있었다고 믿고 싶어하는 사람들은 이 증거에 고무된다.

그러나 골격을 살펴볼 때면 그들은 실망한다. 우리가 알고 있는 가장 온전한 호모 에르가스테르 화석은 투르카나 소년이다. 그는 약 150만 년 전 케냐의 투르카나 호 근처에서 죽었다. 그의 갈비뼈와 척추에 난 신경이 지나가는 작은 통로들은 그가 언어와 관련이 있는 호흡을 섬세하게 조절하지 못했음을 시사한다. 두개골의 바닥 쪽을 조사한 과학자들은 네안데르탈인도 말을 하지 못했다는 결론을 내렸다. 그들의 목 형태로 볼 때, 우리가 내는 다양한 모음들 전부를 발음할 수 없도록 되어 있다는 것이다. 그러나 언어학자이자 진화심리학자인 스티븐 핑커가 말했듯이, "모음의 수가 적은 언어도 꽤 많은 것을 표현할 수 있다." 나는 모음이 없어도 헤브루어 문장을 이해할 수 있다는 점을 생각할 때, 네안데르탈인이나 에르가스트인의 말도 이해할 수 있을 것이라고 본다. 남아프리카의 탁월한 인류학자 필립 토비아스는 언어가 호모 에르가스테르보다 먼저 생겼을 수도 있다고 추정하며, 그가 옳을 가능성도 있다. 반면에 앞에서 살펴보았듯이, 극소수이기는 하지만 언어의 기원 시기를 겨우 수만 년 전인 대도약 무렵으로 잡는 반대편의 극단적 견해를 취하는 사람들도 있다.

이런 견해 차이는 결코 해소될 수 없을지도 모른다. 언어의 기원을 다루는 문헌들은 모두 파리 언어학회의 결정을 인용하면서 시작한다. 1866년에 학회는 그 문제가 해답을 얻을 수 없고 무익하다면서 논의를 금지했다. 하지만 그 문제가 대답하기 어려울 수는 있지만, 몇몇 철학적 문제들과 달리 해답을 얻기가 원칙적으로 불가능한 것은 아니다. 과학적 창의력을 말할 때면 나는 낙관주의자가 된다. 대륙이동이 설득력 있는 다양한 증거들이 모여서 지금은 의심의 여지가 없는 사실로 받아들여진 것처럼, DNA 지문 분석이 핏자국의 주인을 과학 수사관들의 꿈에 불과했던 수준까지 정확하게 밝혀낼 수 있는 것처럼, 나는 과학자들이 언젠가는 우리 조상들이 말을 하기 시작한 시기를 밝혀낼 독창적인 방법을 발견할 것이라고 조심스럽게 내다본다.

그러나 이런 나도 그들이 서로 무슨 말을 했는지, 어떤 언어를 썼는지 알게 될 것이라는 기대는 전혀 하지 않는다. 언어가 문법 없이 단어들만으로 시작되었을까? 아기가 명사를 옹알대는 것과 같았을까? 아니면 문법이 일찍, 그리고 갑자기 나타났을까 (불가능한 것은 아니며 어리석은 말은 더더욱 아니다)? 아마 문법을 구사할 능력은 머릿속으로 계획을 세우는 것 같은 일에 쓰이는 뇌 속 깊은 곳에 이미 자리하고 있었을 것이다. 의사소통에 쓰이는 문법이 어느 한 천재가 갑자기 생각한 발명품일 수도 있지 않을까? 의심스럽지만, 이 분야에서는 그 어느 것도 단호하게 배제시킬 수 없다.

언어의 탄생 시기를 찾으려는 연구 분야에서 이루어진 작은 발전은 전망이 엿보이는 몇 가지의 유전적 증거들이 나타났다는 것이다. KE라는 집안에는 기이한 유전병이 전해진다. 3대에 걸친 가족 약 30명 중에서 절반은 정상이지만, 15명은 독특한 언어 장애가 있다. 그 장애는 발성과 이해 양쪽으로 영향을 미치는 듯하다. 언어 실행장애(verbal dyspraxia)라는 이 장애의 첫 증상은 어릴 때 발음을 명확하게 하지 못하는 것이다. 일부 전문가들은 이 문제가 주로 얼굴과 입을 조화롭게 빨리 움직이지 못하는 데에서 비롯된다고 본다. 하지만 더 근본적인 원인이 있을 것이라고 보는 쪽도 있다. 언어 이해력과 문자 언어도 함께 영향을 받기 때문이다. 분명한 것은 그런 이상이 유전적이라는 사실이다. 개인은 그 증세를 보이거나 그렇지 않거나 둘 중 하나이며, 그 증상은 FOXP2라는 중요한 유전자의 돌연변이와 관련이 깊다. 이 유전자는 "전사 인자(transcription factor)"를 만든다. 다른 DNA 부위에 결합하여 중요한 유전자들을 켜고 끄는 역할을 하는 단백질이다. 이 사례에서는 뇌의 다양한 영역에서 활동하는 유전자들에 작용한다. KE 집안에 대물림되는 돌연변이는 이 결합을 교란한다. 다행히도 이 장애가 있는 이들은 부모 중 다른 한쪽으로부터 정상적인 FOXP2 사본도 물려받았다. 생쥐 실험에서 이와 비슷한 돌연변이 유전자를 쌍으로 지닌 개체들은 아주 일찍 죽는다는 것이 드러났다. 뇌, 허파, 운동에 결함이 있어서일 것이다. 따라서 언론에서 종종 FOXP2를 "언어 유전자"라고 부르곤 하지만, 실상은 그렇게 단순하지 않은 것이 분명하다. 그렇기는 해도, KE 집안에서 얻은 증거들은 인간의 FOXP2가 언어와 관련된 몇몇 뇌 영역들의 발달에 중요함을 시사한다.

따라서 인간의 FOXP2를 언어가 없는 동물들의 유전자와 비교하고 싶어지는 것도 당연하다. 유달리 흥미로운 양상은 FOXP2 유전자가 만드는 단백질의 아미노산 사슬을 살펴볼 때에 드러난다. 이 단백질의 생쥐와 침팬지 판본은 715개의 아미노산 중 단 1개가 다르다. 인간의 유전자는 이 두 동물의 유전자와 아미노산이 2개 더 다르다. 이것은 무슨 의미일까? 비록 인간과 침팬지는 대개 단백질 서열에 거의 차이가 없지만, FOXP2는 예외이다. 이 유전자는 뇌에서 활성을 띠며, 우리가 침팬지와 갈라진 뒤로 단기간에 인류 계통에서 빠르게—게다가 유일하게—진화해왔다. 그리고 우리와 침팬지의 가장 큰 차이점 중 하나는 우리는 언어가 있는 반면 침팬지는 없다는 것이다. 침팬지와 갈라진 뒤 우리 계통으로 내려오다가 어느 시점에서 변화한 유전자가 바로 우리가 언어의 진화를 이해하고자 할 때 찾아야 할 유전자이다. 그리고 불운한 KE 집안에서는 바로 그 유전자에 돌연변이가 일어났다.

여기서 한 유전자에 생긴 몇 개의 돌연변이로 언어를 배우는 능력 같은 새로우면서 적응성이 아주 뛰어난 기능이 갑작스럽게 출현할 가능성은 적다는 점을 유념할 필요가 있다. FOXP2가 통제하는 "하류 쪽에" 놓인 유전자들에도 추가로 진화적 변화들이 일어난 것이 확실하다.[*] 하지만 FOXP2는 변화의 주역 중 하나일 가능성이 아주 높다. 그리고 이 책의 초판이 나온 뒤에, 네안데르탈인과 데니소바인의 유전체 서열이 분석되었고, 양쪽 다 우리와 동일한 FOXP2 돌연변이를 지닌다는 것이 밝혀졌다. 그들의 뇌도 언어의 진화를 지원하는 방식으로 배선되었을 가능성이 높음을 시사한다. 그들이 실제로 말을 했는지 여부는 다른 문제이지만, 적어도 언어 기구 중 중요한 한 가지 구성 요소는 갖추었던 듯하다. 우리는 그들의 유전체 전체를 확보했으므로, 앞으로 그들의 능력을 신경학적으로 재구성하고 그들이 말을 했는지를 명확히 알 수 있을 만큼 뇌 발달의 유전학을 이해할 수 있게 될 것이다. 놀라운 추측이기는 하지만, 그들의 조상인 에르가스트인이 말을 할 수 있었는지 여부를 규명하는 데에는 도움이 되지 않을 것이다. 고대 뼈에서 에르가스트인 유전체를 추출할 기술(환상적이지 않은가?)을 창안하지 못하는 한 말이다.

그러나 FOXP2라는 유전적 증거를 이용하여 우리 조상들에게서의 언어 기원 문제를 살펴볼 수 있는 또다른 방법이 있다. 앞의 "총서시"에서 말한 "유전적 삼각측량법" 개념을 이용하는 것이다. 현재 사람들이 지닌 변이들로부터 거꾸로 삼각측량을 하여, 우리의 FOXP2 유전자에 생긴 변이가 얼마나 오래된 것인지를 계산하는 방법이다. 하지만 KE 집안 식구들처럼 희귀한 돌연변이를 지닌 불행한 사람들을 제외하고, FOXP2 아미노산의 서열은 모든 사람이 똑같다. 따라서 삼각측량을 할 만한 변이가 부족하다. 다행히도 우리 유전자는 여러 토막으로 나뉘어 들어 있다. 번역이 되어 단백질을 이루는 부분("엑손")이 번역이 되지 않는 영역("인트론")들 사이에 흩어져 있다. 인트론의 서열은 대부분 쓰이지 않으므로, 자연선택의 "주목을 받지" 않은 채 자유롭게 돌연변이를 일으킨다. 그리하여 "침묵하는" 암호 문자열을 제공한다. 발음되는 문자와 달리, 이 묵음 문자열은 사람마다, 그리고 사람과 침팬지 사이에 크게 다르다. 삼각측량법에 쓰기에 아주 좋다! 이 묵음 영역의 변이 양상을 살펴본다면, 그 유전자의 진화 양성도 얼마간 이해할 수 있다. 설령 묵음 문자가 자연선택을 받지 않는다고 해도, 이웃

---

[*] 다른 모든 유전자들은 정상적인 생쥐 판본을 지니면서 FOXP2 단백질만 "인간" 판본을 지니도록 유전자 변형을 한 생쥐를 만드는 실험이 이루어져왔다. 물론 이 "인간화한" 생쥐는 인간의 언어 같은 것을 가지고 있지 않다. 하지만 뇌 발달 양상에는 변화가 일어난다. 그들은 찍찍거리는 소리도 조금 다르고, 몇몇 측면에서 더 복잡한 양상을 띤다. 또 특정한 유형의 미로를 빠져나가는 능력을 통해서 검사했을 때, 의식적 학습과 무의식적 학습 사이를 더 쉽게 오갈 수 있는 듯하다.

한 엑손이 자연선택을 받을 때 덩달아 휩쓸릴 수도 있다. 게다가 묵음 인트론의 변이 양상을 수학적으로 분석해보면, 자연선택이 언제 일어났는지 그리고 선택이 유전자의 어느 부위에 작용했는지를 꽤 근사적으로 추정할 수 있다.

이 방법을 네안데르탈인에게서 찾아낸 유전적 변이 양상에도 적용하면, 과거의 자연선택을 살펴보는 강력한 도구가 된다. 하지만 전체적인 양상은 예상보다 훨씬 더 복잡하다는 것이 드러났다. FOXP2 유전자가 가장 최근에 선택 사건을 겪은 것은 고작 20만 년도 되지 않았다. 5만 년이 채 되지 않았을 가능성도 있다. 이 연구 결과를 네안데르탈인이 FOXP2의 현생 인류 판본을 지닌다는 사실과 끼워맞추기란 쉽지 않다. 현재 제시된 가설은 이 선택 사건이 두 아미노산 변화가 아니라, DNA의 다른 영역, 특히 한 인트론의 드물게 유용한 부위에서 일어났다는 것이다. FOXP2 자체가 언제 켜질지에 영향을 미치는 새로운 돌연변이를 지닌 작은 부위에서이다. 그런데 이 가설이 옳다면, 다른 골치 아픈 문제들이 생긴다. 네안데르탈인만이 아니라, 완벽하게 정상적으로 말을 할 수 있는 아프리카의 한 소수 부족도 더 오래된 판본을 지니고 있기 때문이다. 그러니 "연구가 더 필요하다"는 전통적인 경고는 여기에 딱 들어맞는다. 그렇기는 해도 이런 창의적인 유전적 기법들은 과학이 언젠가는 파리 언어학회의 비관론자들을 당황케 할 방법을 찾아낼 것이라는 나의 낙관론을 부추긴다.

호모 에르가스테르는 우리가 순례여행에서 맨 처음 만나는, 우리와 다른 종임이 분명한 화석 조상이다. 우리는 순례여행에서 화석들이 가장 중요한 증거가 되는 시기로 막 들어선 참이다. 비록 화석들은 결코 분자 증거들을 압도하지 못하겠지만, 시대가 극도로 오래되어 수가 줄어들 때까지는 계속해서 중요한 역할을 할 것이다. 따라서 지금이 화석들을 더 상세히 살펴보고, 그것들이 어떻게 형성되는지 알아보기에 딱 좋은 때이다. 에르가스트인이 그 이야기를 해줄 것이다.

에르가스트인 이야기

리처드 리키는 1984년 8월 22일 동료인 키모야 키메우가 당시까지 알려진 인류 화석들보다 더 오래된, 거의 완벽한 골격을 갖춘 150만 년 전의 투르카나 소년(호모 에르가스테르)을 발견한 순간을 감동적으로 묘사한다. 도널드 조핸슨이 더 오래되고 당연히 더 불완전한 루시라는 친숙한 이름의 오스트랄로피테쿠스 화석을 발견한 순간을 묘사한 글도 그에 못지않게 감동을 준다. 앞으로 상세히 서술하겠지만, "리틀 풋(Little Foot)"도 주목할 만한 발견이다(130쪽 참조). 루시, "리틀 풋," 투르카나 소년에게 불멸성이라는 축복을 내린 환경 조건이 어떠했든 간에, 우리도 차례가 왔을 때에 그렇게 되고 싶지 않을까? 이런 야심을 달성하려면 어떤 장애물을 건너야 할까? 화석은 어떻게 만들어질까? 이것이 "에르가스트인 이야기"의 주제이다. 먼저 잠시 곁길로 새어 지질학을 살펴보기로 하자.

암석은 결정(結晶)으로 이루어지며, 결정은 너무 작아서 맨눈으로는 보이지 않을 때가 많다. 결정은 원자들이 일정한 공간을 두고 질서 있게 격자처럼 배열된 하나의 분자이며, 같은 구조가 수십억 번 반복되어 생기는 커다란 결정도 있다. 결정은 액체 상태의 원자들에서 생성되며, 기존 결정의 가장자리에 원자들이 달라붙으면서 성장한다. 액체는 대개 물이다. 그러나 용매가 아니라 용융(鎔融) 상태의 광물이 그 역할을 할 때도 있다. 결정의 모양과 각 면들이 이루는 각도는 대개 원자 격자에서 비롯되는 특성들이다. 다이아몬드나 자수정처럼 격자의 모양이 눈에 띄게 커져서 자기 조직화한 원자들의 3차원 구조가 맨눈에 보일 때도 있다. 하지만 암석의 구성단위인 결정들은 대부분 너무 작아서 맨눈으로는 볼 수 없다. 그것은 대다수 암석들이 불투명한 한 가지 이유이기도 하다. 중요하면서 흔한 암석 결정으로는 석영(이산화규소), 장석(주로 이산화규소이지만, 규소 원자 중 일부가 알루미늄 원자로 대체되어 있다), 방해석(탄산칼슘)이 있다. 화강암은 녹은 마그마에서 생긴 석영, 장석, 운모 결정들이 치밀하게 뒤섞인 것이다. 석회암은 주로 방해석, 사암은 주로 석영으로 이루어지는데, 둘 다 잘게 부수어져서 모래나 진흙으로 퇴적되었다가 압착되어 형성된다.

화성암은 용암이 식으면서 생긴다(그리고 용암은 암석이 녹아서 만들어진다). 화강암처럼 결정이 들어 있는 화성암도 있다. 화성암은 때로 유리 같은 액체가 굳은 것처럼 보이기도 하며, 운이 아주 좋으면 녹았던 용암이 천연 거푸집 역할을 해서 공룡의 발자국이나 두개골 같은 것들의 형태가 찍히기도 한다. 그러나 생명의 역사 연구자들은 화성암을 주로 연대 측정에 활용한다. "삼나무 이야기"에서 살펴보겠지만, 가장 좋은 연대 측정법은 오직 화성암에서만 쓸 수 있다. 대개 화석 자체는 연대를 정확히 측정하기가 어렵다. 하지만 우리는 대신 그 옆에 놓인 화성암을 조사할 수 있다. 그런 다음 그 화석이 같은 시대의 것이라고 가정하거나, 그 화석을 위아래에서 샌드위치처럼 누르고 있는 연대 측정이 가능한 두 화성암 시료를 조사해서 화석 연대의 상한과 하한을 정한다. 사체가 홍수나 하이에나나 공룡 등 어떤 원인으로 다른 시대의 지층으로 옮겨졌을 수도 있으므로, 이 샌드위치 연대 측정법은 약간의 위험을 안고 있다. 다행히 그런 경우에는 대개 뚜렷이 알 수 있다. 그렇지 못할 때에는 일반적인 통계에 의지할 수밖에 없다.

사암과 석회암 같은 **퇴적암**은 본래 있던 암석이나 조개껍데기 같은 단단한 물질들이 바람이나 물에 부서져서 생긴 알갱이들로부터 형성된다. 모래, 실트, 먼지 같은 것들은 이리저리 떠다니다가 어딘가에 가라앉은 뒤, 시간이 흐르면서 점점 압착되어 새로운 암석층이 된다. 화석들은 대부분 퇴적암 지층에 들어 있다.

퇴적암은 구성물질들이 계속해서 재순환한다는 특성이 있다. 스코틀랜드의 하일랜드 같은 곳의 오래된 산들은 바람과 비에 서서히 깎이고, 떨어져나간 물질들은 퇴적물이 되었다가 다시 어딘가에서 솟아올라 알프스 산맥 같은 새로운 산들을 만든다. 그 순환은 계속 되풀이된다. 우리는 이러한 재순환의 세계에 살고 있으므로, 진화의 모든 틈새를 연결하는 화석 기록들을 전부 내놓으라는 끈덕진 요구를 자제해야 한다. 화석들이 누락되는 것은 운이 나빠서가 아니라, 퇴적암의 형성 방식에 따른 어쩔 수 없는 결과이다. 화석 기록에 틈새가 전혀 없다면, 오히려 그것이 우려할 만한 일이다. 화석을 지닌 오래된 암석들이 파괴되는 과정을 거쳐야 새로운 암석이 만들어지기 때문이다.

화석은 묻힌 생물의 조직 속으로 광물이 섞인 물이 스며들어서 만들어지기도 한다. 지극히 공학적이고 경제적인 이유로, 생물의 뼈는 해면질(海綿質)에다가 다공성(多孔性)이다. 광물을 함유한 물이 죽은 뼈의 구멍들 속으로 스며들면, 시간이 흐르면서 광물들이 서서히 쌓인다. 나는 거의 의례적으로 서서히라고 말했지만, 언제나 느린 것만은 아니다. 주전자에 물때가 얼마나 빨리 끼는지 생각해보라. 예전에 나는 오스트레일리아의 한 해변에서 돌에 박힌 병마개를 본 적도 있다. 하지만 그 과정은 대개 서서히 진행된다. 속도야 어떻든 간에, 화석으로 굳은 돌은 결국 원래의 뼈 모양을 취할 것이고, 그 모양은 수백만 년 뒤에 우리에게 드러난다. 늘 그렇지는 않지만, 원래의 뼈를 이루던 원자들이 모두 사라지기도 한다. 애리조나 주의 페인티드 사막에서 석화한 숲을 이루는 나무들은 식물 조직이 지하수에서 스머나온 규산과 다른 광물들로 서서히 대체되어 생긴 것들이다. 죽은 지 2,000만 년이 지난 그 나무들은 지금은 완벽한 돌이지만, 그 석화한 형태 속에는 미세한 세포 조직들이 원형태로 남아 있다.

생물이나 그 일부가 천연 거푸집이나 찍힌 자국이 되었다가 나중에 사라지거나 녹아 없어지곤 한다는 이야기를 앞에서 언급한 바 있다. 1987년에 텍사스 주에서 팰럭시 강을 돌아다니며, 물에 발을 담그기도 하고, 이틀 동안 매끄러운 석회암 강바닥에 보존된 공룡 발자국들을 살펴보면서 즐거워했던 일이 기억난다. 그 지역에는 공룡의 발자국 외에 당시 함께 살던 거인이 돌아다닌 발자국도 있다는 기이한 전설이 생겨났다. 그 결과 근처의 글렌 로즈 마을에는 시멘트에 조잡하게 가짜 거인 발자국을 찍어 파는 산업이 성행했다(그 발자국들은 "그때 세상에는 거인족이 있었다"["창세기" 제6장 4절]라는 말을 고지식하게 믿는 잘 속는 창조론자들에게 팔린다). 그 발자국들의 정체는 상세히 밝혀졌다. 발가락이 3개인 것은 공룡의 발자국임이 분명하다. 발가락이 없는 것은 어딘가 인간의 발과 비슷해 보이는데, 그것들은 공룡들이 발가락을 누르면서 달리지 않고 발뒤꿈치로 걸을 때에 생긴 것이다. 또 발자국이 찍힐 때, 옆으로 삐져나온 찰진 진흙도 공룡의 발가락 자국을 흐릿하게 만들었을 것이다.

우리의 코끝을 더 찡하게 만드는 것은 진짜 호미니드가 남긴 희귀한 흔적들이다. 2013년 북해의 물이 잠깐 빠졌을 때, 영국 노포크의 하피스버로 해안에 밋밋한 발자국들이 드러났다. 곧바로 파도에 씻겨 사라지기는 했지만. 다행히 침식되어 사라지기 전, 2주일 동안에 과학자들은 발자국의 사진을 상세히 찍었고, 발자국이 거의 100만 년 전 인류 종의 어른들과 아이들이 남긴 것임을 확인했다. 지질학적 기록이 그런 순간을 포착할 수 있다니 얼마나 경이로운가. 그리고 그런 기록 중 대부분이 아무도 모르는 사이에 파괴되어 사라진다니 이 얼마나 안타까운가. 사실 운 좋게도 이따금 더 영구적인 흔적이 생기기도 한다. 탄자니아의 라에톨리에 있는, 약 360만 년 전 화산재가 막 쌓인 곳을 세 명의 진짜 호미니드(hominid)가 걸어가면서 남긴 발자국들이 그렇다(화보 2 참조). 아마 오스트랄로피테쿠스 아파렌시스였을 것이다. 이들이 서로 어떤 관계였는지, 손을 잡았는지 대화를 나누었는지, 플라이오세의 여명기에 그들에게 어떤 용무가 있었는지 궁금해하지 않을 사람이 있을까?

용암을 이야기할 때에 말했듯이, 거푸집이 다른 물질로 채워졌다가 나중에 단단해져서 원래의 동물이나 기관을 본뜬 모양이 만들어지기도 한다. 나는 정원에 놓인 두께 15센티미터에 가로세로 2.1미터인 퍼벡산 석회암 판으로 된 책상에서 이 글을 쓰고 있다. 아마 1억5,000만 년 전 쥐라기 때의 것인 듯하다.* 이 판에는 많은 연체동물의 껍데기 화석들이 있고, 밑면에는 이른바 공룡의 발자국(내게 이 책상을 구해준 저명한 괴짜 조각가의 말에 따르면)이 있다. 그러나 그 발자국은 표면에서 튀어나온 돋을새김 형태이다. 원래의 발자국(그것이 진짜라면, 나는 잘 모르겠다)은 거푸집 역할을 했을 것이고, 그 위에 퇴적물들이 쌓였던 것이 틀림없다. 그런 다음 거푸집이 사라진 것이다. 고대의 뇌에 대해서 우리가 알고 있는 사실들은 대부분 그런 주물을 통해서 얻은 것이다. 두개골의 "내면 주물"에 뇌 표면의 구조가 놀라울 정도로 상세히 찍혀 있을 때도 있다.

껍데기, 뼈, 이빨보다는 드물지만, 동물의 부드러운 부위도 가끔 화석이 된다. 그런 화석들이 출토되는 것으로 가장 유명한 곳이 캐나다령 로키 산맥의 버제스 셰일과 그보다 좀더 오래된 중국 남부의 청장(澄江)이다(화보 3 참조). 이곳들은 "발톱벌레 이야기"에서 다시 가보기로 하자. 이 두 곳에는 연충을 비롯하여 뼈와 이빨이 없는 부드러운 생물의(물론 몸이 단단한 생물들도) 화석들이 약 5억 년 전 캄브리아기의 모습을 놀라울 정도로 상세히 기록하고 있다. 청장과 버제스 셰일이 있다는 것은 우리에게 대단한 행운이다. 사실 이미 말했다시피, 어딘가에 화석이 있다는 것만으로도 우리에게는 큰 행운이 아닐 수 없다. 종들의 약 90퍼센트는 화석을 남기지 않은 채 사라졌을 것으로 추정된다. 그것이 사실이라면, 화석으로 모든 것을 설명하겠다는 야심을 품을 사람이 과연 얼마나 될까? 척추동물 100만 종 가운데 하나꼴로 화석이 남았다는 추정치도 있다. 내게는 그런 수치조차도 높아 보이며, 단단한 부위가 없는 동물들에게서는 그 수치가 훨씬 더 낮아질 것이다.

---

* 이 2톤이나 되는 거석 앞에서 한 시간 동안 나를 인터뷰했던 한 기자는 기사에다가 그것을 "하얀 연철 책상"이라고 썼다. 눈으로 본 것이 틀릴 수도 있음을 보여주는 좋은 사례이다.

하빌린인

호모 에르가스테르로부터 다시 100만 년을 더 거슬러올라가서 200만 년 전으로 가면 우리의 유전적 뿌리가 어느 대륙에 있는지를 더 이상 의심할 수 없게 된다. "다지역론자들"까지 포함하여 모든 사람들이 그곳이 아프리카라는 데에 동의한다. 이 시기의 화석 유골들은 대부분 호모 하빌리스로 분류된다. 일부 학자들은 아주 비슷한 제2의 화석 형태들이 존재한다고 보며, 그것을 호모 루돌펜시스(*Homo rudolfensis*)라고 부른다. 한편 그것을 2001년에 리키 연구진이 보고한 케냐피테쿠스(*Kenyapithecus*)와 같다고 보는 학자들도 있다. 또 이 화석들에 종명을 붙이는 것 자체를 꺼리면서, 그것들을 "초기 호모속(Early *Homo*)"이라고 뭉뚱그려서 부르는 신중한 학자들도 있다. 언제나 그렇듯이, 나는 이런 이름들에 입장을 표명하지 않을 것이다. 중요한 것은 살과 뼈를 가진 생물들 자체이므로, 나는 그들 모두를 지칭하는 영어명인 "하빌린인(Habiline)"이라는 말을 사용할 것이다. 하빌린인이 에르가스트인보다 더 오래되었으므로 당연히 화석도 더 적다. 그중 표본 번호 KNM-ER 1470의 두개골이 보존 상태가 가장 좋은데, 흔히 1470번이라고 불린다. 약 190만 년 전에 살았던 인간의 것이다.

하빌린인은 에르가스트인이 우리와 다르듯이 에르가스트인과 다르며, 예상하겠지만 분류하기가 어려운 중간 형태들도 있다. 하빌린인의 두개골은 에르가스트인의 것보다 덜 단단하며, 눈썹도 덜 튀어나왔다. 이런 면에서 하빌린인은 우리와 더 비슷하다. 놀랄 필요는 없다. 튼튼한 뼈와 튀어나온 눈썹은 원시 인류가 진화 과정에서 획득했다가 다시 잃을 수도 있는 특징들이다. 털과 마찬가지로 말이다. 하빌린인은 인류 역사에서 인류의 가장 두드러진 특징인 뇌가 팽창을 시작한 시기를 대변한다. 아니 더 정확히 말하면, 이미 커진 다른 유인원들의 정상적인 뇌보다 더 팽창한 시점이다. 사실 이 차이가 하빌린인을 호모속에 포함시키는 근거가 된다. 많은 고생물학자들은 커다란 뇌를 우리 속의 특징이라고 본다. 뇌를 750cc라는 장벽까지 밀어댐으로써 하빌린인은 루비콘 강을 건넜고, 인간이 되었다.

듣기에 지겨울지 모르겠지만, 나는 루비콘 강, 장벽, 틈새 같은 단어들을 좋아하지 않는다. 특히 초기 하빌린인이 후손들에 비해서 선조들과 더 큰 차이를 보인다고 예상할 이유는 전혀 없다. 후손(호모 에르가스테르)은 같은 속명을 가진 "단지" 또 하나의 호모속인 반면, 선조(오스트랄로피테쿠스)는 다른 속명이므로 그런 유혹을 느낄지 모른다. 물론 살아 있는 종을 볼 때에 우리는 같은 속의 종들이 서로 다른 속의 종들보다 더 닮았으리라고 예상한다. 그러나 진화를 통해서 이어진 역사적 계통을 다룰 때, 화석에는 그 말을 적용할 수 없다. 어떤 화석 종과 그 직계 조상의 경계에는 그런 주장을 하기가 부적절한 개체들이 있을 수밖에 없다. 그 논리를 극단화하면 한 종의 부모가 다른 종의 자식을 낳았다는 것이 된다. 전혀 다른 속인 오스트랄로피테쿠스속의 부모가 호모속의 아기를 낳았다는 주장은 더욱 불합리하다. 이것은 우리의 동물학 명명 규칙이 진화를 전혀 염두에 두지 않고 고안되었기 때문이다.*

이름 문제는 이만 접어두고, 왜 뇌가 갑자기 커지기 시작했는가라는 더 건설적인 문제를 다루어보자. 원시 인류의 뇌 크기를 측정해서 지질학적 시간과 평균 뇌 크기를 축으로 삼아 그래프에 표시하려면 어떻게 해야 할까? 시간 단위를 설정하는 데에는 아무 문제가 없다. 즉 100만 년을 단위로 하면 된다. 그러나 뇌의 크기를 측정하는 일은 그보다 어렵다. 우리는 두개골과 뇌 안쪽 표면 화석들을 이용해서 뇌의 크기를 세제곱센티미터 단위로 추정할 수 있으며, 그것을 그램 단위로 환산하는 것은 어렵지 않다. 하지만 우리가 측정하고픈 것이 반드시 뇌의 절대 크기는 아니다. 코끼리의 뇌는 사람보다 더 크다. 우리가 코끼리보다 더 영리하다는 생각이 반드시 허영심에서 비롯된 것만은 아니다. 티라노사우루스의 뇌는 우리 뇌보다 그리 작지 않았지만, 공룡들은 모두 뇌가 작고 머리가 나쁜 생물로 간주된다. 우리가 더 영리한 이유는 우리가 공룡보다

---

* 750cc라는 루비콘 강을 호모속의 정의로 삼자고 맨 처음 주장한 사람은 아서 키스 경이었다. 리처드 리키가 『인류의 기원(*The Origin of Humankind*)』에서 밝힌 바에 따르면, 루이스 리키가 호모 하빌리스를 처음 기재할 때에 그가 가지고 있던 표본들의 뇌 용량은 650cc였으므로, 리키는 사실상 그 용량에 맞게 루비콘 강을 옮긴 셈이었다. 하지만 나중에 발견된 호모 하빌리스 표본들은 뇌 용량이 800cc에 근접한 것으로 드러남으로써, 다시 키스 경의 손을 들어주었다. 뇌만 그런 것이 아니다. 더 최근에 훨씬 더 오래된 턱뼈가 한 점 발견되었다. 280만 년 전의 것인데, 연구자들은 어금니의 상대적인 크기를 기준으로 "최초의 호모속 종"이라고 주장해왔다. 턱의 다른 특징들은 오스트랄로피테쿠스에 더 가까운데 말이다. 이런 사례들은 루비콘 강을 반대하는 내 입장을 지지하는 역할을 한다.

몸집에 비해서 뇌가 더 크기 때문이다. "몸집에 비해서"라는 말이 정확히 무슨 뜻일까?

절대 크기를 보정함으로써 동물의 뇌 크기가 몸집에 비해서 얼마나 커야 "마땅한가"를 함수로 표현하는 수학 기법들이 있다. 그것은 별도로 다룰 만한 가치가 있는 주제이다. 뇌 크기의 "루비콘 강"을 불안하게 건넌 도구인인 호모 하빌리스가 그 이야기를 할 것이다.

도구인 이야기

우리는 호모 하빌리스 같은 특정한 생물의 뇌가 몸집에 "마땅한" 크기보다 더 큰지 혹은 작은지를 알고 싶어한다. 우리는 큰 동물은 몸집에 걸맞게 뇌가 커야 하며 작은 동물은 뇌가 작아야 한다는 생각을 받아들인다(나는 약간 꺼림칙하지만 그냥 넘어가기로 하자). 우리는 이런 것들을 감안한 상태에서, 어떤 종이 "더 영리한지" 혹은 그렇지 못한지를 알고 싶어한다. 그렇다면 몸집을 어떻게 감안해야 할까? 어느 동물의 실제 뇌가 예상한 것보다 더 크거나 작은지를 판단할 수 있으려면, 몸집에 알맞은 뇌의 크기를 계산할 합리적인 기준이 필요하다.

과거로의 순례여행에서 우리는 어쩌다가 그 문제를 뇌와 관련지어 살펴보게 되었지만, 다른 모든 신체 부위에 대해서도 비슷한 질문을 할 수 있다. 몸집에 "마땅한" 크기보다 더 큰 심장이나 신장, 어깨뼈를 가진 동물들이 있을까? 만일 있다면, 그것은 그들의 생활방식이 심장(신장 또는 어깨뼈)을 특별히 더 필요로 한다는 점을 암시할지 모른다. 몸집을 알고 있을 때, 동물의 특정 부위의 크기가 "마땅히" 어떠해야 한다는 것을 우리는 어떻게 알 수 있을까? "마땅히 그래야 한다"는 것이 "기능적인 이유가 있어야 한다"는 의미는 아니라는 사실에 유념하자. 그것은 "상응하는 동물들이 어떠한지 알면, 어떠할 것이라고 예상할 수 있다"는 의미이다. 현재 우리는 "도구인 이야기"를 듣고 있고, 도구인의 가장 놀라운 특징은 뇌이므로, 뇌를 논의의 대상으로 삼기로 하자. 여기서 알게 될 사항들은 더 보편적으로 적용할 수 있다.

많은 종을 대상으로 체중과 뇌의 무게를 그래프에 표시하는 일부터 시작하자. 다음의 그래프(내 동료인 저명한 인류학자 로버트 마틴에게서 빌린 것이다)에서 각 기호는 살아 있는 포유동물 중 가장 작은 것에서부터 가장 큰 것까지 309종을 나타낸 것이

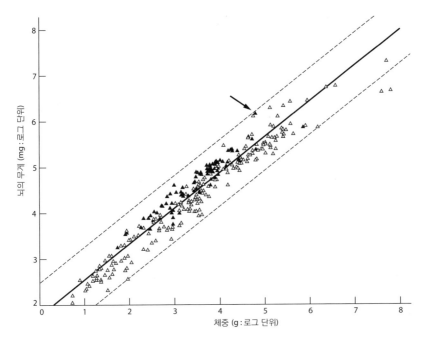

태반류 포유동물 종들의 체중과 뇌의 무게를 로그 대 로그 단위로 나타낸 그래프. 검은 삼각형은 영장류 종 마틴의 자료에서 인용[268].

다. 당신이 관심을 가질 것 같아서, 호모 사피엔스를 화살표로 표시했다. 바로 옆에 있는 것은 돌고래이다. 중앙을 가로지르는 굵은 선은 통계 처리하여 얻은 것으로써 모든 점들에 가장 잘 들어맞는 직선이다.*

곧 알게 되겠지만 두 축을 로그 단위로 삼으면 복잡한 계산을 더 쉽게 할 수 있으므로, 축을 로그 단위로 설정했다. 여기서는 동물들의 체중과 뇌 무게의 로그 값을 취해서 그래프에 표시했다. 로그 값은 일반 그래프와 달리, 그래프의 원점에서부터 값이 일정하게 커질 때마다 숫자가 차례로 더해지는 것이 아니라, 10처럼 일정한 수가 **곱해진** 다는 의미이다. 10을 택한 이유는 편리하기 때문이다. 10을 택하면 로그 값은 0의 개수로 생각할 수 있다. 생쥐의 체중에 100만을 곱해야 코끼리의 체중이 나온다는 말은 생쥐의 체중에 0을 여섯 자리에 걸쳐 더한다는 의미와 같다. 로그 단위로 말하면, 즉 전자의 로그 값에 6을 더하면 후자의 로그 값이 나온다. 로그 단위에서 그 중간값, 즉 0이 3개인 곳에는 생쥐에 비해서 체중이 1,000배 더 나가고, 코끼리에 비해서 1,000분의 1배

---

* 각 점들과의 거리를 제곱한 값의 합이 최소가 되는 선이다.

에 불과한 동물이 있다. 아마도 사람일 것이다. 1,000과 100만 같은 우수리가 없는 수들을 사용하면 설명하기가 더 쉽다. "0이 셋 반"이라면 1,000과 1만 사이의 어느 지점을 뜻한다. 0의 개수를 셀 때의 "중간값"은 그램을 셀 때의 중간값과 전혀 다르다. 로그값을 대할 때에 우리가 알아야 할 것들은 이 정도면 충분하다. 로그 단위는 단순한 대수 단위와는 전혀 다른 종류의 직관을 요구하며, 각자는 서로 다른 목적에 유용하다.

우리는 로그 단위가 유용한 이유를 적어도 세 가지는 들 수 있다. 첫째, 로그 단위는 난쟁이땃쥐, 말, 대왕고래를 수백 미터짜리 종이를 사용할 필요 없이 한 그래프에 담을 수 있게 해준다. 둘째, 로그 단위는 몇 배수인지를 쉽게 알게 해준다. 우리는 가끔 그런 것을 알고 싶어한다. 우리는 몸집에 비해서 뇌가 더 큰지 여부만 알고 싶은 것이 아니다. 이를테면 우리의 뇌가 "마땅한" 크기보다 6배 더 크다는 것을 알고 싶어한다. 로그 그래프는 그런 배율을 직접 알려준다. 로그 단위를 선호하는 세 번째 이유는 약간 더 긴 설명이 필요하다. 그것은 로그 단위를 쓰면 흩어진 점들이 곡선이 아니라 직선을 따라 분포한다는 것이지만, 그 이상의 의미가 있다. 숫자에 약한 친구들을 위해서 설명해보자.

공이나 육면체, 혹은 진짜 뇌를 모양을 그대로 유지한 채 크기를 10배로 늘린다고 하자. 공이라면 지름이 10배 늘어난다는 의미이다. 육면체나 뇌라면 폭(그리고 높이와 두께)이 10배로 커진다는 뜻이다. 이렇게 일정하게 크기를 늘리면, 부피는 얼마나 늘어날까? 부피는 그냥 10배로 늘어나는 것이 아니다. 1,000배로 늘어난다! 육면체라면 각설탕을 쌓는다고 상상함으로써 증명할 수 있다. 원하는 어떤 모양이든 균일하게 늘릴 때에는 똑같은 원리가 적용된다. 모양은 바꾸지 않은 채 길이를 10배로 늘리면, 부피는 자동적으로 1,000배로 늘어난다. 10배 늘어날 때마다, 0을 세 자릿수 덧붙이는 것과 같다. 더 일반적으로 말하면, 부피는 길이의 세제곱에, 즉 로그 값으로 3을 곱한 값에 비례한다.

면적도 똑같은 방식으로 계산할 수 있다. 그러나 면적은 길이의 세제곱이 아니라 제곱에 비례하여 증가한다. 따라서 면적은 길이의 제곱에 비례하며, 부피는 길이의 세제곱에 비례한다. 각설탕의 부피는 설탕이 얼마나 많은지, 따라서 가격이 얼마인지를 결정한다. 하지만 각설탕이 녹는 속도는 표면적에 따라서 결정될 것이다(계산은 단순하지 않다. 설탕이 녹을 때에 남은 표면적은 남은 설탕의 부피보다 더 천천히 줄어들 것이기 때문이다). 길이(폭 등)를 2배로 늘여서 대상을 일정하게 팽창시키면, 표면적은 $2 \times 2 = 4$가 되어 4배로 늘어난다. 길이를 10배로 늘이면, 표면적은 $10 \times 10 = 100$이 되어 100배로 늘어나며, 0을 두 자릿수 덧붙이는 것과 같다. 면적의 로그 값은 길이의 로그 값에 2를 곱한 만큼 늘어나며, 부피의 로그 값은 길이의 로그 값에 3을 곱한 만큼 늘어난다. 한 변이 2센티미터인 각설탕 덩어리는 1센티미터인 덩어리보다 설탕이 8배나 더 많이 들어 있겠지만, 찻물에 녹는 속도는 4배밖에 빠르지 않다(적어도 처음에는). 찻물과 접촉하는 표면적 때문이다.

이제 가로축은 덩어리의 무게(부피에 비례한다), 세로축은 녹는 속도(면적에 비례한다고 추정된다)를 나타내는 그래프에 크기가 제각기 다른 각설탕 덩어리들을 표시한다고 상상하자. 로그 그래프가 아닐 때, 점들은 곡선을 그릴 것이며, 그 곡선은 해석하기도 어렵고 그다지 유용하지도 않을 것이다. 그러나 무게와 초기 용해 속도의 로그 값을 축으로 삼는다면, 훨씬 더 유용한 결과가 나온다. 로그 값으로 무게가 3배씩 증가할 때마다 로그 값으로 표면은 2배로 증가한다는 것이 뚜렷이 나타난다. 로그-로그 단위일 때, 점들은 곡선이 아닌 직선을 그린다. 게다가 직선의 기울기는 정확히 무엇인가를 가리킨다. 그 직선의 기울기는 3분의 2일 것이다. 직선은 면적축을 따라 두 단계가 증가할 때마다, 부피축을 따라 세 단계가 증가한다. 면적의 로그 값이 2배 증가할 때마다, 부피의 로그 값은 3배 증가한다. 로그-로그 그래프에서 볼 수 있는 유용한 직선의 기울기가 이렇게 3분의 2만 있는 것은 아니다. 이런 유형의 그래프는 유용하다. 직선의 기울기가 부피와 면적 같은 것들이 서로 마주 보면서 나아가는 듯한 직관적인 느낌을 주기 때문이다. 그리고 부피와 면적 및 둘 사이의 복잡한 관계는 살아 있는 생물의 몸과 부위들을 이해하는 데에 대단히 중요하다.

나는 그다지 수학적이지 못하지만(그나마 온건하게 표현한 것이다), 그런 내게도 이러한 그래프는 매혹적이다. 흥미로운 점은 그것만이 아니다. 똑같은 원리가 육면체와 공뿐만 아니라, 동물 및 신장과 뇌 등 복잡한 모양의 신체기관들에도 똑같이 적용되기 때문이다. 모양을 그대로 유지한 채 단순히 크기만 늘리거나 줄이면 된다. 이것은 실제 측정값들과 대조하는 일종의 귀무 기댓값(null-expectation)에 해당한다. 어느 동물 한 종의 몸길이가 다른 종의 10배라면 체중은 1,000배가 되겠지만, **모양이 같을 때에만** 그렇다. 사실 모양은 작은 동물에서 큰 동물로 갈수록 체계적으로 변화하도록 진화했을 가능성이 아주 높다. 이제 우리는 그 이유를 알 수 있다.

방금 살펴본 면적/부피 법칙만 고려해도, 큰 동물은 작은 동물과 모양이 다를 필요가 있다. 땃쥐를 모양은 유지한 채 팽창시킨 것이 코끼리라면, 그 코끼리는 살아남지 못할 것이다. 그 코끼리는 땃쥐보다 약 100만 배 더 무겁고, 온갖 새로운 문제들에 직면하게 된다. 동물이 직면하는 문제들 중에는 부피(체중)에 따라서 달라지는 것들이 있다. 한편 면적에 의존하는 것들도 있다. 또 둘의 복잡한 함수나 전혀 다른 무엇인가에 의존하는 것들도 있다. 각설탕 덩어리의 용해 속도처럼, 동물이 피부를 통해서 열이나 물을 잃는 속도는 바깥 세계와 접하는 면적에 비례할 것이다. 그러나 열이 생성되는 속도는 아마도 몸속의 세포 수와 더 관련이 있을 것이며, 그것은 부피의 함수이다.

땃쥐를 코끼리만 하게 키우면 체중에 눌려 가느다란 다리는 부러질 것이고, 빈약한 근육은 너무 약해서 제대로 일을 하지 못할 것이다. 근육의 힘은 부피가 아니라 단면적에 비례한다. 근육 운동이 나란히 늘어서서 서로 미끄러지는 수백만 개의 근섬유 운동들의 종합이기 때문이다. 근육으로 묶일 수 있는 근섬유들의 수는 근육의 단면적(즉 길이의 제곱)에 비례한다. 그러나 근육이 수행하는 일, 예를 들면 코끼리를 지탱하는 일은 코끼리의 체중(길이의 세제곱)에 비례한다. 따라서 코끼리는 체중을 지탱하기 위해서 땃쥐보다 더 많은 근섬유를 가져야 한다. 코끼리 근육의 단면적은 단순히 크기를 늘린다고 했을 때보다 더 넓어져야 하며, 코끼리의 근육 부피도 단순히 크기를 늘린다고 했을 때보다 더 증가해야 한다. 구체적인 이유는 다를지라도, 뼈 문제에서도 결론은 비슷하다. 이것이 코끼리 같은 커다란 동물들의 다리가 나무 기둥 같이 육중한 이유이다. 비록 실제보다 더 과장하여 그린 감은 있지만, 갈릴레오는 이 사실을 맨 처음 깨달은 사람 중 한 명이었다.

코끼리만 한 동물이 땃쥐만 한 동물보다 몸이 100배 더 길다고 하자. 모양이 똑같다면, 코끼리는 땃쥐보다 피부 면적이 1만 배 더 넓고, 체중은 100만 배 더 나갈 것이다. 촉각 세포들이 피부에 일정한 간격으로 분포해 있다면, 코끼리는 땃쥐보다 1만 배 더 많은 촉각 세포들을 지녀야 하고, 그 감각들을 처리하는 뇌 부위도 그에 걸맞게 늘어나야 한다. 코끼리는 땃쥐보다 몸에 있는 세포들의 수가 100만 배 더 많을 것이고, 그 세포들은 각각 모세혈관과 이어져 있어야 한다. 그렇다면 작은 동물과 달리 큰 동물의 혈관 길이는 얼마가 되어야 할까? 그 계산은 복잡하며, 그 이야기는 나중에 다시

하기로 하자. 지금은 그 계산을 할 때, 부피와 면적의 증가 법칙을 무시할 수 없다는 것만 이해하고 넘어가기로 하자. 그리고 로그 그래프는 그런 것들에 대한 직관적인 단서들을 얻는 좋은 방법이다. 여기서 주된 결론은 동물들이 커지거나 작아지는 쪽으로 진화할 때, 그들의 모양도 예측 가능한 방향으로 바뀐다고 내다볼 수 있다는 것이다.

우리는 뇌의 크기를 고찰하다가 이 문제로 넘어왔다. 우리의 몸집을 감안하지 않고서는 우리의 뇌를 호모 하빌리스, 오스트랄로피테쿠스나 다른 종의 뇌와 비교할 수 없다. 우리에게는 몸집을 감안한 뇌 크기의 지수가 필요하다. 비록 뇌의 절대적인 크기를 비교하는 것보다는 낫겠지만, 뇌의 크기를 그냥 몸집으로 나눌 수는 없다. 더 나은 방법은 조금 전에 다루었던 로그 그래프를 이용하는 것이다. 몸집이 각기 다른 많은 종들의 뇌의 질량과 체중을 로그 그래프에 표시하자. 119쪽의 그래프에서처럼, 점들은 아마 직선 근처에 놓일 것이다. 직선의 기울기가 1분의 1이라면(뇌 크기가 몸집에 정확히 비례할 때), 각 뇌세포가 일정한 수의 체세포들을 처리할 수 있다는 의미가 될 것이다. 기울기가 3분의 2라면 뇌가 뼈나 근육과 비슷하다는 의미가 된다. 다시 말해서 몸의 부피(즉 체세포들의 수)는 그에 걸맞은 뇌 표면적을 요구한다는 뜻이다. 기울기가 다르다면 또다른 해석이 필요할 것이다. 그렇다면 직선의 실제 기울기는 어떠할까?

그것은 1분의 1도 3분의 2도 아닌, 그 사이의 값이다. 정확히 말하면, 4분의 3에 놀라울 정도로 가깝다. 왜 4분의 3일까? 그 자체도 하나의 이야깃거리가 된다. 따라서 당신은 누군가의 입을 통해서 그 이야기가 나올 것이라고 추측해도 좋다. 그 이야기를 할 생물은 꽃양배추이다(꽃양배추는 왠지 뇌와 비슷해 보인다). "꽃양배추 이야기"를 미리 할 생각은 없으므로, 여기서는 그저 4분의 3 기울기가 뇌뿐만 아니라 꽃양배추 같은 식물들을 비롯해서 전 세계에 사는 온갖 종류의 생물들에게 적용된다는 것만 말해두자. 뇌 크기에 적용된다는 것과 "꽃양배추 이야기"를 기다려야 한다는 직관적인 이유를 생각해보면, 4분의 3이라는 기울기를 가진 이 관찰된 직선이 바로 이 이야기의 서두에서 말한 "예상"이라는 단어에 딱 들어맞는 의미를 가진다는 것을 짐작할 수 있다.

비록 점들이 기울기가 4분의 3인 "예상" 직선 근처에 모여 있기는 하지만, 모든 점들이 정확히 직선에 놓이는 것은 아니다. "머리가 좋은" 종은 그래프에서 직선보다 위쪽에 놓인다. 그 종의 뇌는 몸집으로 "예상한" 것보다 더 크다. "예상한" 것보다 뇌가 더 작은 종은 직선 아래쪽에 놓인다. 직선에서 위나 아래로 떨어진 거리는 "예상한" 것보다 얼마나 더 큰지 작은지를 알려주는 척도이다. 직선에 정확히 놓이는 점은 뇌가 몸집으로 예상한 크기에 정확히 들어맞는 종을 뜻한다.

어떤 가정을 토대로 예상했을까? 직선을 산출하는 데에 쓰인 자료들을 제공한 종들의 집합이 전형적이라는 가정이다. 따라서 직선이 도마뱀붙이에서 코끼리에 이르기까지 다양한 육상 척추동물을 대표하는 집합으로부터 산출된 것이라면, 모든 포유류가 직선보다 위쪽에(그리고 모든 파충류가 직선보다 아래쪽에) 놓인다는 사실은 포유류가 전형적인 척추동물로부터 "예상한" 것보다 더 큰 뇌를 가졌음을 뜻한다. 포유동물의 대표 집합만으로 별도의 직선을 산출하면, 그 선은 기울기가 4분의 3으로서 척추동물의 직선과 평행하겠지만, 더 높은 곳에 놓일 것이다. 영장류(원숭이와 유인원)의 대표 집합으로부터 계산한 직선은 더 높은 곳에 놓이겠지만, 그래도 기울기는 4분의 3으로 평행할 것이다. 그리고 호모 사피엔스는 어느 종보다도 더 높은 곳에 놓인다.

인간의 뇌는 영장류의 기준으로 보더라도 "아주" 크며, 영장류의 평균 뇌는 포유동물 전체의 기준으로 보면 아주 크다. 그리고 포유동물의 평균 뇌는 척추동물의 기준으로 보면 아주 크다. 이런 내용을 달리 표현하면, 척추동물의 그래프에 찍힌 점들의 분포 범위는 포유동물의 그래프에 찍힌 점들의 분포 범위보다 더 넓고, 후자는 영장류의 그래프에 찍힌 점들의 분포 범위보다 더 넓다고 할 수 있다. 그래프에서 빈치류(빈치류는 나무늘보, 개미핥기, 아르마딜로 등이 포함된 남아메리카 포유동물목이다)의 점 분포 범위는 포유동물의 평균보다 아래쪽에 있으며, 빈치류의 분포 범위는 후자의 일부이다.

화석 뇌 크기 연구의 아버지인 해리 제리슨은 척추동물이나 포유동물 같은 큰 집단을 고려했을 때, "마땅히" 그럴 것이라고 여겨지는 것보다 특정한 종의 뇌가 얼마나 더 큰지 작은지를 판단하는 척도로서 대뇌 비율지수(Encephalisation Quotient, EQ)를 제안했다. EQ가 더 큰 집단을 비교 기준으로 삼는다는 점을 주목하자. 한 종의 EQ는 정해진 큰 집단의 평균 선에서 위나 아래로 떨어진 거리로 표시된다. 제리슨은 그 선의 기울기가 3분의 2라고 생각했지만, 현대의 연구자들은 4분의 3임을 밝혀냈다. 따라서 제리슨의 EQ 추정값은 로버트 마틴이 지적한 것처럼 수정되어야 한다. 수정을 거치면, 현대 인류의 뇌는 포유동물의 뇌를 고려했을 때, 마땅히 그래야 하는 것보다 약 6배 더 크다고 나온다(EQ는 포유동물을 기준으로 했을 때보다 척추동물을 기준으로 했

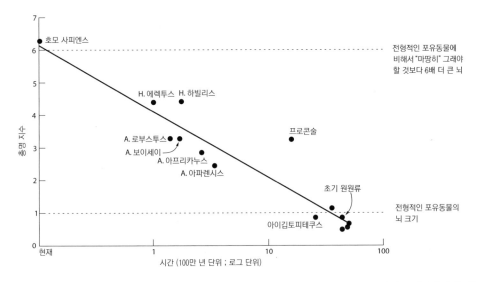

시간별 EQ, 즉 "총명 지수"를 나타낸 해리 제리슨의 그림. 시간은 로그 단위로 100만 년씩 표시되어 있다 원래 그래프에서 기울기를 4분의 3으로 수정한 것이다(본문 참조).

을 때 더 크고, 영장류를 기준으로 계산했을 때는 더 작을 것이다).* 현대 침팬지의 뇌는 전형적인 포유동물의 뇌보다 약 2배 더 크며, 오스트랄로피테쿠스의 뇌도 마찬가지이다. 진화상으로 오스트랄로피테쿠스와 우리의 중간에 있을 듯한 종들인 호모 하빌리스와 호모 에렉투스는 뇌 크기도 중간이다. 둘 다 EQ가 약 4이다. 그들의 뇌가 포유동물을 기준으로 예상한 것보다 약 4배 더 크다는 의미이다.

위의 그래프는 다양한 화석 영장류와 원인의 EQ, 즉 "총명 지수" 추정값을 그들이 살았던 시대의 함수로 나타낸 것이다. 그래프를 아주 에누리해서 보면 진화 시대를 거슬러올라갈수록 총명함이 줄어든다는 식으로 읽을 수 있다. 그래프의 맨 위쪽에 EQ가 6인 현대의 호모 사피엔스가 있다. 우리의 뇌가 포유동물의 뇌를 고려했을 때, "마땅히" 그래야 하는 것보다 6배 더 무겁다는 의미이다. 그래프의 맨 아래쪽에는 구세계 원숭이와 우리의 공통 조상인 공조상 5일지도 모르는 화석들이 있다. 그들의 EQ 추정값은 약 1이다. 즉 그들은 현재의 전형적인 포유동물로부터 예상한 크기에 "딱 들어맞

---

* IQ에도 대체로 동일하게 적용된다. IQ는 지능의 절대적인 척도가 아니다. 당신의 IQ는 평균을 100으로 잡은 특정한 집단의 평균보다 당신의 지능이 얼마나 더 높거나 낮은지를 나타내는 것이다. 내 IQ는 영국 전체 집단을 기준으로 삼았을 때보다 옥스퍼드 대학교의 집단을 기준으로 삼았을 때 더 낮아질 것이다. 따라서 인구의 절반이 IQ가 100 이하라고 한탄하는 정치가의 말은 웃음거리에 불과하다.

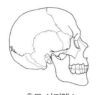
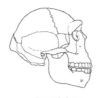

| 호모 사피엔스 | 호모 에렉투스 | 호모 하빌리스 | 오스트랄로피테쿠스
아파렌시스 |

우리 뇌의 팽창 네 원시 인류의 두개골을 비교한 그림. 뇌 크기의 증가가 뚜렷이 드러난다. 두개골들은 높이를 같게 해서 그렸으며, 일부 화석 표본들을 토대로 평균을 낸 크기이다.

는” 뇌를 가지고 있었다는 의미이다. 그래프의 중간에는 오스트랄로피테쿠스속과 호모속의 다양한 종들이 있다. 그들은 살았을 당시에 우리의 조상 계통에 가까웠을지도 모른다. 다시 말하지만, 그래프의 선은 점들에 가장 잘 들어맞는 직선이다.

앞에서는 에누리해서 보라고 말했다. 이제 조금 과장해서 살펴보자. EQ, 즉 “총명지수”는 뇌의 질량과 체중이라는 측정된 양으로부터 계산한다. 화석이 대상일 때는 우리가 가진 단편적인 화석들로부터 이 양들을 추정해야 하므로, 오차 범위가 상당히 크다. 체중 추정값은 더더욱 그렇다. 그래프를 보면, 호모 하빌리스가 호모 에렉투스보다 더 “총명하다”고 나온다. 나는 그것을 믿지 않는다. 절대적인 뇌의 크기를 비교했을 때에 호모 에렉투스의 뇌가 더 크다는 것은 부정할 수 없는 사실이다. 호모 하빌리스의 EQ가 크게 나온 것은 체중이 훨씬 더 적게 추정되었기 때문이다. 그러나 오차 범위를 생각해보자. 현생인의 체중은 변이의 폭이 대단히 넓다. EQ라는 척도는 체중의 측정값 오차에 대단히 민감하다. EQ 식에서 체중은 제곱 단위로 증가한다는 점을 생각해보라. 따라서 선 주변 점들의 분포는 주로 체중 추정값의 편차를 반영한다. 한편 직선으로 표현된 시간별 추세는 아마도 사실일 것이다. 이 이야기에서 설명된 방법, 특히 그래프에 실린 EQ 추정값들은 지난 300만 년 동안의 우리의 진화 과정에서 일어난 일들 중 가장 중요한 것이 이미 커져 있던 영장류 뇌의 재팽창이라는 우리의 주관적인 인상을 뒷받침한다. 그다음에 따라나올 질문은 왜이다. 지난 300만 년 동안 뇌의 팽창을 이끈 다윈 선택압은 무엇이었을까?

그 일이 우리가 뒷다리로 일어선 다음에 일어났기 때문에, 일부 학자들은 손의 자유가 뇌의 팽창을 이끌었고, 그럼으로써 정확성이 높은 수작업을 솜씨 있게 할 수 있게 되었다고 주장한다. 나는 이것이 전반적으로 설득력 있는 개념이라고 생각한다. 비록 제시된 가설이 서너 가지밖에 되지 않지만 말이다. 그러나 진화의 추세를 생각할 때, 인간의 뇌 팽창은 폭발적으로 일어난 듯이 보인다. 나는 팽창 진화에는 그에 걸맞은 특수한 설명이 뒤따라야 한다고 본다. 『무지개를 풀며』의 "마음의 풍선"이라는 장에서, 나는 이 팽창을 "소프트웨어-하드웨어 공진화"라는 일반 이론으로 발전시켰다. 소프트웨어와 하드웨어의 혁신이 상승 나선을 그리며 서로를 자극한다는 점에서 컴퓨터에 비유한 것이다. 소프트웨어 혁신은 하드웨어의 확대를 요구하며, 하드웨어의 확대는 소프트웨어의 확대를 자극하면서 팽창은 점점 가속된다. 내가 뇌에서 소프트웨어 혁신이라고 말할 때에 후보자로 염두에 둔 것들은 언어, 자취 추적, 투척, 밈(meme)이었다. 내가 이전의 책에서 공평하게 다루지 않았던 뇌 팽창 이론이 하나 있는데, 바로 성선택(sexual selection)이다. 이 책의 뒷부분에서 그 이론에 많은 지면을 할애한 것은 오로지 그 때문이다.

보디페인팅, 서사시, 제례무 같은 뇌의 산물이 아니라, 인간의 팽창한 뇌 자체가 일종의 정신적인 공작의 꼬리로서 진화한 것이 아닐까? 나는 오래 전부터 그 생각에 골몰해왔지만, 그것을 적절한 이론으로 발전시킨 사람은 아무도 없었다. 그러던 중 영국에서 연구하고 있는 젊은 미국의 진화심리학자 제프리 밀러가 『메이팅 마인드(The Mating Mind)』에서 멋진 이론을 제시했다. 랑데부 16에서 조류 순례자들이 우리와 합류한 뒤에, "공작 이야기"를 통해서 이 개념을 듣기로 하자.

원인(猿人)

인간의 화석을 다루는 대중서들은 이른바 "최초의" 인류 조상을 발견하려는 야심으로 가득하다. 어리석은 짓이다. 당신은 질문을 구체화할 수 있다. "두 다리로 걷는 습성을 가진 최초의 인류 조상은 누구였을까?" 또는 "우리의 조상이면서 침팬지의 조상이 아닌 최초의 생물은 누구였을까?" 아니면 "뇌 부피가 600cc 이상인 최초의 인류 조상은 누구였을까?" 그런 질문들은 비록 현실적으로 대답하기 어렵고 솔기 없는 연속체 속에 인위적인 틈새를 만들려는 악행을 저지르는 꼴이 될 때도 있지만, 적어도 원칙적으로는 의미가 있다. 그러나 "최초의 인류 조상이 누구였을까?"라는 질문은 아무 의미도 없다.

인류의 조상을 찾으려는 경쟁 속에는 새로 발견한 화석을 가능한 한 먼 시대의 "주류" 인류 계통 속에 포함시키려고 하는 의지가 담겨 있다. 그러나 화석들이 점점 더 많이 발견될수록, 역사적으로 대부분의 시기에 아프리카에서 호미니드 서너 종이 함께 살았다는 것이 점점 더 명확해지고 있다. 이는 현재 조상으로 간주되는 많은 화석 종들이 사실은 우리의 사촌으로 밝혀질 것이라는 의미이다.

약 100~300만 년 전의 꽤 긴 시간 동안 우리의 아프리카 조상들은 키 작고 튼튼한 호미니드들, 아마도 서너 종과 그 대륙을 공유했다. 당연하겠지만 그들의 유연관계와 종의 정확한 수는 열띤 논란의 대상이다. 그들(우리는 "도구인 이야기"의 끝에 실린 그 래프에서 그들을 만났다)에게는 오스트랄로피테쿠스(또는 파란트로푸스) 로부스투스, 오스트랄로피테쿠스(파란트로푸스 또는 진잔트로푸스) 보이세이, 오스트랄로피테쿠스(또는 파란트로푸스) 에티오피쿠스 같은 이름이 붙여졌다. 그들은 더 "연약한" 유인원(튼튼한 유인원에 비해서 상대적으로 연약한)에서 진화한 듯하다. 튼튼한 형태와 마찬가지로, 이 유인원들은 키가 우리의 4분의 3 정도에다가 뇌가 상당히 더 작은 경향이 있었으며, 고생물학자들은 그들도 오스트랄로피테쿠스속에 포함시킨다. 우리도 그들 중에서 출현한 것이 거의 확실하다. 사실 초기 호모속과 연약한 오스트랄로피테쿠스를 구별하기가 어려울 때도 종종 있다. 이 점은 내가 위에서 한 비난을 정당화해준다.

호모속의 직계 조상은 연약한 오스트랄로피테쿠스로 분류될 것이다. 그들 중 일부를 살펴보기로 하자. 가장 젊고 가장 잘 보존된 화석 중 하나는 남아프리카 프리토리아 인근에서 발견된 200만 년 전의 오스트랄로피테쿠스 세디바(*Australopithecus sediba*)이다. 첫 번째 표본은 고인류학자 리 버거의 아홉 살 난 아들이 2008년에 발견했다.* 흥미롭게도 그 머리뼈와 뼈대도 아홉 살 청소년기 남성의 것이라고 추정된다. 그 곁에는 다른 뼈들도 있었는데, 한 가족의 것일 수도 있다. 남성과 여성 1명, 아기 3명의 뼈로서, 당시 동굴이었던 곳으로 떨어졌다가 거의 동시에 사망했다. 치석에 섞인 미세한 식물 찌꺼기들은 그들이 잎, 열매, 나무껍질, 특정한 풀들을 다양하게 먹었음을 보여준다. 특이하게도 이 유인원 화석들에는 피부가 화석화된 섬세한 흔적까지도 보존되어 있는 듯하다. 그러나 아직 제대로 조사가 이루어지지 않고 있다. 오스트랄로피테쿠스 세디바는 초기 호모속과 후기 오스트랄로피테쿠스속의 특징들이 조금 뒤섞여 있으며, 그래서 화석 발견자들은 그들이 인류 계통에 속한다고 주장했다. 다른 연구자들은 더 오래된 화석들이 초기 호모속에 속한다는 점을 지적한다. 이는 *A.* 세디바가 튼튼한 오스트랄로피테쿠스들처럼 진화적으로 막다른 골목에 이른 종임을 시사한다. 물론 예상할 수 있듯이, 논쟁은 계속 이어지고 있다.

그곳으로부터 15킬로미터쯤 떨어진 곳에서, 시간상으로는 50만 년 더 앞선 화석이 발견되었다. 발견 당시에 논란을 덜 일으킨 이 화석은 플레스 부인(Mrs Ples)이다. 나는 프리토리아의 트란스발 박물관에서 화석 발견 50주년을 기념하여 주물로 뜬 그녀의 아름다운 머리뼈 모형을 선물받은 뒤로 그녀에게 특별히 애착을 느껴왔다. 그녀의 발견자를 기리는 로버트 블룸 기념 강연을 했을 때였다. 그녀의 애칭은 플레시안트로푸스

---

* 더 최근에 나온 치아 분석에 따르면, 뼈대의 주인이 7.5세였지만, 그들이 우리보다 더 빨리 성숙했기 때문에 우리로 치면 10~13세에 해당한다고 한다. 말이 나온 김에 덧붙이자면, 버거가 인근의 "라이징 스타 동굴(Rising Star Cave)"에 있는 또다른 발굴지에서 발견한 것이 이보다 훨씬 더 엄청나다는 소문이 돌고 있다. 이 책이 인쇄될 무렵에 라이징 스타 화석이 공개되었다. 호모 날레디(*Homo naledi*)라는 이름이 붙은 이 화석은 정말로 놀라운 발견이다. 연대는 밝혀지지 않았지만, 호모 사피엔스의 직계 조상 후보에 올릴 수도 있을 만한 몇 가지 아주 원시적인 특징들을 지니고 있다.

(*Plesianthropus*)라는 속명에서 땄다. 오스트랄로피테쿠스로 통합되기 전에 그녀가 원래 속했던 속명이다. 그리고 그녀가 (아마도) 여성이기에 부인이라고 했다. 화석은 종종 이런 식으로 애칭이 붙여지곤 한다. 같은 스테르크폰테인 동굴계에서 더 최근에 발견된 화석에는 자연스럽게 "플레스 씨(Mr Ples)"라는 애칭이 붙었다. 플레스 부인과 같은 오스트랄로피테쿠스 아프리카누스(*Australopithecus africanus*) 종이다. 원래 진잔트로푸스 보이세이(*Zinjanthropus boisei*)라는 이름이 붙어서 "진즈"라고도 하는 튼튼한 오스트랄로피테쿠스 화석인 "디어 보이(Dear Boy)," "리틀 풋(Little Foot)"과 "아르디(Ardi)"(곧 만날), 이어서 다룰 유명한 루시도 애칭이 붙은 화석들이다.

루시는 남아프리카가 아니라 동아프리카에서 발견되었고, 우리가 그녀와 만날 때에 타임머신의 계기판은 320만 년 전을 가리킨다. 그녀는 자신이 속한 종인 오스트랄로피테쿠스 아파렌시스가 인류 조상의 주된 후보자로 여겨져왔기 때문에 자주 언급된다. 동시대에 살았던 비슷한 종들이 많이 발견되기 전까지 그랬다.* 루시는 지금도 연약한 오스트랄로피테쿠스 화석 중 가장 잘 보존된 축에 든다. 발견자인 도널드 조핸슨과 동료들은 같은 지역에서 비슷한 인간 13명의 화석도 발견했다. 그 화석들은 "최초의 가족"이라고 불린다. 그 뒤로 동아프리카의 다른 지역들에서 약 300만 년에서 400만 년 전 사이에 살았던 다른 "루시들"이 발견되었다. 메리 리키가 라에톨리에서 발견한 360만 년 전의 발자국들(114쪽)은 오스트랄로피테쿠스 아파렌시스의 것으로 추정된다. 학명이야 어떻든 간에, 당시 누군가 두 발로 걸었다는 사실은 분명하다. 더 최근에 이 시대에 속하는 무엇인가로 벤 자국과 석기도 발견되었다. 루시는 플레스 부인과 그다지 다르지 않지만, 일부 학자들은 루시들이 플레스 부인보다 더 이전 형태라고 본다. 어쨌든 그들은 튼튼한 오스트랄로피테쿠스를 닮기보다는 서로를 더 닮았다. 동아프리카 루시들이 더 나중에 살았던 남아프리카 플레스 부인들보다 뇌가 약간 더 작다고 말하지만, 그렇게 뚜렷한 것은 아니다. 그들의 뇌 용량 범위는 현생인들의 뇌 용량 범위와 거의 비슷하다.

예상할 수 있겠지만, 루시 같은 더 나중의 아파렌시스 개체들은 390만 년 전인 초기의 아파렌시스 개체들과 약간 다르다. 그러한 차이들은 시간이 흐르면서 축적된다. 타

---

* 2015년 현재, 오스트랄로피테쿠스 바렐가잘리와 *A.* 데이레메다에 속한다고 하는 턱뼈들, 에티오피아에서 나온 아직 분류가 되지 않은 발뼈, 기이하게도 케냔트로푸스속에 포함시킨 논란이 많은 머리뼈가 있다.

임머신을 400만 년 전으로 움직이면, 루시와 그 친족들의 조상일지 모르지만, 다른 종으로 별도의 이름을 붙일 만큼 충분히 다른, 즉 침팬지와 더 가까운 존재들이 등장한다. 이 오스트랄로피테쿠스 아나멘시스는 미브 리키 연구진이 발견했는데, 투르카나 호수 근처의 두 유적지에서 80점이 넘는 화석들이 나왔다. 온전한 두개골은 발견되지 않았지만, 우리 조상의 것일 가능성이 높은 근사한 턱뼈가 한 점 발굴되었다.

그러나 이 시대에서 발굴된 화석들 중 가장 놀라운 것, 그리고 이 시대에 잠시 멈출 만한 타당한 이유를 제공하는 것은 아직 제대로 기재되지 않은 한 화석이다. 리틀 풋이라는 애칭으로 부르는 이 유골은 남아프리카의 스테르크폰테인 동굴에서 발견되었으며, 약 367만 년 전의 것으로 추정된다. 발견 과정은 코넌 도일이 쓴 추리소설에 버금간다. 1978년 스테르크폰테인에서 리틀 풋이 남긴 발뼈 조각들이 발견되었다. 그러나 그 뼈들은 기재도 되지 않고 꼬리표도 붙지 않은 채 처박혀 있었다. 그러다가 1994년에 필립 토비아스 밑에서 일하던 고생물학자 로널드 클라크가 스테르크폰테인 동굴에서 일하는 일꾼들의 움막에 있던 한 상자에서 우연히 그것들을 발견했다. 3년 뒤에 클라크는 비트바테르스란트 대학교의 창고에서 스테르크폰테인에서 나온 뼈들이 담긴 또다른 상자를 찾아냈다. 이 상자에는 "긴꼬리원숭이들"이라는 꼬리표가 붙어 있었다. 클라크는 그 원숭이에게 관심이 있었기 때문에 상자 속을 들여다보았는데, 원숭이 뼈들 사이에서 원시 인류의 발뼈를 발견하고 흥분했다. 상자 속에 든 발뼈와 다리뼈 서너 점은 전에 스테르크폰테인의 움막에서 찾아낸 뼈들과 들어맞는 듯했다. 그중에 부러진 오른쪽 정강이뼈 반쪽이 있었다. 클라크는 아프리카인 조수 응콴 몰레페와 스티븐 모추미에게 그 정강이뼈를 본뜬 모형을 스테르크폰테인으로 가져가서 나머지 반쪽을 찾아보라고 했다.

벽과 바닥과 천장이 온통 각력암으로 된 깊고 거대한 어두컴컴한 동굴이었으므로, 내가 그들에게 맡긴 일은 건초 더미에서 바늘 하나를 찾으라는 것과 같았다. 그러나 그들은 램프를 손에 들고 이틀을 살핀 끝에 1997년 7월 3일에 그것을 발견했다.

몰레페와 모추미의 조각 맞추기는 모형에 들어맞은 뼈가 "전에 발굴했던 곳의 반대편 끝에 있었다"는 점 때문에 더욱 놀라웠다.

약 65년 전에 라임을 수확하던 일꾼들의 손에 부러져나갔음에도 둘은 완벽하게 들어맞았다. 그 오른쪽 정강이뼈의 드러난 끝 왼쪽으로 왼쪽 정강이뼈가 부러져나간 부위가 놓여 있다고 상상할 수 있었고, 거기에 발뼈가 달린 왼쪽 정강이뼈의 아래쪽을 끼워맞출 수 있었다. 그 왼쪽으로 부러진 왼쪽 종아리뼈가 놓인 것을 상상할 수 있었다. 하지의 해부구조를 제대로 끼워맞추자, 골격 전체가 엎드려 있는 듯했다.

실제로 유골이 그곳에 그렇게 놓여 있었던 것은 아니지만, 클라크는 그 지역의 지질

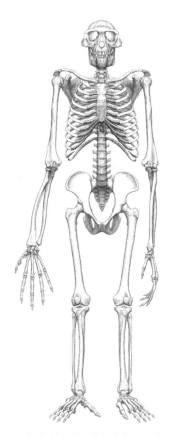

오래 전에 사라진 어떤 거대한 초식 동물에게 밟혀서 플라이오세의 진흙에 처박힌 화석 팀 화이트 연구진이 세심하게 재구성한 아르디피테쿠스 라미두스의 뼈대.

붕괴 양상을 꼼꼼히 조사한 끝에 유골이 모추미가 끌로 발견한 그곳에 그렇게 있었던 것이 분명하다고 추론했다. 클라크 연구진은 정말 운이 좋았다고 할 수 있다. 하지만 여기 루이 파스퇴르 이래로 과학자들이 말하는 최고의 격언이 하나 있다. "행운은 준비된 사람에게 따른다."

뼈대가 박혀 있던 동굴 바닥에 쌓여 굳은 잔해에서 리틀 풋이 발굴된 지도 어느덧 20년이 넘었다. 그러나 제대로 기술한 논문은 아직 나오지 않고 있다. 예비 보고서들은 루시에 맞먹을 만큼 온전한 이 화석이 고인류학의 기준(물론 사소한 것들)으로 볼 때, 오스트랄로피테쿠스 프로메테우스(Australopithecus prometheus)라는 다른 종이라고 볼 수 있을 만큼 충분히 다르다는 것을 시사한다. 비록 엄지발가락이 침팬지보다 사람의 것에 더 가깝지만, 우리의 발가락보다는 더 벌어져 있다. 이는 리틀 풋이 우리는 할 수 없는 방식으로 발로 나뭇가지를 움켜쥐었음을 시사한다. 비록 두 발로 걸은 것이 거의 확실하지만, 리틀 풋은 아마 나무도 타고 걸음걸이도 우리와 달랐을 것이다. 다른 오스트랄로피테쿠스처럼, 나무 위에서 시간을 보냈을 수도 있다. 현생 침팬지처럼 밤에 나무 위에서 잠을 잤을 수

도 있다.

인류는 두 발 보행을 통해서 나머지 포유동물들과 크게 갈라지므로, 그 보행 자체도 충분한 이야깃거리가 된다. 이 책의 초판에서는 그 이야기를 리틀 풋에게 맡겼다. 그러나 동아프리카에서 이야깃거리가 될 만한 더 오래된, 아르디피테쿠스 라미두스(Ardipithecus ramidus)라고 명명된 뼈가 몇 점 발견되었다. 2009년에 드디어 그 이야기를 들을 수 있게 되었다. 루시가 발견된 지점에서 80킬로미터밖에 떨어지지 않은 곳에서 리키 학파와 루시 학파 양쪽을 고루 거친 팀 화이트가 이끄는 발굴단이 15년째 작업을 이어오고 있었다. 오래 전에 사라진 어떤 거대한 초식동물에 짓밟혀서 플라이오세의 진흙에 처박힌 "아르디(Ardi)"라는 애칭의 그 유인원은 고생물학적 재구성의 역작이라고 할 수 있다. 440만 년 전의 것임에도, 그녀의 머리뼈와 뼈대—특히 손과 발—는 루시의 것보다 훨씬 더 온전하다. 다른 개체들의 조각난 잔해들(특히 치아)도 복원되었는데, 남성이 송곳니가 비교적 작았다는 것이 드러났다. 그것은 남성 사이의 경쟁이 줄어들었고, 사회적 행동에도 변화가 있었음을 시사한다("물범 이야기" 참조). 다른 고대 화석들도 그렇듯이, 우리는 아르디가 우리의 직계 조상이라고 가정하지 않도록 주의해야 하지만, 그녀가 가진 의외의 조합을 이룬 특징들은 많은 것을 말해준다. 특히 그녀는 우리 조상의 이동방식을 침팬지나 고릴라와 비교할 때, 우리가 잘못 짚을 수도 있음을 시사한다.

비록 몸집이 침팬지만 하고 뇌도 그 정도였지만, 아르디는 침팬지처럼 돌아다니지 않았다. 오스트랄로피테쿠스와도 달랐다. 아니 사실상 둘 사이의 그 어느 방식도 아니었다. 침팬지와 고릴라는 나무타기와 걷기를 독특한 방식으로 결합하는 쪽으로 진화했다. 그들은 깊은 숲에서 나무에 오를 때면 갈고리 같은 손으로 나무줄기와 큰 가지를 감싸고 매달리며, 몸을 끌어올리거나 흔들면서 움직인다. 땅에서는 손발을 다 디디면서 걷지만, 손이 뻣뻣하다는 것은 그들이 바닥을 손바닥으로 짚을 수도, 오랑우탄처럼 말아서 주먹을 쥘 수도 없음을 뜻한다. 대신에 그들은 손가락 관절 부위로 짚으면서 걷는다(너클 보행).

숲에서 사는 작은 영장류들처럼, 아르디도 아마 나무 위에서 많은 시간을 보냈을 것이다. 엄지발가락이 마주보고 있는 등 그랬음을 시사하는 특징들을 뼈대에서 볼 수 있다. 손목이 유연하고 팔이 더 짧았다는 것은 침팬지처럼 나무를 얼싸안기보다는 손으로 가지를 움켜쥐고서 차근차근 기어올랐다는 의미일 것이다. 그러나 땅에서(그리고 아마 때로는 나무 위에서도) 아르디는 완전히 두 발로 걸었다. 머리뼈의 위치, 발과 골반의 특징들을 보면 명백하다. 그녀가 너클 보행이든 다른 식이든 간에 사지를 다 땅에 대고 걷는 쪽으로 분화하지 않은 것은 분명하다. 설령 우리의 직계 조상이 아니라고 해도, 아르디는 반드시 팔다리를 다 짚는 너클 보행 단계를 거치지 않고서도 나무 위 생활에서 두 발 보행 생활방식으로 진화하는 것이 가능함을 시사한다. 우리 조상 중 그 누구도 침팬지처럼 걷지 않았으며, 고릴라와 침팬지가 각자 수렴을 거쳐 동일한 이동 방식을 택했을 가능성도 있다. 그럴 가능성을 시사하는 해부학적 연구도 일부 있다.

우리가 침팬지에게서 진화하지 않았음을 사람들에게 상기시키는 일은 지루할 만치 반복될 수 있다. 몇몇 중요한 측면에서 우리의 공통 조상이 침팬지나 고릴라를 닮을 필요가 없었음을 시사하는 증거를 찾아내는 편이 사실상 더 편하다. 그것은 아르디의 유산일 수도 있으며, 그녀가 미친 영향을 고려할 때에 리틀 풋보다는 그녀가 우리의 두 발 보행의 이유와 원인을 설명하는 일을 맡는 편이 낫다.

아르디 이야기

두 다리로 걷는 것이 일반적으로 좋다는 식으로 이유를 꾸며내는 것은 별 도움이 되지 않는다. 그 말이 옳다면 침팬지도 그랬을 것이며, 다른 포유동물들도 마찬가지일 것이다. 두 발이나 네 발로 달리는 것이 상대보다 더 빠르거나 더 효율적이라는 말들은 근거가 불확실하다. 네 발로 질주하는 포유동물들은 등뼈를 위아래로 유연하게 움직여서 보폭을 늘임으로써(다른 혜택들도 있다) 놀라운 속도를 낼 수 있다. 그러나 타조는 인간처럼 두 발로 걸으면서도 네 발로 뛰는 말에 맞먹는 속도를 낼 수 있다. 최고로 빠른 육상 선수라고 해도 말이나 개(타조나 캥거루 등)에 비하면 아주 느리지만, 꼴사나울 정도로 느린 것은 아니다. 네 발로 다니는 원숭이와 유인원은 일반적으로 잘 달리지 못한다. 아마 그들의 체형이 나무를 기어오르는 데에 알맞기 때문일 것이다. 대개 땅 위에서 먹이를 먹고 돌아다니는 개코원숭이도 포식자에게 맞설 때나 잠을 잘 때에는 나무 위로 올라가지만, 필요할 때에는 빨리 달릴 수 있다.

따라서 우리 조상들이 왜 뒷다리로 일어섰는지를 물을 때, 그리고 우리가 저버린 네 발 보행이라는 대안을 생각할 때, "치타" 같은 동물을 떠올리는 것은 적절하지 않다. 우리 조상들이 맨 처음 일어섰을 때, 효율이나 속도 면에서 압도적인 강점 같은 것은 전혀 없었다. 걸음걸이에 이런 혁신적인 변화를 이끈 자연선택의 압력을 찾으려면 다른 곳을 살펴보아야 한다.

일부 네 발 동물들과 마찬가지로, 침팬지도 두 발로 걷도록 훈련시킬 수 있으며, 굳이 그렇게 하지 않아도 그들은 짧은 거리를 갈 때면 가끔 두 발로 걷곤 한다. 따라서 두 발로 걷는 것에 어떤 큰 혜택이 있다면, 그들이 그쪽으로 전환하는 것도 그리 어렵지는 않을 것이다. 오랑우탄은 더 잘한다. 팔그네 이동(brachiation), 즉 양팔로 나뭇가지에 매달려서 나아가는 것이 가장 빨리 움직이는 방법인 긴팔원숭이들도 공터를 가로지를 때에는 뒷다리로 서서 달려간다. 일부 원숭이들은 키 큰 풀 위로 내다보거나 물을 건널 때에 곧추선다. 여우원숭이의 일종인 베로시파카는 놀라운 묘기를 부리면서 주로 나무 위에서 생활하지만, 나무 사이의 땅 위를 가로지를 때에는 발레를 하듯이 팔을 치켜든 채 뒷다리로 "춤추듯이" 움직인다.

의사들은 때로 우리에게 얼굴에 마스크를 쓰고 제자리에서 뛰라고 요구한다. 그런 방법으로 그들은 우리가 운동하는 동안의 산소 소비량과 다른 대사활동 지수들을 측정할 수 있다. 1973년 C. R. 테일러와 V. J. 로운트리를 비롯한 미국의 몇몇 생물학자들은 훈련시킨 침팬지와 꼬리감기원숭이를 운동기구 위에서 뛰게 했다. 그 동물들을 네 발로 또는 두 발로(팔은 무엇인가를 붙들도록 했다) 뛰게 함으로써, 연구자들은 양쪽 걸음걸이의 산소 소비량과 효율을 비교할 수 있었다. 그들은 네 발로 뛰는 것이 더 효율적일 것이라고 예상했다. 두 종은 본래 그렇게 하며, 그들의 해부구조도 거기에 알맞기 때문이었다. 아마 두 발 보행은 무엇인가 붙들 것이 있을 때에 쓰는 방법이었을지 모른다. 아무튼 결과는 그렇지 않았다. 두 보행방식의 산소 소비량에는 의미를 둘 만한 차이가 없었다. 테일러와 로운트리는 이렇게 결론지었다.

두 발 달리기와 네 발 달리기의 상대적인 에너지 비용을 인간의 두 발 보행 진화에 관한 논증에 사용해서는 안 된다.

설령 이 말이 과장이라고 해도, 그것은 적어도 우리의 유별난 보행방식의 혜택을 다른 곳에서 찾아보도록 부추긴다. 이동과 무관한 혜택들 중에서 두 발 보행 진화의 추진력이라고 제시할 수 있는 것들이 무엇이든 간에, 그것들이 이동 비용을 줄이는 일과 굳이 관련이 있을 필요는 없지 않을까 하는 생각이 든다.

이동과는 무관한 혜택들이란 어떤 것일까? 오리건 대학교의 맥신 시츠-존스톤의 성 선택 이론은 도발적인 주장을 담고 있다. 그녀는 우리가 음경을 드러내기 위해서 뒷다리로 일어섰다고 본다. 즉 음경을 가진 남성들 말이다. 그녀의 견해에 따르면, 여성들은 정반대의 이유로 두 발로 섰다. 즉 네 다리로 땅을 짚었을 때에는 뚜렷이 드러나는 영장류의 음부를 감추기 위해서라는 것이다. 매혹적인 개념이지만 나는 지지하지 않으려다. 그저 이동과 무관한 이론이라는 것이 무엇인지를 보여주기 위해서 사례로 들었을 뿐이다. 이런 종류의 이론들이 대개 그렇듯이, 그런 말이 왜 우리 계통에만 적용되고 다른 유인원이나 원숭이에게는 적용되지 않는지 궁금증이 인다.

손의 자유로운 사용이 두 발 보행의 진짜 중요한 이점임을 역설하는 이론들도 있다. 아마 우리가 뒷다리로 일어선 것은 걷기에 좋기 때문이 아니라, 먹이를 쥔다든지 하는 등 손으로 무엇인가를 할 수 있기 때문일 것이다. 대개 유인원과 원숭이는 주변에서 쉽게 찾을 수는 있으나 양분이 그다지 풍부하지도 농축되지도 않은 식물을 먹기 때문에, 소처럼 거의 쉴 새 없이 먹어야 한다. 한편 고기나 커다란 덩이뿌리 같은 먹이는 얻기는 더 어렵지만, 찾기만 하면 매우 유용하다. 먹을 수 있는 양보다 더 많이 집으로 가져갈 만한 것이다. 대개 표범은 먹이를 잡으면 먼저 나무 위로 끌어올려 가지에 걸어둔다. 그곳은 청소동물들의 약탈로부터 비교적 안전하며, 언제든 다시 와서 먹을 수 있다. 표범은 나무를 기어오를 때에 네 다리가 모두 필요하므로, 강한 턱으로 사체를 물고 다닌다. 표범보다 턱이 훨씬 더 작고 약했던 우리 조상들은 손으로 자유롭게 먹이를 들고 갈 수 있었으므로 두 다리로 걷는 기술로부터 혜택을 받지 않았을까? 짝이나 아이들에게 줄 때, 혹은 다른 동료들과 교환을 할 때, 아니면 나중에 먹을 수 있도록 저장고에 넣어두려고 할 때 말이다.

덧붙여 말하자면, 나중의 두 가지 가능성은 겉보기보다 서로 더 밀접한 관계에 있을지 모른다. 둘을 잇는 개념은 냉장고가 발명되기 전에는 고기를 저장할 수 있는 가장 좋은 저장고가 동료의 뱃속이었다는 것이다(이렇게 인상적으로 표현하는 방식은 스티븐 핑커에게서 빌려온 것이다). 어떻게 그럴 수 있을까? 물론 그 고기는 더 이상 존재하지 않지만, 그것을 주고 얻은 호의는 동료의 뇌 속에 장기적으로 안전하게 저장된다. 당신의 동료는 그 호의를 기억할 것이고 운이 뒤바뀔 때에 보답을 할 것이다.[*] 침팬지는 호의를 얻기 위해서 고기를 나눠주는 법을 알고 있다. 역사 시대에는 이런 빚이 돈으로 간주되었다.

"음식을 집으로 가져오기" 이론 중에는 미국의 인류학자 오웬 러브조이의 것이 독특하다. 그는 최근에 그 이론을 아르디피테쿠스에게 적용했다. 그는 여성들이 아기를 키우는 동안에는 식량을 구하기가 어려웠을 것이며, 식량을 찾아 멀리 나갈 수 없었다고 주장한다. 그 결과 양분 공급이 빈약해지고 젖도 줄어들면서 젖을 떼는 시기가 늦어졌을 것이다. 여성은 젖을 물릴 때에는 잉태를 하지 못한다. 아기를 키우는 여성에게 식량을 공급하는 남성은 아기가 젖을 빨리 떼도록 함으로써 그녀가 다시 잉태를 할 수 있게 만든다. 아기가 젖을 떼었을 때, 그녀는 식량을 공급함으로써 그 과정을 촉진한 남성에게 자신의 잉태 능력을 이용하게 할지도 모른다. 따라서 많은 식량을 집으로 가져올 수 있는 남성은 식량을 발견한 곳에서 그냥 먹어버리는 다른 남성들보다 번식의 측면에서 유리한 위치에 놓일 수 있다. 그래서 운반하는 데에 손을 쓸 수 있도록 두 발 보행이 진화했다는 것이다.

두 발 보행 진화를 설명하는 다른 가설들은 키의 혜택을 동원한다. 똑바로 섰을 때에 긴 풀들 너머를 볼 수 있거나, 물을 건널 때에도 머리를 물 밖으로 내밀 수 있는 혜택 같은 것들 말이다. 후자는 앨리스터 하디가 주장한 상상력이 풍부한 "수생 유인원" 이론이다. 그 이론은 일레인 모건이 적극 옹호하고 있다. 존 리더가 아프리카 일대기에서 제시한 또 하나의 아주 재미있는 이론은 직립 자세가 머리 꼭대기만 빼고 햇빛에 노출되는 부위를 최소화하며, 그 결과 그 부위를 보호하기 위해서 머리 위에만 털이 수북해졌다고 주장한다. 또 몸을 땅에 가깝게 구부리지 않으므로, 열을 더 빨리 발산시킬 수 있다는 것이다.

저명한 화가이자 동물학자인 내 동료 조너선 킹던은 인류의 두 발 보행 진화라는 문제에 초점을 맞춘 『미천한 출신(*Lowly Origin*)』이라는 저서를 썼다. 킹던은 앞에서

---

[*] 로버트 트리버스의 선구적인 연구에서 시작하여 로버트 액설로드를 비롯한 학자들의 모형 연구로 이어진 다원주의의 일종인 호혜적인 이타주의라는 잘 전개된 이론이 있다. 나중에 보상이 이루어지는 호의의 교환은 실제로 작동한다. 나의 책 『이기적 유전자』, 특히 개정판에도 그 이론이 다루어졌다.

말한 가설들을 포함하여 13가지의 다소 구별되는 가설들을 생생하게 검토한 다음, 자신의 정교하고 다면적인 이론을 전개한다. 킹던은 직립 보행의 직접적인 혜택을 탐색하는 대신에, 어떤 다른 이유로 생겼으나 나중에 두 발 보행을 더 쉽게 해준 정량적인 해부학적 변화의 복합체(이런 것을 전문용어로 선적응[pre-adaption]이라고 한다)를 상세히 설명한다. 킹던이 제시한 선적응은 그가 쪼그리고 먹기(squat feeding)라고 부른 것이다. 쪼그리고 먹기는 탁 트인 지역에서 사는 개코원숭이에게서 흔히 볼 수 있다. 킹던은 숲에서 돌이나 낙엽을 들추면서 곤충, 벌레, 달팽이 같은 영양이 풍부한 작은 먹이들을 잡아먹으며 살던 우리 유인원 조상들에게서도 비슷한 무엇인가를 상상한다. 그들은 그 행동의 효율성을 높이기 위해서, 나무 위 생활에 맞게 적응했던 것들을 일부 원상 복원시켜야 했을 것이다. 나뭇가지를 움켜쥐기 위해서 손처럼 변했던 발은 쪼그리고 앉을 때에 안정한 발판이 되도록 더 납작해졌을 것이다. 당신은 그 주장이 어떻게 전개될지 이미 감을 잡았을 것이다. 쪼그리고 앉기 좋도록 더 납작해지고 손에서 더 멀어진 발은 나중에 직립 보행을 위한 선적응 역할을 했을 것이다. 그리고 당신은 늘 그렇듯이 목적을 가진 듯한 표현법, 즉 그들이 나무를 타기 위해서 적응했던 것들을 "원상 복원시켜야 했다"는 등의 이야기가 다윈주의 용어로 쉽게 번역되는 속기(速記) 표현임을 이해할 것이다. 우연히도 쪼그리고 먹기에 더 적합한 발을 만드는 유전자를 지닌 개체들은 살아남아 그 유전자를 후손에게 물려주었을 것이다. 쪼그리고 먹기가 효율적이며 생존에 도움을 주었기 때문이다. 나는 속기 표현이 인간의 자연스러운 사고방식과 일치하기 때문에 계속 속기식으로 서술할 것이다.

조금 색다르게 말한다면, 나무를 타는 "팔그네 이동" 유인원은 "다리"를 팔처럼, 견갑대를 "골반대"처럼 사용하여, 나뭇가지 밑으로 거꾸로 걸어다닌다고 할 수 있다. 활달한 긴팔원숭이라면 달리고 뛴다고 해도 될 것이다. 우리 조상들은 아마 팔그네 이동 단계를 거쳤을 것이며, 그 결과 진짜 골반은 유연성을 잃고 긴 뼈로 몸통에 아주 단단히 결합되었을 것이다. 그 긴 뼈는 사실상 단단한 몸통의 일부가 되어 한 단위로 움직였다. 따라서 킹던은 팔그네로 이동하는 조상에서 쪼그리고 먹는 데에 적합한 존재가 되기 위해서는 많은 것들이 바뀌어야 했다고 본다. 그러나 전부는 아니다. 팔은 긴 채로 남을 수 있었다. 사실 팔그네 이동에 쓰이던 긴 팔은 쪼그린 섭식자의 행동반경을 넓히고 쪼그리는 빈도를 줄이는 아주 유익한 "선적응"이었을 것이다. 그러나 육중하고 유연하지 못하고 위쪽이 무거운 유인원의 몸통은 쪼그린 섭식자에게 불리했을 것이다. 골반은 자유로워지고 몸통에 덜 꽉 결합되도록 변할 필요가 있었을 것이고, 넓적한 부분은 줄어들었을 것이다. 즉 인간에 더 가까운 체형이 되었다. 다시 그 논리의 다음 단계를 예견해보면(당신은 예견이 선적응 논리의 모든 것이라고 말할지 모르겠다), 그럼으로써 우연찮게도 두 발 보행에 더 적합한 골반이 만들어진다. 쪼그리고 먹는 동물이 납작한 발로 디디고 웅크린 채 몸을 돌려서 팔이 닿는 영역을 모두 뒤질 수 있도록 허리는 더 유연해졌고, 척추는 더 수직으로 섰다. 어깨는 더 가벼워졌고, 상체의 무게는 줄어들었다. 그리고 이런 미묘한 정량적인 변화들과, 그것들에 따른 균형과 보상을 위한 변화가 우연찮게도 두 발 보행을 위한 몸을 "준비하는" 효과를 낳았다는 것이 요점이다.

킹던은 미래를 예견한다는 주장 따위는 전혀 하지 않는다. 단지 조상들은 나무에 매달려 다녔지만 숲 바닥에 쪼그리고 앉아 먹이를 먹는 방식으로 바꾼 유인원들은 뒷다리로 걸어도 비교적 **편안한** 몸을 가지게 되었다는 것뿐이다. 그들은 쪼그리고 앉아 먹다가 먹이가 다 떨어지면 다른 쪽으로 다시 쪼그리고 앉는 행동을 하기 시작했을 것이다. 쪼그린 섭식자는 무슨 일이 벌어지는지 전혀 깨닫지 못한 채, 세대를 거칠수록 두 다리로 섰을 때에 점점 더 편한 몸을 갖춰나갔다. 네 발로 땅을 디뎠을 때에 더 불편함을 느끼는 쪽으로 말이다. 나는 일부러 편하다는 말을 쓴다. 그것은 사소한 사항이 아니다. 우리는 전형적인 포유동물처럼 네 발로 걸을 수는 있지만, 불편하다. 신체 비율이 달라졌기 때문에 네 발로 걸으면 고역스럽다. 킹던은 현재 우리가 두 다리로 서 있을 때에 더 편안함을 느끼는 신체 비율의 변화가 원래 먹이를 먹는 습성에서 일어난 사소한 변화, 즉 쪼그리고 앉아 먹을 수 있게 한 변화에서 비롯되었다고 주장한다.

조너선 킹던의 미묘하고 복잡한 이론에는 이보다 더 많은 내용들이 실려 있지만, 여기서는 그의 책 『미천한 출신』을 추천하는 것으로 마무리하고 계속 나아가자. 두 발 보행에 관해서 내가 내놓은 약간 기발한 이론은 그의 이론과 전혀 다르지만, 그렇다고 양립이 불가능한 것은 아니다. 사실 인간의 두 발 보행을 다룬 이론들은 대부분 양립이 가능하며, 상반되는 것이 아니라 서로 뒷받침할 가능성이 있다. 인간 뇌의 팽창처럼, 나는 두 발 보행도 성선택을 통해서 진화했을지 모른다고 잠정적으로 주장한다. 따라서 그 문제도 뒤로 미루어서 "공작 이야기"에서 다루기로 하자.

인간의 두 발 보행 기원을 다룬 이론들 중 어떤 것을 믿든지 간에, 결국 그것은 대단히 중요한 사건이었음이 드러났다. 존경받는 인류학자들이 1960년대까지 믿었듯이, 예전에는 우리와 다른 유인원들을 맨 처음 갈라놓은 결정적인 진화 사건이 뇌의 팽창이라고 믿을 수 있었다. 뒷다리로 선 것은 뇌가 팽창함으로써 통제와 이용이 가능해진, 숙련 작업을 할 수 있게 된 자유로운 손이 가져다준 부수적인 혜택이라고 인식되었다. 그러나 최근의 화석들은 순서가 정반대였음을 뚜렷이 보여준다. 두 발 보행이 먼저 나왔다는 것이다. 랑데부 1보다 한참 뒤에 살았던 루시는 우리와 마찬가지로 거의 또는 완벽하게 두 발 보행을 했지만, 뇌는 침팬지와 거의 똑같은 크기였다. 뇌의 팽창이 손의 해방과 관련이 있을 가능성은 여전하지만, 사건들은 정반대의 순서로 일어났다. 오히려 두 발 보행을 통한 손의 해방이 뇌의 팽창을 이끌었던 것이다. 손이라는 하드웨어가 먼저 나온 뒤, 통제하는 뇌가 그것을 이용할 수 있도록 진화했다.

아르디 이야기의 후기

두 발 보행이 진화한 이유가 무엇이든 간에, 최근에 발견된 화석들은 호미니드가 우리와 침팬지가 갈라진 분지점(分枝點)인 랑데부 1에 당혹스러울 정도로 가까운 시점부터 이미 두 발로 걸었음을 시사하는 듯하다(두 발 보행이 진화할 시간이 거의 없었던 것 같기 때문에 당혹스럽다). 2000년에 브리지트 세뉘와 마르탱 픽포르가 이끄는 프랑스 연구진은 케냐 빅토리아 호 동쪽 투겐 힐스에서 새로운 화석을 발견했다고 밝혔다. "밀레니엄인(Millennium Man)"이라는 이름이 붙은 이 화석은 600만 년 전의 것이었으며, 오로린 투게넨시스(*Orrorin tugenensis*)라는 새로운 학명이 붙여졌고, 발견자들에 따르면 두 발 보행을 했다. 사실 그들은 이 화석의 넓적다리 위쪽, 즉 엉덩이와 만나는 부분이 오스트랄로피테쿠스보다 인간과 더 흡사하다고 주장한다. 세뉘와 픽포르는 이 증거와 두개골 뼈 파편들을 근거로, 루시가 아니라 오로린들이 후대 호미니드의 조상이라고 주장한다. 이 프랑스 연구자들은 더 나아가서 아르디피테쿠스가 우리가 아니라 현대 침팬지의 조상일 수도 있다고 말한다. 이 논쟁이 해결되려면 더 많은 화석이 필요하다. 다른 과학자들은 이 프랑스 연구자들의 주장에 회의적이며, 오로린이 두 발 보행을 했는지 여부를 결정하기에는 증거가 부족하다고 말하는 학자들까지 있다. 만

약 오로린이 두 발 보행을 했다면, 그리고 랑데부 1이 500–700만 년 전 사이에 이루어 졌다면, 두 발 보행이 대단히 급속도로 일어났다는 어려운 문제가 제기된다.

두 발로 보행하는 오로린이 심상치 않을 정도로 랑데부 1에 가까이 있다고 한다면, 미셸 브뤼네가 이끄는 또다른 프랑스 연구진이 사하라 남부의 차드에서 1년 뒤에 발견한 두개골은 기존 생각에 더 큰 혼란을 일으킨다. 애칭이 투마이(Toumai, 해당 지역에서 쓰는 고란어로 삶의 희망이라는 뜻)인 이 화석의 학명은 사헬란트로푸스 차덴시스(Sahelanthropus tchadensis)이다. 발견된 차드의 사하라 사막 인근 사헬 지역의 이름을 땄다. 이 머리뼈는 흥미롭다. 앞에서 보면 사람과 약간 비슷하지만(침팬지나 고릴라의 얼굴처럼 튀어나오지 않았다) 뒤에서 보면 침팬지 같다. 게다가 뇌 용량도 침팬지만 하다(화보 4 참조). 눈썹 부위의 눈두덩이 극도로 잘 발달해서 고릴라보다 더 튀어나와 있다. 그것이 바로 투마이를 남성이라고 보는 주된 이유이다. 치아는 사람의 것과 다소 비슷하며, 사기질의 두께가 침팬지와 우리의 중간이라는 점이 특히 그렇다. 침팬지나 고릴라에 비해서 큰 구멍(foramen magnum : 척수가 지나가는 커다란 구멍)이 더 앞쪽에 있다는 점을 근거로 브뤼네는 투마이가 두 발 보행을 했다고 본다. 비록 의견이 다른 이들도 있지만 말이다. 골반뼈와 다리뼈가 있어야 확인이 되겠지만, 불행히도 아직까지 머리뼈밖에 발견되지 않았다.

이 지역에는 방사성 연대 측정법을 적용할 만한 화산 분출물들이 전혀 없으므로, 브뤼네 연구진은 그곳에 있는 다른 화석들을 간접적인 시계로 사용할 수밖에 없었다. 화석들을 이미 절대 연대가 파악된 아프리카 다른 지역의 동물 화석들과 비교하는 것이다. 비교 결과 투마이의 연대는 600–700만 년 전으로 드러났다. 브뤼네 연구진은 그 화석이 오로린보다 더 오래되었다고 주장했으며, 오로린의 발견자들은 당연히 분개하면서 반박했다. 오로린의 발견자 중 한 명인 파리 국립 자연사 박물관의 브리지트 세뉘는 투마이가 "고릴라 암컷"이라고 말했고, 동료인 마르탱 픽포르는 투마이의 송곳니가 전형적인 "대형 원숭이 암컷"의 것이라고 했다. 이들이 자신들의 아기인 오로린의 우선권에 또다른 위협이 되는 아르디피테쿠스를 인간의 조상이라고 보는 견해를 (당연하겠지만) 반박한다는 점도 기억하자. 반면 투마이에 더 관대하게 "놀랍다," "경이롭다," "작은 핵폭탄 같은 충격을 줄 것이다"라고 찬사를 보내는 학자들도 있다.

오로린과 투마이가 두 발 보행을 했다는 발견자들의 말이 옳다면, 인간의 기원에 관한 기존의 산뜻한 견해들은 골치 아픈 문제를 떠안게 된다. 우리는 진화적 변화가 해당 기간 내내 균일하게 일어났다고 소박하게 예측한다. 랑데부 1과 현대 호모 사피엔스 사이에 600만 년이라는 시간이 경과했다면, 600만 년 내내 일정한 비율로 변화가 일어났을 것이라고 고지식하게 생각할 수도 있다. 그러나 오로린과 투마이가 살았던 시대는 분자 증거를 통해서 우리 계통과 침팬지 계통이 갈라진 공조상 1이 살았다고 밝혀진 시대와 아주 가깝다. 심지어 일부 연대 측정 추정값에 따르면, 이 화석들은 공조상 1보다 앞서기도 한다.

분자와 화석의 연대 측정 자료가 옳다고 가정할 때, 오로린과 투마이를 처리할 방법은 네 가지가 있을 듯하다(넷을 조합할 수도 있다).

1. 오로린이나 투마이는 두 발 보행을 전혀 하지 않았다. 그럴 가능성도 높지만, 논리적으로 볼 때에 다른 세 가능성들은 이 견해가 틀렸다고 가정한다. 그러나 이 견해를 받아들이면, 아무 문제도 생기지 않는다.
2. 정상적인 유인원처럼 돌아다녔던 공조상 1 직후에 대단히 급격한 진화가 일어났다. 인간에 더 가까운 투마이와 오로린은 공조상 1 이후에 아주 빨리 두 발 보행을 진화시켰으므로 연대를 구분하기가 쉽지 않다.
3. 두 발 보행 같은 인간에 가까운 특징들은 한 번 이상, 아마도 여러 차례에 걸쳐 진화했을 것이다. 오로린과 투마이는 아프리카 유인원이 두 발 보행을 비롯한 인간적인 특징들을 실험하던 초기 사례들에 해당할지 모른다. 이 가설에 따르면, 그들은 두 발 보행을 한 공조상 1보다 더 앞서 존재했을 수도 있으며, 우리 계통은 후대에 두 발 보행을 하게 된 존재에 속할 것이다.
4. 침팬지와 고릴라는 인간에 더 가까운, 심지어 두 발 보행까지 한 조상들의 후손이며, 나중에 다시 네 발 보행으로 돌아갔다. 이 가설에 따르면, 투마이는 사실상 공조상 1일 수 있다.

나중의 세 가설은 모두 문제가 있으며, 많은 학자들은 투마이와 오로린의 연대 측정 자료나 그들이 두 발 보행을 했다는 가정을 의심한다. 그러나 그 두 가지를 잠시 받아들인 상태에서 고대의 두 발 보행을 가정한 세 가설을 살펴본다면, 그중 어느 것을 선호하거나 배척할 뚜렷한 이론적인 이유가 없음을 알 수 있다. 또 우리는 "갈라파고스 핀치 이야기"와 "실러캔스 이야기"에서 진화가 극도로 빠르거나 느릴 수 있음을 알게 될 것이다. 따라서 2번 이론도 불가능한 것은 아니다. 우리는 "주머니두더지 이야기"에서 진화가 한 번 이상 같은 경로나 놀라울 정도로 나란히 놓인 경로를 따라갈 수 있다는 이야기를 들을 예정이다. 언뜻 보면 3번과 4번 이론도 그다지 불가능해 보이지 않는다는 점이 가장 놀라운 듯하다. 우리는 유인원에서 "생겼다"는 개념에 너무 익숙해져서, 4번 이론은 말보다 마차가 먼저 등장했다는 식으로 들리며, 더 나아가 인간의 존엄성을 모욕하는 것으로 들릴 수도 있다(내 경험상 그냥 웃고 넘어가는 것이 좋을 때가 많지만). 또 진화는 결코 역행하는 법이 없다는 이른바 돌로의 법칙(Dollo's Law)이 있는데, 4번 이론은 그것에 위배되는 듯하다.

돌로의 법칙을 다룬 "동굴눈먼고기 이야기"는 이 이론이 그 법칙에 위배되지 않음을 확인시켜줄 것이다. 원리상 4번 이론에는 잘못된 것이 없다. 침팬지가 정말로 인간에 더 가까운 두 발 보행 단계를 경과했다가 네 발 보행 유인원으로 돌아갔을 수도 있다. 존 그리빈과 제레미 처파스는 『원숭이 수수께끼(The Monkey Puzzle)』와 『최초의 침팬지(The First Chimpanzee)』에서 이 주장을 새롭게 부활시켰다. 엄밀하게 따지면 반드시 그들의 이론 중 일부라고 할 수 없음에도, 그들은 더 나아가 침팬지가 연약한 오스트랄로피테쿠스(루시 같은)의 후손이며, 고릴라는 튼튼한 오스트랄로피테쿠스("디어 보이" 같은)의 후손이라고 주장한다. 그런 대단히 급진적인 주장을 그들은 놀라울 정도로 탁월하게 전개한다. 그들은 오랫동안 널리 받아들여졌지만 논란의 여지가 없지는 않은 인류 진화의 한 해석에 초점을 맞춘다. 인간은 성적으로 성숙한 어린 유인원이라는 해석 말이다. 달리 표현하면, 우리는 결코 성장하지 못하는 침팬지와 같다.

유형성숙(neoteny)이라는 그 이론은 "아홀로틀 이야기"에 나온다. 요약하자면, 아홀로틀은 지나치게 성장한 유생, 즉 생식기관을 갖춘 올챙이이다. 독일의 빌렘 라우프베르거가 행한 고전적인 실험에 따르면, 호르몬을 주입하면 아홀로틀은 누구도 본 적이 없는 완전한 성체 도롱뇽종으로 성장한다. 영어권에서는 줄리언 헉슬리가 같은 실험이 이미 이루어졌다는 사실을 모른 채 되풀이한 실험이 더 잘 알려져 있다. 아홀로틀은 진화하면서 생활사의 끝에 있는 성체 단계가 잘려나갔다. 그러나 호르몬을 주입하면, 아홀로틀은 마침내 성장하여 전혀 본 적이 없던 성체 도롱뇽으로 재탄생한다. 생활사에서 사라졌던 최종 단계가 복원되는 것이다.

줄리언의 동생인 소설가 올더스 헉슬리는 그 이야기에 흥미를 느꼈다. 그의 『많은 여름이 지난 뒤(*After Many a Summer*)』는 내가 십대 때 애독한 책들 중 한 권이었다.[*] 그 책은 윌리엄 랜돌프 허스트를 닮은, 골동품을 닥치는 대로 수집하는 갑부 조 스토이트의 이야기이다. 엄격한 종교적인 집안에서 자란 탓에 죽음을 몹시 두려워했던 그는 뛰어나지만 냉소적인 생물학자 지기스문트 오비스포 박사를 고용해서 수명을, 특히 자신의 수명을 연장시킬 방법을 연구하게 한다. 그리고 지극히 영국인다운 학자인 제레미 포디지를 고용해서 최근에 입수한 18세기의 원고들을 자신의 서재에 정리하는 일을 맡긴다. 제레미는 고니스터 백작의 5대 후손이 쓴 낡은 일기를 보다가 놀라운 점을 발견하고는 오비스포 박사에게 알린다. 그 백작은 영생을 추구하는 일에 몰두했는데(날생선의 창자를 먹어야 한다), 그가 죽었다는 증거가 전혀 없었다. 오비스포는 조바심이 점점 더 심해지는 스토이트를 데리고 백작의 유물을 찾기 위해서 영국으로 간다. 그리고 200살인 지금도 여전히 살아 있는 백작을 찾아낸다. 우리 모두가 완전히 성숙한 유인원이 되지 못한 채 어린 유인원 단계에 머무른 반면, 백작은 마침내 완전한 유인원으로 성숙한 상태였다. 그는 네 발로 다니고, 털이 수북하고, 악취를 풍기고, 바닥에 오줌을 싸면서도 모차르트의 아리아처럼 들리는 기괴한 무엇인가를 흥얼거리고 있었다. 사악한 오비스포 박사는 미친 듯이 웃어대면서, 스토이트에게 내일부터 생선 내장을 먹을 수 있을 것 같다고, 줄리언 헉슬리의 작품에서 흔히 볼 수 있는 조소를 남긴다.

사실상 그리빈과 처파스는 현대의 침팬지와 고릴라가 고니스터 백작과 같다고 주장한다. 침팬지와 고릴라(또는 오스트랄로피테쿠스, 오로린, 사헬란트로푸스)는 그들과 우리의 아주 먼 조상들처럼 다시 성장해서 네 발로 다니는 유인원이 된 인류이다. 나는 그리빈과 처파스의 이론이 어리석다는 생각은 결코 하지 않는다. 우리와 침팬지가 갈라진 시점까지 거슬러올라가는 오로린과 투마이 같은 새로 발견된 고대의 호미니드들은 낮은 목소리로 "우리가 그렇다고 했잖아"라고 그들을 정당화할지도 모른다.

설령 오로린과 투마이가 두 발 보행자라는 사실을 받아들인다고 해도, 나는 2번, 3번, 4번 중에서 확신을 가지고 고르지는 못하겠다. 그리고 우리는 그들이 사실상 두

---

* 그 제목은 테니슨의 시 구절을 인용한 것인데, 미국판은 "백조가 죽다"라는 구절을 뺐다.

발로 걷지 않았다는 1번 이론이 그 문제 자체를 없애는 독특한 가능성이 있다는 점도 잊어서는 안 된다. 그것이 가장 설득력 있다고 생각하는 사람들도 많다. 이 이론들은 우리의 다음 기착지인 공조상 1에 관해서 각자 예측들을 내놓는다. 1번, 2번, 3번 이론은 침팬지와 흡사한 공조상 1이 손과 발을 다 써서 네 발로 걸었지만, 이따금씩만 어색하게 두 다리로 걸었다고 가정한다. 반면에 4번 이론은 공조상 1이 인간에 더 가깝다고 가정한다는 점에서 다르다. 나는 랑데부 1에서 이 이론들 중 선택을 해야 했다. 그다지 내키지는 않지만, 나는 다수의 견해를 따라 네 다리로 걸은 공조상이 있다고 가정한다. 그를 만나러 가보자!

랑데부 1

침팬지

500~700만 년 전 사이에 아프리카의 어딘가에서 우리 인류 순례자들은 중요한 만남을 가진다. 바로 랑데부 1, 즉 우리가 다른 종의 순례자들과 처음 만나는 자리이다. 정확히 말하면 두 종이다. 여기서 우리와 합류하는 무리는 두 현생 종으로 이루어져 있기 때문이다. 침팬지와 피그미침팬지, 즉 보노보이다. 우리를 만날 무렵에, 이 순례자들은 이미 합쳐졌다. 그들이 서로 랑데부를 한 시기는 약 200만 년 전이다. 우리와 랑데부를 하는 시기보다 훨씬 최근이다. 우리와 그들의 공통 조상인 공조상 1은 우리의 25만 대 조상이다. 물론 앞으로 말할 다른 공조상들도 마찬가지이지만, 이 숫자들은 추정값이다.

우리가 랑데부 1에 다가갈 때, 침팬지 순례자들도 다른 방향에서 같은 지점을 향해 다가간다. 불행히도 우리는 그쪽 방향에 관해서는 아무것도 모른다. 아프리카에서 호미니드의 화석이나 화석 조각들은 수천 점이 발견되었지만, 확실하게 공조상 1에서 갈라진 침팬지 계통에 속한다고 볼 수 있는 화석은 최근에 케냐에서 발견된 이빨 몇 개뿐이다. 침팬지가 숲에서 사는 동물이고, 숲 바닥에 깔린 낙엽이 화석에 우호적이지 않다는 점 때문인지도 모른다. 이유야 어떻든 간에, 그것은 우리 침팬지 순례자들이 사실상 맹목적으로 거슬러올라왔다는 의미이다. 투르카나 소년, 1470번, 플레스 부인, 루시, 리틀 풋, 디어 보이 등등 "우리" 화석들에 대응하는 침팬지 계통의 화석들은 전혀 발견된 적이 없다.

설령 그렇다고 할지라도 우리의 상상 속에서 침팬지 순례자들은 마이오세의 어느 숲 속 빈 터에서 우리와 만난다. 어떤 색일지 모를 우리의 눈과 마찬가지로, 그들의 짙은 갈색 눈도 공조상 1을 향하고 있다. 우리의 조상이자 그들의 조상에게로 말이다. 그 공통 조상을 상상하면 한 가지 질문이 떠오르게 마련이다. 그는 현대의 침팬지나

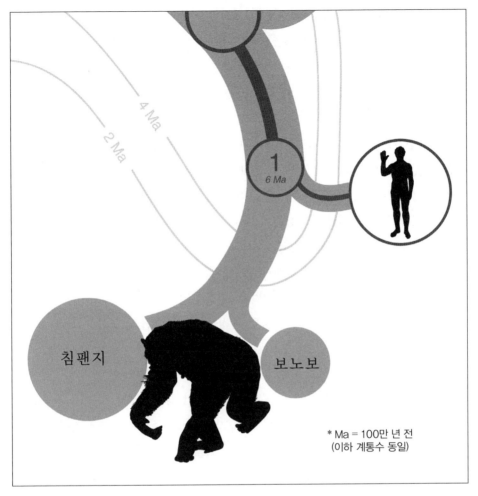

침팬지

보노보

1

6 Ma

4 Ma

2 Ma

* Ma = 100만 년 전
(이하 계통수 동일)

침팬지의 합류 지구에는 200만 종이 넘는 생물이 산다. 그 모두를 하나의 진화 계통수로 보여주기 위해서, 우리는 제임스 로신델[364]이 개발한 프랙털 표현방식을 쓴다. 그 나무의 한 가지를 확대한 이 그림에는 우리와 우리의 가장 가까운 친척인 침팬지 두 종이 들어 있다. 인간에게로 이어지는 짙은 선은 과거로 향하는 우리의 여정을 나타낸다. 각 가지의 길이와 폭, 각 종을 표시한 원의 크기는 아무런 의미도 없다는 점에 주의하자. 그저 지면에 맞춘 것일 뿐이다.

수백만 년 전이라고 표기된 각 가지가 뻗은 연대는 윤곽선으로 표시했다. 침팬지와 보노보의 공조상은 200만 년 전에 조금 못 미치는 시기에 살았던 듯하다. 공조상 1, 즉 인류와 침팬지의 가장 최근 공통 조상은 약 600만 년 전에 살았을 것이다. 이 시기가 랑데부 1이며, 연대가 적힌 원으로 표시했다.

계통수의 각 가지는 꽉 찬 굵은 선으로 그려졌지만, 랑데부 0을 나타낸 그림처럼 방대한 계보들의 망이라고 상상하는 편이 더 낫다. 이 가계도 안에 있는 유전자들은 대부분 랑데부 지점보다 좀더 앞선 시기에 융합된다. 그 결과 이 그림과 다소 어긋나는 관계를 보여주는 유전자들도 있다. 예를 들면, 어떤 유전자들은 인류가 보노보보다 침팬지와 더 가깝다고 말한다. "보노보 이야기"의 주제가 바로 그것이다.

현대의 인간 중 어느 한쪽에 더 가까울까, 중간일까, 아니면 양쪽과 완전히 다를까?

앞의 문단을 끝내면서 즐거운 추측을 해보았지만—나는 그 문단을 결코 빼지 않을 것이다—인간보다는 침팬지가 다른 유인원들과 더 비슷하므로, 공조상 1이 침팬지와 더 흡사했다는 말이 신중한 대답일 듯하다. 화석이든 현재 살아 있는 존재든 간에 인간은 유인원들 중에서 특이한 축에 속한다. 우리는 공통 조상에서 침팬지로 이어지는 계통보다 인간으로 이어지는 계통에서 더 많은 진화적 변화가 일어났다고 말할 수밖에 없다. 무지한 자들처럼 우리 조상이 침팬지였거나 혹은 모든 면에서 그들과 흡사했다고 가정하지 말도록. 사실 "잃어버린 고리(missing link)"라는 말 자체가 이런 오해를 불러일으킨다. 당신은 지금도 사람들이 "우리가 침팬지의 후손이라면, 왜 침팬지가 아직도 남아 있는 겁니까?"라고 묻는 말을 들을 수 있다.

따라서 우리와 침팬지/보노보 순례자들이 랑데부를 할 때, 우리가 마이오세의 빈 터에서 맞이할 공통 조상은 침팬지처럼 털로 덮이고 뇌가 침팬지만 했을 가능성이 높다. 꺼림칙하지만 앞의 장에서 결론지었던 추정을 배제한다면, 공조상은 아마 오늘날의 침팬지와 정확히 똑같은 방식은 아닐지 몰라도, 발뿐 아니라 손도 써서 돌아다녔을 것이다. 아마 나무 위에서도 지냈겠지만, 조너선 킹던이 말했듯이 쪼그리고 앉아 먹으면서 땅에서도 많은 시간을 보냈을 것이다. 우리가 찾아낸 모든 증거들은 공조상이 아프리카에, 오직 아프리카에서만 살았다고 말한다. 공조상은 현대의 침팬지들처럼 그 지역에서 전해져온 대로 도구를 만들어 사용했을 것이다. 아마 과일을 더 좋아했겠지만, 이따금 사냥도 하는 잡식성이었을 것이다.

보노보가 다이커영양을 사냥하는 장면이 목격된 적도 있지만, 더 많이 보고된 것은 잘 짜인 집단을 이루어 공동으로 콜로부스원숭이들을 뒤쫓는 것을 비롯한 침팬지들의 사냥 광경이다. 그러나 고기는 열매를 보충하는 정도이며, 양쪽 다 주식은 열매이다. 침팬지들이 사냥을 하고 집단끼리 싸운다는 것을 처음 발견한 사람은 제인 구달이다. 그녀는 침팬지들이 스스로 도구를 만들어서 흰개미를 낚는 습성이 있다는, 현재는 널리 알려진 습성을 맨 처음 발견한 사람이기도 하다. 보노보에게서는 이런 행동이 관찰된 적이 없는데, 아직 연구가 덜 되어서 그럴 수도 있다. 포획된 상태의 보노보들은 쉽게 도구를 사용한다. 아프리카 곳곳에서 살고 있는 침팬지들에게는 지역별로 독특한 도구 사용의 전통이 있다. 동쪽에서 사는 제인 구달의 침팬지들은 흰개미를 낚는 반면, 서쪽에서 사는 침팬지들은 돌이나 나무망치와 모루를 사용하여 견과를 깨는 전통을 발전시켰다. 견과 깨기를 습득하려면 상당한 노력을 기울여야 한다. 껍데기를 깨면서도 과육이 으깨지지 않도록 힘을 적절히 가해야 하기 때문이다.

새롭고 흥분되는 발견이라고 흔히 말하지만, 사실 견과 깨기는 다윈의 『인간의 유래(*The Descent of Man*)』(1871) 제3장에도 언급되어 있다.

어떤 동물도 도구를 사용하지 못한다는 말을 흔히 한다. 하지만 야생 상태의 침팬지는 호두와 비슷하게 생긴 토종 열매를 돌로 깨뜨린다.

다윈이 인용한 증거(1843년 라이베리아의 한 선교사가 『보스턴 자연사 회보[*Boston Journal of Natural History*]』에 발표한 논문)는 짧고 구체적이지 않다. 그저 "아프리카의 검은오랑우탄"이 밝혀지지 않은 종의 견과를 좋아하는데, "인간이 하는 것과 똑같이 돌로 그것을 깬다"라고 쓰여 있을 뿐이다.

호두 깨기와 흰개미 낚시 같은 침팬지들의 습성에서 특히 더 흥미로운 점은 지역 집단마다 독자적으로 전수되는 풍습이 있다는 것이다. 그것은 진정한 문화이다. 지역 문화는 사회적 습성과 태도로까지 이어진다. 한 예로 탄자니아의 마할레 산맥에서 사는 한 지역 집단은 악수하고 털고르기(grooming hand clasp)라는 특수한 유형의 사회적 털고르기를 한다. 우간다의 키발레 숲에서 사는 또다른 집단에서도 같은 행동이 관찰되었다. 그러나 제인 구달이 집중적으로 연구한 곰베 강의 집단에서는 그런 행동이 한 번도 관찰되지 않았다. 흥미롭게도 포획한 침팬지들에게서는 이런 행동이 자발적으로 생겨서 퍼진 적이 있다.

현대 침팬지의 두 종이 야생에서 우리처럼 도구를 사용한다면, 우리는 공조상 1도 아마 도구를 사용했으리라고 생각하고 싶어진다. 나는 실제로 그랬을 것이라고 생각한다. 비록 보노보가 야생에서 도구를 사용하는 모습이 관찰된 적은 없지만, 잡힌 상태에서 그들은 금방 익숙하게 도구를 사용한다. 침팬지가 지역마다 각자의 전통에 따라서 다른 도구를 사용한다는 사실을 고려할 때, 나는 특정한 지역에 도구 사용의 전통이 없다고 해서 그것을 부정적인 증거로 간주해서는 안 된다고 생각한다. 제인 구달의 곰베 강 침팬지들에서는 견과를 깨는 행동이 관찰되지 않았다. 하지만 서아프리카의 견과 깨기 전통이 도입되면 아마 그들도 그런 행동을 할 것이다. 나는 보노보에게도 같은 말이 적용될 것이라고 본다. 야생에서 그들을 충분히 연구하지 않았기 때문에 관찰하지 못했을 수도 있다. 어쨌든 나는 그런 증거들이 공조상 1이 도구를 만들고 사용했음을 시사하고도 남는다고 생각한다. 야생 오랑우탄들도 지역 전통이 있음을 시사하듯이 지역 집단별로 다른 도구 사용 행동을 한다는 점도 이 생각을 뒷받침한다. 그리고 제인 구달을 비롯한 많은 이들이 보여주었듯이, 도구 사용 행동은 포유류와 조류에게서 흔하다.

현재 침팬지 계통의 대표자들은 둘 다 숲에서 사는 유인원인 반면, 우리는 개코원숭이와 더 가까운 사바나 유인원이다. 물론 개코원숭이는 유인원이 아니라 원숭이라는 점이 다르지만 말이다. 오늘날 보노보는 콩고 강이 크게 굽어 있는 남쪽의 숲과 그 지류인 카사이 강의 북쪽에서만 산다. 침팬지는 콩고 북쪽에서 서쪽으로는 해안까지, 동쪽으로는 동아프리카 지구대까지, 아프리카의 더 넓은 지역에 걸쳐 산다.

"시클리드 이야기"에서 살펴보겠지만, 현재의 정통 다원주의는 조상 종이 두 딸 종으로 갈라질 때, 대개 처음에 우연한 지리적 격리가 일어났다고 본다. 지리적 장벽이 없다면, 성적 혼합으로 두 유전자 풀(pool)은 계속 하나로 묶인다. 거대한 콩고 강이 수백만 년 전에 두 침팬지 종의 진화적 분지를 도운 유전자 흐름의 장벽이 되었을 가능성이 있다.

다른 대형 영장류 계통들도 각각 지리적으로 두 종으로 나뉘어 있다. 서부고릴라와 동부고릴라, 보르네오오랑우탄과 수마트라오랑우탄이 그렇다. 그렇다면 어떤 지리적 격리 때문에 인류가 될 집단도 침팬지가 될 계통과 갈라진 것이 아닐까 하는 생각이 들지 모르겠다. 동아프리카 지구대가 형성되면서 그 동편과 서편의 기후가 달라진 것이 원인일 수도 있다. 그러나 최근에 이루어진 발견들은 이 개념을 지지하지 않는다. 케냐에서 발견된 50만 년 전의 침팬지 이빨은 침팬지가 서아프리카의 고유종이라는 기존 생각을 뒤엎었다. 초기 인류가 동아프리카에서만 살았다는 개념도 더 이상 지지를 받지 못한다. 동아프리카 지구대에서 서쪽으로 수천 킬로미터 떨어진 차드에서 발견된 "투마이" 머리뼈도, 더 뒤에 살았으며 그보다 알려진 것이 더 적은 오스트랄로피테쿠스 바렐가잘리도 그렇다고 말해준다.

원인이 동아프리카 지구대였든 다른 어떤 지리적 특징이었든 간에, 일부 조상 유인원 집단이 둘로 갈라졌고, 한쪽에는 인류, 다른 한쪽에는 침팬지(보노보도 포함)가 증거로 남은 것이 분명하다. 이 분리의 흔적은 우리 유전체 전체에 흩어져 있다. 다음 두 이야기 속에 자세한 내용이 담겨 있다.

침팬지 이야기의 서문

침팬지는 우리 자신과 비교가 되기 때문에 우리의 흥미를 끈다. "침팬지 이야기"는 인간과 침팬지의 유전체를 비교하며, 랑데부 1의 연대를 추정하는 데에 도움을 줄 수 있다. 그에 앞서, 그런 비교를 할 때면 으레 나오곤 하는 질문들 중에서 두 가지를 살펴보는 것이 좋다.

가장 흔한 질문은 언뜻 단순해 보인다. 침팬지와 사람의 유전체는 몇 퍼센트나 다를까? 그러나 대답하기가 다소 까다롭다는 것이 곧 드러난다. 주로 정의상의 문제 때문이다. 한 책의 다른 두 권의 편집본에 비유하는 편이 타당할 수 있겠다. 편집에는 문장 삭제와 단어 바꾸기뿐 아니라, 문단이나 심지어 장 전체를 옮기는 등의 온갖 복사 및 붙이기 행위도 포함된다. 따라서 두 최종 결과물 사이에 차이가 어느 정도인지를 정확히 평가하기가 어려워진다. 마찬가지로 진화하는 동안 유전체에서도 커다란 DNA 조각이 옮겨지곤 한다. 예를 들면, 우리의 2번 염색체가 대형 유인원의 두 염색체가 결합되어 형성되었다는 점에는 논란의 여지가 없다. 다른 대형 유인원들은 염색체가 24쌍인 반면, 인간만 23쌍인 이유가 그 때문이다. 이것을 아주 큰 돌연변이로 보아야 할지, 아니면(유전자들 자체는 보존되었다는 점을 생각해서) 조금 사소한 돌연변이로 보아야 할지 애매하다.

DNA는 더 작은 부위가 중복되어 붙어나거나 잘려나갈 수도 있으며, 이런 "삽입-결실"로 차이가 생긴 지점은 약 500만 곳, 유전체의 3퍼센트에 달한다고 추정되어왔다. 그렇다고 해서 우리 유전체들이 곧바로 3퍼센트 차이가 난다는 식으로 말하면 오도하는 꼴이 될 수도 있다. 중복된 부위는 어떤 의미에서는 다르다고 할 수 없기 때문이다. 이 책에서 어느 한 쪽이 중복되어 있다면, 원본과 (이를테면) 단어 400개가 다른 것일까? 아니면 그저 한 가지 "차이"가 있을 뿐일까? 이 의미론적 문제를 제쳐놓으면, 우리는 인간과 침팬지의 DNA 조각들을 맞추어볼 수 있고, 이어서 문자 하나하나라는 작은 차이에 초점을 맞출 수 있다. 삽입-결실에 비해서, 이 "단일 염기 변화"는 훨씬 더 많은 약 3,500만 곳에 달하지만, 유전체 전체에서 차지하는 비율은 더 적다. 1퍼센트를 겨우 넘는 수준이다. 이 매우 한정된 의미에서, 우리는 침팬지와 인간이 약 98-99퍼센트 비슷하다고 말할 수도 있다. 그러나 이 수치는 삽입-결실 부위뿐만 아니라, Y염색체처럼 유전자가 적은 영역이 으레 그렇듯이, 인간과 침팬지의 서열이 너무 달라서 아예 대비시킬 수가 없는 영역도 뺀 것임을 명심하자.

또 하나의 흔한 질문은 이 유전적 차이가 어디에 있느냐 하는 것이다. 여기서도 질문을 명확히 할 필요가 있음이 드러난다. 우리 DNA의 약 절반은 기생성 "정크(junk)"이고, 나머지 중에도 상당 부분은 아마 쓰이지 않을 것이기 때문이다. 전통적으로 "유전자"라고 말하는 영역, 즉 단백질 암호를 지닌 영역은 인간(그리고 침팬지) DNA의 1-2퍼센트만 차지할 뿐이다. 아마 나머지 영역 중 8퍼센트는 다른 용도로 쓰일지 모른다(일부는 유전자를 켜고 끄는 데에 쓰이고, 우리가 아직 모르는 기능을 하는 서열도 있을 것이다). 다시 말해서, 우리 DNA 중 실제로 유용한 서열은 약 10퍼센트에 불과하다. 진화하는 동안 이 영역들에는 거의 변화가 일어나지 않았다. 유전체의 나머지 90퍼센트가 우리와 침팬지가 가장 다른 부분이다. 그런 곳에서는 별 효과를 야기하지 않으면서 돌연변이가 일어날 수 있기 때문이다. 즉 변화가 쌓여도 자연선택이 알아차리지 못하는 부위이다.

더 예리한 질문은 인간과 침팬지 사이의 **중요한** 유전적 차이가 어디에 있느냐 하는 것이다. 모습과 행동의 차이를 낳는 유전적 차이를 말한다. 어려운 문제이다. 답하려면 우리의 다양한 DNA 서열이 실제로 하는 일이 무엇인지를 알아내야 한다. 그 일은 앞으로 생물학자들이 해야 할 주요 과제이다(설령 **유일한** 과제는 아닐지라도). 예비조사 결과는 많은 중요한 차이들이 단백질 암호를 지닌 유전자보다는 그 유전자들을 켜고 끄는 DNA 서열에서 나타남을 시사한다. 이 흥미로운 주제는 "생쥐 이야기"에서 집중적으로 다루어진다. 이곳 "침팬지 이야기"에서는 몇몇 중요한 돌연변이가 아니라, 아무런 효과도 일으키지 않고 시간이 흐르면서 자유롭게 축적될 수 있는 많은 돌연변이들에 초점을 맞추기로 하자. 지금의 랑데부 연대를 추정하는 데에 쓸 수 있는 것은 바로 그 돌연변이들이다.

침팬지 이야기

"돌연변이"라는 단어는 아마도 부도덕한 실험자가 만들었거나 어떤 방사선 누출 사고로 탄생한 기괴한 모습의 생물을 떠올리게 한다. 현실은 조금 다르다. 우리야말로 모두 돌연변이체이다. 우리가 부모로부터 물려받는 DNA에는 그 부모가 자신의 부모로부터 물려받은 DNA에는 없던 새로운 변화, 즉 돌연변이가 들어 있다. 그래서 다행이다. 돌연변이는 기나긴 세월에 걸쳐 자연선택이 우리의 여행을 함께 할 모든 순례자들의 몸을 만드는 데에 썼던 원료를 제공하기 때문이다. 우리 각자는 새로운 돌연변이를 얼마나 물려받을까? 그것이 바로 "침팬지 이야기"의 주제이다. 이 "돌연변이율"은 인류 진화의 연대표를 보정하는 일에 쓰이므로 특히 더 흥미롭다.

돌연변이는 많은 유형이 있고, 돌연변이율도 제각기 다르다. 이 이야기에서는 단일 문자 돌연변이만을 다룬다. 이 돌연변이는 주로 DNA가 복제될 때에 일어나는 오류 때문에 생긴다. 평균적으로 얼마나 많은 DNA 문자가 복제된 뒤에 잘못된 문자를 알아차리지 못하고 넘어갈까? 확실히는 모르지만, 생화학적 관찰 결과는 문자 10억 개에서 1,000억 개에 하나 꼴임을 시사한다. 문제는 이 오류율이 다양하며, 그런 작은 값을 정확히 측정하기가 어렵다는 데에 있다. 정확도를 높이려면 엄청나게 많은 수의 복제 사건을 조사해야 한다.

우리에게는 몇 가지 방안이 있다. 하나는 DNA의 한 작은 영역을 골라서 수백만 회에 걸쳐 복제 사건을 살펴보는 것이다. 간접적이지만, 우리가 인간과 침팬지의 유전자를 비교할 때에 하는 일도 바로 그것이다. 또 한 가지 방법은 수백만 명에게서 한 유전자를 조사하는 것이다. 미국에서 혈우병 돌연변이를 지닌 사람들을 모두 찾아내기 위해서 전수조사를 했던 것처럼 말이다. 마지막으로 새로운 DNA 서열 분석기술을 써서, 한 아이가 지닌 DNA 문자 60억 개의 서열을 분석하여 부모 양쪽의 서열과 비교함으로써 자식에게 물려주는 돌연변이의 수가 얼마인지를 직접 측정할 수도 있다. 이 직접 측정법은 현재 이전에 확정되었던 인류 진화 사건들의 연대 중 상당수를 2배로 더 끌어올려야 한다고 위협하고 있다. 이유를 이해하려면 배경 지식이 다소 필요하다.

분자 시대가 오기 전, 화석들은 침팬지와 인류의 조상이 1,500만 년 전보다 더 앞서 갈라졌음을 시사했다. 그런데 지금은 유명해진 1967년의 논문에서, 버클리의 빈센트

서리치와 앨런 윌슨은 분자 유사성으로 보면 갈라진 시기가 500만 년 전에 더 가깝다고 주장하면서 이 연대가 틀렸다고 대담하게 도전하고 나섰다. 당시 그들은 DNA를 직접 읽거나 유전자가 만든 단백질 서열을 이용할 수 없었기 때문에, 대신 간접적인 방법을 썼다. 특정한 단백질, 즉 알부민(albumin)이라는 혈액 단백질이 일으키는 항체 반응의 세기를 이용했다. 면역계를 지닌 동물이라면 다 실험 대상이 될 수 있겠지만, 그들은 토끼를 이용했다. 그것은 독창적인 기법이었다. (이를테면) 사람의 알부민을 토끼에게 주사한 뒤, 항체를 채취할 수 있다. 이 항체는 당연히 사람의 알부민에 강하게 반응한다. 그런데 더 약하기는 해도 침팬지, 고릴라, 원숭이의 알부민에도 반응한다. 따라서 반응의 세기를 이용하여 종 사이에 알부민 단백질이 얼마나 비슷한지를 알아낼 수 있다.

서리치와 윌슨의 토끼는 인간, 침팬지, 고릴라가 분자 수준에서는 예상보다 훨씬 더 비슷하며, 그들 사이의 차이가 유인원과 구세계원숭이의 차이와 비교할 때, 약 6분의 1에 불과함을 보여주었다. 그런데 구세계원숭이와 갈라진 시기는 확고한 화석 증거를 통해서 추정할 수 있었다. 약 3,000만 년 전이었다. 그래서 서리치와 윌슨은 그 자료를 바탕으로 인간과 침팬지의 알부민이 갈라진 연대를 보정할 수 있었다. 그들은 그 시기가 500만 년 전이라고 밝혔다. 우리가 "발톱벌레 이야기의 후기"에서 정면으로 마주치게 될, "분자시계"를 이용한 고전적인 사례이다. 그때 가서 논의하겠지만, 분자시계는 비교 대상 종들이 전혀 다르다면 분자의 진화 속도도 크게 다르기 때문에 문제가 생길 수 있다. 화석 "보정" 연대가 불확실해서 생기는 문제도 있을 수 있다. 그러나 유인원과 원숭이 사례는 그 두 문제에 그다지 영향을 받지 않는다. 그리고 실제로 서리치와 윌슨의 추정 연대는 널리 받아들여졌다. 그 뒤로 유전학자들이 DNA 서열을 읽고 분석하는 더 정교한 기술들을 개발했고, 원래의 추정 연대와 얼추 들어맞는 비슷한 연구 결과들이 나왔다. 침팬지와 인간의 유전자가 갈라진 연대는 평균적으로 600만 년 전이나 아마도 700만 년 전인 듯하다.

이것이 돌연변이율에 어떤 의미가 있을까? 갈라진 시기를 알고 나면, 문자 하나에 돌연변이가 일어날 연간 확률을 추정하는 일은 아주 쉽다. 돌연변이가 자연선택을 겪는다는 점을 무시한다면 말이다. 현생 두 종이 공통 조상 이래로 지난 햇수의 두 배만큼 분리되어 있음을 기억하고서 그저 인간과 침팬지를 가르는 돌연변이의 수를 서열이 분리된 햇수로 나누기만 하면 된다. 두 유전체에서 서로 다른 문자의 비율은 1.23 퍼센트이며, 그 돌연변이의 대다수는 아무런 효과도 일으키지 않는 듯하다. 계산하기 쉽게 공통 조상 이래로 600만 년 남짓 흘렀다는 서리치와 윌슨의 연대를 총 햇수로 1,230만 년이라고 가정할 수도 있다. 그러면 연간 돌연변이율은 DNA 문자 10억 개당 1개가 된다.

돌연변이율을 간접적으로 계산하는 서리치와 윌슨의 방법은 그만 이야기하기로 하자. 직접적인 방법은 어떨까? 같은 결과가 나올까? 레이캬비크에서 오거스틴 콩 연구진이 내놓은 최근의 연구 결과가 전형적인 사례이다. 그들은 아이슬란드의 아주 많은 가족들을 대상으로 서열 분석을 해서, 아이들이 부모와 평균적으로 DNA 문자 8,000만 개당 약 1개꼴로 다르다는 것을 알아냈다.* 인간의 한 세대를 평균 25년이라고 하면(야생 침팬지도 같다), 연간 DNA 문자 20억 개 중 1개꼴로 돌연변이가 일어나는 셈이다. 서리치/윌슨 추정값의 절반이다. 대신에 인간의 한 세대를 평균 30년이라고 잡으면, 유럽인의 역사 기록과 수렵채집인 집단들을 연구한 결과에 더 부합되기는 하지만, 그래도 연간 돌연변이율은 서리치/윌슨 추정값보다 낮다.

이런 수들을 다룰 때에는 신중해야 한다. 유전체 서열 분석 자체는 오류가 생기기 쉬우므로, 서열 분석장치가 일으키는 실수와 진정한 돌연변이를 혼동하지 않도록 주의를 기울여야 한다. 그러나 그런 오류를 피해서 신중하게 한 연구들은 대부분 거의 같은 답을 내놓고 있다. 연간 DNA 문자 20억 개 중 1개꼴이라는 것이다. 게다가 이 레이캬비크 연구진의 값은 야생 침팬지 집단을 조사한 비슷한 연구에서 나온 값 및 대규모 집단에서 질병을 일으키는 돌연변이를 조사하여 얻은 돌연변이율과 거의 같다. 게다가 고대 DNA 분석 결과와도 들어맞는다. 라이프치히의 스반테 페보 연구진의 푸차 오메이와 동료들은 현생 인류의 DNA를 추운 시베리아의 강둑이 침식되면서 발견된 사람의 넓적다리뼈에서 추출한 고대 DNA와 비교했다. 그 고대 사람에 비해서 우리에게는 새로운 돌연변이가 축적될 시간이 4만5,000년이나 있었다. 따라서 두 유전체 사

---

* 말이 난 김에 덧붙이면, 우리 유전체에는 DNA 문자가 수십억 개이고, 그 말은 당신과 내가 돌연변이체임에 틀림없다는 뜻이다. 사실 그 말은 한 세대마다 우리의 DNA 문자 60억 개 중 약 80개에서 새로운 복제 오류가 일어난다는 의미이다. 또 세계 인구가 수십억 명이므로, 한 세대 내에 인간 유전체에 있는 거의 모든 DNA 문자가 세계의 어딘가에서 잘못 복제될 것이라는 의미이기도 하다. 물론 이 돌연변이 증거의 대다수는 결국 우연이 작용하여 사라지게 된다.

이의 돌연변이—"잃어버린 돌연변이"—수의 차이를 이용하여 돌연변이율을 추정할 수 있다. 이번에도 연간 문자 20억 개당 약 1개로 나타났다. 이전의 분자시계 계산 결과의 약 절반에 해당하는 이 느린 돌연변이율이 단지 최근에 나타난 현상이 아니라는 점은 명백하다. 그러니 언뜻 보기에 우리는 한 가지 문제를 안게 된 셈이다. 앞으로 살펴보겠지만, 해결 불가능한 것은 아니다.

계산된 돌연변이율이 이렇게 2배 차이가 난다는 점을 걱정해야 할까? 여러 가지 측면에서 볼 때, 그렇지 않다. 계산의 난이도를 고려하면, 두 값의 차이는 결코 크다고 할 수 없다. 그리고 둘 다 생화학 분야에서 추정한 세포 분열 때의 복제 오류 범위에 들어맞는다. 그렇기는 해도, 인류의 선사시대를 연구하는 이들에게는 돌연변이율이 절반으로 줄어들면 엄청난 차이가 생긴다. 이 돌연변이율을 침팬지와 우리의 공통 조상에까지 적용하면, 서리치/윌슨 학파가 추정한 연대는 부정확한 것이 되고 두 배로 더 늘려야 한다. 인류와 침팬지가 600만 년 전에 갈라졌다는 주장을 더 이상 할 수 없게 된다. 그 분기는 1,200만 년 전에 일어났을 가능성이 더 높아진다. 다른 연대 추정값들도 그만큼 올라간다. 예를 들면, 원래는 네안데르탈인이 고대인과 갈라진 시기가 약 35만 년 전이라고 생각했다. 그런데 새로운 돌연변이율 추정값에 따르면, 70만 년 전에 더 가까워지게 된다.

양쪽 추정값을 조화시킬 방법이 하나 있다. 먼 과거에는 우리의 돌연변이율이 더 높았을 수 있다고 보는 것이다. 그 뒤에 인류로 이어지는 계통에서 돌연변이 속도가 점점 느려졌고, 아마 침팬지와 고릴라에게서도 그러했을 것이라고 보는 것이다. "사람상과 감속(hominoid slowdown)"이라는 이 개념의 한 형태는 일찍이 1985년에 저명한 분자인류학자 모리스 굿맨이 내놓은 바 있다. 굿맨의 감속은 우리가 현재 직면한 난제를 설명하려고 내놓은 특수한 장치가 아니었다. 그는 원래 전반적으로 영장류가(그리고 특히 인류가) 소 같은 다른 동물들보다 분자 변화 속도가 더 느리다는 연구 결과들을 설명하기 위해서 그 개념을 제안했다. 감속은 불합리하지 않다. 한 예로, 침팬지와 우리의 공통 조상이 세대당 돌연변이율이 거의 같지만 현생 침팬지와 인류가 세대 간격이 더 길다면, 그런 일이 일어날 수 있다. 설명이야 어떻든 간에, 어떤 분자 감속이 일어난다는 주장이 지금은 꽤 설득력이 있어 보인다. 그 주장이 옳다면 비록 아마 두 배까지는 아닐지라도, 전에 생각했던 것보다 침팬지와 인류의 유전자가 갈라진 시점이 좀

더 올라갈 것이다. 현재 우리는 유전적 분기가 평균적으로 약 1,000만 년 전에 일어났을 것이라고 추정한다. 우리는 최근의 아프리카 탈출 시기 등 이전의 장들에서 연대를 인용할 때에 같은 경로를 따라왔다. 우리가 인용한 연대들이 정확하든 정확하지 않든 관계없이, 인류의 돌연변이율이 예전에 생각했던 것보다 더 낮다는 점—그리고 우리의 연대 추정값들이 더 가변적이 되었다는 점—에는 논란의 여지가 없다.

침팬지 이야기의 후기

"침팬지 이야기"에서 우리는 인간과 침팬지의 유전자 평균 분기가 예전에 생각했던 것보다 훨씬 더 앞서, 1,000만 년 전이나 그보다 더 이전에 일어났다고 주장했다. 그러나 이 장을 시작할 때에는 랑데부 1의 연대를 500-700만 년 전이라고 했다. 이 모순처럼 보이는 현상은 쉽게 설명이 된다. 우리는 상호교배하는 한 집단 내에서(사실상 당신 자신의 몸 내에서도) 유전자 사본들이 수백만 년 전으로 거슬러올라가면 융합될 수 있음을 이미 살펴보았다. 한 종이 둘로 나뉠 때, 각 집단의 유전자는 기존의 역사를 가지고 갈 것이다. 그 말은 유전자 사이의 분기가 종 사이의 분기보다 수백만 년 더 앞설 수 있다는 뜻이다.

몇 가지 가정들을 통해서 단순화하면, 우리는 종의 분기 시기와 유전자의 분기 시기가 얼마나 차이가 나는지를 추정할 수 있다. 에일윈 스캘리 연구진은 최근에 고릴라의 유전체를 분석하여 인간과 고릴라의 유전자가 갈라진 평균 시기가 약 1,200만 년 전이라고 발표했다. 그들의 계산에 따르면, 그 분기가 산뜻하게 즉시 이루어졌다고 가정한다면, 이 시기는 약 900만 년 전에 한 조상 집단이 두 집단으로 갈린 것이 된다. 마찬가지로 인류와 침팬지의 유전적 평균 분기 시기인 1,000만 년 전도 해당 집단의 크기에 따라서 600만 년 전에 조상 집단이 나뉨으로써 나온 것일 수 있다. 일반적으로 평균 유전자 분기 연대는 집단의 분기 시기보다 수백만 년 앞설 가능성이 높다. 비록 이 초기 랑데부 지점들에서는 이렇게 비교적 크게 차이가 나기는 해도, 랑데부 시기가 수천만 년 또는 수억 년 단위로 넘어가기 시작하면 그 중요성은 줄어든다.

따라서 연대상의 모순은 다소 쉽게 해소된다. 그러나 유전적 역사에는 마찬가지로 모순을 야기하는 듯이 보이는 또 한 가지 의미가 담겨 있다. 그것은 종들 사이의 관계와 관련이 있다. 그 이야기는 보노보에게 안성맞춤이다.

보노보 이야기

보노보는 침팬지와 아주 비슷하게 생겼으며, 둘이 별개의 종으로 분류된 것은 1929년 부터였다. 보노보는 피그미침팬지라고도 불리지만 그 이름은 폐기되어야 한다. 침팬지보다 그리 작지 않기 때문이다. 둘은 체형과 습성이 약간 다르다. 그것이 보노보에게 짧은 이야기를 할 기회를 주는 이유이다. 영장류학자인 프란스 드 발은 그 차이를 멋지게 표현한다. "침팬지는 성적인 문제를 권력으로 해결한다. 반면에 보노보는 권력 문제를 성으로 해결한다." 보노보는 우리가 돈을 쓰는 것과 다소 비슷하게, 성을 사회적 상호작용의 화폐로 사용한다. 그들은 어린 새끼도 포함하여 연령과 성별에 상관없이 무리의 구성원들을 달래고, 우위를 주장하고, 관계를 돈독히 하기 위해서 교미나 교미하는 몸짓을 사용한다. 보노보는 소아(小兒) 성애에 거리낌이 없다. 그들은 모든 형태의 성애를 즐기는 듯하다. 드 발이 포획된 보노보 무리들을 관찰한 기록을 보면, 먹이를 줄 시간에 사육사가 다가오자마자 수컷들이 발기하는 모습이 묘사되어 있다. 그는 이것이 성을 매개로 한 먹이 공유에 대비하는 행동이라고 추정한다. 보노보 암컷들은 서로 짝을 지어 이른바 GG(음부[getital]−음부[getital]) 비비기를 한다.

> 한 암컷이 팔다리로 다른 암컷을 마주 보고 껴안은 다음 위로 올라간다. 그런 다음 둘은 부풀어오른 성기를 맞대고 좌우로 문지르면서, 오르가슴을 느끼는 듯이 웃고 소리를 질러댄다.

"헤이트 애시버리"(미국 샌프란시스코의 히피 문화의 중심지/역주)에서나 볼 법한 자유연애를 하는 보노보의 모습은 1960년대에 성년이 된 신세대들에게 그들이 원하는 개념을 선사했다. 그들은 동물들이 우리에게 도덕적 교훈을 주기 위해서만 존재한다는 "중세 동물 우화집"의 사유학파에 속한다고 할 수 있다. 그들이 원하는 개념은 우리가 침팬지보다 보노보에 더 가깝다는 것이다. 마거릿 미드에게 동조하는 사람들은 우리가 가부장적인 학살자인 침팬지보다 이런 조용한 역할 모델에 더 가깝다고 느낀다. 불행히도 좋든 싫든 간에, 이 희망은 동물학의 정통 교리와 충돌한다. 침팬지와 보노보의 공통 조상은 약 200만 년 전이나 그보다 더 뒤에 살았다. 공조상 1보다 훨씬 더 최근이다. 대개 이 점은 보노보와 침팬지가 유연관계 측면에서 우리에게서 동일한 거리에 있다는 증거로 받아들여진다. 이 등거리 원리는 보편적이고 널리 받아들여지며, 이 책의 초판에서는 이 이야기의 교훈으로 쓰였다. 그러나 "보노보 이야기"에는 두 가지 미묘하게 꼬인 대목이 있으며, 우리는 초판에서 그 점을 간과했음을 인정한다. 둘 다 동물학의 교리를 훼손할 위험이 있으며, 우리는 보노보에게 우리가 간과했던 부분을 설명하는 즐거운 일을 맡기고자 한다.

첫 번째는 개인의 가계도, 즉 계통을 살펴볼 때에 드러난다. 우리는 자신의 가계도에서 자신과 가장 가깝게 연결되는 고리를 통해서 친척들을 분류하는 경향이 있다. 이 방식은 약간의 오해를 불러일으킨다. 당신의 8촌을 예로 들어보자(설령 누구인지 당신이 모른다고 해도 8촌이 있을 것이 거의 확실하다). 당신이 짐작하는 것과 반대로, 당신의 8촌들은 당신과 모두 **정확하게 똑같은** 거리에 있는 친척들이 아니다. 그들이 당신과 공유하는 조상이 한 명이 아니기 때문이다. 사실 그들의 조상들 한명 한명은 근연도의 차이가 있지만 분명히 당신의 조상이기도 하다. 당신의 8촌 중 한 명은 다른 경로를 통하면 당신의 14촌이 될 수도 있다. 또 한 명은 다른 세 가지 경로를 통해서 당신의 18촌이 될지도 모른다. 정확히 어떻게 그러한지 자세한 사항은 중요하지 않다. 요점은 가계도에서 진정한 근연도는 딱딱 떨어지는 값이 아니라 평균값, 즉 경계가 불분명한 연속체상의 한 값이라는 것이다.

계보학자들은 대개 이 점을 무시하는 쪽을 택하며, 실용적인 이유로 가장 가까운 연결 고리만을 본다. 당신의 8촌이 14촌이기도 하다는 사실은 무시된다. 그러나 아주 먼 친척들 사이에서는 가장 가까운 연결 고리—우리가 공조상이라는 명칭을 붙인—가 전반적인 관계를 파악하는 좋은 척도가 아닐 수도 있다. 두 종 사이의 잡종은 극단적인 사례이다. 다음의 귀류법을 생각해보자. 거의 200만 년 전에, 유달리 모험심이 강한 어느 원시 보노보가 우리의 오스트랄로피테쿠스 조상과 어찌어찌 짝짓기를 해서 생식 능력이 있는 딸을 낳았고, 그 딸이 선행 인류 집단과 상호교배를 했다면?* 그녀

---

* 우리는 "홀데인 규칙(Haldane's rule)" 때문에 아들보다는 "딸"이라고 말하려다. 이 책의 몇몇 랑데부 지점에서 만날 박식가인 J. B. S. 홀데인은 종간 잡종인 암수 중 어느 한쪽이 불임이라면, 예외 없이 서로 다른 두 성염색체를 가진 쪽이 불임이라고 지적했다. 따라서 수컷이 X와 Y 성염색체를 가진 포유동물에게서는 노새 수컷 같은 잡종은 언제나 불임인 반면, 노새 암컷(XX)은 때로 정상적인 새끼를 낳을 수 있다. 조류

는 "정상"인 조상 수만 명 가운데 단 한 명의 잡종이었을 것이다. 그렇다고 해도 그녀가 오늘날의 종에 거의 아무런 차이를 낳지 않았을 가능성도 있다. 우리가 그녀로부터 DNA를 전혀 물려받지 않았을 수도 있다. 그럼에도 가장 최근 공통 조상을 토대로 진화 계통수를 구축한다면, 인류는 보노보의 자매 집단이 되고, 침팬지는 인류 및 보노보 양쪽과 더 먼 사촌이 될 수도 있다. 그러면 보노보를 침팬지와 묶는 유사한 특징들은 무의미해질 것이다. 이 귀류법 아래에서도, 즉 인류와 보노보 사이에 최근에 한 차례 연결 고리가 형성되었다고 해도, 우리는 여전히 보노보와 침팬지를 "가장 가까운" 친척으로 다루고 싶어할 것이 확실하다. 이 사례는 일부러 불합리하게 만든 것이기는 하지만, 잡종 형성은 많은 종들 사이에서 틀림없이 일어난다. 오늘날 동물학자들이 진정한 종이라고 생각하는 침팬지와 보노보도 포획된 상태에서는 잡종을 형성할 수 있고, 비록 확실한 증거를 찾기는 어렵지만 최근까지 이따금 그런 일이 일어났을지도 모른다.

이 잡종과 계통 논의는 다소 이론적이며, 3종을 연결하는 상호교배가 이루어진 역사적 사건들을 하나하나 다 추적할 가능성이 전혀 없기 때문에 더욱 그렇다. 그것이 바로 우리가 DNA 쪽으로 관심을 돌린 이유이다. 몸의 외부 특징은 분자 음악에 맞추어서 춤을 추니 말이다. 여기서 우리는 두 번째 꼬인 대목과 맞닥뜨린다. 앞에서 우리는 유전자마다 다른 관계를 보여줄 수 있음을 살펴보았다. 예를 들면, 일부 유전자의 관점에서 역사적 상호작용을 보면, 유럽인이 아프리카인보다 네안데르탈인과 더 가까운 사촌이라고 나온다. 여기서 우리는 더 폭넓은 관점을 취하고 있다. 유전자의 관점에서 볼 때, 관계들이 상충하는 양상은 때로 종 전반에 걸쳐 나타나기도 하고, 심지어 보노보, 침팬지, 고릴라, 인간처럼 서로 다른 종들 사이에서도 일어나곤 한다. 게다가 거기에 상호교배나 잡종 형성이 반드시 필요한 것도 아니다. 그런 양상은 "불완전한 계통 분류(incomplete lineage sorting)"라는 중요한 과정에서 비롯된다. 그 효과는 한 유전자 계통수의 서로 다른 가지들("계통들")에 쉽게 꼬리표를 붙일 수 있을 때, 가장 설명하기가 쉽다. "이브 이야기의 후기"에서 접한 ABO 혈액형 유전자의 계통수에서 서로 구별되는 "A"와 "B" 가지를 생각해보자. 앞에서 유전자의 관점에서 보면, 유전자가 어떤

와 나비류는 정반대이다. 수컷은 Z 성염색체를 쌍으로 가진 반면, 암컷은 W과 Z를 가지기 때문이다. 진화생물학자들, 특히 신종의 기원을 연구하는 이들은 오랫동안 이 양상에 관심을 가져왔다.

종의 것이든 간에 "A"는 그 어떤 "B"보다도 다른 "A"와 유연관계가 더 가깝다는 것을 알 수 있었다. 예를 들면, 한 사람의 "A"와 한 보노보의 "A"는 모든 침팬지의 "B"보다도 서로 더 가깝다. 인류와 보노보에게서는 A, 침팬지에게서는 B를 제외하고 다른 혈액형들이 모두 사라진다면 어떻게 될까? 그러면 ABO 유전자(그리고 수혈)의 관점에서 볼 때, 인류와 보노보가 가장 가까운 친척이 되고 침팬지는 아예 배제될 것이다. 겉모습과 반대로, 우리 생물학의 이 특정한 측면에서 보면 인류는 보노보와 묶일 것이다.

혈액형 유전자에서 이렇게 특정한 혈액형만이 사라질 가능성은 거의 없다. A와 B 계통 모두 자연선택을 통해서 각 종 내에서 계속 유지되고 있기 때문이다. 이 점은 특이하다. 대다수의 유전자에서는 새로운 계통들이 계속 생겨나서 어느 정도 유지되다가 이윽고 하나가 이기고 다른 계통들은 사라지기 때문이다. 우리의 조상 집단에 여러 유전적 계통이 있었다고 한다면—실제로 그랬다—방금 말한 식의 우연한 멸종으로 이 뜻밖의 관계가 형성될 수도 있다.

지금은 유전체 전체를 살펴볼 수 있는데, 어디로 눈을 돌려도 그런 양상이 보인다. 전에는 논란의 여지가 없다고 생각했던 유전자들도 마찬가지이다. 인류, 침팬지, 고릴라의 관계처럼 잘 확립된 관계들도 분자 수준에서 보면, 여전히 불완전한 계통 분류 양상이 드러난다. 사실 우리 유전체의 거의 3분의 1은 우리가 고릴라와 더 가깝다고 보거나 침팬지와 고릴라를 한데 묶거나 함으로써, 우리와 침팬지가 서로 가장 가까운 친척이라는 주장을 반박한다. 비록 전통적인 분류학자들은 거의 인정하고 있지 않지만, 이것은 우리의 외부 특징들이 상충되는 진화적 관계들도 보여준다는 의미일 수밖에 없다. 우리의 이야기와 더 관련이 깊은 것은 2012년에 보노보 유전체의 서열을 분석한 카이 프뤼퍼 연구진이 내놓은 계산 결과이다. 그들은 인류 DNA 중 1.6퍼센트는 우리가 침팬지보다 보노보와 더 가깝다고 말한다는 것을 알아냈다. 이어서 결정적인 내용이 나온다. 우리 DNA 중 1.7퍼센트는 보노보보다 침팬지와 더 가깝다고 말하고 있다는 것이다. 따라서 생물학적 수준에서, 우리는 보노보보다 침팬지와 (아주 조금) 더 가까운 친척이다.

기존 견해를 뒤엎는 이 관점은 진화적으로 중요한 단위가 왜 개체나 종이 아니라 "유전자"인지를 흡족하게 보여준다. 아니 더 정확히 말하면, DNA 서열의 일부 조각, 심지어 한 유전자에서 서로 다른 DNA 문자 하나조차도 서로 다른 유전 양상을 보여줄 수 있다. 사실 프뤼퍼 연구진은 "인간 유전자의 약 25퍼센트는 두 유인원 중 어느 한 쪽이 다른 쪽보다 우리와 더 가까운 관계라고 말하는 부위를 포함하고 있다"고 추정한다.

그러면 불편한, 심지어 걱정까지 되는 질문이 하나 남는다. 그 계통수와 (특히) 유전적 논리가 생명의 진화 계통수라는 전제 전체를 뒤엎는 것은 아닐까? 랑데부 지점이라는 우리의 개념을 무너뜨리는 것은 아닐까? 우리는 "긴팔원숭이 이야기의 후기"에서 이 문제를 다룰 것이다. 지금은 그저 유전적 수준에서 상충되는 관계들을 보여주는 부위들이 대개 유전체 전체로 보면 소수에 불과하다는 말만 하고 넘어가기로 하자. 우리 유전자 중 70퍼센트 이상은 고릴라가 아니라 침팬지와 보노보가 우리의 가장 가까운 친척이라고 말한다. 그리고 우리 유전체의 90퍼센트 이상은 침팬지와 보노보가 우리와 등거리에 있는 사촌이라고 확인해준다. 우리는 유전자들의 다수결을 토대로 생명의 계통수를 구성할 수 있다. 아니, 아마 더 정확히 말하면, 정보라는 단어의 진정한 통계적인 의미에서, 정보를 최대로 담은 생명의 계통수를 구성할 수 있다. 계통수는 처음으로 어떤 생물을 살펴보려고 할 때에 우리가 무엇을 기대해야 할지를 말해준다. 또한 어떤 형질—유전적인 것이든 형태적인 것이든 간에—이 우리가 침팬지보다 보노보와 더 가깝다고 말한다고 선험적으로 예상하지 말라고 우리에게 알려준다.

그런데 이 유전적 논리로부터 우리가 침팬지 및 보노보를 똑같이 **닮았다**는 결론이 곧바로 나오는 것은 아니다. 공통 조상인 공조상 1 이후에 침팬지가 보노보보다 더 변화를 겪었다면, 우리는 침팬지보다 보노보를 더 닮을 것이고, 그 반대도 마찬가지이다. 그리고 아마 우리의 침팬지속(Pan) 사촌들 양쪽에서 거의 같은 비율로 차이점들을 찾아낼 것이다. 그러나 경험 법칙상, 우리는 친족관계에서든 외모에서든 간에 어느 한 쪽이 다른 쪽보다 더 가깝다고 예상해서는 안 되며, 이 말은 우리의 과거 여행에 합류하는 모든 순례자 무리에 적용된다.

선사시대의 캔터베리로 향하는 우리의 천로역정에 요구되는 마지막 조건이 있다. 우리는 순례자들을 생물들 사이의 관계를 유전자 계통수들 사이의 평균값으로 다루면서, DNA와 그 신체적 발현이라는 관점에서 보아야 한다고 주장해왔다. 그러나 그 관점은 공조상 및 랑데부 지점이라는 개념과 조금 맞지 않는다. 한 집단의 가장 최근 공통 조상—공조상—은 특정한 계통수의 특징이다. 유전자들의 계통수가 아니라 개인들의 가계도인 계통수이다. 그런데도 우리는 왜 공조상을 순례길의 이정표로 삼은 것일까?

비록 이 책에서 우리는 유전자 계통수를 이용해서 다른 생물들과 우리의 관계를 나타내고 있지만, 사실 그 계통수로 우리 여행의 연대를 추정하는 데에는 문제가 있다. 유전체의 부위들마다 융합하는 시기가 전혀 다르기 때문이다. 유전자의 분기 시기는 수백만 년, 심지어 수천만 년까지 차이가 난다. 사실 우리는 평균을 취할 수는 있지만, 그 값은 역사적으로 의미 있는 그 어떤 시점과도 아무런 관계가 없다. 우리는 각 랑데부 지점을 종분화(種分化, speciation)의 시점으로 잡을 수도 있다. 그러나 그 연대도 제대로 정의할 수 없는 것은 마찬가지이다. 격리가 한순간에 일어나는 사례는 거의 없기 때문이다. 앞에서 살펴보았듯이, 침팬지와 보노보 같은 "진정한" 종도 잡종 형성 능력을 가지고 있다. 어느 특정한 시점에 한 종이 명확히 두 종이 되었다고 주장할 수 있는 사례는 거의 없다. 종분화의 정확한 시점을 정하는 것은 생물학적 연속체상에서 임의의 값을 취하는 것과 같다. 하나의 명확한 지점, 하나의 이정표를 설정하고자 한다면, 우리의 손에는 한 가지 대안만 남는다. 현재의 두 종이 계보상의 공통 조상을 마지막으로 공유한 순간이 있다는 것이다. 그 시점은 평균 유전적 분기 시기보다는 더 최근일 것이고, (잡종 형성 때문에) "종분화 시기"의 대다수 추정값보다는 더 나중일 것이다. 그러나 우리의 공조상은 정확하고 논란의 여지가 없는 역사상의 시점을 정의하므로, 그들을 순례길의 이정표로 삼는 것이 우리가 취할 수 있는 가장 원칙적인 접근법이다.

랑데부 2

고릴라

분자시계는 랑데부 1에서 수백만 년만 더 순례여행을 하면 아프리카에서 고릴라가 우리와 합류하는 랑데부 2가 나온다고 말한다. 800만 년 전, 남아메리카와 북아메리카는 결합되지 않았고, 안데스 산맥은 아직 솟아오르지 않았으며, 히말라야 산맥은 막 솟아오른 직후였다. 그러나 대륙들은 거의 지금과 같았을 것이고, 아프리카의 기후는 계절 변화가 덜하고 약간 더 습했을 뿐 현재와 비슷했을 것이다. 아프리카는 지금보다 숲이 더 많았으며, 사하라 사막도 당시에는 곳곳에 나무들이 있는 사바나였을 것이다.

불행히도 공조상 1과 2의 틈새를 잇는 화석은 전혀 없다. 우리의 30만 대 선조일 공조상 2가 고릴라 혹은 침팬지와 더 비슷한지, 아니면 인간과 비슷한지를 알려줄 만한 단서는 전혀 없다. 나는 침팬지에 가까우리라고 보지만, 그것은 몸집 큰 고릴라가 더 극단적인 듯하며 일반적인 유인원의 모습에서 다소 벗어난다고 생각하기 때문일 뿐이다. 고릴라가 유별나다고 너무 과장하지는 말자. 그들이 지금까지 살았던 유인원들 중 가장 큰 부류는 아니다. 대형 오랑우탄의 일종인 기간토피테쿠스(*Gigantopithecus*)라는 아시아 유인원은 가장 큰 고릴라보다도 더 큰 머리와 육중한 어깨를 가졌을 것이다. 그들은 중국에서 살았으며, 거의 최근인 약 50만 년 전에 멸종했다. 즉 호모 에렉투스와 고대 호모 사피엔스와 같은 시대에 살았다. 몇몇 공상가들은 히말라야 산맥에서 산다는 혐오스러운 설인(雪人)인 예티가 그 유인원일 것이라는 주장도 하는데……그만두자, 이야기가 너무 곁길로 흐르는 듯하다. 기간토피테쿠스는 아마 손등과 발바닥으로 땅을 짚으면서 고릴라처럼 걸었을 것이다. 고릴라와 침팬지는 그렇게 걷지만, 나무 위에서 사는 오랑우탄은 그렇지 않다.

공조상 2가 손등으로 걷기도 했지만 침팬지처럼 나무 위에서, 특히 밤에는 주로 나

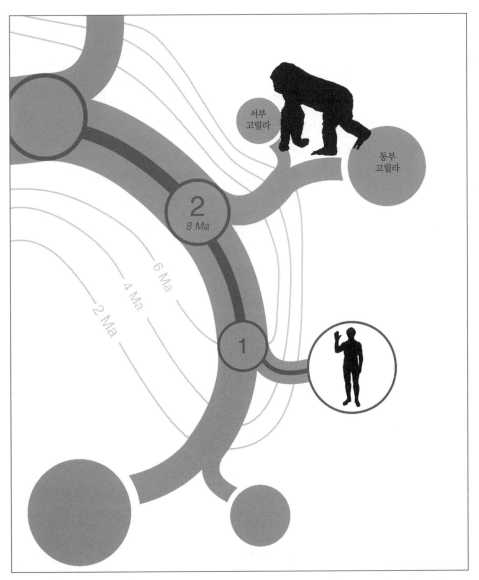

고릴라의 합류 앞의 랑데부에서 묘사한 프랙털 부위를 좀더 멀리서 본 모습이다. 침팬지와 인류는 여전히 같은 위치에 놓여 있지만(침팬지들의 실루엣은 더 이상 보이지 않는다), 랑데부 2에서 합류하는 다음 순례자 무리—고릴라—도 볼 수 있다. 인류의 위치는 원 안의 실루엣으로 뚜렷이 표시되어 있다. 앞으로 시간을 더 거슬러올라갈 때에도 생명의 나무에 계속 표시할 것이다. 인류가 이 나무에서 결코 특별한 위치에 놓여 있는 것이 아님을 명심하자. 가지가 뻗는 방향은 그저 각 가지의 현생 종수에 따라 정했을 뿐이다. 종이 더 많은 가지는 오른쪽, 더 적은 가지는 왼쪽에 배치했다.

현재는 고릴라가 2종과 4아종으로 이루어진다고 보고 있다. 그림의 실루엣은 서부고릴라로서, 콩고 분지 저지대 해안 근처에서 산다. 동부고릴라는 몸집이 좀더 크고, 내륙 쪽, 즉 르완다, 우간다, 콩고민주공화국의 저지대와 산림 지역에서 서식한다.

무 위에서 생활했으리라는 추측도 합리적이다. 열대의 태양 아래에서 자연선택은 자외선을 차단하는 검은 피부를 선호하므로, 공조상 2의 피부도 검거나 짙은 갈색이라고 추측할 수 있다. 인간을 제외한 유인원들은 모두 털투성이이므로, 공조상 1과 2가 털투성이가 아니라면 오히려 놀라운 일일 것이다. 침팬지, 보노보, 고릴라가 깊은 숲에서 살았으므로, 랑데부 2가 아프리카의 숲에서 이루어진다고 보는 것은 설득력이 있지만, 아프리카 중 어느 특정 지역을 택해야 할 뚜렷한 이유는 없다.

고릴라는 그저 몸집이 더 큰 침팬지가 아니라 여러 가지 측면에서 다르므로, 공조상 2를 재구성할 때에는 그런 점들을 고려해야 한다. 고릴라는 철저한 채식주의자이다. 수컷은 다수의 암컷들을 거느린다. 침팬지는 그보다 더 난잡하며, "바다표범 이야기"에서 듣겠지만, 이런 번식체계의 차이는 흥미롭게도 고환의 크기 차이를 낳는다. 나는 번식체계가 진화적으로 불안정하다고, 즉 쉽게 바뀔 수 있다고 생각하는 편이다. 나는 공조상 2가 그런 면에서 어느 쪽에 서 있을지 추측할 길이 없다. 사실 오늘날 다양한 인간의 문화들이 충실한 일부일처제에서 대규모 하렘의 가능성까지 폭넓은 번식체계를 보여준다는 점을 생각하면 나는 공조상 2를 놓고 그런 문제를 추측하기가 망설여지며, 추측은 여기서 끝내야겠다고 결심하게 된다.

유인원, 특히 고릴라는 오랫동안 인류 신화의 강력한 생성자이자 희생자가 되어왔다. "고릴라 이야기"는 가장 가까운 사촌들을 대하는 우리의 태도를 바꾸어야 한다는 생각을 품게 만든다.

고릴라 이야기

19세기에 등장한 다윈주의는 유인원에 대한 태도를 양극화했다. 진화 자체는 받아들였을지도 모를 반대자들은 하등하고 역겨운 짐승으로 생각하던 것들과 자신들이 사촌 간이라는 생각에 본능적인 두려움을 느끼면서 받아들이기를 주저했고, 그들과 우리의 차이점을 과장하기 위해서 필사적으로 애썼다. 대표적인 사례가 고릴라였다. 유인원은 "동물"이었으며, 우리는 그들과 별개였다. 게다가 고양이나 사슴 같은 동물들은 나름대로 아름다워 보일 수도 있지만, 고릴라를 비롯한 유인원들은 바로 우리와 비슷하다는 점 때문에, 우리 자신을 왜곡시켜 풍자한 기괴한 모습으로 비쳤다.

다원은 그 반대편에 설 기회를 놓치지 않았다. 『인간의 유래』에서 원숭이들이 "즐겨 담배를 피운다"는 흥미로운 관찰 결과를 적기도 하는 등 가끔은 약간 곁길로 새기도 했지만 말이다. 다원의 강력한 동맹자인 T. H. 헉슬리는 당시 최고의 해부학자인 리처드 오웬 경과 열띤 설전을 벌였다. 오웬은 "작은 해마"가 인간의 뇌에만 있는 특징이라고 주장했지만, 헉슬리는 그 생각이 틀렸음을 입증했다. 오늘날의 과학자들은 우리가 유인원을 닮았다는 생각에서 그치지 않고 스스로를 유인원, 특히 아프리카 유인원에 소속시킨다. 그런 한편으로 우리는 인간을 포함한 유인원이 원숭이와 다르다는 점을 강조한다. 고릴라나 침팬지를 원숭이라고 부르는 것은 부당하다.*

언제나 그러했던 것은 아니다. 예전에는 유인원을 원숭이와 하나로 묶곤 했으며, 초기 기재문들을 보면 유인원을 개코원숭이나 바바리원숭이와 혼동하기도 했다. 사실 바바리원숭이는 지금도 바바리유인원이라고 불리곤 한다. 더 놀라운 점은 사람들이 진화라는 말을 생각하기 훨씬 이전에, 그리고 유인원들이 서로, 그리고 원숭이와 명확하게 구분되기 이전에, 대형 유인원들을 인간과 혼동하곤 했다는 사실이다. 이를 진화의 예견으로 볼 수도 있겠지만, 불행히도 그런 시각은 인종차별주의에 더 기대고 있는지도 모른다. 아프리카에 간 초기의 백인 탐험가들은 침팬지와 고릴라가 흑인들하고만 가까운 친척이라고 생각했다. 흥미롭게도 동남 아시아와 아프리카의 부족들에는 기존에 생각하던 진화를 역전시킨 듯한 전설들이 있다. 전설들은 그 지역의 대형 유인원들을 타락한 인간으로 간주한다. 오랑우탄은 말레이어로 "숲 속의 인간"이라는 뜻이다.

1658년에 네덜란드의 의사 본티우스가 그린 "오우랑 오우탕" 그림은 T. H. 헉슬리의 말에 따르면, "미모가 빼어나고 인간의 신체 비례와 발을 완벽하게 갖춘 털이 아주 많은 여성과 다름없다." 그녀는 털투성이인데, 진짜 여성의 몸에서 털이 난 부위들 중 한 곳, 음부만이 털이 없는 상태로 그려졌다. 한 세기 뒤에 린네의 제자인 호피우스가 그린 그림들(1763)도 지극히 인간답다. 꼬리가 달리기는 했지만 다른 부분들은 완벽한 인간이며, 두 발로 서 있고 지팡이를 든 그림도 있다. 대(大)플리니우스는 "꼬리 달린 종은 체스까지 둔다고 알려져 있다"고 전한다.

---

* 우리 저자들의 의견이 갈리는 부분이 몇 군데 있는데, 여기서도 그럴 성싶다. 옌 윙은 유인원(따라서 인간)도 포함하도록 "원숭이"라는 단어를 재정의해야 한다고 본다. 하지만 현재의 주류 견해는 다르다.

유인원, 원숭이, 인간의 혼동 1736년에 출간된 린네의 『학문의 기쁨, VI. 인류의 유형들(*Amoenitates Academicae, VI. Anthropomorpha*)』에 실린 E. 호피우스의 목판화. 각각 혈거인, 루시퍼, 사튀로스, "피그미족"이라고 적혀 있다.

　그런 신화가 19세기에 진화의 개념이 등장했을 때에 그것을 받아들일 수 있도록 우리 문명을 미리 준비시켰으며, 심지어 그 개념의 발견을 앞당겼을지도 모른다고 생각하는 사람도 있을 것이다. 그러나 그렇지 않다. 오히려 그 그림은 유인원, 원숭이, 인간을 혼동한 사례들 중 하나이다. 그런 신화는 대형 유인원의 각 종을 과학적으로 발견한 시기가 언제인지 밝혀내기 어렵게 만들며, 발견된 것이 어느 종인지 모호하게 만들기도 한다. 고릴라는 예외이다. 고릴라가 과학계에 알려진 것은 아주 최근이다.

　1847년 미국의 선교사 토머스 새비지 박사는 가분 강가에 있는 다른 선교사의 집에 갔다가 "원주민들이 몸집, 잔혹함, 습성 면에서 놀라울 정도로 원숭이를 닮은 동물이라고 말하는 두개골"을 보았다. 고릴라는 『종의 기원(*Origin of Species*)』과 같은 해에 나온 『일러스트레이티드 런던 뉴스(*Illustrated London News*)』에 실린 한 기사 때문에 잔혹하다는 지극히 부당한 평판을 얻었고, 나중에 킹콩 이야기에서는 잔혹성이 더욱 과장하여 표현되었다. 이 기사는 당시 여행자들이 흔히 하는 과장보다 양과 규모 면에서 더한 거짓말들로 가득하다.

가까이 가서 살펴보기란 거의 불가능하다. 무엇보다도 인간을 보자마자 공격하기 때문이다. 다 자란 수컷은 힘이 엄청나고, 이빨이 크고 강하며, 숲 속에서 굵은 나뭇가지들 사이에 숨어서 사람이 다가오는 것을 지켜보다가, 사람이 나무 밑으로 지나갈 때에 거대한 엄지발가락이 달린 무시무시한 발을 아래로 뻗어서 그의 목을 휘감아 들어올렸다가 죽여서 땅에 떨어뜨린다고 한다. 이런 점에서 그 동물은 진짜 사악하다. 죽은 사람의 살을 먹기 위해서가 아니라 단지 죽이는 행위를 통해서 악마 같은 희열을 맛보려고 살인을 저지르기 때문이다.

새비지는 선교사가 가진 그 두개골이 "새로운 오랑우탄종"이라고 믿었다. 나중에 그는 그 신종이 이전에 아프리카 여행자들이 말했던 "폰고(Pongo)"와 같다는 결론을 내렸다. 학명을 붙일 때 새비지와 동료 해부학자인 와이먼 교수는 폰고 속명을 버리고 고릴라라는 속명으로 환원시켰다. 고릴라는 고대 카르타고의 장군이 아프리카 해안의 한 섬에서 발견했다고 주장한 털이 수북한 어느 인종에 붙인 이름이었다. 고릴라는 새비지가 말한 동물의 학명이자 일반적인 이름이 되었다. 한편 폰고는 현재 아시아의 오랑우탄을 가리키는 학명이 되었다.

지역을 참고할 때, 새비지의 종은 고릴라인 서부고릴라(*Gorilla gorilla*)였음에 분명하다. 새비지와 와이먼은 그것을 침팬지와 같은 속에 넣어서 트로글로디테스 고릴라(*Troglodytes gorilla*)라고 했다. 그런데 동물학 명명 규칙에 따르면, 트로글로디테스는 이미 굴뚝새를 가리키는 데에 쓰이고 있었으므로 침팬지와 고릴라에는 사용할 수 없었다. 그 단어는 침팬지(*Pan troglodytes*)를 가리키는 학명 속에 살아남았지만, 새비지의 고릴라를 가리키는 종명은 속명으로 바뀌었다. 그리고 1902년 독일인 로베르트 폰 베링어가 "마운틴고릴라를 발견했다." 다시 말해서 쏘아 잡았다! 나중에 말하겠지만, 마운틴고릴라는 현재 동부고릴라의 아종으로 간주되며, 부당하다고 생각할 사람도 있겠지만 현재 동부고릴라 종에는 고릴라 베링게이(*Gorilla beringei*)라는 학명이 붙어 있다.

새비지는 자신의 고릴라가 카르타고 장군이 말한 섬 주민이라고는 믿지 않았다. 그러나 호메로스와 헤로도토스가 말한 전설 속의 아주 작은 인종인 "피그미족"은 17세기와 18세기의 탐험가들이 아프리카에서 발견한 침팬지라고 추정되었다. 타이슨(1699)은 헉슬리가 말한 것처럼, 서서 걷고 지팡이를 든 것으로 묘사되었지만 어린 침팬지일 가능성이 높은 "피그미족"의 그림을 그렸다. 물론 지금 우리는 피그미라는 단어를 다시 작은 인간을 지칭하는 데에 사용한다.

이런 사례들은 20세기 후반까지도 우리 문화의 특징이었던 인종차별주의를 떠오르게 한다. 초기 탐험가들은 숲의 원주민 종족들이 탐험가 자신들이 아니라 침팬지, 고릴라, 오랑우탄에 더 가까운 친척이라고 간주하곤 했다. 다윈 이후의 19세기 진화론자들은 아프리카인들이 유인원과 유럽인의 중간 존재이며, 우월한 백인을 향해 나아가는 도중에 있는 존재라고 간주하곤 했다. 이는 사실이 아닐 뿐만 아니라 진화의 근본 원리에 위배된다. 두 사촌은 모든 외집단과 언제나 정확히 동등한 관계에 있다. 그들은 공통 조상을 통해서 외집단과 연결되기 때문이다. "보노보 이야기"에서 말한 이유들 때문에, 모든 인간은 모든 고릴라와 정확히 똑같은 거리에 있는 사촌들이다. 인종차별주의와 종차별주의, 그리고 우리의 도덕이라는 그물을 얼마나 멀리까지 던질 것인지를 놓고 계속되고 있는 혼란은 동료 인간들에 대한 태도, 그리고 유인원들, 즉 우리의 **동료** 유인원들에 대한 태도가 변해온 역사에 예리하게, 때로는 불편하게 관심을 집중하도록 만든다.*

---

* 저명한 윤리철학자 피터 싱어가 내놓은 대형 유인원 계획은 대형 유인원들에게 현실적으로 가능한 정도까지 인간과 똑같은 도덕적 지위를 부여해야 한다고 주장함으로써 그 문제의 핵심을 파고든다. 내가 『대형 유인원 계획(*The Great Ape Project*)』에 실었던 글은 『악마의 사도(*A Devil's Chaplain*)』에도 실려 있다.

랑데부 3

오랑우탄

분자 증거들은 랑데부 3, 즉 우리의 조상을 찾는 순례여행에 오랑우탄이 합류하는 시점이 마이오세의 중간 시기인 1,400만 년 전이라고 말한다. 비록 세계가 냉각기로 진입하는 상태였지만, 당시 기후는 현재보다 따뜻했고 해수면도 높았다. 대륙들의 위치도 지금과는 조금 달랐으며, 해수면이 높아서 아시아와 아프리카, 유럽 남동부 사이의 땅은 이따금 바다에 잠겼다. 앞으로 살펴보겠지만, 바로 이곳에 우리의 67만 대쯤 되는 선조인 공조상 3이 살았을지 모른다. 공조상 3은 1과 2처럼 아프리카에서 살았을까, 아니면 아시아에서 살았을까? 그들은 우리와 아시아 유인원의 공통 조상이므로, 우리는 그들을 양쪽 대륙에서 찾아다닐 각오를 해야 하며, 양쪽 다 나름대로 지지자들이 있다. 아시아를 지지하는 측은 마이오세의 중기에서 말기 사이에 해당 화석들이 많다는 점을 근거로 드는 반면, 아프리카를 지지하는 측은 마이오세가 시작되기 전에 유인원들이 아프리카에서 생겨난 듯하다고 말한다. 아프리카에서는 마이오세 초기에 프로콘술(proconsul, 초기 유인원인 프로콘술속의 몇몇 종들)과 아프로피테쿠스 및 케냐피테쿠스 같은 유인원들이 대폭 늘어났다. 현재 살아 있는 가장 가까운 우리의 친척들과 우리 계통의 마이오세 이후 화석들은 모두 아프리카에서 발견된다.

그러나 침팬지 및 고릴라와 우리의 특별한 관계가 알려진 것은 고작 몇십 년밖에 되지 않았다. 그 이전의 인류학자들은 대부분 우리가 모든 유인원의 자매 집단이므로 아프리카 유인원 및 아시아 유인원과 똑같은 거리에 있다고 생각했다. 아시아가 마이오세 말기 조상들의 고향이라는 견해가 대다수였고, 일부 학자들은 라마피테쿠스라는 특정한 화석을 "조상"이라고 말하기도 했다. 이 동물은 현재는 앞에서 말한 시바피테쿠스와 동일하다고 여겨지며, 따라서 동물학 명명 규칙에 따라 먼저 나온 것이 선택되었다. 라마피테쿠스가 더 익숙하지만, 아쉽게도 그 이름은 더 이상 쓰이지 않는다. 시

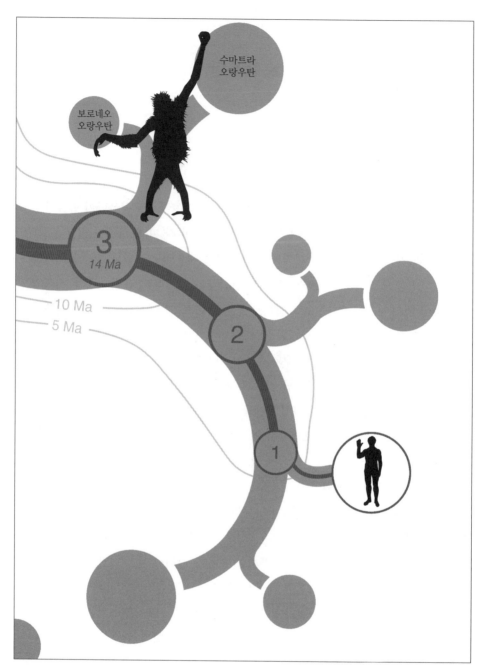

오랑우탄의 합류 두 아시아 오랑우탄 종, 즉 보르네오오랑우탄과 수마트라오랑우탄은 랑데부 3에서 우리 순례집단에 합류한다고 일반적으로 받아들여지고 있다. 프랙털 그림과 이 내용에 대한 자세한 설명은 761쪽을 참조하라.

바피테쿠스/라마피테쿠스가 인간의 조상으로 생각될 만한 특징을 가지고 있는지도 모르지만, 많은 학자들은 그들이 오랑우탄을 낳은 계통과 가까우며, 심지어 오랑우탄의 직계 조상일 수도 있다고 본다. 기간토피테쿠스는 몸집이 크고 땅에 사는 종류의 시바피테쿠스로 간주할 수 있다. 아시아에서는 그 시대에 다른 유인원들도 살았음을 보여주는 화석들이 발견된다. 오우라노피테쿠스와 드리오피테쿠스는 마이오세의 인간 조상이라는 칭호를 놓고 경쟁하는 듯하다. 만약 그들이 있어야 할 대륙에 있기만 하다면 이라는 말을 하고 싶어진다. 나중에 살펴보겠지만, 그 "만약"은 사실로 드러났다.

마이오세 말기의 유인원들이 아시아가 아니라 아프리카에 있었다고만 하면, 우리는 현대의 아프리카 유인원들을 마이오세 초기 아프리카의 많은 프로콘술 유인원들과 매끄럽게 잇는 일련의 화석들을 가지게 되었을 것이다. 분자 증거들을 통해서 우리가 아시아 오랑우탄이 아니라 아프리카의 침팬지 및 고릴라와 더 가깝다는 사실이 명백히 드러나자, 인류 조상의 탐색자들은 마지못해 아시아에서 등을 돌려야 했다. 그들은 아시아 유인원들을 조상이라고 해도 무리가 없다고 생각하면서도, 우리의 조상 계통이 마이오세 내내 아프리카에서 살았음이 분명하다고 가정했고, 우리의 아프리카 조상들이 마이오세 초기 프로콘술 유인원들이 등장한 후에 어떤 이유에서인지 화석으로 남지 않았다는 결론을 내렸다.

그러다가 1998년 캐로-베스 스튜어트와 토드 R. 디서텔이 「영장류 진화—아프리카의 안팎에서」라는 논문에 독창적인 생각을 제기하면서 상황이 바뀌었다. 아프리카와 아시아 사이에 교류가 이루어졌다는 이 이야기는 오랑우탄의 입으로 듣기로 하자. 그 이야기의 결론은 공조상 3이 아마 아시아에서 살았으리라는 것이다.

그러나 그들이 어디에 살았는지 잠시 잊자. 공조상 3은 어떻게 생겼을까? 공조상 3은 오랑우탄과 현재의 모든 아프리카 유인원의 공통 조상이므로, 어느 한쪽이나 양쪽을 닮지 않았을까? 어느 화석이 도움이 될 단서를 제공할까? 가계도를 살펴보면, 루펭피테쿠스, 오레오피테쿠스, 시바피테쿠스, 드리오피테쿠스, 오우라노피테쿠스에 속한 화석들은 모두 시기가 그보다 약간 후대의 것이다. 공조상 3을 가장 제대로 재구성하는 방법은 이 다섯 종류의 아시아 화석 속들의 특징들을 조합하는 것일지 모른다(화보 5 참조). 우리가 아시아를 공조상이 있던 곳으로 받아들일 수 있다면 도움이 될 것이다. "오랑우탄 이야기"를 듣고 나서 생각해보자.

오랑우탄 이야기

우리는 아프리카와의 관계가 아주 장기간 이어진다고 너무 쉽게 가정해왔는지도 모른다. 그와 달리 우리의 조상 계통이 약 2,000만 년 전에 아프리카에서 뛰어나와서 약 1,000만 년 전까지 아시아에서 번성했다가 다시 아프리카로 돌아간 것이라면?

이런 관점에서 보면, 아프리카에 정착한 종들을 비롯해서 살아 있는 모든 유인원들은 아프리카에서 아시아로 이주한 계통의 후손들이다. 긴팔원숭이와 오랑우탄은 아시아에 그대로 머문 이주자들의 후손들이다. 이주자들의 후손들은 나중에 앞서의 마이오세 유인원들이 멸종하고 없는 아프리카로 되돌아갔다. 자기 선조들의 고향인 아프리카로 돌아간 이주자들은 그곳에서 고릴라, 침팬지, 보노보, 그리고 우리를 낳았다.

대륙의 이동과 해수면의 높이 변화 같은 자료들도 이 이론과 들어맞는다. 당시에는 아라비아로 건너다닐 수 있는 육교가 있었다. 이 이론을 뒷받침하는 증거들은 "경제성"에 의존한다. 즉 가정들이 얼마나 경제적인가와 관련이 깊다. 좋은 이론은 추측에 거의 의존하지 않으면서도 많은 것을 설명할 수 있어야 한다(다른 지면에서도 종종 언급했지만, 이 기준에 따르면 다윈의 자연선택 이론이 어느 시대를 막론하고 최고의 이론일 것이다). 지금 우리는 이주 사건들에 관한 가정들을 최소화하는 문제를 다루고 있다. 사실 우리 조상들이 이주하지 않고 줄곧 아프리카에 머물렀다는 이론이 아프리카에서 아시아로 갔다가(제1차 이주) 다시 아프리카로 돌아갔다(제2차 이주)는 이론보다 가정들의 측면에서 더 경제적이다.

그러나 그렇게 계산한 경제성은 너무 지엽적이었다. 그것은 우리 자신의 계통에만 초점을 맞출 뿐 다른 모든 유인원들, 특히 많은 화석 종들을 무시했다. 그래서 스튜어트와 디서텔은 이주 사건들을 상세히 열거하면서, 화석 종들을 비롯한 모든 유인원들의 분포를 설명하는 데에 필요한 사건들도 고려했다. 그렇게 하려면 먼저 충분히 알고 있는 종들을 모두 표시한 가계도를 만들어야 한다. 다음 단계는 가계도의 각 종이 살았던 곳이 아프리카인지 아시아인지 밝히는 것이다. 스튜어트와 디서텔의 논문에서 따온 그림을 보면, 아시아 화석들은 검은색으로, 아프리카 화석들은 흰색으로 표시되어 있다. 알려진 화석들이 모두 표시되지는 않았지만, 스튜어트와 디서텔은 가계도상의 위치가 명확한 종들을 모두 표시했다. 또 그들은 약 2,500만 전에 유인원들로부터 갈라져

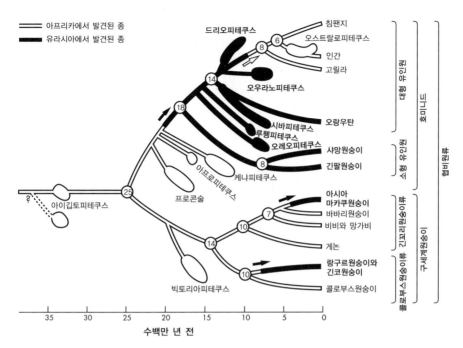

아프리카 안팎의 진화 스튜어트와 디서텔의 아프리카 및 아시아 유인원 가계도. 팽창 부위는 화석들로 알려진 연대를 나타내며, 그 부위들을 가계도와 연결하는 선들은 경제성을 분석하여 추론한 것이다. 스튜어트와 디서텔의 저술에서 인용[403].

나간 구세계원숭이들도 표시했다(앞으로 살펴보겠지만, 원숭이와 유인원의 가장 뚜렷한 차이점은 원숭이들에게 꼬리가 있다는 것이다). 이주 사건들은 화살표로 표시했다.

　화석들을 고려하면, "아시아로 갔다가 다시 돌아왔다"는 이론이 "우리 조상들이 줄곧 아프리카에 있었다"는 이론보다 더 경제적이다. 두 이론 중 아프리카에서 아시아로 두 번에 걸쳐 이주했음을 보여주는 원숭이를 제외하면, 전자는 다음과 같이 유인원이 단 두 번만 이주했다고 추정하면 된다.

1. 약 2,000만 년 전에 한 유인원 집단이 아프리카에서 아시아로 이주해서 현재의 긴팔원숭이와 오랑우탄을 비롯한 모든 아시아 유인원의 조상이 되었다.
2. 한 유인원 집단이 아시아에서 아프리카로 되돌아와서 우리를 비롯한 현재의 아프리카 유인원의 조상이 되었다.

반대로 "우리 조상들이 줄곧 아프리카에 있었다"는 이론은 아프리카에서 아시아에까지 퍼져 있었던 모든 유인원 조상들의 분포를 설명하기 위해서 여섯 번에 걸쳐 이주가 이루어졌다고 상정해야 한다.

1. 약 1,800만 년 전 긴팔원숭이
2. 약 1,600만 년 전 오레오피테쿠스
3. 약 1,500만 년 전 루펭피테쿠스
4. 약 1,400만 년 전 시바피테쿠스와 오랑우탄
5. 약 1,300만 년 전 드리오피테쿠스
6. 약 1,200만 년 전 오우라노피테쿠스

물론 이 이주 양상은 스튜어트와 디서텔이 해부학적 비교를 토대로 올바른 가계도를 구성했다고 전제할 때에만 옳다. 예를 들면 그들은 화석 유인원 중 오우라노피테쿠스가 현대의 아프리카 유인원과 가장 가까운 사촌이라고 본다(그 가지는 가계도에서 아프리카 유인원이 갈라지기 직전에 뻗어나갔다). 해부구조로 판단했을 때, 아시아 유인원들(드리오피테쿠스, 시바피테쿠스 등)이 그다음으로 가깝다. 그들이 해부구조를 잘못 판단했다면, 이를테면 아프리카 화석인 케냐피테쿠스가 실제로는 현대 아프리카 유인원의 가장 가까운 사촌이라고 한다면, 이주 양상을 전부 다시 산정해야 할 것이다.

이 가계도 자체는 경제성을 토대로 구성된 것이다. 그러나 다른 종류의 경제성도 있다. 지리적 이주 사건들의 수를 최소화하는 대신에, 지리는 잊고 해부학적 우연의 일치(수렴 진화)의 수를 최소화해보자. 지리를 고려하지 않고 가계도를 그린 다음, 이주 사건들을 고려하기 위해서 그것에 지리 정보(검은색과 흰색으로 표시)를 겹쳐보자. 그러면 우리는 고릴라, 침팬지, 인간 등 "최근의" 아프리카 유인원들이 아시아에서 왔을 가능성이 가장 높다는 결론을 내리게 된다.

이제 흥미로운 사실이 하나 드러난다. 스탠퍼드 대학교의 리처드 G. 클라인은 인류 진화를 다룬 명저를 썼는데, 그 책에는 주요 화석들의 해부구조가 상세히 기술되었다. 한 예로 클라인은 아시아의 오우라노피테쿠스와 아프리카의 케냐피테쿠스를 비교하면서 어느 쪽이 우리와 가까운 사촌(혹은 조상)인 오스트랄로피테쿠스를 더 닮았는지 묻는다. 클라인은 오스트랄로피테쿠스가 케냐피테쿠스가 아니라 오우라노피테쿠스를 더 닮았다고 결론짓는다. 더 나아가 그는 오우라노피테쿠스가 아프리카에서만 살았다면, 그들이 인간의 조상일 가능성도 있다고 말한다. 그러나 "지리 자료와 형태 자료를 결합시켜보면" 케냐피테쿠스가 더 나은 후보자이다. 무슨 의미일까? 클라인은 설령 해부학적 증거가 그렇다고 해도, 아프리카 유인원이 아시아 조상의 후손일 가능성이 낮다고 암묵적으로 가정한다. 무의식적으로 지리적 경제성을 해부학적 경제성보다 더 우위에 놓은 것이다. 해부학적 경제성은 케냐피테쿠스가 아니라 오우라노피테쿠스가 우리와 더 가까운 사촌이라고 말하지만 그는 명시적으로 밝히지 않은 채, 지리적 경제성이 해부학적 경제성을 누른다고 가정한다. 스튜어트와 디서텔은 **모든** 화석들의 지리를 고려한다면, 해부학적 경제성과 지리적 경제성은 **일치한**다고 주장한다. 지리적 판단이 케냐피테쿠스에 비해서 오우라노피테쿠스가 오스트랄로피테쿠스와 더 가깝다는 클라인의 해부학적 판단과 일치한다는 것이다.

이 문제는 해부학적, 지리적 경제성을 저울질해야 하는 복잡한 과제여서 당분간 해결되지 않을 것이다. 스튜어트와 디서텔의 논문이 나오자, 학술지를 통해서 열띤 찬반 논쟁이 벌어졌다. 17년 뒤 스튜어트는 우리에게 "지금까지 우리 논문을 논박한 논문을 단 한 편도 본 적이 없습니다"라고 편지를 보냈다. 그래도 형평을 고려하여 말하자면, "아시아로 갔다가 돌아왔다"는 유인원의 진화 이론이 현재 나온 증거들에 여전히 들어맞는 듯이 보인다. 여섯 번보다는 두 번의 이주 사건이 더 경제적이다. 그리고 아시아에 있는 마이오세 말기의 유인원들과 오스트랄로피테쿠스나 침팬지 같은 우리의 아프리카 유인원 계통 사이에는 실제로 닮은 부분이 있는 듯하다. 결국 선택의 문제이겠지만, 나는 랑데부 3(그리고 랑데부 4)이 아프리카가 아니라 아시아에서 이루어진다고 본다.

"오랑우탄 이야기"는 이중의 교훈을 담고 있다. 과학자들은 이론들 중에서 선택을 할 때에 언제나 경제성을 앞세우지만, 경제성을 판단하는 방법이 반드시 명확하지는 않다는 것이다. 그리고 진화 이론을 더 강력하게 끌고 나가기 위해서는 좋은 가계도를 구성하는 것이 선결 조건일 때가 종종 있다. 그러나 좋은 가계도를 구성하는 일 자체도 대단한 노력을 요구한다. 자세한 이야기는 긴팔원숭이의 입을 통해서 하기로 하자. 긴팔원숭이들은 랑데부 4에서 우리의 순례여행에 합류한 뒤에 아름다운 합창으로 그 이야기를 들려줄 것이다.

랑데부 4

긴팔원숭이

긴팔원숭이와 합류하는 랑데부 4는 약 1,800만 년 전에 이루어진다. 아마 지역은 아시아일 것이며, 마이오세 초기의 좀더 따뜻하고 숲이 우거진 곳일 터이다. 긴팔원숭이의 종류는 학자에 따라서 18종까지 늘려잡기도 한다. 모두 인도네시아와 보르네오를 포함한 동남 아시아에 서식한다. 예전에는 그들을 모두 힐로바테스속(*Hylobates*)으로 묶으면서, 몸집이 더 크고 목에 소리를 증폭시키는 독특한 주머니가 있는 주머니긴팔원숭이(샤망원숭이)를 따로 분리했다. 그러나 그들이 둘이 아니라 네 집단으로 나뉜다는 것이 밝혀짐으로써, "긴팔원숭이와 주머니긴팔원숭이 무리"라는 구분은 낡은 것이 되었다. 그래서 나는 그들을 뭉뚱그려서 긴팔원숭으로 부르겠다.

긴팔원숭이는 몸집이 작은 유인원이며, 지금까지 존재했던 유인원 중 가장 나무를 잘 탈 것이다. 마이오세에는 작은 유인원들이 많았다. 진화에서 몸집이 커지거나 작아지는 것은 비교적 일어나기 쉬운 변화이다. 기간토피테쿠스와 고릴라는 서로 독자적으로 몸집이 커진 반면에, 유인원의 황금시대인 마이오세에는 몸집이 더 작아진 유인원들도 많다. 한 예로 플리오피테쿠스는 마이오세 초기에 유럽에서 번성한 작은 유인원으로서, 긴팔원숭이의 조상은 아니지만, 긴팔원숭이와 비슷한 생활을 했을 것이다. 나는 그들이 "팔그네 이동(brachiation)"을 했을 것이라고 본다.

라틴어로 brachia는 "팔"이라는 뜻이다. 팔그네 이동은 다리가 아니라 팔을 이용해서 이동한다는 의미이며, 긴팔원숭이는 그 일에 대단히 능숙하다. 긴팔원숭이는 움켜쥘 수 있는 커다란 손과 강한 손목으로 가지에서 가지로 나무에서 나무로 탄력 있게 돌아다닌다. 마치 순식간에 먼 곳까지 갈 수 있다는 동화 속의 장화를 뒤집은 듯하다. 긴팔원숭이의 긴 팔은 진자의 물리학에 완벽하게 들어맞으며, 몸을 흔들어서 10미터나 되는 나뭇가지 사이를 건너갈 수 있다. 나는 비행보다 고속 팔그네 이동이 더 짜릿하며, 우리

긴팔원숭이의 합류 긴팔원숭이는 약 16종이 있으며, 본문에서 말했듯이 지금은 4개 집단으로 구분한다. 이 프랙털 계통수에 표시된 네 집단 사이의 관계는 전장 유전체 연구 결과로부터 나온 것이다. 그런 연구들은 힐로바테스속과 나머지 긴팔원숭이들이 먼저 갈라졌다고 말하지만, 그 문제는 여전히 심한 논쟁거리이다. 어떤 식으로 배치되든 간에, 그 배치는 유전자 계통수들 사이의 다수결 투표를 요약한 것에 다름 아니다. 그 내용은 "긴팔원숭이 이야기의 후기"에서 다룰 것이다. 이 그림에서부터는 개별 종의 이름을 표시할 공간이 부족하다. 각 종의 이름을 알고 싶거나 이 계통수를 더 자세히 살펴보고 싶은 독자는 조상 이야기 웹사이트 (www.ancestorstale.net)나 원본이 있는 원줌 웹사이트(www.onezoom.org)를 방문하시라.

조상들이 이 멋진 경험을 틀림없이 즐겼을 것이라고 상상하곤 한다. 불행히도 현재 학자들은 우리 조상들이 긴팔원숭이 같은 단계를 거쳤다는 데에 회의적이지만, 우리의 약 100만 대 조상인 공조상 4가 적어도 팔그네 이동에 어느 정도 능숙한 나무에서 사는 작은 유인원이라는 추측은 설득력이 있다.

유인원 가운데 긴팔원숭이는 서서 걷는 어려운 기술에 인간 다음으로 능숙하다. 긴팔원숭이는 나뭇가지 사이를 가로지를 때에는 팔그네 이동을 하지만, 나뭇가지 위에서 움직일 때에는 팔로 균형을 잡으면서 두 다리만으로 걷는다. 공조상 4가 같은 기술을 썼고 그것을 후손인 긴팔원숭이들에게 전했다면, 인간 후손의 뇌 속에도 그 기술의 흔적이 얼마간 남아 있다가 아프리카에서 다시 나타났을 수도 있지 않을까? 이는 즐거운 상상에 불과하지만, 유인원들이 이따금 두 발로 걷는 경향이 있다는 것은 사실이다. 또 우리는 공조상 4가 긴팔원숭이의 후손들처럼 다양한 소리를 냈는지, 그리고 그 소리가 말과 음악 같은 다양한 재주를 부리는 인간 소리의 전조에 해당했는지도 추측만 할 수 있을 뿐이다. 그리고 긴팔원숭이는 우리의 더 가까운 사촌들인 대형 원숭이들과 달리 충실한 일부일처제를 채택했다. 관습과 특정한 종교로 일부다처제를 장려하는(적어도 용인하는) 대다수 인류 사회들과 확연히 다르다. 우리는 그 부분에서 공조상 4가 긴팔원숭이의 후손들을 닮았는지 대형 유인원의 후손들을 닮았는지 알지 못한다.*

모든 후손들, 즉 우리를 포함한 모든 유인원들이 공유하는 상당히 많은 특징들을 공조상 4가 가졌다는 설득력이 약한 일반적인 가정을 토대로, 그 공조상에 관해서 추측할 수 있는 것들을 요약해보자. 공조상 4는 공조상 3보다 나무 위에서 더 많이 생활했을 것이고 몸집이 더 작았을 것이다. 내가 추측한 대로 팔로 나무에 매달려서 다녔다고 해도, 그 팔은 현대의 긴팔원숭이들의 팔처럼 팔그네 이동에 맞게 극단적인 수준까지 분화하지도, 그렇게 길지도 않았을 것이다. 얼굴은 주둥이가 약간 튀어나온 긴팔원숭이와 흡사했을 것이다. 꼬리는 없었다. 아니 더 정확히 말해서, 모든 유인원들이

---

* 긴팔원숭이의 꽤 낡은 가족 가치들과 우리의 진화 조상들이 그것들을 공유했으면 하는 독실한 바람이 우익 "모럴 머조리티(moral majority)"의 주의를 끈 것은 당연할지도 모른다. 무지하고 진화를 가르치는 것에 맹목적으로 반대하는 그들은 북아메리카의 후진적인 몇몇 주에서 교육체계를 위협하고 있다. 물론 긴팔원숭이에게서 어떤 도덕을 이끌어낸다면, 그것은 "자연주의적 오류"를 저지르는 셈이 되겠지만, 그들이 가장 잘하는 것이 바로 그런 오류이다.

그렇듯이 꽁무니뼈가 하나로 합쳐져서 꼬리뼈라는 짧은 꼬리 형태로 몸속에 있었을 것이다.

나는 우리 유인원이 왜 꼬리를 잃었는지 모른다. 놀랍게도 생물학자들은 그 주제에 거의 관심을 보이지 않는다. 『미천한 출신』을 쓴 조너선 킹던은 예외이지만, 그도 만족스러운 결론에 도달하지 못했다. 동물학자들은 이런 종류의 수수께끼에 직면하면 무엇인가 비교할 대상이 있는지 찾곤 한다. 포유동물을 둘러보고, 꼬리가 없어지거나 아주 짧아지는 현상이 누구에게서 독자적으로 일어났는지 파악하고, 그것의 의미를 알아보자는 식으로 말이다. 나는 어느 누구도 이런 일을 체계적으로 하지 않았을 것이라고 생각한다. 그러나 해볼 만한 일 같다. 유인원 외에 두더지, 고슴도치, 텐렉, 기니피그, 햄스터, 곰, 박쥐, 코알라, 나무늘보, 아구티 등 몇몇 종도 꼬리가 없다. 아마 우리의 목적에 맞는 가장 흥미로운 사례는 맹크스고양이처럼 꼬리가 거의 보이지 않을 정도로 짧거나 없는 원숭이들일 것이다. 맹크스고양이는 꼬리를 없애는 유전자를 하나 가지고 있다. 그 유전자는 동형접합(homozygous, 쌍으로 있음)일 때 죽음을 초래하므로, 진화를 통해서 퍼질 가능성은 없다. 그러나 나는 최초의 유인원이 "맹크스원숭이"가 아니었을까 하는 궁금증이 일었다. 나는 그런 "전도양양한 괴물" 진화론을 반대하는 성향이 있지만, 이것이 예외 사례가 될 수 있을까? 정상적인 꼬리를 가진 포유동물들의 꼬리 없는 돌연변이인 "맹크스" 포유동물들의 골격을 조사하여 유인원과 같은 방식으로 꼬리가 없어지는지 알아보면 재미있지 않을까?

바바리원숭이는 꼬리 없는 원숭이이며, 그 때문에 간혹 바바리유인원이라고 잘못 불리기도 한다. "셀레베스원숭이"도 꼬리 없는 원숭이이다. 조너선 킹던은 나에게 그 원숭이의 외모나 걸음걸이가 마치 침팬지를 축소시킨 것 같다고 말해주었다. 마다가스카르에도 "코알라여우원숭이"와 "나무늘보여우원숭이" 같은 사라진 몇몇 종들과 현재 남아 있는 인드리여우원숭이 같은 꼬리 없는 여우원숭이들이 있는데, 그들 중에는 몸집이 고릴라만 한 것도 있었다.

모든 것들이 그렇듯이, 사용되지 않는 기관은 적어도 경제적인 이유로 쭈그러든다. 꼬리는 포유동물들 사이에서 놀라울 정도로 다양한 목적에 이용된다. 양은 꼬리에 지방을 저장한다. 비버는 꼬리를 노로 사용한다. 거미원숭이의 꼬리에는 움켜쥘 수 있도록 단단한 심이 들어 있으며, 그들은 남아프리카의 나무 꼭대기에서 꼬리를 "제5의 팔다리"로 사용한다. 캥거루의 거대한 꼬리는 뛸 때에 반동을 일으킨다. 발굽을 가진 유제류는 꼬리를 파리채로 쓴다. 늑대 같은 포유동물들은 꼬리로 신호를 전달하지만, 그것은 자연선택 쪽에서 볼 때, 부수적인 "기회 활용"일 가능성이 높다.

그러나 여기서 우리는 나무 위에 사는 동물들에게 초점을 맞추어야 한다. 다람쥐의 꼬리는 공기 저항이 있기 때문에, "도약"은 거의 비행과 흡사하다. 나무 위에 사는 동물들은 도약할 때, 긴 꼬리를 균형이나 방향을 잡는 데에 쓰곤 한다. 랑데부 8에서 만날 로리스원숭이와 포토는 나무 위에서 몰래 슬금슬금 기어서 먹이에게 접근하는데, 꼬리가 아주 짧다. 반면에 그들의 친척인 갈라고는 대단히 활발하게 도약하며, 털이 덥수룩한 긴 꼬리를 가졌다. 나무늘보와 그에 상응한다고 볼 수 있는 오스트레일리아의 유대류인 코알라는 꼬리가 없으며, 둘 다 로리스원숭이처럼 나무 위에서 아주 천천히 움직인다.

보르네오와 수마트라의 긴꼬리마카크원숭이는 나무 위에서 사는 반면, 가까운 친척인 돼지꼬리마카크원숭이는 땅 위에서 살며 꼬리가 짧다. 나무 위에서 활동하는 원숭이들은 대개 꼬리가 길다. 그들은 네 팔다리로 나뭇가지들 사이를 움직일 때에 꼬리로 균형을 잡는다. 그들은 몸을 수평으로 유지한 채 균형을 잡는 키 역할을 하는 꼬리를 뒤로 쭉 뻗은 상태로 가지에서 가지로 뛴다. 그렇다면 다른 원숭이들과 마찬가지로 나무 위에서 생활하는 긴팔원숭이들은 왜 꼬리가 없는 것일까? 아마 해답은 그들이 움직이는 방식이 전혀 다르다는 사실에 있을 것이다. 지금까지 살펴본 유인원들은 모두 이따금 두 발 보행을 하며, 긴팔원숭이는 팔그네 이동을 하지 않을 때에는 긴 팔로 균형을 잡으면서 뒷다리로 나뭇가지 위를 걸어다닌다. 두 발로 걷는 자에게 꼬리가 거추장스럽다는 것은 쉽게 상상할 수 있다. 내 동료인 데스먼드 모리스는 내게 거미원숭이도 가끔 두 발로 걷는데, 그럴 때 긴 꼬리를 거추장스러워하는 것이 분명하다고 말했다. 그리고 멀리 떨어진 가지를 향해 몸을 날릴 때, 원숭이들은 수평 자세로 도약하는 반면에 긴팔원숭이는 수직 자세로 뛴다. 아마 공조상 4도 그렇겠지만 긴팔원숭이처럼 수직 자세로 움직이는 팔그네 이동자에게는 꼬리가 방향을 잡는 키 역할이 아니라, 몸을 끌어내리는 닻 역할을 했을 것이다.

그것이 내가 찾을 수 있는 최상의 설명이다. 나는 우리 유인원이 왜 꼬리를 잃었는가라는 수수께끼에 동물학자들이 더 많은 관심을 기울일 필요가 있다고 생각한다. 실제와 정반대의 상황을 상상하다 보면 즐거운 추측들이 떠오른다. 꼬리는 옷, 특히 바지를 입는 우리의 습성과 어떻게 조화를 이루었을까? 재단사의 고민을 드러내는 옛 농담이 떠오른다. "선생님, 오른쪽으로 놓을까요, 왼쪽으로 놓을까요?"

긴팔원숭이 이야기

랑데부 4는 우리가 이미 세 종 이상의 종이 합쳐진 순례자 무리와 처음으로 만나는 시점이다. 여러 종이 있으므로 관계를 추론해야 하는 문제가 있을 수 있다. 이런 문제들은 순례여행을 계속할수록 더 심해질 것이다. 그것들을 해결하는 방법이 "긴팔원숭이 이야기"의 주제이다.*

앞에서 우리는 긴팔원숭이 약 16종이 네 집단으로 나뉜다고 했다. 각 집단은 염색체 수가 다르며, 지금은 서로 다른 속명이 붙어 있다. 힐로바테스속(7종이 있으며, 흰손 긴팔원숭이가 가장 잘 알려져 있다), 훌록속(*Hoolock*, 벵골 훌록긴팔원숭이가 2종으로서 2005년에 새로 분류되었다), 심팔랑구스속(*Symphalangus*, 주머니긴팔원숭이), 노마스쿠스속(*Nomascus*, 볏긴팔원숭이 6종)이 그렇다. 이 이야기는 네 집단 사이의 진화적 관계, 즉 계통도를 파악하는 법을 설명한다.

가계도는 "뿌리가 있을" 수도 "없을" 수도 있다. 뿌리가 있는 가계도를 그렸을 때는 조상이 어디에 있는지 안다는 뜻이다. 이 책에 실린 가계도들은 대부분 뿌리가 있다. 하지만 그 조상이 계통수의 어디에 있는지 전혀 모른다면, 우리는 뿌리가 없는 계통수를 그려야 한다. 뿌리 없는 계통수는 방향 감각도, 시간의 화살도 없으며, 때로는 별 모양 다이어그램 형태로 나타내곤 한다. 네 집단 사이에 가능한 관계들을 모두 나타낸 다음의 세 가지 그림이 그런 계통수에 속한다.

가계도에서 갈라지는 곳마다 왼쪽과 오른쪽 가지가 있다는 점에는 아무 차이가 없

---

* 이 이야기의 주제는 필연적으로 이 책의 다른 이야기들보다 덜 다듬어진 것이 될 수밖에 없다. 독자들은 생각하는 모자를 쓰고 이 이야기를 읽든지, 그냥 건너뛰고서 이해하기 쉬운 다음 이야기로 넘어가든지 해야 한다. 말이 난 김에 덧붙이면, 나는 "생각하는 모자"라는 것이 실제로 존재하지 않을까 생각하곤 한다. 나도 그런 모자가 하나 있으면 좋겠다. 내 은인이자 세계 최고의 컴퓨터 프로그래머 중 한 명인 찰스 시모니가 특수한 "디버깅 의상"을 입었다고 보면, 그가 거둔 놀라운 성공이 어느 정도 설명이 될지도 모른다.

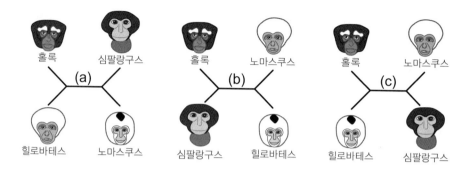

다. 그리고 지금까지는(이 이야기의 뒷부분에서는 달라지겠지만) 가지의 길이에 아무런 정보도 없었다. 가지들의 길이에 아무 의미가 없는 가계도를 분지도(分枝圖)라고 한다(위의 사례는 뿌리 없는 분지도이다). 분지도에서 얻을 수 있는 정보는 갈라지는 순서뿐이다. 나머지는 장식에 지나지 않는다. 예를 들면, 앞의 계통수 (a)에서 훌록속과 힐로바테스속의 위치를 바꾸어도 관계에는 아무런 차이가 없다.

이 뿌리 없는 세 분지도는 가지들이 반드시 둘로 갈라진다고 가정했을 때, 4종을 연결하는 가능한 방법들을 모두 보여준다. 뿌리가 있는 가계도에서는 아직 모르는 부분, 즉 "해결되지" 않은 부분을 세 갈래나 그 이상의 갈래로 표시하는 관습이 있다.

모든 뿌리 없는 분지도는 가계도에서 가장 오래된 지점(즉 "뿌리")을 밝히는 순간 뿌리 있는 분지도로 바뀐다. 순례의 끝에 다시금 되새기게 되겠지만, 뿌리를 정하는 일이 반드시 쉬운 것만은 아니다. 그리고 불행히도 뿌리의 위치를 바꾼다면, 가지를 치는 순서도 다소 극적으로 바뀔 것이다. 예를 들면, 뿌리 없는 계통수 (a)에서 노마스쿠스와 다른 세 긴팔원숭이 사이에 뿌리를 단다면, 다음 그림에서 왼쪽의 뿌리 있는 계통수가 나온다. 반면에 그 뿌리 없는 계통수 (a)의 훌록과 다른 세 긴팔원숭이 사이에 뿌리를 단다면, 오른쪽 그림의 계통수가 나온다. 이 두 계통수는 긴팔원숭이 연구자들이 제시한 것들이기도 하며, 잘 모르는 사람에게는 관계의 양상이 너무나 달라 보인다. 그러나 둘은 그저 뿌리가 놓인 위치만 다를 뿐이다.

가계도의 "뿌리"를 어떻게 찾을까? 흔히 쓰는 방법은 적어도 하나의 "외집단," 즉 바깥의 종이 포함되도록 가계도를 확장시키는 것이다. 외집단은 하나 이상일수록 좋다. 외집단은 다른 모든 집단들과 관계가 상당히 멀다는 사실이 이미 잘 알려진 집단을 말한다. 긴팔원숭이 가계도에서는 오랑우탄이나 고릴라, 또는 코끼리나 캥거루가 외집단

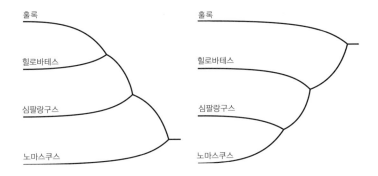

역할을 할 수 있다. 긴팔원숭이들 사이의 관계가 아무리 불확실하다고 하더라도, 우리는 어느 종류든 간에 긴팔원숭이와 대형 유인원 또는 코끼리의 공통 조상이 긴팔원숭이와 다른 긴팔원숭이의 공통 조상보다 더 오래되었음을 안다. 긴팔원숭이와 대형 유인원이 포함된 가계도의 뿌리가 그 둘 사이에 놓인다는 것은 논란의 여지가 없다.

예비 조사를 끝냈으니, 이제 가능한 뿌리 없는 계통수들 중에서 옳을 가능성이 높은 것을 고를 수 있다. 이 긴팔원숭이 4속을 대상으로 하면, 뿌리 없는 계통수 세 가지 중에서 고르는 것이 된다. 분류할 동물이 다섯 가지라면, 가능한 계통수 15가지를 살펴보아야 할 것이다. 그러나 20개 집단일 때 가능한 가계도의 수가 얼마나 되는지 세려고 하지는 말기를. 수억에 100만을 곱하고 다시 더 100만을 곱한 수가 될 테니 말이다.* 분류할 집단의 수가 늘어날수록 가계도의 수는 급격히 증가하며, 가장 빠른 컴퓨터를 이용하더라도 계산하는 데에 무한한 시간이 걸릴 수 있다. 그러나 원리상 우리가 할 일은 간단하다. 가능한 모든 가계도들 중에서 집단 사이의 유사점과 차이점을 가장 잘 설명하는 것을 골라야 한다.

"가장 잘 설명한다"는 것을 어떻게 판단할까? 동물들의 집단을 보면 유사점과 차이점을 무수히 찾을 수 있다. 그러나 그것들을 헤아리는 일은 생각보다 어렵다. 어느 "특징"이 다른 특징의 떼어낼 수 없는 일부인 사례도 흔하다. 그것들을 각기 다른 특징으로 계산한다면, 사실상 하나를 두 번 세는 셈이다. 극단적인 사례를 생각해보자. A, B, Y, Z라는 4종의 노래기가 있다고 하자. A는 다리들이 붉고 B는 파랗다는 것만 빼고 서로 똑같다. Y와 Z는 Y의 다리들은 붉고 Z의 다리들은 파랗다는 점만 빼고 서로 똑같으며, A 및 B와는 전혀 다르다. 다리의 색을 하나의 "특징"으로 계산한다면, 우리는

---

* 실제 계산은 다음과 같다. $(3 \times 2 - 5) \times (4 \times 2 - 5) \times (5 \times 2 - 5) \times \cdots \times (n \times 2 - 5)$. n은 집단의 수이다.

AB와 YZ가 다르다고 제대로 분류한다. 그러나 100개의 다리 하나하나를 별개의 특징이라고 간주한다면, 다리의 색이 100배 부풀려 계산됨으로써 AY와 BZ로 묶어야 한다고 말하는 특징들의 수가 크게 늘어난다. 여기서 우리가 같은 특징을 100배 부풀렸다는 데에 모두가 동의할 것이다. 그것은 "사실상" 하나의 특징이다. 배아 발생의 과정에서 일어난 단 한 번의 "결정"이 다리 100개의 색을 동시에 정했기 때문이다.

좌우대칭에도 같은 말이 적용된다. 약간의 예외가 있지만, 발생은 동물의 양쪽이 서로의 거울상이 되도록 진행된다. 동물학자들 중 분지도를 만들 때에 그런 거울상 특징들을 두 번에 걸쳐 계산할 사람은 없겠지만, 독립된 특징인지의 여부가 언제나 그렇게 분명한 것은 아니다. 키위 같은 날지 못하는 새와 달리 비둘기는 비행 근육이 붙을 수 있도록 깊이 들어간 가슴뼈가 필요하다. 비둘기와 키위의 차이점을 말할 때, 깊은 가슴뼈와 펄럭거리는 날개를 각기 다른 두 특징으로 계산해야 할까? 아니면 한 특징의 상태가 다른 특징을 결정한다는, 아니면 적어도 다르게 진화될 자유를 줄인다는 점을 근거로 삼아, 그것들을 하나의 특징으로 계산해야 할까? 노래기와 거울상의 사례에서는 해답이 꽤 명확하지만, 가슴뼈 사례에서는 그렇지 않다. 합리적인 사람들이 서로 상반되는 견해를 주장하는 일도 흔하다.

가시적인 유사점과 차이점에 관해서 할 이야기는 그것뿐이다. 그러나 가시적인 특징들은 DNA 서열이 발현되어야만 진화한다. 현재 우리는 DNA 서열을 직접 비교할 수 있다. DNA 문서는 긴 끈 모양이므로 세고 비교할 항목들이 훨씬 더 많다는 추가 이점이 있다. 날개와 가슴뼈의 변이 같은 문제들은 자료의 홍수 속에 빠질 가능성이 높다. DNA상의 차이점들이 더욱 나은 이유는 그중에서 자연선택의 눈에 띄지 않는 것들이 많으며, 그것들이 조상의 "더 순수한" 흔적이기 때문이다. 극단적인 사례를 들면, DNA 암호들 중에는 동의어인 것들도 있다. 즉 서로 다른 암호가 똑같은 아미노산을 가리키기도 한다. DNA 단어에 돌연변이가 일어나도 동의어로 바뀐다면, 자연선택은 눈치채지 못한다. 그러나 유전학자에게는 그런 돌연변이도 다른 돌연변이가 못지않게 뚜렷이 보인다. 염색체에 있지만 실제로는 결코 쓰이지 않는 정보를 가진 "의사유전자(pseudogene)"(대개 진짜 유전자가 실수로 중복되어 생긴 것)와 다른 많은 "정크 DNA" 서열들에도 같은 말이 적용된다. 자연선택에서 자유로운 DNA는 자유롭게 돌연변이를 일으키며, 그런 돌연변이들은 분류학자들에게 대단히 많은 정보를 준다. 그렇다고 해서 일부 돌연변이들이 중요한 결과를 빚어낸다는 사실이 달라지는 것은 아니다. 설령 그것들이 빙산의 일각에 불과하다고 할지라도, 자연선택의 눈에 띄고 생명의 가시적이고 친숙한 모든 아름다움과 복잡성을 담당하는 것이 바로 그 부분이다.

DNA가 만병통치약은 아니다. DNA는 예기치 않은 방식으로 진화하면서, 경솔한 사람을 속일 수 있다. "기바통발 이야기"에서 알게 되겠지만, 우리 DNA의 절반 이상은 DNA 복제 기구를 약탈하여 자신의 유전체를 퍼뜨리는 바이러스나 바이러스성 기생체로 이루어져 있다. 한 생물로부터 다른 생물로 전달되는 바이러스를 토대로 두 생물을 묶는 것은 잘못일 것이다! 한 생물의 유전체 내에서만 퍼지는 DNA조차도 노래기의 다리처럼 수를 세는 문제를 제공할 수 있다. "칠성장어 이야기"에서 만날 다양한 헤모글로빈 유전자처럼, 더 잘 드러나지는 않지만 생물이 비슷한 중복된 DNA 서열을 지니기 때문에 생기는 문제도 있다. 헤모글로빈 알파 유전자와 베타 유전자를 둘 다 가진 조상 염색체는 알파 유전자를 잃은 후손 집단과 베타 유전자를 잃은 후손 집단을 생산할 수 있었다. 두 집단을 비교할 때, 우리는 한쪽의 알파 유전자와 다른 쪽의 베타 유전자를 비교하게 될 가능성이 높다. 즉 사과와 오렌지를 말이다. 이런 이유로 서로 다른 종을 비교할 때, 우리는 전문용어로 말하자면 같은 "이종상동(orthologous)" 유전적 서열을 쓰도록 해야 한다.

비교적 유연관계가 없는 생물들 사이에서 마치 수수께끼처럼 DNA의 아주 긴 영역이 유사성을 보이는 사례들도 있다. 조류가 포유류보다 거북, 도마뱀, 뱀, 악어와 더 밀접한 관련이 있다는 점을 의심하는 사람은 아무도 없다(랑데부 16 참조). 그렇기는 해도, 조류와 포유류의 DNA 서열은 그들의 먼 관계로부터 예상할 수 있는 것보다 더 닮아 있다. 둘 다 G–C 쌍의 수가 지나치게 많은 영역이 있으며, 특히 유전자 근처가 그렇다. 이것은 그들의 DNA 수선(repair) 메커니즘이 가진 특성의 결과물인 듯하다. 유전체 전체를 볼 때, 포유류와 조류의 DNA 서열은 같은 장소에서 G와 C가 축적되는 경향이 약간 있다. 그래서 유전적 연구 초창기에는 조류와 포유류를 하나로 묶곤 했다. 현재 우리는 이 제각각인 듯한 유사점들이 서로 독립된 것이 아님을 안다. 유전적 기구에 우연히 공통적으로 일어난 하나의 변화 때문이다. DNA는 생물분류학자들에게 유토피아를 약속하는 것 같지만, 우리는 그런 위험들이 있다는 사실도 인식해야 한다. 유전체에는 우리가 아직 이해하지 못하는 점들이 많다.

신중할 필요가 있다는 점을 역설했으니, DNA에 있는 정보를 이용할 방법을 말해보자. 흥미롭게도 인문학자들은 문헌들의 계보를 추적할 때에 진화생물학자들과 동일한 기법을 쓴다. 그리고 너무 딱 맞아떨어져서 도저히 믿기 어렵지만, 『캔터베리 이야기』계획의 연구 자료가 가장 좋은 사례에 속한다. 인문학자들의 국제 조직인 이 기관의 회원들은 진화생물학 도구들을 이용해서 『캔터베리 이야기』의 수기본 85종의 역사를 추적했다. 인쇄술이 등장하기 전에 손으로 쓴 이 오래된 수기본들은 사라진 초서의 원본을 재구성할 수 있다는 기대감을 한껏 부풀어오르게 한다. DNA와 마찬가지로, 초서의 글은 계속 복사되는 과정을 통해서 살아남았고, 그 과정에서 우연히 일어난 변화들이 사본들 속에 그대로 남았다. 학자들은 누적된 차이들을 꼼꼼히 분석함으로써, 복사의 역사, 즉 진화 계통도를 재구성할 수 있다. 그것은 사실상 세대를 거치면서 오류들이 서서히 누적되는 진화의 과정이기 때문이다. DNA 진화와 문학작품의 진화는 방법들과 난제들이 흡사하므로, 서로를 설명할 때에 사용할 수 있다.

따라서 잠시 긴팔원숭이에게서 초서에게로 시선을 돌려서, 『캔터베리 이야기』의 수기본 85종 중 "대영 도서관 판본," "크리스트 교회 판본," "이거틴 판본," "헹우르트 판본" 네 가지를 살펴보도록 하자.* 총서시의 처음 두 행은 다음과 같다.

대영 도서관 판본 : Whan that Aprylle / wyth hys showres soote
　(Bl)　　　　　　　　The drowhte of Marche / hath pcede to the rote

크리스트 교회 판본 : Whan that Auerell wt his shoures soote
　(Ch)　　　　　　　　The droght of Marche hath pced to the roote

이거틴 판본 : Whan that Aprille with his showres soote
　(Eg)　　　　　The drowte of marche hath pced to the roote

헹우르트 판본 : Whan that Aueryll wt his shoures soote
　(Hg)　　　　　　The droghte of March / hath pced to the roote

---

* "대영 도서관 판본"은 1501년 캔터베리 대주교였던 헨리 딘이 소장한 것으로, 이거틴 판본을 비롯하여 여러 판본들과 함께 현재 영국 대영 도서관에 소장되어 있다. "크리스트 교회 판본"은 현재 내가 이 책을 쓰는 곳에서 가까운 옥스퍼드 크리스트 교회 도서관에 있다. 기록상으로 "헹우르트 판본"은 1537년 풀커 더 틴이 소유했었다. 쥐들이 양피지를 갉아먹어 손상된 상태이며, 현재 웨일스 국립 도서관에 소장되어 있다.

```
Bl: Whan that Aprylle / wyth hys showres soote    The drowhte of Marche / hath pcede to the ro te
Ch: Whan that Auerell    wt  his showres soote    The droght  of Marche | hath pced  to the roote
En: Whan that Aprille  with his showres soote    The drow te of marche | hath pced  to the roote
Hg: Whan that Aueryll    wt  his showres soote    The droghte of March  / hath pced  to the roote
```

DNA나 문학작품을 분석할 때, 가장 먼저 할 일은 유사점과 차이점을 찾아내는 것이다. 그렇게 하려면 그것들을 "정렬해야" 한다. 문서는 누락되거나 뒤섞이기도 하고 길이가 다를 수도 있으므로, 반드시 쉽지만은 않다. 꾸준히 해나가려면 컴퓨터가 큰 도움이 되지만, 초서의 총서시 중 첫 두 행을 정렬하는 데에는 컴퓨터가 없어도 된다. 짙게 표시한 것처럼 15군데가 달랐다(위의 그림 참조).

차이들을 목록으로 만들었으므로, 이제 어느 계통수가 차이들을 가장 잘 설명하는지 알아보자. 한 가지 간단한 방법은 전반적으로 유사성을 보이는 판본들을 다음과 같이 일부 변이체를 이용하여 분류하는 것이다. 우선 가장 비슷한 판본들을 둘씩 짝 짓는다. 그 쌍을 하나의 평균적인 판본으로 삼고서, 나머지 판본 중 그 평균 판본과 가장 비슷한 것을 찾아서 묶는다. 그런 식으로 차례로 묶으면서 관계도를 구축한다. 이런 종류의 기법들—가장 흔한 것들 중에서 하나는 "이웃 연결법(neighbour-joining)"이다—은 가능한 계통수들을 모두 훑을 필요를 없애주므로 빠르다. 그러나 거기에는 진화 과정이라는 논리가 들어 있지 않다. 오로지 유사성만을 측정한 것이다. 그 때문에 진화를 주된 근거로 삼는(해당 학자들이 모두 그 점을 깨달은 것은 아니지만) 분지분류학파는 다른 방법들을 더 선호하는데, 그중 가장 먼저 고안된 것이 절약법(parsimony method)이었다.

"오랑우탄 이야기"에서 살펴보았듯이, 여기서 절약은 설명의 경제성을 의미한다. 동물이든 수기본이든 간에 진화에서 가장 경제적인 설명은 진화적 변화가 최소로 일어났다고 추정하는 것이다. 두 판본에 공통된 특징이 있다면, 경제적인 설명은 둘이 독자적으로 진화한 것이 아니라 공통 조상으로부터 함께 유전되었다는 것이다. 그것이 확고한 규칙은 아니지만, 적어도 그 반대보다는 옳을 가능성이 더 높다. 절약법은 적어도 원리상으로는 가능한 모든 가계도를 조사하여 변화량이 최소인 것을 택하는 방식이다.

경제성을 기준으로 가계도를 택할 때, 어떤 종류의 차이가 생기는가는 전혀 상관이

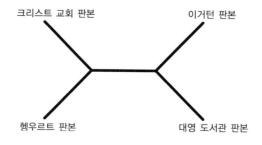

크리스트 교회 판본   이거턴 판본

헹우르트 판본   대영 도서관 판본

없다. 그리고 한 판본이나 한 동물 종에게만 있는 차이점은 **정보를 지니지 않는다**. 이웃 결합법은 그런 차이들을 이용하지만, 절약법은 그런 것들을 철저히 무시한다. 절약법은 **정보를 지닌** 변화에 의존한다. 하나 이상의 판본에서 볼 수 있는 변화들을 말한다. 절약법은 공통 조상을 이용하여 정보를 지닌 차이들을 가능한 한 많이 설명할 수 있는 가계도를 선호한다. 예로 든 초서의 행들에서는 차이가 나는 영역 중 9군데는 정보를 지니지 않으므로 무시할 수 있다. 앞의 그림에 정보를 지닌 6군데를 따로 표시했다. 앞쪽의 5군데는 판본들을 Cc와 Hg, 그리고 Bl과 Eg로 산뜻하게 나눈다는 것을 알 수 있다. 나머지 영역(마지막에 있는 빗금 부위)은 판본들을 다르게, 즉 Bl을 Hg와 그리고 Cc를 Eg와 묶는다. 이 마지막 차이점은 다른 차이점들과 충돌한다. 그저 베낄 때 생긴 실수를 다시 그대로 베껴 씀으로써 이런 판본 차이가 생겼다는 사실을 뿌리 없는 계통수로는 설명할 수가 없다. 어느 시점에 두 판본에서 똑같은 베껴 쓰기 오류가 일어난 것이 틀림없다.

절약법은 변화가 가장 적게 일어난 계통수를 고르라고 말한다. 즉 두 수도사가 독자적으로 같은 곳에 빗금을 넣는 식으로, 우연의 일치로 한 차례 오류가 일어나기만 하면 되는 계통수이다. 그 계통수는 위와 같다.

다른 두 계통수는 베껴 쓸 때에 똑같은 오류가 대여섯 번 일어났어야 한다고 본다. 그러나 그럴 가능성은 훨씬 더 적다. 그렇다고 불가능하지는 않다. 따라서 우리는 이 초서 판본들에 관한 결론을 신중하게 다루어야 한다. 특히 판본에서는 수렴과 역전이 흔히 일어나기 때문이다. 중세의 필경사들은 거의 거리낌없이 철자를 바꾸었으며, 사선뿐만 아니라 마침표도 마음대로 넣거나 뺐다. 관계를 더 잘 보여주는 지표는 단어의 순서가 바뀌는 것 같은 변화일 것이다. 유전학에서는 DNA의 대량 삽입, 결실, 중복 같은 사건들, 즉 "희귀한 유전체 변화들"이 그런 것들이다. 우리는 변화의 종류별

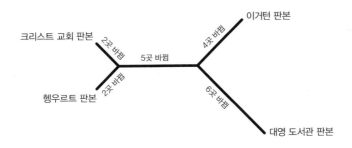

로 약간씩 가중치를 부여함으로써 그것들을 명시적으로 인정할 수 있다. 독특한 변화들에 가중치를 부여하면 흔하거나 신뢰할 수 없는 변화들의 비중은 줄어든다. 희귀하거나 신뢰할 만한 친족관계의 지표로 알려진 변화들은 가중치를 높여 잡는다. 한 변화에 높은 가중치를 둔다는 말은 그것을 중복해서 세고 싶지 않다는 의미이다. 따라서 전체 가중치가 가장 낮은 것이 가장 경제적인 가계도이다.

절약법은 진화 가계도를 찾는 데에 많이 쓰인다. 그러나 많은 DNA 서열과 초서 판본에서 그렇듯이 수렴이나 역전이 흔하다면, 절약법은 잘못된 결과를 도출할 수 있다. 그것이 바로 "긴 가지 끌림(long branch attraction)"이라는 악명 높은 도깨비이다. 무슨 말인지 알아보자.

뿌리가 있든 없든 간에 분지도는 가지가 갈라지는 순서만을 알려준다. 계통도(phylogram), 즉 계통수(phylogenetic tree)(그리스어로 phylon은 인종, 종족, 계급이라는 뜻이다)는 비슷하지만, 가지들의 길이를 통해서도 정보를 전달한다. 대개 가지의 길이는 진화적 거리를 나타낸다. 가지가 길수록 변화가 더 많고, 짧을수록 변화가 적다는 의미이다. 예를 들면, 『캔터베리 이야기』의 네 판본 사이의 관계는 위와 같이 묘사할 수 있다.

이 계통도에서는 가지들의 길이 차이가 그리 크지 않다. 그러나 판본들 중 두 종이 다른 둘에 비해서 많이 변했다면, 어떤 일이 벌어질지 상상해보라. 그 둘로 이어지는 가지는 아주 길어질 것이다. 그리고 변화들 중 일부는 독특하지 않을 것이다. 그것들은 가계도의 다른 지점에서 일어난 변화들, **특히** 다른 긴 가지에서 일어난 변화들과 같을 것이다. 어쨌든 대부분의 변화들은 긴 가지에서 일어나기 때문이다. 진화적 변화들이 많아지면, 두 긴 가지를 잘못 연결함으로써 진정한 연결이 가려질 것이다. 단순히 변화의 수를 세는 데에 의존하는 절약법은, 특히 긴 가지 말단의 것들을 하나로 잘못 묶는다. 절약법은 긴 가지들을 서로 거짓으로 "끌어당기도록" 만든다.

긴 가지 끌림은 생물분류학자들에게 큰 고민거리이다. 그것은 수렴과 역전이 흔할 때마다 고개를 쳐들며, 불행히도 더 많은 판본을 살펴본다고 해도 그 문제를 피할 수는 없다. 반대로 더 많은 판본을 살펴볼수록, 거짓 유사점들을 더 많이 발견할 것이고, 틀린 답이 옳다는 확신도 더 강해질 것이다.* 불행히도 DNA 자료들은 긴 가지 끌림에 특히 취약하다. 주된 이유는 DNA 암호에는 4개의 글자밖에 없기 때문이다. 차이점들이 대부분 글자 하나의 변화라면, 우연히 같은 글자에 독자적으로 돌연변이가 일어날 가능성이 대단히 높다. 이것이 긴 가지 끌림이라는 지뢰밭을 만든다. 이런 경우에 우리는 절약법의 대안을 찾을 필요가 있다. 생물분류학계에서 점점 더 인정받는 우도 분석(likelihood analysis)이 바로 그것이다.

우도 분석은 절약법에 비해서 컴퓨터의 능력에 더 많이 의존한다. 가지들의 길이가 중요하기 때문이다. 그래서 우리는 고려해야 할 것이 훨씬 더 많다. 모든 분기 양상들뿐 아니라, 가지 길이와 돌연변이율의 가능한 모든 양상들도 살펴보아야 한다. 영웅적인 노력이 요구되는 작업이다. 교묘한 근사법과 간편한 방법을 찾아내야만, 시도해볼 희망이라도 품을 수 있다. 이 분야에서는 계산생물학자들이 활발하게 연구하고 있다.

"우도(尤度, likelihood)"는 모호한 용어가 아니다. 반대로 그것은 명확한 의미를 가진다. 이런 식으로 생각해보자. 각 변화 유형(한 문자가 다른 문자로 바뀔 확률, 문자 하나가 누락될 확률 등등)의 확률을 추정해보자. 그와 동시에 진화 계통수에서 (가지의 길이를 염두에 두고서) 한 가지 추측을 하자. 그 추측들이 옳다고 가정하면, 우리가 실제로 보는 DNA 서열이 나올 정확한 확률을 계산할 수 있다. 그 값이 바로 그 추측들의 "우도"이다(아주 작은 값일 수도 있다). 다른 추측 집합을 취하면, 다른 "우도" 값이 나올 것이고, 우리는 그것을 첫 번째 값과 비교할 수 있다. 우리가 할 수 있는 추측들—계통수와 확률—의 수만큼 계속할 수 있다.

우도를 이용하여 "최선의 추론(best guess)"을 담은 계통수를 정하는 다양한 방법들이 나와 있다. 가장 단순한 방법은 가장 높은 우도 값을 가진 계통수를 가정하는 것

---

* 그런 가계도들은 "펠젠스타인 영역(Felsenstein zone)" 내에 있다고 한다. 저명한 미국의 생물학자 조 펠젠스타인의 이름을 딴 용어인데 왠지 위험하게 들린다. 그의 최근 저서 『계통 추론(Inferring Phylogenies)』은 이 분야의 경전으로 인식된다.

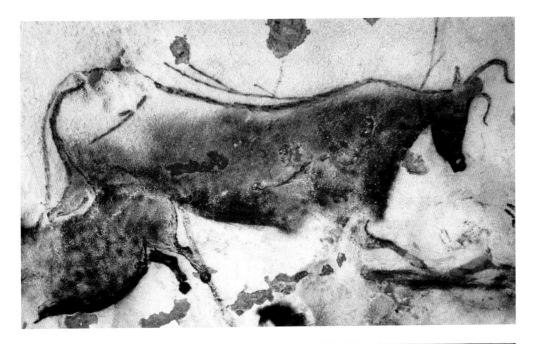

1 뭔가 아주 특별한 일이 일어나기 시작했다……
이 황소 그림은 프랑스 도르도뉴 지방의 라스코 동굴 벽화들 중 가장 인상적인 그림에 속한다. 1940년에 발견된 이 벽화들은 1만6,000년 이전의 것으로서 여러 동물들이 그려져 있다. 그림들은 당시 사람들이 동물의 모습과 움직임을 깊이 이해했으며, 예술적 감각이 풍부했음을 보여준다. 왜 이런 벽화들을 그렸는지는 알 수 없다(69쪽 참조).

2 그들은 손을 잡았을까?
1978년 메리 리키가 탄자니아 라에톨리에서 발견한 360만 년 전의 호미니드 발자국들. 화산재에 찍힌 뒤에 화석이 되었다. 발자국은 70미터쯤 이어지며, 오스트랄로피테쿠스 아파렌시스가 남긴 것으로 추정된다(114쪽 참조).

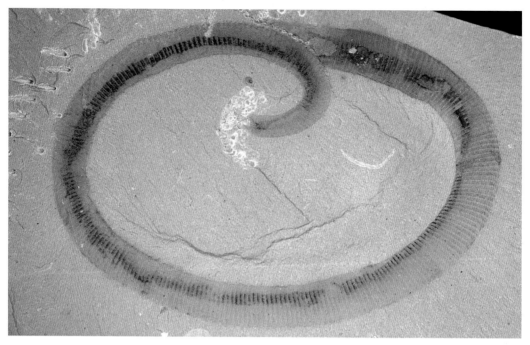

3 운 좋게 남은 화석

중국 청장의 화석층에서 발견된 부드러운 부위들이 고스란히 보존된 팔레오스콜렉스 시넨시스 벌레 화석. 청장의 화석은 후기 캄브리아기인 약 5억2,500만 년 전의 것이다(115쪽 참조).

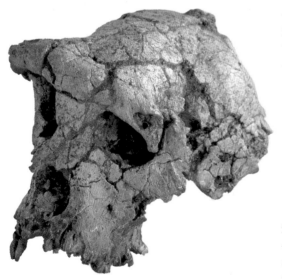

4 삶의 희망

2001년 미셸 브뤼네 연구진이 차드의 사헬 지역에서 발견한 사헬란트로푸스 차덴시스, 즉 "투마이"(141쪽 참조).

5 공조상 3

공조상 3의 상상 재현도. 긴 팔로 나뭇가지에 매달려 돌아다니면서 주로 나무 위에서 생활했을 커다란 네 발 보행 유인원. 열매가 주식이었을 것이다. 모든 대형 유인원들이 그렇듯이, 지능이 상당했을 것이다(173쪽 참조).

7 화성인에게는 마다가스카르가 고향 같을까?
마다가스카르 모론다바에 있는 바오바브나무 가로수길. 이 종은 마다가스카르에 있는
6종의 토착 바오바브나무 중 하나이다(230쪽 참조).

6 공조상 8
주로 밤에 활동하지만 낮에도 활동했을 듯싶은 고양이만 한
영장류인 공조상 8. 앞쪽으로 향한 눈과 움켜쥘 수 있는 손과
발로 나뭇가지 끝에서 먹이를 찾았을 것이다(224쪽 참조).

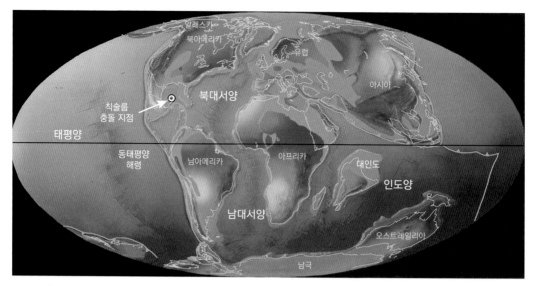

8 K/T 대멸종 당시의 지구[378]. 칙술룹 운석의 충돌 지점이 표시되어 있다. 백악기 말에 로라시아와 곤드와나는 대략 현재 우리에게 친숙한 모양의 대륙들로 쪼개졌다. 유럽은 아직 커다란 섬이었고, 마다가스카르와 분리된 인도는 빠르게 아시아를 향해 가고 있었다. 중생대 내내 그러했듯이, 기후는 온난 해류의 덕을 어느 정도 입어서 극지방까지 온화하고 따뜻했다(224–234쪽 참조).

9 자신의 확장된 표현형 속에서 헤엄치는
유럽비버(258쪽 참조).

10 놀라운 고래

물속에 있는 하마. 현재 아프리카에는 두 종의 하마가 살고 있다. 다른 한 종은 난쟁이하마이다. 그러나 화석들은 홀로세까지 마다가스카르에 세 종의 하마가 살았음을 암시한다(264쪽 참조).

11 몸집이 최고

남방코끼리표범의 암컷과 수컷(276쪽 참조).

12(왼쪽) & 13(아래) 공조상 13
이 책의 초판에서 가져온 재구성도는 낮은 가지들을 기어올라 곤충을 잡아먹는 땃쥐를 닮은 야행성 동물을 보여준다. 이들은 태반 포유류의 전형적인 특징들을 가지고 있었다. 마지막으로 진화한 주요 식물 집단인 속씨식물이 배경에 보인다. 아래의 그림은 2013년의 좀더 최근의 재구성도이다(290쪽 참조).

이다. 그것에 "최대 우도"라는 이름을 붙여도 무방하지만, 가장 가능성 높은 가계도가 하나 있다고 해서 가능성이 거의 같은 수준의 계통수들이 없다는 의미는 아니다. 아마 가장 가능성 높은 가계도 하나를 믿는 대신에, 가능한 모든 가계도들을 살펴보면서 가능성에 비례해서 신뢰도를 부여해야 할지도 모른다. 최대 우도의 대안인 이 접근방식을 베이즈 계통분류학(Bayesian phylogenetics)이라고 하며, 온갖 유형의 확률 계산에 "베이즈" 접근법을 적용하려는 최근의 추세에 부응한다(인터넷 스팸 필터도 한 예이다). 이 방법을 진화 계통수에 적용하면 두 가지 이점이 있다. 하나는 각 분기점의 확률값을 얻는다(비록 그 값이 지나치게 낙관적일 수 있다고 경험이 말해주기는 하지만)는 것이고, 더 중요한 다른 한 가지는 각 가지를 따라 진화의 속도를 보정할 수 있다는 것이다. 따라서 가지의 길이는 변화의 양이 아니라 실제 시간의 추정값이 될 수 있다. 그것은 본질적으로 변화를 "분자시계"로 삼을 수 있다는 의미이다. 이 책에 실린 연대 중에서 상당수를 추정할 때에 썼던 것과 같은 유형의 시계이다. 분자시계는 "발톱벌레 이야기의 후기"에서 다룰 것이다. 물론 최대 우도처럼 베이즈 분석도 가능한 모든 계통수를 조사할 수는 없지만, 계산을 쉽게 하는 방법들이 있으며, 효과도 좋다.

우리가 최종 선택한 가계도의 **신뢰도**는 그 가계도의 가지들을 우리가 얼마나 확신하는가에 달려 있을 것이며, 각 분지점 옆에 이런 수치를 적는 것이 일반적이다. 베이즈 방법을 사용하면 확률이 자동적으로 계산되지만, 절약법이나 최대 우도법 같은 방법들을 사용할 때에는 대안이 될 측정방법들이 필요하다. 흔히 사용되는 것은 "부트스트랩 방법(bootstrap method)"이다. 자료의 각기 다른 부분들에서 표본을 다시 뽑아서 최종 가계도와 얼마나 차이가 나는지를 반복하여 살펴보는 방법이다. 다시 말해서 가계도의 오차가 얼마인지를 알아보는 것이다. "부트스트랩" 값이 100퍼센트에 근접할수록, 그 분지점은 더 확고해지며, 그 분지점의 신뢰도는 더 높아진다. 그러나 부트스트랩 값이 정확히 무엇을 말하는 것인가를 놓고 학자마다 해석이 다르다. 비슷한 방법으로 "잭나이프"와 "붕괴 지수"가 있다. 모두 우리가 가계도의 각 분지점을 얼마나 믿어야 하는지를 측정한다.

문학작품을 떠나 생물학으로 돌아오기 전에, 초서의 수기본 24종 중 첫 250행 사이의 진화적 관계를 요약한 그림을 살펴보자. 이것은 계통도이다. 즉 분지 양상뿐만 아니라 선의 길이에도 의미가 있다. 당신은 서로 조금 다른 판본들이 어떤 것들이고, 크

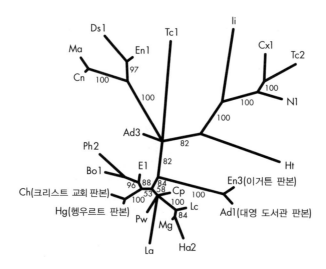

"나는 누락된 것을 덧붙이지는 않았다"(캑스턴 판본의 서문) 『캔터베리 이야기』의 수기본 24종의 첫 250행을 이용해서 그린 뿌리 없는 계통도. 『캔터베리 이야기』 계획에서 연구한 수기본들 중 일부를 나타낸 것이다. 수기본들은 약자로 표시했다. 경제 분석법으로 얻은 가계도로서, 부트스트랩 값을 분지점에 표시했다. 앞에서 다룬 4종의 판본도 포함되었다.

게 다른 판본이 어떤 것인지 금방 파악할 수 있다. 이 가계도는 뿌리가 없다. 즉 이 그림 자체는 24종의 판본들 중 어느 것이 "원본"에 가장 가까운지 말해주지 않는다. 그리고 흡족하게도 우리가 논의한 4종의 판본(괄호로 표시했다)이 첫 두 행만을 이용해서 계산한 관계를 정확히 보여준다는 점에도 주목하자.

이제 우리의 긴팔원숭이로 돌아갈 때가 되었다. 오랫동안 많은 사람들이 긴팔원숭이들의 유연관계를 밝혀내려고 노력해왔다. 절약법은 긴팔원숭이가 네 집단임을 시사했다. 다음 페이지에 신체 특징들에 바탕을 둔 뿌리 있는 분지도가 있다.

다음의 분지도는 긴팔원숭이들이 기존의 네 속으로 분류되고, 노마스쿠스속의 종들은 함께 묶이고(부트스트랩 100퍼센트), 힐로바테스속의 종들도 아마 그럴 것임(부트스트랩 80퍼센트)을 상당히 설득력 있게 보여준다. 하지만 다른 관계들은 대부분 명확하지 않다. 그리고 설령 힐로바테스속과 훌록속이 함께 묶인다고 해도, 63이라는 부트스트랩 값은 그런 난해한 값을 읽는 법을 배운 이들에게 설득력이 없다. 즉 긴팔원숭이 속들 사이의 관계를 파악하는 데에는 신체 특징만으로 충분하지 않다.

이 때문에 연구자들은 점점 더 분자유전학에 눈을 돌려왔다. 우리는 "이브 이야기"에

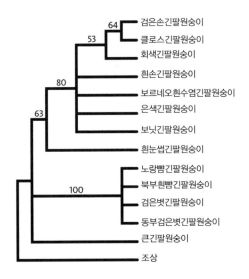

검은손긴팔원숭이
64
클로스긴팔원숭이
53
회색긴팔원숭이
흰손긴팔원숭이
80
보르네오흰수염긴팔원숭이
은색긴팔원숭이
63
보닛긴팔원숭이
흰눈썹긴팔원숭이
노랑뺨긴팔원숭이
북부흰뺨긴팔원숭이
100
검은볏긴팔원숭이
동부검은볏긴팔원숭이
큰긴팔원숭이
조상

형태를 토대로 한 긴팔원숭이들의 뿌리 있는 분지도 가이스만의 논문에서 인용[148].

서 미토콘드리아 DNA를 소개하면서, 그것이 모계로만 전해지고 유전 연구에 널리 쓰인다고 설명했다. 긴팔원숭이의 분자유전학적 연구를 선도하는 권위자는 크리스타안 루스이다. 그는 자신의 연구진이 최근에 긴팔원숭이의 미토콘드리아 DNA를 완전히 분석했다고 우리에게 알려주었다.

연구진은 비교가 거의 불가능한 몇몇 영역들을 제외하고서 여러 긴팔원숭이들에게서 얻은 서열과 7개의 외집단에서 얻은 서열을 (우리가 초서의 판본을 대상으로 한 것처럼) 문자 대 문자로 비교했다. 그런 다음 최대 우도와 베이즈 분석을 수행했다. 후자는 진화의 속도를 다양하게 조정할 수 있다. 그렇게 해서 얻은 계통수(다음)는 말단 지점들이 나란히 놓여 있고, 가지의 길이가 지질시대의 추정값을 보여주는 형태이다. 이 도표에서 숫자가 없는 분기점들은 부트스트랩 값이 100퍼센트이고 베이즈 확률이 1.0에 달하는 확실한 것이다. 따라서 이 계통수는 신체 형질을 토대로 한 계통수보다 더 신뢰도가 높다.

불행히도 부트스트랩 값이 87과 77퍼센트로 표시된 조금 덜 확실한 분기점들은 여전히 우리의 긴팔원숭이 속들에 악영향을 미친다. 한 가지는 확실하다. 노마스쿠스속 미토콘드리아가 가장 먼저 갈라졌다는 것이다. 힐로바테스속 긴팔원숭이의 그 다음 분기(부트스트랩 87퍼센트)도 타당성이 있다. 그러나 주머니긴팔원숭이와 훌록을 묶

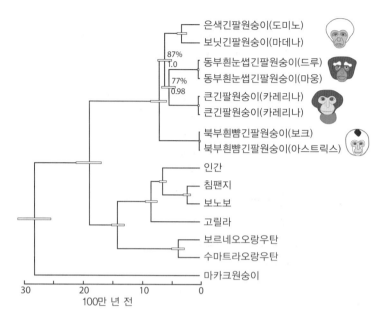

온전한 미토콘드리아 DNA 서열을 이용한 긴팔원숭이 계통도 부트스트랩 100퍼센트 미만과 베이즈 확률 1.00 미만인 값들이 표시되어 있다. 베이즈 접근법을 쓰면 인류/침팬지, 인류/오랑우탄, 인류/마카크원숭이의 분기점 연대를 추정할 수 있다. 각각 600~700만 년, 1,400만 년, 2,400~2,900만 년 전이며, 각 분기점의 막대 표시는 확률 95퍼센트일 때, 연대의 분포 범위를 나타낸 것이다. 카본 등의 문헌에서 인용[56].

는 77퍼센트라는 부트스트랩 값은 실망스러운 수준이다. 이 계통수가 거의 1만6,000개의 DNA 문자에 토대를 둔다는 점을 생각하면, 아마 이 점이 놀라울지도 모르겠다. 한 가지 문제는 집단들을 묶는 가지의 길이다. 긴팔원숭이들의 이 근원적인 분기들이 다소 짧게 연달아 일어났다는 것은 진화적 변화가 축적될 시간이 거의 없었음을 시사한다. 우리의 순례여행에는 다행스럽게도, 이 계통수의 인류 계통에 놓인 중간 가지들은 문제가 덜 된다. 600~800만 년 전에 한 짧은 가지에서 갈라져나온 인류는 500만 년 이상 뻗은 가지들로 이어지므로, 많은 정보를 담은 진화적 변화가 축적될 시간이 충분했다.

한 계통수에서 짧은 가지—진화적 변화가 적은 가지—는 문제가 될 수 있다. 그러나 지나치게 긴 가지, 즉 변화가 아주 많이 일어난 가지도 그럴 수 있다. DNA 서열 사이에 차이가 점점 더 많이 쌓일수록, 최대 우도와 베이즈 분석이라는 정교한 기법들조차 적용하기가 어려워지기 시작한다. 유사점 중 우연의 일치로 생긴 것의 비율이 감당할 수 없을 만큼 커지는 지점이 나타날 수 있다. 그 이후부터는 DNA 차이가 포화되었다(saturated)고 말한다. 그런 DNA 서열로는 그 어떤 좋은 기법으로도 조상의 흔적을 복원할 수 없다. 유연관계의 흔적들이 시간이 흐르면서 파괴되었기 때문이다. DNA 차이가 중립적일 때에는 문제가 더욱 심각해진다. 강력한 자연선택은 유전자를 협소한 범위 내에서 유지한다. 극도로 중요한 기능을 하는 유전자라면 수억 년 동안 말 그대로 똑같은 상태를 유지할 수도 있다. 그러나 하는 일이 전혀 없는 의사유전자는 그렇게 긴 시간이 흐르는 동안 가망 없는 포화 상태에 이른다. 그런 상황에서는 다른 자료가 필요하다. 앞에서 말한 희귀한 유전체 변화를 이용하자는 개념이 가장 유망해 보인다. 단일 문자 변화가 아니라 DNA 재편이 수반되는 변화 말이다. 그렇게 희귀하면서 사실상 독특하기 마련인 변화라면, 우연의 일치로 닮을 가능성이 훨씬 더 낮다. 그리고 불어나는 순례자 무리에 하마가 합류할 때에 알게 되겠지만 그런 변화는 일단 발견되면, 놀라운 관계를 드러낼 수 있다. 그리고 우리는 하마의 놀라운 이야기에 경악하게 될 것이다.

긴팔원숭이 이야기의 후기

"긴팔원숭이 이야기"에서는 신체적 특징이나 유전적 서열을 통해서 진화 계통수를 추론하는 법을 설명했다. 긴팔원숭이의 미토콘드리아 DNA는 하나의 타당한 답을 내놓는다. 그러나 우리는 한 가지 중요한 점을 돌이켜봄으로써 그 이야기에 단서를 붙이도록 하겠다. 그것을 긴팔원숭이의 쇠퇴와 종 계통수의 몰락이라고 불러도 될 것이다. 미토콘드리아 DNA는 모계로만 전달되므로, 거기에는 계통수의 분지 양상이 엄밀하게 반영되어 있다. 우리 유전체의 나머지는 더 성가시다. 지금까지 서너 편의 이야기에서 주장해왔듯이, 종은 다양한 원천에서 온 DNA의 복합체이다. 각 유전자, 아니 사실상 유전적 서열의 문자 하나하나는 나름의 역사적 경로를 거쳐왔다. DNA의 각 조각, 생물의 각 측면은 각기 다른 진화 계통수를 가질 수 있고, 그것은 종 사이의 관계가 산뜻하고 단순하지 않을 수 있음을 의미한다. 앞에서 우리는 그런 사례를 하나 살펴보았다. ABO 혈액형이다. 그런데 너무나 익숙한 탓에, 우리가 간과했던 더 명백한 사례가 있다. 화성인 분류학자에게 인간 남녀 및 긴팔원숭이 수컷의 생식기만 보여준다면,

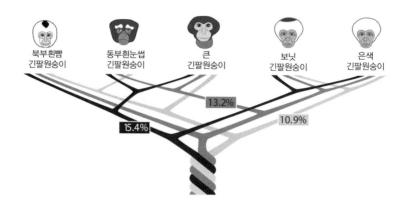

북부흰뺨
긴팔원숭이

동부흰눈썹
긴팔원숭이

큰
긴팔원숭이

보닛
긴팔원숭이

은색
긴팔원숭이

15.4%　　13.2%　　10.9%

그는 주저하지 않고 두 수컷이 여성보다 서로 더 가까운 관계에 있다고 분류할 것이다. 사실 수컷다움을 결정하는(SRY라고 하는) 유전자는 여성의 몸에 들어 있은 적이 없다. 적어도 오래 전에 우리와 긴팔원숭이가 갈라진 이래로 그랬다. 전통적으로 형태학자들은 "부조리한" 분류를 피하기 위해서, 성적 형질을 특수한 사례로 다루자고 주장했다. 그러나 유전체를 더 깊이 살펴봄에 따라, 과학자들은 이 문제가 전에 생각했던 것보다 훨씬 더 포괄적인 것임을 깨닫고 있다.

위의 그림은 루시아 카본 연구진이 미토콘드리아 DNA뿐만 아니라 전체 유전체로부터 긴팔원숭이들 사이의 유전적 관계를 추론한 것이다. 서로 다른 진화 계통수의 혼합임이 명백히 드러난다. 가장 흔히 보는 계통수이자 유전체의 15퍼센트가 지지하는 계통수는 두 힐로바테스 종이 맨 먼저 갈라졌다고 말한다. 또 한 계통수는 노마스쿠스 분지가 먼저 일어났다고 말하며, 유전체의 13퍼센트가 그 주장을 뒷받침한다. 세 번째 관계도는 유전체의 11퍼센트가 지지하는 것인데, 힐로바테스가 가장 먼저 갈라지기는 하지만 나머지 세 속 사이의 분지 순서가 다르다. 알아보기 어려울까봐 그림에서는 뺐지만, 분석을 통해서 지지를 덜 받는 다른 계통수들도 도출되었다. 초서의 사례와 달리, 이 상충되는 계통수들은 우연한 수렴의 산물이 아니다. 더 큰 DNA 덩어리가 삽입된 희귀한 사건들을 분석했을 때에 이런 조화시킬 수 없는 진화적 역사들이 드러나기 때문에, 그렇다는 것을 안다.

이 문제를 파헤치면 두 가지 효과에서 비롯되는 것을 알 수 있다. 긴팔원숭이 사례에서는 양쪽이 다 기여할 가능성이 높다. 첫 번째는 잡종 형성의 가능성이다. 속이 다른 긴팔원숭이들끼리도 동물원에서 잡종을 형성할 수 있고, 예전에는 야생종들 사이에서도 잡종이 형성되었을 것이고, 그럼으로써 종 사이에 다양한 유전자들이 전달되었을 것이다. 두 번째는 "보노보 이야기"에서 마주친 "불완전 계통 분류"이다. 어느 긴팔원숭이 종을 추적하든 간에 번식하는 한 쌍에 다다른다는 것은 불가능하기 때문이다. 긴팔원숭이의 조상 집단은 늘 개체수가 수천 마리 또는 수만 마리였다. 큰 집단에서는 각 유전자가 불가피하게 얼마간 다양성을 가지기 마련이다. 그 유전자 계통수는 기존에 있던 많은 계통들로 이루어질 것이다. 집단이 더 클수록, 이 조상 계통들은 더 오래 존속했을 가능성이 높다. 큰 조상 집단이 짧은 간격을 두고 종분화 사건들을 겪을 때, 단순히 우연을 통해서 DNA의 각 조각들이 상충되는 계통을 보유하게 될 수도 있다.

이 책, 그리고 생명의 여명으로 향하는 우리 여행은 단일 진화 계통수라는 개념에 토대를 두는데, 이 두 효과는 그 개념에 의문을 제기한다. 다행히도 기나긴 지질시대가 우리를 구원해준다. 집단들이 서로 다른 방향으로 진화할 때, 잡종이 형성될 기회는 줄어들고 (아마 더욱 중요한 점일 텐데) 조상들의 유전적 계통들은 사라진다. 따라서 종분화 사건들이 수백만 년 사이를 두고 일어날 때, 대다수의 유전자들은 결국 단일 계통수로 수렴된다. 분기점들이 멀리 떨어져 있으면, 충돌은 성이나 혈액형 유전자 같은 특이한 사례들에 드물게 국한되어 나타난다. 긴팔원숭이도 그렇다. 비록 긴팔원숭이 계통수의 아래쪽 가지들은 뒤엉켜 있지만, 나머지는 더 명확히 갈라진다. 한 예로, 힐로바테스속 긴팔원숭이 두 종은 언제나 함께 묶이며, 그것은 그들이 다른 속들과 먼저 갈라지고, 다시 400-500만 년이 흐른 뒤에 갈라졌다는 사실을 반영한다.

시간을 거슬러오를수록, 우리는 랑데부 지점들이 대부분 서로 500만 년 이상 떨어져 있음을 알게 될 것이다. 그 점은 우리가 그린 보편적인 생명의 나무가 옳음을 정당화해준다. 종분화 사건들이 짧은 간격으로 잇달아 일어날 때에만 이 개념은 훼손되며, 우리는 랑데부 9, 10, 13에서 그런 사례들을 다루고자 한다.

구세계원숭이

우리의 약 150만 대 선조인 공조상 5를 만나기 위해서 이 랑데부 지점으로 가는 도중에, 우리는 (다소 임의적이지만) 중요한 경계를 건넌다. 이 여행에서 처음으로 우리는 지질시대를 건넌다. 신제3기를 떠나 그보다 앞선 고제3기로 들어선다. 지질시대를 한 번 더 건너면 갑자기 백악기의 공룡 세계로 들어가게 될 것이다. 랑데부 5는 약 2,500만 년 전인 고제3기에 이루어진다. 더 구체적으로 말하면 그 시대의 올리고세이다. 거슬러올라가는 우리의 여정에서 세계의 기후와 식생이 지금과 비슷하게 느껴지는 마지막 시대이다. 그보다 더 거슬러올라가면, 신제3기의 전형적인 탁 트인 초원이나 그 벌판을 돌아다니는 초식동물 무리의 흔적을 전혀 찾을 수 없을 것이다. 2,500만 년 전 아프리카는 나머지 세계와 완전히 격리되어 있었다. 가장 가까운 땅인 스페인과도 현재 마다가스카르까지의 거리만큼이나 넓은 바다를 사이에 두고 떨어져 있었다. 아프리카라는 거대한 섬에서 꼬리를 가진 순례자들 중 처음으로 활달하고 재주 많은 구세계원숭이들이 유입됨으로써 우리의 순례여행은 활기를 띤다.

현재 구세계원숭이는 대략 130종이며, 그중 일부는 모대륙을 떠나 아시아로 이주했다("오랑우탄 이야기" 참조). 그들은 크게 두 집단으로 나뉜다. 하나는 아프리카의 콜로부스원숭이들과 아시아의 랑구르원숭이 및 긴코원숭이를 합친 집단이다. 다른 하나는 주로 아시아의 마카크원숭이들과 아프리카의 개코원숭이 및 게논 등으로 이루어져 있다.

살아 있는 모든 구세계원숭이들의 마지막 공통 조상은 공조상 5보다 약 1,100만 년 뒤인 1,400만 년 전쯤에 살았다. 그 시대를 밝히는 데에 가장 도움이 된 화석 속은 빅토리아피테쿠스(*Victoriapithecus*)이다. 빅토리아 호의 마보코 섬에서 나온 멋진 두개골을 비롯하여 1,000점이 넘는 화석들이 발견되었다. 구세계원숭이 순례자들은 모두 약

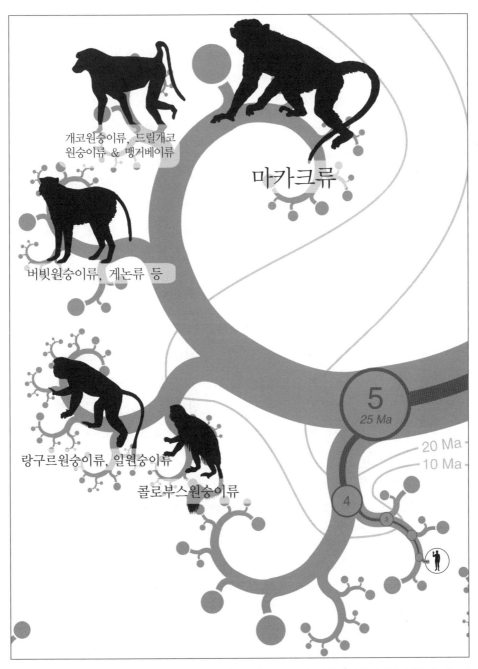

개코원숭이류, 드릴개코
원숭이류 & 맹거베이류

마카크류

버빗원숭이류, 게논류 등

랑구르원숭이류, 일원숭이류

콜로부스원숭이류

5
25 Ma

20 Ma
10 Ma

4

3

구세계원숭이의 합류　130여 종의 구세계원숭이들을 두 아과로 나누는 방식이 널리 받아들여졌으며, 여기서
도 그 견해를 채택했다. 위쪽의 세 집단은 긴꼬리원숭이아과에 속한다. 아프리카 동물들이 주류를 이루며, 개
코원숭이, 버빗원숭이, 마카크가 여기에 속한다. 다른 하나는 콜로부스아과로서, 아래쪽에 표시된 랑구르원
숭이(아시아)와 콜로부스원숭이(아프리카)로 이루어진다. 다양한 분자 증거들도 이 분류체계에 들어맞는다.

1,400년 전에 서로 합류하여 자신들의 공조상을 만났다. 그 공조상은 빅토리아피테쿠스이거나 비슷한 동물이었을 것이다. 그런 다음 그들은 여행을 계속하여 2,500만 년 전 공조상 5가 있는 곳에서 우리 유인원 순례자들과 합류한다.

그러면 공조상 5는 어떻게 생겼을까? 아마 그보다 약 700만 년 전에 살았던 화석 속인 아이깁토피테쿠스(*Aegyptopithecus*)와 어느 정도 비슷했을 것이다. 어림짐작하면 공조상 5는 유인원과 구세계원숭이로 이루어진 후손인 협비원류(狹鼻猿類, catarrhine)와 같은 특징을 가졌을 가능성이 높다. 예를 들면 공조상 5는 광비원류(廣鼻猿類, platyrrhine)인 신세계원숭이의 좌우로 뻗은 넓은 코가 아니라, 협비원류라는 이름의 어원이 된 특징처럼 코가 아래로 향하고 좁았을 것이다. 암컷은 유인원과 구세계원숭이에게는 있고 신세계원숭이에게는 없는 월경 주기가 있었을 것이다. 또 귀에 뼈로 된 관이 없이 고막이 밖으로 드러난 신세계원숭이와 달리 고막과 바깥귀 사이에 뼈로 이루어진 귓구멍이 있었을 것이다.

꼬리가 있었을까? 있었을 것이 거의 확실하다. 유인원과 원숭이의 가장 뚜렷한 차이가 꼬리의 유무이므로, 우리는 2,500만 년 전의 분지가 꼬리를 잃은 시점에 해당한다는 잘못된 결론에 빠지기 쉽다. 사실 공조상 5는 다른 거의 모든 포유동물들과 마찬가지로 꼬리가 있었을 것이며, 공조상 4는 후손들인 현대의 모든 유인원들과 마찬가지로 꼬리가 없었을 것이다. 그러나 우리는 공조상 5에서 공조상 4로 이어지는 길의 어느 지점에서 꼬리가 없어졌는지 알지 못한다. 그리고 꼬리가 없음을 나타내려고 어느 시점부터 갑작스럽게 "유인원(ape)"이라는 단어를 사용해야 할 특별한 이유 같은 것도 없다. 한 예로 아프리카의 화석 속인 프로콘술은 원숭이가 아니라 유인원이라고 부를 수 있다. 랑데부 5에서 갈라질 때에 유인원 쪽에 놓였기 때문이다. 그러나 유인원 쪽 가지에 있었다는 사실만으로는 꼬리가 있었는지 여부를 전혀 알 수 없다. 공교롭게도 증거들을 비교 평가한 연구 결과는 최근의 한 권위 있는 논문 제목처럼 "프로콘술은 꼬리가 없었다"고 암시한다. 그러나 랑데부에서 멀어질 때, 유인원 쪽에 있었다는 사실로부터 그런 결론이 나오는 것은 결코 아니다.

그렇다면 공조상 5와 프로콘술 중간의 꼬리가 없어지기 전의 동물은 무엇이라고 불러야 할까? 엄격한 분지론자는 그들을 유인원이라고 부를 것이다. 그들이 갈라진 가지의 유인원 쪽이기 때문이다. 다른 분류학자들은 그들을 원숭이라고 부를 것이다.

꼬리가 있기 때문이다. 다시 말하지만, 명칭을 놓고 너무 왈가왈부하는 것은 어리석은 짓이다.

구세계원숭이인 긴꼬리원숭잇과는 진정한 분지군(clade), 즉 한 공통 조상의 모든 후손들을 포함한 집단이다. 그러나 그들이 "원숭이"의 전부는 아니다. 신세계원숭이인 광비원류도 있기 때문이다. 구세계원숭이는 신세계원숭이보다 유인원에 더 가까우며, 둘은 합쳐져서 협비원류가 된다. 모든 유인원과 원숭이는 합쳐져서 자연적인 분지군인 진원류(Anthropoidea)를 이룬다. "원숭이"는 광비원류 전부와 협비원류 일부를 포함하지만, 협비원류의 일부인 유인원을 제외시키므로 인위적으로 묶은 집단(전문용어로 "측계통군[paraphyletic]")이다. 차라리 구세계원숭이를 꼬리 달린 유인원이라고 부르는 편이 더 나을지 모른다. 앞에서 말한 것처럼, 협비원류는 "아래로 뻗은 코"를 의미한다. 이런 면에서 우리는 이상적인 협비원류이다. 볼테르의 『캉디드』에 나온 팡글로스 박사는 "코가 안경에 맞게 생겼기 때문에, 우리는 안경을 쓴다"고 말했다. 그는 우리 협비원류의 코가 빗물이 들이치지 않는 방향으로 뻗었다고 덧붙일 수도 있었을 것이다. 광비원류는 납작하거나 넓은 코를 뜻한다. 두 영장류 집단을 구분하는 특징이 그것만은 아니지만, 그것이 바로 이름의 연원이다. 이제 랑데부 6으로 가서 광비원류를 만나보자.

랑데부 6

신세계원숭이

신대륙의 광비원류 "원숭이"가 우리 및 우리의 약 300만 대 선조인 공조상 6, 즉 최초의 진원류와 만나는 랑데부 6은 약 4,000만 년 전에 이루어진다. 열대숲이 무성하던 시기였다. 심지어 남극대륙에도 일부이기는 하지만 녹음이 우거져 있었다. 비록 현재 광비원류 원숭이들은 모두 남아메리카와 중앙아메리카에서만 살고 있지만, 랑데부가 그곳에서 이루어지지 않음은 거의 확실하다. 나는 랑데부 6이 아프리카의 어딘가에서 이루어진다고 추측한다. 아프리카에서는 살아남은 후손을 남기지 못한 코가 납작한 아프리카 영장류 한 무리가 작은 개척자 집단을 이루어 어찌어찌하여 남아메리카로 건너갔다. 이 일이 훨씬 더 나중에 일어났을 리는 없다. 3,600만 년 전, 현재의 아마조니아에 다람쥐만 한 원숭이가 살았기 때문이다. 2015년 페루에서 원숭이 이빨 화석이 발굴되면서 확인된 사실이다. 게다가 이 이빨은 북아프리카의 좀더 오래된 화석 퇴적층에서 나온 원숭이 이빨과 흡족할 만치 비슷하다. 당시 남아메리카와 아프리카는 지금보다 가까웠고, 해수면이 낮았으므로 서아프리카에서 쉽게 건너갈 수 있는 섬들이 중간에 죽 늘어서 있었을 것이다. 원숭이들은 떠다니는 섬이라고 할 수 있는 잠시 동안 목숨을 지탱해줄 맹그로브 줄기를 뗏목 삼아 섬을 건넜을 것이다. 해류는 의도하지 않은 채 뗏목을 적절한 방향으로 이끌었다. 또다른 주요 동물 집단인 호저하목(*Hystricognath*) 설치류도 그 무렵에 남아메리카에 도착했을 것이다. 아마 그들도 아프리카에서 왔을 것이다. 사실 그들의 이름은 아프리카호저인 히스트릭스속(*Hystrix*)의 이름을 딴 것이다. 아마 원숭이들은 같은 뗏목은 아니었겠지만 설치류와 마찬가지로 뗏목을 타고서 동일한 우호적인 해류를 이용하여 같은 섬들을 거쳐서 건너갔을 것이다.

모든 신대륙 영장류가 한 이주 집단의 후손일까? 아니면 영장류들이 섬들을 건너는

신세계원숭이의 합류　신세계원숭이 100여 종은 그림에서처럼 대개 5과로 분류된다. 위쪽에서부터 사키원숭
잇과, 거미원숭잇과, 꼬리감는원숭잇과, 올빼미원숭잇과, 비단원숭잇과이다. 더 상위 분류군에서 이들이 어
떤 관계에 놓이는지는 조금 논란거리이다. 특히 야행성 원숭이의 위치가 문제이다. 이들이 진화 역사 초기에
빠르게 종분화가 일어난 탓에 이런 문제가 나타나는 것일 수도 있다.

통로를 한 번 이상 이용했을까?* 두 번의 이주를 뒷받침할 증거가 있을까? 설치류 쪽은 아프리카호저류, 두더지쥐류, 바위쥐류, 사탕수수쥐류 등 아프리카에 아직 호저하목 설치류가 남아 있다. 남아메리카 설치류 중 일부가 아프리카 설치류 중 일부(호저 같은)와 가까운 사촌이고, 또다른 남아메리카 설치류는 다른 아프리카 설치류(두더지 쥐 같은)와 가까운 사촌임이 드러난다면, 설치류들이 한 번 이상 남아메리카로 이주했음을 나타내는 좋은 증거가 될 것이다. 실제로는 그렇지 않다. 비록 강력한 증거는 아니라고 할지라도, 그것은 설치류들이 남아메리카로 한 번만 퍼져나갔다는 견해에 부합된다. 남아메리카 영장류들도 모두 아프리카 영장류가 아니라 서로가 더 가까운 사촌지간이다. 마찬가지로 이것도 강력한 증거는 아니라고 해도, 분산이 한 번 일어났다는 가설에 들어맞는다.

뗏목 이동 사건이 일어날 법하지 않은 일이라고 해서 그것이 일어났다는 사실을 의심할 이유는 못 된다는 것을 다시 말해둔다. 이 말이 놀랍게 들릴지도 모르겠다. 대개 일상생활에서는 일어날 법하지 않다고 하면 일어나지 않으리라고 생각할 타당한 이유가 된다. 원숭이나 설치류나 다른 누군가의 대륙 간 뗏목 이동 이야기에서 핵심은 그 일이 한 번은 일어나야만 했고, 중대한 결과를 빚어낼 그 일이 일어나는 데에 걸린 시간이 우리가 직관적으로 이해할 수 있는 수준을 벗어난다는 점이다. 떠다니는 맹그로브에 임신한 원숭이 암컷이 올라타 있고 그것이 어느 해에 육지에 도달할 확률은 1만 분의 1에 불과할지 모른다. 인간의 경험에 비추어보면 불가능할 정도로 낮은 확률이다. 그러나 수백만 년이라는 기간을 생각하면, 그 일은 거의 필연이 된다. 그 일이 일단 일어나자, 나머지는 일사천리로 진행되었다. 그 운 좋은 암컷은 한 가족을 낳았고, 그 가족은 왕가가 되었고, 결국 갈라져서 모든 신세계원숭이 종들을 낳았다. 한 번 일어나기만 하면 된다. 시작은 미미했으나 결과는 장엄했다.

아무튼 우연한 뗏목 이동이 당신의 생각만큼 드문 일은 아니다. 바다 위에 떠다니는 잡동사니에는 작은 동물들이 타고 있는 모습이 가끔 목격된다. 그리고 반드시 작은 동물들만 있는 것도 아니다. 초록이구아나는 대개 몸길이가 1미터인데, 2미터까지 자

---

* 물론 "이용했다"라는 말을 무심결에 했다는 뜻 이외의 의미로 쓴다면 옳지 않다. "도도 이야기"에서 말하겠지만, 어떤 동물도 새로운 영토를 개척하려고 애쓰지 않는다. 그러나 그런 일이 우연히 일어나면, 중대한 진화적 결과가 빚어질 수 있다.

라기도 한다. 엘런 J. 첸스키 연구진이 『네이처(*Nature*)』에 쓴 글을 인용해보자.

1995년 10월 4일, 카리브 해 앵귈라의 동해안에 적어도 15마리는 되는 초록이구아나가 나타났다. 이 종은 원래 섬에 없던 동물이었다. 그들은 한 무더기의 통나무와 뿌리뽑힌 나무들을 타고 도착했다. 나무들 중에는 길이가 9미터를 넘고 커다란 뿌리가 그대로 달려 있는 것들도 있었다. 동네 어민들은 그 무더기가 아주 넓게 퍼져 있었고, 걷어서 해변에 쌓아놓는 데에 이틀이 걸렸다고 말한다. 그들은 만에 있는 통나무들 위와 해변에 이구아나들이 있는 것을 보았다고 했다.

이구아나들은 아마 다른 섬의 나무들 위에서 살고 있었을 것이다. 그러다가 허리케인으로 나무가 뽑히면서 함께 바다로 쓸려나갔던 것이다. 9월 4-5일에 동카리브 해를 휩쓴 루이스나 2주일 뒤에 닥친 매릴린이 그랬을지 모른다. 두 허리케인은 앵귈라에는 오지 않았다. 첸스키 연구진은 앵귈라와 그곳에서 500미터 떨어진 암초에서 초록이구아나들을 사로잡기도 하고 관찰하기도 했다. 그 집단은 2014년에도 앵귈라에 살고 있었다. 활발하게 번식하는 암컷이 적어도 한 마리는 있었다는 뜻이다. 전 세계의 이구아나와 친척 파충류들은 섬을 개척하는 데에 매우 뛰어나다. 심지어 이구아나는 서인도 제도보다 훨씬 더 먼 피지와 통가에도 모습을 보이곤 한다.

나는 이런 종류의 "한번 일어나기만 하면 된다"는 논리를 집 근처에서 일어나는 사고에 적용할 때는 매우 섬뜩하다는 말을 하지 않을 수 없다. 핵 억제력의 원리는 대량 보복이 두려워서 아무도 감히 먼저 공격하지 않으리라는 것이며, 그것은 핵무기 소유를 정당화하는 거의 옹호될 수 없는 논리로도 쓰인다. 실수로 미사일이 발사될 확률은 얼마일까? 독재자가 미칠 확률은? 컴퓨터 시스템이 고장을 일으킬 확률은? 위협이 통제할 수 없을 정도로 커질 확률은? 아마겟돈을 촉발시킬 끔찍한 실수를 저지를 확률은 얼마일까? 연간 100분의 1일까? 나는 더 비관적으로 본다. 우리는 1963년에 위태로울 정도까지 그런 상황에 근접했다. 혹시 카슈미르에서, 이스라엘에서, 한국에서 무슨 일이 일어나지 않을까? 연간 확률이 100분의 1로 낮다고 할지라도, 우리가 말하는 재앙의 규모를 생각하면, 한 세기는 아주 짧은 기간이다. 그 일은 한번 일어나기만 하면 된다.

이제 더 행복한 주제인 신세계원숭이에게로 돌아가자. 많은 구세계원숭이들처럼 신세계원숭이들도 나뭇가지 위에서 네 발로 걷지만, 일부는 긴팔원숭이처럼 가지에 매달리며, 심지어 팔그네 이동을 하는 것들도 있다. 꼬리는 모든 신세계원숭이들의 두드러진 특징이며, 거미원숭이, 양털원숭이, 울음원숭이는 꼬리를 또 하나의 팔인 양 움직이고 움켜쥐는 데에 쓴다. 그들은 꼬리만으로 매달릴 수도 있고, 팔, 다리, 꼬리를 함께 쓰기도 한다. 꼬리 끝에 손이 달린 것은 아니지만, 거미원숭이를 지켜보고 있으면 손이 달려 있다고 해도 믿을 지경이다.*

신세계원숭이 중에는 유일한 야행성 진원류인 올빼미원숭이와 놀라운 묘기를 보여 주는 도약 선수들도 있다. 올빼미원숭이의 눈은 부엉이나 고양이처럼 커다랗다. 원숭이와 유인원들을 통틀어 가장 눈이 크다. 피그미마모셋원숭이는 진원류 중에서 몸집이 가장 작으며, 겨울잠쥐만 하다. 그러나 몸집이 가장 큰 울음원숭이도 커다란 긴팔원숭이 정도밖에 되지 않는다. 울음원숭이는 팔로 매달려서 돌아다니는 데에 능숙하며, 아주 시끄럽다는 점에서도 긴팔원숭이를 닮았다. 그러나 긴팔원숭이가 시끄럽게 울리는 뉴욕 시의 경찰 사이렌 같은 소리를 내는 반면, 속이 빈 뼈로 이루어진 후두에서 울려나오는 울음원숭이 무리의 소리를 듣고 있으면 제트기 편대가 나무 위로 지나가면서 내는 기괴한 소리가 떠오른다. 공교롭게도 울음원숭이는 우리 구세계원숭이들에게 색깔을 보는 방식에 관해서 무엇인가 할 이야기가 있는 듯하다. 그들은 독자적으로 같은 해답에 도달했기 때문이다.

울음원숭이 이야기

새로운 유전자는 아무것도 없는 상태에서 별안간 유전체에 추가되는 것이 아니다. 그것은 앞서 있던 유전자의 사본 형태로 생겨난다. 그다음에 오랜 기간 진화를 거치면서 돌연변이, 선택, 표류를 통해서 나름대로의 길을 간다. 우리는 대개 이런 일이 일어나는 광경을 직접 보지는 못하지만, 범죄 현장에 도착한 수사관들처럼 남아 있는 증거

---

* 킨카주(육식동물), 호저(설치류), 개미핥기(빈치류), 주머니쥐(유대류), 심지어 도롱뇽의 일종인 볼리토글로사 등 남아메리카의 다른 몇몇 집단들도 움켜쥘 수 있는 꼬리를 가지고 있다. 남아메리카에 무엇인가 특별한 점이 있는 것일까? 그러나 움켜쥘 수 있는 꼬리는 남아메리카가 아닌 곳에서 사는 천산갑, 후티아(tree rat), 스컹크, 카멜레온 등의 일부 종에게도 나타난다!

들로부터 어떤 일이 일어났는지를 끼워맞출 수 있다. 색각(色覺)에 관여하는 유전자들은 놀라운 사례이다. 앞으로 말할 여러 가지 이유들 때문에, 그 이야기를 할 당사자로는 울음원숭이가 제격이다.

처음 출현했을 때부터 오랜 기간, 포유류는 밤의 생물이었다. 낮은 공룡들의 세상이었다. 그들의 현대 친척들로부터 판단하건대, 공룡들은 아마 색각이 뛰어났을 것이다. 따라서 포유류의 먼 조상인 포유류를 닮던 파충류들, 즉 공룡이 등장하기 전에 낮을 주름잡았던 생물들도 색각을 지녔으리라고 보아도 무방할 듯하다. 그러나 포유류가 기나긴 야간 유랑생활을 하던 시절에, 그들의 눈은 색깔과 상관없이 광자(光子)라면 무조건 받아들일 필요가 있었다. "눈먼동굴고기 이야기"에서 나올 이유들 때문에, 색깔 식별 능력이 퇴화한 것도 놀랄 일은 아니다. 지금까지도 대다수의 포유동물들은 이원색(二元色) 체계를 쓰기 때문에 색각이 아주 떨어진다. 심지어 낮 생활로 복귀한 포유동물들도 대부분 그렇다. 이원색은 망막에 색깔을 감지하는 세포, 즉 "원추세포(圓錐細胞, cone cell)"가 두 종류임을 의미한다. 우리 협비류 유인원들과 구세계원숭이들은 빨강, 초록, 파랑의 삼원색(三元色) 체계를 쓰는데, 증거들은 우리의 야행성 조상들이 잃은 세 번째 원추세포를 우리가 다시 획득했음을 보여준다. 포유류 말고 어류와 파충류 같은 다른 대부분의 척추동물들은 세 종류("삼원색")나 네 종류("사원색")의 원추세포를 가지고 있으며, 조류와 거북은 훨씬 더 정교한 색각을 지닐 수도 있다. 신세계원숭이들은 매우 유별나다. 그중에서도 울음원숭이는 더욱 그렇다.

흥미롭게도 오스트레일리아의 유대류들은 뛰어난 삼원색 색각을 지닌다는 점에서 대다수의 포유류와 다르다는 증거가 있다. 꿀꼬마주머니쥐와 더나트(dunnart)에게서 그것을 발견한(왈라비[wallaby]에서도 발견되었다) 캐서린 어레스 연구진은 오스트레일리아 유대류(아메리카 유대류는 그렇지 않다)가 포유류의 대부분이 잃은 조상 파충류의 시각 색소를 간직했다고 주장한다. 전반적으로 포유류는 척추동물들 중에서 색각이 가장 떨어지는 듯하다. 대부분의 포유동물들은 색깔을 본다고 해도 색맹인 사람이 보는 만큼만 본다. 영장류는 특이한 예외 사례인데, 성적 표현을 할 때에 그들이 다른 어떤 포유동물 집단들보다도 선명한 색깔을 활용한다는 점을 생각하면 결코 우연이 아니다.

포유류 중에서 우리의 친척들을 살펴본 결과를 토대로 할 때, 삼원색 시각을 잃지 않은 오스트레일리아의 유대류와 달리, 우리는 영장류들이 파충류 조상들로부터 삼원색 시각을 물려받은 것이 아니라 재발견했다고, 게다가 한 번이 아니라 독자적으로 두 번 재발견했다고 말할 수 있다. 구세계원숭이와 유인원이 먼저 발견했고, 신대륙의 울음원숭이가 두 번째로 발견했다. 신세계원숭이들 전체가 발견한 것은 아니다. 울음원숭이의 색각은 유인원의 색각과 흡사하지만, 독자적으로 유래했음을 알 수 있을 정도로 확연히 다르다.

어떤 중요한 이유 때문에 삼원색 시각이 신대륙과 구대륙의 원숭이들에게서 독자적으로 진화했을까? 주로 제시되는 것은 열매를 먹는 행위와 관련이 있다는 주장이다. 초록빛이 주류를 이루는 숲에서, 열매의 색깔은 눈에 띈다. 그것은 아마 우연이 아닐 것이다. 열매는 원숭이 같은 식과동물(frugivore)을 유혹하기 위해서 선명한 색깔로 진화했을 것이다. 그 동물들은 씨앗을 퍼뜨리고 거름을 주는 핵심적인 역할을 한다. 삼원색 시각은 더 짙은 녹색을 배경으로 즙이 더 많은 어린잎(흔히 연녹색이며, 빨간색인 것도 있다)을 찾아내는 데에도 도움이 된다. 식물에게는 불리한 상황이다.

색깔은 우리의 인식을 현혹시킨다. 색깔 단어들은 아기들이 맨 처음 배우는 형용사에 속하며, 아기들이 명사에 가장 잘 가져다붙이는 단어들이기도 하다. 우리가 인식하는 색깔들은 본래 전자기 복사선이며, 파장이 거의 비슷비슷하다. 따라서 각 색깔이 어느 파장에 해당하는지 외우기가 쉽지 않다. 붉은빛은 파장이 약 7조 분의 1미터이며, 보랏빛은 약 4조2,000억 분의 1미터이지만, 이 양끝 사이에 놓인 가시광선의 범위는 파장이 수 킬로미터(몇몇 전파)에서 나노미터 이하(감마선)에 이르기까지 걸쳐 있는 스펙트럼 전체에서 극히 좁은 영역에 해당한다. 거의 어이없을 정도로 좁은 창문이다.

우리 행성에 있는 모든 눈은 우리 별을 가장 밝게 비추고, 대기라는 창문을 뚫고 들어오는 파장에 해당하는 전자기 복사선을 이용할 수 있도록 고안되어 있다. 눈은 이렇게 범위가 모호한 파장들에 맞게 조정된 생화학적 기술들을 활용하는데, 물리학 법칙들은 그런 기술들로 볼 수 있는 전자기 스펙트럼을 더 명확히 세분한다. 적외선을 넓은 영역에 걸쳐 볼 수 있는 동물은 없다. 그나마 어느 정도 그런 능력을 갖춘 동물은 살무사들이다. 이들의 머리에는 적외선을 감지하는 구멍이 있으며, 비록 적외선으로 초점을 맞추어 적절한 영상을 만들지는 못하지만, 먹이가 어느 쪽에서 열을 내는지 방향을 감지할 수는 있다. 또한 자외선 영역을 깊숙이 들여다볼 수 있는 동물도 없다.

벌 중에는 우리보다 자외선 쪽으로 약간 더 치우쳐 볼 수 있는 종류도 있지만, 그 대신 그들은 붉은빛을 볼 수 없다. 그들에게는 그 빛이 적외선인 셈이다. 모든 동물들은 자외선이라는 짧은 파장과 적외선이라는 긴 파장 사이에 놓인 좁은 영역의 전자기선을 빛으로 본다. 벌, 인간, 뱀은 "빛"의 양쪽 경계선의 위치가 조금씩 다를 뿐이다.

망막에는 여러 종류의 감광세포(light-sensitive cell)가 있으며, 각 감광세포는 더 좁은 영역의 빛을 포착한다. 스펙트럼의 붉은 쪽에 더 민감한 원추세포가 있는 반면, 파란 쪽에 더 민감한 것도 있다. 색각은 원추세포들을 비교함으로써 가능해진다. 색각의 질은 주로 비교되는 원추세포들의 종류가 얼마나 많은가에 달려 있다. 이원색 동물의 눈에는 원추세포가 두 종류뿐이다. 삼원색 동물은 세 종류, 사원색 동물은 네 종류의 원추세포를 지닌다. 각 원추세포는 감지하는 범위가 서로 다르며, 해당 스펙트럼에서도 특정 영역에서 감도가 최대가 되고 그곳에서 멀어질수록 줄어든다. 최대 지점의 양쪽이 뚜렷한 대칭성을 보이지는 않는다. 감도 그래프의 경계 밖으로 가면, 세포는 아무것도 보지 못하는 셈이다.

스펙트럼의 초록 영역에 있는 원추세포의 감도를 생각해보자. 그 세포가 뇌를 향해 신경 펄스를 보낸다면, 우리가 풀이나 당구대 같은 초록 물체를 보고 있다는 의미일까? 결코 그렇지 않다. 단지 그 세포가 초록빛을 받았을 때만큼 붉은빛에 발화를 하려면, 붉은빛의 양이 더 많아야 한다는 의미이다. 그 세포는 선명한 붉은빛이나 흐릿한 초록빛에 똑같이 행동할 것이다.[*] 신경계는 각기 다른 색깔을 선호하는(적어도) 두 세포의 동시 발화율을 비교해야만 대상의 색깔을 말할 수 있다. 각 세포는 서로의 "대조 기준" 역할을 한다. 감도 곡선이 서로 다른 세 세포의 발화율을 비교한다면 대상의 색깔을 좀더 잘 파악할 수 있을 것이다.

컬러 텔레비전과 컴퓨터 화면은 우리의 삼원색 눈에 맞게 설계되었으므로 당연히 삼원색 체계로 이루어져 있다. 정상적인 컴퓨터 모니터의 "화소"는 눈으로 분간할 수 없을 정도로 아주 가까이 놓인 세 개의 점으로 이루어진다. 각 점은 늘 같은 색깔로 빛나며, 화면을 아주 고배율로 확대한다면, 비록 용도에 따라서 다른 조합도 가능하지만

---

[*] 여기서 흥미로운 가능성이 제기된다. 한 신경생물학자가 작은 탐침을 초록 원추세포에 꽂고서 전기 자극을 준다고 상상해보자. 그 초록 세포는 다른 세포들은 모두 가만히 있는데 자기만 "빛"을 본다고 보고할 것이다. 그럴 때 뇌는 실제 빛을 통해서는 얻을 수 없는 "극초록" 색깔을 볼까? 실제 빛은 아무리 순수하든 간에, 세 종류의 원추세포들을 항상 각기 다르게 자극할 것이다.

대개 빨강, 초록, 파랑, 세 가지 색깔만 나타날 것이다. 이 삼원색의 발광(發光) 세기를 조정하면, 선명한 색이나 미묘한 색조 같은 원하는 색깔을 낼 수 있다. 그러나 사원색 거북은 우리의 텔레비전이나 영화의 장면들이 비현실적이라며, 아주 실망할 것이다.

마찬가지로 우리의 뇌는 단지 세 종류의 원추세포들이 발화하는 비율을 비교하는 것만으로도, 아주 넓은 범위의 색깔들을 인식할 수 있다. 그러나 이미 말했듯이, 태반을 가진 포유류는 대부분 삼원색 동물이 아니라 망막에 두 종류의 원추세포만 있는 이원색 동물이다. 하나는 보라(일부에서는 자외선)에서 감도가 최대이며, 다른 하나는 초록과 빨강 사이의 한 지점에서 감도가 최대가 된다. 우리 같은 삼원색 동물의 눈에서 짧은 파장을 맡은 원추세포는 보라와 파랑 사이에서 감도가 최대이고, 대개 파랑 원추세포라고 부른다. 다른 두 세포들은 초록 원추세포와 빨강 원추세포라고 부를 수 있다. 혼란스럽게도 "빨강" 원추세포들도 실제로는 노랑 파장에서 감도가 최대가 된다. 그러나 그들의 감도 곡선은 스펙트럼의 붉은빛까지 뻗어 있다. 감도가 노랑에서 최대이기는 하지만, 붉은빛에도 강하게 발화한다. 즉 "붉은" 원추세포의 발화율에서 "초록" 원추세포의 발화율을 빼면, 붉은빛을 볼 때의 발화율 값이 상대적으로 아주 커진다는 의미이다. 이제 최대 감도(보라, 초록, 노랑)는 잊고, 세 종류의 원추세포들을 파랑, 초록, 빨강이라고 하자. 눈에는 원추세포 외에 간상세포(桿狀細胞, rod cell)도 있다. 간상세포도 감광세포인데, 원추세포와 모양이 다르다. 간상세포는 밤에 특히 유용하며, 색깔 지각과는 무관하다. 간상세포는 우리 이야기에 등장하지 않을 것이다.

색각은 화학적, 유전학적으로 다소 상세히 규명되었다. 그 이야기의 주인공은 옵신(opsin) 분자이다. 옵신은 원추세포(그리고 간상세포)에 들어 있는 시각 색소이다. 옵신 분자는 망막에서 특정 분자에 달라붙거나 그것을 감싸는 작용을 한다. 그 특정 분자는 비타민 A에서 유도된 화학물질이다.* 망막 분자는 구부러진 상태에서 옵신과 결합한다. 그 뒤 맞는 색깔의 광자 하나가 그 분자에 부딪히면 구부러졌던 상태가 펴진다. 이것이 세포에 신경 펄스를 발화시키라는 신호가 되고, 신경 펄스는 뇌에 "여기에 내가 감지하는 종류의 빛"이 있다고 말한다. 망막 분자에서 분리된 옵신 분자는 다른

---

* 당근에는 비타민 A를 만들 수 있는 베타카로틴이 풍부하다. 그래서 당근을 많이 먹으면 어둠 속에서도 잘 볼 수 있다는 풍문이 떠도는데, 사실 이 소문은 제2차 세계대전 때 전략가들이 레이더를 비밀로 유지하기 위해서 퍼뜨린 것이다. 베타카로틴은 시력 건강에 도움이 되기는 하지만, 야간시를 개선할 가능성은 적다.

구부러진 망막 분자와 다시 결합한다.

여기서 중요한 것은 옵신 분자가 모두 똑같지는 않다는 점이다. 모든 단백질들이 그렇듯 옵신도 유전자에서 만들어진다. DNA 서열의 차이에 따라서 각기 다른 색깔에 민감한 옵신들이 만들어지며, 그것이 지금까지 말했던 이원색 또는 삼원색 체계의 유전적 토대이다. 물론 모든 세포에는 모든 유전자들이 들어 있으므로, 빨강 원추세포와 파랑 원추세포의 차이는 어떤 유전자를 지녔는가가 아니라, 어느 유전자가 활동하느냐에 따른 것이다. 그리고 한 원추세포는 한 종류의 유전자만을 작동시킨다는 규칙이 있다.

우리의 초록 옵신과 빨강 옵신을 만드는 유전자들은 서로 흡사하며, X 염색체(여성은 쌍으로, 남성은 하나만 있는 성염색체)에 있다. 파랑 옵신을 만드는 유전자는 약간 다르며, 성염색체가 아니라 상염색체(常染色體, autosome)라는 보통 염색체에 있다(인간은 7번 염색체에 있다). 우리의 초록 세포와 빨강 세포는 최근의 유전자 중복 사건에서 유래했고, 훨씬 오래 전에 또다른 중복 사건을 통해서 파랑 옵신 유전자와 갈라진 것이 분명하다. 누군가가 이원색 혹은 삼원색 시각인지 여부는 유전체에 옵신 유전자가 몇 종류나 들어 있는가에 달려 있다. 예를 들면, 파랑과 초록 옵신 유전자만 있고 빨강 옵신 유전자가 없다면 이원색 동물이 된다.

색각이 어떻게 작용하는가라는 배경 이야기는 그 정도로 하자. 이제 울음원숭이라는 구체적인 사례를 통해서 그들이 어떻게 삼원색 시각을 가지게 되었는지 살펴보기로 하자. 그 전에 다른 신세계원숭이들은 기이한 이원색 체계를 가진다는 점을 이해해야 한다(한편 여우원숭이들 중에도 이원색 시각인 것들이 있으며, 신세계원숭이들이 모두 이원색 동물인 것도 아니다. 가령 야행성인 올빼미원숭이는 일원색 시각이다). 이 논의의 목적상, "신세계원숭이"를 말할 때, 잠시 울음원숭이 같은 예외적인 종들은 제외시키도록 하자. 울음원숭이는 더 나중에 다루기로 한다.

우선 암컷이든 수컷이든 모든 개체의 상염색체에 있는 파랑 유전자는 논의에서 제외시키자. X 염색체에 있는 빨강과 초록 유전자는 더 복잡한 양상을 띠며, 우리는 그것들에 초점을 맞추기로 하자. X 염색체에는 빨강이나 초록 대립유전자가 놓일 유전자좌가 하나뿐이다.* 암컷은 X 염색체가 둘이므로, 빨강이나 초록 유전자를 지닐 확률이

---

* 사실 빨강과 초록은 이 유전자좌에서 가능한 색깔 중 두 가지에 불과하지만, 그것만 다루어도 대단히 복잡해질 수 있다. 이 이야기의 목적상 "빨강"과 "초록"만 있다고 하자.

2배가 된다. 그러나 X 염색체가 하나뿐인 수컷은 빨강이나 초록 유전자 중 **하나만** 가질 수 있으며 둘 다 가질 수는 **없다**. 따라서 신세계원숭이 수컷은 이원색이어야 정상이다. 수컷은 원추세포가 두 종류뿐이다. 파랑에다가 빨강이나 초록 중 **하나**를 가진다. 인간의 기준으로 보면, 신세계원숭이 수컷은 모두 색맹이다. 그 색맹은 두 종류이다. 초록 옵신이 없는 집단에 속하는 수컷과 빨강 옵신이 없는 집단에 속하는 수컷이 있다. 파랑 옵신은 모두에게 있다.

암컷들은 더 운이 좋을 수 있다. X 염색체가 둘이므로, 운이 좋으면 한쪽에는 빨강 유전자, 다른 한쪽에는 초록 유전자가 존재할 수 있다(게다가 파랑 유전자까지 가진다는 것은 말할 필요도 없다). 그런 암컷은 삼원색일 것이다.* 그러나 불행히도 빨강 유전자 둘이나 초록 유전자 둘을 가진 이원색 암컷들도 있을 것이다. 우리의 기준으로 보면, 그런 암컷들은 색맹이며, 수컷과 마찬가지로 두 종류의 색맹이 있다.

따라서 타마린이나 다람쥐원숭이 같은 신세계원숭이 집단은 기묘하게 혼합된 집단이다. 수컷들 전부와 암컷들 중 일부는 이원색이다. 즉 우리의 기준으로 보면 두 종류의 색맹이다. 그러나 수컷과 달리 일부 암컷들은 우리처럼 진정한 색각을 가진 삼원색 동물이다. 타마린을 대상으로 여러 가지 색깔로 위장한 상자들 안에 든 먹이를 찾는 실험을 한 결과, 삼원색 개체가 이원색 개체보다 성공률이 더 높았다. 아마 먹이를 찾아 돌아다니는 신세계원숭이 무리에 속한 삼원색 암컷은 대다수 원숭이들이 보지 못하고 지나치는 먹이를 운 좋게 발견할 수 있을 것이다. 한편 한 유형의 이원색 개체들만으로 이루어진 무리나, 서로 다른 유형의 이원색 개체들이 섞인 무리가 유리할 가능성도 있다. 제2차 세계대전 당시 일부러 특정한 유형의 색맹자들을 포병으로 뽑은 사례가 있다. 그들은 삼원색 동료들이 보지 못하고 놓치는 특정한 형태의 위장 시설들을 포착할 수 있었기 때문이다. 실험 결과 이원색을 가진 사람은 삼원색인 사람이 잘 속는 특정한 형태의 위장술을 간파할 수 있음이 확인되었다. 삼원색 개체들과 두 종류의 이원색 개체들로 이루어진 원숭이 무리가 삼원색 개체들로만 이루어진 무리보다 더 다

---

* 암컷이 한 원추세포에서 옵신 유전자를 둘 다가 아니라 빨강이나 초록 중 하나만 켤 수도 있다. 암컷은 한 세포의 X 염색체 하나를 통째로 꺼버리는 메커니즘을 가지고 있기 때문이다. 세포들 중 절반은 무작위적으로 한 X 염색체의 활성을 없애고, 나머지 절반은 다른 X 염색체의 활성을 없앤다. 이 과정은 중요하다. X 염색체에 있는 모든 유전자들은 그 염색체 하나만 활성을 띠어야 작동하도록 설정되었기 때문이다. 수컷들의 X 염색체가 하나뿐이므로 그에 맞추어야 한다.

양한 먹이를 발견할 수도 있다. 억지처럼 들릴지 모르지만, 황당하지는 않다.

신세계원숭이의 빨강과 초록 옵신 유전자는 "다형성(polymorphism)"의 사례이다. 다형성은 한 집단에 한 유전자가 두 가지 이상의 형태로 존재하는 것을 말한다. 최근에 생긴 돌연변이에서 비롯된 희귀한 형태는 제외된다. 진화유전학은 이런 다형성이 타당한 이유 없이 생길 리가 없다고 본다. 그것은 굳건히 확립된 진화유전학의 원리이다. 어떤 특이한 일이 일어나지 않는다면, 빨강 유전자를 가진 원숭이는 초록 유전자를 가진 원숭이보다 더 낫든지 더 나쁘든지 할 것이다. 어느 쪽인지는 알 수 없지만, 양쪽이 정확히 똑같을 것 같지는 않다. 그리고 열등한 종류는 사라졌어야 한다.

따라서 집단 내에 안정한 다형성이 존재한다는 사실은 무엇인가 특별한 일이 진행된다는 의미이다. 어떤 종류의 일일까? 다형성을 설명하는 이론은 크게 두 가지이며, 양쪽 다 이 사례에 적용될 수 있을 것 같다. 빈도 의존성 선택과 이형접합(異形接合) 우세 이론이 그것이다. 빈도 의존성 선택은 희귀한 유형이 그저 희소가치 때문에 유리해질 때에 나타난다. 즉 우리가 "열등하다"고 생각했던 유형이 사라지기 시작할 때면, 그것은 더 이상 열등하지 않은 상태가 되어 다시 늘어나기 시작한다. 어떻게 그럴 수 있을까? "빨간" 원숭이는 빨간 열매를 잘 보고, "초록" 원숭이는 초록 열매를 잘 본다고 가정하자. 빨간 원숭이가 다수인 집단은 주변의 빨간 열매들을 먼저 거의 먹어치울 것이므로, 그다음에는 초록 열매를 잘 볼 수 있는 외톨이 초록 원숭이들이 더 유리해질 것이다. 그 반대도 마찬가지이다. 설령 이 말이 그다지 설득력은 없다고 할지라도, 그것은 한 집단 내에서 두 유형 중 어느 한쪽이 사라지지 않고 공존할 수 있는 특수한 환경에 해당한다. 우리는 "포병" 이론에 들어맞는 상황이 다형성을 유지하는 특수한 종류의 환경이 될 수 있다는 점을 쉽게 이해할 수 있다.

이제 이형접합 우세를 살펴보자. 이 이론의 고전적인 사례는 인간의 낫형 적혈구 빈혈증이다. 낫형 유전자는 해롭다. 그것이 쌍으로 있는(동형접합) 사람은 혈구가 손상되어 낫 모양으로 변하며, 심한 빈혈증을 앓는다. 그러나 그것이 하나뿐인(이형접합) 사람은 말라리아에 잘 걸리지 않는 장점이 있다. 말라리아가 심한 지역에서는 그 장점이 약점을 능가하므로, 낫형 유전자는 동형접합에게 불행을 안겨줄 수 있는데도 집단 내에서 퍼지는 경향이 있다.[*] 신세계원숭이의 색각 다형 체계를 규명하는 연구를 하는 존 멀런

---

[*] 서글프게도 이 다형성은 많은 아프리카계 미국인들에게 영향을 미친다. 그들은 더 이상 말라리아가 창

교수와 그의 연구진은 암컷들이 누리는 이형접합의 장점 덕분에 집단 내에 빨강과 초록 유전자가 공존한다고 주장한다. 그러나 울음원숭이는 그 수준을 넘어섰다. 우리가 울음원숭이를 이야기의 화자로 택한 것도 그 때문이다.

울음원숭이는 그 유전자들을 한 염색체에 모음으로써 다형성의 양쪽 장점을 함께 누리는 데에 성공했다. 운 좋게 전좌(轉座, translocation)가 일어난 덕분이다. 전좌는 돌연변이의 특수한 형태로서, 염색체의 일부가 실수로 다른 염색체나 같은 염색체의 엉뚱한 부위로 옮겨지는 것을 말한다. 울음원숭이의 어떤 운 좋은 조상에게 돌연변이가 일어나서, 빨강 유전자와 초록 유전자가 한 X 염색체에 나란히 늘어서게 된 듯하다. 이 원숭이는 진화 경로를 잘 헤치고 나아가서 진정한 삼원색 동물이 되었다. 설령 수컷이었다고 해도 상관없다. 그 돌연변이 X 염색체는 집단 전체로 퍼졌고, 지금은 모든 울음원숭이가 그 염색체를 가지고 있다.

울음원숭이가 이런 진화적 비법을 획득하기는 어렵지 않았다. 옵신 유전자 세 종류가 이미 신세계원숭이 집단에서 떠돌고 있었기 때문이다. 몇몇 운 좋은 암컷들을 제외한 모든 개체들은 그중 두 가지만 가졌다. 우리 유인원과 구세계원숭이는 같은 일을 각기 독자적인 방식으로 해냈다. 우리에게 나타난 이원색은 오직 한 종류뿐이었다. 즉 다형성을 빚어내지 않았다. 증거들은 우리 조상의 X 염색체에 있던 옵신 유전자가 진정한 중복을 통해서 2배로 늘어났음을 암시한다. 그 돌연변이로 한 유전자의 사본 둘이 나란히 늘어서게 되었다. 말하자면 한 염색체상에 두 초록 유전자가 나란히 존재한다는 의미이다. 따라서 울음원숭이 조상에게 일어난 돌연변이와 달리, 거의 즉시 삼원색 개체가 나타난 것은 아니었다. 파랑 유전자 하나와 초록 유전자 둘을 지닌 이원색 개체였다. 구세계원숭이들은 자연선택이 두 X 염색체 옵신 유전자의 색깔 감도를 각각 초록과 빨강으로 분화시키는 쪽을 선호함에 따라, 서서히 진화해서 삼원색을 갖추었다.

전좌가 일어날 때, 해당 유전자만 옮겨지는 것은 아니다. 원래 있던 곳에서 새 염색체로 함께 옮겨간 이웃들, 즉 동료 여행자들도 무엇인가를 말해줄 수 있다. 여기서도 그렇다. Alu라는 유전자는 "전이 인자(transposable element)"로 잘 알려져 있다. 전이

귈하는 지역에서 살지 않지만, 그 지역에 살았던 조상들의 유전자를 물려받았다. 또다른 사례는 낭포성 섬유증이라는 질병인데, 이 유전자는 이형접합일 때에 콜레라에 잘 걸리지 않도록 보호해주는 듯하다.

인자는 간단히 말하면 바이러스와 비슷한 DNA 조각인데, 기생생물처럼 세포의 DNA 복제기구를 전용하여 유전체 내에서 자신을 복제한다. 그렇다면 Alu가 자신을 복제하면서 옵신까지 함께 복제했을까? 그랬던 것 같다. 상세히 들여다보면, "결정적 증거"를 찾을 수 있다. 중복이 일어난 부위의 양끝에 Alu 유전자들이 있다. 아마 중복은 그 기생체가 번식할 때에 일어난 의도하지 않은 부수 효과였을 것이다. 에오세에 살던 어떤 잊힌 원숭이의 몸에서 옵신 유전자 근처에 있던 유전체 기생체가 번식을 시도하다가 우연히 의도한 것보다 훨씬 더 큰 DNA 덩어리를 복제함으로써, 우리가 삼원색 시각으로 나아갈 길을 닦은 셈이다. 그러나 유전체 기생체가 이렇게 우리에게 이로운 일을 했다고 해서, 유전체가 더 나은 미래를 기대하면서 기생체를 품는다고 생각하는 흔한 유혹에 빠지지 말자. 자연선택은 그런 식으로 작용하지 않는다.

Alu가 원인이었든 원인이 아니었든 간에, 이런 종류의 오류는 지금도 이따금 일어난다. 교차가 일어나기 전에 X 염색체 둘은 나란히 늘어서는데, 그때 제대로 늘어서지 않을 수도 있다. 두 X 염색체의 빨강 유전자들이 서로 나란히 늘어서지 않고, 혼란이 일어나 빨강 유전자가 비슷해 보이는 초록 유전자와 나란히 늘어설 수도 있다. 그런 상태에서 교차가 일어나면, "불균등" 교차가 된다. 즉 한 X 염색체에는 여분의 유전자, 이를테면 초록 유전자가 하나 더 있고, 다른 X 염색체에는 초록 유전자가 아예 없는 결과가 빚어질 수도 있다. 설령 교차가 일어나지 않더라도, "유전자 전환(gene conversion)"이라는 과정이 일어나서 한 염색체의 서열 중 일부가 다른 염색체의 서열과 똑같아질 수도 있다. 염색체들이 잘못 늘어섰을 때, 빨강 유전자의 일부가 그런 식으로 초록 유전자의 일부로 바뀔 수도 있고, 그 반대가 될 수도 있다. 불균등 교차와 정렬 오류 유전자 전환으로 적록 색맹이 나타날 수도 있다.

적록 색맹은 여성보다 남성에게 더 자주 나타난다(적록 색맹은 큰 장애가 아니라 그냥 성가실 뿐이며, 다른 사람들이 누리는 미적 경험을 누리지 못하는 것에 불과하다). 남성은 결함 있는 X 염색체를 물려받았을 때, 여별로 쓸 다른 X 염색체가 없기 때문이다. 그들이 피와 풀을 다른 사람들과 똑같은 방식으로 보는지, 아니면 둘을 우리와 전혀 다른 방식으로 보는지는 아무도 모른다. 사실 사람마다 다를 수도 있다. 우리가 아는 것이라고는 적록 색맹인 사람이 풀 같은 것들을 피 같은 것들과 거의 같은 색깔이라고 생각한다는 것뿐이다. 인간 남성 중 이원색 색맹은 약 2퍼센트를 차지한다. 말이 난 김에 덧붙이면, 다른 유형의 적록 색맹들이 더 흔하다는 사실과 혼동하지 말도록(남성의 약 8퍼센트가 그렇다). 이들의 증세를 색약(色弱)이라고 한다. 유전적으로 볼 때, 그들은 삼원색 시각을 가졌지만, 옵신 세 종류 중 하나가 작동하지 않는다.*

불균등 교차가 상황을 더 악화시키기만 하는 것은 아니다. 일부 X 염색체는 2개 이상의 옵신 유전자를 가지기도 한다. 여분의 유전자들은 빨강이 아니라 거의 언제나 초록인 듯하다. 여분의 초록 유전자 12개가 나란히 늘어선 사례도 있다. 여분의 초록 유전자를 가진 사람이 더 잘 볼 수 있다는 증거는 전혀 없지만, 모든 "초록" 유전자들이 서로 정확히 똑같은 것은 아니다. 따라서 이론적으로 한 개인이 삼원색 시각이 아니라 사원색이나 오원색 시각을 가지는 것도 가능하다. 그것을 조사한 사람이 있는지 모르겠다.

이쯤 되면 당신의 머릿속에 어떤 불안한 생각이 떠오를지도 모른다. 나는 돌연변이로 새로운 옵신이 획득되면 마치 자동적으로 색각이 강화된다는 듯이 말했다. 그러나 원추세포들의 색깔 감도가 서로 달라도 뇌가 어떤 원추세포가 메시지를 보냈는지 알 수단을 갖추지 못한다면 아무 소용이 없다. 유전적으로 튼튼한 배선이 깔려 있다면, 즉 빨강 원추세포에 연결된 뇌세포와 초록 원추세포에 연결된 뇌세포가 따로 있다면 그 체계는 잘 작동하겠지만, 망막에 일어나는 돌연변이에는 대처할 수 없다. 그렇다면 어떻게 하면 대처할 수 있을까? 뇌세포들은 다른 색깔을 감지하는 새로운 옵신을 갑자기 이용할 수 있게 되었다는 것과, 망막에 있는 수많은 원추세포들 중에서 특정한 원추세포 집합이 그 새로운 옵신을 만들 유전자를 켰음을 어떻게 "알" 수 있을까?

뇌가 배운다는 것이 유일하게 설득력 있는 대답이 될 듯하다. 아마 뇌는 망막의 원추세포 집단의 발화율들을 비교하다가, 한 하위 세포 집단이 토마토나 딸기가 보였을 때, 강하게 발화한다는 것을 "눈치챌" 것이다. 하늘을 볼 때는 또다른 하위 세포 집단들이 발화하고, 풀을 볼 때는 또다른 하위 세포 집단이 발화한다는 것도 말이다. 이것은 "장난스러운" 추측이지만, 나는 그와 비슷한 무엇인가가 신경계가 망막의 유전적

---

* 마크 리들리는 『멘델의 악마(Mendel's Demon)』(미국에서는 The Cooperative Gene이라는 제목으로 출간되었다)에서 유럽인의 8퍼센트(혹은 그 이상)가 그렇다고 말하며, 의학의 발전 정도에 따라 그 수치가 달라진다고 한다. 수렵채집인과 자연선택을 심하게 겪는 "전통" 사회들은 수치가 더 낮다. 리들리는 자연선택이 약해질 때에 색맹이 증가한다고 주장한다. 올리버 색스는 『색맹인의 섬(The Island of the Colour-Blind)』에서 색맹 문제를 특유의 독창적인 방식으로 다루었다.

변화에 금방 적응할 수 있도록 할 것이라고 가정한다. 나와 함께 이 문제를 논의했던 동료 콜린 블랙모어는 이 문제를 중추신경계가 말초신경에 일어난 변화에 스스로 적응해야 할 때에 일어나는 문제들 중 하나라고 본다.*

"울음원숭이 이야기"의 마지막 교훈은 유전자 중복의 중요성이다. 빨강과 초록 옵신 유전자들은 X 염색체의 다른 부위로 스스로를 복사한 한 조상 유전자에서 유래했음이 분명하다. 시대를 더 거슬러올라가서, 파랑 상염색체 유전자도 비슷한 중복을 거쳐 빨강/초록 X 염색체 유전자가 되었을지 모른다.** 서로 다른 염색체들에 있는 유전자들이 같은 "유전자족(gene family)"에 속하는 사례는 많다. 유전자족은 고대 DNA의 중복을 통해서 생긴 이후에 기능 분화가 일어난 것들을 말한다. 여러 연구들은 전형적인 인간 유전자가 100만 년당 평균 약 0.1-1퍼센트의 확률로 중복이 일어났다는 사실을 보여준다. DNA 중복은 하나씩 일어날 수도 있고 Alu 같은 전염성을 띤 새로운 DNA 기생생물이 유전체 전체로 퍼지거나 유전체가 통째로 중복될 때처럼 대규모로 일어날 수도 있다(유전체 전체가 중복되는 현상은 식물에서 흔히 볼 수 있으며, 척추동물이 등장하는 동안 우리 조상에게서도 적어도 두 번은 일어난 듯하다). 언제 또는 어떻게 일어나든 간에, 우연한 DNA 중복은 새로운 유전자가 생기는 주된 원천 중 하나이다. 진화하는 동안 유전체 내에서 변화하는 것은 유전자만이 아니다. 유전체 자체도 변한다.

---

* 나는 망막의 표면에 색깔 있는 작은 기름방울을 이식함으로써 색깔 감도의 범위를 늘린 조류와 파충류들도 그런 학습방식을 활용했을 것이 틀림없다고 생각한다.
** 당시에는 자외선 같은 것을 감지했을 수도 있다. 어쨌든 간에, 아마 종류에 상관없이 옵신들의 색깔 감도는 진화를 거치면서 변해왔을 것이다.

안경원숭이

우리 진원류 순례자들은 온갖 수풀들이 울창하게 우거져 있는 6,000만 년 전 팔레오세에서 랑데부 7을 맞이한다. 우리가 이곳에서 만날 순례자들은 진화적으로 약간 먼 사촌인 안경원숭이들이다. 따라서 진원류와 안경원숭이를 통합하는 분지군에 붙일 이름이 필요하다. 그들을 직비원류(直鼻猿類, haplorhine)라고 하자. 직비원류는 우리의 약 600만 대 선조일 공조상 7과 그 후손들인 안경원숭이, "원숭이," 유인원으로 이루어진다.

안경원숭이의 가장 두드러진 특징은 눈이다. 머리를 보면 거의 눈밖에 보이지 않는다. 안경원숭이를 요약하라면, 걸어다니는 한 쌍의 눈이라는 표현이 가장 적절할 것이다. 각 눈은 거의 안경원숭이의 뇌만큼 크며, 눈동자도 아주 크게 열린다. 머리를 정면에서 보면, 거대하다고까지는 할 수 없다고 해도 유행하는 아주 커다란 안경을 낀 듯하다. 눈이 너무 크면 눈구멍에서 눈을 돌리기가 어렵지만, 안경원숭이들은 일부 부엉이들과 똑같은 방식으로 그 문제를 해결했다. 그들은 대단히 유연한 목을 이용하여 머리를 거의 360도까지 돌릴 수 있다. 부엉이나 올빼미원숭이와 마찬가지로 안경원숭이가 그런 커다란 눈을 가진 이유는 야행성이기 때문이다. 그들은 달빛, 별빛, 어스름에 의존하기 때문에, 가능한 한 모든 광자를 남김없이 포획할 필요가 있다.

다른 야행성 포유동물들은 반사막(tapetum lucidum)을 가지고 있다. 반사막은 망막 뒤에 있는 반사층으로서, 들어온 광자들을 되돌려보내서 망막 색소들이 다시 그것들을 포획할 수 있게 해준다. 고양이 같은 동물들을 밤에 쉽게 찾을 수 있는 것도 반사막 덕분이다.* 횃불을 들고 있어보라. 근처에 있는 동물이라면 그것에 흥미를 느낄 것

---

* 야행성 조류들의 눈은 대부분 빛을 반사하지만, 오스트랄라시아의 부엉이쏙독새(부엉이쏙독샛과)나 세계 유일의 야행성 갈매기인 갈라파고스의 붉은눈갈매기는 예외이다.

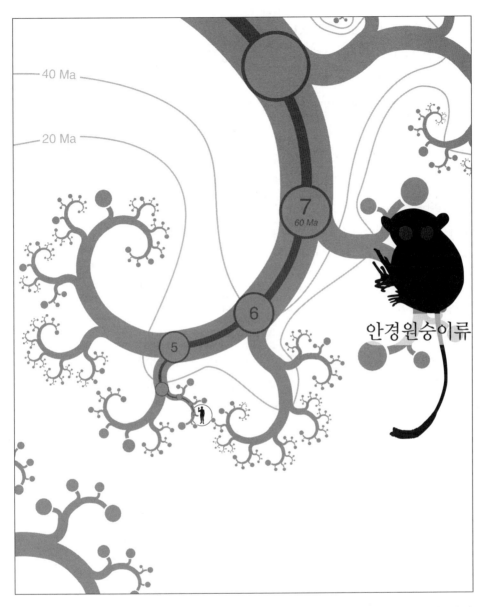

안경원숭이류

안경원숭이의 합류   현생 안경원숭이는 세 집단으로 나뉘며, 모두 동남 아시아에서 산다. 동부와 서부에 사는 종류가 맨 처음 갈라졌다. 서부에는 말레이시아안경원숭이(*Cephalopachus bancanus*)와 필리핀안경원숭이(*Carlito syrichta*)가 산다. 동부에는 타르시우스속(*Tarsius*)에 속한 소수의 종이 있으며, 모두 인도네시아 술라웨시 섬에 산다. 현생 종이 정확히 얼마나 되는지는 논란거리이지만, 동부에 나무 위에 사는 것이 밝혀진 5종 (기재된 타르시우스속 4종에다가, 박물관 표본으로만 알려져 있고 야외에서는 목격된 적이 없는 1종) 외에 더 많은 종이 "숨어" 있을 것은 확실하다.

이고, 호기심에 겨워 그 빛을 똑바로 바라볼 것이다. 그 빛은 반사막에 부딪혀 다시 반사될 것이다. 때로 당신은 횃불이 비치는 곳에서 수십 쌍의 눈을 볼 수도 있다. 그 동물들이 진화하던 시대에 전등 불빛이 흔했더라면, 반사막이 진화하지 않았을지도 모른다.

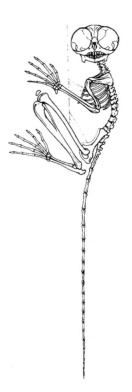

놀랍게도 안경원숭이는 반사막이 없다. 다른 영장류들과 마찬가지로 그들의 조상이 주행성 단계를 거치면서 반사막을 잃어버렸다는 주장이 제기되었다. 안경원숭이 계통에서 가장 처음에 갈라진 가지라고 알려진 아르키케부스(*Archicebus*)의 화석이 최근에 발견되었는데, 생쥐만 한 이 화석이 더 작은 주행성 눈구멍(눈이 커다란 야행성 종은 눈이 작은 주행성 동물에 비해 눈구멍이 크다/역주)을 가진다는 점과 대다수의 신세계원숭이들과 현생 안경원숭이가 똑같은 기이한 색각 체계를 가진다는 사실이 이 주장을 뒷받침한다. 공룡의 시대에 야행성이었던 몇몇 포유동물 집단들은 공룡들이 사라져서 낮에도 안전하게 돌아다닐 수 있게 되자 주행성이 되었다. 안경원숭이는 그 뒤에 밤으로 되돌아갔지만, 어떤 이유인지 반사막을 재생하는 진화적 길이 그들에게는 차단되었다. 그래서 그들은 눈을 아주 크게 만듦으로써, 가능한 한 많은 광자를 포획하는 동일한 결과를 얻는 데에 성공했다.* 이 이론은 안경원숭이가 반사막을 재생하는 데에 성공했다면, 그런 커다란 눈은 필요 없었을 것이고 차라리 그 편이 더 나았으리라고 본다.

공조상 7의 다른 후손들인 "원숭이"와 유인원도 반사막이 없다. 남아메리카의 올빼미원숭이를 제외하고 그들이 모두 주행성이라는 점을 생각하면 놀랄 일도 아니다. 그리고 안경원숭이처럼 올빼미원숭이도 눈을 아주 커다랗게 만들어서 그것을 보완했다. 비록 머리에 대한 눈의 비율로 따지면 안경원숭이보다 덜하지만 말이다. 따라서 공조상 7도 반사막이 없었고 주행성이었다고 보는 것이 타당할 듯싶다.

---

* 동물계 전체에서 가장 눈이 큰 종은 대왕오징어로서, 눈알의 지름이 거의 30센티미터에 달한다. 그들은 야행성이라서가 아니라 빛이 약한 깊은 바다에 살기 때문에, 아주 낮은 광도에 대처하기 위해서 눈이 커졌다.

눈 외에 안경원숭이는 또 어떤 특징이 있을까? 그들은 대단한 도약 선수이다. 그들은 개구리나 메뚜기처럼 다리가 길다. 비록 크기는 당신의 주먹보다 작지만, 안경원숭이는 수평으로 3미터 이상, 수직으로 1.5미터 이상 뛸 수 있다. 그래서 털 달린 개구리라고 불리기도 한다. 그들은 아래쪽 다리의 두 뼈인 넓적다리뼈와 종아리뼈가 합쳐져서 단단한 하나의 넓적종아리뼈가 되었다는 점에서도 개구리를 닮았다. 그것은 결코 우연이 아닌 듯하다.

감히 말하건대, 이 점을 토대로 추측하자면 현생 안경원숭이는 더 이전 형태들보다 도약을 훨씬 더 잘하는 듯하다. 예를 들면, 아르키케부스는 다리가 길었지만, 뼈들이 융합되지 않았고 발꿈치뼈가 원숭이의 것과 더 비슷했다. 그래서 라틴어(라틴어가 아니라 그리스어라고 해야겠지만) 학명이 아르키케부스 아킬레스(*Archicebus achilles*)이다. 현생 안경원숭이처럼 나무에서 사는 식충동물이었다. 오모미드(omomyid)라는 안경원숭이의 다른 친척들도 같은 생활양식을 채택했다. 거의 모든 영장류가 그렇듯이, 아르키케부스도 갈고리발톱 대신에 납작한 발톱이 있었으므로, 나뭇가지에 발톱을 박기보다는 가지를 움켜쥐었을 것이다(신기하게도 안경원숭이는 둘째와 셋째 발가락에 "몸단장 발톱[grooming claw]"이 있다). 따라서 공조상 7이 곤충을 찾아 나무 위에서 달리고 뛰고 기어오르면서 생애를 보냈다고 보는 것이 합리적인 추측인 듯하다. 그 두 후손 계통 중 하나는 주행성 상태를 유지했고, 이윽고 진원류와 유인원으로 개화했다. 다른 한 계통은 어둠 속으로 돌아가서 현생 안경원숭이가 되었다.

우리는 랑데부 7이 어디에서 일어난다고 확실하게 추측할 수가 없다. 그러나 이 책의 초판에서 추정한 것과 정반대로, 아르키케부스는 중국에서 발굴되었다. 초기 오모미드 중 일부는 아시아에서도 기원한 듯하다. 그들은 유럽의 숲과 북아메리카로 놀라울 만치 빠르게 퍼져나갔다. 당시 북아메리카는 현재의 그린란드를 통해서 유라시아와 단단히 연결되어 있었다. 아마 공조상 7은 현재의 중국 지역에 있었을 것이다.

랑데부 8

여우원숭이, 갈라고 및 친척들

도약하는 작은 안경원숭이들을 순례여행에 합류시킨 뒤, 우리는 랑데부 8이 이루어지는 곳으로 거슬러올라간다. 그곳에서 우리는 전통적으로 원원류(原猿類, prosimian)라고 불려온 여우원숭이, 포토, 갈라고, 로리스원숭이 등 나머지 영장류들과 합류할 예정이다. 우리는 안경원숭이를 제외한 "원원류"에 별도의 이름을 붙일 필요가 있다. 전통적으로 "곡비원류(曲鼻猿類, strepsirhine)"라는 이름이 쓰였다. "갈라진 콧구멍"(말그대로 복합 코)을 뜻한다. 다소 혼동을 일으키는 이름이다. 그것이 의미하는 바는 그저 콧구멍이 개의 콧구멍처럼 생겼다는 것뿐이다. 우리를 포함한 나머지 영장류들은 직비원류(즉 단순한 코. 우리의 콧구멍은 단순한 구멍에 불과하다)이다.

우리 직비원류 순례자들은 랑데부 8에서 여우원숭이가 다수를 차지하는 곡비원류 사촌들과 만난다. 이 시기가 언제인지를 놓고 다양한 주장들이 제기되었다. 나는 6,500만 년 전을 택했다. 그것이 일반적으로 인정된 시기이며, 백악기로 들어가기 바로 "전에" 해당한다. 그러나 이 랑데부가 더 과거, 즉 백악기에 일어났다고 생각하는 소수의 연구자들도 있다는 점을 유념하기 바란다. 6,500년 전 대부분의 대륙들은 오늘날과 흡사한 위치에 있었고(화보 8 참조), 지구의 식생과 기후는 백악기 대격변에서 회복되고 있었다. 세계는 대체로 습하고 숲으로 덮여 있었다. 적어도 북쪽에 있던 대륙들은 비교적 종류가 한정된 낙엽성 침엽수들로 뒤덮였고, 그 사이사이에 개화식물들이 흩어져 있었다.

아마 우리가 만날 공조상 8은 나뭇가지 사이에서 열매나 곤충을 찾아다니고 있을 것이다(화보 6 참조). 살아 있는 모든 영장류들의 가장 최근 공통 조상은 우리의 약 700만 대 선조이다. 공조상 8을 재구성할 수 있도록 도와줄 만한 화석들 중 플레시아다피스류(plesiadapiforms)라는 큰 집단이 있다. 그들은 그 무렵에 살았고, 모든 영장류

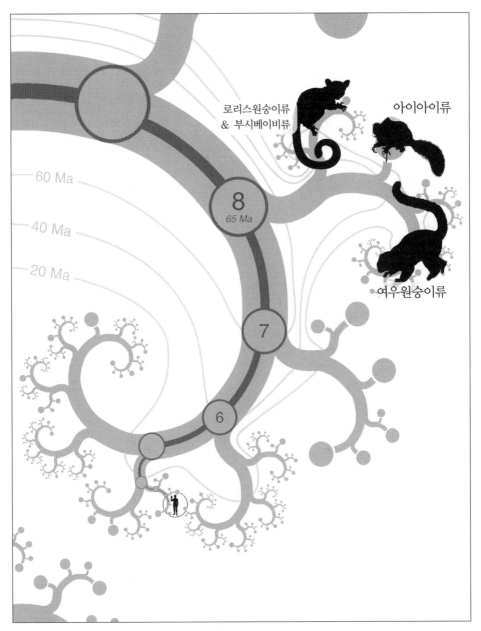

여우원숭이류

로리스원숭이류
& 부시베이비류

아이아이류

60 Ma

40 Ma

20 Ma

8
65 Ma

7

6

여우원숭이와 친척들의 합류　살아 있는 영장류는 여우원숭이와 그 친척들 그리고 나머지로 구분할 수 있다. 이 분지가 언제 일어났는지는 논란이 있다. 일부 전문가들은 2,000만 년까지 높여 잡는데, 그러면 공조상 9, 10, 11의 시대도 더 올라간다. 마다가스카르에 사는 여우원숭이 5과(100여 종)와 로리스원숭이와 부시베이비과(32종)를 합쳐서 "곡비원류"라고 한다. 이 계통도에서 여우원숭이들이 갈라진 순서를 놓고 의견이 분분하다. 특히 아이아이의 위치를 놓고 새로운 연구 결과들이 계속해서 나오고 있다.

의 조상을 상상할 때에 예상할 만한 특징들을 상당수 갖추고 있다. 그러나 그들 모두가 영장류 조상 논쟁의 중심에 놓이는 것은 아니다.

살아 있는 곡비원류 중 다수가 여우원숭이이다. 그들은 오직 마다가스카르에서만 산다. 그들은 잠시 뒤에 만나기로 하자. 다른 곡비원류는 크게 둘로 나뉜다. 하나는 도약하는 종인 갈라고이고 다른 하나는 기어다니는 로리스원숭이와 포토이다. 나는 세 살 때 냐살랜드(지금의 말라위)에서 살았는데, 갈라고 한 마리를 애완동물로 키웠다. 퍼시라는 이름의 그 동물은 동네 아프리카인이 주었는데, 아마 부모를 잃은 새끼였을 것이다. 퍼시는 아주 작았다. 위스키 잔의 테두리에 올라가 앉을 수 있을 정도였다. 그렇게 앉아서 손으로 술을 찍어 마시기를 아주 좋아했다. 낮에는 침실의 들보 아래쪽을 움켜쥔 채 잠을 잤다. 그의 "아침"(즉 저녁)이 왔을 때, 부모님이 제때 잡아두지 않으면(아주 민첩하고 잘 뛰어오르기 때문에 가끔 놓치기도 했다), 그는 모기장 위로 올라가서 내 위에서 오줌을 누곤 했다. 갈라고는 사람에게 뛰어들면 먼저 자기 손에 오줌을 누는 습성이 있는데 퍼시는 그렇지 않았다. "오줌 누기"가 자기 냄새를 남기기 위한 행동이라는 이론을 택한다면, 퍼시는 아직 새끼였으므로 손에 오줌을 누지 않은 것도 이해가 되었다. 반면에 잘 움켜쥘 수 있도록 오줌을 눈다는 이론에 따르면, 퍼시가 왜 그렇게 하지 않았는지가 조금 명확하지 않다.

나는 퍼시가 갈라고류 21종 중 어디에 속했는지 알 도리가 없지만, 퍼시가 기는 동물이 아니라 도약하는 동물이었음은 확실하다. 아프리카의 포토와 아시아의 로리스원숭이는 기어다니는 영장류이다. 그들은 훨씬 더 천천히 움직인다. 극동의 "홀쭉이로리스원숭이"는 더욱 그렇다. 그들은 먹이가 손에 닿을 만한 곳까지 나뭇가지를 따라 아주 천천히 기어갔다가 빠르게 돌진해서 낚는 은밀한 사냥꾼이다.

갈라고와 포토는 열대의 숲이 바다와 같은 3차원 세계라는 사실을 상기시켜준다. 수관(樹冠)을 위에서 내려다보면, 초록이 멀리 지평선까지 물결처럼 굽이치면서 뻗어 있다. 그 밑의 좀더 어둑한 초록 세계로 들어가면, 바닷속처럼 각기 다른 층들을 지나게 된다. 바다의 물고기들처럼 숲의 동물들도 수평으로뿐만 아니라 수직으로도 잘 오르내린다. 그러나 바다에서처럼, 각 종은 사실상 특정한 층에서 살도록 분화했다. 서아프리카의 숲에 밤이 찾아오면, 수관은 곤충을 사냥하는 피그미갈라고와 나무 열매를 먹는 포토의 영토가 된다. 수관 아래의 나무줄기는 층층이 나뉘어 있으며, 이곳은 바늘발톱갈라고(needle-clawed bushbaby)의 영역이다. 그들은 이름 그대로 나무줄기 사이를 건너뛰어 달라붙을 수 있는 날카로운 발톱을 가지고 있다. 더 밑의 숲 바닥에서는 노란포토 및 아주 가까운 친척인 앙완티보가 쐐기벌레를 사냥한다. 새벽이 되면 야행성 갈라고와 포토는 낮에 사냥하는 원숭이들에게 영토를 넘긴다. 원숭이들도 숲을 비슷한 층별로 나누어 점령한다. 남아메리카의 숲에서도 비슷한 유형의 계층화가 이루어졌으며, 유대류인 주머니쥐 7종이 각 층별로 살고 있다.

여우원숭이는 원숭이가 아프리카에서 진화할 무렵에 마다가스카르에 고립된 초기 영장류의 후손이다. 마다가스카르는 진화의 자연 실험을 수행할 실험실이 되기에 충분할 정도로 크다. 마다가스카르 이야기는 가장 전형적이라고 할 수는 없지만, 여우원숭이의 일종인 아이아이에게 맡길 것이다. 내가 재학할 당시 옥스퍼드 대학교에서 동물학과 학생들을 가르친 사람들 중에서 강의실에 학생들이 꽉꽉 들어차는 명강사이자 현명한 학자인 해럴드 푸시가 있었는데, 그는 여우원숭이 이야기를 자주 했다. 지금 떠오르는 것은 별로 없지만, 그가 여우원숭이 이야기를 할 때마다 거의 모든 문장에서 "다우벤토니아속은 예외야!"라고 후렴처럼 말했던 것이 기억난다. 다우벤토니아속, 즉 아이아이류는 생김새와 달리 완벽한 여우원숭이이다. 여우원숭이는 마다가스카르라는 큰 섬의 가장 유명한 거주자들이다. "아이아이 이야기"는 생물지리학적 자연 실험들의 전시장인 마다가스카르에 관한 이야기이며, 단지 여우원숭이에 관한 것이 아니라 마다가스카르의 특별한 모든 것들, 즉 동물상과 식물상에 관한 이야기이다.

아이아이 이야기

예전에 영국의 한 정치가가 경쟁자(나중에 둘이 속했던 당의 대표가 되었다)를 "어둠 속의 존재"라고 부른 적이 있다. 아이아이는 비슷한 인상을 심어주며, 실제로 철저한 야행성이다. 아이아이는 야행성 영장류 중 가장 몸집이 크다. 얼굴은 유령처럼 창백하며, 두 눈은 당혹스러울 정도로 서로 멀리 떨어져 있다. 손가락은 불합리할 정도로 길며, 아서 래컴이 그린 마녀의 손가락 같다. 그러나 "불합리하다"는 말은 인간의 기준에서 그럴 뿐이다. 손가락이 그렇게 긴 데에는 타당한 이유가 있다고 확신할 수 있기 때문이다. 이유는 모르겠지만, 더 손가락이 짧은 아이아이는 자연선택의 벌칙을 받을 것이다. 자연선택은 이런 양상을 예측할 수 있을 정도로 강력한 이론이다. 이제 과학은 더 이상 그것이 진리라고 설득할 필요를 느끼지 않는다.

아이아이는 가운뎃손가락이 아주 특이하다. 아이아이의 기준에서도 매우 가늘고 길며, 죽은 나무에 구멍을 뚫어 벌레를 파내는 데에 주로 쓰인다. 아이아이는 긴 가운뎃손가락으로 나무를 두드려서 속에 곤충이 있을 때면 달라지는 소리를 듣고 먹이를 찾아낸다.* 긴 가운뎃손가락의 용도는 그것만이 아니다. 마다가스카르 외에 여우원숭이를 가장 많이 키우는 듀크 대학교에서, 나는 아이아이가 대단히 섬세하고 정확하게 긴 가운뎃손가락을 자신의 콧구멍 속으로 집어넣는 것을 보았다. 무엇을 찾으려고 후비는지는 모르겠지만 말이다. 고인이 된 더글러스 애덤스는 동물학자 마크 카워딘과 함께 한 여행을 담은 『마지막 기회(*Last Chance to See*)』에 아이아이에 관한 멋진 대목을 썼다.

아이아이는 야행성 여우원숭이이다. 생김새는 아주 기묘해서 마치 다른 동물들에게서 조금씩 떼어다 붙인 듯하다. 박쥐의 귀에, 비버의 이빨에, 커다란 타조 깃털 같은 꼬리에, 죽은 긴 나뭇가지 같은 가운뎃손가락에, 당신의 왼쪽 어깨 너머에 있는 다른 세계를 응시하는 듯한 커다란 눈을 가진 큰 고양이와 약간 비슷해 보인다……. 마다가스카르에 사는 거의 모든 동물들이 그렇듯이, 아이아이는 지구의 다른 지역에서는 볼 수 없다.

이런 놀랍도록 간결한 글을 쓰는 저자를 잃었다니 유감이다. 애덤스와 카워딘이 『마지막 기회』를 쓴 것은 멸종 위기종들의 비참한 상황에 세인들이 관심을 가지도록 촉구하기 위함이었다. 현재 살아 있는 여우원숭이 100여 종은 한 섬에 사는 종들치고는 수가 꽤 많아 보인다(그리고 일부 전문가들은 그중 절반만을 종이라고 인정한다). 어느 쪽이든 간에, 그들은 약 2,000년 전 파괴적인 인류가 마다가스카르를 침입하기 전까지 살았던 훨씬 더 많은 동물들 중 겨우 살아남은 것들이다.

마다가스카르는 곤드와나("나무늘보 이야기" 참조)의 일부이다. 곤드와나에서 약 1

---

* 뉴기니의 유대류인 줄무늬주머니쥐와 트리오크류로 이루어진 다크틸롭실라속(*Dactylopsila*)도 수렴 진화를 통해서 똑같은 긴 손가락(셋째가 아니라 넷째 손가락이라는 점만 빼고)과 똑같은 습성을 획득했다. 이 유대류들은 수렴 진화의 챔피언이라고 할 만하다. 그들은 몸에 스컹크와 똑같은 줄무늬가 있다. 그리고 스컹크처럼 강한 냄새를 풍겨 자신을 방어한다.

억6,500만 년 전에 지금의 아프리카와 갈라졌고, 약 9,000만 년 전에는 인도와 갈라졌다. 이 사건들의 순서가 놀라울지 모르겠다. 앞으로 살펴보겠지만, 인도는 일단 마다가스카르와 갈라지자 판구조론으로 보거나 로리스원숭이의 기준으로 보거나 유달리 빠르게 움직였다.

외부에서 침입한 박쥐(아마 날아왔을 것이다)와 인간을 제외하면, 마다가스카르의 육상생물들은 고대 곤드와나 동물상과 식물상의 후손이거나, 일어날 법하지 않은 행운으로 어쩌다가 흘러든 이주자들의 후손이다. 그곳은 자연적으로 형성된 식물원이자 동물원이다. 전 세계의 육상동식물들 중 약 5퍼센트가 그곳에 살며, 그중 다른 곳에서 볼 수 없는 것들이 80퍼센트가 넘는다. 그러나 이렇게 경이로울 정도로 높은 종의 다양성에도 불구하고, 주요 분류군들에 속하는 종들이 전혀 없다는 점도 놀랍다. 아프리카나 아시아와 달리, 마다가스카르에는 토착 영양, 말, 얼룩말, 기린, 코끼리, 토끼, 코끼리땃쥐, 그리고 고양잇과와 갯과의 동물들도 전혀 없다. 즉 아프리카 동물상이라고 할 만한 것들이 전혀 없다. 그러나 남은 화석들을 살펴보면 하마 몇 종이 최근까지 살았던 듯하다. 강멧돼지(bushpig)는 있지만, 그들은 아주 최근에 인간이 들여온 듯하다(이 이야기의 끝에서 다시 아이아이와 다른 여우원숭이로 돌아갈 것이다).

마다가스카르에는 몽구스과의 동물 10여 종류가 있다. 그들은 서로 대단히 가까우므로, 아프리카에서 한 개척자 종이 들어와서 갈라져나간 것이 분명하다. 그중 포사(fossa)가 가장 유명하다. 몸집이 사냥개인 비글만 한 일종의 대형 몽구스로서 꼬리가 매우 길다. 그보다 작은 두 친척은 팔라노크(falanouc)와 포사 포사나(*Fossa fossana*)라는 헷갈리는 학명을 가진 파날로카(fanaloka)이다. 포사의 학명인 크립토프록타(*Cryptoprocta*)는 "숨겨진 항문"이라는 뜻인데, 항문이 주머니 안에 숨겨져 있어서 그런 이름이 붙었다. 이 주머니는 냄새 표지를 남기는 데에 쓰이는 듯하다.

마다가스카르 고유의 설치류는 모두 9속이 있는데, 네소민아과(Nesomyinae)로 묶인다. 커다란 쥐를 닮은 굴을 파는 종, 나무를 오르는 종, 술 같은 꼬리를 가진 "늪쥐(marsh rat)," 도약하는 뛰는쥐(jerboa)를 닮은 종들이 있다. 이 마다가스카르 고유의 설치류들이 한 이주 사건의 결과인지, 몇 차례의 결과인지를 놓고 오래 전부터 논란이 있었다. 현재의 DNA 증거는 마다가스카르 식육목 동물들처럼 이 설치류들도 하나의 배타적인 집단으로 통합된다고 말한다. 즉 단 하나의 개척자 집단이 분화하여 이 모든 설치류 생태적 지위를 채웠음을 시사한다. 지극히 마다가스카르다운 이야기이다. 흥미롭게도 DNA 증거는 식육목 동물과 설치류가 거의 동일한 시기(2,000-2,500만 년 전)에 마다가스카르에 정착했다고도 말한다. 한쪽이 다른 쪽을 뒤쫓은 것일까?

바오바브나무 8종 중 6종이 마다가스카르 토착종이며, 그곳에 있는 종려류는 130종으로 아프리카 전체의 종려류보다 훨씬 더 많다(화보 7 참조). 일부 학자들은 카멜레온도 여기에서 유래했다고 생각한다. 전 세계의 카멜레온 중 3분의 2가 마다가스카르 토착종이다. 그리고 땃쥐를 닮은 동물들로 이루어진 마다가스카르 고유의 과인 텐렉류도 있다. 그들은 예전에는 식충동물목으로 분류되었지만, 지금은 우리가 랑데부 13에서 만날 아프리카수류목으로 분류된다. 식육목 동물과 설치류처럼, 그들도 아마 수천 년 전, 개척자 한 무리가 아프리카에서 넘어와서 퍼졌을 것이다. 그들은 현재 27종으로 분화했다. 그중에는 고슴도치와 땃쥐를 닮은 것도 있으며, 물뒤쥐(water shrew)처럼 주로 물속에서 생활하는 종도 하나 있다. 그런 유사성은 마다가스카르에서 전형적으로 나타나는 수렴 진화, 즉 독자적인 진화의 산물이다. 마다가스카르가 고립될 때, 그곳에는 "진짜" 고슴도치도 "진짜" 물뒤쥐도 없었다. 그래서 운 좋게 그곳에 있던 텐렉들이 고슴도치와 물뒤쥐에 상응하는 존재로 진화한 것이다.

마다가스카르에는 원숭이도 유인원도 전혀 없으므로, 여우원숭이들의 독무대이다. DNA 증거에 따르면, 이들은 그 섬에서 가장 오래된 포유류이다. 아마 5,000-6,000만 년 전, 운 좋게 초기 곡비원류의 한 개척자 무리가 우연히 마다가스카르로 들어왔을 것이다. 대개 그렇듯이, 우리는 이 일이 어떻게 일어났는지 전혀 알 수 없다. 지금과 정반대로 당시에는 해류가 아프리카에서 마다가스카르로 흘렀다고 여겨지며, 그 점이 아마 도움이 되었을 듯하지만 말이다. 어쨌든 여우원숭이의 조상들이 도착한 시기는 랑데부 8(6,500만 년 전) 이후였던 것이 분명하다. 화보 8에서 볼 수 있듯이, 그 일은 마다가스카르가 아프리카와 지리적으로 격리된 시기(1억6,500만 년 전)와 인도와 격리된 시기(8,800만 년 전)보다 더 나중에 일어났으므로, 우리는 여우원숭이의 조상들이 줄곧 곤드와나에 살았다고는 말할 수 없다. 이 책의 몇몇 곳에서 나는 "통계적으로 심히 일어날 법하지 않지만, 어떤 미지의 수단으로 한 번 일어나기만 하면 되는, 그리고 우리가 결과를 접하고 있으므로 적어도 한 번은 분명히 일어났음을 아는, 요행으로 바다 건너기"를 뜻하는 줄임말로 "뗏목 이동"라는 말을 사용했다. "통계적으로 심히 일어날 법하지 않다"는 말은 형식상 덧붙인 것이다. 랑데부 6에서 살펴보았듯이, 실제로는 이런 일반적인 의미에서의 "뗏목 이동"이 직관적으로 예상하는 것보다 더 흔하다는 증거가 있다. 크라카토아가 엄청난 화산 폭발 사건으로 갑자기 파괴된 뒤, 살아남은 생물들이 급속히 재정착한 것이 고전적인 사례이다. E. O. 윌슨의 『생명의 다양성 (The Diversity of Life)』에 잘 설명되어 있다.

마다가스카르에서 운 좋은 뗏목 이동은 극적이면서 매우 놀라운 결과를 낳았다. 햄스터보다 더 작은 생쥐여우원숭이에서 커다란 고릴라보다 크고 곰처럼 보이던 최근에 멸종한 아르카에오인드리스(Archaeoindris)에 이르기까지 크고 작은 다양한 여우원숭이들, 길고 고리 무늬가 있는 털이 수북한 쐐기벌레 같은 꼬리를 치켜든 채 땅 위를 질주하는 친숙한 여우원숭이들, 우리 다음으로 두 발 보행에 익숙한 인드리원숭이와 시파카가 생겨났다.

그리고 이 이야기의 화자인 아이아이도 있다. 내가 우려하듯이 아이아이까지 멸종된다면 그 세계는 더욱더 슬픈 곳이 될 것이다. 그러나 마다가스카르가 없는 세계는 그저 슬픈 정도가 아니라 빈약한 세계가 될 것이다. 마다가스카르를 없앤다면, 세계 육지 면적의 고작 1,000분의 1 정도를 파괴하는 것이지만, 모든 동식물 종의 4퍼센트를 없애는 셈이다.

생물학자에게 마다가스카르는 축복받은 섬이다. 그곳은 우리가 순례여행에서 만날 5개의 커다란 섬들—아주 큰 섬도 있다—중 첫 번째이다. 그 섬들은 지구 역사의 중요한 시기에 고립됨으로써, 포유동물의 다양성을 급격히 일구어냈다. 곤충, 새, 식물, 물고기에게도 비슷한 일이 일어났다. 나중에 더 먼 순례자들과 합류할 때, 다른 섬들도 같은 역할을 했음을 알게 될 것이다. 물론 모든 섬들이 마른 땅으로 이루어진 섬을 의미하지는 않는다. "시클리드 이야기"는 아프리카의 거대한 호수들이 각자 일종의 마다가스카르이며, 시클리드가 그곳의 여우원숭이에 해당함을 설득력 있게 보여준다.

포유동물의 진화를 이끈 섬이나 섬 대륙을 우리가 방문할 순서대로 말하면, 마다가스카르, 로라시아(남쪽의 곤드와나와 떨어져 있던 북쪽의 거대한 대륙), 남아메리카, 아프리카, 오스트레일리아이다. 곤드와나도 그 목록에 추가될지 모른다. 랑데부 15에서 알게 되겠지만, 그곳도 현재의 남반구 대륙들로 쪼개지기 전에 나름대로 독특한 동물상을 가지고 있었기 때문이다. "아이아이 이야기"는 마다가스카르의 동물상과 식물상이 대단히 풍부하다는 사실을 보여주었다. 로라시아는 랑데부 12에서 우리와 만날 엄청나게 많은 순례자들인 로라시아수류의 고향이며, 다윈주의의 시험장이다. 랑데부 13에서 우리는 기이한 순례자 무리인 빈치류와 합류할 것이다. 그들은 당시 남아메리카라는 섬 대륙에서 진화적 수습생 역할을 했다. 또 우리는 대단히 다양한 포유동물 집단인 아프리카수류를 만날 것이다. 그들의 다양성은 아프리카라는 섬 대륙에서 배양되었다. 그다음 랑데부 14에서는 오스트레일리아의 유대류와 만난다. 마다가스카르는 패턴을 보여주는 미시 세계이다. 패턴을 파악할 수 있을 만큼 크고, 모범 사례임이 명확히 드러날 만큼 작은 세계 말이다.

백악기 대격변

우리 순례자들이 여우원숭이들과 만나는 6,500만 년 전의 랑데부 8은 거슬러올라가는 우리의 여행길에서 6,600만 년 전에 놓인 장벽인 이른바 K/T 경계를 뚫고 들어가기 전에 이루어지는 마지막 랑데부이다. K/T 경계는 포유동물의 시대와 그보다 앞선 훨씬 더 긴 공룡의 시대를 구분하는 선이다.* K/T는 포유동물에게는 운명의 분수령이었다. 포유류는 진화의 다양성 측면에서 지배권을 행사하던 파충류에게 1억 년 이상 눌려 지냈다. 그 시대의 포유류는 땃쥐를 닮은 작은 동물이었고, 야행성 식충동물이었다. 그러다가 갑자기 파충류의 압력이 사라지자, 그 땃쥐의 후손들은 지질학적으로 대단히 짧은 기간에 늘어나서 공룡들이 남긴 생태 공간들을 채웠다.

그 격변의 원인은 무엇이었을까? 논란이 있는 질문이다. 당시 인도에서는 대규모 화산활동이 벌어져서 100만 제곱킬로미터가 넘는 지역이 용암으로 뒤덮였다(그것이 "데칸 트랩[Decan Trap]"이다). 그 화산활동은 기후에 심각한 영향을 미쳤음이 분명하다. 약 2억5,000만 년 전, 페름기 말에 최악의—역사상 가장 규모가 컸던—대멸종을 일으킨 주된 용의자가 "시베리아 트랩(Siberian Trap)"이라는 점도 이 설명에 힘을 실어준다. 시베리아 트랩은 데칸 트랩의 5배를 넘는다. 그러나 다양한 증거들이 수집되면서, 더 급작스럽고 더 극적으로 작용한 결정적인 타격이 있었다는 데에 의견이 모아지고 있다. 우주에서 온 거대한 유성이나 혜성이 지구를 강타한 듯하다. 익히 알려진 대로 수사관들은 담뱃재와 지문으로 사건들을 재구성한다. 이 사건에서 재는 전 세계에 있는 그 시대의 지층에 형성된 이리듐 원소 층이다. 이리듐은 지각(地殼)에는 드물지만 유성

---

* K/T는 백악기-제3기(Cretaceous–Tertiary)의 약자이다. "C"가 아니라 "K"이다. 지질학자들은 "C"를 이미 석탄기의 약자로 사용해왔기 때문이다. 백악기는 백악을 뜻하는 라틴어 creta에서 온 말인데, 백악은 독일어로 Kreide이므로, K가 되었다. "제3기"는 35쪽의 지질 연대표에서 알 수 있듯이, 현재는 쓰이지 않는 명칭이다. 현재 그 경계는 백악기-고제3기라고 불린다. 그렇지만 "K/T"라는 약자는 여전히 그대로 쓰이고 있다. 그래서 나도 그 용어를 사용하기로 한다.

에는 흔하다. 우리가 말하는 충격은 충돌한 운석을 가루로 만들 정도였으며, 그 잔해는 먼지가 되어 대기 전체로 흩어졌고, 나중에 전 세계의 지표면에 내려앉았을 것이다. 멕시코 유카탄 반도의 끝에는 160킬로미터의 폭에 깊이가 50킬로미터나 되는 거대한 충돌 구덩이인 칙술룹이 남아 있다(화보 8 참조).

우주는 제각기 다른 방향으로, 서로 다른 엄청난 상대속도로 여행하는 물체들로 가득하다. 우리보다 느리게 움직이는 물체보다 빠르게 움직이는 것들이 훨씬 더 많다. 따라서 우리 행성에 부딪히는 물체들은 대부분 실제로 매우 빠른 속도로 움직인다. 다행히 그것들은 대부분 작아서 우리 대기에서 "별똥별"이 되어 불타버린다. 단단한 덩어리가 지표면에 도달할 정도로 큰 것들은 아주 적다. 그리고 수천만 년에 한 번씩, 격변을 일으키는 아주 커다란 물체가 지구와 충돌한다. 지구에 비해서 속도가 빠르기 때문에, 이 거대한 물체들은 충돌할 때에 상상할 수도 없는 엄청난 양의 에너지를 방출한다. 총에 맞은 상처는 총알의 속도 때문에 뜨겁다. 충돌하는 유성이나 혜성은 고속 총알보다 훨씬 더 빨리 움직일 가능성이 높다. 그리고 총알의 무게는 고작 수십 그램에 불과하지만, 백악기에 지구와 충돌하여 공룡들을 전멸시켰던 천체의 질량은 기가톤 단위로 추정된다. 생물들은 그 충돌로 불타거나, 강풍에 질식사하거나, 말 그대로 끓어오르면서 밀려드는 높이 150미터의 지진해일에 잠기거나, 샌안드레아스 단층에서 일어난 가장 규모가 큰 지진보다 1,000배나 더 격렬한 지진에 산산조각이 났을 것이고, 그럭저럭 살아남은 생물들은 시속 1,000킬로미터로 천둥처럼 지구를 휩쓰는 충돌음에 아마 귀가 먹었을 것이다. 격변 직후의 영향이 그 정도였다. 그 뒤의 여파로 전 세계에서 숲이 불탔고, 연기와 먼지와 재가 2년 동안 태양을 가림으로써 핵겨울 같은 현상이 벌어져서 대부분의 식물들이 죽고, 세계의 먹이사슬이 끊어졌다.

조류가 예외였다는 점은 놀랍지만, 공룡들이 모두 사라졌다는 것, 그리고 공룡들뿐만 아니라 다른 모든 종들의 절반, 특히 해양생물들이 사라졌다는 것은 전혀 놀랄 일이 아니다.* 오히려 이런 대격변에서 살아남은 생물들이 있다는 사실이 놀랍다. 우리는 비슷한 격변이 어느 때든 우리에게 닥칠 수 있다는 것을 불편할 정도로 잘 알고 있다.

---

* 여기서 격변이 기이하게 선택적이라고 보고 싶은 유혹을 느끼게 된다. 심해 유공충(대단히 많은 화석이 남아 있는 미세한 껍데기를 가진 원생동물로서, 지질학자들이 지표종으로 흔히 활용한다)은 거의 영향을 받지 않았다.

백악기의 공룡들이나 페름기의 반룡류(포유류형 파충류)와 달리, 천문학자들은 몇 년 전, 최소한 몇 달 전에 우리에게 미리 경고를 할 것이다. 그러나 그것이 축복이 되지는 못할 것이다. 적어도 현재의 기술로는 그 충돌을 막을 수 없기 때문이다. 다행히 일반적인 보험 통계 기준으로 볼 때, 어느 개체의 평생 동안에 그 일이 일어날 확률은 무시할 수 있을 정도이다. 그런 한편으로 어느 불운한 개체의 생애에 일어나리라는 점은 거의 확실하다. 보험 회사들은 단지 그렇게 멀리까지 생각하지 않을 뿐이다. 그리고 그 불운한 개체들은 아마도 인간이 아닐 것이다. 통계적 확률로 볼 때, 우리는 그런 일이 닥치기 전에 멸종할 것이기 때문이다.

믿어도 될 경고가 나왔을 때, 제시간 내에 막을 수 있는 수단들을 실행할 정도까지 기술을 발전시키려면, 당장 방어수단 연구를 시작해야 한다는 설득력 있는 사례를 제시할 수 있다. 현재의 기술로 볼 때는 씨앗, 가축, 문화적 지혜를 가득 축적한 컴퓨터와 데이터베이스 같은 장치들을 특권을 가진 인간들(이 부분은 정치적인 논란을 불러일으킬 수 있다)과 적절히 균형을 맞춰서 지하 대피소에 보냄으로써, 충격을 최소화하는 방법밖에 없다. 더 좋은 방법은 침입자를 파괴하거나 그것의 진행 방향을 돌림으로써 격변을 피한다는 지금의 상황으로는 꿈에 불과한 기술들을 개발하는 것이다. 경제나 유권자에게 겁을 집어먹게 해서 자신을 지지하도록 하려고, 외부 세력의 위협을 꾸며내는 정치가들은 충돌할 가능성이 있는 운석이 악의 제국이나 악의 축, 대단히 모호한 추상적인 "테러 집단"과 마찬가지로 자신들의 비열한 목적에 맞는 해결책임을 알아차릴지 모른다. 게다가 분열이 아니라 국제적인 협력을 도모하게끔 만드는 이점까지 있지 않은가? 그 기술 자체는 가장 발전된 "스타 워즈" 무기 체계와 우주 탐사에 쓰이는 기술과 비슷하다. 인류 전체가 공동의 적과 대면하고 있음을 대중이 인식한다면, 지금과 같은 분열이 아니라 협력이 이루어짐으로써 가치를 따질 수 없는 혜택이 돌아올 수 있다.

우리가 존재하므로, 우리 조상들이 페름기 대멸종과 그 뒤의 백악기 대멸종 때에 살아남았음은 분명하다. 두 개의 대격변을 비롯한 격변들은 그들에게 극도로 위험했을 것이다. 그들은 아마도 귀와 눈이 멀었겠지만 간신히 살아남아 번식을 할 수 있었을 것이다. 그렇지 않았다면 우리는 여기에 없을 것이다. 그런 다음에 그들은 기나긴 진화의 기간을 마음껏 활용하여 혜택을 독점했다. 백악기 생존자들의 입장에서는 이제 자신들을 잡아먹을 공룡들도, 경쟁할 공룡들도 없었다. 당신은 반대 상황일 수도 있다고 생각할지 모른다. 그들이 잡아먹을 공룡이 모두 없어졌다고 말이다. 그러나 당시에는 그렇게 큰 피해를 입을 만큼 큰 포유류도 없었고, 포유류의 먹이가 되었을 만한 작은 공룡도 거의 없었다. K/T 경계 이후에 포유류가 대규모로 번성했다는 사실은 분명하지만, 번성이 어떤 식으로 일어났는지, 그것이 우리의 랑데부 지점들과 어떤 관련이 있는지는 논란이 분분하다. 지금까지 세 가지 "모형"이 제시되었다. 이제 그것들을 논의할 때이다. 세 가지 모형은 나름대로 특징이 있으며, 논의를 단순화하기 위해서 극단적인 형태로 나타내기로 하자. 논의의 명확성을 위해서, 그것들의 명칭을 대폭발 모형, 지연 폭발 모형, 비폭발 모형으로 바꾸기로 하자. 이른바 캄브리아기 대폭발을 놓고 벌어지는 논쟁들도 비슷한 양상을 띤다. 그 이야기는 "발톱벌레 이야기"에서 다루기로 하자.

1. 극단적인 형태의 대폭발 모형은 K/T 격변 당시 포유동물 종 하나가 일종의 팔레오세 노아가 되어 살아남았다고 본다. 격변 직후에 이 노아의 후손들은 번식하고 분화하기 시작했다. 대폭발 모형에서 랑데부 지점들은 대부분 다발로 나타난다. 급속히 갈라지는 노아의 후손들을 거꾸로 올려다볼 때, 즉 K/T 경계의 후대 쪽에서 볼 때 그렇다.

2. 지연 폭발 모형은 K/T 경계 이후에 포유류의 다양성이 폭발적으로 늘어났다는 사실을 인정한다. 그러나 그 폭발적으로 늘어난 포유동물들은 한 노아의 후손들이 아니며, 포유동물 순례자들 사이의 랑데부 지점들은 대부분 K/T 경계보다 앞선다. 공룡들이 갑자기 무대를 떠났을 때, 땃쥐를 닮은 작은 포유동물들의 많은 계통들이 살아남아 공룡들을 대신하여 무대를 차지했다. 어느 "땃쥐"는 육식동물로 진화했고, 다른 "땃쥐"는 영장류로 진화하는 등 분화가 이어졌다. 비록 서로 흡사했을지라도, 이 각기 다른 "땃쥐" 계통들은 먼 과거까지 이어지며, 공룡의 시대까지 올라가야 하나로 통합되었다. 그들의 조상들은 나란히 공룡의 시대를 거쳐 K/T 경계까지 이어졌다. 그러다가 공룡이 사라지자, 거의 동시에 다양성이 폭발했다. 따라서 현대 포유류의 공조상들은 K/T 경계보다 훨씬 더 오래 전에 살았다. 모습과 생활방식이 서로 분화되기 시작한 것은 공룡이 죽은 뒤부터였지만 말이다.

3. 비폭발 모형은 K/T 경계가 포유류의 다양성 진화에서 뚜렷한 불연속성을 나타낸다고 보지 않는다. 포유류는 그저 갈라지고 또 갈라질 뿐이며, 이 과정은 K/T 경계의 전이나 후나 같은 방식으로 진행되었다고 본다. 지연 폭발 모형에서처럼, 현대 포유류의 공조상들은 K/T 경계보다 이전에 살았다. 그러나 이 모형은 공룡이 사라질 무렵에 그들이 이미 상당히 분화했다고 본다.

점점 늘어나는 화석 증거들도 그렇지만, 특히 분자 증거들은 세 가지 모형 가운데 지연 폭발 모형을 지지하는 듯하다. 포유류 가계도를 거슬러올라가보면 주요 분지점들은 대부분 공룡의 시대로 깊숙이 들어선 곳에 자리한다. 그러나 공룡과 공존했던 이 포유동물들은 대부분 서로 매우 비슷했으며, 공룡들이 사라져서 자유로워진 뒤에야 폭발적으로 증가하여 포유동물의 시대를 열었다. 그 주요 계통들 중 소수는 초창기 이래로 그다지 달라지지 않았으며, 그 결과 그들은 공통 조상이 대단히 오래되었지만 모습은 서로 비슷하다. 예를 들면 유럽뒤쥐와 텐렉은 서로 흡사하다. 아마 그들이 다른 출발점에서 생겨나 수렴했기 때문이 아니라, 원시시대 이래로 그다지 변하지 않았기 때문일 것이다. 그들의 공통 조상인 공조상 13은 K/T 경계와 현재 사이에 해당하는 기간의 절반만큼 K/T 경계보다 더 올라간 약 9,000만 년 전에 살았던 것으로 보인다.

날여우원숭이와 나무땃쥐

이 장에서는 7,000만 년 전의 세계가 펼쳐진다. 아직 공룡의 시대가 저물지 않았고, 포유류의 다양성이 꽃을 피우기 전이다. 사실 꽃 자체의 개화도 이제 막 시작되었다. 꽃식물(현화식물)은 다양하기는 했지만 이전에는 거대한 공룡이 나무를 쓰러뜨리고 지나가거나 불에 깡그리 타버린 곳처럼 교란된 서식지에서만 살았으며, 서서히 진화하여 이 무렵에는 숲의 수관을 이루는 나무와 그 아래의 덤불을 포함하여 다양하게 분화했다. 여기서 동남 아시아의 포유류 두 집단이 우리의 순례길에 합류한다. 다람쥐처럼 생긴 나무땃쥐 20종과 (날다람쥐를 더 닮은) 날여우원숭이 4종이다.

나무땃쥐는 모두 서로 아주 닮았으며, 나무땃쥣과(Tupaiidae)에 속한다. 대부분 나무 위에서 다람쥐와 비슷한 생활을 하며, 일부 종은 복슬복슬한 긴 공기역학적인 꼬리가 있다는 점까지도 다람쥐를 닮았다. 그러나 그런 유사성은 피상적인 것이다. 다람쥐는 설치류이다. 반면에 나무땃쥐는 절대로 설치류가 아니다. 그들이 누구인가는 다음 이야기에서도 약간 다룰 것이다. 이름에서 짐작하듯이 그들은 땃쥐류일까? 아니면 일부 학자들이 오래 전부터 주장해왔듯이 영장류일까? 아니면 그도 저도 아닌 다른 생물일까? 그들을 위치가 불확실한 독자적인 분류군인 나무땃쥐목(Scandentia, 라틴어로 scandere는 기어오른다는 뜻)에 포함시키는 것이 실용적인 해결책으로 제시되었다.

콜루고는 오래 전부터 날아다니는 여우원숭이로 알려졌는데, 반발도 없지 않았다. 그들이 날지도 못할 뿐만 아니라, 여우원숭이도 아니라고 말이다. 최근의 증거들은 그들이 이름을 잘못 지은 사람들이 생각했던 것보다도 여우원숭이에 더 가깝다는 것을 보여준다. 그리고 박쥐나 새와 같은 비행 능력은 없지만, 그들은 활공 전문가이다. 전통적으로 필리핀날여우원숭이와 말레이날여우원숭이 2종이 알려져 있었는데, 후자는 최근에 자바날여우원숭이, 보르네오날여우원숭이, 말레이날여우원숭이 3종으로 나뉘

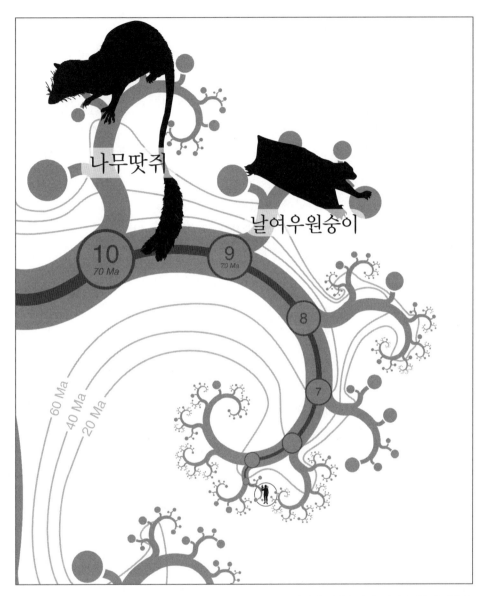

나무땃쥐

날여우원숭이

10
70 Ma

9
70 Ma

8

7

60 Ma

40 Ma

20 Ma

나무땃쥐와 날여우원숭이의 합류 이 계통도는 이 책에서 가장 불확실한 편에 속한다("날여우원숭이 이야기" 참조). 날여우원숭이(4종)와 나무땃쥐(20종)는 논란이 분분한 집단이다. 이 불확실성을 강조하기 위해서, 여기서는 두 집단을 같은 장에서 다룬다. 하지만 둘의 랑데부 지점은 9와 10으로 각각 다르다.

2007년에 8개 유전자를 대상으로 삽입/결실 돌연변이를 조사한 연구가 있다. 그중 7개 유전자는 이 배치가 타당하다고 말한다(나머지 한 유전자는 나무땃쥐가 우리의 더 가까운 친척이라고 시사한다). 대조적으로 한 차례 커다란 염색체 재배치가 일어났다는 증거를 찾아내어, 나무땃쥐와 날여우원숭이를 한 집단으로 통합해야 한다고 주장한 연구도 나와 있다. 화석들은 대체로 이 배치를 지지한다. 두 랑데부 지점의 거리가 수백만 년에 불과하다면, 유전체의 서로 다른 영역이 실제로 서로 다른 진화 계통수를 지닐 수도 있다("긴팔원숭이 이야기의 후기" 참조). 이 두 연대와 다음 랑데부의 연대도 아직은 매우 불확실하다.

었다. 이들은 피익목(Dermoptera)을 이룬다. "피부 날개"라는 뜻이다. 아메리카와 유라시아의 날다람쥐, 더 먼 관계인 아프리카의 비늘꼬리날다람쥐, 오스트레일리아와 뉴기니의 유대류 활공자들처럼 날여우원숭이는 커다랗게 늘어진 한 쌍의 피부, 즉 비막(patagium)을 가지고 있다. 비막은 어느 정도 낙하산과 비슷한 작용을 한다. 다른 활공자들의 비막과 달리, 날여우원숭이의 비막은 사지뿐만 아니라 꼬리까지 감싸며, 손가락과 발가락 끝까지 뻗어 있다. 또 날여우원숭이는 날개폭이 70센티미터로서 다른 활공자들의 것보다 더 크다. 날여우원숭이는 밤에 고도를 거의 유지한 상태로 먼 나무까지 숲 속을 70미터 이상 활공할 수 있다.

비막이 꼬리 끝까지, 그리고 손가락과 발가락 끝까지 뻗어 있다는 사실은 날여우원숭이가 다른 포유류 활공자들보다 활공 생활에 더 전념했음을 시사한다. 그리고 사실 그들은 땅에서는 행동이 매우 어색하다. 그들의 활공은 부족한 점을 그저 공중에서 보완하는 수준이 아니다. 그들의 커다란 낙하산은 공중에서 넓은 숲을 빠른 속도로 돌아다닐 수 있게 해준다. 밤에 치명적인 충돌을 피하면서 정확하게 착륙하려면, 목표한 나무까지 방향을 잡을 수 있는 뛰어난 입체 시각이 필요하다. 사실 그들은 야간에 아주 적합한 입체적으로 보는 큰 눈을 가졌다.

날여우원숭이와 나무땃쥐는 독특한 번식체계를 가졌지만, 방식은 서로 완전히 다르다. 날여우원숭이는 아직 발달이 덜 일어난 상태의 새끼를 낳는다는 점에서 유대류와 비슷하다. 그들에게는 유대류의 주머니 같은 것이 없으므로, 어미는 비막을 주머니처럼 사용한다. 비막의 꼬리 쪽을 앞으로 모아서 임시 주머니를 만들며, 그 안에 새끼(대개 한 마리)가 들어간다. 어미는 가끔 나무늘보처럼 나뭇가지에 거꾸로 매달리기도 하는데, 그럴 때 비막은 아기용 그물 침대처럼 보인다.

복슬복슬하고 따뜻한 그물 침대 가장자리에서 고개를 내민 새끼 날여우원숭이라니. 가슴 뭉클하게 들린다. 반면에 나무땃쥐의 새끼는 다른 포유류의 새끼보다 어미의 보호를 덜 받는 듯하다. 나무땃쥐 중 적어도 서너 종은 어미의 둥지가 2개씩 있다. 하나에는 어미 자신이 살며, 다른 하나에는 새끼들을 놓아둔다. 어미는 먹이를 줄 때에만 새끼들을 찾으며, 5-10분 정도 가능한 한 짧게 머물렀다가 떠난다. 어미는 48시간마다 한 번꼴로 이렇게 짧게 먹이를 주기 위해서 들른다. 새끼를 품어서 따뜻하게 하는 다른 포유류의 어미와는 다르기 때문에, 나무땃쥐 새끼들은 먹이를 먹어서 스스로 열을 내야 한다. 그 때문에 어미의 젖에는 영양분이 대단히 많다.

우리의 순례여행에서 유일하게 여기서는 같은 장에 랑데부 지점 두 곳을 설정했다. 나무땃쥐와 날여우원숭이의 관계, 그리고 다른 포유동물들과의 유연관계가 불확실하며 의견이 분분하다는 사실을 강조하기 위해서이다. 그리고 그런 사실 자체에 교훈이 담겨 있으며, "날여우원숭이 이야기"가 전하고자 하는 바가 바로 그것이다.

날여우원숭이 이야기

날여우원숭이는 동남 아시아의 숲을 밤에 활공하는 이야기를 해줄 수 있다. 그러나 우리 순례여행의 목적에 더 맞는 이야기도 있다. 그 이야기는 경고를 담고 있다. 공조상, 랑데부 지점, 우리와 합류하는 순례자들의 순서를 담은 우리의 정돈되어 보이는 이야기가 새로운 연구 결과가 나오면, 맞지 않거나 수정될 가능성이 높다는 경고이다. 이 장의 첫머리에 실은 계통수 그림은 DNA 서열의 작은 영역들에서 일어난 삽입과 결실을 토대로 그린 것이다. "긴팔원숭이 이야기" 끝에서 논의한 희귀하면서 신뢰할 만한 종류의 변화 말이다. 이 자료들은 우리 영장류가 나무땃쥐보다 날여우원숭이와 좀 더 가깝다고 시사한다. 이 책의 초판에서는 이전의 유전적 연구들을 토대로 날여우원숭이와 나무땃쥐가 한 무리로서 합류한다고 했다. 그리고 분자 증거가 나오기 이전에, 기존 분류학은 이 랑데부에서 나무땃쥐만을 영장류와 합류시켰을 것이다. 날여우원숭이는 가깝지도 않은, 훨씬 더 멀리 올라간 곳에서 우리와 만났을 것이다.

현재의 그림이 유지될 것이라고 장담할 수는 없다. 그리고 우리가 랑데부 지점들에 부여한 숫자들도 유지될 것이라는 보장은 없다. 화석 증거와 하나의 대규모 염색체 변화 양쪽에서 나온 더 최근의 증거들은 우리의 이전 견해를 부활시키라고 말한다. 앞으로의 연구에 따라서 전혀 다른 배치가 나올 수도 있으며, 우리의 숫자 체계도 다시 수정될 수 있다. 이 지속되는 불확실성이 우리가 날여우원숭이와 나무땃쥐를 별개의 장으로 나누지 않는 이유 중 하나이다. 의심과 불확실함을 한 이야기의 교훈으로 삼는다는 점이 마음에 들지 않을지도 모르지만, 그것은 우리의 순례여행이 더 먼 과거로 나아가기 전에 반드시 알아야 할 중요한 교훈이다. 그 교훈은 다른 많은 랑데부에도 적용될 것이다.

우리는 계통수의 한 지점에서 여러 갈래로 뻗는 가지들(다분지[polytomy] : "긴팔원숭이 이야기" 참조)을 표시함으로써 우리가 확신하지 못한다는 점을 알릴 수도 있었다. 그런 해결책을 채택하는 학자들도 있다. 지구의 모든 생물들의 계통을 탁월하게 요약한 『생물의 다양성』을 쓴 콜린 터지가 바로 그렇다. 그러나 가지들에 다분지를 도입한다면, 독자들에게 잘못된 확신을 심어줄 위험이 있다. 랑데부 13에서 살펴보겠지만, 태반 포유류는 2001년에 터지의 책이 나온 이후 분류학에서 일어난 크나큰 혁신으로, 지금은 크게 네 집단으로 나뉜다고 본다. 그러나 그가 상당히 해결되었다고 본 그의 이 분류 영역들은 지금 근본적으로 도전을 받고 있다. 이 책에도 같은 일이 일어날 수 있으며, 날여우원숭이와 나무땃쥐에만 해당되는 일도 아니다. 우리는 랑데부 13에서 만날 아프리카수류와 이절류라는 두 포유류 상목의 합류 순서는 더욱 확신하지 못한다. 랑데부 18과 19인 폐어와 실러캔스의 합류 순서도 여전히 이따금 논란이 된다. 거북(랑데부 16)의 분류학적 위치를 놓고서는 화석과 유전적 증거가 서로 다른 이야기를 한다. 유즐동물(랑데부 29)은 최근에 이루어진 유전체 서열 분석으로 분류학적 위치가 의문시되고 있다. 그리고 복잡한 세포 생명체(랑데부 38)의 주요 집단들의 분기야말로 가장 불확실한 사례일 것이다.

오랑우탄과의 랑데부 같은 것들은 유지될 것이 거의 확실하며, 그런 행복한 범주에 들어가는 랑데부들도 많다. 또 어느 쪽일지 애매한 랑데부들도 있다. 따라서 나는 어느 집단이 완전히 해결된 가계도에 속하고 어느 집단은 그렇지 않은지 주관적인 판단에 가까운 결론을 내리기보다는 의심스러운 부분들을 가능할 때마다 본문에 설명하면서, 다소 불확실하지만 2015년도 판에 해당하는 계통도를 그렸다(랑데부 36은 예외이다. 순서가 너무 불확실해서 전문가들조차도 감히 추측할 엄두를 내지 못한다). 우리는 세월이 더 흐르면, 새로운 증거들에 비추어보았을 때 우리의 랑데부 지점들과 계통도들 중 일부가 틀린 것으로 드러날 것이라고 생각한다(상대적으로 적은 수이기를 바란다).*

불확실성에 불편함을 느끼는 독자들은 세 가지 관찰로부터 위안을 얻을 수 있을

---

* 이 말을 엉뚱하게 인용하려는 창조론자들에게 보내는 경고. 창조론자들이여, 제발 이 말을 "진화론자들은 어느 것 하나 의견 통일을 할 수 없다"고 하니, 그 기반이 되는 이론 전체를 내다버릴 수 있다는 의미라는 식으로 인용하지 말기를 바란다.

것이다. 첫째, 이 책의 초판에서 어느 정도 근거를 바탕으로 한 추측들은 그 뒤로 10년 동안 새로운 자료들이 쌓였어도 뒤집히기보다는 대체로 유지되어왔다. 안경원숭이의 위치(랑데부 7), 칠성장어와 먹장어의 결합(랑데부 22)이 옳다는 증거가 더 많이 나온 것도 그렇다. 둘째, 우리는 어느 지점들이 불확실한지 안다. 단 하나를 제외하고(23번과 24번의 뒤바꿈), 이 책에서 수정이 가해진 랑데부 지점들은 논란이 있다고 말했던 곳들이었다. 셋째, 우리가 상충되는 연구들이 나올 것이라고 적극적으로 예상한 부분들이 있다. 특히 "긴팔원숭이 이야기의 후기"에서 논의했듯이, 우리는 두 랑데부 지점이 시간적으로 가까우면 유전체의 각 영역이 서로 다른 진화 계통수를 보여줄 것이라고 예측한다. 날여우원숭이의 유전자 중 몇 개가 이 랑데부에서 보여준 분지 순서와 일치하지 않는 이유가 그 때문일 수도 있다. 땃쥐처럼 생긴 포유동물이 그저 수백만 년 사이에 분화하여 날여우원숭이, 나무땃쥐, 영장류로 진화했다. 우리 여정의 다른 몇몇 지점들(특히 랑데부 13)에서 접할 상충되는 연구 결과들을 이 효과로 설명할 수 있을지도 모른다. 그러면 진화의 역사를 진정으로 오해함으로써 생기는 논란의 사례 목록은 줄어들게 된다.

진화 기준을 고려하지 않았던 초기의 분류 체계들은 취향이나 판단의 문제들이 논란이 되는 것과 똑같이, 논란이 될 수 있다. 분류학자는 박물관 표본들을 전시할 때에 편하다는 이유로 나무땃쥐가 땃쥐와 묶이고 날여우원숭이가 날다람쥐와 묶여야 한다고 주장할 수도 있다. 그런 판단에 절대적으로 옳은 해답은 없다. 그러나 이 책에서 채택한 계통분류학은 그렇지 않다. 거기에도 인간의 판단이 개입될 여지는 있지만, 그것은 논란의 여지가 없는 진리로 밝혀질 것이 무엇이냐에 관한 판단이다. 단지 우리가 상세히, 특히 분자 수준에서 상세히 살펴보지 않아서 진리가 무엇인지 아직 확신하지 못하기 때문에 그런 판단이 필요할 뿐이다. 진짜 진리는 발견되기를 기다리면서 거기에 있다. 그러나 박물관의 편의나 취향에 따라서 내린 판단에는 그런 말을 할 수 없다.

설치류와 토끼류

7,500만 년 동안 여행을 하면 우리는 랑데부 11에 도달한다.* 우리 순례자들이 줄달음 치고 갉아대고 찍찍대며 우글거리는 설치류 무리와 합류하는 곳, 아니 그들에게 휩쓸 리는 곳이 바로 여기이다. 게다가 우리는 이 지점에서 서로 아주 비슷한 산토끼류와 잭 토끼류, 그리고 좀더 거리가 먼 우는토끼류를 비롯한 토끼류와도 합류한다. 토끼류는 한때 설치류로 분류되었다. 설치류처럼 앞으로 튀어나온 갉아대는 이빨 때문이다. 사 실 토끼류는 설치류보다 한 쌍이 더 튀어나와 있다. 이후 토끼류는 따로 분류되기 시 작했고, 지금도 여전히 쥐목과 별도로 토끼목으로 나뉜다. 그러나 현대의 학자들은 토끼류를 설치류와 묶어서 설치동물이라는 "동시 출생 집단(cohort)"으로 놓는다. 다시 말해서, 각자 대규모인 토끼류 순례자들과 설치류 순례자들은 우리의 순례여행에 합 류하기 전에 서로 합류했다. 공조상 11은 우리의 약 1,500만 대 선조이다. 그는 우리와 쥐의 가장 최근 공통 조상이지만, 쥐는 세대가 짧기 때문에 훨씬 더 많은 세대를 거슬 러올라가야 그 조상에 도달한다.

　설치류는 포유류의 지배권 획득에 관한 성공담 중에서 돋보인다. 포유동물 종 전체 에서 설치류는 40퍼센트를 차지하며, 전 세계의 설치류 개체들을 더하면 다른 포유동 물의 개체수보다 많다고 한다. 토끼와 쥐는 농업혁명의 드러나지 않은 수혜자였으며, 우리를 따라 바다를 건너 전 세계의 모든 육지로 들어갔다. 그들은 우리의 곡식과 건 강에 피해를 입힌다. 1,000여 년 동안, 쥐와 그들의 몸에 붙은 벼룩은 본래 살던 중앙 아시아의 모래쥐와 땅다람쥐로부터 유럽으로 선페스트를 옮기고는 했다. 그럴 때마다 유럽은 황폐해졌다. 17세기의 "대역병"뿐만 아니라, 현재 유전적 증거를 통해서 드러났 듯이, 훨씬 더 치명적이었던 6세기와 7세기의 유스티니아누스 역병(Justinian plague)과

---

* 이 책의 초판에서는 이 랑데부와 다음 랑데부 지점을 각각 10과 11이라고 했음을 유념하자.

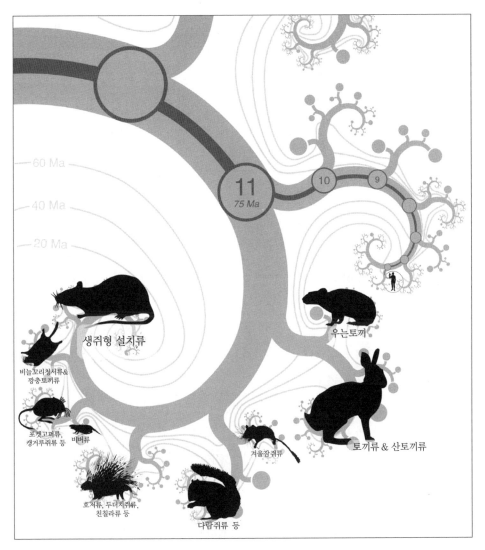

설치류와 토끼류의 합류 토끼, 산토끼, 우는토끼 등의 토끼류에는 약 90종이 속해 있다. 여기에 설치류 2,300종(3분의 2는 생쥣과에 속한다)을 합쳐서 "설치동물"이라고 한다. 현재 이들이 영장류, 날여우원숭이류, 나무땃쥐류의 가까운 친척이라는 설득력 있는 분자 증거들이 나와 있다. 이들을 다 합친 것이 태반 포유류의 네 상목 중 하나가 된다. 이 영장상목의 영어 명칭들은 발음하기가 쉽지 않다. 더 널리 쓰이는 "Euarchontoglires"보다 "supraprimate"가 그나마 발음하기가 좀더 수월하다.

모든 범유행병 중 최악이었던 중세 유럽 인구의 절반 이상을 몰살시킨 흑사병도 그들이 일으켰다. 심지어 「계시록」에 나오듯이 네 기사가 쓰러졌을 때, 그들의 시체를 먹어 치우고 문명의 폐허 위를 레밍처럼 휩쓸고 돌아다니는 존재도 쥐들일 것이다. 말이 난 김에 덧붙이면, 레밍도 설치류이다. 이유는 아직 명확히 밝혀지지 않았지만, 그들은 이른바 "레밍의 해"에 재앙을 일으킬 정도로 수가 늘어나서 미친 듯이 집단 이주에 나서는 북쪽 지방의 들쥐이다. 그들이 자살한다는 것은 잘못 알려진 내용이다.

설치류는 갉는 기계이다. 그들은 앞니 한 쌍이 앞으로 툭 튀어나와 있으며, 계속 자라면서 닳거나 상한 부위를 대체한다. 설치류는 갉는 교근(咬筋)이 특히 잘 발달했다. 그들은 송곳니가 없으며, 효과적으로 갉아대기 위해서 앞니와 뒤쪽 이빨들 사이에 치아 간격(diastema)이라는 넓은 틈새가 나 있다. 설치류는 거의 무엇이든 갉을 수 있다. 비버는 나무줄기를 갉아서 많은 나무를 쓰러뜨린다. 두더지쥐는 두더지와 달리 앞발이 아니라 오로지 앞니를 이용하여 굴을 파고 땅속에서 산다.* 전 세계의 사막(군디, 모래쥐), 고산 지대(마멋, 친칠라), 숲의 수관(날다람쥐를 포함한 다람쥐), 강(물밭쥐, 비버, 카피바라), 우림 바닥(아구티), 사바나(마라, 깡충토끼), 북극 툰드라(레밍)에서 저마다 다른 종들이 살아가고 있다.

설치류는 대부분 생쥐만 하지만, 마멋, 비버, 아구티, 마라에서부터 남아메리카의 수로에 사는 양만 한 카피바라에 이르기까지 큰 것들도 있다. 카피바라는 그 지역 주민들의 사냥감이다. 몸집이 크기 때문이 아니라, 기이하게도 로마 가톨릭 교회가 전통적으로 육식을 금하는 금요일에 카피바라를 생선 대신에 먹도록 했기 때문이다. 아마 그들이 물에 살기 때문인 듯하다. 현대의 카피바라도 몸집이 큰 편이지만 최근에 멸종한 남아메리카의 거대 설치류에 비하면 작다. 큰카피바라는 당나귀만 했다. 텔리코미스는 더 커서 작은 코뿔소만 했는데, 큰카피바라와 마찬가지로 파나마 지협이 생겨서 남아메리카가 섬의 지위에서 벗어난 아메리카 대교환(Great American Interchange) 때에 멸종했다. 이 두 거대 설치류 집단은 서로 그리 가까운 관계는 아니었고, 독자적으로 거

---

* 15종 중 하나만 빼고, 그들은 땅속을 갉아대며 나아간다. 두더지쥐 가운데에서도 극단적인 은둔자 벌거숭이쥐는 열차처럼 나란히 서서 맨 앞의 일꾼이 흙을 갉아대면 나온 흙을 차례차례 뒤로 차면서 단체로 굴을 판다. 나는 일부러 "일꾼"이라는 말을 썼다. 벌거숭이쥐의 습성이 포유류 중에서 사회성 곤충에 가장 가깝다는 점에서 놀랍기 때문이다. 심지어 그들의 생김새는 흰개미가 비대해진 것처럼 보이기도 한다. 우리의 기준으로 보면 아주 못생겼지만, 그들은 눈이 안 보이므로 신경 쓰지 않을 것이다.

대중을 진화시킨 듯하다.

설치류가 없는 세상은 전혀 다른 모습일 것이다. 그러나 그보다는 인간이 사라지고 설치류가 지배하는 세상이 올 가능성이 더 높다. 핵전쟁으로 인류와 나머지 생물들이 대부분 몰살당한다면, 단기적으로는 살아남고 장기적으로는 진화적 조상이 될 가능성이 높은 것은 쥐이다. 나는 아마겟돈 이후의 세계를 그려본다. 우리와 다른 모든 대형 동물들은 사라지고 없다. 설치류는 인간 이후 시대의 궁극적인 청소동물이 될 것이다. 그들은 뉴욕, 런던, 도쿄를 돌아다니며 앞을 가로막는 것은 무엇이든 갉아댈 것이고, 쏟아진 식품들, 유령 같은 슈퍼마켓의 물건들, 인간 시체들을 먹어치우고 새로운 세대의 쥐와 생쥐를 낳을 것이며, 개체수가 폭발적으로 늘어나면서 도시를 너머 시골로 뻗어갈 것이다. 인류의 방탕함을 보여주는 잔재들을 모두 먹어치우고 나면, 개체수는 다시 급격히 줄어들 것이고, 설치류는 서로에게, 그리고 함께 청소를 하던 바퀴들에게로 눈길을 돌릴 것이다. 세대가 짧고 방사선 때문에 돌연변이율이 증가한 상태이므로 경쟁이 극심해지면 진화가 가속될 것이다. 인간의 배와 비행기가 사라졌으므로, 섬은 다시 섬이 되고, 각 지역 집단들은 운 좋게 뗏목 이동이 일어나는 경우를 빼고는 고립될 것이다. 진화적 분지가 일어날 이상적인 조건이다. 500만 년 내에 다양한 신종들이 우리가 알고 있는 종들을 대체할 것이다. 거대한 초식성 쥐 떼에게 날카로운 이빨을 가진 육식성 쥐들이 슬그머니 다가간다.* 시간이 충분하다면, 지능을 가진 문화적인 쥐 종이 출현하지 않을까? 설치류 역사가들과 과학자들이 마침내 고고학적 발굴(갉아대기?)을 통해서 짓눌린 지 오래된 우리의 도시들이 있는 지층들을 찾아내어, 쥐류에게 전환점이 된 짧았던 비극적인 상황을 재구성하지 않을까?

생쥐 이야기

수많은 설치류 중에서 생쥐는 우리 다음으로 가장 집중적으로 연구된 포유동물 종이기 때문에 특별한 이야기를 가지고 있다. 생쥐는 유명한 기니피그보다도 훨씬 더 많은 의학, 생리학, 유전학 연구실에서 주요 실험 대상이 되었다. 특히 생쥐는 우리에 이어서

---

* 오래 전 두걸 딕슨은 이런 상황을 예견했고, 상상력이 가득한 『인류 이후 : 미래의 동물학(*After Man: A Zoology of the Future*)』에서 그것을 멋지게 표현했다.

유전체 서열이 완전히 분석된 두 번째 포유동물이다.*

최근에 서열이 분석된 이 유전체들은 두 가지 예상 외의 놀라움을 불러일으켰다. 첫째는 포유동물의 유전체가 비교적 유전자를 적게 지닌다는 것이다. 최근의 추정값들은 사람의 유전자가 2만 개도 되지 않는다고 말한다. 둘째는 서로 너무 비슷하다는 것이다. 인간의 유전체가 작은 생쥐의 것보다 훨씬 더 커야 체면이 설 듯한데 말이다. 아무튼 유전자의 수가 2만 개보다는 더 많아야 옳지 않을까?

이렇게 예상이 어긋나자, 더 잘 알고 있었어야 할 학자들을 비롯하여 사람들은 "환경"이 생각보다 더 중요한 역할을 한다고 추론할 수밖에 없었다. 유전자가 몸의 명세서를 세세하게 작성할 수 있을 만큼 많지 않은 듯했기 때문이다. 사실 그것은 대단히 소박한 논리이다. 몸을 만드는 데에 얼마나 많은 유전자가 필요한지 어떤 기준으로 판단할 수 있을까? 이런 종류의 사고방식은 무의식적으로 잘못된 가정에 기대고 있다. 유전체가 일종의 청사진이며, 각 유전자가 몸의 한 부위씩 지정하고 있다는 가정 말이다. "초파리 이야기"에서 알게 되겠지만, 유전체는 청사진이 아니라, 요리법이나 컴퓨터 프로그램, 또는 조립 안내서에 더 가깝다.

유전체를 청사진이라고 생각한다면, 당신처럼 크고 복잡한 동물이 세포도 더 적고 뇌도 덜 정교한 작은 생쥐보다 유전자가 더 많을 것이라고 기대하게 된다. 그러나 앞에서 말했듯이, 유전자는 그런 식으로 작용하지 않는다. 요리법이나 안내서라는 모형도 제대로 이해하지 못하면 오해를 불러일으킬 수 있다. 내 동료인 매트 리들리는 『본성과 양육(Nature via Nurture)』에서 다른 비유를 들었는데, 나는 그것이 아주 명쾌하다고 생각한다. 우리가 서열 분석한 유전체에서 인간이나 생쥐를 만드는 안내서나 컴퓨터의 마스터 프로그램에 해당하는 부분은 얼마 되지 않는다. 유전체 전체가 프로그램이라면, 우리가 자신의 프로그램이 생쥐의 프로그램보다 더 크다고 예상하는 것은 당연할지 모른다. 그러나 우리의 유전자는 안내서를 작성하는 데에 쓰이는 단어들의 사전이나, 곧 살펴보겠지만 마스터 프로그램에서 불러들이는 서브루틴(subroutine)의 집합에 더 가깝다. 리들리의 말마따나, 『데이비드 카퍼필드』에 나오는 단어 목록은 『호밀

---

* 사실 "완전히 분석된"이라는 흔히 쓰이는 용어는 조금 잘못된 것이다. 이 글을 쓰는 2016년 현재, "완전한" 인간 유전체라는 것에도 아직 서열의 약 5퍼센트가 누락되어 있다. 대부분은 유전자가 전혀 들어 있지 않지만, 염색체의 구조를 유지하는 데에 도움을 주는 영역들이다. 반복되는 서열이 너무나 많아 순서가 어떻게 되는지 알기 어려워서 끼워맞추기가 거의 불가능한 곳들이다.

밭의 파수꾼』에 나오는 단어 목록과 거의 같다. 둘 다 교양 있는 영어 원어민의 어휘를 사용했다. 두 책의 차이점은 그 단어들을 늘어놓은 순서가 다르다는 것이다.

사람이 만들어질 때나 생쥐가 만들어질 때, 둘의 배아 발생은 같은 유전자 사전을 참조하여 이루어진다. 즉 그 사전에는 포유동물의 배아 발생에 관한 일반적인 어휘들이 실려 있다. 사람과 생쥐의 차이는 포유류 공통의 어휘 목록에서 꺼낸 유전자들이 전개되는 순서, 그런 일이 벌어지는 신체 부위들, 일이 일어나는 시간이 다르기 때문에 나타난다. 이 모든 일들은 종잡기 어려울 만큼 많은 메커니즘에 좌우되며, 그 메커니즘 중에는 우리가 이제야 겨우 이해하기 시작한 것들도 있고, DNA의 단백질 암호 영역 바깥에 놓인 것들도 많다. 현재 우리는 우리의 몸을 구성하고 운영하는 단백질을 만드는—그리고 진정한 유전자라고 생각되곤 하는—서열이 우리 유전체에서 겨우 1퍼센트 남짓에 불과하다는 것을 안다. 유전체 중 약 8퍼센트는 다른 중요한 기능을 수행하는 듯하며, 그중 대부분은 유전자를 켜고 끄는 일을 돕는 것으로 보인다. 이 조절 영역은 생물을 빚어내는 데에 대단히 중요하며, 자신이 통제하는 유전자의 옆에 붙어 있을 때가 많다. 흔히 전사 인자라는 단백질이 이 조절 영역에 달라붙으면 관련된 유전자가 켜지거나 꺼지는 식으로 작동한다. 그 유전자들 중에도 전사 인자를 만드는 것들이 있기 때문에, 복잡하면서도 시간적으로 절묘하게 작동하는 연쇄반응이나 되먹임 고리가 형성될 수 있다. 그런 복합체계에서는 DNA 수준에서 몇 가지 미묘한 변화를 일으키는 것만으로도 다양한 유전자들이 쓰이는 순서를 바꿀 수 있다.

"순서"라는 말을 유전자들이 염색체들을 따라 줄줄이 늘어선 순서라는 의미로 오해하지 말도록. "초파리 이야기"에서 살펴보겠지만, 몇 가지 눈에 띄는 예외도 있으나 염색체에 놓인 유전자들의 순서는 어휘집에 실린 단어들의 순서와 마찬가지로 임의적이다. 어휘집의 단어들은 대개 자모순이지만, 해외 여행자를 위한 관용어구집처럼 편리한 순서일 때도 있다. 공항, 병원, 쇼핑에 유용한 단어들처럼 말이다. 염색체에 유전자들이 놓인 순서는 중요하지 않다. 중요한 것은 세포 기구가 필요할 때에 해당 유전자를 찾는 것이며, 세포 기구는 우리가 조금씩 알아가고 있는 방법들을 써서 그렇게 한다. "초파리 이야기"에서 우리는 염색체에 배열된 유전자들의 순서가 외국어 관용어구집과 달리 임의적이지 않은, 아주 흥미로운 극소수 사례를 살펴볼 것이다. 지금 중요한 사항은 생쥐와 인간을 가르는 것이 대개 유전자 자체도 아니고, 염색체 "관용어구집"에 담긴 유전자들의 순서도 아니라, 유전자들이 켜지는 순서라는 것이다. 영어 어휘집에서 단어들을 골라 각기 다른 문장으로 배열함으로써 디킨스나 샐린저의 작품을 쓰는 것과 마찬가지이다.

단어 비유는 한 가지 측면에서 오해를 일으킨다. 단어는 유전자보다 짧으며, 일부 학자들은 유전자를 문장 하나에 비유하는 방식을 선호한다. 그러나 문장은 좋은 비유가 아니다. 거기에는 그럴 만한 이유가 있다. 책은 정해진 문장 목록 중에서 골라 조합한 것이 아니기 때문이다. 대부분의 문장들은 독특하다. 유전자는 문장이 아니라 단어처럼 서로 다른 맥락에서 반복하여 쓰인다. 단어나 문장보다 더 나은 비유는 유전자를 컴퓨터의 툴박스(toolbox) 서브루틴으로 보는 것이다.

나는 매킨토시에 익숙하다. 프로그램을 짜본 지가 몇 년은 되었으므로, 세부적으로 들어가면 내 지식은 구식일 것이 분명하다. 걱정 말도록. 원리는 그대로이니 말이다. 그리고 다른 컴퓨터들도 마찬가지이다. 매킨토시에는 프로그램에 이용될 수 있는 루틴들의 툴박스가 있다. 이 툴박스 루틴은 수천 가지나 된다. 각각은 특정한 작업을 하며, 프로그램마다 조금씩 다른 방식으로 필요할 때마다 같은 일을 반복한다. 한 예로 ObscureCursor라는 툴박스 루틴은 다음에 마우스가 움직일 때까지 화면에서 커서를 감춘다. 당신에게 보이지는 않지만, ObscureCursor "유전자"는 당신이 자판을 두드리기 시작할 때마다 불려나와서 마우스 커서를 없앤다. 툴박스 루틴들은 매킨토시(그리고 그것을 모방한 윈도 탑재장치들)에 있는 모든 프로그램들이 공유하는 친숙한 특징들의 배후에 놓여 있다. 풀다운 메뉴, 스크롤바, 마우스로 끌어서 크기를 조절할 수 있는 창 등 다양하다.

모든 매킨토시 프로그램의 "외양과 느낌"(아주 유사해서 소송의 대상이 될 정도였다)이 같은 이유는 애플이나 마이크로소프트나 다른 어떤 기업이 작성했든 간에 모든 매킨토시 프로그램들이 같은 툴박스 루틴들을 불러내기 때문이다. 당신이 화면 전체를 어떤 방향으로 움직이고 싶어하는, 예를 들면 마우스로 움직이고자 하는 프로그래머라면, ScrollRect 툴박스 루틴을 불러내지 않는다면 시간을 낭비하는 꼴이 될 것이다. 혹은 체크 표지를 풀다운 메뉴로 짜고 싶을 때, 직접 그 코드를 짠다는 것은 미친 짓일 것이다. 당신은 그저 CheckItem을 프로그램 속으로 불러들이기만 하면 된다. 나머지는 그것이 다 알아서 할 것이다. 누가, 어떤 프로그램 언어로, 어떤 목적으로 작성했든 간에 매킨토시 프로그램의 원문을 살펴본다면, 그것이 주로 미리 정해진 친숙한 툴박스 루틴들을 불러내는 것으로 이루어졌다는 사실이 가장 눈에 띌 것이다. 모든 프로그래머는 똑같은 루틴 목록을 이용할 수 있다. 서로 다른 프로그램 문자열들은 각기 다른 조합과 순서로 이런 루틴들을 불러내는 역할을 한다.

모든 세포의 핵에 자리한 유전체는 표준 생화학 기능들을 수행하는 데에 쓰이는 DNA 루틴들의 툴박스를 가지고 있다. 간세포, 뼈세포, 근육세포 등 각기 다른 세포들은 성장, 분열, 호르몬 분비 등 세포의 특정한 기능들을 수행할 때, 이런 루틴들을 불러내어 각기 다른 순서와 조합으로 연결한다. 생쥐의 뼈세포는 자신의 간세포가 아니라 인간의 뼈세포와 더 비슷하다. 둘은 비슷한 작업들을 수행하며, 그런 일들을 할 때 똑같은 툴박스 루틴 목록을 불러내야 한다. 이것이 바로 모든 포유동물의 유전자 수가 거의 같은 이유이다. 즉 모두 같은 툴박스를 필요로 하기 때문이다.

그럼에도 생쥐의 뼈세포는 인간의 뼈세포와 다르게 행동한다. 그 역시 세포핵의 툴박스들을 서로 다른 식으로 불러내기 때문일 것이다. 생쥐와 인간의 툴박스 자체가 똑같은 것은 아니지만, 원리상 두 종이 주된 차이점을 유지하면서 똑같다고 할 수 있다. 생쥐를 인간과 다르게 만들고자 할 때, 툴박스 루틴들 자체보다는 툴박스 루틴들을 불러내는 방식을 달리하는 것이 더 중요하다.

생쥐 이야기의 후기

우리는 "생쥐 이야기"에서 생쥐와 인간의 주된 차이점들이 가용 툴박스에서 유전적 루틴들을 선택하는 양상에 달려 있다는 것을 알았다. 이 양상은 다세포 생물의 몸에서 세포들이 분화할 때에 더욱 중요하다. 당신의 신경세포와 간세포, 근육세포와 피부세포는 어떤 DNA 명령문의 집합을 가지느냐가 아니라, 어떤 명령문 집합이 켜지고 꺼지느냐에 따라서 구별된다. 생쥐와 인간의 사례와 달리, 여기서는 유전적으로 차이가 나는 것이 아니다. 당신의 세포들은 본질적으로 동일한 DNA를 가지고 있기 때문이다. 차이는 "후성유전학적인(epigenetic)" 것이다. 즉 유전체 바깥에서 생긴다. 이 점은 DNA가 발견되기 이전부터 알려져 있었다. 1942년에 콘래드 와딩턴이 그 용어를 창안했다. 그러나 실망스럽게도 그 용어는 예기치 않은, 심지어 우리가 이해하고 있는 유전학에 위협이 되는 무엇인가를 가리킨다는 식으로 알려지게 되었다. 신문들은 환경이 유전자가 켜지고 꺼지는 양상을 변경할 수 있다는 사실이 "새로운" 연구를 통해서 드러났다는 식으로, 제대로 알지도 못한 채 놀랍다는 기사를 싣곤 한다. 물론 당연히 변경할 수 있다! 생물의 발생은 본래 그 과정에 의존한다. 그리고 세포의 유형에 따라서만 달라지는 것도 아니다. 우리는 소파에 죽치고 앉아서 텔레비전을 보는 사람에 비해서 보디빌더가 근육의 유전자 발현 양상에 변화가 일어나서 달라졌을 것이라고 짐작할 수 있다. 환경 단서들—배아 발달 때의 호르몬이든 성년기의 외부 영향이든 간에—에 반응하는 것이야말로 유전자가 하는 일이다. 1960년대 초에 자코브와 모노가 세균을 연구했을 때부터 알려져 있던 것이다.

더 논란이 되는 것은 후성유전학의 개념을 확장한 부분이다. 즉 유전자 이용의 양상이 후대로 전달될 수 있다는 개념으로, 후성 유전(epigenetic inheritance)이 바로 그것이다. 현재 대장장이가 강한 근육을 자식에게 대물림한다는 라마르크주의 개념을 현대적으로 부활시킨 양, 부모로부터 자식에게로 형질이 전달된다는 이야기들이 신물이 날 만치 넘친다. 이 재앙을 일으킬 개념에 사람의 마음을 혹하게 만드는 무엇인가가 있는 모양이다. 그것은 대장장이의 아이가 아버지의 구부러진 다리, 흉터 가득한 얼굴, (어떤 신조든 간에) 정치적 태도를 물려받는다는 의미이기도 하므로 재앙이다. 우리 대다수는 부모의 획득 형질을 전부 물려받지 않아서 다행이라고 생각할 것이다. 맨땅에서 시작하는 쪽이 할 이야기가 훨씬 더 많다.

그렇기는 해도 몸에 있는 세포 차원의 유전까지 포함하는 쪽으로 후성 유전을 정의한다면, 후성 유전은 명백히 참이다. 간세포는 간세포를 낳고, 근육세포는 근육세포를 낳는다. 양쪽의 DNA가 똑같다고 해도 그렇다. 똑같은 후성 유전이 새로운 몸, 즉 자식의 몸이라는 형태로 일어난다고 해서 그것이 그렇게 놀라운 일일까? 어머니가 기아(飢餓)의 효과를 자식과 더 나아가 손자손녀에게까지 물려준다는 것을 시사하는 증거가 일부 있다. 난자에 들어 있는 화학물질이 어머니의 후성유전학적 향기를 전달한다고 해도 그리 놀랄 필요는 없을 것이다. 그러나 일부 이야기들은 불가능한 낌새를 풍긴다. 최근에는 특정한 냄새에 두려움을 품도록 조건 형성이 이루어진 생쥐 수컷이 정자를 통해서 그 두려움을 전달한다고 주장하는 실험 결과도 나왔다. 이 실험 결과는 확고할지 모르지만, "비범한 주장에는 비범한 증거가 필요하다."

그런 효과가 진정한 돌연변이와 동일한 차원에서 진화적 의미를 가지려면, 손자손녀 세대만이 아니라 더 후대에 이르기까지 무한정 전달되어야 한다는 점을 지적해야겠다. 사실 일어난다고 전제할 때, 그 효과는 세대가 지날수록 사라지는 듯하다. 그것이 바로 우리가 모든 적응 진화가 DNA 서열에 다윈주의적 자연선택이 가해짐으로써 일어난다고 보는 이유이다. 사실, 우리가 아는 모든 후성 유전은 유전체의 통제하에 있으며, 다세포 몸을 구성하는 데에 필요한 세포 유전이 그 가장 중요한 사례이다. 반면에 부모로부터 자식에게로 전해지는 후성 유전의 의사-라마르크주의(pseudo-Lamarckian) 사례는 사소하며, 훨씬 더 중요한 주제에 관심을 집중하지 못하게 만들 수 있다. 우리는 "모든" 적응 진화가 DNA에 토대를 두고 있다고 했지만, 인류에게서는 반드시 그렇다고 할 수 없다. 우리는 생각이라는 형태로 획득 형질을 전달하며, 비유전적인 유전이라는 것이 있다면 바로 그것이라고 할 수 있다. 정보 전달의 이 대안 형태야말로 우리 문화의 근원이며, 여러 가지 측면에서 인류를 지구의 다른 생물들과 구별해주는 특징이다.

비버 이야기

"표현형(phenotype)"은 유전자의 영향을 받는다. 표현형은 몸에 관한 모든 것을 의미한다. 그러나 그 단어의 어원에 비추어보면 미묘하게 강조되는 부분이 있다. 그 말은 "보여주다," "빛을 비추다," "나타내다," "전시하다," "밝히다," "드러내다," "표현하다"라는 뜻의 그리스어인 Phaino에서 유래했다. 표현형은 숨겨진 유전형의 외면적이고 가시적인 표현이다. 『옥스퍼드 영어사전』은 그 단어를 "환경과 유전형의 상호작용의 결과로 간주되는, 개체의 관찰 가능한 특징들의 종합"이라고 정의한다. 그러나 이 정의 앞쪽에 더 미묘한 정의가 나와 있다. "관찰 가능한 특징들을 통해서 다른 생물들과 구별 가능한 생물의 한 유형이다."

　　다윈은 자연선택을 경쟁 상대들을 희생시킴으로써 생존하고 번식하는 특정한 생물 유형들이라고 보았다. 여기서 "유형들"은 집단이나 종족(race)이나 종을 뜻하는 것이 아니다. 『종의 기원』의 부제로 쓰인 "선호되는 종족의 보존"이라는 심하게 왜곡되곤 하는 구절은 결코 일반적인 의미의 종족을 뜻하는 말이 아니다. 다윈은 유전자라는 단어가 등장하지도, 제대로 이해되지도 않은 시대에 그 책을 썼지만, 현대적인 의미로 볼 때, 그는 "선호되는 종족"이라는 말을 "선호되는 유전자의 소유자"라는 의미로 쓴 것이다.

선택은 각 유형들의 차이점들 중에서 유전자에 의존한 부분만 진화시킨다. 즉 차이들이 유전되지 않는다면, 차등 생존은 다음 세대에 아무런 영향을 미치지 못한다. 다윈주의에서 표현형은 겉으로 드러난 것이며, 그것을 통해서 유전자는 선택의 심판을 받는다. 비버의 꼬리가 노로 쓰일 수 있도록 납작해졌다고 말할 때, 그 말은 꼬리를 납작하게 만드는 것을 비롯한 표현형으로 발현되는 유전자들이 그 표현형을 통해서 살아남았다는 의미이다. 납작한 꼬리라는 표현형을 가진 비버 개체들은 헤엄을 더 잘 친 결과 살아남았다. 그에 해당하는 유전자들도 몸속에서 살아남았고, 꼬리가 납작한 새로운 세대의 비버들에게로 전달되었다.

한편 나무를 갉아먹을 수 있는 크고 날카로운 앞니로 발현되는 유전자들도 살아남았다. 비버 개체들은 비버 유전자 풀에 있는 유전자들의 조합으로 만들어진다. 세대를 거치면서 살아남은 유전자들은 비버의 생활방식 속에서 번성하는 표현형들을 만드는 유전자 풀의 다른 유전자들과 잘 협력한다는 사실이 입증됨으로써 살아남은 것이다.

또다른 유전자 풀에서는 호랑이 협동조합, 낙타 협동조합, 바퀴 협동조합, 당근 협동조합 등 저마다 다른 생활방식 속에서 살아남을 수 있는 몸을 만드는 데에 협력하는 유전자들이 살아남는다. 나의 첫 책 『이기적 유전자』는 본문에 있는 단어를 하나도 바꾸지 않은 채 『협력하는 유전자』라고 제목을 바꿀 수 있다. 사실 그렇게 하면 몇 가지 오해가 없어질 것이다(그 책의 가장 열렬한 비판자들 중에는 책 제목만 읽고 떠드는 사람들도 있다). 이기성과 협동은 다윈주의라는 동전의 양면이다. 각 유전자는 그 유전자의 환경인, 유성생식으로 뒤섞이는 유전자 풀에 있는 다른 유전자들과 협력하여 공유할 몸을 만듦으로써 자신의 이기적인 복지를 추구한다.

그러나 비버 유전자는 호랑이나 낙타나 당근과 전혀 다른 특수한 표현형을 가지고 있다. 비버는 댐 표현형에서 유래하는 호수 표현형을 지닌다. 호수는 **확장된 표현형**이다. 확장된 표현형은 특수한 종류의 표현형이며, 이 이야기의 나머지 부분의 주제이기도 하다. 이제 말할 내용은 같은 제목의 내 책을 요약한 것이기도 하다. 확장된 표현형은 그 자체로서만이 아니라, 기존의 표현형들이 어떻게 발달하는지를 이해하는 데에 도움을 주기 때문에 흥미롭다. 우리는 비버의 호수 같은 확장된 표현형과 납작한 꼬리 같은 기존의 표현형이 원리상 큰 차이가 없음을 알게 될 것이다.

살과 뼈와 피로 된 꼬리와 골짜기에 댐으로 막혀 고인 잔잔한 물에 표현형이라는 똑같은 단어를 사용하는 것이 어떻게 가능할까? 해답은 둘 다 비버의 유전자가 발현된 것이라는 데에 있다. 둘 다 그 유전자들을 점점 더 잘 보존하는 쪽으로 진화한 것이다. 그리고 둘 다 발생학적 인과 사슬이라는 비슷한 사슬을 통해서 발현되는 유전자들과 연관되어 있다. 이제 설명을 해보자.

비버 유전자가 비버의 꼬리를 만드는 발생학적 과정은 상세히 밝혀지지 않았지만, 우리는 어떤 일이 벌어지는지 안다. 비버의 각 세포에 있는 유전자들은 마치 자신들이 어느 세포에 들어 있는지 "안다"는 듯이 행동한다. 피부세포는 뼈세포와 똑같은 유전자를 가지지만, 두 조직에서 켜지는 유전자들은 서로 다르다. 우리는 "생쥐 이야기"에서 그 점을 살펴보았다. 비버의 꼬리를 이루는 각 세포들에 있는 유전자들은 마치 자신들이 어디에 있는지 "안다"는 듯이 행동한다. 그들은 꼬리 전체가 털이 없는 독특하고 납작한 형태를 전제로 한다는 식으로, 각 세포들이 상호작용을 하도록 만든다. 자신이 꼬리의 어느 부위에 있는지를 유전자들이 어떻게 아는가를 밝혀내기란 대단히 어렵지만, 우리는 원칙적으로 이런 어려운 문제들을 해결할 방법을 알고 있다. 그리고 어려운 문제들 자체도 그렇겠지만, 해답들도 우리가 호랑이 발, 낙타 등, 당근 잎의 발달을 살펴본다면 동일한 일반적인 것임이 드러난다.

또 행동을 일으키는 신경 및 신경화학 메커니즘들의 발달이라는 문제의 해답도 마찬가지로 일반적인 해답일 것이다. 비버의 교미 행동은 본능적이다. 수컷 비버의 뇌는 혈액 속으로 분비되는 호르몬을 통해서, 그리고 절묘하게 결합된 뼈를 잡아당기는 근육들을 통제하는 신경을 통해서 움직임이라는 교향악을 연주한다. 그 결과 수컷의 움직임은 암컷의 움직임과 정확히 보조를 맞추게 된다. 암컷 자신도 마찬가지로 통합을 도모할 수 있도록 세심하게 조율된 움직임이라는 교향악에 따라 조화롭게 움직인다. 그러니 그런 절묘한 신경근육의 음악이 오랜 세대에 걸쳐서 자연선택으로 다듬어지고 완성된 것이라는 확신이 들 수도 있다. 그리고 그 음악은 유전자를 의미한다. 비버의 유전자 풀에서 살아남은 유전자들은 오랜 세대에 걸쳐 조상 비버들의 뇌, 신경, 근육, 분비샘, 뼈, 감각기관들의 표현형에 영향을 미침으로써 그 기나긴 세대들을 거쳐 현재에 도달할 가능성을 높인 유전자들이다.

행동을 "맡은" 유전자들도 뼈와 피부를 "맡은" 유전자들과 똑같은 방식으로 살아남는다. 당신은 행동을 맡은 유전자 같은 것은 사실상 존재하지 않는다고 항의할지도 모른다. 행동을 일으키는 신경과 근육을 맡은 유전자들만 있는 것이 아니냐고 말이다. 그런 당신은 이단적인 꿈에 취해 있다. 유전자들의 "직접적인" 효과를 이야기할 때, 해부구조가 행동 구조보다 더 특별한 지위에 있는 것은 아니다. 유전자는 단백질이나 직결되는 생화학적 산물들에만 "실질적이거나" "직접적인" 책임을 진다. 해부학적 표현형이든 행동학적 표현형이든 간에, 다른 모든 효과들은 간접적이다. 그러나 직접적인 것과 간접적인 것의 구분은 무의미하다. 다원주의적 의미에서 중요한 것은 유전자들의 **차이**가 표현형들의 **차이**로 드러난다는 것이다. 자연선택이 관심을 보이는 것은 차이뿐이다. 그리고 마찬가지로 유전학자들도 차이에 관심을 둔다.

『옥스퍼드 영어사전』에 실린 "더 미묘한" 표현형의 정의를 떠올려보라. "관찰 가능한 특징들을 통해서 다른 생물들과 구별 가능한 생물의 한 유형." 핵심 단어는 구별 가능한이다. 갈색 눈을 "맡은" 유전자는 갈색 색소의 합성 암호를 지닌 유전자가 아니다. 그럴 수도 있겠지만, 요점은 그것이 아니다. 갈색 눈을 "맡은" 유전자라는 말에서 핵심은 그것을 지님으로써 그 유전자의 다른 판본, 즉 "대립유전자"와 **비교했을 때**에 눈 색깔이 **달라진다**는 사실이다. 갈색 눈과 파란 눈처럼 최종적으로 표현형 차이를 빚어내는 인과 사슬들은 대개 길고 비비 꼬여 있다. 대립유전자들은 서로 다른 단백질을 만든다. 단백질은 효소가 되어 세포화학에 영향을 미친다. 그것은 X에 영향을 미치고, X는 Y에, Y는 Z에 영향을 미치는 식으로 인과 사슬이 되어 길게 이어지다가 마지막에 해당 표현형이 나타난다. 한 대립유전자의 표현형은 다른 대립유전자로부터 시작되는 상응하는 긴 인과 사슬의 끝에 있는 상응하는 표현형과 비교할 때에 **차이**가 나타난다. 유전자의 차이는 표현형의 차이를 유발한다. 유전자의 변화는 표현형의 변화를 일으킨다. 다윈의 진화에서 대립유전자들은 표현형에 미치는 효과의 차이를 통해서 서로 비교됨으로써 선택된다.

비버 이야기의 요점은 표현형들 사이의 이런 비교가 인과 사슬의 어느 지점에서든지 일어날 수 있다는 것이다. 사슬의 중간 연결 고리들은 모두 진정한 표현형들이며, 각각 유전자의 선택에 영향을 미치는 표현형 효과를 낳을 수 있다. 자연선택이 "볼 수"

있으면 된다. 우리가 볼 수 있는지 여부는 아무도 신경 쓰지 않는다. 사슬에는 "궁극적인" 연결 고리 같은 것도 최종적이고 결정적인 표현형 같은 것도 없다. 인과 사슬이 아무리 간접적이고 아무리 길다고 해도 한 대립유전자에 일어난 변화가 경쟁관계에 있는 대립유전자들과 비교되어 생존에 영향을 미치는 한 그것은 자연선택의 사냥감이 되기에 딱 알맞다.

이제 비버의 댐 건설로 이어지는 발생학적 인과 사슬을 살펴보자. 댐 건설 행동은 건설방법이 시계태엽 장치처럼 하나하나 정확히 뇌 속에 새겨진 판에 박은 정교한 것이다. 아니 시계의 역사가 전자공학의 시대로 이어졌으니, 댐 건설 행동이 뇌 속에 회로로 아로새겨져 있다고 하자. 나는 생포되어 나무도 물도 아무것도 없는 맨우리에 갇힌 비버들을 찍은 영상을 본 적이 있다. 비버들은 나무와 물이 있을 때, 댐을 짓는 행동 속에서 자연스럽게 드러나는 판에 박은 움직임들을, 그 "진공 상태에서도" 고스란히 되풀이했다. 그들은 단단하고 메마르고 편평한 감옥 바닥에서 유령 나뭇가지로 유령 벽을 짓기 위해서 애처롭게 애썼다. 가상의 나무를 가상의 댐에 가져다놓는 듯했다. 참으로 딱하게 느껴졌다. 그들은 마치 이룰 수 없는 댐 건설이라는 시계태엽 장치를 필사적으로 가동하는 듯했다.

이런 댐 건설의 뇌 시계태엽 장치를 갖춘 동물은 비버뿐이다. 다른 종들은 교미, 할퀴기, 싸우기 같은 시계태엽 장치를 가지며, 비버도 마찬가지이다. 그러나 비버만이 댐 건설이라는 뇌 시계태엽 장치를 가지며, 그 장치는 조상 비버들을 통해서 서서히 진화했을 것이다. 그것은 댐으로 생기는 호수가 유용하기 때문에 진화한 것이다. 호수가 어디에 유용한지는 아직 완전히 밝혀지지 않았지만, 늙은 비버들에게만이 아니라, 그것을 만든 비버들에게도 유용했을 것이 분명하다. 가장 타당한 추측은 호수가 비버에게 대다수 포식자들이 접근하지 못하는 둥지를 지을 안전한 장소와, 먹이를 안전하게 운반할 통로를 제공한다는 것이다. 혜택이 무엇이든 간에 상당해야 한다. 그렇지 않다면 비버가 댐을 짓는 데에 그렇게 많은 시간과 노력을 쏟아붓지 않았을 것이다. 자연선택이 예측 능력이 있는 이론이라는 것을 다시 한번 떠올려보자. 다윈주의는 댐이 쓸모없는 시간 낭비라면 댐을 짓지 않는 경쟁 비버들이 더 많이 살아남아 댐을 짓지 않는 유전적 성향을 후대에 물려주었을 것이라고 확신을 가지고 예측할 수 있다. 비버가 댐 건설을 몹시 열망한다는 사실은 그들의 조상들이 그렇게 함으로써 혜택을 받았다는 아주 강력한 증거이다.

모든 유용한 적응들처럼 뇌 속의 댐 건설 시계태엽 장치도 유전자들의 다윈 선택을 통해서 진화한 것이 분명하다. 댐 건설에 영향을 미치는 뇌의 회로에 틀림없이 유전적 변이가 일어났을 것이다. 댐을 개선하는 결과를 낳은 유전적 변이들은 비버의 유전자 풀에서 살아남을 가능성이 더 높았다. 이 말은 모든 다윈 적응에 적용된다. 그러나 어느 표현형일까? 인과 사슬의 어느 연결 고리에서 우리는 유전적 차이가 효과를 발휘한다고 말할 수 있을까? 다시 말하지만, 답은 차이가 보이는 모든 연결 고리이다. 뇌의 회로도에서? 그렇다, 거의 확실하다. 배아의 발생 과정에서 그런 회로를 만드는 세포화학에서? 물론이다. **행동**, 즉 근육 수축의 교향악인 행동에서도 마찬가지이다. 행동도 완벽하게 타당한 표현형이다. 형성된 행동의 차이는 유전자들의 차이가 발현된 것이 분명하다. 그리고 그 행동의 **결과들**도 얼마든지 유전자의 표현형이 될 수 있다. 어떤 결과들이? 물론 댐이다. 댐의 결과물이기 때문에 호수도 그렇다(화보 9 참조). 호수의 차이는 댐의 차이에 영향을 받는다. 댐의 차이가 행동 양상의 차이에 영향을 받고, 행동 양상의 차이가 유전자의 차이에서 나온 결과인 것과 마찬가지이다. 우리는 꼬리의 특징이 유전자의 표현형 효과라고 말할 때에 사용하는 논리를 똑같이 적용하여 댐, 그리고 호수의 특징이 유전자들의 진정한 표현형 효과라고 말할 수도 있다.

관습적으로 생물학자들은 유전자의 표현형 효과를, 그 유전자를 지닌 개체의 피부 안쪽에 한정된 것으로 본다. "비버 이야기"는 그런 한정 조건이 불필요하다는 사실을 보여준다. 표현형이라는 단어의 진정한 의미로 볼 때, 유전자의 표현형은 개체의 피부 바깥에까지 확장될 수 있다. 새의 둥지는 확장된 표현형이다. 둥지의 모양과 크기, 둥지에 딸린 다양한 형태의 깔때기와 관은 모두 다윈주의적인 적응 양상이며, 따라서 유전자들의 차등 생존을 통해서 진화했음이 분명하다. 짓는 행동을 맡은 유전자들? 그렇다. 모양과 크기가 제대로 된 둥지를 잘 짓는 뇌의 회로를 맡은 유전자들? 그렇다. 모양과 크기가 제대로 된 둥지를 맡은 유전자들? 그렇다. 같은 이유로 그렇다. 둥지는 새의 세포가 아니라 풀이나 나뭇가지나 진흙으로 만들어진다. 그러나 그것은 둥지들의 차이가 유전자들의 차이에 영향을 받는가라는 질문과 무관하다. 영향을 받는다면, 둥지는 유전자의 적절한 표현형이 된다. 그리고 둥지의 차이는 분명히 유전자의 차이에 영향을 받는다. 그렇지 않다면 어떻게 자연선택을 통해서 개선될 수 있겠는가?

둥지나 댐(그리고 호수) 같은 가공물이 확장된 표현형의 사례임은 쉽게 알 수 있다. 그 논리를 좀더 확장시킨 것들도 있다. 예를 들면 기생생물 유전자는 숙주의 몸속에서 표현형을 발현시킨다고 말할 수 있다. 이 말은 숙주의 몸 안에서 살지 않는 뻐꾸기에게도 적용될 수 있다. 그리고 카나리아 수컷이 암컷에게 노래를 불러주면 암컷의 난소가 자라는 것처럼, 동물의 의사소통 중에서도 확장된 표현형의 언어로 옮길 수 있는 것들이 많다. 그러나 거기까지 가면 비버에게서 너무 멀리 떨어지는 셈이 되므로, 하나만 더 말하고 비버의 이야기를 끝내기로 하자. 상황이 좋을 때, 비버의 호수는 지름이 몇 킬로미터까지 넓어질 수 있고, 그것은 유전자의 세계에서 가장 큰 표현형이 될 것이다.

랑데부 12

로라시아수류

8,500만 년 전, 백악기 후기의 온실 같은 세계에서 우리는 약 2,500만 대 선조인 공조상 12를 만난다. 여기서 우리는 랑데부 11에서 우리 무리의 수를 크게 늘렸던 설치류와 토끼류보다 훨씬 더 다양한 순례자 무리와 합류한다. 열성적인 분류학자들은 그들이 공통 조상을 가진다고 보고 로라시아수류(Laurasiatheria)라는 이름을 붙였지만, 그 이름은 거의 쓰이지 않는다. 사실 그들은 잡다한 집단이기 때문이다. 설치류들은 모두 똑같은 설계에 따라 이빨이 나 있고, 그 체계가 아주 잘 작동하기 때문에 증식하고 다양화했다. 따라서 "설치류"는 설득력 있는 개념이며, 공통점이 많은 동물들을 묶어준다. "로라시아수류"는 발음하기도 그렇지만 어색한 집단이다. 그 개념은 공통점이 적은 포유동물들을 단지 한 가지 공통점만을 근거로 삼아 통합한다. 그 순례자들이 모두 우리와 합류하기 전에 서로 합류했다는 것이다. 그들은 모두 옛날 북부에 있던 대륙인 로라시아 출신이다.

이 로라시아 순례자들은 대단히 다양한 집단이다. 나는 것들도 있고, 헤엄치는 것들도 있으며, 한달음에 질주하는 것들도 많다. 절반은 다른 절반에 먹힐까봐 걱정하면서 초조하게 어깨 너머를 돌아본다. 그들은 유린목(천산갑류), 식육목(개, 고양이, 하이에나, 곰, 족제비, 바다표범 등), 말목(말, 맥, 코뿔소), 고래소목(영양, 사슴, 소, 낙타, 돼지, 하마 등. 우리는 나중에 이 집단의 놀라운 구성원을 만날 것이다), 소익수아목과 대익수아목(작은박쥐류와 큰박쥐류), 식충목(코끼리땃쥐와 텐렉을 제외한 두더지, 고슴도치, 땃쥐. 랑데부 13에서 이들을 만날 것이다)의 7개 목에 속한다.

식육목은 마음에 거슬리는 이름이다. 어쨌든 그것은 고기를 먹는 자(者)라는 의미이며, 육식은 동물계에서 말 그대로 수백 번 독자적으로 발명되었기 때문이다. 육식동물이라고 모두 식육목에 속하는 것은 아니며(거미는 육식동물이며, 공룡이 사라진 이후

로라시아수류의 합류　분자 증거들은 영장류와 설치류의 가장 가까운 친척 집단이 로라시아수류상목이라는 대규모 포유류 집단이라고 일관되게 말한다. 2,000종이 넘는 로라시아수류는 사자에서 박쥐, 고슴도치에서 고래에 이르기까지 다양하다. 지금은 자연 분류군이라고 널리 받아들여져 있지만, 그 상목의 주요 집단 사이의 관계를 놓고 여전히 많은 논쟁이 벌어진다. 식육목 동물과 "발굽동물"이 특히 그렇고, 과일을 먹는 "큰박쥐류"와 반향정위를 이용하여 곤충을 사냥하는 "작은박쥐류" 사이의 정확한 위치도 그렇다. 이 그림에 실린 배치가 틀렸다고 밝혀질 수도 있다. 이 불확실성이 로라시아수류의 진화 초기에 분지가 급속히 일어난 결과일 수도 있다.

고기를 먹는 자들 중에서 가장 발굽이 컸던 앤드루자쿠스도 그렇다), 식육목의 모두가 육식동물인 것도 아니다(오로지 대나무만 먹는 얌전한 자이언트판다를 생각해보라). 포유동물 내에서 식육목은 진정한 단계통 분지군인 듯하다. 즉 한 공조상과 그 후손들 전체로 이루어진 집단이다. 고양이류(사자, 치타, 검치류 등), 개류(늑대, 자칼, 아프리카사냥개 등), 족제비와 그 친척들, 몽구스와 그 친척들, 곰(판다 포함), 하이에나, 울버린, 바다표범, 강치류와 바다코끼리류는 모두 로라시아수류의 식육목에 속하며, 모두 같은 목에 속해 있었을 한 공조상의 후손이다.

식육목의 동물들과 그 먹이들은 서로를 능가할 필요가 있으며, 날쌔야 한다는 요구가 그들을 비슷한 진화의 방향으로 이끌었다고 해도 놀랄 일은 아니다. 달리려면 긴 다리가 필요하며, 로라시아수류의 수많은 초식동물들과 육식동물들은 독자적으로 그리고 각기 다른 방식으로, 우리에게서는 손(손허리뼈)이나 발(발허리뼈) 속에 묻혀서 드러나지 않는 뼈들을 동원해서 다리의 길이를 더 늘렸다. 말의 "대롱뼈"는 두 번째 및 네 번째 손허리뼈(발허리뼈)의 퇴화기관인 2개의 작은 "부골들(splint bones)"이 융합하여 커진 세 번째 손허리뼈(또는 발허리뼈)이다. 영양을 비롯한 발굽동물(유제류)의 대롱뼈는 세 번째와 네 번째 손허리뼈(발허리뼈)가 융합된 것이다. 식육목도 손허리뼈와 발허리뼈가 길어졌지만, 말과 소 등을 비롯한 이른바 유제류와 달리, 5개의 뼈가 융합되거나 사라지지 않고 별개의 뼈로 그대로 남아 있다.

라틴어인 Unguis는 발톱이라는 뜻이며, 유제류(ungulate)는 발톱, 즉 발굽으로 걷는 동물을 말한다. 발굽으로 걷는 방식은 서너 차례에 걸쳐 발명되었으며, 유제류는 타당한 분류학적 용어가 아니라 그저 기재(記載) 용어이다. 말, 코뿔소, 맥은 기제류(외발굽동물, oddtoed ungulate)이다. 말은 중앙에 있는 발가락 하나로 걷는다. 코뿔소와 맥은 초기의 말과 격세유전(隔世遺傳)으로 생기는 현대의 일부 돌연변이 말처럼, 중앙에 있는 발가락 3개로 걷는다. 유제류는 셋째와 넷째, 두 발가락으로 걷는다. 발굽이 둘인 소과와 발굽이 하나인 말은 수렴 진화를 통해서 서로 모습이 비슷해졌다. 그러나 남아프리카의 사라진 초식동물들 중에는 수렴 진화를 통해서 그들을 훨씬 더 닮은 것들도 있었다. 활거류(litoptern)라는 이 집단은 말보다 더 일찍 독자적으로 가운뎃발가락 하나로 걷는 습성을 "발견했다." 그들의 다리 골격은 말의 다리 골격과 거의 똑같다. 남아메리카의 또다른 초식동물인 이른바 남제류(notoungulate) 중에도 소나 영양처럼 발가락 3개와 4개로 걷는 습성을 독자적으로 발견한 집단들이 있다. 19세기 아르헨티나의 한 존경받던 동물학자는 그런 놀라운 유사성에 속아서, 남아메리카가 포유류라는 대집단의 진화 육아실이라고 생각하기에 이르렀다. 특히 그는 활거류가 진짜 말의 초기 친척이라고 믿었다(자신의 조국이 그 고귀한 동물의 요람이었을지 모른다는 생각에 민족적 자긍심도 아마 약간 높아졌을 것이다).

지금 우리와 합류하는 로라시아수류 순례자들 중에는 몸집이 큰 유제류와 식육류뿐만 아니라 작은 동물들도 섞여 있다. 박쥐는 어느 모로 보나 눈에 띈다. 그들은 살아 있는 척추동물 중에서 새와 비행 경쟁을 하는 유일한 부류이며, 아주 인상적인 공중곡예사이다. 그들의 수는 거의 1,000종에 달한다. 설치류를 제외한 포유동물 목들 중에서 종수가 가장 많다. 그리고 박쥐들은 인간 잠수함 설계자들까지 포함하여, 다른 어떤 포유동물보다 더 고도의 음파탐지기(전파탐지기에 상응하는 소리를 찾아내는 장치)를 갖추었다.*

몸집이 작은 로라시아수류 중 또 한 집단은 식충목이다. 식충목은 땃쥐, 두더지, 고슴도치처럼 곤충, 연충, 민달팽이, 지네 같은 작은 육상 무척추동물들을 먹는 주둥이가 튀어나온 작은 동물들로 이루어진다. 식육목의 동물들과 마찬가지로, 식충목의 동물이 모두 곤충을 먹는 것은 아니며, 곤충을 먹는 동물들이 모두 식충목에 속하는 것도 아니다. 천산갑은 식충동물이지만 식충목에 속하지 않는다. 두더지는 식충목에 속하며, 실제로 곤충을 먹는다. 이미 말했다시피, 초기 분류학자들이 식충목과 식육목 같은 명칭들을 사용했다는 점이 안타깝다. 그 명칭들은 선호하는 먹이와 느슨한 관계에 있을 뿐이며, 따라서 혼란을 일으키기 쉽다.

개, 고양이, 곰 같은 식육목 동물은 바다표범, 강치, 바다코끼리와 가깝다. 우리는 곧 짝짓기 방식에 관한 "바다표범 이야기"를 들을 것이다. 나는 또다른 이유로도 바다표범에게 흥미를 느낀다. 그들은 물로 나아갔고, 듀공이나 고래의 절반 정도까지 스스로를 변형시켰다. 그리고 우리가 아직 다루지 않은 로라시아수류의 또다른 주요 집단을 생각나게 한다. 그들은 진정으로 놀라운 이야기를 간직하고 있으므로 "하마 이

---

* 나는 여기에 "박쥐 이야기"를 끼워넣고 싶었지만, 그 이야기는 다른 장에 넣어도 어울리므로 생각을 접었다. 말이 난 김에 덧붙이면, 나는 "거미 이야기," "무화과나무 이야기" 등 대여섯 편의 이야기에서도 비슷한 자제력을 발휘해야 했다.

야기"로 따로 다루기로 하자.

하마 이야기

학창 시절에 그리스어를 공부할 때, 나는 hippos가 "말"이고 potamos가 "강"을 뜻한다고 배웠다. 즉 하마(Hippopotamus)는 강말이었다(화보 10 참조). 나중에 그리스어를 포기하고 전공을 동물학으로 바꾸었을 때, 나는 하마가 말과 전혀 가깝지 않다는 것을 알고 너무나 실망했다. 대신 하마는 우제류(짝발굽동물, even-toed ungulate)의 중심에 있는 돼지와 함께 묶였다. 그런데 지금 나는 믿어야 할지 망설여질 정도로 너무나 충격적이지만, 왠지 믿어야 할 듯한 내용을 알고 있다. 살아 있는 동물들 중 하마의 가장 가까운 친척이 고래라는 것이다. 우제류에는 고래도 들어 있다! 말할 필요도 없지만 고래는 우제류에 속하든 기제류에 속하든 간에 발가락이 전혀 없다. 사실 그들은 발가락이 없으므로, 발가락이 짝수(even-toed)인 동물이라는 일반 용어 대신에 학명인 우제목(Artiodactyla)으로 표기하는 쪽이 덜 혼란스러울지도 모르겠다(실제로는 그 학명도 발가락이 짝수라는 의미의 그리스어이므로 별 도움이 되지 않는다). 내친김에 말이 속한 목의 명칭이 기제목(Perissodactyla, 발가락이 홀수임을 뜻하는 그리스어)이라는 것도 말해두자. 현대의 강력한 분자 증거들로 볼 때 고래는 우제류이다. 그러나 고래가 예전에는 고래목(Cetacea)으로 분류되었고, 소목(우제목, Artiodactyla)도 널리 쓰이는 명칭이므로, 둘을 조합한 새로운 명칭인 고래소목(Cetartiodactyla)이 만들어졌다.

고래는 세계의 경이이다. 지금까지 지구에서 살았던 동물들 중에서 가장 몸집이 큰 고래도 있다. 고래는 포유동물이 달릴 때처럼 척추를 위아래로 움직여서 헤엄친다. 반면에 헤엄치는 물고기나 달리는 도마뱀은 척추를 좌우로 물결치듯 움직인다. 어룡도 헤엄칠 때에는 척추를 좌우로 움직였을 것이다. 어룡은 꼬리가 수직으로 달려 있다는 점만 제외하면 여러 가지 측면에서 돌고래와 흡사했다. 돌고래의 꼬리는 바다를 질주하는 데에 걸맞게 수평으로 달려 있다. 앞발은 방향과 균형을 잡는 데에 쓴다. 밖으로 드러난 뒷다리는 전혀 없지만, 몸 깊숙한 곳에 작은 골반뼈와 다리뼈가 흔적기관으로 남아 있는 고래도 있다.

고래가 다른 어떤 포유동물보다 우제류에 더 가까운 사촌임을 받아들이기는 어렵지 않다. 아마 약간 이상하겠지만, 어떤 먼 조상에서 왼쪽으로 갈라진 가지는 바다로 뻗어서 고래를 탄생시켰고, 오른쪽으로 뻗은 가지는 다른 모든 우제류를 낳았다고 하면 그다지 충격적이지는 않을 것이다. 충격적인 것은, 분자 증거에 따르면 고래가 우제류의 한가운데에 놓여 있다는 사실이다. 하마는 돼지를 비롯한 다른 모든 우제류보다 고래와 더 가까운 사촌이다.* 거슬러올라가는 여행에서 하마 순례자들과 고래 순례자들은 반추동물과 합류하기 전에 서로 합쳐지고, 반추동물과 합류한 다음에 돼지 같은 다른 우제류와 합류한다. 나는 이번 랑데부에서 고래소목을 소개할 때에 고래를 거기에 포함시켰다. 그런 관점을 휘포 가설(Whippo Hypothesis)이라고 한다.

이 모든 이야기들은 분자의 증언을 믿는다는 것을 전제로 한다.** 화석들은 뭐라고 말할까? 처음에 나는 새 이론이 아주 산뜻하게 들어맞는 것을 알고 놀랐다. 백악기 대격변에서 살펴보았듯이, 규모가 큰 포유동물 목들은 대부분(비록 그 하위 분류군들은 아니지만) 공룡의 시대까지 이어져 있다. 랑데부 11(설치류 및 토끼류의 합류)과 랑데부 12(방금 도달한 지점)는 둘 다 공룡의 지배체제가 절정에 달했던 백악기에 일어났다. 그러나 당시 포유동물들은 후손이 생쥐가 되었든 하마가 되었든 간에 모두 땃쥐를 닮은 아주 작은 동물들이었다. 포유류 다양성의 진정한 증가는 6,600만 년 전 공룡들이 멸망한 이후에 갑작스럽게 시작되었다. 포유동물들은 공룡들이 비운 모든 직업을 차지함으로써 번성할 수 있었다. 커다란 몸집은 공룡들이 사라지고 난 뒤에야 포유동물들이 이용할 수 있게 된 직종 중 하나에 불과했다. 발산 진화 과정은 빨랐으며, "해방된" 지 500만 년 내에 크기와 모양이 제각각인 대단히 다양한 포유동물들이 지상에 등장했다. 그로부터 500-1,000만 년 뒤인 팔레오세 말기에서 에오세 초기까지는 우제류의 화석들이 많이 나온다.

다시 500만 년 뒤인 에오세 초기에서 중기까지는 원시 고래(archaeocete)라는 집단이 나타난다. 대부분의 학자들은 이 옛 고래 중 현대 고래의 조상이 있었다는 견해를 받

---

* 게다가 하마를 우제류 내에서 돼지와 가장 가깝다고 분류한 것도 틀렸다. 분자 증거들은 하마-고래 분지군의 자매 집단이 소, 양, 영양 같은 반추동물이라고 말한다. 돼지는 그들보다 더 멀리 있다.

** 이 급진적인 견해를 뒷받침하는 분자 증거는 "긴팔원숭이 이야기"에서 희귀한 유전체 변화(Rare Genomic Change, RGC)라고 부른 것이다. 그들의 유전체를 보면 특정한 부위들에서 쉽게 알아볼 수 있는 전이 인자 유전자들이 발견되는데, 아마 하마/고래 조상에게서 물려받았을 것이다. 이 증거는 아주 강력하지만, 마찬가지로 화석들도 꼼꼼히 조사해야 한다.

아들인다. 이들 중 초기에 살았던 존재로, 파키스탄에서 발굴된 파키케투스(*Pakicetus*)는 육지에서 어느 정도 생활을 한 듯하다. 그보다 더 후대의 동물들 중 바실로사우루스(*Basilosaurus*)라는 유감스러운 이름을 가진 것이 있다(Basil 때문이 아니라 saurus가 도마뱀이라는 뜻이기 때문에 유감스럽다는 것이다. 바실로사우루스가 처음 발견되었을 때에는 해양 파충류로 추정되었다. 지금 우리가 더 많은 것을 알고 있다고 해도 우선권을 중요시하는 엄격한 명명 규칙 때문에 그 명칭을 바꿀 수 없다*). 바실로사우루스는 몸이 대단히 길었고, 오래 전에 멸종되지 않았더라면 아마 거대한 바다뱀 전설을 낳기에 딱 알맞았을 것이다. 고래가 바실로사우루스와 비슷한 모습이었을 그 무렵, 하마의 조상들은 안스라코데어(anthracothere)라는 집단의 일원이었을지 모른다. 재구성한 그 생물들 중에는 하마와 아주 흡사한 종류들이 있다.

고래의 이야기로 돌아가서, 물로 다시 들어가기 전인 원시 고래의 조상들은 누구였을까? 고래의 가장 가까운 친척이 하마라는 분자 증거들이 옳다면, 초식의 증거를 보여주는 화석들 중 그들의 조상이 있는지 찾고 싶어질 것이다. 반면에 현대의 고래나 돌고래 중 초식동물은 없다. 그런데 서로 전혀 관계가 없는 듀공과 매너티는 오직 초식만 하는 해양 포유동물도 존재할 수 있음을 보여준다. 고래 중에는 플랑크톤을 이루는 미세한 갑각류를 먹는 종류도 있고(수염고래류), 물고기나 오징어를 먹는 종류도 있고(돌고래와 대다수 이빨고래류), 바다표범 같은 커다란 먹이를 찾는 종류도 있다(범고래). 그래서 사람들은 육식성 육상 포유동물 중에서 고래의 조상을 찾아나섰다. 다윈 자신도 그렇게 추정했는데, 나는 왜 그랬는지 도무지 이해되지 않지만 당시 사람들은 그 추정을 비웃곤 했다.

히언은 북아메리카에서 흑곰이 몇 시간 동안 입을 크게 벌린 채 헤엄을 치면서 고래처럼 물속에서 곤충을 잡는 것을 보았다. 이것이 설령 극단적인 사례라고 할지라도, 곤충의 공급량이 일정하고 그 지역에 더 잘 적응한 경쟁자들이 존재하지 않는다면, 자연선택을 통해서 곰의 한 종족이 점점 더 큰 입을 가지게 되고 신체구조와 습성이 점점 더 수중생활에 맞게 변해서 고

---

* 빅토리아 시대의 유명한 해부학자 리처드 오웬은 그 명칭을 제우글로돈(*Zeuglodon*)으로 바꾸려고 했고, 헤켈은 이 이야기의 후기에 실린 계통도에서 알 수 있듯이 그 견해를 따랐다. 그러나 우리는 바실로사우루스라는 이름을 버릴 수 없다.

래처럼 기괴한 동물이 나올 것이라는 생각을 어렵지 않게 떠올릴 수 있다(『종의 기원』, 1859, 184쪽).

여담이지만, 다윈의 이 주장은 진화에 관한 중요한 일반적인 점을 지적하고 있다. 히언이 본 곰은 그 종의 입장에서는 유별난 방식으로 먹이를 찾는 모험적인 개체였음이 분명하다. 나는 새롭고 유용한 요령을 발견하여 그것을 완벽하게 터득한 개체의 수평적 사고를 통해서, 진화에 새로운 큰 흐름이 시작되곤 한다고 추측한다. 그 습성을 자신의 새끼들을 비롯하여 다른 개체들이 흉내낸다면, 새로운 선택압이 형성될 것이다. 자연선택은 그 새로운 요령을 잘 학습하는 유전적 성향을 선호할 것이고, 그런 추세는 계속될 것이다. 나는 딱따구리의 나무 쪼아대기나 지빠귀와 해달의 연체동물 껍데기 부수기 같은 "본능적인" 섭식 습성이 이런 식으로 시작된 것이 아닐까 추측한다.*

원시 고래의 조상이 될 만한 화석을 찾는 사람들은 메조니키드(mesonychid)를 오랫동안 선호해왔다. 이들은 공룡이 멸망한 직후 팔레오세에서 번성한 대규모 육상 포유동물 집단이다. 메조니키드는 대체로 육식성이거나 다윈의 곰처럼 잡식성이었던 듯하며, 고래의 조상이라면 어떠해야 한다고 (하마 이론이 등장하기 전까지) 생각하던 모습과 딱 들어맞았다. 게다가 메조니키드는 발굽까지 가지고 있었다. 그들은 늑대와 다소 비슷했지만 발굽으로 달리던 육식동물이었다! 그렇다면 그들이 고래뿐만 아니라 우제류도 낳을 수 있지 않았을까? 아쉽게도 그 개념은 본질적으로 하마 이론과 들어맞지 않는다. 설령 메조니키드가 현재의 우제류 사촌처럼 보인다고 해도(발굽 말고도 그렇게 믿을 만한 이유들이 더 있다) 그들이 모든 우제류 중 하마와 가장 가까운 것은 아니다. 더욱 충격적인 분자 증거들이 있다. 고래는 모든 우제류의 사촌 정도가 아니라 우제류 내에 있으며, 하마와 소 및 돼지 사이의 거리보다 하마와 더 가깝다.

이 모든 것들을 종합하면, 우리는 대강 다음과 같은 연표를 만들 수 있다. 분자 증거들은 마지막 공룡들이 사라진 무렵인 6,500-7,000만 년 전에 낙타(그리고 라마)와 나머지 우제류가 갈라졌다고 말한다. 그렇다고 해서 그들의 공통 조상이 낙타와 비슷

---

* 이 개념은 볼드윈과 같은 해에 로이드 모건도 독자적으로 제안했고, 그보다 앞서 더글러스 스펄딩도 제안했지만, 볼드윈 효과(Baldwin Effect)라고 불린다. 나는 앨리스터 하디가 『살아 있는 흐름(The Living Stream)』에서 전개한 방식을 따른다. 그 방식은 몇 가지 이유로 신비주의자들과 몽매주의자들이 좋아하는 것이기도 하다.

하게 생겼다고 상상하지는 말도록. 당시 모든 포유동물들은 땃쥐와 어느 정도 비슷했다. 그러나 대략 7,000만 년 전, 낙타를 낳을 "땃쥐"는 나머지 우제류를 낳을 "땃쥐"와 갈라진다. 돼지와 나머지 동물들(주로 반추동물) 사이의 분지는 6,500만 년 전에 일어났다. 반추동물과 하마의 분지는 약 6,000만 년 전에 일어났다. 그 뒤 얼마 지나지 않은 약 5,500만 년 전에 고래 계통이 하마 계통에서 갈라졌다. 따라서 반수생 파키케투스 같은 원시 고래들은 5,000만 년 전부터 진화한 셈이다. 이빨고래류와 수염고래류는 훨씬 더 뒤인 약 3,400만 년 전에 서로 갈라섰고, 가장 오래된 수염고래 화석은 그 무렵의 것이다.

나 같은 전통적인 동물학자가 하마-고래의 유연관계가 발견되었다는 소식에 흥분했다는 식으로 말한다면, 약간 과장한 셈이라고 할 수 있다. 그러나 몇 년 전에 그 논문을 처음 읽었을 때, 내가 왜 몹시 당혹스러워했는지 설명하려고 한다. 그 내용이 단지 내가 학교에서 배운 것과 달랐기 때문만은 아니었다. 그랬다면 전혀 우려를 불러일으키지 않았을 것이고, 사실상 나는 그 내용에 대단히 흥분했을 것이다. 내가 우려했던 것, 그리고 지금도 어느 정도 우려를 떨치지 못하고 있는 것은 그것이 동물 분류의 모든 일반적인 원칙들을 훼손하는 듯하다는 점이었다. 분자분류학자 개인의 수명은 아주 짧으므로 혼자서 모든 종들을 쌍쌍이 비교할 수는 없다. 그래서 그는 고래 두세 종을 골라서 그것들이 고래라는 집단을 대표한다고 가정한다. 그것은 고래들이 비교 대상인 다른 동물들이 공유하지 않는 공통 조상을 공유하는 하나의 분지군이라고 가정하는 것과 같다. 다시 말해서, 당신이 어떤 고래를 대표로 내세우든 간에 상관없다고 본다. 마찬가지로 설치류나 우제류의 모든 종을 조사할 시간이 없으므로, 우리는 쥐 한 종과 소 한 종에서 피를 뽑는다.* 고래의 대표자와 비교될 우제류의 대표자가 누구인지는 중요하지 않다. 우리는 우제류도 좋은 분지군이라고 가정하고 있으므로 소, 돼지, 낙타, 하마 중 누구를 취해도 다를 바 없기 때문이다.

그러나 지금 우리는 그 문제가 중요하다는 말을 듣고 있다. 낙타의 피와 하마의 피는 실제로 고래의 피와 비교하면 차이가 있다. 하마는 낙타가 아니라 고래와 더 가까운 사촌이기 때문이다. 이 이야기가 어떻게 전개될지 따라가보자. 우제류가 한 집단으

---

* 사실 포유동물의 피는 DNA를 얻기에 좋은 시료가 아니다. 척추동물 중 유별나게 포유동물의 적혈구는 핵이 없기 때문이다.

로 묶인다는 것을, 아무나 골라도 그 집단을 대표한다는 것을 신뢰할 수 없다면, 다른 어떤 집단이 하나로 묶인다는 것은 어떻게 확신할 수 있을까? 하마들이 하나로 묶인다는 것, 즉 고래와 비교할 때에 난쟁이하마를 택하든 보통 하마를 택하든 상관없다는 것조차도 가정할 수 없지 않을까? 고래가 하마가 아니라 난쟁이하마와 더 가깝다면 어떻게 될까? 사실 우리는 그 가능성은 배제시킬 수 있다. 화석 증거들은 두 하마속이 우리와 침팬지처럼 비교적 최근에 갈라졌으며, 사실상 고래와 돌고래처럼 다양한 종으로 진화할 시간이 부족했다고 말하기 때문이다.

모든 고래들이 하나로 묶이는지 여부는 더 불분명하다. 언뜻 보면, 이빨고래류와 수염고래류는 육지에서 바다로 돌아간 전혀 다른 두 집단을 대표하는 듯하다. 사실 그 가능성을 지지하는 주장들도 가끔 나타났다. 하마와의 유연관계를 보여준 분자분류학자들은 아주 약삭빠르게도 이빨고래 한 종과 수염고래 한 종의 DNA를 추출했다. 그들은 두 고래가 하마와 가까운 것이 아니라 서로 훨씬 더 가까운 사촌이라는 것을 발견했다. 그러나 "이빨고래류"가 한 집단으로 묶인다는 것을 우리는 어떻게 알 수 있을까? 그리고 "수염고래류"가 한 집단으로 묶인다는 것은? 밍크고래만 빼고 모든 수염고래류가 하마의 친척이고, 밍크고래는 햄스터의 친척일 수도 있다. 아니, 내가 정말로 그렇다고 믿는다는 말은 아니다. 나는 수염고래들이 수염고래 이외의 동물들과는 공유하지 않는 공통 조상을 가진 하나의 분지군이라고 생각한다. 그러나 하마/고래의 발견으로 그 확신이 어떻게 뒤흔들릴지 누가 알 수 있을까?

여기서 고래들이 왜 특별한지 타당한 이유를 생각해낼 수 있다면, 우리는 다시 확신을 가질 수 있다. 고래가 영광스러운 우제류라면, 그들은 진화적으로 말해서 나머지 우제류들을 뒤에 남긴 채 갑자기 떠난 우제류에 해당한다. 그들의 가장 가까운 사촌인 하마는 상대적으로 정상적이고 훌륭한 우제류로 그 자리에 남았다. 고래의 역사에 그들을 진화적으로 급격히 가속시킨 어떤 사건이 일어났다. 그들은 분자분류학자들이 추적해서 밝혀내기 전까지는 어느 집단에서 나왔는지가 모호했을 정도로, 나머지 우제류들보다 훨씬 더 빨리 진화했다. 그렇다면 고래의 역사에 도대체 어떤 특별한 일이 일어났던 것일까?

이런 식으로 써내려가면 답은 길어진다. 육지를 떠나 완전한 수생생물이 된다는 것은 우주로 나가는 것과 약간 비슷하다. 우주로 나가면 우리는 무중력 상태가 된다(사람들이 흔히 생각하듯이 지구의 중력에서 멀리 떨어져 있기 때문이 아니라, 우리가 낙하산 끈을 당기기 전처럼 자유낙하를 하기 때문이다). 고래는 떠다닌다. 번식할 때는 다시 육지로 올라가는 바다표범이나 거북과 달리, 고래는 결코 떠다니는 행위를 멈추지 않는다. 고래는 결코 중력에 맞설 필요가 없다. 하마는 물속에서 지내지만, 그래도 육지에서 지내는 데에 필요한 나무줄기 같은 튼튼한 다리와 강한 다리 근육이 필요하다. 고래는 다리가 전혀 필요하지 않으며, 사실 다리도 없다. 하마가 중력의 독재에서 풀려날 수 있다면 고래처럼 되지 않을까? 그리고 물론 바다에서만 생활한다면 그에 걸맞은 기이한 특징들이 많이 갖추어져야 할 것이므로, 고래의 진화가 육지에서 우제류의 한가운데에서 이루어지다가 하마를 뒤에 남기고 갑자기 빨라져야 했던 것도 그다지 놀라워 보이지 않는다. 이 말은 몇 문단 앞에서 내가 지나친 노파심을 가지고 있었다는 것을 시사한다.

3억 년 전, 우리의 물고기 조상들이 물에서 육지로 올라왔을 때에도 방향은 다르지만 흡사한 일이 일어났다. 고래가 영광을 차지한 하마였다면, 우리는 영광을 차지한 폐어였다. 우제류의 한가운데에서 다른 우제류를 "뒤에" 남긴 채 다리 없는 고래가 출현한 것은, 한 특이한 물고기 집단에서 다른 물고기들을 "뒤에" 남긴 채 네 다리로 움직이는 육상동물이 출현한 것에 비하면 그리 놀랄 일도 아니다. 어쨌든 그것이 바로 내가 하마-고래의 유연관계를 합리화하고 잃었던 동물학자의 평정심을 회복하기 위해서 쓰는 방법이다.

하마 이야기의 후기

아무래도 동물학자로서의 평정심을 다시 잃을 것 같다. 이 책의 초판이 마무리에 접어들 무렵, 다음의 그림이 나의 시선을 사로잡았다. 1866년에 독일의 위대한 동물학자 에른스트 헤켈은 포유동물의 진화도를 그렸다. 나는 동물학사를 다룬 책들에서 가끔 완전한 진화도들을 본 적이 있었지만, 헤켈의 그림처럼 고래와 하마를 가까이 놓은 것은 한번도 본 적이 없었다. 그 진화도에는 지금과 마찬가지로 고래가 "고래목"으로 표시되었고, 선견지명이 있었는지 헤켈은 그들을 우제목 가까이에 놓았다. 그러나 진짜 놀라운 점은 그가 하마를 놓은 위치이다. 그는 하마들을 생김새대로 "오베사

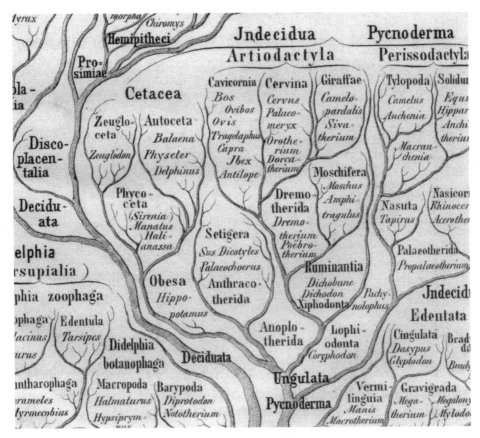

하늘 아래 새로운 것은 없다　1866년에 발표된 에른스트 헤켈의 포유동물 진화도[170]의 일부. 하마가 고래와 가깝다고 나온다.

목(Obesa)"(뚱뚱하다는 뜻)이라는 이름으로 부르면서 우제목이 아니라 고래목으로 이어지는 가지의 작은 잔가지로 표시했다.* 헤켈은 하마를 고래의 자매 집단으로 분류했다. 그가 볼 때, 하마는 돼지가 아니라 고래와 더 가까웠고, 셋은 소와 가까운 것이 아니라 서로 서로가 더 가까웠다.

　　……하늘 아래 새것이 있을 리 없다. "보아라, 여기 새로운 것이 있구나!" 하더라도 믿지 말라. 그런 일은 우리가 나기 오래 전에 이미 있었던 일이다.

　　　　　　　　　　　　　　　　　　　　　　　　　　　—「전도서」 1장 9~10절

---

* 그러나 헤켈이 모든 면에서 옳았던 것은 아니다. 그는 바다소류(듀공과 매너티)를 고래와 묶었다.

바다표범 이야기

대다수 야생동물 집단들은 암수의 수가 거의 일치한다. 거기에는 그럴 만한 다윈주의적인 이유가 있다. 그것을 명쾌하게 밝혀낸 사람은 위대한 통계학자이자 진화유전학자인 R. A. 피셔였다. 암수의 수가 일치하지 않는 집단을 상상해보자. 희귀한 쪽 성의 개체들은 평균적으로 흔한 성의 개체들보다 번식에 유리할 것이다. 수요가 더 많고 짝을 찾기가 더 쉽기 때문만은 아니다(부가적인 이유는 될 수 있겠지만). 피셔는 더 심오한 이유를 찾아냈는데, 미묘하게 경제적인 것이었다. 집단에서 수컷이 암컷보다 2배 더 많다고 하자. 부모는 일대일로 자식을 낳으므로, 다른 조건들이 모두 같다고 할 때, 평균적으로 암컷은 수컷보다 2배 더 많은 자식을 낳는다. 집단의 성비가 정반대라면 결과도 정반대이다. 그것은 그저 부모가 될 만한 동물들에게 자손을 배분하는 문제에 불과하다. 따라서 부모가 아들보다 딸, 또는 딸보다 아들을 선호하는 경향이 있다고 해도 그것은 반대 경향을 선호하는 자연선택을 통해서 곧 상쇄될 것이다. 따라서 진화적으로 안정한 성비는 50 대 50뿐이다.

　그러나 실제로는 그렇게 단순하지 않다. 피셔는 그 논리에 경제적으로 미묘한 점들이 있음을 눈치챘다. 이를테면 수컷이 암컷보다 몸집이 2배 더 커서, 딸보다 아들을 키우는 데에 비용이 2배 더 든다면 어떻게 될까? 그러면 논리에 변화가 생긴다. 부모가 직면한 선택은 더 이상 "아들이 좋을까, 딸이 좋을까?"가 아니다. 이제는 "아들 하나가 좋을까, 같은 값이면 딸 둘이 좋을까?"이다. 집단의 성비 균형은 이제 암컷이 수컷의 2배이다. 수컷이 드물다는 이유로 아들을 선호하는 부모는 수컷을 키우는 데에 드는 추가 비용 때문에 이점이 줄어든다는 것을 알아차린다. 피셔는 자연선택을 통해서 균형을 이루는 진짜 성비가 수컷과 암컷의 개체수 비가 아니라는 점을 알아차렸다. 그것은 아들을 키우는 데에 드는 경제적 지출과 딸을 키우는 데에 드는 경제적 지출의 비이다. 그러면 경제적 지출이란 무슨 의미일까? 식량? 시간? 위험? 그렇다. 사실상 이 모든 것들이 중요할 가능성이 높으며, 피셔가 볼 때 지출을 하는 쪽은 언제나 부모였다. 경제학자들은 비용(cost)이라는 더 일반적인 표현을 쓰며, 그것을 기회비용(opportunity cost)이라고 말한다. 부모가 자식을 키우는 데에 드는 진정한 비용은 다른 자식들을 키우는 기회를 상실한 것으로 측정된다. 피셔는 이 기회비용을 "부모의 지출"이라고 불렀다. 피셔의 탁월한 지적 후계자인 로버트 L. 트리버스는 같은 개념에 "부모의 투자"라는 이름을 붙였고, 그것을 성선택을 규명하는 데에 활용했다. 트리버스는 부모-자식 갈등이라는 흥미로운 현상을 처음 이론적으로 명확하게 규명한 사람이기도 하다. 마찬가지로 뛰어난 학자인 데이비드 헤이그는 그 이론을 더 놀라운 방향으로 전개했다.

으레 그렇듯이, 그리고 철학을 약간 공부한 독자들을 지루하게 만들 위험이 있지만, 내가 의도적으로 사용하는 언어가 글자 그대로의 의미가 아니라는 점을 다시 한번 강조해야겠다. 부모가 서로 얼굴을 맞대고 아들이 좋을지 딸이 좋을지 의논한다는 뜻이 아니다. 자연선택은 먹이 같은 자원들을 투자하는 유전적 성향들을 선호하거나 싫어하며, 그에 따라 번식 집단 전체에서 아들과 딸에 대한 부모의 지출은 균등해지거나 불균등해진다. 실질적으로 그렇게 해서 집단에서 암수의 수가 같아지는 상황에 도달할 때가 종종 있다.

그러나 소수의 수컷이 하렘 형태로 다수의 암컷을 거느리는 사례들도 있지 않을까? 그런 사례는 피셔의 예상과 어긋나지 않을까? 수컷들이 "렉(lek : 번식기에 수컷들이 모여서 암컷을 꾀기 위해서 과시 행동을 벌이는 일종의 경연장/역주)"에 모인 암컷들 앞에서 뽐내기를 하고, 암컷들이 지켜보다가 마음에 드는 수컷을 고르는 경우는 어떨까? 암컷들은 대개 똑같은 수컷을 선호하므로, 결국 하렘을 거느리는 것과 같은 결과가 나온다. 즉 특권을 가진 소수의 수컷이 다수의 암컷을 차지하는 일부다처제가 된다. 결국 소수의 수컷이 다음 세대 후손들 중 대부분의 아버지가 되고, 나머지 수컷들은 독신으로 남는다. 일부다처제는 피셔의 예상과 어긋날까? 놀랍게도 그렇지 않다. 피셔는 그럴 때에도 아들과 딸에 대한 투자 비율이 같을 것이라고 예상하며, 그의 생각은 옳다. 수컷 개체의 입장에서 보면, 번식할 가능성은 더 낮아질지 모르지만, 번식을 한다면 극단적으로 할 것이다. 반면에 암컷 개체의 입장에서 보면, 자식을 전혀 낳지 못할 가능성은 적지만, 아주 많이 가질 가능성도 적다. 극단적인 일부다처제 상황에서도 투자는 균등해지며, 피셔의 원리는 유지된다.

바다표범은 일부다처제의 가장 극단적인 사례에 속한다. 바다표범은 해변으로 올라가서 번식을 하는데, 때로는 거대한 집단 서식지를 형성하기도 한다. 그곳에서는 성적 활동과 공격 활동이 집중적으로 이루어진다. 캘리포니아의 동물학자 버니 르뵈프가 코끼리바다표범을 대상으로 한 유명한 연구에 따르면, 수컷의 4퍼센트가 교미 횟수의 88퍼센트를 차지했다. 나머지 수컷들이 불만을 가지는 것은 당연하며, 코끼리바다표범들의 싸움이 동물계에서 가장 격렬한 것도 놀랄 일이 아니다.

코끼리바다표범은 (코끼리의 기준으로 보면 짧고 오직 사회적인 목적으로만 쓰이는) 코 때문에 그런 이름이 붙었지만, 몸집을 보고 붙였다고 해도 좋을 듯하다. 남방코끼리바다표범의 몸무게는 코끼리 암컷보다 더 무거운 3.7톤까지 나간다. 수컷의 몸무게만 그러하며, 그것이 바로 이 이야기의 요점 중 하나이다. 코끼리바다표범 암컷의 몸무게는 대개 수컷의 4분의 1도 되지 않으며, 그들과 새끼들은 치고받는 수컷들 사이에서 깔려 죽는 일이 다반사이다.*

왜 수컷이 암컷보다 그렇게 클까? 몸집이 커야 하렘을 차지하기 위한 경쟁에서 유리하다. 성별에 상관없이 바다표범 새끼들은 대부분 하렘을 차지하기 위한 경쟁에서 진 몸집 작은 수컷이 아니라, 승리한 몸집 큰 수컷의 자손이다. 성별에 상관없이 바다표범 새끼들은 대부분 싸움에서 승리하기 위한 일이 아니라 새끼를 낳고 키우는 일에 가장 적합한 몸집을 가진 비교적 작은 암컷의 자손이다.

수컷과 암컷의 형질들은 유전자들의 선택을 통해서 이렇게 각기 다르게 최적화한다. 가끔 사람들은 해당 유전자들이 암수 모두에게 있다는 사실을 알고 놀란다. 자연선택은 이른바 한성 유전자(sex-limited gene)를 선호해왔다. 한성 유전자는 암수 모두에게 있지만, 한쪽 성에서만 켜진다. 예를 들면, 유전자들은 발달하는 바다표범에게 이렇게 말한다. "네가 수컷이면 아주 크게 자라고 싸워라." 유전자들은 동시에 이렇게도 말한다. "네가 암컷이면 작게 자라고 싸우지 마라." 이 두 부류의 유전자들은 아들과 딸에게 함께 전해지지만, 각각 한쪽 성에서만 발현된다.

포유동물 전체를 살펴보면, 어떤 일반화의 경향이 있음을 간파할 수 있다. 성적 이형성(sexual dimorphism), 즉 암수가 크게 달라지는 현상은 일부다처제 종, 특히 하렘 사회를 보유한 종에게서 가장 뚜렷이 나타나는 경향이 있다. 앞에서 살펴보았듯이, 거기에는 그럴 수밖에 없는 충분한 이론적인 이유들이 있으며, 우리는 바다표범과 강치

---

* 코끼리바다표범 수컷이 자기 종의 새끼들을 깔아뭉갠다고 놀라지 말도록. 깔려 죽는 새끼가 자기 새끼일 확률이나 경쟁자인 수컷의 새끼일 확률이나 별반 다르지 않다. 따라서 깔아뭉개는 것을 혐오하는 다원주의적 선택 같은 것은 없다.

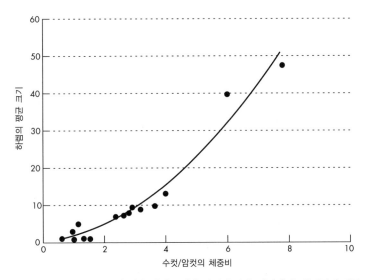

성적 이형성과 하렘 규모의 상관관계 각 점은 바다표범과 강치의 종을 나타낸다. 알렉산더 연구진[5].

가 그 특별한 가지를 따라 가장 멀리까지 나아간 존재들이라는 것을 살펴보았다.

미시건 대학교의 저명한 동물학자 리처드 D. 알렉산더 연구진이 내놓은 그래프를 살펴보자. 그래프의 각 점은 바다표범과 강치 종을 나타내며, 성적 이형성과 하렘 규모 사이에 강한 연관관계가 있음을 알 수 있다. 그래프의 맨 위에 표시된 두 점은 남방코끼리바다표범과 물개인데, 이들은 수컷이 암컷보다 체중이 6배 이상 더 나가는 극단적인 사례이다. 그리고 이런 종들에서는 성공한 수컷들, 즉 온건하게 말하면 소수가 대규모 하렘을 차지하고 있음이 분명하다. 물론 이 두 극단적인 종을 토대로 일반적인 결론을 이끌어낼 수는 없다. 그러나 바다표범과 강치에 관한 기존 자료들을 통계 분석한 결과는 우리가 보고 있다고 생각하는 경향이 사실임을 확인시켜준다(그러한 결과가 우연히 나타난 것일 확률은 5,000분의 1도 되지 않는다). 더 빈약하기는 하지만, 원숭이와 유인원에게서 얻은 자료도 같은 방향을 가리킨다.

이런 경향의 진화적 근거를 다시 말하면 다음과 같다. 수컷들은 다른 수컷들과 싸움으로써 얻을 것이 많은 한편, 잃을 것도 많다. 대다수의 개체들은 하렘을 차지한 수컷 조상들과 하렘의 일원인 암컷 조상들로 이어지는 긴 계보의 후손이다. 따라서 수컷이든 암컷이든 간에, 승자가 되든 패자가 되든 간에 대다수 개체들은 하렘을 차지하는 데에 도움을 주는 수컷의 몸과 하렘에 들어가는 데에 도움을 주는 암컷의 몸을 만드는 유전자들을 물려받는다. 수컷들에게는 몸집이 가장 우선하며, 성공한 수컷은 정말로 대단히 큰 몸집을 가졌을 것이다(화보 11 참조). 반대로 암컷들은 다른 암컷들과 싸워보았자 얻을 것이 거의 없으므로, 살아남아서 훌륭한 어미가 될 정도의 몸집이면 된다. 양쪽 성의 개체들은 싸움을 피하고 육아에 집중하게끔 하는 암컷 유전자들을 물려받는다. 양쪽 성의 개체들은 육아에 도움을 줄 수 있는 시간까지 소비하면서 서로 싸우도록 하는 수컷 유전자들을 물려받는다. 만일 수컷들이 동전을 던져서 갈등을 해결하기로 한다면, 아마 그들의 몸집은 진화를 거치면서 암컷만큼 또는 그보다 더 작게 줄어들 것이다. 그러면 경제적으로 훨씬 더 절약하는 셈이 되고, 새끼들을 돌볼 시간도 낼 수 있다. 불리고 유지하기 위해서 상당히 많은 먹이를 먹어야 하는 그들의 과체중은 수컷들끼리 경쟁하기 위해서 지불해야 하는 대가이다.

물론 모든 종이 바다표범 같지는 않다. 일부일처제이고 암수의 몸집이 거의 비슷한 종들도 많다. 말 같은 예외적인 종들도 있지만, 암수의 몸집이 같은 종들은 하렘을 가지지 않는 경향이 있다. 수컷이 암컷보다 눈에 띄게 큰 종들은 하렘을 가지거나, 다른 형태의 일부다처제를 취하는 경향이 있다. 대부분의 종은 일부다처제이거나 일부일처제이며, 그것은 아마 경제적인 여건에 의존하는 듯하다. 일처다부제(암컷이 하나 이상의 수컷과 짝짓기를 하는 것)는 드물다. 우리의 가까운 친척들 가운데 고릴라는 하렘 기반의 일부다처제 번식체계를 가지고 있고, 긴팔원숭이는 충실한 일부일처형이다. 전자는 성적 이형성을 보이고 후자는 그렇지 않다는 점을 보고도 우리는 그렇다고 추측할 수 있다. 대체로 고릴라는 수컷이 암컷보다 2배나 더 큰 반면, 긴팔원숭이는 암수의 몸집이 거의 같다. 침팬지는 성적으로 더 난잡하다.

"바다표범 이야기"가 문명과 관습이 흔적을 지워버리기 이전에 있었던 우리의 자연적인 번식체계에 관해서 무엇인가 말해줄 수 있을까? 우리의 성적 이형성은 크지 않지만 부정할 수 없을 정도는 된다. 일대일로 비교하면 남성보다 큰 여성도 많지만, 가장 큰 남성은 가장 큰 여성보다 더 크다. 일대일로 비교하면 남성보다 더 빨리 달리고, 더 무거운 것을 들어올리고, 창을 더 멀리 던지고, 테니스를 더 잘하는 여성들도 많다. 그러나 경주마와 달리 인간은 본연의 성적 이형성 때문에 열거할 수 있는 거의 모든 운동경기의 최상위 수준에서는 성별 구분 없는 공개경쟁이 이루어질 수 없다. 대다수의 운동경기에서, 세계 100위 안에 드는 남성들은 세계 100위 안에 드는 여성들을 일대일로 능가할 것이다.

　설령 그렇다고 할지라도 바다표범을 비롯한 많은 동물들의 기준으로 보면, 우리의 성적 이형성은 미미한 수준이다. 고릴라보다는 덜하지만, 긴팔원숭이보다는 더한 편이다. 아마 우리의 미미한 이형성은 조상 여성들이 때로는 일부일처제하에서, 때로는 소규모 하렘하에서 살았음을 의미할지도 모른다. 현대 사회는 아주 다양하기 때문에 어떤 편견이든 간에 뒷받침할 사례를 찾아낼 수 있다. G. P. 머독이 1967년에 펴낸 『민족의 지도(*Ethnographic Atlas*)』는 대담한 편찬물이다. 그 책에는 전 세계에서 조사한 849개의 인류 사회들이 열거되어 있다. 우리는 그 책을 이용하여 하렘을 허용하는 사회의 수와 일부일처제를 강제하는 사회의 수를 셀 수 있을지도 모른다. 사회들의 수를 셀 때의 문제점은 어디에서 선을 그어야 할지, 항목을 독립적인 것으로 간주해야 할지 말아야 할지 도무지 명확하지 않다는 것이다. 따라서 적절한 통계를 내기가 쉽지 않다. 그래도 그 도감은 아주 유용하다. 849개 사회 중 137개(약 16퍼센트)가 일부일처제이며, 4개(1퍼센트 이하)는 일처다부제이고, 83퍼센트(708개)가 일부다처제(남성이 한 명 이상의 아내를 가질 수 있는 사회)이다. 708개의 일부다처제 사회 중 일부다처제가 사회 규칙으로 허용되지만 실제로는 드문 사회와 일부다처제가 규범인 사회가 거의 반반이다. 물론 냉정하게 말하면, "규범"은 여성들이 하렘에 속하고자 하고 남성들이 하렘을 가지고 싶어한다는 것을 말한다. 남녀의 수가 같다고 할 때, 정의에 따라서 대다수 남성들은 그런 상황에서 배제되기 마련이다. 중국 황제와 오스만 제국 술탄의 하렘은 코끼리바다표범과 물개의 하렘 최고 기록을 깨기도 했다. 그러나 우리의 몸집 이형성은 바다표범에 비해 작으며, 비록 증거를 두고 논란이 있지만 아마 오스트랄로피테쿠스와 비교해도 작을 것이다. 그렇다면 오스트랄로피테쿠스 족장이 중국 황제보다 더 큰 하렘을 가졌다는 의미일까?

　그렇지 않다. 우리는 그 이론을 어리석은 방식으로 적용해서는 안 된다. 성적 이형성과 하렘 크기의 상관관계는 느슨하다. 그리고 몸집은 경쟁 강도를 나타내는 지표 중 하나에 불과하다. 코끼리바다표범의 수컷들에게는 아마 몸집이 중요할 것이다. 물어뜯거나 지방으로 찌운 체중으로 압도하면서 몸으로 싸워야 하렘을 쟁취할 수 있기 때문이다. 아마 호미니드에게도 몸집은 무시할 수 없는 요소일 것이다. 그러나 소수의 수컷들이 다수의 암컷들을 지배할 수 있게 해주는 차등적인 힘이라면 무엇이든 간에 몸집을 대체할 수 있다. 많은 사회에서는 정치권력이 그 역할을 한다. 족장의 친구가 되거나, 더 나아가 족장이 된 개인은 권력을 취한다. 권력은 커다란 바다표범 수컷이 더 작은 수컷을 육체적으로 위협하는 것에 상응하는 방식으로 경쟁자들에게 위협을 가할 수 있게 해준다. 혹은 경제적인 부의 심한 불평등이 그 역할을 할 수도 있다. 아내를 싸워서 얻는 것이 아니라 사는 것이다. 혹은 아내를 얻기 위해서 대신 싸워줄 군대를 고용할 수도 있다. 술탄이나 황제는 신체적으로는 나약했을지 모르지만, 그 어떤 바다표범 수컷보다도 더 큰 하렘을 차지할 수 있었다. 내가 말하고자 하는 요지는, 설령 오스트랄로피테쿠스가 우리보다 몸집의 이형성이 훨씬 더 컸다고 할지라도, 그들로부터 진화한 우리가 일부다처제에서 더 멀어졌다고 볼 수는 없다는 것이다. 단지 수컷들의 경쟁에 쓰이는 무기가 바뀌어온 것일 수도 있다. 진짜 몸집과 폭력에서 경제력과 정치적 위협으로 말이다. 물론 우리가 더 진정한 성적 평등을 향해 나아갔을 수도 있다.

성적 불평등을 혐오하는 사람들에게는 폭력적인 일부다처제와 구별되는 문화적 일부다처제를 없애기가 더 수월할지도 모른다는 희망이 위로가 될 것이다. 언뜻 보기에는 기독교 사회들(모르몬교 제외)처럼 공식적으로 일부일처제를 채택한 사회들에서는 그런 일이 벌어진 듯하다. 나는 "언뜻 보기에는"과 "공식적으로"라고 썼다. 겉보기에는 일부일처제인 사회들이 실제로는 전혀 그렇지 않다는 증거들이 있기 때문이다. 다윈주의를 채택한 역사가 로라 베치그는 고대 로마와 중세 유럽처럼 겉으로는 일부일처제였던 사회들의 속을 들여다보면 사실상 일부다처제 사회였다는 흥미로운 증거들을 밝혀냈다. 부유한 귀족인 영주는 법적으로는 아내가 한 명뿐이었을지 모르지만, 사실상 여성 노예들, 하녀들, 소작인의 아내와 딸로 이루어진 하렘을 가지고 있었다. 베치그는 명목상으로는 독신이었던 사제들조차 다를 바 없었다는 증거들도 제시했다.

일부 과학자들은 이런 역사학적 및 인류학적인 사실들과 우리가 어느 정도 성적 이형성을 가지고 있다는 사실을 우리가 일부다처제 번식체계하에서 진화했음을 보여주는 증거라고 생각한다. 우리가 생물학에서 얻을 수 있는 단서가 성적 이형성밖에 없는 것은 아니다. 과거로부터 얻을 수 있는 또다른 흥미로운 흔적은 고환의 크기이다.

우리와 가장 가까운 친척인 침팬지와 보노보는 고환이 대단히 크다. 그들은 고릴라와 달리 일부다처형이 아니며, 긴팔원숭이와 달리 일부일처형도 아니다. 발정기에 있는 침팬지 암컷은 대개 하나 이상의 수컷과 교미를 한다. 이런 난잡한 짝짓기 양상이 일

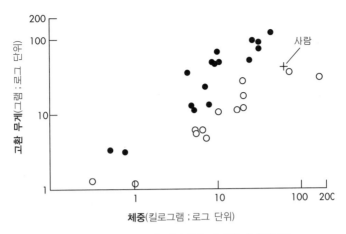

고환 무게와 체중의 관계 각 점은 영장류의 종들을 나타낸다. 하비와 페이글[185].

처다부제는 아니다. 일처다부제는 한 암컷이 하나 이상의 수컷과 안정적인 유대관계를 맺는 것을 의미한다. 이 번식체계를 보고서 단순한 성적 이형성 양상을 예측할 수는 없다. 그러나 영국의 생물학자 로저 쇼트는 그것이 커다란 고환을 설명해준다고 보았다. 즉 침팬지 유전자들은 여러 수컷들의 정자끼리 한 암컷의 몸속에서 경쟁해야 하는 정자 경쟁을 겪으면서 다음 세대로 전달되었다. 그런 세계에서는 정자의 수가 중요하므로 고환이 커질 필요가 있다. 반면 고릴라 수컷은 고환은 작지만 강한 어깨와 두드리면 울리는 거대한 가슴을 가지고 있다. 고릴라의 유전자들은 수컷끼리 싸우고 가슴을 두드리며 위협하는 방식으로 암컷을 차지하기 위해서 경쟁한다. 그런 행동이 암컷의 몸속에서 일어나는 정자 경쟁을 대신한다. 반면에 침팬지들은 질 내의 정자 기명 투표를 통해서 경쟁한다. 이것이 바로 고릴라가 뚜렷한 성적 이형성과 작은 고환을 가진 반면, 침팬지는 커다란 고환과 미약한 성적 이형성을 가진 이유이다.

나의 동료인 폴 하비는 로저 쇼트 등 여러 연구자들과 함께 원숭이와 유인원에서 얻은 증거들을 비교하여 그 생각을 검증해보았다. 그들은 영장류 20속을 골라 고환의 무게를 쟀다. 실제로는 도서관에 가서 고환의 무게가 나와 있는 문헌들을 수집한 것이지만 말이다. 조사해보니 몸집이 큰 동물들이 몸집이 작은 동물들보다 고환이 더 큰 경향이 뚜렷이 나타났으므로, 그들은 그 생각을 수정해야 했다. 그들이 쓴 방법은 "도구인 이야기"에서 뇌를 이야기하면서 설명한 방법이기도 하다. 그들은 고환의 무게와 체중을 두 축으로 삼은 그래프에 원숭이와 유인원 각 속을 표시했다. "도구인 이야기"

에서 살펴본 것과 똑같은 이유로 그래프의 두 축은 로그 단위로 표시했다. 점들은 맨 아래의 명주원숭이에서 맨 위의 고릴라에 이르기까지 직선에 가까이 분포되어 있다. 뇌와 마찬가지로, 흥미로운 질문은 어느 종이 몸집에 비해서 고환이 큰가 작은가 하는 것이다. 직선 근처에 분포해 있는 점들 중 직선보다 위쪽에 있는 종은 누구이며, 아래쪽에 있는 종은 누구일까?

결과는 시사적이다. 검은 원들은 암컷이 하나 이상의 수컷과 짝짓기를 하는 침팬지 같은 종들, 따라서 정자 경쟁이 일어날 가능성이 높은 종들을 나타낸다. 맨 위에 있는 검은 원이 침팬지이다. 흰 원들은 고릴라(맨 오른쪽에 있는 흰 원)처럼 하렘 번식을 하든지, 긴팔원숭이처럼 충실한 일부일처형이든지 간에 정자 경쟁이 심하지 않은 종들을 나타낸다.

검은 원들과 흰 원들은 흡족할 정도로 서로 나누어진다.* 우리는 정자 경쟁 가설을 뒷받침하는 증거를 보는 듯하다. 그리고 물론 이제 우리 자신이 그래프의 어디에 있는지 알고 싶을 것이다. 우리의 고환은 얼마나 클까? 그래프에서 우리(십자로 표시된 부분)는 오랑우탄과 가까이 놓여 있다. 우리는 검은 원들이 아니라 흰 원들과 묶이는 듯하다. 우리는 침팬지와 다르며, 아마 우리의 진화 역사에서는 정자 경쟁이 심하지 않았던 것이 분명하다. 그러나 이 그래프는 과거에 우리 조상의 번식체계가 고릴라의 것(하렘)과 흡사했는지 긴팔원숭이의 것(충실한 일부일처제)과 흡사했는지는 전혀 말하지 않는다. 따라서 우리는 성적 이형성과 인류학적 증거들로 다시 돌아가야 한다. 둘 다 우리가 온건한 일부다처형이며, 하렘 쪽으로 약간 치우쳐 있음을 시사한다.

우리의 최근 진화 조상들이 약한 일부다처형이었다는 증거가 정말로 있다고 해도, 나는 그것을 도덕적이거나 정치적 입장을 정당화하는 데에 사용해서는 안 된다는 말을 굳이 꺼내야 하는 일이 없기를 바란다. "존재로부터 당위를 끌어낼 수는 없다"는 말은 너무나 자주 인용되어서 이제는 진부할 지경이다. 그럼에도 그것은 진실이다. 어서 서둘러 다음 랑데부로 향하자.

---

* 이런 종류의 그래프에서는 서로 독립된 자료들만을 포함시키는 것이 중요하다. 그렇지 않으면 결과를 부당하게 과대평가할 수 있다. 하비 연구진은 종 대신에 속을 셈으로써 이 위험을 회피하고자 노력했다. 그것은 올바른 방향으로 한걸음 나아간 것이지만, 아마 마크 리들리가 『생물 다양성의 해석(*The Explanation of Organic Diversity*)』에서 제시하고 하비가 전적으로 인정한 방법이 이상적인 해결책일 것이다. 가계도 자체를 살펴보면서 종이나 속이 아니라 해당 형질들의 독자적인 진화 횟수를 세는 방법이다.

랑데부 13

이절류와 아프리카수류

지난 15년 사이에 포유류의 진화를 이해하는 방식에 한 가지 혁신적인 변화가 일어났다. 이제 우리는 현생 태반 포유류가 네 무리의 대규모 순례자들, 즉 "상목(superorder)"으로 자연스럽게 나뉜다는 것을 안다. 지난 세기에는 그렇다는 것을 몰랐다. 이 흡족한 재분류 방식에 초를 치는 듯한 어색한 명칭이 붙은 것이 아쉽지만 말이다. 우리는 바로 앞 랑데부에서 로라시아수류를 만났다. 그들은 영장류, 설치류, 그밖의 잡다한 친척들을 포함하는 영장상목에 합류했다. 여기 랑데부 13에서는 나머지 두 상목인 이절류와 아프리카수류를 만난다. 각각 남아메리카와 아프리카가 연고지이다. 이 지리적 연관성은 결코 우연이 아니다. "나무늘보 이야기"와 그 후기에서 살펴보겠지만, 이 랑데부가 일어날 무렵, 세계의 땅덩어리들은 갈라져서 오늘날 우리가 아는 대륙들을 형성하는 중이었다. 그러나 아프리카수류와 이절류가 정확히 언제 갈라졌는지, 더 나아가 그들이 정확히 어떤 관계인지는 여전히 논란거리이다. 이 문제는 그 동물들을 만날 때에 다시 다루기로 하자.

이절류(異節類, Xenarthra)는 "이상한 관절"에서 나온 이름이다. 아래쪽 척추뼈들 사이에 맞닿는 부위가 특이하게 한 쌍 더 있다. 그 부위는 등뼈를 보강하고 땅파기를 돕는 역할을 한다. 아르마딜로 21종, 나무늘보 6종, 개미핥기 4종, 총 31종만이 남아 있다. 그러나 최근까지—일부 종류는 아주 최근까지도—그들은 훨씬 더 다양했다. 멸종한 종류 중 가장 유명한 것은 글립토돈(glyptodon)이다. 몸집이 자동차만 하며, 머리에 빵모자를 쓴 듯한 우스꽝스러운 모습의 아르마딜로이다. 육중한 갑옷으로 몸을 감쌌고, 곤봉 모양의 꼬리가 달렸다. 꼬리에는 때로 무시무시한 가시가 나 있기도 했다. 그들은 서로를 향해, 또 아마 어리석게도 공격을 감행하는 커다란 포식자를 향해 꼬리를 휘둘렀을 것이다. 이 동물과 마주쳤을 때에 공룡을 만났다고 착각할 수도 있다.

라바소류

땅돼지류

코끼리땃쥐류

코끼리류

바위너구리류

텐렉류 &
황금두더지류

아르마딜로류

개미핥기류

나무늘보류

13
90 Ma

12

80 Ma

11

60 Ma

40 Ma

20 Ma

이절류와 아프리카수류의 합류 분자분류학자들이 파악한 태반 포유류 네 집단 중 남아메리카의 이절류(나무늘보, 개미핥기, 아르마딜로로 구성된 약 30종)와 아프리카수류(약 80종)가 가장 먼저 갈라진다. 아프리카수류는 두 주요 집단으로 나뉜다. 땅돼지류, 코끼리땃쥐류, 황금두더지류, 텐렉류가 한 집단을 이루고, 바위너구리류, 코끼리류, 바다소류가 또 한 집단으로 묶인다. 두 번째 집단 내의 분지 순서는 불확실하다.

290쪽에 설명했듯이, 이 두 상목의 합류 순서는 논란거리이다. 여기서는 충분한 증거를 갖춘 배치를 택했지만, 다른 관계를 보여주는 유전자들도 있으며, 이 책의 초판에서 택했던 것처럼 우리가 아프리카수류보다 이절류와 더 가깝다고 말하는 유전자도 많다. 유전자들이 보여주는 관계들이 이렇게 상충되는 것은 빠르게 일어난 종분화 사건들의 결과임이 거의 확실하다.

아르마딜로의 친척인 글립토돈 이 종은 몸길이가
3미터 넘게 자랐다.

언뜻 보면 백악기의 안킬로사우루스(anklyosaurs)와 비슷하기 때문이다. 그리고 우리
인류는 아마 남북 아메리카에서 그들을 만났을 것이다. 아마 그들을 사냥해서 멸종시
키고 그들의 거대한 껍데기를 임시 주거지로 썼을 가능성이 매우 높다. 또 몸집은 코끼
리만 했지만, 현생 나무늘보처럼 굽은 긴 발톱이 달린 거대한 땅늘보도 있었다. 그 발
톱으로 죽은 동물을 뜯어먹었다는 상상력 넘치는 주장도 나와 있지만, 그들은 순수
한 초식동물이었을 것이 거의 확실하다. 발톱은 나뭇가지를 잡아서 끌어당기는 데에
썼을 것이다. 아르헨티나의 한 지역에는 인류가 그들을 도살했다는 증거가 남아 있다.
겨우 1만 년 전에 거대한 아르마딜로와 동시에 땅늘보가 사라진 이유가 그 때문일지
모른다. 더 작은 형태들은 아마 인류가 일으키는 멸종을 피해서 카리브 제도에—나무
늘보류는 헤엄을 아주 잘 친다—정착했고, 아마 스페인 정복자들의 시대까지도 그런
일이 일어났을 것이다.

　헤엄치는 이야기가 나왔으니 말인데, 멸종한 이절류 중에는 조금 놀랍게도 몸길이
가 2미터인 양서형(兩棲形) 나무늘보도 있다. 시간이 흐르면서 반수생 형태가 더 깊은
바닷물에서 사는 완전한 해양 형태로 멋지게 서서히 진화했음을 보여주는 일련의 화
석 종들이 있다. 우리가 아프리카수류에서 만날 듀공과 매너티의 나무늘보판이다. 듀
공처럼, 양서형 나무늘보도 철저한 초식동물이었고, 아마 발톱으로 바닥에 달라붙은
채 해양 식생을 갉아먹었을 것이다. 안타깝게도 하마의 친척들과 달리, 그들은 거대한
고래처럼 생긴 형태로 진화하지 못한 채, 인류가 출현하기 한참 전인 약 200만 년 전에
멸종의 길을 걸었다.

　개미핥기류는 화석이 거의 없지만, 그 곡선 형태가 지금도 남아메리카의 나무와 흙

위를 우아하게 돌아다닌다는 점에서 우리는 운이 좋다고 해야 마땅하다. 개미와 흰개미를 먹는 데에는 이빨이 필요 없기 때문에, 신대륙 개미핥기들은 이빨이 없다. 구대륙의 천산갑도 마찬가지이다. 그들은 독자적으로 동일한 식단에 도달했다(개미를 먹는 쪽으로 수렴 진화한 또다른 포유류인 땅돼지는 이 이빨 없어지기 규칙의 흥미로운 예외 사례이다. 그 이야기는 뒤에서 다룰 것이다). 이빨만이 아니다. 진화하는 동안 그들의 머리뼈 전체도 변형을 거쳤다. 깃털목도리 같은 꼬리가 있는, 땅에서 사는 커다란 큰개미핥기는 턱이 구부러진 긴 관이나 다름없다. 끈끈한 긴 혀로 집을 들쑤시면서 개미와 흰개미를 빨아들이는 빨대라고 할 수 있다. 그들에게는 놀라운 점이 또 있다. 우리를 비롯하여 대다수의 포유동물은 소화를 돕기 위해서 위장으로 염산을 분비하지만, 남아메리카의 개미핥기는 다르다. 그들은 자신들이 먹는 개미에게서 나오는 포름산을 활용한다. 자연선택이 기회주의적임을 보여주는 전형적인 사례이다.

이절류는 오랫동안 자연 집단으로 인식되었다. 아프리카수류는 그렇지 않았다. 그들이 같은 뿌리에서 나왔다는 사실은 DNA 분석을 통해서야 드러났기 때문이다. 그들은 땃쥐처럼 생긴 조상에서 출발하여 전혀 다른 7개 집단으로 진화했다. 적어도 영어 사전에서 가장 먼저 나오는 단어로 유명한 땅돼지(aardvark) 집단이 그중 하나이다. 그리고 코끼리, 바위너구리, 남아프리카의 황금두더지, 마다가스카르의 텐렉, 듀공과 매너티(합쳐서 바다소 또는 바다코끼리라고도 한다), 매혹적인 코끼리땃쥐 집단이 있다.

지금은 독립 국가인 말라위에 속한, 내가 어린 시절에 살았던 냐살랜드라는 아름다운 고장을 다시 방문했을 때에야 나는 코끼리땃쥐를 처음 보았다. 아내와 나는 동아프리카 지구대의 거대한 호수 바로 남쪽에 있는 므부 수렵 금지구역에서 잠시 시간을 보냈다. 그 호수의 이름은 그 지역의 이름이기도 하며, 그곳의 모래사장은 내가 어릴 적에 처음으로 모래성을 쌓으며 휴일을 보낸 곳이었다. 수렵 금지구역에서 우리는 동물에 대한 백과사전적인 지식을 갖추고, 동물들이 어디에 있는지 찾아내는 날카로운 눈과, 멋진 소리로 동물들을 우리 쪽으로 돌아서도록 하는 재주가 있는 한 아프리카 안내인의 도움을 받았다. 그는 코끼리땃쥐가 보이기만 하면 똑같은 농담을 했는데, 반복할 때마다 조금씩 나아지는 듯했다. "5대 작은 명물 중 하나지요(코끼리땃쥐, 표범거북, 붉은부리물소베짜기새, 장수풍뎅이, 개미귀신을 아프리카의 5대 작은 명물이라고 하며, 사자와 표범, 코뿔소, 코끼리, 물소를 5대 큰 명물이라고 한다/역주)."

코끼리땃쥐는 코가 코끼리처럼 길어서 그런 이름이 붙었는데, 유럽뒤쥐보다 더 크고, 더 높이 뛰며, 더 긴 다리를 가졌다. 마치 영양을 축소시킨 듯하다. 15종 중에서 작은 것들은 도약을 잘한다. 코끼리땃쥐는 예전에는 더 수가 많고 다양했으며, 현재 살아남은 식충성 종류들뿐만 아니라 초식성 종류들도 있었다. 코끼리땃쥐는 나중에 포식자를 만났을 때, 달아날 통로를 만드는 데에 많은 시간과 노력을 기울이는 신중한 습성이 있다. 이 말은 그들이 선견지명이 있다는 듯이 들리며, 어떤 의미에서는 그렇다. 그러나 그것을 그들이 의도를 품고 있다는 의미로 받아들여서는 안 된다(늘 그렇듯이 완전히 배제할 수는 없지만 말이다). 가끔 동물들은 마치 어떤 것이 장래 자신들에게 좋은지 아는 듯이 행동하곤 하지만, 우리는 "마치"라는 말을 잊지 않도록 주의를 기울여야 한다. 자연선택은 의도적인 양 속이는 데에 선수이다.

작고 멋진 코끼리 코를 가지고 있기는 하지만, 코끼리땃쥐가 코끼리와 아주 가깝다고 생각한 사람은 아무도 없었다. 그들은 언제나 그저 유럽뒤쥐의 아프리카 판에 불과하다고 여겨졌다. 그러나 최근의 분자 증거들은 코끼리땃쥐가 다른 땃쥐들이 아니라 오히려 코끼리와 더 가깝다고 말함으로써 우리를 경악하게 만든다. 그렇기는 해도 코끼리땃쥐의 "코끼리 코"는 코끼리와 별 관계가 없는 우연의 일치에 따른 특징임이 거의 확실하다. 그래서 일부 학자들은 그들을 땃쥐와 떼어놓기 위해서 셍기(sengi)라는 이름으로 부르기도 한다.

그 5대 작은 명물로부터 5대 큰 명물로 가면 진짜 코끼리를 만나게 된다. 현재 코끼리는 인도코끼리속과 아프리카코끼리속 두 종류밖에 남아 있지 않지만, 과거에는 오스트레일리아를 제외한 거의 모든 대륙에서 마스토돈과 매머드 등 다양한 종류의 코끼리들이 돌아다녔다. 그들이 오스트레일리아에서도 살았음을 시사하는 흔적들이 드물게 나타난다. 그곳에서 코끼리 화석 파편들이 발견되곤 하는데, 아마 아프리카 또는 아시아에서 표류하여 흘러갔을 것이다. 마스토돈과 매머드는 약 1만2,000년 전까지 아메리카에서 살아 있었으며, 그들을 끝장낸 것은 아마도 클로비스 문화를 형성한 부족들이었던 듯하다. 시베리아의 매머드도 그 무렵에 사라졌다. 지금도 영구 동토대에서 얼어붙은 매머드가 발견되곤 하며, 심지어 시인들이 노래하듯이 그 고기로 수프를 만들기도 했다.

얼어붙은 매머드

이 생물은 드물기는 하여도

북쪽 시베리아의 동부에서 지금도 발견되지.

원시 집단으로 알려져 있지

발견된 고기는 맛있는 수프가 되지,

요리하는 데에는 적어도 한 가지 문제가 있기는 해.

(내 기준에서는 심각하지).

거죽에 구멍을 뚫지 않고 끓이다간

터져서 옷을 온통 버리고 만다는 점이지.

그러면(그 짐승의 몸집을 생각해보기를)

맛은 거의 볼 새가 없지.

—힐레르 벨록

모든 아프리카수류들이 그렇듯이, 아프리카는 코끼리, 마스토돈, 매머드의 고향이며, 그들의 진화적 뿌리이자 그들의 다양성이 대부분 꽃을 피운 곳이다.

코끼리가 속한 목은 길게 늘어난 코를 뜻하는 장비목(長鼻目, Proboscidea)이다. 코끼리의 코는 다양한 용도로 쓰이는데, 원래는 물을 마시기 위해서 늘어난 것인지도 모른다. 코끼리나 기린처럼 아주 큰 동물은 물을 마시기가 쉽지 않다. 코끼리와 기린의 먹이는 주로 나무에서 자라며, 그것이 바로 그들의 몸집이 그렇게 커진 주된 이유일 것이다. 그러나 물은 낮은 곳으로 흐르며, 불편할 정도로 낮은 곳에 자리하는 경향이 있다. 물론 무릎을 굽혀서 수면까지 몸을 낮출 수도 있다. 낙타는 그렇게 한다. 그러나 그랬다가 다시 일어나는 것은 고역이다. 코끼리나 기린에게는 더욱 그렇다. 둘 다 그 문제를 긴 흡수관으로 물을 빨아올림으로써 해결한다. 기린은 흡수관의 끝, 즉 목에 머리가 붙어 있다. 따라서 기린의 머리는 아주 작아야 한다. 코끼리는 흡수관의 바닥에 머리가 붙어 있다. 따라서 머리가 더 크고 더 영리해질 수 있다. 물론 그들의 흡수관은 긴 코이며, 코는 그 외에도 여러모로 쓸모가 있다. 나는 전에 오리아 더글러스-해밀턴이 쓴 코끼리의 코에 대한 이야기를 인용한 적이 있다. 그녀는 남편 이에인과 함께 거의 평생을 야생 코끼리를 연구하고 보호하기 위해서 노력했다. 그 이야기는 짐바브웨에서 코끼리가 대량 "도축되는" 끔찍한 광경을 보고 쓴 분노에 찬 글이다.

나는 버려진 코 하나를 바라보면서 그런 진화의 기적이 탄생하기까지 얼마나 많은 세월이 흘렀을까를 떠올렸다. 5만 개의 근육을 갖추고 그런 복잡성에 걸맞은 뇌의 통제를 받는 그 코는 수 톤의 힘으로 돌리고 밀어낼 수 있다. 그러나 그런 한편으로 그 코는 작은 꼬투리를 잡아뜯어서 입 속에 넣는 아주 섬세한 일도 할 수 있다. 이 다재다능한 기관은 마시거나 몸에 뿌릴 물 4리터를 머금을 수 있는 흡수관이자, 확장된 손가락이자, 나팔 또는 커다란 확성기이다. 긴 코는 사회적인 기능도 한다. 애무, 구애, 안심, 환영, 서로 얽기 등……. 그러나 아프리카 전역에서 내가 보았던 그토록 많은 코끼리의 코들이 잘린 채 거기에 놓여 있었다.

또 장비류는 상아도 가지고 있다. 상아는 앞니가 대단히 커진 것이다. 현대의 코끼리는 위턱에 상아가 나지만, 멸종한 장비류 중에는 위아래 양쪽 턱에, 또는 아래턱에만 상아가 나는 것들도 있었다. 데이노테리움속(Deinotherium)은 아래턱에 아래로 휘어진 커다란 상아가 나 있었고, 위턱에는 상아가 없었다. 곰포데어(gomphothere)라는 규모가 큰 초기 장비류에 속한 북아메리카의 아메벨로돈(Amebelodon)은 위턱에는 코끼리의 것과 같은 상아가 있었고, 아래턱에는 삽처럼 생긴 납작한 상아가 있었다. 아마 그들은 정말로 그것을 삽으로 이용해서 덩이뿌리를 파냈을지도 모른다. 말이 난 김에 덧붙이면, 이 추측은 물을 마시기 위해서 무릎을 구부릴 필요가 없도록 흡수관으로서 코를 진화시켰다는 말과 모순되지 않는다. 끝에 납작한 삽 2개가 달려 있는 아래턱은 아주 길기 때문에 곰포데어는 선 채로 그것을 이용하여 쉽게 땅을 팔 수 있었다.

찰스 킹즐리는 『물의 아이들(The Water Babies)』에서 코끼리가 "성경에 나오는 털 난 작은 코니(coney)의 첫 번째 사촌이다"라고 썼다. 영어사전은 코니의 첫 번째 의미가 토끼라고 풀이한다. 그 단어는 성경에 4번 나오는데, 그중 2번은 그 동물이 토끼가 아님을 짐작케 한다. "토끼도 새김질은 하지만 굽이 갈라지지 않았으므로 너희에게 부정한 것이다"(「레위기」 제11장 6절, 「신명기」 제14장 7절에도 비슷한 구절이 있다). 킹즐리가 그 이름을 토끼라는 의미로 말했을 리는 없다. 그는 코끼리가 토끼의 13번째나 14번째 사촌이라고 말하고 있기 때문이다. 성경에 언급된 나머지 두 번은 바위틈에서 사는 동물을 지칭한다. 「시편」제104장("높은 산은 산양들의 차지, 바위틈은 오소리의 피신처")과 「잠언」제30장 26절("연약하지만 돌 틈에 집을 마련하는 바위너구리")이 그 렇다. 여기에서는 코니가 바위너구리(hyrax, dassie, rock badger)를 의미한다는 데에 의견이 일치하며, 그 점에서 탁월한 다원주의 성직자인 킹즐리는 옳았다.

그렇다, 킹즐리는 적어도 성가신 현대 분류학자들이 난입할 때까지는 옳았다. 교과서들에는 현재 살아 있는 동물들 중에서 코끼리의 가장 가까운 사촌이 바위너구리라고 나와 있었으며, 그도 그렇게 말했다. 그러나 최근의 연구는 그 무리에 듀공과 매너티도 포함시켜야 한다고 보며, 심지어 그들이 바위너구리의 자매 집단이자 코끼리의 가장 가까운 친척일 수도 있다고 말한다. 듀공과 매너티는 번식할 때에도 해변으로 올라오지 않는 완전한 해양 포유동물이며, 하마와 고래처럼 우리에게 오해를 불러일으킨 듯하다. 완전한 해양 포유동물들은 육상 중력의 제약에서 풀려나 있으며, 나름대로 특수한 방향으로 빠르게 진화할 수 있다. 육지에 머문 바위너구리와 코끼리는 하마와 돼지처럼 서로 더 비슷한 상태로 남게 되었다. 그런 관점을 취하고 나서 돌이켜보면 듀공과 매너티는 주름투성이 얼굴에 눈이 작고 코가 코끼리의 코와 약간 비슷하다는 점에서 코끼리와 비슷한 듯하다. 그러나 아마 우연의 일치일 것이다.

듀공과 매너티는 바다소목(Sirenia)에 속한다. 그들이 신화에 나오는 세이렌(siren)과 비슷하다고 생각해서 그런 이름이 붙었다. 비록 그다지 설득력은 없지만 말이다. 고요한 수면을 느릿느릿 헤엄치는 모습이 인어처럼 여겨졌을 수도 있다. 새끼들은 어미의 지느러미 발밑에 있는 한 쌍의 젖꼭지에서 젖을 빤다. 그러나 처음에 그들을 인어라고 생각한 뱃사람들이 틀림없이 아주 오랜 기간 바다를 표류하고 있었을 것이라는 생각이 드는 것은 어쩔 수 없다. 바다소류는 고래류와 더불어 육지에 절대로 올라오지 않는 포유동물이다. 바다소류 중에서 아마존매너티만이 민물에서 산다. 바다에는 2종의 매너티가 산다. 듀공은 4종이며, 모두 바다에서 살고, 멸종 위기에 처해 있다. 내 아내는 거기에 자극을 받아서 "Dugoing Dugong Dugone(듀공을 살리자)"이라는 티셔츠 문구를 고안했다. 베링 해협에서 살았으며, 체중이 5톤이 넘었던 다섯 번째 종인 거대한 스텔라바다소 이야기는 우리의 심금을 울린다. 그 종은 1741년 베링 해협에서 조난당한 선원들에게 발견된 지 고작 27년 만에 사냥을 당해 멸종되었다. 바다소목이 얼마나 취약할 수 있는지를 보여준다.

고래 및 돌고래와 마찬가지로, 바다소류의 앞다리는 지느러미발로 변했고 뒷다리는 아예 없다. 바다소는 이름과 달리 소와는 아무 관계가 없으며, 되새김질도 하지 않는다. 그들은 에너지 함량이 낮은 채식을 하기 때문에 소화관이 대단히 길다. 육식성인 돌고래의 현란하고 빠른 몸놀림과 채식성 듀공의 게으르게 떠 있는 모습은 확연한 대조를 이룬다. 유도 미사일 대 열기구라고 할 수 있다.

자그마한 아프리카수류도 있다. 황금두더지와 텐렉은 서로 친척관계인 듯하며, 현대 학자들은 대부분 그들을 아프리카수류에 포함시킨다. 황금두더지는 남아프리카에서 살면서 유라시아에서 사는 두더지들과 같은 일을 하며, 모래 속을 마치 물속인 양 멋들어지게 헤엄치며 다닌다. 텐렉은 주로 마다가스카르에서 산다. 서아프리카에서 사는 몇몇 반수생 "수달뒤쥐(otter shrew)"는 사실 텐렉이다. "아이아이 이야기"에서 살펴보았듯이, 마다가스카르 텐렉류에는 땃쥐를 닮은 것, 고슴도치를 닮은 것, 아프리카의 종들과 별개로 독자적으로 물로 돌아간 듯한 수생 종 등이 있다.

마지막으로 외로운 땅돼지(aardvark)가 나온다. "땅돼지"라는 남아프리카 공용 네덜란드어에서 유래한 이름이다. 실제로 개미를 주식으로 삼는 동물들의 공통점인 긴 주둥이에다가 작고 긴 귀가 돼지와 약간 비슷한 모습이다. 또 땅돼지는 땅을 아주 잘 판다. 작은 사람이 들어갈 수 있을 만큼 큰 굴들이 이리저리 연결된 망을 만들기도 하며, 그런 굴은 초원의 다른 동물들에게 보금자리가 되기도 한다. 땅돼지는 관치목(管齒目, Tubulidentata)에서 유일하게 남은 종이다. "관 모양의 이빨"을 가진 집단이라는 뜻이다. 앞에서 슬쩍 말했듯이, 땅돼지는 개미와 흰개미를 먹지만 아직 어금니가 몇 개 남아 있다. 그 점은 땅돼지가 "땅돼지 오이(aardvark cucumber)"라는 땅속 열매를 먹는 쪽으로 분화했음을 시사한다. 그리고 땅돼지 오이는 캐고 퍼뜨리고 씨에 후하게 거름을 주는 땅돼지에게 전적으로 의존하여 살아간다. 물론 이런 형태의 긴밀한 상리공생(相利共生, mutualism)은 언젠가 문제가 될 수 있다. 땅돼지가 멸종한다면, 땅돼지 오이도 멸종할 가능성이 높다. 자연선택은 선견지명의 여지를 전혀 제공하지 않는다.

이들 모두가 아프리카수류이다. 온갖 찬란한 형태와 크기를 가진 이들이다. 그 뒤로 아프리카는 코뿔소와 하마, 영양과 얼룩말, 그들을 먹는 육식동물 등 다른 많은 포유동물들의 고향이 되었다. 그러나 로라시아수류는 아니다. 그들은 로라시아라는 북쪽의 거대한 대륙에서 나중에 아프리카로 들어왔다. 아프리카수류는 아프리카의 고대

주민들을, 그리고 이절류는 남아메리카의 고대 주민들을 대변한다.

이제 이 두 집단과 우리가 실제로 어떤 관계에 있는지를 논의할 차례이다. 소셜 미디어 사이트에서 흔히 쓰는 표현을 빌리면, "복잡하다." 유력한 계통 배치는 세 가지이다. 아프리카수류가 우리 순례자 무리에 먼저 합류할 수도 있고, 이절류가 먼저 합류할 수도 있다. 아니면 둘이 나머지 태반 포유동물들보다 서로 더 가까워서 먼저 합류한 다음에 한 무리로서 우리에게 합류할 수도 있다. 연구자들은 어느 쪽이 옳은지를 놓고 이견을 보인다. 일본의 한 연구진은 독특한 DNA 삽입과 결실에 주된 초점을 맞추어서 이 문제를 영구히 해결하겠다고 나섰다. 그런데 뜻밖에도 이 세 가지 배치를 동시에 똑같이 지지하는 결과가 나왔다! 이 난국을 타개하는 한 가지 방법은 유전자의 역사관을 명시적으로 채택하는 것이다. "긴팔원숭이 이야기의 후기"에서 살펴보았듯이, 유전체의 서로 다른 부위들(그리고 더 확장시켜서 한 생물의 겉모습을 이루는 구성요소들)마다 실제로 유연관계가 다를 수 있다. 우리 자신, 아프리카수류, 이절류의 땃쥐처럼 생긴 공조상이 겨우 수백만 년 전에 서로 갈라졌다면, 우리의 유전자 중에는 아프리카수류와 더 가까운 것, 이절류와 더 가까운 것, 양쪽과 동일한 거리에 있는 것도 있다고 예상할 수 있다. 이 시점에서 우리가 이끌어낸 계통수가 무엇이든 간에 그 계통수는 단순화한 것일 가능성이 높다. 즉 현실을 포괄적으로 담은 광경이라기보다는 불완전한 유전적 합의를 담은 그림이다. 단순화하기 위해서, 우리는 아프리카수류와 이절류를 하나로 묶었다. 아마 이것이 가장 일반적인 배치일 것이며, 최근의 다소 정교한 유전적 분석 결과도 그렇다는 것을 시사한다. 그렇기는 해도 현 시점에서 유전자들이 서로 다른 경로를 취한 것이 거의 확실하다는 사실은 결코 숨겨지지 않는다. 더 나아가 유전체의 대부분이 여기에서 시사한 경로들과 다른 경로들을 통해서 왔을 가능성도 있다.

관계가 어떻든 간에, 초보자의 눈에는 해당 공조상이 땃쥐와 비슷해 보일 것이다. 우리는 공조상의 모습을 재구성한 바 있으며(화보 12), 2013년에 미국 자연사 박물관의 연구진도 재구성한 모습을 제시했다(화보 13). 공조상이 살던 시기를 놓고 6,500만 년 전부터 1억2,000만 년 전까지 다양한 추정값이 나와 있지만, 가장 최근의 분자시계 자료는 중간쯤인 약 9,000만 년 전에서 1억 년 전이라고 말한다. 우리의 3,000만 대 선조에 해당한다. 대륙들이 서로 떨어지면서 아프리카와 남아메리카가 서로뿐 아니라 다른 대륙들과도 격리되고 있던 시기이다. 포유동물들이 이렇게 크게 나뉜 이유가 대륙들이 나무늘보처럼 느릿느릿 움직여갔기 때문이라고 흔히 말한다. 이를 계기로 삼아 하나의 이야기를 펼치기로 하자.

나무늘보 이야기의 서문

현재 판구조론이라고 부르는 이론은 현대 과학의 성공담 중의 하나이다. 나의 부친이 1930년대에 옥스퍼드 생물학부에 재학할 당시, 대륙 이동설이라고 불리던 것은 비록 보편적이라고까지는 말할 수 없겠지만 널리 조롱거리가 되어 있었다. 흔히 그 가설을 독일의 기상학자 알프레트 베게너(1880-1930)와 연관짓지만, 그 전에도 비슷한 주장을 펼친 이들이 있었다. 남아메리카의 동해안과 아프리카의 서해안이 잘 들어맞는다는 사실에 주목한 이들도 몇몇 있었지만, 대개 우연의 일치라고 치부하고 넘어갔다. 동식물들의 분포 양상에서는 더욱 놀라운 우연의 일치들이 나타났는데, 그것들은 대륙 사이에 육교가 있었다고 가정함으로써 설명할 수밖에 없었다. 그러나 과학자들은 대개 대륙들이 옆으로 움직인다고 생각하기보다는 해수면이 오르락내리락 함으로써 지도가 바뀌었다는 쪽으로 생각했다. 곤드와나(Gondwana)라는 이름은 원래 아프리카와 남아메리카가 현재 위치에 있고 그 사이의 남대서양 물이 빠져나가서 하나가 된 대륙을 상정하고서 만든 것이었다. 대륙 자체가 이동했다는 베게너의 개념은 훨씬 더 혁신적이었다. 그리고 논란을 일으켰다.

　1930년대가 아니라 내가 대학생이던 1960년대에도 대륙 이동은 명백한 사실로 받아들여지지 않았다. 어느 날 옥스퍼드의 나이 지긋한 생태학자 찰스 엘턴이 우리에게 그 주제로 강의를 했다. 강의가 끝날 무렵 그는 투표를 하자고 했는데(이 이야기를 하자니 안타깝다. 민주주의는 진리를 정하는 방법이 결코 아니기 때문이다), 의견이 거의 반반으로 갈렸던 것으로 기억한다. 그런데 내가 졸업한 직후에 상황이 급변했다. 베게너가 그를 조롱했던 동시대의 대다수 사람들보다 진리에 훨씬 더 가까이 다가갔다는 사실이 드러났다. 그가 크게 틀린 부분은 기존 땅덩어리들이 반액체 상태의 맨틀 위에 떠서 마치 뗏목처럼 바다를 가르고 나아간다고 생각했다는 점이었다. 현대의 판구조론은 지구의 표면 전체—해저뿐만 아니라 눈에 보이는 대륙들까지—를 지각판들의 집합으로 본다. 대륙은 지각판 중에서 밀도가 더 낮기 때문에 공중으로 높이 솟아올라 산맥을 형성하고 맨틀 쪽으로도 깊이 들어가서 두껍다. 지각판의 경계는 대개 바다 밑에 있다. 사실 바다를 아예 잊어버린다면 그 이론을 가장 잘 이해할 수 있다. 즉 바다가 아예 없는 양 생각하자. 나중에 낮은 바닥에 물을 채우기로 하자.

지각판은 물로 된 바다든 녹은 암석으로 이루어진 바다든 간에, 바다를 가르고 나아가는 것이 아니다. 대신에 지구의 표면 전체는 갑옷처럼 지각판들로 뒤덮여 있으며, 지각판은 다른 지각판의 위로 미끄러져 올라오거나, 섭입(攝入, subduction)이라는 과정을 통해서 다른 지각판의 밑으로 가라앉기도 한다. 지각판이 움직일 때, 베게너가 상상했던 것 같은 틈새가 뒤에 남는 것은 아니다. 그 "틈새"는 지구의 맨틀이라는 깊은 층에서 솟아올라서 지각판을 보충하는 새로운 물질로 계속 메워진다. 이 과정을 해저 확장(seafloor spreading)이라고 한다. 어떤 면에서 지각판이라고 하면 너무 딱딱한 느낌을 주는 듯하다. 그보다는 컨베이어 벨트나 뚜껑을 밀어서 여는 책상이 더 나은 비유이다. 가장 산뜻하게 명쾌한 사례를 들어서 설명하기로 하자. 바로 대서양 중앙 해령이다.

대서양 중앙 해령은 길이가 1만6,000킬로미터에 이르는 수중 협곡으로서, 북대서양과 남대서양의 한가운데에 거대한 S자 모양으로 휘어져서 놓여 있다. 중앙 해령은 화산 활동으로 해저가 솟아오른 지대이다. 녹은 암석이 맨틀 깊숙한 곳에서 밀려 올라오는 곳이다. 두 책상의 뚜껑이 양옆으로 밀려서 열리듯이, 올라온 암석은 동서로 밀려간다. 동쪽으로 밀려가는 암석은 대서양 중앙에서부터 아프리카를 밀어낸다. 서쪽으로 밀려가는 암석은 남아메리카를 반대 방향으로 밀어낸다. 그것이 바로 두 대륙이 연간 약 1센티미터씩 서로 멀어지고 있는 이유이다. 누군가가 기발하게 지적했다시피, 손톱이 자라는 속도와 거의 비슷하다. 비록 지각판마다 이동 속도가 크게 다르기는 하지만 말이다. 태평양과 인도양의 해저에도, 세계의 여러 지역에도 비슷한 지대가 있다(해령이 아니라 해팽[海膨]이라고 불리기는 하지만). 이 확장되는 해령이 지각판을 움직이는 엔진이다.

그러나 "밀어낸다"라는 말을 해저에서 솟아오르는 무엇인가가 뒤에서 지각판을 민다는 뜻으로 받아들인다면 심각한 오해이다. 실제로 대륙판처럼 무거운 것을 과연 뒤에서 밀어 움직일 수 있을까? 그럴 수 없다. 그것이 아니라 지각과 맨틀의 상부가 그 아래에 있는 녹은 암석들의 순환 흐름에 따라서 움직이는 것이다. 지각판은 뒤에서 밀린다기보다는 밑에 놓인 유체의 흐름에 따라 그 위에 떠 있는 지각판 전체가 끌어당겨진다고 보아야 한다.

판구조론을 뒷받침하는 증거는 압도적으로 많으며, 그 이론은 현재 의심할 여지가 없을 만큼 입증되어 있다. 대서양 중앙 해령 같은 곳의 해령 양쪽에 있는 암석의 나이를 측정해보면, 진정으로 놀라운 사실을 알게 된다. 해령에 가장 가까이 있는 암석이 가장 젊다. 그리고 해령의 양쪽으로 해령에서 멀어질수록, 암석의 나이가 더 많아진다. "동시선"(isochron, 즉 같은 나이의 암석들을 연결한 등고선)을 그리면 해령을 따라 나란히 선들이 북대서양과 남대서양으로 구불거리며 뻗어나간다. 해령 양쪽에서 동일한 양상이 나타난다. 해령 한쪽의 동시선들은 반대쪽에 있는 동시선들의 거의 완벽한 거울상이다(화보 14 참조).

브라질의 마세이오 항에서 앙골라의 바하두쿠안자 곶을 향해 위도 10도 선을 따라서 수중 트랙터를 타고 대서양 바닥을 가로지른다고 하자. 도중에 어센션 섬을 옆을 스쳐간다. 지나가면서 무한궤도(타이어는 수압을 견디지 못한다)에 깔리는 암석의 표본을 채취한다. 화산성 해저 확장 이론에서 제시하는 몇 가지 이유들을 고려하여, 우리는 어떤 퇴적암이 위를 뒤덮고 있든 간에, 그 밑에 있는 현무암(굳은 용암)에만 초점을 맞추기로 하자. 그 이론에 따르면, 남아메리카가 동쪽으로 그리고 아프리카가 서쪽으로 이동할 때에, 열리는 뚜껑이나 컨베이어 벨트를 형성하는 것은 바로 이 화성암이기 때문이다. 퇴적층에 구멍을 뚫어서—수백만 년에 걸쳐 쌓이므로 아주 두꺼운 곳도 있을 것이다—그 아래의 단단한 화산암 표본을 채취하기로 하자.

동쪽으로 처음 50킬로미터까지는 대륙붕이 뻗어 있다. 우리의 목적상, 이 구간은 해저에 포함시키지 말자. 우리는 아직 얕은 물 속에 있을 뿐 남아메리카 대륙을 벗어난 것이 아니다. 어쨌든 판구조론을 설명하기 위함이니, 물은 무시하기로 하자. 이제 가파른 비탈이 나온다. 그 아래가 진정한 해저이다. 퇴적층 아래 현무암의 첫 표본을 채취하여 방사성 연대 측정을 하자. 대서양의 서쪽 가장자리인 이곳의 암석은 약 1억4,000만 년 전 후기 백악기의 것임이 드러난다. 이제 동쪽으로 여행을 계속하면서 일정한 간격으로 퇴적층 아래 화산암의 표본을 채취하여 분석한다. 한 가지 놀라운 사실이 드러난다. 갈수록 암석의 나이가 점점 더 젊어진다. 출발점에서 500킬로미터쯤 가자, 1억 년

이 채 되지 않은 전기 백악기의 암석이 나온다. 약 730킬로미터를 가자, 백악기와 팔레오세의 경계인 6,600만 년 전을 지나친다. 우리는 화산암만을 살펴보고 있으므로 뚜렷한 경계선 같은 것은 전혀 볼 수 없지만, 육지에서 공룡이 갑자기 사라진 지질학적 사건이 일어난 시기이다. 나이가 줄어드는 추세는 계속된다. 동쪽으로 나아갈수록, 해저 밑의 화산암은 꾸준히 더 젊어진다. 출발점에서 1,600킬로미터를 가자 플라이오세의 젊은 암석이 나온다. 유럽에서 털매머드가 살고 아프리카에서 루시가 살던 시대이다.

남아메리카에서 약 1,620킬로미터쯤 가자, 대서양 중앙 해령에 도달한다. 이 위도에서 아프리카에서 출발한다면 좀더 먼 거리를 와야 한다. 이제 암석 표본을 채취하니, 아주 젊다. 우리 시대의 암석이다. 해저 깊숙한 곳에서 이제 막 솟아오른 것이다. 사실 운이 아주 좋다면, 대서양 중앙 해령을 건널 때에 용암이 분출되는 광경을 볼 수도 있다. 다만 운이 아주 좋아야 할 것이다. 꾸준히 움직이는 컨베이어 벨트에 비유하고 있기는 하지만, 말 그대로 꾸준히 움직이는 것은 아니기 때문이다. 그렇다면 연간 평균 1센티미터씩 어떻게 움직인다는 것일까? 한 차례 분출이 일어날 때, 암석은 1센티미터 넘게 움직인다. 그러나 해령의 어느 특정한 지점에서 분출이 일어나는 횟수는 연간 한 차례도 채 되지 않는다.

대서양 중앙 해령을 건너, 동쪽 아프리카를 향해 계속 나아가자. 다시 퇴적층 아래의 화산암 표본을 채취한다. 이제는 암석의 나이가 앞서 측정한 나이의 거울상처럼 변하는 것을 알게 된다. 중앙 해령에서 멀어질수록 암석은 점점 나이를 먹어가고, 아프리카에 닿을 때까지, 즉 대서양의 동쪽 가장자리에 이를 때까지 이 추세는 줄곧 이어진다. 아프리카 대륙붕에 닿기 직전, 채취한 마지막 표본은 후기 백악기의 것임이 드러난다. 서쪽의 남아메리카에서 측정한 연대들의 거울상이다. 사실 암석들의 나이 순서는 중앙 해령 반대편의 측정값들을 뒤집은 것과 같으며, 이 거울상은 방사성 연대 측정법으로 파악할 수 있는 것보다도 더 정확하다. 너무나도 멋진 양상을 보인다.

"삼나무 이야기"에서, 우리는 나이테 연대 측정법이라고 하는 창의적인 연대 측정법을 접할 것이다. 나이테는 나무가 한 해에 생장기를 거치면서 나온 산물이며, 모든 해가 똑같이 생장하기에 좋은 것은 아니므로 자라는 정도에 따라서 넓고 좁은 독특한 나이테 양상이 나타난다. 자연에서 이따금 형성되는 이 지문과도 같은 나이테 서명은 자연이 과학에 주는 선물이다. 우리는 마주칠 때마다 덥석 받아들여야 한다. 비록 시

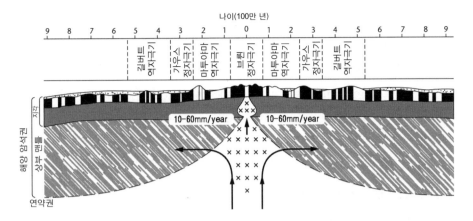

해령 양쪽의 지자기 띠 검은 띠는 정상 극성을, 흰 띠는 뒤집힌 극성을 나타낸다. 지질학자들은 이 띠들을 정상 극성이나 역전된 극성이 우세한 시기별로 묶는다. 프레드 바인과 드러먼드 매슈스는 이 띠들의 대칭성이 해저 확장의 증거임을 처음으로 간파하여 1963년 『네이처』에 논문을 실었다[430]. 지각과 맨틀의 단단한 표층을 합쳐서 암석권이라고 한다. 암석권은 그 밑의 덜 딱딱한 층(연약권)에 있는 마그마의 대류에 따라 움직인다. 이 띠의 독특한 양상을 이용하면 약 1억5,000만 년 전까지 해저 암석의 나이를 파악할 수 있다. 더 오래된 해저는 섭입 작용으로 사라졌다.

간 단위가 훨씬 더 큰 규모이기는 하지만, 분출된 용암이 식어서 굳을 때에 나이테와 비슷한 것이 새겨진다는 점은 우리에게 대단히 행운이다. 새겨지는 과정은 이렇다. 용암이 액체 상태일 때, 그 안의 분자들은 미세한 나침반 바늘처럼 행동하여, 지구의 자기장에 따라서 정렬한다. 용암이 굳어 암석이 될 때, 그 나침반 바늘들은 당시 가리키던 방향을 간직한 채로 굳는다. 따라서 화성암은 약한 자석처럼 작용하며, 굳은 순간의 지구 자기장 방향을 고스란히 간직하고 있다. 이 지자기의 극성은 측정하기가 쉽고, 암석이 굳은 시점의 자기 북극 방향을 알려준다.

여기에 행운이 겹친다. 지구 자기장의 극성은 불규칙하게 뒤집히곤 한다. 지질학적 기준으로 보면, 수만 년이나 수십만 년이라는 간격으로 매우 자주 일어난다. 그럼으로써 어떤 결과가 나오는지 즉시 알아볼 수 있다. 대서양 중앙 해령에서 두 컨베이어 벨트가 서쪽과 동쪽으로 움직일 때, 거기에는 암석이 굳은 시점에 지구의 자기장이 뒤집혔는지 여부에 따라 자기 극성이 띠 모양으로 새겨진다. 서쪽의 띠무늬는 동쪽의 띠무늬와 정확히 거울상을 이룰 것이다. 중앙 해령에서 액체 상태로 토해질 때에 같은 자기장을 띠고 있었기 때문이다. 해령 동쪽의 어느 띠가 서쪽의 어느 띠와 짝이 맞는지 정확히 알 수 있으며, 두 띠의 연대도 측정할 수 있다(물론 동시에 액체 상태로 해령에서 토해졌기 때문에 연대가 동일하다). 다른 모든 해저 확장 지대에서도 양쪽으로 동일한 띠무늬가 나타난다. 모든 컨베이어 벨트가 같은 속도로 움직이는 것은 아니므로, 거울 상을 이룬 띠들 사이의 거리는 제각각이지만 말이다. 이보다 압도적인 증거는 찾을 수 없을 것이다.

문제를 복잡하게 만드는 요인들도 있다. 각 띠가 끊기지 않은 채 하나의 선을 이루면서 구불구불 나란히 뻗어나가는 것은 아니다. 끊긴 지점이 무수히 많다. "단층" 부위이다. 나는 무한궤도 트랙터가 달릴 지점을 일부러 남위 10도로 정했다. 단층선이 없어서 복잡하지 않은 지대이기 때문이다. 다른 위도에서는 서서히 변해가던 나이가 이따금 단층선을 거치면서 뜀뛰기를 할 것이다. 그러나 대서양 해저 전체의 지질 지도를 보면, 평행한 동시선들이 그리는 전반적인 모습이 확연히 드러난다.

따라서 판구조론의 해저 확장 이론을 뒷받침하는 증거는 매우 확고하며, 특정한 대륙들이 갈라지는 것 같은 다양한 지각판 사건들의 연대도 지질학적 기준으로 볼 때, 정확히 알 수 있다. 판구조론 혁명은 과학의 역사 전체에서 가장 단기간에, 그것도 가장 결정적인 형태로 이루어진 것에 속한다.

나무늘보 이야기

"나무늘보 이야기"는 지구 수준에서 일어나는 대륙, 대양, 동물의 이동을 다룬다. 즉 생물지리학 이야기이다. 자연선택의 공동 발견자인 앨프리드 러셀 월리스와 찰스 다윈은 자연사의 지리적 측면을 보고서 진화가 사실임을 깨달았다. 종이 개별적으로 창조되었다면, 창조자가 여우원숭이 50종을 굳이 마다가스카르에만 집어넣을 이유가 있었을까? 가장 가까운 본토의 새들과도, 또 서로서로 놀라울 만치 비슷하지만, 다른 원양 섬들의 종들과는 확연히 다른 핀치들을 갈라파고스에 집어넣은 이유는 무엇이란 말인가? 섬에 새와 박쥐 같은 날아다니는 종들은 넣은 반면, 개구리와 육상 포유동물은 거의 집어넣지 않은 이유는?

그리고 물론 이절류, 즉 개미핥기, 아르마딜로, 나무늘보의 지리적 분포도 그렇다. 그들은 20대의 다윈이 향한 곳이자 16년 뒤에 마찬가지로 20대의 월리스가 향한 곳인 남아메리카에서만 산다. 다윈에게는 그 여행이 처음이자 마지막이 된 모험이었다. 월리스에게도 거의 그러했다(그의 형제는 황열병으로 죽었고, 그도 말라리아로 거의 죽을 뻔했으며, 돌아오는 길에 그가 탄 배는 불이 나서 가라앉았다). 둘 다 남아메리카 동물상, 특히 포유동물이 기이하다는 점에 주목했다. 다윈은 거대한 나무늘보의 머리뼈를 발굴했고, 월리스는 나무늘보 스튜를 맛보았다. 그리고 그 동물상은 그들에게 놀라운 영감을 주었다. 다윈은 자신의 걸작 『비글 호 항해기(*The Voyage of the Beagle*)』를 그들의 이야기로 시작할 정도였다.

자연학자로서 "비글 호"에 탔을 때, 나는 남아메리카 생물들의 분포, 그리고 그 대륙의 과거 생물들과 현생 생물들의 지리적 관계에 담긴 특정한 사실들에 깊이 매료되어 있었다. 그 사실들은 종의 기원, 즉 가장 위대한 철학자 중 한 명이 수수께끼 중의 수수께끼라고 말한 것에 관해서 어떤 빛을 비춰주는 듯했다.

월리스는 첫 탐험이 재앙이었음에도 굴하지 않고 탐험을 계속했다. 그는 동남 아시아의 섬들을 돌아다니다가, 독자적으로 자연선택 개념을 떠올렸다. 그리고 지리적 분포를 생물 분류학과 결합하면 놀라운 힘이 나온다는 것을 드디어 깨달았다.

조류와 곤충의 분포를 정확히 알면 인류가 출현하기 오래 전에 바다 밑으로 사라진 육지와 대륙의 지도를 그릴 수 있다는 것은 너무나도 놀라운 뜻밖의 사실임이 분명하다.

앨프리드 러셀 월리스, 『말레이 군도(*The Malay Archipelago*)』

월리스는 절반만 알았을 뿐이다. 내가 어릴 적 아프리카에 살 때, 아버지는 잠자리에서 여동생과 내게 이야기를 들려주시곤 했다. 우리는 모기장 안에 누워서 아버지의 신기한 야광 손목시계에 시선을 빼앗긴 채, 아주 머어어얼리 곤윙키랜드에 사는 "브롱코사우루스" 이야기를 들었다. 나는 그 이야기를 까맣게 잊고 있다가, 훗날 곤드와나랜드 혹은 곤드와나*라는 남쪽의 거대한 대륙에 관해서 배울 때에야 기억해냈다.

---

* "곤드와나랜드(Gondwanaland)"는 대륙이 이동한다는 사실이 알려지기 전에 만들어진 용어이며, 원래 아프리카와 남아메리카가 현재 자리에 있고 그 사이의 남대서양 바닷물이 빠져서 하나로 이어진 대륙을

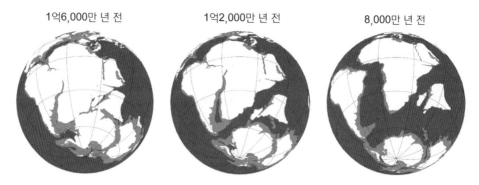

1억6,000만 년 전   1억2,000만 년 전   8,000만 년 전

곤드와나의 분열 [383]의 데이터를 바탕으로 지플레이츠(GPlates)라는 무료 소프트웨어로 얻은 이미지(www. gplates.org).

곤드와나는 지구 육지 면적의 절반 이상을 차지했다. 선캄브리아대의 깊은 시간대에 형성되어 4억 년 동안 홀로 또는 때로 판게아(Pangaea)라는 더 큰 대륙의 일부로서 존속했다. 여기서는 그 대륙의 소멸에 초점을 맞추겠다. 그 일은 지질학적 시간으로 볼 때, 다소 갑작스럽게 폭발적으로 일어났다. 1억6,000만 년 전, 곤드와나의 북서쪽 절반은 드넓은 영역이었다. 그 영역은 훗날 남아메리카와 아프리카로 갈라진다. 곤드와나는 적도까지 뻗어 있었고, 북쪽의 초대륙 로라시아와 최근에 갈라진 상태였다. 곤드와나의 남동쪽 영역은 거의 남극까지 뻗어 있었고, 현재의 남극대륙, 인도, 마다가스카르, 오스트랄라시아를 합친 곳이었다.

당시 지구의 맨틀 깊숙한 곳의 대류가 일으키는 힘, 즉 판구조의 힘에 곤드와나는 둘로 쪼개지는 중이었다. 1억5,000만 년 전 무렵, 북서쪽 절반과 남동쪽 절반은 현재의 아프리카 동해안을 따라 생긴 길이 약 3,200킬로미터의 후미를 통해서 어느 정도 갈라져 있었다. 후미의 폭이 넓어짐에 따라, 곤드와나의 양쪽은 점점 떨어져나갔고, 이윽고 1억3,000만 년 전에는 한 지점만 이어진 상태였다. 그 지점에서 훗날의 남아메리카와 남극대륙이 연결되어 있었다. 그러나 단순히 계속 분리되는 대신에, 양쪽 부위가 더 쪼개지기 시작했다. 곤드와나의 북서쪽 부위는 맨 위에서 아래까지 쪼개져서 한쪽은 남아메리카, 다른 쪽은 아프리카가 되었다. 1억2,000만 년 전 무렵에는 양쪽 사

가리켰다. 나는 현재 과학계의 합의된 견해에 따라 곤드와나라는 더 짧은 용어를 쓸 것이다. 그러면 동어반복을 피할 수 있다. 산스크리트로 바나(vana)가 땅(사실은 숲)을 의미하기 때문이다. 그러나 그 용어는 곤드족(Gond)이 사는 인도 마디아프라데시의 중부 지역과 그 초대륙을 구분하는 데에는 유용하다. 그 중부 지역도 곤드와나라고 하며, 지질시대 중 하나인 곤드와나통은 그 지명에서 유래했다.

이에 아주 길고 좁으면서 각진 수로가 형성되었고, 그 수로는 점점 넓어져서 오늘날의 대서양이 되었다. 한편, 남동쪽 영역에서는 인도(마다가스카르가 붙은 채)가 쪼개져서 북쪽으로 이동하기 시작했다. 마지막 분열은 9,000만 년 전에 시작되었다. 남아 있던 남동쪽 땅덩어리가 남극대륙과 오스트레일리아로 쪼개지기 시작했다. 한편 인도는 마다가스카르를 떼어놓고 놀라울 만치 빠르게 북쪽으로 이동을 시작했고, 이윽고 아시아의 남해안에 충돌하여 히말라야 산맥을 형성했다.

지각판의 활동은 기후에도 지대한 영향을 미쳤는데, 남극대륙의 남쪽 중심부가 특히 그러했다. 남극 지방은 어두운 기나긴 겨울에 많은 눈에 뒤덮이곤 하지만, 화석들을 보면 백악기에는 남극대륙이 대부분 온대의 숲으로 덮여 있었고, 동물들이 살기에 좋은 곳이었음을 알 수 있다. 온혈 포유동물에게만이 아니라, 악어와 공룡에게도 그러했다. 어느 정도는 당시 세계의 기온이 높았기 때문이기도 했다. 화산과 해령의 분출이 잦아서 대기 중의 이산화탄소 농도가 지금보다 훨씬 더 높아서, 현재 지구를 그 상태로 돌려놓겠다고 위협하고 있는 것과 같은 유형의 대규모 "온실 효과"를 일으켰다. 그리고 남극대륙은 곤드와나와 연결되어 있었기 때문에 유달리 따뜻했다. 남극에서부터 적도까지 뻗어 있는 육지 때문에 난류가 열대에서 멀리 남쪽 고위도까지 흐름으로써, 오늘날 멕시코 만류 덕분에 스코틀랜드 서부에 야자수가 자라는 것과 같은 현상이 훨씬 더 극적인 양상으로 펼쳐졌다. 약 5,000만 년 전부터, 남극대륙은 서서히 다른 대륙들과 더 멀어졌고, 남극대륙 주위로 물이 순환하기 시작하면서 열적 고립 상태가 심해졌으며, 이윽고 얼음으로 뒤덮여 격리되는 길로 나아갔다.

곤드와나와 남극대륙의 숲은 많은 현생 동식물의 분포에 여전히 반영되어 있다. 한 예로 남방 너도밤나무인 노토파구스속(Nothofagus)은 곤드와나의 분포 양상을 보인다. 물론 남극대륙에는 더 이상 살지 않지만, 남아메리카, 오스트레일리아, 뉴질랜드에서는 아직도 살고 있다. 대륙이 이동할 때에 실려갔다. 주금류(走禽類)라는 날지 못하는 새들도 또 하나의 고전적인 사례로 흔히 언급되곤 하지만, 랑데부 16에서 우리는 코끼리새가 그 방면으로 새롭게 의문을 제기한다는 점을 알게 될 것이다. 아마 곤드와나 생물군 중에서 가장 잘 알려진 집단은 유대류일 텐데, 그들은 다음 랑데부 때에 정식으로 소개하기로 하자. 비록 으레 오스트레일리아와 연관되곤 하지만, 그들은 아메리카 대륙을 통해서 도착한 듯하며, 그곳에는 지금도 일부 종이 살고 있다. 대륙들이 쪼개지기 전에 남아메리카의 유대류가 남극대륙을 통해서 오스트레일리아로 들어가서 진화했다는 것이 표준 설명이다.

유연관계가 있는 종들의 분포를 설명하는 데에 쓰이는 두 가지 대비되는 이론이 있다. "격리 생물지리학(vicariance biogeography)"은 땅덩어리의 이동 같은 지리적 과정이 생물 집단을 격리시킨다고 본다. 다른 이론은 신대륙의 원숭이와 설치류가 대양을 건너 남아메리카에 정착한 것처럼, 장거리 분산을 이용하여 설명한다. 생물지리학자들은 이 두 이론을 놓고 놀라울 만치 신랄한 논쟁을 벌이곤 한다.

언뜻 보기에 랑데부 13—이절류, 아프리카수류, 북반구의 태반 포유류가 거의 동시에 갈라진 시기—은 격리 이론에 다소 산뜻하게 들어맞는 듯하다. 남아메리카, 아프리카, 로라시아의 마지막 연결이 거의 바로 그 시기에 끊겼다. 브라질과 서아프리카를 잇는 육교와 지브롤터를 통하는 또다른 육교가 대륙 이동과 해수면 상승이 결합되어 물에 잠기면서였다. 아마 이 경로들이 끊기기 직전에, 이절류의 조상들은 서쪽으로 아프리카 밖으로 쪼르르 달려나가고, 우리의 조상은 북쪽으로 나가고, 아프리카수류의 조상만이 아프리카라는 고립된 섬에 남은 것은 아닐까? 이 개념은 인기가 있지만, 한 가지 큰 결함이 있다. 지금은 대륙들 사이를 실제로 걸어다닐 수 있었던 마지막 시기가 랑데부 13에서 우리가 추정한 9,000만 년 전보다 상당히 더 이전인 약 1억2,000만 년이었다고 추정한다는 것이다.

랑데부 시기와 육교가 사라진 시기가 둘다 대강이라도 옳다면, 나무늘보의 조상은 갓 생겨난 폭이 160킬로미터가 넘는 대서양을 건너는 형태의 분산 과정을 통해서 남아메리카에 도달했어야 한다. 여기서 우리는 앞에서 했던 요점을 다시 강조해야겠다. 수백만 년이라면, 좁은 해협을 건너는 일은 거의 확실히 일어난다. 해협이 넓어져서 대양이 될 때에야 분산 확률은 무의미한 수준으로 낮아진다. 다시 말해서 지질학적 시간 규모에서 보면, 고립은 단순히 일어난다, 아니다의 문제가 아니라, 연속 확률 분포 함수이다. 아주 장거리 분산도 미미한 확률로 남아 있다. 아프리카에서 훨씬 뒤에, 따라서 훨씬 더 넓은 대양을 건너서 남아메리카에 정착한 신대륙의 원숭이와 설치류가 그 증거이다. 여기서 우리의 결론은 분산과 격리의 조합이 중요하다는 것이다. 즉 남아메리카의 그 독특한 동물상은 분산의 결과일 수 있지만, 분산은 대륙들이 점차 분리됨에 따라 서서히 제한되었다.

실제로 남아메리카는 계속 서쪽으로 이동함에 따라 점점 더 실질적으로 고립되었다. 우리는 그 오랜 격리의 산물인 거대한 이절류를 이야기한 바 있다. 코끼리만 한 땅늘보와 무거운 장갑을 두른 글립토돈이 그렇다. 그러나 공룡이 몰락한 뒤에 남아메리카에서 적응방산(適應放散, adaptive radiation)을 한 색다른 포유류 집단이 3개 있었으며, 분산과 격리의 혼합을 뒷받침하는 집단이 둘 더 있다.

앞에서 우리는 유대류의 근원이 남아메리카로 거슬러올라간다는 말을 한 바 있다. 그곳에서 그들은 개, 곰, 고양이를 닮은 다양한 육식동물로 진화했다. 그런데 이절류와 달리, 그들은 아프리카가 아니라 아마 북아메리카로부터 남아메리카로 들어왔을 것이다. 북아메리카에서는 더 이전 시기의 유대류 화석들이 발견된다. 화석들은 그 일이 약 6,500만 년 전에, 즉 북아메리카와 남아메리카가 한 땅덩어리가 되기 전에 일어났다고 말한다(비록 일시적으로 섬들의 사슬을 통해서 연결되었을지도 모르지만). 따라서 유대류는 아마 바다를 건너 남아메리카로 퍼졌을 것이다.

이 남아메리카 "고참자(old timer)"—미국의 위대한 동물학자 G. G. 심프슨의 『장엄한 고립(*Splendid Isolation*)』에서 빌린 표현—중 세 번째 집단은 현재 멸종했다. 그들이 경이로운 생물이었다는 점에서 더욱 안타깝다. 그들은 대강 "유제류"라고 부를 수 있다. 랑데부 12에서 살펴보았듯이, 분류학적으로 정확한 용어는 아니다. 남아메리카의 이 유제류는 말, 코뿔소, 낙타처럼 초식성이었지만, 그들과 독자적으로 진화했다. 이들 리토테른(litoptern)은 처음에 말 형태와 낙타 형태로 갈라졌고, 후자는 아마(코뼈의 위치로 보아서) 코끼리처럼 긴 코가 있었을 것이다. 화수류(火獸類, Pyrotheria)라는 또 한 집단도 코끼리코를 가진 듯하며, 그들은 아마 다른 측면들에서도 코끼리와 꽤 비슷했을지 모른다. 그들은 분명히 몸집이 아주 컸다. 남제류(南蹄類, Notoungulata)에는 거대한 코뿔소처럼 생긴 톡소돈(toxodon)—다윈이 처음 채집한 화석 뼈 중 하나였다—과 더 작은 토끼와 설치류처럼 생긴 것들이 있었다.

남아메리카 유제류는 진화를 통해서 그렇게 당혹스러울 만큼 다양한 방향으로 진화했기 때문에, 최근까지도 그들의 정확한 유연관계를 추론하기가 무척 어려웠다. 그러나 2015년에 프리도 웰커를 비롯한(이 책에서 앞에서 언급한 샘 터비도 포함된) 국제 연구진은 낙타처럼 생긴 화수류인 마크라우케니아(*Macrauchenia*)와 다윈이 채집한 종인 톡소돈의 화석 뼈에서 추출한 분자의 서열을 분석하는 데에 성공했다. 이 화석들이 박물관에 전시되었던 표본이고, 추운 지역에서 발굴된 것이 아니라는 점을 고려할 때, 과연 DNA 서열을 분석할 수 있을지 의구심이 들지도 모르겠다. 그 생각은 옳다. 그래서 연구진은 DNA 대신에 콜라겐 단백질을 추출했다. 앞에서 말했듯이, 이 단백질은 공룡 화석에도 남아 있을 수 있다. 단백질로 "번역되는" DNA 서열처럼, 콜라겐 분자를 이루는 아미노산 서열도 진화 계통수를 구성하는 데에 쓰일 수 있다. 그 고대의 콜라겐 서열은 이 남아메리카 유제류 2종이 말과 코뿔소 같은 발가락이 홀수인 구대륙 유제류들과 가장 유연관계가 가깝다는 것을 시사한다. 그들의 조상은 로라시아수류의 분화가 일어난 뒤에 도착한 것이 분명하다. 그 분화는 지난 7,000만 년 사이에 일어났으므로, 또 한 차례 바다를 건너는 분산이 일어났음을 시사한다.

남아메리카의 역사는 곤드와나가 쪼개져서 나온 다른 거대한 뗏목인 마다가스카르와 오스트레일리아의 역사와 조금 다르게 끝났다. 먼저 갈라져나간 인도와 마찬가지로, 남아메리카라는 섬의 격리는 인류가 들어와서 모든 동물학적 격리를 다소 종식시키기 이전에 자연적으로 끝이 났다. 그 일은 최근에 일어났다. 약 300만 년 전, 파나마 지협이 형성되면서 아메리카 대교환이 일어났다. 이제 분산은 드문 사건이 아니었다. 대신에 서로 분리되어 있던 북아메리카와 남아메리카의 동물들은 지협이라는 좁은 통로를 통해서 양쪽 대륙으로 자유롭게 여행했다. 그 결과 두 동물상이 풍부해지기도 했지만, 어느 정도 경쟁도 일어남으로써 양쪽에서 일부 생물들이 멸종했다.

현재 남아메리카에 맥(기제류)과 페커리(우제류)가 존재하는 것은 아메리카 대교환 덕분이다. 이들은 북아메리카에서 들어온 동물로서, 현재 북아메리카에서 맥은 멸종했고 페커리의 수도 크게 줄어든 상태이다. 현재 남아메리카에 재규어가 사는 것도 이 대교환 덕분이다. 그 이전에 남아메리카에는 고양잇과 동물들, 아니 식육목에 속한 동물들이 전혀 없었다. 그 대신 육식성 유대류들이 있었다. 그들 중에는 같은 시대에 북아메리카에 살았던 검치류(진정한 고양이류)를 쏙 빼닮은 틸라코스밀루스(*Thylacosmilus*) 같은 무시무시하게 생긴 동물들도 있었다. 그 대교환 덕분에 북아메리카에도 글립토돈을 비롯한 아르마딜로류가 산 적이 있었다. 다른 경로로 들어온 야마, 알파카, 과나코, 비쿠냐 등 낙타과에 속한 동물들은 현재 남아메리카에만 남아 있지만, 낙타류는 원래 북아메리카에서 진화했다. 그들은 아주 최근에 아시아를 거쳐 아라비아와 아프리카로도 퍼졌다. 아마 알래스카를 통해서 넘어갔을 것이다. 퍼진 뒤에 그들은 몽골 스텝 지역의 쌍봉낙타와 뜨거운 사막의 단봉낙타를 낳았다. 말과도 대부분 북아메리카에서 진화했는데, 나중에 그곳에서는 전멸했다. 훗날 악명 높은 신대륙 정복자들이 유라시아에서 다시 말을 들여왔을 때에 아메리카 원주민들이 놀라워하며 당혹스러운 반응을 보였다는 사실은 가슴을 아프게 한다.

지질학적 시간으로 볼 때, 아메리카 대교환은 아주 최근에 일어났기 때문에, 월리스는 그 이야기의 흔적들을 뚜렷이 알아볼 수 있었고, 그리하여 조각들을 끼워맞춰서 전체 그림을 재구성한 최초의 인물이 되었다. 우리가 남아메리카 고참들의 진화적인 뿌리를 더 깊이 이해하게 되었다는 것을 알면, 그는 분명히 대단히 기뻐했을 것이다. 그러나 아마 그는 한 가지를 덧붙일 것이다. 장거리 분산과 대륙 이동만으로 종의 분포를 설명할 수는 없다고 말이다. 훨씬 더 단기간에 일어나는 해수면의 상승과 하강도 인접 지역 사이의 동식물상 관계를 설명할 수 있다. 그 점은 다음 랑데부에서 유대류와 그들이 대변하는 오스트레일리아의 동식물상을 만날 때에 알아보기로 하자. 이 종들은 최근의 빙하기로 해수면이 낮아질 때마다 인도네시아로 건너가서 퍼졌다. 그런데 이 이야기에 등장하는 다른 사례들과 달리, 아직 알려지지 않은 이유로 그들의 분산은 좁지만 깊은 해양 통로 앞에서 막혔다(건널 시간이 부족했거나 반대편의 생태적 지위들이 이미 모두 점유되어 있었기 때문일 수도 있다). 이유가 무엇이든 간에, 인도네시아의 동부와 서부는 동물학적 및 식물학적으로 명확히 갈린다. 진화사의 이 단서를 처음으로 알아차린 사람은 월리스였고, 그 분리선에는 당연하게도 월리스 선(Wallace Line)이라는 이름이 붙었다. 그리고 생물학자들은 그 전이 지대—보르네오와 뉴기니 사이의 섬들—를 월리시아(Wallacea)라고 부르게 되었다. 그의 이름이 붙은 지명들은 나무늘보와 그 친척들의 생물지리학적 분포를 빚어낸 요인들이 전 세계의 다른 수많은 종들에게도 적용된다는 것을 입증한다.

유대류

우리는 1억6,000만 년 전 백악기 초에 와 있다. 우리의 약 1억 대 선조인 공조상 14가 공룡의 그림자 속에서 돌아다닌다. "나무늘보 이야기"에서 나왔듯이, 당시 로라시아 라는 북쪽 땅덩어리는 곤드와나라는 남쪽의 거대한 대륙과 거의 갈라진 상태였고, 곤 드와나 자체도 한가운데가 쪼개지면서 한편은 아프리카와 남아메리카, 반대편은 남 극대륙, 인도, 오스트레일리아가 될 부분으로 나뉘기 시작했다. 양쪽 극지방이 겨울에 눈과 얼음으로 뒤덮이곤 했을지 몰라도, 전반적으로 기후는 지금보다 따뜻했다. 남반 구와 북반구 곳곳은 양치류 벌판들과 침엽수 온대림으로 뒤덮였고, 그 속에서 극소수 의 꽃식물들이 살고 있었다. 따라서 우리가 현재 알고 있는 꽃가루받이를 하는 곤충 들도 거의 없었다. 말과 고양이, 나무늘보와 고래, 박쥐와 아르마딜로, 낙타와 하이에 나, 코뿔소와 듀공, 쥐와 인간 등 태반 포유류라는 대규모 순례자들을 대변하는 것은 이제 작은 식충동물들이며, 그들은 다른 포유류 집단인 유대류(marsupial)와 만난다.

라틴어인 Marsupium은 주머니라는 뜻이다. 해부학자들은 그 단어를 인간의 음낭 등 모든 주머니를 가리키는 전문용어로 사용한다. 그러나 캥거루 같은 유대류들이 새끼 를 키우는 데에 쓰는 주머니가 아마 동물계에서 가장 널리 알려진 주머니일 것이다. 유 대류는 기어다니기만 할 수 있는 작은 배아 상태로 태어난다. 태어난 새끼는 꼼지락거 리며 어미의 털이라는 숲을 헤치고 나아가 주머니 속으로 들어가며, 그곳에서 젖꼭지를 입으로 꽉 물고 지낸다.

유대류 이외의 포유동물은 태반류로 분류된다. 다양한 유형의 태반을 통해서 배아 에게 양분을 공급하기 때문이다. 태반은 새끼의 것인 수많은 모세혈관들과 어미의 것 인 수많은 모세혈관들이 서로 접하는 커다란 기관이다. 이 탁월한 교환체계(태아를 먹 일 뿐만 아니라 태아의 노폐물을 제거하는 역할도 하기 때문이다)는 새끼가 느지막하

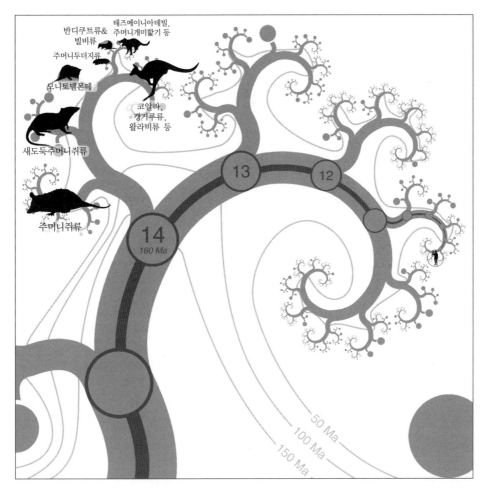

유대류의 합류 번식방법을 기준으로 나눈 현존하는 포유류의 세 가지 주요 계통. 알을 낳는 포유류(단공류), 주머니를 가진 포유류(유대류), 태반을 가진 포유류(우리를 포함하여). 형태학적 연구와 대다수 DNA 연구 결과들은 유대류와 태반류가 랑데부 14에서 합쳐진다는 데에 동의한다. 그 지점에서 유대류 약 340종과 태반류 약 5,000종이 갈라진다.

그림에서처럼 유대류가 7개의 목으로 나뉘고, 남아메리카의 두 "주머니쥐" 집단이 맨 아래에 놓인다(비록 어느 쪽이 먼저 갈라졌는가에는 의견이 갈리지만)는 데에는 전반적으로 의견이 일치한다. 다른 집단들의 관계는 아직 불확실하며, 위쪽의 세 목은 더욱 그렇다. 남아메리카의 모니토델몬테도 계통수상에서 위치가 오락가락하지만, 최근 연구들은 그림에서처럼 그들을 오스트레일리아의 나머지 네 유대류 목과 하나의 배타적인 집단으로 통합한다.

게 태어날 수 있게 해준다. 한 예로 발굽을 가진 초식동물들의 새끼는 태어나자마자 자신의 다리로 걸어서 무리를 따라다니고 심지어 포식자를 피해서 달아날 수 있을 정도까지, 어미의 몸속에서 보호를 받으며 지내다가 나온다. 유대류는 다르다. 유대류의 주머니는 체외 자궁이나 다름없고, 그 안에 있는 커다란 젖꼭지는 일종의 탯줄 역할을 하며, 새끼는 거의 반영구적인 부속기관처럼 거기에 달라붙어 있다. 새끼는 좀더 자라면 스스로 입에서 젖꼭지를 떼고, 태반류 새끼처럼 필요할 때에만 젖꼭지를 빤다. 그러다가 마침내 제2의 탄생을 하듯이 주머니에서 밖으로 나온다. 그 뒤로 주머니는 새끼에게 일시적인 피신처 역할을 할 뿐 서서히 사용 빈도가 줄어든다. 캥거루의 주머니는 앞쪽으로 열려 있지만, 주머니가 뒤쪽으로 열려 있는 유대류들도 많다.

앞에서 살펴보았듯이, 유대류는 현존하는 포유동물의 두 가지 큰 집단 중 하나이다. 우리는 대개 그들을 오스트레일리아와 연관지으며, 동물상이라는 관점에서 볼 때, 뉴기니도 거기에 포함시키는 편이 편리할 수 있다. 이 두 땅덩어리를 합쳐서 부를 만한 널리 알려진 적당한 이름이 없다는 점이 유감이다. "메가네시아(Meganesia)"와 "사홀(Sahul)"은 기억하기도 떠올리기도 어렵다. 오스트랄라시아는 동물학적으로 볼 때, 오스트레일리아 및 뉴기니와 공통점이 거의 없는 뉴질랜드까지 포함하기 때문에 사용할 수 없다. 나는 목적상 오스트랄리네아(Australinea)라는 지명을 만들고자 한다. 오스트랄리네아 동물은 뉴질랜드를 제외한 오스트레일리아, 태즈메이니아, 뉴기니에서 사는 동물을 말한다. 인간의 관점에서 보면 다르지만, 동물학적 관점에서 볼 때, 뉴기니는 오스트레일리아의 열대 지역이나 다름없으며, 양쪽 다 유대류가 포유류 동물상을 지배하고 있다. "나무늘보 이야기"에서 살펴보았듯이, 유대류의 역사는 남아메리카에서 더 길고 오래되었으며, 주로 수십 종의 주머니쥐들을 통해서 지금도 이어지고 있다.

북아메리카에서 더 오래된 화석들이 발견되지만, 가장 오래된 유대류 화석은 중국에서 나왔다. 1억2,500만 년 전의 시노델피스(Sinodelphys) 화석으로서, 털가죽 흔적까지 잘 보존되어 있다. 최근에 발견된 주라마이아(Juramaia) 화석은 더욱 놀라운데, 연대가 오래되었기 때문이다. 중국에서 발견된 1억6,000만 년 된 이 화석은 현재 태반 포유류로 분류되어 있다. 따라서 유대류/태반류의 분지 시기를 쥐라기 중반으로 밀어올린다. 유대류 진화는 사실상 대부분 북반구, 특히 아시아에서 일어난 듯하다. 그러니 현재의 오스트랄리네아 유대류는 북아메리카, 남아메리카, 남극대륙을 차례로 거치는 순회 여행의 산물인 셈이다. 유대류는 북반구에서는 결국 멸종했지만, 곤드와나의 주요 잔재 중 두 곳인 남아메리카와 오스트랄리네아에서는 살아남았다. 그리고 현생 유대류의 다양성이 꽃을 피운 본 무대는 오스트랄리네아이다.

곤드와나로부터 갈라진 이후 상당히 오랫동안 오스트랄리네아에는 태반 포유동물들이 전혀 없었다. 오스트레일리아의 모든 유대류가 남아메리카에서 남극대륙을 거쳐온 주머니쥐를 닮은 한 개척자의 후손일 가능성도 없지 않다. 정확히 언제인지는 모르겠지만, 그 이주가 오스트레일리아(더 구체적으로 말하면 태즈메이니아)가 포유동물이 섬 건너기를 통해서 갈 수 없을 정도로 남극대륙에서 멀어진 때인 5,500만 년 전보다 훨씬 더 나중에 일어났을 리는 없다. 포유동물이 살기에 남극대륙이 얼마나 열악한 환경이었는가에 따라 달라지겠지만, 그 일은 훨씬 더 일찍 일어났을 것이다. 아메리카의 주머니쥐들은 오스트레일리아의 어떤 유대류와도 가깝지 않을뿐더러, 오스트레일리아 사람들이 주머니쥐라고 부르는 동물과도 가깝지 않다. 게다가 주로 화석으로만 남아 있는 다른 아메리카 유대류들은 유연관계가 더 멀어 보인다. 다시 말해서 유대류 가계도에서 주요 가지들은 대부분 아메리카에 속하며, 그것이 바로 유대류가 다른 경로를 통해서가 아니라 아메리카에서 발생해서 오스트랄리네아로 이주했다고 우리가 생각하는 한 가지 이유이다. 그러나 그 가계도의 오스트랄리네아 가지는 고향으로부터 격리되자 급격하게 분화했다. 그 격리는 약 1,500만 년 전 오스트랄리네아(특히 뉴기니)가 아시아에 가까이 다가갔을 때에 박쥐와 설치류가 (아마도 섬 건너기를 통해서) 들어오면서 끝났다. 그다음 훨씬 더 나중에 딩고가 들어왔고(물물교환을 하던 통나무배를 타고 들어온 것으로 추정된다), 마지막으로 유럽 이민자들과 함께 토끼, 낙타, 말 등 온갖 동물들이 들어왔다. 그중 가장 어처구니가 없는 것은 사냥감으로 들여온 여우였다. 여우는 해로운 짐승이므로 사냥을 해야 한다고 그럴듯하게 둘러대면서 말이다.

다음에 우리와 합류할 단공류와 마찬가지로, 진화 중이던 오스트레일리아 유대류는 오스트레일리아라는 거대한 뗏목에 실린 채 남태평양 한가운데에 고립되었다. 다음 4,000만 년 동안 그곳의 유대류(그리고 단공류)는 오스트레일리아를 독차지했다. 처음에는 그곳에 다른 포유류가 있었을지도 모르지만, 그들은 일찌감치 멸종했다.* 나머

---

* 콘딜라스(condylarth, 사라진 태반 포유류 중 하나)의 것으로 보이는 이빨 2개가 발견되었지만, 적어도 5,500만 년 이전의 것이었다.

지 세계들과 마찬가지로 오스트레일리아도 공룡을 대신할 누군가를 기다리고 있었다. 오스트레일리아가 우리를 흥분시키는 이유는 그곳이 아주 오랫동안 고립되어 있었고, 한 종일 수도 있는 극소수의 유대류 포유동물 개척자 집단이 있었기 때문이다.

그러면 결과는? 눈부셨다. 전 세계에 살아 있는 유대류 340여 종 중에서, 약 4분의 3이 오스트랄리네아(나머지는 모두 아메리카에 사는데, 대부분은 주머니쥐이고 수수께끼 같은 모니토델몬테 같은 종들이 서넛 더 있다)에 있다. 오스트랄리네아에서 사는 이 240종(우리가 통합론자인가 세분론자인가에 따라서 약간 차이가 있다*)은 분화하여 공룡들이 점유했던, 그리고 나머지 세계에서는 다른 포유동물들이 차지한 "직업들"을 모두 차지했다. "주머니두더지 이야기"는 이런 직업들 중 몇 가지를 상세히 살펴본다.

주머니두더지 이야기

땅속 생활에 잘 적응한 생물들이 있다. 유라시아와 북아메리카에 있는 우리에게 친숙한 두더지(두더짓과)가 그렇다. 두더지는 굴착 전용 기계이다. 그들의 손은 삽처럼 변형되었고, 땅속에서 쓸모가 없는 눈은 완전히 퇴화했다. 아프리카에서는 황금두더지(황금두더짓과)가 두더지의 생태 지위를 차지하고 있다. 이들은 외관상으로는 유라시아의 두더지와 아주 흡사하며, 오랫동안 같은 목인 식충목으로 분류되었다. 예상하겠지만, 오스트레일리아에서는 그 생태 지위를 주머니두더지가 차지하고 있다.**

주머니두더지는 진짜 두더지 및 황금두더지와 비슷하게 생겼으며, 진짜 두더지 및 황금두더지처럼 연충과 곤충의 유생을 먹는다. 그리고 진짜 두더지, 아니 황금두더지처럼 굴을 판다. 진짜 두더지는 먹이를 찾아 굴을 파나가면 뒤쪽으로 빈 굴이 그대로 남는다. 반면에 황금두더지 중 적어도 사막에서 사는 종류들은 모래 속을 "헤엄쳐" 나아가며, 지나가고 나면 모래굴은 무너지고 만다. 주머니두더지의 굴도 똑같다. 두더지의 손에 있는 손가락 5개는 진화를 통해서 "삽"처럼 변했다. 반면에 주머니두더지와

---

* 이 다소 자명한 용어들은 습관적으로 동물들(또는 식물들)을 몇 개의 큰 집단으로 묶거나, 습관적으로 많은 작은 집단들로 나누는 분류학자들을 가리키는 전문용어가 되었다. 세분론자는 학명을 늘리며, 극단적인 경우에는 발견한 화석마다 새로운 종명을 붙이기도 한다.

** 마이오세의 남아메리카 포유류로서, 유대류보다 우리와 더 먼 친척이라고 여겨지는 네크롤레스테스(*Necrolestes*)도 "두더지"였던 것으로 보인다. 그 이름은 아주 부당하게도 "도굴자"라는 뜻이다.

황금두더지는 2개(일부 황금두더지는 3개)의 발톱을 사용한다. 두더지와 주머니두더지는 짧은 꼬리가 있지만, 황금두더지는 꼬리가 없다. 셋 다 앞을 볼 수 없으며, 적어도 겉으로 볼 때에 귀도 없다. 주머니두더지는 유대류이므로 주머니를 가지고 있다. 새끼는 태반류의 기준에서 보면 조산이며, 태어난 이후 그 주머니에서 자란다.

이 세 "두더지"의 유사성은 수렴된 것이다. 즉 각자 독자적으로 땅을 파지 않는 서로 다른 조상에게서 출발하여 땅을 파는 습성을 진화시켰다. 따라서 그것은 세 방향에서의 수렴이다. 비록 주머니두더지에 비해서 유라시아의 두더지와 황금두더지가 서로 더 가깝기는 하지만, 둘의 공통 조상이 굴 파기 전문가가 아니라는 점은 분명하다. 이 셋은 땅을 파다 보니 서로 비슷해진 것이다. 우리는 포유동물이 공룡을 대신했다는 생각에 너무 익숙하기 때문에, 지금까지 "두더지" 공룡이 발견되지 않았다는 데에 생각이 미치면 놀라게 된다. 땅 파기에 적응된 특수한 신체기관과 굴의 흔적 화석들은 공룡보다 앞서 "포유류형 파충류"가 있었다는 것을 말해주지만, 굴을 파는 공룡이 있었는지 여부는 밝혀지지 않았다.

오스트랄리네아는 주머니두더지뿐만 아니라 놀라울 정도로 다양한 유대류의 고향이다. 유대류 하나하나는 다른 대륙에 있는 태반 포유류와 다소 동일한 역할을 맡고 있다. 유대류 "생쥐"(곤충을 먹기 때문에 주머니땃쥐라고 더 널리 알려졌다), 유대류 "고양이," "개," "날다람쥐" 등 나머지 대륙들에서 잘 알려진 동물들에 상응하는 온갖 유대류들이 있다. 때로는 놀라울 정도로 닮은 동물들도 있다. 아메리카 숲의 남방날다람쥐 같은 날다람쥐들은 오스트레일리아 유칼립투스 숲에서 사는 주머니하늘다람쥐나 붉은주머니하늘다람쥐와 모습과 행동이 거의 똑같다. 아메리카의 날다람쥐들은 진짜 다람쥐이며, 우리에게 친숙한 청설모의 친척이다. 흥미롭게도 아프리카에서는 날다람쥐라는 직업을 진짜 다람쥐가 아닌 설치류인 비늘꼬리다람쥐가 차지하고 있다. 오스트레일리아의 유대류도 세 계통의 활공자들을 낳았으며, 각자 독자적으로 그 습성을 진화시켰다. 랑데부 9에서 이미 만났던 태반류 활공자 중 수수께끼의 "날여우원숭이"는 사지뿐만 아니라 꼬리까지도 비막이 뻗어 있다는 점에서 날다람쥐나 유대류 활공자들과 다르다.

태즈메이니아늑대는 가장 널리 알려진 수렴 진화의 사례이다. 태즈메이니아늑대는 등의 줄무늬 때문에 가끔 태즈메이니아호랑이라고도 불리지만, 그 이름은 적절하지 않다. 그들은 늑대나 개를 훨씬 더 많이 닮았다. 그들은 한때 오스트레일리아와 뉴기니 전역에 흔했으며, 태즈메이니아에서는 생생하게 기억에 남을 때까지 살아 있었다. 1909년까지 그들의 머리 가죽을 가져오면 보상금이 주어졌다. 공식 기록상 야생에서 마지막 개체가 사냥당한 것은 1930년이었다. 포획된 개체 중 마지막 생존자는 1936년 호버트 동물원에서 죽었다. 태즈메이니아늑대는 대다수 박물관에 박제 표본으로 남아 있다. 그들은 등에 줄무늬가 있어서 진짜 개와 쉽게 구별이 되지만, 골격만 보고는 구별하기가 어렵다. 내가 옥스퍼드에 재학 중이던 시절에 동물학과 학생들은 기말시험에 100종류의 동물 표본을 구별해야 했다. 곧 "개" 두개골이 눈앞에 있다고 해도, 개의 두개골처럼 뻔한 표본을 내놓을 리가 없으므로 그것은 함정이 분명하며, 따라서 태즈메이니아늑대로 보는 편이 안전하다는 이야기가 떠돌았다. 그러다가 어느 해에는 시험관들이 그 허점을 노리고 진짜 개의 두개골을 내놓았다. 당신이 관심이 있을까봐 말하는데, 둘을 구별하는 가장 쉬운 방법은 입천장뼈에 구멍 2개가 뚜렷이 나 있는지 살펴보는 것이다. 그것은 유대류 전체의 특징이다. 물론 딩고는 유대류가 아니라, 원주민이 들여왔을 진짜 개이다. 오스트레일리아 본토에서는 태즈메이니아늑대가 딩고와의 경쟁에서 밀려 사라졌을 가능성도 어느 정도는 있다. 딩고는 태즈메이니아에는 도입되지 않았다. 그것이 바로 유럽인 정착민들이 절멸시킬 때까지 태즈메이니아늑대가 그곳에서 살아남았던 이유일지도 모른다. 그러나 화석들은 오스트레일리아에 인간이나 딩고의 탓으로 돌릴 수 없는 더 이른 시기에 사라진 태즈메이니아늑대 종들이 있었음을 보여준다.

오스트랄리네아 "대체 포유류"라는 "자연 실험"은 오스트랄리네아 유대류와 그에 상응하는 친숙한 태반 포유류의 사진들을 대비시켜 설명할 수도 있다(화보 15 참조). 그러나 생태학적으로 대응하는 닮은꼴 동물들이 모두 존재하는 것은 아니다. 꿀꼬마주머니쥐에 상응하는 태반류는 없는 듯하다. 고래에 상응하는 유대류가 없는 이유는 쉽게 알 수 있다. 물속에서는 주머니를 관리하기가 어렵다는 이유 외에도, "고래"는 오스트레일리아 유대류가 별도의 고래로 진화하도록 허용할 만큼 격리된 적이 없었을 것이다. 유대류 박쥐가 없는 이유도 비슷한 추론을 통해서 설명된다. 그리고 비록 캥거루는 영양에 상응하는 오스트랄리네아 동물로 여겨질 수 있지만, 둘은 모습이 전혀 다르다. 캥거루의 몸이 균형을 잡아주는 육중한 꼬리와 뛰어다니는 데에 쓰이는 독특한 뒷다리 위주로 구성되어 있기 때문이다. 그러나 먹이와 생활방식의 범위로 볼 때, 오스트랄리네아 캥거루와 왈라비 68종은 영양과 가젤영양 72종에 대응한다. 물론 범위가 완벽하게 겹치는 것은 아니다. 일부 캥거루들은 기회가 생기면 곤충을 잡아먹으며, 화석들은 무시무시하고 커다란 육식성 캥거루도 있었다고 말해준다. 오스트레일리아 외부에 캥거루처럼 뛰는 태반 포유류가 있기는 하지만, 그것들은 주로 뛰는쥐 같은 작은 설치류이다. 아프리카의 깡충토끼도 진짜 산토끼가 아니라 설치류이다. 깡충토끼는 캥거루(또는 작은 왈라비)로 오인될 수도 있는 유일한 태반 포유류이다. 실제로 내 동료인 스티븐 코브 박사는 나이로비 대학교에서 동물학을 가르칠 때, 캥거루가 오스트레일리아와 뉴기니에서만 산다고 말하자 학생들이 흥분해서 아니라고 항변했다는 재미있는 일화를 들려주었다.

진화에서 수렴, 즉 이 책의 핵심 은유인 거슬러올라가는 융합이 아니라 정방향으로 이루어지는 진짜 수렴이 중요하다는 이 "주머니두더지 이야기"의 교훈은 마지막 장인 "주인의 귀가"에서 다시 다루어질 것이다.

단공류

랑데부 15는 대략 1억8,000만 년 전, 우기와 건기가 반복되는 쥐라기 전기의 세계에서 이루어진다. 남쪽 대륙인 곤드와나는 아직 거대한 북쪽 대륙인 로라시아와 붙어 있었다. 거슬러올라가는 여행에서 처음으로 우리는 모든 주요 땅덩어리들이 하나로 모여 "판게아"를 이루고 있음을 발견한다. 그 뒤 판게아가 갈라짐으로써 우리의 약 1억 2,000만 대 선조인 공조상 15의 후손들에게 엄청난 영향이 미쳤을 것이다. 이 랑데부는 아주 일방적이다. 여기에서 다른 모든 포유동물에게 합류할 새 순례자들은 고작 3속이다. 오스트레일리아 동부와 태즈메이니아에서 사는 오리너구리, 오스트레일리아와 뉴기니 전역에서 사는 바늘두더지, 뉴기니 고지대에서만 사는 긴코바늘두더지가 그들이다.* 이 3속을 합쳐 단공류(單孔類, monotreme)라고 한다.

주요 동물 집단의 육아실 역할을 하는 섬 대륙이라는 주제는 이미 몇 편의 이야기에서 다루었다. 아프리카수류에게는 아프리카, 로라시아수류에게는 로라시아, 빈치류에게는 남아메리카, 여우원숭이에게는 마다가스카르, 살아 있는 유대류의 대부분에게는 오스트레일리아가 그러했다. 그러나 포유류 사이에서는 훨씬 더 일찍 대륙 간 분리가 이루어졌으리라는 생각이 점점 더 든다. 지지를 받는 한 이론은 공룡이 사라지기 오래 전에 포유류가 오스트랄로스페니드(Australosphenid)와 보레오스페니드(Boreosphenid)라는 두 주요 집단으로 갈라졌다고 본다. 다시 말하지만, 오스트랄로는 오스트레일리아가 아니라 남쪽이라는 뜻이다. 그리고 보레오는 북극광(aurora borealis)에서처럼 북쪽을 뜻한다. 오스트랄로스페니드는 거대한 남쪽 대륙인 곤드와나에서 진화한 초기 포유동물들이었다. 그리고 보레오스페니드는 우리가 현재 알고 있는 로라시아수류의 진화가 일어나기 오래 전에 일종의 맹아로서 북쪽 대륙인 로라시아에서 진화했다. 단

---

* 긴코바늘두더지는 3종으로 분류되며, 기쁘게도 그중 하나는 학명이 *Z. attenboroughi*이다.

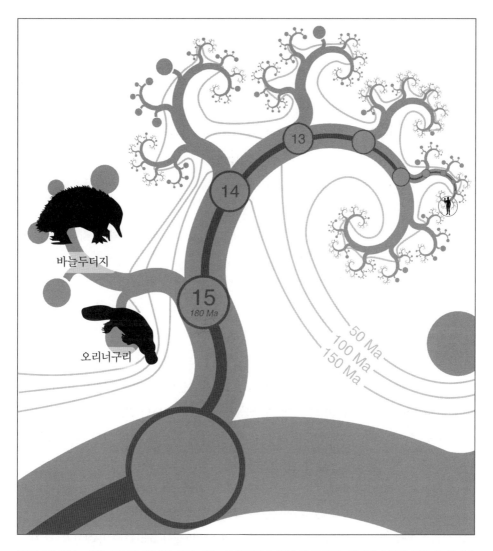

바늘두더지

오리너구리

단공류의 합류 대략 5,500종 정도인 살아 있는 포유동물은 모두 털이 있고, 새끼에게 젖을 먹인다. 우리가 지금까지 만난 태반 포유류와 유대 포유류는 쥐라기에 북반구에 있던 공통 조상에게서 유래한 듯하다. 단공류 5종은 알을 낳는 습성을 가지고 있던, 한때 다양했던 남반구의 포유류 계통들 중에서 마지막으로 남은 생존자들이다.

공룡는 오스트랄로스페니드 중에서 유일하게 살아남은 대표자들이다. 우리가 현재 오스트레일리아와 관련짓는 유대류들을 비롯한 나머지 포유동물들인 수류(theria)는 북쪽 보레오스페니드의 후손이다. 수류 중 나중에 남쪽 대륙 및 곤드와나의 분열과 관련을 맺는 종류, 즉 아프리카의 아프리카수류와 남아메리카 및 오스트레일리아의 유대류는 북쪽에서 유래해서 한참 뒤에 남쪽 곤드와나로 이주한 보레오스페니드였다.

이제 단공류로 눈을 돌려보자. 바늘두더지는 건조한 땅에서 살며, 개미와 흰개미를 먹는다. 오리너구리는 주로 물에서 살며, 진흙 속에서 작은 무척추동물들을 잡아먹는다. 그들의 "부리"는 정말로 오리의 부리처럼 생겼다. 바늘두더지의 부리는 관 모양에 더 가깝다. 다소 놀라울지 모르겠지만, 분자 증거들은 바늘두더지와 오리너구리의 공조상이 화석 오리너구리인 옵두로돈(Obdurodon)보다 더 최근에 살았다고 말한다. 옵두로돈은 오리 부리 안에 이빨이 있다는 점을 제외하고 생활방식이나 모습이 현대의 오리너구리와 비슷했다. 이는 바늘두더지가 지난 6,000만 년 사이에 물을 떠남으로써 발가락 사이의 물갈퀴를 잃고, 오리 부리가 좁아져서 개미핥기의 긴 주둥이처럼 변하고, 보호하는 가시가 발달한 변형된 오리너구리라는 의미이다.

단공류는 한 가지 측면에서 파충류와 조류를 닮았는데, 그것은 이름의 연원이기도 하다. Monotreme는 그리스어로 구멍 하나를 뜻한다. 파충류나 조류와 마찬가지로 단공류의 항문, 요도관, 생식관은 배설강이라는 하나의 통로로 뻗어 있다. 파충류와 더 비슷한 점은 배설강으로 새끼가 아니라 알이 나온다는 것이다. 그리고 알은 다른 모든 포유동물들과 달리 아주 작은 난자가 아니라, 가죽 같은 거친 하얀 껍데기에 싸인 지름 2센티미터의 덩어리이며, 그 안에는 부화할 때까지 새끼가 먹을 양분이 들어 있다. 새끼는 파충류나 조류처럼 "부리" 끝에 달린 난치(egg-tooth)를 이용해서 알을 깨고 나온다.

단공류는 어깨 옆 간쇄골(inter-clavicle bone) 같은 수류 포유동물에게는 없고 파충류에게는 있는, 파충류의 전형적인 특징들을 몇 가지 더 가지고 있다. 한편으로 단공류의 골격에는 포유동물의 표준 형질들도 많다. 그들의 아래턱은 하나의 뼈, 즉 치골(dentary)로 이루어져 있다. 파충류의 아래턱은 두개골 본체에 3개의 뼈가 붙어 있다. 포유동물이 진화할 때, 이 3개의 뼈는 아래턱에서 가운데귀로 옮겨갔고, 거기에서 망치뼈, 모루뼈, 등자뼈가 되었다. 그것들은 물리학자들이 임피던스 정합(impedance-

이 동물이 당신의 조상일까? 엘케 그뢰닝이 그린 범수류의 일종인 헬켈로테리움(나뭇잎은 현대의 은행나무 형태이다. 쥐라기의 은행나무 잎은 더 미세하게 갈라졌다).

matching)이라고 부르는 교묘한 방식으로, 고막에서 속귀로 소리를 전달하는 역할을 한다. 단공류는 이 점에서 분명히 포유동물이다. 그러나 속귀를 보면, 각기 다른 음조의 소리를 검출하는 달팽이관이 다른 모든 포유동물은 이름처럼 달팽이 모양으로 꼬여 있는 반면에, 그들은 더 곧게 펴졌다는 점에서 파충류나 조류에 더 가깝다.

단공류는 새끼에게 먹일 젖을 분비하는 포유동물이다. 이 점에서는 지극히 포유동물답다고 할 수 있다. 그러나 그들은 젖꼭지라고 할 만한 것이 없다는 점에서 포유동물답다는 말에 약간 걸맞지 않다. 젖은 배의 피부에 난 구멍들에서 스며나오며, 새끼는 어미의 배에 난 털에 매달린 채 젖을 핥아먹는다. 우리 조상들도 아마 똑같이 그러했을 것이다. 단공류의 다리는 전형적인 포유동물의 것보다 약간 더 옆쪽으로 뻗어 있다. 그래서 바늘두더지는 기이하게 출렁거리며 걷는 듯이 보인다. 완전히 도마뱀 같지도 않고, 완전히 포유동물 같지도 않은 걸음걸이이다. 그 점은 단공류가 파충류와 포유류의 중간이라는 인상을 더 강하게 심어준다.

공조상 15는 어떻게 생겼을까? 물론 그 조상이 바늘두더지나 오리너구리를 닮았다고 생각할 이유는 전혀 없다. 어쨌든 공조상 15는 그들의 조상이자 **우리의** 조상이며,

우리 모두는 그 이후로 아주 오랜 기간 진화를 해왔다. 쥐라기의 화석들은 모르가누코돈(*Morganucodon*)이나 다구치류(多丘齒類, multituberculate)라는 대집단처럼 작은 땃쥐나 설치류를 닮은 다양한 동물들의 모습을 보여준다. 앞에 또다른 초기 포유류인 범수류(eupantothere)에 속한 동물이 은행나무에 올라간 멋진 그림이 있다.

오리너구리 이야기

오리너구리의 초기 학명은 오르니토린쿠스 파라독수스(*Ornithorhynchus paradoxus*)였다. 처음 발견 당시에 생김새가 너무나 기묘했기 때문에, 박물관에 도착한 표본을 본 사람들은 누군가 사기를 쳤다고 생각했다. 포유류의 몸과 조류의 몸을 꿰매붙인 것이라고 말이다. 신이 오리너구리를 만들 때에 상황이 좋지 않았던 것이 아닐까 하고 생각한 사람들도 있었다. 작업장 바닥에 남은 조각들을 보고서 그것들을 버리느니 하나로 이어붙이자고 결정했다는 것이다. 일부 동물학자들은 더 음흉하게(그들은 농담을 하지 않으므로) 단공류를 "원시적"이라고 표현한다. 마치 단공류가 원시적이기 위해서 늘 빈둥거리는 양 말이다. 그런 생각에 문제를 제기하는 것이 "오리너구리 이야기"의 목적이다.

공조상 15 이래로 오리너구리는 다른 포유동물들과 똑같은 기간만큼 진화했다. 어느 한쪽 집단이 다른 집단보다 더 원시적이어야 할 이유는 전혀 없다(원시적이라는 말은 정확히 말해서 "조상을 닮았다"는 의미임을 기억하기 바란다). 단공류는 알을 낳는 등 몇몇 측면에서 우리보다 더 원시적일지 모른다. 그러나 어느 한 측면에서 원시적이라고 해서 다른 측면에서도 원시적이어야 할 이유는 전혀 없다. 피에 배어들고 뼈를 적시는 고대성의 정수(Essence of Antiquity) 같은 것은 없다. 원시적인 뼈는 오랜 기간 그다지 변화를 겪지 않은 뼈를 말한다. 어느 뼈가 원시적이라고 해서 이웃한 뼈도 원시적이어야 한다는 규칙 같은 것은 없다. 그런 억측조차 해서도 안 된다. 적어도 더 많은 사례들이 나오기 전까지는 말이다. 이름의 연원이 된 오리의 부리만큼 그 점을 잘 설명해주는 사례는 없을 것이다. 설령 오리너구리의 다른 부위들은 진화하지 않았다고 할지라도, 그 부위는 큰 폭으로 진화했다.

오리너구리의 부리는 우스꽝스러워 보인다. 오리의 부리를 부조화스러워 보일 정도로 크게 만든 것 같다는 점에서도 그렇지만, 도널드 덕 덕분에 오리의 부리 자체가 이미 우습게 느껴지기 때문이기도 하다. 그러나 그런 유머는 이 경이로운 부위에 부당한 편견을 가지게 한다. 어울리지 않게 가져다붙였다는 식으로 생각하고 싶다면, 굳이 오리와 비교할 필요가 없다. 차라리 님로드(Nimrod) 정찰기 동체 앞부분에 붙어 있는 유별나게 생긴 장치와 비교하는 편이 낫다. 미국에도 AWACS라는 비슷한 정찰기가 있다. 우리에게는 그 정찰기가 더 익숙하지만, AWACS에서는 정찰장치가 부리처럼 앞으로 튀어나온 것이 아니라 동체 위에 붙어 있기 때문에 비교하기에 적절하지 않다.

요점은 오리너구리의 부리는 오리의 부리와 달리 물을 튀기고 먹이를 먹는 데에 주로 쓰는 한 쌍의 턱에 불과한 것이 아니라는 사실이다. 또 오리의 부리와 달리 각질이 아니라 고무질이라는 점에서도 그렇다. 더욱더 흥미로운 점은 오리너구리의 부리가 정찰용 장치, 즉 AWACS 장치라는 것이다. 오리너구리는 하천 바닥의 진흙 속에서 갑각류, 곤충의 유생 같은 작은 동물들을 사냥한다. 진흙탕 속에서 눈은 그다지 쓸모가 없으므로, 오리너구리는 사냥할 때에 눈을 꼭 감는다. 뿐만 아니라, 콧구멍과 귀도 꽉 막는다. 먹이의 모습도, 소리도, 냄새도 알아차릴 수 없다. 그러나 그런 상황에서도 먹이를 아주 잘 찾아내며, 하루에 자기 몸무게의 절반이나 되는 먹이를 먹는다.

누군가가 "육감"을 가졌다고 주장한다. 당신이 회의적인 시각을 품은 조사관이라면, 어떻게 조사할까? 당신은 그의 눈과 귀와 코를 막은 다음, 그에게 무엇인가를 알아맞혀보라고 할 것이다. 오리너구리는 그 실험을 너끈히 통과할 것이다. 그들은 온 정신을 어떤 다른 감각에 집중하는 듯이, 우리에게는 중요한(그리고 땅 위에 있을 때에는 그들에게도 중요할) 그 세 감각을 모두 차단한다. 그들의 사냥 행동의 특징을 하나 더 살펴보면 단서를 얻을 수 있다. 그들은 헤엄칠 때 부리를 좌우로 빠르게 움직인다. 마치 레이더의 접시 안테나를 움직이는 듯하다.

오리너구리를 과학적으로 기재한 최초의 문헌 중 하나인 에버러드 홈 경이 1802년에 『왕립학회 철학 회보(*Philosophical Transactions of the Royal Society*)』에 쓴 논문에는 선견지명이 담겨 있었다. 그는 얼굴에 자극을 전달하는 3차 신경의 가지들에 주목했다.

유달리 크다. 이런 정황상 우리는 부리에 있는 각 부위의 감각이 아주 예민하며, 따라서 부리가 손의 역할을 하고, 감각을 잘 식별할 수 있다고 믿게 된다.

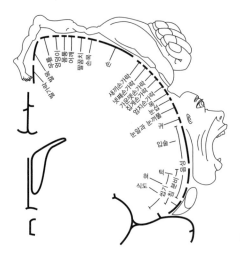

펜필드의 뇌지도 펠핀드와 라무센[326].

에버러드 경은 절반밖에 알지 못했다. 나머지는 그가 언급한 손이 말해준다. 캐나다의 위대한 신경학자인 와일더 펜필드는 인간의 뇌에 관한 유명한 그림을 발표했다. 그 지도에는 뇌의 각 부위가 몸의 각 부위에 얼마만큼 대응하는지가 나와 있다. 위의 그림은 몸의 각기 다른 부위에 있는 근육들을 제어하는 뇌 부위를 나타낸 지도이다. 펜필드는 신체 부위의 촉감에 대응하는 뇌 지도도 만들었다. 두 지도에서 놀라운 점은 손에 관한 부위가 두드러진다는 것이다. 얼굴 부위도 두드러진다. 씹고 말하는 턱의 움직임을 통제하는 부위가 특히 그렇다. 그러나 펜필드의 "인체 모형"을 볼 때 가장 시선이 가는 부위는 손이다. 같은 내용을 달리 표현한 그림이 화보 16이다. 이 기괴한 그림은 몸의 각 부위를 맡고 있는 뇌의 비율에 맞추어 몸의 비례를 표시한 것이다. 이 그림도 인간의 뇌가 손을 중요시한다는 점을 보여준다.

이런 이야기들은 어디로 이어질까? 나의 "오리너구리 이야기"는 오스트레일리아의 저명한 신경생물학자인 잭 페티그루와 폴 메인저 연구진에게서 빌려왔다. 그들이 실행한 흥미로운 연구 중에서 펜필드 인체 모형의 오리너구리 판에 해당하는 "오리너구리 모형"이 있다. 우선 말해둘 것은 그것이 펜필드의 인체 모형보다 훨씬 더 정확하다는 점이다. 후자는 아주 빈약한 자료를 토대로 한 것이기 때문이다. 오리너구리 모형은 아주 꼼꼼한 연구의 산물이다. 뇌의 위쪽에 3개의 작은 오리너구리 지도가 있다. 몸 표면에서 얻은 감각 정보를 처리하는 뇌의 각 부분들을 따로따로 나타낸 것이다. 중요한 것은 몸의 각 부위와 상응하는 뇌의 부위 사이에 체계적인 공간 지도가 그려질 수 있

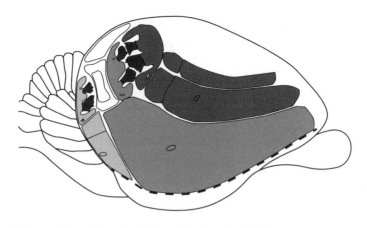

오리너구리의 뇌는 부리를 중시한다 "오리너구리 모형" 페티그루 등[330].

다는 사실이다.

　손이 거대한 펜필드의 인체 모형과 달리, 세 지도에서는 검은색으로 칠해진 손과 발을 담당하는 영역들이 신체 부위와 거의 똑같이 비례한다는 점에 주목하자. 오리너구리 모형에서 비례가 달라진 부위는 부리이다. 부리의 지도들은 몸의 나머지 부위들에 비해서 엄청난 면적을 차지한다. 지도에서는 인간의 지도에서 손이 과장된 것과 똑같이 유독 부리가 과장되어 있다. 인간의 뇌가 손을 중요시한다면, 오리너구리의 뇌는 부리를 중요시한다. 에버러드 홈 경의 추측은 그럴듯해 보인다. 그러나 앞으로 살펴보겠지만, 부리는 한 가지 측면에서 손보다 더 낫다. 접촉하지 않는 것들까지 "느낄" 수 있다. 원격 감지가 가능하다. 바로 전기를 통해서이다.

　오리너구리의 주식 중 하나인 민물새우 같은 동물이 근육을 사용하면, 필연적으로 약한 전기장이 발생한다. 적절한 감지기를 갖추고 있으면, 이런 전기장을 검출할 수 있다. 특히 물속에서는 더 쉽다. 그런 감지기들을 죽 배열해놓고 거기에서 나온 자료들을 전용 컴퓨터를 통해서 처리하면, 전기장이 어디에서 나오는지 계산할 수 있다. 물론 오리너구리는 수학자나 컴퓨터와 달리 그런 계산을 하지 않는다. 그러나 그들의 뇌에서 그런 계산에 상응하는 작동이 이루어지며, 그 결과 그들은 먹이를 잡을 수 있다.

　오리너구리 부리의 양쪽 표면에는 약 4만 개의 전기 감지기들이 띠처럼 세로로 줄줄이 뻗어 있다. 오리너구리 모형은 뇌에서 이 4만 개의 감지기들로부터 온 자료들을 처리하는 부위가 넓은 영역을 차지한다는 점을 보여준다. 그것만이 아니다. 4만 개의 전기 감지기 외에, 부리 표면에는 누름 막대(push rod)라는 약 6만 개의 역학 감지기들이 흩어져 있다. 페티그루 연구진은 뇌 속에서 역학 감지기들로부터 입력을 받는 신경세포들을 찾아냈다. 그리고 전기 감지기와 역학 감지기 양쪽에 반응하는 뇌세포들도 발견했다(전기 감지기에만 반응하는 뇌세포는 아직 찾아내지 못했다). 이 두 종류의 세포들은 부리의 공간 지도에서 적절한 위치에 놓여 있으며, 마치 인간의 시각 담당 뇌 영역에서 세포들이 층층이 배열되어 양안시에 도움을 주듯이, 층층이 배열되어 있다. 층층이 구성된 우리의 뇌가 두 눈에서 오는 정보들을 결합하여 입체 시각을 구성하듯이, 페티그루 연구진은 오리너구리가 전기 감지기와 역학 감지기를 다소 비슷한 방식으로 결합시킬 것이라고 주장한다. 그런 일이 어떻게 가능할까?

페티그루 연구진은 천둥과 번개를 비유로 들었다. 번개와 천둥은 동시에 일어난다. 번개는 치는 즉시 우리 눈에 들어오지만, 천둥은 소리라는 상대적으로 느린 속도로 전달되므로 우리에게 오는 데에 걸리는 시간이 더 길다(그리고 메아리 때문에 천둥은 우르릉거리는 소리가 된다). 번개와 천둥 사이의 시차를 통해서 우리는 폭풍우가 얼마나 멀리 떨어져 있는지를 계산할 수 있다. 아마 오리너구리에게는 먹이의 근육에서 일어나는 전기 방전은 번개와 같고, 먹이가 움직일 때에 생기는 물속의 교란 파동은 천둥과 같을 것이다. 오리너구리의 뇌는 둘 사이의 시간 지연을 계산하여, 먹이가 얼마나 멀리 있는지 계산하는 것일까? 그런 것 같다.

인간이 만든 레이더가 접시 안테나의 회전을 이용하듯이, 오리너구리의 뇌도 먹이의 방향을 정확히 파악하려면 부리를 좌우로 움직여서 지도 전체에 있는 각기 다른 수용기들에서 오는 입력 신호들을 비교해야 할 것이다. 오리너구리는 뇌세포 배열 지도에 투영되는 무수히 배열되어 있는 감지기들을 이용하여, 주변의 전기 교란들을 상세한 3차원 영상으로 만들 가능성이 아주 높다.

페티그루 연구진은 오리너구리 부리 주위로 전기 감도가 같은 지점들을 연결하여 등고선을 작성했다. 오리너구리를 생각할 때는 오리는 잊고 님로드나 AWACS 정찰기를 떠올리자. 원격으로 따끔따끔한 감각을 통해서 주위를 파악하는 거대한 손을 생각하자. 오스트레일리아의 진흙탕에 치는 번개와 천둥을 생각하자.

오리너구리만이 이런 종류의 전기 감각을 사용하는 것은 아니다. 주걱철갑상어(paddlefish)를 비롯하여 다양한 물고기들이 같은 감각을 이용한다(화보 17 참조). 전

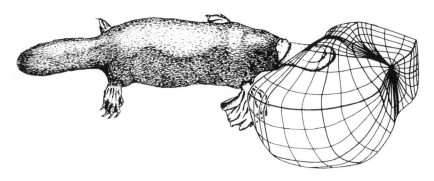

원격 전기 감지 오리너구리의 전기 감지 세계. 맹거와 페티그루[264].

문용어로 "경골어류(硬骨魚類)"에 속하는 주걱철갑상어는 친척인 철갑상어와 마찬가지로 2차적으로 상어와 같은 연골 골격을 진화시켰다. 그러나 상어와 달리, 주걱철갑상어는 민물에서 산다. 눈이 거의 무용지물인 탁한 물에서 살기도 한다. 주걱철갑상어의 "주걱(paddle)"은 턱이 아니라 두개골이 확장된 것이지만, 오리너구리의 위쪽 부리와 아주 흡사하다. 그것은 대단히 길게 자라기도 하며, 몸길이의 3분의 1을 차지할 때도 있다. 오리너구리보다 그쪽이 오히려 님로드 정찰기를 생각나게 한다.

주걱철갑상어의 주걱은 그 어류의 삶에서 중요한 역할을 하는 것이 분명하다. 실제로 그것이 오리너구리의 부리와 똑같은 일을 한다는 사실이 밝혀졌다. 즉 먹이동물에서 나오는 전기장을 검출하는 일을 한다. 오리너구리와 마찬가지로 전기 감지기들이 줄지어 늘어선 구멍들 속에 들어 있다. 그러나 양쪽은 서로 독자적으로 진화했다. 오리너구리의 전기 구멍들은 점액샘들이 변형된 것이다. 주걱철갑상어의 전기 구멍들은 상어가 전기를 감지할 때에 쓰는 로렌치니 기관(ampullae of Lorenzini)이라는 구멍들과 아주 비슷하기 때문에 같은 이름이 붙었다. 오리너구리의 감지 구멍들은 부리에 10여 개의 줄을 이루면서 배열된 반면, 주걱철갑상어의 구멍들은 주걱의 중심선 양쪽에 2개의 넓은 띠를 이루며 배열되어 있다. 오리너구리와 마찬가지로, 주걱철갑상어의 주걱에도 대단히 많은 감지 구멍들이 있다. 사실상 오리너구리보다 더 많다. 주걱철갑상어와 오리너구리 둘 다 감지기 하나하나가 느낄 수 있는 것보다 전기에 훨씬 더 민감하다. 여러 감지기들로부터 오는 신호들을 정교하게 종합하기 때문이다.

전기 감지가 주걱철갑상어의 성체보다 새끼에게 더 중요하다는 증거가 있다. 성체는 사고로 주걱을 잃어도 겉보기에는 아주 건강하게 살아가는 반면, 주걱이 없는 새끼는 어느 하천에서도 발견된 적이 없다. 주걱철갑상어 새끼가 오리너구리 성체처럼 먹이를 하나하나 포착하여 잡기 때문에 그런 것인지도 모른다. 주걱철갑상어 성체는 플랑크톤을 먹는 수염고래류처럼 진흙을 걸러서 먹이를 무더기로 먹는다. 그들은 그렇게 먹어대면서 크게 성장한다. 비록 고래만큼 커지는 않지만, 몸길이와 체중이 인간만큼 늘어난다. 민물에서 헤엄치는 대다수의 동물들에 비해서 훨씬 더 크다. 당신이 어른이 되어 플랑크톤을 걸러먹는다면, 먹이를 하나하나 잡아서 먹던 어릴 때에 비해서 먹이의 위치를 정확히 탐지하는 장치가 그다지 필요하지 않을 것이다.

오리너구리와 주걱철갑상어는 똑같은 독창적인 기술을 각자 독자적으로 획득했다. 그러한 기술을 발견한 동물이 또 있을까? 이전에 나의 연구원으로 일했던 샘 터비는 박사과정 연구를 위해서 중국에 갔다가 레도칼리메네(*Reedocalymene*)라는 아주 특이한 삼엽충을 보았다. 레도칼리메네는 다른 면에서는 "보통의" 삼엽충(더들리 벌레라고 불리는 칼리메네속의 삼엽충들과 비슷한 형태. 이 삼엽충은 더들리 마을의 문장[紋章]으로도 쓰였다)이지만, 한 가지 눈에 띄는 독특한 특징이 있다. 주걱철갑상어의 주걱처럼 납작하고 거대한 주둥이가 거의 몸통 길이만큼 앞으로 튀어나와 있다는 점이다. 다른 많은 동물들과 달리 삼엽충은 바다 밑에서 돌아다녔을 뿐 물속을 유영하는 동물이 아니었으므로, 그런 주둥이가 몸을 유선형으로 만들기 위해서 있었을 리는 없다. 방어용이었다는 주장도 여러 가지 이유로 설득력이 없다. 주걱철갑상어, 철갑상어, 오리너구리와 마찬가지로, 그 삼엽충의 주둥이에도 먹이를 탐지하는 데에 쓰였을 듯한 감지기 같은 것들이 흩어져 있다. 터비는 현대의 절지동물 중에는 전기 감지 능력이 있는 것이 전혀 없다는 사실을 알고 있지만(절지동물의 다양성을 생각해보면 흥미로운 부분이다), 레도칼리메네가 또다른 종류의 "주걱철갑상어" 또는 "오리너구리"라는 데에 판돈을 걸 것이다.

비록 오리너구리나 주걱철갑상어의 님로드 정찰기 같은 "안테나"는 없지만, 훨씬 더 정교한 전기 감지장치를 가진 물고기들도 있다. 이 물고기들은 먹이가 부주의하게 방출하는 전기 신호를 포착하는 것에 만족하지 않고, 스스로 전기장을 발생시킨다. 그들은 이런 자가 발생 전기장의 왜곡 양상을 읽음으로써 방향을 찾고 먹이를 탐지한다. 연골어류(軟骨魚類)에 속하는 다양한 가오리류와 더불어, 경골어류인 남아메리카의 뒷날개고깃과(gymnotid)와 아프리카의 코끼리고깃과(mormyrid)는 서로 독자적으로 이 능력을 고급 기술로 발전시켰다.

이 물고기들은 어떻게 전기를 만드는 것일까? 새우와 곤충의 유생을 비롯한 오리너구리의 먹이들이 무심코 하는 것과 똑같은 방식이다. 즉 근육을 통해서이다. 그러나 새우류는 근육을 움직여야 하므로 어쩔 수 없이 미세한 전류가 발생되는 반면, 전기 물고기들은 전지들을 직렬로 연결하듯이 근육 다발을 하나로 묶어 전기를 발생시킨다.* 뒷날개고기나 코끼리고기 같은 전기 물고기들은 꼬리에 직렬로 배열된 근육 다발 전지를 가지고 있다. 각 근육 다발은 낮은 전압을 발생시키며, 그것이 합쳐져서 전압이 높아진다. 전기뱀장어(진짜 뱀장어가 아니라 남아메리카의 민물 뒷날개고기류의 일종)는 그것을 극단적인 형태로 발전시켰다. 전기뱀장어는 꼬리가 아주 길어서 정상적인 길이의 물고기보다 단위 전지들(cells)로 된 전지(battery)를 훨씬 더 많이 지닐 수 있다. 전기뱀장어는 전기 충격을 가해 먹이를 기절시킨다. 전기 충격은 600볼트가 넘기도 하며, 사람에게도 치명적일 수 있다. 아프리카의 전기메기 같은 민물고기들과 해양의 전기가오리도 먹이를 죽이거나 적어도 기절시킬 정도의 전압을 발생시킨다.

이 고압 물고기들은 원래 주변을 파악하고 먹이를 탐지하는 데에 쓰였던 일종의 레이더 능력을 말 그대로 기절시킬 정도의 극단적인 수준으로 밀고 나간 듯하다. 남아메리카의 김노투스속이나 그와 유연관계가 없는 아프리카의 김나르쿠스속도 약한 전기를 일으키는 물고기들이며, 전기뱀장어의 것과 비슷하지만 길이가 훨씬 더 짧은 발전 기관을 가지고 있다. 그들의 전지는 더 적은 수의 변형된 근육판들이 직렬로 연결된 것이다. 그리고 약한 전기 물고기들은 대개 1볼트 이하의 전기를 낸다. 전기 물고기는 물속에서 딱딱한 막대기 같은 모습을 하고 있다. 앞으로 살펴보겠지만 거기에는 타당한 이유가 있다. 전류가 곡선을 따라 흐른다면, 아마 마이클 패러데이는 흥분했을 것이다. 몸의 양편에는 전기 감지기가 들어 있는 구멍들이 죽 늘어서 있다. 일종의 소형 전압계들인 셈이다. 장애물이나 먹이는 다양한 방식으로 전기장을 일그러뜨리며, 이 작은 전압계들은 그것을 감지한다. 물고기는 전압계들의 수치들을 비교하고 그것들을

---

* 물론 전기학에서 전지라는 말은 원래 단위 전지가 아니라 단위 전지들이 직렬로 이어진 집합을 의미한다. 트랜지스터 라디오에 "전지"가 6개 들어간다면, 현학자는 그것이 단위 전지 6개로 된 전지 하나라고 주장할 것이다.

전기장 자체의 요동(사인 곡선 형태인 종도 있고, 펄스 형태인 종도 있다)과 관련지어서, 장애물과 먹이의 위치를 계산할 수 있다. 또 그들은 전기 기관과 감지기를 이용하여 서로 의사소통도 한다.

김노투스 같은 남아메리카의 전기 물고기는 아프리카에서 사는 상응하는 존재인 김나르쿠스와 놀라울 정도로 비슷하지만, 한 가지 뚜렷한 차이가 있다. 둘 다 중심선을 따라서 긴 지느러미가 하나 나 있으며, 그것을 같은 목적으로 이용한다. 둘 다 헤엄치는 물고기에게 나타나는 전형적인 사인 곡선 형태로는 몸을 구부릴 수 없다. 그렇게 하면 전기 감각이 일그러지기 때문이다. 둘 다 몸을 곧은 상태로 유지해야 한다. 그래서 그들은 세로로 난 지느러미를 이용하여 헤엄을 친다. 그 지느러미는 정상적인 물고기처럼 사인 곡선을 이루며 움직인다. 그것은 그들이 느릿느릿 헤엄친다는 뜻이지만, 명확한 신호 수신의 혜택을 누리는 대가로 그 정도는 지불할 만하다. 멋진 사실은 김나르쿠스가 등에 긴 지느러미를 가진 데에 반해서, 김노투스와 "전기뱀장어"를 비롯한 남아메리카의 전기 물고기들은 배에 긴 지느러미를 가지고 있다는 점이다. 그것은 "예외가 규칙을 증명한다"라는 말에 들어맞는 사례들이다.

이제 오리너구리로 돌아가보자. 오리너구리의 꼬리에 달려 있다고 알려진 침은 사실 오리너구리 수컷의 뒷발톱에 있다. 피하로 독을 주입하는 진짜 독침은 무척추동물문의 다양한 동물들에게서, 그리고 척추동물 중에서 어류와 파충류에게서 발견되지만, 조류와 포유류 중에서는 오리너구리만이 가지고 있다(물었을 때, 독액이 약간 주입되는 일부 땃쥐류의 독이 있는 타액을 제외한다면). 포유류 중에서는 오리너구리 수컷만이 독침이 있는데, 독이 있는 동물들 중에서도 독자적인 부류에 속한다. 침이 수컷에게만 있다는 사실은 그 침이 포식자(벌의 침)나 먹이(뱀의 독니)를 겨냥한 것이 아니라 경쟁자를 겨냥한 것임을 시사한다. 그 침은 위험하지는 않지만 심한 통증을 일으킨다. 모르핀도 효과가 없다. 오리너구리의 독액은 통증 수용체에 직접 작용하는 듯하다. 이 과정이 어떻게 일어나는지 과학자들이 이해할 수 있다면, 암으로 생기는 통증을 줄일 방법에 대한 단서를 얻게 될지도 모른다.

이 이야기는 "원시적"이라는 말이 마치 현상에 대한 설명인 양, 오리너구리를 원시적이라고 묘사하는 동물학자들을 꾸짖는 말로 시작했다. 그것은 기껏해야 묘사에 지나지 않는다. 원시적이라는 말은 "조상을 닮은"이라는 의미이며, 오리너구리는 많은 측면에서 그러한 묘사에 잘 들어맞는다. 부리와 침은 흥미로운 예외이다. 그러나 이 이야기에서 더욱 중요한 교훈은 모든 면에서 진정 원시적인 동물이라고 할지라도 그것이 원시적인 이유는 한 가지라는 것이다. 조상 형질들이 나름대로 생활방식에 적합하므로, 바꿀 이유가 전혀 없었기 때문이다. 리버풀 대학교의 아서 케인 교수가 즐겨 말하듯이, 동물이 그러는 데에는 다 이유가 있는 법이다.

별코두더지가 오리너구리에게 한 말

랑데부 12에서 다른 로라시아수류들과 합류한 별코두더지는 "오리너구리 이야기"를 흔적기관으로 남은 바늘구멍 같은 눈을 크게 뜨고 귀를 기울여 들었다. "맞아!" 그는 몸집이 더 큰 몇몇 순례자들에게 들릴 정도로 크게 꽤액 소리를 지르면서 흥분해서 삽 같은 손으로 박수를 쳤다. "딱 내 얘기야."

아니, 그렇지 않을 것이다. 나는 한 순례자가 다른 순례자들에게 하는 말만으로 한 절을 구성함으로써 초서를 본받고 싶었지만, 표제글과 첫 절만 그런 기준을 적용하고자 한다. 이제 내 스스로 이야기를 하는 방식으로 돌아가야겠다. 브루스 포글(『당신의 개가 수의사에게 물을 101가지 질문들』)이나 올리비어 저드슨(『모든 생물은 섹스를 한다』)이라면 그렇게 하지 않겠지만, 나로서는 남의 어투로 말하기가 쉽지가 않았다.

별코두더지는 북아메리카에서 사는 두더지이다. 이 두더지는 다른 두더지들과 마찬가지로 굴을 파서 벌레를 사냥할 뿐만 아니라, 물속에서도 먹이를 사냥하는 능숙한 수영 선수이다. 그래서인지 강둑 깊숙이 굴을 파놓곤 한다. 다른 두더지들보다 땅 위에서 더 잘 지내지만, 그럼에도 축축하고 젖은 장소를 좋아한다. 다른 두더지들처럼 손이 삽같이 크다.

이 두더지가 다른 두더지들과 다른 점은 이름의 연원이 된 특이한 코이다. 앞으로 향한 두 콧구멍을 중심으로 22개의 어린 말미잘 같은 살집 있는 촉수들이 원형으로 달렸다. 이 촉수들은 무엇인가를 움켜쥐는 용도로 쓰이는 것이 아니다. 또 우리는 그것이 후각에 도움을 주지 않을까 하는 가설을 떠올릴 수 있지만, 그것도 아니다. 이 절의 앞부분에서 오리너구리 이야기를 했지만, 그 촉수들은 오리너구리의 부리와 달리 전기 레이더도 아니다. 그것의 진정한 용도는 테네시 주 밴더빌트 대학교의 케니스 캐

우리의 상상 이상으로 발전한 촉각 별코두더지를 정면에서 본 모습.

터니아와 존 카스의 연구를 통해서 명쾌하게 규명되었다. 아주 예민한 인간의 손과 마찬가지로 그 별은 촉각기관이다. 손과 달리 움켜쥐는 기능이 없는 대신 아주 민감하다. 그저 그런 평범한 촉각기관이 아니다. 별코두더지는 촉각을 우리가 상상하는 것 이상으로 발전시켰다. 그 코의 피부는 인간의 손뿐만 아니라, 포유동물의 어떤 피부 부위보다도 더 예민하다.

각 콧구멍 주위에는 11개의 촉수가 원을 그리며 나 있고, 각각 1–11번까지 번호가 붙어 있다. 11번 촉수는 중심선에 가까이 있으며, 잠시 뒤에 살펴보겠지만 콧구멍보다 더 낮은 위치에 있다는 점에서 특별하다. 이 촉수들은 움켜쥐는 데에는 쓰이지 않지만, 하나씩 또는 몇 개씩 무리를 지어 움직일 수 있다. 각 촉수의 표면에는 아이머 기관 (Eimer's Organ)이라는 자그마한 둥근 돌기들이 규칙적으로 배열되어 있다. 각 돌기는 촉각의 기본 단위이며, 그 안에는 7개(11번 촉수)에서 4개(다른 대다수 촉수들)의 신경섬유가 분포해 있다.

아이머 기관은 모든 촉수에 같은 밀도로 들어 있다. 작은 11번 촉수는 그 기관의 수가 더 적지만, 하나하나에 들어가는 신경이 더 많다. 캐터니아와 카스는 촉수들을 뇌에 투영함으로써 지도를 그릴 수 있었다. 그들은 대뇌피질에서 독립된 촉수 지도를 (적어도) 2개 발견했다. 이 2개의 뇌 영역에서 각 촉수에 상응하는 부위를 차례로 살펴보자. 여기에서도 11번 촉수는 특별하다. 그것은 다른 촉수들보다 더 민감하다. 일단 어느 촉수가 대상을 처음으로 탐지하면, 별코두더지는 몸을 움직여서 11번 촉수가 그 것을 자세히 살펴볼 수 있도록 한다. 그런 다음에야 그것을 먹을 것인지 말 것인지 결 정한다. 캐터니아와 카스는 11번 촉수를 별코의 "중심오목(fovea)"이라고 부른다.* 그 들은 더 일반적인 주장을 펼친다.

비록 별코두더지의 코가 촉감을 느끼는 피부 역할을 하지만, 별코두더지의 촉각체계와 다른 포유동물들의 시각체계 사이에는 해부학적 및 행동학적 유사성이 있다.

별코가 전기 감지기가 아니라면, 이 이야기를 시작할 때에 말한 오리너구리와는 어떤 공통점이 있을까? 캐터니아와 카스는 별코두더지 몸 표면의 각기 다른 부위들을 통제 하는 뇌 조직들의 상대적인 비율을 개념 모형으로 구축했다. 펜필드의 인체 모형과 페 티그루의 오리너구리 모형에 비유하면, 두더지 모형이다. 다음의 그림처럼 보인다!

별코두더지가 무엇을 중요시하는지 알 수 있다. 별코두더지의 세계가 어떠한지 감을 잡을 수 있다. 감이라는 말은 딱 들어맞는다. 이 동물은 코의 촉수들이 중심이 되고, 큰 삽인 손과 수염이 보조하는 촉각 세계에서 산다.

별코두더지가 된다는 것은 어떤 느낌일까? 나는 예전에 박쥐에 대해서 했던 이야기 를 별코두더지에 대해서도 하고 싶은 유혹을 느낀다. 박쥐는 소리의 세계에서 살지만, 그들이 귀를 통해서 하는 행동들은 제비 같은 곤충을 덮치는 새들이 눈으로 하는 행 동과 별반 다르지 않다. 양쪽 다 뇌는 장애물을 피하고 움직이는 작은 표적을 잡으면 서 고속으로 날 수 있도록 3차원 세계의 정신 모형을 구축해야 한다. 그 세계 모형의 구축과 갱신이 빛의 도움을 받든 메아리의 도움을 받든 간에, 모형 자체는 똑같아야 한다. 나는 박쥐가 제비나 사람이 빛을 이용하여 세계를 보는 것과 아주 흡사하게 세 계를 (메아리를 이용하여) "볼" 것이라고 추측했다.

심지어 나는 박쥐가 색깔을 듣는다고까지 추정했다. 우리가 지각하는 빛깔들을 반

---

* 중심오목은 인간의 망막 중앙에 있는 작은 부위로서, 원추세포들이 집중적으로 분포하고 있어서 선명함 과 색각이 최대인 곳이다. 우리는 책을 읽고, 서로의 얼굴을 인식하고, 세밀한 시각 식별을 필요로 하는 모든 일들을 중심오목을 통해서 한다.

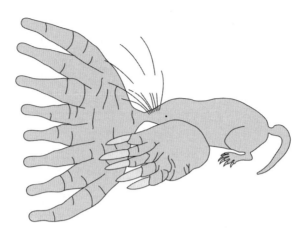

당신은 그것이 무엇을 중요시하는지 알 수 있다 별코두더지의 "두더지 모형" 뇌 지도. 11번 촉수 같은 일부는 뒤쪽에 가려져서 보이지 않는다는 점을 염두에 두자. 캐터니아와 카스[60].

드시 특정한 빛의 파장과 연관지을 필요는 없다. 내가 빨강이라고 부르는 감각(나의 빨강이 당신의 빨강과 똑같은 것인지는 아무도 모른다)은 긴 파장의 빛에 임의로 붙인 꼬리표이다. 그 말은 짧은 파장(파랑)에 쓸 수도 있었고, 내가 파랑이라고 부르는 감각을 긴 파장에 가져다붙일 수도 있었다. 뇌는 이 빛깔 감각들을 바깥 세계에 존재하는 무엇이든 간에 가장 편리한 것에 가져다붙일 수 있다. 박쥐의 뇌는 그 생생한 감각질(qualia)을 빛에 가져다붙여도 아무 소용이 없을 것이다. 박쥐는 그 꼬리표들을 아마 장애물이나 먹이의 표면 질감에 관한 특성을 지닌 메아리들에 사용할 가능성이 더 높다.

나는 별코두더지가 자신의 코로 "본다"고 짐작한다. 그리고 별코두더지가 우리가 색깔이라고 부르는 감각질을 촉각의 꼬리표로 사용할 것이라고 추측한다. 마찬가지로 나는 오리너구리가 부리로 "본다"고 추측하며, 색깔이라고 부르는 감각질을 전기 감각에 대한 내부 꼬리표로 사용한다고 말하고 싶다. 이것이 오리너구리가 부리로 전기 사냥을 할 때에 눈을 꼭 감는 이유가 될 수 있을까? 눈과 부리가 뇌에서 내부 감각질 꼬리표를 놓고 서로 경쟁하기 때문에, 그리고 두 감각을 동시에 사용하면 혼동이 일어나기 때문에 그런 것이 아닐까?

포유류형 파충류

단공류가 합류한 포유동물 순례자 무리 전체는 우리 자신보다 더 큰 순례자 무리인 석형류(사우롭시드, 용궁류, sauropsid), 즉 파충류 및 조류와 만날 랑데부 16까지 1억 4,000만 년이라는 기간을 거슬러올라간다. 이정표 사이의 거리로 따지면 가장 긴 구간 이다. 석형류는 육지에 방수가 되는 껍데기로 둘러싸인 큰 알을 낳는 거의 모든 척추 동물들을 의미한다. 나는 "거의"라는 말을 붙이지 않을 수 없다. 앞에서 우리와 합류 한 단공류도 그런 알을 낳으니 말이다. 심지어 다른 모든 측면들에서는 완전히 해양성 동물인 거북류도 알을 낳을 때에는 굳이 해변으로 올라온다. 장경룡도 그랬을지 모르 지만, 어룡은 후대의 동물인 돌고래와 마찬가지로 헤엄치는 데에 적합하도록 형태가 아주 특수하게 분화해서 해변으로 올라올 수 없었을 것 같다. 그들은 알이 아니라 새 끼를 낳는 방법을 독자적으로 발견했다. 출산 중인 어미의 화석들이 그렇다는 사실을 알려준다.

　나는 우리 순례자들이 이정표 하나 없이 1억4,000만 년을 걸었다고 말했는데, 물론 "이정표 없이"라는 말은 이 책에서 정한 관례상으로만 그렇다. 살아 있는 순례자들과 의 랑데부만을 이정표로 정했기 때문이다. 풍부한 "포유류형 파충류"의 화석 기록들에 따르면, 우리의 조상 계통은 그 기간에 왕성하게 진화적인 분지에 몰두했지만, 그 가 지들 중에서 살아남은 것이 없기 때문에 "랑데부"로 간주되지 않는다. 따라서 현재로 부터 출발할 순례자들을 대표할 존재들이 전혀 없다. 우리는 호미니드를 이야기할 때 에 비슷한 문제와 마주친 바 있다. 우리는 특정한 화석들에게 "그림자 순례자"라는 명 예 지위를 주기로 결정했다. 우리는 조상들을 찾아가는 순례자, 우리의 1억5,000만 대 선조가 어떻게 생겼는지 알고 싶어하는 순례자들이므로, 포유류형 파충류를 무시하 고 곧장 공조상 16으로 넘어갈 수가 없다. 곧 알게 되겠지만, 공조상 16은 도마뱀처럼 생겼다(화보 19 참조). 땃쥐처럼 생긴 공조상 15와의 격차가 너무 크기 때문에 우리는 둘 사이에 다리를 놓아야 한다. 비록 포유류형 파충류가 실제로 이야기를 하지는 못하겠지만, 우리는 그들을 우리의 행렬에 합류하는 살아 있는 순례자, 즉 그림자 순례자로 보아야 한다. 그러나 먼저 그 기간에 관한 약간의 배경지식이 필요하다. 너무 길기 때문이다.

랑데부 이정표가 없는 이 기간은 쥐라기의 절반, 트라이아스기 전체, 페름기 전체, 석탄기의 마지막 1,000만 년에 걸쳐 있다. 쥐라기를 지나 더 뜨겁고 더 메말랐던 트라이아스기의 세계—지구 역사상 가장 뜨거웠던 시기 중의 하나이며, 모든 땅덩어리들이 합쳐져서 판게아를 이루었다—로 거슬러올라갈 때, 우리는 모든 종의 4분의 3이 사라진 트라이아스기 말의 대량 멸종 시기를 지난다. 그러나 그 대멸종 사건은 트라이아스기에서 페름기로 넘어가던 시기에 일어난 격변에 비하면 아무것도 아니다. 페름기와 트라이아스기의 경계에서, 삼엽충 전부와 몇몇 주요 동물 집단들을 비롯하여 모든 종의 90퍼센트에 해당하는 엄청난 수의 생물들이 후손을 남기지 못하고 사라졌다. 더 정확히 말하면, 삼엽충은 이미 오래 전부터 쇠퇴하고 있었다. 그러나 페름기 말의 대멸종은 역사상 가장 파괴적인 사건이었다. 이 대멸종이 백악기의 대멸종과 마찬가지로 거대한 운석 충돌로 일어났음을 시사하는 증거들이 오스트레일리아에 남아 있다. 역사상 유일하게 곤충들까지도 심한 타격을 입었다. 바다에서는 바닥에 사는 생물들이 거의 사라졌다. 육지의 포유류형 파충류 중에서 노아는 리스트로사우루스(Lystrosaurus)였다. 땅딸막하고 꼬리가 짧은 리스트로사우루스는 대격변 직후에 텅 빈 생태 지위들을 빠르게 차지하면서 전 세계에서 급격히 늘어났다.

자연의 묵시록적 대학살에는 단련될 필요가 있다. 멸종은 거의 모든 종이 맞이할 궁극적인 운명이다. 아마 지금까지 존재했던 종들의 99퍼센트는 사라졌을 것이다. 그렇지만 100만 년당 멸종률은 일정하지 않으며, 드물게 "대량" 멸종에 해당한다고 임의로 설정한 값인 75퍼센트보다 더 높아지기도 한다. 대멸종은 멸종률이 배경 멸종률보다 높이 솟구치는 지점을 말한다.

다음의 그래프는 100만 년당 멸종률을 나타낸다.* 선이 삐죽 솟아오른 시기마다 어떤 좋지 않은 사건이 벌어졌다. 6,500만 년 전의 백악기-고제3기 대멸종 때에 공룡들

---

* 이 그래프의 멸종률은 75퍼센트보다 낮다. 종이 아니라 속을 표시했기 때문이다. 속에는 많은 종이 있어서 종보다 사라지기가 쉽지 않으므로, 속이 종보다 멸종률이 더 낮다.

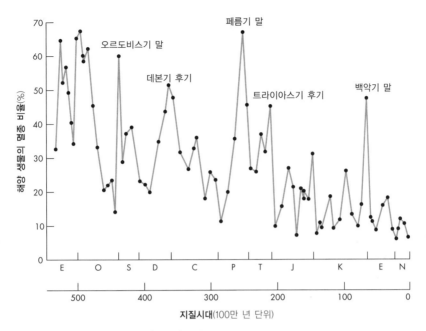

현생누대 동안의 해양 속들의 멸종률 셉코스키[382].

을 전멸시킨 거대한 천체 충돌 같은 한 차례의 대격변 사건이 대멸종의 원인일 수도 있다. 솟아오른 다섯 지점 중에서 지루하게 고통이 이어진 시기도 있었을 것이다. 그리고 현재 호모 사피엔스, 아니 나의 옛 독일어 선생님인 윌리엄 카트라이트가 즐겨 지칭했던 대로 호모 인시피엔스(*Homo insipiens*, 아둔한 인간)는 리처드 리키와 로저 르윈이 여섯 번째 멸종이라고 부른 것을 일으키고 있다.*

　포유류형 파충류로 들어가기 전에, 다소 지루하겠지만 용어 이야기를 하지 않을 수 없다. 파충류나 포유류 같은 용어들은 "분지군(clade)"을 가리킬 수도 있고 "단계군(grade)"을 가리킬 수도 있다. 둘은 서로 배타적이지 않다. 분지군은 한 조상과 그의 모든 후손들로 이루어진 동물들의 집합이다. "조류"는 좋은 분지군이다. 전통적으로 이해해온 "파충류"는 타당한 분지군이 아니다. 조류를 배제시키기 때문이다. 그래서 생물학자들은 파충류를 "측계통군(paraphyletic group)"이라고 본다. 파충류 중에는(한

---

* 카트라이트 선생님은 눈썹이 짙고 말투가 느린 분으로 대단히 강직한 성격이었는데, 환경운동이 널리 알려지기 전부터 이미 환경운동가였다. 그의 수업 시간은 생태학 수업이 되었다. 독일어 공부에는 해가 되었지만, 인성 교육에는 도움이 되었다.

예로 악어류) 다른 파충류(거북류)가 아니라 비파충류(조류)와 더 가까운 사촌간인 집단들도 있다. 그런 한편으로 모든 파충류는 어떤 공통점이 있다는 점에서, 분지군이 아니라 **단계군**에 속한다. 단계군은 어떤 점진적인 진화 추세에서 비슷한 단계에 도달한 동물들의 집합이다.

미국의 동물학자들이 선호하는 또 하나의 비공식적인 단계군이 있다. 바로 "양서파충류(herp)"이다. 양서파충류학(Herpetology)은 파충류(조류 제외)와 양서류를 연구하는 학문이다. "herp"는 특이한 단어이다. 그것은 풀어쓸 만한 긴 단어가 없는 약자이다. 이 단어는 그저 양서파충류학자가 연구하는 동물을 지칭한다. 특정한 동물을 정의한다는 측면에서 보면 대단히 서툰 방법이다. 그에 맞먹는 단어는 아마 성경에 나오는 "기어다니는 것(creeping thing)"밖에 없을 것이다.

어류도 또다른 단계군이다. "어류"는 상어, 멸종한 다양한 화석 집단들, 진골어류(송어나 민물꼬치고기 같은 경골어류), 실러캔스를 포함한다. 그러나 송어는 상어가 아니라 인간과 더 가깝다(또 실러캔스는 송어보다도 더 인간과 가깝다). 따라서 "어류"는 분지군이 아니다. 인간(그리고 모든 포유류, 조류, 파충류, 양서류)을 배제시키기 때문이다. 어류는 물고기처럼 생긴 동물들을 지칭하는 단계군이다. 단계군이라는 용어를 정확히 정의하기는 다소 불가능하다. 어룡과 돌고래는 물고기처럼 보이며, 먹으면 생선 맛이 날 가능성도 높지만, 그들은 어류 "단계군"의 일원에 포함되지 않는다. 그들은 어류가 아닌 조상들을 통해서 물고기다움을 **복원했기** 때문이다.

단계군이라는 용어는 진화를 공통의 출발점에서 평행선을 그리며 한 방향으로 점진적으로 행진하는 것이라고 확고히 믿는다면 잘 들어맞는다. 말하자면 유연관계에 있는 계통들 전체가 각자 독자적으로 양서류에서 파충류를 거쳐 포유류를 향해서 나란히 진화하고 있다고 생각한다면, 그들이 파충류 단계군을 거쳐 포유류 단계군으로 가는 중이라고 말할 수 있다. 나란한 행진 같은 것이 정말로 일어났을 수도 있다. 그것은 내가 존경하는 스승인 척추동물 고생물학자 해럴드 푸시가 나에게 물려준 관점이었다. 나는 오랫동안 그 관점을 고수했지만, 그것이 일반적으로 당연시되는 것도 아니며, 전문용어로 정의하여 간직할 만한 것도 아니다.

우리가 정반대의 입장에 서서 엄격한 분지론적 용어를 채택한다면, 파충류라는 단어는 조류를 포함해야만 구원을 받을 수 있다. 매디슨 형제가 창설한 권위 있는 "생명의 나무" 계획은 이 방식을 선호한다.* 그들의 방식을 따르든, "포유류형 파충류"를 "파충류형 포유류"로 대체한 전혀 다른 전술을 추구하든 간에 할 이야기는 많다. 그러나 파충류라는 단어에는 전통적인 의미가 너무나 깊이 배어 있어서 나는 당장 그것의 의미를 바꾸면 혼란이 일어나지 않을까 걱정스럽다. 게다가 엄격한 분지론적 결벽주의가 어이없는 결과를 낳을 때도 있다. 이런 식의 귀류법을 생각해보라. 공조상 16은 포유류 직계 후손과 도마뱀/공룡/악어 직계 후손을 가졌음이 분명하다. 처음에 두 후손은 틀림없이 서로 흡사했을 것이다. 사실 그들이 서로 잡종 교배를 하던 시절도 있었을 것이다. 그러나 엄격한 분지론자는 둘 중 하나는 석형류, 다른 하나는 포유동물이라고 부르자고 주장할 것이다. 다행히 우리는 실제로 그런 귀류법을 동원하는 경우가 적지만, 분지론 결벽주의자들이 너무 앞서가기 시작할 때면 그런 가상의 사례를 인용하는 것이 좋다.

우리는 포유류가 공룡의 후계자라는 생각에 너무나 익숙해서, 포유류형 파충류가 공룡이 등장하기 이전에 번성했다는 사실을 알면 놀랄지도 모른다. 그들은 나중에 공룡들, 그보다 훨씬 더 뒤에 다시 포유류가 차지한 것과 똑같은 다양한 생태 지위들을 차지했다. 사실상 그들은 몇 번의 대멸종을 맞이했기 때문에, 그 생태 지위들을 차지한 것이 한 번이 아니라 서너 번이었다. 살아 있는 순례자들과의 랑데부라는 이정표가 없으므로, 나는 공조상 15(우리와 단공류를 통합하는 땃쥐처럼 생긴 존재)와 공조상 16(우리와 조류 및 공룡을 통합하는 도마뱀처럼 생긴 존재) 사이의 틈새를 잇는 3개의 그림자 이정표들을 허용하고자 한다. 내 동료인 톰 켐프는 포유류형 파충류에 관한 손꼽히는 전문가이며, 이 책에 실린 파충류의 관계를 다룬 그림들은 그에게서 빌려왔다.

당신의 1억5,000만 대 선조는 트리낙소돈(*Thrinaxodon*)과 어딘가 닮았을지도 모른다. 트리낙소돈은 트라이아스기 중기에 살았고, 아프리카와 남극대륙에서 화석들이 발견되었다. 두 대륙은 나중에 곤드와나에 합쳐졌다. 트리낙소돈 자신이나 우리가 발견한 어떤 특정한 화석을 우리의 선조라고 보는 것은 너무 큰 바람일 것이다. 모든 화

* 이 탁월한 자료는 http://tolweb.org/에 꾸준히 갱신되고 있다. 하지만 안타깝게도 예전에 있던 흔쾌한 포기 선언을 지금은 찾아볼 수 없다. "이 나무는 자라는 중입니다. 인내를 가지세요. 진짜 나무는 자라는 데에 30억 년이 넘게 걸렸으니까요."

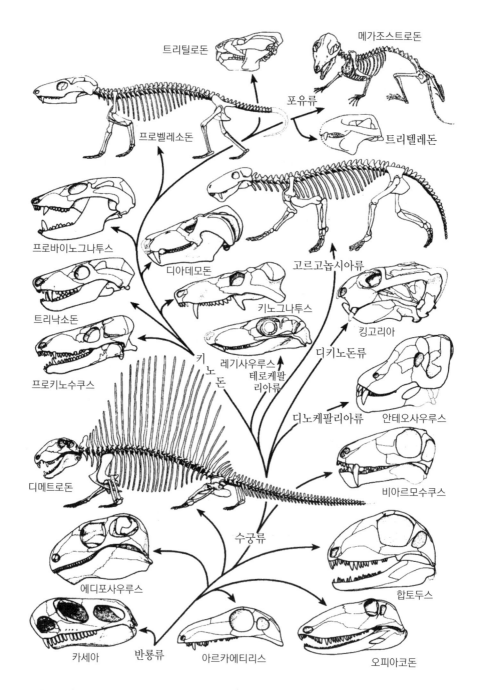

트리틸로돈

메가조스트로돈

포유류

프로벨레소돈

트리텔레돈

프로바이노그나투스

디아데모돈

고르고놉시아류

트리낙소돈

키노그나투스

킹고리아

프로키노수쿠스

키노돈

레기사우루스
테로케팔
리아류

디키노돈류

디메트로돈

디노케팔리아류

안테오사우루스

비아르모수쿠스

에디포사우루스

수궁류

합토두스

카세아

반룡류

아르카에티리스

오피아코돈

공룡 이전 포유류형 파충류들의 계통 발생관계. 톰 켐프[218].

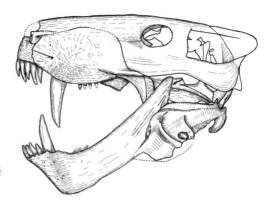

이들이 당신의 1억6,000만 대 선조를 먹었을
까? 고르고놉시아의 두개골. 톰 켐프 그림.

석들이 그렇듯이, 트리낙소돈도 우리의 조상이 아니라 조상의 사촌이라고 보아야 한
다. 그들은 키노돈이라는 포유류형 파충류에 속했다. 키노돈은 포유류와 너무나 흡사
하기 때문에 아예 포유동물이라고 부르고 싶어진다. 그들을 무엇이라고 부르든 누가
신경이나 쓰겠는가? 그들은 거의 완벽한 중간 존재이다. 진화가 일어난다는 점에서 키
노돈 같은 중간 존재가 없다면 오히려 그것이 더 이상하겠지만 말이다.

키노돈은 수궁류(獸弓類, therapsid)라는 더 이전의 포유류형 파충류에서 분화한 서
너 집단 중 하나였다. 당신의 1억6,000만 대 선조는 아마 페름기에 살던 수궁류였겠지
만, 이를 대변할 특정한 화석을 고르기는 쉽지 않다. 수궁류는 공룡이 등장하는 트라
이아스기 이전에, 심지어는 공룡에게 자리를 넘겨준 트라이아스기까지도 육상 직업들
을 거의 독차지했다. 그들 중에는 길이가 3미터나 되는 초식동물들과 그들을 먹는 크
고 사나웠을 육식동물들도 있었다. 그들 중에서 고르고놉시아류(위의 그림)는 검치 고
양이류나 그 뒤의 검치 유대류를 생각나게 하는 무시무시한 송곳니를 가지고 있었다.
우리의 수궁류 조상은 아마 더 작고 미미한 존재였을 것이다. 이 송곳니가 난 고르고
놉시아류처럼 크고 분화한 동물들이나 그들의 먹이가 된 커다란 초식동물들은 진화
적으로 긴 미래를 기약하지 못하고 멸종의 운명을 맞는 99퍼센트에 드는 것이 규칙인
듯하다. 노아 종, 즉 우리 같은 모든 동물들을 후손으로 남긴 1퍼센트는 더 작고 눈에
잘 띄지 않는 존재인 경향이 있다. 우리 자신이 현재 크고 놀라운 존재인지 여부와 무
관하게 말이다.

초기 수궁류는 후계자인 키노돈에 비해서 포유동물과 약간 덜 비슷했지만, 선임자

인 반룡류(pelycosaurs)에 비해서는 포유동물을 더 닮았다. 반룡류는 포유동물을 닮은 파충류의 초기 방산 형태였다. 수궁류 이전, 즉 당신의 1억6,500만 대 선조는 반룡류였음이 거의 확실하다. 다시 말하지만, 어느 특정한 화석을 골라 그 영예를 부여하려는 시도는 무모하다. 반룡류는 포유류형 파충류 중 맨 처음에 등장했다. 그들은 대규모 탄전(炭田)이 형성된 석탄기에 번성했다. 반룡류 중 가장 잘 알려진 디메트로돈은 등에 거대한 돛을 달고 있었다. 디메트로돈이 그 돛을 어디에 썼는지는 아무도 모른다. 근육을 움직일 수 있도록 체온을 올리는 데에 도움을 주는 태양전지판이자, 너무 더울 때에 체온을 떨어뜨리는 방열기였을지도 모른다. 혹은 공작의 꼬리에 상응하는 성적 광고물이었을 수도 있다. 반룡류는 페름기 동안에 거의 사라졌다. 두 번째로 등장한 포유류형 파충류인 수궁류의 조상이 된 노아 반룡류를 제외하고 전부 말이다. 그 뒤로 수궁류는 트라이아스기의 초반을 "페름기 말에 사라진 체형들의 상당 부분을 재발명하는" 데에 소비했다.*

반룡류는 수궁류에 비해서 포유동물을 덜 닮았으며, 후자는 키노돈에 비하면 포유동물을 덜 닮았다. 예를 들면 반룡류는 도마뱀처럼 다리를 옆으로 벌린 채 배를 깔고 돌아다녔다. 그들은 아마 물고기처럼 꾸불거리며 걸었을 것이다. 수궁류와 그 뒤의 키노돈, 그리고 포유류는 땅에서 점진적으로 배를 더 높이 들어올렸다. 다리는 점점 더 수직으로 섰고, 걸음걸이도 육지로 올라온 물고기 같은 자세에서 점점 벗어났다. 나중에 포유류의 입장에서 생각했을 때에야 진보적이라고 여겨질 다른 "포유류화" 경향들도 있다. 아래턱은 (랑데부 15에서 말했듯이) 다른 뼈들이 귀로 징집됨에 따라 하나의 뼈, 즉 치골만 남게 되었다. 비록 화석들이 그다지 상세한 도움을 주지는 못하지만, 어떤 시점에서 우리 조상들은 털과 온도 조절장치, 젖과 고도의 육아 습성, 각기 다른 목적에 쓰이도록 분화한 복합적인 이빨을 발달시켰다.

나는 포유류형 파충류 조상들, 즉 "그림자 순례자들"의 진화를 반룡류, 수궁류, 키노돈류라는 3개의 큰 물결을 통해서 다루었다. 포유류 자체는 네 번째 물결이지만, 그 물결이 우리에게 익숙한 여러 생태형들이 되어 진화적으로 밀려온 것은 그로부터 1억 5,000만 년이 지난 뒤였다. 우선 공룡들이 사라져야 했고, 그들이 사라지기까지 걸린

---

* 이 멋진 구절은 A. 핼럼과 P. B. 위그널의 『대량 멸종과 그 후(Mass Extinctions and Their Aftermath)』에서 따온 것이다.

기간은 포유류형 파충류들이 세 차례에 걸쳐 물결로 밀려온 기간들을 더한 것보다 2배나 더 길었다.

거슬러올라가는 우리의 행진에서, 세 "그림자 순례자" 집단 중에서 가장 오래된 존재는 우리를 도마뱀을 닮은 반룡류 "노아," 즉 우리의 1억6,500만 대 선조에게로 데려간다. 그 노아는 약 3억 년 전인 트라이아스기에 살았다. 이제 랑데부 16에 거의 다 왔다.

석형류

공조상 16은 우리의 약 1억7,000만 대 선조로서 언뜻 보면 도마뱀과 조금 비슷하다 (화보 19), 석탄기의 후반기인 3억2,000만여 년 전에 살았다. 열대는 인목류(moss trees, 석탄의 주요 원천)로 뒤덮인 드넓은 습지였고, 남극 지방은 넓은 빙원으로 뒤덮였던 시기였다. 이 랑데부에서 대규모의 새로운 순례자 무리가 우리와 합류한다. 석형류 (sauropsid)가 그들이다. 석형류는 우리가 순례길에서 마주칠 새로운 순례자들 중에서 가장 큰 무리이다. 공조상 16이 살았던 시대 이후의 기간은 대부분의 석형류가 공룡의 형태로 지구를 지배했다. 심지어 공룡이 사라진 지금도 포유류보다 4배 가까이 넘는 석형류 종들이 살고 있다. 랑데부 16에서 약 5,500종의 포유류 순례자들은 조류와 악어, 뱀, 도마뱀, 거북, 옛도마뱀 등 2만 종의 석형류와 만난다. 그들은 육상 척추동물 순례자들의 주요 집단이다. 그럼에도 우리가 그들에게가 아니라, 그들이 우리에게 합류한다고 보는 이유는 그저 우리가 인간의 눈을 통해서 여행을 한다고 임의로 선택했기 때문이다.

석형류의 관점에서 볼 때, 이 순례자들은 규모가 거의 비슷한 두 무리로 이루어진다. 도마뱀처럼 생긴 파충류인 인용류(lepidosaurs)와 공룡처럼 생긴 파충류인 조룡류 (archosaurs)이다.

도마뱀형 파충류에 속한 현생 동물은 1만 종에 조금 못 미친다. 이구아나류, 코모도왕도마뱀류, 뱀류, 장지뱀류, 도마뱀류, 도마뱀붙이류, 투아타라류 등이 속한다. 그 옆에는 멸종한 두세 종류의 해양 집단이 있다. 모사사우루스류와 플레시오사우루스류 (장경룡류)가 그러하며, 아마 어룡류(익티오사우루스류)도 포함될 것이다. 이 세 집단은 각자 독자적으로 바다로 돌아갔다. 그리고 가장 거대한 육식성 공룡보다도 더욱 몸집이 큰 무시무시한 포식자들도 독자적으로 낳았다.

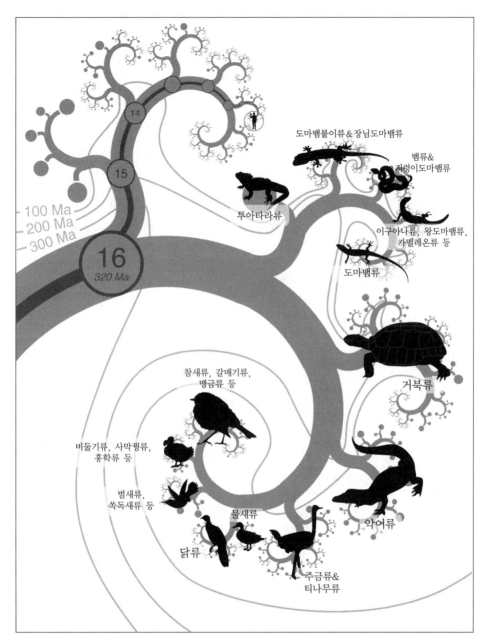

도마뱀붙이류&장님도마뱀류

뱀류&
지렁이도마뱀류

이구아나류, 왕도마뱀류,
카멜레온류 등

투아타라류

도마뱀류

14

15

16
320 Ma

100 Ma
200 Ma
300 Ma

거북류

참새류, 갈매기류,
맹금류 등

비둘기류, 사막꿩류,
홍학류 등

벌새류,
쏙독새류 등

물새류

악어류

닭류

주금류&
티나무류

파충류(조류 포함)의 합류 육상 척추동물의 진화에서 돌파구가 된 것은 **양막(amnion)**, 즉 방수가 되면서 호흡은 할 수 있는 알의 막이었다. 이 "유양막류"의 초기 분화 계통들 중 둘이 현재까지 살아남았다. 여기서 우리와 합류하는 단궁류(포유류로 대변되는)와 석형류(현생 "파충류"와 조류 2만 종)이다. 여기에 실린 계통도는 상당히 확정된 것이다. 거북(전에는 석형류 계통수에서 가장 먼저 갈라졌다고 생각했지만, 지금은 아니다)과 최초로 갈라진 도마뱀류의 위치는 아직 논란이 있다.

공룡 자체는 석형류의 주된 가지 중 하나인 조룡류에 속한다. 현재 이 가지에는 1만 종에 달하는 조류가 주류를 이루고 있지만, 악어류와 (논란의 여지가 있기는 하지만) 거북류도 포함된다. 이 가지에서 멸종한 형태 중에는 당연히 공룡도 포함되고, 익룡 같은 주요 집단들이 더 있다. "멸종한"이라는 단어는 의미를 한정해야 한다. 어느 초등학생이든 금방 말하겠지만, 공룡은 완전히 사라진 것이 결코 아니기 때문이다. 사실 공룡은 모든 육상(아니 "공중"이라고 해야 할 것이다) 척추동물 중 가장 성공한 집단이 되었다. 조류는 용반류(saurichia)라는 목에서 파생된 집단이다. 티라노사우루스와 새로 복권된 브론토사우루스 같은 용반목 공룡들은 이구아노돈, 트리케라톱스, 오리 주둥이를 지닌 하드로사우루스 등이 포함된 이름이 잘못 붙여진 다른 주요 공룡 집단인 조반목(ornithischia)이 아니라 조류에 더 가깝다.*

조류와 용반목 공룡의 관계는 최근에 중국에서 깃털 달린 공룡이라는 놀라운 화석이 발견됨으로써 확고해졌다. 티라노사우루스는 식물을 먹는 대형 용각류인 디플로도쿠스와 브라키오사우루스 등 다른 용반류가 아니라 조류와 더 가까운 사촌이다.

따라서 이들은 석형류 순례자들, 거북, 도마뱀과 뱀, 악어, 조류, 그리고 대규모 그림자 순례자들로 이루어진다. 그림자 순례자들은 공중의 익룡, 물속의 어룡과 장경룡과 모사사우루스, 그리고 육지의 모든 공룡들이다. 이 책은 현재로부터 길을 떠난 순례자들에게 초점을 맞추므로, 공룡을 상세히 다룬다는 것은 부적절하다. 그러나 그들은 오랫동안 지구를 지배했고, 그들을 매장시킨 잔인한, 아니 무심한 운석이 없었더라면 아마 지금까지도 지배하고 있었을 것이다. 따라서 그들을 무심하게 대한다면 더욱 잔인한 짓을 저지르는 셈이다.** 그들은 독특한 방식으로 살아남았다. 조류라는 특별하고도 멋진 방식으로 말이다. 그래서 우리는 네 가지 조류의 이야기에 귀를 기울임으로써 그들에게 경의를 표할 것이다. 그러나 먼저 『인 메모리엄』에 실린 셸리의 유명한 시 "공룡에게 바치는 노래"를 들어보자.

나는 고대의 땅에서 한 여행자를 만났네

---

* Ornithischia는 "새의 궁둥이"라는 의미인데, 그런 유사성은 피상적이며 뚜렷하지도 않다.
** 공룡들에게 찬사를 보낸 책들이 있다. 데이비드 노먼의 『공룡!(Dinosaur!)』, 로버트 배커의 『공룡 이단설들(The Dinosaur Heresies)』이 대표적이며, 로버트 매시가 재미있게 쓴 『공룡을 살리는 법(How to Keep Dinosaurs)』이라는 책도 잊지 말도록.

그는 말했지. 사막에 기둥 없는 두 개의 거대한 돌다리가 서 있다고.

근처 모래 위에 부서진 얼굴이 반쯤 묻혀 있지,

찌푸린 표정과 일그러진 입술과 차가운 명령조의 냉소는

조각가가 그들의 열정을 잘 읽었음을 말해주지,

그들을 깎은 손과 그들에게 담은 마음이

이 생명 없는 것들에 새겨진 채 아직 살아 있네,

그리고 받침대에는 이런 말이 새겨져 있지,

"내 이름은 오지만디어스, 왕 중의 왕.

너희여, 내 업적을 보라, 그리고 절망하라!"

그 옆에는 아무것도 남아 있지 않지.

그 거대한 잔해의 부스러기들 주위로는

헐벗고 쓸쓸하고 평탄한 사막이 끝없이 펼쳐져 있네.

용암도마뱀 이야기*

런던 자연사 박물관의 한 안내인은 한 공룡 앞에서 그 공룡이 70,000,008년 된 것이라고 장담을 했다. 어떻게 그렇게 정확히 말할 수 있느냐고 묻자, 그는 대답했다. "제가 이 일을 시작했을 때 7,000만 년 전이라고 했으니까요. 그게 8년 전이거든요." 갈라파고스 제도의 산티아고 화산이 정확히 언제 분출했는지 기록은 없지만, 1900년경의 어느 해, 어느 날에 일어난 것은 분명하다. 그 날짜를 SV일(Santiago volcano day, 산티아고 화산 분출일)이라고 하자. 비록 정확한 날짜가 중요한 것은 아니지만, 박물관 안내인처럼 정확한 양 보일 필요가 있겠다. 아마 2005년 1월에 내가 그 섬에 들른 날보다 100년 하고도 8년이 더 앞선 1897년 1월 19일이었을 것이다.

SV일은 19세기 말의 어느 하루, 세계의 어딘가에서 특정한 시각에 누군가의 할아버지가 태어난 날이었다. 그리고 또다른 누군가가 사망한 날이기도 했다. 콧수염을 기르고 밀짚모자를 쓴 젊은이가 진정한 사랑을 처음 만나서 삶이 영구히 바뀐 날이

---

* 나는 2005년 1월 비글 호라는 배를 타고 갈라파고스 해역을 돌면서 「가디언」지에 실을 글을 3편 썼는데, 이 이야기도 그중 하나이다.

기도 했다. 그 이전의 모든 날들이 그러했듯이, 그 날도 유일한 날이었다. 매 순간이 그러했다. 또 1월에 내가 용암도마뱀인 미크롤로푸스 알베마를렌시스(*Microlophus albemarlensis*)와 함께 걷던 용암 벌판을 만든 산티아고 화산 대폭발이 일어난 날이기도 했다. 비록 그들의 위장술이 뛰어나서, 나는 그들이 움직일 때에만 알아차렸지만 말이다(화보 18 참조).

용암도마뱀은 쨍쨍 울리는 소리가 나는 이 헐벗은 검은 암석 벌판을 돌아다니는 거의 유일한 동물이다. 그리고 그렇게 돌아다닐 때, 바깥쪽으로 벌어진 그들의 손은 과거 시대의 지문을 느낀다. 비록 그들은 알아차리지 못하겠지만 말이다. 잠깐, 지문이라고? 과거 시대라고? 바로 그것이 "용암도마뱀 이야기"의 주제이다.

산티아고는 갈라파고스 제도에서 1835년에 찰스 다윈이 상륙한 네 곳의 섬들 중 하나이자, 얼마간 체류했던 유일한 섬이기도 하다. 피츠로이 선장이 식수를 구하러 비글호를 타고 떠난 일주일 동안 야영을 하면서 지냈기 때문이다. 다윈은 그 섬을 제임스라고 알고 있었다. 그와 동료들은 모든 섬에 영어 이름을 붙였다. 채텀, 후드, 앨버말, 인디패티거블, 배링턴, 찰스, 제임스 하는 식으로 각자에게 뭔가를 떠올리게 하는 이름을 붙였다. 그를 비롯한 소규모 야영대는 텐트를 칠 만한 평평한 곳을 찾을 수가 없자, 육지이구아나들을 잡아서 바닥에 두껍게 깔았다. 오늘날 산티아고에는 육지이구아나가 전혀 없다. 야생화한 개, 돼지와 쥐가 그들을 전멸시켰다. 다행히 이 상징적인 제도의 다른 섬들에는 아직 육지이구아나가 많이 있으며, 그들의 가까운 친척인 바다이구아나도 산티아고를 포함한 모든 주요 섬들에 우글거린다.

산티아고의 검은 용암 벌판은 잊지 못할—거의 형언할 수 없는—장관을 펼친다. 바다이구아나 암컷처럼 검은(물론 이 직유법은 사실 반대 방향으로 써야 하지만) 이 암석은 밧줄 용암(rope lava)이라고 하는데, 직접 보면 이유를 금방 알 수 있다. 비틀린 밧줄과 주름이 늘어지고 땋이고, 검은 실크 드레스처럼 주름이 잡히고, 거대한 지문처럼 말리고 소용돌이치는 모양이 가득하다. 그렇다, 지문이다. 그리고 바로 그 지문이 이 이야기의 요점으로 이끈다. 산티아고의 검은 용암 위를 달려갈 때, 용암도마뱀은 다윈의 세기가 끝날 무렵의 어느 특정한 날에 매순간 분출됨으로써 그날 하루, 즉 산티아고 화산 분출일의 매순간을 담으면서 잇달아 일어난 개별 분출 사건들이 펼친 역사의 지문들을 밟고 간다.

100여 년 전의 어느 특정한 날에 매순간 일어났던 사건들의 역사가 이렇게 온전히 눈앞에 펼쳐지는 사례는 많지 않다. 화석은 같은 일을 하기는 해도, 훨씬 더 긴 기간에 걸쳐 있다. 게다가 화석의 분자는 죽은 동물의 원래 분자가 아니다. 메리 리키가 라에톨리에서 발견한 것과 같은 흔적 화석도 이 사례와는 다르다. 라에톨리 화석이 오스트랄로피테쿠스 아파렌시스(침팬지의 뇌에 인간의 다리로 돌아다닌 작은 원인) 두 명—아마도 부부였을—이 함께 걸었던 그 특정한 시기에 발을 정확히 어디에 디뎠는지를 보여준다는 것은 분명하다. 어떤 의미에서 그 발자국은 얼어붙은 역사이지만, 오늘 당신이 보는 그 암석은 당시의 것이 아니다. 그 부부는 막 쌓인 화산재 위를 걸었고, 그 화산재는 수천 년이 흐르는 동안 굳고 눌려서 암석이 되었다. 반면에 산티아고의 용암 밧줄과 주름, 즉 거인의 지문은 겨우 한 세기 전에 그 지점에서 동결된 바로 그 분자들로 이루어져 있다. 그리고 각각의 독특한 밧줄과 주름이 깔린 시간은 초 단위이다.

"삼나무 이야기"에서 살펴보겠지만, 나이테는 연 단위로 같은 일을 한다. 용암 지문을 이루는 소용돌이들은 매초마다 쌓인 반면, 화석은 수백만 년에 걸쳐 쌓이고, 나이테는 정확히 해마다 새겨진다. 굵은 나이테나 가는 나이테는 그해에 생장이 잘 또는 덜 일어났는지를 나타내며, 6년 정도면 좋은 해와 나쁜 해의 독특한 패턴이 새겨지므로 그 패턴을 특정한 몇 년간을 알려주는 표지로 삼을 수 있다. 그 표지는 여러 나무들에서 똑같이 나타난다. 나이든 나무와 젊은 나무에서 그런 동일한 지문이 나타나므로, 고고학자들은 나이테를 세고 점점 더 오래된 나무의 잔해들에 있는 나이테의 패턴들을 연결함으로써, 가장 수명이 긴 나무보다도 더 오래된 나이테 지문들의 목록을 작성할 수 있다.

"삼나무 이야기"에서도 설명하겠지만, 해저에 깔린 퇴적층들의 패턴으로도 비슷한 일을 할 수 있다. 심해저 시추관으로 진흙 코어를 채취하면 그런 패턴이 보인다. 그리고 더 길게 수억 년에 걸친, 이름이 붙여진 지질시대의 지층들도 나름대로 시간의 지문 역할을 한다. 산티아고 섬의 용암 벌판에서 아주 놀라운 점은 이 지문이 우리 인간이 살아가는 초 단위의 시간, 음악의 음이 들리는 시간 단위, 화가가 붓질하는 시간 단위, 일상적인 행위와 사고 흐름의 시간 단위에서 펼쳐진다는 것이다.

그것이 바로 초현실적인 경관을 대하는 현실적인 사고방식이다. 그리고 갈라파고스 제도에는 초현실주의 화가의 화폭에서 곧바로 튀어나온 듯한 이미지들이 가득하다.

산타페(다윈의 배링턴) 섬 앞바다의 작은 사막 섬은 야자수 대신에 거대한 선인장이 있다는 점을 빼면 『로빈슨 크루소』의 프라이데이에게 어울리는 듯하다. 애리조나 사막을 푸른 바다에 옮겨놓은 듯하다. 그 어떤 초현실주의 화가의 그림보다도 더 초현실적인 경관이다. 그리고 그 애리조나 사막에 바다사자는 왜 있는 것일까? 생경한 분홍색의 홍학, 적도의 펭귄, 무력한 짧은 날개를 말리겠다고 열심히 파닥거리는 날지 못하는 가마우지는? 내가 노스시모어 섬에서 스노클링을 하면서, 본 커다란 넙치는 진짜 살바도르 달리의 그림 같았다. 우리의 뛰어난 에콰도르인 안내인 발렌티나가 우아하게 잠수를 하여 내게 알려주지 않았다면, 달걀 모양의 양탄자처럼 미끄러지면서 산호에 맞추어 색깔을 바꾸는 그 동물을 알아차리지 못했을 것이다. 나중에 아내가 그 넙치를 달리의 그림에 나오는 구부러져 흘러내리는 시계에 비교했을 때에야 나는 무릎을 쳤다. 그리고 구부러진 시계가 있는 그 그림의 이름이 "기억의 지속"이 아니었던가? 갈라파고스 용암도마뱀이 쪼르르 달려가는 산티아고 용암 벌판의 풍경화 제목으로도 나쁘지 않다.

적절한 곳을 찾아가서 적절한 방식으로 본다면, 현실은 초현실주의 화가의 상상을 초월하는 더 기이한 모습을 띨 수 있다. 다윈이 이 매혹적인 제도에서 영감을 얻은 것도 결코 놀랍지 않다.

갈라파고스핀치 이야기의 서문

　　　　　　……쓸쓸하고 평탄한 사막이 끝없이 펼쳐져 있네.

고대는 인간의 상상력을 위축시키며, 지질시대의 규모는 시인이나 고고학자의 이해 범위를 훨씬 넘어서므로 우리에게 불안감을 줄 수 있다. 지질학적 시간은 인간에게 친숙한 생활과 역사적 시간 단위에 비해서만 큰 것이 아니라 진화 자체의 시간 단위로 볼 때도 크다. 다윈 당대의 비판가들도 놀랐을 것이다. 그들은 자연선택 이론이 말하는 변화가 일어날 만한 시간이 충분하지 않다고 비판했기 때문이다. 현재 우리는 오히려 정반대임을 알고 있다. 시간이 너무나 많았다는 것을 말이다! 짧은 기간의 진화 속도를 측정한 뒤에 그것을 이를테면 100만 년까지 확대 추정한다면, 진화적 변화는 실제보다 훨씬 더 폭넓게 나타난다. 따라서 진화는 전체 기간 중 상당 시간 동안 정체 상태에 있었던 것이 분명해 보인다. 정체가 없었다면, 장기적으로 어떤 경향들이 보일지라도 단기적으로는 이리저리 방황하며 요동을 일으켰을 수 있다.

다양한 증거들과 이론적인 계산 결과들은 모두 다음과 같은 결론을 가리킨다. 다윈의 선택을 인위적으로 가능한 한 강하게 가하면, 우리가 자연에서 목격하는 것보다 훨씬 더 빠른 속도로 진화적 변화가 추진될 수 있다는 것이다. 더 자세히 살펴보기 위해서, 우리 조상들이 스스로 무엇을 하고 있는지 완전히 이해했든 이해하지 못했든 간에, 오랜 세월 가축과 작물을 선택적으로 교배했다는 다행스런 사실을 이용하기로 하자("농부 이야기" 참조). 이 놀라운 진화적 변화들은 고작 몇 세기, 기껏해야 1,000년 내에 이루어진 것들이다. 우리가 화석 기록에서 측정할 수 있는 가장 빠른 진화적 변화들보다도 훨씬 더 빠르다. 찰스 다윈이 자신의 저서들에서 가축화에 많은 지면을 할애한 것도 놀랄 일이 아니다.

우리는 더 통제된 조건하에서 동일한 **실험**을 할 수 있다. 자연에 관한 가설을 가장 직접적으로 검증하는 방법은 실험이며, 가설이 말하는 자연의 핵심 요소들을 실험을 통해서 세심하게 인위적으로 모방할 수 있다. 가령 식물이 질산염이 든 토양에서 더 잘 자란다는 가설을 세웠을 때, 당신은 그냥 토양을 분석하여 질산염이 있는지 알아보는 실험을 하지는 않는다. 일부 토양에만 실험적으로 질산염을 **첨가한다**. 다윈 선택을 가하는 것이다. 그것은 오랜 세대에 걸친 작위적인 선택이 생물의 평균 모습에 체계적인 변화를 일으킨다는, 자연에 관한 가설이다. 그렇다면 작위적인 선택을 통해서 원하는 방향으로 진화를 촉진하는 것도 실험을 통한 검증이 된다. 그것이 바로 인위선택이다. 가장 산뜻한 실험은 두 계통이 같은 출발점에서 반대 방향으로 나아가도록 동시에 선택을 가하는 것이다. 이를테면 더 큰 동물을 만드는 계통과 더 작은 동물을 만드는 계통을 택하는 것이다. 당신이 늙어 죽기 전에 적절한 결과를 얻고 싶다면, 당신보다 생활사가 더 빠른 생물을 선택해야 한다.

초파리와 생쥐는 우리와 달리 한 세대가 수십 년이 아니라 각각 몇 주일과 몇 개월 단위이다. 한 실험은 초파리를 두 "계통"으로 나누어서 한 계통은 몇 세대에 걸쳐 빛을 향해 날아가는 성향을 가지도록 교배시켰다. 각 세대에서 빛을 가장 좋아하는 개체들을 교배시킨 것이다. 다른 계통은 같은 세대만큼 정반대 방향으로, 즉 빛을 꺼리는 경향을 가지도록 체계적으로 교배시켰다. 그러자 단 20세대 만에 양쪽 계통에서 극적인 진화적 변화가 이루어졌다. 그런 분화가 같은 속도로 영구히 계속될까? 아니, 이용할 수 있는 유전적 변이가 결국 고갈될 것이므로 우리는 새로운 돌연변이를 기다려야 할 것이다. 그러나 그런 상황이 벌어지기 전에, 꽤 많은 변이가 나타날 수 있다.

옥수수는 초파리보다 한 세대가 더 길다. 1896년에 일리노이 주 농업 연구소는 옥수수 낟알의 기름 함량을 변화시키는 교배 실험을 시작했다. "고함량 계통"에서는 기름 함량을 증가시키는 쪽으로 선택이 가해졌고, 동시에 기름 함량을 낮추는 저함량 계통에서도 선택이 가해졌다. 다행히도 이 실험은 한 과학자가 정상적으로 연구할 수 있는 기간보다 훨씬 더 오랫동안 지속되었고, 그 덕분에 90여 세대에 걸친 변화를 파악할 수 있었다. 고함량 계통에서는 기름 함량이 거의 직선으로 증가했다. 저함량 계통에서는 기름 함량이 덜 급속하게 줄었지만, 그것은 아마 그래프의 바닥에 닿았기 때문일 것이다. 즉 기름 함량이 0보다 더 낮아질 수는 없다.

초파리 같은 실험 대상들을 이용한 비슷한 유형의 많은 실험들이 그렇듯이, 이 실험은 선택이 진화적 변화를 아주 빠르게 촉진시킬 힘이 있음을 보여준다. 옥수수 90세대나 초파리 20세대, 아니 코끼리 20세대라고 해도 실제 시간으로 바꾸면, 지질학적 시간과 비교할 때에 여전히 무시할 수 있는 수준이다. 100만 년은 아주 짧아서 대다수 화석 기록에는 눈에 띄지도 않을 기간이지만, 그래도 옥수수 낟알의 기름 함량이 3배로 늘어나는 데에 걸린 기간의 2만 배에 해당한다. 물론 그렇다고 해서 100만 년 동안 선택을 가하면 기름 함량이 6만 배로 늘어날 수 있다는 의미는 아니다. 유전적 변이의 고갈 여부와 상관없이, 옥수수 낟알에 들어갈 수 있는 기름의 양은 한정되어 있다. 그러나 이 실험은 화석에서 수백만 년에 걸쳐 나타나는 듯한 추세를 살펴볼 때, 그런 추세가 꾸준히 지속되는 선택압에 대한 반응이라고 순진하게 해석하지 말도록 경고하는 역할을 한다.

다윈 선택압들이 거기에 존재함은 분명하다. 그리고 우리가 이 책에서 계속 살펴보겠지만, 그것들은 대단히 중요하다. 화석들, 특히 오래된 화석 기록들은 대개 선택압이 있었음을 보여주겠지만, 선택압이 그 기간 내내 지속적이고 균일하게 유지된 것은 아니다. 옥수수와 초파리 이야기의 교훈은 다윈 선택이 우리가 암석에 새겨진 기록들에서 측정할 수 있는 가장 짧은 기간에도 수만 번 이리저리 왔다갔다 요동칠 수 있다는 것이다. 나는 그렇다고 단언한다.

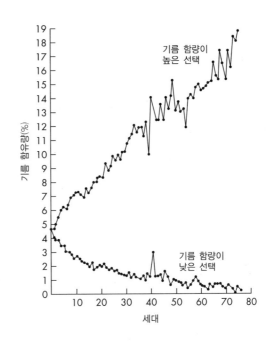

선택의 힘 90세대에 걸친 선택이 옥수수 낟
알의 기름 함량에 미친 영향. 더들리와 램버
트[117].

그러나 더 긴 시간으로 보면 주된 경향들이 나타나며, 우리는 그것들도 알아야 한
다. 내가 예전에 썼던 비유를 다시 들어보자. 아메리카의 대서양 해안에서 까딱거리는
코르크 하나를 생각해보자. 멕시코 만류는 그 코르크의 평균 위치를 전반적으로 동쪽
으로 이동시킬 것이며, 코르크는 결국 유럽의 어느 해안으로 밀려갈 것이다. 그러나 1
분 동안 파도와 역류와 소용돌이에 휩쓸려 흔들거리는 방향을 측정한다면, 코르크는
동쪽으로 떠가는 것만큼 서쪽으로도 떠가는 듯이 보일 것이다. 더 오랜 기간에 걸쳐
위치를 표본 측정하지 않는다면, 당신은 코르크가 동쪽으로 향하고 있음을 알아차리
지 못할 것이다. 그러나 동쪽으로 향하는 것은 현실이며, 실제 일어나며, 따라서 설명
이 필요하다.

자연 진화라는 파도와 소용돌이는 대개 우리의 짧은 생애에는, 아니 적어도 한 건
의 연구비가 쓰이는 짧은 기간 내에는 알아차리지 못할 만큼 느리다. 몇몇 눈에 띄는
예외가 있기는 하다. 옥스퍼드 대학교에서 나와 같은 세대의 동물학자들에게 유전학
을 가르쳤던 괴짜이자 괴팍한 학자인 E. B. 포드는 나비, 나방, 고둥의 야생 집단들에
서 매해 특정한 유전자들을 추적하는 연구를 수십 년간 계속했다. 그 결과들 중 몇 가
지는 다윈주의 해석에 딱 들어맞는 듯하다. 반면에 파도가 철썩이는 소음에 멕시코 만

류가 밑에서 잡아끈다는 신호가 가려짐으로써, 수수께끼처럼 보이는 결과도 있다. 내가 지금 말하고자 하는 요점은 그런 수수께끼가 나타난다는 것을 다윈주의자라면 누구나 예상할 수 있다는 것이다. 심지어 포드처럼 연구 경력이 오래된 다윈주의자들조차도 으레 그럴 것이라고 짐작한다. 포드가 평생의 연구를 통해서 이끌어낸 주요 결론 중 하나는 설령 언제나 같은 방향으로 당기는 것은 아닐지라도, 자연에 실제로 존재하는 선택압들이 신다윈주의를 부활시킨 가장 낙관적인 창시자들 중 어느 누구도 상상하지 못했을 정도로 강력하다는 것이었다. 그리고 이 질문도 요점을 강조한다. 왜 진화는 지금보다 더 빨리 진행되지 않을까?

갈라파고스핀치 이야기

갈라파고스 군도는 화산으로 태어났으며, 나이는 1,000만 살이 넘지 않는다. 이 짧은 기간에 놀라운 생물의 다양성이 진화했다. 그중 가장 유명한 것이 다윈에게 영감을 주었다고 생각된(아마 아닐 가능성이 높다) 핀치 14종의 다양성이다.* 갈라파고스핀치들은 현존하는 야생동물들 중에서 가장 철저히 연구된 부류에 속한다. 피터와 로즈메리 그랜트 부부는 평생 동안 이 작은 섬들에 사는 새들의 운명을 해마다 추적하는 일에 전념하고 있다. 그리고 찰스 다윈과 피터 그랜트(우연인지 얼굴이 다윈과 비슷하다)의 중간에 위대한(하지만 수염은 기르지 않은) 조류학자 데이비드 랙도 그 군도에서 꼼꼼하게 생산적인 연구를 한 바 있다.**

---

* 스티븐 굴드는 『홍학의 웃음(The Flamingo's Smile)』이라는 글 모음집 중 "바다의 다윈, 그리고 항구의 미덕"에서 그 문제를 다루고 있다. 고립된 섬이 다양성을 생성하는 것으로 유명하다는 점은 주목할 가치가 있다. 하와이는 더욱 외진 곳에 있는 화산성 군도이다. 그곳으로 들어간 로빈슨 크루소판 새는 꿀빨이새였다. 그 후손들은 급속히 진화하면서 "갈라파고스와 같은 양상"을 보였다. 심지어 "딱따구리"처럼 진화한 종도 있었다. 마찬가지로 처음에 이주한 곤충 약 400종은 반해양성 귀뚜라미와 독특한 육식성 모충을 비롯하여 총 1만 종류에 달하는 하와이 고유종을 낳았다. 포유동물은 박쥐 1종과 바다표범 1종만 하와이 고유종이다. E. O. 윌슨의 멋진 저서 『생명의 다양성』의 한 대목을 인용하면 이렇다. "꿀빨이새는 현재 대부분 사라지고 없다. 남획, 삼림 파괴, 쥐, 육식성 개미, 말라리아, 하와이 경관을 '풍성하게' 하기 위해서 도입된 이국적인 새들이 전파하는 질병의 압력을 받아서 밀려나고 사라졌다."
** 그가 1947년에 펴낸 『다윈의 핀치들(Darwin's Finches)』 참조. 피터 그랜트가 1986년에 쓴 종속지(種屬誌)인 『다윈 핀치들의 생태와 진화(Ecology and Evolution of Darwin's Finches)』도 1999년에 재간행되었다. 피터와 로즈메리 그랜트 부부는 추가로 발견한 내용들을 2014년 저서 『진화의 40년 : 대프니메이저 섬의 다

그랜트 부부와 동료들 및 학생들은 거의 50년 동안 해마다 갈라파고스 군도로 돌아와서, 핀치들을 포획하여 인식 표지인 가락지를 끼우고, 부리와 날개의 크기를 측정했으며, 최근에는 가계도를 파악하고 자연선택하에서 유전자들이 어떤 양상을 보이는지 살펴보기 위해서 혈액 시료를 채취하여 DNA 분석도 한다. 아마 야생 집단의 개체들과 유전자들에 대해서 이보다 더 완벽하게 연구가 이루어진 사례는 없을 것이다. 그랜트 부부는 매년 선택압이 달라질 때마다 핀치들이 진화의 바다에서 이리저리 흔들거릴 때, 핀치 개체군이라는 까딱거리는 코르크들에게 무슨 일이 벌어지는지 아주 자세히 알고 있다.

1977년에 극심한 가뭄으로 먹이가 매우 부족해졌다. 대프니메이저라는 작은 섬에서는 핀치 종들이 1월에 총 1,300마리였던 개체수가 12월에는 300마리 이하로 줄어들었다. 우점종인 땅핀치의 개체수는 1,200마리에서 180마리로 줄었다. 선인장핀치는 280마리에서 110마리로 줄었다. 재앙의 해인 1977년에 확인된 다른 핀치 종은 한 마리뿐이었다. 그랜트 연구진은 각 종에서 살고 죽은 개체수만 센 것은 아니었다. 다윈주의자였던 그들은 각 종 내의 **선택적** 사망률을 살펴보았다. 특정한 형질들을 가진 개체들이 다른 개체들보다 격변에 살아남을 가능성이 더 높았을까? 가뭄이 개체군의 조성에 선택적인 변화를 일으켰을까?

그렇다. 땅핀치 개체군에서 생존자들은 죽은 자들보다 몸집이 평균 5퍼센트 이상 컸다. 그리고 가뭄 이후에 부리의 길이는 평균 11.07밀리미터로서 이전의 10.68밀리미터보다 더 길어졌다. 부리의 평균 두께도 마찬가지로 9.42밀리미터에서 9.96밀리미터로 늘었다. 이런 차이들이 미미한 것 같지만, 엄밀한 통계학적 기준으로 보면 지극히 일관성 있는 변화였다. 그런데 왜 가뭄이 든 해에 그런 변화가 일어난 것일까? 연구진은 평균보다 더 큰 부리의 몸집이 큰 새들이 잡초인 트리불루스의 씨처럼 크고 단단하며 뾰족한 씨들을 더 잘 깨먹을 수 있다는 증거를 이미 확보했다. 그 최악의 가뭄이 들었던 시기에 발견되는 씨라고는 트리불루스의 씨뿐이었다. 다른 종인 큰땅핀치는 트리불루스 씨를 능숙하게 다룬다. 그러나 다윈의 적자생존은 종끼리의 생존을 비교하는 것이 아니라, 한 종 내에서 개체들의 상대적인 생존을 말하는 것이다. 땅핀치 개체군에서는 부리와 몸집이 가장 큰 개체들이 가장 많이 살아남았다. 평균 크기를 비교해보니, 땅

원 핀치(*40 Years of Evolution: Darwin's Finchies on Daphne Major Island*)』에 실렸다.

핀치는 큰땅핀치와 좀더 비슷해졌다. 그랜트 연구진은 한 해 동안에도 자연선택이 작용한다는 사실을 보여주는 일화를 관찰한 것이다.

그들은 가뭄이 끝난 뒤에 또다른 일화를 목격했다. 가뭄 뒤에도 핀치 개체군들은 계속 같은 방향으로 진화했지만, 이유는 전혀 달랐다. 많은 조류들이 그렇듯이, 땅핀치도 수컷이 암컷보다 몸집과 부리가 더 크다. 따라서 수컷들이 가뭄에 더 잘 살아남을 수 있는 장비를 갖춘 셈이다. 가뭄이 시작되기 전에 수컷과 암컷은 각각 600마리쯤 살고 있었다. 가뭄에서 살아남은 개체들은 180마리였는데, 그중 150마리가 수컷이었다. 마침내 1978년 1월에 비가 내리면서 번식하기에 알맞은 조건이 마련되었다. 그러나 암컷 한 마리당 수컷이 다섯 마리인 셈이었다. 당연히 희귀한 암컷을 차지하기 위해서 수컷들 사이에 격렬한 경쟁이 벌어졌다. 그리고 이 성적 경쟁에서 이긴 수컷들, 즉 정상보다 몸집이 큰 살아남은 수컷들끼리의 경쟁에서 이긴 자들은 부리와 몸집이 가장 큰 수컷들이었다. 자연선택은 또다시 더 큰 몸집과 더 큰 부리를 얻는 쪽으로 개체군의 진화를 이끈 것이다. 이유는 달랐지만 말이다. 암컷들이 왜 몸집이 큰 수컷들을 선호하는가라는 물음에 대해서 "바다표범 이야기"는 땅핀치의 수컷들 쪽이 더 경쟁이 심하기 때문에 암컷들보다 몸집이 더 크다는 사실에서 미루어 짐작하라고 말한다.

큰 몸집이 그렇게 유리하다면, 왜 새들은 애초에 몸집이 더 커지지 않았을까? 가뭄이 들지 않은 해에는 자연선택이 부리와 몸집이 더 작은 개체들을 선호하기 때문이다. 그랜트 연구진은 실제로 엘니뇨로 홍수가 일어난 1982-1983년에 이 현상을 목격했다. 홍수가 끝나자, 씨들의 균형이 달라졌다. 트리불루스의 씨 같은 크고 단단한 씨들에 비해서 카카부스 같은 식물들의 작고 더 부드러운 씨들이 훨씬 더 많아졌다. 이제 부리와 몸집이 작은 핀치들이 제 역량을 발휘할 때였다. 몸집이 큰 새들이라고 해서 작고 부드러운 씨를 먹을 수 없는 것은 아니지만, 큰 몸집을 유지하려면 그들은 작은 씨들을 더 많이 먹어야 했다. 그래서 이제 몸집이 작은 새들이 약간 더 유리해졌다. 그리고 땅핀치 개체군 내에서도 형세가 역전되었다. 가뭄이 들었던 해의 진화 경향이 역전된 것이다.

가뭄이 든 해에 성공한 개체와 실패한 개체의 부리 크기 차이를 비교하면, 놀라울 정도로 작아 보인다. 왜 그럴까? 조너선 와이너는 피터 그랜트가 겪었던 일화를 하나 인용하여 말한다.

평소처럼 강의를 시작하자마자, 청중 가운데 한 생물학자가 내 말을 가로막았다. "살아남은 핀치의 부리와 죽은 핀치의 부리 사이에 차이가 있다고 주장하시는데, 그 차이가 얼마나 됩니까?"

"평균 0.5밀리미터입니다." 나는 그렇게 대답했다.

그러자 그가 말했다. "믿을 수가 없네요! 0.5밀리미터가 그렇게 중요한지 도저히 믿지 못하겠습니다."

나는 말했다. "그래도 사실입니다. 제 자료를 살펴본 다음에 질문을 하시죠." 그러자 그는 더 이상 질문하지 않았다.

피터 그랜트는 대프니메이저에서 1977년의 가뭄과 같은 사건이 23번만 일어나면 땅핀치가 큰땅핀치로 변할 것이라고 계산했다. 물론 진짜로 큰땅핀치가 된다는 의미는 아니다. 그러나 그것은 종의 기원을 시각화하고, 그것이 얼마나 빨리 일어날 수 있는지를 생생하게 보여주는 방법이다.

물론 이런 가시적인 변화들은 DNA 수준에서 일어나는 변화들을 가린다. 그리고 유전체 시대의 흥분되는 측면 중 하나는 흥미롭고 중요한 동물들의 유전체 서열이 분석되는 경향이 나타난다는 것이다. 개와 오리너구리, 침팬지와 실러캔스도 지난 10년 사이에 그 영예를 얻었다. 당연한 일이지만, 유명한 다윈의 핀치들도 현재 그 목록에 추가되는 중이다.

2015년 웁살라 대학교 연구진은 그랜트 부부와 공동으로 다양한 종의 갈라파고스핀치 120마리의 유전체 서열 전체를 해독했다. 연구진은 부리 모양에 따라 함께 변하는 여러 DNA 영역들을 파악했고, 그중 한 곳에서 ALX1이라는 유전자를 찾아냈다. 이 유전자는 인간의 얼굴 구조에 영향을 미친다는 것이 이미 밝혀져 있다. 동일한 유전자가 핀치의 부리 모양에 영향을 미친다니, 얼마나 절묘한가! 갈라파고스핀치 집단들로부터 추론한 ALX1 유전자 계통수는 자연선택을 받았음을 시사하는 분지 양상을 보여준다. 또 유전자 계통수는 ALX1의 유력한 변이체들이 잡종 형성을 통해서 다양한 핀치 종들 사이에 전달되어왔음을 보여준다. 이 변이체들은 원래 수십만 년 전에 기원했다. 그런데 그랜트 부부의 세심한 야외 조사를 통해서, 각 집단별로 이 변이체들의 빈도가 믿어지지 않을 만치 빠르게 변할 수 있다는 것이 드러났다. 변덕스러운 자연선택의 압력에 반응하여 오락가락하는 양상을 한 사람의 생애 내에서도 얼마든지 볼 수 있다.

현재의 갈라파고스 제도 핀치 연구는 자연사, 생태학, 진화와 유전학을 결합하여 자연에서 일어나는 일을 어떻게 규명할 수 있는지를 보여주는 멋진 사례이다. 다윈은 핀치들과 마주쳤을 때 표본에 제대로 꼬리표를 달지도 못했다. 즉 "자신의" 핀치들이 나중에 자신의 강력한 동맹군이 되리라는 사실을 거의 알지 못했다.

공작 이야기

공작의 "꼬리"는 형태학적으로 볼 때 진짜 꼬리가 아니라(새의 진짜 꼬리는 "엉덩이살"이 좁아지면서 길어진 것이다), 등에 난 깃털들이 길어져서 생긴 "부채"이다. "공작 이야기"는 이 책의 모범 사례로 삼을 만하다. 진짜 초서의 이야기처럼 쓰였고, 한 순례자의 이야기 속에 다른 순례자들이 스스로를 돌아보도록 도움을 주는 내용이나 교훈이 담겨 있기 때문이다. 특히 나는 앞에서 인류 진화의 주요 전환점들 중 두 가지를 말하면서, 공작이 우리의 순례여행에 합류할 때에 그의(암컷이 아니라 수컷이라는 의미) 이야기가 도움이 될 것이라고 미리 언급한 바 있다. 물론 성선택에 관한 이야기이다. 호미니드의 역사에서 그 두 번의 전환점이란 우리가 네 발 보행에서 두 발 보행으로 전환하고, 그 뒤에 뇌가 팽창된 것을 말한다. 거기에 중요성은 조금 떨어지는 듯하지만 인간의 아주 독특한 특징을 낳은 세 번째 전환점을 추가하기로 하자. 바로 우리의 체모 상실이다. 우리는 왜 "벌거벗은 원숭이"가 되었을까?

마이오세 말기에 아프리카에는 많은 유인원 종들이 있었다. 그런데 왜 그들 중 하나가 갑작스럽고 급속히 다른 유인원 종들과, 아니 모든 포유동물들과 전혀 다른 방향으로 진화하기 시작한 것일까? 이 한 종을 골라서 새롭고 낯선 진화 방향으로 빠르게 내던진 것은 무엇이었을까? 처음에는 두 발 보행자가 되도록 하고, 그다음에는 머리가 좋아지도록 하고, 이어서 어느 시점에 체모의 대부분이 사라지도록 한 원인은 무엇이었을까?

내가 볼 때, 변덕스러운 방향으로 제멋대로 일어나는 듯한 급격한 진화가 말해주는 것은 하나이다. 바로 성선택이다. 여기서 우리는 공작의 이야기를 들어야 한다. 공작은

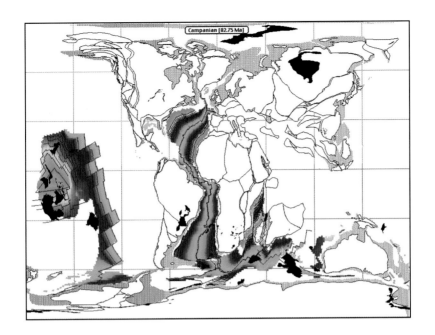

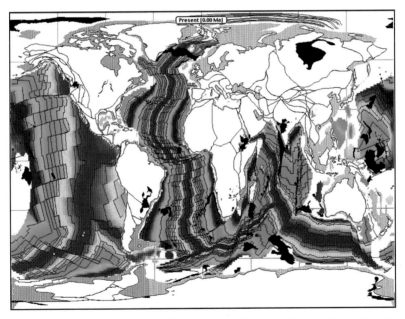

14 이 두 지도는 잔존 지자기를 토대로 한 해저 암석들의 나이를 나타낸다. 위의 그림
은 대서양이 지금보다 훨씬 더 좁았던 백악기 말인 6,800만 년 전의 지구의 모습이다.
아래의 그림은 현재의 지구이다. 색색의 띠들은 백악기의 해저 암석들이 대서양이 넓어
지면서 새로운 해저가 형성됨에 따라 밀려났음을 보여준다. 태평양과 인도양에서도 비
슷한 양상을 볼 수 있다(293쪽 참조).

15 자연 실험
유대류(왼쪽)와 상응하는 태반류(오른쪽)의 비교(309−311
쪽 참조). 태즈메이니아늑대/늑대; 줄무늬주머니쥐/스컹
크; 주머니두더지/황금두더지; 주머니하늘다람쥐/북방날
다람쥐.

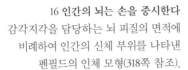

16 인간의 뇌는 손을 중시한다
감각지각을 담당하는 뇌 피질의 면적에
비례하여 인간의 신체 부위를 나타낸
펜필드의 인체 모형(318쪽 참조).

17 동일한 창의적인 비법일까?
주걱철갑상어(320쪽 참조).

18 과거의 지문 느끼기
화산 분출로 생긴 지 얼마 되지 않은 암석에서 볕을 쬐
고 있는 갈라파고스용암도마뱀(342쪽 참조).

19 공조상 16

공조상 16은 배를 깔고 걷는 도마뱀을 닮은 동물이었다. 석탄기의 메마른 경관을 배경으로 재현한 그림이다. 양막에 감싸인 알들이 보인다(329쪽 참조).

20 공조상 17
이 공조상은 도롱뇽을 아주 많이 닮았지만, 아마 앞발과 뒷발의 발가락이 5개였을 것이다. 현대의 양서류가 대부분 그렇듯이, 이 공조상도 축축한 곳이나 그 근처에서 살았을 것이다. 배경은 석탄기 초기의 습한 숲에서 흔히 자라던 석송, 쇠뜨기, 나무고사리이다(380쪽 참조).

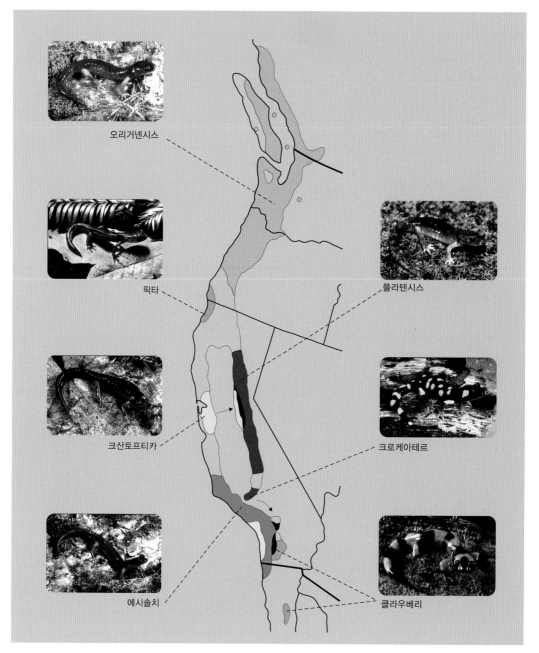

오리거넨시스

픽타

크산토프티카

에시솔치

플라텐시스

크로케아테르

클라우베리

21 불연속적인 정신에 타격을 가하다

캘리포니아 센트럴 밸리 주위에 사는 엔사티나 개체군들. 점무늬가 있는
곳은 전이지대를 나타낸다. 2003년 스테빈스의 지도에서 인용-(383쪽 참조).

22 공조상 18

육상 무척추동물은 여기서 재현한 것과 같은 육기어류에서 진화했다. 육
기어류라는 이름은 등지느러미와 부정형(비대칭적인) 꼬리를 뺀 나머지 지
느러미들이 뚜렷하게 육질(lobe)이라는 데에서 유래했다(403쪽 참조).

23 본래 "있어야 할" 시대보다 거의 2,000만 년 더 오래된 흔적

네 다리로 디딘 최초의 발자국 화석인 3억9,000만 년 된 자혜우미에 발자국(406쪽 참조). 이 흔적은 초호의 얕은 물속에서 찍혔을 것이다. 누구의 것인지는 아직 모르지만, 가장 왼쪽에 찍힌 발자국에 보이듯이, 발가락도 분명히 있었다.

24 "길에서 걸어다니는 공룡을 보았다고 해도 이보다 더 놀라지는 않았을 것이다"

실러캔스, 인도양 코모로 제도(413쪽 참조).

왜 몸의 나머지 부분을 작아 보이게 하는, 파르스름한 자주색과 녹색으로 빛나는 동그란 점들이 박힌 햇살에 떨리면서 반짝거리는 긴 꼬리를 가졌을까? 이유는 오랜 세대에 걸쳐 공작 암컷들이 이런 현란한 광고에 상응하는 조상 형질들을 지닌 수컷들을 선택했기 때문이다. 열두줄극락조 수컷은 붉은 눈에 초록이 감도는 무지개색 테두리가 달린 검은 목털을 가지고 있는데, 윌슨극락조는 왜 자주색 등과 노란 목과 파란 머리로 시선을 사로잡는 것일까? 각자의 먹이나 서식지에 있는 무엇인가가 이 두 종이 각기 다른 색채를 배합하도록 미리 규정하는 것은 아니다. 이런 차이들을 비롯하여 모든 극락조 종들에게서 볼 수 있는 눈에 띄는 차이들은 어느 누구에게도 중요하지 않은 임의적이고 변덕스러운 것들이다. 그 특징들은 극락조 암컷들에게만 중요하다. 성선택은 바로 그런 일을 한다. 성선택은 임의의 방향처럼 보이는 곳으로 달려감으로써, 상상의 비약을 일으키는 변덕스럽고 기발한 진화를 낳는다.

그런 한편으로 성선택은 성별 차이를 확대시키는 경향도 있다. 그것이 성적 이형성(dimorphism)이다("바다표범 이야기" 참조). 인간의 뇌, 두 발 보행, 체모 상실을 성선택의 탓으로 돌리는 이론들은 모두 커다란 어려움에 직면해왔다. 한쪽 성이 다른 한쪽 성보다 더 총명하다거나, 두 발 보행에 더 능숙하다는 증거가 전혀 없다는 것이다. 한쪽 성이 다른 한쪽 성보다 더 벌거벗는 경향이 있다는 것은 사실이며, 다윈은 인간의 체모 상실에 관한 성선택 이론을 전개할 때에 그것을 증거로 삼았다. 그는 조상 남성들이 동물계에서는 정상적이지 않은 방식으로 여성들을 선택했으며, 털이 없는 여성들을 선호했다고 주장했다. 한쪽 성이 다른 한쪽 성보다 앞서서 진화할 때(여기서는 여성이 먼저 벌거숭이 쪽으로 진화), 다른 한쪽 성은 "그 길로 질질 끌려간다"고 생각할 수 있다. 수컷에게 남아 있는 젖꼭지도 어느 정도는 그런 식으로 설명될 수 있다. 남성의 불완전한 벌거숭이로의 진화가 여성의 더 진행된 벌거숭이 진화의 뒤를 쫓아 질질 끌려갔다는 생각이 아주 불합리한 것은 아니다. 그러나 "그 길로 질질 끌려갔다"는 이론은 두 발 보행과 총명함에는 덜 들어맞는다. 우리는 한쪽 성은 두 발로 걷고 다른 한쪽 성은 네 발로 걷는 모습을 상상하려고 할 때, 움찔하거나 심지어 뒷걸음질친다. 그래도 "그 길로 질질 끌려갔다"는 이론은 나름의 역할을 한다.

성선택이 단형성(monomorphism)을 선호할 만한 상황이 있다. 제프리 밀러가 『메이팅 마인드』에서 제시한 것과 내가 염두에 둔 것은 인간의 짝 선택이 공작의 짝 선택과 달리 쌍방향으로 이루어진다는 것이다. 게다가 우리는 하룻밤 상대를 찾을 때와 오랜 세월을 함께 할 반려자를 찾을 때에 선택의 기준을 달리할 수 있다.

암컷들이 선택을 하고 수컷은 선택되기를 열망하면서 자신을 뽐내는 데 열중하는, 더 단순한 공작들의 세계로 잠시 돌아가자. 성선택 이론의 한 형태는 짝 선택(여기서는 공작 암컷의 선택)이 먹이나 서식지 선택 같은 다른 선택들에 비해서 임의적이고 변덕스럽다고 가정한다. 그러나 왜 그래야 하는가라고 타당한 질문을 던질 수 있다. 유력한 성선택 이론들 중에서 적어도 하나는, 즉 위대한 유전학자이자 통계학자인 R. A. 피셔가 제시한 이론은 지극히 타당한 이유가 있다고 말한다. 나는 그 이론을 다른 책(『눈먼 시계공』 제8장)에서 상세히 설명했으므로, 여기서 다시 언급하지 않으려다. 그 이론의 핵심은 수컷의 외모와 암컷의 취향이 일종의 폭발적인 연쇄반응을 일으키면서 함께 진화한다는 것이다. 한 종 내에서 암컷들의 취향에 일어난 혁신과 수컷의 외모에 일어난 상응하는 변화는 둘이 맞물려서 한 방향으로 계속 나아가는 고삐 풀린 질주를 통해서 증폭된다. 굳이 그 방향이 선택된 뚜렷한 이유는 없다. 그저 어쩌다가 처음에 그쪽으로 진화 경향이 시작되었을 뿐이다. 공작 암컷의 조상들은 어찌어찌하다가 더 커다란 부채를 선호하는 방향으로 한걸음 나아갔다. 그것은 성선택의 폭발적인 엔진이 되기에 충분했다. 그 엔진은 가동을 시작했고, 진화의 기준으로 볼 때, 아주 짧은 기간에 공작 수컷들은 더 크고 더 현란한 부채를 만들었고, 암컷들은 그러지 못했다.

모든 극락조 종들, 다른 많은 새들, 어류와 개구리, 딱정벌레와 도마뱀은 나름의 진화 방향으로 급발진했고, 모두 화려한 색깔과 기이한 모양을 갖추었다. 각기 색깔과 모양은 다르지만 말이다. 우리의 논의에서 중요한 점은 타당한 수학 이론에 따르면, 성선택이 진화를 임의의 방향으로 발진시키며, 형질을 실용적이지 않은 쪽으로 지나치게 밀어붙인다는 것이다. 인류 진화를 다룬 장들에서 뇌의 갑작스러운 팽창도 이와 비슷했다는 주장을 제기한 바 있다. 체모의 갑작스러운 상실이나 더 나아가 두 발 보행의 갑작스러운 시작도 마찬가지였을 수 있다.

다윈의 『인간의 유래』는 주로 성선택을 다룬다. 그는 먼저 인간 이외의 동물들을 대상으로 한 성선택을 길게 검토한 다음, 우리 종의 최근 진화에서 성선택이 주된 동인이었다는 주장을 내놓는다. 인간의 벌거벗음을 논의할 때, 그는 우리가 실용적인 이유로 체모를 잃었을 가능성을 반박하면서 말을 시작한다. 오늘날의 추종자들이 보기에 그 반박은 설득력이 있다기보다는 입심에 기댄 듯하다. 그는 털이 많든 적든 간에 모든 인종에게서 여성이 남성보다 털이 더 적은 경향을 보인다는 관찰 결과를 통해서 성선택 이론을 뒷받침한다. 다윈은 조상 남성들이 털이 많은 여성들을 매력적이지 않다고 생각했으리라고 믿었다. 오랜 세대에 걸쳐 남성들은 가장 벌거벗은 여성들을 짝으로 선택했다.* 남성의 벌거벗음은 여성의 벌거벗음이라는 진화적 길을 쫓아갔지만, 결코 따라잡지는 못했다. 그것이 바로 남성들이 여성보다 털이 더 많은 이유이다.

다윈은 성선택을 이끄는 선호를 당연한 것으로 간주했다. 남성들이 매끄러운 피부의 여성들을 선호했다고 말하고는 그만이었다. 자연선택의 공동 발견자인 앨프리드 러셀 월리스는 다윈이 말한 성선택의 임의성을 싫어했다. 그는 암컷들이 변덕이 아니라 장점을 바탕으로 수컷들을 선택한다고 보았다. 그는 공작과 극락조의 화려한 깃털들이 근원적인 적합성의 표현이라고 보고 싶어했다. 다윈은 공작 암컷들이 그저 눈에 멋있어 보이는 수컷들을 선택한다고 보았다. 훗날 피셔는 수학을 이용해서 다윈의 이론을 더 확고한 수학적 토대 위에 올려놓았다. 반면에 월리스주의자들**은 공작 암컷들이 수컷의 선명한 깃털이 멋있기 때문이 아니라, 더 근원이 되는 건강과 적합성을 표현한 것이기 때문에 선택한다고 본다.

월리스 계승자들의 용어로 말하자면, 월리스주의의 암컷은 겉으로 표현된 것들에서 수컷의 유전자를 읽어서 그 유전자들의 질을 평가하는 셈이다. 그리고 일부 정교한 신월리스주의 이론들은 암컷들이 자질을 쉽게 읽을 수 있도록 수컷들이 적극적으로 나서리라고 예상된다는 놀라운 결론까지 내리고 있다. 설령 자질이 나쁘다고 할지라도 말이다. A. 자하비, W. D. 해밀턴, A. 그래펀에게서 빌린 이 이론, 아니 일련의 이론들은 흥미롭기는 하지만 그것들까지 다루면 너무 멀리 벗어나는 셈이 된다. 나는 『이기적 유전자』 개정판의 미주에서 그 이론들을 상세히 설명한 바 있다.

여기서 우리는 인류의 진화에 관한 세 가지 의문 중 첫 번째와 마주친다. 우리는 왜 체모를 잃었을까? 마크 페이글과 월터 보드머는 체모 상실이 이 같은 체외 기생충들을 줄이기 위해서 이루어졌다는 흥미로운 주장을 내놓았다. 이 이야기의 주제와 결부

---

* 물론 내 동료인 데스먼드 모리스와 마찬가지로, 나도 "벌거벗었다"는 말을 옷을 입지 않았다가 아니라 털이 없다는 의미로 쓴다.

** 헬러너 크로닌이 자신의 명저 『개미와 공작(*The Ant and the Peacock*)』에서 쓴 용어이다.

시키면, 그것은 기생충이 없음을 보여주는 성적으로 선택된 광고로써 진화한 셈이다. 페이글과 보드머는 성선택에 의존한다는 점에서 다윈의 생각을 계승하는 한편으로, W. D. 해밀턴이 수정한 신월리스주의를 따르고 있다.

다윈은 암컷의 선호를 설명하려고 하지 않았고, 수컷의 외모를 설명하기 위해서 그것을 추정하는 데에서 그쳤다. 월리스주의자들은 성적 선호 자체를 진화적으로 설명하려고 애쓴다. 해밀턴은 거의 건강 광고나 다름없는 설명을 좋아했다. 개체들은 짝을 선택할 때에 건강하다거나, 기생충이 없다거나, 기생충을 피하거나, 기생충에 저항하는 데에 뛰어날 것이라는 표시를 찾는다. 그리고 선택될 개체들은 자신의 건강 상태를 광고한다. 즉 좋든 나쁘든 간에 선택하는 쪽이 자신의 건강을 읽기 쉽도록 한다. 칠면조와 원숭이의 몸에서 맨살이 드러난 곳은 소유자의 건강을 고스란히 보여주는 광고판이다. 당신은 실제로 그 맨살을 통해서 피의 색깔을 볼 수 있다.

인간은 원숭이와 달리 엉덩이만 맨살이 아니다. 인간은 머리 위, 겨드랑이, 음부를 제외한 전신이 맨살이다. 우리가 이 같은 체외 기생충에 감염된다고 해도, 그것들은 체모가 있는 곳에만 자리를 잡곤 한다. 사면발이는 주로 음부에서 발견되지만, 겨드랑이, 턱수염, 심지어 눈썹에도 기생할 수 있다. 머릿니는 머리털에만 산다. 몸이는 머릿니와 같은 종에 속한 아종인데, 흥미롭게도 우리가 옷을 입기 시작한 뒤에야 머릿니에서 진화한 것으로 여겨진다. 독일의 몇몇 연구자들은 옷이 언제 발명되었는지를 알아보기 위해서, 머릿니와 몸이의 DNA를 조사하여 둘이 언제 분화했는지를 살펴보았다. 그들은 그 시기가 7만 2,000년 전이며, 오차 범위는 4만 2,000년이라고 보았다. 후속 연구를 통해서 약 17만 년 전까지 올라간다고 수정되었다.

이에게는 털이 필요하며, 페이글과 보드머의 핵심 주장은 이가 점유할 수 있는 부동산이 줄어든 것이 우리의 체모 상실이 가져다준 혜택이었다는 것이다. 그렇다면 두 가지 의문이 제기된다. 체모를 버리는 것이 그렇게 좋은 생각이었다면, 체외 기생충으로 고생하는 다른 포유동물들은 왜 털을 그대로 간직하고 있을까? 코끼리와 코뿔소처럼 털이 없어도 체온을 충분히 유지할 수 있을 만큼 덩치가 커서 체모를 버릴 여유가 있는 동물들은 실제로 체모를 버렸다. 페이글과 보드머는 불과 옷의 발명이 우리가 체모를 버릴 수 있게 해주었다고 주장한다.* 그 말은 즉시 두 번째 의문을 낳는다. 그렇

---

* 앞에서 논의했듯이, 우리가 약 100만 년 전에 털을 잃었다면, 옷의 발명(수십만 년에 일어났을 것이다)보

다면 우리는 왜 머리 위, 겨드랑이, 음부에는 털을 간직하고 있을까? 거기에는 분명히 어떤 더 나은 이점이 있었던 것이다. 머리 위의 털이 일사병에 걸리지 않도록 보호해준다는 주장은 대단히 설득력이 있다. 우리가 진화했던 아프리카에서 일사병은 대단히 위험한 것일 수 있었다. 겨드랑이와 음부의 털은 아마 우리 조상들이 성생활에 사용했을 것이고, 지금도 많은 현대인들이 깨닫지 못한 채 사용하는 강력한 페로몬(공기 속으로 퍼져나가는 냄새 신호들)을 발산시키는 데에 도움을 주었을 것이다.

따라서 페이글/보드머 이론에서 직접 도출되는 내용은 이 같은 체외 기생충이 위험하며(이는 발진티푸스 같은 치명적인 병을 전파한다), 그들이 맨살보다 털을 더 좋아한다는 것이다. 털을 없애는 것은 이런 불쾌하고 위험한 기생충들이 살지 못하게 만드는 좋은 방법이다. 또 털이 없다면, 진드기 같은 불쾌한 체외 기생충들을 발견하여 제거하기도 훨씬 쉽다. 영장류는 자신이나 서로의 몸에 붙은 기생충들을 잡느라 상당히 많은 시간을 투자한다. 사실 그것은 주된 사회활동이 되었으며, 부수적으로 연대감을 촉진하는 수단도 된다.

그러나 나는 페이글/보드머가 논문에서 아주 간결하게 다룬 한 부분이 그들의 이론에서 가장 흥미로운 내용이라고 생각한다. 성선택 말이다. 물론 그것이 그 이론을 "공작 이야기"에서 다루는 이유이기도 하다. 벌거벗음은 이와 진드기에게는 나쁜 소식이지만, 장래의 성적 상대방이 이나 진드기가 있는지 여부를 알고자 하는 선택자들에게는 희소식이다. 해밀턴/자하비/그래펀 이론은 성선택이 짝이 될 상대가 기생충이 있는지를 선택자가 식별하는 데에 도움이 될 만한 것들은 무엇이든지 강화할 것이라고 예측한다. 벌거벗음은 탁월한 사례이다. 페이글/보드머의 논문을 덮는 순간 나는 토머스 헉슬리의 유명한 말이 생각났다. "이런 생각을 미처 하지 못했다니 정말 어리석구나."

그러나 벌거벗음은 사소한 문제이다. 이제 두 발 보행과 뇌 쪽으로 이야기를 돌려보자. 공작이 인류 진화에서 더 중요한 이 두 사건들, 즉 뒷다리로 선 사건과 뇌가 팽창한 사건을 이해하는 데에 도움을 줄 수 있을까? 두 발 보행이 먼저 나타났으므로, 그것을 먼저 논의하기로 하자. "아르디 이야기"에서 나는 내가 아주 설득력이 있다고 판단한 조녀선 킹던의 쪼그리고 먹기 이론을 비롯하여 다양한 두 발 보행 이론들을 언급했다. 나는 그것들을 "공작 이야기"에서 다룰 것이라고 말한 바 있다.

다는 불의 발명(100만여 년 전에 일어났다)이 그 일과 관련이 있음을 시사한다.

성선택과 그것이 가진 비실용적인 임의의 방향으로 진화를 추진하는 힘은 나의 두 발 보행 진화이론의 첫 번째 구성요소에 해당한다. 두 번째는 모방하는 경향이다. 영어에서 유인원(ape)이라는 단어는 흉내내다라는 동사로도 쓰인다. 그 쓰임새가 얼마나 타당한지는 잘 모르겠지만 말이다. 모든 유인원 중에서 흉내내기 챔피언은 인간이지만, 침팬지도 흉내를 잘 내며, 오스트랄로피테쿠스가 그렇지 못했을 것이라고 생각할 이유는 전혀 없다. 세 번째 구성요소는 유인원들 사이에 널리 퍼진 습성인 잠깐씩 뒷다리로 일어서곤 하는 행동이다. 그들은 성적인 행동이나 공격 행동을 할 때에도 그러한 행동을 한다. 고릴라는 주먹으로 가슴을 두드릴 때면 뒷다리로 일어선다. 침팬지 수컷도 자기 가슴을 두드리며, 뒷다리로 폴짝폴짝 뛰는 이른바 비 춤(rain dance)이라는 신기한 행동을 보여준다. 올리버라는 생포된 침팬지는 습관적으로, 그리고 즐겨 뒷다리로 걷곤 했다. 나는 침팬지가 걷는 모습을 담은 영상을 본 적이 있다. 침팬지는 어정쩡하게 뒤뚱거리며 걷는 것이 아니라 거의 군인처럼 놀라울 정도로 똑바로 서서 걸었다. 올리버의 그런 침팬지답지 않은 걸음걸이는 기이한 추측들을 낳았다. DNA 검사로 올리버가 진짜 침팬지임이 밝혀지기 전까지, 사람들은 그가 침팬지/인간 잡종, 침팬지/보노보 잡종, 심지어 오스트랄로피테쿠스의 생존자일지도 모른다고 추측했다. 불행히도 올리버의 일대기를 재구성하기는 쉽지 않다. 걷는 비법을 서커스나 유랑 극단에서 배웠는지, 아니면 그것이 자기 나름의 별난 행동인지 여부는 아무도 모른다. 올리버가 유전적 돌연변이일 수도 있다. 올리버를 제외하면, 오랑우탄이 침팬지보다 뒷다리로 서는 데에 좀더 능숙하다. 그리고 야생 긴팔원숭이들도 숲 속의 빈 터를 가로지를 때, 나무 위에서 나뭇가지를 밟고 걸어다닐 때(물론 팔로 나뭇가지에 매달려 다니지 않을 때)와 그리 다르지 않은 자세로 두 발로 달려간다.

나는 이 모든 구성요소들을 결합시켜서, 인간의 두 발 보행의 기원이 다음과 같다고 주장하련다. 다른 유인원들과 마찬가지로 우리의 조상들도 나무 위에 있지 않을 때는 네 발로 걸었지만, 이따금 두 발로 서곤 했다. 아마 현대의 유인원과 원숭이처럼, 낮은 나뭇가지에서 열매를 딸 때나, 쪼그리고 앉아 먹다가 옆으로 자리를 옮길 때나, 강을 가로지를 때, 음경을 과시할 때 등 이런저런 이유들로 두 발 서기를 했을 것이다. 그러다가 그 유인원들 중 한 종, 즉 우리의 조상에게 무엇인가 특이한 일이 일어났다. 바로 이 부분이 내가 추가하는 핵심 주장이다. 두 발로 걷는 행동이 **유행하기**

시작했던 것이다. 모든 유행들이 그렇듯이, 그 유행도 갑작스럽고 변덕스럽게 생겼다. 그것은 새로운 고안물이었다. 합스부르크 왕가의 왕이나 공주, 또는 한 존경받는 신하에게 언어 장애가 있었는데, 그 흉내를 내는 것이 유행함으로써 스페인어의 혀 짧은 소리가 생겼다는 일화가 비슷한 비유가 될지 모르겠다(안타깝게도 그 일화는 아마 거짓일 것이다).

암컷들이 그 수컷을 선택했다는 성적으로 편향된 방식으로 이야기를 전개하는 것이 가장 쉬운 방법이겠지만, 다른 식으로도 이야기를 할 수 있다. 나는 숭배되거나 우월한 지위에 있던 유인원인 마이오세의 올리버 같은 존재가 아마 비 춤의 고대 형태에 상응하는 자세, 즉 두 발로 선 자세를 유지하는 독특한 묘기로 성적 매력과 사회적 지위를 얻었을 수도 있다고 본다. 다른 유인원들은 그가 창안한 습성을 흉내냈다. 지역별로 침팬지 무리들이 유행하는 행동을 모방함으로써 호두까기나 흰개미 낚시 습관을 획득한 것처럼, 뒷다리로 서기는 한 지역에서 "기똥찬 것," "멋진 것," "해볼 만한 것"이 되었다. 내가 십대 때에는 다음과 같은 후렴구의 별 의미 없는 노래가 인기를 끌었다.

모두가 떠들어대네
새로운 걸음걸이를!

이 특이한 구절은 아마도 느린 박자에 맞추기 위해서 만든 것이었겠지만, 걸음걸이가 일종의 전염성이 있으며, 찬탄의 대상이 됨으로써 모방이 일어난다는 점은 의심의 여지가 없는 사실이다. 내가 다니던 기숙학교인 영국 중부의 온들 학교에서는 다른 학생들이 모두 제자리에 앉은 뒤에 상급생들이 행진을 하면서 교회로 들어오는 의식이 있었다. 그들은 으스대는 태도와 발을 쿵쿵거리며 걷는 태도를 뒤섞은 걸음걸이를 서로 모방했다(동물행동학자이자 데스먼드 모리스의 동료인 지금의 나는 그것이 과시 행동임을 알고 있다). 그 걸음걸이는 아주 유별나고 기발했는데, 어버이날에 학교에 온 아버지는 그 행진을 보고서 "온들 비틀거리기"라고 이름을 붙였다. 뛰어난 사회 관찰자인 작가 톰 울프는 특정한 사회 부문에서 유행하는 미국 멋쟁이들의 팔을 흔들거리며 걷는 걸음걸이를 기생오라비 춤이라고 불렀다.

인류 조상들 사이에 일어났던 일련의 사건들을 상상해보면, 그 유행이 퍼진 지역에서 살던 여성들은 새로운 걸음걸이를 채택한 남성들과의 짝짓기를 더 좋아했다. 그들은 그 유행에 동참하고 싶어한 개체들과 똑같은 이유로 그 남성들을 선호했다. 그 유행이 그들의 사회집단에서 찬탄을 받았기 때문이다. 이제 그 논리의 핵심 단계로 넘어가자. 유행하는 새 걸음걸이를 아주 능숙하게 해낸 사람들은 짝을 얻고 자식을 낳을 가능성이 가장 높았을 것이다. 그러나 "그 걸음걸이"를 할 능력이라는 변이에 유전적 요소가 들어 있을 때에만, 그것은 진화적으로도 의미가 있을 것이다. 우리는 충분히 납득할 수 있다. 우리가 기존 활동을 하면서 보내는 시간에 양적인 변화가 생겼다는 이야기를 하는 중임을 명심하자. 유전적 요소를 지니지 않은 기존 변수에 양적 변화가 일어났다고 하면 유별난 일이 될 것이다.

그 논리의 다음 단계는 표준 성선택 이론을 따른다. 다수의 취향을 택한 자들은 어머니의 짝 선택을 통해서 두 발 보행의 유행을 따르는 걸음걸이 기술을 물려받은 아이들을 낳는 경향이 있었을 것이다. 또 그들은 어머니의 남성 취향을 물려받은 딸들도 낳았을 것이다. 이 이중 선택, 즉 어떤 자질의 남성과 그 자질에 탄복하는 여성을 선택하는 것이 피셔의 이론에서 말하는 폭발적인 고삐 풀린 선택의 핵심이다. 요점은 고삐 풀린 진화의 방향이 임의적이고 예측 불가능하다는 것이다. 즉 정반대 방향으로 향할 수도 있었다. 사실 다른 지역 집단에서는 반대 방향으로 향했을 것이다. 임의적이고 예측 불가능한 방향으로 폭발한 진화적 탈선은 우리가 왜 유인원들 중 한 집단(우리의 조상이 된 집단)은 갑자기 두 발 보행의 방향으로 진화한 반면, 다른 유인원 집단(침팬지의 조상들)은 그렇지 않았는지를 설명하려고 할 때에 필요한 바로 그런 이론이다. 그 이론은 이 진화적 분출이 예외적으로 빨랐으리라는 것도 부수적으로 설명해준다. 공조상 1과 두 발 보행을 했다는 투마이와 오로린의 시대가 당혹스러울 정도로 가깝다는 점을 설명하고자 할 때, 우리에게 필요한 이론도 바로 그것이다.

이제 인류 진화에서 나타난 또 하나의 큰 진보, 뇌의 팽창 이야기를 해보자. "도구인 이야기"에서 우리는 다양한 이론들을 다루었는데, 성선택은 "공작 이야기"에서 다루자고 미루어두었다. 제프리 밀러는 『메이팅 마인드』에서 인간의 유전자들 중 뇌에서 발현되는 것들이 50퍼센트에 이를 정도로 아주 많다고 주장한다. 논의를 명쾌하게 하기 위해서 여기서도 한쪽, 즉 여성이 남성을 선택한다는 관점에서 이야기를 하도록 하자. 물론 실제로 선택은 정반대로 혹은 양쪽에서 동시에 일어날 수도 있다는 점을 염두에 두기를 바란다. 남성 유전자의 자질을 속속들이 철저히 읽고 싶어하는 여성은 그의 뇌에 집중하는 편이 좋을 것이다. 뇌를 말 그대로 들여다볼 수는 없으므로, 뇌가 작동하는 양상을 보아야 한다. 그리고 그 이론에 따르면, 남성들은 자신의 자질을 쉽게 광고할 방법을 찾아야 하므로, 뼈로 된 용기에 든 정신이라는 등불을 감추지 않고 공개할 것이다. 그들은 춤추고, 노래하고, 달콤한 말을 속삭이고, 농담을 하고, 작곡을 하거나 시를 짓고, 연주하거나 암송하고, 동굴이나 시스틴 성당의 천장에 벽화를 그릴 것이다. 물론 나도 알고 있다. 미켈란젤로가 여성들에게 깊은 인상을 남기는 데에는 관심이 없었으리라는 것을 말이다. 그렇지만 그의 뇌가 자연선택을 통해서 여성들에게 감동을 주도록 "설계되었다"는 말도 지극히 타당하다. 그 개인의 취향이 어떠했든 간에, 그의 음경이 여성들을 임신시키기 위해서 설계된 것과 마찬가지로 말이다. 이런 관점에서 볼 때, 인간의 정신은 정신판 공작의 꼬리이다. 그리고 뇌는 공작의 꼬리를 늘인 것과 똑같은 성선택하에 팽창했다. 밀러는 피셔의 성선택 이론보다는 월리스의 성선택 이론을 선호하지만, 결과는 본질적으로 같다. 뇌는 더 커진다. 급격히 폭발적으로 커진다.

심리학자 수전 블랙모어는 『밈 기계(The Meme Machine)』라는 대담한 책에서 인간의 정신을 대상으로 훨씬 더 급진적인 성선택 이론을 전개한다. 그녀는 문화 유전의 단위인 "밈(meme)"을 동원한다. 밈은 유전자가 아니며, 비유로 쓰일 때를 제외하고 DNA와 무관하다. 유전자가 수정란(또는 바이러스)을 통해서 전달되는 반면, 밈은 모방을 통해서 전달된다. 내가 종이를 접어 배를 만드는 방법을 당신에게 가르친다면, 내 뇌에서 당신의 뇌로 밈이 전달되는 것이다. 당신은 다른 두 사람에게 똑같은 종이접기 방법을 가르칠 수 있고, 그 두 사람은 각자 또다른 두 명에게 그것을 가르치는 식으로 계속 전달될 수 있다. 그러면 밈은 바이러스처럼 기하급수적으로 퍼진다. 우리 모두가 제대로 잘 가르쳤다면, 나중 "세대"의 밈들은 이전 세대의 밈들과 그다지 눈에 띌 만한 차이가 없을 것이다. 모두 똑같은 종이접기 "표현형"*을 드러낼 것이다. 한 사람이 좀 더 정성들여 종이를 접을 때처럼, 배들 중에는 다른 것들보다 더 완벽하게 접힌 것들도

---

* "비버 이야기"에서 살펴보았듯이, 표현형은 보통 눈 색깔처럼 유전자가 발현함으로써 나타나는 외형을 의미한다. 여기서는 그 용어를 비유적인 의미로 사용했다. 즉 염색체에 묻힌 유전자의 표현형이 아니라, 뇌에 묻힌 밈의 가시적인 표현형이라는 의미이다. 이는 "총서시"의 "재현된 유물" 항목에서 언급했던 "자기 표준화"에도 딱 들어맞는 비유이다.

있을 것이다. 그러나 "세대"를 지나면서 점진적으로 질이 떨어지거나 하는 일은 일어나지 않을 것이다. 설령 밈은 발현된 표현형의 세세한 부분에서 편차가 있을지라도, 유전자처럼 고스란히 통째로 전달된다. 밈의 이 특수한 예는 유전자, 특히 바이러스의 유전자에 딱 맞는 비유이다. 화법이나 목수의 솜씨는 밈이라고 하기에는 조금 미심쩍은 부분이 있다. 내 생각에 그것들은 모방의 계통을 따라서 나중 "세대"로 갈수록 점진적으로 원래 세대의 것들과 달라질 것이기 때문이다.

블랙모어는 철학자 대니얼 데닛과 마찬가지로 밈이 우리를 인간으로 만드는 과정에 결정적인 역할을 했다고 믿는다. 데닛의 말을 들어보자.

> 모든 밈들이 도달하고자 하는 항구는 인간의 정신이지만, 인간의 정신 자체는 밈들이 그것을 자신들에게 더 적합한 서식지가 되도록 인간의 뇌를 재구성함으로써 만들어진 인공물이다. 들어오고 나가는 길들은 국지적인 조건에 맞게 변형되었고, 복제의 신뢰성과 세부 사항들을 보강하는 다양한 인공 장치들을 통해서 강화되었다. 중국 원주민의 정신은 프랑스 원주민의 정신과 완전히 다르며, 박식한 정신은 문맹인의 정신과 다르다.*

문화적 대도약 이전과 이후의 현대 뇌의 주요 차이점은 후자가 밈으로 우글거린다는 것이 데닛의 관점일 것이다. 블랙모어는 한 발 더 나아간다. 그녀는 밈을 동원하여 커다란 인간 뇌의 진화를 설명하고자 한다. 물론 밈만으로 설명할 수는 없다. 우리는 여기서 주요 해부학적 변화를 이야기하고 있기 때문이다. 밈은 포경이라는 표현형(그것은 아버지에게서 아들로 준유전적인 양상으로 전달되곤 한다) 속에서 스스로를 드러내기도 하며, 심지어 체형(목에 고리들을 끼워서 가늘고 길게 늘이는 풍습이 전달되는 모습을 생각해보라) 속에서도 스스로를 드러낼지 모른다. 그러나 뇌의 크기가 2배로 늘어난다는 것은 다른 문제이다. 그 증가는 유전자 풀에 나타난 변화들을 통해서 일어나야 한다. 그렇다면 블랙모어는 밈이 인간 뇌의 진화적 팽창에 어떤 역할을 했다고 보는 것일까? 바로 여기에서 성선택이 개입한다.

---

* 데닛은 『설명된 의식(*Consciousness Explained*)』(위의 인용문이 실린 책)과 『다윈의 위험한 생각(*Darwin's Dangerous Idea*)』, 『자유는 진화한다(*Freedom Evolves*)』, 『주문을 깨다(*Breaking the Spell*)』, 『직관 펌프 (*Intuition Pumps*)』를 비롯하여 다양한 지면을 통해서 밈 이론을 건설적인 용도로 활용한다.

사람들은 이상적인 숭배 대상으로부터 밈을 모방할 가능성이 가장 높다. 광고주들이 상품 구매를 권유하기 위해서 비싼 돈을 들여 축구 선수, 영화배우, 슈퍼모델을 기용하는 것도 그 때문이다. 상품을 판단할 전문지식이 없는 사람들을 말이다. 매력적이거나 존경받거나 재능이 있는 유명인사들은 강력한 밈 기증자들이다. 그런 사람들은 대부분 성적 매력도 있으므로, 적어도 우리 조상들이 살았을 일부다처제 사회에서는 강력한 유전자 기증자이기도 했을 것이다. 어느 세대든 간에, 매력이 넘치는 개인들은 다음 세대에 유전자와 밈 양쪽으로 자신들의 몫보다 더 많이 기여한다. 블랙모어는 밈을 생성하는 정신이 매력을 구성하는 한 부분이라고 가정한다. 그것은 창조적이고, 예술적이고, 말을 유창하게 하고, 감동을 주는 정신이다. 그리고 유전자는 매력적인 밈을 잘 만드는 뇌를 형성하는 데에 한몫을 한다. 따라서 밈 풀에 있는 밈들의 준다윈주의적 선택은 유전자 풀에 있는 유전자들의 진정한 다윈주의적 성선택과 나란히 나아간다. 그것은 고삐 풀린 질주의 진화를 이끌 수 있는 또다른 방법이다.

이런 관점에서 볼 때, 밈은 인간의 뇌가 진화적으로 팽창하는 데에 정확히 어떤 역할을 했을까? 나는 이 점을 살펴보기에 가장 좋은 방법이 다음과 같은 것이라고 생각한다. 뇌 속에는 밈들이 공개된 장소로 끌고 나오기 전까지는 드러나지 않은 채로 존재할 유전적 변이들이 있다. 음악적 재능의 차이에 유전적 요소가 포함된다는 사실이 좋은 사례이다. 바흐 집안 사람들의 음악적 재능은 아마 그들의 유전자에 상당히 기대고 있었을 것이다. 음악적 밈으로 가득한 세계에서는 음악적 재능의 유전적 차이들이 빛을 발하고 성선택에 이용될 가능성이 있다. 음악적 밈들이 인간의 뇌로 들어오기 이전의 세계에서는 음악적 재능의 유전적 차이들이 설령 고스란히 들어 있다고 할지라도 같은 방식으로는 발현되지 않았을 것이다. 그것들은 성선택이나 자연선택에 활용되지 않았을 것이다. 밈 선택 자체가 뇌의 크기를 바꿀 수는 없지만, 그것은 드러나지 않은 채로 남았을 유전적 변이들을 공개된 장소로 끌고 나올 수는 있다. "하마 이야기"에서 살펴본 볼드윈 효과의 한 형태라고도 볼 수 있을 것이다.

"공작 이야기"는 인류 진화에 관한 많은 의문들을 풀기 위해서 다윈의 멋진 이론인 성선택 이론을 활용했다. 우리는 왜 벌거벗었을까? 우리는 왜 두 발로 걸을까? 우리는 왜 뇌가 클까? 나는 성선택이 인류의 진화에 관한 모든 주요 의문들에 대한 보편적인 해답이라는 식으로 말함으로써 위험을 자초할 생각은 없다. 적어도 두 발 보행이라는 특수한 사례에서는 나는 조너선 킹던의 "쪼그리고 먹기" 이론이 설득력이 있다고 본다. 그러나 나는 다윈이 처음 제시한 이후로 오랫동안 무시되었다가 이제 다시 진지하게 검토되고 있는 성선택 이론 열풍도 응원한다. 그리고 그 이론은 주요 의문들 뒤에 가려지곤 하던 한 가지 부수적인 의문에도 손쉬운 해답을 내놓는다. 두 발 보행(또는 총명함이나 벌거벗음)이 그렇게 우리에게 좋은 개념이라면, 다른 유인원들은 왜 그것을 알지 못했을까? 성선택은 임의의 방향으로의 갑작스러운 진화적 분출을 예측하기 때문에 들어맞는 해답을 제공한다. 반면에 총명함과 두 발 보행에 성적 이형성이 없다는 점은 다른 특별한 해명이 필요하다. 이제 그만 그 문제에서 벗어나기로 하자. 좀더 생각이 필요한 문제이니까.

도도 이야기

육상동물들은 갈라파고스 군도나 모리셔스 섬 같은 대양의 외딴섬으로 가기가 쉽지 않다. 이유는 명백하다. 그러나 뿌리가 뽑힌 맹그로브에 어쩌다가 올라타서 뗏목 이동을 하다가 우연히 모리셔스 같은 섬에 도착하면, 그들의 앞날은 순탄할 가능성이 높다. 실제로 그렇다. 우선 섬에 도달한다는 것 자체가 어려워서 대개 경쟁과 포식이 본토처럼 심하지 않기 때문이다. 앞에서 살펴보았듯이, 원숭이와 설치류는 아마 그런 식으로 남아메리카에 도착했을 것이다.

섬에 이주하기가 "어렵다"고 말했으니, 흔히 일어나는 오해를 미리 바로잡아야겠다. 물에 빠진 개체는 뭍에 오르려고 필사적일지 모르지만, 섬에 이주하려고 **애쓰는** 종은 없다. 종은 무엇인가를 하려고 애쓰는 존재가 아니다. 한 종의 개체들이 운이 좋아서 우연히 자기 종이 전혀 살지 않는 섬에 이주할 수는 있다. 그러면 그 개체들이 진공 상태의 이점을 활용하리라고 예상할 수 있으며, 나중에 돌이켜보았을 때에 그 종이 섬에 이주했다고 말할 수 있는 결과가 나올지 모른다. 이후에 그 종의 후손들은 각자 낯선 섬의 조건에 맞게 진화할지도 모른다.

바로 여기에 "도도 이야기"의 요점이 있다. 육상동물은 섬에 도달하기 어렵지만, 날개가 있다면 일이 훨씬 더 수월해진다. 누구였든 간에, 갈라파고스핀치들이나 도도의 조상이 그랬듯이 말이다. 날짐승들은 특별한 위치에 있다. 그들은 흔히 말하는 맹그로브 뗏목이 필요 없다. 그들은 비행 중 어쩌다가 강풍에 휘말려 외딴섬에 들어간다. 그들은 올 때는 날개를 이용했지만, 오고 나니 날개가 더 이상 필요 없다는 사실을 알아차린다. 포식자가 없는 섬이 많기 때문이다. 다윈이 갈라파고스 군도에서 보았듯이, 그것이 섬의 동물들이 유독 유순한 이유이기도 하다. 그리고 그들이 손쉽게 뱃사람들의 먹잇감이 되는 것도 이 때문이다. 가장 유명한 사례는 분류학의 아버지인 린네가 잔인하게도 디두스 이넵투스(*Didus ineptus*)라는 이름을 붙인 동물인 도도이다.

도도(dodo)라는 이름은 어리석다는 뜻의 포르투갈어에서 유래했다. 어리석다는 말은 부당하다. 포르투갈 선원들이 1507년에 모리셔스 섬에 도착했을 때, 개체수가 많았던 도도들은 아주 유순했고, "신뢰한다"고밖에 볼 수 없는 방식으로 선원들에게 다가왔다. 그들이 신뢰하지 않을 이유가 있을까? 수천 년 동안 그들의 조상들이 한번도 포식자와 마주친 적이 없었으니 말이다. 슬프게도 그 신뢰가 문제였다. 불운한 도도들은 포르투갈인들에게, 나중에는 네덜란드인들에게 곤봉으로 맞아 죽었다. 그들은 도도의 고기가 "맛이 없다"면서도 도도를 죽였다. 아마 "재미"로 그랬을 것이다. 도도는 2세기도 채 되지 않아 멸종했다. 흔히 그렇듯이, 도도의 멸종도 살육과 다른 간접적인 영향들이 겹쳐짐으로써 일어났다. 인간은 개, 돼지, 쥐, 종교 피난민을 그 섬에 들여놓았다. 앞의 세 동물은 도도의 알을 먹었고, 피난민들은 사탕수수를 심느라 서식지를 파괴했다.

보전은 지극히 최근에 나온 개념이다. 나는 17세기에 누군가의 머릿속에 멸종과 그 안에 함축된 의미가 떠올랐을지 의심스럽다. 여기서 영국에 있던 마지막 남은 박제된 도도, 즉 옥스퍼드 도도 이야기를 하지 않을 수 없다. 그 도도를 소유했던 박제사 존 트레이즈캔트는 자신이 모은 다량의 골동품들과 보물들을 꾐에 넘어가서(일부에서 말하는) 악명 높은 엘리어스 애시몰에게 유산으로 물려주었다. 그것이 현재 옥스퍼드의 박물관이 마땅히 불려야 할(일부에서 말하는) 이름인 트레이즈캔트 박물관이 아니라 애시몰 박물관으로 불리는 이유이기도 하다. 나중에 애시몰 박물관의 학예사들은 트레이즈캔트의 도도가 쓰레기라며 태워버리기로 결정했다. 남은 것은 부리와 발 한쪽뿐으로, 내가 일하던 옥스퍼드 대학교의 자연사 박물관에 남아 있다. 루이스 캐롤은 거기에서 그것들을 보고 영감을 받았다. 힐레르 벨록도 그랬다.

도도는 느긋하게 걸어다녔지

햇살과 공기를 즐기며.

그의 고향에는 아직도 햇살이 따스하건만

도도는 그곳에 없네!

거억거억거리고 찍찍거렸던 그 목소리는

이제 더 이상 들리지 않네

하지만 당신은 그의 뼈와 부리를 볼 수 있어

박물관에서만.

흰도도는 이웃한 레위니옹 섬에서 똑같은 운명을 맞이했다고 한다.[*] 그리고 마스카렌 제도의 세 번째 섬인 로드리게스 섬에는 약간 더 먼 친척인 로드리게스 솔리테어가 살았지만, 같은 이유로 멸종했다.

도도의 조상들은 날개가 있었다. 그들의 선조들은 아마 변덕스러운 바람의 도움을 조금 받았겠지만, 자신의 근육의 힘으로 마스카렌 제도에 도착할 수 있는 비둘기였다. 도착한 그들은 더 이상 날 필요가 없었다. 달아날 일이 없었으니 말이다. 그래서 그들은 날개를 잃었다. 갈라파고스와 하와이처럼, 이 섬들도 최근에 화산 폭발로 생겼으며, 연령이 700만 년을 넘지 않는다. 분자 증거들은 도도와 솔리테어가 아마 우리의 생각과 달리 아프리카나 마다가스카르가 아니라, 동쪽에서 마스카렌 제도로 왔을 것임을 시사한다. 아마 솔리테어는 모리셔스 섬에 도착하여 다양하게 분화했을 것이고, 그 중 날개 힘이 충분했던 개체가 결국 로드리게스 섬에 도착했을 것이다.

왜 굳이 날개를 버렸을까? 날개는 오랜 기간에 걸쳐 진화한 것이다. 언젠가 다시 쓰

---

[*] 그러나 현재 런던 동물학회에서 일하는 경이로울 정도로 박식한 샘 터비는 흰도도가 아예 존재하지 않았음이 거의 확실하다고 내게 알려주었다. "흰도도는 17세기의 유화 몇 점에서 나타나는데, 당대의 여행자들이 레위니옹 섬에 커다란 하얀 새가 있다고 기록했지만, 설명이 모호하고 혼동했을 가능성도 있으며, 그 섬에서는 도도류의 뼈가 전혀 발견되지 않았다. 그 종에 라푸스 솔리타리우스라는 학명이 주어졌고, 일본의 괴짜 자연학자인 마사우지 하치수카가 레위니옹 섬에 2종의 도도가 있었다고 주장했지만(그는 그 2종에 빅토리오르니스 임페리알리스와 오르니탑테라 솔리타리아라는 이름을 붙였다), 초기의 기록들은 사라진 레위니옹따오기를 말한 것일 가능성이 더 높다. 그 새의 골격은 알려져 있는데, 현생 아프리카따오기나 모리셔스 섬의 회갈색 도도 새끼 표본들과 비슷해 보이기 때문이다. 아니면 그저 화가의 창작물일 수도 있다."

일 때를 대비하여 그냥 간직하지 않은 이유는 무엇일까? 도도에게는 안 된 일이지만, 진화는 그런 식으로 생각하지 않는다. 진화는 아예 생각을 하지 않으며, 미리 내다보지도 않는다. 진화가 그런 식이었다면, 도도는 날개를 계속 간직했을 것이고, 포르투갈과 네덜란드 선원들이 저지른 야만적인 행위의 표적이 되지도 않았을 것이다.

고인이 된 더글러스 애덤스는 도도의 슬픈 이야기에 감명을 받았다. 그가 1970년대에 썼던 「닥터 후」 대본 중에는 늙은 크로노티스 교수의 케임브리지 연구실이 타임머신 역할을 하는 일화가 실려 있다. 그러나 그는 그것을 비밀리에 사악한 짓을 하는 용도로만 사용한다. 그는 강박증에 걸린 듯이 17세기의 모리셔스 섬을 계속 찾아간다. **도도를 말살하기 위해서였다.** BBC가 파업을 하는 바람에, 「닥터 후」에서 이 일화는 방영되지 못했고, 더글러스 애덤스는 나중에 도도라는 소재를 자신의 소설 『더크 젠틀리의 탐정 사무소』에 가져다 썼다. 나를 감상적이라고 하겠지만, 나는 잠시 더글러스와 크로노티스 교수가 말살하려고 한 것을 떠올리지 않을 수 없다.

진화, 즉 그것의 자연선택은 선견지명이 없다. 각 종의 모든 세대의 개체들은 다음 세대에 자신의 유전자를 더 많이 전달할 수 있도록 살아남아 번식하는 일에 가장 적합하게 설계되어 있다. 비록 맹목적이기는 하지만, 결과적으로는 자연이 허용하는 선견지명에 가장 근접한 방식이다. 100만 년 뒤에 선원들이 방망이를 들고 도착할 때에는 날개가 유용할지 모른다. 그러나 날개는 지금 당장은 다음 세대에 자손과 유전자를 퍼뜨리는 데에는 별 도움이 되지 않을 것이다. 반대로 날개와, 특히 그것을 움직이는 데에 필요한 커다란 가슴 근육은 값비싼 사치품이다. 당장은 그것을 줄이고 자원을 절약하면, 그 자원을 알 같은 더 유용한 쪽에 쓸 수 있다. 즉 날개를 수축시키라는 프로그램을 지닌 유전자들을 살아남게 하고 번식시키는 데에 더 유용하다.

자연선택은 언제나 그런 식이다. 늘 땜질을 한다. 이것을 조금 줄이고, 저것을 조금 늘리고, 끊임없이 조정하고, 붙이고 떼어내면서 지금 당장의 번식 성공률을 최대화한다. 수백 년 뒤의 생존 여부는 그 계산에 포함되지 않는다. 그것은 사실 계산이 아니기 때문이다. 유전자 풀에서 일부 유전자는 살아남고 다른 유전자는 사라지는 식으로 모든 것은 자동적으로 일어난다.

옥스퍼드 도도(앨리스의 도도, 벨록의 도도)의 슬픈 종말 뒤에는 다소 행복한 속편이 이어진다. 내 동료인 앨런 쿠퍼의 연구실에 있는 과학자들은 남은 발 뼈에서 약간의 시료를 채취할 수 있는 허가를 받았다. 또 그들은 로드리게스 섬의 한 동굴에서 발견된 솔리테어의 넓적다리 뼈도 얻었다. 이 뼈들에는 멸종한 두 새와 살아 있는 다양한 새들 사이의 DNA 서열을 글자 대 글자로 비교할 수 있을 만큼 충분한 미토콘드리아 DNA가 들어 있었다. 분석 결과는 오래 전부터 예상했던 것처럼, 도도가 비둘기가 변형된 것임을 확인시켜준다. 비둘깃과에서 도도와 솔리테어가 가까운 친척이라는 것도 놀랄 일이 아니다. 좀더 의외의 결과는 이 2종의 멸종한 날지 못하는 큰 새들이 비둘깃과의 계통도에서 한가운데에 놓여 있다는 것이다. 다시 말해서, 날아다니는 비둘기들 중에는 다른 종의 날아다니는 비둘기가 아니라 도도와 더 가까운 친척들이 있다. 언뜻 생각하기에는 날아다니는 비둘기들이 도도가 아니라 서로 더 가까울 것 같음에도 말이다. 비둘기들 중에서 도도와 가장 가까운 것은 동남 아시아에서 사는 아름다운 니코바비둘기이다. 그리고 니코바비둘기와 도도로 이루어진 집단은 뉴기니의 화려한 빅토리아왕관비둘기 및 도도와 아주 흡사해서 "작은 도도"라는 의미의 학명을 얻은 희귀한 사모아비둘기와 가장 가깝다.

그 옥스퍼드 과학자들은 니코바비둘기가 떠돌이 생활을 하기 때문에 외딴섬으로 들어가기에 이상적인 존재이며, 니코바비둘기 형태의 화석들이 핏케언 섬 같은 태평양의 먼 동쪽 섬들에서도 발견된다고 말한다. 더 나아가 그들은 이 왕관비둘기와 사모아비둘기가 땅에 살면서 거의 날지 않는 커다란 새라고 말한다. 마치 이 비둘기의 하위 집단 전체가 습관적으로 섬에 이주하여 비행 능력을 잃고 점점 더 커져서 도도처럼 된다는 말로 들린다. 도도와 솔리테어는 그 경향을 극단까지 밀고 나간 셈이다. 그리고 최근에 수천 킬로미터 떨어진 피지에서도 비티레부왕비둘기라는 비행 능력을 완전히 잃은 가까운 친척 종이 진화했음을 보여주는 화석이 발견되었다.

"도도 이야기"는 전 세계의 섬들에서 되풀이되었다. 날아다니는 종들이 주류를 차지하는 수많은 조류과들이 저마다 섬에서 날지 못하는 형태들을 진화시켰다. 모리셔스 섬에는 모리셔스붉은뜸부기라는, 마찬가지로 멸종하고 없는 날지 못하는 커다란 뜸부기가 있었는데, 그 새는 종종 도도와 혼동되곤 했다. 로드리게스 섬에도 로드리게스뜸부기라는 친척 종이 있었다. 뜸부기류는 "도도 이야기"에 날지 못한 뒤에 섬을 건넌 이야기를 덧붙이는 듯하다. 인도양 말고 남대서양의 트리스탄다쿠냐 제도에도 날지 못하는 뜸부기가 있으며, 대부분의 태평양 섬들에도 날지 못하는 고유 종의 뜸부기들이 있거나 예전에 존재했었다. 인간이 하와이의 조류상을 파괴하기 전에, 그 제도에는 12종이 넘는 날지 못하는 뜸부기류가 살았다. 현재 세계에는 60종 남짓의 뜸부기가 있는데, 그중 4분의 1 이상이 날지 못하는 종이며, 날지 못하는 뜸부기들은 (뉴기니와 뉴질랜드 같은 큰 섬들까지 포함하여) 모두 섬에서 산다. 아마 태평양의 열대 섬들에서 인간과 접촉한 뒤로 약 200종이 사라졌을 것이다.

모리셔스 섬에서는 커다란 넓적부리앵무도 사라졌다. 볏이 달린 이 앵무는 잘 날지 못했고, 현재 뉴질랜드에 가까스로 살아남은 카카포(kakapo)와 비슷한 생태 지위를 점유했을지 모른다.[*] 뉴질랜드는 다양한 과에 속한 수많은 날지 못하는 새들의 고향이거나 고향이었다. 애드제빌(adzebill)이라는 더 놀라운 새도 있었다. 애드제빌은 두루미와 뜸부기의 먼 친척인 통통한 새였다. 북섬과 남섬에는 애드제빌이 여러 종 있었지만, 박쥐를 빼고 포유동물은 전혀 없었으므로("도도 이야기"의 토대가 된 명백한 이유로), 애드제빌이 시장에서 빈 직업을 차지하고 포유동물과 아주 흡사하게 생활했을 것이라고 쉽게 상상할 수 있다.

이 모든 사례들의 진화 이야기는 "도도 이야기"의 다른 형태가 될 것이 거의 확실하다. 날아다니는 조상 새들은 날개를 이용하여 외딴섬으로 오고, 포유동물이 없는 그곳에는 땅에서 생활할 기회가 널려 있다. 그들의 날개는 본토에 있을 때와 달리 더 이상 쓸모가 없으므로 새들은 날기를 포기하며, 그들의 날개와 값비싼 날개 근육들은 퇴화한다. 주목할 만한 예외가 하나 있다. 바로 날지 못하는 새들 중 가장 오래되고 유명한 주금류(평흉류, ratite)이다. 주금류의 진화 이야기는 다른 날지 못하는 새들의 이야기와 전혀 다르므로 그들은 독자적인 이야기를 간직하고 있다. 그것이 바로 "코끼리새 이야기"이다.

코끼리새 이야기

어린 시절 『아라비안 나이트』를 읽었을 때, 내 상상을 가장 자극한 것은 뱃사람 신드바드가 로크와 대면하는 장면이었다. 그는 처음에 이 괴물 새가 해를 가리는 구름이라고 생각했다.

---

[*] 이 새도 더글러스 애덤스의 『마지막 기회』에서 찬미되었다.

예전에 순례자들과 여행자들이 "로크"라는 거대한 새가 사는 섬이 있고, 그 새는 코끼리를 새끼에게 먹이로 준다는 이야기를 들은 적이 있었는데.

로크 전설은 『아라비안 나이트』의 몇몇 이야기에 등장한다. 신드바드 이야기에 두 차례, 압달라만 이야기에 두 차례 나온다. 마르코 폴로는 그 새가 마다가스카르에 산다고 했으며, 마다가스카르 왕이 보낸 사절이 중국 황제에게 로크의 깃털을 바쳤다고 했다. 마이클 드레이턴(1563-1631)은 그 괴물 새의 이름을 널리 알려진 작은 굴뚝새와 대비시켰다.

지금껏 알려진 모든 새들
거대한 로크에서 작은 굴뚝새까지…….

로크 전설은 어디에서 유래했을까? 그것이 순수한 환상의 산물이라면, 왜 마다가스카르와 자꾸 연관을 짓는 것일까?

마다가스카르의 화석들은 거대한 새인 코끼리새가 거기에 살았다고 말해준다. 비록 기원후 1000년경에는 더 많았겠지만, 17세기까지 살았던 듯하다.* 코끼리새는 사라졌다. 아마 사람들이 둘레가 1미터**나 되고 달걀 200개에 해당하는 식량을 제공했을 알을 훔쳐먹은 것이 한 계기가 되었을 것이다. 코끼리새는 키가 3미터에 몸무게가 거의 500킬로그램이며, 타조의 5배에 해당한다. 전설 속의 로크(코끼리와 신드바드를 운반할 수 있고 날개폭이 16미터는 되는)와 달리 진짜 코끼리새는 날 수 없었고, 타조처럼 날개가 (상대적으로) 작았다. 비록 사촌이기는 해도, 코끼리새를 타조가 크게 자란 모습으로 상상한다면 잘못이다. 타조가 길고 가느다란 목을 가진 반면에, 코끼리새는 머리와 목이 크고 깃털로 덮인 탱크 같은 육중하고 땅딸막한 새였다. 전설이 쉽게 생기고 부풀려진다는 점을 생각할 때, 코끼리새에서 로크 전설이 생겼을 법도 하다.

코끼리새는 터무니없을 정도의 대식가인 로크와 달리, 그리고 신대륙의 포루스라코

---

* 실제로는 아이피오르니스(*Aepyornis*)와 물레로르니스(*Mullerornis*) 두 속에 서너 종이 있었다. 이름에서 짐작할 수 있겠지만 아이피오르니스 막시무스(*A. maximus*)가 코끼리새에 가장 걸맞은 학명이다.
** 지름이 아니다. 생각처럼 아주 놀랍지는 않다.

그들은 사라졌고 이제 모아는 없어 큰모아의 뼈대 옆에 있는 리처드 오웬 경. 공룡이라는 용어를 만든 오웬은 모아를 처음 기재한 사람이기도 하다.

이드과(phorusrhachoid)라는 더 앞서 존재했던 거대한 육식성 조류 집단에 속한 새들과 달리, 아마 초식동물이었을 것이다. 포루스라코이드과의 새들은 아이피오르니스만큼 자랄 수 있었고, "깃털 달린 티라노사우루스"라는 별명에 걸맞게 변호사를 통째로 삼킬 수 있을 만한 무시무시한 굽은 부리를 가졌다. 언뜻 보면 아이피오르니스보다 이 괴물 같은 두루미가 무시무시한 로크의 역할에 더 잘 어울릴 것 같지만, 그들은 전설이 생기기 오래 전에 이미 멸종했으며, 어쨌든 신드바드(또는 그에 상응하는 진짜 아랍 선원들)는 아메리카 대륙을 방문한 적이 없었다.

마다가스카르의 코끼리새는 지금까지 알려진 새들 중에서 가장 무겁지만, 가장 키가 큰 새는 아니었다. 모아 종들 중에는 리처드 오웬의 사진에서처럼, 목을 들어올리면 키가 3.5미터인 것도 있었다. 실제 모아의 머리는 대개 등보다 약간 높은 위치에 있었다. 그러나 모아는 로크 전설을 낳을 수 없었다. 뉴질랜드도 신드바드가 모르는 곳이었기 때문이다. 뉴질랜드에는 약 10종의 모아가 있었으며, 칠면조만 한 것부터 타조의 2배가 되는 것까지 몸집이 다양했다. 모아는 날개의 흔적이 전혀 없을 뿐만 아니라,

날개뼈라는 숨은 흔적기관조차 없다는 점에서 날지 못하는 새들 중에서도 극단적인 사례이다. 그들은 기원후 1250년경 마오리족이 들어오기 전까지 뉴질랜드의 남섬과 북섬 양쪽에서 번성했다. 그들은 분명 도도와 같은 이유로 쉽게 잡을 수 있는 먹이였을 것이다. 지금까지 살았던 독수리들 중에서 가장 큰(지금은 멸종한) 하스트 독수리를 제외하고, 그곳에는 수천만 년 동안 포식자가 없었다. 마오리족은 모든 모아를 살육해서 맛있는 부위는 먹고 나머지는 그냥 버렸다. 고귀한 야만인이 자신의 환경을 존중하며 조화롭게 살아갔다는 소망을 담은 신화적인 이야기가 틀린 사례는 이것만이 아니다. 마오리족이 들어온 지 고작 몇 세기 뒤, 유럽인들이 도착할 무렵에 마지막 모아가 사라졌다. 모아를 보았다는 이야기와 일화가 지금까지도 종종 들려오지만, 희망은 사라지고 없다. 뉴질랜드 말투로 부르는 애처로운 노래 가사처럼 말이다.

모아는 없어, 모아는 없어.
아오테아로아*에서는
그들을 잡을 수 없지.
이미 먹혔으니까,
그들은 사라졌고 이제 모아는 없어!

코끼리새와 모아(육식성 포루스라코이드나 다른 멸종한 날지 못하는 거대한 새들은 제외)는 고대의 조류과인 주금류였다. 남아메리카의 레아, 오스트레일리아의 에뮤, 뉴기니와 오스트레일리아의 화식조, 뉴질랜드의 키위, 지금은 아프리카와 아라비아에만 남아 있지만 예전에는 아시아와 심지어 유럽에서도 흔히 볼 수 있었던 타조가 여기에 속한다.

나는 자연선택의 힘을 느낄 때마다 기쁨을 느끼며, "도도 이야기"에서처럼 주금류가 세계 각지에서 독자적으로 비행 불능을 진화시켰다고 말할 수 있다면 흡족할 것이다. 다시 말해서, 나는 주금류가 각기 다른 장소에서 비슷한 압력을 받아 피상적으로 닮게 된, 인위적인 조합이라고 생각하고 싶어진다. 슬프지만 실상은 그렇지 않다. 내가 코끼리새에게 하도록 맡긴 주금류의 진짜 이야기는 전혀 다르다.

---

* 마오리족이 뉴질랜드를 일컫는 말이다.

아니, 잠시만 기다리자. 인터넷에서 웹페이지가 뜨기를 기다릴 때처럼 참자. 나는 이 말이 지금은 틀렸다고 밝혀졌음을 강조하기 위해서 초판에 실었던 대목을 그대로 따와서 고딕 서체로 표시했다. 아니, 달리 표현하자면, 나의 직관적인 바람이 옳다고 드러났음을 조금 의기양양하게 나타내기 위해서이다.

그래도 주금류가 오래된 집안임은 분명하다. 비록 오랫동안 가까운 친척이라고 여겨져왔던 메추라기처럼 생긴, 이따금 날기도 하는 새인 남아메리카의 티나무도 고려해야 하지만 말이다. 이 랑데부 장의 앞쪽(339쪽)에 실린 프랙털 계통수를 보면, 고악류(paleognath)라는 이 조류 집합은 나머지 새들보다 서로 더 유연관계가 가깝다. 그런 의미에서 이들은 인위적인 조합이 아니다. 이들은 날지 못하는 조상으로부터 그 특징을 물려받았다기보다는 수렴 진화를 통해서 날지 못하는 형질을 갖춘 듯하다. 이렇게 인식이 180도 바뀐 것은 바로 코끼리새 때문이다. 더 정확히 말하면, "도도 이야기"에서 만난 바 있는 고대 DNA 연구의 손꼽히는 권위자인 앨런 쿠퍼 연구진이 코끼리새의 뼈에서 힘들여 추출한 DNA 덕분이다. 그 증거는 결정적이라고는 할 수 없지만, 상당히 시사적이다.

이 책의 초판에서 제시한 정통 견해는 거대한 남쪽 대륙인 곤드와나가 쪼개지기 전에, 주금류의 먼 조상에게서 도도처럼 날지 못하는 형질이 진화했다는 것이었다. 그 뒤에 곤드와나의 잔해들이 서로 멀어져감에 따라 각 대륙이나 섬에 주금류도 실려갔다. 시간이 흐르면서 주금류는 마다가스카르에서 코끼리새가 되었다. 남아메리카에서는 레아가 되었다. 오스트레일리아에서는 에뮤와 화식조가 되었고, 뉴질랜드에서는 모아와 키위가 되었다. 아프리카에서는 타조로 진화했다.

이 육지 분산의 이야기가 옳다면, 마다가스카르의 코끼리새가 곤드와나 이웃인 타조와 가장 가까운 친척이라고 예상할 수 있다. 그리고 마다가스카르가 곤드와나에서 일찌감치, 약 1억2,000만 년 전에 떨어져나갔으므로, 코끼리새가 가장 먼저 갈라져나간 주금류라고 예상할 수 있다. 그런데 새로 서열이 분석된 DNA는 이 두 가지 예상에 어긋난다. 코끼리새의 가장 가까운 친척은 곤드와나의 반대쪽 끝에 있는 키위임이 드러났다. 즉 이 거대한 날지 못하는 새는 주금류 계통수의 위쪽 가지 높은 곳에 불편하게 앉아 있다(다음의 그림 참조). 게다가 화석은 키위가 최근에 날아다니는 조상으로부터 진화했을 수도 있다고 시사한다. 더욱이 또다른 거대한 날지 못하는 새인 뉴

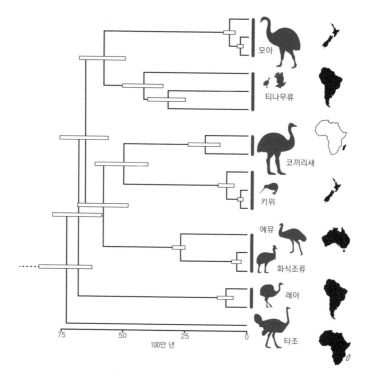

"주금류가 세계 각지에서 독자적으로 비행 불능을 진화시켰다고 말할 수 있다면 흡족할 것이다." 이 소망이 옳았음이 드러날지도 모른다. 고대 DNA 분석 결과는 주금류와 티나무류의 진화 계통수가 그림과 같다고 시사한다. 즉 1억 6,000만 년 전부터 8,000만 년 전 사이의 곤드와나 분할(298쪽)로는 이 지리적 분포를 설명할 수 없다는 뜻이다. 속이 빈 가로 막대는 각 가지의 분자시계 연대 표준 편차를 나타낸다. 미첼 등의 논문에서 인용[291].

질랜드의 모아는 멀리 남아메리카의 날아다니는 티나무와 가장 가까운 친척 사이임이 드러났다. 그러니 주금류 이야기가 도도 이야기의 시간적 및 공간적 확장판이라고 보는 것이 가장 경제적인 가설이다. 쿠퍼 연구진의 표현을 빌리면 이렇다. "주금류의 초기 진화는 비행을 통한 분산과 그 뒤의 평행 진화가 주된 특징이었던 듯하다. 그 과정에서 날지 못하는 형질은 최소한 6번, 거대화는 최소한 5번 진화했다."

에드 용은 2015년에 쓴 탁월한 글에서 "많은 교과서들을 고쳐 써야 한다"는 마이클 번스의 말을 인용했다. 그리고 그는 이 책의 초판에서도 한 대목을 인용했다. 바로 위에 고딕 체로 표기한 부분이 그 인용 부분이다. "……'슬프지만 실상은 그렇지 않다'.

기운을 내세요, 리처드. 그렇거든요.” 과학자들은 자신이 틀렸음이 입증된다면 기쁠 것이라는 입에 발린 소리를 종종 한다. 그것이 바로 과학이 발전하는 방식이라고 하면서 말이다. 가끔 그것이 입에 발린 소리가 아님이 드러날 때면 정말로 흐뭇하다. 나는 내 생각이 틀렸음이 드러났을 때에 정말로 기뻤다. 그리고 다시 옳다고 밝혀졌을 때에도 그랬다.

양서류

랑데부 16이라는 거대한 이정표에서 겨우 2,000만 년밖에 올라가지 않은 석탄기 초인 3억4,000만 년 전, 우리 유양막류(포유동물이 파충류 및 조류와 합쳐진 이름)는 랑데부 17에서 양서류 사촌들과 만난다. 판게아는 아직 형성되지 않았으며, 남쪽과 북쪽의 땅덩어리 사이에는 테티스 해의 이전 형태가 있었다. 남극에는 빙원이 형성되기 시작했으며, 적도 부근은 석송류의 열대숲이었고, 기후는 아마 현재와 흡사했을 것이다. 물론 동식물상은 지금과 전혀 달랐겠지만 말이다.

우리의 약 1억7,500만 대 선조에 해당하는 공조상 17은 현존하는 모든 사지류(四肢類, tetrapod)의 조상이다. 사지류는 발이 4개라는 뜻이다. 네 발로 걷지 않는 우리는 조류보다 훨씬 더 나중에 사지류 단계를 지났지만, 여전히 사지류라고 불린다. 게다가 공조상 17은 육상 척추동물이라는 엄청난 대집단의 조상이다. 앞에서 나는 사후 자만심을 비난했지만, 뭍으로 올라간 어류의 등장은 우리의 진화사에 한 획을 그은 사건이었다. 그 근거는 다음 랑데부인 "폐어 이야기"에서 제시할 것이다.

현대 양서류 순례자들은 우리 유양막류와 만나기 오래 전에 서로 합류한 3개의 주요 집단으로 이루어져 있다. 개구리류(그리고 두꺼비. 동물학적으로 굳이 둘을 구분할 필요는 없다), 도롱뇽류(그리고 영원. 영원류는 알을 낳을 때면 물로 돌아간다), 무족영원류(지렁이나 뱀을 닮은 축축하고 다리가 없는 동물들로, 땅속이나 물속에서 산다)가 그들이다. 개구리류는 성체 때에는 꼬리가 없지만, 유생 때에는 꼬리로 활발하게 헤엄을 친다. 도롱뇽류는 유생 때뿐만 아니라 성체가 되어도 긴 꼬리를 가지고 있다. 화석들로 판단할 때, 체형이 양서류의 조상에 가장 가깝다. 무족영원류는 다리가 없다. 심지어 조상들의 사지를 지탱했을 상지대(上肢帶)와 하지대(下肢帶)의 흔적기관조차 없다. 무족영원류의 아주 길쭉한 몸은 몸통 부위의 척추와 갈비뼈의 수가 늘어

개구리류&두꺼비류

도롱뇽류

무족영원류

15

16

17
340 Ma

100 Ma

200 Ma

300 Ma

양서류의 합류   현생 양서류는 3계통으로 나뉜다. 지렁이를 닮은 무족영원류, 도롱뇽류, 개구리류이다. 현재 학계에 보고된 양서류는 6,500–7,450종이며, 그중 약 90퍼센트는 개구리류이다. 유전자 분석 결과들은 그림에서처럼 이 세 양서류 목들이 한 집단으로 묶여서 유양막류의 자매 집단이 된다고 말한다. 하지만 이 결과는 몇몇 화석 연구 결과와는 들어맞지 않는다. 세 집단 사이의 분지 순서를 놓고 아직 논란이 있다.

나서 형성된 것이다(개구리류는 척추 마디가 12개인 반면, 이들은 최대 250개까지 늘어났다). 갈비뼈는 몸을 지탱하고 보호하는 역할을 한다. 기묘하게도 꼬리는 아주 짧거나 아예 없다. 무족영원류에게 다리가 있다면, 뒷다리는 몸의 맨 끝에 달려야 할 것이다. 멸종한 양서류들 중에는 실제로 그런 다리를 가진 것들도 있었다.

양서류 중에는 성체가 되면 육지에서 살지라도 번식은 물에서 하는 것들이 많은 반면, 유양막류(고래, 듀공, 어룡 같은 이차적으로 진화한 것들은 제외)는 육지에서 번식을 한다. 유양막류는 새끼를 낳는 태생(胎生)이거나 방수가 되는 단단한 껍데기로 감싸인 비교적 큰 알을 낳는 난생(卵生)이다. 어느 쪽이든 간에, 배아는 "자기만의 연못"에 떠 있다. 반면에 양서류의 배아는 진짜 연못이나, 그에 상응하는 것 속에 떠 있을 가능성이 훨씬 더 높다. 랑데부 17에서 우리와 만나는 양서류 순례자들은 육지에서 어느 정도의 시간을 보낼 수도 있겠지만, 결코 물에서 멀어지지 않으며, 적어도 생활사의 특정 단계에서는 대개 물로 돌아간다. 육지에서 번식하는 것들은 물속이나 다름없는 조건을 조성하기 위해서 갖은 수를 쓴다.

나무는 비교적 안전한 피신처를 제공하며, 개구리는 생명을 좌우하는 물과의 결속을 끊지 않은 채 번식할 방법을 발견했다. 브로멜리아드 식물의 잎들이 우거진 오목한 곳에 빗물이 고여 생긴 작은 웅덩이를 이용하는 개구리들도 있다. 아프리카거품개구리 암컷들은 수컷들이 공동으로 분비하는 액체를 뒷다리로 휘저어서 크고 하얀 거품을 만든다. 이 거품은 바깥쪽이 굳어 단단해짐으로써 알이 든 축축한 내부를 보호한다. 올챙이들은 나무에 붙은 그 축축한 거품 속에서 자란다. 다음번 우기가 찾아올 때쯤이면 올챙이들은 밖으로 나갈 준비를 끝내고, 꿈틀거리며 나와서 나무 밑에 고인 물웅덩이로 떨어진다. 그곳에서 개구리로 자란다. 다른 종들도 거품 둥지 기술을 사용하지만, 암수가 집단으로 협력하여 거품을 만들지는 않는다. 대신 수컷 한 마리가 암컷 한 마리가 분비하는 액체를 휘저어서 거품을 만든다.

흥미롭게도 몇몇 개구리 종들은 진정한 태생, 즉 새끼를 출산하는 쪽으로 방향을 돌렸다. 남아메리카에서 사는 주머니개구리류(주머니개구리속의 다양한 종들)의 암컷은 수정란을 등으로 옮긴다. 그러면 피부가 알들을 뒤덮는다. 올챙이들은 그 안에서 깨어나 자라다가 밖으로 나온다. 어미의 등 피부를 보면 그 안에서 올챙이들이 꿈틀거리는 모습을 뚜렷이 볼 수 있다. 다른 몇몇 종들도 아마 독자적이겠지만 비슷한 습성을 진화시켰다.

유명한 발견자의 이름을 따서 다윈코개구리라는 학명이 붙은 남아메리카의 개구리 종은 가장 독특한 형태의 태생 번식을 한다. 수컷은 마치 자신이 수정시킨 알을 먹는 것 같지만 그 알은 창자로 내려가지 않는다. 많은 개구리 수컷들이 그렇듯이, 그 종의 수컷도 목소리를 증폭시키는 공명기로 쓰이는 커다란 울음주머니가 있으며, 그곳이 알이 머무는 축축한 육아실이 된다. 알들은 그곳에서 자라며, 올챙이로 헤엄칠 자유를 빼앗긴 채 완전히 자란 새끼 개구리가 되었을 때에야 입 밖으로 게워진다.

양서류와 유양막류의 핵심적인 차이는 유양막류의 피부와 알껍데기가 방수가 된다는 점이다. 양서류의 피부에서는 물이 대개 같은 면적의 고인 물과 거의 같은 속도로 증발된다. 피부 밑에 있는 물의 관점에서 보면, 그 피부는 거의 없는 것이나 다름없다. 이 점에서 양서류는 파충류, 조류, 포유류와 전혀 다르다. 후자들에게는 물을 차단하는 것이 피부의 주된 역할이다. 양서류 중에도 예외는 있으며, 그중 가장 눈에 띄는 것은 오스트레일리아의 다양한 사막개구리들이다. 이들은 비록 아주 드물게 잠깐 동안이지만, 사막에도 홍수가 일어날 수 있다는 사실을 활용한다. 그렇게 드물게 폭우가 내리는 시기에, 개구리는 물로 채워진 일종의 고치를 만들며, 그 속에 들어가서 2년 동안, 심지어는 7년 동안 휴면 상태로 지낸다. 일부 개구리 종들은 동결 방지제인 글리세롤을 만들어서 물이 정상적으로 어는 온도보다 훨씬 더 낮은 온도에서도 견딜 수 있다.

바닷물에서 사는 양서류는 없다. 따라서 도마뱀과 달리 외딴섬에서는 양서류가 거의 발견되지 않는다는 사실도 놀랄 일은 아니다.* 다윈은 여러 책들에서 그런 사실을 기록했으며, 그런 섬에 사람이 개구리를 들여놓으면 대단히 번성한다는 점도 주목했다. 그는 도마뱀의 알은 단단한 껍데기 덕분에 바닷물로부터 보호되지만, 개구리의 알은 바닷물에 닿자마자 죽는다고 가정했다. 그러나 개구리는 남극대륙을 제외한 모든 대륙에서 발견되는데, 아마 대륙들이 쪼개지기 전부터 살고 있었기 때문일 듯하다. 그들은 아주 성공한 집단이다.

---

* 샘 터비는 내게 피지나무개구리와 피지땅개구리라는 가장 외딴섬에 사는 개구리 2종(가까운 친척이며, 아마 그곳에 들어온 한 조상의 후손일 것이다)의 올챙이는 자유 유영을 하지 않고 알 속에서 지낸다고 말했다. 그들은 다른 개구리들보다 염분에 더 잘 견디는 듯하며, 피지땅개구리는 가끔 해변에서 발견되기도 한다. 그곳에 처음 들어온 그들의 조상도 그런 특징을 가졌다면, 그 독특한 특징은 섬 건너기에 알맞은 선적응이었을 것이다.

개구리는 한 가지 측면에서 조류를 생각나게 한다. 둘 다 조상의 체제(body plan)를 다소 기이하게 변형시켰다는 점이다. 아주 유별나다고 할 수는 없겠지만, 조류와 개구리류는 각자 기이한 체제를 택한 뒤에 그것을 토대로 완전히 새로운 유형의 변이들을 만들었다. 개구리는 조류만큼 종이 많지는 않지만, 전 세계에 6,500종이 넘는 개구리가 있으므로 나름대로 인상적이다. 조류의 체제는 날 수 있도록 설계되었으며, 타조 같은 날지 못하는 새들까지도 같은 체제를 가진다. 한편 개구리 성체의 체제는 아마 고도로 분화한 도약 장치로 보는 편이 가장 제대로 이해했다고 할 수 있을 것이다. 일부 종들은 대단히 먼 거리를 뛸 수 있으며, 오스트레일리아의 로켓개구리는 이름에 걸맞게 몸길이의 50배까지 뛸 수 있다. 세계에서 가장 큰 개구리는 서아프리카의 거인개구리로서, 작은 개만 하며 한 번에 3미터를 뛴다고 한다. 모든 개구리가 도약하는 것은 아니지만, 모든 개구리는 도약하는 조상들의 후손이다. 타조가 나는 새의 단계를 거쳤듯이, 그 개구리들도 적어도 도약자의 단계를 거쳤다. 윌리스날개구리처럼 나무에서 사는 일부 종들은 긴 발가락을 펼쳐서 물갈퀴를 낙하산으로 활용함으로써 체공 시간을 늘린다. 사실 그들은 날다람쥐와 다소 흡사하게 활공한다.

도롱뇽과 영원은 물속에서는 물고기처럼 헤엄친다. 육지에 있을 때에도, 그들의 다리는 너무 짧고 약해서 우리가 생각하는 식으로 걷거나 달리지는 못한다. 도롱뇽은 물고기처럼 꾸불꾸불 헤엄치듯이 움직이며, 다리는 그저 보조적인 역할을 할 뿐이다. 현재 도롱뇽들은 대부분 몸집이 아주 작다. 가장 큰 것은 1.5미터에 달하지만, 파충류가 등장하기 전에 땅을 지배했던 거대한 양서류와는 상대가 되지 않는다.

그렇다면 공조상 17은 어떻게 생겼을까? 양서류와 파충류와 우리의 공통 조상 말이다. 유양막류보다 양서류를 더 닮고, 개구리보다 도롱뇽을 더 닮았으리라는 것은 분명하지만, 아마 양쪽을 그다지 많이 닮지는 않았을 것이다. 화보 20은 몸길이 약 50센티미터인 발라네르페톤 같은 석탄기 전기의 양서류 화석들을 어느 정도로 토대로 삼아 재구성한 모습이다. 우리가 한 가지 말할 수 있는 것은 이 공조상의 발가락이 5개였다는 점이다. 이 점은 명백하게 추론할 수 있는 것이라고 생각할지 모르겠지만, 그렇지 않다. 우리는 5개의 발가락이 사지류의 손과 발의 특징이라고 생각하는 경향이 있다. "다섯 발가락(pentadactyl)"이 달린 팔다리는 고전 동물학의 토템과 같다. 현대 양서류는 앞발에 발가락이 4개만 달려 있는 경향이 있으며, 일부 개구리들에게서는

6번째 발가락의 흔적이 남아 있기도 하다. 그렇기는 해도 공조상 17에 다다를 즈음에는 5개가 기본형이 되었다는 것이 점점 확실해진다. 이쯤 되면 발가락 수가 중요하지 않다고 말하고 싶어질 것이다. 기능적으로 중립이라고 말이다. 그러나 나는 그렇지 않다고 생각한다. 나는 당시 각 종들이 발가락 수가 다름으로써 어떤 진정한 혜택을 얻었을 것이라고 추측한다. 각기 다른 발가락 수는 헤엄치거나 걸을 때에 실제로 더 효율적이었을지도 모른다. 나중에 사지류의 팔다리 설계는 다섯 발가락으로 굳어졌는데, 아마 체내의 발생학적 과정이 어쩌다가 그 숫자에 의존했기 때문일 것이다. 발가락 수는 성체가 되면 배아일 때보다 줄어드는 경우가 많다. 현대의 말처럼 발가락 중 가운뎃발가락 하나만 남는 극단적인 사례도 있다.

5개의 손발가락이 어떤 의도하지 않은 제약을 가했을지 추측해보면 재미있다. 우리는 10진법을 발명하지 못했을지도 모르고, 이 책에서 쓴 것 같은 100, 1,000, 100만을 기준 단위로 쓰지도 못했을 것이다. 사실 개구리나 도롱뇽을 본받아서 8개의 손발가락을 지니게 되었다면, 우리는 자연히 8진법으로 셈을 하게 되었을 것이고, 이진법 논리도 더 이해하기 쉬웠을 것이고, 컴퓨터도 훨씬 더 일찍 발명되었을 수 있다.

도롱뇽 이야기

진화사에서 명칭은 아주 골칫거리이다. 고생물학이 논쟁이 극심한 분야이자 심지어 사적인 원한까지 팽배한 곳이라는 것은 비밀도 아니다. 『불화의 원인들(*Bones of Contention*)』이라는 제목의 책이 적어도 8권은 나와 있다. 그리고 두 고생물학자가 다투는 문제를 가만히 들여다보면, 명칭 때문임을 알게 될 때가 한두 번이 아니다. 이 화석은 호모 에렉투스일까, 아니면 고대 호모 사피엔스일까? 이 화석은 초기 호모 하빌리스일까, 후기 오스트랄로피테쿠스일까? 사람들은 분명히 그런 질문들에 나름대로 확고한 견해를 보이지만, 가끔은 지나치게 세세한 부분에 집착한다는 것이 드러날 때가 있다. 사실 그런 질문들은 신학적 질문들과 비슷하며, 나는 거기에서 그런 질문들이 격렬한 의견 차이를 불러일으키는 이유에 대한 한 가지 단서를 본다. 확연히 구분 짓는 명칭에 집착하는 태도는 내가 불연속적인 정신의 독재라고 부르는 것의 한 가지 사례이다. "도롱뇽 이야기"는 불연속적인 정신에 타격을 가한다.

캘리포니아 한가운데로 길게 뻗은 센트럴 밸리는 서쪽으로는 해안 산맥, 동쪽으로는 시에라네바다 산맥에 가로막혀 있다. 이 긴 산맥들은 계곡의 북쪽 끝과 남쪽 끝에서 서로 연결되므로, 계곡은 아주 높은 지대에 둘러싸인 셈이다. 이 고지대 전역에는 엔사티나속(*Ensatina*)이라는 도롱뇽 한 속이 살고 있다. 센트럴 밸리 자체는 폭이 약 65킬로미터이며, 도롱뇽에게 우호적인 환경이 아니므로 도롱뇽은 그곳에 살지 않는다. 도롱뇽들은 계곡을 돌아다닐 수는 있지만 웬만해서는 그곳을 가로지르지 않으며, 끊어지지 않고 이어진 다소 길쭉한 타원형 고리 모양으로 분포한 하나의 개체군을 이룬다. 현실적으로 도롱뇽은 다리가 짧고 수명도 짧기 때문에, 자신이 태어난 곳에서 그리 멀리 가지 못한다. 그러나 더 긴 시간 동안 이어지는 유전자들에게는 상황이 다르다. 각 도롱뇽은 옆에 있는 개체와 교배를 할 수 있고, 그들의 부모는 다른 이웃들과 상호 교배를 했을 것이므로, 계속 추적하면 고리 전체와 이어진다. 따라서 고리 전체에서 유전자 흐름이 일어났을 가능성이 있다. 가능성 말이다. 실제로 무슨 일이 벌어지는지는 버클리에 있는 캘리포니아 대학교의 내 옛 동료들이 멋지게 규명했다. 그 연구는 로버트 스테빈스가 시작했는데, 데이비드 웨이크가 뒤를 이어서 연구 중이다.

계곡의 남쪽 산맥에 있는 울라히 야영지라는 조사지역에는 상호 교배하지 않는 뚜렷이 구분되는 2종의 엔사티나가 산다. 하나는 검은 바탕에 노란 반점이 선명하게 나 있고, 다른 한 종은 반점이 없이 몸 전체가 연한 갈색을 띤다. 울라히 야영지에서는 2종의 분포 범위가 겹쳐지지만, 넓은 지역에 걸쳐 표본조사를 해보니 반점이 있는 종은 대개 캘리포니아 남부의 샌와킨 계곡이라고 불리는 센트럴 밸리 동편에 살고 있었다. 반면에 연갈색 종은 샌와킨 계곡의 서편이 주요 분포지역이다.

상호 교배 여부는 두 개체군에 각기 다른 종 이름을 붙일지를 판단하는 데에 사용되는 널리 인정받은 기준이다. 따라서 밋밋한 서쪽 종에 엔사티나 에시솔치, 반점이 있는 동쪽 종에 엔사티나 클라우베리라는 이름을 쉽게 붙일 수 있어야 한다. 다만 한 가지 눈에 띄는 상황이 없다면 말이다. 그것이 이 이야기의 핵심이다.

센트럴 밸리의 북쪽 끝인 새크라멘토 계곡이라고도 불리는 곳을 막고 있는 산맥에 오르면, 엔사티나를 1종밖에 찾지 못할 것이다. 그 종은 반점이 있는 종과 밋밋한 종의 중간 형태이다. 몸 대부분이 갈색이며, 아주 흐릿한 반점들이 나 있다. 그들은 2종의 잡종이 아니다. 그렇게 생각하면 잘못이다. 제대로 살펴보기 위해서, 탐사대를 둘로 나누어 센트럴 밸리의 동편과 서편으로 길을 잡아 남쪽으로 가면서 도롱뇽을 표본 조사하도록 하자. 동편에서는 남쪽으로 갈수록 점점 더 반점이 짙은 것들이 나오다가 맨 남쪽에서 클라우베리의 극단적인 형태와 마주친다. 서편에서는 점점 더 밋밋한 에시솔치를 닮아가는 것들이 나타난다. 우리는 울라히 야영지에서 둘의 분포 범위가 겹침을 알게 된다.

이것이 바로 엔사티나 에시솔치와 엔사티나 클라우베리를 각기 다른 종으로 확정짓기 어려운 이유이다. 그들은 "고리 종(ring species)"이다(화보 21 참조). 남쪽에서만 표본을 채집한다면, 당신은 그들이 서로 다른 종이라고 판단할 것이다. 그러나 북쪽으로 갈수록 그들은 서서히 서로를 닮아간다. 동물학자들은 대개 스테빈스가 주장하는 대로 그들을 엔사티나 에시솔치라는 한 종으로 묶으면서, 다양한 아종 이름을 붙인다. 가장 남쪽에 있는 밋밋한 갈색 형태인 엔사티나 에시솔치 에시솔치에서 출발하여 계곡의 서편을 따라 북으로 올라가면, 엔사티나 에시솔치 크산토프티카와 엔사티나 에시솔치 오리거넨시스를 만난다. 이름에서 짐작할 수 있듯이, 후자는 더 북쪽인 오리건과 워싱턴에서도 발견된다. 캘리포니아의 센트럴 밸리 북쪽 끝에는 앞에서 언급한 흐릿한 반점이 있는 형태인 엔사티나 에시솔치 픽타가 산다. 고리를 돌아서 계곡의 동편을 따라 내려오면, 픽타보다 반점이 더 선명한 엔사티나 에시솔치 플라텐시스를 만나고, 이어서 엔사티나 에시솔치 크로케아테르가 나타난 뒤에, 마지막으로 엔사티나 에시솔치 클라우베리(별도의 종으로 생각했을 때에는 엔사티나 클라우베리라고 부른 선명한 반점을 가진 형태)가 등장한다.

스테빈스는 엔사티나의 조상들이 센트럴 밸리의 북쪽 끝에 도착하여 계곡 양편으로 갈라져 내려가면서 서서히 진화했다고 믿는다. 그들이 남쪽에서, 즉 엔사티나 에시솔치 에시솔치에서 출발하여, 계곡 편으로 올라갔다가 북쪽에서 돌아서 반대편으로 내려오면서 진화했고, 고리의 반대편 끝에서 엔사티나 에시솔치 클라우베리로 끝났을 가능성도 있다. 그들이 어떤 역사를 거쳤든 간에, 지금은 두 끝이 만나는 캘리포니아의 가장 남쪽만 제외하고, 고리 전체에서 잡종이 형성된다.

센트럴 밸리가 유전자 흐름을 완벽하게 차단하는 장벽이 아닌 것 같기 때문에 상황은 더 복잡해진다. 도롱뇽들은 간혹 계곡을 가로지르는 듯하다. 한 예로 서편 아종 중 하나인 크산토프티카의 개체군 하나가 계곡의 동편에 살면서 동편 아종인 플라텐시스와 잡종을 형성하고 있다. 고리의 남쪽 끝 근처에 연결이 끊긴 곳이 있다는 점도 상황을 더 복잡하게 하는 요인이다. 이곳에는 도롱뇽이 전혀 살지 않는 듯하다. 아마 예전에는 있었겠지만, 죽어서 사라진 것 같다. 혹은 거기에 있지만 아직 발견되지 않았을지도 모른다. 그곳은 바위투성이라서 조사하기가 어렵다고 한다. 이렇게 고리가 복잡하기는 해도, 이 속에서는 유전자 흐름으로 이어진 고리가 뚜렷하게 나타난다. 더 잘 알려진 사례인 북극권에 있는 재갈매기와 작은재갈매기처럼 말이다.

영국에서 재갈매기와 작은재갈매기는 뚜렷이 구분되는 별개의 종이다. 누구나 쉽게 구별할 수 있다. 날개 등(wing back)의 색깔을 보면 가장 쉽게 알 수 있다. 재갈매기는 날개 등이 은회색인 반면, 작은재갈매기는 거의 검은색에 가까운 짙은 회색이다. 게다가 그 새들도 자신들이 서로 다르다고 말한다. 그들은 한데 뒤섞여서 무리를 이루고 번식도 하지만, 서로 잡종을 형성하지는 않기 때문이다. 그래서 동물학자들은 그들에게 라루스 아르겐타투스와 라루스 푸스쿠스라는 각기 다른 학명을 붙이는 것이 마땅하다고 여긴다.

그러나 여기에서도 도롱뇽의 사례와 유사한 흥미로운 관찰 결과가 있다. 서쪽으로 재갈매기 개체군을 따라서 북아메리카로 갔다가 시베리아를 건너 유럽으로 지구를 한 바퀴 돌아오면, 흥미로운 사실을 발견한다. 북극 근처를 지나면서 보면, "재갈매기"는 서서히 덜 재갈매기처럼 보이고 점점 더 작은재갈매기를 닮아가며, 마침내 서유럽에 오면 작은재갈매기가 실제로는 재갈매기에서 출발하여 고리 모양으로 이어지는 연속체의 반대편 끝이라는 사실이 드러난다. 고리의 각 단계마다 새들은 인접한 새들과 아주 비슷하며, 상호 교배를 한다. 그 연속체의 양끝에 도달할 때까지, 즉 고리가 자신의 꼬리를 물 때까지 말이다. 유럽에서는 재갈매기와 작은재갈매기는 절대로 상호 교배를 하지 않는다. 상호 교배하는 동료들이 죽 이어져서 지구를 한 바퀴 돌며 서로 연결되어 있음에도 말이다.

도롱뇽과 재갈매기 같은 고리 종은 시간적인 차원에서는 늘 일어나는 일을 공간적인 차원에서 보여줄 뿐이다. 우리 인간과 침팬지가 고리 종이라고 상상해보자. 실제로 그랬을 수 있다. 아마 동아프리카 지구대의 한쪽 끝에서 반대편 끝까지 고리가 형성되었을 것이다. 그 고리의 남쪽 끝에는 전혀 다른 두 종이 공존하고 있었겠지만, 상호 교배로 끊어지지 않고 이어지는 연속체가 위로 쭉 뻗어올라간 다음 돌아서 반대편 끝까지 내려와 있었을 것이다. 이것이 사실이라면, 우리 종이 다른 종을 대하는 태도에 어떤 영향을 미칠까? 불연속적으로 보는 태도 전반에는 어떤 영향을 미칠까?

우리의 법적 및 윤리적 원리들 중에는 호모 사피엔스와 다른 모든 종들이 다르다는 전제에 의존하는 것들이 많다. 세상에는 의사를 암살하고 낙태 병원을 폭파하는 짓까지 저지르는 극소수의 사람들까지 포함하여 낙태를 범죄로 보는 사람들이 많다. 그러나 그들 중에는 아무 생각 없이 육식을 하고, 침팬지를 동물원에 가두고, 실험실에서 희생시키는 것에 무심한 사람들도 많다. 상호 교배자들을 통해서 끊기지 않은 사슬로 연결된 캘리포니아의 도롱뇽들처럼, 우리와 침팬지를 잇는 살아 있는 중간 존재들로 구성된 연속체 속에 우리 자신이 포함된다면, 그들은 생각을 바꿀까? 분명히 그럴 것이다. 중간 존재들이 모두 죽어 사라진 것은 가장 단순한 우연적인 사건에 불과하다. 우리가 우리 두 종 사이에, 아니 모든 두 종 사이에 거대한 심연이 자리하고 있다고 쉽게 상상할 수 있는 것은 그저 이 우연한 사건 때문이다.

예전에 다른 지면에서, 나는 공개 강연이 끝난 뒤에 혼란에 빠진 한 변호사가 내게 질문했다는 일화를 상세히 다룬 적이 있다. 그는 자신의 법적 통찰력을 최대한 동원하여 다음과 같은 시점이 있을 것이라고 말했다. 그는 A종이 B종으로 진화한다면 자식은 B라는 신종에 속하고 부모는 기존의 A종에 속하는 시점이 틀림없이 있을 것이라고 엄밀하게 추론했다. 그러나 종의 정의에 따르면, 서로 다른 종의 구성원들끼리는 상호 교배를 할 수 없고, 아이가 자신의 종과 상호 교배를 할 수 없을 정도로 부모와 달라질 수 없다는 것도 분명하다. 그는 법정 드라마에서 변호사들이 삿대질을 하는 식으로 자신이 은유적인 손가락을 흔들어서 진화의 개념 전체를 뒤흔든다고 생각하지 않았을까?

그것은 이렇게 말하는 것과 같다. "주전자에 찬물을 넣고 데울 때, 물이 차갑기를 멈추고 뜨거워지는 특정한 순간이 결코 있을 리 없으므로, 차 한 잔을 끓이기는 불가능하다." 나는 언제나 질문을 건설적인 방향으로 돌리려고 애쓰는지라, 그 변호사에게 재갈매기 이야기를 해주었다. 나는 그가 흥미를 느꼈으리라고 생각한다. 그는 개체를 이 종 아니면 저 종에 확고하게 끼워넣을 것을 주장했다. 그는 한 개체가 두 종 사이의 중간이나 A종에서 B종으로 이어지는 길의 10분의 1 지점에 놓여 있을 가능성을 허용하지 않았다. 배아가 발달할 때에 정확히 언제 인간이 되는가(그리고 낙태를 살인과 같은 것으로 보아야 할 시점이 언제인가)를 둘러싼 끝없는 논쟁을 지리멸렬하게 만드는 것도 그와 똑같은 편협된 사고방식이다. 이런 사람들에게 당신이 인간의 어떤 특징에 초점을 맞추는가에 따라서 태아가 "절반의 인간"이나 "100분의 1의 인간"이 될 수 있다고 말해보았자 아무런 소용이 없다. 질적이고 절대론적인 정신의 소유자에게 "인간"이란 "다이아몬드"와 같다. 중간 같은 것은 없다. 절대론적 정신은 골칫거리가 될 수 있다. 그들은 진짜 불행을, 인간적인 불행을 초래한다. 나는 이것을 불연속적 정신의 독재라고 일컬으며, 그것이 바로 "도롱뇽 이야기"의 교훈이다.

목적에 따라서는 명칭들과 불연속적인 범주들이 필요할 때가 있다. 사실 변호사들에게는 언제나 그런 것들이 필요하다. 성인은 운전을 할 수 있지만, 미성년자는 운전을 할 수 없다는 식의 사고들 말이다. 법은 예를 들면, 17세 생일 같은 어떤 문턱을 설정할 필요가 있다. 익히 알려졌듯이, 보험회사들은 문턱 연령을 전혀 다른 방식으로 설정한다.

어떤 기준으로 보든 간에, 얼마간의 불연속성이 존재하는 것은 사실이다. 당신은 한 사람이고 나는 다른 사람이며, 각자의 이름은 우리가 서로 별개의 존재임을 제대로 보여주는 불연속적인 꼬리표다. 일산화탄소는 이산화탄소와 분명히 다르다. 거기에는 겹침이 없다. 전자는 탄소 하나와 산소 하나로 이루어지며, 후자는 탄소 하나와 산소 둘로 이루어진다. 탄소 하나에 산소 1.5개가 결합한 것은 없다. 하나는 아주 해로운 반면, 다른 하나는 우리 모두가 의존하는 유기물질을 식물이 만들 때에 필요하다. 금은 분명히 은과 구별된다. 다이아몬드 결정은 흑연 결정과 분명히 다르다. 둘 다 탄소로 이루어졌지만, 탄소 원자들이 자연적으로 두 가지 별개의 방식으로 배열되어 만들어진 것이다. 중간 배열 같은 것은 없다.

그러나 불연속성이 명확하지 않을 때도 많다. 내 앞에 놓인 신문에는 최근에 독감이 유행한다는 다음과 같은 기사가 실려 있다. 그 독감은 감염병일까? 이 질문이 그 기사의 요지이다.

보건부 대변인은 공식 통계 수치에 따르면, 10만 명당 144명이 독감에 걸렸다고 말했다. 통상적으로는 10만 명당 400명이 걸려야 감염병으로 인정되므로, 정부는 이번 독감을 공식 감염병으로 다루지 않고 있다. 그러나 대변인은 이렇게 덧붙였다. "도널드슨 교수는 자신의 기준으로는 이것이 감염병이라고 자신 있게 말합니다. 그는 10만 명당 144명은 훨씬 넘어섰다고 봅니다. 아주 혼란스럽겠지만 어떤 정의를 선택하느냐에 따라 다릅니다. 도널드슨 교수는 자신의 그래프를 토대로 심각한 감염병이라고 말했습니다."

우리가 아는 것은 어떤 특정한 수의 사람들이 독감에 걸렸다는 사실이다. 그 수치 자체가 우리가 알고 싶어하는 사실을 말하지 않을까? 그러나 대변인에게 중요한 것은 그것을 "감염병"으로 보는가 여부이다. 환자의 비율이 10만 명당 400명이라는 루비콘 강을 건넜을까? 이것이 바로 도널드슨 교수가 자신의 그래프를 꼼꼼히 살펴보면서 내려야 했던 중대한 결정이다. 당신은 그 독감이 공식적인 감염병으로 다루어지는지 여부를 떠나서, 그가 다른 일에 노력을 기울였다면 더 좋지 않았을까 생각할지도 모르겠다.

공교롭게도 감염병에는 정말로 자연적인 루비콘 강이 존재할 때가 있다. 감염에는 바이러스나 세균이 갑자기 "대량 발생하여" 전파 속도가 급증하는 일종의 임계질량이 있다. 공중보건 당국이 백일해 같은 감염병을 막기 위해서 백신 접종자 수를 어떤 문턱 값 이상으로 늘리려고 애쓰는 것도 이 때문이다. 백신을 맞은 사람들을 보호하려는 것만이 목적은 아니다. 병원체가 "대량 발생할" 임계질량에 도달할 기회를 차단하려는 것이기도 하다. 독감 감염병 사례에서 보건부 대변인이 정말로 우려해야 하는 것은 독감 바이러스가 대량 발생할 루비콘 강을 건너서 집단 전체에 갑자기 급속도로 퍼지는가 여부이다. 이 판단은 10만 명당 400명 같은 마법의 수를 참조함으로써가 아니라 다른 방법을 써서 내려야 한다. 마법의 수에 집착한다는 것은 불연속적인 정신, 즉 정성적인 정신을 지녔다는 표시이다. 우스운 것은 이 사례에서 불연속적인 정신이 진정한 불연속성, 즉 감염병이 대량 발생하는 시점을 간과하고 있다는 점이다. 물론 대개는 간과할 만한 진정한 불연속성이라는 것도 없지만 말이다.

현재 많은 서양 국가들은 비만 감염병이라고 부를 만한 것에 걸렸다. 내 주변에는 그렇다는 증거가 널려 있는 듯하지만, 나는 흔히 쓰이는, 그 수치를 숫자화하는 방식에는 공감하지 않는다. 인구의 1퍼센트는 "임상적으로 비만"이라고 묘사된다. 다시 말하지만, 불연속적인 정신은 경계선을 긋고 이쪽은 비만, 저쪽은 정상이라는 식으로 사람들을 나누자고 주장한다. 그러나 실제 삶은 그렇지 않다. 비만의 정도 분포는 연속성을 띤다. 당신은 각 개인이 얼마나 비만인지 측정할 수 있고, 그런 측정치들로부터 통계를 낼 수 있다. 그러나 어떤 비만 기준을 임의로 정해놓고 그 수준을 넘어선 사람들이 얼마나 되는지 센다는 것은 의미가 없다. 그들이 왜 기준이 그렇게 설정되었는지 문제를 제기하기만 하면 기준은 재설정될 것이기 때문이다.

"빈곤선 이하"에 속한 인구 수라는 공식 수치에 집착하는 사람들의 이면에도 똑같은 불연속적인 정신이 숨어 있다. 그보다는 한 가족의 소득, 특히 그들이 구매할 수 있는 것들로 환산한다면 빈곤을 더 설득력 있게 표현할 수 있다. 혹은 "X는 교회의 생쥐만큼 가난하다"거나 "Y는 크로이소스처럼 부유하다"라고 말한다면, 모두가 당신이 무슨 말을 하는지 알아들을 것이다. 그러나 어떤 임의로 정한 빈곤선 위나 아래에 놓인 사람들의 비율을 그럴싸할 정도로 정확하게 나타낸 숫자나 퍼센트는 해롭다. 그 퍼센트가 의미하는 정확성이 "선"이라는 무의미한 인공물에 즉시 왜곡된다는 점 때문에 그렇다. 선은 불연속적인 정신의 협잡물이다. 정치적으로 훨씬 더 민감한 선은 현대 사회에서 흔히 쓰이는 "흑"과 "백"이라는 꼬리표이다. 특히 미국 사회에서 그렇다. 그 주제는 "메뚜기 이야기"에서 다루기로 하자. 당장은 내가 인종이 불연속적인 범주가 전혀 필요 없는 수많은 사례들 중 하나이며, 인종 구분을 뒷받침할 극도로 강력한 사례가 없다면 구분을 없애야 한다고 믿는다는 말만 해두고 넘어가기로 하자.

여기에 또다른 사례가 있다. 영국의 대학교들은 학점을 1등급, 2등급, 3등급이라는 세 등급으로 나눈다. 다른 국가의 대학교들도 A, B, C 등 명칭은 다르지만 비슷하게 학점을 준다. 내가 말하고자 하는 바는 학생들은 실제로 상, 중, 하로 산뜻하게 나누어지지 않는다는 것이다. 능력이나 근면성은 등급으로 딱 부러지게 나누고 구분할 수 없다. 시험 주관자들은 세분된 연속적인 수 범위를 설정하고, 그 범위 내에서 학생들에게 점수를 준 다음, 점수들을 합산하거나 연속적인 방식으로 처리한다. 그런 연속적인 숫자들로 표시한 점수는 세 등급 중 하나로 분류하는 것보다 훨씬 더 많은 정보를 전달한다. 그렇지만 발표되는 것은 오직 불연속적인 등급뿐이다. 학생들을 아주 대규

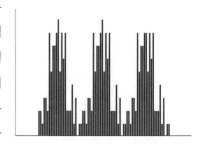

모로 표본조사하면, 능력과 실력의 분포는 대개 아주 뛰어나거나 아주 모자란 학생들이 극소수이고, 중간이 다수인 종형 곡선을 그릴 것이다. 실제로 앞의 그림과 같은 대칭형은 아니겠지만, 매끄러운 연속 곡선을 이룰 것이 확실하며, 더 많은 학생들을 조사할수록 곡선은 더욱더 매끄러워질 것이다.

몇몇 시험 주관자들(특히 과학 이외의 과목들을 담당하는 사람들. 이런 말을 하는 것을 용서하기를 바란다)은 실제로 우등생이나 "수"를 맞을 만한 학생이라는 딱 떨어지는 실체가 있으며, 모든 학생들은 거기에 속하든 속하지 않든 둘 중 하나라고 진정으로 믿는 듯하다. 그런 시험 주관자는 3등급에서 2등급을 고르고, 2등급에서 1등급을 가려내는 일을 한다. 마치 염소들 속에서 양을 골라내는 것처럼 말이다. 실제로는 순수한 양다운 것에서 순수한 염소다운 것 사이에 중간 존재들이 있어서 매끄럽게 이어질 가능성이 높다는 개념을 어떤 유형의 정신을 소유한 자들은 이해하기가 어려운 모양이다.

이런 나의 예상과 달리, 더 많은 학생들을 조사할수록 시험 성적 분포가 3개의 정점을 가진 불연속적인 분포에 가까워진다면, 그것은 흥미로운 결과가 될 것이다. 그렇다면 1등급, 2등급, 3등급으로 평가를 내리는 것이 정당할 수도 있다. 그러나 실제로 그렇다는 증거는 전혀 없으며, 우리가 아는 인간의 변이들이 모두 마찬가지라고 하면 아주 놀랄지도 모르겠다. 따라서 현재의 세 등급은 대단히 부당하다. 한 등급의 바닥과 다음 등급의 정상 사이보다 한 등급 내에서 바닥과 정상 사이의 차이가 훨씬 더 크기 때문이다. 따라서 얻은 실제 점수를 발표하든지, 그 점수들을 토대로 등위를 발표하는 것이 더 공정할 것이다. 그러나 불연속적이거나 질적인 정신의 소유자들은 사람들을 이쪽이나 저쪽으로 별도의 범주에 넣어야 한다고 주장한다.

진화라는 우리의 주제로 돌아와서, 양과 염소 자체는 어떨까? 두 종 사이에 불연속성이 뚜렷할까, 아니면 1등급과 2등급 성적을 받은 학생들처럼 서로 매끄럽게 이어질까? 현재 살아 있는 동물들만을 살펴본다면, 불연속성이 선명하다고 대답하는 것이 정상이다. 재갈매기와 캘리포니아의 도롱뇽 같은 예외적인 사례들은 비록 드물지만, 대개 시간적인 차원에서 나타나기 마련인 연속성을 공간적인 차원으로 옮겨놓았기 때문에 시사적이다. 인간과 침팬지는 중간 존재들과 하나의 공통 조상으로 이어진 사슬을 통해서 연결되어 있음이 분명하지만, 중간 존재들은 사라지고 없다. 그래서 불연속적인 분포가 나타난다. 그 말은 인간과 원숭이, 인간과 캥거루에도 똑같이 적용된다. 사라진 중간 존재들이 훨씬 더 오래 전에 살았다는 것만 다를 뿐이다. 중간 존재들은 거의 항상 사라지고 없기 때문에, 대체로 우리는 모든 종과 다른 모든 종 사이에 불연속성이 뚜렷하다는 가정을 버릴 수가 없다. 그러나 우리가 이 책에서 다루는 것은 살아 있는 존재들뿐만 아니라 죽은 존재들까지 포함된 진화사이다. 단지 현재 살아 있는 동물들만이 아니라 지금까지 살았던 모든 동물들을 살펴볼 때, 진화는 말 그대로 모든 종을 모든 종과 잇는 매끄러운 연속선들이 존재한다고 말해준다. 역사적으로 보면, 양과 개 같은 불연속적인 듯한 현대의 종들조차도 공통 조상을 통해서 끊어지지 않은 매끄러운 연속선들로 연결되어 있다.

20세기 진화론의 거장인 에른스트 마이어는 본질론(Essentialism)이라는 철학적 명칭을 등에 업은 불연속성의 환상이 인류 역사에서 진화적 인식이 그토록 늦게 찾아온 주된 이유라고 비난했다. 본질론의 시조로 볼 수 있는 철학을 주창한 플라톤은 실제 사물들이 이상적인 원형의 불완전한 형태라고 믿었다. 이상적인 공간 어딘가에 본질적이고 완벽한 토끼가 있고, 그 토끼는 실제 토끼와 수학적으로 완벽한 원과 먼지 위에 그려진 원의 관계와 똑같은 관계를 맺고 있다. 오늘날까지도 많은 사람들은 양은 양이고 염소는 염소이며, 어떤 종이 다른 종을 낳으려면 자신의 "본질"을 바꾸어야 하므로 그런 일이 불가능하다는 생각에 깊이 빠져 있다.

그런 본질 같은 것은 없다.

어떤 진화론자도 현대의 종들이 다른 현대의 종으로 바뀐다고는 생각하지 않는다. 고양이는 개로 바뀌지 않으며, 그 역도 마찬가지이다. 그런 것이 아니라 고양이와 개는 공통 조상에서 진화한 것이며, 그 공통 조상은 수천만 년 전에 살았다. 모든 중간 존재들이 아직 살아 있다면, 개와 고양이를 나누려는 시도는 도롱뇽과 재갈매기의 사례에서처럼, 실패할 수밖에 없다. 고양이와 개의 구별은 이상적인 본질이라는 문제와 상관없이, 오직 중간 존재들이 우연히 모두 죽었다는 (본질론자의 관점에서 볼 때) 운 좋은 사실 때문에 가능한 것이다. 역설적으로 플라톤은 어느 한 종과 다른 종의 구분을 가능하게 하는 것이 사실은 불완전성, 즉 주기적으로 찾아오는 불운한 죽음임을 알게 될지도 모른다. 물론 이 말은 인간과 우리의 가장 가까운 친척, 그리고 사실상 우리의 가장 먼 친척을 구분할 때에도 적용된다. 현대의 정보뿐만 아니라 화석 정보까지 철저하고 완벽하게 갖추어진 정보의 세계에서는 동물들에게 따로따로 이름을 붙이는 것이 불가능해질 것이다. 뜨겁다, 따뜻하다, 차갑다, 춥다 같은 단어들보다 섭씨나 화씨 같은 매끄럽게 이어지는 눈금이 더 나은 것처럼, 각 이름들 대신에 매끄럽게 연속되는 척도가 필요할 것이다.

진화는 현재 분별 있는 사람들에게 사실로 널리 받아들여졌으므로, 생물학이 본질론에 물든 직관적인 태도를 마침내 극복했을 것이라고 생각할지도 모른다. 그러나 유감스럽게도 그렇지 않다. 본질론은 항복하기를 거부한다. 실질적으로 본질론이 문제가 되는 상황은 거의 없다. 인간이 침팬지와 다른 종이라는 데에 누구나 동의한다(그리고 대다수는 속도 다르다고 할 것이다). 그러나 인간의 계통을 공통 조상까지 거슬러올라갔다가 침팬지까지 내려온다면, 그 길을 따라 중간 존재들이 죽 늘어서서 모든 세대가 부모나 자식 세대의 누군가와 짝짓기가 가능한 매끄러운 연속체를 형성할 것이라는 데에도 누구나 동의한다.

상호 교배라는 기준으로 보면, 모든 개체는 부모와 같은 종에 속한다. 굳이 말할 필요가 없는 뻔한 결론처럼 여겨질 것이다. 그것이 본질론자의 정신에 받아들일 수 없는 역설을 불러일으킨다는 사실을 깨닫기 전까지는 말이다. 진화사에서 우리 조상들의 대부분은 어떤 기준으로 보아도 우리와 다른 종에 속하며, 우리는 분명 그들과 상호 교배를 할 수 없을 것이다. 데본기에 우리의 직계 조상들은 어류였다. 비록 우리가 그들과 상호 교배를 할 수 없다고 할지라도, 우리는 끊어지지 않은 사슬로 조상 세대들과 연결되어 있으며, 각 세대의 조상은 그 사슬에서 바로 윗대나 아랫대의 조상들과 상호 교배가 가능했다.

이런 관점에서 보면, 특정한 호미니드 화석들의 명칭을 놓고 격렬하게 벌어지는 논쟁들이 대부분 얼마나 공허한지 알 수 있다. 호모 에르가스테르는 호모 사피엔스를 낳은 조상 종이라고 널리 받아들여지므로, 다음과 같이 이야기를 전개해보자. 호모 에르가스테르를 호모 사피엔스와 다른 종이라고 말하는 것은 설령 실제로 검증이 불가능하다고 해도 원칙적으로는 정확한 의미일 수 있다. 그것은 우리가 타임머신을 타고 과거로 가서 호모 에르가스테르 조상을 만났을 때, 그들과 상호 교배를 할 수 없다는 의미이다.* 그러나 호모 에르가스테르의 시대나 우리의 조상 계통에서 사라진 다른 어

---

* 이 이야기가 사실이라고 주장하는 것은 아니다. 나는 비록 사실일 것이라고 생각하지만, 사실인지 아닌

떤 종의 시대로 직접 올라가는 대신, 타임머신을 1,000년마다 세워서 생식 능력이 있는 젊은 승객을 태운다고 하자. 승객은 1,000년을 더 거슬러올라가서 내려준다. 여성을 태울 수도 있고 남성을 태울 수도 있으며, 1,000년마다 번갈아 태울 수도 있다. 내려준 승객이 그 지역의 사회 및 언어 관습에 적응할 수 있게 한다면(꽤 무리한 요구이기는 하다), 그녀가 1,000년 전의 남성과 상호 교배하는 것을 막을 생물학적 장벽은 전혀 없을 것이다. 이제 새 승객, 이번에는 남성을 태우고 그를 다시 1,000년 전으로 데려가서 내려놓자. 그 역시도 자신의 시대보다 1,000년 전의 여성과 번식하는 것이 생물학적으로 가능할 것이다. 이런 식으로 연쇄적으로 가다 보면 우리의 조상들이 바다에서 헤엄을 치던 시대까지 올라갈 것이다. 우리는 단절 한 번 없이 어류까지 거슬러올라갈 수 있고, 자기 시대보다 1,000년 전으로 이동하는 모든 승객들이 선조들과 상호 교배를 할 수 있으리라는 것도 사실일 것이다. 그러나 어떤 시점에서, 더 길거나 짧을 수도 있지만 100만 년 전쯤에서, 가장 나중에 태운 승객은 상호 교배를 할 수 있지만, 우리 현대인과는 상호 교배를 할 수 없는 조상이 나타날 것이다. 이 시점에서 우리는 다른 종까지 거슬러왔다고 말할 수 있다.

　그 장벽이 갑자기 다가오지는 않을 것이다. 자신은 호모 사피엔스이지만 부모는 호모 에렉투스라는 말이 들어맞는 세대는 결코 없을 것이다. 원한다면 그것을 역설이라고 생각할 수도 있지만, 설령 부모와 자식으로 이루어진 연쇄 사슬이 인간부터 어류와 그 너머까지 뻗어 있다고 할지라도, 어떤 자식이 부모와 종이 다르다고 생각할 이유는 전혀 없다. 사실 그것은 골수 본질론자를 제외하는 어느 누구에게도 역설이 아니다. 자라는 아이가 작은 키이기를 멈추고 큰 키가 되는 순간 같은 것은 결코 존재하지 않는다. 주전자가 차갑기를 멈추고 뜨거워지는 순간 같은 것도 없다. 법적 정신의 소유자는 미성년과 성년 사이에 장벽을 설정하는 것이 필요하다고 생각할지 모른다. 열여덟 번째 생일이나 어떤 날의 자정이 막 지나는 순간 같은 것 말이다. 그러나 그것이 몇몇 목적에 필요해서 만든 허구임은 누구나 알 수 있다. 발달하는 배아가 언제 "인간"이 되는가 같은 논의에도 같은 말이 적용된다는 사실을 더 많은 사람들이 알 수 있기만 바랄 뿐이다.

지는 모른다. 단지 그것이 우리가 호모 에르가스테르라는 다른 종 이름을 붙여도 좋다고 동의할 때에 염두에 두는 의미라는 것이다.

창조론자들은 화석 기록상의 "틈새들"을 사랑한다. 그들은 잘 모르겠지만, 생물학자들도 그런 틈새들을 사랑할 이유가 충분하다. 화석 기록에 틈새가 없다면, 종에 이름을 붙이는 체계 전체가 무너져내릴 것이다. 그러면 화석들에 이름을 붙일 수 없을 것이고, 대신 숫자가 부여되거나 그래프상의 좌표가 부여되어야 할 것이다. 화석이 "정말로" 초기의 호모 에렉투스인지 후기의 호모 하빌리스인지를 놓고 열띤 논쟁을 벌이는 대신, 우리는 그것을 하비렉투스(habirectus)라고 부를지도 모른다. 이런 방식도 장점이 많다. 그렇지만 우리의 뇌가 불연속적인 범주들에 속한 것들이 대부분인 세계에서, 특히 살아 있는 종들 사이의 중간 존재들이 대부분 죽어 없어진 세계에서 진화했기 때문에, 우리는 언급되는 대상들에 각기 다른 이름을 붙일 때에 더 편안함을 느끼곤 한다. 나도 당신도 예외가 아니므로, 이 책에서 종들에 구분되는 이름을 사용하는 방식을 애써 피하려고 하지는 않을 것이다. 그러나 "도롱뇽 이야기"는 그 방식이 자연계에 깊이 새겨진 것이 아니라 인간이 설정한 것임을 설명해준다. 우리는 마치 불연속적인 실체가 반영된 것인 양 이름들을 사용하지만, 적어도 진화의 세계에서는 그것이 우리 자신의 한계에 영합하는 편의를 위한 허구에 다름 아니라는 점을 기억해두자.

맹꽁이 이야기

가스트로프리네속(*Gastrophryne*)으로도 불리는 미크로힐라속(*Microhyla*)은 맹꽁이의 일종이다. 이 속에는 남아메리카에서 사는 동부맹꽁이와 대평원맹꽁이를 비롯한 서너 종이 있다. 이 두 종은 매우 가까운 친척간이라서 자연 상태에서 이따금 잡종을 형성하기도 한다. 동부맹꽁이는 남북으로는 동부 해안을 따라서 캐롤라이나에서 플로리다까지, 서쪽으로는 텍사스와 오클라호마의 절반쯤까지 분포한다. 대평원맹꽁이는 서쪽의 바하칼리포르니아에서 텍사스와 오클라호마 동부까지, 북쪽으로는 미주리 북부까지 분포한다. 따라서 이 종은 분포 범위가 동부맹꽁이와 거울상처럼 마주 보며, 서부맹꽁이라고 불러도 무리가 없을 것이다. 중요한 사실은 그들의 범위가 중간에서 겹친다는 것이다. 텍사스의 동부 절반과 오클라호마까지 분포 범위가 겹친다. 앞에서 말했듯이, 이 겹치는 지대에서는 이따금 잡종이 발견되곤 하지만, 대개 맹꽁이들은 파충류학자들과 마찬가지로 서로를 구별한다. 이 점이 바로 우리가 그들을 서로 다른 두 종으로 부르는 것을 정당화한다.

　모든 두 종이 그렇듯이, 그들도 하나였던 때가 분명히 있었을 것이다. 무엇인가가 그들을 갈라놓았다. 전문용어를 쓰면, 하나의 조상 종이 "종분화(種分化)"를 통해서 두 종이 된 것이다. 그것은 진화의 모든 분지 지점에서 벌어진 일을 설명하는 모형이다. 모든 종분화는 처음에 같은 종의 두 개체군이 어떤 식으로든 격리되면서 시작된다. 반드시 지리적일 필요는 없지만, "시클리드 이야기"에서 설명할 내용처럼 처음에 어떤 식으로든 격리가 일어나면 두 개체군에 있는 유전자들의 통계 분포가 서로 달라질 수 있다. 그러면 대개 가시적인 것, 즉 형태나 색깔이나 행동 등에서 진화적인 방산이 일어난다. 두 아메리카 맹꽁이 개체군 중, 서쪽 종은 동쪽 종보다 더 건조한 기후에 적응했지만, 가장 뚜렷한 차이는 짝짓기 울음이다. 둘 다 맹꽁맹꽁 울지만, 서쪽 종의 울음이 동쪽 종의 울음(2초)보다 약 2배 더 길며, 주된 음도 확연히 더 높다. 후자는 주파수가 초당 3,000회인데, 전자는 4,000회이다. 즉 서부맹꽁이의 주된 음은 피아노에서 가장 높은 음인 높은 다에 해당하고, 동부맹꽁이의 주된 음은 그보다 낮은 올림바에 해당한다. 그러나 이 소리들이 음악적인 것은 아니다. 양쪽 다 짝짓기 울음에는 주된 음보다 아주 낮은 음부터 훨씬 더 높은 음까지 다양한 주파수의 음들이 섞여 있다. 둘 다 맹꽁맹꽁 소리를 내지만, 동쪽 종의 소리가 더 낮다. 서쪽 종의 울음은 더 길 뿐만 아니라, 삐이익거리는 독특한 소리로 시작해서 높아진다. 동쪽 종의 울음은 일정한 음으로 이어지며 더 짧다.

　울음을 이렇게 상세히 이야기하는 까닭은 무엇일까? 방금 묘사한 내용이 분포가 겹치는 지역에서만 들어맞기 때문이다. 즉 그곳에서 둘이 가장 확연히 대비되며, 그것이 바로 이 이야기의 요점이다. W. F. 블레어는 미국 각지에서 맹꽁이들의 울음소리를 녹음했는데, 그 자료들은 흥미로운 결과를 보여준다. 동쪽 종들 중에서 플로리다에서 사는 것과 서쪽 종들 중에서 애리조나에서 사는 것처럼, 서로 만날 일이 없는 지역들에서 사는 맹꽁이들은 노래가 음조 면에서 서로 훨씬 더 비슷하다. 양쪽 다 주된 음의 주파수는 초당 약 3,500회이다. 피아노의 높은 가음에 해당한다. 겹치는 지대에 가까운 지역으로 가면 두 종의 노래는 더 달라지며, 가장 크게 다른 곳은 겹치는 지대 안이다.

　결론은 흥미롭다. 둘이 겹치는 지대에서 무엇인가가 이 두 종의 노랫소리가 달라지도록 압박하고 있다. 비록 모든 학자들이 인정한 것은 아니지만, 블레어는 잡종이 불리해지기 때문이라고 해석했다. 자연선택이 잡종 형성이 가능한 존재들에게 자기 종을 식별하고 다른 종을 회피하게 만드는 것들은 무엇이든 선호한다는 것이다. 으레 있기 마련인 미미한 차이들은 그것이 중요해지는 지역에서 커진다. 위대한 진화유전학자 테오도시우스 도브잔스키는 이것을 번식 격리의 "강화(强化)"라고 불렀다. 도브잔스키의 강화 이론을 모두가 받아들이는 것은 아니지만, 적어도 "맹꽁이 이야기"는 그 이론을 지지하는 듯하다.

가까운 친척 종들이 겹쳐질 때에 서로를 밀어내는 또다른 이유가 있다. 그들은 비슷한 자원을 놓고 서로 경쟁하기 쉽다. "갈라파고스핀치 이야기"에서 우리는 먹을 수 있는 씨별로 핀치 종들이 구분되었다는 것을 알았다. 좀더 부리가 큰 종은 좀더 큰 씨를 먹는다. 두 종은 서로 겹치지 않는 지역에서는 큰 씨와 작은 씨 양쪽으로 더 폭넓은 자원들을 이용할 수 있다. 그러나 두 종은 겹치는 지역에서는 경쟁하기 때문에 어쩔 수 없이 서로 더 달라진다. 부리가 큰 종은 부리가 더 커지는 쪽으로 진화하고, 부리가 작은 종은 부리가 더 작아지는 쪽으로 진화할지 모른다. 그러나 늘 그렇듯이 진화를 강요받는다는 은유적인 개념을 오해하지 말도록. 실제로는 다른 종이 존재하면 그 경쟁 관계에 있는 종과 더 큰 차이가 나는 형질의 개체들이 번성하는 것일 뿐이다.

두 종이 겹치지 않을 때보다 겹칠 때 서로 더 달라지는 이런 현상을 "형질 대체(character displacement)" 또는 "역연속 변이(reverse cline)"라고 한다. 이 생물학적 종의 사례는 어떤 존재든 간에 홀로 있을 때보다 서로 접촉할 때에 더 달라진다고 쉽게 일반화할 수 있다. 나는 그것을 인간에 적용하고 싶은 유혹을 느끼지만, 그만두기로 하자. 저자들이 흔히 말하듯이, 그것은 독자의 몫으로 남겨두기로 한다.

아홀로틀 이야기

우리는 어린 동물들이 그들의 나중 모습일 성체의 축소판이라고 생각하곤 하지만, 그것은 사실 예외적인 사례에 해당한다. 아마 동물 종의 대다수는 어릴 때에 전혀 다른 삶을 보여줄 것이다. 새끼들은 부모와 전혀 다른 생활방식을 채택한 전문가로서의 삶을 살아간다. 플랑크톤 중에는 헤엄을 치는 동물의 유생들이 상당히 많다. 통계적으로 볼 때 확률은 낮지만 그들 중 일부는 살아남아 성체가 되며, 그때 생활방식은 완전히 달라진다. 많은 곤충들은 유생 단계에서 끊임없이 먹이를 먹어서 몸을 불린 다음 번데기를 거쳐 성체가 된다. 그들의 성체는 번식하여 자손을 퍼뜨리는 역할만을 할 뿐이다. 하루살이처럼 성체가 아무것도 먹지 않고 번식만 하는 극단적인 사례도 있다. 자연이 본래 인색한* 까닭에 그들은 소화기관을 비롯하여 먹는 데에 필요한 값비싼 장비들을 아예 갖추지 않았다.

나비 유충은 먹는 기계이다. 그들은 식물을 먹어서 어느 정도 몸집이 커지면, 사실상 자신의 몸을 재활용하여 나비의 몸을 만든다. 나비는 비행 연료인 꽃꿀을 빨아먹으면서 번식을 한다. 꿀벌의 성체는 벌레처럼 생긴 유충에게 먹일 꽃가루(전혀 다른 종류의 먹이)를 모으는 한편으로 꽃꿀을 먹어서 자신의 비행 근육을 움직인다. 많은 곤충의 유생들은 물속에서 살며, 성체가 되면 공중을 날아다니다가 다른 물속에 자신의 유전자를 퍼뜨린다. 해양 무척추동물 중에는 성체가 되면 바다 밑에서 살아가는 것들이 대단히 많다. 그중에는 영구적으로 한곳에 달라붙어 사는 것들도 있다. 그러나 그들은 유생 단계에서는 플랑크톤의 형태로 헤엄치면서 유전자를 분산시키는 전혀 다른 삶을 산다. 연체동물, 극피동물(성게, 불가사리, 해삼, 거미불가사리), 멍게, 많은 육상 연충류, 게와 바다가재, 따개비가 그렇다. 기생생물들은 대개 일련의 독특한 유생 단계들을 거치며, 각 단계마다 생활방식과 먹이가 다르다. 각기 다른 생활 단계들도 기생성일 때가 흔하지만, 단계마다 숙주는 전혀 다르다. 어떤 기생성 연충류는 완전히 구분되는 5단계를 유생 상태로 거치며, 각 단계마다 전혀 다른 생활방식을 취한다.

이것은 한 개체가 몸속에 생활방식이 각기 다른 유생 단계들에 필요한 유전자 명령문들을 모두 갖추어야 한다는 의미이다. 나비 유충의 유전자들은 나비가 되는 법을 "알며" 나비의 유전자들은 나비 유충이 되는 법을 안다. 이 전혀 다른 두 몸이 만들어질 때에 동일한 유전자들이 방식을 달리하여 관여하는 사례도 분명 있을 것이다. 그리고 유충 때에는 휴면 상태로 지내다가 나비가 된 후에만 활동하는 유전자들도 있다.

---

* 나는 일부러 인색하다는 말을 쓴다. 1999년에 미국의 수도, 워싱턴의 시장은 예산안을 인색하다고 말해서 화를 돋운 한 공무원을 사직시켰다. NAACP 의장인 줄리언 본드는 오히려 시장이 인색하다고 일침을 놓았다. 그 사건에 영감을 받은 위스콘신 대학교의 한 고약한 여학생은 초서에 관한 강의를 "인색하게" 했다면서 자신의 교수를 공개 비판했다. 그런 무지한 마녀 사냥이 미국에서만 일어나는 것은 아니다. 2001년에 영국의 한 자율 방범단 패거리는 어느 소아과 의사가 소아 성애를 한다고 오해해서 그 집에 돌을 던졌다.

반면에 유충 때에 활동하다가 나비가 되면 활동을 멈추고 잊히는 유전자들도 있다. 그러나 모든 유전자들은 양쪽 몸에 고스란히 남아 있으며, 다음 세대로 전달된다. 이 이야기의 교훈은 나비의 유충과 나비만큼 서로 다른 동물들이 어느 하나에서 다른 하나로 곧장 진화한다고 해서 그리 심하게 놀랄 필요는 없다는 것이다. 무슨 뜻인지 설명해보자.

동화에는 개구리가 왕자로 변하거나, 호박이 마차로 변하고 흰 쥐가 그 마차를 끄는 흰 말로 변신하는 내용들이 가득하다. 그런 환상들은 대단히 비진화적이다. 그런 일들은 생물학적이 아니라, 수학적인 이유들 때문에 일어날 수 없다. 그런 전환은 브리지 게임에서 완승을 거두는 것만큼 확률적으로 거의 불가능할 것이다. 즉 실질적으로 그 가능성을 배제시킬 수 있다는 의미이다. 그러나 나비 유충이 나비로 변신하는 데에는 아무 문제가 없다. 그런 일은 늘 일어나며, 그 규칙들은 오랜 세월 자연선택을 통해서 형성된 것이다. 그리고 지금까지 나비가 나비 유충으로 변신하는 사례가 한번도 목격되지 않았다고 할지라도, 개구리가 왕자로 변신하는 것만큼 놀랄 필요는 없다. 개구리는 왕자를 만드는 유전자는 없지만 올챙이를 만드는 유전자는 가지고 있다.

예전에 옥스퍼드에서 함께 일했던 존 거던은 1962년에 그것을 극적으로 보여주었다. 그는 개구리 성체(구체적으로 말하면 개구리 성체의 세포!)를 올챙이로 변신시켰다(이 실험은 척추동물의 복제에 성공한 최초의 사례이므로 노벨상을 받을 만하다고 여겨졌다*). 마찬가지로 나비는 유충으로 변신할 유전자를 지니고 있다. 나는 나비가 유충으로 변신할 때에 극복해야 할 발생학적 장애물이 어떤 것인지는 알지 못한다. 분명히 전혀 다를 것이다. 그러나 그 가능성이 개구리/왕자 변신 같은 전혀 터무니없는 것은 아니다. 어느 생물학자가 나비를 유충으로 변신시키는 데에 성공했다고 주장한다면, 나는 흥미를 가지고 그의 논문을 살펴볼 것이다. 그러나 그가 호박을 유리 마차로 변신시키거나 개구리를 왕자로 변신시키는 데에 성공했다고 주장한다면, 나는 제시된 증거를 살펴보지 않고서도 그가 사기꾼임을 알아차릴 것이다. 둘의 차이는 중요하다.

올챙이는 개구리나 도롱뇽의 유생이다. 수생 올챙이는 "탈바꿈"이라는 과정을 거쳐 급격히 육상에서 사는 성체인 개구리나 도롱뇽으로 변한다. 올챙이와 개구리가 나비 유충과 나비만큼 서로 다르다고 볼 수는 없을지 모르지만 나비의 사례와 큰 차이

* 나는 이 말을 2004년에 했는데, 2012년에 드디어 존 거던 경은 노벨상을 받았다.

는 없다. 대개 올챙이는 꼬리로 헤엄치고, 아가미로 호흡하고, 식물성 물질을 먹으면서 작은 물고기처럼 생활한다. 반면에 개구리는 헤엄치지 않고 뛰어다니며, 물이 아니라 공기 속에서 호흡하고, 동물성 먹이를 사냥하면서 육지에서 생활한다. 그러나 그들이 겉으로는 달라 보여도, 우리는 개구리형 성체 조상이 올챙이형 성체 후손으로 진화하는 과정을 상상하기는 어렵지 않다. 모든 개구리에는 올챙이를 만드는 유전자들이 들어 있기 때문이다. 개구리는 유전적으로 올챙이가 되는 법을 "알며," 올챙이는 개구리가 되는 법을 안다. 도롱뇽에도 똑같은 말을 할 수 있으며, 도롱뇽과 그 유생은 개구리와 올챙이보다 훨씬 더 비슷하게 생겼다. 도롱뇽은 올챙이 때의 꼬리를 잃지 않는다. 비록 수직으로 솟은 용골 모양을 잃고 단면이 더 둥글게 변하기는 하지만 말이다. 도롱뇽 중에는 유생도 성체처럼 육식성인 것들이 많다. 그리고 유생도 성체처럼 다리가 있다. 가장 뚜렷한 차이점은 유생이 깃털 같은 긴 체외 아가미를 가졌다는 것이지만, 덜 뚜렷한 차이점들도 많다. 사실 도롱뇽 종을 올챙이가 성체 단계인 종으로 변신시키기는 쉬울 것이다. 그저 탈바꿈을 억제시키고 생식기관을 일찍 성숙시키기만 하면 된다. 그랬을 때에 성체 단계만 화석으로 남는다면, 언뜻 보았을 때 "있을 법하지 않은" 큰 규모의 진화적 변화가 일어난 양 여겨질 것이다.

이렇게 해서 우리는 아홀로틀과 만난다. 이 이야기를 하는 당사자 말이다. 아홀로틀은 멕시코의 한 산정 호수에 사는 기이한 토착 생물이다. 아홀로틀이 정확히 무엇인지 말하기 어렵다는 것이 이 이야기의 핵심이다. 그들은 도롱뇽일까? 그런 것도 같다. 아홀로틀(*Ambystoma mexicanum*)은 같은 지역뿐만 아니라 북아메리카의 더 넓은 지역에 걸쳐 분포하는 호랑이도롱뇽의 가까운 친척이다. 호랑이도롱뇽이라는 이름에서 짐작하겠지만, 이 종은 원통형 꼬리와 마른 피부를 가진 땅 위를 걸어다니는 평범한 도롱뇽이다. 아홀로틀은 도롱뇽 성체를 전혀 닮지 않았다. 오히려 도롱뇽의 유생을 닮았다. 사실 한 가지만 빼고는 완벽한 도롱뇽 유생이다. 그들은 성체의 모습을 갖춘 도롱뇽으로 변하지 않으며 물을 떠나지도 않는다. 그렇게 모습과 행동이 미성숙 상태인 듯하면서도 짝짓기와 번식을 한다는 점이 독특하다. 나는 아홀로틀이 미성숙 **상태로** 짝짓기와 번식을 한다고 말할 뻔했다. 그러나 그렇게 말하면 미성숙이라는 말의 정의에 어긋날지 모른다.

정의야 어떻든 간에, 현대 아홀로틀의 진화에 무슨 일이 벌어졌는지는 거의 확실해

보인다. 그것의 최근 조상은 호랑이도롱뇽과 아주 흡사한 평범한 육지 도롱뇽이었을 것이다. 아홀로틀의 유생은 체외 아가미가 있고 용골이 튀어나온 꼬리로 헤엄을 쳤을 것이다. 그리고 유생 단계가 끝날 무렵, 으레 그렇듯이 마른 땅을 걷는 도롱뇽으로 탈바꿈을 했을 것이다. 그러나 그때 놀라운 진화적 변화가 일어났다. 아마 호르몬들의 영향을 받아 발생학적 시계에 무엇인가 변화가 일어나서 생식기관과 성적 행동이 점점 더 일찍 성숙해졌을 것이다(아니면 갑작스럽게 변했을 수도 있다). 이 진화적 역행은 계속되어 마침내 성적 성숙이 유생 단계에서 이루어졌다. 그리고 생활사의 끝에 있던 성체 단계는 잘려나갔다. 다른 관점에서 보면, 몸의 나머지 부분들에 비해서 성적 성숙이 촉진된 것("유형조숙[progenesis]")이 아니라, 성적 성숙에 비해 다른 모든 부위들의 성숙이 느려진 것("유형성숙[neoteny]")이라고 볼 수도 있다.*

유형성숙이든 유형조숙이든 간에, 그 진화적인 결과를 유형진화(paedomorphosis)라고 한다. 그런 일이 가능하다는 것은 쉽게 알 수 있다. 다른 발달 과정들에 비해서 상대적으로 특정한 발달 과정들이 느려지거나 빨라지는 일은 진화에서 늘 일어난다. 그것을 이시성(heterochrony)이라고 하며, 이시성이 설령 전부는 아니더라도 많은 해부학적 형태 진화의 밑바탕을 이루는 것은 분명하다. 번식 발달이 나머지 발달들에 대해서 이시성을 띤다면, 성체 단계가 없는 새로운 종이 진화할 수도 있다. 아홀로틀에게 바로 그런 일이 벌어진 듯하다.

아홀로틀은 도롱뇽들 중에서 극단적인 사례일 뿐이다. 많은 종들은 적어도 어느 정도는 유형진화를 보여주는 듯하다. 그리고 다른 흥미로운 양상으로 이시성을 보여주는 종들도 있다. 도롱뇽류 중에서 "영원"이라고 불리는 종들의 생활사는 매우 색다르다.** 처음에 영원은 물속에서 아가미가 있는 유생 상태로 지낸다. 그러다가 물 밖으로 나와서 2-3년 동안 마른 땅에서 일종의 도롱뇽처럼 생활한다. 이때는 아가미와 꼬리의 용골을 잃는다. 그러나 다른 도롱뇽들과 달리, 영원은 육지에서 번식을 하지 않는다. 그들은 다시 물로 돌아가서 전부는 아니지만 유생 때의 특징들을 일부 복원한다. 아홀로틀과 달리 영원은 아가미가 없어서 시시때때로 수면으로 올라가서 공기 호흡을

---

* 스티븐 제이 굴드는 『개체 발생과 계통 발생(Ontogeny and Phylogeny)』에서 그 용어들을 일목요연하게 정리했다.
** P. G. 우드하우스의 소설 속 등장인물인 아우구스트 핑크노틀을 참조하기 바란다.

해야 하는데, 그것이 그들의 수중 구애 활동에 제약을 가하는 중요한 경쟁 요소이다. 그들은 유생의 아가미는 복원하지 못하지만, 꼬리의 용골은 복원하며, 그런 측면에서는 유생을 닮았다. 그러나 그들은 전형적인 유생과 달리 생식기관이 발달한 상태이며, 물속에서 구애와 짝짓기를 한다. 그들은 생활사의 마른 땅 단계에서는 결코 번식을 하지 않으며, 그런 관점에서 보면 그들을 "성체"라고 부를 수 없을지도 모른다.

영원이 짝짓기를 하려고 물로 돌아간다는 점을 생각하면, 굳이 메마른 육상 형태로 변할 필요가 있었을까라는 의문이 떠오를지 모른다. 아홀로틀이 하는 것처럼 하면 되지 않을까? 그냥 물속에서 태어나서 그대로 물속에 머물면 되지 않을까? 습한 계절에 일시적으로 생겼다가 마르는 연못들에서 번식을 하는 것이 유리하며, 그런 곳에 가려면 마른 땅에 친숙해야 한다는 것이 대답일 듯하다. 그렇다면 연못에 도착했을 때, 수중 생활에 필요한 장비를 다시 만들어야 한다는 문제가 생긴다. 여기서 이시성이 구원자로 등장한다. 그러나 그것은 "메마른 성체"가 잠시 생긴 새 연못으로 간다는 목적을 수행한 뒤에 역행하는 특이한 형태의 이시성이다.

영원은 이시성의 유연함을 강조하는 역할을 한다. 영원은 유전자들이 생활사의 한 단계에서 다른 단계들을 구성하는 법을 어떻게 "아느냐" 하는 의문을 떠올리게 한다. 마른 땅 도롱뇽의 유전자들은 수생 형태를 만드는 법을 안다. 그들이 한때 그런 존재였기 때문이며, 영원이 바로 그것을 입증한다.

아홀로틀은 한 가지 측면에서 더 직설적이다. 그들은 옛 생활사의 끝에 있던 마른 땅 단계를 잘라버렸다. 그러나 마른 땅 도롱뇽을 만드는 유전자들은 모든 아홀로틀의 몸에 그대로 잠복해 있다. "아르디 이야기의 후기"에서 말했듯이, 라우프베르거와 줄리언 헉슬리의 고전적인 연구를 통해서 아홀로틀에게 적당한 양의 호르몬을 투여하면 그런 유전자들을 활성화시킬 수 있다는 사실이 오래 전부터 알려져 있었다. 아홀로틀에게 티록신(thyroxine)을 투여하면 예전에 그들의 조상들이 했듯이 아가미를 잃고 마른 땅 도롱뇽으로 변한다. 자연 진화를 통해서 같은 일이 일어날 수 있었다면, 선택이 그것을 선호했어야 한다. 자연적으로 생기는 티록신 양을 유전적으로 늘리는 것이 한 가지 방법이 될 수 있다(또는 티록신 감수성을 높일 수도 있다). 아마 아홀로틀은 오랜 세월이 지나는 동안 유형진화와 역유형진화를 반복해서 겪었을 것이다. 아홀로틀보다 덜 극적이기는 하겠지만, 진화하는 동물들은 전체적으로 유형진화/역유형진화의 축을 따라서 이리저리 계속 움직일 것이다.

유형진화는 일단 이해하고 나면 어디에서나 사례를 찾을 수 있는 종류의 개념이다. 당신은 타조를 보면 무엇이 떠오르는가? 제2차 세계대전 당시 나의 부친은 영국의 아프리카 소총 부대 장교로 복무했다. 아버지의 당번병이었던 알리는 당시의 수많은 아프리카인들처럼 자신의 고향 땅에서 사는 그 유명한 커다란 야생동물을 본 적이 없었다. 그랬던 터라 그는 사바나를 가로지르며 질주하는 타조를 처음 보자 놀라서 소리를 질렀다. "커다란 닭이야. 아주 큰 닭이야!" 알리가 한 말은 옳았지만, 더 제대로 말한다면 "커다란 병아리야!"라고 했어야 한다. 타조의 날개는 막 부화한 병아리의 날개처럼 밑동만 있는 듯하다. 타조의 깃털은 날아다니는 새의 빳빳한 깃털이 아니라 병아리의 복슬복슬한 솜털이 거칠어진 듯하다. 유형진화는 타조와 도도 같은 날지 못하는 새들의 진화를 이해하는 데에 유용하다. 그렇다. 경제성 측면에서 자연선택은 날 필요가 없는 새에게 솜털 같은 깃털과 뭉툭한 날개를 가지도록 했다("코끼리새 이야기"와 "도도 이야기" 참조). 그러나 자연선택이 그 유리한 결과를 얻기 위해서 택한 진화 경로는 유형진화였다. 타조는 지나치게 커진 병아리이다.

페키니즈는 지나치게 커진 강아지이다. 페키니즈 성체는 강아지처럼 이마가 둥글고 아장아장 걷고 심지어 미성숙한 개체의 매력까지 내뿜고 있다. 콘라트 로렌츠는 발바리와 킹찰스스패니얼 같은 강아지 얼굴을 한 혈통들이 좌절한 어머니의 모성 본능을 자극한다고 심술궂게 말하기도 했다. 개 사육사들은 자신들이 무슨 일을 하는지 알았을 수도 있고 몰랐을 수도 있겠지만, 그렇게 함으로써 인위적으로 유형진화를 일으켰다는 사실은 아마 몰랐을 것이다.

한 세기 전에 살았던 영국의 저명한 동물학자 월터 가스탱은 유형진화의 중요성을 맨 처음 역설한 사람이었다. 가스탱의 연구는 나중에 사위인 앨리스터 하디가 이어받았다. 나는 대학생 때에 앨리스터에게서 강의를 들었다. 앨리스터는 가스탱이 자신의 생각을 알리기 위해서 사용했던 수단인 희극적인 시를 즐겨 암송했다. "창고기 이야기"의 첫머리에 실린 시구절도 그중 하나이다. 그 시들은 당시에는 약간 재미있게 느껴졌지만, 주를 달 필요가 있는 다양한 동물학 용어들을 감수하면서 여기에 그 시들을 옮기고 싶을 만큼 재미있지는 않다. 그러나 가스탱이 주장한 유형진화의 개념은 당시에도 그랬지만, 지금도 여전히 흥미롭다. 그렇다고 해서 그것이 반드시 옳다는 의미는 아니다.

우리는 유형진화를 일종의 진화적 출발점으로 생각할 수 있다. 가스탱식 진화의 출발점이라고 말이다. 이론적으로 볼 때, 완전히 새로운 방향으로 진화가 일어날 수도 있다. 심지어 가스탱과 하디가 믿은 것처럼, (지질학적 기준으로 볼 때) 극적이고 갑작스럽게 진화의 막다른 골목에서 벗어나게 해줄 수도 있다. 생활사에 올챙이 같은 별도의 유생 단계가 있다면 가능성은 더 높아 보인다. 이미 기존 성체와 전혀 다른 생활방식을 택한 유생은 상대적으로 성적 성숙을 촉진하는 단순한 비법을 구사함으로써 완전히 새로운 방향으로 진화를 촉진시킬 수 있다.

척추동물의 사촌들 가운데 피낭동물, 즉 멍게류가 있다. 멍게 성체는 바위나 바닷말에 달라붙어 고착 상태에서 먹이를 걸러먹는데, 사촌이라니 놀랄 일이다. 어떻게 그런 부드러운 물주머니가 활달하게 헤엄치는 어류의 사촌일 수 있단 말인가? 멍게 성체가 주머니처럼 보일지도 모르겠지만, 유생은 올챙이처럼 보인다. 심지어 "올챙이 새끼(tadpole larva)"라고도 불린다. 가스탱이 멍게를 놓고 무슨 말을 했을지 상상해보기를 바란다. 멍게와 만나는 랑데부 23에서 다시 살펴보기로 하자. 불행히도 우리는 가스탱의 이론에 의문을 제기할 것이다.

페키니즈 성체가 지나치게 커진 강아지라는 점을 염두에 두고서, 어린 유인원의 머리를 생각해보라. 무엇이 떠오르는가? 어린 침팬지나 오랑우탄이 어른 침팬지나 오랑우탄이 아니라 호미니드와 더 닮았다는 말에 동의하지 않겠는가? 논란의 여지가 있다는 점은 인정한다. 그러나 일부 생물학자들은 인간을 어린 유인원이라고 간주한다. 즉 결코 성장하지 않는 유인원이라고 말이다. 유인원판 아홀로틀이다. 우리는 "아르디 이야기의 후기"에서 이미 그 개념을 만난 바 있으므로, 여기서 다시 설명하지는 않겠다.

랑데부 18

폐어

랑데부 18은 물속에서, 약 4억1,500만 년 전 전기 데본기의 따뜻한 얕은 바다에서 일어난다. 환경에 급격한 변화가 일어난 시점이다. 우리는 그 환경 변화를 받아들여야 한다. 거슬러올라가는 우리 여행의 나머지 구간에 있는 조상들은 오로지 바다에만 머물러 있을 것이기 때문이다.

우리가 여기서 만나는 약 1억8,500만 대 선조인 공조상은 육기어류(肉鰭魚類, sarcopterygii, lobefin fish)이다(화보 22 참조). 우리가 고래를 포유류 공통 조상에서 유래한 포유동물로 받아들이는 것과 마찬가지로, 육상 생활을 하는 사지류인 우리는 엄밀하게 하자면, 자신을 육기어류로 분류해야 한다. 육지 생활에 알맞게 몸 전체가 고도로 변형되었다고 해도 말이다. 그 변형은 우리 조상들이 물에서 뭍으로 굽이굽이 길을 헤치고 나온 랑데부 18과 17 사이의 어느 시기에 조금씩 일어났다. 자세한 이야기는 여기서 우리에게 합류할 소수의 순례자들, 사실상 결코 물을 떠나지 못한 6종에게서 잠시 뒤에 듣기로 하자. 그들은 어류 중에서 우리의 가장 가까운 친척인 폐어류이다.

폐어류는 우리의 공통 조상의 기본 형태를 여전히 간직하고 있다. 따라서 그들이 그 뒤로 진화하여 엄청나게 큰 유전체를 지니게 되었다는 사실을 알면 놀랄지도 모르겠다. 실제로 알락폐어 1종은 현재 동물들 중에서 유전체가 가장 크다고 알려져 있다. 무려 1,330억 개의 문자로 이루어져 있는데, 우리는 고작 30억 개에 불과하다. 이 점은 생물의 DNA와 겉모습 사이의 관계가 조금은 미묘함을 깨닫게 해준다. 그 중요한 주제는 폐어 외에 유일하게 남아 있는 현생 육기어류인 심해 실러캔스를 만날 때에 다시 이야기하기로 하자.

지금까지 살아남은 폐어 6종은 모두 민물에 살며, 몸길이는 0.5미터에서 무려 2미터까지 다양하다. 오스트레일리아의 오스트레일리아폐어, 남아메리카의 아마존폐어, 아

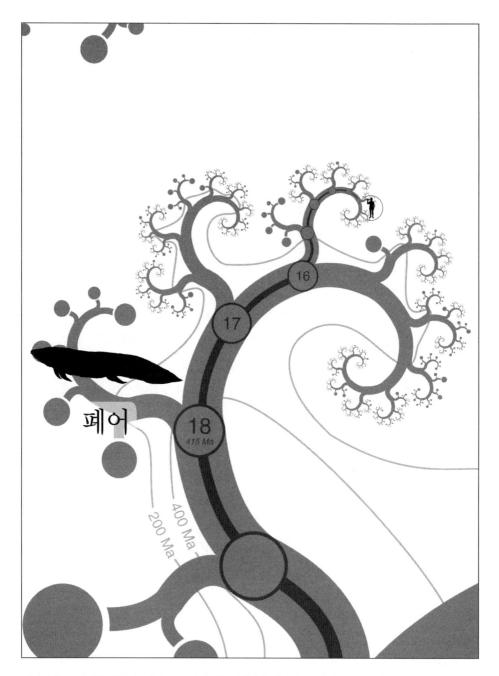

폐어의 합류 인간을 비롯한 "사지류"는 엽상 지느러미에서 변형된 팔, 날개, 다리를 가진 육기어류라고 말할 수 있다. 육기어류의 현존하는 다른 두 계통은 실러캔스와 폐어이다. 이 세 계통은 실루리아기 말의 대단히 짧은 기간에 걸쳐 갈라진 것으로 보인다. 그 때문에 유전자 자료를 이용해도 분지 순서를 정하기가 어렵다. 그러나 유전학적인 연구와 화석 연구를 통해서 폐어 6종이 그림에 나온 것처럼 사지류의 살아 있는 친척 중 가장 가깝다는 주장이 받아들여지기 시작했다.

프리카의 아프리카폐어 4종이다. 오스트레일리아폐어는 다른 폐어들과 가장 유연관계가 멀며, 매우 흥미롭게도 고대의 육기어류처럼 살집이 있는 엽상 지느러미가 있다. 그에 비하면 아프리카와 남아메리카의 종들은 고대 조상을 덜 닮았다. 그들의 지느러미는 퇴화하여 길게 늘어진 술장식처럼 변했기 때문이다. 이 지느러미가 술처럼 보일지 몰라도, 포획된 서아프리카폐어가 최근에 이 흔적기관처럼 보이는 지느러미로 어항 바닥을 마치 "걷는" 듯한 모습이 관찰되기도 했다.

걷기가 사지류와 조금 비슷해 보이는 폐어의 유일한 특징은 아니다. 이름이 시사하듯이, 폐어는 허파를 써서 공기 호흡도 한다. 이 허파는 우리의 허파와 외양만 비슷해 보이는 것이 아니다. 생물학자들이 상동기관(相同器官)이라고 부르는 것이다. 즉 폐어와 우리는 공조상 18로부터 허파를 물려받았을 것이다. 그 공조상도 아마 허파가 있었을 것이다. 오스트레일리아폐어는 허파가 하나인 반면, 다른 폐어들은 허파가 둘이다. 아프리카와 남아메리카의 종은 허파를 써서 건기를 견딘다. 그들은 진흙에 굴을 파고 들어가서, 작은 숨구멍을 뚫고 공기 호흡을 하면서 휴면 상태로 버틴다. 반면에 오스트레일리아폐어는 늘 물풀로 가득 뒤덮여 있는 물에서 산다. 아가미로 호흡을 하지만 물에 산소가 부족하므로, 허파로 공기 호흡을 하여 보충한다.

물에서의 이 이점을 토대로, 공기를 삼키는 폐어는 육지를 정복할 생각을 했을 것이다.

폐어 이야기

폐어의 관점에서 보면, 우리 육지에 사는 척추동물, 우리 사지류는 유별나게 기이한 길로 나아간 육기어류이다. 지느러미를 헤엄치는 대신에 걷는 데에 쓰면서 낯설고 이질적인 환경으로 모험을 감행한 부류이다. 우리는 오스테올레피스류(osteolepiform)라는 멸종한 데본기의 육기어류 집단에서 나왔다. 오스테올레피스류 중에는 순차적으로 변해온 양상을 보여주는 화석 형태들이 있다. 그 화석들은 지질시대가 흐름에 따라 어류의 모습에서 점점 멀어지고 양서류의 모습에 점점 가까워진다. 에우스테놉테론(*Eusthenopteron*), 판데리키티스(*Panderichthys*), 틱타알릭(*Tiktaalik*), 아칸토스테가(*Acanthostega*), 이크티오스테가(*Ichthyostega*)의 순서이다. 이들 중에서 처음 두 집단은 어류라고 부르고 싶을 것이고, 마지막 두 집단은 아마 양서류라고 여길 듯하다. 틱타알릭은 사실상 중간에 속하며, 최근에 발견된 아름다운 "잃어버린 고리"이다. 틱타알릭이 그 계통의 어류 형태와 도롱뇽 형태 사이를 매끄럽게 연결함으로써 악명 높은 그 틈새를 메우므로, 잃어버린 고리는 더 이상 없다.

이렇게 말하니, 산뜻하게 잘 정돈된 이야기라고 생각할지도 모르겠다. 유감스럽게도, 생명은 결코 그렇게 단순하거나, 그렇게 우아하게 정리되는 법이 없다. 아주 최근에 폴란드에서 멋진 발자국인 "자헤우미에 발자국(Zachełmie trackway)"이 발견되었다 (화보 23 참조). 이 발자국은 틀림없이 사지류의 것이며, 실제 발가락 자국까지 식별할 수 있다. 그런데 유감스럽게도 우리의 "산뜻하게 잘 정돈된" 이야기와는 아귀가 맞지 않는다. "있어야 할" 시기보다 거의 2,000만 년이나 더 오래된 것이기 때문이다. 이 발자국은 수중에서 찍혔다. 아마 얕은 초호(礁湖)의 바닥에 찍혔을 것이다. 누가 만든 것이든 간에, 그 동물이 걸었다는 것은 분명하다. 그러니 아마 앞에서 언급한 산뜻하게 들어맞는 일련의 화석들은 조상의 생활방식을 간직했던 마지막 생존자일지도 모른다. 아무튼 우리가 말 그대로 틱타알릭 같은 어느 특정한 화석 종에서 유래했다고 보는 것은 언제나 지나친 희망에 불과하기 마련이다. 그보다는 일련의 화석들을 먼 데본기 바다에서 일어난 변화, 두 번 이상 일어났을지도 모를 변화의 유형에 관해서 우리에게 무엇인가를 알려주는 사례로 보아야 한다.

그들이 누구였든, 그리고 언제 그런 변화를 겪었든 간에, 우리는 그 고대의 육기어류에게서 왜 물에서 육지로 나아가도록 허용하는 변화가 일어났는지를 물을 필요가 있다. 이를테면 허파는 왜 진화했을까? 그리고 헤엄치기보다는, 아니 헤엄치는 한편으로, 걸을 수 있는 지느러미는? 우리의 조상들이 진화상의 다음 번 큰 전환을 일으키려고 시도하고 있었던 것은 아니다! 진화는 그런 식으로 작동하지 않는다. 틱타알릭과 아칸토스테가 같은 고대 동물들이 아예 육지와 별 관련이 없었을 수도 있다. 이 종들의 사지와 허파는 특수한 형태의 수중 생활방식을 위한 적응 형질이었던 듯하다. 그 생활방식이 2,000만 년 넘게 성공적으로 유지된 뒤에 다리가 출현했다. 같은 맥락에서 우리는 심하게 줄어든 지느러미를 가진 현생 폐어가 물 속에서 바닥을 "걷는" 모습이 관찰된 바 있다고 말한 바 있다. 그렇다면 아마 다른 현생 어류들도 단서를 제공할 수 있지 않을까? 우리 시대에 다시금 동일한 진화 여행을 하는 듯이 보이는 종들이 그렇지 않을까? 어류가 융통성이 대단히 크다는 점을 생각하면, 그리 놀라운 일도 아니다.

많은 현생 진골어류(육기어류가 아니라)는 산소가 적은 늪에서 산다. 그들의 아가미는 산소를 충분히 뽑아낼 수 없기 때문에, 공기의 도움을 받을 필요가 있다. 친숙한 관상어 중에 베타 스플렌덴스(*Betta splendens*) 등 원래 동남 아시아의 늪에서 살던 것들은 자주 수면으로 올라와서 공기를 삼키지만, 여전히 아가미로 산소를 추출한다. 그들의 아가미가 젖어 있으므로, 공기를 삼키는 행동은 어항에 공기 방울을 주입하듯이 아가미에 있는 물에 국지적으로 산소를 주입하는 것과 같다고 할 수 있지 않을까? 그러나 그것만이 아니다. 그 아가미 방에는 공기를 담는 공간이 딸려 있고, 그 공간에 많은 혈관이 분포해 있기 때문이다. 이 공간은 우리의 허파나, 그들의 선조인 육기어류인 폐어의 허파와 무관하다. "강꼬치고기 이야기"에서 살펴보겠지만, 진골어류는 원래의 "허파"를 부레로 전환시켜서 부력을 유지하는 데에 쓴다. 아가미 방을 통해서 공기를 호흡하는 오늘날의 진골어류는 전혀 다른 경로로 공기 호흡을 재발견한 것이다. 공기 호흡을 하는 아가미 방의 선두주자는 아마 나무를 타는 등목어(*Anabas*)일 것이다. 이 어류는 산소가 부족한 물에서도 살지만, 공기 호흡 능력 덕분에 우기에는 뭍으로 나와서 물이 괸 곳으로 이주했다가 그 임시 주거지가 말라붙으면 다시 더 깊은 물로 돌아갈 수 있다. 그들은 한 번에 며칠씩 물 밖에서도 살 수 있다. 지느러미를 임시 수단으로 뭍에서 걷는 데에 쓰는 용도로 진화시키는 것이 어류에게는 어려운 일이 아니다. 상어도 할 수 있다. 에펄렛상어가 대표적이다. 허파가 없는 이 상어는 물에 산소가 고갈되면 지느러미로 걸어서 물웅덩이 사이를 오가면서 살아남는다.

망둥어류도 걷는 진골어류 집단이다. 말뚝망둥어속(*Periophthalmus*)이 대표적이다. 일부 망둥어류는 실제로 물 속보다 물 밖에서 더 많은 시간을 보낸다. 그들은 곤충과 거미를 먹는다. 대개 물 속에는 없는 먹이들이다. 우리의 데본기 조상들도 처음 물을 떠났을 때에 비슷한 혜택을 누렸을 가능성이 있다. 곤충과 거미가 먼저 육지로 올라갔으니 말이다. 망둥어는 몸을 파닥거리면서 개펄을 돌아다니며, 가슴(팔)지느러미를 써서 기어다닐 수도 있다. 가슴지느러미의 근육은 몸무게를 지탱할 수 있을 만큼 잘 발달해 있다. 사실 망둥어의 구애 행동 중 일부는 물 밖에서 이루어진다. 수컷은 일부 도마뱀 수컷이 하듯이 팔굽혀펴기를 하면서 자신의 금빛 턱과 목을 암컷에게 과시한다. 그들은 뼈대도 도롱뇽 같은 사지류의 것과 비슷한 쪽으로 수렴 진화했다. 망둥어류는 몸을 한쪽으로 구부렸다가 쫙 펴면서 50센티미터 이상 뛰어오를 수 있다. 그래서 지역에 따라 "개펄메뚜기," "톡톡어," "개구리고기," "캥거루고기" 같은 이름으로 불린다. "기어오르는 물고기"라는 이름도 흔한데, 먹이를 찾아 맹그로브 나무를 기어오르는 습성이 있기 때문이다. 그들은 가슴지느러미로 나무에 달라붙는데, 양쪽 가슴지느러미를 몸 아래쪽에 모을 때에 생기는 흡착력의 도움을 받는다.

앞에서 말한 늪에서 사는 물고기들처럼, 망둑어류도 축축한 아가미 방으로 공기를 집어넣어서 호흡을 한다. 또 그들은 피부를 통해서도 산소를 흡수한다. 그래서 피부를 축축하게 유지해야 한다. 망둑어는 몸이 마를 위험에 처하면, 물웅덩이에 몸을 굴릴 것이다. 그들의 눈은 건조에 특히 취약하며, 그래서 젖은 지느러미로 종종 눈을 닦아낸다. 두 눈은 머리 꼭대기 근처에 모여서 불룩 튀어나와 있다. 개구리와 악어처럼, 그들도 물 속에 있을 때에 눈을 잠망경으로 삼아서 수면 위를 내다볼 수 있다. 물 밖에 있을 때에는 튀어나온 눈을 자주 눈구멍 안으로 움츠려서 촉촉하게 유지한다. 물을 떠나 뭍으로 진격하기 전, 망둑어는 아가미 방을 물로 채운다. 육지 정복을 다룬 한 대중서의 저자는 18세기에 인도네시아에서 살던 어느 화가의 일화를 언급한다. 그 화가는 "집에 개구리고기를 놔두었는데 사흘 동안 살아 있었다"라고 했다. "나중에는 아주 친해져서, 작은 개처럼 내 뒤를 졸졸 따라다녔다." 나는 비록 현생 망둑어와는 여러 가지 측면에서 다를지라도, 작은 개처럼 모험적이고 진취적인 어떤 동물로부터 우리가 진화했다는 생각이 마음에 든다. 아마 데본기가 제공할 수 있었던 개와 가장 비슷한 동물로부터가 아닐까? 오래 전에 한 친구는 나에게 개를 사랑하는 이유를 이렇게 설명했다. "개는 뛰어난 운동선수니까." 맨 처음 뭍으로 올라오는 모험을 감행한 어류는 운동선수의 원형이었을 것이 분명하다.

망둑어류는 예상했던 것보다 더 나은 유추를 제공할지도 모른다. 데본기 화석 중에서 가장 장엄한 육상동물에 속하는 몸길이 약 1.2미터에 달하는 이크티오스테가를 재구성한 새로운 3D 컴퓨터 모형은 그들이 거대한 망둑어와 다소 비슷한 방식으로 움직였음을 보여준다. 도롱뇽처럼 걸을 수는 없었을 것이 확실하다. 허약한 뒷다리는 바닥을 제대로 짚을 수 있었을지조차 의심스럽다. 이크티오스테가는 대부분의 시간을 물 속에서 보냈을 것이 분명하다. 실제로 그들의 귀는 수중에서 쓰기에 알맞다. 그러나 뭍에서는 강한 앞다리로 뛰거나 기어서 움직였다.

물을 떠나 미지의 땅으로 모험을 하게끔 그들의 조상이자 우리의 조상을 내몬 선택압은 무엇이었을까? 그 질문의 답으로 오랫동안 선호되어온 것은 미국의 저명한 고생물학자 앨프레드 셔우드 로머가 내놓은 것으로, 지질학자 조지프 배럴의 견해를 토대로 이끌어낸 답이었다. 이 어류가 육지를 정복하려고 애쓰기는커녕, 실제로는 물로 돌아가려고 애쓰고 있었다는 견해이다. 가뭄이 들 때면, 물고기는 말라가는 물웅덩이에 고립되기가 쉽다. 걷고 공기 호흡을 할 수 있는 개체는 말라가는 연못을 떠나서 더 깊은 물웅덩이를 찾아갈 수 있는 엄청난 이점이 있다. 이 탄복할 이론은 그 뒤로 인기를 잃어왔지만, 내가 보기에 꼭 타당한 이유 때문만은 아니다. 불행히도 로머는 데본기가 건조한 시기였다는 당대에 우세하던 견해를 인용하여 자신의 이론을 뒷받침하려고 했는데, 그 뒤로 그 견해에 의구심이 제기되어왔다. 그러나 나는 로머의 이론에 데본기가 건조했다는 가정이 필요 없다고 본다. 가뭄이 들지 않은 시기에도 특정한 어류가 살기에 위험해질 만큼 수심이 얕아지는 연못들은 언제나 있기 마련이다. 수심 1미터인 연못이 심한 가뭄이 들어 말라붙을 위험에 처한다면, 수심 30센티미터인 연못은 조금만 가물어도 말라붙을 것이다. 로머의 이론은 말라붙는 연못이 어느 정도 있고, 그로 인해서 일부 어류가 이주함으로써 목숨을 구할 수 있었다는 가정만으로도 충분하다. 설령 후기 데본기의 세계가 물에 푹 잠겨 있었다고 해도, 그 결과 말라붙을 수 있는 연못의 수가 더 늘어남으로써 걷는 물고기와 로머 이론의 생명을 구할 가능성이 그만큼 높아진다고 말할 수도 있다. 그렇기는 해도 그 이론이 지금은 인기가 없다고 말하는 것도 나의 의무이다.

어류가 일시적으로 또는 영구히 뭍으로 올라오는 데에는 가뭄 말고도 다른 많은 이유들이 작용할 것이 분명하다. 말라붙는 것 외의 다른 이유로 하천과 연못이 살기 어려운 곳이 될 수도 있다. 물풀이 가득 들어찰 수도 있고, 그러면 뭍을 통해 더 깊은 물로 이주할 수 있는 어류가 유리할 것이다. 로머를 반박하는 이들이 주장하듯이, 우리가 데본기의 가뭄이 아니라 데본기의 늪에 초점을 맞추어 살펴보아도, 늪은 걷거나 미끄러지거나 파닥거리는 등의 방법을 써서 습지 주변의 식생을 지나 더 깊은 물이나 먹이를 찾아 떠나는 어류에게 혜택을 볼 기회를 많이 제공했을 가능성이 있다. 이렇게 수정해도, 우리의 조상이 애초에 육지를 정복하기 위해서가 아니라 물로 돌아가기 위해서 물을 떠났다는 로머 이론의 핵심은 보존된다.

이 책의 초판이 나온 뒤, 내 동료인 옥스퍼드 천문학 교수 스티븐 밸버스는 만약 옳다면, 로머의 이론과 그것의 인기 하락에 의구심을 제기한 나의 생각을 둘 다 옹호해줄 도발적인 이론을 내놓았다. 그의 이론은 조수(潮水)에 초점을 맞춘다. 그는 우리의 어류 조상이 처음에 조수 웅덩이 사이를 걸어서 오갔다고 주장한다. 그의 이론이 중요한 근거로 삼는 것은 지구에 조수간만의 차이가 심하다는 점이다. 로머 이론의 핵심은 우리의 육기어류 조상이 새로운 목초지에서 식물을 뜯어먹고 원대한 진화적 돌파구를 이루겠다는 열망을 좇아서 뭍으로 올라가는 모험을 감행한 것이 아니라는 점이다. 그들은 물로 돌아가기 위해서 뭍을 걸었다. 가뭄을 제쳐놓는다면, 살아갈 수 없는 뭍을 사이에 두고 물웅덩이들이 흩어져 있는 곳이 어디일까? 밀물 때에는 물웅덩이들이 연결되고 썰물 때에는 서로 분리되는 조간대가 바로 그렇다.

그러나 그 착상 자체로는 이론이라고 할 수 없다. 밸버스의 착상에는 독창적인 내용이 훨씬 더 많다. 밀물과 썰물이 매일 똑같은 높이로 오락가락한다면, 걸어서 물웅덩이 사이를 오가려는 동기가 미미할 것이다. 우연히 높은 지대의 조수 웅덩이에 고립된 물고기도 몇 시간만 기다리면 다시 바다와 연결될 것이다. 조수가 달이나 해 어느 한쪽의 인력에만 좌우된다면, 그런 상황이 펼쳐질 것이다. 그러나 실제로는 그렇지 않으며, 그것이 바로 밸버스 이론의 핵심이다. 지구의 조수는 해와 달 양쪽의 인력이 때로는 더해지고 때로는 상쇄되면서 펼치는 복잡한 상호작용에 좌우된다. 태양을 도는 지구의 궤도와 지구를 도는 달의 궤도, 매일 자신의 축을 중심으로 도는 지구의 자전 사이의 상호작용 때문에 이런 요동이 생긴다. 그 복합효과 때문에 아주 높은 곳의 조수 웅덩이는 매일 바닷물에 새로 잠기는 것이 아니라, 몇 주일 또는 몇 달 동안 다른 조수 웅덩이 및 바다와 분리될 수도 있다.

그러나 대다수 행성의 달처럼 우리의 달도 작다면, 이 수정된 이론도 들어맞지 않을 것이다. 밸버스는 우리의 달이 지구만 한 행성에 "본래 있어야 하는" 달보다 훨씬 더 크다는 점에 주목한다. 지구 초창기에 다른 행성이 지구와 충돌했을 때에 흩어진 지구의 바깥층 물질 중 일부가 공 모양으로 다시 뭉쳐지면서 달이 형성되었기 때문일 것이다. 이 점은 현재 점점 더 확고한 사실로 굳어지고 있다. 우리의 달은 지구에서 보는 겉보기 지름이 거의 태양과 같을 만큼 크다. 일식이 그토록 장관인 이유도 그 때문이다. 달이 거의 정확히 해를 가린다.

한 천체에 가해지는 조석력은 겉보기 지름의 세제곱에 그 천체의 밀도를 곱한 값에 비례한다. 이는 다른 조건들이 동일하다면, 해와 달이 지구에 가하는 조석력이 동등해야 한다는 의미이다. 우리의 눈에는 똑같은 크기로 보이기 때문이다. 그러나 달은 태양보다 더 밀도가 높으므로, 조석에 더 강한 영향을 미친다. 비록 두 힘의 크기가 비슷한 규모이기는 하지만 말이다. 그 결과 해와 달이 일직선상에 놓여서 조석력이 결합되느냐, 아니면 지구에 대해서 서로 직각으로 놓여서 힘들이 일부 상쇄되느냐에 따라서, 사리(조수 간만의 차가 가장 클 때)와 조금(가장 작을 때)이 생긴다. 사리에는 조금보다 훨씬 더 내륙에 있는 조수 웅덩이까지 물이 밀려든다. 그럴 때에 물고기는 사리 조수 웅덩이까지 가서 먹이를 얻는 혜택을 누릴 수 있지만, 고립될 위험도 있다. 다음 번 사리에 다시 물이 밀려들기까지 몇 주일이 걸릴 수도 있다. 그런 물고기는 어떤 초보적인 다리로 걸을 수 있다면, 더 바다 쪽으로 내려와 저지대의 물웅덩이를 찾을 수 있다.

밸버스는 달이 지구에서 서서히 멀어져가고 있음을 지적한다. 지구 자체가 형성된 직후에 달이 처음 생겼을 때, 그 달은 하늘을 거대하게 채우면서 하루의 상당 시간에 걸쳐 태양을 가리는 날이 대부분이었을 것이다. 그 명왕누대에 달의 조석력은 해의 조석력보다 훨씬 더 컸을 것이다. 당시에 바다가 있었다면, 모든 조수는 거대한 스프링처럼 튀어오르는 사리가 되었을 것이다. 데본기에 들어설 무렵, 달은 지금보다 고작 10퍼센트 더 크게 보일 정도까지 멀어졌다. 당시 "밸버스 효과"는 상당했을 것이다. 달의 조석은 훨씬 더 컸을 것이고, 사리와 조금도 크게 차이가 났을 것이다. 게다가 밸버스는 북쪽의 로라시아와 남쪽의 곤드와나라는 초대륙들의 지리적 위치도 그 사이에 낀 좁은 테티스 해에 유달리 큰 조석을 일으키는 데에 기여했을 것이라고 본다.

밸버스의 결론은 이 책의 초판에서 로머의 이론을 너무 성급하게 폐기해서는 안 된다고 한 나의 주장을 옹호한다. 데본기 육기어류는 실제로 물웅덩이 사이를 오가는 데—걷지 않았다고 해도 적어도 버둥거리고 꿈틀거리면서 나아가는 데—에 도움이 되는 명칭 그대로 살집 있는 다리 같은 지느러미를 개발했다. 그러나 그 물웅덩이들의 고립이 반드시 가뭄 때문은 아니었다. 지구만 한 행성이 거느리기에는 비정상적으로 유달리 큰 달을 우연히 갖추게 됨으로써 나타난 조수의 변화, 크게 변하는 조석 때문에 일어났을지도 모른다. 독자도 밸버스처럼 그 요점을 인본주의적으로 표현할 수도 있다. 우리 같은 육상동물은 항성에 맞먹는 인력을 가하는 커다란 달이 있는 행성에서만 출현할 수 있었다.

밀물에 올라탔을 때, 오스테올레피스류에게 곧바로 행운이 찾아오는 식으로······일이 일어났을까? 그렇지는 않았을 것이다. 적어도 과장된 예언처럼 들리는 식으로 일이 시작되지는 않았을 것이다. 우리의 조상이 물웅덩이 사이를 오가는 데에 도움을 준, 혹은 남들과 달리 데본기의 늪 사이를 철퍽거리고 꿈틀거리면서 옮겨가는 데에 도움을 준 짧은 살집 있는 지느러미는 점점 더 강해지는 방향으로 서서히 진화한 끝에야 진정으로 뭍으로 올라가기 위한 선적응 형질이 되었다.

실러캔스

우리의 약 1억9,000만 대 선조인 공조상 19는 식물들이 육지를 정복하고 산호초가 바다에서 늘어나고 있을 때인 4억2,000만여 년 전에 살았다. 이 랑데부에서 우리는 이 책에 나오는 순례자 무리들 중에서 가장 엉성하고 수가 적은 집단 하나와 만난다. 우리가 아는 한 현재 살아 있는 실러캔스는 한 속밖에 없으며, 그것이 발견되었을 당시에 대단한 소동이 벌어졌다. 그 일화는 키스 톰슨의 『살아 있는 화석 : 실러캔스 이야기 (*Living Fossil: the Story of the Coelacanth*)』에 잘 묘사되어 있다.

실러캔스는 화석 기록으로는 잘 알려졌지만, 공룡보다 이전에 사라졌다고 생각되었다. 그러다가 1938년에 남아프리카의 한 트롤 어선의 어부가 놀랍게도 살아 있는 실러캔스를 잡았다. 네리타 호의 선장인 해리 구슨이 엘리자베스 항 근처 이스트런던 박물관의 열정 넘치는 젊은 학예사인 마저리 코트니-라티머와 친했던 것이 천만다행이었다. 구슨은 신기한 것을 잡으면 그녀를 위해서 따로 놓아두곤 했다. 1938년 12월 22일, 그는 신기한 것이 잡혔다고 그녀에게 전화를 했다. 그녀는 부두로 갔고, 한 늙은 스코틀랜드인 선원이 그녀에게 버려진 물고기 더미를 보여주었다. 처음에는 특이한 것이 없는 듯했다. 그녀가 막 떠나려고 할 때였다.

파란 지느러미가 눈에 띄어서 다른 물고기들을 헤치고 꺼냈다. 여태껏 내가 본 물고기들 중가장 아름다운 것이 모습을 드러냈다. 몸길이는 1.5미터였고, 연한 자청색 바탕에 은빛으로반짝이는 반점들이 나 있었다.

그녀는 그 물고기를 그림으로 그려서 그녀가 어류 전문가라고 알고 있던 친구이자 화학 교수인 J. L. B. 스미스에게 보냈다. 그는 깜짝 놀랐다. "길에서 걸어다니는 공룡

실러캔스의 합류 실러캔스(현재 2종이 살아 있는 것으로 알려졌다)가 현재 살아 있는 육기어류 계통 중에서 가장 먼저 갈라졌다는 데에 서서히 의견이 모아지고 있다.

을 보았다고 해도 이보다 더 놀라지는 않았을 것이다."(화보 24 참조) 불행히도 스미스는 무슨 이유였는지 모르지만, 현장으로 달려가지 않았다. 키스 톰슨의 설명에 따르면, 스미스는 케이프타운에 있는 동료 바너드 박사에게 빌렸던 참고 도서를 돌려보낼 때까지도 자신의 판단을 믿지 못했다. 스미스는 망설이면서 바너드에게 비밀을 털어놓았지만, 바너드는 대번에 믿을 수 없다고 말했다. 스미스가 마침내 이스트런던으로 가서 실제로 그 물고기를 본 것은 그로부터 몇 주일이 더 흐른 뒤였던 것 같다. 그 사이에 가여운 코트니-라티머 양은 생선이 썩는 문제로 골치를 싸매고 있었다. 물고기가 너무 커서 포르말린 병에 넣을 수 없어, 그녀는 포르말린을 적신 천으로 감싸놓았다. 그러나 부패를 막기에는 역부족이었고, 결국 그녀는 그 물고기를 박제로 만들어야 했다. 스미스가 마침내 본 것은 이 박제였다.

실러캔스, 그랬다, 맙소사! 비록 마음의 준비는 하고 있었지만, 막상 그것을 보자 눈앞이 온통 하얘지면서 온몸에 전율이 흘렀다. 흥분으로 몸이 부들부들 떨렸다. 나는 돌에 얻어맞은 양 꼼짝도 하지 못했다……. 나는 모든 것을 잊은 채 거의 두려워하면서 다가가서 그것을 손으로 만지고 쓰다듬었다. 아내는 그런 내 모습을 말없이 지켜보고 있었다……. 그때서야 비로소 말이, 내가 잊고 있었던 정확한 단어가 떠올랐다. 맞다고, 정말 맞다고, 틀림없이 실러캔스라고 말이다. 더 이상 의심할 여지가 없었다.

스미스는 마저리의 이름을 따서 그것에 라티메리아(*Latimeria*)라는 학명을 붙였다. 마다가스카르 인근 코모로 제도 곳곳에 후한 사례를 하겠다는 광고지를 붙인 덕분에, 그는 14년 뒤에 또 한 마리를 보게 되었다. 그 뒤로 해마다 그물에 걸려서 끌려올라오는 실러캔스가 몇 마리씩 된다는 사실이 밝혀졌다. 지금까지 얻은 표본은 거의 다 이 코모로 제도에서 나왔고, 살아 있는 표본은 한 마리도 없다. 어떤 실러캔스도 지상에서 24시간 이상 살지 못했다.

실러캔스의 명성이 워낙 높았으므로 사기라는 신랄한 독설과 비난도 쏟아졌고—유감스럽지만 이해하지 못할 바는 아니다—잠수부 3명이 사망하기까지 했다. 대개 문제는 실러캔스가 수심 150미터가 넘는 곳에서 사는 경향이 있어서 찾아내어 연구하기가 매우 어렵다는 사실에서 비롯된다. 1997년에야 술라웨시 연안에서 마크 에드만이 인도네시아 종을 발견했다. 그리고 마저리 라티머가 사망하기 4년 전인, 20세기가 저물 무렵에야 잠수부들이 우연히, 존속하는 남아프리카 개체군을 발견했다. 마저리가 최초로 경이로운 발견을 한 곳, 여지껏 본 적 없는 가장 아름다운 물고기를 발견한 곳에서 북쪽으로 약 800킬로미터 떨어진 해역에서였다.

실러캔스 이야기

실러캔스를 묘사할 때에 가장 흔히 쓰는 말들 중의 하나는 "살아 있는 화석"이다. 다윈에게서 유래한 이 표현은 최근에 다소 비판을 받아왔는데,* 그 묘한 매력이 용어의 모순에서 나오기 때문만은 아니다. 뒤에서 살펴보겠지만, 그 용어는 다소 오해를 불러일으킬 여지가 있으며, 실러캔스 자체도 그 오해에 적잖은 기여를 한다.

당신과 나처럼 살아 있으면서, 자신의 고대 조상을 쏙 빼닮은 현생 생물들이 있다. 그런 생물을 가리키는 별도의 용어를 만드는 것은 타당해 보이며, "살아 있는 화석"이라는 말이 바로 그 역할을 한다. 별 의미 없는 우연한 사실들 중 하나는 살아 있는 화석 중에서 가장 유명한 네 종류가 모두 영어의 L자로 시작한다는 것이다. 리물루스(*Limulus*), 링굴라(*Lingula*), 폐어(lungfish), 라티메리아(*Latimeria*)이다. 리물루스, 즉 "투구게"(실제로는 게가 아니라, 독자적인 분류군이며, 언뜻 보면 커다란 삼엽충을 닮았다)는 1억5,000만 년 전 쥐라기의 리물루스 다르위니(*Limulus darwini*)와 같은 속에 놓인다. 링굴라, 즉 개맛은 영어로 램프 껍데기(lamp shell)라고 하는 완족동물문에 속한다. 굳이 따지자면 찻주전자의 주둥이라고 할 부위에 심지가 달린 알라딘 램프를 조금 닮은 구석이 있다고 하겠지만, 링굴라가 놀라울 만치 쏙 빼닮은 상대가 있다. 바로 4억 년 전 자신의 조상이다. 개맛을 그 조상과 동일한 속에 넣을지를 놓고 오락가락해왔지만, 화석 형태가 현생 형태와 놀라울 만치 비슷하다는 점은 분명하다. 폐어는 이전 랑데부에서 소개했으며, 고대의 육기어류와 현생 오스트레일리아폐어(*Neoceratodus*)가 닮았다고 했다. 오스트레일리아폐어의 학명은 이중으로 최근의 것이다. 1870년에 처음 발견되었을 때에는 새롭다는 의미를 가진 네오(*Neo*)라는 접두사 없이 2억 년 된 화석과 동일한 케라토두스속(*Ceratodus*)에 포함시켰다.

---

* 리처드 포티도 이 주제를 다룬 『위대한 생존자들(*Survivors*)』에서 비판을 한 바 있다.

그리고 라티메리아, 즉 실러캔스가 있다. 다른 세 집단과 달리, 실러캔스는 "죽은 화석"과 같은 속에 놓인 적이 한번도 없었다. 알려진 가장 가까운 친척은 7,000만 년 전에 살았는데, 마크로포마속(*Macropoma*)으로 분류되었다. 그들은 몇 가지 면에서 현생 실러캔스와 달랐고, 특히 몸길이가 2.5배 더 짧았다. 라티메리아의 좀더 먼 친척들은 형태가 훨씬 더 다양하다. 송어 형태의 민물 종, 뱀장어처럼 생긴 종, 심지어 피라냐와 다소 비슷하게 생긴 실러캔스 종도 있다.

그 점이 바로 "살아 있는 화석"이라는 용어를 실러캔스에 적용하려고 할 때에 맨 처음 떠오르는 미심쩍은 부분이다. 그러나 살집이 있는 지느러미를 지닌 현생 어류 종—특히 폐어—의 몸이 변형된 육상 육기어류 종인 우리에 비해 굼벵이 같은 속도로 진화했다는 점은 논란의 여지가 없다. 반면에—바로 여기서 이 이야기 전체의 요점으로 이어진다—그들의 유전체는 그렇지 않다.

우리는 화석들을 통해서 실러캔스, 폐어, 우리 자신의 조상들이 갈라진 시기를 근사적으로 안다. 첫 번째 분기는 약 4억2,000만 년 전, 실러캔스와 나머지 집단 사이에 일어난다. 이어서 약 500만 년 뒤, 폐어가 현재 사지류라고 불리는 나머지 우리와 갈라져서 독자적인 진화의 길을 간다. 진화적 시간에서 보면, 이 두 분기는 거의 동시에 일어난 셈이다. 적어도 그 뒤로 그 집단들이 진화한 기나긴 세월과 비교하면 그렇다. 그 긴 세월 동안 각 계통의 DNA에는 어떤 변화가 일어났을까?

우리는 그 질문에 아주 포괄적으로 답할 수 있다. 유전체 전체의 서열이 분석된 점점 커져가는 종 무리에 실러캔스가 이제 합류했기 때문이다. 폐어 종의 유전체 서열은 아직 아니다. 앞에서 말했듯이, 그들은 유전체가 감당할 수 없을 만큼 크기 때문이다. 동물 중에서 가장 클 가능성이 있다. 거기에서 우리는 우리의 질문에 대한 한 가지 빠른 답을 얻을 수 있다. 폐어는 겉모습에는 별 변화 없이 DNA 서열에 엄청난 변화가 일어나는 것이 얼마든지 가능함을 보여준다. 즉 유전체 전체와 몸 전체 사이에는 뚜렷한 연관성이 전혀 없다. 주된 이유는 유전체의 대부분이 본질적으로 쓸모없는 DNA로 이루어져 있기 때문이다. 특히 "기바통발 이야기"에서 살펴볼 다양한 기생성 서열들이 그렇다. 아마 폐어의 유전체에서 불어난 부분의 대부분은 이 "전이 인자"로 설명이 가능할 것이다. 실러캔스의 전이 인자는 그 정도로 날뛰지는 않았다. 그들의 유전체는 우리의 것과 크기가 거의 같다. 그렇기는 해도 사람의 유전체에서와 마찬가지로, 다양한

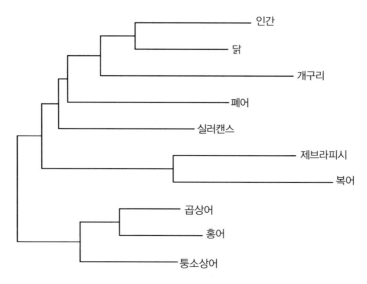

인간

닭

개구리

폐어

실러캔스

제브라피시

복어

곱상어

홍어

퉁소상어

분자 코커스 경주 "살아 있는 화석" 두 종을 포함한 다양한 척추동물에서 단백질의 진화 속도. 리앙 등의 연구 결과를 수정하여 실음[248].

유전적 기생체들이 실러캔스 유전체의 상당 비율을 차지하고 있으며, 지금도 활발하게 뜀뛰기를 하면서 진화적 시간으로 볼 때, 상당한 변화를 일으키고 있다. 이런 의미에서, 실러캔스의 분자 진화 속도는 다른 척추동물들, 아니 사실상 대부분의 동물, 균류, 식물에게서 대체로 볼 수 있는 전형적인 수준인 듯하다.

아마 이 점은 놀랍지 않을 것이다. 어쨌든 이 기생성 서열은 대개 숙주의 겉모습에 별 영향을 미치지 않으니까. 생화학 기능을 교란하지 않는 한, 그런 서열은 유전체에서 다소 자유롭게 증식할 수 있다. 그렇다면 실러캔스의 DNA가 예상보다 더 느리게 진화해왔는지 알아보려면, 유전체에서 많지만 본질적으로 드러나지 않는 변화를 살펴보아서는 안 된다. 대신에 생물의 형태와 기능에 영향을 미친다고 알려진 단백질의 암호를 지닌 유전자의 진화를 조사해야 한다. 중국의 단리앙 연구진은 바로 그 점에 초점을 맞추었다. 위의 계통도는 그들이 1,290개의 단백질 유전자들을 통해서 많은 척추동물 유전체들(한 아프리카폐어 종의 유전체에서 추출한 일부 유전자도 포함되어 있다)을 비교한 결과이다. 가지의 길이는 각 유전자에 축적된 돌연변이 문자의 수를 나타낸다. 폐어 유전체에 축적된 유전적 잔해 등 다른 곳에서 더 큰 규모로 일어난 변화에는 별 영향을 받지 않는다.

단백질 유전자가 종에 상관없이 일정한 속도로 진화한다면, 모든 가지들이 오른쪽 가장자리에 나란히 정렬할 것이라고 예상할지 모르겠다. 그러나 그렇지 않다. 또 형태적 변화가 가장 적은 생물이라고 해서 가지가 가장 짧은 것도 아니다. 사실 실러캔스는 아주 짧은 가지에 놓이는 듯한데, 그 유명한 "살아 있는 화석"이라서 그런 결과가 나온 것은 아니다. 그 용어에 더 적합한 후보자라고 할 수 있는 폐어가 닭만큼 많은 진화적 변화를 겪었다고 나오기 때문이다. 그리고 닭의 생활방식은 이 계통도에 있는 다른 어떤 동물들과 비교해도 가장 근본적인 변화를 겪었을 것이다. 육지에 정착한 우리 육기어류는 수생 육기어류 사촌들보다 유전자의 진화 속도가 전반적으로 더 빨랐지만, 그 차이도 형태적 변화와는 뚜렷한 연관성이 없다. 그리고 이 분자 코커스 경주의 우승자로 시상대에는 복어, 제브라피시, 마지막으로 개구리가 올랐다. 이 셋은 닭이나 (허영심 때문에 말하지 않고 못 배기겠다) 우리만큼 빠른 형태적 진화를 겪지 않았다.

이 그림은 한 가지 중요한 사실을 말해준다. DNA의 진화 속도가 늘 일정한 것은 아닐뿐더러, 형태적 변화와 뚜렷하게 연관되어 있지도 않다는 것이다. 이 계통도는 하나의 사례일 뿐이다. 뉴질랜드에만 사는 도마뱀처럼 생긴 희귀한 동물인 투아타라 (tuatara)도 그런 사례이다. 이 "살아 있는 화석"은 일반적으로 랑데부 16에서 합류한 석형류 중 뱀과 도마뱀 가지의 공통 조상을 닮았다고 여겨진다. 그러나 투아타라의 DNA 서열을 분석해보니, 그들의 미토콘드리아 DNA 진화 속도가 모든 육상 척추동물 중에서 가장 빠른 편에 속한다는 것이 드러났다.

얼마 전 서식스 대학교의 린들 브로멈 연구진은 많은 연구 결과를 모아서 형태적 변화를, DNA 변화를 토대로 구축한 상응하는 계통도와 비교하는 더 일반적인 연구를 했다. 그들이 얻은 결과는 "실러캔스 이야기"에 담긴 내용을 재확인해준다. 유전적 변화의 전반적인 속도는 형태적 진화와는 별개라는 것이다.[*]

이것이 유전적 진화 속도가 일정하다는 말은 아니다. 그렇게 뻔할 리가 없다. 멍게, 선충류, 편충류 같은 계통은 가까운 친척들에 비해서 분자 진화의 전반적인 속도가 조

---

[*] 이전에 다른 결과를 얻은 연구가 한 건 있다. 그러나 브로멈 연구진은 그 이전 연구가 자료의 독립성을 확보하는 데—"바다표범 이야기"에서 접한 중복 계수 문제를 해결하는 데—에 실패했음을 설득력 있게 보여주었다.

금 빠른 듯하다. 반면에 말미잘의 미토콘드리아처럼 친척 계통들보다 진화 속도가 훨씬 더 느린 사례도 있다. 그러나 "실러캔스 이야기" 덕분에 우리는 10-20년 전만 해도 그 어떤 동물학자도 감히 생각조차 하지 못했을 희망을 품을 수 있다. 신중하게 유전자를 선택하고, 다양한 진화 속도를 보여주는 계통들에 맞게 분석방법들을 개선한다면, 어느 종이 다른 종과 갈라진 시점을 수백만 년 이내로 파악할 수 있을 것이라는 희망이다. 이 장밋빛 희망을 "분자시계"라고 하며, 이 책에서 우리가 랑데부 지점마다 인용한 연대는 대부분 그 기법을 써서 구한 것이다. 분자시계의 원리와 여전히 계속되는 그것을 둘러싼 논쟁은 "발톱벌레 이야기의 후기"에서 설명하기로 하자. 지금은 3만 종이 넘는 친척들과 함께 우리의 소규모 경주에 참가한 종들 중에서 가장 빨리 진화하는 종을 만날 시간이다. 그들이 모든 척추동물 중에서 가장 성공한 부류라고 보는 이들도 있다. 바로 조기어류이다.

랑데부 20

조기어류

랑데부 20은 규모가 크며, 추운 오르도비스기에 쌓였던 남쪽의 빙원이 아직 남아 있는 실루리아기 초인 4억3,000만 년 전에 이루어진다. 내가 우리의 1억9,500만 대 선조라고 추정하는 공조상 20은 우리와 조기어류(條鰭魚類, ray-finned fish)를 합친 존재이다. 조기어류는 진골어류라는 규모가 큰 성공한 집단이 주류이다. 진골어류는 현대의 척추동물들 중에서 대단히 번성한 부류로, 약 3만 종이 넘는다. 그들은 민물과 바닷물 양쪽으로 수중 먹이사슬의 여러 단계에서 주요 역할을 맡고 있다. 그들은 뜨거운 온천이라는 극단적인 환경과, 북극해와 산정 호수의 차가운 물이라는 또다른 극단적인 환경까지 잠식했다. 그들은 산성 하천, 악취가 코를 찌르는 늪, 염도가 높은 호수에서도 번성한다.

"레이(ray)"는 그들의 지느러미 뼈대가 빅토리아 시대에 귀부인이 썼던 부채와 비슷해서 붙여진 말이다. 조기어류는 지느러미의 기부에 살집이 있는 돌기(fleshy lobe)가 없다. 그 돌기는 실러캔스나 공조상 18 같은 육기어류의 어원이다. 비교적 뼈가 적고 서로 상대적으로 움직일 수 있는 근육이 들어 있는 우리의 팔다리와 달리, 조기어류의 지느러미는 주로 체벽에 있는 근육으로 움직인다. 이런 면에서 우리는 육기어류와 더 비슷하며, 또한 그래야 한다. 우리는 육지 생활에 맞게 적응한 육기어류이기 때문이다. 우리가 위팔에 이두박근과 삼두박근, 아래팔에 뽀빠이 근육을 가진 것처럼, 육기어류는 살집이 있는 지느러미에 근육을 가지고 있다.

조기어류의 주류는 진골어류이며, 그외에 철갑상어와 "오리너구리 이야기"에서 만난 주걱철갑상어를 비롯한 몇몇 잡다한 집단들이 있다. 그런 엄청난 성공을 거둔 집단에게는 서너 편의 이야기를 맡기는 것이 타당하며, 그 이야기들 속에는 그들에 관한 사항들이 대부분 담길 것이다. 진골어류 순례자들은 다양성을 뽐내면서 시끌벅적

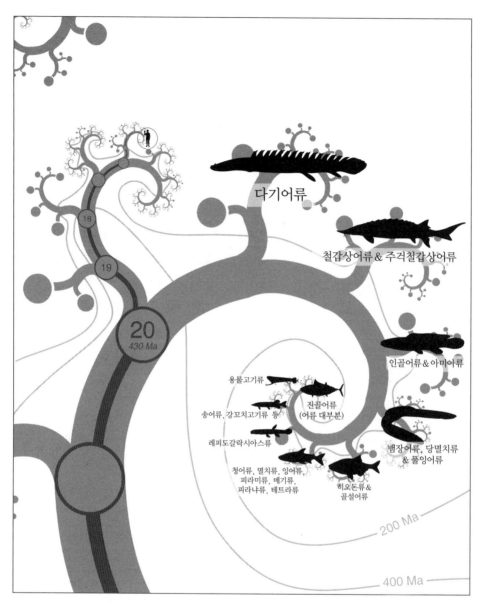

조기어류의 합류 조기어류는 우리 육기어류의 가장 가까운 친척이며, 종수로 보면 육기어류의 모든 사지류를 합친 우리와 거의 맞먹을 정도인 약 3만 종이 살고 있다. 더 정확히 말하자면, 2015년 4월 기준으로 피시베이스(FishBase)라는 온라인 데이터베이스 사이트의 "어류" 항목에 3만3,000종이 실려 있는데, 그중 조기어류가 3만2,000종이 넘는다. 조기어류 사이의 관계를 조사하는 딥핀(DeepFin)이라는 계획이 현재 진행 중이며, 이 그림은 그 결과로 나온 것이다. 조기어류 중 가장 먼저 갈라진 것은 다기어류(12종)이며, 철갑상어류와 주걱철갑상어류(27종)가 그 뒤를 이었다. 이어서 인골어류와 아미아류(8종)가 갈라졌다. 나머지는 모두 진골어류이다.

하게 도착한다. 그 다양성의 규모에 자극을 받아 나온 것이 바로 "나뭇잎해룡 이야기"이다.

나뭇잎해룡 이야기

내 딸은 아주 어렸을 때, 어른들에게 물고기 그림을 그려달라고 조르고는 했다. 내가 글을 쓰려고 하면 달려와서 내 손에 억지로 연필을 쥐어주고는 소리쳤다. "물고기를 그려줘. 아빠, 물고기 그려줘!" 내가 딸애를 조용히 시키려고 그린 물고기 그림은 한 가지뿐이었다. 늘 똑같았다. 유선형 몸을 그린 뒤, 앞쪽은 뾰족하게 하고, 위아래에는 삼각형 지느러미를, 뒤에는 삼각형 꼬리지느러미를 달고, 눈에 점을 찍고, 곡선으로 아가미 덮개를 그린 청어나 농어를 찍어낸 듯한 물고기였다. 가슴지느러미나 배지느러미는 그리지 않았던 것 같다. 모든 물고기에게 다 있는 것인데, 아마 내가 게을렀던 모양이다. 표준 물고기는 사실 버들치에서 풀잉어에 이르기까지 다양한 크기의 몸집에 적용되는, 매우 공통적인 형태이다.

내가 나뭇잎해룡을 그려줄 실력을 갖췄다면 줄리엣은 뭐라고 했을까? "아냐, 아빠. 바닷말 말고. 물고기로 그려줘. 물고기." "나뭇잎해룡 이야기"는 동물의 형태가 점토처럼 쉽게 변형될 수 있다고 말한다. 어떤 형태든 간에 물고기답지 않은 형태가 생활 방식에 필요하다면, 물고기는 진화하는 동안 그렇게 변할 수 있다. 줄리엣의 물고기처럼 보이는 규격화한 물고기들은 그런 형태가 적합하기 때문에 그런 모양일 뿐이다. 그 모양은 넓은 물에서 헤엄치기에 알맞다. 그러나 부드럽게 흔들리는 갈조류에 꼼짝하지 않고 매달리는 것이 생존에 중요하다면, 표준 물고기 모양에서 비틀리고 반죽되어 환상적으로 갈라진 돌기들이 솟아날 수 있다. 갈조류의 엽상체(葉狀體)와 너무나 닮아서 식물학자는 그것을 갈조류의 종으로 분류하고 싶어질지도 모른다(푸쿠스속 [*Fucus*]이 그럴 것이다).

서태평양의 산호초에서 사는 새우물고기는 아주 교묘하게 위장을 하고 있어서, 내가 그것을 "물고기"라고 그려주었다면 줄리엣은 분명히 아니라고 대답했을 것이다. 새우물고기는 몸이 아주 길쭉한 데다가 주둥이도 길고, 눈부터 전혀 꼬리지느러미 같지 않은 꼬리지느러미까지 검은 띠가 죽 뻗어 있다. 그 물고기는 길쭉한 새우나 작은 면도칼처럼 보인다. 그래서 면도칼고기라고도 불린다. 몸은 투명한 갑옷으로 뒤덮여 있다. 야생에서 그들을 관찰했던 내 동료 조지 바로는 그래서 더 새우처럼 보인다고 했다. 그러나 그들이 새우를 닮은 것은 위장 수단과 전혀 관계가 없다. 많은 진골어류들처럼, 새우물고기도 떼를 지어 다니면서 군대처럼 일사불란하게 행동한다. 그러나 다른 진골어류와 달리, 새우물고기는 몸을 수직으로 세운 채 헤엄을 친다. 그들이 수직 방향으로 헤엄을 친다는 말이 아니다. 그들은 수평 방향으로 헤엄을 치지만, 몸은 수직으로 서 있다. 그런 자세로 일사불란하게 헤엄치는 모습을 멀리서 보면, 마치 바닷말들이 늘어서 있는 것 같기도 하고, 그들이 가끔 피신처로 삼는 거대한 성게류의 가시들 같기도 하다. 머리를 밑으로 하고 헤엄치는 데에는 나름의 목적이 있다. 위험 경고를 받으면, 그들은 더 전통적인 수평 방향으로 완벽하게 자세를 바꿀 수 있고, 그런 다음 놀라운 속도로 달아난다.

아니면 이름에 새가 들어간 심해에서 사는 도요새장어나 큰입장어를 그려주었다면, 줄리엣은 뭐라고 했을까? 도요새장어는 확성기처럼 바깥으로 휘어진 새의 부리 같고 터무니없이 긴 턱을 가진, 너무 가늘어서 장난으로 그린 것 같은 동물이다. 이렇게 휘어진 턱이 제 기능을 하지 못할 것 같아서, 나는 살아 있는 개체가 몇 마리나 목격되었는지 몹시도 궁금하다. 그 확성기 같은 턱이 혹시 박물관에서 표본을 건조시킬 때에 뒤틀린 것은 아닐까?

큰입장어는 악몽에서나 나올 법하다. 몸에 비해서 터무니없이 큰, 또는 커 보이는 턱이 있어서, 자기 몸집보다 더 큰 먹이를 통째로 삼킬 수 있다. 이런 놀라운 재주를 가진 심해 물고기는 몇 종류 더 있다. 물론 포식자가 자기보다 더 큰 먹이를 조금씩 먹는 것은 놀랄 일이 아니다. 사자도 그렇고, 거미도 그렇게 한다.* 그러나 자기보다 큰 동물을 통째로 **삼킨다**는 것은 상상하기가 쉽지 않다. 큰입장어뿐만 아니라, 가까운 친척인 꿀꺽장어, 장어도 아니고 유연관계도 없는 검은이빨고기 등 몇몇 심해 어류들은 이런 비법을 가지고 있다. 그들은 어울리지 않는 지나치게 큰 턱과 늘어날 수 있는 위장을 결합함으로써 이런 일을 해낸다. 먹이가 통째로 들어가 부푼 위장은 마치 커다란 종양이 밖으로 튀어나온 듯이 보인다. 오랜 시간에 걸쳐 소화가 다 되면, 위장은 다시 줄어든다. 큰 먹이를 통째로 삼키는 비법을 왜 뱀과 심해 어류만 가져야 했는지 내게

---

* 거미는 커다란 먹이를 액체로 만들어 먹는다. 소화액을 먹이에 주입한 다음, 빨대로 빨 듯이 빨아먹는다.

는 이유가 잘 와닿지 않는다.* 큰입장어와 꿀꺽장어는 빛을 발하는 꼬리 끝을 입 근처에서 움직여서 먹이를 유인한다.

진골어류 체제는 "표준" 물고기 모양과 얼마나 다르든지 간에 어떤 모양으로든 잡아당기고 짓누를 수 있으며, 진화하는 동안 거의 무한하게 주무를 수 있는 듯하다. 개복치의 학명은 몰라 몰라(*Mola mola*)이다. 맷돌이라는 뜻인데, 보면 금방 이해가 된다. 옆에서 보면 거대한 원반 같으며, 지름이 4미터에 무게가 2톤이나 된다. 둥근 모습에서 벗어난 것은 위아래에 하나씩 있는 2개의 거대한 지느러미뿐이다. 지느러미도 길이가 2미터나 된다.

하마와 그 사촌인 고래와의 극적인 차이를 설명한 "하마 이야기"는 고래가 육지와의 모든 접촉을 끊자마자 중력의 해방을 누렸다고 말했다. 진골어류가 보여주는 온갖 형태들도 비슷한 내용을 설명하고 있음이 분명하다. 그러나 한계를 개척할 때, 진골어류에게는 상어 같은 종류들보다 유리한 점이 하나 더 있다. 진골어류는 아주 특별한 방식으로 부력에 대처한다. 강꼬치고기가 그 이야기를 해줄 것이다.

강꼬치고기 이야기

"몬 산맥이 바다로 뻗어 있다"는 서글픈 얼스터 지방에는 아름다운 호수가 하나 있다. 어느 날 그곳에서 아이들이 홀딱 벗고 헤엄을 치는데, 누군가가 그 호수에서 커다란 강꼬치고기(pike)를 본 적이 있다고 소리쳤다. 남자아이들은 재빨리 땅 위로 올라왔지만 여자아이들은 그대로 있었다. 강꼬치고기는 작은 물고기들을 먹는 가공할 포식자이다. 이들은 아름다운 모습으로 위장하고 있다. 포식자를 피하기 위해서가 아니라 먹이에게 몰래 다가가기 위해서이다. 장거리를 그다지 빨리 움직이지 못하는 은밀한 포식자인 강꼬치고기는 거의 꼼짝하지 않고 떠 있는 상태로 감지할 수 없을 정도로 천천히 덮칠 수 있는 거리까지 다가간다. 슬그머니 다가갈 때에는 꼬리 가까이 붙은 등지느러미를 미세하게 움직여서 나아간다.

이 사냥 기술은 공중에 떠 있는 비행선처럼 아무런 노력 없이 완벽한 정역학적 평형

---

* 뱀은 두개골을 탈골시켜서 큰 먹이를 삼킨다. 뱀에게는 먹이를 먹는 것이 여성의 출산에 맞먹는 시련일 것이 분명하다.

상태에서 원하는 높이의 물속에 떠 있을 만한 능력을 필요로 한다. 모든 움직임은 앞으로 몰래 슬금슬금 다가가는 데에 초점이 맞추어진다. 강꼬치고기가 상어들처럼 헤엄을 쳐야 수심을 유지할 수 있다면, 그런 매복기술은 쓸 수가 없을 것이다. 진골어류는 정역학적 평형을 힘들이지 않고 유지하고 조정하는 능력이 대단히 뛰어나며, 그것이 그들의 성공에 필요한 가장 중요한 열쇠일 것이다. 어떻게 그럴 수 있을까? 부레를 통해서이다. 기체가 찬 변형된 폐인 부레는 동물의 부력을 역동적으로 조정할 수 있다. 2차적으로 부레를 잃은 해저의 일부 동물들을 제외하고, 진골어류에게는 모두 부레가 있다. 강꼬치고기뿐만 아니라 그 먹이들도 그렇다.

부레가 무자맥질 인형처럼 작용한다고 종종 설명되지만, 나는 그것이 딱 들어맞는 비유는 아니라고 생각한다. 무자맥질 인형은 공기 방울이 들어 있는 소형 잠수종으로서, 물병 속에서 정역학적 평형을 유지한다. 압력이 증가하면(병 입구의 코르크 마개를 누를 때), 공기 방울이 압축되면서 전체적으로 인형이 밀어내는 물의 양이 줄어든다. 따라서 아르키메데스의 원리에 따라 인형은 가라앉는다. 코르크를 약간 위로 당겨서 병 속의 압력을 낮추면, 인형 속의 공기 방울이 팽창하므로 더 많은 물이 밀려나서 인형은 약간 더 위로 떠오른다. 따라서 당신은 코르크에 엄지를 대고서 인형의 평형 높이를 미세하게 조절할 수 있다.

무자맥질 인형의 핵심은 공기 방울 속에 들어 있는 공기 분자의 수는 정해진 반면에 부피와 압력이 변한다(보일의 법칙에 따라 둘은 반비례한다)는 것이다. 물고기가 무자맥질 인형처럼 작용한다면, 그들은 근육의 힘으로 부레를 압착하거나 느슨하게 해서 공기 분자의 수는 그대로 놓아둔 채 압력과 부피를 변화시킬 것이다. 이론상으로는 작동하겠지만, 실제 부레는 그런 식으로 작동하지 않는다. 물고기는 분자의 수를 고정시키고 압력을 조절하는 것이 아니라, 분자의 수를 조절한다. 가라앉고자 할 때, 물고기는 부레에서 일부 기체 분자들을 흡수하여 혈액으로 보냄으로써 부피를 줄인다. 떠오르려고 할 때는 반대로 부레로 기체 분자를 집어넣는다.

일부 진골어류는 부레를 청각 보조장치로도 활용한다. 물고기의 몸은 주로 물로 이루어지므로, 음파는 물속을 통과할 때처럼 물고기의 몸에 닿은 뒤에 거의 그대로 지나간다. 그러나 부레의 벽을 지나는 순간 음파는 갑자기 전혀 다른 매질인 기체를 만난다. 따라서 부레는 일종의 고막처럼 작용한다. 일부 종에서는 부레가 속귀 바로 옆에 놓여 있기도 하다. 또 부레가 베버 소골(Weberian ossicle)이라는 작은 뼈들을 통해서 속귀에 연결된 종들도 있다. 이런 뼈들은 우리의 귀에 있는 망치뼈, 모루뼈, 등자뼈와 비슷한 일을 하지만, 뼈들 자체는 완전히 다르다.

부레는 원시적인 폐에서 진화한, 즉 "차출된" 듯하며, 아미아고기, 민물꼬치고기, 비처고기 같은 현대의 몇몇 진골어류는 지금도 부레를 호흡에 사용한다. 그 점은 조금 놀랍게 여겨질 수도 있다. 우리는 공기 호흡을, 물을 떠나 육지로 갈 때에 수반되는 중요한 "진보"처럼 생각하기 때문이다. 폐를 부레가 변형된 것으로 생각하는 사람도 있을 것이다. 그러나 반대로 원시적인 폐가 진화를 통해서 둘로 갈라진 듯하다. 한쪽은 호흡 기능을 그대로 간직한 채 육지로 향했고, 우리는 지금 그것을 쓰고 있다. 다른 한쪽은 새롭고 놀라운 방향으로 나아갔다. 그 옛 폐는 변형되어 진정한 혁신을 이루었다. 바로 부레를 만든 것이다.

시클리드 이야기

빅토리아 호는 세계에서 세 번째로 큰 호수이지만, 가장 젊은 호수 중 하나이기도 하다. 지질학적 증거들은 그것이 겨우 10만 년 전에 생겼다고 말해준다. 그 호수에는 대단히 많은 수의 토착 시클리드들이 살고 있다. 토착이라는 말은 빅토리아 호 이외의 곳에서는 발견되지 않으며, 아마 그곳에서 진화했을 것이라는 의미이다. 당신의 어류학자가 통합론자냐 세분론자냐에 따라, 빅토리아 호의 시클리드 수는 200종에서 500종 사이를 오가며, 최근의 한 전문가는 450종이라는 추정치를 내놓았다. 이 토착종들 중 대다수는 하플로크로마인(haplochromine)이라는 한 족에 속한다. 마치 그들 모두가 지난 10만 년 사이에 진화한 하나의 "종 떼"인 듯하다.

"맹꽁이 이야기"에서 살펴보았듯이, 한 종이 두 종으로 진화적으로 갈라지는 것을 종분화라고 한다. 빅토리아 호의 나이가 젊다는 사실에 우리가 놀라는 까닭은 그곳의 종분화 속도가 엄청났음을 시사하기 때문이다. 또 약 1만5,000년 전에 그 호수가 완전히 말랐었다는 증거도 있으며, 일부 학자들은 그 450가지 토착종이 하나의 개척자로부터 놀라울 정도로 단기간에 진화했다는 결론까지 도출했다. 앞으로 살펴보겠지만, 그 말은 아마 과장인 듯하다. 아무튼 이 짧은 기간을 살펴보는 데에 도움이 될 만한 간단한 계산을 해보자. 10만 년에 450종을 생성하는 종분화 속도는 어떠한 것일까? 이론상 가장 증식률이 높은 종분화는 계속해서 배로 늘어나는 것이다. 이 이상적인 양상에서는 한 조상 종에서 딸 종이 둘 생기고, 그 딸 종이 다시 두 종을 만드는 식으로 계속 이어진다. 이 가장 생산적인("기하급수적인") 종분화 양상을 따른다면, 조상 종 하나에서 10만 년 내에 450종이 생기는 것은 문제도 아니다. 그러면 한 계통에서 종분화가 일어나는 간격이 1만 년 정도이며, 그것도 아주 길게 느껴진다. 현대의 어느 한 시클리드 순례자에서 시작해 거슬러올라간다면, 10만 년 사이에 10번의 랑데부만이 이루어질 것이다.

물론 실제 종분화는 계속해서 2배로 증식되는 이상적인 양상을 따를 것 같지 않다. 반대편 극단에 속한 종분화 양상은 개척자 종이 차례로 딸 종을 하나씩 낳을 뿐, 딸 종들에게서는 종분화가 전혀 일어나지 않는 것이다. 이 최소 "효율" 종분화 양상을 따를 때, 10만 년 내에 450종이 생기려면, 종분화 사건이 200년마다 일어나야 한다. 그렇다고 해도 터무니없을 정도로 짧아 보이지는 않는다. 진실은 분명히 이 두 극단 사이의 어딘가에 놓여 있을 것이다. 1,000년이나 수천 년을 어느 한 계통에서 일어나는 종분화 사건들의 평균 기간이라고 하자. 그렇게 잡으면, 종분화 속도도 그다지 눈부시게 여겨지지 않는다. 특히 "갈라파고스핀치 이야기"에서 본 진화의 속도에 비하면 말이다. 그러나 종분화가 그런 식으로 계속된다면, 진화적인 기준으로 볼 때, 대단히 빠르고 생산적인 것이라고 볼 수 있다. 빅토리아 호의 시클리드들이 생물학자들 사이에서 전설적인 존재가 된 것도 바로 그 때문이다.*

탕가니카 호와 말라위 호는 빅토리아 호보다 약간 작다. 호수 면적으로는 그렇다. 그러나 빅토리아 호가 넓고 얕은 분지에 생긴 반면, 탕가니카 호와 말라위 호는 동아프리카 지구대에 생긴 호수들이다. 즉 좁고 길며, 아주 깊다. 그 호수들은 빅토리아 호만큼 젊지 않다. 내가 처음으로 "연안"에서 휴일을 보낸 곳이라고 향수 어린 어조로

---

* 빅토리아 호는 인위적인 재앙에 휩싸이곤 했다. 1954년에 영국 식민지 정부는 어업을 활성화시키고자 그 호수에 나일퍼치를 집어넣었다. 당시 생물학자들은 그 결정에 반대했다. 그들은 나일퍼치가 호수의 독특한 생태계를 교란시킬 것이라고 예측했다. 비참하게도 그들의 예측은 들어맞았다. 시클리드들은 진화하면서 한번도 나일퍼치 같은 커다란 포식자와 마주친 적이 없었다. 시클리드 중 적어도 50종은 이미 사라졌고, 130종도 멸종 위기에 처해 있다. 얼마든지 피할 수 있었던 무지한 행위 때문에, 단 반세기 만에 호수 주변의 지역 경제가 파탄났고 가치를 따질 수 없는 귀중한 과학 자원들을 두 번 다시 볼 수 없게 되었다.

말한 바 있는 말라위 호는 100-200만 년 전에 생겼다. 탕가니카 호는 훨씬 더 오래된 1,200-1,400만 년 전에 생겼다. 이런 차이들이 있지만, 세 호수 모두 이 이야기에 등장할 만한 놀라운 특징이 있다. 모두 자신만의 토착 시클리드 수백 종을 품고 있다. 빅토리아 호의 시클리드들은 탕가니카 호의 시클리드들과 전혀 다른 종들의 집합이며, 말라위 호의 시클리드들도 다른 두 호수와 전혀 다른 종들의 집합이다. 그러나 수백 종으로 이루어진 이 세 집단은 자기 호수에서 수렴 진화를 통해서 서로 대단히 비슷한 유형들을 낳았다. 마치 개척자 하플로크로마인 종 하나(또는 극소수)가 강을 통해서든 어떻게든 막 생긴 호수로 들어간 듯하다. 그렇게 미미하게 시작하여 진화적 분할, 즉 "종분화 사건들"이 계속됨으로써 수백 종의 시클리드들이 생겼다. 각 호수에는 서로 아주 비슷한 유형의 시클리드들이 살고 있다. 이렇게 수많은 유형으로의 급속한 분화를 "적응방산"이라고 한다. 다윈의 핀치들도 적응방산의 유명한 사례이지만, 아프리카의 시클리드들은 매우 특별하다. 세 곳에서 그런 일이 일어났기 때문이다.*

각 호수 내의 변이 양상들 중에는 먹이와 관련된 것들이 많다. 각 호수마다 플랑크톤만을 먹는 것들, 바위에 붙은 조류만 뜯어먹는 것들, 다른 물고기를 잡아먹는 것들, 죽은 물고기를 먹는 것들, 남이 잡은 먹이를 빼앗아 먹는 것들, 물고기 알을 먹는 것들이 있다. 심지어 열대의 산호초에 사는("산호동물 이야기" 참조) 청소고기와 습성이 비슷한 것들도 각 호수에 있다. 시클리드는 복잡한 이중 턱을 가지고 있다. 우리가 볼 수 있는 "보통의" 바깥쪽 턱 외에, 목 안쪽에 "인두턱(pharyngeal jaw)"이라는 제2의 턱이 있다. 이 혁신 덕분에 시클리드들은 먹이를 다양화할 수 있었고, 그 결과 아프리카의 대형 호수들에서 다양화하는 능력이 반복해서 나타난 듯싶다.

탕가니카 호와 말라위 호가 더 오래되었지만, 종수에서는 빅토리아 호와 큰 차이가 없다. 마치 각 호수가 시간이 흘러도 종수가 더 늘어나지 않는 평형 상태에 도달한 듯하다. 사실 시간이 흐를수록 종수가 더 줄어들 수도 있다. 세 호수 중에서 가장 오래된 탕가니카 호는 종수가 가장 적다. 연령이 중간인 말라위 호의 종수가 가장 많다. 이런 양상은 세 호수 모두 처음에는 아주 적은 종에서 시작하여 수십만 년 내에 수백 종의 새로운 토착 시클리드들을 형성하는 극도로 빠른 종분화 양상을 따랐다는 사실

---

* 이 주제는 돌프 실루터의 최근 저서 『적응방산의 생태학(*The Ecology of Adaptive Radiation*)』에서 상세히 다루어졌다.

을 말해주는 듯하다.

"맹꽁이 이야기"에서는 종분화의 과정을 규명하는 이론들 중에서 여러 학자들이 선호하는 지리적 격리 이론을 다루었다. 물론 이론이 그것만은 아니며, 여러 이론들에 부합되는 사례들도 있을 것이다. 조건이 맞으면 한 지역에서 나뉘어 있던 개체군들이 별개의 종이 되는 "동지역 종분화(sympatric speciation)"도 일어날 수 있다. 그런 종분화는 곤충들에게 특히 많이 일어난다. 곤충들에게는 아예 그것이 표준일 수도 있다. 아프리카의 작은 분화구 호수들에서도 시클리드들의 동지역 종분화가 일어났음을 보여주는 증거들이 있다. 그러나 더 우세한 것은 지리적 격리에 따른 종분화이며, 이 이야기의 나머지 부분에서도 그것이 주가 될 것이다.

지리적 격리 이론은 한 조상 종이 우연히 지리적으로 별개의 개체군들로 나뉘는 것을 종분화의 출발점으로 본다. 더 이상 상호 교배를 할 수 없게 된 두 개체군은 각자 표류하거나, 자연선택을 통해서 서로 다른 방향으로 진화한다. 이렇게 분화가 일어난 다음 나중에 다시 만나면, 그들은 상호 교배를 할 수 없든지, 상호 교배를 하려고 하지 않는다. 그들은 나름대로의 특징을 토대로 자기 종을 인식하며, 닮았다고 해도 그런 특징이 없는 종은 멀리한다. 자연선택은 다른 종과 짝짓기를 하면 벌을 내린다. 생존함으로써 값비싼 부모의 자원을 소비하고서 나중에 노새처럼 불임임이 드러나는 식의 잡종 자손을 낳을 수 있을 만치 혹은 유혹을 느낄 만치 가까운 종들끼리는 더욱 그렇다. 많은 동물학자들은 구애 행동의 주된 목적이 잡혼(雜婚)을 막는 것이라고 해석했다. 이 말은 과장일 수 있다. 그리고 구애 행동에 가해지는 다른 중요한 선택압들도 있다. 그러나 일부 구애 행동에는 그런 해석이 옳을 수도 있으며, 화려한 색깔처럼 눈에 띄는 과시적인 형질은 잡종 형성을 저지하는 선택을 통해서 진화한 "번식 격리 메커니즘"이다.

때마침 베른 대학교의 올레 세하우센과 라이덴 대학교의 야쿠스 반 알펜이 시클리드를 대상으로 아주 산뜻한 실험을 해냈다. 그들은 빅토리아 호에서 푼다밀리아 푼다밀리아와 푼다밀리아 니에레레이(아프리카의 저명한 지도자인 탄자니아의 줄리우스 니에레레의 이름을 땄다) 두 시클리드 친척 종을 골랐다. 니에레레이가 붉은색을 띠고, 푼다밀리아가 파란색을 띤다는 점을 제외하면 두 종은 거의 똑같다. 정상적인 조건에서, 짝 고르기 실험을 하면 암컷들은 자기 종 수컷과의 짝짓기를 선호한다. 세하우센과 반 알펜은 이 부분에서 중요한 실험을 했다. 그들은 단색광 조명하에서 암컷들에게 짝을 고르게 했다. 단색광은 색깔 지각에 심한 변화를 일으킨다. 나는 솔즈베리에서 학교를 다닐 때, 나트륨 등에 도시의 거리 전체가 기이한 색깔로 물들던 광경이 생생하게 기억난다. 새빨간 모자와 새빨간 버스가 모두 우중충한 갈색으로 보였다. 세하우센과 반 알펜의 실험 대상인 푼다밀리아속의 빨강과 파랑 수컷들에게도 바로 그런 일이 벌어졌다. 백색광에서는 빨강과 파랑으로 보이던 것이, 둘 다 우중충한 회색으로 변했다. 결과는 어떠했을까? 암컷들은 더 이상 수컷들을 구분하지 못했고, 무차별 짝짓기를 했다. 이런 짝짓기로 생긴 자손들은 생식 능력을 완벽하게 갖추었다. 이는 암컷의 선택이 이 종들을 구분하고 잡종 형성을 막는 유일한 장애물임을 시사한다. "메뚜기 이야기"에도 비슷한 사례가 나온다. 아마 두 종이 좀더 달랐다면, 그들의 잡종은 노새처럼 불임이 되기 쉬울 것이다. 분화 과정이 더 지속되면 격리된 집단들이 원한다고 해도 더 이상 잡종을 형성할 수 없는 시기에 도달한다.

　종분화가 어떻게 이루어지든 간에, 잡종 형성이 일어나지 않을 때에 두 개체군은 서로 다른 종에 속한다고 정의된다. 각 종은 이제 서로의 유전자에 오염되지 않은 채, 따로따로 자유롭게 진화한다. 처음에 그런 오염을 막는 장벽이었던 지리적 격리가 없어져도 말이다. 지리적 격리(또는 그에 상응하는 것)가 처음에 개입하지 않았더라면, 먹이, 서식지, 행동 양상이 서로 다른 종들이 분화할 수 없었을 것이다. "개입"이 반드시 계곡이 물에 잠기거나 화산이 폭발하는 것 같은 적극적인 변화를 일으키는 지리 자체의 개입을 의미하는 것은 아니라는 점에 주목하자. 유전자의 흐름을 차단할 만큼 포괄적이지만 어쩌다가 개척자 집단이 건너는 것까지 철저히 차단할 정도는 아닌 지리적 장벽이 계속 존재한다고 해도 결과는 동일하다. 이미 "도도 이야기"에서 우리는 운 좋게 외딴섬으로 건너가서 부모 개체군과 격리된 채 번식하는 개체들이라는 개념을 살펴본 바 있다.

　모리셔스 섬이나 갈라파고스 제도 같은 섬들은 지리적 격리의 고전적인 사례이지만, 섬이 반드시 물로 둘러싸인 땅을 의미하는 것은 아니다. 종분화 이야기에서, "섬"은 해당 동물의 관점에서 정의되는, 어떤 형태로든 고립된 번식 공간을 의미한다. 아프리카 생태계를 다룬 조너선 킹던의 명저 제목은 『아프리카 섬(*Island Africa*)』인데, 그 책제목이 까닭 없이 붙은 것은 아니다. 물고기에게는 호수가 섬이다. 그렇다면 모두가 한 호수에서 사는데, 어떻게 한 조상에게서 수백 종의 새로운 물고기가 나올 수 있었을까?

한 가지 대답은 물고기의 입장에서 보면 큰 호수 내에 작은 "섬들"이 많다는 것이다. 동아프리카의 거대한 세 호수에는 고립된 암초들이 많다. 여기서 "암초"는 물론 산호초가 아니라, "수면이나 근처에 놓인 바위, 자갈, 모래로 이어진 좁은 둔덕"을 말한다 (『옥스퍼드 영어사전』). 이 호수의 암초들은 조류로 덮여 있으며, 많은 종류의 시클리드들이 그것들을 뜯어먹는다. 그런 시클리드들에게 암초는 옆의 암초와 깊은 물로 격리되어서, 유전자 흐름의 장벽이 생길 만큼 멀리 떨어진 "섬"이나 다름없다. 설령 한 암초에서 다음 암초로 헤엄쳐서 갈 수 있다고 해도, 그들은 그러려고 하지 않는다. 말라위 호에서 사는 시클리드 한 종을 표본조사 해보니 이런 주장을 뒷받침하는 유전적 증거가 나왔다. 큰 암초의 양끝에서 채집한 개체들은 동일한 유전자 분포를 보였다. 이것은 암초 전체에 걸쳐 유전자 흐름이 원활히 일어난다는 것을 의미했다. 그러나 깊은 물로 나뉜 다른 암초들에서 같은 종을 채집하여 조사하자, 몸 색깔과 유전자에 상당한 차이가 있었다. 2킬로미터만 떨어져 있어도 측정할 수 있을 만큼의 유전적 격리가 나타났다. 그리고 물리적 거리가 멀수록 유전적 거리도 컸다. 탕가니카 호에서 이루어진 "자연 실험"은 또다른 증거가 된다. 1970년대 초에 격렬한 폭풍이 몰아친 뒤에 새로운 암초가 생겼다. 가장 가까운 암초에서 14킬로미터 떨어진 곳에서였다. 당연히 이곳은 암초에서 사는 시클리드들의 훌륭한 서식지가 되어야 했지만, 몇 년 뒤에 그곳을 조사해보니 시클리드가 한 마리도 없었다. 물고기의 관점에서 보면, 이 커다란 호수들에는 정말로 "섬들"이 있다.

종분화가 일어나려면, 유전자 흐름이 드물어질 정도로 개체군들이 충분히 격리되어야 한다. 그러나 개척자 개체들이 도착할 수 없을 정도로 격리되어서는 안 된다. 종분화의 비결은 "그리 많지는 않은 유전자 흐름"이다. 그 구절은 조지 바로의 『시클리드 (The Cichlid Fishes)』 중 한 절의 제목에서 따왔다. 이 이야기는 주로 그 책에서 영감을 얻었다. 그 책은 말라위 호에서 약 1-2킬로미터씩 떨어진 네 암초에서 사는 시클리드 4종의 유전학적 연구 결과를 설명한다. 그 동네 말로 음부나라고 하는 이 4종은 암초 네 곳 모두에 존재하는데, 각 종마다 암초별로 유전적 차이가 나타났다. 유전자들의 분포를 꼼꼼히 분석해보니, 암초들 사이에 유전자 흐름이 드문드문 있었지만 극히 미약했다. 즉 종분화의 완벽한 비결이 여기에 있었다.

종분화가 일어날 만한 방식이 또 있다. 빅토리아 호에서의 종분화는 이 방식에 들어맞는 듯하다. 진흙에 방사성 탄소 연대 측정법을 적용해보니, 빅토리아 호가 약 1만 5,000년 전에 말라붙었다고 나왔다. 즉 메소포타미아에서 농경민족이 등장하기 얼마 전에 호모 사피엔스는 케냐의 키수무에서 탄자니아의 부코바까지 발을 적시지 않고 걸을 수 있었다. 지금은 300킬로미터쯤 되는 그 거리를 "아프리카 여왕 호"라고도 하는 상당히 큰 배인 빅토리아 호(號)로 건넌다. 그 말라붙은 사건은 아주 최근에 일어났지만 빅토리아 분지가 그 이전에 수십만 년 동안 몇 번이나 잠기고 말랐는지 누가 알겠는가? 호수의 수위는 수천 년을 단위로 요요처럼 상승과 하강을 반복할지 모른다.

이제 그 생각을 지리적 격리에 따른 종분화 이론과 결합해보자. 빅토리아 분지가 말랐을 때, 거기에는 무엇이 남아 있었을까? 완전히 메말랐다면 사막이 되었을 수도 있다. 그러나 부분적으로 말랐다면, 분지의 깊이 파인 곳들에 생긴 작은 호수와 연못이 곳곳에 흩어져 있었을 것이다. 이 작은 호수들에 갇힌 물고기들은 다른 작은 호수들에 있는 동료들과 따로 진화할 완벽한 기회를 얻은 셈이었으며, 결국 서로 다른 종으로 진화했을 것이다. 그후 분지에 다시 물이 채워지고 큰 호수가 되었을 때, 새로 형성된 종들은 퍼져나가서 빅토리아 호의 동물상에 합류했을 것이다. 다음번에 다시 요요 현상이 찾아오면, 전혀 다른 종들의 집합이 작은 피난처들에 격리될 것이다. 얼마나 놀라운 종분화 비결인가!

미토콘드리아 DNA 증거들은 더 오래 전에 생성된 탕가니카 호에서도 이런 수위 변동이 있었다는 이론을 뒷받침한다. 비록 빅토리아 호와 달리 얕은 분지가 아니라 깊이 가라앉은 지구대에 생긴 호수일지라도, 탕가니카 호의 수위가 심하게 낮아져서 중간 크기의 호수 3개로 나뉜 적이 있다는 증거가 존재한다. 유전적 증거는 초기에 시클리드들이 세 집단이었다고 말한다. 아마 그 옛 호수에 하나씩 들어 있었을 것이다. 나중에 현재의 커다란 호수가 형성되면서 종분화는 더 심화되었을 것이다.

에리크 베르헤옌, 발터 살츠뷔르헤르, 요스 스뇌크스, 악셀 마이어는 빅토리아 호 자체뿐만 아니라 이웃한 강들과 키부 호, 에드워드 호, 조지 호, 앨버트 호 같은 주변의 위성 호수들에서 하플로크로마인 시클리드들의 미토콘드리아를 대상으로 아주 철저하게 유전적 조사를 수행했다. 그들은 빅토리아 호와 이웃 수역들이 약 10만 년 전에 분화를 시작한 단계통군 "종 떼"임을 밝혀냈다. 이 정교한 연구는 우리가 "긴팔원숭이

조기어류 433

이야기"에서 접했던 절약법, 최대 우도 분석, 베이즈 분석을 사용했다. 베르헤옌 연구진은 모든 호수와 강에서 이 물고기의 미토콘드리아 DNA로부터 122가지 "하플로타입(Haplotype)"의 분포를 조사했다. "이브 이야기"에서 살펴보았듯이, 하플로타입은 많은 개체들에서 동일하게 나타나는 오래 유지되는 DNA를 말하며, 그 개체들은 서로 다른 종일 수도 있다. 논의를 단순화하기 위해서, 나는 "유전자"라는 용어를 하플로타입과 거의 동의어로 사용할 것이다(비록 순수 유전학자들은 반대하겠지만 말이다). 그 연구진은 잠시 종 문제를 무시했다. 그들은 사실상 유전자들이 강과 호수를 헤엄쳐 다닌다고 상상하고 유전자 빈도를 계산했다.

베르헤옌 연구진의 연구 결과는 멋진 그림에 요약되어 있다(화보 27 참조). 이 그림은 오해를 불러일으키기 쉽다. 원들이 가계도에서처럼 부모 종 주위에 모인 종들을 나타내는 것이라는 오해를 불러일으킨다. 또는 종착점들까지 항로가 거미줄처럼 그려진(물과 땅을 가리지 않고!) 멋진 항공 지도에서처럼, 원들이 더 큰 호수 주위에 모인 작은 호수들을 나타낸다고 오해할 수도 있다. 그러나 이 그림은 그런 것들과 거리가 멀다. 원은 종도, 지리적 중심지도 아니다. 각 원은 하플로타입이다. 즉 한 개체에 존재할 수도 있고 존재하지 않을 수도 있는 특정한 길이의 DNA 서열인 "유전자"이다.

따라서 원 하나는 유전자 하나에 해당한다. 원의 면적은 **종에 상관없이** 특정한 유전자를 지닌 개체들의 수를 나타낸다. 가장 작은 원은 한 개체에서만 발견된 유전자이다. 가장 큰 원인 25번 유전자는 34개체에서 발견되었다. 두 원을 연결하는 선에 찍힌 검은 점은 바뀌는 데에 필요한 돌연변이의 최소 개수를 나타낸다. "긴팔원숭이 이야기"를 들었으니, 이것이 일종의 절약법임을 알아차릴 것이다. 서로 관계가 먼 유전자들에 절약법을 적용하는 것보다는 약간 쉽다. 중간 존재들이 아직 남아 있기 때문이다. 검은 점들은 실제 물고기에서 발견되지는 않았지만, 진화 과정에서 존재했을 것이라고 추정되는 중간 유전자들을 나타낸다. 이 그림은 진화의 방향은 말하지 않는 뿌리 없는 가계도이다.

지리는 색깔로 표시되어 있다. 각 원별로 조사한 호수와 강에서 해당 유전자가 발견된 횟수를 파이 그래프로 표시했다(그림 아래쪽의 색상표 참조). 12, 47, 7, 56번 유전자는 키부 호(모두 빨간 원이다)에서만 발견되었다. 77, 92번 유전자는 빅토리아 호(모두 파란 원이다)에서만 발견되었다. 가장 많은 개체에게 있는 25번 유전자는 주로 키부 호에서 나타나지만, "우간다 호수들"(빅토리아 호 서쪽에 몰려 있는 작은 호수 집단)에서도 상당수 발견되었다. 파이 그래프는 25번 유전자가 빅토리아나일 강, 빅토리아 호, 에드워드/조지 호(이 두 작은 호수는 서로 인접해 있기 때문에 조사 목적상 하나로 보았다)에서도 발견되었음을 말해준다. 다시 말하지만, 이 그림에는 종에 관한 정보가 전혀 없다. 25번 유전자의 원 내에 있는 파이에서 파란 조각은 빅토리아 호에서 두 개체가 이 유전자를 지니고 있음을 나타낸다. 이 그림에는 그 두 개체가 같은 종인지, 키부 호에서 그 유전자를 지닌 개체들이 같은 종인지 여부가 전혀 표시되지 않았다. 그 점은 이 그림과 무관하다. 이기적 유전자에 열광하는 사람들이 즐거워할 만한 그림이다.

이 결과는 대단히 많은 것을 보여준다. 자그마한 키부 호가 전체 종 떼의 발원지임이 드러난다. 유전적인 증거들은 빅토리아 호가 키부 호로부터 두 번에 걸쳐 하플로크로마인 시클리드들을 "분양받았다"는 사실을 보여준다. 1만5,000년 전의 극심한 가뭄에도 종 떼는 사라지지 않았으며, 우리가 지금 상상하는 것처럼 빅토리아 분지가 작은 호수들로 가득한 "핀란드"가 됨으로써 오히려 종 떼를 강화했을 수 있다. 유전적 증거들을 통해서 키부 호에서 사는 더 오래된 시클리드 개체군들(현재 토착 하플로크로마인 15종을 포함하여 26종이 있다)의 기원을 살펴보니, 탄자니아의 강들에서 유입된 것으로 드러났다.

이 연구는 이제 겨우 시작되었을 뿐이다. 처음에는 엄두가 나지 않겠지만, 이런 방법들을 아프리카 호수들에 있는 시클리드들뿐만이 아니라 서식지 "군도"에 사는 모든 동물들에게 널리 적용했을 때에 어떤 성과가 나올지 곰곰이 따져보면 의욕이 솟구칠 것이다.

눈먼동굴고기 이야기

다양한 종류의 동물들이 살길을 찾아서 컴컴한 동굴 속으로 들어갔다. 그곳의 생활조건은 바깥과 전혀 달랐다. 편형동물, 곤충, 가재, 도롱뇽, 어류 등 수많은 동물들로 이루어진 동굴 거주자들은 각기 다른 동굴에서 독자적으로 똑같은 변화들을 진화시켰다. 그중에는 건설적인 변화로 간주될 수 있는 것들도 있다. 지연 번식, 소수의 큰 알을 낳는 것, 늘어난 수명 등이 그렇다. 쓸모없어진 눈에 대한 보상 차원인지, 동굴 동물들은 대개 미각과 후각이 더 발달했고, 더듬이가 더 길며, 어류에게서는 옆줄(우리에게는 별 의미가 없지만 어류에게는 대단히 중요한 압력 감지기관)이 크게 발달했다. 그 외의 변화들은 퇴화라고 할 수 있다. 동굴 거주자들은 눈과 피부 색소를 잃어서, 앞을 보지 못하고 새하얘지는 경향이 있다.

눈먼동굴고기(멕시코테트라)는 그중에서도 독특하다(*A. fasciatus*라고도 한다). 한 종에 속하는 서로 다른 개체군들이 독자적으로 하천을 따라 각각 동굴 속으로 들어가서 아주 급속하게 동굴 특유의 동일한 퇴화 양상을 진화시켰기 때문이다. 그렇게 변화한 개체들은 바깥에서 사는 같은 종의 일원들과 확연히 대비된다. 이 멕시코의 눈먼 동굴고기는 주로 멕시코의 계곡에 있는 석회암 동굴들에서만 발견된다. 그들이 한 종(*Astyanax mexicanus*)에 속한다는 사실이 드러난 지금은 이들을 그 종의 아종으로 분류한다. 이 종은 멕시코에서 텍사스에 이르기까지 지표수(地表水)에서 흔히 볼 수 있다. 눈먼 아종은 29곳의 동굴에서 발견되었으며, 이 동굴 개체군들 중 적어도 몇몇은 독자적으로 퇴화한 눈과 하얀 체색을 진화시킨 듯하다. 지표수에서 사는 멕시코테트라는 종종 동굴에 들어가서 살곤 하는데, 그러다가 각 동굴에서 독자적으로 눈과 체색을 잃은 것이다.

흥미로운 점은 개체군마다 동굴에서 산 기간이 다른 듯하다는 것이다. 따라서 동굴 특유의 전형적인 변화가 얼마나 진행되었는지를 시간별로 파악할 수가 있다. 가장 극단적인 형태는 파촌 동굴에서 나타난다. 이들은 가장 오래된 동굴 개체군으로 간주된다. 그 변화 기울기의 "젊은" 쪽 끝은 미코스 동굴이다. 이곳의 개체군은 지표수에서 사는 개체들과 거의 비슷하다. 이 종은 300만 년 전에 파나마 지협이 형성되기 전까지, 즉 아메리카 대교환이 일어나기 전까지는 멕시코로 건너갈 수 없었을 것이므로, 아주 오래된 동굴 개체군은 존재할 수가 없다. 나는 멕시코테트라의 동굴 개체군들이 그보다 훨씬 더 젊을 것이라고 추측한다.

어둠 속의 거주자들에게서 눈이 진화하지 못하는 이유는 쉽게 알 수 있다. 그에 비해서 제 기능을 하는 정상적인 눈을 가졌던 최근 공통 조상의 후손인 눈먼동굴고기가 "굳이" 눈을 없애야 했던 이유를 파악하는 것은 좀더 까다롭다. 동굴 어류가 동굴 밖의 햇빛 속으로 빠져나올 가능성이 조금이라도 있다면, "만약을 대비하여" 눈을 간직하는 편이 더 낫지 않았을까? 그러나 진화는 그런 식으로 이루어지지 않는다. 더 그럴 듯한 용어로 고쳐 써보자. 무엇이든 만들려면 다 그렇듯이, 눈을 만드는 데에도 비용이 들게 마련이다. 자원을 동물 경제의 다른 부문으로 돌린 개체는 그 자원을 온전한 눈을 유지하는 데에 쓰는 경쟁관계의 물고기들보다 더 유리할 것이다.* 눈이 필요해질 확률이 동굴 거주자가 눈을 만드는 데에 드는 비용을 상쇄시킬 수 있을 만큼 크지 않다면 눈은 사라질 것이다. 자연선택이 이루어지는 곳에서는 아주 약간의 이점도 중요하다. 다른 생물학자들은 경제학을 자신들이 할 일이 아니라고 제쳐둔다. 그들은 눈 발달에 무작위적 변화가 축적된다는 것만 이야기하면 충분하다고 본다. 그 변화들은 어떤 차이도 만들지 않기 때문에 자연선택의 벌칙을 받지 않는다. 보게 되는 방법보다 보지 못하게 되는 방법이 훨씬 더 많으므로, 통계학적으로만 보아도 무작위적인 변화는 앞을 보지 못하게 하는 경향이 있다.

여기에 "눈먼동굴고기 이야기"의 요점이 있다. 진화는 역행하지 않는다는 돌로의 법칙이 바로 그것이다. 동굴 물고기는 오랜 진화 기간에 걸쳐 그토록 고생고생하면서 만들었던 눈을 다시 없앰으로써 진화 경향을 역행시킨 듯하다. 따라서 이는 돌로의 법칙을 반증하는 사례일까? 더 나아가 진화를 비가역적이라고 생각할 어떤 보편적인 이론적 근거가 있을까? 대답은 둘 다 아니오이다. 그러나 돌로의 법칙은 제대로 이해할 필요가 있다. 그것이 이 이야기의 목적이다.

아주 단기간을 제외하고, 진화 경로를 정확하게 똑같이 역행한다는 것은 불가능하다. 여기에서 중요한 것은 "정확하게 똑같이"라는 말이다. 어떤 특정한 진화 경로가 앞서 있었던 것을 따라갈 가능성은 거의 없다. 가능한 경로들이 너무나 많기 때문이다. 진화의 정확한 역행이란 앞서 있었던 진화 경로를 따라가는 특수한 사례에 불과하다. 진화가 일어날 수 있는 경로들이 대단히 많다는 점을 고려했을 때, 어느 특정한 경로가 선택될 확률은 매우 낮다. 방금 지나왔던 경로를 그대로 되돌아가는 것도 거기에 포함된다. 그러나 그런 진화 역행을 막는 법칙 같은 것은 없다.

돌고래는 육지에서 살던 포유동물의 후손이다. 그들은 바다로 되돌아갔으며, 언뜻 보면 여러 가지 측면에서 빨리 헤엄치는 커다란 어류를 닮았다. 그러나 진화 자체가 역

---

* 눈은 감염되거나 염증이 생기면 더욱 비용이 많이 드는 사치스러운 것이 될 수 있다. 굴을 파는 두더지가 가능한 한 눈을 퇴화시키는 이유도 그 때문일 것이다.

행한 것은 아니다. 돌고래는 어떤 면에서는 어류를 닮았지만, 몸속의 특징들은 대부분 그들이 포유동물이라고 말한다. 진화가 진정으로 역행했다면, 돌고래는 그냥 물고기일 것이다. 아마 정말로 "물고기"가 된 돌고래도 있을지 모른다. 물고기로의 역행이 우리가 알아차릴 수 없을 만큼 너무나 완벽하고 철저하게 이루어졌을 수도 있지 않을까? 내기를 할 수도 있다. 그 말은 당신이 돌로의 법칙이 옳다는 쪽에 크게 판돈을 걸 수 있다는 의미이다. 특히 분자 수준의 진화적 변화를 살펴볼 때면 더 그렇다.

돌로의 법칙을 이런 식으로 해석하는 것을 열역학적 해석이라고 부를 수 있다. 엔트로피(또는 무질서나 "뒤섞임")가 닫힌 계(closed system)에서 증가한다는 열역학 제2법칙을 떠올리게 하기 때문이다. 열역학 제2법칙을 말할 때에 흔히 드는 비유(비유 이상의 것일 수도 있다)는 도서관이다. 책들을 열심히 제자리에 꽂아놓는 사서가 없다면, 도서관은 무질서해지기 쉽다. 책들은 뒤섞일 것이다. 사람들은 책을 책상에 그냥 두거나 엉뚱한 서가에 꽂기도 한다. 시간이 흐를수록 도서관의 엔트로피에 해당하는 것은 필연적으로 증가한다. 그것이 바로 모든 도서관에 지속적으로 책들의 질서를 회복시키는 일을 하는 사서가 필요한 이유이다.

제2법칙은 어떤 특정한 무질서 상태를 향한 충동이 있다는 식으로 심한 오해를 받곤 한다. 절대로 그렇지 않다. 단지 질서를 찾아가는 방법보다 무질서해지는 방법이 훨씬 더 많은 것뿐이다. 게으른 대출자들이 책들을 제멋대로 어지른다면, 도서관은 누구나 질서정연하다고 생각하는 상태(또는 그런 수많은 상태들 중 일부)로부터 자동적으로 멀어질 것이다. 높은 엔트로피 상태를 향한 충동은 없다. 오히려 도서관은 높은 질서라는 초기 상태로부터 어떤 무작위적인 방향으로 정처 없이 나아가며, 그 도서관이 가능한 모든 도서관들로 이루어진 공간의 어디에서 방황을 하든 간에, 가능한 경로들은 대부분 무질서를 증가시키는 쪽일 것이다. 마찬가지로 한 계통이 나아갈 수 있는 가능한 진화 경로들은 무수히 많으며, 그중 단 하나만이 그 계통이 지금까지 걸어온 경로를 정확히 역행하는 것이다. 이제 돌로의 법칙은 동전을 50번 던질 때의 "법칙"이나 다름없는 것임이 드러난다. 전부 앞면이 나오지도, 전부 뒷면이 나오지도, 앞뒷면이 계속 교대로 나오지도, **미리 정한 순서대로** 나오지도 않을 것이다. 그 "열역학" 법칙은 어떤 **특정한** 진화 경로를 "앞쪽" 방향(그것이 무엇을 뜻하든 간에!)으로 정확히 두 번 걷는 일은 없을 것이라고도 말할 것이다.

이런 열역학적 의미로 볼 때, 돌로의 법칙은 참이기는 하지만 특별한 것은 아니다. 동전을 100번 던져서 전부 앞면이 나올 가능성이 적다는 "법칙"이나 다름없으며, 굳이 법칙이라고 이름 붙일 필요도 없다. 그렇다면 돌고래가 모호하게 물고기를 닮은 것처럼, 진화가 모호하게 조상 상태를 닮은 무엇인가로 되돌릴 수 없다는 것이 돌로의 법칙을 "진정한 법칙답게" 해석한 것이라고 생각할 수도 있다. 이 해석은 아주 주목할 만하며 흥미롭기도 하지만 옳지 않다(아무 돌고래에게나 물어보라). 그리고 나는 그것이 참일 것이라는 이론적인 근거를 댈 수도 없다.

공작가자미 이야기

초서의 아름다운 품성은 "총서시"에서 순례자들을 소개할 때에 보여준 소박한 완벽주의에서 드러난다. 그 순례여행에 그냥 의사로는 충분하지 않았다. 그는 그 땅에서 가장 뛰어난 의사를 넣어야 했다.

> 의학과 의술로 말할 것 같으면
> 세상에서 그를 따라올 사람이 없다.

"진실하고 완벽하며 고귀한 기사"는 용맹심, 충성심, 기질 면에서 기독교 국가에서 따라올 자가 없는 듯했다. 그의 시종과 아들이 볼 때, 그는 "사랑스럽고 음탕한 독신 남성이자……경이로울 정도로 활달하고 힘이 대단한" 인물이었다. 게다가 그는 "5월만큼이나 생기 넘치는" 사람이었다. 게다가 기사의 시종은 숲에 관한 모든 지식을 갖추었다. 독자는 어떤 직업이 언급되면, 당사자가 그 분야에서 영국 최고일 것이라고 당연시하게 된다.

완벽주의는 진화론자에게는 악덕이다. 우리는 다윈 적응의 경이로운 양상들에 너무 익숙한 나머지, 그보다 더 나은 것은 없으리라고 믿고 싶은 유혹을 느낀다. 사실상 나조차도 거의 넘어가기 십상인 유혹이다. 우리는 진화의 완벽함을 뒷받침할 놀라울 정도로 강력한 사례를 내놓을 수는 있지만, 거기에는 세심함과 주도면밀함이 필요하다.*

* 나는 『확장된 표현형』의 "완전화에 대한 구속"이라는 장에서 그 유혹을 다룬 바 있다.

피카소는 그들을 사랑했을 것이다 큰홍어(위)는 배로 앉는다. 공작가자미는 오른쪽으로 앉는다. 오른쪽 눈은 시간이 흐르면서 왼쪽(위쪽)으로 이동한다. 랠러 워드 그림.

여기서는 진화에는 역사적 제약이 따른다는 사례만 하나 들고 넘어가자. 이른바 "제트 엔진 효과"라는 것이다. 제도판에 새롭게 설계를 하는 대신, 프로펠러 엔진을 나사 하나 볼트 하나씩 교체하는 식으로 한 번에 한 단계씩 바꿔서 제트엔진을 만든다면, 얼마나 불완전할지 상상해보라.

다음 랑데부에서 만날 홍어류는 납작한 어류이다. 그들은 제도판에서 좌우대칭으로 넓게 펼쳐진 "날개"를 가지고, 배를 대고 앉도록 설계되었을지도 모른다. 그러나 진골어류는 이 형태를 전혀 다른 방식으로 만든다. 그들은 왼쪽(유럽가자미)이나 오른쪽 (돌광어와 공작가자미) 중 어느 한쪽으로 몸을 눕힌다. 그러면 어느 쪽이든 간에 두개골 전체가 뒤틀리면서 아래쪽에 있는 눈이 위쪽으로 돌아간다. 그런 상태에서도 보는 데에는 아무 문제가 없다. 피카소는 그들을 사랑했을 것이다. 그러나 새 제도판에 설계한다는 기준에서 보면, 그들은 불완전하다. 그들은 설계된 것이 아니라 진화했다고 예상했을 때에 나타나는 것과 똑같은 종류의 불완전성을 보여준다.

상어와 친척들

"바다의 살인적인 순수함에서 나오는⋯⋯." 예이츠는 그 시구를 전혀 다른 맥락에서 썼지만, 나는 그 구절을 떠올릴 때마다 상어가 생각난다. 살인적이지만 순수한 잔혹성을 간직한 동물은 세계에서 가장 효과적인 살인 기계가 될 법하다. 나는 거대한 백상아리와의 대면을 최악의 악몽으로 생각하는 사람들이 있다는 사실을 안다. 당신이 그런 사람이라면, 마이오세의 상어 메갈로돈이 백상아리보다 몸집이 3배나 더 크고 턱과 이빨도 그만큼 컸다는 사실을 알고 싶지 않을 것이다.

원자폭탄과 동시대에 성장한 나는 상어가 아니라 하늘을 어두컴컴하게 뒤덮으면서 불길한 예감을 불러일으키는 첨단 미사일을 탑재한, 미래에나 있을 법한 거대한 삼각형 날개가 달린 항공기가 나오는 악몽을 자주 꾼다. 사실 그것은 쥐가오리와 거의 똑같은 모양이다. 내 꿈에서 불가사의한 위협을 가하는 2개의 총구를 장착한 채 숲 상공에서 굉음을 지르는 그 검은 형체는 첨단기술로 만든 쥐가오리의 사촌뻘이다. 나는 쥐가오리라는 7미터나 되는 괴물이 오로지 아가미로 플랑크톤을 걸러먹으며 사는 해롭지 않은 여과—섭식동물(filter-feeder)이라는 사실을 받아들이는 데에 늘 어려움을 느낀다. 또 그들은 대단히 아름답다.

그 무시무시하게 생긴 톱상어는 어떨까? 그리고 귀상어는? 귀상어는 가끔 인간을 공격하지만, 그들이 당신의 꿈을 침범하는 것은 그 때문이 아니다. 과학소설에 나오는 것보다 더 넓게 떨어져 자리한 두 눈과 기이하게 생긴 T자 모양의 머리 때문이다. 이 상어는 마약에 취한 화가가 그린 상상의 산물 같다(화보 28 참조). 그리고 환도상어류도 꿈에서 나올 법한 또다른 예술작품이지 않을까? 이 상어류는 꼬리가 거의 몸통만큼 길다. 환도상어들은 먼저 거대한 꼬리날로 먹이들을 한곳에 몰아넣은 다음, 마구 때려서 죽인다. 그러나 환도상어가 꼬리를 한 번 휘둘러서 단번에 어부의 목을 벨

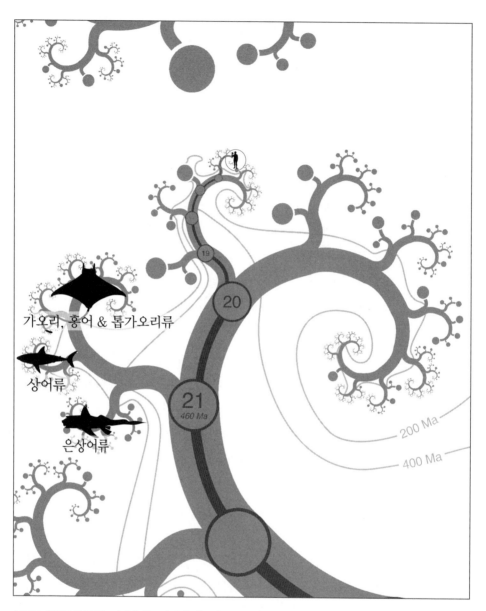

가오리, 홍어 & 톱가오리류

상어류

은상어류

19

20

21
460 Ma

200 Ma

400 Ma

상어와 친척들의 합류 여기에서는 상어와 가오리를 비롯한 연골어류가 합류한다. 화석 증거들은 턱이 있는 척추동물들이 일찍이 경골어류와 연골어류로 나뉘었다는 사실을 뚜렷이 보여준다. 최근에 그림에 실린 연골어류 850여 종 사이의 관계가 옳다고 강력하게 지지하는 자료들이 나왔다.

수 있다는 이야기는 어부들이 으레 치는 허풍처럼 보인다. 그 악몽에 시달리지 말라는 양, 랜턴상어가 반짝이는 불빛으로 서로의 존재를 알리면서 심해의 어둠 속을 스텔스기처럼 미끄러져 지나간다. 배 쪽에서 내는 흐릿한 불빛에 힘입어서, 밑에서 보면 그림자조차도 보이지 않는다.

상어, 가오리, 기타 연골어류(chondrichthyan)는 4억6,000만 년 전 랑데부 21에서 우리와 합류한다. 오르도비스기 중엽의 얼음으로 뒤덮인 헐벗은 땅에서 멀리 떨어진 바다에서이다. 지금까지 합류한 다른 모든 순례자들과 상어류의 가장 뚜렷한 차이는 그들에게 뼈가 없다는 점이다. 그들의 골격은 연골로 이루어져 있다. 우리도 관절에 안감을 대는 등 특정한 목적으로 연골을 사용하며, 우리의 골격은 모두 배아 때에 유연한 연골에서 출발한다. 뼈대의 대부분은 나중에 광물 결정들, 주로 인산칼슘이 배어들면서 단단해진다. 그러나 상어의 골격은 이빨을 제외하고는 이런 변화를 겪지 않는다. 그래도 그들의 골격은 한번 물어서 당신의 다리를 끊을 수 있을 만큼 아주 단단하다.

경골어류의 성공에 크게 기여한 부레가 상어에게는 없으며, 그들은 수심을 유지하려면 계속 헤엄쳐야 한다. 상어는 혈액 속의 폐기물인 요소와 기름이 풍부한 큰 간의 도움으로 부력을 유지한다. 여담이지만, 경골어류 중에도 부레에 기체 대신 기름을 쓰는 종류가 있다.

당신이 무심코 상어가 귀엽다고 쓰다듬는다면, 상어의 피부 전체가 사포처럼 까끌까끌하다는 사실을 알게 될 것이다. 적어도 쓰다듬기가 껄끄러울 정도는 된다. 피부는 이빨처럼 생긴 날카로운 비늘인 치상돌기(dermal denticle)로 덮여 있다. 이빨처럼 생겼을 뿐만 아니라, 상어의 가공할 이빨 자체도 치상돌기가 진화적으로 변형된 것이다.

연골어류는 두 주요 집단으로 나뉜다. 작은 쪽은 다소 기이해 보이는 은상어류나 퉁소상어류(유령상어류)가 포함된 약 50종의 현생 종으로 이루어진다(화보 29 참조). 쥐가오리류가 폭격기라는 악몽을 상기시키는 특징을 가졌다면, 더 작은 단거리 이착륙 전투기 역할을 맡은 것은 은상어류일 것이다. 이 기이한 심해 어류는 전두어강(Holocephali, 온통 머리라는 뜻)에 속하며, 아가미 덮개가 특징이다. 아가미 덮개는 아가미들을 통째로 덮고 있어서, 한꺼번에 아가미들을 다 열 수 있다. 상어 및 가오리와 달리, 그들의 피부는 치상돌기로 덮이지 않고 "벌거숭이"로 있다. 그들이 "유령처럼" 보이는 것도 그 때문인지 모른다. 그들이 악몽에 나올 법한 비행기 모양을 한 것은 꼬리지느러미가 튀어나오지 않고, 커다란 가슴지느러미로 "나는 듯이" 헤엄을 치기 때문이다.

약 800종에 달하는 나머지 연골어류는 판새아강에 속한다. 지금은 판새아강이 두 주요 갈래로 나뉜다고 본다. 한쪽 가지는 납작한 상어라고 할 수 있는 종류들이 속한다. 홍어류, 가오리류, 톱가오리류이다. 다른 한쪽에는 진짜 상어들이 속해 있다. 이 상어들은 크기와 모양이 제각각이다. 그래도 아주 작은 종류는 없다. 상어의 체제는 그 상태로 확대되는 듯하다. 아주 작은 꼬마돔발상어도 약 20센티미터까지는 자란다. 가장 큰 상어인 고래상어는 몸길이가 12미터, 몸무게가 12톤까지 자랄 수 있다. 두 번째로 큰 상어인 돌묵상어나 가장 큰 고래류와 마찬가지로 고래상어도 플랑크톤을 먹는다. 앞에서 말했던 악몽의 대상인 메갈로돈은 줄여 말하면 여과섭식자가 아니었다. 마이오세의 그 괴물은 이빨이 있었고, 이빨 하나가 당신의 얼굴만 했다. 현재 대다수 상어들이 그렇듯이 메갈로돈은 게걸스러운 포식자였다. 상어들은 수억 년 동안 거의 변하지 않은 채 바다 먹이사슬의 맨 꼭대기를 차지해왔다.

상어류는 두 번의 주요한 적응방산을 이루었다. 첫 번째는 고생대에 일어났고, 특히 그들은 석탄기의 바다에서 대단히 번성했다. 상어의 지배는 중생대(육지에서는 공룡의 시대)가 시작될 무렵에 종식을 고했다. 이후 약 1억 년 동안 잠잠히 지내다가 상어들은 백악기에 다시 부흥기로 접어들었고, 그런 상황은 지금까지 이어지고 있다.

"상어"로 단어 연상 시험을 보면, 아마 "턱"이라는 대답이 나오기 십상이므로, 아마 우리의 2억 대 선조일 공조상 21은 진정한 턱을 갖춘 모든 척추동물의 조상인 유악류(악구류, gnathostome)로 보는 것이 타당할 것이다. gnathos는 그리스어로 "아래턱"을 의미하며, 그것은 상어류와 나머지 우리 모두가 공유하는 특징이다. 정통 비교해부학의 업적 중 하나는 턱이 아가미 골격의 일부가 변형되어 진화한 것임을 밝혔다는 점이다. 랑데부 22에서 우리와 합류할 다음 순례자들은 턱이 없는 척추동물들인 무악류(Agnatha)이다. 그들은 아가미는 있지만 아래턱이 없다. 무악류는 한때 개체수가 많았고 다양한 갑옷을 갖추었지만, 현재는 뱀장어처럼 생긴 칠성장어와 먹장어만 남아 있다.

칠성장어와 먹장어

현재 알려진 칠성장어 40종과 먹장어 약 70종과 만나는 랑데부 22는 캄브리아기 초, 즉 5억2,500만 년 전의 따뜻한 바다 어딘가에서 이루어진다. 대강 추측하자면, 공조상 22는 우리의 2억3,500만 대 선조이다. 여기서 우리가 만날 턱도, 옆 지느러미도, 뼈도 없는 순례자들은 척추동물의 여명기로부터 온 중요한 전령들이라는 역할을 맡고 있다. 그러나 랑데부 21과 22 사이의 여러 지점들에서 우리 순례자 무리에 합류했을 만한 몇몇 중요한 어류 집단들이 더 있다. 그 계통들이 사라지지 않았다면 말이다. 비록 우리의 여행이 현재까지 살아남은 순례자들에 초점을 맞추고 있을지라도, 그 사라진 동물들도 조금은 주목을 받을 자격이 있다.

아마 데본기, 즉 "어류의 시대"에 가장 인상적인, 주요 포식자는 판피류(板皮類, placoderm)였을 것이다. "피부 판"을 가졌다는 뜻이다. 그들은 머리와 상체가 단단한 골질(骨質) 장갑판으로 덮여 있었다. 언뜻 보면 게의 다리와 비슷한, 관절이 달린 관 모양의 겉뼈대로 앞다리까지 감싼 육중한 장갑을 갖춘 종류도 있었다. 어둑한 곳에서 그 동물과 마주쳤을 때에 상상력을 발휘한다면, 기이한 종류의 바닷가재나 게가 나타났다고 생각할 수도 있다. 아직은 어리던 대학생 시절에 나는 살아 있는 판피류를 발견하는 꿈을 꾸곤 했는데, 내게는 영국이 크리켓에서 100점을 딴다는 환상에 맞먹는 것이었다. 우리 유악류의 가까운 친척인 판피류는 관절로 연결된 턱과 그 속을 채운 단순한 이빨을 가진 최초의 어류였다. 비록 몸길이가 수십 센티미터에 불과한 종이 대부분이었지만, 둥클레오스테우스(*Dunkleosteus*)처럼 6미터를 넘는 종류도 있었다. 둥클레오스테우스는 거대한 백상아리도 두 동강낼 만큼 강한 턱을 가졌다. 최근에는 일부 판피류가 다른 동물들보다 우리와 유연관계가 더 가까울 수 있다는 연구 결과들이 나왔다. 그 말은 어느 시점에 우리 조상들이 사실상 일종의 판피류였다는 의미이

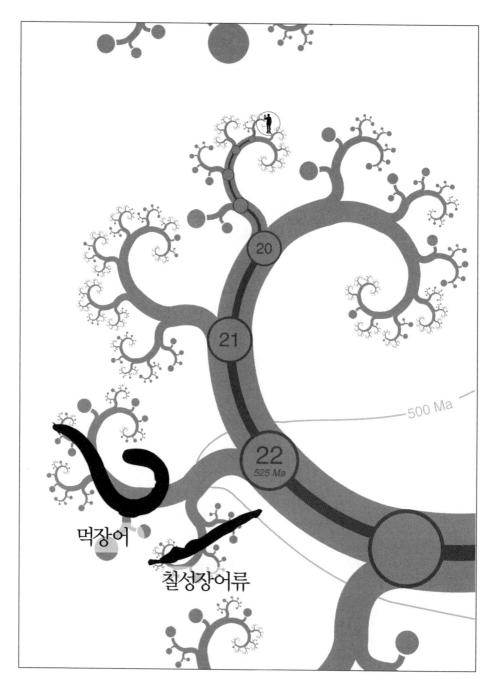

무악어류의 합류 희귀한 유전체 변화를 대상으로 한 최근의 분자 연구를 통해서 연구자들은 칠성장어와 먹장어가 위의 그림에서처럼 함께 합류한다는 확신을 얻었다[188]. 심해 먹장어의 종수가 과소평가되었다는 것은 거의 확실하다. 그들은 연구하기가 어려우므로, 제시된 먹장어들의 계통 관계도 다소 잠정적인 것이다.

다. 불행히도 그렇다면 "판피류"는 포괄적인 자연 분류군이라기보다는 어류의 한 계통으로 전락할 것이고, 앞의 포유류형 파충류의 사례처럼 그 명칭도 분류학적 타당성을 잃게 될 것이다.

판피류로 거슬러올라가는 것은 아래턱만이 아니다. 우리의 다리도 초기 판피류에게서 처음 나타나는 한 쌍의 배지느러미에서 유래했다. 일부 판피류의 수컷은 몸 뒤쪽에 부속지가 한 쌍 더 있었다. 오늘날 상어가 "교미기(clasper)"를 쓰는 것과 같은 방식으로, 암컷을 붙잡아 수정시키는 외부 생식기관으로 쓰인 듯하다. 최근에 뱃속에 새끼가 들어 있는 화석이 발견됨으로써, 이 고대 어류가 새끼를 낳았다는 추측이 옳았음이 드러났다. 화석 기록에 최초로 등장한 임신부인 셈이다.

우리의 다리가 판피류에서 기원했다면, 우리의 팔은 좀더 먼 친척인 "갑주어류(ostracoderm)"에서 유래했다고 할 수 있다. 한 쌍의 앞쪽 ("가슴")지느러미를 가진 최초의 물고기가 갑주어류에 속하기 때문이다. 그들은 장갑판으로 몸을 감싼 반면, 아래턱도 이빨도 없었고 부드러운 먹이를 입 안으로 빨아들여서 먹은 듯하다. 그들 중에서 골갑류(osteostraci) 같은 종류가 우리와 유연관계가 더 가깝다는 것이 지금은 확실해지면서, "갑주어류"라는 용어의 사용 빈도는 서서히 줄고 있다.

판피류와 갑주어류의 골판(骨板)은 석회화한 뼈가, 연골의 자리를 "넘겨받은" 척추동물의 "고등한(advanced)" 형질이라는 모든 주장이 거짓임을 말해준다. 철갑상어와 몇몇 "경골"어류는 뼈대가 거의 전부 연골로 이루어졌다는 점에서 상어와 비슷하지만, 모두 훨씬 더 오래된 경골 조상의 후손이다. 사실 무거운 장갑판으로 몸을 감싼 어류의 후손이다. 즉 뼈는 고대의 발명품이다.

왜 턱이 있는 판피류와 턱이 없는 갑주어류가 몸에 무거운 장갑을 두르게 되었을까? 고생대 바다에 도대체 무엇이 있었기에, 그렇게 가공할 보호장비를 갖추어야 했을까? 마찬가지로 가공할 포식자들이 있었다는 것이 예상 답변일 것이다. 다른 판피류 외에 포식자가 될 만한 확실한 후보자는 광익류(eurypterid)이다. 광익류 중에는 길이가 2미터를 넘는 것들도 있었다. 그들은 역사상 가장 큰 절지동물이었다. 광익류 중에 현대의 전갈처럼 독침을 가진 것들이 있었는지는 모르겠지만(최근의 증거들은 없었다고 말한다), 그래도 그들은 데본기의 턱이 있는 어류와 없는 어류 모두를 값비싼 장갑을 갖추는 쪽으로 진화하도록 이끈 무시무시한 포식자들이었음이 분명하다.

마지막으로, 지금까지 살아남은 유일한 턱 없는 물고기에게로 관심을 돌려보자. 뱀장어처럼 생긴 칠성장어와 먹장어는 고생대의 갑옷을 입은 어류에 비해서 우리와 유연관계가 더 멀다. 그들은 뼈도 갑옷도 없다. 그래서 칠성장어는 먹기에 좋다. 그 점이 헨리 1세에게는 불행이었지만 말이다(역사 교과서에는 그가 칠성장어를 지나치게 많이 먹어서 사망했다는 이야기가 빠짐없이 실려 있다). 그러나 그들의 조상이 입맛에 맞게 부드러웠는지는 불분명하다. 사실 현생 종들은 모두 머리뼈와 뼈대가 석회화가 이루어지지 않은 부드러운 연골이다. 이빨은 우리의 손톱과 같은 재질인 케라틴으로 되어 있다. 그렇기는 해도 칠성장어의 연골은 추출하여 배양 접시에서 석회화시킬 수 있고, 칠성장어의 유전자는 다른 어류에서는 석회화가 이루어지는 유형의 연골을 만든다. 그리고 무엇보다도 화석에서 석회화한 칠성장어의 것으로 보이는 조직이 발견되어 왔다. 따라서 공조상 22에게는 일부 석회화한 부위, 더 나아가 아마도 진정한 뼈가 있었는데, 그 뒤에 현생 칠성장어와 먹장어에게서는 그것이 사라졌을 가능성도 꽤 높다.

현생 칠성장어는 평생을 또는 생애의 특정 시기를 민물에서 산다. 그들은 생애의 처음 몇 년을 "애머시트(ammocoete)"라는 단순한 형태의 유생으로 살아간다는 점에서 독특하다. 유생은 이빨도 없고 앞도 보지 못한 채 퇴적물 속에서 찌꺼기를 걸러먹는다. 그러다가 진정한 탈바꿈을 거쳐서 성체가 된다. 척추동물판 하루살이처럼, 성체가 먹지도 않고 오로지 번식하는 일에만 몰두하는 칠성장어 종이 거의 절반에 달한다. 나머지 종들의 성체는 다른 어류에 기생한다. 그들은 턱이 없고 입 주위에 원형 빨판이 있다. 문어의 빨판과 약간 비슷해 보이지만, 작은 이빨들이 동심원들을 이루며 나 있다. 칠성장어는 다른 어류의 몸에 빨판을 붙인 뒤, 작은 이빨들로 피부를 쏠아서 흘러나오는 피를 거머리처럼 빨아먹는다. 칠성장어는 과거에 북아메리카 오대호 등에서 어업에 큰 피해를 입힌 바 있다.

먹장어는 심해 동물이며, 따라서 연구하기가 더 어렵다. 몸이 길고 뱀장어처럼 생겼고, 아래턱이 없고, 쌍을 이룬 부속지도 없고, 몸 양쪽으로 아가미구멍이 줄지어 나 있다는 점에서 칠성장어와 비슷하다. 그러나 먹장어는 기생생물이 아니다. 그들은 해저를 돌아다니면서 입 구멍으로 작은 무척추동물을 찾아서 먹거나 죽은 물고기나 고래의 사체를 먹는다. 때로는 사체의 몸 속으로 파고들어서 안에서부터 먹기도 한다. 이들은 몸을 미끄럽게 하고 방어하기 위해서 엄청난 양의 점액을 생산할 수 있다. 심해에서 촬영한 영상에는 공격하던 상어가 입이 먹장어의 점액으로 온통 뒤덮인 채 넌더리를 내면서 사라지는 모습이 찍히곤 한다. 먹장어는 사체 속으로 파고들 때에 몸을 고정시키기 위해서 몸을 매듭처럼 꼬는 놀라운 능력이 있다. 또 스스로 만든 점액 덩어리에서 미끄러져 빠져나올 때에도 머리를 꼬리 쪽으로 움직이면서 매듭을 만든다. 인상적이지만 약간은 혐오스러운 탈출방식이다.

비록 칠성장어와 먹장어가 우리가 지금까지 만난 가장 먼 친척이기는 하지만, 어류처럼 생겼다는 점을 근거로 삼아서 우리는 그들을—지금까지 합류한 다른 모든 순례자들과 함께—척추동물로 분류하련다. 그러나 그 명칭에 맞지 않게 그들의 몸통은 척주(脊柱, 척추뼈들이 이루는 기둥을 의미/역주)로 지탱되는 것이 아니다. 대신에 그들의 "등뼈"는 척삭(脊索, notochord)이라는 하나의 유연한 연골 막대이다.* 대다수의 척추동물(우리를 포함한)은 배아 시기에는 척삭이 있지만, 정도의 차이가 있기는 해도자라면서 그 척삭은 척추뼈의 집합으로 대체된다. 척삭 자체는 일부 조각만이 남아서성체 때까지 존속한다. 삐져나오면 우리에게 심한 고통을 안겨줄 수 있는 척추 원반같은 것들이다. 칠성장어와 먹장어는 등뼈에 척추뼈가 전혀 없다. 그저 하나의 긴 척추원반이 들어 있다고 말할 수도 있겠다. 그러나 척추뼈와 구조가 조금 비슷하기는 하다. 칠성장어의 몸에는 위쪽에서 척삭을 따라 뻗은 신경을 보호하기 위해서 일정한 간격으로 연골 테가 둘러져 있다. 최근에는 먹장어의 꼬리 끝에서 척삭 아래쪽에 연골 마디들이 늘어서 있다는 것이 발견되었다. 이는 공조상 22가 뼈대의 기본 특징들이 이미갖추어진, 초보적인 형태의 척추뼈를 가지고 있었음을 시사한다. 한 가지 흡족한—비록 의미론적인 것이기는 하지만—점은 그것으로 칠성장어와 먹장어에 "척추동물"이라는 이름을 붙이는 행위를 정당화할 수 있다는 것이다.

예전에는 척추동물들이 캄브리아기보다 훨씬 더 나중에 발생했다고 생각했다. 아마진보의 사다리에 동물의 왕국을 끼워맞추려는 우리의 속물적인 욕망의 표현이었을 것이다. 아무튼 장엄한 척추동물이 등장할 무대를 준비하는 무척추동물들만이 살던 시대가 있었다는 주장은 옳은 듯했다. 나와 같은 세대의 동물학자들은 최초의 척추동

---

* 그 용어는 혼동을 일으키기 쉽다. 현대 영어에서 h가 있는 chord는 나의 애창곡 중의 한 곡인 "잃어버린 화음(The Lost Chord)"에서처럼 음악적인 것만을 뜻하기 때문이다. 그런데 척삭(notochord)은 밧줄을 뜻하는 h가 없는 cord의 일종이다. 그러나 chord는 cord(밧줄)의 옛말이며, chorda가 악기의 현을 뜻하는 라틴어라는점에서 음악과의 연관성을 찾을 수 있을 것이다.

물이 대부분의 무척추동물문들이 생겨난 캄브리아기보다 1억 년 뒤인 실루리아기 중반에 살았던 자모티우스(*Jamoytius*, J. A. 모이-토머스[Moy-Thomas]의 이름을 대충 따서 붙인 것)라는 턱이 없는 어류였다고 배웠다. 척추동물들에게 캄브리아기에 살았던 조상들이 있었다는 것은 분명하지만, 그들은 진짜 척추동물의 무척추동물 조상인 원삭동물(protochordate)이라고 추정되었다. 원삭동물 중에서 가장 오래된 화석은 피카이아(*Pikaia*)라고 알려졌다.* 그랬던 터라 진짜 척추동물 화석처럼 보이는 것들이 중국의 캄브리아기와 전기 캄브리아기 지층에서 발견되자, 학자들은 놀라고 흥분했다. 피카이아는 신비감을 잃었다. 피카이아보다 앞서 살았던 진짜 척추동물들, 즉 턱이 없는 어류가 있었던 것이다. 척추동물들은 캄브리아기 깊숙한 곳까지 들어가 있었다.

2014년까지 우리가 아는 캄브리아기 척추동물은 셋밖에 없었다. 하이코우이크티스(*Haikouichthys*), 밀로쿤밍기아(*Myllokunmingia*), 종지앙이크티스(*Zhongjianichthys*)로서 서로 생김새도 다소 비슷했다. 지금은 피카이아가 발굴된 캐나다의 더 젊은 지층에서 새로 나온 화석인 메타스프리기나(*Metaspriggina*)도 포함시킬 수 있다. 연대가 아주 오래되었음을 고려할 때, 이 화석들("발톱벌레 이야기"에서 다시 만날 것이다)이 완벽한 상태가 아니며, 이 원시적인 어류에 관해서 아직 모르는 것이 많다고 해도 놀랍지 않다. 그들은 칠성장어와 먹장어의 친척이라고 할 때에 예상되는 특징들 대부분을 갖추었던 듯하다. 아가미, 갈지자로 이어진 근육 덩어리들로 이루어진 몸, 척삭, 칠성장어의 유생을 어렴풋이 닮은 모습이 그렇다(비록 제 기능을 하는 눈이 한 쌍 있었겠지만). 공조상 22는 5억 년에 걸친 진화여행을 하면서 각자 다양하게 분화한 형질들을 획득한 칠성장어나 먹장어의 성체보다는 이 화석들을 훨씬 더 닮았을 가능성이 높아 보인다.

랑데부 22는 중요한 이정표이다. 이제 처음으로 모든 척추동물들이 하나의 순례자 무리로 통합된다. 그것은 대사건이다. 전통적으로 동물들은 척추동물과 무척추동물이라는 두 개의 큰 집단으로 구분되었기 때문이다. 편의적인 구분이지만, 그 구분은 언제나 실용적이다. 그러나 엄격한 분지론의 관점에서 보면, 척추동물/무척추동물의 구분은 기묘하며, 옛 유대인들이 인간을 자신들과 "이방인들"(말 그대로 다른 모든 사람들)로 분류했던 것만큼이나 부자연스럽다. 비록 우리 척추동물들은 자기 자신을 중요

---

* 원래 환형동물로 분류되었던 이 캄브리아기 화석은 나중에 원삭동물로 재분류되었고, 스티븐 J. 굴드의 『생명, 그 경이로움에 대하여(*Wonderful Life*)』에도 등장했다.

하게 생각하지만, 우리는 문(phylum)조차도 되지 못한다. 우리는 척삭동물문 아래의 한 아문이며, 척삭동물문은 연체동물문(고둥류, 삿갓조개류, 오징어류 등)이나 극피동물문(불가사리, 성게 등) 등과 동등하다고 생각해야 한다. 척삭동물문에는 척추동물은 아니지만 척삭을 가진 생물도 포함된다. 랑데부 24에서 만날 창고기가 한 예이다.

　엄격한 분지론의 관점에도 불구하고, 척추동물은 사실 아주 특별하다. 나의 옥스퍼드 대학 동료인 피터 홀랜드 교수는 척추동물과 무척추동물이라는 전통적인 구분을 부활시켜야 마땅하다고 말했다. 그는 (모든) 척추동물들과 (모든) 무척추동물들 간에 유전체의 복잡성이 매우 다르다는 점이 중요하다고 역설했다. "유전자 수준에서 우리 후생동물* 조상에게 일어난 가장 큰 변화가 아마 그것일 것이다." "칠성장어 이야기"는 그 이유를 설명한다.

칠성장어 이야기

"칠성장어 이야기"는 새로운 유전자가 어떻게 생성되는지를 다루며, 그러면서 우리가 앞에서 접했던 주제로 되돌아간다. 우리가 전통적인 방식의 가계도를 생각할 때, 얻는 관점과는 놀라울 정도로 독보적인, 조상과 가계에 대한 유전자의 관점이 있다는 것 말이다.

　헤모글로빈은 신체 조직으로 산소를 운반하고 우리의 피가 선명한 색깔을 띠게 하는 대단히 중요한 분자라고 널리 알려져 있다. 성인의 헤모글로빈은 사실 글로빈(globin)이라는 단백질 사슬 4개가 먹장어들이 모여서 멋진 군무를 펼치는 것처럼 엮인 복합체이다. 아미노산 서열은 4개의 글로빈 사슬들이 서로 흡사하지만 똑같지는 않다는 것을 보여준다. 둘은 알파 글로빈(각각 141개의 아미노산으로 이루어진다), 다른 둘은 베타 글로빈(각각 146개의 아미노산으로 이루어진다)이라고 부른다. 이 글로빈들의 유전자는 각기 다른 염색체에 있다. 알파는 11번 염색체에, 베타는 16번에 있다. 우리의 유전체에 암호로 담겨 있는 글로빈은 이외에도 더 있다. 다른 목적에 쓰이는 조금은 다른 종류의 글로빈들도 있다. 한 예로 삼차원으로 재현된 최초의 단백질(덕분에 그 단백질의 발견자들은 1962년에 노벨 화학상을 받았다)인 미오글로빈

---

* 후생동물은 다세포동물을 뜻하며, 우리는 나중에 순례여행에서 그들을 만날 것이다.

(myoglobin)은 산소를 전달하기보다는 저장하는 데에 쓰이는 근육의 구성요소이다. 향유고래가 숨을 참고서 2시간 넘게 물 속에서 지낼 수 있는 것도 미오글로빈 덕분이다. 더 최근에는 우리의 세포가 낮은 산소 농도에 대처하는 데에 도움을 주는 듯한 사이토글로빈(cytoglobin), 아직 기능이 알려지지 않은 "글로빈 X"와 "글로빈 Y"처럼 조금은 수수께끼 같은 이름이 붙여진 글로빈들도 발견되었다.

이 이름들에는 신경 쓰지 말라. 흥미로운 점은 이것이다. 글로빈 유전자들 사이의 유사성을 자세히 조사해보면, 그것들이 서로 독자적으로 생겼을 리가 없다는 점이 드러난다. 그것들은 유사한 사본들, 유전학자가 "유사 유전자(paralogous gene)"라고 부르는 것이다. 예를 들면, 알파와 베타 서열은 "울음원숭이 이야기"에서 논의한 유형의 복사해서 붙이기 중복의 산물임이 명백하다. 뒤에서 살펴볼, 더 과격한 방식을 통해서 복제되었을 법한 것들도 있다. 복제되고 변형된 그 다양한 글로빈 유전자들은 말 그대로 서로 사촌간이다. 즉 한 집안 식구들이다. 그러나 이 먼 사촌들은 당신과 나의 몸 속에서 여전히 동거 중이다. 그들은 모든 혹멧돼지와 모든 웜뱃, 모든 부엉이와 모든 도마뱀의 모든 세포에 나란히 앉아 있다.

물론 생물 전체로 보면, 모든 척추동물들은 서로 사촌간이다. 척추동물의 진화도는 종분화 사건을 가지가 갈라지는 것으로 나타낸, 우리에게 너무나 익숙한 가계도이다. 종분화 사건이란 한 종이 딸 종들로 갈라지는 것을 말한다. 거꾸로 말하면, 그 사건들은 이 순례여행에서 강조하는 랑데부 지점들이다. 그러나 같은 기간을 나타낸 다른 종류의 가계도도 있다. 그 가계도의 가지들은 종분화 사건이 아니라 유전체 내의 유전자 중복 사건을 보여준다. 그리고 글로빈 가계도의 분지 양상은 종이 가지를 뻗어서 딸 종을 형성하는 과정을 일반적이고, 전통적인 방식으로 추적할 때의 가계도 분지 양상과는 완전히 달라 보인다. 종이 갈라져서 딸 종을 낳는 하나의 진화 가계도만 있는 것이 아니다. 모든 유전자는 자신의 가계도, 즉 자신의 갈라진 연대기, 자신의 가깝고 먼 사촌들의 목록을 가지고 있다.

우리의 헤모글로빈을 만드는 DNA 서열들, 즉 알파와 베타 유전자는 자매로서 출발했다. 약 5억 년 전, 한 초기 어류에게서(아마 앞에서 말한 갑주어류나 판피류였을 것이다) 한 조상 글로빈 유전자가 우연히 중복되었다가 양쪽 사본이 그대로 그 어류의 유전체에 남는 일이 일어났다. 한쪽 사본은 훗날 알파 유전자를 낳았고, 이윽고 우리 유전체의 11번 염색체에 자리를 잡게 된다. 다른 한쪽은 베타 유전자로 이어졌고, 현재 우리의 16번 염색체에 있다. 중간 조상이 어느 염색체에 있었을지 추측하려고 해도 아무 소용이 없다. 알아볼 수 있는 DNA 서열의 위치, 사실상 유전체를 나누는 염색체의 수조차도 놀라울 만치 제멋대로 뒤섞이고 변한다. 그러니 염색체에 특정한 방식으로 번호를 붙이는 체계를 어느 동물 집단 전체로 일반화할 수가 없다.

여기서 한 가지 흥미로운 점이 드러난다. 알파와 베타의 분리를 낳은 중복이 5억 년 전에 일어났다는 점을 고려할 때, 우리 인간의 유전체에서만 그런 분리 양상이 나타나고, 각기 다른 부위에 알파 유전자들과 베타 유전자들이 있는 것은 아닐 터이다. 다른 포유류, 조류, 파충류, 양서류, 경골어류의 유전체에서도 똑같은 양상이 나타나야 한다. 5억 년 전보다 더 후대에 살았던 모든 동물들과 우리의 공통 조상들에게서 말이다. 이 예측은 조사한 모든 동물들에게서 옳다는 것이 입증되었다.

알파와 베타의 분리는 글로빈 계통수에서의 한 분기점을 나타낼 뿐이며, 그 이전과 이후에도 훨씬 더 많은 중복이 있었다. 최근에도 알파 계통과 베타 계통 내에서 몇 차례 중복이 일어났다. 비록 우리는 하나의 알파 유전자와 하나의 베타 유전자가 있다는 식으로 말해왔지만, 아주 정확한 것은 아니다. 현재 각각은 해당 염색체에서 중복되어 서로 인접해 있는 유연관계가 가까운 유전자들의 소규모 무리로서 존재한다. 사람에게서 알파 집단은 그 유전자의 조금씩 다른 일곱 가지 판본으로 이루어진다. 그 중 둘은 의사유전자이다. 즉 서열에 결함이 있어서 결코 단백질로 번역되지 못하는 무력한 판본이다. 또다른 한 사본은 기능을 잃지는 않은 듯한데, 우리가 아는 한 이상하게도 결코 쓰이지 않는 듯하다. 둘은 배아 발달 초기에 활성을 띤다. 나머지 두 개가 바로 성인 헤모글로빈의 생산에 쓰이는 "알파" 유전자들이라고 여겨진다. 놀라운 점은 이 두 알파 유전자가 똑같은 단백질을 만든다는 것이다(서로 다른 방식으로 켜지고 꺼지지만 말이다). 전체적인 편성이 이렇게 중구난방이라는 점이야말로 공학자의 설계가 아니라 우연한 중복을 통해서 진화한 체계의 전형적인 특징이다. 그러나 이런 우연한 중복은 진화의 원료를 풍족하게 제공한다. 각 사본이 더 특수한 역할을 맡는 쪽으로 진화할 수 있기 때문이다. 다른 계통, 즉 베타 글로빈군에서 흥미로운 사례를 찾아볼 수 있다.

공교롭게도 사람의 베타 유전자 집단도 7개의 글로빈 유전자로 이루어진다(이 수는 우연의 일치이다. 조류와 경골어류 등 다른 척추동물들에서는 중복과 결실의 역사가 다르므로 유전자 사본의 개수도 다르다). 알파 집단에서처럼, 베타 글로빈군에서도 모든 유전자가 다 기능을 하는 것은 아니다. 성인의 헤모글로빈을 이루는 베타 사슬 두 개를 만드는 "표준" 베타 유전자는 일을 하는 유전자 중 하나이다. 여기서 흥미로운 부분은 일을 하는 다른 두 사본을 살펴볼 때에 나타난다. 이 사본들은 약 2억 년 전에 일어난 중복의 산물이다. 이들을 감마 글로빈(gamma globin)이라고 하며, 중복 덕분에 태반 포유류에서 특수한 역할을 맡는 쪽으로 자유롭게 진화할 수 있었다. 당신과 내가 엄마 뱃속의 태아였을 때, 우리는 태반을 통해서 엄마의 혈액에 녹은 산소를 추출함으로써 필요한 산소를 얻었다. 그 일에는 특수한 형태의 태아 헤모글로빈이 필요하다. 이 헤모글로빈은 산소와 더 단단히 결합하며, 그럼으로써 엄마의 성인 헤모글로빈에서 산소를 빼앗을 수 있다. 태아 헤모글로빈은 성인의 베타 글로빈 2개를 감마 글로빈 2개로 대체함으로써 만들어진다. 유전자 중복과 그 뒤의 분화는 태반 포유류에서 정점에 이른 그 경로를 나아가는 데에 필요한 단계를 하나 제공했다.

글로빈 유전자들의 최근 중복 이야기는 이만 끝내자. 더 오래된 중복은 어떠했을까? 유전자 중복은 두 가지 흔적을 남긴다. 우리 유전체 내의 유전자들의 분기 양상과 유연관계가 더 먼 종에게서 보이는 그런 분기의 유무 양상이다. 칠성장어와 먹장어는 척추동물 중에서 유연관계가 가장 멀며, 분기한 지 5억 년이 넘는 유일한 집단이다. 그리고 당연히 칠성장어와 먹장어도 산소를 운반하는 헤모글로빈의 한 종류를 가지고 있지만, 그 헤모글로빈은 나머지 척추동물들의 것처럼 알파와 베타 사슬 2개씩으로 구성된 것이 아니다. 그들의 헤모글로빈 유전자가 알파/베타 분기가 일어나기 전의 유전자에서 나왔다고 말할 수 있다면 흡족하겠지만, 사실은 그렇지 않은 듯하다. 대신에, 칠성장어의 피를 붉게 만드는 유전자는 글로빈 가계도에서 훨씬 더 일찍, 헤모글로빈과 미오글로빈의 분기 시점보다도 더 먼저 갈라졌다. 뿐만 아니라, 칠성장어는 근육에 산소를 저장하는 글로빈, 즉 자체 "미오글로빈"도 가지고 있다. 그 미오글로빈은 다른 척추동물의 미오글로빈보다 자신의 "헤모글로빈"과 유연관계가 더 가깝다. 박쥐와 조류가 조상 사지류의 다리로부터 각자 독자적으로 날개를 진화시킨 것과 같은 방식으로, 그들은 조상 글로빈으로부터 독자적으로 산소 관리체계를 수렴 진화시킨 듯하다.

여기에 유연관계가 더 먼 종과 더 먼 글로빈 유전자도 엮을 수 있다. "글로빈 X"를 제외하고 지금까지 말한 글로빈은 모두 척추동물(칠성장어와 먹장어를 포함한)에게 만 있다. 글로빈 X는 다른 글로빈들의 가장 가까운 친척으로서, 곤충, 갑각류, 편형동물에도 있다. 아마 공조상 22와 23 사이에서 출현했을, 척추동물 특유의 글로빈들은 네 가지 주요 계통으로 나뉜다. 각각 헤모글로빈(알파와 베타), 미오글로빈, 사이토글로빈(칠성장어에도 있다), 글로빈 Y가 그렇다. 글로빈 계통수의 이 가지들은 다른 동물들에게는 없다. 다음 두 랑데부 지점에서 만날 피낭동물과 창고기에게도 없다. 그리고 진정으로 흥미로운 대목은 글로빈을 벗어나서 전혀 다른 유전자족들(gene families)을 살펴볼 때에 나타난다. 척추동물은 계통수의 바닥에서부터 온갖 종류의 DNA 서열에 중복이 나타난다("초파리 이야기"의 주제인 혹스 유전자군의 4중 중복이 고전적인 사례이다). 가장 경제적인 설명은 이 유전자들의 중복이 서로 독자적으로 일어나지 않았다고 보는 것이다. 그보다는 조상 척추동물 유전체의 커다란 덩어리에서 아마 단 한번, 또는 두 번 중복 사건이 일어났다는 것이다. 부연하자면, 그런 중복 사건은 식물에서는 흔하지만, 동물에서는 드물다. 5억여 년 전의 어느 기념비적인 날에, 우리 조상이 가진 염색체들의 상당수, 아니 아마 전부가 복사되었고, 그 뒤의 어느 날에 그 조상의 한 후손에게서 그 사본들이 다시 복사됨으로써 대부분의 유전자를 네 벌씩 지닌 유전체가 생겼다. 현재 언제나 쉽게 그 패턴을 알아볼 수 있는 것은 아니다. 많은 사본들이 제거되거나 뒤섞이거나 더욱 중복되는 일을 겪었기 때문이다. 그렇기는 해도 "2회" 가설을 지지하는 유전체 전체의 계통학적인 분석 자료들이 점점 늘고 있다. 즉 척추동물의 조상에게서 유전체 전체의 중복 사건이 두 차례 일어났다는 것이다. 피터 홀랜드 교수가 척추동물의 유전체가 가장 가까운 무척추동물 친척의 유전체보다 훨씬 더 복잡하다고 본 것은 바로 이런 의미에서이다. 대규모 중복과 DNA의 분기는 척추동물이 두각을 나타내기 시작한 시기를 나타낼 수도 있다.

우리 유전자의 분기는 시간적으로 훨씬 더 이전으로, 척추동물보다, 동물보다, 심지어 동물과 식물의 분기보다 더 먼저, 우리가 단세포 세균일 때로, 아니 생명의 기원 시점으로 거슬러올라간다. 우리의 유전자 하나하나는 충분히 멀리까지 거슬러올라가면, 어떤 고대의 유전자에서 갈라져나온 것이다. 각 유전자마다 따지고 들면 이런 책 한 권을 쓸 수 있을 것이다. 우리는 이 여행이 인간의 순례여야 한다고 자의적으로 결정했고, 다른 계통들과 만나는 지점을 이정표로 삼았다. 순방향에서 보면, 인류의 조상이 다른 집단과 갈라지는 종분화 사건이 일어난 시점이다. 우리는 마찬가지로 현생 듀공이나 현생 노랑머리검은지빠귀에게서 순례를 시작하여 캔터베리까지 다른 공조상들의 집합을 상정할 수 있다는 것도 이미 지적했다. 그러나 여기서 우리는 한 가지 더 근본적인 점을 지적하고 있다. 우리는 그 어떤 **유전자**로도 거슬러올라가는 순례여행기를 쓸 수 있다는 것이다.

우리는 알파 헤모글로빈이나 시토크롬-c나 다른 어떤 유전자든 순례여행의 출발점으로 삼을 수 있었다. 그러면 랑데부 1은 우리가 택한 유전자가 중복되어 유전체의 다른 어딘가에 사본을 하나 더 만든 가장 최근 시점에 놓인 이정표일 것이다. 랑데부 2는 그보다 한 단계 이전에 일어난 중복 사건을 가리킬 것이다. "칠성장어 이야기"가 알파와 베타 헤모글로빈의 분리가 일어났을지도 모르는 몸인 캄브리아기 물고기의 이야기인 것처럼, 각각의 랑데부 이정표는 어떤 특정한 동물이나 식물의 몸속에서 일어났을 것이다.

우리는 유전자의 입장에서 보는 진화의 관점을 계속 염두에 두어야 한다.

멍게

언뜻 보면 멍게는 인간 중심의 순례여행에 낄 수 없을 것 같다. 지금까지 합류한 순례 자들은 이미 행진하는 순례자들과 크게 다르지 않았다. 모든 척추동물은 어떤 특정 한 어류다움을 간직하고 있다. 설령 우리 자신이 육상생활이라는 요구 조건에 따라 서 변형을 거쳐왔다고 할지라도 말이다. 멍게는 어딘가 다르다. 그들은 물고기처럼 헤 엄을 치지 않는다. 그렇다고 해서 다른 무엇인가처럼 헤엄을 치는 것도 아니다. 그들 은 아예 헤엄을 치지 않는다. 도대체 왜 멍게에 척삭동물이라는 유명한 이름을 붙이 는지 이해가 잘 되지 않을 것이다. 전형적인 멍게는 바위에 붙은 바닷물로 가득 찬 주 머니로서, 그저 소화기관과 생식기관을 갖추었을 뿐이다. 그 주머니의 위쪽에는 빨대 가 2개 있다. 하나는 물을 빨아들이고, 다른 하나는 물을 내뱉는다. 밤낮으로 물이 한 쪽 빨대로 들어왔다가 다른 빨대로 흘러나간다. 도중에 물은 인두 바구니(pharyngeal basket), 즉 먹이 입자들을 거르는 여과기를 통과한다. 일부 멍게류는 모여서 군체를 이루기도 하지만, 각 구성원이 하는 일은 본질적으로 모두 똑같다. 멍게류 중에 조금 이라도 어류나 아니 사실상 척추동물을 생각나게 하는 것은 전혀 없다(화보 30 참조).

구체적으로 말하면, 멍게의 성체가 그렇다는 것이다. 그러나 바닥에 정착하여 여과− 섭식을 하는 여느 동물들처럼, 멍게도 플랑크톤 형태로 헤엄치는 유생 단계, 즉 분 산 단계를 거친다. 그리고 멍게 유생은……올챙이처럼 생겼다. 혹은 작은 "애머시트 (ammocoete)," 즉 칠성장어의 유생 같다. 애머시트처럼, 그 "올챙이 유생"은 좌우로 굽 이치는 꼬리를 써서 나아간다. 게다가 항문이 몸 끝에 달린 대다수 무척추동물 유영자 들과 달리, 이 꼬리는 항문 뒤쪽으로 죽 뻗어 있다. 대다수의 무척추동물은 배를 따라 신경삭이 놓이지만("참갯지렁이 이야기" 참조), 멍게 유생의 신경삭(nerve cord)은 척추 동물의 것처럼 등을 따라 지나간다. 가장 놀라운 점은 멍게 유생이 연골로 된 척삭을

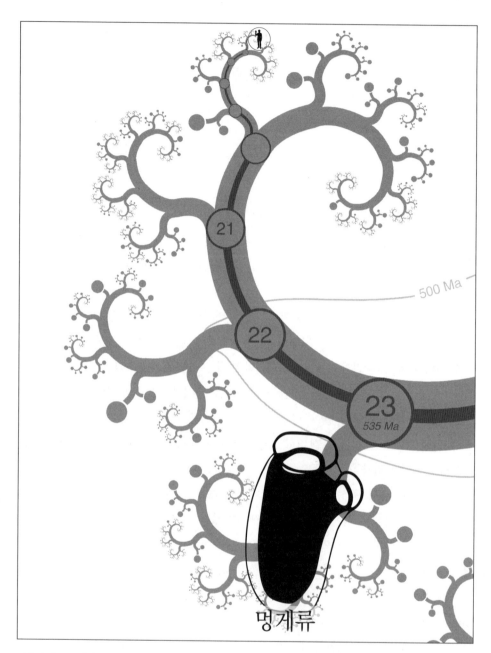

21

500 Ma

22

23
535 Ma

멍게류

멍게의 합류 뻣뻣한 연골 "척삭"을 가진 동물들은 척삭동물로 분류된다(인간의 척추들 사이에 끼어 있는 척추 원반들은 척삭의 흔적이다). 2006년 이후로 멍게와 그 친척들(약 3,000종이 기재되어 있다)이 창고기라 는 어류형 척삭동물보다 우리와 유연관계가 더 가깝다는 이론을 뒷받침하는 대규모로 유전자와 유전체 전 체를 조사한 연구 결과들이 늘어났다. 창고기는 랑데부 24에서 만날 것이다. 그래서 초판과 달리 랑데부 23 과 24의 순서를 바꾸었다. 놀랍게도 대다수 분류학자들은 척추동물과 멍게를 한 집단("후각류[Olfactore]"라 고 부르곤 한다)으로 묶는 방식을 곧바로 받아들인 듯하다.

가진다는 사실이다. 멍게 성체는 그렇지 않지만, 유생은 적어도 척삭동물의 기본 형태를 가지고 있다. 유생은 성체로 탈바꿈을 할 준비가 되면, 머리를 바위(또는 성체가 머물 만한 곳이면 어디든지)에 붙인 뒤, 꼬리와 척삭과 신경계 대부분을 잃고, 남은 평생을 정착해서 산다.

다윈도 그것이 어떤 의미인지 알고 있었다. 그는 해초류(ascidian)라는 학명 밑에 멍게류를 놓고 다음과 같은 그다지 전망이 엿보이지 않는 설명을 덧붙였다.

그들은 거의 동물처럼 보이지 않으며, 2개의 구멍이 튀어나온 단순하고 단단하며 가죽 같은 주머니로 이루어져 있다. 그들은 헉슬리가 의연체동물문(Molluscoidea)이라고 말한 연체동물문이라는 거대한 왕국의 하위 분류 단위에 속한다. 그러나 최근에 일부 자연학자들은 그들을 연형동물문(Vermes), 즉 연충류로 분류했다. 그들의 유생은 올챙이와 다소 비슷하게 생겼으며, 자유유영을 할 능력을 가지고 있다.

나는 의연체동물문이나 연형동물문은 더 이상 인정되지 않으며, 멍게류는 이제 연체류나 연충류의 친척으로 놓이지 않는다는 말을 해야겠다. 다윈은 1833년에 포클랜드 제도에서 그 유생을 발견하고서 흡족했다고 말했다. 그는 다음과 같이 썼다.

M. 코발레프스키는 최근에 해초류의 유생이 발달 양상, 신경계의 상대적인 위치, 척추동물의 등쪽 척추와 구조가 흡사하다는 점에서 척추동물문과 가깝다고 보았다……. 그렇다면 우리는 대단히 먼 과거에 다양한 측면에서 현재의 해초류 유생을 닮은 동물 집단이 있었고, 그것이 2개의 큰 가지로 갈라져서 하나는 발달 과정을 역행하여 현재의 해초강을, 다른 하나는 척추동물문을 낳음으로써 동물계의 정상에 올랐다고 믿어야 한다.

그러나 현재는 전문가들 사이에도 의견이 갈린다. 무슨 일이 벌어졌는지를 추정하는 두 가지 이론이 있다. 하나는 다윈이 말한 것이고, 다른 하나는 "아홀로틀 이야기"에서 이미 말했듯이, 월터 가스탱이 내놓은 것이다. 당신은 아홀로틀이 한 말, 즉 유형성숙이라는 말을 기억할 것이다. 생활사에서 미성숙 단계일 때, 생식기관이 발달하여 번식이 가능해지는 사례가 종종 있다. 즉 성적으로는 성숙했지만, 다른 모든 측면에서는 미성숙 상태로 남아 있는 현상이다. 우리는 앞에서 아홀로틀의 말을 페키니즈, 타조, 우리 자신에게도 적용한 바 있다. 일부 과학자들은 우리 인간이 생활사의 성체 단계가 잘려나가고, 생식기관의 발달이 촉진된 어린 유인원과 같다고 본다.

가스탱은 역사적으로 훨씬 더 오래된 이 중대한 합류점에서 같은 이론을 멍게류에 적용한다. 그는 우리의 먼 조상이 성체 단계에서 고착생활을 하는 멍게류였으며, 부모가 있는 곳으로부터 멀리 떨어진 장소로 다음 세대를 운반할 작은 낙하산을 가진 민들레 씨처럼 흩어지도록 적응한 올챙이형 유생을 진화시켰다고 주장했다. 가스탱은 우리 척추동물들이 멍게 유생, 즉 결코 성숙하지 않는 유생의 후손이라고 보았다. 즉 생식기관은 성숙하되 멍게 성체로 결코 바뀌지 않는 유생이라고 말이다.

제2의 올더스 헉슬리라면 인류가 마침내 텔레비전 앞의 안락의자에 영구히 달라붙어서 거대한 멍게로 탈바꿈을 할 므두셀라보다 더 오래 살게 될 것이라고 상상할지도 모른다. 멍게 유생이 고착성 성체가 되려고 유영 행위를 포기할 때에 "자신의 뇌를 먹어치운다"는 신화적인 이야기가 널리 퍼져 있다. 왠지 풍자적으로 들린다. 번데기 단계에 있는 나비 유충처럼, 탈바꿈을 하는 멍게 유생이 성체의 몸을 만들 때, 유생 조직을 분해하여 재활용한다는 세속적인 사실을 누군가가 더 화려하게 표현한 것임이 분명하다. 그 과정에서 머리의 신경절(ganglion)도 분해된다. 머리의 신경절은 유생이 플랑크톤으로서 활발하게 헤엄을 칠 때에는 유용했던 것이다. 세속적이든 아니든 간에 그런 멋진 문학적 비유가 관심을 끌지 못하고 사라지는 법은 없다. 그런 생산적인 밈(meme)이 퍼지지 않을 리가 없다. 나는 멍게 유생을 때가 되면 고착생활에 안주하여 "종신 재직권을 딴 부교수처럼 자신의 뇌를 먹어치운다"라고 빗댄 표현도 여러 번 본 적이 있다.

멍게아문 내에는 유형강(Larvaceae)이라는 현대의 동물 집단이 있다. 그 동물들은 번식의 측면으로는 성체이지만 멍게 유생을 닮았다. 가스탱은 그들이 고대의 진화 각본을 최근에 재상연한 것이라고 보았다. 그의 견해에 따르면, 유형류의 조상들은 플랑크톤 유생 단계를 거친 뒤 바닥에 고착해서 살았다. 훗날 그들은 유생 단계에서 번식할 수 있는 능력을 진화시켰고, 그다음에 생활사의 끝에 있던 성체 단계를 잘라버렸다. 이 일은 아주 최근에 일어났을 수 있으며, 5억 년 전에 우리의 조상들에게 무슨 일이 일어났는지를 엿볼 수 있게 한다.

가스탱의 이론은 확실히 매혹적이며, 오랫동안 인정받았다. 가스탱의 사위인 앨리스터 하디가 위세를 떨치던 옥스퍼드 대학교에서는 특히 그랬다. 안타깝게도 지금은 틀렸을 가능성이 높아 보인다. 오늘날 으레 그렇듯이, DNA를 꼼꼼히 조사하여 얻은 증거들이 그렇다고 말한다. 실망감을 다소 보상이라도 하려는 듯, 이 연구들은 멍게의 진화에 몇 가지 흥미로운 의외의 측면들이 있음을 밝혀냈다.

한 가지는 현재 앨리스터 하디 석좌 교수로 있는 피터 홀랜드가 내게 말해주었다. 유형류가 가스탱의 옛 시나리오를 최근에 재현한 집단이라고 한다면, 그들은 다른 동물들보다 현생 멍게와 더 가까운 친척이어야 한다. 그러나 DNA는 멍게류 내에서 유형류가 나머지 집단으로부터 가장 먼저 갈라졌다고 말한다. 다른 멍게류가 나중에 고착생활을 하게 되었다고 가정할 때, 예상할 수 있는 결과가 나온 것이다.

최근에 재편된 랑데부 지점들의 순서도 그 견해를 지지한다. 2006년 이후로, 우리가 창고기(다음 랑데부에서 만날)보다 멍게와 더 가까운 관계라고 말하는 전체 유전체 연구 결과들이 늘어났다. 창고기가 생애 내내 어류의 모습을 간직하며, 늘 우리와 가장 가까운 무척추동물 사촌이라고 추정되어왔다는 점을 생각하면 조금은 놀랍다. 멍게가 창고기보다 먼저 우리 순례자 무리에 합류하므로, 가스탱의 시나리오는 3차례나 적용되어야 할 것이다. 척추동물과 유형류에 이어서 이제 창고기까지 성체 단계를 잃어야 할 것이다. 있을 법하지 않다. 그보다는 다윈이 주장한 것처럼, 멍게 성체가 나중에 단 한 차례 진화했다고 보는 편이 더 합리적—더 경제적—이다.

현재로서는 화석이 너무 적어서 연대를 추정하기가 무척 어렵고 논란이 많기 때문에 나로서도 차마 추정할 용기를 내지 못하겠다. 나는 공조상 23이 5억3,500만 년 전에 살았고, 우리의 약 2억4,500만 대 조상이라는 추정값을 채택했지만, 아마 틀릴 가능성이 높을 것이다. 그렇다고 해도 우리는 그 먼 종의 성체가 올챙이 같은 모습이었다는 다윈의 간결한 가정에 동의할 수 있다. 그 후손들 중의 한 계통은 올챙이 모양을 유지하다가 이윽고 어류로 진화했다. 다른 한 계통은 바다 밑바닥에 내려앉아서 종신 재직권을 얻어 고착생활을 하는 여과–섭식자가 되었다. 예전의 성체 형태는 유생 단계에서만 간직한 채로 말이다.

우리의 눈에는 멍게가 지루하게 한 곳에 달라붙은 채 살아가는 양 보일지라도, 그들의 DNA는 결코 그렇지 않다. "실러캔스 이야기"는 유전체 전체에서 몸 전체로 단순하게 확대 추정하지 말라고 우리에게 경고했다. 멍게 유전체는 거의 그 점을 역설하기 위해서 설계된 듯하다.* 한 예로, 그들은 동물계 전체에서 분자 진화 속도의 최고 기록을 몇 개 가지고 있다. 아마 추가된 생활 단계를 위해서 그럴 필요가 있었기 때문이라고 생각할지도 모르겠다. 그러나 지금까지 유전체 서열이 분석된 멍게 세 종류 중에서, 진화 속도가 가장 빠른 오이코플레우라 디오이카(*Oikopleura dioica*)는 고착생활을 하는 성체 단계가 없는 유형류이다. 유형류가 더 복잡한 생활주기를 가진 다른 멍게들에 비해서 필요한 유전자가 더 적지 않을까 하고 생각했을지도 모르겠다. 그러나 오이코플레우라는 유전자가 약 18,000개인 반면, 다른 두 종인 유령멍게(*Ciona intestinalis*)와 노랑꼭지유령멍게(*Ciona savignyi*)는 많은 중요한 동물 유전자를 잃음으로써("초파리 이야기"의 주제인, 대개 생명 활동에 핵심적인 역할을 하는 혹스 유전자 중에서도 상당수를 잃었다) 약 16,000개이다. 고착생활을 하는 이 유령멍게 두 종은 모습이 아주 비슷해서 때로 혼동을 일으키기도 하며, 실험실에서 서로 교배를 시킬 수도 있다. 그러나 DNA 서열을 보면, 평균적으로 인간의 유전체와 닭의 유전체만큼이나 서로 크게 다르다. 오이코플레우라가 유전자 수는 사람과 거의 비슷한 반면에, 유전체는 사람의 40분의 1도 안 된다는 점도 놀랍다. 어느 정도는 유전자 내부와 유전자들 사이에 있는 "정크" DNA의 상당 부분을 잘라냄으로써 크기를 줄인 것이다. 이 전략은 "기바통발 이야기"에서 다시 살펴보기로 하자. 또 오이코플레우라는 여러 유전자들을 한 스위치로 활성이 조절되는 하나의 "오페론(operon)"으로 묶음으로써 여분의 DNA를 더 근본적으로 제거했다. 아마 이 때문에 염색체에서 유전자들의 순서에 큰 폭의 진화적 변화가 일어났을 것이다.

생활방식에서 근본적인 변화를 겪고 유전체에서도 그에 못지않은 근본적인 변화를 겪은 멍게는 척삭동물이라는 개념을 극단까지 밀어붙인다. 그들은 해부학과 유전학 분야에서 이루어진 자연의 실험 대상이었다. 유전체가 어떻게 진화하고 우리 몸의 발달을 통제하기 위해서 어떤 방법들이 펼쳐지는지를 이해하는 데에 도움을 주는 완벽한 대비 사례이다.

---

* 창조론자들이여, "듯하다"라는 단어에 유념하기를.

창고기

지금까지 우리가 만난 순례자들은 모두 척삭동물이라는 하나의 거대한 문(phylum)에 속하며, 꿈틀거리면서 합류하는 이 말쑥한 작은 동물이 그 문의 마지막을 장식한다. 바로 창고기(amphioxus, lancelet)이다. 암피옥수스는 예전의 학명이며, 지금은 명명 규칙에 따라서 브란키오스토마(*Branchiostoma*)로 바뀌었다. 그렇지만 암피옥수스라는 학명이 너무 널리 알려진 나머지 지금도 그 이름으로 불리곤 한다. 창고기는 척추동물이 아니라 원삭동물이지만 척추동물과 아주 가까우며, 같은 척삭동물문에 속한다. 친척 속이 몇 종류 더 있지만 브란키오스토마와 아주 비슷하므로, 나는 구분 없이 비공식적으로 모두 창고기로 부르고자 한다.

위에서 창고기가 미끈하게 생겼다고 했다. 척삭동물이라고 선언할 만한 특징들을 우아하게 고스란히 보여주기 때문이다. 헤엄치는 물고기의 교본이라고 할 만한 생물이다(사실은 주로 모래 속에서 지내지만). 창고기의 몸에는 길게 척삭이 뻗어 있고, 척추는 전혀 없다. 척삭의 등 쪽에 신경관이 있지만 뇌는 없다. 신경관의 맨 앞에 자그맣게 부풀어오른 부위를 뇌라고 볼 수도 있겠지만, 뇌를 감싸는 뼈대라고 할 만한 것도 없다. 몸 양편에는 아가미구멍들이 나 있고, 몸을 따라 분절된 근육 덩어리들이 늘어서 있지만, 부속지의 흔적은 전혀 없다. 꼬리는 항문 뒤쪽으로 뻗어 있어서 몸의 맨 끝에 항문이 달린 전형적인 연충과는 다르다. 또 원통형이 아니라 수직으로 납작한 형태라는 점에서도 연충과 다르다. 그 점에서는 물고기에 더 가깝다. 물고기와 같은 분절된 근육 덩어리들을 이용하여 몸을 좌우로 물결치듯이 움직이면서 물고기처럼 헤엄친다. 아가미구멍은 호흡이 아니라, 먹이를 먹는 데에 주로 쓰인다. 입으로 빨아들인 물을 아가미구멍을 통해서 내보내면서, 먹이 입자들을 걸러먹는다. 공조상 24도 그런 식으로 아가미구멍을 사용했을 가능성이 높다. 그것은 아가미에 나중에 호흡하는 용도

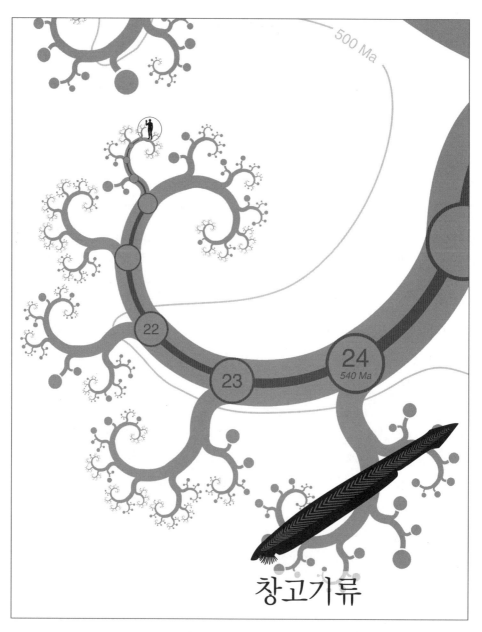

500 Ma

22

23

24
540 Ma

창고기류

창고기의 합류 흔히 창고기라고 하는 물고기처럼 생긴 이 32종의 동물들은 우리 순례여행에 합류하는 마지막 척삭동물 집단이다. 이 뒤로 나오는 랑데부 지점들의 연대는 논란이 분분하다는 점에 주의하자("발톱벌레 이야기"와 "발톱벌레 이야기의 후기" 참조).

가 추가되었으리라는 의미이다. 그렇다면 나중에 아가미 기구의 일부가 변형되어 아래 턱이 진화한 것은 흥미로운 반전이 아닐 수 없다.

랑데부 24의 연대를 굳이 쓰라고 하면, 나는 약 5억4,000만 년 전, 우리의 2억5,000만 대 조상이 살던 때라고 추정하겠지만, 7억7,500만 년 전이나 그 이전이라는 주장도 흔히 인용된다. 이 때문에 나는 이제부터 공조상이 살던 당시의 세계가 어떠했는지를 묘사하려는 시도를 포기하려다. 나는 공조상 24가 어떤 모습이었을지를 앞으로도 확실히 알 수 없을 것이라고 생각하지만, 사실상 창고기와 아주 비슷했을 것이라고 보아도 무리는 아닐 것이다(화보 32 참조). 실제로 그렇다면, 창고기가 원시적이라고 말하는 것과 같다. 그러나 거기에는 곧바로 경고가 따라붙어야 한다. 그 이야기는 창고기 자신이 해줄 것이다.

창고기 이야기

그의 생식샘을 자라게 하는 데 햇빛이 한 번만 비치면 충분하다면,
창고기가 조상이라는 주장은 큰 충격으로 와닿을 거야.

—월터 가스탱(1868–1949)

우리는 이미 자신의 이론을 특이하게 시로 표현한 저명한 동물학자 월터 가스탱을 만난 바 있다. 이 2행 시를 인용한 것은 가스탱이 말하려는 주제를 상술하기 위해서가 아니다. 그 내용은 멍게를 만났을 때에 이미 상세히 다룬 바 있다(위의 시에서 "그의"는 창고기가 아니라 "애머시트," 즉 칠성장어 유생을 가리킨다). 나의 관심사는 마지막 행, 그중에서도 "조상이라는 주장"뿐이다. 창고기는 진정한 척추동물들과 공통점이 많기 때문에, 예전부터 척추동물의 먼 조상의 살아 있는 친척이라고 간주되었다. 나는 우리의 조상 자체라는 주장에는 강력하게 반대한다.

가스탱이 살아 있는 동물인 창고기가 말 그대로 조상이 될 수 없다는 점을 잘 알고 있었다는 말을 하지 않으면 그를 모욕하는 짓이 될 것이다. 그럼에도 그런 말은 사실 이따금 오해를 불러일으킨다. 동물학 전공자들은 이른바 "원시적"이라는 현대의 동물들을 볼 때, 자신들이 먼 조상을 보고 있다는 착각에 빠지곤 한다. 이 착각은 "하등동

물"이나 "진화 사다리의 바닥에 있다" 같은 구절들에서 드러난다. 그런 말들은 속물적일 뿐만 아니라 진화적으로도 조리가 맞지 않는다. 다윈이 스스로에게 한 충고는 우리 모두에게도 들어맞을 것이다. "고등하다거나 하등하다는 단어를 절대로 쓰지 말 것."

창고기는 우리와 같은 시대를 사는 현생 생물이다. 그들도 우리와 똑같은 기간만큼 진화한 현대의 동물들이다. "진화의 주류 계통에서 벗어난 곁가지"라는 구절도 우리의 본심을 드러낸다. 살아 있는 동물들은 모두 곁가지들이다. 사후 자만심을 들이댈 때에만 그렇게 보일 뿐이지, 진화의 계통들 중에서 다른 것들보다 "주류"인 것은 없다.

따라서 창고기 같은 현대의 동물들을 조상 대접을 해서도, "하등한" 것으로 보호해서도, "고등한" 것으로 추켜세워서도 안 된다. "창고기 이야기"의 두 번째 요점인 좀더 놀라운 내용은 화석에 대해서도 똑같은 말을 하는 편이 일반적으로 가장 안전하다는 것이다. 이론적으로 특정한 화석이 진짜로 어떤 현생 동물의 직계 조상일 가능성도 있다. 그러나 통계적으로 그 가능성은 매우 낮다. 진화 가계도는 크리스마스트리나 양버들이 아니라, 가지들이 빽빽하게 들어찬 덤불이기 때문이다. 당신이 보는 화석이 실제 조상은 아닐지라도, 적어도 귀나 골반 같은 몸의 특정 부위를 다룰 때에는 당신의 조상들이 지나온 중간 단계를 이해하는 데에 도움이 될지도 모른다. 따라서 화석은 현대 동물과 똑같은 지위에 있다. 둘 다 조상의 상태를 추측하는 데에 도움을 줄 수 있다. 정상적인 상황에서는 어느 쪽도 진짜 조상인 양 다루어서는 안 된다. 살아 있는 동물들뿐만 아니라 화석도 대개 조상이 아니라 사촌으로 대우하는 편이 가장 낫다.

분지론 학파에 속한 분류학자들은 청교도나 스페인 이단 심판관 같은 열정으로 화석들도 다를 바 없다면서, 이 점을 적극적으로 설파할 것이다. 일부는 극단으로 치닫는다. 그들은 "어떤 특정한 화석이 살아 있는 어떤 종의 조상일 것 같지 않다"는 사리에 맞는 주장을, "어떤 조상도 없었다!"라는 의미로 해석한다. 분명히 말하지만, 이 책은 그런 불합리한 주장을 채택하지 않는다. 설령 어떤 특정한 화석이 조상이 아님이 거의 확실하다고 해도, 역사의 매 순간에 적어도 인간의 조상(적어도 코끼리의 조상, 칼새의 조상, 문어의 조상 등과 함께였거나 동일했을)이 하나쯤 있었음에 틀림없다.

결론은 우리의 과거로 거슬러올라가는 여행에서 마주치는 공조상들은 대개 어떤 특정한 화석이 아니라는 것이다. 대개 조상이 가졌을 속성들의 목록을 얻는 것이 그나마 우리가 바랄 수 있는 일이다. 침팬지와 우리의 공통 조상은 고작 1,000만 년 전에 살앉지만, 우리는 그 공통 조상의 화석을 찾지 못했다. 그러나 우리는 그 조상이 다윈이 말한 이른바 털이 수북한 네 발 동물이었을 가능성이 가장 높다고, 확실하지는 않지만 추측을 할 수 있었다. 뒷다리로 걷는 벌거벗은 피부의 유인원은 우리뿐이기 때문이다. 화석들은 우리의 추론에 도움을 줄 수 있지만, 그 도움은 대개 살아 있는 동물들이 우리에게 주는 것과 같은 종류이다.

"창고기 이야기"에 담긴 교훈은 사촌보다는 조상을 발견하기가 훨씬 더 어렵다는 것이다. 1억 년 전 혹은 5억 년 전의 조상이 어떻게 생겼는지 알고 싶다고 해서, 지층을 깊이 파들어가 중생대나 고생대의 돌 더미를 캐내서 "조상"이라는 꼬리표가 붙은 화석을 찾을 수 있으리라는 희망을 품어보았자 아무런 소용이 없다. 대개 우리가 기껏 바랄 수 있는 것은 일련의 화석들에서 이 부위, 저 부위를 조금씩 취합하여 조상들의 생김새와 비슷한 형태를 재현하는 것뿐이다. 이쪽 화석은 우리 조상들의 이빨에 관해서, 그보다 수백만 년 뒤의 저쪽 화석은 우리 조상들의 팔에 관해서 어렴풋이 알려줄 것이다. 어느 특정한 화석이 우리 조상이 아님은 거의 확실하지만, 현재 표범의 어깨뼈가 퓨마의 어깨뼈와 상당히 비슷한 것처럼, 운이 좋으면 그 화석의 특정한 부위가 우리 조상의 해당 부위와 닮았을 수도 있다.

암불라크라리아

우리 순례자들은 이제 모든 척추동물들과 그들의 원시적인 척삭동물 사촌들인 창고기류와 멍게류가 합쳐진 잡다한 무리이다. 우리와 합류할 다음 순례자들, 즉 무척추동물 중에서 우리와 가장 가까운 친척들이 불가사리, 성게, 거미불가사리, 해삼 같은 아주 기이한 생물들이라니 대단히 놀랍다. 우리는 그들을 "화성인"이라고 부르고 싶어질 것이다. 이들은 바다나리류(crinoid, sea liliy)라는 거의 사라진 집단과 함께 가시투성이 동물들인 극피동물문(Echinodermata)을 이룬다. 극피동물은 우리와 합류하기 전에, 연충을 닮은 몇몇 잡다한 집단들과 합류했다. 분자 증거가 나오기 전에 그 집단들은 동물계의 다른 곳에 속해 있었다. 별벌레아재비류(acorn worms)와 그 친척들(장새강[Enteropneusta]과 익새강[Pterobranchia])은 예전에는 멍게류와 함께 원삭동물로 분류되었다. 현재 분자 증거들은 그들을 암불라크라리아(Ambulacraria)라는 상문에 속하는 극피동물과 그리 멀지 않은 친척으로 본다.

또 현재 암불라크라리아에는 진와충속(*Xenoturbella*)이라는 신기한 작은 벌레들도 있다. 예전에는 진와충을 어디에 소속시켜야 할지 아무도 몰랐다. 그들은 적절한 배설계와 죽 뻗은 소화관 등 벌레라면 마땅히 있어야 할 특징들이 대부분 없는 듯하다. 동물학자들은 이 모호한 작은 벌레를 이 문에서 저 문으로 옮기다가, 거의 포기할 지경에 이르렀다. 그러다가 1997년에 누군가가 겉으로 드러난 특징들에도 불구하고 그들이 새조개류와 유연관계가 있는 고도로 퇴화한 이매패류라고 선언했다. 이 확신에 찬 말은 분자 증거를 바탕으로 나온 것이었다. 진와충의 DNA는 새조개의 DNA와 유사했다. 그런데 진와충이 마치 연체동물의 알 같은 것을 품고 있는 모습이 발견되었다. 끔찍한 경고였다! 그것은 현대의 과학 수사관들이 악몽으로 여기는 상황, 즉 용의자의 DNA가 살해당한 사람의 DNA에 오염된 것과 비슷한 상황이었다. 현재는 진와충

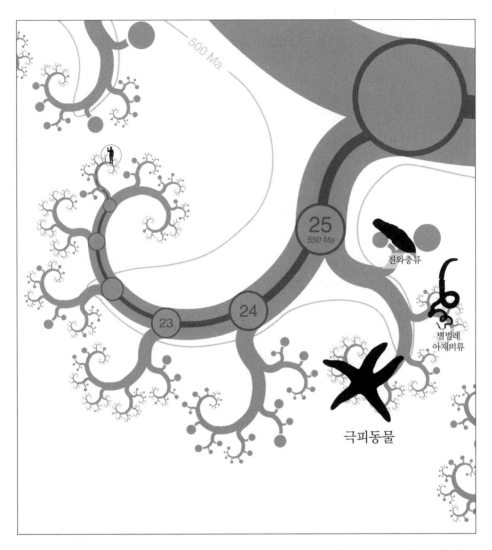

불가사리와 그 친족들의 합류　우리 척삭동물들은 후구동물(deuterostome)의 주요 가지에 속한다. 최근의 분자 연구 결과들은 다른 후구동물문들이 합쳐져서 척삭동물의 자매 집단을 형성한다고 주장한다. 암불라크라리아라는 이 집단에는 현재 약 7,000종이 기재되어 있는 극피동물, 벌레처럼 생긴 반삭동물(장새류와 별벌레아재비류 약 120종)이 포함되며, 아마 위에 표시한 진와충속의 2종도 포함될지도 모른다(최슨에 심해 종도 몇 종류 발견되었다). 다음 랑데부에서 합류한다고 볼 수 있는 진와충류를 제외하고, 암불라크라리아라는 이 상문(superphylum)은 현재 널리 받아들여지고 있다.

이 연체동물의 DNA를 지닌 이유가 그 동물을 먹기 때문임이 밝혀졌다! 그런데 창자 부위를 모두 꼼꼼히 제거한 다음 서열을 분석했더니 더욱 놀라운 유연관계가 드러났다. 진와충은 암불라크라리아의 일원이었던 것이다. 지금도 그들이 우리가 랑데부 27에서 만날 무체강동물의 일종이라고 주장하는 연구자들이 일부 있기 때문에, 이 문제는 아직 논란거리이다. 그러나 우리는 그들이 여기에 놓인다고, 즉 랑데부 25에서 우리와 만나기 "전에" 그들끼리 합류하여 이루는 집단의 마지막 구성원이라고 보는 견해를 따른다. 우리는 잠정적으로 이 랑데부가 선캄브리아대가 끝날 무렵, 즉 약 5억5,000만 년 전에 이루어진다고 정했지만, 그저 짐작일 뿐이다. 그러면 공조상 25는 우리의 약 2억6,000만 대 선조가 된다. 우리는 그 공조상이 어떻게 생겼을지 전혀 알 수 없지만, 불가사리보다 연충을 더 닮았음은 확실하다. 모든 증거들은 극피동물이 좌우대칭형 조상인 "좌우대칭동물(Bilateria)"로부터 이차적으로 방사대칭형으로 진화했다고 말한다.

극피동물은 살아 있는 동물 약 6,000종과 캄브리아기 초까지 이어지는 대단히 많은 화석 기록들로 이루어진 커다란 문이다. 이 고대 화석들 중에는 기이한 비대칭형 동물들도 있다. 사실 기이하다는 말은 극피동물을 눈여겨보는 사람에게 맨 처음 떠오르는 형용사일 것이다. 예전에 한 동료는 두족류 연체동물(문어류, 오징어류, 뼈오징어류)을 "화성인"이라고 묘사했다. 그의 지적은 탁월했지만, 나는 화성인의 역할은 불가사리에게 돌아가야 한다고 본다. 여기서 "화성인"은 우리가 무엇이 아닌지를 보여줌으로써, 우리 자신을 더 명확히 인식할 수 있도록 도와주는 아주 기이한 생물을 뜻한다(화보 31 참조).

지구의 동물들은 주로 좌우대칭이다. 즉 그들은 앞쪽 끝과 뒤쪽 끝, 왼쪽과 오른쪽이 있다. 불가사리는 방사대칭이다. 입은 몸 밑면의 중앙에, 항문은 윗면의 한가운데에 있다. 극피동물은 대부분 생김새가 비슷하지만, 염통성게류와 연잎성게류는 모래를 파기 위해서 앞뒤가 있는 좌우대칭을 상당한 수준까지 재발견했다. "화성인" 불가사리에게 측면이라는 것이 있다면, 그들은 지구에 있는 나머지 대대수가 가진 두 면이 아니라 다섯 면(수가 더 많은 경우도 있다)을 가지고 있다. 지구의 동물들은 대개 피가 있고, 근육으로 뼈나 뼈대 성분들을 잡아당김으로써 움직인다. 반면에 불가사리는 몸속으로 바닷물이 흐르며, 유입된 바닷물을 이용한 독특한 수관계(hydraulic system)로 움직인다. 몸 아래쪽에 5개의 대칭축을 따라 배열된 수백 개의 작은 "관족(管足)"이 그들의 실제 추진기관이다. 각 관족은 끝에 작고 둥근 빨판이 붙어 있는 가느다란 촉수처럼 보인다. 관족 하나하나는 아주 작기 때문에 불가사리를 움직일 수 없지만, 많이 모여 배열되면 느리지만 힘차게 움직일 수 있다. 관족은 끝 부분에 있는 압착 가능한 작은 공을 통해서 수압이 가해지면 늘어난다. 각 관족은 작은 다리처럼 반복 행동을 한다. 몸을 끌어당긴 다음에는 빨판을 바닥에서 떼어 들어올렸다가 앞쪽으로 내밀어 새로운 곳에 붙인 뒤, 다시 끌어당긴다.

성게도 같은 방법으로 움직인다. 우둘투둘한 소시지처럼 생긴 해삼도 이런 식으로 움직일 수 있지만, 굴을 파는 것들은 지렁이처럼 몸을 앞으로 쭉 뻗었다가 뒤쪽을 잡아당겨 몸을 번갈아 수축함으로써 몸 전체를 움직인다. 거의 원형인 중심 원반에서 방사상으로 뻗어나간 (대개) 5개의 가느다란 팔을 가진 거미불가사리는 관족으로 몸을 끌어당기지 않고, 팔 전체를 노처럼 저어서 움직인다. 불가사리도 팔 전체를 휘젓는 근육이 있다. 그들은 그 근육을 이용하여 먹이를 삼키고 홍합 껍데기를 벌린다.

이 "화성인들"에게 "앞"이란 임의적인 것이며, 그 말은 불가사리뿐만 아니라 거미불가사리와 대다수의 성게에게도 적용된다. 머리 쪽이 앞인 대부분의 지구 생명체들과 달리, 불가사리는 5개의 팔이 각각 "선두"가 될 수 있다. 수백 개의 관족들은 어느 한 순간에 선두 팔을 따라가는 데에 어떻게든 "동의하지만," 선두 역할은 곧 다른 팔에게로 넘어갈 수 있다. 공조(共助)는 신경계를 통해서 이루어지지만, 그 신경계는 이 행성에서 사는 우리에게 친숙한 다른 동물들의 신경계와 다른 양상을 띤다. 대다수의 신경계는 등(우리의 척수처럼)이나 배를 따라 앞쪽에서 뒤쪽으로 뻗은 긴 신경 줄기가 주축이 된다. 한편 신경 줄기가 좌우 양편으로 사다리처럼 연결되면서 뻗은 사례도 있다(연충과 모든 절지동물). 지구의 동물들은 대개 몸의 축을 따라 길게 뻗은 신경 줄기에서 좌우로 신경들이 갈라져나가며, 그 신경들은 앞뒤로 차례차례 늘어선 몸마디마다 한 쌍씩 들어 있곤 한다. 그리고 신경 줄기에는 대개 국지적으로 팽창한 부위인 신경절이 있으며, 그것이 충분히 크면 뇌라는 이름으로 불린다. 불가사리의 신경계는 전혀 다르다. 예상하겠지만, 그 신경계는 방사상으로 배열되어 있다. 신경들은 입을 중심으로 원을 이루며, 거기에서 각 팔에 하나씩 5개(또는 팔의 개수에 따라서는 더 많이)의 지선이 뻗어나가고, 각 팔을 따라 배열된 관족들은 팔을 따라 나 있는 지선 신경의 통제를 받는다.

일부 종은 관족 말고도 5개의 팔 밑면에 이른바 차극(pedicellaria)을 수백 개씩 가지고 있다. 각 차극에는 작은 집게가 달려 있는데, 그것들을 이용하여 먹이를 쥐거나 작은 기생체들에 맞서 방어를 한다.

비록 기이한 "화성인"처럼 보일지라도, 불가사리와 그 친척들은 비교적 우리와 가까운 사촌들이다. 우리에게 불가사리보다 더 가까운 사촌은 전체 동물 종들 중 4퍼센트도 채 되지 않는다. 동물계에는 아직 우리의 순례여행에 합류하지 않은 존재들이 훨씬 더 많다. 그리고 그들은 주로 랑데부 26에서 하나의 거대한 무리를 이루어 한꺼번에 도착한다. 그 선구동물은 이미 행진하는 잡다한 순례자들을 압도할 정도로 많다.

랑데부 26

선구동물

지질시대로 깊숙이 들어간 상태인 데다가, 든든하게 뒷받침을 해주던 화석들도 점점 줄어드는 상황이어서, 우리는 이제 내가 "총서시"에서 삼각측량법이라고 말한 기술에 전적으로 의존한다. 다행인 점은 그 기술이 점차 정교해진다는 것이다. 삼각측량법은 비교해부학자들, 더 엄밀히 말하면 비교발생학자들이 오랫동안 품어왔던 신념, 즉 동물계의 대부분이 2개의 큰 아계인 후구(後口)동물과 선구(先口)동물로 나뉜다는 것을 확인시켜준다.

발생학이 어떻게 관여하는지 살펴보자. 동물은 대개 생의 초기에 낭배(囊胚) 형성이라는 분수령이 되는 사건을 겪는다. 저명한 발생학자이자 과학적 성상파괴주의자인 루이스 월퍼트는 이렇게 말했다.

당신의 삶에서 진정 가장 중요한 순간은 출생도 혼인도 죽음도 아닌 낭배 형성이다.

낭배 형성은 모든 동물들이 삶의 초기에 겪는 일이다. 낭배 형성이 일어나기 전에 동물의 배아는 대개 속이 빈 공 모양의 포배(胞胚) 상태이며, 포배의 벽은 세포 하나 두 께이다. 낭배 형성이 일어나면, 공은 움푹 들어가서 두 개의 세포층으로 이루어진 컵 모양이 된다. 컵의 입구는 좁아져서 원구(原口)라는 작은 구멍을 형성한다. 거의 모든 동물의 배아는 이 단계를 거친다. 그것은 그 단계가 사실상 아주 오래되었음을 뜻한다. 당신은 근본적으로 그 원구가 몸에 난 2개의 깊은 구멍 중 하나가 될 것이라고 예상할지 모른다. 당신이 옳다. 이 단계에서 동물계는 크게 후구동물(우리를 비롯하여 랑데부 26 이전에 합류한 순례자들)과 선구동물(랑데부 26에서 우리에게 합류할 대규모 무리)로 나뉜다.

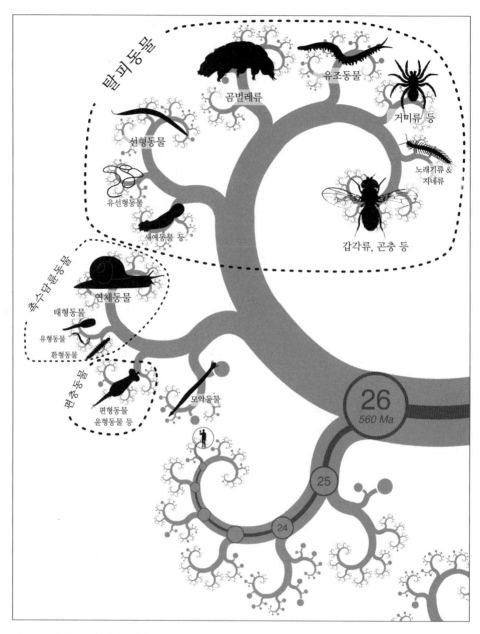

곰벌레류

유조동물

거미류 등

노래기류 &
지네류

선형동물

유선형동물

새예동물 등

갑각류, 곤충 등

탈피동물

연체동물

태형동물

유형동물

환형동물

촉수담륜동물

편형동물
윤형동물 등

편충동물

모악동물

26
560 Ma

25

24

선구동물의 합류 이 랑데부에서는 8만여 종의 후구동물 무리에 100만 종이 넘는 선구동물이 합류한다. 이 선구동물 계통수는 지난 15년 동안 유전학 분야에서 이루어진 발전으로 대폭 재배치된 것이다. 우리는 선구동물을 세 주요 집단으로 나눈다. 둘(탈피동물과 촉수담륜동물)은 현재 널리 받아들여져 있지만, 세 번째 집단은 아직 논란이 있다. 나머지 소규모 집단은 포식성 화살벌레, 즉 모악동물로서, 중국 청장의 화석층에서도 발굴된 오래된 동물 문이다. 이 집단의 위치는 아직 불분명하다. 여기서는 가능한 지점 중 한 곳을 택했다. 랑데부 24 이후의 랑데부 지점들과 마찬가지로, 촉수담륜동물 내의 분지 순서도 많은 논란이 있다. 그래서 이제부터는 연대를 나타내는 등고선을 빼기로 한다.

후구동물의 원구는 최종적으로 항문이 된다(또는 적어도 원구 근처에 항문이 발달한다). 입은 나중에 창자의 반대편 끝에 따로 구멍이 뚫려서 생긴다. 선구동물은 다르다. 일부 동물에서는 원구가 입이 되고, 항문은 나중에 생긴다. 반면에 원구가 길쭉한 홈처럼 변했다가 나중에 한가운데는 다물리고 양끝이 남아 입과 항문이 되는 동물들도 있다. 선구는 "입이 먼저"라는 뜻이고, 후구는 "입이 나중에"라는 뜻이다.

이런 전통적인 발생학을 토대로 한 동물 분류법은 현대의 분자 자료들과 들어맞는다. 정말로 동물들은 크게 후구동물(우리쪽)과 선구동물(저쪽)로 나뉜다. 그러나 후구동물로 분류되었던 일부 문들은 현재 분자개혁론자들에 의해서 선구동물로 옮겨졌으며, 나도 그 견해를 따르고자 한다. 이른바 촉수관동물문(lophophorate)에 속한 추형동물, 완족동물, 태형동물 세 종류는 현재 연체동물 및 환형동물과 함께 선구동물 내의 "촉수담륜동물"로 묶인다. 제발 "촉수동물" 같은 용어를 기억하려고 애쓰지 말도록 하자. 그들을 여기에서 언급한 것은 오로지 나이 든 동물학자들이 그들이 후구동물에 포함되지 않다는 사실을 알고 놀랄지도 모르기 때문이다. 또 선구동물이나 후구동물에 속하지 않는 동물들도 일부 있지만, 그들은 나중에 만나보기로 하자.

랑데부 26은 모든 랑데부 중에서 최대 규모이며, 가장 많은 순례자들이 모인다. 이 일은 언제 일어났을까? 너무나 오래 전의 일이어서 추정하기가 어렵다. 나는 5억6,000만 년 전이라고 보지만, 오차가 상당히 클 것이다. 공조상 26이 우리의 2억7,000만 대 선조라는 추정에도 똑같은 말을 할 수 있다. 선구동물은 엄청나게 많은 동물 순례자들로 이루어졌다. 우리 종이 후구동물에 속하므로, 나는 이 책에서 그들에게 초점을 맞추었으며, 선구동물이 주요 랑데부 지점에서 한꺼번에 순례여행에 합류하는 것으로 묘사하고 있다. 선구동물들은 다른 방식으로 볼 것이 분명하며, 객관적인 관찰자도 그럴 것이다.

선구동물은 후구동물보다 문의 수가 훨씬 더 많으며, 가장 큰 문도 거기에 속한다. 척추동물보다 2배나 많은 종이 속한 연체동물도 거기에 포함된다. 편형동물, 선형동물, 환형동물이라는 세 대규모 연충류문들도 포함되며, 그들의 종을 모두 더하면 포유동물 종보다 아마 30배는 더 많을 것이다. 게다가 선구동물 순례자들에는 절지동물, 즉 곤충, 갑각류, 거미류, 전갈류, 지네류, 노래기류, 그리고 더 소규모의 집단들도 들어 있다. 곤충만 해도 모든 동물 종의 적어도 4분의 3을 차지하며, 아마 더 많을 것이다. 현재 영국 왕립학회 회장인 로버트 메이가 말했듯이, 모든 종의 일차 근사값은 곤충이다.

분자분류학이 등장하기 전에는 해부학과 발생학을 동원하여 동물들을 나누고 무리를 지었다. 종, 속, 목, 강 등 모든 분류 단계들 중에서도 문은 특별한, 거의 신비한 지위에 놓여 있었다. 하나의 문에 속한 동물들은 분명히 서로 친척이었다. 그러나 다른 문에 속한 동물들은 너무 동떨어져서 어떤 관계인지 진지하게 살펴볼 수가 없을 정도였다. 문들 사이에는 거의 다리를 놓을 수 없는 심연이 가로놓여 있었다. 현재의 분자 비교 자료들은 우리가 생각했던 것보다 문들이 훨씬 더 가깝다고 시사한다. 어떤 의미에서 그 점은 언제나 명백했다고 할 수 있다. 동물 문들이 원시적인 점균류에서 각기 따로따로 발생했다고 믿은 사람은 아무도 없었을 테니 말이다. 그들은 하위 분류 단계들과 마찬가지로 계층구조를 이루면서 서로 연결되어야 했다. 단지 시간이 아주 오래되어서 그런 연관성을 찾기가 어려울 뿐이었다.

예외적인 사례들이 있기는 했다. 동물들이 문보다 상위에서 선구동물과 후구동물로 나뉜다는 것은 발생학을 토대로 인정받았다. 그리고 선구동물 내에서 환형동물(몸마디로 이루어진 지렁이, 거머리, 다모류)이 절지동물과 가깝다는 것도 널리 받아들여졌다. 양쪽 다 몸마디 체제를 가지고 있기 때문이었다. 앞으로 살펴보겠지만, 요즘에는 이 연관관계가 잘못되었다고 본다. 지금은 환형동물을 연체동물과 짝짓는다. 사실 해양 환형동물의 유생이 많은 해양 연체동물들의 유생을 쏙 빼닮았다는 점이 언제나 조금 꺼림칙하기는 했다. 둘 다 "담륜자(trochophore)"라는 같은 이름으로 불렸다. 환형동물-연체동물 묶음이 옳다면, 담륜자가 두 번 발명된 것(환형동물과 연체동물에서)이 아니라, 몸마디가 있는 체제가 두 번 발명된 것(환형동물과 절지동물에서)이라는 의미가 된다. 환형동물과 연체동물을 묶고 절지동물을 떼어놓은 것은 분자유전학이 형태를 바탕으로 분류학을 연구해온 동물학자들을 심히 경악시킨 사건들 중 하나이다.

분자 증거들은 선구동물문들을 2개 또는 3개의 주요 집단으로 묶는다. 나는 그것들을 상문(上門)이라고 부를 수 있지 않을까 생각한다. 일부 학자들은 아직 이 분류체계를 받아들이지 않지만, 나는 틀릴 수도 있다는 점을 인정하면서도 그 체계를 그대로 사용할 것이다. 두 상문은 탈피동물(Ecdysozoa)과 촉수담륜동물(Lophotrochozoa)로 불린다. 세 번째 상문은 훨씬 덜 인정을 받으며, 일부에서는 그것을 촉수담륜동물에 합치는 쪽을 선호하지만, 나는 그것을 편충동물(Platyzoa)로 구분하는 쪽을 택하련다.

탈피동물은 그들의 탈피(ecdysis, 걸친 것을 벗는다는 의미의 그리스어에서 유래) 습성에서 유래한 말이다. 그 말을 듣는 즉시 우리는 곤충, 갑각류, 거미류, 노래기류, 지네류, 삼엽충류 등 절지동물들이 탈피동물이라는 점을 떠올린다. 이는 선구동물 순례자 중의 4분의 3 이상이 탈피류임을 의미한다.

절지동물은 육지(특히 곤충과 거미류)와 바다(갑각류와 더 이전 시대의 삼엽충류) 양쪽을 지배했다. 고생대의 어류들을 위협했을 듯한 고생대의 바다전갈류,* 즉 광익류를 제외하고, 절지동물들은 일부 극단적인 척추동물처럼 거대한 몸집을 갖춘 적이 없었다. 이는 그들이 딱딱한 관절을 가진 관들 속에 부속지를 넣고, 스스로를 장갑판인 외골격으로 감싸는 방법을 택했기 때문에 나타난 한계라고 생각되었다. 즉 그들은 탈피를 통해서만 성장할 수 있다는 의미이다. 탈피는 일정한 간격으로 껍데기를 벗고, 굳기 시작한 더 커진 새 껍데기를 뒤집어쓰는 방식이다. 나는 광익류가 이 몸집 제약을 어떻게 벗어났는지 잘 이해가 되지 않는다.

절지동물의 하위 분류 체계들을 어떻게 배열할지에 대해서는 오래 전부터 논란이 있었다. 일부 동물학자들은 다지류(지네류와 노래기류 등)의 곤충들이 갑각류로부터 분리되었다는 기존의 견해를 고수한다. 그러나 현재 대다수의 학자들은 곤충과 갑각류를 묶고, 다지류와 거미류는 외집단으로 삼는다. 거미류와 전갈류가 무시무시한 광익류와 함께 협각류(chelicerate)라는 집단에 속한다는 데에는 모두의 견해가 일치한다. 불행히도 투구게라고 불리는 살아 있는 화석인 리물루스속도 외모는 멸종한 삼엽충을 닮았지만 협각류에 속한다. 삼엽충은 별도의 집단으로 분류된다.

유조동물과 완보동물이라는 두 소규모 순례자 집단은 탈피동물 내에서 절지동물과 가깝고, 셋을 합쳐 범절지동물(pan-arthropod)이라고 부르기도 한다. 유조동물인 발톱벌레는 현재 엽족동물(Lobopodia)로 분류된다. "발톱벌레 이야기"에서 살펴보겠지만, 엽족동물에는 중요한 화석 집단이 있다. 페리파투스속(Peripatus)의 동물들은 비록 완

---

* 고생대에는 길이가 1미터로 추정되는 거대한 육지 전갈들도 있었다. 나는 그 사실을 받아들이기가 좀 꺼려진다(아주 어린 시절에 현대의 아프리카 전갈이 다가오는 것을 보고 기절했던 기억이 난다). 알려진 삼엽충 중에서 가장 큰 이소텔루스 렉스(Isotelus rex)는 몸길이가 72센티미터이다. 석탄기에는 날개폭이 70센티미터에 달하는 잠자리들이 번성했다. 현재 절지동물 중에서 가장 큰 것은 키다리게(Macrocheira kaempferi)로 몸길이가 30센티미터이며, 엄청나게 긴 발톱이 달린 다리들까지 포함하면 4미터나 된다.

보동물에는 미치지 못하지만 나비 유충과 비슷한 사랑스러운 모습이다. 나는 완보동물을 볼 때마다 애완동물로 삼고 싶어진다. 완보동물은 때로 곰벌레(water bear)라고 불리며, 아기 곰처럼 보듬고 싶은 모습이다. 정말로 아기 곰 같다. 현미경 없이 보면 아기처럼 천진난만한 모습으로 8개의 통통한 다리를 흔들어대는 듯하다.

탈피동물상문에는 또 하나의 큰 문인 선충동물문도 있다. 그들도 수가 매우 많으며, 오래 전 미국의 동물학자 랠프 벅스바움은 그들에 대해서 기억에 남을 만한 말을 했다.

선충류를 제외한 세상의 모든 것들이 죽는다고 해도, 여전히 어렴풋하게나마 세계의 모습을 알아볼 수 있을 것이다……. 우리는 선충류가 우글거리며 막처럼 얇게 뒤덮은 모습 속에서 여전히 산, 언덕, 골짜기, 강, 호수, 바다를 분간할 수 있을 것이다……. 나무들은 여전히 크고 작은 길들을 따라 유령처럼 줄지어 서 있을 것이다. 다양한 동식물들이 있던 곳들을 여전히 분간할 수 있을 것이며, 충분한 지식을 갖추었다면 원래 기생하고 있던 선충류를 조사해서 그것들이 어떤 동식물이었는지도 알아낼 수 있을 것이다.

처음 벅스바움의 책을 읽었을 때에는 이 묘사가 아주 마음에 들었지만, 지금 다시 읽어보니 회의적인 생각이 든다는 점을 고백해야겠다. 그냥 선충류가 대단히 수가 많고 어디에나 있다고 말해두기로 하자.

탈피동물에는 다양한 종류의 벌레들로 이루어진 더 규모가 작은 문들도 있다. 새예동물(priapulid 또는 penis worm)도 그렇다. 이 동물의 영어 이름은 기억하기가 아주 쉽다. 비록 그런 쪽으로 챔피언은 팔루스(Phallus)라는 학명이 붙은 균류이지만 말이다(랑데부 35에 등장한다). 새예동물은 현재 환형동물과는 거리가 먼 것으로 분류되는데, 언뜻 생각하면 놀랍다.

촉수담륜동물 순례자들은 탈피동물보다 수가 더 많으며, 심지어 우리가 속한 후구동물 순례자들보다도 많다. 촉수담륜동물 중에는 연체동물과 환형동물의 두 문이 크다. 환형동물은 선형동물과 쉽게 구별된다. 앞에서 말했듯이 환형동물은 절지동물처럼 몸마디가 있기 때문이다. 그들의 몸이 열차의 칸들처럼 맨 앞에서 맨 뒤까지 몸마디들로 배열된다는 의미이다. 그리고 몸마디마다 신경절과 창자를 감싸는 혈관 같은 다양한 신체기관들이 똑같이 들어 있다. 절지동물도 마찬가지이며, 이런 현상은 노래기와 지네에게서 가장 뚜렷이 나타난다. 그들은 몸마디들이 거의 똑같기 때문이다. 바다가재나 게는 몸마디들이 서로 다른 형태를 취하지만, 그래도 몸이 앞뒤로 몸마디를 이루고 있음을 뚜렷이 알 수 있다. 그들의 조상들은 분명 쥐며느리나 노래기처럼 더 균일한 몸마디들을 가졌을 것이다.* 환형동물은 이런 면에서 노래기나 쥐며느리를 닮았다. 비록 뒤의 둘은 몸마디가 없는 연체동물과 더 가깝지만 말이다. 환형동물 중에서 가장 친숙한 것은 너무나도 흔한 지렁이이다. 나는 오스트레일리아에서 왕지렁이를 본 적이 있다. 왕지렁이는 길이가 4미터까지 자란다고 한다.

촉수담륜동물에는 유형동물(끈벌레) 같은 지렁이처럼 생긴 동물 문들이 포함된다. 끈벌레(nemertine worm)는 선충류(nematode)와 영어 이름이 비슷해서 혼동을 일으킨다. 이름이 비슷하다는 것은 불행하고 무익하다. 게다가 유선형동물문(Nematomorpha)과 네메르토레르마(Nemertodermatida)라는 다른 두 벌레 집단이 있어서 혼란은 가중된다. 네마(Nema)나 네마토스(nematos)는 그리스어로 "실"을 뜻하는 반면, 네메르테스(Nemertes)는 바다 요정의 이름이었다. 불행한 우연의 일치이다. 학생 시절에 창의적인 동물학 교사 I. F. 토머스의 지도로 스코틀랜드 해안으로 해양생물학 현장 실습을 나갔을 때, 우리는 놀랍게도 50미터까지 자랄 수 있다는 끈벌레의 일종인 긴끈벌레를 발견했다. 정확히 기억나지는 않지만 우리가 채집한 표본도 길이가 적어도 10미터는 되었다.

다소 지렁이를 닮은 동물들로 이루어진 문들도 여럿 있지만, 촉수담륜동물 중에서 가장 규모가 크고 중요한 것은 연체동물문이다. 즉 달팽이, 굴, 암모나이트, 문어 등으로 이루어진 문이다. 연체동물 순례자들은 대체로 달팽이의 속도로 기어다니지만, 오징어류는 일종의 제트 추진력을 사용함으로써, 바다에서 가장 빠르게 헤엄을 치는 축에든다. 그들과 사촌인 문어는 동물계에서 가장 현란하고 능란하게 색깔을 바꾼다. 특히 색깔을 재빨리 바꿀 수 있다는 점에서 유명한 카멜레온보다 더 뛰어나다. 암모나이트는 현재 남아 있는 앵무조개처럼 부양기관의 역할을 하는 감긴 껍데기 속에서 살던 오징어류의 친척이었다. 암모나이트는 한때 바다에 우글거렸지만, 공룡이 사라질 무렵

---

* 노래기 중에는 쥐며느리와 생김새와 하는 짓이 똑같은 공노래기도 있다. 나는 이들을 수렴 진화의 예로 즐겨 든다.

이것은 조개가 아니다(ceci n'est pas une coquille) 실루리아기의 완족동물 화석.

에 함께 사라졌다. 나는 그들도 몸 색깔을 바꿀 수 있었을 것이라고 추측한다.

또 하나의 주요 연체동물 집단은 이매패류이다. 굴, 홍합, 대합조개, 가리비처럼 껍데기, 즉 조가비가 둘인 종류이다. 이매패류는 대단히 강한 근육인 폐각근을 하나 가지는데, 이는 포식자에 대처할 수 있도록 껍데기가 꼭 맞물리도록 닫는 역할을 한다. 대왕조개 속에 발을 집어넣지 말도록, 다시는 찾지 못할 것이다. 좀조개도 이매패류에 속한다. 그들은 자신의 껍데기를 절단 도구로 이용하여 유목(流木), 목재선박, 부두와 잔교의 말뚝 속으로 파고든다. 당신은 아마 그들이 판 구멍을 보았을 것이다. 그런 구멍의 단면은 아주 매끄러운 원을 이룬다. 석공조개류는 암석에다가 비슷한 구멍을 뚫는다.

완족동물은 겉으로 볼 때는 이매패류와 흡사하다. 그들도 선구동물 순례자 중에서 촉수담륜동물이라는 대규모 무리에 속하지만, 이매패류 연체동물과 아주 가깝지는 않다. 우리는 "폐어 이야기"에서 그들 중 하나인 개맛류를 "살아 있는 화석"이라고 말한 바 있다. 현재 완족동물은 약 350종밖에 남아 있지 않지만, 고생대에는 이매패류 연체동물에 맞먹을 정도로 많았다.[*] 둘이 닮은 것은 피상적인 모습이다. 이매패류의 껍데기는 좌우로 달린 반면, 완족동물의 껍데기는 위아래로 달려 있다. 완족동물 순례자들과 친척인 다른 두 "촉수동물" 집단, 추형동물과 태형동물의 위치는 아직 논란이 있다. 앞에서 말했듯이 나는 그들을 촉수담륜동물(사실 그들이 그 명칭에 기여했다)에 넣는 현대 주류 학파의 견해를 따랐다. 일부 동물학자들은 그들을 기존 방식에 따라 선구동물 전체에서 떼어내어 후구동물에 넣지만, 나는 그들이 질 것이 뻔한 싸움을 하

---

[*] 스티븐 굴드는 "밤에 지나가는 배들"이라는 멋진 글에서 이 둘을 비교했다.

고 있다고 본다.

일부 학자들은 선구동물상문의 세 번째 주요 가지인 편충동물(Platyzoa)을 촉수담
륜동물에 합치곤 한다. "플라티(Platy)"는 "편평하다"는 뜻으로 소속 문 중의 하나인
편형동물문(Platyhelminthes)에서 따온 것이다. "헬민스(Helminth)"는 "장내 기생충"을
뜻한다. 편형동물 중에는 기생하는 것들(촌충류와 흡충류)도 있지만, 자유생활을 하
는 와충류(turbellarian)라는 대규모 집단도 있다. 후자 중에는 대단히 아름다운 것도
있다. 무장류(acoel)처럼 전통적으로 편형동물로 분류된 동물들 중에는 최근에 분자
분류학자들이 선구동물에서 완전히 빼버린 종류들도 있다. 잠시 뒤에 그들을 만나기
로 하자.

잠정적으로 편충동물에 소속된 문들이 더 있지만, 확실하게 소속시킬 곳이 따로 없
어서 그런 것이며, 그들은 대개 편평하지 않다. 이른바 "비주류 문"에 속하는 그들도
나름대로 매력이 있으며, 각자 무척추동물학 교과서의 한 장씩을 차지할 만하다. 그
러나 불행히도 우리는 순례여행을 끝내야 하므로 계속 나아갈 수밖에 없다. 이 비주류
문들 중 윤형동물만 언급하기로 하자. 그들이 할 이야기가 있기 때문이다.

윤형동물은 크기가 너무 작아서 원래는 단세포 원생동물인 "극미동물(animalcule)"
로 분류되었다. 그러나 사실 그들은 다세포생물이며, 매우 복잡한 축소물이다. 그중
한 집단인 질형류에 속한 담륜충(bdelloid rotifer)은 지금까지 수컷이 한번도 발견된 적
이 없다는 점에서 놀라운 존재이다. 그것이 바로 그들이 하려는 이야기이며, 잠시 뒤에
듣기로 하자.

그렇게 수많은 선구동물 순례자들, 다양한 지류들의 혼합이자 진정한 주류인 동물
순례자 무리는 그보다 더 적은 무리인 후구동물에 합류한다. 우리 자신이라는 충분한
이유를 들이대면서 여태껏 여행한 무리에 말이다. 우리 인간의 관점에서 볼 때, 양쪽의
조상인 공조상 26은 대단히 먼 과거에 살았기 때문에 재구성하기가 대단히 어렵다.

우리가 화보 33에 재구성해본 것처럼 공조상 26은 지렁이처럼 생긴 동물이었을 가능
성이 아주 높다. 그러나 말할 수 있는 것은 그것이 좌우, 등배, 머리와 꼬리 쪽을 가진
기다란 좌우대칭형 동물이었다는 것뿐이다. 사실 일부 과학자들은 공조상 26의 후손
인 모든 동물들에게 좌우대칭동물이라는 이름을 붙였다. 나도 그 용어를 사용하기로
한다. 왜 연충 모양인 이 형태가 그렇게 흔한 것일까?

선구동물에 속한 이 3개의 하위 집단들 중 가장 원시적인 부류와 후구동물 중 가장 원시적인 부류는 모두 그런 형태이므로, 우리는 그것들을 일반적으로 연충형(worm-shaped)이라고 불러야 한다. 그러니 연충이 무엇을 뜻하는지 알아보자.

나는 그 연충 이야기를 검은갯지렁이의 진흙투성이 회색 입을 통해서 하고 싶다.* 불행히도 검은갯지렁이는 U자 모양의 굴에서 대부분의 시간을 보내며, 곧 드러나겠지만 그 이야기는 우리가 원하는 것이 아니다. 우리에게는 더 전형적인 연충이 필요하다. 즉 앞을 향해 활달하게 기거나 헤엄을 치며, 앞과 뒤, 왼쪽과 오른쪽, 위와 아래가 명확한 의미를 가진 존재들 말이다. 그래서 검은갯지렁이의 가까운 사촌인 참갯지렁이가 그 역할을 떠맡을 것이다. 1884년에 한 낚시 잡지에 이런 문장이 실렸다. "미끼는 참갯지렁이라는 축축한 종류의 지네를 쓸 것." 물론 참갯지렁이는 지네가 아니라 다모류이다. 그들은 바다에서 살며, 대개는 밑바닥을 기어다니지만, 필요할 때는 헤엄도 칠 수 있다.

참갯지렁이 이야기

단지 한곳에 앉아서 팔을 흔들거나 물을 뿜어내는 것이 아니라 A에서 B까지 땅 위로 간다는 의미의 움직이는 동물은 앞쪽이 분화했을 가능성이 높다. 그 앞쪽에는 이름을 붙이는 편이 좋으므로, 머리라고 부르자. 머리는 우선 새로움을 추구한다. 동물은 머리에 와닿는 먹이를 먼저 먹을 것이므로, 눈, 몇 종류의 더듬이, 미각과 후각기관 등의 감각기관들이 거기에 몰려 있는 것은 이해가 된다. 그리고 신경조직들이 집중된 뇌도 감각기관들 가까이에, 즉 앞쪽 끝 근처에 위치하는 것이 가장 좋으며, 먹이를 잡는 장비들도 거기에 있는 편이 좋다. 따라서 우리는 머리 쪽을 선두, 입이 있는 쪽, 주요 감각기관들과 뇌가 있는 쪽(뇌가 하나라면)이라고 정의할 수 있다. 방금 내보낸 것을 다시 삼키지 않도록 입에서 먼 쪽인, 뒤쪽 끝으로 폐기물을 방출한다는 것도 탁월한 개념이다. 그런데 우리가 연충을 다룰 때에는 이 모든 것들이 의미가 있을지라도, 그 논

* 회색을 띠고 갯벌이 묻은 입을 지닌 검은갯지렁이가
　북쪽인지 서쪽인지 남쪽인지 어딘가에서 노래를 하네
　저기 유쾌하게 기뻐 날뛰는 조용한 종족이 사네……
　　　　　　　　—W. B. 예이츠(1865-1939)

리가 불가사리 같은 방사대칭형 동물들에게는 적용되지 않는다는 점을 염두에 두자. 나는 불가사리와 그 친척들이 왜 이 논리를 따르지 않았는가가 정말로 수수께끼라고 생각한다. 그것이 내가 그들을 "화성인"이라고 부르는 한 가지 이유이다.

이물과 고물 비대칭성을 가진 원시 연충으로 돌아가서, 상하 비대칭성은 어떻게 된 것일까? 왜 등쪽과 배쪽이 있을까? 논리는 비슷하며, 이 논리는 벌레뿐만 아니라 불가사리에게도 동일하게 적용된다. 중력이 있다면, 위아래 사이에 어찌할 수 없는 많은 차이들이 생긴다. 아래는 바닥이 있는 곳이자 마찰이 일어나는 곳이고, 위는 햇빛이 들어오는 곳이자 사물들이 당신에게 떨어지는 방향이기도 하다. 아래쪽과 위쪽의 위험이 똑같을 것 같지는 않으며, 하여튼 질적으로 다를 가능성이 높다. 따라서 우리의 원시 연충은 단순히 어느 쪽이 해저를 마주하고, 어느 쪽이 하늘을 마주하는가를 구분한다는 차원을 넘어서, 분화한 위쪽인 "등"과 분화한 아래쪽인 "배"를 가져야 한다.

앞뒤 비대칭성과 등배 비대칭성을 결합시키면, 왼쪽과 오른쪽은 자동적으로 정의된다. 그러나 앞에서 말한 두 축과 달리, 왼쪽과 오른쪽을 구분할 보편적인 이유는 없다. 즉 그것이 거울상이 아닌 다른 것이어야 할 이유 말이다. 위험이 오른쪽이 아니라 왼쪽에서 더 큰 것도 아니고, 그 반대도 마찬가지이다. 먹이가 위나 아래 중 어느 한쪽에 더 많을 가능성은 높겠지만, 왼쪽이나 오른쪽 중 어느 한쪽에서 더 많이 발견될 가능성은 없다. 왼쪽이 가장 나은 이유가 무엇이든 간에, 오른쪽이 다를 것이라고 생각할 보편적인 이유는 전혀 없다. 좌우가 거울상이 아닌 부속지나 근육은 어떤 목표를 향해 곧장 나아가도록 하는 대신에 빙빙 맴돌게 만드는 불행한 효과를 낳을 것이다.

예외가 될 만한 사례를 아무리 생각해보아도 허구적인 이야기가 가장 나은 듯하다. 스코틀랜드 전설에 따르면, 하일랜드에는 해기스라는 야생동물이 산다(아마 여행자들을 즐겁게 해주려고 꾸며낸 이야기가 널리 퍼졌을 것이다). 해기스는 한쪽 다리들은 짧고 반대쪽 다리들은 긴데, 그런 모습은 가파른 하일랜드 산비탈을 한 방향으로만 뛰어가는 습성에 딱 맞는다는 것이다. 내가 생각할 수 있는 가장 멋진 실제 사례는 오스트레일리아의 바다에서 사는 짝눈보석오징어이다. 이 오징어는 왼쪽 눈이 오른쪽 눈보다 훨씬 더 크다. 이들은 더 크고, 멀리 보는 왼쪽 눈으로는 먹이를 찾아 위쪽을 살피고, 작은 오른쪽 눈으로는 포식자가 오는지 아래쪽을 보면서 45도 각도로 헤엄을 친다. 뉴질랜드에는 도요새의 일종인 굽은부리물떼새가 사는데, 이 새는 부리가 확연히 오른쪽으로 굽었다. 새는 그 부리로 조약돌을 옆으로 뒤집어서 먹이를 찾는다. 농게류는 놀라운 좌우 비대칭성을 보여준다. 그 게는 싸우기 위한, 더 적절하게 표현하면 싸울 능력을 과시하기 위한 아주 커다란 집게발을 가지고 있다. 그러나 샘 터비가 내게 말해준 것이 아마 동물계에서 가장 흥미로운 비대칭 사례일 것이다. 삼엽충 화석들에는 종종 물린 자국이 나 있다. 그것은 포식자로부터 가까스로 벗어났다는 것을 의미한다. 흥미로운 점은 물린 자국의 약 70퍼센트가 오른쪽에 있다는 것이다. 삼엽충들이 짝눈보석오징어처럼 포식자를 찾을 때에 비대칭성을 보였든지, 아니면 포식자들이 좌우 편향적인 공격 전략을 구사했던 것이다.

그러나 이런 것은 모두 예외 사례들이다. 단지 호기심을 자극하거나 원시적인 연충과 그 후손들의 대칭적인 세계와 대조되기 때문에 언급했을 뿐이다. 원형에 해당하는 연충은 좌우가 거울상이었다. 대개의 신체기관들은 쌍으로 나타나는 경향이 있기 때문에, 우리는 짝눈보석오징어 같은 예외 사례들이 보이면 관심을 가지고 촌평을 단다.

눈은 어떠했을까? 최초의 좌우대칭형 동물에게 눈이 있었을까? 공조상 26의 모든 현대 후손들에게 눈이 있었다는 말로는 충분하지 않다. 눈의 종류가 아주 다양하기 때문에 충분하지 않다는 것이다. "눈"은 동물계의 다양한 영역에서 40번 이상 독자적으로 진화한 것으로 추정된다.* 우리는 이런 사실과 공조상 26이 눈을 가지고 있었다는 말을 어떻게 조화시킬 수 있을까?

논의를 명확하게 하기 위해서, 먼저 40번 독자적으로 진화했다는 말이 그냥 빛을 감지하는 차원이 아니라 상을 맺는 광학적 눈을 가리킨다는 점을 말해둔다. 척추동물의 카메라 눈과 갑각류의 겹눈은 서로 독자적으로(근본적으로 다른 원리하에 작동하는) 자신의 광학을 진화시켰다. 그러나 양쪽 눈 모두 공통 조상(공조상 26)이 가졌던 한 신체기관에서 유래했으며, 아마 그것도 일종의 눈이었을 것이다.

그 증거는 유전학적인 것이며, 설득력이 있다. 초파리는 아일리스(eyeless)라는 유전자를 가지고 있다. 유전학자들은 돌연변이가 일어났을 때에 나타나는 이상 현상으로 유전자에 이름을 붙이는 괴팍한 습관이 있다. 아일리스 유전자는 정상적일 때에는 눈을 만들어서 자신의 이름을 부정한다. 돌연변이가 일어나서 발생에 정상적인 기여를

---

* 나는 『불가능한 산 오르기(Climbing Mount Improbable)』의 "계몽을 향한 40번의 길"이라는 장에서 이 내용을 상세하게 다루었으며, 이 책의 말미에서 다시 그 이야기로 돌아갈 것이다.

할 수 없을 때, 그 초파리는 유전자의 이름처럼 눈이 없다. 이는 어이없을 정도로 혼란스러운 관습이다. 그런 관습에서 벗어나고자 나는 아일리스 유전자라는 말 대신, 아이(ey)라는 간편한 약자를 사용할 것이다. 아이 유전자는 정상일 때에는 눈을 만들며, 이상이 생기면 눈이 없는 초파리가 생기므로, 우리는 그 유전자에 이상이 생겼음을 알 수 있다. 이제 이야기가 흥미로워지기 시작한다. 포유동물도 팍스6(Pax6)이라는 아주 비슷한 유전자를 가진다. 그 유전자는 생쥐에서는 스몰 아이(small eye), 인간에서는 아니리디아(aniridia, 홍채 없음)라고 불린다(마찬가지로 돌연변이에 따른 부정적인 결과를 토대로 지은 이름들이다).

인간 아니리디아 유전자의 DNA 서열은 인간의 다른 유전자들이 아니라 초파리의 아이 유전자와 더 비슷하다. 그 유전자들은 물론 공조상 26이라는 공통 조상에서 유전된 것이 분명하다. 다시 말하지만, 나는 그것을 아이로 부를 것이다. 스위스의 발터 게링 연구진은 대단히 흥미로운 실험을 했다. 그들은 생쥐의 아이 유전자에 해당하는 것을 초파리 배아에 이식함으로써 놀라운 결과를 얻었다. 그 유전자를 다리가 될 배아 부위에 이식하자, 초파리의 다리에 여분의 눈이 생겼다. 그런데 그 눈은 초파리의 눈이었다. 즉 생쥐의 눈이 아니라 겹눈이었다. 나는 초파리가 그 눈으로 볼 수 있었다고는 생각하지 않지만, 그 눈에는 겹눈의 특징들이 뚜렷했다. 아이 유전자는 "정상적으로 자라는 것과 똑같은 눈을 여기에 자라게 하라"고 명령을 내리는 듯하다. 생쥐와 초파리에게 비슷한 유전자가 있을 뿐만 아니라, 양쪽 모두에서 그 유전자가 눈의 발달을 유도한다는 사실은 공조상 26에게도 그것이 있었다는 아주 강력한 증거이다. 설령 빛의 유무만 감지했을지는 몰라도, 그것은 공조상 26이 볼 수 있었음을 시사하는 어느 정도 강력한 증거가 된다. 아마 더 많은 유전자들을 조사한다면, 눈 말고 다른 부위들에까지 같은 논리를 일반화시킬 수 있을 것이다. 사실 한 가지 측면에서는 이미 그런 일이 있었다고 할 수 있다. 그 내용은 "초파리 이야기"에서 다루기로 하자.

앞에서 말한 이유들 때문에 앞쪽 끝에 자리를 잡은 뇌는 몸의 나머지 부분들과 신경 접촉을 할 필요가 있다. 연충형 동물에서는 몸을 따라 죽 뻗은 신경 줄기, 즉 주신경을 이용하는 것이 이치에 맞다. 국지적으로 통제를 하고, 정보를 얻기 위해서 몸을 따라 일정한 간격으로 곁가지들을 뻗는다고 말이다. 참갯지렁이나 물고기 같은 좌우대칭형 동물은 주신경이 소화기관의 배나 등을 따라 뻗어야 하며, 여기서 우리는 후구동물과 대규모로 우리에게 합류할 선구동물의 주요 차이점 중 하나와 마주친다. 우리의 척수는 등을 따라 뻗어 있지만 참갯지렁이나 지네 같은 전형적인 선구동물의 신경은 소화관 아래 배쪽에 놓인다.

공조상 26이 정말로 연충의 일종이라면, 등쪽 신경이나 배쪽 신경을 가지고 있었을 것이다. 이 둘을 후구동물 신경이나 선구동물 신경으로 부를 수는 없다. 양자의 구분이 정확히 일치하지는 않기 때문이다. 해석하기가 모호하지만, 별벌레아재비류(랑데부 25에서 극피동물과 함께 도착한 아주 모호한 후구동물)는 적어도 어떤 관점에서 보면 선구동물처럼 배쪽 신경삭을 가지고 있다. 비록 다른 이유들 때문에 후구동물로 분류되지만 말이다. 그 대신 동물계를 등신경류(dorsocord)와 배신경류(ventricord)로 나누어보자. 등신경류는 모두 후구동물이다. 배신경류는 선구동물과 몇몇 초기 후구동물들로 이루어진다. 별벌레아재비류가 그중 하나일 것이다. 방사대칭형으로 놀라운 역행을 감행한 극피동물은 이 분류에 전혀 들어맞지 않는다. 아마 후구동물은 공조상 26보다 약간 더 나중 시기까지도 여전히 배신경류였을 것이다.

등신경류와 배신경류의 차이는 단지 몸의 축을 따라 뻗은 신경의 위치만이 아니라 다른 것들에까지 이어진다. 등신경류는 배쪽에 심장이 있는 반면, 배신경류는 등쪽에 심장이 있어서 등쪽 대동맥을 따라 앞쪽으로 피를 뿜는다. 프랑스의 위대한 동물학자 조프루아 생틸레르는 이런저런 세세한 사항들을 살펴본 끝에 1820년에 척추동물을 뒤집힌 절지동물이나 지렁이로 볼 수 있다고 주장했다. 다윈 이후 진화론이 받아들여진 뒤, 동물학자들은 연충형 조상의 체제가 말 그대로 뒤집힘으로써 척추동물의 체제로 진화했다고 주장하곤 했다.

그것은 내가 여기서 요모조모 따지면서 조금은 조심스럽게 지지하고 싶은 이론이다. 대안이 될 이론은 지렁이형 조상이 같은 방식을 고수하면서 서서히 해부구조를 재배열한다는 것이다. 내가 볼 때 이 이론은 더 큰 체내 혼란을 수반할 것이기 때문에 설득력이 더 떨어지는 듯하다. 나는 (진화 기준으로 볼 때) 갑작스런 행동의 변화가 먼저 나타났고, 그 뒤에 많은 필연적인 진화적 변화들이 뒤따랐을 것이라고 믿는다. 종종 그렇지만, 그 개념을 생생하게 떠오르게 하는 현대판 동물들이 있다. 아르테미아가 한 예이며, 그 이야기를 들어보기로 하자.

아르테미아 이야기

아르테미아 및 가까운 친척인 무갑류는 누워서 헤엄을 치는, 따라서 하늘을 마주하는 쪽("진짜" 동물학적 의미에서는 배쪽)에 신경삭이 있는 갑각류이다. 거꾸로메기는 같은 일을 다른 방식으로 하는 후구동물이다. 누워서 헤엄을 치는 물고기이므로, 강바닥을 마주한 쪽에, 즉 "진짜" 동물학적 등쪽에 주신경이 있다. 나는 아르테미아가 왜 그렇게 하는지는 모르지만, 거꾸로메기는 수면이나 떠 있는 잎의 밑에 숨은 먹이를 잡아먹기 때문에 뒤집힌 채로 헤엄을 친다. 아마 각 물고기는 그 방법을 쓰면 먹이를 잘 구할 수 있다는 사실을 발견하고 뒤집는 법을 배웠을 것이다. 나는 세대가 지날수록 자연선택이 그 비결을 가장 잘 배운 개체들을 선호했고, 그들의 유전자가 그 학습을 "넘겨받았기" 때문에, 이제 그들은 다른 방식으로는 헤엄을 치지 않으리라고 추측한다.*

나는 아르테미아의 몸 뒤집기 행동이 5억 년 이전에 일어났던 행동을 최근에 재현한 것이라고 본다. 오래 전에 사라진 어떤 동물이, 모든 선구동물처럼 배쪽 신경삭과 등쪽 심장을 가진 일종의 벌레가 아르테미아처럼 몸을 뒤집어서 헤엄치거나 기어다녔다. 당시에 동물학자가 있었다면, 신경 줄기에 등쪽이라고 다시 꼬리표를 붙이기보다는 차라리 자살했을 것이다. 몸의 그쪽이 이제 하늘을 바라보고 있기 때문이다. "명백히" 그가 습득한 동물학 지식들은 모두 그것이 여전히 배쪽 신경삭이라고, 즉 선구동물의 배쪽에 있을 것이라고 예상되는 다른 모든 기관들과 특징들을 가진다고 말할 것이다. 마찬가지로 이 선캄브리아대 동물학자에게는 이 뒤집힌 벌레의 심장이 가장 근원적인 의미에서 "등쪽" 심장임이 "명백했다." 설령 그것이 현재는 해저에 가장 가까운 쪽의 피부 밑에서 고동치고 있다고 해도 말이다.

그러나 시간이 충분했다면, 즉 수백만 년 동안 "뒤집힌" 채 헤엄치거나 기어다녔다면, 자연선택은 몸의 모든 기관과 구조를 뒤집힌 습성에 맞게 재형성할 것이다. 최근에야 뒤집힌 현대의 아르테미아와 달리, 원래의 등배 상동기관의 흔적들은 지워졌을 것이다. 뒤집힌 습성이 수천만 년 동안 이어진 뒤, 후대의 고동물학자들이 이 초기의 이

---

* 앞에서 설명한 바 있는 볼드윈 효과라고 알려진 이론상의 개념이다. 언뜻 보면 라마르크 진화와 획득형질의 유전처럼 들리지만 그렇지는 않다. 학습 자체가 유전자에 새겨지는 것은 아니다. 그 대신 자연선택은 특정한 것을 학습하는 유전적 성향을 선호한다. 그런 선택이 세대에 걸쳐 계속 일어나면, 진화한 후손들은 아주 빨리 학습을 하기 때문에, 그 행동은 "본능적인" 것이 된다.

단자들과 마주친다면, 그들은 등과 배라는 개념을 재정의하기 시작할 것이다. 진화 기간 동안 너무나 많은 해부학적 세부 사항들이 변했을 것이기 때문이다.

해달(특히 배에 조개를 올려놓고 돌로 부수는 놀라운 습성을 보일 때)과 물벌레(water boatman, 항상 누워서 지낸다)도 누워서 헤엄을 친다. 물벌레는 버그(bug)*의 일종으로서, 하천의 수면을 미끄러지듯이 지나다니며, 송장헤엄치개도 그렇다. 물맴이도 수면에서 헤엄을 치지만, 그들은 똑바로 헤엄을 친다.

현대의 물벌레나 아르테미아의 후손들과 거꾸로메기의 후손들이 앞으로 1억 년 동안 뒤집혀 헤엄을 치는 습성을 유지한다고 상상해보자. 그러면 그들이 각각 새로운 아계를 낳고, 뒤집힌 습성에 따라서 각 체제가 근본적으로 재형성됨으로써, 역사를 모르는 동물학자들이 아르테미아의 후손은 "등쪽" 신경삭을, 거꾸로메기의 후손은 "배쪽" 신경삭을 가진 것으로 정의하는 상황이 벌어질 수도 있지 않을까?

"참갯지렁이 이야기"에서 보았듯이, 세계의 위와 아래에는 실질적으로 중요한 차이들이 있으며, 자연선택은 하늘을 보는 쪽과 바닥을 보는 쪽에 이런 차이들을 새기기 시작할 것이다. 예전에 동물학적으로 배쪽이었던 것은 점점 등쪽처럼 보이기 시작할 것이고, 반대쪽도 마찬가지일 것이다. 나는 척추동물로 이어지는 계통의 어딘가에서 바로 이런 일이 벌어졌으며, 그것이 지금 우리가 등쪽 신경삭과 배쪽 심장을 가진 이유라고 믿는다. 현대의 분자발생학은 등배 축을 규정하는 유전자("초파리 이야기"에서 만날 혹스[Hox] 유전자들과 약간 비슷한 유전자)가 발현되는 방식을 조사하여 몇 가지 뒷받침할 증거들을 찾아냈지만, 여기서 세부 사항까지 다룰 수는 없다.

거꾸로메기는 비록 뒤집힌 습성을 최근에 획득했음이 분명하지만, 이미 그러한 진화 방향으로 가시적인 한걸음을 내디뎠다. 학명은 시노돈티스 니그리벤트리스(*Synodontis nigriventris*)이다. 니그리벤트리스(nigriventris)는 "검은 배"를 뜻하며, 그것은 "아르테미아 이야기"의 말미에 흥미로운 삽화를 덧붙인다. 세계에서 위와 아래의 주요 차이점들 중 하나는 빛의 주된 방향이다. 반드시 머리 위에서 내리쬐는 것은 아니지만, 햇살은 대개 아래가 아니라 위에서 온다. 주먹을 치켜올리면 설령 하늘에 구름이 잔뜩 끼었다고 할지라도 위쪽이 아래쪽보다 더 밝다는 것을 알 수 있다. 우리, 그리고 다른 많은

---

* 영어에서 버그는 그냥 작은 동물을 지칭하는 것이 아니라 정확한 의미가 있다. 버그는 노린재목의 곤충을 가리킨다.

물고기를 거꾸로 놓고 보라 거꾸로메기의 유별난 자세.

동물들은 이 점을 이용하여 단단한 삼차원 물체를 인식할 수 있는 방법을 터득한다. 벌레나 물고기 같은 균일한 색깔의 곡선 물체는 위쪽이 밝고, 아래쪽이 어두워 보인다. 몸이 드리우는 짙은 그림자를 말하는 것이 아니라 그림자보다 좀더 미묘한 효과를 말하는 것이다. 음영의 기울기는 더 밝은 위쪽에서 더 어두운 아래쪽까지 몸의 곡선을 매끄럽게 드러낸다.

거꾸로도 마찬가지이다. 아래의 달 분화구 사진은 거꾸로 인쇄되어 있다. 당신의 눈(더 정확히 말하면 당신의 뇌)이 내 눈과 같은 방식으로 작용한다면, 분화구가 산처럼 보일 것이다. 책을 거꾸로 놓고 보라. 그러면 빛이 다른 방향에서 오는 듯하고, 산이 본래의 모습인 분화구로 바뀔 것이다.

대학원생이 된 이후에 내가 맨 처음으로 한 실험들 중에 갓 부화한 병아리들이 알에서 나오자마자 똑같은 환각을 보는 듯하다는 점을 증명하는 것이 있었다. 병아리들은 낟알이 찍힌 사진들을 쪼아대는데, 위에서 빛이 비치는 듯한 사진을 훨씬 선호한다. 사진을 거꾸로 놓으면, 병아리들은 그것을 멀리한다. 따라서 병아리들은 자신들의 세상에서 빛이 대체로 위에서 온다는 것을 "아는" 듯하다. 그러나 그들은 알에서 막 깨어났을 뿐인데, 어

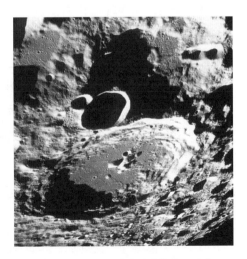

책을 거꾸로 놓고 보라 달의 뒷면에 있는 분화구.

떻게 알까? 태어난 지 3일 만에 배운 것일까? 그럴 가능성도 충분하지만, 나는 실험으로 그렇지 않다는 사실을 밝혔다. 나는 밑에서 들어오는 빛만 보도록 만들어진 특수한 우리에서 병아리들을 키우면서 실험을 했다. 이 뒤집힌 세계에서 낟알을 쪼도록 하면, 그들에게 거꾸로 놓은 낟알 사진들을 선호하라고 가르치는 셈이 될 것이다. 그러나 그들은 빛이 위에서 오는 실제 세계에서 키운 정상적인 병아리들과 똑같이 행동했다. 분명히 유전적 프로그램 때문에, 모든 병아리는 위에서 빛이 비치는 고체의 사진을 더 잘 쪼아댄다. 입체 환각(따라서 현실 세계에서 빛의 주된 방향에 대한 "지식"도 마찬가지이다)은 학습되는 것이 아니라(내 추측으로는) 아마도 우리 안에 있으며, 병아리들 내에 유전적으로 프로그램된 듯하다. 우리는 그것을 "타고났다"고 말한다.

학습이든 학습이 아니든 간에, 입체의 표면음영(表面陰影)이라는 환각이 강력한 것임은 분명하다. 그것은 방어피음(防禦被陰, counter-shading)이라는 미묘한 형태의 위장술을 낳는다. 전형적인 물고기를 물에서 꺼내 도마 위에 올려놓고 보면, 배가 등보다 훨씬 더 밝은 색깔을 띤다는 사실을 알 수 있다. 등은 어두운 갈색이나 회색인 반면, 배는 연한 회색, 심지어는 거의 흰색을 띠기도 한다. 이것은 무엇을 의미할까? 그것은 물고기 같은 곡선형의 입체에 정상적으로 드러나는 음영 기울기를 중화시키려는 위장의 형태임이 분명해 보인다. 이상적인 세계에서 방어피음을 가진 물고기는 위에서 오는 정상적인 빛 속에서 보았을 때, 음영이 완벽하게 없어질 것이다. 위의 빛에서 아래의 어둠까지 이어지는 음영의 예상 기울기는 아래에서 위까지 이어지는 물고기의 색깔 기울기로 정확히 상쇄될 것이다.

분류학자들은 가끔 박물관에 있는 죽은 표본들을 보고 종의 이름을 붙이곤 한다.[*] 거꾸로메기가 "뒤집힌"이라는 뜻의 라틴어 인베르투스(invertus) 같은 이름이 아니라, 니그리벤트리스라는 학명을 가지게 된 것도 그 때문인 듯하다. 거꾸로메기를 도마 위에 놓고 살펴보면, 그것이 역방어피음을 가졌음을 알 수 있다. 하늘을 향한 배는 바닥을 향한 등보다 더 어둡다. 역방어피음은 규칙을 증명하는 놀랍고 멋진 예외 사례에 속한다. 뒤집힌 채 헤엄을 친 최초의 메기는 눈에 아주 잘 띄었을 것이다. 그 피부색은 위쪽의 빛에서 생기는 자연스러운 음영과 결합하여 메기를 초자연적인 입체처럼 보이

---

[*] 그러나 나는 거꾸로메기의 습성이 오래 전부터 알려져 있었다는 사실도 인정한다. 고대 이집트의 벽화와 조각에서 뒤집힌 모습의 거꾸로메기를 볼 수 있다.

게 했을 것이다. 따라서 습성 변화에 뒤이어 진화를 거치면서 정상적인 피부색 기울기가 역전된 것도 놀랄 일은 아니다.

방어피음을 위장술로 이용하는 동물이 물고기만은 아니다. 나의 스승인 거장 니콜라스 틴베르헌에게는 네덜란드를 떠나서 옥스퍼드로 오기 전에 렌 데 뤼테르라는 제자가 있었는데, 틴베르헌은 그에게 나비 유충의 방어피음을 연구하라고 제안했다. 많은 나비 종의 유충은 물고기가 포식자에게 하는 것과 똑같은 수법을 자신의 포식자들(여기서는 새들)에게 쓴다. 이 유충은 뛰어난 방어피음을 갖추고 있다. 따라서 정상적인 빛에서 보면 음영이 없어 보인다. 데 뤼테르는 유충이 붙어 있는 잔가지를 잘라서 뒤집었다. 그러자 그들은 즉시 훨씬 눈에 잘 띄었다. 갑자기 훨씬 더 입체로 보였기 때문이다. 그리고 새들은 그들을 훨씬 더 많이 잡아먹었다.

데 뤼테르가 거꾸로메기에게 동물학적으로 등쪽을 위로 하고 정상적인 물고기처럼 헤엄을 치도록 강요한다면, 거꾸로메기는 갑자기 훨씬 더 눈에 띄는 입체가 될 것이다.* 거꾸로메기의 역방어피음은 진화 기간 동안 이어져 내려온 습성 변화에 다른 변화가 뒤따른 사례이다. 다시 1억 년 내에 그들의 몸 전체가 얼마나 포괄적으로 변할지 상상해보라. "등쪽"과 "배쪽"에 신성한 것은 전혀 없다. 그것들은 뒤집힐 수 있으며, 나는 현재 등신경류의 초기 조상에게서 그런 일이 벌어졌다고 생각한다. 나는 공조상 26이 다른 선구동물들처럼 몸의 배쪽에 주요 신경 줄기를 가지고 있었다고 장담한다. 우리는 어떤 이유로 몸을 뒤집은 아르테미아의 초기 형태에 해당하는 잊힌 존재의 후손인, 누워서 헤엄을 치는 변형된 지렁이이다.

"아르테미아 이야기"에 담긴 더 일반적인 교훈은 이것이다. 진화상의 주요 전환들은 행동 습성의 변화들, 아마도 비유전적인 학습된 습성의 변화에서 시작되었고, 나중에야 유전적 진화가 뒤따랐을지도 모른다는 것이다. 나는 하늘을 난 최초의 조류 조상, 육지로 올라온 최초의 물고기, 바다로 돌아간 최초의 고래 조상(다윈이 낚시하는 곰을

---

* 당신은 어떻게 본래 습성에 어긋나게 거꾸로메기가 뒤집어서 지내도록 할 수 있느냐고 물을 수도 있다. 나도 모른다. 그러나 사소한 이야기를 하나 덧붙이자면, 나는 아르테미아를 정상적인 갑각류처럼 동물학적으로 등쪽을 위로 하고 헤엄치도록 만드는 법은 안다. 단지 밑에서 인공 빛을 비추기만 하면 된다. 그러면 그들은 즉시 몸을 뒤집을 것이다. 아르테미아는 빛을 신호로 삼아 어느 방향을 위로 할지를 결정하는 것이 분명하다. 나는 거꾸로메기가 같은 신호를 사용하는지 여부는 모른다. 그들이 중력을 이용할 수도 있다.

예로 들어 추정했던 것처럼)에 대해서도 비슷한 이야기를 할 수 있었을 것이라고 본다. 모험심 강한 개체의 습성 변화 뒤에는 기나긴 진화 기간에 걸친 미비한 사항들의 만회와 마무리가 뒤따랐다. 그것이 "아르테미아 이야기"가 전하는 가장 큰 교훈이다.

잎꾼개미 이야기

인류가 농업혁명의 시대에 그러했듯이, 개미도 독자적으로 마을을 발명했다. 개체수로 보면 잎꾼개미의 둥지 하나가 런던을 능가할 수도 있다. 개미 둥지는 깊이 6미터, 둘레 20미터의 복합 지하실이며, 땅 위에는 작은 돔이 씌워져 있다. 이 거대한 개미 도시에는 수백, 심지어는 수천 개의 방이 굴을 통해서 망으로 연결되어 있다. 이 도시를 유지하는 것은 일꾼들이 작게 잘라서 집으로 가져오는 나뭇잎이다. 일꾼들이 줄을 지어 잎들을 들여오는 모습은 마치 찰랑거리는 초록빛 강처럼 보인다(화보 34 참조). 그러나 잎을 개미 자신이나(비록 수액을 약간 빨아먹기는 하지만) 유충이 직접 먹지는 않는다. 개미들은 잎들을 비료로 삼아 지하 곰팡이 밭에 잘 덮어둔다. 개미들이 먹는 것은 곰팡이의 작고 둥근 혹, 즉 "공길리디아(gongylidia)"이며, 특히 유충들에게 먹인다. 개미들이 수확하면 곰팡이는 자실체(우리가 먹는 버섯에 해당)를 만들지 않는다. 따라서 곰팡이 전문가들은 종을 조사할 때에 주로 이용하는 단서들을 잃게 된다. 그것은 그 곰팡이가 개미들에게 의존하여 번식을 한다는 의미이다. 그런 곰팡이는 개미의 둥지에서 재배되는 환경에서만 번성하도록 진화한 듯하며, 우리 이외에 농경을 하는 종에게 길들여진 작물의 진정한 사례이다. 젊은 여왕개미는 새로운 군체(群體)를 만들기 위해서 날아갈 때, 소중한 보따리를 들고 간다. 새 둥지에 뿌릴 첫 작물인 곰팡이 배양균이다. 여기서 아마도 가장 중요한 곰팡이일 페니실린의 이야기가 절로 떠오른다. 제2차 세계대전이 한창일 무렵에 페니실린을 개발하던 플로리와 체인 등 옥스퍼드 연구진은 영국의 기업들이 그 약의 제조에 관심을 보이지 않자 미국으로 갔고, 그곳에서 대성공을 거두었다(그런 경우는 비일비재했다). 여왕개미처럼, 그들도 소중한 곰팡이 배양균을 가지고 갔다. 그보다 앞서 독일의 영국 침공이 예상될 때, 플로리와 후배인 히틀리는 자신들의 옷을 일부러 그 곰팡이에 감염시켰다. 배양균을 은밀히 보존하는 최상의 방법이었다.

군체 운영에 들어가는 에너지는 퇴비를 만드는 데에 쓰는 잎에서 나오며, 따라서 결국 태양에서 온 것이다. 커다란 잎꾼개미 군체에 들어 있는 잎의 총 면적은 헥타르 단위가 된다. 흥미롭게도 마을 조성에 대단히 성공한 또다른 곤충 집단인 흰개미도 독자적으로 곰팡이 농사법을 발견했다. 그들은 나무를 씹어서 퇴비를 만든다. 개미와 곰팡이의 관계처럼, 흰개미의 곰팡이 종도 오직 흰개미 둥지에서만 발견되며, 그 곰팡이도 "길들여진" 듯하다. 흰개미 곰팡이가 자실체를 형성하도록 그대로 놔두면, 흰개미 둔덕의 옆으로 삐져나오는데 맛이 좋다고 한다. 방콕의 시장에서는 그것이 별미로 팔린다. 『기네스 북』에 따르면, 세계에서 가장 큰 버섯은 서아프리카 종인 테르미토미케스 티타니쿠스인데, 갓의 지름이 1미터나 된다고 한다.

몇몇 개미 집단들은 독자적으로 진딧물을 가축으로 기르는 "낙농업"을 진화시켰다. 개미의 둥지 내에서 살지만 개미에게 혜택을 주지 않는 다른 공생 곤충들과 달리, 진딧물은 야외에서 방목된다. 진딧물들은 으레 그렇듯이 식물의 수액을 빨아먹는다. 포유동물인 소와 마찬가지로 진딧물은 많은 양의 먹이를 먹어서, 그중 소량의 양분만을 걸러낸다. 나머지 물질은 진딧물의 꽁무니로 배출되는데, 그것은 입으로 들어간 수액 중에서 양분이 조금 줄어든 설탕물과 같다. 즉 "단물(honeydew)"이다. 진딧물이 득실거리는 나무에서는 개미들이 미처 수거하지 못한 단물들이 비처럼 내리며, 그것이 "출애굽기"에 나오는 "만나"의 유래일 수도 있다. 개미들이 그것을 모두 수거한다고 놀랄 필요는 없다. 모세를 따르던 사람들도 똑같은 이유로 그랬으니 말이다. 그러나 일부 개미들은 더 나아가 진딧물을 몰고 다닌다. 진딧물의 "젖짜기"를 허락받은 대신에 그들을 보호해주는 것이다. 개미가 진딧물의 꽁무니를 자극하면 진딧물은 단물을 분비한다. 개미는 진딧물의 항문에서 그것을 받아먹는다.

적어도 몇몇 진딧물 종은 이런 길들여진 상태에 맞게 진화했다. 그들은 정상적인 방어 반응들 중에서 일부를 잃었다. 한 흥미로운 주장에 따르면, 일부 진딧물들은 꽁무니가 개미의 얼굴과 비슷하게 변형되었다고 한다. 개미는 서로 입에서 입으로 액체 먹이를 전달하는 습성이 있다. 이렇게 꽁무니 얼굴 의태(擬態)를 진화시킨 진딧물들은 "젖짜기"를 유도함으로써 개미의 보호를 받기 때문에 포식자들이 접근하지 못한다는 것이다.

"잎꾼개미 이야기"는 농경의 토대인 지연 만족(delayed gratification)의 이야기이다. 수렵채집인들은 채집하고 사냥한 것을 그냥 먹는다. 그러나 농민들은 종자를 먹지 않는다. 그들은 그것을 땅에 묻어두고서 보상이 돌아오기를 몇 달 동안 기다린다. 그들은 토양을 비옥하게 하는 퇴비와 관개(灌漑)할 물을 먹지 않는다. 이 모든 것들은 지연 만족을 위한 것이다. 그리고 잎꾼개미가 그 일을 먼저 했다. 그들의 방식을 생각해보면서 좀더 현명해지자.

메뚜기 이야기

"메뚜기 이야기"는 인종이라는 말썽 많고 민감한 주제를 다룬다.

애메뚜기와 긴수염애메뚜기라는 유럽산 메뚜기 두 종이 있다. 이 두 종은 매우 흡사해서 곤충학자들조차도 구별할 수가 없을 정도이다. 그러나 그들은 야생에서 가끔 만나도 결코 상호 교배를 하지 않는다. 따라서 그들은 "타당한 종"으로 정의된다. 그러나 한 암컷에게 근처에 가둔 자기 종의 수컷이 내는 짝짓기 울음을 들려주면서 다른 종의 수컷을 한 우리에 넣어주면, 암컷은 그 수컷이 바로 가수라고 "생각하고" 신나게 짝짓기를 했다. 이렇게 종간 짝짓기가 이루어져도 건강하고 생식 능력이 있는 잡종이 태어났다. 보통 야생에서는 그런 잡종 교배가 일어나지 않는다. 암컷에게 다른 종의 수컷이 구애를 하는 동안 자기 종의 노래하는 수컷이 다가올 수 없는 상황이 벌어지는 일은 거의 없기 때문이다.

귀뚜라미를 대상으로 기온을 실험 변수로 삼아 유사한 실험들이 이루어지기도 했다. 귀뚜라미는 종마다 울음의 주파수가 다르며, 그 주파수는 온도에 따라 변하기도 한다. 눈앞에 있는 귀뚜라미가 어떤 종인지 알면, 그 울음을 온도계로 삼아 기온을 정확히 측정할 수도 있다. 다행히 수컷의 울음 주파수뿐만 아니라, 울음을 듣는 암컷의 감각도 온도에 의존한다. 둘은 기온 변화에 따라 똑같이 변화하므로, 대개는 잡종 교배가 일어나지 않는다. 두 수컷의 주변 온도를 각기 다르게 한 뒤 노래를 부르게 했을 때, 암컷은 자기와 같은 기온의 수컷을 택했다. 다른 기온에서 노래하는 수컷은 마치 다른 종인 양 취급한다. 암컷을 데우면, 암컷은 "더 뜨거운" 노래를 부르는 쪽을 선호하고, 심지어 다른 종의 차가운 수컷을 선호하기도 한다. 다시 말하지만, 자연에서는 통상적으로 이런 일이 벌어지지 않는다. 암컷이 수컷의 노래를 들을 수 있다면, 그 수컷은 멀리 있지 않을 것이고, 따라서 암컷과 거의 같은 기온에 놓여 있을 가능성이 높다.

메뚜기의 노래도 같은 식으로 온도 의존성을 띤다. 독일 과학자들은 앞에서 말한 메뚜기들과 같은 코르티푸스속(비록 종은 다르지만)의 메뚜기들을 대상으로 기술 면에서 독창적인 실험을 했다. 그들은 메뚜기에 미세한 열전쌍 온도계와 미세한 전열기를 부착시켰다. 장치들이 아주 작았기 때문에, 실험자들은 메뚜기의 가슴은 놔두고 머리만 가열하거나, 머리는 놔두고 가슴만 가열할 수 있었다. 그런 다음 그들은 다양한 온도에서 수컷들이 내는 노래를 들려주면서 암컷들이 어떤 선택을 하는지 살펴보았다.* 그들은 암컷이 노래를 선택할 때에 머리의 온도가 중요한 역할을 한다는 사실을 알아냈다. 그러나 울음의 주파수를 결정하는 것은 가슴의 온도였다. 물론 다행히도 자연에는 미세한 전열기를 가진 실험자들이 없으므로, 머리와 가슴은 대개 같은 온도일 것이며, 수컷과 암컷도 그럴 것이다. 따라서 그 체제는 제대로 작동하고, 잡종 형성은 일어나지 않는다.

자연적인 조건에서는 절대로 상호 교배를 하지 않지만 인간이 간섭하면 교배를 할 수도 있는 친척 종들의 쌍을 찾기는 상당히 쉽다. 애메뚜기와 긴수염애메뚜기는 하나의 사례에 불과하다. "시클리드 이야기"에서도 비슷한 사례가 나왔다. 단색광 아래에서는 빨간색을 띤 종과 파란색을 띤 종의 구분이 없어졌다. 그리고 동물원에서도 그런 일은 일어난다. 생물학자들은 메뚜기의 사례에서처럼, 대개 인공적인 조건하에서는 짝을 짓지만 야생에서는 짝짓기를 거부하는 동물들을 별개의 종으로 분류한다. 그러나 동물원에서 (불임인) "라이거"와 "타이온" 같은 잡종을 형성하기도 하는 사자와 호랑이와 달리, 그 메뚜기들은 똑같이 생겼다. 단지 노래만 다를 뿐이다. 그리고 상호 교배를 막음으로써 그들을 별개의 종으로 인정하게 하는 것도 바로 노래, 오직 노래뿐이다. 인간은 정반대이다. 우리 자신의 지역 집단이나 인종 사이에 있는 뚜렷한 차이점들을 못 본 척하고 넘어가려면, 정치적인 열정이라는 거의 초인적인 능력을 발휘해야

---

* 메뚜기와 귀뚜라미의 소리는 마찰음(Stridulation)이다. 메뚜기는 다리를 겉날개에 대고 비벼서 소리를 낸다. 귀뚜라미는 두 겉날개를 서로 비벼서 소리를 낸다. 둘의 소리는 비슷하지만, 메뚜기 소리가 전반적으로 더 시끄럽고, 귀뚜라미의 소리는 더 음악적이다. 달빛이 소리를 낼 수 있다면 바로 그런 소리를 냈을 것이라고 할 만한 야행성 귀뚜라미도 있다. 매미는 전혀 다르다. 그들은 깡통을 두들기듯이, 가슴 벽의 일부를 반복하여 빠르게 떨어댐으로써 계속 맴맴 소리를 내는데 대개 아주 시끄럽다. 때로는 울음 소리가 아주 복잡한 양상을 띠기도 하는데 그것은 종의 특징이 된다.

한다. 하지만 우리는 기꺼이 인종 간에도 상호 교배를 하며, 명확하고 논란 없이 서로를 같은 종에 소속시킨다. "메뚜기 이야기"는 인종과 종, 그것들을 정의할 때의 어려움들, 이 모든 것들이 인류에게 무엇을 말하고 있는지에 관한 것이다.

"인종"은 명확하게 정의된 용어가 아니다. 앞에서 살펴보았듯이 "종"은 다르다. 실제로 두 동물이 같은 종에 속하는지 여부를 판단하는 합의된 방식이 있다. 그들이 상호교배를 할까? 그들이 동성이거나, 너무 어리거나 너무 늙었거나, 둘 중 하나가 불임일때에는 그럴 수 없다는 것이 분명하다. 하지만 그런 말들은 탁상공론에 불과하며, 쉽게 우회할 수 있다. 화석도 분명 교배할 수 없지만, 우리는 상호 교배의 기준을 상상속에서 적용시킬 수 있다. 두 동물이 화석이 아니라 살아 있고, 생식 능력이 있으며 서로 이성이라면, 상호 교배를 할 수 있을까 하는 **식으로** 생각하면 된다.

상호 교배의 기준은 분류 단계들로 이루어진 계층구조에서 종에 독특한 지위를 부여한다. 종보다 상위 단계인 속은 그저 서로 꽤 닮은 종들의 집합일 뿐이다. 그들이 **얼마나** 닮아야 하는지를 판단할 객관적인 기준은 없으며, 그보다 상위 단계들인 과, 목, 강, 문과 그 사이사이의 "아-"나 "상-"이라는 접두어가 붙은 단계들도 마찬가지이다. 종보다 하위 단계인 "인종"이나 "아종"은 다소 맞바꾸어 쓸 수 있으며, 여기에도 두 사람이 같은 인종인지, 얼마나 많은 인종이 존재하는지를 판단할 객관적인 기준 같은 것은 전혀 없다. 그리고 물론 종 이상의 단계에는 없는 복잡한 사항이 추가된다. 인종들은 상호 교배하므로, 혼혈 인종에 속한 사람들이 많다는 것이다.

아마도 종은 상호 교배를 할 수 없을 정도로 충분히 분리된 상태로 나아갈 때, 대개분리된 아종이라는 중간 단계를 거칠 것이다. 분리된 아종들은 그 상태가 끝까지, 즉종분화까지 지속될 것이라고 기대할 필요는 없다는 점을 제외하면, 형성되는 중인 종이라고 볼 수 있을지도 모른다.

상호 교배라는 기준은 꽤 제대로 작동하며, 인간과 이른바 인종들에 대해서 명확한평결을 내린다. 살아 있는 모든 인종은 상호 교배를 한다. 우리는 모두 같은 종에 속하며, 존경할 만한 생물학자들 중에 다른 말을 할 사람은 아무도 없다. 그러나 여기서흥미로우면서 약간 껄끄럽기도 한 사실을 하나 지적하기로 하자. 우리는 행복하게 상호 교배를 하고 인종들 사이에 연속 스펙트럼을 형성하면서도, 기이하게 우리를 분열시키는 인종적인 언어를 버리기는 주저한다. 모든 중간 존재들이 계속해서 존재한다면, 사람들을 두 극단 중 어느 한쪽으로 분류하고자 하는 충동은 그 시도의 부조리함, 즉 바라보는 어디에서나 계속 드러나는 부조리함에 압도되어 사라질 것이라고 예상할 수 있지 않을까? 불행히도 실상은 그렇지 않으며, 아마 그 사실 자체가 많은 것을 폭로할 듯싶다.

모든 미국인들이 "흑인"이라고 보편적으로 동의하는 사람의 검은 정도가 아프리카 조상들의 8분의 1 이하일 수도 있으며, "백인"이라고 보편적으로 동의하는 사람들의 정상 범위 내에 들어갈 만큼 연할 때도 가끔 있다. 화보 35의 4명의 미국 정치인 사진에서, 모든 신문들은 둘이 흑인이라고 말한다. 나머지 둘은 백인이라고 한다. 우리의 관습에 대해서는 배우지는 못했으나 피부의 음영을 볼 수 있는 화성인은 그들을 3대 1로 구분할 가능성이 더 높지 않을까? 분명히 그렇다. 그러나 우리의 문화에서는, 거의 모든 사람들이 즉시 파월을 "흑인"이라고 생각할 것이다. 이 사진으로 볼 때는 그의 피부가 부시나 럼즈펠드보다도 더 연하게 나타남에도 말이다.

이처럼 콜린 파월이 "백인" 대표자들 옆에 서 있는 화보 35 같은 사진을 찍어본다면 흥미로울 것이다(물론 조명 조건이 똑같도록 서로 나란히 서 있어야 한다). 각 얼굴 중 이마 같은 부위를 네모나게 작게 오려서 나란히 놓아보자. 당신은 함께 서 있는 "백인" 남성들과 파월 사이에서 거의 차이를 발견하지 못할 것이다. 상대에 따라서 파월의 피부색이 더 연하거나 더 짙을 수도 있다. 이제 다시 "범위를 넓혀서" 원래의 사진을 보라. 그 즉시 파월은 "검게" 보일 것이다. 우리는 무슨 단서들을 포착하는 것일까?

요점을 제대로 이해하기 위해서, 파월을 케냐의 최근 대통령인 다니엘 아라프 모이 같은 진짜 흑인 옆에 세워놓고 똑같은 "이마 조각" 실험을 해보자. 이번에는 이마 조각이 전혀 달라 보일 것이다. 그러나 "범위를 넓혀서" 얼굴 전체를 보면, 우리는 다시 파월을 "검다"고 "볼" 것이다. 2001년 5월 모이를 방문한 파월의 다음의 사진과 함께 실린 신문 기사는 아프리카에서도 같은 관습이 있음을 말해주었다.

최초의 아프리카계 미국 국무장관인 파월은 아프리카에서 거의 구세주로 대접을 받았다. 그리고 아마 그가 흑인이기 때문에, 파월의 혹독한 비판은 깊은 공감을 얻었다…….

사람들은 "그는 흑인이다"라는 일상적인 표현과 함께 실린 사진 사이의 명백한 모

진짜 흑인과 함께 콜린 파월과 다니엘 아라프 모이.

순을 왜 그토록 쉽사리 감내하는 것일까? 그리고 이와 비슷한 수많은 사례들에서도 마찬가지이다. 도대체 무슨 일이 벌어지는 것일까? 다양한 일들이 벌어진다. 첫째, 우리는 혈통이 섞여서 어떤 인종이라고 말하는 것이 무의미해보일 때에도, 심지어 이 사례에서처럼 핵심적인 사항이 부적절함에도 불구하고, 신기할 정도로 인종 분류에 집착한다.

둘째, 우리는 사람들을 혼혈 인종이라고 말하지 않으려는 경향이 있다. 그 대신 우리는 이쪽이나 저쪽 어느 한 인종에 넣으려고 한다. 미국 시민들 중 일부는 순수한 아프리카인의 후손이며, 일부는 순수한 유럽인의 후손이다(물론 더 긴 세월로 따지면 우리는 모두 아프리카인의 후손이다). 아마 목적에 따라서 그들을 각각 흑인과 백인으로 부르는 것이 편리할지도 모르며, 내가 그런 명칭에 단연코 반대한다는 것은 아니다. 그러나 많은 사람들, 아마 우리 대다수가 깨닫는 것보다 더 많은 사람들은 흑인과 백인 조상을 함께 가졌을 것이다. 우리가 색깔 용어를 사용하고자 한다면, 우리 중 많은 사람들은 아마 둘 사이의 어딘가에 해당할 것이다. 그러나 사회는 우리에게 이쪽 아니면 저쪽으로 부르라고 강요한다. 그것은 "도롱뇽 이야기"의 주제였던 "불연속적 정신의 독재"에 해당하는 한 사례이다. 미국인들은 정기적으로 다섯 칸 중 하나에 표시를 하는 서류를 작성하라는 요구를 받는다. 그 다섯 칸은 캅카스인(그것이 무엇을 의미하든 간에, 그것이 캅카스 산맥에서 유래했다는 의미가 아닌 것은 분명하다), 아프리카계 미국인, 히스패닉(그것이 무엇을 의미하든 간에, 분명 그 단어가 지칭하는 듯한 스페인인을 의미하는 것은 아니다), 아메리카 원주민, 기타이다. 혼혈이라는 칸은 전혀 없다. 그러나 칸에 표시를 한다는 생각 자체가 사실에 부합되지 않는다. 설령 대다수는 아니라고 하더라도 많은 사람들은 제시된 범주들의 복합물이다. 나는 어떤 칸에도 표시를 하지 않겠다고 거부하거나 "인간"이라는 칸을 만들고 싶은 충동을 느낀다. 특히 그 항목에 완곡어법으로 "민족"이라고 적혀 있을 때면 더욱 그렇다.

셋째, "아프리카계 미국인"이라는 말에는 우리의 언어 습관 중 유전적 우성에 해당하는 문화적인 것이 담겨 있다. 멘델이 주름진 완두콩과 둥근 완두콩을 교배했을 때, 제1대 자손인 완두콩들은 모두 둥글었다. 둥근 것이 "우성"이고, 주름진 것이 "열성"이다. 제1대 자손은 모두 둥근 대립유전자와 주름진 대립유전자를 하나씩 가지고 있었지만, 그 완두콩은 자체로는 주름진 유전자가 없는 완두콩과 구별되지 않았다. 영국인이 아프리카인과 혼인하면, 그 자손의 피부색과 다른 대부분의 특징들은 중간 형태를 띤다. 즉 완두와는 상황이 다르다. 그러나 우리는 사회가 그런 아이들을 어떻게 부를지 잘 안다. 언제나 "흑인"이라고 부를 것이다. 검정은 완두의 둥글음과 달리 유전적으로 진정한 우성이 아니다. 하지만 사회적 인식 때문에 검정은 우성처럼 행동한다. 그것은 문화적 또는 밈적 우성이다. 통찰력 있는 인류학자 라이오넬 타이거는 이를 백인 문화에서 쓰이는 인종차별주의적 "오염 비유" 탓으로 돌렸다. 그리고 노예의 후손들 쪽에서 자신들의 아프리카 뿌리를 찾으려는 의지가 강하다는 점은 분명하며, 그 점은 충분히 이해할 수 있다. 그 주제는 "이브 이야기"에서 이미 다룬 바 있다. 자메이카에서 영국으로 온 이민자가 이른바 서아프리카의 "가족"과 감동적인 재결합을 한다는 텔레비전 다큐멘터리를 다룰 때 말이다.

넷째, 우리의 인종 범주화에는 관찰자 간의 의견 일치율이 높다. 콜린 파월처럼 혼혈 인종이고 중간의 신체 특징을 가진 사람을 볼 때, 누구는 백인이라고 말하고 누구는 흑인이라고 말하지 않는다. 그를 혼혈이라고 말하는 사람은 극소수일 것이다. 나머지 대다수의 관찰자들은 예외 없이 파월이 흑인이라고 말할 것이다. 그리고 설령 혼혈 비율상 유럽인 조상의 기여도가 압도적으로 높다고 할지라도, 아프리카 조상의 **흔적이 조금이라도** 보이는 사람들은 모두 똑같이 묘사된다. 콜린 파월을 백인이라고 말할 사람은 아무도 없다. 그 단어가 대중의 기대에 어긋난다는 사실 자체를 정치적인 견해로 삼으려고 시도하지 않는 한 말이다.

"관찰자 간 상관관계"라는 유용한 기법이 있다. 설령 근거가 무엇인지 아무도 설명할 수 없을지라도, 사실상 신뢰할 만한 판단의 근거가 있음을 밝히기 위해서 과학에서 자주 사용하는 방법이다. 이 사례의 이론적인 근거는 이렇다. 우리는 사람들이 누군가가 "흑인"인지 "백인"인지를 어떻게 판단하는지 모를 수도 있지만(그리고 누군가가 흑인이거나 백인이어서 그런 판단을 내리는 것이 아니라는 점이 방금 전에 제대로 설명되었기를 바란다!) 무작위로 고른 두 판단자가 같은 판단을 내릴 것이므로 거기에는 어떤 신뢰할 만한 기준이 존재하는 것이 분명하다.

인종 간의 스펙트럼이 대단히 넓음에도, 관찰자 간 상관관계가 여전히 높다는 사실은 인간의 심리에 무엇인가가 아주 깊이 자리하고 있음을 인상적으로 드러낸다. 그것이 문화를 초월하여 나타난다면, 색깔 인식에 관한 인류학적 발견을 떠올릴지도 모르겠다. 물리학자는 빨강에서 주황, 노랑, 초록, 파랑, 보라에 이르는 무지개 색깔이 연속된 파장들에 불과하다고 말한다. 물리적 스펙트럼상에 놓인 특정한 파장들을 골라 이름을 붙이고, 특별 대우를 하는 것은 물리학이 아니라 생물학과 심리학이다. 파랑은 이름이 있다. 초록도 이름이 있다. 파랑과 초록의 중간은 이름이 없다. 인류학자들이 발견한 흥미로운 점(일부 영향력 있는 인류학 이론들과 어긋나기도 하는)은 그런 이름 붙이기가 문화가 다름에도 상당한 일치를 보인다는 것이다. 우리는 인종을 판단할 때에도 똑같은 종류의 의견 일치를 보이는 듯하다. 오히려 그쪽이 무지개보다 더욱더 강하고 분명하게 의견 일치가 이루어진다고 입증될지도 모른다.

앞에서 말했듯이, 동물학자들은 종을 자연 조건에서, 즉 야생 상태에서 서로 번식을 하는 집단이라고 정의한다. 그들이 동물원에서만 번식을 하거나, 인공 수정을 해야만 하거나, 메뚜기 암컷 근처에 노래하는 수컷을 놓아 속여야만 교배를 한다면, 그렇게 나온 자손이 설령 생식 능력이 있다고 할지라도 둘을 같은 종으로 볼 수 없다. 이것이 종을 구분짓는 유일하고 타당한 정의인지 여부를 놓고 논란을 벌일 수는 있겠지만, 그것은 생물학자들이 사용하는 정의임에는 분명하다.

그러나 이 정의를 인간에게 적용하면, 독특한 문제점이 하나 나타난다. 상호 교배의 자연 조건과 인위 조건을 어떻게 구별하느냐는 것이다. 그 질문에 대답하기는 쉽지 않다. 오늘날 살아 있는 모든 인간은 분명히 같은 종에 속하며, 그들은 정말로 기꺼이 상호 교배를 한다. 하지만 자연 조건에서 그들이 그런 선택을 하는가 여부가 기준임을 명심하자. 인간에게 자연 조건이란 무엇일까? 그런 것이 지금까지 남아 있을까? 지금도 종종 볼 수 있듯이, 조상들의 시대에 이웃한 두 부족이 서로 다른 종교, 언어, 식습관, 문화 전통을 가지고 있었고, 서로 끊임없이 전쟁을 벌였다면, 두 부족민들이 상대 부족민을 인간 이하의 "동물"이라고 믿게 되었다면(지금까지도 종종 그러하듯이), 그들의 종교가 상대 부족민과의 성관계를 금기시하거나 부정하거나 더럽다고 가르쳤다면, 그들은 상호 교배를 하지 않았을 수도 있다. 그렇기는 해도 해부학적으로나 유전학적으로 보면 서로 완전히 똑같았을 수도 있다. 그리고 종교나 다른 관습만 바꾸면 상호 교배를 막는 장벽들은 허물어졌을 것이다. 그렇다면 상호 교배의 기준을 인간에게 적용하려면 어떻게 해야 할까? 애메뚜기와 긴수염애메뚜기가 비록 신체적으로는 가능하지만 상호 교배를 회피하는 습성 때문에 각기 다른 종으로 나뉜다면, 적어도 부족들이 배타적이었던 고대에는 인간도 같은 방식으로 나뉠 수 있지 않았을까? 애메뚜기와 긴수염애메뚜기가 노래만 빼고 모든 면에서 똑같으며, 구슬려서(쉽다) 잡종 교배를 하게 하면 생식 능력이 완벽한 자손이 생긴다는 것을 기억하자.

우리는 겉모습을 보고 제멋대로 판단하지만, 유전학자에게는 현재의 인간 종이 아주 균일해 보인다. 유전적 변이를 인간 개체군 전체가 소유한다고 간주하면, 우리는 인종이라는 지역 집단들의 변이 비율을 측정할 수 있다. 실제로 조사하면 그 비율은 전체에 비해서 낮은 것으로 드러난다. 어떻게 측정하느냐에 따라서 달라지겠지만 6-15퍼센트 사이이다. 아종들로 나뉘는 다른 많은 종들에 비하면 훨씬 더 낮은 수준이다. 따라서 유전학자들은 인종이 인간에게 그다지 중요한 측면이 아니라고 결론짓는다. 달리 말하면 이렇다. 한 지역의 인종만 제외하고 모든 인간이 사라진다고 해도, 인간 종의 유전적 변이는 대부분 보존될 것이다. 이 말은 직관적으로 잘 와닿지 않으며, 아주 놀라워할 사람들도 있을 것이다. 예를 들면 빅토리아 시대의 사람들이 으레 생각했듯이 인종이 많은 것을 말해준다면, 인간 종이 가진 변이의 대부분을 보존하기 위해서는 모든 인종들을 보존해야 할 것이다. 그러나 실상은 그렇지 않다.

빅토리아 시대의 생물학자들이 거의 예외 없이 인간을 인종이라는 색깔이 들어간 안경을 쓰고 보았다는 사실을 알면 틀림없이 놀랄 것이다. 그런 태도는 20세기까지 이어졌다. 히틀러는 인종차별주의 개념을 정부 정책으로 전환시킬 힘을 획득했다는 점에서 독특했다. 독일에서만이 아니라 다른 수많은 지역에서도 똑같은 사상이 퍼져 있었지만, 권력을 얻지는 못했다. 나는 전에 H. G. 웰스의 신공화국 개념(『예견 [Anticipations]』, 1902)을 인용한 적이 있는데, 그 부분을 다시 인용해보자. 당대에는 대단히 진보적이고 좌파적이라고 간주되었던 영국의 손꼽히는 지성인이 그런 끔찍한 말을 했음에도 불구하고 이를 문제로 여긴 사람이 거의 아무도 없었다는 사실을 상기시키는 데에 큰 도움이 되기 때문이다. 겨우 한 세기 전의 발언이다.

> 그러면 신공화국은 열등한 인종들을 어떻게 다룰 것인가? 흑인종은 어떻게 다룰 것인가?…… 황인종은?…… 유대인은?…… 능력이라는 새로운 요구 사항을 충족시키지 못하는 흑인, 갈색인, 더러운 백인, 황색인 무리들은? 그 세계는 하나의 세계이지, 자선기관이 아니므로, 나는 그들이 떠나야 할 것이라고 본다……. 그리고 신공화국 국민들의 윤리체계, 즉 그 세계 국가를 지배할 윤리체계는 무엇보다도 우수하고 효율적이고 아름다운 인류, 즉 아름답고 강한 육체, 명쾌하고 강력한 정신을 낳도록 구축될 것이다……. 그리고 자연이 지금까지 세계를 형성하는 데에 써왔던 방법, 그럼으로써 약함이 약함을 퍼뜨리지 못하도록 막아온 방법은……죽음이다……. 신공화국의 국민들은……살인을 가치 있게 만들어줄 이상을 가지게 될 것이다.

나는 그 중간 세기에 일어난 우리 자신의 태도 변화를 살펴보면 조금 위로가 되지 않을까 생각한다. 아마 부정적인 의미에서 히틀러가 거기에 기여했다고도 할 수 있을 것이다. 이제 그가 한 말에 관심을 가질 사람은 아무도 없기 때문이다. 그러나 22세기의 우리 후손들은 우리의 말을 끔찍해하면서 인용할 수도 있지 않을까? 우리가 다른 종을 대했던 방식 같은 것을 두고 그렇게 생각하지 않을까?

여담은 이만 줄이자. 우리는 겉모습과 달리, 인간 종의 유전적 균일성이 유달리 높다는 말을 하는 중이다. 피를 채취하여 단백질 분자들을 비교하거나 유전자 서열 자체를 비교해보면, 아프리카의 두 침팬지 사이보다 세계 어디에서 살든 간에 두 인간 사이의 차이가 적다는 것을 알 수 있다. 우리는 침팬지의 조상들과 달리 우리 조상들이 최근에 유전적 병목 지점을 통과했다고 추정함으로써 그런 인간의 균일성을 설명할 수 있다. 즉 인구가 크게 줄어들어 거의 멸종할 뻔하다가 가까스로 헤쳐나온 순간이 있었다는 것이다. 우리는 모두 이 작은 집단의 후손이며, 그것이 우리가 오늘날 유전적으로 그토록 균일한 이유이다. 마지막 빙하시대의 말인 최근에 더욱 좁은 병목 지점을 지난 치타가 우리보다 유전적으로 더 균일하다는 점도 유사한 증거가 된다.

생화학적 및 유전학적 증거를 탐탁지 않게 생각하는 사람들도 있을지 모른다. 자신들의 일상적인 경험과 들어맞지 않는 것처럼 여겨지기 때문이다. 치타와 달리, 우리는 균일해 "보이지" 않는다.* 노르웨이인, 일본인, 줄루족은 정말로 서로 매우 달라 보인다. 세계 최고의 의지력을 가진 사람이라도, 실제로 진실을 받아들인다는 것이 직관적으로 쉽지는 않다. 우리 눈에는 훨씬 더 닮은 듯이 보이는 침팬지 세 마리보다 세 인류 부족이 "사실상" 훨씬 더 비슷하다는 것을 말이다.

물론 이것은 정치적으로 민감한 문제이다. 언젠가 나는 약 20명의 과학자들이 모인 학회에 참석한 적이 있었는데, 서아프리카에서 온 한 의학자가 그 점을 재미있게 풍자했다. 학회가 시작될 때, 의장이 원탁에 둘러앉은 참석자들에게 각자 소개를 하라고 했다. 그곳에 흑인은 그 아프리카인밖에 없었는데, 많은 "아프리카계 미국인들"과 달리 정말로 새까맸다. 그는 빨간 넥타이를 매고 있었다. 그는 웃음 섞인 말로 자기 소개를 마쳤다. "여러분은 저를 쉽게 기억할 수 있을 겁니다. 빨간 넥타이를 맨 사람으로요." 그는 인종 차이를 못 본 척하려고 애쓰는 사람들의 태도를 보고 우회적으로 가볍게 응수한 것이다. 나는 영국의 유명 코미디 집단인 몬티 파이턴의 촌극도 같은 선상에 있다고 생각한다. 그렇지만 우리는 온갖 겉모습과는 반대로 우리가 유달리 균일한 종이라고 주장하는 유전적인 증거를 내던져버릴 수가 없다. 겉모습과 측정된 현실 사이의 뚜렷한 갈등을 해결할 방법이 없을까?

인간 종의 총 변이를 측정한 뒤에 그것을 인종 간 요소와 인종 내 요소로 나눈다면, 인종 간 요소가 전체에서 차지하는 비율이 극히 낮은 것이 사실이다. 인간에게 있는 변이들 중 대부분은 인종 사이뿐만 아니라 인종 내에서도 발견된다. 인종들을 나누는 것은 추가된 약간의 여분 변이들일 뿐이다. 여기까지는 다 옳다. 그러나 그렇기 때문에 인종이 무의미한 개념이라는 논리는 옳지 않다. 영국 케임브리지의 저명한 유전학자 A. W. F. 에드워즈는 "인간 유전적 다양성 : 르원틴의 오류"라는 최근 논문에서 이

---

* 여담이지만, 표범도 균일해 보이지 않는다. 그러나 한때 다른 종으로 생각되었던 흑표범은 점박이표범과 유전자좌 하나만 다를 뿐이다.

점을 명확히 지적했다. R. C. 르원틴도 (미국 매사추세츠에 있는) 케임브리지의 저명한 유전학자인데, 그는 정치적 신념이라는 강점과, 기회가 있을 때마다 그것을 과학에 끌어들이려고 하는 약점으로 유명한 인물이다. 르원틴의 인종관은 과학계에서 거의 보편적인 통설이 되었다. 그는 1972년에 한 유명한 논문에 이렇게 썼다.

인종들과 소집단들 사이의 차이가 이 집단들 내의 변이에 비해서 상대적으로 더 크다는 인식은 사실 편향된 것이며, 무작위적으로 선택된 유전적 차이들을 토대로 할 때 인종들과 집단들이 서로 놀라울 정도로 유사하고, 개인 간의 차이가 인간의 변이들 중 가장 많은 부분을 차지한다는 것은 분명하다.

물론 이 말은 내가 위에서 받아들인 내용과 똑같다. 내가 쓴 내용이 주로 르원틴의 개념을 토대로 한 것이므로 놀랄 일도 아니다. 그러나 르원틴이 그다음에 어떻게 말하는지를 들어보자.

인종 분류는 아무런 사회적 가치가 없으며, 사회관계 및 인간관계를 적극적으로 파괴한다. 그런 인종 분류가 이제 유전적으로나 분류학적으로나 거의 아무런 의미가 없음이 드러났으므로, 무엇으로도 그것의 존속을 정당화할 수 없다.

우리 모두는 인종 구분이 사회적 가치가 전혀 없으며, 사회관계 및 인간관계를 적극적으로 파괴한다는 데에 기꺼이 동의할 수 있다. 그것이 바로 내가 서류의 칸에 표시하기를 거부하는 한 가지 이유이며, 직업 선택에서의 적극적인 차별을 거부하는 이유이기도 하다. 그러나 그것이 인종이 "유전적으로나 분류학적으로 거의 아무런 의미가 없다"는 뜻은 아니다. 에드워즈는 바로 그 점을 지적하면서, 다음과 같은 논리를 편다. 총 변이에서 인종이 차지하는 비율이 아무리 낮다고 할지라도, 그런 인종적인 특징들이 다른 인종적인 특징들과 상관관계가 높다면, 정의에 따라서 그것들은 정보를 포함하므로 분류학적 의미를 내포한다는 것이다.
　정보를 포함한다는 말은 정확한 의미를 내포한다. 정보를 가진 문장은 당신이 모르던 것을 알려주는 문장이다. 한 문장의 정보량은 사전 불확실성의 감소로 측정되고,

사전 불확실성의 감소는 확률의 변화로 측정된다. 이것을 이용하여 한 메시지의 정보량을 수학적으로 정확하게 측정할 수 있지만, 우리는 그런 것에 신경을 쓰지 말도록 하자.* 내가 당신에게 에벌린이 남성이라고 말한다면, 당신은 그 즉시 그에 관해서 상당히 많은 부분을 알 수 있다. 그의 생식기 모양에 관한 당신의 사전 불확실성은 감소한다(비록 완전히 사라지지는 않지만). 이제 당신은 그의 염색체, 호르몬, 다른 생화학적 측면들에서도 전에 모르던 사실들을 알며, 그의 목소리 굵기, 얼굴 털과 체지방과 근육의 분포에 관한 사전 불확실성도 양적으로 줄어든다. 빅토리아 시대 사람들의 편견과 정반대로, 에벌린의 전반적인 지능이나 학습 능력에 관한 사전 불확실성은 그의 성별을 알아도 그대로 남는다. 역기 들어올리기를 비롯하여 대다수 운동 분야에서의 능력에 관한 당신의 사전 불확실성은 양적으로 줄어들지만, 양적으로만 그럴 뿐이다. 비록 최고의 남성들이 대개 최고의 여성들을 능가하지만, 어떤 운동에서든 간에 다수의 남성을 능가할 수 있는 다수의 여성들이 있기 마련이다. 에벌린의 성별을 알면, 그의 달리기 속도나 테니스 서브를 넣는 힘에 관해서 약간 더 자신 있게 말할 수는 있지만, 객관적으로 확실하다고 말할 수 있는 수준에는 미치지 못한다.

이제 인종에 관한 질문으로 돌아가자. 내가 당신에게 수지가 중국인이라고 말한다면, 당신의 사전 불확실성은 얼마나 줄어들까? 이제 당신은 그녀의 머리카락이 곧고 검으며(아니면 검었거나), 그녀의 눈에 몽골주름이 있다는 것과 기타 한두 가지 사항들을 꽤 확실히 안다. 내가 당신에게 콜린이 "흑인"이라고 말했을 때, 앞에서 살펴보았듯이 그 말이 당신에게 그가 검다고 알려주는 것은 아니다. 그렇지만 그 말에 정보가 없지 않다는 것도 분명하다. 관찰자 간 상관관계가 높다는 것은 "콜린은 흑인이다"라는 문장에 정말로 콜린에 관한 사전 불확실성을 줄이는 식으로, 대다수 사람들이 인식하는 특징들의 집합이 담겨 있음을 시사한다. 이 상관관계는 어느 정도는 반대로도 작용한다. 내가 당신에게 칼이 올림픽 달리기 우승자라고 말한다면, 그의 "인종"에 관한 당신의 사전 불확실성은 줄어든다. 그것은 통계적인 사실에 관한 문제이다. 사실상 당신은 그가 "흑인"이라고 상당히 확신할 수 있다.**

---

* 공교롭게도 르원틴은 정보 이론을 이용한 최초의 생물학자 중의 한 명이었으며, 그것도 다른 주제가 아니라 바로 인종을 다룬 논문에서 그 이론을 채택했다. 그는 그것을 다양성을 간편하게 측정할 수 있는 통계 수단으로 활용했다.

** 로저 배니스터 경은 몇 년 전에 비슷한 말을 했다가, 다른 타당한 이유 없이 오로지 사람들이 인종 문제

우리는 인종 개념이 정보가 풍부하게 담긴 또는 담겼던 분류 방식인가라는 질문을 통해서 이 논의에 들어섰다. 그 문제를 판단할 때에 관찰자 간 상관관계라는 기준을 어떻게 적용할 수 있을까? 일본, 우간다, 아이슬란드, 스리랑카, 파푸아뉴기니, 이집트의 원주민들을 찍은 증명사진들 중에서 각각 20장씩을 무작위로 고른다고 하자. 120명에게 그 사진 120장을 보여준다면, 나는 모든 사람들이 사진들을 여섯 집단으로 분류하는 데에 성공할 확률이 100퍼센트라고 생각한다. 게다가 그들에게 여섯 나라의 이름을 알려주었을 때, 그 120명이 어지간한 수준의 교육을 받았다면, 그들은 120장을 모두 국가별로 제대로 분류할 것이다. 나는 그 실험을 해본 적은 없지만, 당신도 그런 결과가 나오리라는 내 의견에 동의할 것이라고 확신한다. 굳이 그 실험을 하지 않으려고 하는 내가 비과학적으로 느껴질지도 모른다. 그러나 당신이 인간이라면 실험을 하지 않고서도 동의할 것이라는 내 확신이 바로 내가 규명하려고 하는 것이다.

내 생각에 르원틴이 그 실험을 한다고 했을 때, 그도 내 예측과 다른 결과가 나오리라고 예상하지는 않을 것이다. 그러나 인종 분류가 유전적으로나 분류학적으로 거의 아무런 의미가 없다는 그의 말로 볼 때는 정반대의 예측이 나올 듯하다. 분류학적으로나 유전적으로 의미가 없다면, 관찰자 간 상관관계가 높을 수 있는 다른 유일한 방법은 전 세계가 비슷한 문화적 편견을 지니는 것인데, 나는 르원틴이 그렇게 예측하지는 않을 것이라고 생각한다. 즉 나는 에드워즈가 옳고, 르원틴이 틀렸다고 생각한다. 르원틴이 틀린 것이 처음은 아니지만 말이다. 물론 르원틴의 계산은 옳았다. 그는 뛰어난 수리유전학자이니 말이다. 사실 인간 종의 총 변이 중 인종 항목에 속한 것은 적다. 그러나 총 변이 중에서 그것이 차지하는 비율이 아무리 적다고 해도 인종 간 변이에는 **상관관계가 있으므로**, 그것은 관찰자 간 의견 일치를 측정함으로써 설명할 수 있는 방식의 정보를 가진다.

이 시점에서 내가 "인종"이나 "민족"이라고 적힌 칸에 표시를 하라는 서류 작성 요구를 강하게 거부한다는 것과 인종 분류가 사회관계 및 인간관계를 적극적으로 파괴할 수 있다는 르원틴의 말을 적극 지지한다는 점을 다시 말해두어야겠다. 특히 소극적 차별이든 적극적 차별이든 간에 사람들을 차별하기 위해서 인종 분류를 사용할 때에 말이다. 누군가에게 인종 꼬리표를 붙이면 그들에 관해서 한 가지 이상을 읽게 된다는

에 민감하다는 점 때문에 심각한 곤경에 처한 바 있다.

의미에서 유익하다. 그럼으로써 머리카락 색깔, 피부색, 머리카락이 곧은 정도, 눈의 모양, 코의 모양, 키에 관한 불확실성을 줄일 수도 있다. 그러나 그 꼬리표가 어떤 직업에 얼마나 소질이 있느냐 같은 사항을 알려줄 것이라고 가정할 이유는 전혀 없다. 그리고 심지어 그럼으로써 어떤 특정한 직업에 적합할 가능성에 관한 당신의 통계적 불확실성이 줄어드는 있을 법하지 않은 사건이 벌어진다고 할지라도, 인종 꼬리표를 누군가를 고용할 때에 차별의 근거로 삼는 것은 **여전히** 부당할 것이다. 능력을 기준으로 선택하라. 그리고 그렇게 했을 때, 흑인만으로 구성된 육상 선수팀이 나온다면, 그냥 받아들이면 된다. 인종차별로 그런 결과가 나온 것은 아니다.

위대한 지휘자는 자신의 오케스트라에서 연주할 단원들을 뽑을 때, 항상 후보자들에게 장막 뒤에서 연주하도록 한다. 후보자들은 절대로 말을 할 수 없으며, 하이힐 소리가 연주자의 성별을 알려줄지 모르므로 신발도 벗어야 한다. 설령 통계적으로 여성이 남성보다 하프 연주를 잘한다고 할지라도, 그렇다고 해서 당신이 하프 연주자를 뽑을 때에 남성을 차별해야 한다는 의미는 **아니다**. 오로지 개인이 속한 집단만을 근거로 개인을 차별하는 것은 어느 모로 보나 나쁜 짓이다. 남아프리카의 인종차별 법률들이 악(惡)이었다는 데에 이제는 거의 보편적인 동의가 이루어졌다. 내 생각에 미국의 대학교들에서 "소수" 학생들을 대우하는 적극적인 차별 정책도 인종차별 정책과 똑같은 이유로 공격을 받을 수 있다. 둘 다 사람을 권리를 가진 개인이 아니라 집단의 대표로 다룬다. 적극적인 차별은 때때로 수세기에 걸친 부당한 대우를 바로잡으려는 시도로서 정당화되곤 한다. 그러나 그가 속한 집단의 오래 전에 죽은 구성원들이 받았던 부당한 대우를 현재의 한 개인에게 보상하겠다는 것이 어떻게 정당화될 수 있을까?

흥미롭게도 이런 유형의 단수/복수 혼동은 편견을 완고하게 고수하는 자들이 쓰는 단어들에서 드러난다. "유대인들" 대신에 "유대인"을 고집하는 식으로 말이다.

당신네 수단 군인은 뛰어난 전사이지만, 왼쪽과 오른쪽도 구별하지 못한다. 지금 당신네 파탄인은……

사람들은 개인들이며, 집단끼리의 차이보다 집단 내 구성원들의 차이가 훨씬 더 큰,

서로 다른 개인들이다. 이 점에서는 르원틴이 분명히 옳다.

관찰자 간 일치는 인종 분류가 완전히 비정보적인 것은 아님을 시사하지만, 도대체 무엇을 의미할까? 그것은 그저 관찰자들이 일치된 의견을 내놓을 때, 사용한 특징들을 말할 뿐이다. 눈의 모양이나 머리카락의 곱슬곱슬함 같은 것들이다. 인종 분류를 믿을 또다른 이유들이 제시되지 않는다면 말이다. 몇 가지 이유로 볼 때, 인종과 상관관계가 있는 것은 피상적이고 외면적이며 사소한 특징들인 듯하다. 아마 얼굴의 특징들이 그럴 것이다. 그런데 인종들은 왜 이렇게 겉으로 드러나는 눈에 띄는 특징들에서만 다른 것일까? 아니면 그저 관찰자인 우리가 그것들에 주목하도록 편향되어 있을 뿐일까? 왜 다른 종은 비교적 균일해 보이는 반면, 인간들은 동물계의 다른 곳에서 만난다면 각기 다른 수많은 종으로 다루어지지 않을까 하는 의구심이 들 정도로 차이가 나는 것일까?

정치적으로 가장 수용할 만한 설명은 모든 종의 구성원들이 자신의 종 내의 차이를 가장 잘 구분한다는 것이다. 이런 관점에서 보면, 우리는 다른 종 내의 차이보다 인간 종 내의 차이를 더 잘 **파악하는** 것일 뿐이다. 침팬지들은 우리 눈에는 거의 똑같아 보이지만, 침팬지의 눈에는 우리가 키쿠유족과 네덜란드인이 다르다고 보는 것만큼이나 자신들이 서로 달라 보인다. 뇌가 얼굴을 인식하는 과정에 관한 전문가인 미국의 저명한 심리학자 H. L. 튜버는 이 이론을 인종 내 수준에서 확인하고자, 한 중국인 대학원생에게 다음과 같은 문제를 연구하도록 했다. "서양인들은 왜 중국인들이 서양인들보다 더 비슷해 보인다고 생각할까?" 그 대학원생은 3년간의 집중적 연구 끝에, 이런 결론을 내렸다. "중국인들은 정말로 서양인들보다 더 비슷해 보인다!" 그 이야기를 해줄 때에 튜버의 눈이 반짝이면서 눈썹이 움찔움찔거렸다. 그가 농담을 하고 있다는 의미였다. 그래서 나는 그 이야기가 사실인지 여부를 알지 못한다. 그러나 나는 그 이야기가 사실이라고 해도 쉽게 믿을 수 있으며, 아무도 분노하지 않으리라고 확신한다.

(비교적) 최근에 아프리카 바깥으로 나와 전 세계로 퍼져나가면서, 우리는 대단히 다양한 서식지, 기후, 생활방식을 접했다. 그 각기 다른 조건들은 강한 선택압을 가했을 가능성이 있다. 특히 햇빛과 추위에 맞서야 했던 피부 같은 눈에 띄는 부위가 그랬을 것이다. 열대에서 극지방까지, 해변에서 고지대인 안데스 산맥까지, 메마른 사막에서 축축한 정글까지, 온갖 지역에서 이만큼 번성한 종이 또 있을 것 같지는 않다. 그런

각기 다른 조건들은 각기 다른 자연선택 압력을 가했을 것이고, 그랬는데도 지역 집단들이 다양해지지 않았다면 그 편이 오히려 놀라울 것이다. 아프리카, 남아메리카, 동남아시아의 깊은 숲에서 사는 사냥꾼들은 모두 독자적으로 체구가 작아졌다. 울창한 숲 속에서는 큰 키가 불리하기 때문에 그렇게 변한 것이 거의 확실하다. 고위도 지방의 사람들은 비타민 D를 만들어줄 햇빛이 절실하므로 암을 유발하는 열대의 햇빛이라는 정반대의 문제에 직면한 사람들보다 피부색이 더 연한 경향이 있다고 추정된다. 그런 지역적 선택이 피부색처럼 겉으로 드러난 특징들에 큰 영향을 미친 반면에, 유전체는 대부분 균일한 상태로 고스란히 남아 있었을 가능성이 높다.

그 이론은 우리의 내재된 유사성을 가리는 피상적이고 가시적인 다양성을 완벽하게 설명할 수 있다. 그러나 나는 그것만으로는 충분하지 않다고 생각한다. 잠정적이기는 하지만, 나는 한 가지를 덧붙이면 도움이 되지 않을까 생각해본다. 앞에서 논의한 상호 교배를 막는 문화적 장벽을 다시 떠올려보자. 유전자들 전체를 생각할 때, 혹은 유전자들을 정말로 무작위적으로 표본 추출했을 때, 우리는 실제로 아주 균일한 종이다. 그러나 변이를 주목하게 하고 자신과 남을 구분짓는 유전자들에 유달리 변이가 많은 데에는 특별한 이유가 있을 것이다. 피부색처럼 외부에서 보이는 "꼬리표들"을 담당한 유전자들이 거기에 포함될 것이다. 이번에도 나는 이런 차이점들을 유달리 잘 식별하는 능력이 인간의 성선택을 통해서 진화했다고 주장하고 싶다. 특히 인간이 문화적인 종이기 때문에 그렇다. 우리의 짝 선택이 문화 전통에 아주 깊이 영향을 받고, 그리고 우리의 문화와 때로는 종교까지도 우리에게 짝을 선택할 때에는 외부인을 차별하라고 부추기기 때문에, 우리 조상들이 외부인보다 내부인을 선호할 때에 이용했던 외면적인 차이들이 진정한 유전적인 차이들에 비해서 균형이 맞지 않게 강화된 것이다. 비슷한 생각을 주장한 사상가로는 『제3의 침팬지(*The Rise and Fall of the Third Chimpanzee*)』를 쓴 제레드 다이아몬드가 대표적이다. 그리고 인종 차이를 성선택을 동원하여 전반적으로 설명한 사람은 다윈 자신이었다.

나는 인종 차이의 성선택 이론을 두 가지 형태로 생각하고 싶다. 강한 형태와 약한 형태로 말이다. 물론 둘을 어떤 식으로든 조합한 것이 옳을 수도 있다. 강한 이론은 피부색을 비롯한 뚜렷한 유전적인 특징들이 짝을 선택할 때, 식별 기준으로서 적극적으로 진화했다고 주장한다. 강한 이론으로 이어진다고 볼 수 있는 약한 이론은 언어와 종교 같은 문화적 차이들이 종분화의 초기 단계를 이루는 지리적 격리와 같은 역할을 한다고 본다. 문화적 차이들이 이런 초기 격리를 빚어냄으로써 유전적 흐름이 끊긴다면, 개체군들은 마치 지리적으로 격리된 것처럼 유전적으로 따로 진화할 것이다.

대개는 지리적인 형태를 취하지만, 우연한 격리가 처음에 이루어지기만 하면, 조상 개체군이 유전적으로 격리된 두 개체군으로 나뉠 수 있다는 "시클리드 이야기"를 떠올려보라. 산맥 같은 장벽은 두 계곡 개체군 사이의 유전자 흐름을 줄인다. 그 결과 두 계곡의 유전자 풀은 자유롭게 표류한다. 대개 각 개체군에 서로 다른 선택압이 가해지면서 격리는 강화될 것이다. 가령 한 계곡이 산맥의 반대편에 있는 이웃 계곡보다 더 습할 수도 있다. 그러나 내가 지금까지 지리적인 것이라고 가정했던, 처음의 우연한 격리는 필요하다.

지리적인 격리가 의도적이라고 주장할 사람은 아무도 없다. "필요하다"는 결코 그런 의미가 아니다. 필요는 단지 처음에 지리적(또는 그에 상응하는) 격리가 우연히 일어나지 않으면, 그 개체군의 다양한 구성원들이 성적 혼합을 통해서 유전적으로 하나로 결속될 것이라는 의미일 뿐이다. 처음에 장벽이 생기지 않으면, 종분화는 일어날 수 없다. 처음에는 아종이겠지만, 잠정적인 두 종은 유전적으로 말해서 일단 갈라지기 시작하면, 점점 더 멀어질 수 있다. 설령 그 뒤에 지리적인 장벽이 없어진다고 해도 말이다.

이 부분은 논란이 있다. 일부 학자들은 초기 격리가 반드시 지리적이어야 한다고 생각하는 반면, 일부는, 특히 곤충학자들은 이른바 동지역 종분화를 강조한다. 초식성 곤충들 중에는 오직 한 종의 식물만 먹는 것들이 많다. 그들은 선호하는 식물 위에서 짝을 짓고 알을 낳는다. 깨어난 유충은 뇌 속에 자신이 먹는 식물을 뚜렷이 "각인시킨다." 그리고 성체가 되었을 때에도 같은 종의 식물을 골라 알을 낳는다.* 따라서 성체 암컷이 실수로 다른 종의 식물에 알을 낳으면, 그 딸들에게는 그 식물 종이 각인될 것이고, 그 딸들은 때가 되면 같은 식물에 알을 낳을 것이다. 그 암컷들의 새끼들도 똑같이 그 식물을 뇌 속에 각인시킬 것이고, 성체가 되었을 때에 그 식물 주변을 맴돌다

---

* 각인은 콘라트 로렌츠가 발견했다고 하며, 거위 새끼 같은 어린 동물들이 생애 초기의 어떤 중요한 시기에 자신이 본 대상을 마음속에 일종의 사진으로 찍어놓고, 새끼일 때에 그 대상을 따라다니는 행위를 말한다. 그 대상은 대개 부모이겠지만, 콘라트 로렌츠의 신발이 될 수도 있다. 나중에 그 "마음속 사진"은 짝의 선택에 영향을 미친다. 상대는 대개 자기 종의 일원이겠지만, 로렌츠의 신발과 짝짓기를 시도할지도 모른다. 거위 새끼의 사례가 그렇게 단순하지는 않지만, 곤충의 사례와 유사하다는 것은 분명하다.

가 그곳을 맴도는 수컷과 짝짓기를 하고, 결국 그 엉뚱한 식물에 알을 낳을 것이다.

이 곤충들의 사례를 보면, 원래 부모가 속했던 개체군과의 유전자 흐름이 단 한 세대만에 갑자기 단절될 수도 있음을 알 수 있다. 이론상 새로운 종은 지리적 격리가 없이도 제멋대로 등장할 수 있다. 달리 표현하면, 이 곤충들에게는 먹이식물 두 종의 차이가 다른 동물의 산맥이나 강에 해당한다. 곤충에게서는 이런 종류의 동지역 종분화가 "진짜" 지리적 종분화보다 더 흔하다고 알려졌다. 동물 종은 대다수가 곤충이므로, 종분화 사건들의 대부분이 동지역 종분화일 수도 있다. 그렇기 때문에 나는 인류의 문화가 유전자 흐름을 차단할 수 있는 독특한 방법을 제공한다고 주장하는 것이다. 방금 말했던 곤충 시나리오와 다소 비슷하게 말이다.

곤충의 식물 선호도는 유충이 먹이식물에 고착되고, 성체가 같은 먹이식물에서 짝짓기를 하고 알을 낳는 이중의 상황을 통해서 부모로부터 자손에게 전달된다. 사실상 계통이 세대를 따라 수직으로 이어지는 "전통"을 확립한다. 인간의 전통도 더 정교하기는 하지만 비슷하다. 언어, 종교, 예절, 관습이 대표적이다. 곤충과 먹이식물의 관계처럼 인생을 흥미롭게 만드는 "실수"가 충분히 일어나기는 하지만, 대개 아이들은 부모의 언어와 종교를 채택한다. 곤충이 선호하는 먹이식물 주변에서 짝짓기를 하듯이, 사람도 같은 언어를 쓰고, 같은 신에게 기도하는 사람들과 짝을 짓는 경향이 있다. 따라서 각기 다른 언어와 종교는 먹이식물이나 전통적인 지리적 종분화에서의 산맥과 같은 역할을 할 수 있다. 각기 다른 언어, 종교, 사회 풍습은 유전자 흐름을 막을 수 있다. 우리 이론의 약한 형태에 따르면, 이때부터 무작위적인 유전적 차이들이 마치 산맥의 양편에 있는 것처럼 언어나 종교 장벽의 양편에서 축적된다. 이론의 강한 형태에 따르면, 그 뒤로 쌓이는 유전적 차이들은 사람들이 겉모습에 나타나는 뚜렷한 차이들을 처음의 문화적 장벽과 함께 짝 선택의 식별 표지로 사용함으로써 강화된다.*

내가 인간을 하나 이상의 종으로 생각해야 한다고 주장하는 것은 절대로 아니다. 정반대이다. 내가 주장하는 것은 인류의 문화가, 즉 우리가 무작위적인 짝짓기에서 벗어나 언어, 종교, 다른 문화에 대한 식별 인자들을 통해서 짝을 결정하는 방향으로 아주 힘차게 나아간 것이 과거의 우리 유전자에 아주 기이한 작용을 했다는 것이다. 유

---

* 그 개념을 밀고 나가려고 할 때, 염두에 두어야 할 잠재적인 문제는 지리적 격리와 이 문화적 가설을 다루는 수리유전학 이론이 유전적 분화가 이루어질 동안 격리가 꽤 철저해야 한다고 주장한다는 것이다.

전자들의 전체를 따져보면 우리가 아주 균일한 종이라고 할지라도, 사소하지만 뚜렷한 외면적인 특징들을 보면 우리는 놀라울 정도로 다양하다. 차별의 근거로 쓰이는 특징들이 말이다. 차별은 짝 선택에서만이 아니라 외부인 혐오증이나 종교적 편견의 희생자나 적을 고를 때에도 적용될지 모른다.

초파리 이야기

1894년에 선구적인 유전학자 윌리엄 베이트슨은 『종의 기원에서의 불연속성과 관련이 깊은 변이 연구를 위한 재료들(*Materials for the Study of Variation, Treated with Especial Regard to Discontinuity in the Origin of Species*)』이라는 책을 펴냈다. 그는 유전적 비정상 사례들을 모은 흥미로우면서도 소름 끼칠 만한 목록을 제시했고, 그것들이 어떻게 진화를 보여주는지 고찰했다. 그는 발굽이 갈라진 말, 머리 한가운데에 뿔이 하나만 난 영양, 손이 하나 더 있는 사람, 한쪽에 다리가 5개인 딱정벌레를 예로 들었다. 베이트슨은 그 책에서 한 가지 두드러진 형태의 유전적 변이에 "호메오시스(homeosis)"라는 용어를 붙였다. Homoio는 그리스어로 "같다"는 뜻이며, 호메오 돌연변이(homeotic mutation, 비록 "돌연변이"는 베이트슨이 책을 쓸 무렵에는 없던 단어이지만 우리는 그렇게 부르기로 하자)는 몸의 일부를 다른 부위에 나타나게 하는 돌연변이를 가리킨다.

베이트슨이 든 사례들 중에는 더듬이가 있어야 할 자리에 다리가 자란 잎벌도 있었다. 이 특이한 비정상 사례들을 접하는 순간, 당신은 베이트슨과 마찬가지로 그것들이 동물이 어떻게 정상적으로 발달하는지를 알려줄 중요한 단서가 분명하다고 추측할지 모르겠다. 당신과 베이트슨의 생각은 옳다. 그것이 이 이야기의 주제이다. 더듬이 대신 다리가 달린 그 특이한 호메오시스는 나중에 초파리에서도 발견되었고, 안테나페디아(antennapedia)라는 이름이 붙여졌다. 초파리(*Drosophila*, 학명은 "이슬 애호가"라는 뜻)는 오랫동안 유전학자들이 애지중지해온 동물이었다. 발생학을 유전학과 혼동해서는 안 되겠지만, 최근에 초파리는 유전학뿐만 아니라 발생학에서도 주역을 맡고 있으며, 이 이야기는 발생에 관한 것이다.

배아 발달은 유전자들의 통제를 받지만, 이론적으로 볼 때에는 두 가지 방식으로 이루어질 수 있다. "생쥐 이야기"에서는 그것을 청사진과 요리법으로 소개했다. 건축업자

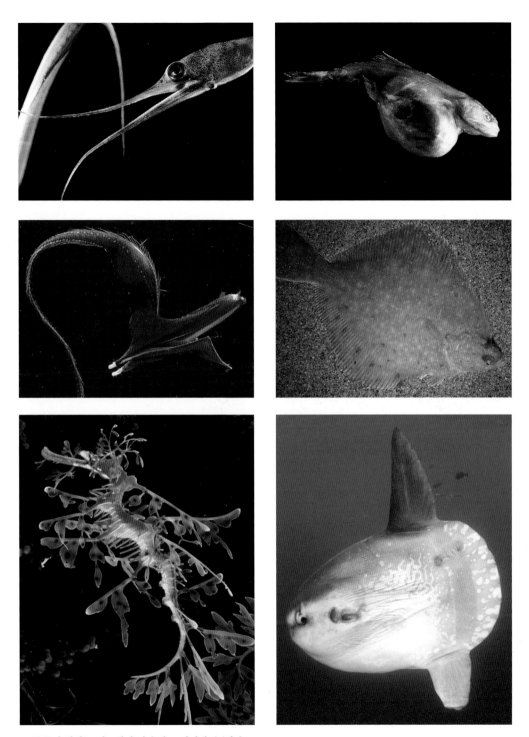

25 동물의 형태는 점토처럼 마음대로 빚어낼 수 있다

진골어류의 형태 변화. 위 왼쪽부터 도요새장어, 먹이를 먹은 후의 검은이빨고기, 큰입장어, 유럽가자미, 나뭇잎해룡, 개복치(423-425쪽 참조).

26 아주 산뜻한 실험

붉은색의 푼다밀리아 니에레이레이(왼쪽)과 파란색의 푼다밀리아 푼다밀리아(아래)는 단색광 아래에서 색깔을 칙칙하게 하면, 상호 교배가 가능해진다(430–431쪽 참조).

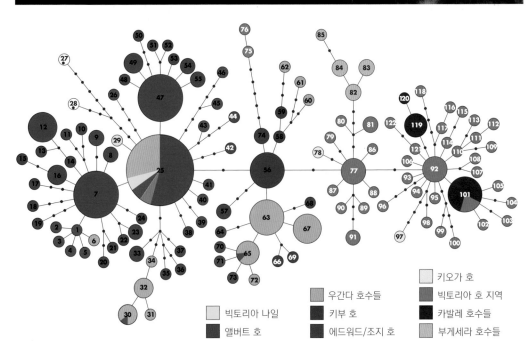

27 각 원은 하나의 유전자를 나타낸다

뿌리 없는 하플로타입 망. 베르헤옌 등[295](434쪽 참조).

28 마약에 취한 화가가 그린
민물톱가오리, 큰귀상어(441쪽 참조).

29 유령처럼 보이는
독특한 큰 머리와 펄럭거리는 가슴지느러미를
가진 은상어의 일종인 코끼리상어(443쪽 참조).

30 종신 재직권을 딴 부교수
파란멍게 성체(457쪽 참조).

**31 너무나 기이한 모습을 통해서 우리
자신이 무엇이 아닌지를 보여줌으로써,
우리 자신을 더 명확히 인식할 수 있도
록 도와주는 "화성인"**
5각 대칭의 멋진 사례인 붉은방석불가
사리(470쪽 참조).

32 공조상 24
이 공조상은 현대의 창고기를 닮은 듯하다. 몸을 따
라 죽 척삭, 즉 단단한 연골 막대가 뻗어 있으며, 맨
앞에는 원초적인 뇌가 있다. 현대의 창고기처럼 이 공
조상도 두꺼운 근육 마디(V자 모양의 근육 덩어리들)
가 있었을 것이고, 아가미구멍으로 먹이를 걸러서 몸
아래쪽에 있는 일종의 소화관으로 보냈을 것이다(465
쪽 참조).

33 공조상 26
바다 밑에 사는 것으로 그려진 연충처럼 생긴 공조상.
몸은 똑같은 마디들로 이루어졌다. 한쪽 끝에 머리가
있고 죽 관통하는 창자가 있다. 머리에는 입이 있고,
입 주위에는 먹이를 얻는 데에 도움이 될 부속기관들
이 달려 있었을지도 모른다. 눈도 있었을 가능성이 높
다(481쪽 참조).

34 줄을 지어 잎들을 들여오는 모습은 찰랑거리는 초록빛 강
자른 잎을 둥지로 운반하는 잎꾼개미. 잎에 올라탄 것은 작은 정원사 개미이다(492쪽 참조).

35 화성인은 그들은 3 대 1로 구분하지 않을까?
왼쪽부터, 곤돌리자 라이스, 콜린 파월, 조지 W. 부시, 도널드 럼즈펠드(497쪽 참조).

36 세포들은 다른 몸마디에 있다고 "생각한다"
호메오 돌연변이를 지닌 초파리(517쪽 참조).

37 진화적 스캔들
남극대륙에서 발견된 담륜충의 광학현미경 사진(524쪽 참조).

38 발톱벌레
현대의 유조동물인 페라파톱시스 모셀레이(537–539쪽 참조).

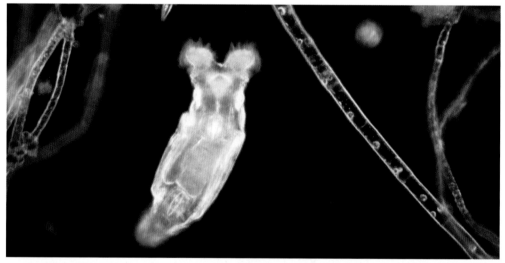

는 청사진에 나온 위치에 벽돌들을 쌓아서 집을 짓는다. 요리사는 빵가루와 건포도를 정해진 위치에 놓는 것이 아니라, 재료들을 체로 거르고 휘젓고 반죽하고 가열하는, 정해진 과정들을 수행함으로써 케이크를 만든다.* DNA를 청사진이라고 말하는 생물 교과서들은 잘못된 것이다. 배아는 결코 청사진대로 하지 않는다. 어떤 언어로 쓰여 있든 간에, DNA는 완성된 몸이 어떻게 생겨야 한다고 적어놓은 기재문이 아니다. 다른 행성에서는 청사진 발생학에 따라서 발달하는 생물이 있을지도 모르겠지만, 나는 그 일이 어떻게 이루어질지 상상하기가 어렵다. 그 결과는 전혀 다른 종류의 생명이어야 할 것이다. 이 행성의 배아들은 요리법을 따른다. 아니면 청사진 같지 않으면서 요리법보다 더 쉬운 비유를 들면, 배아는 종이 접기 명령문들의 순서대로 발달한다고 말할 수 있다.

종이 접기 비유는 발생의 말기보다 초기에 더 잘 들어맞는다. 몸의 주요 조직들은 처음에 세포층들이 접히고 움푹 들어가는 일련의 과정들을 통해서 토대가 형성된다. 일단 주요 체제가 제대로 형성되면, 이후의 발달 단계들은 주로 배아의 각 부위들이 풍선이 팽창하듯이 성장하는 것으로 이루어진다. 그러나 그 풍선은 아주 특별한 종류이다. 몸의 각 부분들이 서로 다른 속도로 팽창하며, 팽창 속도가 세심하게 통제되기 때문이다. 이것은 상대 성장(allometry)이라는 중요한 현상이다. "초파리 이야기"는 주로 발달의 나중 쪽인 팽창 단계가 아니라 이른 쪽인 종이 접기 단계를 말한다.

세포들은 청사진에 따라서 벽돌처럼 쌓이는 것이 아니다. 오히려 세포들의 행동이 배아의 발달을 결정한다. 세포들은 서로를 끌어당기거나 밀어낸다. 세포들은 다양한 방식으로 모양을 바꾼다. 그들은 화학물질들을 분비하며, 그 물질들은 세포 밖으로 확산되어 다른 세포들에까지 영향을 미친다. 아주 멀리까지 영향을 미치는 것도 있다. 세포들은 선택적으로 죽어서 마치 조각가가 하듯이 떼어냄으로써 모양을 만들기도 한다. 흰개미들이 협동해서 둔덕을 세우는 것처럼, 세포들은 접하는 이웃 세포들을 살펴보고, 화학물질들의 농도 기울기에 반응함으로써 무엇을 할지 "안다." 배아에 있는 세포들은 모두 똑같은 유전자들을 지니므로, 세포마다 다르게 행동하는 이유가 유전자가 달라서일 리는 없다. 각 세포에 든 유전자들 중 어느 것이 활동을 하는가에 따라서 구분된다. 대개 유전자의 산물인 단백질을 보면 알 수 있다.

---

* 내가 즐겨 드는 이 비유는 윌리엄 베이트슨 경의 친척인 패트릭 베이트슨 경이 처음 썼다.

초기 배아의 각 세포는 이차원상에서 자신이 어디에 있는지를 "알" 필요가 있다. 앞과 뒤(전/후), 위와 아래(등/배)를 말이다. "안다"는 것이 무슨 의미일까? 처음에는 세포의 행동이 두 축을 따라 형성된 화학물질들의 기울기에서 어느 지점에 있느냐에 따라서 결정된다는 의미이다. 그런 기울기가 반드시 난자 자체에서 형성되는 것은 아니며, 난자의 핵에 있는 유전자들이 아니라 어머니가 가진 유전자들의 통제를 받기도 한다. 한 예로 초파리 어미의 유전형에는 비코이드(bicoid)라는 유전자가 있다. 이 유전형은 난자를 만드는 "보모(nurse)" 세포에서 발현된다. 비코이드 유전자가 만드는 단백질들은 난자 속에 담기는데, 난자의 한쪽 끝에서 농도가 높고 다른 한쪽 끝으로 가면서 낮아진다. 그 결과 농도 기울기(그리고 그와 비슷한 것들)가 생기며, 그것이 전후 축이 된다. 그리고 그 축과 직각으로 유사한 과정을 통해서 기울기가 생기며, 그것은 등배 축이 된다.

이 기준이 되는 농도 기울기는 나중에 수정란이 분열되어 만들어지는 세포들 속에서도 그대로 유지된다. 처음 몇 차례의 분열은 새로운 물질이 전혀 첨가되지 않은 상태에서 일어나며, 불완전하다. 많은 세포핵들이 만들어지지만, 세포 내의 구획이 제대로 이루어지지 않아서 완전히 분리되지는 않는다. 이 다핵 "세포"를 합포체(syncitium)라고 한다. 나중에 구획이 형성되면서 배아는 적절한 세포들을 갖춘다. 이 모든 과정이 벌어지는 동안 처음에 있던 화학물질 기울기는 그대로 유지된다. 배아의 각 지점에 있는 세포핵들은 원래의 이차원 기울기에 따라 농도가 다른 물질들에 잠겨 있으며, 이런 농도 차이에 따라서 각 세포마다 서로 다른 유전자들이 켜진다(물론 우리는 이제 어미의 유전자들이 아니라 배아 자체의 유전자들을 이야기하고 있다). 그러면서 세포 분화가 시작된다. 발생의 나중 단계들로 갈수록 더욱더 분화가 심화되지만, 이 원칙은 계속 유지된다. 모체 유전자들이 설정한 기울기들은 나중에 배아 자신의 유전자들이 설정한 새롭고 더 복잡한 기울기들에 자리를 내준다. 그리고 배아 세포들이 계속 갈라지면서 새 세포 계통들을 형성함에 따라 점점 더 분화가 일어난다.

절지동물에서는 세포들이 아니라 몸마디라는 더 큰 규모에서 몸의 분할이 일어난다. 몸마디들은 머리 앞쪽에서부터 몸 끝까지 차례로 배열된다. 곤충의 머리는 몸마디 6개로 이루어진다. 더듬이는 2번 몸마디에 있고, 그다음에 큰 턱과 다른 입 부분들이 있다. 성체 머리의 몸마디들은 작은 공간에 압축되어 있으므로, 앞뒤 배열이 그다지 뚜렷하지 않지만, 배아에서는 뚜렷이 나타날 수도 있다. 가슴마디 셋(T_1, T_2, T_3)은 더 뚜렷하게 한 줄로 늘어서 있으며, 각각에는 다리가 한 쌍씩 달려 있다. T_2와 T_3에는 대개 날개가 있지만, 초파리와 다른 파리들은 T_2에만 날개가 있다.* 두 번째 "날개" 한 쌍은 T_3에 작은 곤봉 모양의 기관인 평균곤(平均棍)으로 변형되어 있다. 그것들은 진동하면서, 길을 안내하는 소형 자이로스코프 역할을 한다. 초기 화석 곤충들 중에는 각 가슴마디에 한 쌍씩 날개가 세 쌍인 것들도 있다. 가슴마디 뒤에는 더 많은 수의 배마디들이 있다(일부 곤충은 11개, 초파리는 8개가 있으며, 뒤쪽 끝의 생식기를 무엇으로 보느냐에 따라서 달라진다). 세포들은 자신이 어느 몸마디에 있는지 알며(앞에서 말했던 의미에서), 그에 따라 행동한다. 각 세포는 혹스(Hox) 유전자라는 특수한 조절 유전자들을 통해서 자신이 어느 마디에 있는지 알게 된다. 혹스 유전자들은 세포 내에서 스스로 발현된다. "초파리 이야기"는 주로 혹스 유전자들의 이야기이다.

내가 지금 한 몸마디를 이루는 모든 세포들에서 자기 몸마디에 해당하는 혹스 유전자만 발현되는 식으로, 즉 각 몸마디에 맞는 혹스 유전자가 하나씩 있다고 말할 수 있다면, 아주 산뜻하고 설명하기도 쉬울 것이다. 혹스 유전자들의 영향을 받는 몸마디들이 일렬로 늘어서 있는 것처럼, 혹스 유전자들도 염색체에 일렬로 배열되어 있다면 더욱더 산뜻할 것이다. 사실 그 **정도**까지는 아니지만, 그 말은 거의 들어맞는다. 혹스 유전자들은 정말로 한 염색체에 딱 맞는 순서대로 배열되어 있다. 그것은 아주 놀라운 일이다. 유전자들의 작용 양상에 관한 우리의 지식에 비추어볼 때, 굳이 그렇게 배열될 이유가 없기 때문이다. 그러나 혹스 유전자의 수와 몸마디의 수가 딱 들어맞는 것은 아니다. 혹스 유전자 수는 8개에 불과하다. 그리고 더 복잡한 문제들이 있다. 성체의 몸마디들은 유생의 이른바 **부몸마디**(parasegment)와 정확히 대응하지 않는다. 내게 이유를 묻지 말도록(아마 설계자가 하루 쉬었나 보다). 성체의 각 몸마디는 유생의 부몸마디 뒤쪽 절반과 다음 부몸마디의 앞쪽 절반으로 이루어진다. 나는 달리 언급할 때를 제외하고, 지금부터 몸마디라는 용어를 유생의 부몸마디를 뜻하는 말로 사용할 것이다. 일렬로 늘어선 8개의 혹스 유전자들이 어떻게 일렬로 늘어선 약 17개의 몸마

---

* 바퀴나 딱정벌레 같은 일부 곤충들은 T_2 날개가 딱지날개라는 단단한 날개 보호 덮개로 변형되고, T_3 날개로만 난다. 앞에서 다루었던 귀뚜라미와 메뚜기는 딱지날개가 더 변형되어 울음소리를 내는 기관이 되었다.

디들을 담당하는가라는 의문은 그것이 화학물질 기울기라는 비결에 의존한다는 말을 들으면 얼마간 해소된다. 각 혹스 유전자는 주로 한 몸마디에서 발현되지만, 더 뒤쪽 몸마디들에서도 차츰 농도가 줄어드는 양상을 띠면서 발현된다. 세포는 앞쪽에 자리한 여러 혹스 유전자들의 화학물질 생산량을 비교함으로써 자신이 어느 몸마디에 있는지를 안다. 실제로는 이보다 좀더 복잡하지만, 여기서는 그 정도까지 상세히 들어갈 필요가 없다.

8개의 혹스 유전자들은 같은 염색체에서 물리적으로 서로 떨어져 있는 두 유전자 복합체 형태로 배열되어 있다. 하나는 안테나페디아 복합체(Antennapedia Complex)이고, 다른 하나는 바이소락스 복합체(Bithorax Complex)라고 불린다. 이 명칭들은 이중으로 부적절하다. 두 복합체는 각자 소속된 유전자의 이름을 딴 것인데, 그렇다고 그 유전자가 다른 유전자들보다 더 중요한 것은 아니다. 더욱이 대개 그 유전자들은 정상적인 기능을 할 때가 아니라, 잘못되었을 때에 나타나는 현상을 토대로 이름이 붙여졌다. 차라리 전혹스 복합체와 후혹스 복합체 같은 식으로 부르는 편이 더 나았을 것이다. 그러나 우리는 기존 이름들을 써야 한다.

바이소락스 복합체는 세 혹스 유전자들로 이루어진다. 각각을 내가 다루지 않을 역사적인 이유로 울트라바이소락스(Ultrabithorax), 앱더미널-A(Abdominal-A), 앱더미널-B(Abdominal-B)라고 부른다. 그것들은 동물의 뒤쪽 끝에 영향을 미친다. 울트라바이소락스는 제8번 몸마디에서부터 뒤쪽 끝까지, 앱더미널-A는 제10번 몸마디부터 끝까지, 앱더미널-B는 제13번 몸마디부터 끝까지 발현된다. 각 유전자의 산물들은 출발점은 다르지만, 몸의 뒤쪽 끝으로 갈수록 줄어드는 농도 기울기를 형성한다. 따라서 유생의 몸 뒤쪽 부분에 있는 세포들은 이 세 혹스 유전자 산물들의 농도를 비교함으로써 자신이 어느 몸마디에 있는지를 알고, 그에 따라서 행동할 수 있다. 유생의 앞쪽 끝에서도 상황은 비슷하며, 그곳은 안테나페디아 복합체의 혹스 유전자 5개가 담당하고 있다.

따라서 혹스 유전자는 자신이 몸의 어디에 있는지 알아서 그 정보를 자기 세포의 다른 유전자들에게 알리는 임무를 맡은 유전자이다. 이제 우리는 호메오 돌연변이를 이해할 준비를 갖춘 셈이다. 혹스 유전자에 문제가 생기면, 한 몸마디에 있는 세포들은 자신이 다른 몸마디에 있는 줄 알고서, 자신이 속해 있다고 "생각하는" 몸마디의 형태를 만든다. 그래서 정상적으로 더듬이가 자랄 몸마디에 다리가 자란다. 너무나 이해하기 쉽다. 한 몸마디에 있는 세포들은 다른 몸마디의 해부구조를 완벽하게 만들 수 있다. 왜 그렇지 않겠는가? 한 몸마디를 만드는 데에 필요한 명령문들은 모든 몸마디의 모든 세포들 속에 들어 있다. 정상 조건에서 혹스 유전자들은 각 몸마디에 맞는 해부구조를 만드는 "올바른" 명령문들을 불러낸다. 윌리엄 베이트슨이 제대로 추측했듯이, 호메오 기형은 그 체계가 정상적일 때에는 어떻게 작동하는지를 보여줄 창문을 연다.

곤충들 중 특이하게 파리류는 대개 날개가 한 쌍밖에 없고, 자이로스코프 같은 평균곤이 한 쌍이라고 말했다. 호메오 돌연변이가 일어난 울트라바이소락스는 제3가슴마디에 있는 세포들이 제2가슴마디에 있는 양 잘못 "생각하게" 만든다. 그래서 그들은 한 쌍의 평균곤 대신 한 쌍의 날개를 만든다(화보 36 참조). 모든 세포들이 자신이 제2몸마디에 있다고 "생각하여" 15개의 몸마디 모두에 더듬이가 난 돌연변이 쌀도둑거저리류도 있었다.

여기서 "초파리 이야기" 중에서 가장 놀라운 대목이 나온다. 혹스 유전자들은 초파리에게서 발견된 뒤, 다른 생물들에게서도 발견되기 시작했다. 딱정벌레 같은 다른 곤충들에게만이 아니라, 우리 자신을 비롯하여 조사한 거의 모든 동물들에게 있었다. 그리고 도저히 믿을 수 없을 정도로, 그들은 똑같은 역할을 하는 것으로 드러났다. 그들은 세포들에게 자신이 어느 몸마디에 있는지를 알려주고 (더 나아가) 염색체에 같은 순서로 배열되어 있었다. 이제 이야기를 포유동물 쪽으로 돌리자. 가장 철저히 연구된 포유동물은 실험용 생쥐이다. 포유동물 세계의 초파리인 셈이다.

곤충과 마찬가지로 포유동물도 몸마디로 된 체제, 아니 적어도 등뼈 및 관련 구조에 영향을 미치는 반복되는 모듈 체제를 가진다. 각 척추마디를 몸마디 하나로 볼 수도 있지만, 목에서부터 꼬리까지 훑어볼 때에 규칙적으로 반복되는 것이 단지 뼈만은 아니다. 혈관, 신경, 근육, 연골 척추원반과 갈비뼈는 모두 반복되는 모듈 체제를 따른다. 초파리에서처럼, 모듈들은 비록 동일한 일반 체제를 따르지만, 세부적으로는 서로 다르다. 그리고 곤충이 머리, 가슴, 배로 나뉘는 것처럼, 척추는 경추(목뼈), 흉추(갈비뼈가 달린 상부 척추마디), 요추(허리뼈, 갈비뼈가 없는 하부 척추마디), 미추(꼬리뼈)로 나뉜다. 초파리에서처럼, 뼈세포든 근육세포든 연골세포든 모든 세포는, 자신들이 어느 몸마디에 있는지 알아야 한다. 그리고 초파리에서처럼, 그들은 혹스 유전자들 덕분에 그것을 안다. 초파리의 혹스 유전자들에 상응한다는 것을 알 수 있을 정도로 닮은 혹스 유전자들이다. 비록 공조상 26 이후 경과한 엄청난 시간을 생각하면 똑같지 않은 것이 당연하겠지만 말이다. 마찬가지로 초파리에서처럼, 혹스 유전자들은 염색체에 순서대로 배열되어 있다. 척추동물의 모듈 방식은 곤충의 것과 완전히 다르며, 랑데부 26에서 만나는 공통 조상이 몸마디를 가진 동물이었다고 생각할 이유는 전혀 없다. 그렇지만 혹스 유전자들이라는 증거는 최소한 곤충과 척추동물의 체제 사이에 어떤 깊은 유사성이 있음을 시사한다. 그 유사성은 공조상 26에게도 있었다. 그리고 사실 몸마디로 이루어지지 않는 다른 체제들에서도 나타난다.

"창고기 이야기"에서 살펴보았듯이, 척추동물 유전체가 두 차례 중복 사건을 겪었음을 생각할 때, 실험실 생쥐 같은 척추동물의 혹스 유전자들이 한 염색체에서 한 가지 양상으로만 배열되어 있는 것이 아니라고 해도 놀랄 일은 아닐 것이다. 생쥐에게는 네 가지 배열이 있다. a 계열은 6번 염색체에, b 계열은 11번 염색체에, c 계열은 15번 염색체에, d 계열은 2번 염색체에 있다. 서로 유사하므로 그것들은 중복을 통해서 생긴 듯하다. a4는 b4, c4, d4와 일치한다. 또 각 계열에서 특정한 부위가 사라진 결실 현상도 눈에 띈다. a7과 b7은 서로 일치하지만, c 계열과 d 계열의 7번 "자리"에는 상응하는 것이 없다. 한 혹스 유전자의 두 가지, 세 가지, 네 가지 형태가 한 몸마디에 영향을 미치면, 효과가 결합되어 나타난다. 그리고 초파리에서처럼, 생쥐의 모든 혹스 유전자들은 영향권역 중에서 첫 번째(가장 앞쪽) 몸마디에서 가장 강력한 효과를 발휘하며, 뒤쪽 몸마디로 갈수록 활성이 줄어드는 기울기를 지닌다.

이야기는 거기서 그치지 않는다. 약간의 예외가 있지만, 초파리의 혹스 유전자 8개 각각은 서로가 아니라 생쥐 계열의 상응하는 유전자를 더 닮았다. 그리고 그 유전자들은 각 염색체에 똑같은 순서로 늘어서 있다. 8개의 초파리 유전자 각각은 생쥐의 혹스 유전자 13개 중에서 적어도 대응하는 것이 하나는 있다. 초파리와 생쥐의 유전자가 일대일로 대응한다는 것은 함께 물려받았다는 의미일 수밖에 없다. 모든 선구동물과 모든 후구동물의 조상인 공조상 26에게서 말이다. 이는 대다수 동물들이 우리가 현대 초파리와 현대 척추동물들에서 보는 것과 똑같은 순서로 배열된 혹스 유전자들을 갖춘 공조상의 후손이라는 뜻이다. 생각해보라! 공조상 26은 혹스 유전자들을 가졌으며, 그것들은 우리의 것과 같은 순서로 놓여 있었다.

이미 말했듯이, 공조상 26의 몸이 몸마디로 구획되었다고 보는 것은 이치에 맞지 않는다. 그랬을 리가 없을 것이다. 그러나 염색체에 순서대로 배열된 혹스 유전자 상동 계열들을 통해서 머리에서 꼬리까지 일종의 앞뒤 기울기가 있었을 것은 확실하다. 공조상들은 이미 죽었고 분자생물학자들의 손이 닿을 수 없는 곳에 있지만, 그들의 현대 후손들에게서 혹스 유전자들을 찾아보는 것은 대단히 흥미로운 일이다. 공조상 24는 우리가 창고기와 공유하는 조상이다. 더 먼 친척인 초파리가 포유동물과 같은 앞뒤 계열을 가지고 있다는 점을 생각할 때, 창고기에게 그것이 없다면 상당히 우려할 상황일 것이다. 피터 홀랜드 연구진은 그 문제를 파고들었다. 그들의 연구 결과는 만족스럽다. 그렇다. 창고기의 모듈 체제는 (14개의) 혹스 유전자들을 통해서 매개되며, 그것들도 역시 염색체에 순서대로 배열되어 있다. 생쥐와는 다르지만 초파리와는 동일하게, 네 평행 계열이 아니라 한 계열만 있다. 아마 공조상 24가 "창고기 이야기"에서 말한 척추동물 유전체 중복 사건보다 더 이전에 살았기 때문일 것이다.

다른 동물들은 어떨까? 다른 공조상들에 관해서 우리에게 무엇인가 말해줄 수 있는 동물들을 골라본다면? 혹스 유전자들은 현재 유즐동물, 판형동물, 해면동물(각각 랑데부 29, 30, 31 참조)을 제외하고, 조사한 모든 동물들에게서 발견되었다. 성게, 투구게, 새우, 연체동물, 환형동물, 별벌레아재비, 멍게, 선형동물, 편형동물에게서 말이다. 이 모든 동물들이 공조상 26의 후손이고, 그 후손인 초파리 및 생쥐와 마찬가지로 공조상 26도 혹스 유전자들을 가지고 있었다고 생각할 만한 타당한 이유가 있으므로, 그 정도는 추측할 수 있었을 것이다.

히드라(랑데부 28에 가야 우리에게 합류한다) 같은 자포동물은 방사대칭형이다. 즉 그들은 앞/뒤축이 없을 뿐만 아니라 등/배축도 없다. 그들은 입/비입(입쪽 대 입의 반대쪽)축을 가진다. 장축에 해당하는 것이 무엇인지는 뚜렷하지 않다. 과연 그들의 혹스 유전자들이 무엇을 할지 예상할 수 있을까? 그들이 그 유전자들을 입/비입축을 정의하는 데에 사용한다면 산뜻하겠지만, 정말로 그러한지는 아직 명확하지 않다. 어쨌든 혹스 유전자의 수는 초파리가 8개, 창고기가 14개인 반면, 대다수의 자포동물은 2개뿐이다. 그 두 유전자 중 하나가 초파리의 앞쪽 복합체를 닮았고, 다른 하나는 뒤쪽 복합체를 닮았다는 점은 이치에 맞는 듯하다. 우리가 그들과 공유하는 공조상 28도 아마 같았을 것이다. 그 뒤에 둘 중 하나가 진화하면서 몇 차례에 걸쳐 중복되어 안테나페디아 복합체를 형성하고, 다른 하나는 같은 동물 계통에서 중복되어 바이소락스 복합체를 형성했다. 그것이 바로 유전체("울음원숭이 이야기" 참조)에서 유전자들이 늘어나는 방법이다. 그러나 두 유전자가 자포동물 체제에서 무슨 일을 하는지 알려면 더 많은 연구가 필요하다.

극피동물은 자포동물과 마찬가지로 방사대칭형이지만, 그 체제를 이차적으로 획득했다. 그들과 우리 척추동물이 공유하는 공조상 25는 연충처럼 좌우대칭형이었다. 극피동물은 혹스 유전자의 수가 제각각이다. 성게는 10개이다. 이 유전자들은 무슨 일을 할까? 불가사리의 몸속에 잠재된 고대 앞/뒤축의 흔적일까? 아니면 혹스 유전자들이 팔 5개의 각 축을 따라서 연속적으로 영향을 미칠까? 그 말도 설득력이 있는 듯하다. 우리는 혹스 유전자들이 포유동물의 팔과 다리에서 발현된다는 것을 안다. 1번에서부터 13번까지 배열된 혹스 유전자들이 어깨에서 손가락 끝까지 차례로 발현된다는 의미는 아니다. 당연히 그보다는 더 복잡하다. 척추동물의 부속지는 장축을 따라 차례로 배열된 모듈이 아니기 때문이다. 대신에 첫 번째 부위에는 뼈가 하나(팔의 위팔뼈와 다리의 넓적다리뼈), 두 번째 부위에는 뼈가 둘(팔의 노뼈와 자뼈, 다리의 정강이뼈와 종아리뼈), 그다음 손가락과 발가락에는 많은 작은 뼈들이 놓인다. 물고기를 닮은 우리 조상들의 부채꼴 지느러미에서 유래한 이 부채꼴 배열은 혹스 계열과 딱 들어맞지는 않는다. 그렇기는 해도, 혹스 유전자들이 척추동물의 부속지 발달에 관여하는 것은 분명하다.

따라서 혹스 유전자들이 불가사리나 거미불가사리의 팔들(그리고 성게는 5개의 팔을 위로 들어올려서 끝을 서로 맞댄 뒤에 옆쪽을 지퍼처럼 잠가서 오각형으로 돌출된 아치를 형성한 불가사리라고 생각할 수 있다)에서 발현된다고 해도 그리 놀랄 일은 아닐 것이다. 게다가 우리의 팔이나 다리와 달리 불가사리의 팔은 정말로 축을 따라 모듈이 차례로 늘어서 있는 방식이다. 그들의 관족과 거기에 결합된 수력학적 배관들은 모두 단위 구조가 반복하여 각 팔의 축을 따라 두 줄로 나란히 늘어서 있는 형태이다. 마치 혹스 유전자가 발현된 것처럼 말이다! 거미불가사리의 팔은 연충이 다섯 마리 모인 것과 흡사하며 행동도 비슷하다.

T. H. 헉슬리는 "과학의 큰 비극은 추한 사실이 아름다운 가설을 살해하는 것"이라고 말한 바 있다. 극피동물의 혹스 유전자들에 관한 사실들 자체는 추하지 않을지도

모르지만, 불행히도 그 유전자들은 내가 방금 제시했던 멋진 양상을 따르지 않는다. 실상은 다르며, 나름대로 아주 놀라운 아름다움을 가지고 있다. 극피동물의 유생은 플랑크톤이 되어 헤엄치는 아주 작은 좌우대칭형 생물이다. 바닥을 기어다니는 다섯 갈래의 방사대칭형인 성체는 유생의 탈바꿈을 통해서 발달하는 것이 아니다. 대신에 유생의 몸 속에서 아주 작은 성체 형태로 출발하며, 성장함에 따라서 유생의 몸을 이루던 부위들이 사라진다. 혹스 유전자는 배열된 순서대로 발현되지만, 발현이 각 팔의 축을 따라 일어나지는 않는다. 발현 순서는 어린 성체를 중심으로 대강 원형을 이룬다. 혹스 축을 "연충"이라고 생각했을 때, 팔마다 하나씩 5개의 "연충"이 들어 있는 것이 아니다. 유생의 몸속에 말려 있는 하나의 "연충"만이 존재할 뿐이다. 그 "연충"의 앞쪽 끝은 1번 팔을 내밀고, 뒤쪽 끝은 5번 팔을 내민다. 그렇다면 불가사리에 호메오 돌연변이가 일어나면 팔이 아주 많아질 것이라고 예상할 수 있다. 그리고 실제로 팔이 6개인 돌연변이 불가사리가 있으며, 베이트슨의 책에도 기록되었다. 또 팔이 훨씬 더 많은 불가사리 종들도 있다. 그들은 아마 호메오 돌연변이가 조상들에게서 진화했을 것이다.

식물이나, 곰팡이, 우리가 원생동물이라고 부르곤 하는 단세포생물들에서는 혹스 유전자가 발견되지 않았다. 그러나 지금 우리는 더 멀리 나아가기 전에 복잡한 용어들을 정리해야 하는 상황에 처해 있다.

호메오 돌연변이를 일으킬 수 있는 유전자가 혹스 유전자만은 아니다. 혹스 유전자는 "호메오박스(homeobox)" 유전자라는 훨씬 더 큰 규모의 조절 유전자 집단에 속한 (그리고 우연히도 그 이름을 딴) 유전자군 중 하나일 뿐이다. "박스"는 이 집단에 속한 모든 유전자들이 특징적인 동일한 180개의 DNA 문자 서열을 어딘가에 지니고 있다는 점을 가리킨다. 이 특징적인 서열을 호메오도메인(homeodomain)이라고 한다. 게다가 호메오박스 유전자도 호메오 돌연변이의 유일한 원천이 아니다. "매즈 박스(MADS box)" 집단 등 다른 조절 유전자들도 존재한다. 매즈 박스군은 동물과 식물에 널리 들어 있으며, 꽃가루를 지닌 수술이 달리는 자리에 꽃잎이 자라도록 하는 등 꽃에 호메오 돌연변이를 일으킨다. 전문용어로 설명하자면, 혹스 유전자는 특정한 유형의 호메오박스 유전자군이고, 호메오박스 유전자는 호메오 유전자의 한 집단(엄밀히 말하면 초집단)이다.

파라혹스(ParaHox) 유전자들은 호메오박스 유전자에 속한 또 하나의 유전자군이다. 이들도 앞/뒤 발달(창자와 신경계)에 관여하며, 마찬가지로 짧은 선형으로 배열되어 있다. 파라혹스 유전자군은 창고기에게서 처음 명확히 밝혀졌는데, 사실은 혹스 유전자보다 더 널리 분포해 있음이 드러났다. 파라혹스 유전자들은 혹스 유전자들에 상응하고 그들과 똑같은 순서로 배열된다는 점에서, 혹스 유전자들의 "사촌"인 듯하다. 그들은 혹스 유전자들과 똑같은 조상 유전자 집합에서 중복이 일어나서 생긴 것이 분명하다. 다른 호메오박스 유전자들은 혹스 및 파라혹스와 좀더 먼 관계이지만, 각자 군(family)을 이루고 있다. 팍스군은 모든 동물에서 발견된다. 이 군에서 특히 주목할 만한 유전자는 팍스6으로서, 초파리의 아이 유전자에 상응한다. 팍스6은 세포들에게 눈을 만들라는 명령을 내린다고 이미 말한 바 있다. 초파리와 생쥐는 서로 다르지만 눈을 만드는 유전자는 똑같다. 만들어지는 눈이 근본적으로 다름에도 말이다. 혹스 유전자들과 마찬가지로, 팍스6도 세포들에게 눈을 **어떻게** 만들라고 말해주지 않는다. 단지 세포들에게 여기가 눈을 만들 **곳**이라고만 말할 뿐이다.

틴먼(tinman)이라는 작은 유전자군도 이와 흡사하다. 틴먼 유전자들도 초파리와 생쥐 모두에 있다. 초파리의 틴먼 유전자들은 세포에게 심장을 만들라고 말하며, 대개 초파리의 심장이 만들어질 장소에서 발현된다. 이쯤 되면 예상할 수 있겠지만, 틴먼 유전자들은 생쥐 세포에게도 생쥐의 심장을 제 위치에서 만들라고 말하는 역할을 한다.

호메오박스 유전자 집합은 전체적으로 수가 대단히 많으며, 동물들이 과와 아과로 나뉘듯이 군과 아군으로 나뉜다. "칠성장어 이야기"에서 살펴본 헤모글로빈과 비슷하다. 거기서 우리는 인간의 알파 글로빈이 인간의 베타 글로빈이 아니라 도마뱀의 알파 글로빈과 더 가까운 사촌이며, 인간의 베타 글로빈도 도마뱀의 베타 글로빈과 더 가까운 사촌이라는 사실을 살펴보았다. 마찬가지로 인간의 틴먼은 인간의 팍스6이 아니라 초파리의 틴먼과 더 가까운 사촌이다. 호메오박스 유전자들의 가계도를 만들어서, 그 유전자들을 지닌 동물들의 가계도와 비교하는 것도 가능하다. 두 가계도는 똑같이 타당하다. 둘 다 지질시대의 특정한 시점들에서 일어난 분지 사건들을 통해서 형성된 진정한 조상의 가계도들이다. 동물의 가계도에서 분지 사건들은 종분화 사건들을 가리킨다. 호메오박스 유전자 가계도(혹은 글로빈 유전자 가계도)에서 분지 사건들은 유전체 내에서 일어난 유전자 중복 사건들을 가리킨다.

동물 호메오박스 유전자들의 가계도는 AntP군과 PRD군이라는 2개의 큰 집단으로 갈라진다. 둘 다 지독히도 혼란스럽기 때문에 이 명칭이 무엇의 약자인지는 말하지 않으련다. PRD군은 팍스 유전자들과 다른 다양한 아군들로 이루진다. AntP군은 혹스와 파라혹스뿐만 아니라, 다른 다양한 아군들을 포함한다. 이 두 호메오박스 유전자군 외에, "기타(divergent)"라고 (잘못) 이름 붙여진 좀더 거리가 먼 다양한 호메오박스 유전자들도 있다. 이것들은 동물뿐만 아니라, 식물, 곰팡이, "원생동물"에서도 발견된다.

동물만이 진짜 혹스 유전자를 지니며, 언제나 그것을 같은 용도로 쓴다. 즉 몸이 몸마디로 산뜻하게 나뉘든 나뉘지 않든 간에 혹스 유전자는 몸에서 위치 정보를 말해준다. 초판에서 우리는 혹스 유전자가 해면동물과 유즐동물에게서는 발견되지 않았다고 주장했지만, 아직 서열이 분석되지 않은 종에 숨어 있을 수도 있고, 아니면 그들의 조상에게는 있었지만 그 뒤에 잃어버렸을 수도 있다. 파라혹스 유전자는 실제로 그러했다. 처음 유전체 서열을 분석한 해면동물에게는 없었지만, 다른 해면동물 집단의 유전체를 분석하자 파라혹스 유전자가 발견되었다. 이는 모든 해면동물이 원래는 파라혹스 유전자를(그리고 아마 혹스 유전자도) 지니고 있었지만, 일부 집단은 완전히 잃었고, 일부 종에게서만 파라혹스 유전자가 한 개 남아 있음을 시사한다. 모든 동물이 일종의 원시혹스(ProtoHox) 유전자를 지닌 조상의 후손임이 밝혀진다고 해도 놀랍지 않을 것이다. 옥스퍼드에 있던 조너선 슬랙, 피터 홀랜드, 크리스토퍼 그레이엄은 그 사실에서 영감을 받아 "동물"에 대한 새로운 정의를 제시했다. 지금까지 동물은 식물의 반대말이라고 정의되었다. 매우 불만족스러운 부정적인 방식의 정의였다. 슬랙, 홀랜드, 그레이엄은 모든 동물을 통합하고 식물과 원생동물 같은 비동물들 전부를 배제시키는 효과가 있는 적극적이고 구체적인 기준을 제시했다. 혹스 이야기는 동물들이 각자 고독하게 필요한 기본 체제를 획득하고 유지하는, 서로 연관이 없는 대단히 잡다한 문들이 아님을 보여준다. 형태를 무시하고 유전자만 들여다보면, 모든 동물들이 특정한 주제의 사소한 변주곡들에 불과함이 드러난다. 동물학자들은 바로 그런 순간에 희열을 느낀다.

윤형동물 이야기

뛰어난 이론물리학자인 리처드 파인먼은 "당신이 양자론을 이해한다고 생각한다면,

양자론을 이해하지 못한 것이다"라는 말을 했다고 한다. 나는 진화론자로서 비슷한 말을 하고 싶다. "당신이 성(性)을 이해한다고 생각한다면, 성을 이해하지 못한 것이다." 현대 다윈주의자들 중에서 내 나름대로 가장 많은 발견을 이룬 학자들이라고 믿는 존 메이너드 스미스, W. D. 해밀턴, 조지 C. 윌리엄스는 기나긴 연구 생활 중 상당 기간을 성이라는 문제를 붙들고 씨름했다. 윌리엄스는 1975년에 펴낸 저서 『성과 진화 (Sex and Evolution)』를 스스로에게 보내는 도전장으로 시작했다. "고등한 동식물에서 유성생식이 우세한 것이 현재의 진화론과 부합되지 않는다는 확신이 이 책의 집필 동기이다...... 현재 진화생물학은 일종의 위기에 처해 있다......" 메이너드 스미스와 해밀턴도 비슷한 말을 했다. 세 명의 다윈주의 영웅들은 신세대 학자들과 함께 이 위기 상황을 타개하려고 연구에 매진했다. 여기서 그들의 노력들을 일일이 설명하지는 않으련다. 아무튼 나 자신이 그들과 견줄 만한 해답을 내놓은 적이 없음은 분명하다. 그 대신 "윤형동물 이야기"를 통해서 아직 탐구가 덜 이루어진 유성생식의 결과를 보여주기로 하자.

질형강(Bdelloidea)은 윤형동물문에 속하는 큰 강이다(481쪽, 화보 37 참조). 이들을 가리키는 담륜충은 존재 자체가 진화적 스캔들이다. 내가 한 명언이 아니다. 어조로 볼 때 존 메이너드 스미스가 한 것이 분명하다. 많은 윤형동물은 성 없이 번식한다. 이런 점에서 그들은 진딧물, 대벌레, 각종 딱정벌레, 일부 도마뱀과 비슷하며, 그다지 스캔들이라고 할 것도 없다. 메이너드 스미스가 불만스러워한 부분은 질형강 **전체**가 오로지 무성생식만 한다는 것이다. 아주 오래 전에 살았을 것이 분명한 질형류 공통 조상의 후손인 18속 360종에 이르는 모든 동물들이 말이다. 호박에 갇힌 화석들은 수컷을 축출한 이 모계 족장이 적어도 4,000만 년 전이나 그 이전에 살았다고 말한다. 질형류는 놀라울 정도로 수가 많고 전 세계 민물 동물상의 주류를 이루는 대단히 성공한 집단이다. 그런데 지금까지 수컷은 단 한 마리도 발견된 적이 없다.*

---

* 정확히 말하면, 거의 300년에 걸친 연구 결과들 중에서, 수컷 담륜충을 발견했다는 기록은 덴마크의 동물학자 C. 베셴베르-룬(1866-1955)이 발표한 한 건뿐이었다. "감히 이 말을 하기가 대단히 망설여지지만, 나는 미세한 생물인 선윤충과의 동물 수천 마리 중에서 수컷임이 분명한 것을 두 번 관찰했다...... 그러나 두 번 다 그것을 분리하는 데에는 실패했다. 그것은 대단히 빠르게(분명히 그랬을 것이다. 이해할 수 있다) 수많은 암컷들 사이를 돌아다닌다." 마크 웰치와 메셀슨(527쪽 참조)이 강력한 증거를 내놓기 전에도, 동물학자들은 베셴베르-룬의 재현되지 않은 관찰을 윤형동물 수컷이 존재한다는 증거로 간주하려고 하지 않았다.

도대체 뭐가 스캔들이라는 것일까? 동물계 전체의 가계도를 생각해보자. 그 나무의 주요 굵은 가지들은 강이나 문을, 맨 바깥으로 뻗어나온 모든 잔가지들의 끝은 바로 종을 나타낸다. 거기에는 수백만 종이 있다. 그것은 진화 나무가 숲에서 볼 수 있는 그 어떤 나무보다도 훨씬 더 복잡하게 가지들을 뻗고 있다는 의미이다. 문은 수십 개에 불과하며, 강도 그렇게 많다고 할 수 없다. 윤형동물은 그 나무의 한 가지이며, 4개의 가지로 갈라지는데 그중 하나가 바로 질형강이다. 이 강은 다시 갈라지고, 그 갈라진 것들이 또 갈라짐으로써, 결국 종 하나하나를 나타내는 360개의 잔가지가 된다. 다른 모든 문과 그 밑의 강에서도 똑같은 일이 벌어진다. 그 나무의 바깥쪽 잔가지들은 현재를 나타낸다. 그보다 약간 안쪽에 있는 잔가지들은 좀더 과거를, 더 안쪽에 있는 본 줄기는 10억 년 전을 나타낸다.

여기까지 이해가 되었으면, 이제 이 앙상한 회색 나무에 색을 입혀보자. 잔가지들의 끝을 각기 다른 색으로 칠하여 특징들을 나타내보자. 날아다니는 동물들, 수동적으로 활공하지 않고 동력으로 비행하는 동물들을 보여주는 잔가지들은 모두 빨강으로 칠하자. 활공하는 것들은 훨씬 더 많다. 이제 뒤로 물러나서 나무 전체를 바라보면, 빨강으로 칠해진 넓은 영역들이 날지 못하는 주요 동물 집단들을 나타내는 더 넓은 회색 영역들 사이사이에 끼어 있다는 것을 알 수 있다. 곤충 잔가지들, 조류 잔가지들, 박쥐 잔가지들은 대부분 빨강이며, 빨간 잔가지들끼리 군데군데 몰려 있을 것이다. 나머지 잔가지들은 빨갛지 않다. 벼룩이나 타조 같은 예외가 일부 있지만, 세 강은 전체가 나는 동물들로 이루어져 있다. 그래서 빨강은 균일한 회색들 사이에 넓게 퍼져 있는 균일한 빨간 얼룩으로 표시된다.

이것이 진화적으로 어떤 의미가 있는지 생각해보자. 세 빨간 얼룩은 오래 전에 나는 법을 발견한 초기 곤충, 초기 새, 초기 박쥐라는 세 조상 동물에서 시작된 것이 분명하다. 비행은 일단 발견되자 아주 뛰어난 착상임이 드러났을 것이다. 세 종으로서 시작된 가지들의 모든 후손들이 유지되고 퍼져나가 대규모의 세 후손 종 집단을 형성했고, 그들 모두가 날 수 있었던 조상의 능력을 그대로 간직하고 있기 때문이다. 곤충강, 조류강, 박쥐목으로서 말이다.

이제 비행이 아니라 수컷 없이 무성생식하는 쪽으로 같은 일을 해낸 집단을 살펴보자(한편 암컷이 없는 종은 없다. 난자와 달리 정자는 너무 작아서 홀로 살아갈 수 없다. 동물에게 무성생식이란 수컷이 없이 번식한다는 의미이다). 우리 생명의 나무에서, 무성생식을 하는 모든 종의 잔가지들을 파랑으로 칠해보자. 이제 우리는 전혀 다른 양상을 볼 수 있다. 비행이 아주 넓게 뒤덮인 빨간 띠처럼 보이는 반면, 무성생식은 군데군데 찍힌 작은 파란 점들처럼 보인다. 무성생식하는 딱정벌레 종은 회색으로 완전히 둘러싸인 파란 잔가지 하나로 나타난다. 한 속에서 세 종이 파랑으로 칠해질 수도 있겠지만, 이웃 속들은 회색이다. 무슨 의미일까? 무성생식은 이따금 생기지만, 파란 잔가지들이 무성하게 난 튼튼한 가지로 자라기 전에 빠르게 사라진다. 비행과 달리 무성생식의 습성은 무성생식을 하는 과나 목이나 강 전체를 생성할 만큼 오래 지속되지 않는다.

그러나 스캔들이 될 만한 예외가 하나 있다! 다른 모든 작은 파란 점들과 달리, 담륜충은 넓은 구멍 하나 없이 튼튼한 바지를 충분히 만들 만한 파란 조각보를 이룬다. 이것은 진화적으로 볼 때, 앞에서 말한 딱정벌레처럼, 질형류의 조상이 무성생식을 발견했다는 의미이다. 그러나 나무에 점으로 찍혔던 무성생식하는 딱정벌레를 비롯한 수많은 무성생식 종들이 강은커녕 과나 목 같은 큰 집단으로 미처 진화하지 못하고 사라진 반면, 질형류는 무성 상태를 계속 고집하면서 충분한 진화 기간에 걸쳐 번성함으로써 현재 360종에 달하는 무성생식하는 강 전체를 형성한 듯하다. 무성생식은 다른 동물들에게는 그다지 설득력이 없었지만, 담륜충에게는 비행과 같았다. 질형류에게는 유익하고 성공적인 혁신이었던 반면, 가계도의 다른 모든 가지들에서는 멸종으로 가는 지름길이었다.

360종이 있다는 말은 한 가지 의문을 불러일으킨다. 생물학적으로 종은 남들과는 교배하지 않고 끼리끼리만 상호 교배하는 개체들의 집단으로 정의된다. 질형류는 무성생식을 하므로, 어느 누구와도 상호 교배를 하지 않는다. 모든 개체는 고립된 암컷이며, 각 암컷의 후손들은 다른 모든 개체들과 유전적으로 고립된 채 홀로 자신만의 길을 간다. 따라서 360종이라고 말할 때, 그 말은 360가지 유형이 있다는 의미일 뿐이다. 그들이 유성생식을 한다고 가정했을 때, 각 유형이 다른 유형들을 성적 상대로 삼지 않을 것이라고 예상할 수 있을 만큼 우리가 보기에 서로 충분히 달라 보인다는 의미이다.

담륜충이 실제로 무성생식을 한다는 데에 모든 사람이 동의하는 것은 아니다. 수컷들이 관찰된 적이 없다는 부정적인 말과 수컷이 전혀 없다는 긍정적인 결론 사이에는 논리적으로 넓은 틈새가 있다. 올리비어 저드슨이 재미있게 극화한 동물학적 희극 『모든 생물은 섹스를 한다』에서 상세히 설명하고 있듯이, 과거의 자연학자들은 그런 오류를 저질렀다. 무성생식을 한다던 종에서 숨은 수컷들이 발견되곤 했던 것이다. 일부 아귀류의 수컷은 아주 작은 기생생물 형태로 암컷의 몸에 붙어 다닌다. 수컷이 좀더 작았더라면, 우리는 수컷인 줄 아예 알아차리지 못했을지도 모른다. 어떤 깍지벌레류에서는 거의 그런 상황이 벌어질 뻔했다. 내 동료인 로렌스 허스트는 그 수컷들을 "암컷의 다리에 달라붙은 쪼그만 것들"이라고 불렀다. 허스트는 스승인 빌 해밀턴의 말을 인용한다.

당신은 인간이 성교하는 모습을 얼마나 자주 보는가? 당신이 화성인 구경꾼이라면, 우리가 무성생식을 한다고 확신할 것이다.

따라서 담륜충이 정말로 옛날부터 무성생식을 했다는 더 적극적인 증거가 있으면 좋을 것이다. 유전학자들은 현대 동물들의 유전자 분포 양상을 읽어서 그들이 진화해온 역사를 추론하는 기술을 점점 더 정교하게 다듬어왔다. "이브 이야기"에서 우리는 현존하는 인류의 유전자에 있는 "흔적들"을 골라서 인류의 초기 이주 역사를 재구성할 수 있음을 접한 바 있다. 그것은 연역 논리가 아니다. 우리는 현대 유전자들로부터 역사의 경로가 이러저러했음에 분명하다고 추론하지 않는다. 그 대신 우리는 역사의 경로가 이러저러했다면, 현재의 유전자 분포 양상에 이러저러한 것이 나타난다고 예상해야 한다고 말한다. 인류의 이주에 관한 연구가 바로 그런 방식이었으며, 하버드 대학교의 데이비드 마크 웰치와 매튜 메셀슨도 담륜충을 대상으로 비슷한 연구를 했다. 마크 웰치와 메셀슨은 유전자 흔적들을 이용하여 이주가 아니라 무성생식을 추론했다. 다시 말하지만, 그들의 논리는 연역적인 것이 아니다. 그 대신 그들은 질형류가 수백만 년에 걸쳐 오로지 무성생식을 해왔다면, 현재의 질형류 유전자들에서 이러저러한 양상이 나타날 것이라고 예상해야 한다고 추론했다.

어떤 양상일까? 마크 웰치와 메셀슨의 추론은 독창적이었다. 우선 당신은 담륜충이 비록 무성생식을 하지만, 이배체(二倍體, diploid)임을 알아야 한다. 즉 그들은 유성생식을 하는 동물들처럼 각 염색체를 쌍으로 가진다. 다른 점은 우리 같은 나머지 동물들은 각 염색체가 절반씩만 들어 있는 난자나 정자를 만들어서 번식을 한다는 것이다. 반면에 질형류는 각 염색체가 쌍으로 들어 있는 난자를 만든다. 따라서 질형류의 난세포는 암컷의 다른 모든 세포들과 똑같고, 딸은 어미의 일란성 쌍둥이다. 이따금 돌연변이가 일어나서 다소 달라지기는 하지만 말이다. 바로 이런 돌연변이들이 수백만 년에 걸쳐 서서히 축적되어 계통들을 분화시켰고, 아마도 자연선택을 거치면서 현재 우리가 보는 360종을 만들었을 것이다.

여족장(gynarch)이라고 불러도 좋을 그 조상 암컷은 수컷과 감수분열(減數分裂, meiosis)이 필요 없어지는 방향으로 돌연변이를 일으켰고, 대신 체세포분열(mitosis)을 난자를 만드는 방법으로 삼았다.* 그때부터 클론인 암컷 개체군 내에서는 염색체들이 원래 쌍을 이루고 있었다는 사실이 무의미해졌다. 5쌍의 염색체 대신, 예전에는 쌍쌍이 짝을 지었다는 사실을 잊어가는 10개의 염색체가 자리하게 되었다(염색체 개수는 상관없다. 우리의 23개에 해당한다). 예전에는 윤형동물이 난자나 정자를 만들 때마다 염색체들은 서로 짝을 지어 유전자들을 교환하곤 했다. 그러나 여족장이 수컷들을 내쫓고 담륜충 여족장 지배체제를 확립한 뒤로 수백만 년에 걸쳐 유전자들이 서로 독자적으로 돌연변이를 일으킴에 따라, 염색체들은 예전의 짝과 유전적으로 상관없이 제멋대로 표류했다. 염색체들은 언제나 같은 몸의, 같은 세포에 들어 있었지만 상관없었다. 수컷과 교배를 했던 예전에는 그런 일이 일어나지 않았다. 세대마다 각 염색체는 난자나 정자를 만들기 전에 서로 짝을 지었고 유전자를 교환했다. 그렇게 염색체들이 이따금 서로 짝을 지음으로써, 유전자들이 제멋대로 표류하는 것을 막을 수 있었다.

당신과 나의 세포에는 23쌍의 염색체가 있다. 1번 염색체도 2개, 5번 염색체도 2개, 17번 염색체도 2개이다. 성염색체인 X와 Y를 제외하고, 쌍을 이룬 염색체들 사이에 영속되는 차이는 없다. 세대마다 유전자들이 교환되므로, 17번 염색체 둘은 그저 17번 염색체들일 뿐이지, 이를테면 왼쪽 17번 염색체와 오른쪽 17번 염색체를 따로 구분하는 것은 무의미하다. 그러나 윤형동물 여족장이 자신의 유전체를 동결시킨 순간부터,

---

* 감수분열은 성세포를 만들기 위해서 염색체의 수가 절반으로 줄어드는 특수한 형태의 세포분열이다. 체세포분열은 몸의 세포들을 만드는 일반적인 형태의 세포분열로서, 한 세포에 있는 모든 염색체가 복제된다.

모든 것이 달라졌다. 그녀의 왼쪽 5번 염색체는 고스란히 모든 딸들에게로 전해졌고, 오른쪽 5번 염색체도 마찬가지였으며, 둘은 4,000만 년 넘게 서로 짝을 짓지 않았다. 그녀의 100대 손녀도 여전히 왼쪽 5번 염색체와 오른쪽 5번 염색체를 가졌다. 비록 그 때쯤에는 어느 정도 돌연변이들이 일어났겠지만, 모든 왼쪽 염색체들은 여족장의 왼쪽 5번 염색체로부터 전해졌기 때문에 서로 닮았음을 알 수 있다.

현재 질형류는 360종이고, 모두 그 여족장의 후손이며, 정확히 같은 기간만큼 그녀로부터 떨어져 있다. 모든 종의 모든 개체들은 여전히 각 염색체의 왼쪽과 오른쪽 사본을 가지고 있다. 각각은 계통을 따라 축적된 많은 돌연변이들을 물려받았으며, 왼쪽과 오른쪽 염색체 사이의 유전자 교환은 없었다. 각 개체 내의 염색체 쌍들은 여족장의 시대 이래로 어느 시점에 유성생식이 일어났다고 했을 때에 예상되는 것보다 서로 훨씬 더 다를 것이다. 심지어 원래 어떻게 짝을 지었는지조차 알 수 없는 상태에 이르렀을 수도 있다.

이제 마크로트라켈라 콰드리코르니페라(*Macrotrachela quadricornifera*)와 필로디나 로세올라(*Philodina roseola*) 같은 현대의 담륜충 두 종을 비교한다고 상상해보자. 둘 다 질형류 선유충과에 속하며, 여족장보다 훨씬 더 최근에 살았던 공통 조상의 후손들이 분명하다. 유성생식이 일어나지 않았다면, 각 종의 모든 개체들 내에 있는 "왼쪽"과 "오른쪽" 염색체는 똑같은 기간만큼 제멋대로 표류했을 것이다. 여족장 이래로 말이다. 모든 개체에 들어 있는 왼쪽과 오른쪽 염색체는 서로 전혀 다를 것이다. 그러나 비교를 한다면, 말하자면 필로디나 로세올라의 왼쪽 5번 염색체와 마크로트라켈라 콰드리코르니페라의 왼쪽 5번 염색체를 비교한다면, 둘은 독자적인 돌연변이들을 축적한 지 그리 오래되지 않았기 때문에 서로 꽤 비슷하다는 결과가 나올 것이다. 또 오른쪽 염색체들도 거의 차이가 없을 것이다. 우리는 개체 **내**에서 원래 쌍이었던 염색체들을 비교했을 때가 다른 종끼리 "왼쪽" 대 "왼쪽"이나 "오른쪽" 대 "오른쪽"을 비교했을 때보다 차이가 더 클 것이라는 놀라운 예측에 도달한다. 여족장 이후로 세월이 흐를수록, 차이도 더 커진다. 유성생식을 했었다면, 예측은 정확히 반대일 것이다. 본질적으로 모든 종의 염색체는 "왼쪽"이나 "오른쪽"으로 구별되지 않으며, 종 내에서 짝을 이룬 염색체들 사이에 수많은 유전자 교환이 일어났을 것이기 때문이다.

마크 웰치와 메셀슨은 이 상반되는 예측들을 이용하여 질형류가 정말로 아주 오랜 기간 유성생식과 수컷 없이 살아왔다는, 그러면서도 대단한 성공을 거두었다는 이론을 검증했다. 그들은 유전자끼리 비교했을 때, 쌍을 이룬 염색체들(또는 한때 쌍을 이루었던 염색체들)이 성적 재조합을 통해서 하나로 유지되었을 때보다 정말로 서로 훨씬 덜 비슷한지 알아보기 위해서 현대의 질형류를 조사했다. 그들은 질형류 이외의 유성생식을 하는 윤형동물을 참조 기준으로 삼았다. 결과는 예상대로였다. 질형류 염색체들은 "마땅히" 그래야 하는 것보다 자기 쌍과 훨씬 더 달랐다. 게다가 질형류가 들어 있는 가장 오래된 호박의 연대인 4,000만 년 전이 아니라 약 8,000만 년 전부터 그들이 유성생식을 포기했다는 이론에 들어맞는 결과가 나왔다. 마크 웰치와 메셀슨은 연구 결과를 다른 식으로 해석할 수 있는지 꼼꼼히 살펴보았지만, 다른 가설들은 모두 부자연스러웠다. 나는 담륜충이 정말로 옛날부터 계속해서 무성생식을 해왔고, 널리 성공을 거두었다는 그들의 결론이 옳다고 생각한다. 그들은 진정한 진화적 스캔들이다. 그들은 다른 동물 집단들은 시험해보았다가 금방 절멸로 이어짐으로써 포기하고 만 방법을 8,000만 년 동안 계속 사용함으로써 번성해왔다.

왜 우리는 으레 무성생식이 멸종으로 이어진다고 예상하는 것일까? 중요한 질문이다. 성의 장점이 무엇인가라는 질문과 다름없기 때문이다. 그것은 나보다 더 뛰어난 과학자들이 온갖 논문을 써가며 탐구했음에도 불구하고 아직 해답을 찾지 못한 질문이다. 나는 담륜충이 역설 중의 역설이라고 말하고 싶다. 그들은 행군하는 병사들을 보면서 이렇게 소리치는 어머니의 아들과 같다. "저 아이가 내 아들이랍니다. 쟤만 발을 제대로 맞추네요." 메이너드 스미스는 그들을 진화적 스캔들이라고 불렀지만, 그는 사실 성 자체가 진화적 스캔들이라고 지적한 셈이었다. 적어도 소박한 다윈주의는 성이 무성생식과의 경쟁에서 2배로 밀리기 때문에, 자연선택의 심한 냉대를 받을 것이라고 예측할 것이다. 그런 의미에서 보면, 질형류는 스캔들이 아니라 제대로 행군하는 유일한 군인인 듯하다. 왜 그런지 이유를 살펴보자.

메이너드 스미스는 그 문제에 성의 이중 비용(twofold cost)이라는 이름을 붙였다. 현대적인 형태의 다윈주의는 개체가 가능한 한 많은 유전자를 전달하기 위해서 매진할 것이라고 예상한다. 따라서 누군가와 유전자를 절반씩 섞겠다고 자신이 만드는 난자나 정자에 자기 유전자를 절반만 넣는 것은 대단히 얼빠진 짓이라고 할 수 있다. 담륜충처럼 행동함으로써 자기 유전자를 50퍼센트가 아니라 100퍼센트 전달하는 돌연변이 암컷은 일을 2배로 더 잘하는 셈이 아닐까?

메이너드 스미스는 수컷 짝이 더 열심히 일하거나 경제재(economic goods)에 기여함으로써 부부가 혼자 무성생식을 하는 개체보다 2배 더 많은 자손을 키울 수 있다면, 그 논리가 무너질 것이라고 덧붙였다. 그러면 자손의 수가 2배가 됨으로써 성의 이중 비용이 상쇄된다. 황제펭귄처럼 부모가 육아 노동 등의 비용에 거의 동등하게 기여하는 종에서는 성의 이중 비용이 없어지거나 적어도 줄어든다. 경제적 기여도나 노동 기여도가 불평등한 종에서는 거의 언제나 아버지가 게으름을 피우는 쪽이다. 대신 그는 그 에너지를 다른 수컷들과 싸우는 데에 쓴다. 이럴 때에는 성의 비용이 원래의 추론에서 말하는 이중 벌칙에 거의 근접한 수준까지 늘어난다. 이 때문에 메이너드 스미스가 붙인 다른 명칭인 수컷의 이중 비용이라는 말이 더 자주 쓰인다. 메이너드 스미스 자신이 주된 기여를 한 바로 이 관점에서 볼 때, 진화적 스캔들의 당사자는 담륜충이 아니라 다른 모든 동물이다. 더 구체적으로 말하면, 수컷이라는 성이 바로 진화적 스캔들이다. 수컷이 사실상 동물계 전체에 거의 보편적으로 존재한다는 점을 논외로 치면 말이다. 어찌된 상황일까? 메이너드 스미스가 쓴 대로이다. "그 상황의 어떤 본질적인 특징을 간과하고 있다는 느낌이 든다."

이중 비용은 메이너드 스미스, 윌리엄스, 해밀턴, 그리고 많은 후배들의 수많은 이론 연구의 출발점이 되었다. 아버지이면서 생계에 기여하지 않는 수컷들이 많다는 사실은 성적 재조합 자체에 사실상 상당히 많은 다윈주의 혜택들이 있다는 점을 의미한다. 그것들이 무엇인지 질적으로 따져보는 일은 그리 어렵지 않으며, 명백한 것들과 잘 드러나지 않는 것들 등 가능한 온갖 혜택들이 제시되었다. 문제는 혜택이 막대한 이중 비용을 얼마나 상쇄시키는지 정량적으로 파악하기가 어렵다는 점이다.

그 이론들을 공평하게 다룬다면, 책 한 권은 족히 될 것이다. 그 문제는 내가 앞에서 말한 윌리엄스, 메이너드 스미스, 그레이엄 벨이 함께 쓴 선구적인 명저 『자연의 걸작(The Masterpiece of Nature)』을 비롯하여 여러 책들에서 다루어졌다. 그러나 결정적인 판정이 내려진 적은 없다. 비전문가인 대중들을 대상으로 쓴 명저는 매트 리들리의 『붉은 여왕(The Red Queen)』이다. 비록 제시된 이론들 중에서 성이 기생체들에 맞서 끊임없이 군비경쟁을 하는 방법이라는 W. D. 해밀턴의 이론에 주로 호감을 보이지만, 리들리는 그 문제 자체와 제시된 다른 해답들도 소홀히 하지 않는다. 나는 이 이야기의 본래 목적으로 곧장 나아가기 전에 리들리의 책과 다른 책들을 읽어보기를 권한다. 성이라는 진화적 발명이 이루어짐으로써 나타난, 아직 제대로 이해되지 않은 **결과들**을 다루는 것이 바로 본래 목적이다. 성은 유전자 풀을 존재하게 하고, 종에 의미를 부여하고, 진화라는 경기 전체에 변화를 불러왔다.

진화가 담륜충에게 어떻게 비칠지 생각해보자. 그 360종의 진화사가 정상적인 진화 양상과 얼마나 달랐을지 떠올려보자. 우리는 성을 다양성을 증가시키는 것으로 보며, 어떤 의미에서는 그렇다. 성이 이중 비용을 어떻게 극복하는지를 설명하는 이론들은 대부분 그것을 토대로 삼는다. 그러나 역설적으로 성은 정반대 효과도 낳는 듯하다. 성은 진화적 분화를 가로막는 일종의 장벽으로 작용한다. 사실 이러한 특수한 사례는 마크 웰치와 메셀슨 연구의 토대가 되었다. 예를 들면 생쥐 개체군에서 모험적으로 새로운 진화 방향을 개척하려는 경향들은 모두 성적 혼합이라는 침수 효과로 인해서 저지된다. 새로운 방향을 개척할 수도 있었을 모험가의 유전자들은 유전자 풀이라는 관성의 질량을 넘어서지 못하고 순응하고 만다. 지리적 격리가 종분화에 그토록 중요한 이유가 바로 이 때문이다. 표준 상태로 다시 끌려 들어가지 않은 채, 새 계통을 나름대로 개척하여 진화할 수 있도록 해주는 것이 바로 산맥이나 건너기 힘든 바다이다.

담륜충의 진화는 얼마나 달랐을지 생각해보자. 그들은 유전자 풀에 끌려 표준 상태로 빠지기는커녕, 유전자 풀조차 없다. 성이 없다면, 유전자 풀이라는 개념 자체가 무의미하다.* "유전자 풀"은 설득력 있는 비유이다. 유성생식 개체군의 유전자들은 액체처럼 끊임없이 뒤섞이고 확산되기 때문이다. 시간 차원에서 보면, 그 풀은 지질학적 시간 속을 흐르는 강—내가 『에덴의 강(River out of Eden)』에서 제시한 이미지이다—이 된다. 그 강에 가로막는 둑, 즉 종을 어떤 특정한 진화적 방향으로 흐르게 하는 둑을 제공하는 것이 바로 성의 결속 효과이다. 성이 없다면, 수로를 따라가는 일관적인 흐름 없이 혼란스러운 확산만이 존재할 것이다. 그것은 강보다는 어떤 원천에서 나와 사방으로 떠가는 냄새에 더 가깝다.

아마 질형류에게서도 자연선택이 일어나겠지만, 분명 동물계의 나머지 동물들에게 친숙한 것과는 종류가 전혀 다를 것이다. 유전자들의 성적 혼합이 있는 곳에서는 자

---

* 사람들은 가끔 유전체와 유전자 풀을 혼동하곤 한다. 유전체는 한 개체 내에 있는 유전자들의 집합이다. 유전자 풀은 유성생식을 하는 개체군의 모든 유전체에 들어 있는 모든 유전자들의 집합이다.

연선택으로 다듬어져 형태를 갖추는 실체가 유전자 풀이다. 좋은 유전자들은 통계적으로 자신들이 살아갈 개체의 몸을 돕는 경향이, 나쁜 유전자들은 개체의 몸을 죽이는 경향이 있다. 유성생식하는 동물들에게 개체의 죽음과 번식은 직접적인 선택 사건들에 해당하지만, 장기적으로 보면 유전자 풀 내의 유전자들의 통계적 비율 변화라는 결과를 낳는다. 따라서 비유하자면 다윈주의 조각가가 관심을 보이는 대상은 유전자 풀이다.

그리고 자연선택은 몸을 형성할 때에 다른 유전자들과 협력하는 능력을 갖춘 유전자들을 선호한다. 그것이 바로 몸이 생존에 적합하도록 조율된 엔진인 이유이다. 성이 있을 때, 유전자들은 각기 다른 유전적 배경하에서 이런 조화를 이루려고 끊임없이 애써야 한다. 세대마다 유전자들은 이합집산하여 새로운 동료들과 새로운 팀을 짠다. 즉 매번 몸이 생길 때마다 그 몸을 공유하는 유전자들이 달라진다는 의미이다. 따라서 늘 좋은 동료가 되는 유전자들, 즉 다른 유전자들과 죽이 잘 맞고 잘 협력하는 유전자들은 승리하는 팀을 이루는 경향이 있다. 그것은 자손에게로 유전자들을 전달하는 데에 성공한 개체의 몸을 의미한다. 협력을 잘 하지 못하는 유전자들은 지는 팀을 꾸리는 경향이 있고, 이는 번식하기 전에 죽는 성공하지 못한 몸을 의미한다.

한 유전자가 협력해야 하는 유전자들은 한몸, 자신이 속한 몸을 공유하는 유전자들이다. 그러나 장기적으로 볼 때, 그 유전자가 협력해야 하는 유전자들은 모두 유전자 풀에 속해 있다. 그 유전자가 세대를 거치면서 이 몸에서 저 몸으로 건너뛸 때에 반복해서 그 유전자들과 만나기 때문이다. 자연선택의 끌로 새겨져서 형태를 갖추는 실체가 한 종의 유전자 풀이라고 말한 이유도 바로 이 때문이다. 좁게 보면, 자연선택은 개체들의 차등 생존과 번식이다. 그 개체들은 유전자 풀이 내놓을 수 있는 표본들 중에서 고른 것들이다. 다시 말하지만, 담륜충은 이런 이야기들과 전혀 무관하다. 유전자 풀을 조각하는 일 같은 것은 일어나지 않는다. 조각할 유전자 풀이 없기 때문이다. 담륜충은 단지 거대한 유전자 하나만을 가지고 있는 셈이다.

조금 전에 주의를 환기시켰다시피, 이것은 성의 혜택에 관한 이론이나, 처음에 성이 왜 생겼는가에 관한 이론이 아니라, 성의 결과에 관한 이론이다. 그러나 내가 성의 혜택에 관한 이론을 다루고자 한다면, 즉 "그 상황의 어떤 본질적인 특징을 간과한다"는 말을 진지하게 공략하는 논문을 쓰고자 한다면, 이쯤에서 시작하는 편이 나을 것이다. 그리고 나는 "윤형동물 이야기"를 듣고 또 들을 것이다. 물웅덩이와 이끼가 낀 늪에서 사는 이 작고 눈에 잘 띄지 않는 주민들은 진화의 뚜렷한 역설을 해결할 열쇠를 쥐고 있는지도 모른다. 담륜충은 그토록 오래 간직했건만, 도대체 무성생식이 무엇이 잘못되었다는 것일까? 그것이 그들에게 적합하다면, 왜 나머지 우리들은 무성생식을 채택하여 성의 막대한 이중 비용을 절약하지 않는 것일까?

따개비 이야기

예전에 기숙학교에 다닐 때, 나는 가끔 식사 시간에 늦는 바람에 기숙사 사감에게 변명을 해야 했다. "늦어서 죄송합니다, 선생님. 오케스트라 연습 때문에요." 변명거리는 그 외에도 많았다. 그러나 정당한 변명거리가 없고, 숨길 일이 있을 때에 우리는 이렇게 웅얼거리곤 했다. "늦어서 죄송합니다, 선생님. 따개비 때문에요." 그는 늘 다정하게 고개를 끄덕였다. 나는 선생님이 이 수수께끼의 교외 활동이 무엇인지 과연 궁금해하기는 했을지 의심스럽다. 우리가 다년간 따개비 연구에 매진한 다윈의 이야기에 영감을 받아서 그런 변명을 했는지도 모르겠다. 다윈의 아이들이 친구들의 집에 갔다가 아주 당혹스러워하면서 이렇게 물을 정도였다. "그런데 너희 아빠의 따개비들은 어디 있니?" 나는 우리가 당시 다윈의 일화를 알았다고는 확신할 수 없지만, 따개비에는 거짓말을 하기가 불가능해 보이는 무엇인가가 있기 때문에 그런 변명을 꾸며내지 않았을까 생각한다. 따개비는 겉으로 보이는 것과 다르다. 물론 그 말은 다른 동물들에게도 적용된다. 그리고 그것이 바로 "따개비 이야기"가 말하려는 주제이다.*

겉모습과 달리, 따개비는 갑각류이다. 소형 삿갓조개처럼 바위를 뒤덮고 있으며, 신발을 신었다면 미끄러지지 않게 도와줄 것이고, 신지 않았다면 발에 상처를 입히는 보통의 따개비는 내부를 보면 삿갓조개와 전혀 다르다. 껍데기 안쪽을 보면, 그것들은

---

* 위대한 과학자 J. B. S. 할데인도 전혀 다른 방식으로 "따개비 이야기"를 한 적이 있었다. 철학적인 따개비들이 자신들의 세계를 심사숙고한다는 우화였다. 그들은 자신들의 여과하는 팔이 닿을 수 있는 거리 내에 있는 것만이 현실이라고 결론 짓는다. 그들은 어렴풋이 "시각"을 인식하지만, 그것이 물리적 현실인지 의심한다. 바위의 각 부위에 붙어 있는 따개비들마다 거리와 모양에 관한 의견이 서로 다르기 때문이다. 인간 사유의 한계와 종교적 미신의 성장을 탁월하게 풍자한 이 이야기는 내가 아니라 할데인이 한 것이며, 나는 단지 추천할 뿐이다. 그 이야기는 『가능한 세계들(Possible Worlds)』에 같은 제목의 글로 실려 있다.

누워서 허공에 발길질을 해대는 기형의 새우들이다. 그들의 발에는 물에서 먹이 입자를 거르는 깃털 달린 빗 또는 바구니 같은 것이 달려 있다. 조개삿갓(goose barnacle)도 같은 일을 하지만, 따개비처럼 원추형 껍데기 밑에 들어가 있는 것이 아니라, 굵은 장대 끝에 앉아 있다. 영어로 기러기(goose)라는 이름이 붙은 것은 따개비의 특성을 오해했기 때문이다. 조개삿갓의 물에 젖은 여과용 "깃털"은 알에 든 새끼 새처럼 보인다. 자연발생을 믿던 시절에 사람들은 조개삿갓이 부화하여 기러기, 특히 흰얼굴기러기(barnacle goose)가 된다고 생각했다.

가장 빈번하게 착각을 불러일으키는 동물, 동물학자들이 알고 있는 것과 전혀 딴판으로 생긴 동물들 중에서 최고는 사쿨리나(주머니벌레) 같은 기생성 따개비일 것이다. 사쿨리나는 겉으로 보이는 것과는 극단적으로 다르다. 동물학자들은 유생이 없었더라면, 그것이 따개비임을 결코 알아차리지 못했을 것이다. 성체는 게의 아래쪽에 매달려 있는 부드러운 주머니 모양이다. 그것은 길게 가지를 친 식물의 뿌리 같은 것을 게의 조직 속으로 뻗어서 양분을 흡수한다. 이 기생생물은 따개비처럼 보이지 않을 뿐만 아니라, 그 어떤 갑각류와도 닮지 않았다. 그들은 외골격의 흔적뿐만 아니라, 거의 모든 절지동물들에게 있는 몸마디의 흔적도 모두 잃었다. 기생하는 식물이나 곰팡이라고 해도 믿을 것이다. 그러나 진화적 관계로 볼 때, 그들은 갑각류이며, 그냥 갑각류가 아니라 따개비이다. 사실 겉으로 볼 때는 전혀 따개비 같지 않다.

흥미롭게도 사쿨리나의 유달리 비갑각류적인 형태 발생은 "초파리 이야기"의 주제였던 혹스 유전자들을 통하면 이해가 되기 시작한다. 앱더미널-A라는 유전자는 대체로 갑각류의 복부 발달을 감독하는데, 사쿨리나에서는 발현되지 않는다. 그저 혹스 유전자들이 억제되기만 하면, 헤엄치고 발길질하는 다리를 가진 동물이 형태 없는 곰팡이 덩어리로 바뀔 수 있는 것처럼 보인다.

사쿨리나의 갈래진 뿌리 체계는 게의 조직을 무차별적으로 공격하는 것이 아니라 먼저 게의 생식기관을 공략한다. 그러면 게를 거세하는 효과가 나타난다. 이것이 우연한 부수적인 결과일까? 아마 그렇지 않을 것이다. 거세는 게를 불임으로 만드는 것만이 아니다. 거세된 게는 마르고 볼품없는 번식 기계가 되는 대신, 거세된 살진 황소처럼 그 자원들을 몸집을 키우는 데에 돌린다. 따라서 기생생물이 먹을 것도 많아진다.[*]

---

[*] 나는 『확장된 표현형』의 기생생물을 다룬 장에서 기생생물들이 숙주의 생리를 미묘하게 조작하는 사례

기이한 경이? 전혀 새로운 체제? 타우마톡세나 안드레이니 암컷.
헨리 디즈니 그림.

다음 이야기로 매끄럽게 넘어가기 위해서, 미래를 배경으로 우화를 하나 들어보자. 혜성들이 마구 충돌하여 척추동물과 절지동물이 완전히 멸망한 지 5억 년 뒤, 문어의 먼 후손들 중에서 지적 생명체가 다시금 진화했다고 하자. 문어 고생물학자는 기원후 21세기의 것으로 파악된 지층에서 많은 화석들을 발견한다. 당시의 생물상을 제대로 보여주는 것은 아니었지만, 그래도 이 셰일에는 다양성과 풍부함을 보여주는 화석들이 많아서 고생물학자들에게 깊은 인상을 주었다. 한 문어 학자는 8개의 팔로 화석들을 헤아려 균형 잡힌 판정을 내리고, 빨판으로 세부 사항들을 잘 빨아들인 끝에, 대격변이 일어나기 전에 생명이 기이하고 경이로운 새로운 체제들을 기꺼이 실험하면서 두 번 다시 없을 정도로 다양성을 엄청나게 증식시켰다고 주장하기에 이른다. 당신은 현대의 동물들을 생각해보고 그중에서 소수가 화석이 되리라는 것을 상상해보면 그가 무슨 의미로 그 말을 했는지 알 수 있다. 미래의 고생물학자가 직면한 힘든 과제를 생각하고, 불완전하고 간헐적인 화석 자취들로부터 유연관계를 파악하려고 시도할 때에 겪을 문제점들을 떠올려보자.

예를 들면, 위의 그림의 동물은 도대체 어떻게 분류해야 할까? 전에 없던 새로운 문을 설정할 만한 새로운 "기이한 경이"가 아닐까? 동물학계에 전혀 알려지지 않았던 완전히 새로운 체제가 아닐까?

그렇지 않다. 미래학적인 환상에서 벗어나서 현재로 돌아와서 보면, 이 기이한 경이가 사실 파리의 일종인 타우마톡세나 안드레이니임을 알게 된다. 벼룩파릿과라는 지극히 당당하게 한 자리를 차지한 집단에 속한 파리이다. 벼룩파릿과에서 더 전형적인

들을 다룬 바 있다.

파리는 어떠해야 할까? 벼룩파리의 일종인 메가셀리아 스칼라리스. 아서 스미스 그림.

종은 위의 그림에 나온 메가셀리아 스칼라리스이다.

"기이한 경이"인 타우마톡세나에게 일어났던 일은 그들이 흰개미의 집을 주거지로 삼았다는 것과 관련이 깊다. 그 폐쇄적인 세계는 생활조건이 너무나 달랐기 때문에, 그들은 파리의 본모습을 모두 잃었다. 아마 아주 짧은 기간에 일어났을 것이다. 변화는 부메랑처럼 생긴 앞쪽 끝은 퇴화하고 남은 머리이다. 그 아래는 가슴이다. 가슴과 배 사이에는 흔적만 남은 날개가 있다. 배마디는 등에 털이 약간 나 있다. 여기서 얻는 교훈은 따개비에서 얻은 교훈의 반복이다. 그러나 미래 고생물학자의 우화와 형태 공간에서 마구 빚어진 기이한 경이들에 그가 매료된다는 이야기는 쓸데없이 지어낸 것이 아니었다. 다음 이야기로 매끄럽게 넘어가기 위함이었다. 바로 "캄브리아기 대폭발 (Cambrian Explosion)" 이야기이다.

발톱벌레 이야기

현대 동물학에서 기원 신화에 가까운 것이 있다면, 그것은 캄브리아기 대폭발일 것이다. 캄브리아기는 현생누대의 첫 시대이며, 5억4,000만 년 동안 지속되었다. 그 시기에 우리가 동물과 식물이라고 부르는 것들이 갑자기 화석에 등장했다. 캄브리아기 이전의 화석들은 미세한 흔적들이거나 수수께끼 같은 존재들에 불과했다. 캄브리아기부터 다소 우리 자신의 전조라고 여길 만한 다세포생물들이 우글거리기 시작했다. 폭발이라는 비유를 떠오르게 할 만큼, 캄브리아기가 시작되면서 갑자기 다세포 화석들이 나타난다.

창조론자들은 캄브리아기 대폭발을 사랑한다. 그들의 심히 메마른 상상에 따르면, 그것이 부모 없는 문들이 살았던 일종의 고생물학적 고아원을 떠오르게 하기 때문인 듯하다. 즉 하룻밤 사이에 양말이 온통 구멍투성이가 된 양,* 마치 무에서 하룻밤 사이에 갑자기 육신을 얻은 듯이, 선조 없는 동물들이 태어났다는 것이다. 반대편 극단에 서 있는, 낭만적인 열정으로 가득한 동물학자들은 생명들이 근본적으로 다른 진화적 박자에 맞추어 미친 듯이 춤을 추던 동물학적 순수의 시대인 "목가적인 꿈"의 분위기를 풍기기 때문에 캄브리아기 대폭발을 사랑한다. 그 이후를 지배했던 극심한 실용주의에 빠지기 전에 즉흥성으로 약동하던 타락 이전의 바쿠스 축제를 말이다. 『무지개를 풀며』에서 나는 한 저명한 생물학자의 다음과 같은 말을 인용한 바 있다. 그는 지금은 달리 생각할지도 모르겠다.

다세포 형태들이 발명된 직후, 진화적 신 발명품들이 왈칵 밀려나왔다. 다세포 생명이 조심성 없는 탐사라는 격렬한 춤을 추면서 가능한 모든 분화를 마음껏 시도했다는 느낌이 든다.

캄브리아기의 열광적인 상상을 대변할 동물이 하나 있다면, 그것은 할루키게니아(*Hallucigenia*)이다. 대변하다니? 환영(hallucination)이든 아니든 간에, 당신은 그런 진짜 같지 않은 생물이 홀로 설 수조차 없었을 것이라고 의심할지 모른다. 아마 당신의 생각이 옳을 것이다. 사이먼 콘웨이 모리스는 의도적으로 그런 이름을 붙였는데, 사실 처음에 재구성된 할루키게니아의 모습은 거꾸로 된 것이다. 그것이 도저히 있을 법하지 않게 이쑤시개 같은 장대들을 디디고 서 있는 이유가 바로 이 때문이다. 제대로 뒤집어놓은 최근의 해석에 따르면, 등에 한 줄로 늘어서 있던 "촉수들"은 사실 다리들이다. 한 줄로 늘어선 다리들이라니? 외줄을 타듯이 균형을 잡았다는 뜻일까? 아니다. 중국에서 새로 발견된 화석들은 두 번째 줄이 존재했음을 보여준다. 최근에 재구성한 모습을 보면, 그들은 현실 세계에 어울리고 생존할 수 있었을 듯하다. 할루키게니아는 더 이상 불확실하고 오래 전에 사라진 친척인 "기이한 경이"로 분류되지 않는다. 그 대신 그것은 수많은 다른 캄브리아기 화석들과 함께 현재 잠정적으로 엽족동물문(Lobopodia)에 속한다. 그 문에는 페리파투스와 우리가 랑데부 26에서 만난 "유조동

---

* 물론 버트런드 러셀의 말이다.

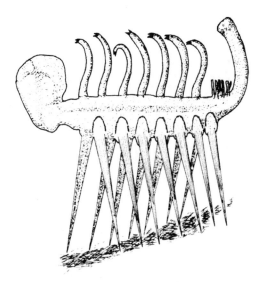

캄브리아기의 열광적인 상상 할루키게니아. 거꾸로 재구성된 모습.

물," 즉 "발톱벌레" 같은 현대의 대변자가 속해 있다.

환형동물이 절지동물의 가까운 친척으로 생각되던 시대에, 유조동물은 둘 사이의 "중간 존재"나 "틈새를 잇는" 존재로 대접받곤 했다. 비록 진화가 어떻게 이루어지는 지를 꼼꼼하게 따져볼 때, 그다지 도움이 되지 않는 개념이었지만 말이다. 환형동물은 현재 촉수담륜동물로 분류되는 반면, 유조동물은 절지동물과 함께 탈피동물로 분류된다. 페리파투스는 고대의 친척들과 함께 현대의 순례자들 사이에 끼어서 캄브리아기 대폭발을 이야기한다.

현대의 유조동물(화보 38 참조)은 열대에 널리 분포하며, 특히 남반구에 많다. 페리파투스, 페리파톱시스, 그리고 현대의 모든 유조동물은 육지에서 산다. 낙엽이 쌓인 축축한 곳에서 달팽이, 연충, 곤충 등 작은 먹이를 사냥한다. 물론 캄브리아기에 페리파투스와 페리파톱시스의 먼 선조들과 할루키게니아는 다른 모든 동물들과 마찬가지로 바다에서 살았다.

할루키게니아와 현대 유조동물의 관계는 아직 논란거리이며, 우리는 암석에 들어 있는 뭉개지고 으깨진 화석과 최종적으로 종이에 그려지고 대담하게 색깔까지 칠해진 재현도 사이에 상당히 많은 상상이 개입되었음을 염두에 두어야 한다. 심지어 할루키게니아가 온전한 모습이 아니라 어떤 미지의 동물의 일부라는 주장까지 제기되었다.

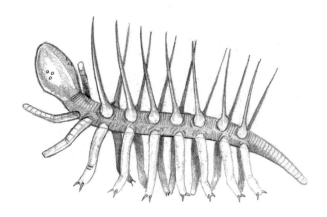

할루키게니아 옥스퍼드 자연사 박물관의 데이비드 리그 박사가 최근에 재현한 그림.

그런 실수도 간혹 있었다. 초기의 화가들이 재현한 캄브리아기 화석 그림들 중에는 원통 모양으로 잘라 통조림에 담은 파인애플에서 영감을 받아 그린 듯한 헤엄치는 해파리처럼 생긴 생물도 있었다. 그것은 수수께끼 같은 포식자인 아노말로카리스(다음의 그림)의 턱의 일부로 밝혀졌다. 아이세아이아 같은 캄브리아기 화석들은 페리파투스의 해양판처럼 보이며, 따라서 페리파투스에게 캄브리아기 이야기를 맡겨도 될 것이라는 확신을 준다.

어떤 시대든 간에 척추동물의 뼈, 절지동물의 외골격, 연체동물이나 완족류의 껍데기 등 대개 동물의 몸에서 단단한 부위가 화석으로 남는다. 그러나 캄브리아기 화석 지층들 중에서 환경 조건이 유별나서 운 좋게도 거의 기적적으로 부드러운 부분까지 보존되어 있는 곳이 세 군데 있다. 캐나다, 그린란드, 중국에 한 군데씩이다. 브리티시컬럼비아의 버제스 셰일, 그린란드 북부의 시리우스 파세트, 중국 남부의 청장이다.* 버제스 셰일은 1909년에 처음 발견되었는데, 80년 뒤 스티븐 굴드의 『경이로운 생명』 덕분에 유명해졌다. 그린란드 북부의 시리우스 파세트는 1984년에 발견되었으며, 다른 두 곳보다 연구가 훨씬 덜 이루어졌다. 같은 해에 허우셴광이 청장 화석들을 발견했다. 허우 박사는 2004년에 나온 『중국 청장의 캄브리아기 화석들(*The Cambrian Fossils of Chengjiang, China*)』이라는 아름다운 그림들이 실린 종속지의 공동 저자이다. 운 좋

---

* 네 번째 지역인 스웨덴의 외르스텐("냄새나는 돌"이라는 뜻)에는 부드러운 부위들이 다른 방식으로 보존
  되어 있다.

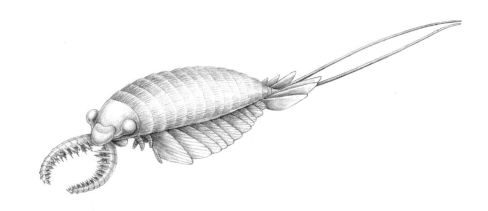

아노말로카리스 사론

게도 나는 이 책의 초판이 인쇄되기 직전에 그 책을 접했다.

청장 화석들은 현재 5억2,000만년에서 5억2,500만 년 전의 것으로 밝혀졌다. 시리우스 파세트와 거의 같은 시대이고, 버제스 셰일보다 약 1,000−1,500만 년 전의 것이다. 그러나 이 세 곳의 특이한 화석 발굴지들은 비슷한 동물상을 보여준다. 거기에는 많은 엽족류가 있으며, 그중에는 페리파투스의 해양판과 다소 비슷한 것들이 많다. 바닷말류, 해면동물, 다양한 연충류, 현대의 것들과 아주 흡사한 완족류, 친족관계가 불확실한 수수께끼의 동물들이 있다. 갑각류, 삼엽충, 둘과 어느 정도 비슷하지만 별도의 집단들을 이루었을 수도 있는 많은 동물들을 비롯하여 절지동물들도 많다. 크고(1미터가 넘는 것들도 있다) 포식자임이 분명한 아노말로카리스와 그 동족들은 버제스 셰일뿐만 아니라 청장에서도 발견된다. 절지동물의 먼 친척 같기도 하지만, 그들이 무엇이었는지는 아무도 확신하지 못하고 있다. 어쨌든 장관을 이루었으리라는 것은 분명하다. 버제스 셰일의 "기이한 경이들"이 모두 청장에서도 발견되는 것은 아니다. 5개의 눈을 가진 유명한 오파비니아가 한 예이다.

그린란드의 시리우스 파세트 동물상에는 할키에리아라는 아름다운 생물이 들어 있다. 처음에는 초기의 연체동물로 여겨졌지만, 캄브리아기의 많은 기이한 생물들을 기재한 사이먼 콘웨이 모리스는 그것이 연체동물, 완족동물, 환형동물의 세 주요 문들과 유연관계가 있다고 믿는다. 그 말을 들으니 내 마음도 흡족하다. 동물학자들이 큰 문이라고 간주하는 것들에 대해서 품고 있는 거의 신비주의적인 경외심을 타파하는

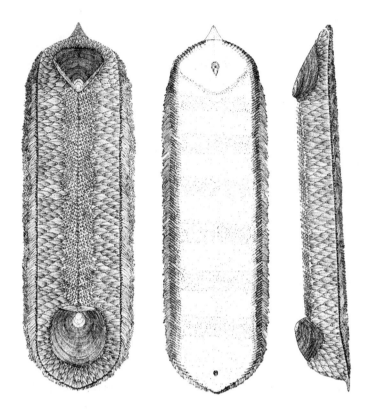

신비주의적 경외심을 타파하다 그린란드 시리우스 파세트에서 나온 할키에리아 에반겔리스타. 캄브리아기 전기의 것으로 추정. 사이먼 콘웨이 모리스 그림.

데에 도움을 주기 때문이다. 우리가 자신의 진화를 진지하게 고찰한다면, 시간을 거슬러올라가서 랑데부 지점들에 접근함에 따라, 생물들은 점점 더 서로를 닮아가고, 점점 더 가까운 친척이 될 것이 확실하다고 보아야 한다. 할키에리아가 실제로 어떠했든 간에, 환형동물, 완족동물, 연체동물을 통합하는 고대 동물이 없다면 그 편이 우려할 일일 것이다. 할키에리아 그림에서 양끝에 하나씩 껍데기가 붙어 있는 것을 보라.

랑데부 22에서 살펴보았듯이, 버제스 셰일에서 발견된 창고기를 닮은 피카이아를 비롯한 캄브리아기 척삭동물보다 더 앞선 진정한 척추동물처럼 보이는 화석들이 있다. 기존의 동물학 지식에 따르면, 척추동물은 절대로 그렇게 일찍 나타났을 리가 없다. 그러나 청장에서 발견된 화석들은 5,000만 년 더 뒤인 오르도비스기 중반까지도 나타나지 않는다고 여겨졌던 턱이 없는 물고기와 아주 흡사해 보인다. 현재 발견된 표본이

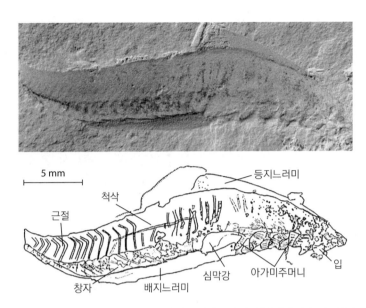

척추동물이 이렇게 오래 전부터 있었을 것이라고는 상상도 하지 못했다 청장에서 나온 밀로쿤밍기아 펭지아
오아 화석. 쉬 등[388].

500여 점이 넘는 하이코우이크티스(일본 시가를 따서 붙인 이름이 아니다)가 가장 잘
알려져 있다. 마찬가지로 발음하기 힘든 두 종 밀로쿤밍기아와 종지아니크티스는 각
각 찌그러진 표본 1점만이 발견되었다. 둘 다 그저 하이코우이크티스가 찌그러진 모양
일 뿐이라는 주장도 제기되었다. 분류학적 지위 변경을 둘러싼 논란은 아주 오래된 화
석들의 세부 형질 파악이 얼마나 어려운가를 뚜렷이 보여준다. 위는 밀로쿤밍기아 화
석의 사진과 카메라 루시다로 보면서 그린 그림이다. 나는 이렇게 꼼꼼하게 고대 동물
을 재구성해낸 인내심에 감탄을 금할 수 없다.

　척추동물의 발생 시기를 캄브리아기 중반까지 밀어올리는 것은 그 신화의 토대인
갑작스러운 대폭발 개념을 공고히 할 뿐이다. 현대의 주요 동물 문들 대부분이 캄브
리아기 내의 짧은 기간에 처음으로 화석들에 등장하는 것은 사실인 듯하다. 그렇다고
해서 캄브리아기 이전에 그 문들을 대변할 동물들이 전혀 없었다는 의미는 아니다. 그
러나 그들은 대개 화석이 되지 못했다. 이것을 어떻게 해석해야 할까? 우리는 공룡이
전멸한 뒤의 포유동물 대폭발을 설명하는 세 가지 가설을 다룬 바 있다. 마찬가지로
여기서도 세 가지의 주요 가설들을 다양하게 조합해볼 수 있다.

1. 사실상 대폭발은 없었음. 이 견해에 따르면, 진화의 폭발이 아니라 화석화 가능성의 폭발만이 있었다. 문들은 사실상 캄브리아기 이전까지 멀리 거슬러올라가며, 선캄브리아대의 수억 년에 걸쳐 공조상들이 존재했다. 분자시계 방법을 이용하여 주요 공조상들의 연대를 측정했던 몇몇 분자생물학자들이 이 견해를 지지한다. 예를 들면 G. A. 레이, J. S. 레빙턴, L. H. 샤피로는 1996년에 척추동물과 극피동물을 통합한 공조상이 약 10억 년 전에 살았으며, 척추동물과 연체동물을 통합한 공조상은 그보다 2억 년 더 일찍, 이른바 캄브리아기 대폭발의 시대보다 2배나 더 앞선 시기에 살았다고 추정한 유명한 논문을 발표했다. 분자시계를 이용해서 얻은 추정값들은 대체로 대다수 고생물학자들이 생각하는 것보다 훨씬 더 멀리, 선캄브리아대까지 이 가지들을 밀어올리는 경향이 있다. 이 관점에서 보면, 우리가 알지 못하는 어떤 이유로 캄브리아기 이전에는 화석들이 쉽게 형성되지 않은 것뿐이다. 아마 그들에게는 껍데기, 외골격, 뼈 같은 화석이 되기 쉬운 단단한 부위들이 없었을지도 모른다. 어쨌든 버제스 셰일과 청장의 지층들은 부드러운 부위들이 화석으로 남아 있다는 점에서 대단히 특이하다. 선캄브리아대의 동물들이 복잡한 체제들을 다양하게 구현하면서 오랫동안 존속했지만, 그저 너무 작아서 화석이 되지 못했을 수도 있다. 이 견해에 따르면, 오늘날 살아 있는 "고아들"로 보일 정도로, 캄브리아기 이후에 화석을 전혀 남기지 않은 몸집 작은 동물 문들이 있을 것이다. 실제로 편형동물에 속한 와충강이라는 자유생활을 하는 아름다운 동물들로 이루어진 규모가 큰 집단은 화석이 거의 없다. 마치 바로 어제 출현한 듯하다. 그렇다면 캄브리아기 이전의 화석이 있을 것이라고 예상해야 할 이유가 있을까? 반론을 제기하자면, 화석이 거의 생기지 않는 동물들만 있지는 않다는 것이다. 예를 들면, 일부 해면동물은 내부에 단단한 뼈대를 지닌다(화보 31 참조). 그들이 수십억 년 동안 존속했다면, 그런 뼈대 화석을 찾을 수 있지 않을까 기대할 법하다. 그리고 연충형 동물들은 기어가거나 굴을 판 흔적을 남길 것이라고 예상할 수 있다. 퇴적물을 교란할 몸집 큰 동물들이 전혀 없었다면 더욱 그럴 것이다. 하지만 그런 고대의 흔적들은 선캄브리아대가 끝나기 수천만 년 전부터 나타날 뿐이다.

2. 도화선 폭발이 있었음. 다양한 문들을 통합하는 공조상들은 시기적으로 실제로 서로 아주 가까이 있었지만, 수천만 년이 더 지난 뒤에야 비로소 화석들의 대폭발이 나타났다는 견해이다. 현재라는 아주 먼 미래에서 보면, 5억2,000만 년 전의 청장 화석

들은 5억6,000만 년 전의 잠정적인 공조상과 거의 비슷한 시대에 있는 듯하다. 그러나 그들 사이에는 무려 4,000만 년이라는 세월이 놓여 있으며, 호모 사피엔스 종이 존속한 기간보다 40배 이상 더 길다. 심지어 1,000만 년도 "갈라파고스핀치 이야기"와 "시클리드 이야기"에서 말한 극도로 빠른 진화적 분출에 비추어보면 긴 시간이다. 과거를 돌이켜보는 우리는 두 고대 화석을 현대의 각기 다른 문에 속한 것으로 인지하며, 그래서 두 화석이 두 문의 현대 대변자들만큼 틀림없이 서로 달랐을 것이라고 생각하기가 쉽다. 즉 현대의 대변자들이 5억 년 동안 분화를 거친 존재들이라는 사실을 쉽게 잊곤 한다. 5억 년에 해당하는 동물학 지식이 없는 캄브리아기의 분류학자도 두 화석을 각기 다른 문에 소속시켰을 것이라고 믿을 이유는 전혀 없다. 그는 둘을 별개의 목 수준에서 분류했을지도 모른다. 그 후손들이 결국 당당히 별개의 문 수준으로 분화할 운명이라는 사실을 전혀 모른 채 말이다.

3. 하룻밤에 폭발했음. 이 세 번째 학파는 내 생각에는 제정신이 아닌 자들이다. 아니, 더 품위 있는 언어를 사용하자면, 무모하고 무책임할 정도로 비현실적이다. 그러나 나는 그 가설도 다루어야 한다. 그것이 최근에 까닭 없이 인기를 끌고 있기 때문이다. 낭만적 열기로 과열된 동물학자들이 내놓은 미사여구를 들먹거리면서 말이다.

세 번째 학파는 새로운 문들이 하룻밤 만에, 한 번의 대돌연변이 도약을 통해서 출현했다고 믿는다. 여기서 내가 『무지개를 풀며』에서 인용했던 문장들을 재인용해보자. 이런 말을 한 사람들은 다른 면에서는 존경할 만한 과학자들이다.

새로운 기능을 담은 주요 발명품, 즉 새로운 문의 토대를 이루는 진화적 도약에 쓰일 장치들이 캄브리아기가 종말을 고했을 때, 어쩐 일인지 사라진 것 같았다. 마치 진화의 주요 원인이 얼마간 힘을 잃은 듯했다……. 따라서 캄브리아기 생물들의 진화는 문 수준의 도약을 포함하는 더 큰 도약이 가능했던 반면, 그 뒤에는 강 수준까지의 더 제약된 온건한 도약만 있었을 것이다.

혹은 이 이야기를 시작할 때에 들었던 같은 저명한 과학자의 이 말은 어떨까?

분지 과정의 초기에 우리는 자신의 줄기 및 서로 간에도 극적으로 다른 다양한 장거리 도약

돌연변이들을 발견한다. 이 종들은 독립된 문의 창시자로 분류되기에 충분한 형태학적 차이들을 가진다. 이 창시자들도 가지를 치지만, 그것은 문 창시자의 가지들에서 비슷하지 않은 딸 종들, 즉 강들의 창시자들이 생기는 거리가 약간 더 짧은 장거리 도약 변이체들을 통해서 이루어진다. 그 과정이 계속될수록, 점점 더 가까운 거리에서 적합한 변이체들이 나타나며, 그렇게 하여 목, 과, 속의 창시자들이 차례로 출현한다.

나는 이 인용문들에 자극을 받아 이런 반박을 내놓았다. 마치 정원사가 늙은 참나무를 보면서 놀라 이렇게 말하는 식이라고 말이다.

요즘 이 나무에는 새로운 큰 가지가 전혀 나오는 것 같지 않으니 정말 이상하군. 요새는 새로운 생장이 모두 잔가지 수준에서만 일어나는 것 같아!

여기 또 하나의 인용문이 있다. 이번에는 저자를 밝히기로 하자. 그 말이 『무지개를 풀며』 이후에 나온 것이며, 따라서 내가 전에 인용한 적이 없었기 때문이다. 앤드루 파커의 『눈 깜박할 사이에(*In the Blink of an Eye*)』는 캄브리아기 대폭발이 동물들이 갑자기 눈을 발견함으로써 촉발되었다는 자신의 흥미로우면서 독창적인 이론을 옹호하는 데에 치중한다. 그러나 자신의 이론을 다루기에 앞서, 파커는 캄브리아기 대폭발 신화의 "무모하고 무책임한" 형태를 곧이곧대로 믿는다고 말한다. 그는 내가 읽은 글들 중에서도 가장 솔직하게 "폭발적인" 형태로 그 신화를 표현한다.

5억4,400만 년 전에는 외형이 다른 동물 문이 셋뿐이었지만, 5억3,800만 년 전에는 현재와 같은 38개의 문이 있었다.

그는 더 나아가 자신이 600만 년이라는 기간으로 압축된 극단적으로 빠른 점진주의적인 진화를 말하는 것이 아니라고 명확히 밝힌다. 압축된 형태라면 두 번째 가설의 극단적인 형태가 될 것이며, 그것은 그나마 간신히 받아들일 만한 것일 수 있다. 뿐만 아니라 그는 두 문(이 될 운명인 무엇)인 한 쌍이 맨 처음 갈라질 무렵에는 서로 그다지 다르지 않았을 것이라는 말도 하지 않는다. 나는 한 쌍의 종이 속 등의 단계들을 차례로 거쳐서 결국 문 수준으로 인정될 정도로 갈라진다고 말하는데 말이다. 파커는 5억3,800만 년 전의 38개 문이 대돌연변이가 일어나자마자 하룻밤에 완전히 분화한 문이 되어 출현했다고 간주하는 듯하다.

38개 동물 문이 지구에서 진화했다. 따라서 38가지 다른 내부 조직체계를 빚어낸 오직 38번의 기념비적인 유전적 사건들만이 일어났다.

기념비적인 유전적 사건들이 전혀 불가능한 것은 아니다. "초파리 이야기"에서 살펴본 다양한 혹스 유전자들 같은 조절 유전자들은 분명히 극적인 방식으로 돌연변이를 일으킬 수 있다. 그러나 기념비적인 것들 중에서도 더 기념비적인 것이 있다. 더듬이가 나야 할 자리에 다리 한 쌍이 난 초파리가 그렇다. 그러나 거기에는 그 초파리가 과연 살아남을 수 있을까라는 커다란 의문이 따른다. 그런 의문이 생기는 데에는 강력하고 보편적인 이유가 있다. 잠시 설명을 해보자.

돌연변이 동물은 새로운 돌연변이 덕분에 더 나아질 확률이 어느 정도 있다. "더 나아진다"는 말은 돌연변이 이전의 부모 유형과 비교했을 때에 더 낫다는 의미이다. 부모는 적어도 생존하고 번식하는 데에 문제가 없었을 것이다. 그렇지 않았다면 부모가 되지 못했을 테니 말이다. 돌연변이가 더 작은 것일수록 개선 사례가 될 가능성이 더 높다는 것은 쉽게 알 수 있다. "쉽게 알 수 있다"는 위대한 통계학자이자 생물학자인 R. A. 피셔가 즐겨 쓰는 말이었다. 그는 일반인들이 이해하기 결코 쉽지 않은 것에도 그 말을 쓰곤 했다. 그러나 피셔가 단순한 측정값에 대해서 제시한 논리는 정말로 이해하기 쉽다. 허벅지 길이처럼 일차원적인 변이를 보이는 것들, 즉 몇 밀리미터 더 커지거나 더 작아질 수 있는 것들이 거기에 해당한다.

크기 변화를 일으키는 돌연변이들의 집합을 상상해보자. 한쪽 극단인 크기가 0인 돌연변이는 정의에 따라서 부모의 유전자 사본과 똑같으며, 똑같이 좋다. 앞에서 말했듯이 부모의 유전자는 적어도 살아남아 번식할 수 있을 만큼 좋은 것임이 분명하기 때문이다. 이제 규모가 작은 무작위 돌연변이를 상상해보자. 예를 들면 다리가 1밀리미터 더 길어지거나 짧아진다고 하자. 부모 유전자가 완벽하지 않다고 가정하면, 부모의 것과 미미하게 달라지는 돌연변이는 더 나아질 확률이 50퍼센트, 더 나빠질 확률이 50퍼센트일 것이다. 부모의 상태에 비해서 올바른 방향으로 한걸음 나아간 것이라면 더 나아질 것이고, 그 반대 방향으로 한걸음 나아간다면 더 나빠질 것이다. 그러나 규모가 큰 돌연변이는 아마 부모의 것보다 더 나빠질 것이다. **설령 올바른 방향으로 나아갔다고 해도 도를 넘어설 것이기 때문이다.** 극단적으로 말해서 다른 부위는 정상인데 허벅지가 2미터인 사람을 상상해보라.

피셔의 논리는 이보다 더 보편적인 것이었다. 새로운 문 수준의 대돌연변이가 도약을 이야기할 때, 우리는 다리 길이 같은 단순한 수치 형질들을 다루는 것이 아니므로, 그 논리를 수정할 필요가 있다. 전에 말했듯이, 요지는 살아남는 방법보다 죽는 방법이 훨씬 더 많다는 것이다. 가능한 모든 동물들로 이루어진 수학적 경관을 상상해보자. 나는 그것을 수학적이라고 불러야겠다. 그것은 수백 개의 차원으로 이루어진 경관이며, 지금까지 살았던 (비교적) 소수의 동물들뿐만 아니라 상상할 수 있는 거의 무한한 수의 괴물들까지 포함하기 때문이다. 파커가 "기념비적인 유전적 사건"이라고 부른 것은 허벅지의 사례처럼 일차원이 아니라 수백 차원에서 동시에 엄청난 영향을 미치는 대돌연변이일 것이다. 파커가 생각하는 것처럼 한 문에서 다른 문으로의 갑작스럽고 직접적인 변화가 바로 그런 사례이다.

가능한 모든 동물들로 이루어진 다차원 경관에서, 현존하는 생물들은 괴이한 기형이라는 거대한 대양들에 둘러싸인 채 다른 섬들과 격리된 생존 가능성이라는 섬들이다. 어느 한 섬에서 출발했을 때, 당신은 다리가 약간 길어지거나, 뿔 끝이 조금 변하거나, 깃털이 검어지거나 하는 등 한 번에 한 걸음씩 멀어짐으로써 진화할 수 있다. 진화는 다차원 공간을 가로지르는 궤적이며, 그 궤적을 이루는 한걸음 한걸음은 부모의 유형이자 생존하고 번식할 수 있는 몸을 뜻한다. 시간이 충분하다면, 궤적은 생존 가능한 출발점에서 연체동물문 같은 다른 문으로 인식될 아주 멀리 떨어진 생존 가능한 목적지까지 길게 이어질 수 있다. 그리고 같은 출발점에서 다른 방향으로 나아간 한걸음 한걸음으로 이어진 궤적은 생존 가능한 중간 존재들을 차례차례 거침으로써, 환형동물문 같은 문으로 인식되는 다른 생존 가능한 목적지로 이어질 수 있다. 각 공조상에서 한 쌍의 동물 문으로 이어지는 분지점마다 이런 일이 일어났음이 분명하다.

따라서 우리는 다음과 같은 결론에 도달한다. 일거에 새로운 문을 창시할 정도의 무작위적 변화는 동시에 수백 차원에 영향을 미칠 정도로 아주 큰 것이며, 그런 도약을 통해서 다른 생존 가능성이라는 섬에 발을 디딜 수 있으려면 터무니없을 정도로 운이 좋아야 할 것이다. 그 정도의 대규모 돌연변이는 필연적으로 생존 불가능성이라는 대양 한가운데에 떨어질 것이 거의 확실하다. 아마 동물이라고 볼 수도 없을 것이다.

창조론자들은 어리석게도 다윈의 자연선택을 고물 야적장에 태풍이 한바탕 불어서 운 좋게 보잉 747기가 조립되는 것에 비유한다. 물론 그들의 생각은 틀렸다. 자연선택의 점진적이고 누적적인 특성을 전혀 알아차리지 못했기 때문이다. 그러나 고물 야적장이라는 비유는 새로운 문이 하룻밤에 발명되었다는 가설에 딱 들어맞는다. 하룻밤에 지렁이에서 달팽이로 바뀌는 것과 같은 진화적 도약이 성공하려면, 사실상 고물 야적장에 몰아친 허리케인 같은 행운이 있어야 할 것이다.

따라서 우리는 세 가설 중에서 세 번째는 제정신이 아닌 가설이라고 절대적으로 확신하면서 거부할 수 있다. 그러면 두 가설 또는 둘을 적절히 타협한 것이 남으며, 여기서 나는 불가지론자가 되어 더 많은 자료들을 열심히 찾아다니는 나 자신을 발견하게 된다. 이 이야기의 후기에서 살펴보겠지만, 초기 분자시계의 추정값들이 주요 분지점들을 수억 년 더 이전인 선캄브리아대로 밀어올린 것은 과장이라는 인식이 점점 더 확산되는 것 같다. 그런 한편으로 대다수 동물 문의 화석들이 캄브리아기 이전에는 거의 존재하지 않는다는 단순한 사실을 근거로 그 문들이 틀림없이 극도로 빠르게 진화했으리라고 가정하는 우를 범해서는 안 된다. 고물 야적장 논리에서의 허리케인은 캄브리아기 화석들이 모두 연속적으로 진화하는 선조들이 있었음이 분명하다고 말한다. 그 선조들은 거기에 틀림없이 있었지만, 발견되지 않을 뿐이다. 이유가 무엇이든, 시대가 어떠하든 간에, 그들은 화석이 되지는 못했지만, 분명 거기에 존재했을 것이다. 그렇지만 언뜻 생각할 때, 수많은 동물 전체가 1,000만 년 동안 보이지 않는다는 것도 믿기 어렵지만 1억 년 동안 보이지 않는다는 것은 더 믿기가 어렵다. 그 때문에 일부 학자들은 짧은 도화선이 있는 캄브리아기 대폭발 이론을 선호한다. 그렇지만 도화선이 짧을수록, 그 모든 다양화를 그 기간 내에 우겨넣을 수 있다고 믿기는 더 어려워진다. 따라서 이 논리는 양면성을 지니며, 남은 두 가설 중에서 어느 하나를 결정적으로 선택하지는 않는다.

화석 기록에 청장과 시리우스 파세트 이전의 후생동물이 전혀 없지는 않다. 그보다 약 2,000만 년 전, 거의 캄브리아기/선캄브리아대 경계에 해당하는 시기에 미세한 껍데기처럼 보이는 다양한 미시 화석들이 나타나기 시작했다. 그것들을 총칭하여 "작은 껍데기 동물군(small shelly fauna)"이라고 한다. 이들은 여러 동물 문들에 속하는 듯하다. 가장 오래된 클라우디나(*Claudina*) 화석은 어떤 환형동물의 신체 부위일 수도 있다. 아니면 산호형 동물의 뼈대일 수도 있다. 물론 둘 다 아닐 수도 있다. 한편 다양한 좌우대칭동물, 특히 연체동물과 발톱벌레의 친척인 엽족동물—이 이야기에 걸맞게도—의 장갑판 조각임이 거의 확실한 화석들도 있다. 대부분의 고생물학자들은 깜짝 놀랐다. 그것은 선구동물의 각 집단들 사이의 분지가 가시적인 "폭발" 이전인 선캄브리아대에 일어난 것이 **틀림없다**는 의미였기 때문이다. 그리고 장갑판은 캄브리아기 최초의 바다에서 이미 포식자들이 사냥을 하고 있었다는 의미이다.

더 오래된 동물 다양성이 있다는 증거도 있다. 캄브리아기가 시작되기 2,000만 년 전, 선캄브리아대 말의 에디아카라기에, 에디아카라 동물상이라는 수수께끼의 동물 집단이 전 세계에 번성했다. 처음 발견된 오스트레일리아 남부의 에디아카라 구릉 지대의 이름을 딴 것이다. 그들은 대부분 정체가 모호하지만, 그중에는 몸집이 큰 최초의 동물 화석들도 있었다. 그들 중 일부는 아마 해면동물일 것이다. 해파리와 약간 비슷한 것들도 있다. 말미잘이나 바다조름(말미잘의 친척인 깃털처럼 생긴 동물)을 어느 정도 닮은 것들도 있다. 연충이나 민달팽이를 약간 닮은 것들도 있고, 진정한 좌우대칭동물을 대변하는 것들도 있다고 볼 수 있다. 나머지 화석들은 솔직히 수수께끼이다. 우리는 화보 39의 이 생물, 디킨소니아를 어떻게 보아야 할까? 산호일까? 아니면 연충일까? 혹시 곰팡이일까? 또는 현재 살아 있는 생물들과 전혀 다른 무엇일까? 새로운 화석을 발견할 때까지, 또는 기존 화석을 살펴볼 새로운 기술이 나올 때까지는 에디아카라 동물군이 비록 흥미롭기는 해도 좌우대칭동물의 조상을 추론하는 데에는 어떤 식으로든 별 도움이 되지 않는다는 것이 일반적인 생각이다.

또 선캄브리아대 동물들이 남긴 자국이나 굴처럼 보이는 화석들도 있다. 이는 그런 흔적들을 남길 정도로 큰 기어다니는 동물들이 있었음을 말해준다. 불행히도 그것들은 그 동물들이 어떻게 생겼는지는 말해주지 않는다. 또 중국의 뒤산터우 층군에서는 주로 미시 화석들이지만 더 오래된 것들도 발견되었다. 그중에는 비록 어떤 동물로 자랐을지는 불분명하지만 배아처럼 보이는 것들도 있다. 캐나다 북서부에서 발견된 약 6억 년 전에서 6억1,000만 년 전 사이의 것으로 추정되는 더 오래된 작은 원반 모양의 화석들도 있는데, 이것들은 에디아카라 화석들보다 더욱 수수께끼이다.

이 책은 40번의 랑데부에 의지하며, 각 랑데부의 시대를 어느 정도 추정하는 편이 바람직한 듯했다. 연대 측정이 가능한 화석들과 그 화석들로 보정한 분자시계들을 이용하면, 어느 정도 확신을 가지고 랑데부 지점들의 연대를 추정할 수 있다. 그러나 더 오래된 랑데부로 갈수록 화석들이 우리를 실망시킨다는 것도 놀랄 일은 아니다. 이는 더 이상 분자시계들을 신뢰할 수 있을 만큼 보정할 수 없으며, 우리가 연대 측정이 불가능한 황무지로 들어간다는 의미이다. 완벽성을 기하기 위해서 나는 대강 공조상 23부터 이 막연한 공조상들에 연대를 부여하고자 애썼다. 가장 최근의 증거들은 비록 약간이지만 도화선 폭발 쪽으로 기우는 듯하다. 이는 실제 폭발이 없었다는 쪽으로 치우쳤던 나의 기존 견해와 어긋난다. 그러나 내가 바라는 대로 더 많은 증거들이 나왔을 때, 현대 동물 문들의 공조상들을 찾는 우리의 탐구가 다른 길을 통해서 다시 깊숙한 선캄브리아대로 이어진다고 해도 놀랄 필요는 없다. 반대로 우리가 대단히 짧은 폭발로 돌아갈 수도 있다. 대규모 동물 문들의 대다수 공조상들이 캄브리아기가 시작될 무렵의 2,000만 년이나 심하면 1,000만 년이라는 기간에 밀집되어 존재했을 수도 있다. 어쨌든 나는 설령 현대 동물들의 유사성을 토대로 캄브리아기의 두 동물을 각기 다른 문에 넣는 것이 옳다고 할지라도, 캄브리아기로 거슬러올라가면 그들은 두 문의 현대 후손들 사이의 거리보다 서로 훨씬 더 가까웠을 것이라고 예상한다. 캄브리아기의 동물학자들은 그들을 각기 다른 문으로 놓지 않고, 말하자면 아강 수준으로 놓을 것이다.

나는 앞의 두 가설 중에서 어느 한쪽이 옹호된다면 놀라지 않을 것이다. 위험을 자초하려는 것은 아니지만, 세 번째 가설을 지지하는 증거가 어떤 것이라도 발견된다면 내 목을 내놓겠다. 캄브리아기의 진화가 본질적으로 현대의 진화와 같은 종류였다는 가정은 어느 모로 보나 타당하다. 캄브리아기 이후로 진화의 주요 원인들이 약해졌다고 말하는 극도로 흥분하여 떠들어대는 그 모든 미사여구들, 동물학적 무책임성이 판치는 행복한 여명기에 갑자기 생겨난 새로운 문들이 현란하게 온갖 발명이라는 무모하고 대담한 춤을 춘다는 식의 그 모든 자아 도취적인 외침들. 나는 그것들에 대고 위험을 자초할 말을 하련다. 모두 헛소리라고 말이다.

그렇다고 해서 캄브리아기를 시적으로 찬양하는 것까지 반대한다는 뜻은 아니라고 서둘러 덧붙여야겠다. 그러나 나라면 리처드 포티의 말을 인용하겠다. 그의 아름다운 책 『생명 : 40억 년의 비밀』에 나온 말이다.

나는 스피츠베르겐 섬의 해변에 서서 처음으로 생명의 연대기를 곰곰이 생각했을 때처럼, 저녁 무렵 캄브리아기의 해안에 서 있는 모습을 상상해본다. 내 발을 적시는 바닷물은 똑같아 보이고 느낌도 같을 것이다. 바다가 땅과 만나는 곳에는 약간 끈적거리는 둥근 스트로마톨라이트 덩어리들이 군데군데 솟아 있다. 선캄브리아대의 드넓은 유기물 숲에서 살아남은 생존자들이다. 내 뒤쪽의 붉은 황야를 바람이 휙 휩쓸고 간다. 그곳에 생물이라곤 전혀 없으며, 바람에 쓸려가는 모래가 다리 뒤쪽에 휘감겨서 따갑다. 그러나 내 발밑의 질퍽한 모래에는 벌레의 허물들이 보인다. 약간 돌돌 말린 듯하다. 나는 갑각류처럼 생긴 동물들이 달아나면서 남긴 잔물결 자국들을 볼 수 있다……바람 소리와 파도가 철썩이는 소리 외에는 너무나 고요하며, 바람에 실려 우짖는 울음 같은 것은 전혀 들리지 않는다…….

발톱벌레 이야기의 후기

지금까지 나는 태평하게 랑데부 연대들을 제시했고, 심지어 무모하게 몇 대 조상이라는 구체적인 숫자를 붙여가며 공조상들을 소개했다. "삼나무 이야기"에서 살펴보겠지만, 내가 말한 연대들은 대부분 긴 시간 단위에 맞는 오차 범위 내로 측정된 화석들의 연대를 토대로 했다. 그러나 화석들은 편형동물처럼 몸이 부드러운 동물들의 조상을 추적하는 데에는 별 도움을 준 적이 없었다. 실러캔스들은 지난 7,000만 년 동안 화석 기록에서 누락되었다. 1938년에 살아 있는 실러캔스가 발견되었을 때, 그토록 열광한 이유도 그 때문이었다. 화석 기록은 아무리 잘 보존되었다고 해도 변덕을 부릴 수 있다. 그리고 캄브리아기까지 다다르니, 슬프게도 화석들이 바닥나고 있다. 우리가 "대폭발"을 어떻게 해석하든 간에, 대규모 캄브리아기 동물상의 선조들이 거의 모두 화석이 되지 못했다는 데에 의견이 일치한다. 캄브리아기보다 더 이전의 공조상들을 찾고자 할 때, 우리는 더 이상 지층의 도움을 받지 못한다. 다행히 화석들이 우리가 의지할 유일한 수단은 아니다. "코끼리새 이야기"와 "폐어 이야기"를 비롯한 여러 곳에서, 우리는 분자시계라는 독창적인 기술을 사용했다. 이제 분자시계를 설명할 때가 되었다.

측정할 수 있는, 즉 셀 수 있는 진화적 변화들이 일정한 속도로 일어난다면 놀랍지 않을까? 그러면 우리는 진화 자체를 시계로 사용할 수 있다. 여기에 순환 논법을 들이 댈 필요는 없다. 우리는 화석 기록이 잘 나와 있는 진화 영역에서 진화 시계를 보정하여 기록이 없는 영역까지 확대 추정할 수 있기 때문이다. 그러나 진화의 속도를 어떻게 측정할 수 있을까? 그리고 설령 그것을 측정할 수 있다고 해도, 특정한 유형의 진화적 변화가 시계처럼 일정한 속도로 이루어진다고 예상하는 근거는 무엇일까?

다리 길이, 뇌 크기, 감각모의 수가 일정한 속도로 진화할 것이라고 예상한다면, 그것은 터무니없는 생각이다. 그런 형질들은 생존에 중요하며, 분명 그것들의 진화 속도는 종잡을 수 없을 만큼 변덕스러울 것이다. 그것들은 나름대로의 진화 원리를 따르는 시계라고 할 수 있다. 어쨌거나 가시적인 진화의 속도 측정에 관한 합의된 기준이 마련될 것 같지가 않다. 100만 년당 몇 퍼센트 변화했는가처럼, 다리 길이의 진화를 100만 년당 몇 밀리미터로 측정하면 될까? J. B. S. 할데인은 진화 속도의 단위를 다윈으로 부르자고 제안했다. 다윈은 한 세대당 변화율을 토대로 한다. 그 단위가 실제 화석들에 어떻게 적용되든 간에, 결과는 밀리다윈에서 킬로다윈과 메가다윈에 이르기까지 다양하며, 그런 결과에 놀랄 사람은 아무도 없다.

그에 비하면 분자 변화가 시계로 쓰일 가능성은 훨씬 더 높다. 우선 무엇을 측정해야 할지가 명백하기 때문이다. DNA는 4개의 글자로 쓰인 문서 정보이므로, 지극히 자연스러운 방식으로 진화 속도를 측정할 수 있다. 그저 글자가 몇 개 다른지 세기만 하면 된다. 혹은 원한다면 DNA 암호의 단백질 산물들을 조사하여 몇 개의 아미노산이 다른지 세도 된다.* 분자 수준의 진화적 변화들은 대부분 자연선택을 받지 않는 중립적인 것이라고 믿을 만한 이유들이 있다. 중립은 쓸모가 없다거나 기능이 없다는 말이 아니다. 단지 한 유전자의 각기 다른 판본들이 똑같이 양호하며, 따라서 한 판본에서 다른 판본으로 변해도 자연선택은 눈치채지 못한다는 의미일 뿐이다. 시계로 쓰기에는 이런 것이 좋다.

"극단적 다윈주의자"라는 내게 붙여진 아주 우스꽝스러운 명성(그 명칭이 본래의 의미보다 덜한 인사치레로 들린다면, 내가 더 격렬하게 항의할 만한 중상모략)과 반대로, 나는 분자 수준에서 일어난 진화적 변화들은 대부분 자연선택과 무관하다고 생각

---

* 에밀레 추커칸들과 위대한 학자인 라이너스 폴링이 분자시계를 처음 제안했을 때에는 이 방법만 가능했다.

한다. 오히려 나는 늘 일본의 유전학자 기무라 모토의 이른바 중립 이론이나 그것의 확장판인 그의 동료 오타 도모코의 "거의 중립" 이론에 호의적이었다. 물론 현실 세계는 인간의 취향을 전혀 개의치 않겠지만, 나는 정말로 그런 이론들이 사실이기를 **바란다**. 그래야 우리 생물들의 가시적인 특징들과 무관한 독자적인 진화 연대기가 나올 수 있으며, 분자시계가 정말로 작동할 것이라는 희망을 품을 수 있기 때문이다.

요점을 오해할 때를 대비하여, 중립 이론이 어떤 식으로도 자연에서 선택이 중요하다는 사실을 훼손하지 않는다는 점을 강조해야겠다. 자연선택은 생존과 번식에 영향을 미치는 가시적인 변화들에 대해서는 전능하다. 자연선택은 생물들이 가진 "설계된" 듯이 보이는 복잡성과 기능적 아름다움을 설명해줄 수 있는, 우리가 알고 있는 유일한 방법이다. 그러나 가시적인 효과가 전혀 없는 변화들, 즉 자연선택의 레이더에 잡히지 않는 변화들이 있다면, 그것들은 벌칙을 받지 않은 채 유전자 풀에 축적될 수 있고, 우리가 원하는 진화 시계를 제공할지 모른다.

늘 그렇듯이 찰스 다윈은 중립적인 변화들에 대해서도 시대를 앞서갔다. 『종의 기원』 초판 제4장의 첫머리에 그는 이렇게 썼다.

이렇게 바람직한 변이의 보존과 해로운 변이의 거부를 나는 자연선택이라고 부른다. 유용하지도 해롭지도 않은 변이들은 자연선택의 영향을 받지 않을 것이며, 아마도 우리가 다형성이 있다고 말하는 종들에서 보는 것처럼 요동하는 인자로서 남아 있을 것이다.

제6판과 마지막 판에서는 두 번째 문장에 다소 더 현대적으로 들리는 구절이 추가되었다.

……아마 우리가 특정한 다형성 종들에서 보는 것처럼, 아니면 궁극적으로 고정될……

"고정되었다"라는 말은 유전학 전문용어이며, 다윈이 그 단어를 현대적인 의미로 썼을 리가 없다는 점은 분명하지만, 그 말은 다음에 말할 내용의 도입부 역할을 한다. 정의에 따라서 새로운 돌연변이는 처음에 개체군 내의 빈도가 거의 0이며, 빈도가 100퍼센트에 도달하면 "고정되었다"고 말한다. 분자시계라는 목적을 위해서 우리가 측정하려는 진화 속도는 한 유전자좌에서 잇달아 일어나는 돌연변이들이 개체군 내에 고정되는 속도이다. 고정이 이루어질 수 있는 확실한 방법이 하나 있다. 자연선택이 이전의 "야생형(wild type)" 대립유전자보다 새로운 돌연변이를 선호함으로써 그것을 고정시키는 것이다. 즉 "이긴 것"을 표준으로 삼는 것이다. 그러나 새로운 돌연변이가 선임자와 정확히 똑같이 좋을 때에도, 즉 진정한 중립일 때에도 고정이 이루어질 수 있다. 그것은 선택과 아무런 관련이 없다. 그 일은 진짜 우연히 일어난다. 그 과정은 동전 던지기로 묘사할 수 있으며, 이루어지는 속도도 계산할 수 있다. 중립 돌연변이가 표류하다가 100퍼센트가 되면, 그것은 표준, 즉 그 유전자좌의 이른바 "야생형"이 된다. 또 다른 돌연변이가 운 좋게 표류하다가 고정될 때까지 말이다.

중립이라는 강력한 요소가 있다면, 우리는 경이로운 시계를 손에 넣을 수 있다. 기무라 자신은 분자시계 개념에 그다지 관심을 보이지 않았다. 그러나 그는 DNA에 일어나는 돌연변이의 대부분이 정말로 중립이라고, 즉 "유용하지도 해롭지도 않다"고 믿었다. 지금 보면 그 생각은 옳은 듯하다. 그리고 여기에서 자세히 말하지는 않겠지만, 그는 아주 산뜻하고 단순한 수학을 이용해서, 그 말이 옳다면 진정한 중립유전자들이 "궁극적으로 고정되는" 속도는 변이들이 생성되는 속도와 정확히 일치한다는 것을 보여주었다. 즉 돌연변이 속도와 말이다.

분자시계를 이용하여 분지점("랑데부" 지점)의 연대를 측정하고 싶어하는 사람들에게는 아주 안성맞춤이다. 중립유전자좌에서 돌연변이 속도가 오랜 시간 일정하게 유지되는 한, 고정 속도도 일정할 것이다. 당신은 이제 천산갑과 불가사리 같은 두 동물을 골라 같은 유전자를 비교할 수 있다. 둘의 가장 최근 공통 조상은 공조상 25였다. 이제 불가사리 유전자와 천산갑 유전자에서 글자가 몇 개 다른지 센다. 그 차이들 중 절반은 공조상에서 불가사리로 이어진 계통에서 축적되고, 나머지 절반은 공조상에서 천산갑으로 이어진 계통에서 축적되었다고 가정하자. 그러면 그 유전자들이 갈라진 이래로 시계가 몇 번이나 재깍거렸는지를 알 수 있고, ("침팬지 이야기의 후기"와 "보노보 이야기"의 끝에서 다루었다시피) 랑데부 25의 합리적인 추정값을 얻게 된다.

그러나 실제로는 그렇게 단순하지 않으며, 흥미롭고 복잡한 양상들이 나타난다. 첫째, 분자시계의 재깍거림에 귀를 기울여보면, 추시계나 태엽시계만큼 규칙적이지 않다는 사실을 알 수 있다. 그것은 방사성 물질 근처에 가져다댄 가이거 계수기 같은 소리를 낼 것이다. 완전히 제멋대로 나는 소리를 말이다! 한 번 재깍거릴 때마다 또다른 돌연변이가 고정된다. 중립 이론에 따르면, 재깍거림의 간격은 우연에 따라, 즉 "유전적 표류"에 따라 길어질 수도 있고 짧아질 수도 있다. 가이거 계수기에서는 다음번 소리가 언제 날지 예측할 수 없다. 그러나 많은 재깍거림의 **평균** 간격은 예측 가능성이 높다. 이 점이 대단히 중요하다. 분자시계도 가이거 계수기와 똑같은 방식으로 예측 가능하다면 좋을 것이다. 실제로 대개 그렇다.

둘째, 재깍거리는 속도는 유전체 내의 유전자마다 다르다. 이 점은 일찍부터, 즉 유전학자들이 DNA 자체가 아니라 DNA의 산물인 단백질만을 살펴볼 수 있었던 때부터 알려졌다. 시토크롬-c(cytochrome-c)는 나름의 속도로 진화한다. 그 속도는 히스톤(histone)보다 빠르고 글로빈(globin)보다는 느리며, 글로빈은 피브리노펩티드(fibrinopeptide)보다 느리다. 마찬가지로 가이거 계수기를 화강암 덩어리 같은 아주 약한 방사성 물질이나 라듐 덩어리 같은 아주 강력한 방사성 물질에 가져다댔을 때, 다음번 소리가 언제 날지는 예측할 수 없지만, 재깍거림의 평균 속도는 화강암에서 라듐으로 계수기를 가져갈 때에 극적으로 달라지며 그것은 예측 가능하다. 히스톤은 화강암처럼 아주 느린 속도로 재깍거린다. 피브리노펩티드는 라듐처럼 벌이 미쳐서 마구 돌아다니듯이 윙윙거린다. 시토크롬 c 같은 단백질들(또는 그것을 만드는 유전자들)은 중간에 속한다. 유전자 시계들은 일종의 스펙트럼을 이룬다. 각 시계는 나름의 속도로 움직이고, 각각 다른 연대 측정에 유용하며, 서로 대조하는 용도로도 쓸 수 있다.

왜 유전자들은 각기 다른 속도로 변화할까? "화강암" 유전자와 "라듐" 유전자를 나누는 것은 무엇일까? 중립유전자는 쓸모없다는 뜻이 아니라 똑같이 좋다는 의미임을 명심하자. 화강암 유전자들과 라듐 유전자들은 모두 유용하다. 단지 라듐 유전자들은 많은 부위가 변할 수 있으며 그런 변화에도 유용하다는 것뿐이다. 유전자에는 작용 특성상 기능에 영향을 끼치지 않으면서 변화할 수 있는 부위들이 있다. 반면에 유전자에는 돌연변이에 아주 민감한 부위들도 있으며, 그 부위들에 돌연변이가 일어나면 기능은 엉망이 된다. 아마 모든 유전자들은 화강암 부위를 가지고 있을 것이다. 유전자의 작용에 영향을 미치지 않고서는 대폭 변할 수 없는 부위 말이다. 그리고 화강암 부위가 영향을 받지 않는 한 제멋대로 방종하게 변할 수 있는 라듐 부위도 있다. 아마 시토크롬-c 유전자는 화강암 부위들과 라듐 부위들의 혼합물일 것이다. 피브리노펩티드 유전자들은 라듐 부위의 비율이 더 높은 반면, 히스톤 유전자들은 화강암 부위의 비율이 더 높다. 이를 유전자들 사이의 재깍거리는 속도 차이에 대한 설명으로 간주하려면, 고려해야 할 문제, 적어도 관련된 사항이 몇 가지 있다. 그러나 우리에게 중요한 것은 각기 다른 유전자들을 보면 재깍거리는 속도가 매우 다양하지만, 특정한 유전자를 보면 서로 멀리 떨어진 종들 사이에서도 속도가 꽤 일정하다는 사실이다.

그렇다고 완벽하게 일정한 것은 아니며, 그래서 다음 문제가 생긴다. 이 문제는 심각하다. 재깍거리는 속도는 그저 모호하고 너절한 것이 아니다. 같은 유전자라고 해도 생물에 따라서 속도가 크게 다를 수 있으며, 이는 진정한 편향을 낳는다. 우리 DNA는 정교한 "오류 교정" 체계를 갖춘 반면 세균은 DNA 수선 체계가 덜 구비되었으므로, 그들의 유전자는 더 빠른 속도로 돌연변이를 일으킨다. 따라서 그들의 분자시계는 더 빨리 재깍거린다. 설치류도 약간 엉성한 수선 효소들을 가지며, 그것이 우리 포유류보다 설치류의 진화 속도가 더 빠른 이유를 설명해줄지도 모른다. "온혈동물"로의 전환 같은 진화상의 주요 변화들은 돌연변이 속도를 바꿀 가능성이 있으며, 따라서 시계를 이용한 연대 추정에 혼란을 일으킬 수 있다. 그러나 지금은 계통을 따라 유전되는(그래서 "자기상관적"이라고 한다) 방식으로 변하는 돌연변이율을 측정할 수 있는 더 정교한 방법들이 나와 있으며, 우리는 이 책에 쓸 연대를 측정할 때에 그런 방법들을 이용했다.

예견되는 문제가 또 하나 있는데, DNA가 복제될 때, 즉 세포가 분열할 때 돌연변이가 일어난다고 우리가 예상하기 때문에 생기는 문제이다. 동물은 발생 초기에 생식세포를 따로 보관하는 경향이 있으므로, 서로 크게 다른 동물 종이라고 해도 세대당 세포 분열 횟수는 놀라울 만치 서로 비슷하다. 예를 들면, 엄마의 난자에서 딸의 몸에 든 난자에 이르기까지의 세포 분열 횟수를 보면, 인간은 약 31회, 생쥐는 21회, 초파리는 37회이다. 이 동물들의 세대 길이가 동일하다면, 이런 값들을 좋은 시계로 쓸 수 있을 것이다. 그러나 물론 세대 길이는 동물마다 천양지차이다. 초파리는 약 30일 동안에 30회 남짓 세포 분열을 겪지만, 인간은 그 일을 30년에 걸쳐서 한다.* 이 논리를 따른

---

* 난자에 비해서 정자의 세포 분열 횟수는 더 제각각이며, 달력상의 시간과 약간의 상관관계가 있음이 드러난다. 한 예로, 수컷 계통에서 초파리는 세대당 40회 분열하는 반면, 인간은 아마 그보다 10배 더 분열할 것이다. 그렇기는 해도, 세대 시간의 차이에 비하면 이 차이는 미미한 수준이다. 말이 난 김에 덧붙이면, 남성의 정자가 여성의 난자보다 세포 분열 횟수가 10배 이상 더 많다는 사실은 인류의 돌연변이 중

다면, 우리는 연간 돌연변이율이 일정하다고 예상하지 말아야 할 것이다. 아주 근사적으로 추정하자면, 분자시계가 세대수를 센다고 예상할 수 있을지도 모르겠다. 그러나 실제로 분자생물학자들이 좋은 화석 기록으로 보정한 계통들을 대상으로 변화 속도를 살펴보자, 그렇지 않다는 사실이 드러났다. 세대가 아니라 연 단위로 측정되는 분자시계가 정말로 존재하는 듯했다. 원하던 바였지만, 그것을 어떻게 설명해야 할까?

한 가지 이론은 설령 코끼리가 초파리에 비해서 번식 회전율이 낮다고 해도 번식하지 않는 기간 내내 코끼리 유전자들도 초파리 유전자들에 돌연변이를 일으킬 수 있는 우주 복사선 충돌을 비롯한 사건들에 동일하게 노출된다는 것이다. 초파리 유전자들은 2주일에 한 번씩 새로운 초파리의 몸속으로 들어간다. 그런데 왜 거기에서 우주 복사선 이야기가 나오는 것일까? 그것은 10년 동안 한 코끼리의 몸속에 죽치고 있는 유전자들이나 같은 기간에 250세대의 초파리로 건너뛴 유전자들이나 똑같은 수의 우주 복사선에 노출된다는 뜻이다. 이 이론이 옳을 수도 있겠지만, 아마 그것만으로는 부족할 것이다. 돌연변이는 대부분 새로운 세대가 만들어질 때에 발생하므로, 분자시계가 세대가 아니라 연 단위의 시간을 알려줄 수 있음을 설명해줄 또다른 무엇이 있어야 할 듯하다.

바로 이 부분에서 기무라의 동료인 오타 도모코가 탁월한 기여를 했다. 그것이 그녀의 거의 중립 이론이다. 앞에서 말했듯이, 기무라는 완전 중립 이론을 토대로 중립유전자들의 고정 속도가 돌연변이 속도와 일치해야 한다고 계산했다. 이 아주 단순한 결론은 대수학에서 "상쇄되는" 항들에 의존했다. 여기서 상쇄되는 양은 개체군의 크기였다. 개체군의 크기는 방정식 항에 포함되지만, 분모의 위아래에 놓이기 때문에, 수학적 연기처럼 훅 불어서 없앨 수 있으며, 그러고 나면 고정 속도는 돌연변이 속도와 똑같은 것으로 드러난다. 그러나 해당 유전자들이 정말로 완전히 중립일 때에만 그렇다. 오타는 기무라의 대수학을 그대로 따랐지만, 돌연변이가 완전한 중립이 아니라 거의 중립이라고 설정했다. 그러자 모든 것이 달라졌다. 개체군의 크기는 더 이상 상쇄되지 않았다.

수리유전학자들이 오래 전에 계산했듯이, 큰 개체군에서는 약간 해로운 유전자들이

대다수가 아버지에게서, 더 구체적으로 말하면 생식세포 분열의 대부분이 이루어지는 곳인 아버지의 고환에서 비롯됨을 의미한다.

표류하다가 고정될 기회를 얻기 전에 자연선택으로 제거될 가능성이 더 높기 때문이다. 작은 개체군에서는 약간 해로운 유전자가 자연선택이 "눈치채기" 전에 운 좋게 고정될 가능성이 더 높다. 더 극단적인 예를 들면, 한 개체군이 어떤 격변으로 거의 전멸한다고 상상해보자. 여섯 개체만 남기고 말이다. 우연히 그 여섯 개체가 약간 해로운 유전자를 가졌다고 해도 그리 놀랄 일은 아닐 것이다. 그러면 고정이 이루어진다. 즉 그 유전자가 개체군에서 100퍼센트가 된다. 그것은 극단적인 사례이지만, 수학은 그 효과가 훨씬 더 보편적임을 보여준다. 작은 개체군에서는 큰 개체군에서라면 제거될 유전자들이 표류하다가 고정될 가능성이 더 높다.

따라서 오타가 지적한 것처럼, 개체군의 크기는 대수학에서 더 이상 상쇄되지 않는다. 반대로 그것은 분자시계 이론에 딱 맞는 쪽으로 남는다. 이제 코끼리와 초파리로 돌아가자. 코끼리처럼 생활사가 긴 큰 동물은 개체군이 작은 경향이 있다. 초파리처럼 생활사가 짧은 작은 동물은 개체군이 큰 경향이 있다. 이는 그저 모호하기만 한 효과가 아니라 꽤 법칙성을 띠며, 이유를 떠올리기도 어렵지 않다. 따라서 초파리가 세대가 짧아 시계를 빨리 움직이는 경향이 있다고 할지라도, 그들은 개체군이 크며, 그것이 시계를 다시 늦춘다. 코끼리는 돌연변이 측면에서 보면 느린 시계를 가지고 있지만, 개체군이 작아서 고정 측면에서 보면 빠른 시계를 가진 셈이다.

오타 교수는 정크 DNA나 "동의어" 치환(synonymous substitutions)*에서 볼 수 있는 진정한 중립 돌연변이들이 실제 시간이 아니라 세대 시간에 맞추어 재깍거리는 듯하다는 증거를 제시했다. 즉 실제 시간으로 측정한다면 세대가 짧은 생물들의 DNA 진화 속도가 빠르다고 나타난다는 것이다. 반면에 실제로 무엇인가를 변화시키는 돌연변이들, 따라서 자연선택을 겪는 돌연변이들은 다소 실제 시간에 맞추어 재깍거린다.

이론적인 근거가 무엇이든 간에, 어느 정도 허용할 수 있는 예외가 있기는 하지만(시계 유전자를 취사 선택하거나, 설치류처럼 돌연변이 속도가 예외적으로 빠른 종들을 피하는 식으로 예외를 만든다), 분자시계는 쓸 만한 도구임이 입증되었다. 그것을 이용하려면, 조사할 종들의 집합을 연관짓는 진화도를 그리고, 각 계통에서 진화적 변화의 양을 추정할 필요가 있다. 두 현대 종이 가진 유전자들의 차이를 세어 2로 나누는

---

* 여러 DNA 코돈이 같은 아미노산을 지정하므로, 지정하는 아미노산은 그대로인 "동의어" 돌연변이가 있을 수 있다. 동의어 돌연변이는 최종 결과에 아무런 차이를 만들지 않는다.

단순한 방식은 아니다. 우리는 "긴팔원숭이 이야기"에서 보았던 최대 우도 분석이나 베이즈 분석 같은 고도의 계통도 작성기법들을 사용해야 한다. 알고 있는 화석의 연대로 보정을 하면, 그 계통도의 랑데부 연대를 상당히 가깝게 추정할 수 있다.

분자시계의 연대, 특히 꼼꼼하게 취사선택한 DNA, 여러 화석을 통한 보정, 해당 집단 내의 꽤 많은 종을 토대로 한 연대는 다양한 분야의 생물학자들에게 점점 더 받아들여지고 있다. 이런 연대들은 생명의 나무 전체에 걸쳐 성공적으로 적용되어왔고, 화석 기록으로부터 추론할 수 있는 더 한정된 범위의 연대들과 대부분 들어맞는다. 그리고 우리는 지금까지 이 책의 모든 장에서 분자시계 연대에 전반적으로 기대왔다.

너무 흡족해하지 말라는 경고! 계속 울리는 경고음에 귀를 기울이도록.

분자시계들은 궁극적으로 화석들을 토대로 보정되어야 한다. 방사성 연대 측정법으로 파악한 화석들의 연대를 받아들일 때에 생물학은 물리학에 경의를 표하는 셈이다 ("삼나무 이야기" 참조). 우리는 중요한 진화적 분지점의 연대 하한선을 확실하게 설정하기 위해서 전략적으로 화석을 배치하여 각 문에 속한 다양한 동물들의 유전체에 든 많은 분자시계들을 전체적으로 보정할 수 있다. 그러나 화석들의 공급이 줄어드는 선캄브리아대로 거슬러올라가면, 비교적 젊은 화석들을 이용하여 아주 먼 선조의 시계를 보정한 다음 그것을 이용하여 훨씬 더 오래된 연대를 추정할 수밖에 없다. 바로 거기에서 문제가 생긴다.

화석들은 포유류와 석형류(새, 악어, 뱀 등)의 합류 연대가 3억1,000만 년 전이라고 말한다. 이런 한 연대가 훨씬 더 오래된 분지점들의 수많은 분자시계의 연대 추정값을 보정하는 기준이 된다. 모든 연대 추정값에는 오차 범위가 있으며, 과학자들은 과학논문에 추정값을 실을 때마다 "오차 막대"를 표시함으로써 그 점을 주지시킨다. 연대의 오차 범위는 앞뒤로 1,000만 년으로 표시된다(그리고 사실 지금은 포유류/석형류 연대가 3억2,000만 년에 더 가까운 듯이 보인다). 우리가 분자시계로 추정하는 연대가 그것을 보정하는 데에 쓰이는 화석의 연대와 같은 시대일 때에는 문제가 없다. 그러나 둘의 시대가 크게 다를 때에는 오차 막대가 경계심을 불러일으킬 정도로 커질 수 있다. 오차 막대가 더 길다는 것은 어떤 사소한 가정을 바꾸거나 계산에 쓰인 작은 숫자를 약간 바꾸었을 때에도 최종 결과에 엄청난 영향이 미칠 수 있다는 의미이다. 가령 앞뒤로 1,000만 년이 아니라 앞뒤로 5억 년이 될 수도 있다. 긴 오차 막대는 추정된 연대가 측정 오차로 볼 때에 불확실하다는 의미이다.

"발톱벌레 이야기"에서 우리는 중요한 분지점들이 선캄브리아대 깊숙한 곳에 자리한다는 다양한 분자시계의 추정값들을 살펴보았다. 척추동물과 연체동물의 분지가 12억 년 전에 일어났다는 추정값이 한 예이다. 그러나 돌연변이 속도에 변이를 허용하는 정교한 기법들을 사용한 더 최근의 연구 결과들은 추정값을 6-7억 년 전으로 끌어내린다. 대단히 짧아진 것이다. 그래도 원래 추정값의 오차 막대 내에 들어가 있다는 것이 그나마 약간 위안이 된다.

비록 나는 전반적으로 분자시계의 개념을 확고하게 지지하지만, 아주 초기 분지점들의 연대 추정값을 대할 때에는 신중할 필요가 있다고 생각한다. 3억2,000만 년 전의 화석으로 보정한 것을 그보다 2배는 더 오래된 랑데부 지점까지 확대 추정하는 데에는 위험이 따른다. 예를 들면 척추동물(보정이 가능한 연대에 속하는)의 분자 진화 속도가 모든 생물들에게 전형적이지 않을 수도 있다. "창고기 이야기"에서 살펴보았듯이, 척추동물의 유전체는 두 번에 걸쳐 2배씩 증가한 것으로 여겨진다. 그렇게 갑작스럽게 유전자들의 수가 2배로 늘어나면, 거의 중립인 돌연변이들도 선택압에 영향을 받을지 모른다. 일부 과학자들(이미 명확히 밝혔듯이 나는 거기에 속하지 않는다)은 캄브리아기가 진화 과정 전체에 큰 변화가 일어났던 시기라고 믿는다. 그들이 옳다면, 분자시계는 선캄브리아대에 적용하기 전에 근본적으로 다시 맞춰져야 할 것이다.

시대를 더 거슬러올라가서 화석들이 점점 더 줄어들면, 우리는 거의 완전한 추측의 세계로 들어간다. 그렇지만 나는 앞으로의 연구에 희망을 품고 있다. 청장을 비롯한 비슷한 지층들에서 발굴되는 놀라운 화석들은 보정 가능한 시대의 범위를 여태껏 출입 금지 상태였던 동물계의 영역까지 크게 확대할 수 있을 것이다.

그런 한편으로 추측이라는 고대의 황무지를 방황하고 있음을 실감했기 때문에, 우리는 신뢰할 만한 화석을 찾기가 어려워지는 랑데부 31의 해면동물부터는 연대를 추정하고자 할 때에 대강 다음과 같은 전략을 펴기로 했다. 우리는 동물과 균류의 합류점인 랑데부 35의 연대를 12억 년 전이라고 잠정적으로 받아들였다. 일부에서는 연대를 9-10억 년 전이라고 제시하고, 일부에서는 13억 년 전이나 심지어 16억 년 전까지도 제시하기 때문에, 타협안을 취한 것이다. 그렇기는 해도 이 랑데부 연대도 홍조류 화석 방기오모르파(*Bangiomorpha*)의 연대와 충분히 잘 들어맞는다. 우리는 공조상 32부터

37까지의 간격을 대략 분자시계의 연구들을 통해서 밝혀진 비율에 맞게 설정했다. 그러나 랑데부 35의 연대 추정이 심히 잘못된 것이라면, 여기서부터 순례여행의 연대 추정값들은 수천만 년, 심하면 수억 년을 과대 추정한 것이 될 수 있다. 우리가 연대 추정이 불가능한 황무지로 들어가고 있다는 사실을 명심하기를. 지금부터는 연대를 확신할 수 없기 때문에, 나는 이미 아주 기이한 표현이 된 선조 앞에 붙이는 몇 대조라는 말을 포기할 것이다. 그 수는 곧 수십억이 될 것이다. 랑데부에서 합류하는 순서는 그보다는 더 확실하지만, 그조차도 틀릴 수 있다.

무장동물

공조상 26의 후손인 선구동물을 이야기할 때, 나는 편형동물문이 거기에 포함된다고 분명히 밝혔다. 그러나 이제 우리는 약간 복잡하고 흥미로운 사례를 만난다. 최근 증거들은 편형동물문이 허구임을 강력히 시사하고 있다. 물론 편형동물 자체가 존재하지 않는다는 말은 아니다. 그러나 그들은 같은 이름 아래에 통합되어서는 안 되는 이질적인 벌레들의 집합이다. 그들 중 대부분은 진정한 선구동물이며, 우리는 그들을 랑데부 26에서 만났지만, 그들 중 일부인 무장동물은 전혀 별개이며, 다른 어딘가에 속한다. 그들이 정확히 어디에 속하는지는 아직 논란거리이지만, 많은 권위자들은 그들을 "기저 좌우대칭동물(basal bilaterians)"로 본다. 즉 그들이 이곳 랑데부 27에서 합류한다고 여긴다. 연대는 5억6,500만 년 전이다. 비록 이렇게 먼 지질시대로 올라올수록 연대 추정값이 점점 더 불확실해지기는 하지만 말이다.

모든 편형동물은 이름의 어원이 된 편평하다는 것 말고, 항문도 없고 체강(體腔, coelom)도 없다는 공통점이 있다. 당신이나 나나 지렁이 같은 전형적인 동물은 몸속에 체강이라는 공간을 가진다. 체강은 소화관을 말하는 것이 아니다. 소화관도 빈 공간이기는 하지만, 위상학적으로는 바깥 세계의 일부이다. 따라서 몸은 위상학적으로 도넛과 같다. 입과 항문을 연결하는 소화관을 통해서 한가운데에 구멍이 뚫린 고리인 셈이다. 체강은 창자, 폐, 심장, 신장 같은 것들이 자리한 체내 공간을 말한다. 편형동물은 체강이 없다. 소화관이 지나가는 체강 대신에, 편형동물의 내장과 다른 신체기관들은 유조직(柔組織, parenchyma)이라는 단단한 조직에 박혀 있다. 이것이 사소한 차이 같아 보일지 모르지만, 체강은 발생학적으로 규정되며, 동물학자들의 집단 무의식 속에 깊이 자리한 중요한 개념이다.

항문이 없다면, 편형동물은 어떻게 배설물을 배출할까? 다른 곳이 없으므로 입을

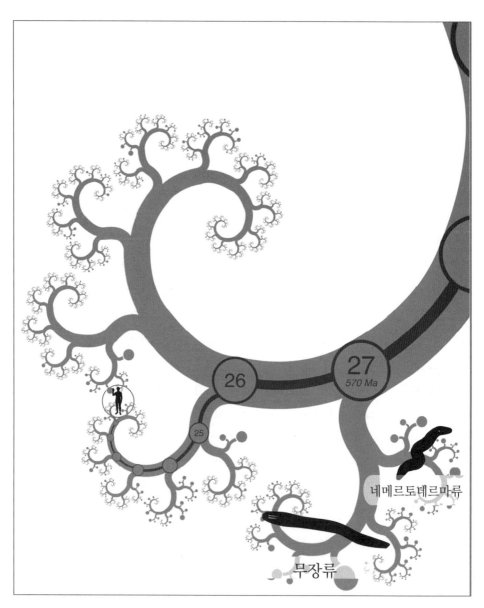

무장동물의 합류　좌우대칭동물들의 대다수는 후구동물이거나 선구동물(편형동물문의 "편형동물"도 포함한)이다. 그러나 일부 분자 자료는 두 편형동물 집단이 선구동물도 후구동물도 아니며, 더 일찍 갈라져나간 계통이라고 말한다. 무장강(약 320종)과 네메르토데르마강(약 10종)이다. 이들을 합쳐서 무장동물이라고 한다. 현재의 증거들은 둘이 자매 집단이라고 말하며, 이 그림에도 그렇게 표시했다. 무장동물이 다른 편형동물들과 한 무리가 아니라는 개념이 지금은 대체로 받아들여져 있다. 그렇기는 해도 아직도 논쟁이 벌어진다. 그들이 훨씬 더 많은 분자 진화를 거쳤음이 드러났고, 따라서 "긴팔원숭이 이야기"에서 말한 "긴 가지 끌림"을 겪기 때문이다. 최근에 몇몇 유전학자들은 이들이 후구동물 중 진와충속에 속한다고 주장했다(하지만 아마 이 유연관계도 그저 혼란만 불러오는 또 하나의 사례일 것이다).

통해서 배출한다. 소화관은 단순한 주머니 형태인 것도 있고, 좀더 큰 편형동물에서는 우리의 폐에 있는 숨관들처럼 가지를 쳐서 막다른 골목들로 된 복잡한 체계를 이루기도 한다. 우리의 폐도 이론적으로는 "항문"을 가질 수 있다. 공기가 폐기물인 이산화탄소와 함께 배출되는 별도의 구멍 말이다. 어류는 실제로 그렇다. 그들의 호흡기로 흐르는 물은 한 구멍인 입으로 들어와서 다른 구멍인 아가미구멍으로 나가기 때문이다. 그러나 우리의 폐는 조수간만 방식을 취하며, 편형동물의 소화계도 그렇다. 편형동물은 폐와 아가미가 없으며, 피부로 숨을 쉰다. 또 그들은 혈액을 순환시키는 체계도 없으므로, 아마 갈래진 소화관이 몸 곳곳으로 양분을 운반하는 역할을 하는 듯하다. 일부 와충류, 특히 유달리 복잡하게 갈래진 소화관을 지닌 부류는 항문(또는 많은 항문들)을 지니는데, 오랫동안 없다가 재발명된 것이다.

편형동물은 체강이 없고 대부분 항문도 없기 때문에, 언제나 원시적이라고 취급되었다. 좌우대칭형 동물들 중 가장 원시적이라고 말이다. 학자들은 늘 모든 후구동물과 선구동물의 조상이 편형동물처럼 생겼을 것이라고 가정했다. 그러나 첫머리에서 말했듯이, 현재의 분자 증거들은 서로 유연관계가 먼 두 종류의 편형동물이 있으며, 둘 중 하나만이 진정으로 원시적이라고 말한다. 진짜 원시적인 종류는 무장류와 네메르토데르마류이다. 무장류는 체강이 없기 때문에 그런 이름이 붙었으며, 진짜 편형동물문이 아니라 무장류와 네메르토데르마류만이 원시적으로 체강이 없다. 흡충류, 촌충류, 와충류라는 편형동물에 속한 주요 집단들은 그 단순성을 나중에 진화시킨 듯하며, 항문과 체강을 이차적으로 잃었을 수 있다. 그들은 정상적인 촉수담륜동물과 흡사한 단계를 거쳤으며, 그 뒤에 항문과 체강이 없는 예전 조상들을 닮은 모습으로 되돌아갔다. 그들은 다른 나머지 모든 선구동물과 함께 랑데부 26에서 우리의 순례여행에 합류했다. 여기서 세세한 증거를 논의하지는 않겠지만, 나는 무장류와 네메르토데르마류가 독특하며, 이곳 랑데부 27에서 작은 무리를 이루어 우리에게 합류한다는 결론을 받아들일 것이다.

이제 우리에게 합류하는 이 작은 벌레들을 묘사해야 할 차례인데, 이 말을 하기는 싫지만, 적어도 우리가 앞에서 보았던 대다수의 경이로운 생물들에 비하면 그다지 묘사할 것이 없다. 그들은 바다에서 살며, 체강뿐만 아니라 제대로 된 소화관도 없다. 그들처럼 아주 작은 동물들만 그런 상태로 살아갈 수 있을 것이다.

그중 일부는 식물에 셋방을 주어서 먹이를 보충한다. 광합성의 혜택을 간접적으로 받는 것이다. 와미노아속(*Waminoa*)의 동물의 몸에는 쌍편모충류(단세포 조류의 일종)가 공생하고 있으며, 그들은 그 조류의 광합성에 의존해서 살아간다. 또다른 무장류인 심사기티페라속(*Symsagittifera*)도 단세포 녹조류인 테트라셀미스 콘볼루타이와 비슷한 관계를 맺고 있다. 아마 이 작은 벌레들은 공생 조류 덕분에 몸이 좀더 커질 수 있었던 듯하다. 이 벌레들은 몸속의 조류가 편히 지내도록 조치를 취하는 듯하며, 조류가 가능한 한 많은 빛을 받을 수 있도록 수면 근처에 몰려 산다. 피터 홀랜드 교수는 내게 보낸 편지에 심사기티페라 로스코펜시스에 대해서 이렇게 말했다.

> 그들의 자연 서식지를 보면 놀라운 동물이라는 생각이 들 것입니다. 영국의 어느 해안에 가면 초록빛 "점액"처럼 보이는 것들이 있는데, 바로 그 점액이 수많은 무장류와 체내 공생하는 조류입니다. 그리고 다가가면 그 "점액"은 숨지요! (모래 속으로 사라집니다.) 정말 신기하지요.

무장류와 달리, 자매 집단인 네메르토데르마류는 몸 표면에 신경계가 있다는 점에서 독특하다. 사실 동물의 뇌가 피부에서 기원했다는 흥미로운 가설이 하나 있기는 하다. 니컬러스 홀랜드(위의 홀랜드 교수와 아무 관계도 없다)가 내놓은 것이다.

무장동물은 지금도 우리 곁에 남아 있으며, 따라서 현대 동물로 대우해야 하지만, 형태와 단순한 구조로 볼 때에 그들이 공조상 27 이래로 거의 변하지 않았다는 사실을 짐작할 수 있다. 현대의 무장류가 모든 좌우대칭형 동물들의 조상에 가까운 형태라고 말해도 무리는 아닐 듯싶다.

이제 좌우대칭동물이라고 알려진 모든 문들이 순례여행에 합류했다. 동물계의 대부분이 모였다는 뜻이다. 그 이름은 그들이 좌우대칭형임을 뜻하며, "방사대칭동물"로 묶이는 두 방사대칭형 문을 배제시키려는 의도를 담고 있다. 방사대칭동물은 이제야 순례여행에 합류하려고 한다. 자포동물(말미잘, 산호, 해파리 등)과 유즐동물(빗해파리)이 그들이다. 불행히도 이 단순한 용어를 기준으로 삼으면, 동물학자들이 좌우대칭동물의 후손이라고 확신하는 불가사리와 그 친척들도 방사대칭동물에 속한다. 적어도 성체 단계에서는 그렇다. 극피동물은 해저 생활방식을 택함으로써 이차적으로 방사대칭형이 되었다고 추정된다. 그들의 유생은 좌우대칭형이며, 해파리 같은 "진짜" 방사대칭형 동물과 유연관계가 멀다. 덧붙이자면, "방사대칭동물"이라고 해서 모두가 (철저한) 방사대칭은 아니다. 유즐동물은 좌우대칭과 방사대칭을 조합한 형태이며("2축방사대칭[biradial]"), 랑데부 29에서 살펴보겠지만 연충형 종도 몇 종류 포함하고 있다. 최근에 피터 홀랜드 연구진은 연충형 유즐동물을 하나 발견했다. 이 모든 방사대칭동물이 좌우대칭인 조상에서 유래했을 것이라는 연구진의 추정을 뒷받침하는 사례이다.

좌우대칭동물은 공조상 27의 후손들을 통합하고 그들과 앞으로 합류할 순례자들을 구분하는 이름으로는 부적합하다. 가능성 있는 또다른 기준은 "삼배엽"(3층으로 된 세포들) 대 "이배엽"(2층)이다. 발생의 중요한 단계에서 자포동물과 유즐동물은 2개의 세포층으로 된 몸을 만들고("외배엽"과 "내배엽"), 좌우대칭동물은 3개의 세포층으로 된 몸을 만든다(한가운데에 "중배엽"이 더 있다). 그러나 이런 구분도 논란의 여지는 있다. 일부 동물학자들은 "방사대칭동물"도 중배엽 세포를 가지고 있다고 믿는다. 나는 좌우대칭동물 대 방사대칭동물이나 이배엽 동물 대 삼배엽 동물이 정말로 적절한 용어인지 고민하기보다는 다음에 합류할 순례자가 누구인지에 초점을 맞추는 편이 더 분별 있는 행동이라고 생각한다.

그러나 그마저도 논란의 대상이다. 자포동물이 다른 누구와 합류하기 전에 서로 합류한 단일한 순례자 집단이라는 점을 의심할 사람은 아무도 없다. 그리고 유즐동물도 그렇다는 점을 의심할 사람도 없다. 문제는 그들이 서로 그리고 우리와 어떤 순서로 합류하는가이다. 많은 가능성들이 나름의 근거를 가지고 제시되어왔으며, 뒤에서 살펴보겠지만 심지어 모든 동물학적 직관에 맞서서 유즐동물이 해면동물보다 더 나중에 우리 순례단에 합류한다고 생각하는 분자분류학자들도 일부 있다. 더 좋지 않은 상황은 틸납작벌레속 한 속으로만 구성된 판형동물문이라는 작은 문이 있으며, 틸납작벌레가 어디에 속하는지 아무도 확신하지 못한다는 점이다. 나는 자포동물이 랑데부 28에서 먼저 우리와 합류하고, 랑데부 29에서 유즐동물이, 그다음 랑데부 30에서 틸납작벌레가 합류하고, 모든 동물들과 가장 유연관계가 먼 해면동물이 랑데부 31에서 합류한다고 주장하는 학파를 따를 것이다. 그러나 이 집단들의 위치, 특히 틸납작벌레속과 유즐동물의 위치는 변할 수 있으며, 그러면 랑데부 28-31의 순서도 바뀔 수 있음을 유념하자.

자포동물

연충과 그 후손으로 이루어진 우리 순례자 무리는 이제 아주 대규모이며, 자포동물과 합류하기 위해서 랑데부 28로 거슬러올라간다. 그들은 민물 히드라와 우리에게 더 친숙한 바다에서 사는 말미잘, 산호, 해파리 등이며, 모두 연충과 전혀 다르게 생겼다. 좌우대칭동물과 달리 그들은 입을 중심으로 한 방사대칭형이다. 그들에게는 이렇다 할 머리도, 앞뒤도, 좌우도 없으며, 오직 위아래만 있다.

그 랑데부는 언제 이루어질까? 혹시나 아는 사람이 있을까? 그들까지 나오는 그림에서 적절한 위치에 랑데부를 표시하려면, 연대를 알아야 한다. 그러나 우리가 대단히 불확실한 아주 먼 과거까지 왔기 때문에 아무리 줄여도 6,500만 년, 심지어 1억 년 이하로 오차 범위를 줄여서 추정한다는 것은 무리이다. 직접적인 증거는 5억6,000만 년 된 에디아카라 화석이다. 그 화석들 중 일부는 자포동물*이라고 해석되어왔다. 또 약 5억8,500만 년 된 둬산터우 층군에서 발견된 미세한 배아 화석들도 자포동물의 유생일 수 있다. 그러나 선캄브리아대의 증거들이 대부분 그렇듯이, 이 증거들도 논란거리이다. 우리는 동물과의 가장 오래된 랑데부 지점, 즉 해면동물을 만나는 시기의 연대를 정하고 싶어진다. 해면동물 화석은 6억-6억3,000만 년 전에 걸쳐 나타나는데, 화석마다 크고 작은 논쟁에 휩싸여 있다. 해면동물이 남긴 것 같은 화학적 흔적은 6억4,500만 년 전부터 나타난다. 그래서 우리는 랑데부 31의 연대를 6억5,000만 년 전이라고 정했다. 그 시점에서부터 상대적으로 유전적 거리를 계산하면 현재의 랑데부 시기는 약 6억 년 전이 된다. 하지만 유전학자들이 내놓는 추정 연대들은 서로 수억 년까지도 차이가 난다.

자포동물은 우리의 가장 먼 동물 사촌들이라는 점 때문에(심지어 예전에는 식물로

---

* 가장 최근의 해석은 이 책 초판의 편집자였던 뛰어나면서 지칠 줄 모르는 인물인 래서 매년이 내놓았다.

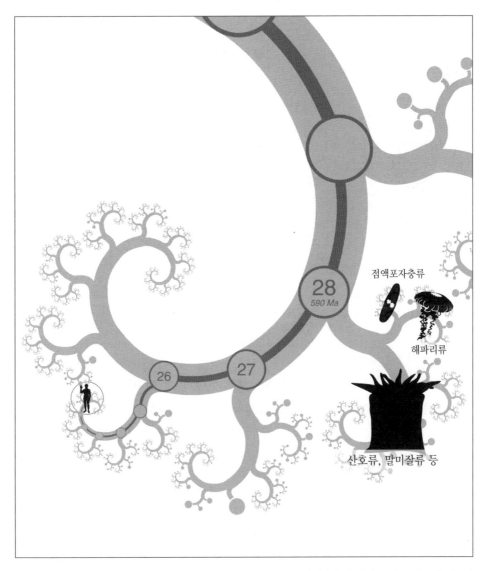

자포동물의 합류 자포동물(해파리, 산호, 말미잘 등)과 유즐동물(빗해파리)의 분지 순서는 사실상 미해결 상태이다. 대다수 학자들은 어느 한쪽(또는 양쪽 모두)이 좌우대칭형 동물들의 현존하는 가장 가까운 친척이라고 본다. 일부 분자 자료들은 자포동물이 이 위치에 놓일 것이라고 말한다. 안타깝게도 자포동물 약 9,000종 내의 분류와 분지도 논란의 대상이다. 그러나 생활사에서 메두사 단계가 진화한 계통(해파리)과 다른 계통들(산호와 말미잘 등)이 근본적으로 깊이 갈라진다는 데에는 대체로 의견이 일치한다. 또 분자 연구 및 형태학 자료들은 점액포자충류라는 거의 전부가 단세포 기생생물로 이루어진 집단이 사실상 해파리의 친척인 고도로 분화한 자포동물임을 시사한다.

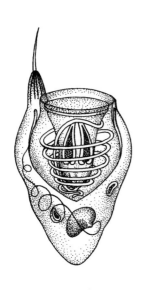

세포 안의 장치 중 가장 복잡한 것 자포동물 작살의 단면.

분류된 것들도 있다), 아주 원시적인 동물로 여겨지곤 한다. 물론 그렇지 않다. 그들도 공조상 28 이래로 우리와 똑같은 기간을 진화했다. 그러나 그들이 우리가 동물에게서 진보했다고 간주하는 많은 특징들을 가지지 않은 것도 사실이다. 그들은 장거리 감각기관이 없으며, 그들의 신경계는 뇌나 신경절이나 주요 신경 줄기로 집중되지 않은 확산망을 이루며, 소화기관은 대개 한곳으로만 뚫려 있는 단순한 주머니 모양이다. 그 구멍은 입과 항문을 겸한다.

그러나 그들만큼 세계 지도를 다시 그려왔다고 주장할 만한 동물은 많지 않다. 자포동물은 섬을 만든다. 당신이 살 수 있는 섬, 필요한 것들과 숙박시설, 공항까지 갖춰진 큰 섬을 말이다. 그레이트배리어리프는 길이가 2,000킬로미터를 넘는다. "산호동물 이야기"에 나오겠지만, 그런 산호초가 어떻게 형성되는지를 해명한 사람은 바로 찰스 다윈이었다. 자포동물 중에는 세계에서 가장 위험한 독을 품은 동물들도 있다. 가장 단적인 사례가 상자해파리이다. 그들 때문에 조심성 있는 오스트레일리아인들은 헤엄칠 때에 나일론 보디스타킹을 입는다. 자포동물이 사용하는 무기는 가공할 만하다는 점 외에도 여러 가지 이유로 놀랍다. 뱀의 독니, 전갈이나 호박벌의 침과 달리, 해파리의 침은 소형 작살처럼 세포 안에서 튀어나온다. 자세포(cnidocyte, 가끔 자포라고도 하는데, 엄밀히 말하면 자포는 자세포의 한 종류이다)라는 수천 개의 세포에 그 세포만 한 자침(cnida)이라는 작살이 하나씩 갖추어져 있다. knide는 그리스어로 쐐기풀을 뜻하며, 그것에서 자포동물(Cnidaria)이라는 이름이 유래했다. 모든 자포동물이 상자해파리처럼 우리에게 위험한 것은 아니며, 쏘여도 아프지 않은 것들도 많다. 말미잘의 촉수를 건드렸을 때, 손가락에 "끈끈한" 느낌이 드는 것은 미세한 작살 수백 개가 달라붙기 때문이다. 각각의 작살 끝에는 작은 실이 달려 있고 그 실은 말미잘과 이어져 있다.

자포동물의 작살은 동물계와 식물계를 통틀어 세포 내의 장치들 중에서 가장 복잡한 축에 든다. 발사 대기 상태에 있는 작살은 말린 관 모양으로 세포 내에 자리한 채, 압력(구체적으로 말하면 삼투압)이 방출되기를 기다린다. 방아쇠 역할은 세포 밖으로 튀어나온 작은 털인 자모(cnidocil)가 한다. 방아쇠가 당겨지면, 세포가 왈칵 열리면서 안에 말려 있던 장치가 통째로 압력에 밀려서 강하게 튀어나가, 표적에 꽂히면서 독이 주입된다. 이런 식으로 방아쇠가 당겨지고 나면, 작살 세포의 용도는 끝이 난다. 작살은 다시 장전해서 쓸 수가 없다. 그러나 대다수의 세포들이 그렇듯이, 새로운 자세포들이 계속 만들어진다.

자포동물은 모두 자침이 있으며, 자포동물만이 가지고 있다. 그것이 바로 그들의 또 한 가지 놀라운 점이다. 그것은 하나의 식별 형질로 주요 동물 집단이 명확히 구분되는 극소수의 사례에 해당한다. 어떤 동물이 자침이 없다면, 그들은 자포동물이 아니다. 실제로는 예외가 하나 존재하며, 이는 규칙을 증명하는 예외 사례에 해당한다. (랑데부 26에서 다른 거의 모든 연체동물들과 함께 합류한) 나새류라는 연체동물에 속한 갯민숭달팽이류 중에는 등에 아름다운 색깔의 촉수들을 갖춘 것들이 많다. 그런 체색(體色)은 포식자를 물리치기 위한 것이다. 타당한 이유이다. 그런데 일부 종의 촉수에는 자포동물의 것과 똑같은 자세포가 들어 있다. 자포동물만이 자침을 가진다고 했는데, 어찌된 영문일까? 앞에서 말했듯이 예외가 규칙을 증명한다. 갯민숭달팽이는 해파리를 먹으며, 먹은 해파리의 자세포를 발사 가능한 상태로 고스란히 자신의 촉수로 보낸다. 그렇게 징발된 무기들은 갯민숭달팽이의 방어용으로 쓰인다. 따라서 선명한 색깔은 경고인 셈이다.

자포동물에는 폴립형과 메두사형이라는 2개의 체제가 있다. 말미잘이나 히드라는 전형적인 폴립형이다. 고착해서 살며, 입이 맨 위에 있고 반대쪽 끝은 식물처럼 바닥에 고정되어 있다. 그들은 촉수를 휘저으면서 작살로 작은 먹이를 쏘아 잡아서, 먹이를 잡은 촉수를 입으로 가져간다. 해파리는 전형적인 메두사형이다. 갓의 근육을 맥박치듯이 수축시키면서 물속을 헤엄친다. 해파리의 입은 밑면 중앙에 나 있다. 따라서 메두사형은 붙어 있던 바닥에서 떨어져나와 몸을 뒤집어서 헤엄치는 폴립형이라고 생각할 수 있다. 반대로 폴립형이 촉수를 위로 하고 누운 자세로 정착한 메두사형이라고 볼 수도 있다. 자포동물 중에는 나비와 그 유충처럼 폴립형과 메두사형을 둘 다 갖춘 채 세대교번(世代交番)을 하는 종들도 많다.

폴립류는 식물처럼 무성 출아법(無性出芽法)으로 번식을 하곤 한다. 민물 히드라는 몸 옆면에서 새로운 아기 폴립이 자라 떨어져나가서 별도의 개체가 된다. 부모의 클론인 셈이다. 히드라의 친척인 해양동물 중에는 번식방법은 비슷하지만, 클론이 떨어져 나가 별개의 개체가 되지 않는 종류들도 있다. 즉 클론들이 식물처럼 그대로 붙어서 가지가 된다. 이 "군체성(群體性) 히드라충류"는 가지를 치고 또 친다. 과거에 왜 사람들이 그들을 식물로 착각했는지 쉽게 이해할 수 있다. 한 폴립 나무에서 섭식, 방어, 번식 같은 각기 다른 역할을 맡은 다양한 종류의 폴립들이 자라는 것도 있다. 그것들을 폴립 군체라고 생각할 수도 있지만, 어떤 의미에서는 모두 한 개체의 일부분이다. 그 나무가 하나의 클론이기 때문이다. 즉 그 모든 폴립들은 똑같은 유전자들을 가진다. 또 위강(胃腔)이 모두 연결되어 있기 때문에, 한 폴립이 잡은 먹이를 다른 폴립들도 이용할 수 있다. 그 나무의 가지들과 줄기들은 모두 속이 빈 관이므로 공동의 위장이라고 볼 수도 있다. 아니면 우리의 혈관과 같은 역할을 하는 순환계로 보아도 무방하다. 일부 폴립들은 작은 메두사를 방출한다. 그 메두사들은 소형 해파리처럼 헤엄치면서 유성생식을 하고 부모 폴립 나무의 유전자들을 멀리 퍼뜨린다.

관해파리라는 자포동물 집단은 군체 습성을 극단까지 밀고 나갔다. 그들은 바위나 바닷말에 부착되는 대신에 헤엄치는 메두사들의 무리(물론 클론들이다)나 수면을 떠다니며 서로 매달린 폴립 나무로 생각할 수 있다. 고깔해파리는 위에 수직 돛이 달린 기체가 들어찬 커다란 부표가 있다. 그 밑으로 폴립과 촉수로 이루어진 복잡한 군체가 매달려 있다. 그들은 헤엄을 치지 않고 바람이 부는 대로 흘러다닌다. 그보다 더 작은 벨렐라는 대각선의 수직 돛이 달린 납작한 계란형 부표를 지니고 있다. 그들도 바람을 이용하여 흘러다니며, 영어로는 바람의 항해사(Jack-sail-by-the-wind, 혹은 by-the-wind-sailor)로 불린다. 가끔 해변에서 돛이 달린 작은 부표들이 말라비틀어진 형태로 발견되기도 하는데, 대개 원래의 파란색은 사라지고 하얀 플라스틱으로 만든 것처럼 보인다. 벨렐라와 고깔해파리는 바람을 맞는 돛을 갖추었다는 점에서 닮았다. 그러나 벨렐라와 그 친척인 푸른관해파리는 관해파리 군체가 아니라, 고도로 분화한 하나의 폴립이다. 바위에 붙어 있지 않고, 부표에 매달려 밑으로 늘어져 있을 뿐이다(화보 40 참조).

많은 관해파리류는 경골어류의 부레처럼, 부표의 공기량을 조절해서 수심을 바꿀 수 있다. 부표와 헤엄치는 메두사를 조합해서 쓰는 종류들도 있는데, 그들은 모두 부표 아래쪽에 폴립과 촉수를 매달고 있다. 사회생물학의 창시자인 E. O. 윌슨은 관해파리류를 사회성 진화의 정점에 있는 네 부류 중 하나라고 보았다(나머지는 사회성 곤충, 사회성 포유동물, 우리 자신이다). 자포동물이 받을 만한 또 하나의 극찬이다. 한 군체의 일원들이 유전적으로 똑같은 클론들이므로, 그들을 한 개체로 보아야 할지 군체로 보아야 할지 애매하다.

히드라충류에게 메두사는 안정된 거주지에서 다른 곳으로 유전자들을 퍼뜨리는 수단이다. 해파리는 메두사형에 치중하며, 거기에 목숨을 건다고 말할 수도 있을 것이다. 반면에 산호는 수천 년 동안 머물 튼튼하고 단단한 집을 지으면서 대단히 오랜 기간 정주생활을 한다. 차례대로 그들의 이야기를 들어보자.

해파리 이야기

해파리는 돛에 바람을 받으면서 해류를 타고 나아간다. 꼬치고기나 오징어와 달리 해파리는 먹이를 찾아 돌아다니지 않는다. 대신에 그들은 무기가 장착된 긴 촉수들을 질질 끌고 다니며, 운 나쁘게 거기에 부딪히는 플랑크톤 같은 생물들을 잡아먹는다. 해파리는 갓을 천천히 고동치면서 헤엄을 치지만, 특정한 방향, 적어도 우리가 염두에 두는 방향성을 지니지는 않는다. 방향을 생각할 때에 우리는 대개 이차원만을 떠올린다. 우리는 지표면을 돌아다닐 뿐이며, 세 번째 차원으로 올라가기도 하지만, 다른 두 차원으로 좀더 빨리 이동하려고 그럴 뿐이다. 그러나 바다에서는 세 번째 차원이 가장 적극적으로 활용된다. 그 방향이 여행했을 때에 가장 큰 성과를 올릴 수 있는 차원이기도 하다. 바다에서는 수심에 따라 급격한 수압 기울기가 형성될 뿐만 아니라, 색조의 기울기를 포함한 빛의 기울기도 나타난다. 그러나 빛은 낮이 밤으로 바뀌면서 사라진다. 나중에 말하겠지만, 동물성 플랑크톤들은 24시간 주기로 수심을 심하게 바꾼다.

제2차 세계대전 당시 잠수함을 찾는 일을 맡은 수중음파 탐지병들은 바다 밑바닥이 매일 저녁마다 수면으로 떠올랐다가 다음날 아침이 되면 다시 가라앉는 듯한 현상이 나타나자 몹시 당혹스러워했다. 그 움직이는 바닥은 미세한 갑각류들을 비롯한 생물들이 모인 거대한 플랑크톤 덩어리로 드러났다. 먹이를 찾아 밤이 되면 수면 근처로 떠올랐다가 아침이면 가라앉았던 것이다. 그들은 왜 그런 행동을 할까? 낮에는 물고기나 오징어 같은 포식자들의 눈에 쉽게 띄기 때문에 안전하게 어두운 곳으로 가라앉는다는 것이 가장 나은 추측 같다. 그렇다면 밤에는 왜 수면으로 올라올까? 그렇게 긴 여행을 하려면 상당한 양의 에너지를 소비해야 할 텐데? 한 플랑크톤 전문가는 그것을 인간이 오로지 아침을 먹겠다고 매일 40킬로미터나 되는 거리를 걷는 것에 비유했다.

수면으로 올라가는 이유는 먹이가 식물을 거쳐 궁극적으로 태양에서 오기 때문이다. 바다의 수면은 끝없이 이어진 초록빛 초원이다. 미세한 단세포 조류들이 흔들거리는 풀 역할을 맡는다. 수면은 궁극적으로 먹이가 있는 곳이며, 그곳에는 초식자들과 그 초식자들을 먹는 포식자들과, 그 포식자들을 먹는 또다른 포식자들도 있기 마련이다. 그러나 그곳이 눈으로 보면서 사냥하는 포식자들 때문에 밤에만 안전하다면, 주간 이동을 하는 존재는 초식자들과 그들을 먹는 작은 포식자들임에 분명하다. "초원" 자체는 이동하지 않는다. 초원이 이동할 능력이 있다면, 동물의 움직임과 반대 방향으로 헤엄을 칠 것이다. 낮에 수면에서 햇빛을 쬐고, 잡아먹히지 않아야 존재할 수 있기 때문이다.

이유야 어떻든 간에, 플랑크톤을 이루는 동물들은 대부분 낮에는 아래로, 밤에는 위로 이동한다. 해파리, 즉 많은 종류의 해파리들은 마라 평원이나 세렝게티 평원에서 사자와 하이에나가 야생동물들을 따라다니듯이, 플랑크톤 떼를 따라다닌다. 비록 사자나 하이에나와 달리, 해파리는 특정한 개체를 표적으로 삼지 않고 그냥 아무렇게나 촉수를 질질 끌면서 먹이 떼를 따라다니지만, 그래도 얻는 것이 있다. 그것이 해파리가 헤엄을 치는 한 가지 이유이다. 마찬가지로 특정한 개체를 표적으로 삼는 것은 아니지만 일부 종은 몸을 이리저리 움직여서, 치명적인 작살을 갖춘 촉수들이 접하는 면적을 늘림으로써 포획률을 높인다. 반면에 그냥 위아래로만 이동하는 종류들도 있다.

팔라우 제도(서태평양에 있는 미국 식민지) 메르체르차르 섬의 "해파리 호수"에 떼지어 사는 해파리들은 색다른 이동 양상을 보인다고 알려졌다. 그 호수는 수중으로 바다와 연결되어서 짜며, 해파리들이 우글거리기 때문에 그런 이름이 붙었다. 그곳에는 서너 종류의 해파리가 서식하지만, 가장 수가 많은 것은 낙지해파리류로서, 길이 2.5킬로미터에 폭 1.5킬로미터인 그 호수 내에 약 2,000만 마리가 사는 것으로 추산된다. 해파리들은 모두 호수의 서쪽 끝에서 밤을 보낸다. 동쪽에서 해가 뜨면, 그들은 모두 동쪽으로 곧장 헤엄쳐서 그 끝에 다다른다. 그들은 연안에 도달하기 전에 잠시 멈추는

데, 이유는 흥미로울 정도로 단순하다. 연안에 서 있는 나무들이 깊은 그늘을 드리워서 햇빛을 차단하기 때문에, 해파리의 햇빛을 찾아가는 자동 장치가 더 밝은 서쪽으로 다시 이끌기 때문이다. 그러나 나무의 그늘에서 벗어나자마자 그들은 다시 동쪽으로 향한다.

이 내면의 갈등 때문에 그들은 그늘의 가장자리에 머물고, 그 결과(나는 우연의 일치라고 보지만) 연안을 따라 늘어선 위험한 포식자 말미잘로부터 안전한 거리를 유지한다. 오후가 되면 해파리들은 햇빛을 따라 호수의 서쪽으로 돌아가며, 그곳에서도 나무들이 드리운 그늘의 가장자리에 머무른다(화보 41 참조). 어둠이 깔리면, 그들은 호수의 서쪽 끝에서 수직으로 오르락내리락 헤엄을 친다. 아침 햇살이 그들의 자동 유도장치에 동쪽으로 가라고 유혹하기 전까지 말이다. 나는 그들이 하루에 왕복 이동을 함으로써 어떤 혜택을 얻는지 알지 못한다. 기존에 나온 설명들은 내가 볼 때, 흡족하지 않기 때문에 언급하지 않겠다. 그 이야기의 교훈은 생명 세계가 우리가 아직 이해하지 못하는 수많은 것들을 우리에게 보여주며, 그 자체가 우리를 흥분시킨다는 것이다.

산호동물 이야기

진화하는 모든 생물들은 세상의 변화를 따라간다. 날씨, 기온, 강수량의 변화가 그렇다. 게다가 포식자와 먹이의 관계처럼, 진화하는 다른 계통들에서 일어나는 변화로 인해서 진화하는 동안 반격을 받기도 하므로 상황은 더 복잡해진다. 진화하는 생물들 중에는 그저 존재함으로써 자신들이 살고 있는, 그리고 자신들이 적응해야 하는 세계를 변화시키는 것들도 있다. 우리가 호흡하는 산소는 녹색식물들이 내뿜기 전까지는 없었다. 처음에는 독소 역할을 했던 산소는 환경을 근본적으로 바꾸어놓았다. 대다수의 동물 계통들은 처음에는 어쩔 수 없이 그것을 견뎌야 했다가, 나중에는 그것에 의존하게 되었다. 더 짧은 기간에서도 마찬가지이다. 성숙한 숲의 나무들은 수백 년에 걸쳐 스스로 조성한 세계에서 산다. 그 정도 기간이면 헐벗은 모래땅이 극상림으로 바뀌기에 충분하다. 물론 극상림도 복잡하고 풍요로운 환경이며, 그 안에서 수많은 동식물들이 적응하며 살아간다.

"산호(coral)"라는 단어는 생물과 그들이 만드는 단단한 물질을 함께 일컫기 때문에,

나는 내 취향대로 이 이야기에서 그 동물을 지칭할 때는 다윈이 사용한 옛 단어인 "산호동물(polypifer)"이라는 용어를 쓰고자 한다. 산호동물은 과거 세대들의 죽은 뼈대 위에 대규모 수중 산맥을 쌓는 작업을 수십만 년 동안 계속함으로써 자신들이 사는 세계를 변모시킨다. 그 산맥은 파도를 막는 방벽이 된다. 산호들은 죽기 전에 다른 무수한 산호들과 결합함으로써 장래 산호들이 살아가도록 환경을 조성한다. 그렇게 바뀐 세계는 미래의 산호들뿐만 아니라, 대단히 많고 복잡다단한 미래의 동식물 군집(群集)을 부양한다. 군집 개념이 바로 이 이야기의 주제가 될 것이다.

　화보 42의 사진은 내가 (두 번) 방문했던 그레이트배리어리프에 있는 헤론 섬의 모습이다. 작은 섬의 끝자락에 점점이 흩어져 있는 집들을 보면 이곳의 실제 크기를 짐작할 수 있다. 섬을 둘러싼 드넓은 흐릿한 영역은 산호초이다. 섬은 부서진 산호들(어류의 소화기관을 거쳐나온 것들이 많다)로 이루어진 모래들의 꼭대기에 불과하다. 그 섬에는 종류가 몇 안 되는 식생이 자라고, 마찬가지로 얼마 되지 않는 육상동물들이 산다. 살아 있는 생물들이 만드는 것들 중에서 산호초는 매우 거대하며, 시굴해보면 수백 미터 깊이까지 내려가는 것들도 있다. 헤론 섬은 오스트레일리아의 북서쪽에 2,000킬로미터에 걸쳐 호(弧)를 이루는 그레이트배리어리프에 속한 거의 3,000개의 산호초들과 1,000개 이상의 섬들 중 하나에 불과하다. 사실인지는 모르겠지만, 그레이트배리어리프는 지구에 생명이 있다는 증거들 중 유일하게 우주에서 보일 정도로 큰 것이라고 한다. 또 세계 해양생물의 30퍼센트가 그곳에서 산다고 하는데, 나는 그 말이 맞는지 잘 모르겠다. 어떻게 셀까? 신경 쓰지 말자. 어쨌든 그레이트배리어리프는 아주 놀라운 대상이며, 오로지 산호, 즉 산호동물이라는 소형 말미잘처럼 생긴 동물들이 만든 것이다. 살아 있는 산호동물은 오직 산호초의 수면 층에만 존재한다. 그 밑에는 그들의 선조들이 남긴 뼈대가 짓눌려 생긴 석회암이 있다. 일부 환초들에서는 그런 것들이 수백 미터 깊이로 쌓여 있다.

　지금은 산호들만이 산호초를 만들지만, 과거 지질시대에는 그렇지 않았다. 조류, 해면동물, 연체동물, 관벌레도 다양한 시기에 초(礁)를 만들었다. 산호생물이 대성공을 거둔 이유는 미세한 조류(藻類)와 협력한 덕분인 듯하다. 산호의 세포 속에는 햇빛을 받아 광합성을 하는 조류가 산다. 그런 공생은 산호에게도 이익이 된다. 황록공생조류(zooxanthellae)라는 이 조류는 빛을 포획하는 다양한 색깔의 색소들을 가지고 있다. 산호초가 선명하고 화려한 색깔을 띠는 것도 그 때문이다. 예전에 산호를 식물로 생각했던 것도 무리가 아니다. 그들은 먹이의 상당 부분을 식물과 같은 방식으로 얻으며, 식물과 마찬가지로 빛을 차지하려고 경쟁한다. 따라서 당연히 식물과 비슷한 형태를 취할 것이라고 예상할 수 있다. 게다가 그늘에 덮이는 쪽이 아니라 그늘을 드리우는 쪽이 되려고 경쟁하는 까닭에, 산호 공동체 전체가 마치 숲의 수관 같은 모양을 이룬다. 그리고 모든 숲이 그렇듯이, 산호초에도 수많은 생물들이 공동체를 이루며 산다.

산호초는 그 지역의 "생태 공간"을 엄청나게 확장시킨다. 나의 이전 동료인 리처드 사우스우드는 저서 『생명 이야기(*The Story of Life*)』에서 그것을 이렇게 표현했다.

바위나 모래 표면 위의 물만 들어차 있었을 곳에 산호초는 수많은 틈새와 작은 동굴로 이루어진 대단히 많은 잉여 표면이 있는 복잡한 삼차원 구조를 제공한다.

숲도 마찬가지로 생물 활동과 정착에 이용될 유효 표면적을 늘리는 역할을 한다. 늘어난 생태 공간은 복잡한 생태 공동체를 부양한다. 산호초는 대단히 다양한 온갖 동물들의 보금자리이며, 그 엄청난 생태 공간의 어느 구석이든 간에 누군가 자리를 차지하고 있다.

신체기관들에서도 어느 정도 비슷한 일이 일어난다. 인간의 뇌는 정교한 주름으로 유효 표면적을 늘린다. 그럼으로써 기능을 수용할 면적이 늘어난다. "뇌산호"가 뇌와 놀라울 정도로 닮은 것도 우연이 아니다.

산호초의 형성 과정을 맨 처음 이해한 사람은 다윈이었다. 그가 맨 처음 쓴 학술서(『비글 호 항해』라는 여행서 다음에 쓴 것)는 『산호초(*Coral Reefs*)』라는 논문이었다. 서른세 살에 펴낸 책이었다. 문제를 제대로 파악하거나 푸는 데에 필요한 정보가 부족한 상태에서도, 그는 그것을 자신의 과제로 삼았다. 사실 다윈은 더 유명한 이론이 된 자연선택과 성선택에서도 그랬듯이, 산호초 이론을 전개할 때에도 놀라운 선견지명을 보였다.

산호는 얕은 물에서만 살 수 있다. 그들은 세포에 든 조류에 의지해서 살아가며, 조류는 당연히 빛을 필요로 한다. 얕은 물은 산호의 추가 영양분이 되는 플랑크톤 먹이들에게도 살기 좋은 곳이다. 산호는 해안선의 주민이며, 실제로 열대 해안에서는 얕은

"거초(裾礁)"를 볼 수 있다. 그러나 당혹스럽게도 산호초가 아주 깊은 바다 한가운데에 솟아 있는 사례도 있다. 대양의 산호섬들은 오랜 세대에 걸쳐 산호들이 죽어 쌓여서 생긴, 높이 솟은 수중 산의 정상에 해당한다. 거초보다 해안선에서 더 멀고, 그 사이에 초호(礁湖)라는 좀더 깊은 물이 고인 보초(堡礁)도 있다. 그러나 깊은 바다 한가운데에 철저히 고립된 외딴 산호섬에서도, 살아 있는 산호들은 언제나 자신과 몸속의 조류들이 번성할 수 있는 빛이 들어오는 얕은 바다에서 살아간다. 그 물은 그들이 자리한 곳에 있던 더 이전의 산호초들 덕분에 얕아진 것이다.

다시 말하지만 다윈은 그 문제의 범위를 깨닫는 데에 필요한 정보를 모두 가지지 못했다. 현재 우리는 환초들이 고대 산호들이 만든 수중 산의 정상에 해당한다는 사실을 알고 있다. 사람들이 산호초 깊숙이 구멍을 뚫어서 아주 깊은 곳까지 산호들이 있다는 사실을 조사했기 때문이다. 다윈의 시대에는 환초가 수면 바로 아래에 놓여 있는 수중 화산들의 위를 산호가 한겹 두른 것이라는 이론이 우세했다. 이 이론에 따르면, 해결할 문제 자체가 아예 없었다. 산호들은 오직 얕은 물에서만 자랐으며, 화산이 그들에게 얕은 물을 찾는 데에 필요한 받침대를 제공했으니 말이다. 그러나 다윈은 그 말을 믿지 않았다. 죽은 산호들이 아주 깊게 깔려 있다는 사실을 알 방법이 전혀 없었음에도 말이다.

다윈의 선견지명이 낳은 두 번째 성과는 그의 이론 자체였다. 그는 해저가 환초 근처에서 계속 가라앉는다고 주장했다(안데스 산맥 고지대에서 해양 화석들이 발견됨으로써 확실히 알 수 있듯이, 솟아오르는 곳도 있지만 말이다). 물론 판구조론이 등장하기 오래 전의 일이다. 다윈은 스승인 지질학자 찰스 라이엘에게서 영감을 받았다. 라이엘은 지각의 각 부분이 서로 상대적으로 상승하고 침강한다고 믿었다. 다윈은 해저가 가라앉을 때, 산호산도 함께 가라앉는다고 주장했다. 그러나 산호들은 빛이 있고 풍요로운 해수면 근처에 계속 머물기 위해서 수중 산이 가라앉는 속도에 맞추어, 그 꼭대기에서 계속 위로 자란다는 것이다. 한때 햇빛을 받으며 번성했던 산호들이 죽어서 층층이 쌓인 것이 바로 그 산이었다. 수중 산의 바닥에 있는 가장 오래된 산호들은 아마 잊힌 땅이나 오래 전의 사화산에 있던 거초로서 출발했을 것이다. 땅이 서서히 물밑으로 가라앉음에 따라서 산호들은 해안선으로부터 점점 멀어지면서 보초가 되었다. 원래의 땅이 더 가라앉아서 완전히 사라지면, 보초는 수중 산에서 뻗어나간 가라앉지 않는 바닥이 되었다. 침강이 계속될수록 보초는 더 멀리 뻗어간다. 마찬가지로 대양의 외딴 산호섬은 원래 서서히 가라앉는 화산섬의 꼭대기에 놓여 있었다. 다윈의 개념은 오늘날에도 상당한 지지를 받는다. 침강을 설명하기 위해서 판구조론이 추가되었을 뿐이다.

산호초는 극상(極相) 군집의 교과서적인 사례이며, 그것이 "산호동물 이야기"의 핵심 주제이다. 군집은 서로의 존재하에 번성하도록 진화한 종들의 모임이다. 우림은 군집이다. 늪도 마찬가지이고 산호초도 그렇다. 가끔 기후가 비슷한 세계 각지에서 같은 유형의 군집이 형성되기도 한다. "지중해성" 군집은 지중해 주변뿐만 아니라, 캘리포니아, 칠레, 오스트레일리아 남서부, 남아프리카 희망봉 지역의 해안에서도 나타난다. 이 다섯 지역에서 자라는 식물 종들은 각기 다르지만, 도쿄와 로스앤젤레스를 "도시 확장"이라고 볼 수 있듯이, 이 식물 군집들 자체는 "지중해성"이라고 파악할 수 있다. 그리고 지중해성 식생에 걸맞는 독특한 동물상도 있다.

열대 산호초 군집들도 그와 비슷하다. 세세한 부분은 다르지만, 남태평양, 인도양, 홍해, 카리브 해 어디에 있든 간에 본질적인 점은 동일하다. 또한 온대 산호초도 있는데, 열대 산호초와 다소 다르지만, 양쪽 다 청소고기라는 아주 독특한 동물이 서식한다는 공통점이 있다. 청소고기는 극상 생태 군집에서 생물들 사이에 미묘하고 친밀한 관계가 형성될 수 있음을 알려주는 듯한 경이로운 사례이다.

많은 작은 물고기 종들, 그리고 일부 새우류는 자신보다 더 큰 물고기의 몸에서 양분이 많은 기생생물이나 점액을 떼어 먹으면서 아주 바쁘게 돌아다닌다. 심지어는 큰 물고기의 입 안으로 들어가서 이빨 사이를 청소한 뒤 아가미로 빠져나오기도 한다. 이를 경이로운 수준의 "신뢰"라고 주장하지만,* 여기서는 청소고기가 군집에서 맡은 "역할"에 초점을 맞추자. 청소고기는 대개 개체마다 이른바 "청소방"을 가지고 있다. 큰 고기는 청소방으로 와서 봉사를 받는다. 이 방식은 청소고기나 고객이 서로를 찾아다니는 데에 걸리는 시간을 아껴줌으로써 양쪽 모두에게 유리하다. 또 일정한 장소를 택함으로써 각 청소고기와 고객 간에 지속적인 만남이 가능하며, 너무나도 중요한 "신뢰"를 쌓을 수 있다. 이 청소방은 이발소에 비유된다(화보 43 참조). 또 산호초에서 청

---

* "신뢰"의 진화 문제는 흥미롭지만, 나는 이미 그 문제를 『이기적 유전자』에서 다룬 바 있으므로, 여기서는 반복하지 않겠다.

소고기를 모두 제거한다면, 산호초 물고기들의 건강이 전반적으로 급격히 나빠진다는 주장도 있다. 비록 최근 들어 증거를 놓고 논란이 벌어지고 있지만 말이다.

세계의 각 지역마다 독자적으로 각기 다른 어류 집단에서 청소고기들이 진화했다. 카리브 해의 산호초에서는 청소업을 주로 망둑엇과의 물고기들이 맡는다. 그들은 대개 소규모의 무리를 짓는다. 반면 태평양에서는 놀래깃과의 물고기들이 청소고기 역할을 한다. 등푸른청소놀래기는 낮에 "이발소"를 운영하는 데에 반해서, 버클리에 가 있던 나의 동료 조지 바로가 말해준 바에 따르면, 두줄청소놀래기는 낮 동안 동굴에 피신해 있는 야행성 물고기 무리를 찾아가서 봉사를 한다. 종들 사이의 이런 분업은 성숙한 생태 군집의 전형적인 특성이다. 바로 교수의 저서 『시클리드』에는 아프리카 대형 호수들에 사는 민물 종들이 청소 습성을 습득하는 쪽으로 수렴 진화를 이룬 사례들이 실려 있다.

열대 산호초에서 청소고기와 "고객" 사이에 형성되는 거의 환상적인 수준의 협동은 생태 군집이 고도의 신체 조화를 이룬 한 생물 개체처럼 행동할 수 있음을 보여주는 상징이다. 사실 그런 생각을 품게 할 만큼 둘은 너무나 유사하고 유혹적이다. 초식동물들은 식물에 의존하며, 육식동물은 초식동물에 의존한다. 포식이 없다면, 개체군의 크기는 걷잡을 수 없을 만큼 커져서 재앙이 빚어질 것이다. 송장벌레와 세균 같은 청소 동물이 없다면, 세계는 시체로 가득할 것이고, 거름은 결코 식물에게 재순환되지 않을 것이다. 너무나 의외여서 정체가 밝혀지면 놀라곤 하는 "핵심"종들이 없다면, 군집 전체가 "무너질" 것이다. 따라서 각 종을 군집이라는 초생물의 신체기관으로 보고 싶은 유혹을 느낀다.

세계의 숲을 "폐"라고 묘사하는 것은 해가 되지 않으며, 그 비유가 숲을 보호하도록 사람들을 자극한다면 바람직할 수도 있다. 그러나 전체론적 조화라는 수식어는 찰스 왕세자가 내세우는 어리석은 신비주의로 변질될 수 있다. 사실 "자연의 균형"이라는 신비주의적인 개념은 가끔 어리석은 사람들을 사로잡아 "에너지 장들의 균형을 맞춰라"라고 말하는 돌팔이 의사들을 찾아가게 만들곤 한다. 그러나 신체의 기관들과 군집의 종들이 각자 자기 영역에서 상호작용하여 조화로운 전체를 만드는 방식은 크게 다르다.

그 유사성은 아주 조심스럽게 다루어야 한다. 그러나 그런 생각이 전혀 근거가 없지는 않다. 각 생물 내에는 생태계가, 즉 한 종의 유전자 풀을 이루는 유전자들의 군집이 존재한다. 한 생물의 몸에서 신체 부위들 사이의 조화를 이루는 힘이 산호초에서 사는 종들 사이의 조화라는 환각을 불러오는 힘과 전혀 다를 것 같지는 않다. 우림에는 균형이, 산호초 군집에는 구조가, 즉 동물 몸속의 공적응(co-adaptation)을 상기시키는 부분들 사이의 그물 같은 짜임새가 있다. 그러나 어느 쪽도 다윈 선택의 **단위로** 선호되는 균형 잡힌 단위가 아니다. 양쪽 다 균형은 더 낮은 수준에서의 선택으로 이루어진다. 선택은 조화로운 전체를 선호하는 것이 아니다. 그것이 아니라, 조화를 잘 이루는 부분들이 서로가 존재할 때에 번성함으로써 조화로운 전체라는 환각을 낳는 것이다.

육식동물은 초식동물이 있어야 번성하며, 초식동물은 식물이 있어야 번성한다. 그러나 거꾸로는 어떨까? 식물이 초식동물이 있어야 번성할까? 초식동물은 육식동물이 있어야 번성할까? 동물과 식물은 번성하기 위해서 자신들을 먹는 적들이 필요할까? 일부 생태운동가들이 말하듯이 그렇게 직접적으로는 아니다. 대개 그 어떤 생물도 먹혀서 혜택을 얻지는 않는다. 그러나 뜯어 먹히는 상황을 경쟁 식물들보다 더 잘 견디는 풀들은 초식동물이 있을 때에 실제로 번성한다. "내 적의 적"이라는 원리하에서 말이다. 그리고 기생생물의 숙주들에게도 같은 말을 할 수 있다. 이야기가 좀더 복잡해지기는 하지만 포식자도 마찬가지이다. 그렇다고 해서 북극곰에게 간과 이빨이 필요하듯이, 군집에 기생생물과 포식자가 "필요하다"고 말한다면 잘못이다. 그러나 "적의 적"이라는 원리는 같은 결과처럼 보이는 것을 낳을 수 있다. 산호초 같은 군집을 부분들을 제거했을 때, 위험에 처할 가능성이 있는 균형 잡힌 실체라고 보는 견해도 옳을 수 있다.

서로의 존재하에 번성하는 더 낮은 수준의 단위들로 이루어지는 것을 의미하는 이런 군집 개념은 모든 생물에게서 찾아볼 수 있다. 심지어 단세포 내에서도 그 원리는 적용된다. 대다수의 동물세포들은 세균들의 공동체이다. 그들이 너무나 폭넓게 통합되어 세포의 활동을 담당했기 때문에, 우리는 최근 들어서야 그 활동들이 세균에서 유래한 것임을 깨달았다. 한때 자유생활을 하던 세균인 미토콘드리아는 우리의 세포가 그들에게 하듯이, 우리의 세포 활동에 필수적인 역할을 한다. 그들의 유전자는 우리의 유전자가 있었기 때문에 번성했으며, 우리 유전자도 그들의 유전자가 있었기 때문에 번성했다. 식물세포들은 스스로 광합성을 할 수 없다. 그 화학적 마법을 부리는 것은 원래 세균이었다가 지금은 엽록체라는 새 이름을 얻은 손님 일꾼들이다. 반추동물과 흰개미 같은 식물을 먹는 동물들은 대개 스스로는 셀룰로오스를 거의 소화시키지 못한다. 그러나 그들은 식물들을 찾아내고 씹는 능력이 뛰어나다("믹소트리카 이야기" 참조). 식물로 가득한 그들의 소화관이 제공하는 틈새 시장을 차지한 것은 식물성 물질을 효율적으로 소화시키는 데에 필요한 생화학적 장비를 갖춘 공생 미생물들이다. 상보적인 기술을 가진 생물들은 서로의 존재하에 번성한다.

내가 그 잘 알려진 사항에 덧붙이고 싶은 것은 그 과정이 모든 종의 "자기" 유전자들 수준에서도 일어난다는 점이다. 북극곰이나 펭귄, 또는 카이만이나 과나코의 유전체 전체는 서로의 존재하에 번성하는 유전자들의 생태 군집이다. 이 번성이 이루어지는 직접적인 활동 무대는 개체의 세포 속이다. 그러나 장기적인 활동 무대는 종의 유전자 풀이다. 유성생식을 염두에 둘 때, 유전자 풀은 모든 유전자들이 세대를 거치면서 재복사되고 재조합되는 서식지이다.

유즐동물

랑데부 29에서 우리에게 합류할 유즐동물은 동물 순례자들 중에서 가장 아름다운 동물에 속한다. 그들을 영어로는 흔히 빗해파리(comb jelly)라고 하는데, 언뜻 보면 해파리와 다소 비슷한 구석이 있기는 하다. 둘 다 강장동물문이라는 같은 문에 속한다. 강장동물은 주된 체강이 소화를 시키는 방이기도 하다는 그들의 공통 형질을 강조한 이름이다. 또 그들은 단순한 신경망이 있으며, 몸이 단 두 층의 조직으로만 이루어져 있다(이 점은 논란거리이다).

유즐동물(Ctenophore)은 그리스어로 "빗을 가진 자"라는 뜻이다. "빗"은 머리카락 같은 섬모들이 죽 늘어선 것을 말하며, 이 섬세한 생물들은 모습은 해파리와 비슷하지만, 해파리와 달리 근육을 고동치는 대신에 대개 빗들을 움직여서 나아간다. 빠른 추진체계는 아니지만, 아마 제 역할은 충분히 하는 듯하다. 특히 (해파리와 달리, 이를테면 상어처럼) 입을 앞쪽으로 향한 채 헤엄칠 수 있게 해주기 때문이다. 종은 고작 100종 정도로 많지는 않지만, 개체수는 적지 않으며, 어떤 기준으로 보아도 전 세계의 바다를 아름답게 장식하는 존재이다. 그들은 기이한 무지갯빛을 띠는 빗들을 물결치듯이 움직이면서 나아간다(화보 44 참조).

섬세한 모습에 어울리지 않게, 유즐동물은 게걸스러운 포식자이며, 놀라울 만치 다양한 포식방법을 진화시켜왔다. 몇몇 종은 몸의 폭과 맞먹을 정도로 입이 거대하고, 그 입으로 자신보다 사실상 더 큰 다른 유즐동물을 삼키는 거의 불가능해 보이는 일을 할 수 있다. 이런 괴물들 중에는 심지어 수천 개의 섬모를 붙여서 단단한 가시 형태의 이빨을 독자적으로 발명한 것도 있다. 그 이빨로 먹이를 물어뜯을 수도 있다. 이 정도로도 기이하지 않다는 양, 그들은 두 "입술" 사이의 세포 연결을 끊거나 형성함으로써 마치 지퍼처럼 입을 벌리고 닫을 수 있다.

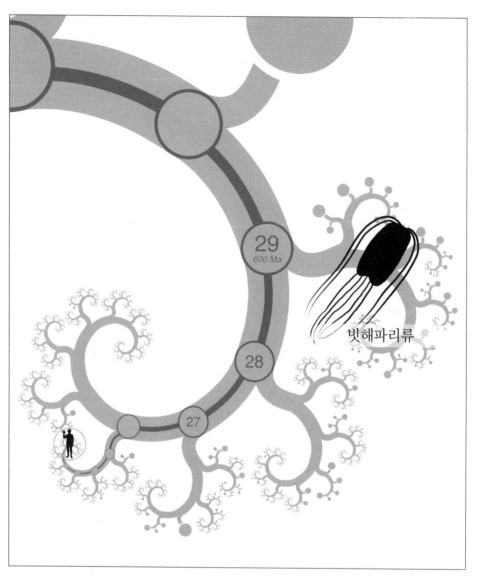

유즐동물의 합류 자포동물과 유즐동물 및 좌우대칭형 동물들을 합쳐서 "진정후생동물(Eumetazoa)"이라고 한다. 여기서는 초기 분자 연구들을 토대로 삼아, 알려진 유즐동물 100종을 나머지 동물들의 가장 먼 친척이라고 배치했지만, 전체 유전체 서열 분석 결과는 이들이 사실상 해면동물을 포함한 모든 동물의 외집단일 수도 있음을 시사한다. 그렇다면 이들은 랑데부 31에서 만나야 할 것이다. 대다수의 동물학자들은 아직 그 견해를 받아들이지 않고 있다. 우리도 더 전통적인 견해를 취하련다.

한편 달랑거리는 긴 촉수를 써서 먹이를 가두는 종들도 있다. 그러나 해파리와 달리 이들은 자세포가 없다. 대신에 이들은 독특한 "점착세포(lasso cell)"를 가지며, 독이 든 날카로운 작살을 쏘는 대신에 일종의 접착제를 방출한다. 또 종 모양과 거리가 먼 형태인 종도 있다. 대단히 아름다운 띠빗해파리(*Cestum veneris*)는 영어 이름과 라틴어 학명이 의미가 똑같은 희귀한 동물 중의 하나이다. 비너스의 허리띠라는 뜻인데, 전혀 놀랍지 않다. 여신에게나 어울릴 법한 길고 어렴풋이 가물거리는 천상의 아름다운 띠 같은 몸을 가지고 있기 때문이다(화보 45 참조). 비록 띠빗해파리가 연충처럼 길고 가늘며, 심지어 몸을 물결치듯이 움직이면서 헤엄친다고 해도, "이 연충"의 양끝은 머리와 꼬리가 아니다. 이 몸의 양쪽은 거울상이며, 그 한가운데쯤에 바로 입이 있다. 즉 허리띠의 "버클"인 셈이다. 따라서 이 동물은 방사대칭(더 엄밀하게 말하면 2축방사대칭)이다.

아마 우리는 유즐동물을 일종의 동물 체형(體形)의 대체 실험 사례로 보아야 할 듯하다. 실제로 연충 같은 형태로 진화한, 그것도 아주 최근에 그렇게 된 매혹적인 넓적빗해파리도 그 생각을 뒷받침한다. 이들은 다른 유즐동물처럼 섬모를 물결쳐서 움직이기보다는 입의 안쪽을 근육질 발처럼 써서 바다 밑바닥을 기어다닌다. 그래서 이들은 빗해파리의 특징인 줄지어 움직이는 섬모를 대부분 잃었다. 이들이 해양 편형동물로 오인되곤 하는 것도 놀랍지 않다. 그러나 "등"에 튀어나온 물결치는 끈적거리는 촉수들을 보면 구별할 수 있다.

지금은 유즐동물이 해파리가 아니라는 데에는 모두가 동의하지만, 그들이 정확히 누구인지를 놓고서는 견해가 제각각이다. 이 글을 쓰고 있는 현재, 그 문제는 동물 진화 분야에서 열띤 논쟁거리들 중의 하나이다. 몇몇 유즐동물의 유전체 서열이 분석된 여파이다. 그들의 DNA를 다양하게 분석한 결과들은 진화발생학자들 사이에 큰 소동을 일으켰다. 유즐동물이 해면동물을 포함하여 다른 모든 동물들의 가장 먼 친척임을 시사했기 때문이다. 그렇다면 유즐동물은 여기에서 합류하는 것이 아니라, 해면동물 다음으로 랑데부 31에서 합류한다는 의미가 된다. 이 혁명적인 주장에 의구심이 제기된 것도 당연했다. 그것은 유즐동물이 근육, 신경, 세포층, 대칭적인 배아 발생 양상, 젤리로 채워진 몸을 독자적으로 창안했거나, 아니면 해면동물이 그 모든 것을 잃었다는 의미가 되기 때문이다. 전체 DNA 서열의 집합을 얻으면, 그 문제가 해결되는 것이 아니냐고 생각할지도 모르겠지만, 유즐동물의 유전체는 크기가 다소 줄어든 듯하며, 그 때문에 비교 결과가 조금은 불분명해진다. 한 예로, 그들은 혹스 유전자군 같은 많은 핵심 유전자들을 잃었을 가능성이 아주 높다. 특히 문제가 되는 것은 두 주요 계통이 아주 먼 옛날에 갈라진 해파리와 달리, 현생 유즐동물들은 모두 유연관계가 상당히 가깝다는 것이다. 그것은 하나의 "긴 가지"가 유즐동물을 다른 동물들과 갈라놓아서 유즐동물이 긴 가지 인력, 즉 "긴팔원숭이 이야기"에서 살펴본 함정에 빠졌다는 것을 의미한다.

더 많은 종들의 서열을 분석하거나, 유전체 규모의 분석기술을 더 향상시키거나, 더 앞서 분기한 유즐동물 집단을 찾아낼 수 있다면(더 바람직하다), 우리는 이 순례자들이 생명의 나무에서 어디에 속하는지를 확실히 알 수 있을지도 모른다. 그때까지 우리는 유즐동물을 나머지 "복잡한 동물들"의 자매 집단으로서 여기에 두기로 하자. 즉 그들 모두를 다음에 만날 해면동물과 수수께끼 같은 작은 것들로부터 떼어놓는다는 의미이다.

랑데부 30

판형동물

여기 수수께끼 같은 작은 동물이 있다. 털납작벌레는 판형동물문 전체에서 유일하게 알려진 종이다. 물론 그렇다고 해서 반드시 종이 하나뿐이라는 의미는 아니다. 1896년에 나폴리 만에서 두 번째 판형동물이 발견되어 트렙토플락스 렙탄스라는 이름이 붙여졌다는 말을 해야겠다. 그러나 그 종은 두 번 다시 발견되지 않았으며, 대다수 전문가들은 그 동물이 털납작벌레였다고 생각한다. 털납작벌레에 관한 권위자인 베른트 시르바터 연구진은 200개의 유전적으로 구별되는 계통이 존재한다는 분자 증거를 내놓았지만, 그들을 구별해줄 특징들이 없으므로 기존 분류학계에 받아들여지지 않고 있다.

털납작벌레는 바다에서 살고, 어느 것과도 닮지 않았으며, 어떤 방향으로도 대칭이 아니다. 하나가 아니라 많은 세포들로 이루어졌다는 점을 제외하면 아메바와 약간 비슷하다. 그리고 앞뒤도 좌우도 없다는 점을 제외하면, 아주 작은 편형동물(flatworm)을 조금 닮았다. 털납작벌레는 지름이 2밀리미터쯤 되는 불규칙한 모양의 작은 깔개 같으며, 거꾸로 난 융단 같은 작은 섬모들을 움직여서 기어간다. 자신보다 훨씬 더 작은 단세포생물들을 먹으며, 조류가 주식이다. 먹이를 몸속으로 집어넣지 않고 밑에 놓은 채 소화시킨다. 성별이 있는 것은 거의 확실하지만, 아직까지 그들의 생활사 전체를 관찰한 사람은 아무도 없다.

털납작벌레는 해부구조상으로도 다른 동물들과 관련이 없다. 자포동물이나 유즐동물처럼 주로 두 겹의 세포층으로 이루어진다. 두 층 사이에는 근육과 흡사한 방식으로 작동하는 수축 가능한 세포들이 몇 개 있다. 털납작벌레는 이 끈들을 줄여서 모양을 바꾼다. 엄밀하게 말하면 두 세포층을 등과 배로 불러서는 안 될 것이다. 위층은 가끔 보호층, 아래층은 소화층이라고 불린다. 일부 학자들은 소화층이 움푹 들어가서 일시

587

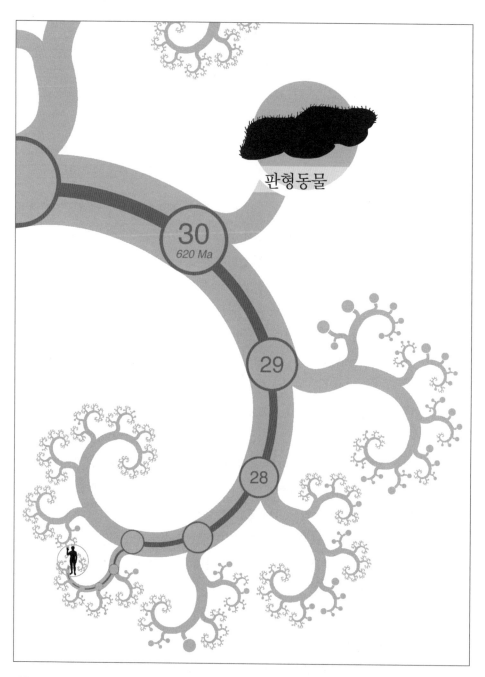

판형동물의 합류 랑데부 28과 29처럼, 랑데부 30과 31도 순서는 불확실하다. 랑데부 30에서 합류하는 것이 판형동물(털납작벌레 한 종으로 대표되는)일 수도 있고, 해면동물일 수도 있다. 이 그림에 나온 순서는 임의적인 것이다. 랑데부 30과 31이 바뀐다거나 합쳐진다고 해도 전혀 놀랍지 않다.

적으로 소화를 위한 공간이 생긴다고 주장하지만, 그 현상을 모든 관찰자가 본 것은 아니므로 사실이 아닐 수도 있다. 세심하게 관찰하니, 몸이 예전에 생각했던 4종류가 아니라 6종류의 세포로 이루어져 있음이 드러났다. 그렇기는 해도, 200종류가 넘는 세포로 이루어진 우리에 비하면 여전히 미미한 수준이다.

시르바터와 제자인 타렉 지예드가 2002년 논문에서 상술한 대로, 동물학 문헌의 역사를 보면 털납작벌레는 다소 혼란스러운 양상을 띠고 있다. 털납작벌레는 1883년에 처음으로 기재되었을 때에는 아주 원시적인 것이라고 여겨졌다. 지금은 영예로운 지위를 회복했지만 말이다. 불행하게도 그것은 일부 자포동물의 이른바 플라눌라(planula) 유생과 겉모습이 매우 비슷하다. 1907년에 틸로 크룸바흐라는 독일의 동물학자는 전에 그가 플라눌라 유생을 보았던 곳에서 털납작벌레를 보았다고 생각하고, 그 작은 생물을 변형된 플라눌라로 간주했다. 1922년에 여러 권으로 구성된 권위를 널리 인정받은 저서 『동물학 편람(Handbuch der Zoologie)』의 편집자인 W. 퀴켄탈이 사망하지 않았더라면 아마 그 주장은 소홀히 다루어졌을 것이다. 털납작벌레에게는 불행하게도, 퀴켄탈을 대신해서 임시로 편집자를 맡은 사람이 바로 틸로 크룸바흐였다. 털납작벌레는 당연히 퀴켄탈과 크룸바흐의 이름으로 자포동물로 기재되었고, P. P. 그라세 (말이 난 김에 덧붙이자면 그는 털납작벌레의 정체를 더 올바로 알아야 할 시대가 된 뒤에도 여전히 반다윈주의적인 시각을 고수했다)가 편집한 비슷한 프랑스 서적인 『동물론(Traité de Zoologie)』에도 그대로 수록되었다. 또 『무척추동물』이라는 여러 권의 대작을 집필한 미국의 리비 헨리에타 하이먼도 『동물학 편람(Invertebrates)』을 그대로 인용했다.

여러 권으로 이루어진 권위를 인정받은 책들의 무게에 그렇게 짓눌렸는데, 가여운 작은 털납작벌레에게 무슨 기회가 있었을까? 특히 반세기가 넘도록 그 동물을 관찰한 사람이 아무도 없는 상황에서 말이다. 그들은 분자 혁명이 일어나서 진정한 유연관계가 발견될 가능성이 열릴 때까지 이른바 자포동물의 유생으로 남아 있었다. 그러나 그들이 무엇이든 간에, 분명히 자포동물은 아니다.

2008년에 유전체 전체의 서열을 분석하자, 털납작벌레가 그보다 더욱 먼 친척임이 드러났다. 그렇기는 해도 우리와는 해면동물보다 더 가까운 듯하며, 그래서 우리는 그들이 랑데부 30에서 합류한다고 추정한다. 물론 이 순서는 앞으로 바뀔 수도 있다. 해면동물이 털납작벌레보다 더 구조가 복잡하다는 점을 생각할 때, 공조상 30도 구조가 더 복잡했을 가능성이 훨씬 높다. 다시 말해서, 오늘 우리가 보고 있는 이 미세한 판형동물은 이차적으로 단순화한 결과일 수 있다. 그 점은 유전체를 통해서 드러난다. 털납작벌레는 유전자가 약 1만1,000개로서, 일부 해면동물(1만8,000개)과 우리(2만 개)보다 더 적다. 그리고 진화 과정에서 그들이 많은 유전자를 잃었기 때문이라는 단서도 있다. "초파리 이야기"에서 길게 다룬 호메오박스 유전자가 좋은 사례이다. 털납작벌레는 파라혹스 유전자가 1개이다. 유전자 자체의 유사성뿐 아니라, 우리에게 있는 파라혹스 유전자 6개의 주변에 놓인 유전자들과 털납작벌레의 파라혹스 유전자 주변에 있는 유전자들의 유사성을 비교하여 알아냈다. 또 털납작벌레는 대다수 동물에게 있는 진정한 혹스 유전자의 주변에 있는 유전자들과 배열 양상이 비슷한 유전자들을 지니고 있지만, 혹스 유전자군 자체는 잃어버린 듯하다. 체셔 고양이 비유를 뒤집자면, 체셔 고양이의 웃음은 사라졌지만, 몸의 부위들이 꽤 많이 남아서 웃음이 있었다는 단서를 제공하는 셈이다. 이 "유령 혹스"가 말해주는 것이 또 하나 있다. 남아 있는 유전자들은 대부분 다른 동물들의 유전자와 유사할 뿐 아니라, 유전체에서 배열되어 있는 순서도 거의 비슷하다는 것이다. 털납작벌레는 동물치고는 유전체가 꽤 작지만(우리 유전체의 약 30분의 1에 불과하다), 작은 유전체를 지닌 다른 여러 동물들과 달리 사실상 DNA 재배치가 그다지 일어나지 않은 상태이다. 따라서 더 시간이 흐르면, 더 큰 규모에서 유전체를 비교할 수 있을 것이고, 그러면 이 기이한 작은 동물의 진정한 정체가 드러날 것이다.

해면동물

해면동물은 진정한 다세포동물인 후생동물의 일원들 중에서 우리에게 합류하는 마지막 순례자들이다. 해면동물은 항상 후생동물로 대접을 받았지만, "측생동물(Parazoa)"이라고 불렸다. 동물계에서 이류에 해당하는 시민을 지칭하는 이름이다. 지금도 해면동물을 후생동물에 소속시키기는 하지만, 해면동물을 **제외한** 나머지 동물들을 지칭하기 위해서 진정후생동물(Eumetazoa)이라는 단어가 만들어졌다.[*]

사람들은 해면동물이 식물이 아니라 동물이라고 하면 놀라곤 한다. 식물처럼 그들은 움직이지 않는다. 그렇다, 그들은 몸 전체를 움직이는 것이 아니다. 세포 수준의 움직임이 있지만, 그것은 식물도 마찬가지이다. 식물도 해면동물도 근육이 없다. 따라서 2014년에 해면동물이 "재채기"를 하는 동영상이 발표되자, 사람들은 조금 놀랐다. 몸 전체가 조화로운 움직임을 보이면서 수축하는 영상이었다. 몸 속에 든 찌꺼기를 배출하기 위해서 진화한 행동인 듯하다. 이 반사 행동은 유용하다. 해면동물은 물이 끊임없이 몸을 관통해 흐르도록 함으로써 살아가며, 그 물에서 먹이 입자들을 걸러먹기 때문이다. 따라서 그들의 몸은 구멍들로 가득하며, 그들이 욕조에서 많은 물을 빨아들이는 것도 그 때문이다.

그러나 목욕해면의 체형이 전형적이라는 생각은 들지 않는다. 그들은 위에 큰 구멍이 있고 옆으로 더 작은 구멍들이 무수히 나 있는 속이 빈 주전자와 같다. 살아 있는 해면동물이라는 주전자 바깥의 물에 물감을 넣으면 쉽게 알 수 있지만, 물은 측면에 나 있는 작은 구멍들로 빨려 들어가서 속의 빈 공간에 방출되었다가, 주전자의 큰 구멍으로 흘러나온다. 물을 흐르게 하는 것은 해면동물의 벽에 있는 방들과 수로들을 둘러싼 깃세포(choanocyte)라는 특수한 세포들이다. 각 깃세포에는 흔들거리는 편모

---

[*] 일부 학자들은 랑데부 30에서 말한 작은 동물인 털납작벌레도 제외시킨다.

해면동물의 합류 린네 이후로 동물들("후생동물들")은 생물의 계 중 하나로 분류되었다. 지금까지 알려진 해면동물 약 1만 종은 다른 동물들과 아주 일찍 갈라졌다는 것이 일반적인 견해이며 분자 자료도 대부분 그렇다고 말한다. 그러나 몇몇 분자분류학자들은 해면동물이 두 계통으로 나뉘며, 그중 한쪽이 나머지 후생동물들과 더 가깝다고 본다. 그 말은 최초의 후생동물이 사실상 해면동물처럼 생겼고, 따라서 해면동물로 분류되었을 것이라는 의미이다.

(섬모와 비슷하며, 약간 더 클 뿐이다)가 하나 있고, 편모는 움푹 들어간 깃(collar)에 둘러싸여 있다. 깃세포는 동물의 기원에 대한 중요한 단서를 제공하므로 나중에 다시 언급하기로 하자.

해면동물은 신경계가 없으며, 내부 구조가 비교적 단순하다. 비록 몇 종류의 세포가 있지만, 그 세포들은 우리의 것과 달리 조직이나 기관을 이루지 않는다. 해면세포들은 "전능성(totipotent)"을 가진다. 즉 모든 세포가 해면동물을 이루는 모든 종류의 세포로 발달할 잠재력이 있다는 의미이다. 우리의 세포들은 그렇지 않다. 간세포는 신장세포나 신경세포를 만들 수 없다. 그러나 해면세포들은 대단히 융통성이 크기 때문에, 분리된 세포 하나가 새로운 해면동물로 자랄 수 있다(그리고 "해면동물 이야기"에서 나오겠지만 그것만이 아니다).

따라서 해면동물에서 "생식세포계(germ line)"와 "체세포계(soma)"가 구분되지 않는 것도 놀랄 일이 아니다. 진정후생동물에서 생식세포계는 생식세포들을 만들 수 있는 세포들을 말하며, 따라서 원리상 그 계통에 속한 유전자들은 영속한다. 생식세포계는 난소나 정소에 자리한 소수의 세포들이며, 오직 번식만 할 뿐 다른 일은 하지 않는다. 체세포계는 몸에 있는 세포들 중 생식세포계 이외의 것을 말한다. 체세포들은 유전자를 무한정 전달할 운명을 타고나지 않았다. 포유동물 같은 진정후생동물은 발생 초기에 일부 세포들을 생식세포계로 따로 떼어놓는다. 나머지 세포들, 즉 체세포계의 세포들은 몇 차례 더 분열하여 간이나 신장, 뼈나 근육을 만들지만, 그것으로 그들의 분열 업무는 끝난다.

불행히도 암세포들은 예외이다. 어찌된 영문인지 그들은 분열을 멈추는 능력을 잃었다. 그러나 『다윈 의학(*The Science of Darwinian Medicine*)』을 지은 랜돌프 네스와 조지 C. 윌리엄스가 지적했듯이, 놀랄 필요는 없다. 오히려 암의 놀라운 점은 그것이 지금보다 더 흔하지 않다는 데에 있다. 본래 몸의 모든 세포는 분열을 멈추지 않는 수십억 세대에 걸쳐 끊기지 않고 이어진 생식세포계 세포들의 후손이다. 갑자기 간세포 같은 체세포가 되라는 요청을 받고 분열하지 않는 기술을 배우는 일은 그 세포 조상들의 역사에서 결코 일어난 적이 없었다! 혼동하지 말도록. 물론 그 세포의 조상들을 담았던 몸들은 간이 있었다. 그러나 생식세포계 세포들은 간세포의 후손이 아니다.

해면세포들은 모두 생식세포계에 속한다. 즉 모두 잠재적으로 불멸이다. 해면동물은 서너 종류의 세포로 이루어지지만, 그것들은 대다수 다세포동물들의 세포와 다른 방식으로 발달한다. 진정후생동물의 배아들은 복잡한 "종이 접기" 방식으로 접히고 함입되어 세포층들을 형성함으로써 몸을 만든다. 해면동물은 그런 식으로 발생하지 않는다. 그 대신 그들은 자기 조직화를 한다. 그들의 전능성을 지닌 세포들은 모두 다른 세포들과 친화력을 가지고 있다. 마치 사교성이 있는 자율적인 원생동물들 같다. 그렇지만 현대의 동물학자들은 해면동물을 후생동물에 포함시키며, 나도 그 흐름을 따르고자 한다. 그들은 아마 살아 있는 다세포동물 중에서 가장 원시적인 집단일 것이며, 초기의 후생동물에 관해서 다른 현대 동물들보다 더 많은 것을 알려준다. 사실 우리가 재구성한 공조상 31(화보 46 참조)은 몇몇 현생 해면동물의 유생 단계와 매우 비슷해 보인다. 실제로 소수의 분자분류학자들은 해면동물의 강들 중에서 우리와 더 가까운 종류들이 있다는 증거를 찾아냈다. 그 말이 맞다면, 랑데부 지점이 하나 더 추가될 뿐만 아니라, 공통 조상이 해면동물이었다는 의미가 된다.

다른 동물들과 마찬가지로, 해면동물의 각 종도 나름대로의 모양과 색깔이 있다. 속이 빈 물주머니 형태는 수많은 모습들 중 하나일 뿐이다. 속이 빈 공간들이 서로 이어진 변형된 형태들도 있다. 해면동물은 콜라겐 섬유들(목욕해면은 그것 때문에 푹신하다)과 골편(骨片)이라는 광물로 구조를 독특하게 강화한다. 골편은 이산화규소나 탄산칼슘의 결정으로서, 그 모양이 종을 식별하는 가장 신뢰할 만한 형질이 된다. 해로동굴해면의 골편처럼 대단히 복잡하고 아름다운 구조를 만드는 것도 있다(화보 47 참조).

단단한 골편에 비추어볼 때, 해면동물은 놀라울 만치 화석이 적으며, 이 점은 많은 논쟁을 불러일으켰다. 해면동물이 살았다는 결정적인 증거가 캄브리아기 대폭발 이후에나 나온다고 주장하는 연구자들도 있다. 반면에 6억 년 전, 심지어 6억4,000만 년 전의 암석에서 원시적인 해면동물 화석을 찾아냈다고 주장하는 연구자들도 있다. 그런 주장을 받아들여서, 우리는 랑데부 31의 연대를 약 6억5,000만 년 전으로 설정했다. 하지만 랑데부 31의 이 연대도 대부분의 분자시계가 추정한 연대에 비하면 꽤 최근이며, 그런 오래된 연대를 추정할 때에 하는 경고를 여기서도 다시금 해야겠다.

여기서 해면동물의 출현, 아니 사실상 동물 자체의 출현을 지금까지 알려진 가장 극심했던 빙하기 사건과 연관 지으려는 유혹을 느낀다. 그 사건이 바로 이 무렵에 일어났기 때문이다. 지질학자들은 이 지질시대에 크라이오제니아기(*Cryogenian*)라는 이름을 붙였다. 지구 전체가 얼어붙는 사건은 적어도 두 차례 일어났다고 여겨진다. 7억 1,700만–6억6,000만 년 전에 한 번, 6억4,000만–6억3,500만 년 전에 한 번이다. 그리고 이런 시기에 "눈덩이 지구(Snowball Earth)"라는 별명처럼, 얼음이 육지와 바다를 모두 뒤덮었는지를 놓고 아직 논쟁이 벌어진다. 설령 두껍게 완전히 얼어붙지는 않았다고 할지라도, 그 추위가 지구와 거주자들에게 장기간 혹독한 영향을 미쳤으리라는 것은 분명하다. 아무튼 우리가 추정한 랑데부 연대가 그 두 빙하기 사이의 간빙기에 딱 맞아떨어진다는 것은 단순히 우연의 일치가 아닐지도 모른다.

언제 어디에서 일어났든 간에, 단세포 원생동물로부터 다세포 해면동물의 진화는 진화 역사의 이정표가 된 사건이다. 후생동물의 기원이니까. 다음 두 편의 이야기를 통해서 자세히 살펴보기로 하자.

해면동물 이야기

1907년도 『실험 동물학 회지(*Journal of Experimental Zoology*)』에 노스캐롤라이나 대학교의 H. V. 윌슨이 쓴 해면동물 논문 한 편이 실렸다. 아주 고전적인 논문이었다. 그 논문은 과학논문들이 당신이 이해할 수 있도록 장황한 문체로, 실제 실험실에서 실제로 실험하는 실제 사람을 눈앞에 그려볼 수 있을 정도로 길게 쓰이던 황금시대를 생각나게 한다.

윌슨은 살아 있는 해면동물을 촘촘한 "거름망"으로 걸러서 세포 하나하나로 쪼갰다. 분리된 세포들을 바닷물이 담긴 접시에 넣자, 단세포들이 붉은 구름처럼 흩어졌다. 구름은 침전물이 되어 접시 바닥에 가라앉았다. 윌슨은 침전물을 현미경으로 관찰했다. 세포들은 마치 아메바처럼 행동하면서 접시 바닥을 기어다니고 있었고, 기어다니다가 서로 만나

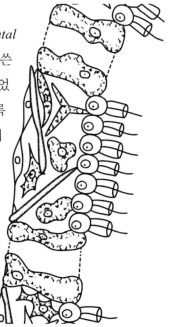

사교적인 세포들 깃세포와 독특한 깃 및 편모를 그린 해면동물의 체벽 일부.

면, 합쳐져서 점점 더 큰 세포 덩어리를 형성했다. 윌슨과 다른 학자들이 일련의 논문들을 통해서 보여주었듯이, 덩어리는 계속 자라서 마침내 새로운 해면동물이 되었다. 또 윌슨은 두 종의 해면동물을 으깨서 섞은 다음, 물에 풀어보았다. 두 종의 색깔이 달랐으므로, 변하는 상황을 쉽게 관찰할 수 있었다. 세포들은 자기 종의 것들끼리 모여서 덩어리를 형성했고, 다른 종의 세포들과는 뭉치지 않았다. 특이하게도 윌슨은 이 결과를 "실패"라고 적었다. 이유는 모르겠지만 아마 한 세기 전의 그 동물학자는 두 종의 해면동물이 복합체를 형성할 것이라는 이론적 편견을 품었던 듯하다.

그런 실험들로 드러난 해면세포들의 "사회적인" 행동을 통해서 우리는 해면동물 개체의 정상적인 배아 발생에 관해서 무엇인가 알 수 있을지도 모른다. 또 그 행동이 최초의 다세포동물(후생동물)이 단세포 조상(원생동물)으로부터 어떻게 진화했는지도 알려주지 않을까? 후생동물의 몸은 세포 군체라고 불리곤 한다. 이야기를 통해서 진화 사건들을 재구성하는 이 책의 체제를 유지하면서, "해면동물 이야기"가 먼 과거의 진화에 관해서 무엇인가 말하도록 할 수 있을까? 윌슨의 실험에서 나타난 세포들이 기어다니고 뭉치는 행동이 원생동물 군체에서 최초의 해면동물이 생긴 과정을 어떤 식으로든 재현한 것일 수 있을까?

세세한 부분에서는 다를 것이 거의 확실하다. 그러나 여기에 한 가지 단서가 있다. 해면동물의 가장 큰 특징은 깃세포이다. 그들은 그것을 이용하여 물의 흐름을 일으킨다. 앞의 그림은 해면동물의 체벽을 보여준다. 오른쪽이 위강이다. 깃세포(choanocyte)는 해면동물 위강의 안감을 이루는 세포들이다. "Choano-"는 그리스어로 "깔때기"를 뜻하며, 미세융털이라는 많은 수의 작은 털들로 이루어진 작은 깔때기 모양의 깃들이 보인다. 각 깃세포는 편모를 하나씩 가지고 있으며, 편모는 해면동물 안으로 물을 끌어들인다. 깃은 흘러드는 물에서 양분 입자들을 포획한다. 깃세포를 자세히 살펴보도록 하자. 다음 랑데부에서 비슷한 것을 만나기 때문이다. 그리고 그것을 근거로 삼아, 다음 이야기에서 다세포성의 기원에 관한 추측을 완성시켜보자.

깃편모충

깃편모충류(choanoflagellate)는 우리의 순례여행에 맨 처음 합류하는 원생동물이며, 랑데부 32에서 합류한다. 불확실성이 우려할 수준이기는 하지만, 우리는 그 연대를 8억년 전이라고 정하련다. 분자시계 추정값들 중에서 가장 최근 연대에 해당한다. 아래의 그림을 보자. 작은 편모세포들을 보니 무엇인가 생각나지 않는가? 그렇다. 해면동물의 물이 흐르는 통로 안쪽을 이루는 깃세포와 아주 흡사하다. 그들이 해면동물 조상의 잔존 생물인지, 아니면 단세포나 몇 개의 세포로 퇴화한 해면동물의 진화적 후손인지를 놓고 오랫동안 추측이 이어졌다. 분자유전학 증거들은 전자임을 시사한다. 내가 그들을 여기서 우리의 순례여행에 합류하는 별도의 순례자들로 다루는 이유도 그 때문이다.

깃편모충은 약 140종이 있다. 일부는 편모로 스스로 움직이면서 자유 유영을 하고, 일부는 줄기에 붙어 있으며, 그림처럼 몇 개가 모여 군체를 이루기도 한다. 그들은 편모를 사용하여 물을 깔때기로 끌어들이며, 깔때기에서 세균 같은 먹이 입자를 붙잡아 삼킨다. 이 점에서 편모는 해면동물의 깃세포와 다르다. 해면동물의 각 편모는 깃세포의 깔때기 안으로 먹이를 끌어들이는 용도가 아니라, 다른 깃세포들과 협력하여 해면동물의 체벽에 난 구멍들로 물을 끌어들였다가 출수공으로 배출시키는 용도로 쓰인다. 그러나 군체를 이루든 이루지 않든 간에 해부학적

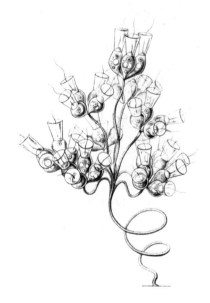

과거에도 이러했을까? 헤켈의 『자연의 예술품』에 실린 자루가 달린 깃편모충 그림 [171].

597

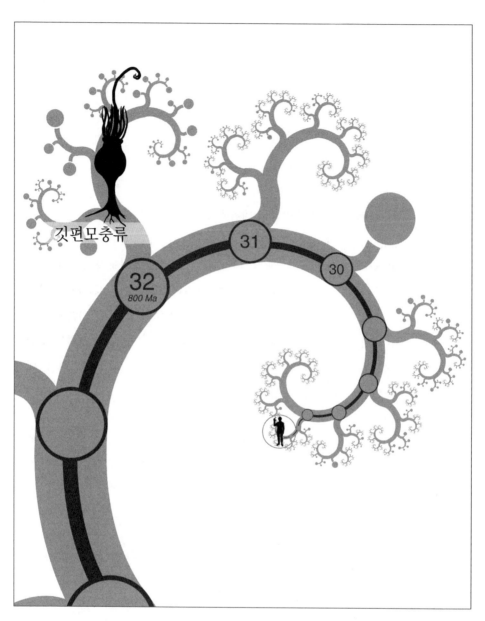

깃편모충류

32
800 Ma

31

30

깃편모충의 합류 깃편모충은 약 140종이 알려져 있으며, 예전부터 동물의 가까운 친척으로 여겨졌다. 형태학적 자료 및 분자 자료들은 그 생각을 강하게 뒷받침한다.

으로 깃편모충의 각 개체는 해면동물의 깃세포와 의심이 갈 만큼 유사하다. 이 사실은 "깃편모충 이야기"에서 중요하게 다룰 것이다. 그 이야기는 "해면동물 이야기"에서 시작한 주제를 마무리짓는다. 다세포 해면동물의 기원 말이다.

깃편모충 이야기

동물학자들은 오래 전부터 원생동물 조상에게서 다세포성이 어떻게 진화했는지를 추정해왔다. 19세기 독일의 위대한 동물학자 에른스트 헤켈도 후생동물의 기원 이론을 처음으로 제시한 사람들 중 한 명이었으며, 그의 이론은 수정된 형태로 오늘날까지 지지를 받고 있다. 그는 최초의 후생동물이 편모를 가진 원생동물 군체였다고 주장했다.

우리는 "하마 이야기"에서 헤켈을 만나보았다. 그는 하마와 고래를 연관짓는 선견지명을 보여주었다. 그는 열렬한 다윈주의자였으며, 다윈의 집까지 순례를 했다(막상 가보니 별로 마음에 들지는 않았던 모양이다). 또 그는 뛰어난 화가이자, 헌신적인 무신론자이자(그는 신을 "기체 상태의 무척추동물"이라고 비꼬았다), 현재는 인기가 없는 발생 반복(recapitulation) 이론의 열렬한 지지자이기도 했다. 그래서 "개체 발생은 계통 발생을 반복한다"나 "발생하는 배아는 자신의 가계도를 기어오른다"라는 말을 남겼다.

당신은 발생 반복이라는 개념이 호소력이 있다고 생각할 수도 있다. 모든 어린 동물의 생활사는 (성체) 조상의 생활사를 압축 재현한 것이다. 우리는 모두 단세포로 시작한다. 그 단계는 원생동물을 나타낸다. 발생의 다음 단계는 세포들로 이루어진 속이 빈 공 모양의 포배(胞胚, blastula)이다. 헤켈은 그것도 조상 단계를 나타낸다고 주장했다. 그는 그 단계에 있는 조상을 포배동물(blastaea)이라고 불렀다. 발생의 그다음 단계에서는 포배가 함입되어, 한쪽이 맞아서 움푹 들어간 공처럼 두 겹의 세포층으로 된 컵 모양이 만들어진다. 그것을 낭배(囊胚, gastrula)라고 한다. 헤켈은 낭배 단계의 조상이 있다고 상상했고, 그들을 낭배동물(gastraea)이라고 했다. 히드라나 말미잘 같은 자포동물은 헤켈의 낭배동물처럼 세포층이 두 겹이다. 헤켈의 발생 반복 이론의 관점에서 볼 때, 자포동물은 가계도를 기어오르다가 낭배 단계에서 멈춘 반면, 우리는 계속 기어올랐다. 발생의 그다음 단계로 가면 아가미구멍과 꼬리를 가진 물고기 같은 모양이 된다. 나중에 우리는 꼬리를 잃는다. 그런 식으로 발생은 계속된다. 각 배아는 적절한 진화 단계에 도달하면 더 이상 가계도를 기어오르지 않는다.

호소력은 있지만, 발생 반복 이론은 유행에서 멀어졌다. 아니 지금은 틀릴 수도 있는 무엇인가의 일부로 간주된다. 스티븐 굴드는 『개체 발생과 계통 발생』에서 그 문제를 철저하게 파헤쳤다. 우리는 그 문제를 상세히 다루지 않겠지만, 헤켈의 주장이 어디에서 유래했는지는 알 필요가 있다. 후생동물의 기원이라는 관점에서 볼 때, 헤켈 이론에서 흥미로운 부분은 포배동물이다. 즉 세포들로 이루어진 속이 빈 공이 조상 단계에 있었다는 그의 이론은 현대 발생학에서 포배라는 이름으로 부활했다. 현대 생물 중에서 포배를 닮은 것이 있을까? 세포들의 공인 성체 생물을 어디에 가면 만날 수 있을까?

초록빛이고 광합성을 한다는 사실을 제외하면, 볼복스목이라는 군체 조류 집단이 거기에 거의 딱 들어맞는 듯하다. 그 집단의 어원이 된 동물은 볼복스이며, 볼복스는 헤켈이 말한 포배동물의 모델로 삼기에 알맞은 동물이다. 불복스는 완벽한 구형이며, 포배처럼 속이 텅 비었고, 세포 한 겹으로 이루어졌으며, 각 세포는 단세포 편모류(초록빛을 띤다)를 닮았다.

헤켈의 이론은 자리를 잡지 못했다. 20세기 중반 요반 하드지라는 헝가리의 동물학자는 최초의 후생동물이 둥글지 않고, 편형동물처럼 길쭉했다고 주장했다. 당시 그가 후생동물의 모델로 제시한 것은 우리가 랑데부 27에서 만났던 무장동물이었다. 그는 많은 세포핵(그중 일부는 현재까지 남아 있을 것이다)을 가진 섬모충류(랑데부 38에서 만날 것이다)에서 후생동물이 유래했다고 보았다. 그들은 현재의 몇몇 작은 편형동물들처럼, 섬모로 바닥을 기어다녔다. 세포핵들 사이에 세포벽이 생기면서, 세포는 하나이지만 많은 세포핵을 지닌("합포체[合胞體]") 길쭉한 원생동물이 세포핵을 하나씩 지닌 많은 세포들로 이루어진 기어다니는 연충으로 변했다. 그들이 바로 최초의 후생동물이었다. 하드지의 견해에 따르면, 자포동물과 유즐동물 같은 둥근 후생동물은 길쭉했던 연충의 형태를 이차적으로 잃고 방사대칭형이 되었고, 반면에 동물계의 다른 동물들은 우리가 오늘날 주변에서 보듯이 좌우대칭형 연충 형태를 계속 확장시켰다.

따라서 하드지의 랑데부 순서는 우리의 것과 확연히 다르다. 자포동물 및 유즐동물과의 랑데부는 무장동물과의 랑데부보다 더 먼저 일어날 것이다. 안타깝지만 현대의 분자 증거들은 하드지의 순서와 어긋난다. 현재 대다수 동물학자들은 하드지의 "합포체 섬모충" 이론이 아니라 헤켈의 "군체성 편모충" 이론의 수정된 형태를 지지한다. 그러나 지금은 볼복스목에서 이 이야기의 당사자인 깃편모충 쪽으로 관심의 초점이 옮겨지고 있다.

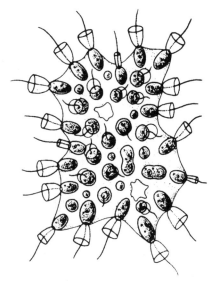

군체성 깃편모충 중에는 해면동물과 아주 흡사해서 프로테로스폰기아(*Proterospongia*)라고 불리는 것이 있다. 그 군체의 깃편모충들(아니면 위험을 무릅쓰고서 그들을 깃세포들이라고 불러야 할까?)은 젤리 덩어리 사이에 박혀 있는 형국이다. 그 군체는 공 모양이 아니다. 따라서 헤켈은 그다지 흡족해하지 않았을 것이다. 비록 그가 그린 멋진 그림들 속

프로테로스폰기아 깃세포를 닮은 세포들이 바깥으로 향한 편모들을 이용하여 군체를 움직인다.

에 그 깃편모충도 있는 것으로 볼 때, 그도 그들의 아름다움을 알았겠지만 말이다. 프로테로스폰기아는 해면동물의 내부에 있는 세포들과 거의 차이가 나지 않는 유형의 세포들만으로 이루어진 군체이다. 나는 그 깃편모충이 해면동물 및 나아가 후생동물 전체 집단의 기원을 최근에 재현했을 가능성이 가장 높다고 추정한다.

예전에 깃편모충은 아직 우리의 순례여행에 합류하지 않은 많은 우글거리는 단세포 생물들과 함께 "원생동물문"으로 묶였다. 하지만 "원생동물문"은 이제 잘못된 이름이라고 여겨지고 있다. 이 작은 생물들을 더 많이 발견하고 그들의 비밀을 밝혀낼수록, 우리는 그들이 자연사 측면에서 그리고 우리와의 관계라는 측면에서 엄청나게 다양하다는 사실을 깨달아왔다. 그렇기는 해도, 우리는 원생동물을 단세포 진핵생물을 가리키는 비공식 명칭으로 계속 쓰련다. 그리고 곧 그들 중 새로운 두 집단을 만날 것이다.

필라스테레아

독자가 동물학자가 아니라면, 앞의 랑데부에서 만난 집단인 깃편모충을 들어보지 못했다고 해도 용서가 된다. 그러나 당신이 동물학자라고 해도 랑데부 33에서 만날 오래 전에 잃어버렸던 친척의 이름을 들어보지 못했을 가능성이 있다. 미니스테리아(*Ministeria*)와 캅사스포라(*Capsaspora*)는 각각 1997년과 2002년에야 과학계에 알려진 단세포 원생동물이다. 2008년에야 오슬로 대학교 연구진이 늘 부지런한 이곳 옥스퍼드의 톰 캐벌리어-스미스와 함께 그들이 서로 가장 가까운 친척이고, 우리 순례자 무리에 합류할 다음 무리를 이룬다는 유전적 증거를 수집했다.*

둘 다 세포의 표면에서 미세한 실 같은 섬유를 분비한다. 그것으로부터 두 종을 기술하기 위해서 선택된 새로운 강의 이름이 나왔다. 바로 필라스테레아(Filasterea)이다. 게다가 이 가느다란 촉수들은 앞의 두 장에서 만난 깃세포의 "깃"을 형성하는 털의 전구체(precursor)라고 주장되어왔다. 따라서 우리를 포함하여 공조상 33의 모든 후손들은 이제 "필로조아(Filozoa)," 즉 실-동물에 속하게 된다.

실과 유전체라는 공통점을 제외할 때, 두 동물은 전혀 다른 삶을 산다. 온전한 학명이 미니스테리아 비브란스(*Ministeria vibrans*)인 종은 영국 남해안 사우샘프턴 인근 해역의 바닷물에서 자유롭게 떠다니다가 발견되었다. 이 종은 섬유로 주변의 바닷물에서 세균을 옭아맨 다음, 통째로 삼킨다. 캅사스포라 옥자르자키(*Capsaspora owczarzaki*)(발음하기가 쉽지 않다)는 자유생활을 하지 않는 것이 확실하다. 그들은 우렁이의 순환계 안에서 산다. 아무 고동 종이 아니라, 주혈흡충증(schistosomiasis 또는 bilharziasis)을 일으키는 기생성 편형동물의 숙주인 종을 숙주로 삼는다. 주혈흡충

---

* 이 책의 초판이 나온 2004년은 이 생물들의 진정한 관계가 알려지기 전이었다. 그래서 이 개정판에 새로운 랑데부 지점을 하나 추가했으며, 따라서 이 뒤의 랑데부 번호들은 하나씩 밀린다.

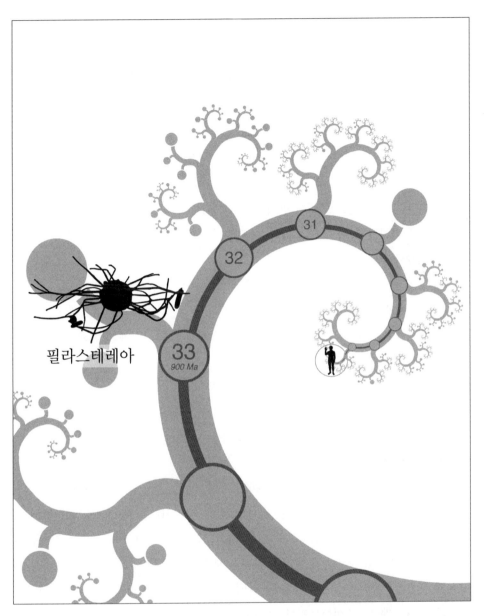

필라스테레아

33
900 Ma

32

31

필라스테레아의 합류 이 랑데부는 2008년 이후에야 알려졌고, 이 집단의 두 종이 알려진 것도 그보다 조금 더 오래되었을 뿐이다. 짙은 윤곽선 그림은 세균 두 개를 섬유를 써서 붙잡은 미니스테리아 비브란스이다.

증은 전 세계 수억 명에게 상당한 고통을 안겨주는 병이다. 캅사스포라는 우렁이를 도움으로써, 부수적으로 우리에게도 혜택을 준다. 실 같은 촉수로 편형동물 유충을 죽여서 먹음으로써, 우렁이가 그 병에 다소 내성을 가지도록 한다.

지금까지 만난 눈을 휘둥그레지게 만드는 온갖 동물들에 비해서, 이 수수께끼 같은 두 원생동물은 감히 말하자면 조금은 지루해 보인다. 그러나 그들의 DNA는 겉모습과 다르다. 눈에 띄지 않는 단세포 원생동물에서 거대한 다세포 동물로 나아간 복잡성의 도약은 많은 새로운 능력의 진화에 기댔다. 세포를 식별하고 결합하는 능력, 세포 사이에 신호와 자원을 보내는 방법, 특수한 발생 경로를 켜고 끄는 과정이 그렇다. 이 기능들은 우리의 DNA에 담겨 있고, 유전학자들은 관련된 유전자들 중에서 상당수를 파악해왔다. 자연히 우리는 이 유전자들의 진화적 기원에 관심이 있으며, 최초의 단서는 동물의 가장 가까운 친척인 깃편모충에 있는 관련 서열을 분석함으로써 나왔다. 그들의 유전체에는 관련된 유전자군 중 일부만 있을 뿐, 나머지는 없다.

따라서 누락된 몇몇 중요한 유전자군, 특히 세포의 신호 전달에 관여하는 유전자군은 동물만의 발명품이라고 추정되었다. 캅사스포라 유전체에서 발견되기 전까지는 말이다. 현재 우리는 그 유전자들 중에서 상당수가 더 오래된 것이며, 깃편모충이 나중에 그것들을 잃었음을 안다. 그 유전자들이 우리의 단세포 친척들에게서 어떤 역할을 했는지는 아직 불분명하지만, 원생동물이 군체를 형성하는 데에만 썼다기보다는 주변 환경을 감지하고 반응하는 데에 이용했을 가능성도 있어 보인다.

동물의 가까운 친척들을 점점 더 이해함으로써 우리는 동물 특유의 것으로 보이는 유전적 변화가 어떤 것들인지를 구분할 수도 있게 되었다(다른 유전자를 제어하는 유전자와 운반에 관여하는 유전자가 그런 듯하다). 더 멀리 보면, 미래의 동물학자들은 우리의 조상 유전자 대부분의 형태와 기능을 모형화할 수도 있을 것이다. 공조상 재구성의 유전체판이라고 할 수 있다. 이 랑데부에서 만난 눈에 띄지 않는 작은 동물들은 동물이 어떻게, 왜 출현했는지를 이해하는 수단을 제공한다.

여기에서부터 시간을 더 거슬러올라갈수록, 예전에는 원생동물이라고 알려졌던 집단의 더욱 신비한 구성원들이 찔끔찔끔(DRIP) 꾸준히 순례단에 계속 합류할 것이고, 균류와 식물 같은 주요 다세포 생물 집단들도 그럴 것이다. 눈에 띄지 않았던 많은 생물들과 계속 만나고, 앞으로 더욱 많은 생물들이 발견될 가능성을 생각하면서 한숨을 내쉬지 말자. 오히려 자연계의 아직 탐사하지 않은 과거에 더 많은 랑데부 지점들이 있다는 점을 찬미해야 한다. 지구 생명의 주요 집단들이 어떻게 출현했는지를 말해줄 단서들은 사실상 그 깊숙한 지질학적 시간 속에서만 찾을 수 있기 때문이다.

드립

메소미케토조에아(Mesomycetozoea) 또는 이크티오스포레아(Ichthyosporea)라는 단세포 기생생물로 이루어진 소규모 집단이 있다. 이들은 주로 어류와 다른 민물동물들에 기생한다. 메소미케토조에아*라는 이름은 곰팡이 및 동물과 관계가 있음을 시사하며, 그들과 우리의 랑데부가 곰팡이와 랑데부하기 직전에 이루어진다는 점은 사실이다. 이 사실은 분자유전학적 연구들로부터 밝혀진 것이다. 그 연구들을 통해서 지금까지 아주 모호했던 단세포 기생생물들을 서로, 그리고 (더 큰 규모에서) 동물 및 그 친족들과 통합할 수 있게 되었다. 지금까지 만난 모든 동물들을 통합한 이 거대한 집단에는 그에 걸맞은 포괄적인 이름이 붙어 있다. 바로 홀로조아(Holozoa)이다. 홀로조아는 다음 랑데부에서 만날 균류의 자매 집단이다.

  "메소미케토조에아"와 "이크티오스포레아"라는 단어는 기억하기가 무척 어렵고, 학자마다 채택하는 쪽도 다르다. 그 집단의 발견자들 사이에 알려져 있던 네 속의 첫 글자들을 따서 만든 별칭인 드립(DRIP)이 점점 더 널리 쓰이는 것도 아마 그 때문일 것이다. D, I, P는 각각 데르모키스티디움(*Dermocystidium*), 이크티오포누스(*Ichthyophonus*), 프소로스페르미움(*Psorospermium*) 속을 의미한다. R에는 약간의 변칙이 개입되었다. R은 학명이 아니기 때문이다. 그 알파벳은 상업적으로 중요한 어종인 연어에 기생하는 "로제트 병균(Rosette agent)"을 뜻하며, 정식 학명은 스파이로테쿰 데스트루엔스(*Sphaerothecum destruens*)이다. 따라서 나는 그 약어가 사실상 딥스(DIPS)로 수정되어야 한다고 생각한다. 그러나 드립이라는 명칭이 계속 쓰이는 듯하다. 그리고 마치 그

---

* 혼란스럽게도(온건하게 표현하면) 메소미케토조에아보다 더 상위 분류군 중에 메소미케토조아(Mesomycetozoa)라는 이름도 있다(차이를 알 수 있을까?). 아예 혼란을 일으키기로 작정하고 지은 듯하다. 우리 친척들에게 붙여진 Hominoidea, Hominidae, Homininae, Homimini 같은 이름들처럼 말이다. 나는 그런 이름들을 배척하는 쪽이다.

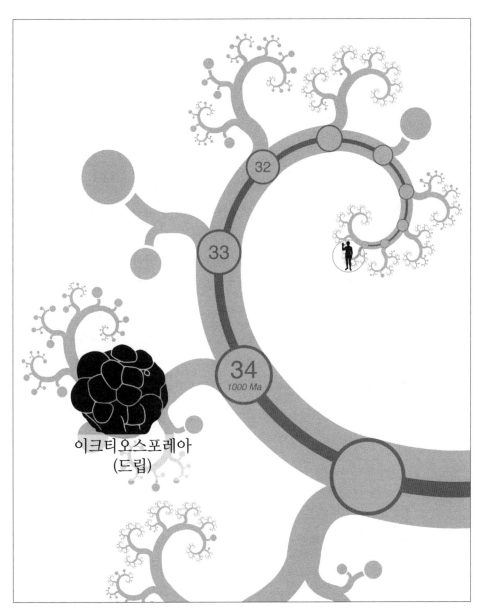

이크티오스포레아
(드립)

드립의 합류 이크티오스포레아라고도 하는 주로 단세포 기생생물로 이루어진 이 작은 무리는 지금은 균류와 만나기 전 동물에 합류하는 마지막 집단이라고 널리 받아들여져 있다. 원래는 단 두 종만이 알려져 있었지만, DNA 서열 분석을 통해서 몇몇 모호하던 생물들이 이 집단에 추가되면서 지금은 약 50종으로 늘어났다.

이름이 옳다는 듯이, 최근에 학명이 R로 시작하는 다른 생물이 드립에 속한다는 사실이 밝혀졌다. 인간의 코에 기생하는 생물인 리노스포리디움 세베리(*Rhinosporidium seeberi*)가 그렇다. 따라서 우리는 다섯 글자를 모두 집어넣어서 속 편하게 명칭을 드립스(DRIPS)로 바꿀 수도 있다. 그러면 그것이 단수냐 복수냐 하는 당혹스러운 질문도 피할 수 있을 것이다.

리노스포리디움 세베리는 1890년에 처음 발견되었고, 오래 전부터 인간, 더 나아가 포유동물의 코에 불쾌한 리노스포리디움증을 일으킨다는 사실이 알려졌지만, 유연관계는 수수께끼였다. 때에 따라서는 원생동물에 속했다가 곰팡이 쪽으로 옮겨지기도 했지만, 분자 연구를 통해서 현재는 드립의 다섯 번째 속임이 밝혀졌다. 농담을 싫어하는 사람들에게는 다행스럽게도, 세베리는 콧물을 똑똑 떨어지게(drip) 하지는 않는 듯하다. 그와 반대로 폴립처럼 증식하여 콧구멍을 막는다. 리노스포리디움증은 주로 열대 풍토병이며, 예전부터 의사들은 사람들이 강이나 호수에서 멱을 감다가 그 병에 걸린다고 추정했다. 현재 알려진 드립들이 모두 민물에서 사는 어류, 가재류, 양서류에 기생하는 생물이므로, 민물동물들이 세베리의 일차 숙주일 가능성이 높다. 세베리가 드립에 속한다는 발견은 의사들에게도 도움을 줄지 모른다. 한 예로 지금까지 그 병을 항균제로 치료하려는 시도들은 모두 실패했다. 지금 우리는 그 이유를 어렴풋이 짐작할 수 있다. 세베리는 곰팡이가 아니기 때문이다.

데르모키스티디움은 잉어, 연어, 뱀장어, 개구리, 영원의 피부나 아가미에 혹을 만든다. 이크티오포누스는 80종이 넘는 어류를 감염시키기 때문에 어업에 심각한 문제를 일으킨다. 프소로스페르미움은 이미 여러 차례 말했던 에른스트 헤켈이 발견했으며, 가재(어류는 감염시키지 않지만 갑각류는 감염시킨다)를 감염시키며, 마찬가지로 가재 어업에 심각한 경제적 피해를 입힌다. 그리고 스파이로테쿰은 앞에서 말했듯이 연어를 감염시킨다. 정체가 모호한 생물의 유전체 서열을 분석하는 새로운 능력에 힘입어서, 최근에 몇몇 속들이 드립에 추가되어왔다. 그래서 여기에서 우리에게 합류하는 무리는 현재 50종이 넘는다고 알려져 있다.

드립 생물들을 별다른 언급 없이 지나갈 만도 하지만, 그들은 진화적으로 귀족에 해당한다. 즉 그들의 분지점은 동물계에서 가장 오래된 것이다. 우리는 공조상 34가 어떻게 생겼을지는 모르지만, 우리의 지친 다세포 눈에는 모두 비슷비슷해 보이는 단세포생물들 중 하나일 것이 분명하다. 드립 같은 기생생물은 아니었다. 어류, 양서류, 갑각류, 인간은 모두 그들보다 상상할 수 없을 정도로 먼 미래에 등장했기 때문이다.

드립에는 늘 "수수께끼 같다"는 말이 따라다닌다. 내가 그 전통을 깰 수 있을까? 드립이 수수께끼 같은 자신의 이야기를 한다면, 나는 그들이 어떻게 살아남았는가에 관한 이야기일 것이라고 추측한다. 현재 우리는 단세포 사촌들의 삶과 죽음이 거의 임의적으로 결정되는 아주 오래된 랑데부 지점에 와 있기 때문이다. 게다가 단세포생물 과학자들이 그 생물들을 분자유전학 수준에서 조사하기로 결정한 것도 꽤 임의적이다. 사람들이 드립을 살펴본 것은 그들 중 일부가 어류와 지금 우리가 알고 있듯이 우리의 코를 막아서 경제적으로 막대한 피해를 입히는 기생생물이었기 때문이다. 계통도에서 중추적인 역할을 하는 단세포생물들도 있을 수 있겠지만, 그들이 연어나 사람이 아니라 코모도왕도마뱀 같은 동물을 감염시킨다면 아무도 굳이 살펴보려고 하지 않았을 것이다.

그러나 곰팡이는 누구도 무시하지 못한다. 이제 그들을 맞이할 때가 되었다.

균류

랑데부 35에서 우리 동물들은 3대 대규모 다세포 생물계 중 두 번째인 균류와 합류한다. 세 번째는 식물들이다. 식물을 닮은 균류가 식물이 아니라 동물과 더 가깝다는 것이 언뜻 생각하면 놀랍겠지만, 분자 증거들을 보면 의심의 여지가 없다. 그리고 그리 놀랄 일은 아니다. 식물은 태양의 에너지를 생물권으로 들여온다. 동물과 균류는 각기 방식은 다르지만, 식물 세계에 기생하는 존재들이다.

균류는 아주 대규모의 순례자 무리를 이룬다. 지금까지 알려진 것이 9만9,000여 종이며, 전체는 수백만 종으로 추정된다. 버섯류와 독버섯류는 잘못된 인상을 심어준다. 이 식물을 닮은 구조들은 균류의 몸에서 단지 포자를 만드는 부분이며 빙산의 일각에 불과하다. 버섯을 만드는 생물의 본업은 대부분 지하에서 이루어진다. 균사(菌絲)라는 넓게 펼쳐진 실들의 망을 통해서 말이다. 한 균류가 가진 균사들을 통틀어 균사체라고 부른다. 균류 한 개체의 균사체는 총 길이가 킬로미터 단위이며, 대단히 넓은 영역에 걸쳐 퍼질 수도 있다.

버섯은 나무에 자라는 꽃과 비슷하다. 그러나 버섯의 "나무"는 수직으로 높이 솟은 구조물이 아니라, 거대한 테니스 채의 줄들처럼 토양 표층을 뒤덮으면서 펼쳐진 지하 구조물이다. 이른바 요정의 테는 그것을 생생하게 보여준다. 테의 둘레는 출발점이 된 포자 하나에서 사방으로 뻗어나간 균사체의 성장 범위를 나타낸다. 원형으로 뻗어나간 균사체들의 끝자락, 즉 테니스 채의 틀에 해당하는 부위는 소화의 분해 산물들이 가장 풍부한 곳이다. 분해 산물들은 풀의 양분이 되며, 따라서 요정의 테 주위에서는 풀이 왕성하게 자란다. 자실체(버섯류, 또는 유연관계가 가까운 균류 수십 종)도 그 테 주변에서 자라는 경향이 있다.

균사는 격벽(隔壁)을 통해서 세포들로 나뉘기도 한다. 그렇지 않고 DNA가 든 세포

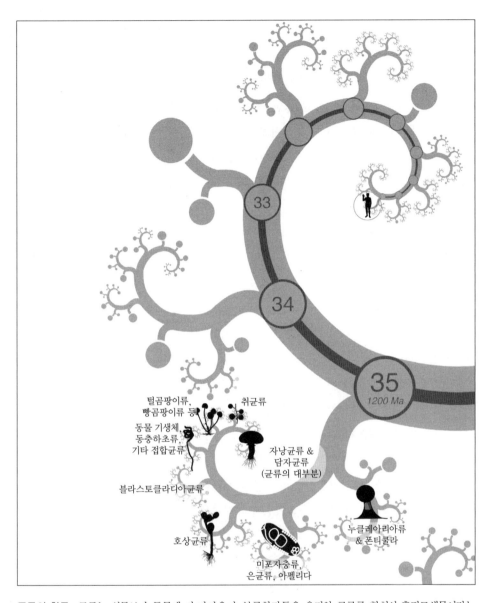

균류의 합류 균류는 식물보다 동물에 더 가까우며, 분류학자들은 우리와 균류를 합쳐서 후편모생물이라는 더 큰 집단으로 묶는다. 여기서 우리는 "균류"를 학술용어로 홀로미코타라는 것을 가리키기 위해서, 조금 느슨한 의미로 쓰련다. 홀로미코타는 진균류와 그 자매 집단(단세포 아메바성 생물 몇 종류와 점균류인 폰티쿨라속을 합친)을 가리킨다. 균류의 계통수는 처음에 다양한 단세포 계통들이 나머지와 잇달아 갈라지는 양상을 보이는데, 자세한 사항은 아직 불분명하다. 기생성 미포자충류(윤곽선 그림)는 가장 분화한 집단에 속하며, 그림에서처럼 몇몇 은균류들과 묶일 수도 있다. 우리에게 친숙한 버섯류는 계통수의 깊숙이 자리하며, 두 대규모 자매집단을 이룬다. 자낭균문(2008년에 6만4,000종이 알려져 있었으니 지금은 훨씬 더 늘어났을 것이다)과 담자균문(자낭균류의 약 절반)이다. 이들의 가장 가까운 친척은 취균류 약 160종으로, 식물 뿌리와 긴밀한 관계를 형성하는 부류이다. 나머지 3,000여 종의 관계는 이제야 겨우 연구하기 시작했다. 그림 속의 배치는 잠정적인 것이다.

핵들이 한 합포체의 균사 내에 흩어진 것들도 있다. 합포체는 각각의 세포로 나뉘지 않은 채 많은 세포핵을 지닌 조직을 일컫는다(우리는 초파리의 발생 초기와 하드지의 후생동물 기원 이론에서 다른 합포체를 만난 바 있다). 모든 균류가 실 같은 균사체를 만드는 것은 아니다. 효모 같은 균류는 단세포로 돌아가서, 분열하여 엉성한 덩어리를 이루며 자란다. 균사(또는 효모세포)가 하는 일은 무엇이든 파고들어서 소화시키는 것이다. 죽은 나뭇잎을 비롯한 썩어가는 물질들(토양 균류), 굳은 우유(치즈를 만드는 균류), 포도(포도주를 만드는 효모), 포도를 짓이기는 사람의 발가락(무좀에 걸렸을 때) 등 가리지 않는다.

효율적으로 소화를 시키려면 먹이를 흡수할 표면적을 넓히는 것이 중요하다. 우리는 음식을 잘게 씹어서 그 조각들을 꼬인 긴 소화관에 보냄으로써 표면적을 넓힌다. 또 소화관의 안쪽은 융털이라는 작은 돌기들이 숲을 이루고 있어서 표면적이 넓어진다. 게다가 각 융털은 머리카락 같은 미세융털로 뒤덮인 솔 모양이기 때문에, 어른의 소화관의 총 흡수 표면적은 수백만 제곱센티미터에 달한다. 널리 알려진 말뚝버섯(화보 48 참조)이나 주름버섯 같은 균류도 그에 못지않은 면적의 토양을 균사체로 뒤덮은 다음에 소화효소를 분비하여 토양물질들을 소화시킨다. 균류는 돼지나 쥐와 달리 돌아다니면서 먹이를 찾아 삼킨 뒤에 몸속에서 소화시키는 것이 아니다. 그 대신 실 같은 균사체인 "창자"를 먹이를 향해 뻗어서, 그 자리에서 소화시킨다. 이따금 균사는 서로 모여서 눈에 띄는 단단한 구조물을 형성하기도 한다. 그것이 바로 버섯(또는 독버섯)이다. 이 구조물은 바람에 실려 흩어질 포자들을 만든다. 포자는 새로운 균사체를 만들고 나중에 새로운 버섯을 만듦으로써 유전자를 계속 퍼뜨린다.

새로 유입되는 순례자들이 수백만 종을 넘는다는 점에서 예상할 수 있듯이, 그들은 우리와 만나기 전에 친족관계를 반영하는 대규모 하위 무리들끼리 이미 서로 합류한 상태이다. 균류의 모든 주요 하위 집단들은 영어 이름이 "mycete"로 끝난다. 그리스어로 "버섯"이라는 뜻이며, 가끔 "mycota"로 변형되기도 한다. 우리는 드립 중에서 메소미케토조에아(Mesomycetozoea)에서 이미 "mycete"를 만났다. 그 생물이 동물과 균류의 중간 존재라는 뜻이다. 균류에도 이른 시기에 갈라져나간 모호한 단세포 집단들이 많이 있다. 이들에게는 은균류(crpytomycetes)라는 딱 맞는 이름이 붙어 있다. 최근에 많은 개구리와 두꺼비 종들을 재앙 수준으로 급감시킨 주범인 기생성 균류인 항아리

곰팡이(*Batrachochytrium dendrobatidis*)가 속한 호산균류도 그 집단 중 하나이다. 하지만 균류 순례자들의 하위 집단들 중에서 가장 크고 가장 중요한 두 집단은 자낭균류와 담자균류이다.

자낭균류에는 페니킬리움(Penicillium) 같은 몇몇 유명하고 중요한 균류들이 포함된다. 페니킬리움은 최초로 항생제가 추출된 곰팡이로서, 플레밍은 그 항생제를 우연히 발견했지만 거의 무시했다. 13년 뒤에 플로리와 체인 연구진이 그것을 재발견했다. 말이 난 김에 덧붙이면, 항생제라는 명칭은 심히 유감스러운 표현이 아닐 수 없다. 이 물질들은 엄밀히 말하면 항세균제로서, 항생제라는 말 대신에 항세균제라고만 불렸다면, 바이러스에 감염된 환자들이 의사에게 (쓸모없으며 심지어 부작용까지 있는) 항생제 처방을 요구하는 일은 없었을지 모른다. 연구자에게 노벨상을 안겨준 또 하나의 자낭균류는 붉은빵곰팡이이다. 비들과 테이텀은 그것을 연구하여 "1 유전자 1 효소 가설"을 내놓았다. 그리고 빵, 포도주, 맥주를 만드는 인간 친화적인 효모들과 질염 같은 불쾌한 병을 일으키는 칸디다(Candida) 같은 비우호적인 곰팡이들도 있다. 식용 모렐버섯과 아주 귀하게 대접받는 송로도 자낭균류이다. 예전에는 송로를 채취할 때에 암퇘지를 이용했다. 암퇘지는 수퇘지가 분비하는 성호르몬인 알파-안드로스테놀(alpha-androstenol)에 끌리는데, 송로가 비슷한 냄새를 풍기기 때문이다. 송로가 왜 자신에게 별 도움이 되지 않을 이런 냄새를 풍기는지는 분명하지 않다. 아직 밝혀지지는 않았지만, 송로가 감칠맛이 나는 이유가 그것 때문일지도 모른다.

식용 균류와 먹을 수 없거나 환각을 일으키는 균류는 대부분 담자균류에 속한다. 송이버섯, 살구버섯, 그물버섯, 표고버섯, 먹물버섯, 알광대버섯, 말뚝버섯, 목이버섯, 광대버섯, 말불버섯 등이 그렇다. 포자를 만드는 자실체 중에는 아주 크게 자라는 것도 있다. 담자균류는 식물에 녹병이나 흑수병 같은 질병을 일으키기 때문에 경제적으로 중요하다. 일부 담자균류와 자낭균류, 그리고 균근류라는 특수한 집단의 구성원들은 모두 균근(菌根)으로 식물의 뿌리털을 보완함으로써 식물과 협력한다. 대단히 놀라운 이야기이므로, 잠시 언급하기로 하자.

우리는 우리의 소화관의 융털들과 균류의 실 같은 균사체가 소화와 흡수에 쓰일 표면적을 늘리기 위해서 가늘다는 점을 살펴보았다. 마찬가지로 식물들은 토양에서 물과 양분을 흡수할 표면적을 늘리기 위해서 무수히 많은 미세한 뿌리털들을 뻗는다.

놀라운 사실은 뿌리털처럼 보이는 것들이 대부분 식물의 일부가 아니라는 것이다. 그것들은 공생 균류가 만든 것이다. 그 균류의 균사체는 모양도 작용도 진짜 뿌리털을 닮았다. 이것이 바로 균근이며, 자세히 살펴보면 균근의 원리가 몇 가지 독자적인 방식으로 진화했음을 알 수 있다. 우리 행성의 식물들 중에서 상당수는 균근에 크게 의존한다.

훨씬 더 인상적인 공생 협력 사례는 담자균류와 자낭균류가 조류나 남조류와 결합하여 만든 지의류(lichen)이다. 그들도 마찬가지로 각자 독자적으로 같은 방식을 진화시켰다. 지의류는 협력자들이 홀로 지낼 때보다 훨씬 더 많은 것을 얻을 수 있는 놀라운 동맹 사례이며, 협력자 각자의 체형과 전혀 다른 체형을 만들 수도 있다. 지의류는 가끔 식물로 오인되며, 그 생각이 완전히 틀린 것은 아니다. "대역사 랑데부"에서 살펴보겠지만, 식물도 원래 식량 생산을 위해서 광합성 미생물과 계약을 맺었기 때문이다. 지의류는 두 생물이 합작하여 만드는 과정에 있는 식물이라고 생각할 수 있다. 그 균류는 광합성 조류라는 작물을 거의 "경작한다"고 말할 수 있다. 그 비유는 일부 지의류에서는 협력관계가 대체로 협동적인 반면, 균류가 더 착취하는 지의류도 있다는 사실에서 힘을 얻는다. 진화론은 균류와 광합성 조류의 번식이 전반적으로 함께 이루어지는 지의류는 협력관계를 구축한다고 예측한다. 한편 주변에 존재하는 광합성 조류를 균류가 포획함으로써 형성된 지의류는 더 착취적인 관계를 맺을 것이라고 예상된다. 실제로 그런 듯하다.

지의류가 유독 나의 흥미를 끄는 이유는 그들의 표현형("비버 이야기" 참조)이 균류를 전혀 닮지 않았을 뿐만 아니라, 사실상 조류도 닮지 않았기 때문이다. 그들은 양쪽의 유전자 산물 집합들이 협력하여 고안한 아주 특수한 형태의 "확장된 표현형"을 이룬다. 다른 책들을 통해서 설명했듯이, 나의 생명관으로 볼 때, 그런 합작은 원리상 생물 "자신의" 유전자들이 이루는 합작과 다르지 않다. 우리는 모두 유전자들의 공생 군체이다. 협력하여 자신들의 표현형을 자아내는 유전자들 말이다.

불확실

미생물은 아주 작아서

도무지 분간할 수가 없지,

하지만 활달한 사람들은

현미경으로 보고 싶어하지.

줄지어 늘어선 백 개의 신기한 이빨들 밑에

이음매가 있는 혀,

사랑스러운 분홍빛과 자줏빛의 반점들이 가득한

일곱 개의 술 장식 같은 꼬리들,

꼬리마다 무늬가 있네,

마흔 개의 띠로 된 무늬가

눈썹은 부드러운 초록빛

아직 누구도 본 적이 없는 모습들이야,

하지만 과학자들, 알아야 하는 사람들은

틀림없이 그럴 것이라고 우리에게 장담하네……

오! 절대, 절대 의심하지 말자

아무도 확신하지 못한다는 것을.

—힐레르 벨록(1870-1953), 『못된 아이들을 위한 더 많은 동물들』(1897) 중에서

힐레르 벨록은 뛰어난 시인이지만 편견이 많은 사람이었다. 위의 시에서 반과학적인 편견이 있다면, 그냥 넘어가기로 하자. 과학에는 확실하지 않은 것들이 많다. 과학이 다른 세계관들보다 우월한 점은 스스로 불확실하다는 것을 알고, 그 규모를 측정하

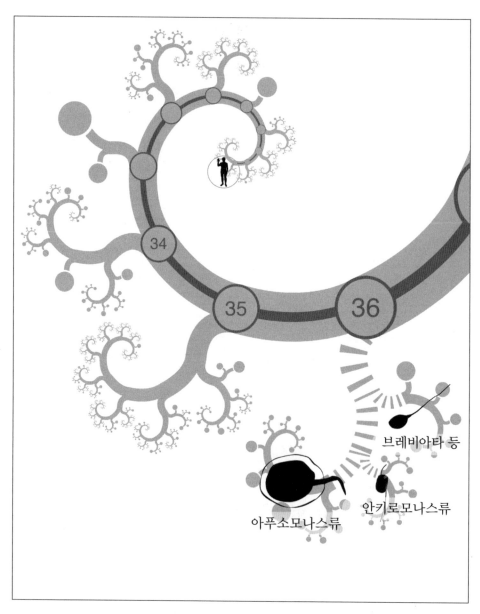

불확실 여기에 나온 세 "원생생물" 집단은 거의 알려져 있지 않으며, 우리 순례여행에 한 집단을 이루어 합류하지도 않을 것이다. 그래서 점선으로 표시했다. 다른 이유보다도 편의성 때문에 하나의 랑데부 지점으로 묶였다.

브레비아타 등

안키로모나스류

아푸소모나스류

며, 그것을 줄이기 위해서 낙천적으로 노력한다는 것이다.

랑데부 36은 딱 맞는 사례이다. 이 책의 초판에서는 우리가 여기서 만날 소수의 순례자들을 언급조차 하지 않았다. 사실, 우리는 "불확실"이라는 말을 다른 랑데부에 썼지만, 그 랑데부 지점을 뒤덮은 안개는 이제 어느 정도 걷힌 상태이다. 앞의 그림 속의 세 집단은 유연관계가 불확실한, 미끄러지면서 돌아다니는 미세한 세포들로서, 볼품없이 다른 많은 원생동물들과 함께 묶였다. 그 방식은 지금도 어느 정도까지는 옳다. 비록 지금은 그들이 생명의 나무에서 다른 주요 가지들과 나뉜 별도의 집단으로 생각되고, "아푸소조아(Apusozoa)"라는 자체 문으로 분류된다고 해도, 그들은 사실 자연스럽게 묶이는 생물 집단이라기보다는 미생물학적인 편의를 위해서 묶은 집단에 더 가깝다는 것이 드러날 수도 있는 원생동물 잡동사니이다. 비록 최근에 그들이 동물과 균류의 가까운 친척임을 시사하는 연구들이 나오기는 했어도, 그들과 우리의 정확한 관계는 다소 불분명하다. 이런 이유로 우리는 이 랑데부에 "불확실"이라는 꼬리표를 붙이련다. 현재 특히 이곳 옥스퍼드에서는 이 작은 생물 집단을 대상으로 활발하게 생물학적 및 유전적 연구가 이루어지고 있다.

생각해보면, 어떤 현생 생물의 유전체든 간에 살펴볼 수 있는 우리의 새로운 능력은 진정으로 경이로운 것이다. 덕분에 지구의 생명을 이해하는 우리의 능력은 유례없는 수준으로 향상되었다. 또한 눈에 잘 띄지 않는 종도 집중조명을 받고, 상상도 할 수 없던 규모의 숨겨져 있던 다양성이 드러나고 있다. 그렇게 우리의 이해 수준이 높아져왔지만, 필연적으로 우리의 불확실성도 그만큼 커져왔다. 나쁜 것은 아니다. 아마 우리는 벨록의 시를 "과학자를 위한 교훈적인 이야기"로 받아들여야 할 것이다. 확실성이 으레 생각하는 것만큼 좋은 것은 아니다. 과학적 탐구를 추진하는 것은 불확실성이다.

아메바

랑데부 37에서 합류하는 이들은 대중과 심지어 과학자까지도 "원형질(原形質, protoplasm)"이 그대로 드러난 것과 별다를 바 없다고 생각했던, 가장 원시적이라고 보았던 존재인 작은 생물인 아메바이다. 그렇다면 랑데부 37이 우리의 긴 순례여행에서 마지막 만남이 될 것이다. 그러나 우리에게는 아직 가야 할 길이 남아 있으며, 아메바는 세균과 비교하면 대단히 진보한 정교한 구조를 가지고 있다. 또 맨눈으로도 보일 정도로 대단히 크다. 대왕아메바는 지름이 0.5센티미터나 된다.

아메바는 일정한 형태가 없다는 점으로 유명하다. 그래서 모습을 마음대로 바꿀 수 있는 그리스 신의 이름을 딴 프로테우스(proteus)라는 종명이 붙었다. 아메바는 반액체 상태인 체액(體液)을 흐르게 함으로써, 다소 뭉친 덩어리 형태를 취하거나 위족(僞足, pseudopodia)을 내밀어 움직인다. 때로는 일시적으로 "다리"를 내밀어 "걷기"도 한다. 그들은 위족으로 먹이를 감싸서 둥근 물방울 속에 가두는 식으로 먹이를 삼킨다. 아메바에 삼켜진다면 악몽 같은 경험이 될 것이다. 악몽을 겪을 만큼 작다면 말이다. 그 구형 방울, 즉 액포(液胞)는 아메바의 "바깥" 벽으로 둘러싸인 바깥 세계의 일부로 생각할 수 있다. 액포 안에 들어간 먹이는 소화된다.

아메바 중에는 동물의 소화관 속에서 사는 것들도 있다. 한 예로 대장아메바는 인간의 결장에 아주 흔하다. 그것은 먹이일 듯한 대장균(훨씬 더 작다)과 쉽게 구별된다. 대장아메바는 우리에게 무해하다. 그러나 가까운 친척인 이질아메바는 결장의 안감을 이루는 세포들을 파괴함으로써 아메바성 이질을 일으킨다. 그 병을 영국에서는 인도설사, 미국에서는 몬테수마의 복수라고 부른다.

아메바 중에서 서로 전혀 다른 세 집단을 점균류(slime mould)라고 한다. 이들은 각자 독자적으로 비슷한 습성을 진화시켰다(그리고 유연관계가 없는 또다른 "점균류"인

아메바의 합류　"아메바"라는 용어는 엄밀한 분류 용어가 아니라 기재 용어이다. 서로 유연관계가 없는 많은
진핵생물들이 아메바 형태를 취하기 때문이다. 그렇기는 해도 아메바류에는 그림에 실린 아메바 프로테우스
같은 전통적으로 아메바라고 여겨왔던 종류들 중 상당수와 점균류—수천 종이 알려져 있다—의 대부분이
포함된다. 최근의 분자 분석[106] 결과는 일부 모호한 단세포 생물들(콜로딕티온과 말라위모나스)을 잠정적
으로 아메바류의 밑동 쪽에 놓는다. 여기서도 그렇게 표현했다. 완전히 확정된 것은 아니다.

무유자류도 있다. 이들은 다음 랑데부에서 우리와 합류할 것이다). 아메바 집단 가운데 가장 잘 알려진 것은 세포점균류, 즉 구슬먼지곰팡이류이다. 미국의 저명한 생물학자 J. T. 보너는 평생 그것들을 연구했으며, 다음 내용은 대부분 그의 학술 논문집인 『생활사(*Life Cycles*)』를 토대로 했다.

세포점균류는 사회성 아메바이다. 그들은 말 그대로 개체들의 사회 집단과 하나의 다세포생물 개체의 구분을 모호하게 한다. 생활사의 특정 시기에, 분리된 아메바들은 토양으로 기어들어가서 세균을 먹으며 번식을 한다. 아메바들이 그렇듯이 둘로 분열하고, 먹이를 더 먹고 다시 둘로 분열한다. 그러다가 갑자기 아메바들은 "사회성 단계"에 진입한다. 그들은 응집(aggregation) 중심에 모인다. 그곳에서부터 화학적 유인물질들이 바깥으로 퍼져나간다. 그러면 점점 더 많은 아메바들이 인력 중심으로 모여들고, 그럴수록 인력은 더 강해진다. 더 많은 화학물질들이 방출되기 때문이다. 부스러기들이 뭉쳐서 행성을 형성하는 것과 다소 비슷하다. 한 인력 중심에 더 많은 파편들이 축적될수록, 인력은 더 강해진다. 따라서 시간이 조금 지나면, 단 몇 개의 인력 중심만이 남고, 그것들은 행성이 된다. 마찬가지로 주요 인력의 중심에 있는 아메바들은 결국 서로 뭉쳐서 하나의 다세포 덩어리가 된다. 그런 다음 그것은 길어져서 일종의 다세포 "민달팽이"가 된다. 길이가 약 1밀리미터쯤 되고 앞쪽 끝과 뒤쪽 끝이 뚜렷한 상태에서 민달팽이처럼 움직이며, 심지어 일정한 방향으로, 가령 빛을 향해 나아갈 수도 있다. 아메바는 개체성을 억눌러서 하나의 전체 생물을 만든다.

그 민달팽이는 잠시 기어다니다가, 생활사의 최종 단계에 들어간다. 이제 버섯처럼 생긴 "자실체"를 세운다. 그 과정은 "머리"(기어가던 방향으로 정의한 앞쪽 끝)가 솟아오르면서 시작된다. 그 머리는 소형 버섯의 "자루"가 된다. 자루의 고갱이는 죽은 세포들의 뼈대인 셀룰로오스가 팽창하여 텅 빈 관처럼 변한다. 그런 다음 관 꼭대기 부근의 세포들이 보너의 비유를 들면, 거꾸로 흐르는 분수처럼 관 속으로 밀려든다. 그 결과 원래 자루의 뒤쪽 끝이었던 부분이 맨 위로 올라가면서, 똑바로 선다. 그 뒤 원래 뒤쪽 끝에 있던 아메바 하나하나는 두꺼운 보호 껍질로 감싸인 포자가 된다. 버섯의 포자처럼, 그것들은 흩어졌다가, 껍질을 찢고 나와 게걸스럽게 세균을 먹으며 독립 생활을 하는 아메바가 됨으로써, 생활사가 다시 시작된다.

보너는 놀랍게도 그런 사회성 미생물들이 많다고 말한다. 다세포 세균, 다세포 섬모류, 다세포 편모류, 그가 애지중지한 점균류를 비롯한 다세포 아메바류가 그렇다. 이 생물들은 우리 후생동물의 다세포성에 관해서 무엇인가 알려주는 재현 사례(혹은 예시)일지 모른다. 그러나 나는 그들이 완전히 다르며, 그 때문에 더 흥미롭다고 추측한다.

빛 수확자와 그 친족들

순례길을 따라 여기까지 온 우리 순례단에는 동물계와 균계뿐만 아니라, 그들의 단세포 아메바 친척들 중 일부도 포함되어 있다. 우리 전부를 단편모생물(Amorphea)이라고 한다. 우리의 세포의 형태가 변형이 매우 쉽다는 점을 토대로 최근에 만들어진 용어

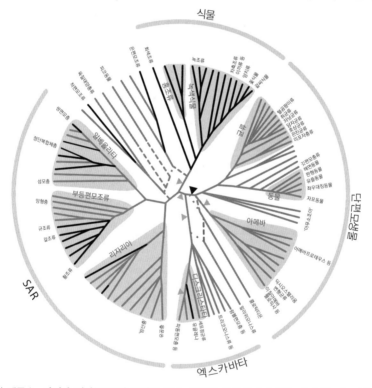

진핵생물의 계통수 파비안 버키(2014)의 그림을 후속 연구를 참조하여 수정한 것이다[106]. 검은색 가지가 빛 수확자들이다. 각 가지에 붙은 이름은 주로 본문에 언급된 집단을 가리킨다. 이름 없는 가지의 이름은 다음 문헌에서 찾을 수 있다[60]. 점선은 관계가 불확실함을 나타낸다. 삼각형은 계통수의 뿌리라고 제시된 지점들이다.

나머지 진핵생물(식물 포함)의 합류 이 프랙털 계통수는 622쪽에 실린 진핵생물 계통수와 분지 양상이 동일하며, 그 그림에서 검은 삼각형으로 표시된 지점을 진핵생물의 뿌리로 삼아서 나타낸 것이다. "긴팔원숭이 이야기"에서 말했듯이, 다른 뿌리를 선택한다면, 분지 순서가 대폭 바뀔 수 있다. 가장 불확실한 부분은 엑스카바타 1,000여 종(윤곽선으로 나타낸 람플편모충도 포함)의 위치이다. 대조적으로 오른쪽 구석에 표시한 SAR 집단 약 15,000종의 위치는 현재 잘 확정되어 있다. 생명의 나무 중 이 가지의 주류인 식물은 아래쪽에 있다. 식물에는 단세포 회색조류 약 20종, 홍조류 4,000여 종, 녹색식물 수십만 종이 포함된다. 이 세 집단의 분지 순서도 대체로 받아들여져 있다.

이다. 랑데부 38에서 우리 단편모생물—동물, 균류, 동료 여행자들—은 몸집이 큰 생물들을 나눈 전통적인 분류군 중에서 마지막 계인 식물을 만난다. 그러나 여기에서 합류하는 순례자가 식물만은 아니다. 622쪽의 그림은 복잡한 지구 생명의 계통수를 우리가 현재 어떤 식으로 이해하고 있는지를 보여준다. 본론으로 들어가기 전에, "동물"이라는 작은 선이 얼마나 초라해 보이는지 눈여겨보라. 찾지 못하겠다면, 오른쪽을 보라. 당신과 나는 균류와 아메바 사이에 끼어 있다. 거기가 당신과 나, 랑데부 31까지 합류한 순례자들의 무리 전체가 속한 곳이다.

식물계(전통적인 녹색 형태들뿐만 아니라 홍조류도 포함)는 위쪽에서 큰 가지를 하나 차지한다. 그러면 우리가 아직 언급하지 않은 가지가 적어도 5개 남는다. 각각은 계(界, kingdom)라는 명칭을 붙여도 될 만큼 독특하다. 아래쪽에는 엑스카바타(Excavata)라는 집단이 있다. 왼쪽에는 "계"의 후보가 세 개 모여 있다. 그 약어인 SAR은 각각의 이름(부등편모조류, 알베올라타, 리자리아)보다 기억하기 더 쉽다. 마지막으로 SAR과 식물 사이에 점선으로 나타냈듯이 유연관계가 불확실한 잡다한 생물들이 있다.

이 책에서 우리가 따르고 있는 체계에서는 이 낯선 "계들"이 우리보다 식물과 더 가까운 관계에 있다. 그렇다면 랑데부 38은 모든 복잡한 생명체들 사이의 가장 깊은 분기를 나타내는, 기념비적인 이정표가 된다(즉, 우리 여행의 마지막 구간을 차지할 다양한 세균 형태들을 제외하고). 우리가 신중한 표현을 쓰고 있다는 점에서 알 수 있듯이, 이 가설은 수정될 여지가 많다. 이미 이 책의 초판과도 한 군데 달라졌다. 주된 문제는 뿌리가 어디인가이다. 우리는 "긴팔원숭이 이야기"에서 이 문제를 접한 바 있다. 이런 별 모양 다이어그램은 다른 많은 진화 계통수, 즉 랑데부 지점의 순서와 수가 각기 다른 계통수들과 양립 가능하다. 우리는 대개 멀리 떨어진 외집단을 이용하여 이런 계통수의 뿌리가 어디에 놓일지 파악한다. 그러나 이 사례에서는 유연관계가 가장 가까운 외집단인 (랑데부 39에서 만날) 고세균조차도 이 별 모양 다이어그램에 실린 그 어떤 복잡한 생물과도 아주 거리가 멀다는 점이 문제이다. 직접 비교할 만한 DNA 서열이 거의 없기 때문에, 뿌리를 합당하게 늘어뜨릴 수 있는 지점이 많이 있다. 삼각형들은 각 전문가들이 제시한 지점들을 나타낸다. 우리는 인기가 있는 지점을 선택했으며, 검은 삼각형으로 표시된 곳이 바로 이 계통수의 뿌리 위치이다. 엑스카바타 내에 뿌리를 두자는 쪽도 만만치 않다. 그렇게 되면 그들은 별도로, 아마 랑데부 39에서 합류하게 될 것이다. 그리고 사실 식물을 엑스카바타, 또는 SAR의 어떤 집단과 통합시킬 만한 두드러진 특징은 거의 없다.

그러나 랑데부 38에서 합류하는 순례자들 사이에는 우리가 여태껏 마주친 적이 없는 공통된 직업이 하나 있다. 그 일을 하는 순례자들은 그림에서 검은 선으로 표시되어 있다. 식물은 으레 그 일을 하고, 나머지 생물 중에도 그 일을 하는 종류가 흔하다. 다른 생물이나 그 썩어가는 잔해를 먹는 동물이나 균류와 달리, 이번에 합류하는 무리의 구성원들은 남을 먹는 일이 거의 없다. 그들은 대부분 자족적이다. 그들은 대부분 태양에서 에너지를 얻음으로써 자족한다. 그래서 대강 우리는 그들을 빛 수확자라고 불러도 될 것이다.

생명은 동물이 없어도, 균류가 없어도 잘 헤쳐갈 수 있을 것이다. 그러나 빛 수확자가 없어진다면, 생명은 빠르게 사라질 것이다. 빛 수확자들은 필연적으로 거의 모든 먹이 사슬의 바닥에 놓인다. 그들은 우리 행성에서 가장 눈에 띄는 생물들을 이루고 있으며, 화성인이 방문했을 때에 가장 먼저 알아볼 생명체일 것이다. 지금까지 살았던 생물들 중에서 가장 무거운 개체들은 빛을 수확하는 이들이며, 랑데부 38에서 만날 생물들은 세계 생물량의 인상적인 비율을 차지한다. 그것은 단지 우연이 아니다. 거의* 모든 생물량이 육지의 식물과 바다의 조류가 수행하는 광합성을 통해서 태양에서 오는 에너지를 모은 것이고, 먹이 사슬의 각 고리에서 에너지가 다음 단계로 전달되는 효율이 약 10퍼센트에 불과하다는 사실로부터 필연적으로 그런 높은 비율이 나올 수밖에 없다. 육지의 표면은 식물 때문에 녹색을 띠며, 바다의 표면은 빛을 수확하는 플랑크톤을 지탱할 만큼 양분이 있는 곳마다 청록색을 띤다. 이들은 마치 세계의 모든 구석구석까지 온통 녹색으로 뒤덮기 위해서 찾아나서는 듯하다. 실제로 그것이 그들이 하고 있는 일의 상당 부분을 차지하며, 거기에는 그럴 만한 이유가 있다.

태양에서 지표면까지 도달하는 광자(光子)의 수는 제한되어 있기 때문에, 광자는 마지막 하나까지 귀중하다. 행성이 자신의 항성으로부터 모을 수 있는 광자의 수는 표면적에 따라서 정해져 있으며, 항성을 향한 쪽만 혜택을 받을 수 있으므로, 문제는 복잡해진다. 빛 수확자의 관점에서 볼 때, 지표면에 초록빛이 아닌 곳이 단 한구석이라도 있다면, 광자를 모을 기회를 태만하게 낭비하는 셈이 된다. 나뭇잎은 태양전지판이

---

* 이 작은 울타리를 치는 이유는 캔터베리에 도달했을 때에 드러날 것이다.

며, 단위 비용당 포획할 수 있는 광자 수를 최대화하기 위해서 가능한 한 납작한 모양을 하고 있다. 자신의 잎들을 다른 잎들, 특히 다른 식물의 잎들이 드리우는 그늘이 아닌 곳에 놓으면 매우 유리하다. 이것이 바로 숲의 나무들이 높이 자라는 이유이다. 숲이 아닌 곳에 키가 큰 나무가 서 있으면 왠지 엉뚱한 곳에 있다는 느낌이 든다. 그런 나무는 아마 인간의 간섭 때문에 그렇게 커졌을 것이다. 홀로 서 있는 나무가 그렇게 높이 자라는 것은 괜한 노력 낭비이다. 풀처럼 옆으로 퍼져 자라는 편이 훨씬 더 낫다. 그래야 자라는 데에 사용한 단위 비용당 더 많은 광자들을 포획할 수 있기 때문이다. 숲 속이 그토록 어두운 것도 우연이 아니다. 숲 바닥까지 광자가 내려온다면, 그 위의 잎들이 광자를 포획하는 데에 실패했음을 뜻한다.

우리는 육상동물이므로, 상쾌한 녹색의 땅 위주로 생각을 한다. 그러나 전 세계 광합성의 약 절반은 바다에서 이루어진다. 두 환경은 빛 수확자에게 전혀 다른 문제를 안겨준다.

공기는 가시광선에 투명하다. 즉 두꺼운 공기 담요의 밑에서도 생물은 광자를 수확하면서 살아갈 수 있다는 뜻이다. 다른 빛 수확자들과 경쟁하여 이기려면 위로 높이 자라야 하며, 공기가 희박하기 때문에 위로 자라려면 값비싼 물질로 몸을 지탱해야 한다. 그래서 각 육상식물은 몸집이 크고, 생물량의 대부분을 차지한다. 광합성이 본래 바다에서 기원했고, 바다의 표면적이 훨씬 더 넓은데도 말이다.

해양에서 사는 빛 수확자들은 대부분 떠다니는 플랑크톤이다. 물이 떠받치고 있으므로, 그들은 빛에 도달하기 위한 구조를 만들 필요가 없다. 줄기도 필요 없을 뿐만 아니라, 잎도 별 쓸모가 없다. 녹색 단세포 형태로 자유롭게 떠다니는 편이 더 경제적이다. 대신에 증식 속도가 엄청나고(그래서 해양생물들을 질식시키는 적조 현상이 일어난다) 복잡한 물리적 및 화학적 무기를 갖추는 식으로, 다른 양상의 경쟁이 펼쳐진다.

바다에서의 한 가지 주된 문제는 양분이 햇빛이 없는 깊은 곳으로 가라앉는다는 것이다. 그래서 생명은 수면 근처의 양분이 있는 곳, 이를테면 대륙의 가장자리에 주로 존재한다. 우리 순례자들 중에서 소수, 즉 다양한 "해조류"에서 커다란 몸이 진화한 것도 그 때문이다. 위로 자라기 위해서라기보다는 아래로 뻗어 바닥에 단단히 부착됨으로써 파도에 짓이겨지거나 가혹한 육지로 내동댕이쳐지는 것을 막기 위해서이다. 수렴을 통해서 비슷한 모습을 하고 있지만, 많은 해조류는 진정한 식물이 아니다. 사실

해양 광합성은 이 랑데부에서 합류하는 6개 주요 집단의 생물들이 수행한다. 그러니 여기에서 이 "계들"을 짧게 기술하면서 가장 성공한 계인 식물계를 설명하는 편이 좋을 듯하다.

엑스카바타는 그중에서도 가장 기이하다. 우리는 그들을 빛 수확자와 그 친족들에 포함시키지만, 솔직히 그들은 빛 수확자라기보다는 그 "친족"에 더 가깝다. 대부분은 편모로 헤엄을 치는 단세포생물이고, 대개는 광합성을 회피한다. 미토콘드리아가 사실상 알아볼 수 없을 정도로 쪼그라든 종류도 있다. 제 기능을 하는 에너지 공장이 없다는 점은 그들이 기생성임을 설명해주는 것일 수도 있다. 장에 기생하는 역겨운 람블편모충과 성관계를 통해서 전달되는 질에서 사는 미생물인 트리코모나스(*Trichomonas*)도 여기에 속한다. 그러나 모든 종이 질병을 일으키는 것은 아니다. 곤충의 창자에 사는 매우 흥미로운 복합적인 존재도 있으며, 그 이야기는 때가 되면 하기로 하자.

알아볼 수 있는(변형되기는 했지만) 미토콘드리아를 지닌 엑스카바타들을 디시크리스타타(discicristata)라는 별도의 아계로 분류하기도 한다. 여기에는 유글레나처럼 광합성을 하는 종류뿐만 아니라, 수면병을 일으키는 트리파노소마 같은 기생생물도 포함된다. 세포점균류(acrasid slime mould)도 포함된다. 이 점균류는 앞의 랑데부에서 만난 먼지곰팡이류와 유연관계가 가깝지 않다. 이 긴 순례여행을 하면서 종종 그랬지만, 우리는 비슷한 생활방식에 맞는 비슷한 체형들을 재발명하는 생명의 능력에 경이를 느낀다. "점균류"는 둘 또는 세 순례자 무리에서 나타난다. "편모충류"도 그렇고, "아메바류"도 그렇다. 아마 우리는 "아메바"를 "나무"와 마찬가지로 하나의 생활방식으로 생각해야 할 듯하다. 목질화하여 딱딱해진 아주 커다란 식물을 뜻하는 "나무"는 많은 식물 과들에서 독자적으로 진화했다.* "아메바류"와 "편모충류"에도 같은 말이 적용되는 듯하다. 점균류와 마찬가지로, 다세포성도 동물, 균류, 식물, 갈조류 등 다양한 집단에서 생겨난 것이 분명하다.

세 계를 묶은 SAR 내에서 리자리아(Rhizaria)는 다양한 단세포 생물들로 이루어지며, 녹색을 띠면서 광합성을 하는 종류도 있지만 대부분은 그렇지 않다. 후자에는 멋

---

* 비록 나무가 여러 식물 계통에서 독자적으로 출현하기는 했지만, 흥미롭게도 진화적 관계를 보면 모든 꽃식물이 목질부를 가진 나무나 관목이었던 어떤―사실상 많은―공조상들에서 유래했다고 나온다. 다시 말해서 당신의 뜰에 핀 아주 작은 잡초나 꽃의 조상들은 대부분 나무 형태였다.

아름다운 유리질 뼈대들 에른스트 헤켈의 방산충 그림. 1904년 논문인 『자연의 예술품들』[171] 중에서.

절묘한 비잔틴 양식 건축물 건축가 르네 비네가 설계한 1900년 파리 만국박람회장 입구 사진을 인쇄한 초기 엽서에서.

진 해양생물인 유공충류와 방산충류가 포함된다. 대부분은 현미경을 써야 보이지만, 일부 유공충 종은 고대 이집트에서 화폐로 쓰인 탄산칼슘 껍데기 화석을 남길 만큼 크게 자라기도 했다. 유공충은 석회암의 주성분을 이루며, 이집트 피라미드를 짓는 데에 쓰인 석회암 덩어리를 형성할 만큼 대규모로 쌓일 수 있다. 방산충은 아름다운 미세한 유리질 뼈대를 형성하는 것으로 유명하며, 이 책에 계속 등장하는 듯한 독일의 저명한 동물학자 에른스트 헤켈의 그림이야말로 그들의 모습을 잘 담아낸 걸작이다 (왼쪽의 그림 참조). 그 건축학적 주제를 지속시키려는 양, 헤켈의 작품은 1900년 파리 "만국박람회" 행사장 입구의 절묘한 비잔틴 양식 디자인에 영감을 주었다(위의 그림 참조). 방산충은 스스로 빛을 수확하지는 않지만, 주요 수중 광합성 생물들, 특히 쌍편모충류와 공생관계를 이룰 수 있는 것들이 많다.

쌍편모충류는 알베올라타(Alveolata), 즉 SAR의 "A"에 속한다. 그들도 단세포이다. 많은 해양 종은 교란될 때에 생물발광을 일으키며, 이런 발광 현상이 쌍편모충류를 먹는 작은 동물들을 잡아먹을 어류를 꾀어들이기 위한 것이라고 설명되어왔다. 이유가 무엇이든 간에, 그 발광 효과는 밤에 장관을 자아내기도 한다. 야간에 파도가 칠 때마다 파랗게 빛이 나는 해변에서 은은히 후광에 감싸인 채 헤엄을 치는 사람의 모습을 떠올려보라. 알베올라타 내에는 타락한 광합성 생물인 기생성 정단복합체충류(apicomplexa)도 있다. 말라리아원충도 정단복합체충에 속한다. 이들은 과거에 과거에 빛을 수확했기 때문에 특정한 제초제 성분에 민감하게 반응한다. 이 점을 이용하면 새로운 말라리아 치료제를 개발할 수 있을 것이라고 보는 이들도 있다. 톡소포자충(Toxoplasma)도 이 집단에 속한다. 쥐와 고양이의 기생생물로서, 마음을 조작할 수 있다. 사람의 뇌에서도 흔히 발견되는데, 우리의 심리와 행동에도 영향을 미칠지 모른다. 알베올라타의 또 한 주요 집단은 미끄러지듯 움직이는 포식성 섬모충이다. 자기 유전체의 사본을 여럿 만들어서 수만 조각으로 자른 뒤에 그것들을 별도의 세포핵에 넣어서 일상용으로 쓰는 기이한 습성 때문에 유전학자들에게 잘 알려진 집단이다. 이 섬모충, 아니 그렇게 보이는 것들 중에 믹소트리카 파라독사(*Mixotricha paradoxa*)가 있다. 그 이야기는 조금 뒤에서 하기로 하자. "그렇게 보이는 것"과 "파라독사"가 그 이야기의 소재이다. 그 소재를 여기서 미리 다룰 수는 없다.

알베올라타의 자매 집단이면서 SAR이라는 약어를 완성시키는 부등편모조류(Stramenopile)도 혼합 집단이다. 헤켈의 멋진 그림에 실려 있는 섬세한 유리질 껍데기로 몸을 감싼, 광합성을 하는 규조류처럼 대단히 아름다운 단세포 생물들이 여기에 포함된다. 일부에서는 규조류가 해양에서 빛 수확량의 거의 절반을 차지한다고 추정한다. 부등편모조류에는 망형충류(slime net, labyrinthulid)처럼 광합성을 하지 않는 형태도 있다. 망형충류는 자신이 먹는 바닷말에 실 같은 흔적을 깔아놓는 독특한 방식으로 다세포성에 다가간다. 그 흔적은 대중교통망이나 팩맨 게임과 비슷하게 여러 세포들이 돌아다니는 통로가 된다. 그러나 부등편모조류는 갈조류라는 형태로, 별도로 진정한 다세포성을 발견하기도 했다. 갈조류는 해조류 중에서 가장 크고 가장 눈에 잘 띈다. 길이가 100미터에 이르는 거대한 켈프(kelp)도 갈조류이다. 갈조류 중에 푸쿠스속이 있다. 이 속의 종들은 조수간만이 일어나는 해안에서 자라는데, 수심별로 적응한 종이 다르다. 푸쿠스속은 나뭇잎해룡("나뭇잎해룡 이야기" 참조)의 모델이 된 속이다.

SAR의 중앙에 놓인 이 "계"에는 우리의 별 모양 다이어그램에서 위쪽에 놓인 분류학적으로 오갈 데가 없는 생물들도 포함된다. 이들 중에서 광합성을 하는 착편모조류(haptophyte)는 가장 중요한 축에 든다. 이들은 현미경으로 보면 기하학적인 장갑판으로 몸을 감싸고 있다. 이 장갑판이 도버의 하얀 절벽과 서유럽 전역에 드넓게 펼쳐진 백악질 지층의 주성분이다. 백악기라는 말도 거기에서 나왔다. 은편모조류(cryptophyte)라는 민물에서 사는 광합성 조류도 이 계에 속할지 모른다. 혹은 식물의 자매 집단일 수도 있다. 이쯤 했으니 이제 식물로 돌아가기로 하자.

거슬러올라가는 여행의 불행한 부작용 중의 하나는 30만 종에 달하는 식물들—육상 생명의 토대—이 이 책에서 거의 주목을 받지 못한다는 것이다.* 이 책의 초판에서 털어놓은 바 있는 그 비판은 초판에서 독자적인 장을 차지했던 식물이 이제는 친척들과 함께 묶여서 합류한다는 점 때문에 더욱 복잡한 양상을 띤다. 말이 나온 김에 덧붙이면, 균학자들은 더 강력하게 항의할지도 모르겠다. 균류는 종수가 식물보다 10배나 더 많은데도 이 책에서뿐만 아니라, 더욱 중요하게는 분류학계 내에서조차 소홀히 다루어지고 있으니 말이다. 균류까지 대접하지는 못한다고 해도 식물을 좀더 제대로 대접하기 하기 위해서, 우리는 짧게 몇 편의 이야기를 듣기로 하자. 그에 앞서서 정식으로 소개부터 하자.

이 랑데부에서 만나는 모든 빛 수확자들 중에서 식물은 원형이며 가장 중요하다. 그들은 합류하는 종의 95퍼센트를 차지한다. 게다가 다른 모든 광합성 생물들(리자리아의 파울리넬라속[*Paulinella*]은 예외일 수도 있다)은 빛 수확기관을 식물로부터 훔친 것이다. 놀라운 말 같지만, 실상은 그렇지 않다. 빛 수확자와 전혀 그럴 것 같지 않은 생물들 사이에 다양한 공생관계가 형성된다는 점을 생각해보라(지의류와 산호가 대표적이다). 사실, 식물도 원래 광합성 능력을 누군가로부터 훔친……아니, 그 이야기는 다음 장인 "대역사 랑데부" 때까지 참기로 하자.

모든 식물이 크고 눈에 보이는 것은 아니며, 모두 다 녹색을 띠는 것도 아니다. 지금까지 우리 여행에 합류한 자유생활을 하는 생물들 중에서 가장 작은 것도 식물에 속한다. 오스트레오코쿠스(*Ostreococcus*)라는 단세포 녹조류인데, 전형적인 세균보다도 작다. 생물 중에서 가장 무거운 개체도 식물이다. 잠시 뒤에 태곳적의 이야기를 들려줄 거대한 삼나무가 그렇다. 동물과 달리 식물의 다세포성은 여러 번 출현한 듯하다. 예를 들면, 홍조류와 녹조류("깃편모충 이야기"에서 우정 출현한 볼복스를 비롯한)에서

---

* 데이비드 비어링의 『에메랄드 행성(*The Emerald Planet*)』을 참조하라. 우리가 지면 제약 때문에 이 책에 넣지 못한 육상생물의 진화 이야기가 요약되어 있다.

반복하여 출현했고, 가장 친숙하면서 인상적인 집단인 육상식물에서도 별도로 출현했다. 육상식물의 가장 가까운 친척은 민물에 사는 윤조식물(차축조식물)이라는 녹조류이다. 이들은 식물이 동물처럼 바다에서 육지로 곧장 올라온 것이 아니라, 민물을 통해서 올라왔을 것임을 시사한다. 화석 기록으로 볼 때, 그 일은 오르도비스기에 일어난 듯하며, 아마 절지동물이 곧바로 그 뒤를 따랐을 것이다. 이 순서는 거의 확실하다. 먹을 식물이 없는데, 동물이 무슨 이득을 보겠다고 육지로 올라왔겠는가?

파리지옥 같은 예외가 일부 있지만, 식물들은 움직이지 않는다. 해면동물 같은 예외가 있지만, 동물들은 움직인다. 왜 그런 차이가 생길까? 동물은 (궁극적으로) 식물을 먹는 데에 반해서, 식물은 광자를 먹는다는 사실과 관련이 있음은 분명하다. 물론 우리는 "궁극적으로" 식물이 필요하다. 포식자는 다른 동물을 먹음으로써 이차적 또는 삼차적으로 식물을 먹는 것이기 때문이다. 그런데 광자를 직접 먹는다면 그냥 땅에 뿌리를 박고 앉아 있는 편이 좋지 않을까? 반면에 식물이 되지 않고 식물을 먹는다면, 움직이는 편이 더 좋지 않을까? 나는 식물들이 한자리에 머물러 있다면, 동물들이 그들을 먹기 위해서 움직여야 했을 것이라고 추측한다. 그런데 왜 식물들은 가만히 있을까? 아마 흙에서 양분을 빨아들이려면 뿌리를 내려야 한다는 점과 관련이 있을 것이다. 움직이고자 할 때의 최적 형태(단단하고 치밀한)와 많은 광자에 자신을 노출시켜야 할 때의 최적 형태(넓은 표면적, 따라서 흩어져서 뻗어가고 큼지막한)는 서로 너무 멀리 있어서 건널 수 없는 듯하다. 확신은 할 수 없다. 이유가 무엇이든 간에, 이 행성에서 진화한 3대 거대 생물 집단 가운데 둘인 균류와 식물은 주로 움직이지 않은 채 머무르는 반면, 세 번째 집단인 동물은 대부분 돌아다니며, 대개 적극적으로 무엇인가를 추구한다. 식물들은 때로 동물들에게 자기 대신 돌아다니도록 한다. 아름다운 색깔과 모양과 향기를 가진 꽃은 그런 목적을 위한 도구이다.*

식물은 아마 움직이지 않기 때문에, 모듈 방식으로 몸을 구성하는 쪽으로 진화했을지도 모른다. 잎은 각 잔가지의 끝에서 반복하여 만들어지는 일종의 모듈이다. 줄기도 그렇다. 하나가 나뉘어서 두 개의 더 작은 줄기를 만드는 과정이 반복됨으로써, 반복되는 양상의 가지들이 만들어진다. 절묘할 만치 경제적인 형태 반복이며, 브누아 만델

---

* 나는 『불가능한 산 오르기』의 "꽃가루와 마법 탄환" 그리고 "에워싸인 정원"이라는 장에서 그 점을 상세히 다루었다(번역서에는 다른 제목으로 옮겨져 있다/역주).

브로의 선구적인 연구 논문의 제목인 "자연의 프랙털 기하학"의 한 사례이기도 하다. 프랙털의 이 우아한 자기 유사성이 이 랑데부에서 접할 첫 번째 이야기의 토대이며, 모듈 개념은 이 책의 마지막 장에서도 다시 다룰 것이다. 여기서는 식물의 구성 체계와 유전자 번식의 분기 과정 사이의 유사성을 짧게 다루기로 하자. 서로 다른 종에 격리되어 있는 유전자들을 결부시킴으로써, 우리는 이 순례 전체에 걸쳐 우리의 안내자 역할을 한 비유인 진화적 "계통수," 즉 생명의 나무를 이야기할 수 있었다.

각 랑데부의 첫머리를 장식한 아름답게 시각화한 그림은 생명의 나무를 수학인 프랙털 기하학과 연관 지음으로써 나온 것이다. 이 그림들은 임페리얼 칼리지의 제임스 로신델이 개발한 원줌(One-Zoom)이라는 컴퓨터 프로그램에서 나온 것이다. 그 프로그램은 원리상 수백만 종도, 따라갈 수 있는 하나의 진화 계통수로 나타낼 수 있게 해준다. 멋진 착상을 구현한 것이자, 직관적으로 지구 생명의 다양성을 살펴볼 수 있는 탁월한 수단을 제공한다. 원줌 웹사이트*는 탐사할 많은 계통수들을 제공한다(그리고 우리는 머지않아 지구의 모든 종의 계통수가 구축될 것이라고 기대한다). 독자는 이 프랙털 계통수들을 원하는 만큼 멀리까지 탐사할 수 있다. 따라가다 보면 영원히 이어질 것처럼 보인다. 『템페스트』의 미란다가 느끼는 것처럼, 손에 잡힐 듯이 매혹적으로 다가온다. "오, 놀라워! 여기에 뛰어난 이들이 이토록 많다니!" 그리고 진화 계통수 천국에 있는 다원주의적 원숭이처럼 양손으로 번갈아 매달리면서 나뭇가지들을 따라 타고 올라갈 때, 갈라진 지점과 마주칠 때마다 그곳이 이 책에서 말하는 바로 그 진정한 랑데부 지점임을 기억하기를. 찰스 다윈에게 보여줄 수 있다면 얼마나 좋을까!

꽃양배추 이야기

이 책의 이야기들은 화자의 사적인 관심 이상의 것을 다루겠다는 의도하에 쓰였다. 초서의 이야기들처럼, 삶 전반을 반영하겠다는 의도를 담고 있다. 초서는 인간의 삶을 다루지만, 우리는 생명체의 삶을 다룬다. 식물들이 동물들과 합류하는 랑데부 36 이후의 대규모 순례자들에게 꽃양배추는 무슨 이야기를 할까? 바로 모든 식물과 동물에 적용되는 중요한 하나의 원칙이 존재한다는 것이다. 그리고 그 이야기는 "도구인

---

* www.onezoom.org

이야기"가 이어지는 것으로 볼 수 있다.

　"도구인 이야기"는 뇌의 크기에 관한 것이었고, 로그 축에 각 종을 점으로 표시하여 비교하는 방법을 설명했다. 몸집이 큰 동물일수록 작은 동물보다 상대적으로 작은 뇌를 가지는 듯하다. 더 구체적으로 말해서, 체중 대 뇌 질량의 로그 대 로그 그래프의 기울기는 정확히 4분의 3에 들어맞는다. 기억하겠지만, 이 기울기는 이해하기 쉬운 두 직관적인 기울기 사이에 놓인다. 1분의 1(뇌 질량과 체중이 단순 비례할 때)과 3분의 2(뇌 면적이 체중에 비례할 때) 사이 말이다. 뇌 질량과 체중을 로그로 나타냈을 때, 관찰된 기울기는 3분의 2보다 심하게 급하지도 않고, 1분의 1보다 더 완만한 것으로 드러났다. 정확히 4분의 3이었다. 그런 자료의 정확성은 마찬가지로 이론의 정확성까지 요구하는 듯하다. 4분의 3 기울기의 이론적인 근거를 세시할 수 있을까? 쉽지 않다.

　게다가 생물학자들은 뇌의 크기를 제외한 다른 많은 것들도 정확히 이 4분의 3 관계를 따른다는 점을 오래 전부터 알고 있었다. 특히 다양한 생물들이 사용하는 에너지, 즉 대사율도 4분의 3 규칙을 따르며, 이 현상은 클라이버 법칙(Kleiber's Law)이라는 자연법칙의 지위로 승격되었다. 비록 이론적인 근거는 전혀 없었지만 말이다. 다음의 그래프는 대사율과 체중을 각각 로그 축에 표시한 것이다("도구인 이야기"에서 로그 대 로그 그래프의 이론적인 근거를 설명한 바 있다).

　클라이버 법칙의 진짜 놀라운 점은 가장 작은 세균에서부터 가장 큰 고래에 이르기까지 잘 들어맞는다는 것이다. 무려 20제곱에 해당하는 크기 범위에서 말이다. 가장 작은 세균을 가장 큰 포유동물로 확대하려면 10을 20번 곱해야 한다. 즉 0을 20개나 붙여야 한다. 그리고 클라이버 법칙은 일률적으로 적용된다. 식물과 단세포생물에도 들어맞는다. 그림에는 점들의 분포에 가장 잘 들어맞는 3개의 평행선이 그려져 있다. 첫 번째는 미생물에 해당하고, 두 번째는 큰 냉혈동물들(여기서 "큰"은 1만 분의 1그램보다 더 무거운 종류를 가리킨다!), 세 번째는 큰 온혈동물들(포유류와 조류)을 가리킨다. 이 세 선은 모두 기울기가 같으며(4분의 3), 높이가 다를 뿐이다. 온혈동물이 같은 몸집의 냉혈동물에 비해서 대사율이 더 높으므로 놀랄 일은 아니다.

　클라이버 법칙은 오랫동안 아무도 설득력 있는 이론적인 근거를 내놓지 못한 상태로 남아 있었다. 그러다가 물리학자인 제프리 웨스트와 두 생물학자 제임스 브라운과 브라이언 인퀴스트가 공동 연구를 통해서 탁월한 결과를 내놓았다. 그들이 유도한 4

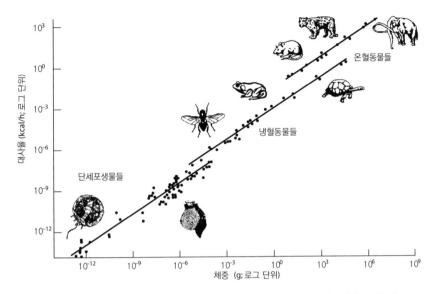

법칙은 20제곱의 크기 범위에 들어맞는다 클라이버 법칙 그래프, 웨스트, 브라운, 인퀴스트[438].

분의 3 법칙은 말로 옮기기 어려운 수학적 마법에 속하지만, 너무나 독창적이고 중요하므로 시도할 가치는 있다.

웨스트(West), 인퀴스트(Enquist), 브라운(Brown)의 이론, 즉 WEB는 큰 생물의 조직이 공급의 문제를 안고 있다는 사실에서 출발한다. 이 문제는 동물의 혈관계와 식물의 도관계에 모두 적용된다. "원료"를 조직 안팎으로 운반하는 일 말이다. 작은 생물들에게는 그 문제가 그렇게 심각하지 않다. 아주 작은 생물은 부피에 비해 표면적이 넓어서, 체벽을 통해서 필요한 산소를 모두 얻을 수 있다. 설령 다세포라고 해도, 체벽에서 멀리 떨어져 있는 세포는 없다. 그러나 큰 생물은 운반 문제를 안고 있다. 세포들이 대부분 필요한 공급원에서 멀리 떨어져 있기 때문이다. 따라서 원료를 각 부위로 운반할 관이 필요하다. 곤충은 기관(tracheae)이라는 가지를 친 관망을 이용하여 조직들 속으로 말 그대로 공기를 불어넣는다. 우리도 수없이 가지가 뻗은 호흡관을 가졌지만, 그것들은 허파라는 특정한 신체기관에 한정되어 있으므로, 허파에서 몸의 다른 부분으로 산소를 보내는 갈래가 많이 진 혈관망이 따로 있다. 어류도 아가미를 이용하여 비슷한 일을 한다. 아가미는 물과 혈액 사이의 경계면을 넓히기 위해서 고안된 면적 집약기관이다. 태반도 모체의 혈관과 태아의 혈관 사이에서 같은 일을 한다. 나무

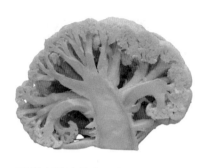

조직은 공급의 문제를 안고 있다 꽃양배추의 복잡한 공급체계.

는 땅에서 끌어올린 물을 잎으로 공급하고, 잎에서 생긴 당분을 줄기로 운반하기 위해서 무수히 갈래진 가지들을 사용한다.

왼쪽 그림의 꽃양배추는 동네 채소 가게에서 막 사와서 반으로 가른 것인데, 전형적인 원료 운반체계 같은 것이 보인다. 당신은 꽃양배추가 표면을 뒤덮은 "꽃봉오리들"에 공급망을 설치하기 위해서 얼마나 많은 노력을 하는지 알 수 있다. 이 꽃봉오리들은 재배되면서 인위선택을 통해서 기괴하게 변형되었지만, 그래도 원리는 변하지 않았다.

이제 우리는 호흡관, 피나 포도당 용액을 운반하는 관 등 무엇이든 간에, 그런 공급망들이 몸집 증가에 맞게 보정되리라고 상상할 수 있다. 그렇다면 아담한 꽃양배추의 세포들은 거대한 삼나무의 세포들과 똑같이 제대로 공급을 받을 것이고, 두 세포들의 대사율도 같을 것이다. 한 생물에 있는 세포들의 수는 체중에 비례하므로, 총 대사율과 체중을 각각 로그 축으로 삼아 그래프로 나타낸다면, 기울기가 1인 선이 나올 듯하다. 그러나 실제로 관찰해보면 기울기는 4분의 3이 나온다. 즉 작은 생물들이 큰 생물보다 체중에 비해서 대사율이 더 높다. 꽃양배추의 세포가 삼나무의 세포보다 대사율이 더 높으며, 생쥐의 대사율이 고래의 대사율보다 더 높다는 뜻이다.

언뜻 보면 이상할 수도 있다. 세포는 그저 세포일 뿐이며, 당신은 세포의 이상적인 대사율은 꽃양배추든 삼나무든 생쥐든 고래든 똑같을 것이라고 생각할지 모른다. 아마 그럴 것이다. 그러나 현실에서는 물, 피, 공기 등 "원료"를 운반하기가 어렵기 때문에 그 이상을 달성하는 데에 한계가 있는 듯하다. 따라서 절충이 이루어져야 한다. WEB 이론은 그 절충을 설명하며, 왜 정확히 4분의 3의 기울기가 되는지, 왜 그렇게 정량적으로 정확한 수치가 나오는지를 설명한다.

그 이론의 요점은 세 가지이다. 첫째는 세포로 물질을 운반하는 관들이 프랙털 방식으로 갈라지는 망 형태로 가장 경제적으로 펼쳐져 있다는 것이다. 전형적인 모세혈관 망이나 그에 상응하는 것이 가장 작은 규모에 해당한다. 우리는 꽃양배추에서 이 양상을 볼 수 있지만, 우리의 순환계, 아니 사실상 우리의 허파도 다를 바 없다. 클라이버의 법칙이 단세포생물에까지 적용된다는 점을 고려하여, WEB는 세포 내의 세포골격에도 비슷한 망이 펼쳐져 있을 것이라고 주장한다. 두 번째 요점은 이 공급망 자체도 어느 정도 부피를 차지하기 때문에, 원료를 공급받는 세포들과 공간을 놓고 경쟁하게 된다는 것이다. 공급망의 끝으로 갈수록, 관 자체는 상당한 공간을 차지한다. 그리고 공급을 원하는 세포의 수를 2배로 늘린다면, 관망의 부피는 2배 이상 늘어난다. 그 관망을 본관과 연결할 새로운 굵은 관이 필요하고, 관 자체도 공간을 차지하기 때문이다. 원료를 공급할 세포들의 수를 2배로 늘리면서 관들이 차지하는 공간도 2배만 늘리고 싶다면, 더 넓찍하게 분산된 관망이 필요하다. 세 번째 요점은 당신이 생쥐든 고래든 간에, 가장 효율적인 운반체계, 즉 에너지 소비를 최소화하면서 원료를 운반할 수 있는 체계는 당신의 체적 중에서 일정한 비율을 차지하리라는 것이다. 이 결론은 수학적으로 도출된 것이지만, 경험적으로 관찰되는 사실이기도 하다.* 예를 들면 생쥐든 인간이든 고래든 간에 포유동물의 혈관 부피(즉 운반체계의 크기)는 몸 부피의 6-7퍼센트를 차지한다.

이 세 요점을 결합시켜보면, 원료가 공급될 세포들의 부피를 2배로 늘리면서도 가장 효율적인 운반체계를 그대로 유지하고 싶다면, 더 성기게 분포한 공급망이 필요하다는 결론이 나온다. 그리고 더 성긴 망은 세포당 공급되는 원료가 더 적다는 것을 뜻한다. 즉 대사율이 낮아져야 한다는 의미이다. 정확히 얼마나 낮아져야 할까?

WEB는 이 질문의 답을 계산했다. 놀랍게도 대사율과 몸집을 로그로 나타낸 그래프에서 기울기가 정확히 4분의 3인 직선을 이룰 것이라고 나왔다! 그 이론의 정확한 세부 사항들과 클라이버 법칙의 보편성에 대해서 최근에 몇 건의 반론이 제기되었다. 하지만 그 기본 개념이 지닌 설명력은 여전히 압도적이다. 식물에 적용되든 동물에 적용되든, 아니 한 세포 내의 운반을 다루든 간에 클라이버 법칙은 공급망의 물리학과 기하학에서 유도되는 듯하다.

삼나무 이야기

사람들은 세계에서 죽기 전에 꼭 가보아야 할 장소가 어디일까 궁금해하곤 한다. 나

---

* 실제 비율은 온혈동물이냐 냉혈동물이냐에 따라서 약간 달라질 수 있다.

는 미국 샌프란시스코의 금문교 바로 북쪽에 있는 뮈어 숲이라고 말하겠다. 혹은 생전에 가보지 못했더라도, 묻히기에 딱 좋은 곳이다(허가를 받을 수 없을 것 같고, 허가를 해주어서도 안 된다는 점만 빼고 말이다). 그곳은 초록과 갈색으로 가득한 고요의 성당이다. 세계에서 가장 키가 큰 나무인 세쿼이아들이 높이 솟아오른 곳이 본당이다. 인간이 만든 건물 내에서는 메아리가 울려퍼지겠지만, 이곳에서는 푹신한 나무껍질들에 삼켜지고 만다. 내륙인 시에라네바다 산맥의 구릉 지대에서 사는 친척 종인 자이언트세쿼이아는 대체로 키는 더 작지만 더 웅장하다(화보 50 참조). 살아 있는 생물 중에서 세계에서 가장 큰 셔먼 장군 나무(General Sherman tree)는 자이언트세쿼이아에 속하는데, 둘레가 30미터를 넘고 키가 80미터를 넘는다. 무게는 1,260톤으로 추정된다. 나이가 얼마인지는 확실히 모르지만, 그 종은 3,000년 이상을 산다고 알려졌다. 셔먼 장군 나무의 나이는 베어보면 거의 정확하게 알아낼 수 있다. 베는 것도 쉽지 않을 터이다. 나무껍질의 두께만 거의 1미터에 달하기 때문이다.* 그런 일이 절대로 일어나지 않기를 바라자. 로널드 레이건이 캘리포니아 주지사 시절에 한 유명한 말은 무시하자. "하나를 베어보면, 전부 다 알 텐데."

커다란 나무의 나이를 어떻게 알 수 있을까? 셔먼 장군 나무처럼 오래된 나무의 나이까지도 거의 정확히 알 수 있다. 그루터기에서 나이테를 세면 된다. 나이테 세기를 좀더 정교하게 다듬은 것이 연륜연대학(dendrochronology)이라는 멋진 기법이다. 수천 년이라는 시간 단위에서 일하는 고고학자들은 그것을 이용하여 나무로 만들어진 모든 인공물들의 연대를 정확히 알아낼 수 있다.

순례여행 내내 떠올랐던 역사적 표본들의 연대를 어떻게 절대적인 시간으로 측정할 수 있을까라는 질문을 우리는 이 이야기에서 다루려고 미루어두었다. 나이테는 아주 정확하지만 역사 기록이 시작될 무렵까지만 적용된다. 화석들의 연대는 다른 방법들로 측정되며, 주로 방사성 붕괴를 이용한다. 이야기 도중에 우리는 그런 다른 연대 측정법들도 살펴볼 것이다.

나무의 나이테는 계절마다 나무의 생장률이 다르다는 평범한 사실에서 나온 결과물이다. 동일한 이유로, 나무는 여름이든 겨울이든 간에 나쁜 해보다 좋은 해에 더 많이

---

* 나무를 베지 않고 코어 시료만으로도 좋은 추정값을 얻을 수 있다. 가장 작은 나이테들이 누락될 수도 있기는 하지만 말이다.

자란다. 물론 좋은 해도 흔하고 나쁜 해도 흔하므로, 나이테 하나만으로 어느 해에 자란 것인지 알아낼 수는 없다. 그러나 여러 해에 걸쳐 형성된 폭이 제각기 다른 고리들로 이루어진 나이테 무늬는 일종의 지문이다. 어느 정도 넓이의 지역에서 자라는 나무들은 나이테 무늬가 모두 똑같다. 즉 지문이 같다. 연륜연대학자들은 이 독특한 무늬들을 모아 목록을 작성한다. 그러면 뻘 속에 묻혀 있던 바이킹의 나무배 같은 데에서 발굴된 나뭇조각의 나이테를 나이테 목록과 맞추어봄으로써 연대를 측정할 수 있다.

선율 사전에도 똑같은 원리가 적용된다. 당신의 머릿속에 어떤 곡이 떠오르는데 도저히 곡명이 기억나지 않는다고 하자. 어떻게 곡명을 알 수 있을까? 다양한 원리들이 사용되는데, 그중 가장 단순한 것이 파슨스 부호(Parsons code)이다. 당신의 곡을 위와 아래 음의 서열로 바꾸어보자(첫 음은 위도 아래도 아닐 것이므로 무시한다). 아래는 내가 방금 멜로디하운드라는 웹사이트에서 자판을 두드려서 입력한 "런던데리의 노래(아, 목동아)" 또는 "데리 카운티의 노래"라는 곡이다.

UUUDUUDDDDDUUUUUDDDUD

멜로디하운드는 내 곡을 제대로 추적했다(20세기의 곡명이 입력되어 있기 때문에, 미국인들이 부르는 곡명인 "대니 보이"라고 나왔다). 처음에는 음의 지속 시간도 전혀 말하지 않고, 거리가 아니라 움직이는 방향만을 표시한 그런 짧은 기호 서열로 곡을 찾을 수 있을지 의구심이 들 것이다. 그러나 정말로 찾을 수 있다. 마찬가지로 아주 짧은 기간의 나이테만으로도 그것들이 어느 해에 성장했는지를 충분히 찾아낼 수 있다.

막 벤 나무에서 맨 바깥의 나이테는 현재를 나타낸다. 안으로 세어가면 어느 해에 생겼는지 정확히 알 수 있다. 따라서 벤 시기가 기록된 최근의 나무들에서 나이테 무늬를 살펴보면 절대연대를 알 수 있다. 최근 나무의 고갱이 쪽에 있는 나이테 무늬와 더 오래된 나무의 바깥쪽에 있는 나이테 무늬를 맞추어보는 식으로 나이테들을 겹쳐놓으면, 오래된 나무의 나이테 무늬의 절대연대를 알 수 있다. 이런 식으로 나이테들을 계속 겹쳐보면, 원리상 아주 오래된 나무의 절대연대도 파악할 수 있다. 원리상 애리조나의 석화한 숲에 있는 나무들의 연대도 파악할 수 있다. 중간 시대에 석화한 나무들이 있어서 나이테가 계속 겹쳐질 수 있다면 말이다. 그럴 때에만 가능하다! 이런 나이테 겹치기 방법을 이용하면 나이테 무늬 도서관을 세울 수도 있고, 그 자료들을 참조하여 현재 살아 있는 가장 오래된 나무보다 훨씬 더 오래된 나무들의 연대를 파악할 수 있다. 게다가 나이테의 폭은 나무의 연대 측정뿐만 아니라 기상관측 기록이 시작되기 훨씬 전의 연간 기후와 생태 변화를 재구성하는 데에도 사용될 수 있다.

연륜연대학은 고고학자들의 영역인 비교적 최근 시대에만 적용할 수 있다. 그러나 빨라졌다 느려졌다 하면서 연간 주기를 보이거나, 다른 어떤 규칙적이거나 불규칙적인 주기를 보이는 것이 나무의 생장만은 아니다. 원리상 그런 과정들은 무엇이든 간에 서로 겹쳐보는 독창적인 방식으로 연대 측정에 활용할 수 있다. 그리고 그중에는 연륜연대학보다 훨씬 더 긴 기간에 걸쳐 적용되는 것들도 있다. 바다 밑에 퇴적물들이 쌓이는 속도는 일정하지 않으며, 그렇게 층층이 쌓여서 생긴 띠들은 나이테와 똑같다고 볼 수 있다. 심해저 굴착기로 코어 시료를 뜨면, 이 띠들을 세고 무늬를 파악할 수 있다.

"나무늘보 이야기의 후기"에서 살펴보았던 고지자기 연대 측정법도 마찬가지이다. 그때 말했듯이, 지구의 자기장은 이따금 역전된다. 자기 북극이었던 곳이 갑자기 자기 남극이 되었다가, 수천 년이 지난 뒤에 다시 홱 뒤집히곤 한다. 지난 1,000만 년 동안 이런 일이 282번 일어났다. "홱 뒤집힌다"나 "갑자기" 같은 표현을 썼지만, 지질학적 기준으로 볼 때 그렇다는 것이다. 자극이 오늘 당장 뒤집혀서 모든 항공기와 배가 회항하는 일이 벌어지지 않을까 하고 상상할지도 모르겠지만, 그런 일은 일어나지 않는다. 그 "뒤집힘"은 사실 수천 년에 걸쳐 일어나며, 뒤집힌다는 말에서 떠올릴 수 있는 것보다 훨씬 더 복잡한 양상을 띤다. 여하튼 간에 자북극은 지리적 북극인 (지구의 회전축이 되는) 진북극과 정확히 일치하는 일이 거의 없다. 자북극은 극지방을 배회한다. 현재 자북극은 진북에서 약 480킬로미터 떨어져 있으며, 캐나다에서 러시아로 빠르게 나아가고 있다. "뒤집히는" 동안 자기장의 세기와 방향이 대폭적으로 복잡한 변이 양상을 띠는 자기 혼란기가 있다. 이따금 일시적으로 자북극과 자남극이 하나 이상 나타나기도 한다. 그러다가 결국 혼란이 진정되고, 소동이 가라앉으면 이전의 자북극이 진남극 근처에 가 있고, 자남극은 진북극 근처에 가 있음이 드러난다. 그런 다음 아마 미미하게 이동하겠지만 100만 년 동안 안정성이 유지되다가 다시 뒤집힘이 일어난다.

지질학의 관점에서 볼 때 1,000년은 하룻밤이나 다름없다. "뒤집히는" 데에 걸리는 시간은 진북극이나 진자극이 한곳에 머무르는 기간에 비하면 무시할 수 있다. 앞에서 살펴보았듯이, 자연은 그런 사건들을 자동적으로 기록한다. 녹은 화산암에는 작은 나침반 바늘처럼 행동하는 광물들이 들어 있다. 녹았던 암석이 굳을 때, 이 광물 바늘들은 굳는 순간의 지구 자기장을 "동결시켜" 기록한다(퇴적암에서도 형성 과정은 확연히 다르지만 고지자기가 나타날 수 있다). 나중에 "뒤집힘"이 일어나면, 암석에 든 소형 나침반 바늘들은 정반대 방향을 가리키는 셈이 된다. 지자기 기록은 띠들이 1년이 아니라 100만 년 단위로 형성되었다는 점만 제외하고, 거의 모든 측면에서 나이테와 비슷하다. 따라서 띠들의 무늬를 서로 겹쳐봄으로써 자기 역전의 연대표를 작성할 수 있다. 여기서는 띠들을 세어서 절대연대를 계산할 수가 없다. 나이테와 달리, 띠마다 나타내는 기간이 다르기 때문이다. 그렇지만 똑같은 띠무늬가 각기 다른 장소에서 나타날 수 있다. 따라서 그중 한 곳에서 어떤 절대적인 연대 측정이 가능해진다면, 곡명 찾기에 이용되는 파슨스 부호처럼 자기 띠무늬도 다른 장소들에서 같은 시간대를 파악하는 데에 쓰일 수 있다. 나이테를 비롯한 연대 측정법들처럼, 각기 다른 장소에서 나온 조각들을 모아 완전한 그림을 재구성하는 것이다.

나이테를 이용하면 최근 유물들의 연대를 거의 연 단위까지 측정할 수 있다. 자세히 파악하기가 더 어려운 오래된 연대를 측정할 때에는 방사성 붕괴라는 잘 알려진 물리적 특성을 이용한다. 이를 설명하려면 조금은 우회할 필요가 있다.

모든 물질은 **원자**로 이루어진다. 원자는 100여 종류가 있으며, **원소**의 수와 같다. 철, 산소, 칼슘, 염소, 탄소, 나트륨, 수소가 원소의 예이다. 대부분의 물질은 순수한 원소가 아니라 **화합물**로 이루어져 있다. 화합물은 다양한 원소들의 원자가 2개 이상 결합한 것으로, 탄산칼슘, 염화나트륨, 일산화탄소 등이 그렇다. 원자들은 전자를 매개로 화합물을 형성한다. 전자는 각 원자의 중앙에 있는 **원자핵**의 궤도를 도는(전자의 실제 행동을 이해하기 위해서 든 비유이다. 전자는 훨씬 더 기이하게 행동한다) 작은 입자이다. 원자핵은 전자에 비해서 아주 크지만, 전자의 궤도에 비하면 작다. 주로 텅 빈 공간으로 이루어진 당신의 손을 마찬가지로 거의 텅 빈 공간으로 이루어진 철덩어리에 가져다대면 단단한 저항을 느낀다. 두 고체의 원자들과 해당 힘들이 서로 관통하지 못하도록 상호작용을 하기 때문이다. 그래서 우리의 뇌는 고체성이라는 환각을 일으켜, 철과 돌을 단단하다고 생각하게 만든다. 그것이 뇌가 우리에게 봉사하는 방식이다.

화합물을 구성성분으로 분리할 수 있고, 그 성분들로 같은 화합물이나 다른 화합물을 만들 수 있으며, 그 과정에서 에너지가 방출되거나 소비된다는 것은 오래 전부터 알려졌다. 그렇게 쉽게 이루어지는 원자들 사이의 상호작용들이 바로 화학을 이룬다. 그러나 20세기가 될 때까지, 원자 자체는 침범할 수 없는 것으로 생각되었다. 원자는 원소의 최소 입자였다. 금 원자는 구리 원자와 질적으로 다른 아주 작은 금 조각이었다. 그리고 구리 원자는 구리의 최소 입자였다. 현대의 관점은 더 다듬어졌다. 말 유전자, 상추 유전자, 인간 유전자, 세균 유전자 등이 말, 상추, 인간, 세균의 본질적인 "향기"를 간직한 것이 아니라 단지 똑같은 4개의 DNA 글자들을 다르게 조합한 것에 불과한 것처럼, 금 원자, 구리 원자, 수소 원자 등이 똑같은 기본 입자들을 단지 다르게 배열한 것이라고 본다. 화합물들이 100여 개라는 한정된 원자들 중에서 골라 조합한 것이듯이, 각 원자핵은 양성자와 중성자라는 두 기본 입자를 조합한 것임이 밝혀졌다. 금 원자핵은 "금으로 이루어진 것"이 아니다. 다른 모든 원자핵들처럼, 양성자와 중성자로 이루어진다. 철 원자핵이 금 원자핵과 다른 것은 철이라는 질적으로 다른 종류의 원료로 만들어져서가 아니라, 그저 그것의 양성자가 26개인 반면, 금 원자핵의 양성자는 79개이기 때문이다. 각 원자 수준에서 보면, 금이나 철의 특성을 가진 "원료"는 없다. 단지 양성자, 중성자, 전자의 조합이 다를 뿐이다. 물리학자들은 심지어 양성자, 중성자도 쿼크라는 훨씬 더 기본적인 입자들로 이루어져 있다고 말하지만, 여기서는 그렇게 깊이 들어가지 말자.

양성자와 중성자는 서로 크기가 거의 같으며, 전자보다는 훨씬 더 크다. 전기적으로 중성인 중성자와 달리, 양성자는 전하를 한 단위 가지며(임의로 양전하라고 설정했다), 그 전하는 원자핵 주위의 "궤도"를 도는 전자 하나의 음전하와 정확히 상쇄된다. 양성자는 전자를 흡수하면 중성자로 바뀔 수 있다. 전자의 음전하는 양성자의 양전하를 중화시킨다. 반대로 중성자는 음전하 한 단위, 즉 전자 하나를 잃음으로써 양성자로 바뀔 수 있다. 그런 전환은 화학반응이 아니라 핵반응이다. 화학반응은 원자핵을 온전히 놓아둔다. 반면에 핵반응은 원자핵을 변화시킨다. 핵반응 때에는 대개 화학반응 때보다 훨씬 더 많은 에너지가 교환된다. 같은 질량의 핵무기가 재래식(즉 화학적) 폭발물보다 훨씬 더 파괴적인 이유도 그 때문이다. 한 금속 원소를 다른 금속으로 바꾸려고 한 연금술사들의 시도가 실패로 돌아간 이유는 단지 그들이 핵반응이 아니라 화학반응을 이용했기 때문이다.

각 원소마다 원자핵에 들어 있는 양성자의 개수가 다르며, 원자핵 주위의 "궤도"에는 양성자와 같은 개수의 전자가 있다. 수소는 1개, 헬륨은 2개, 탄소는 6개, 나트륨은 11개, 철은 26개, 납은 82개, 우라늄은 92개를 가지고 있다. 이것을 원자번호라고 하며, 대개 이것이 (전자의 활동을 통해서) 원소의 화학적 행동을 결정한다. 중성자는 원소의 화학적 특성에 거의 영향을 미치지 않지만, 원소의 질량에 영향을 미치며, 핵반응에도 영향을 미친다.

원자핵에는 대개 양성자와 같거나 몇 개 더 적은 수의 중성자가 들어 있다. 원소마다 양성자의 수는 정해져 있지만, 중성자 수는 다를 수 있다. 보통 탄소는 양성자 6개와 중성자 6개를 가지며, 총 "질량수"는 12이다(전자의 질량은 무시할 수 있고, 중성자는 양성자와 질량이 거의 같기 때문이다). 따라서 그것을 탄소 12라고 부른다. 탄소 13은 중성자를 하나 더 가졌고, 탄소 14는 중성자를 2개 더 가졌지만, 모두 양성자는 6개이다. 한 원소의 그런 다른 "형태들"을 "동위원소(isotope)"라고 한다. 이 세 동위원소를 탄소라는 같은 이름으로 부르는 이유는 그들의 원자번호가 6으로 같고, 모두 같은 화학적 특성을 보이기 때문이다. 핵반응이 화학반응보다 먼저 발견되었더라면, 아마 동위원소들에 각기 다른 이름이 붙었을 것이다. 동위원소들에 별도의 이름이 붙을 만큼 차이가 나는 것들도 있다. 보통 수소는 중성자가 하나도 없다. 수소 2(양성자 1개와 중성자 1개)는 중수소라고 불린다. 수소 3(양성자 1개와 중성자 2개)은 삼중수소라고 불린다. 모두 화학적으로는 수소로 행동한다. 한 예로 중수소는 산소와 결합해서 중수라는 물을 만드는데, 중수는 수소폭탄 제조에 쓰인다.

따라서 동위원소들은 원소의 특징을 결정하는 양성자의 수는 같고, 중성자의 수만 다르다. 동위원소 중에는 원자핵이 불안정한 것들도 있다. 불안정하다는 말은 그 동위원소가 가끔 예측할 수 없이(확률적으로는 예측 가능하지만), 한순간에 다른 종류의 원자핵으로 바뀌는 경향이 있다는 의미이다. 그렇지 않은 동위원소들은 안정하다. 즉 다른 원자핵으로 바뀔 확률이 0이다. 불안정성은 다른 말로 방사성이라고 한다. 납의 동위원소에는 안정한 것 4종류와 불안정한 것 25종류가 있다고 한다. 아주 무거운 금속인 우라늄의 동위원소들은 모두 불안정하다. 즉 모두 방사성을 띤다. 방사성은 암석과 그 안에 든 화석들의 절대연대를 측정하는 방법의 핵심이다. 그것을 설명하기 위해서 이렇게 빙 둘러온 것이다.

불안정한 방사성 원소는 어떤 과정을 거쳐서 다른 원소로 바뀌는 것일까? 여러 가지 과정이 있지만, 알파 붕괴와 베타 붕괴라는 두 가지가 가장 잘 알려졌다. 알파 붕괴에서는 모 원자핵에서 "알파 입자"가 떨어져나간다. 알파 입자는 양성자 둘과 중성자 둘로 이루어진 일종의 탄환이다. 따라서 질량수는 네 단위가 줄어들지만, 원자번호는 두 단위만 줄어든다(양성자를 2개만 잃기 때문이다). 화학적으로 보면, 양성자가 둘 줄어든 원소로 변한다. 우라늄 238(양성자 92개와 중성자 146개로 된)은 알파 붕괴를 통해서 토륨 234(양성자 90개와 중성자 144개로 된)로 바뀐다.

베타 붕괴는 다르다. 베타 붕괴는 모 원자핵에서 베타 입자가 하나 방출되면서 중성자 하나가 양성자 하나로 바뀌는 과정이다. 베타 입자는 음전하 한 단위, 즉 전자 하나이다. 따라서 원자핵의 질량수에는 변함이 없다. 양성자와 중성자를 더한 총 수가 그대로이고, 전자는 아주 작아서 무시할 수 있기 때문이다. 그러나 원자번호는 하나 증가한다. 양성자가 하나 늘어났기 때문이다. 나트륨 24는 베타 붕괴를 통해서 마그네슘 24로 변한다. 질량수는 변함없이 24이다. 원자번호는 나트륨을 가리키는 고유값인 11에서 마그네슘을 가리키는 고유값인 12로 늘어났다.

세 번째 변환은 중성자-양성자 치환(replacement)이다. 방황하던 중성자 하나가 원자핵에 부딪혀 양성자 하나를 밀어내고 그 자리를 차지하는 것이다. 따라서 베타 붕괴에서처럼, 질량수에는 아무런 변화가 없다. 그러나 이번에는 양성자 하나를 잃었기 때문에 원자번호가 하나 줄어든다. 원자번호가 단순히 원자핵의 양성자 수를 가리킨다는 사실을 기억하라. 한 원소가 다른 원소로 바뀌는 네 번째 방법은 전자 포획으로서, 원자번호와 질량수에 똑같이 영향을 미친다. 이것은 베타 붕괴의 역과 같다. 베타 붕괴에서는 중성자가 양성자로 바뀌고 전자 하나가 방출되는 반면, 전자 포획은 양성자 하나의 전하가 중화됨으로써 중성자로 바뀐다. 따라서 원자번호는 하나 줄어드는 반면, 질량수는 그대로이다. 칼륨(원자번호 19)은 이 방법을 통해서 아르곤 40(원자번호 18)으로 붕괴한다. 그리고 원자핵이 방사성 붕괴로 다른 원자핵으로 변하는 그 외의 방법들도 있다.

양자역학의 주요 원리들 중 하나는 불안정한 원소들에서 특정한 원자핵의 붕괴 시기를 정확히 예측하기가 불가능하다는 것이다. 그러나 우리는 그 일이 일어날 가능성을 통계적으로 측정할 수 있다. 이 가능성은 동위원소마다 각기 독특하다는 사실이 드러났다. 흔히 쓰는 측정방법은 반감기(half-life)이다. 방사성 동위원소의 반감기를 측정하려면, 동위원소 한 덩어리를 가져다놓고서 정확히 절반이 다른 무엇인가로 붕괴하는 데에 걸리는 시간을 잰다. 스트론튬 90의 반감기는 28년이다. 스트론튬 90이 100그램 있다면, 28년 뒤에는 50그램만 남을 것이다. 나머지는 이트륨 90이 될 것이다(그것은 다시 지르코늄 90으로 변할 것이다). 그렇다면 다시 28년이 지나면 스트론튬이 전혀 남지 않을 것이라는 의미일까? 절대 아니다. 25그램이 남을 것이다. 다시 28년이 지나면, 스트론튬의 양은 거기에서 절반인 12.5그램으로 줄어들 것이다. 이론상으로는 절대로 0이 되지 않으며, 오직 계속해서 절반씩 줄어들면서 0에 가까이 다가갈 뿐이다. 우리가 방사성 동위원소의 "수명"이 아니라 반감기를 이야기하는 이유도 바로 이 때문이다.

탄소 15의 반감기는 2.4초이다. 2.4초가 지나면, 원래 있던 시료 중 절반만 남는다. 다시 2.4초가 지나면 원래 있던 시료의 4분의 1만 남을 것이다. 또다시 2.4초가 지나면 8분의 1로 줄어들 것이고, 그런 식으로 계속된다. 우라늄 238의 반감기는 거의 45억 년이다. 태양계의 나이와 거의 같다. 따라서 지구가 처음 생겼을 때에 있던 우라늄 238 중에서 지금 남아 있는 것은 절반뿐일 것이다. 방사성의 놀랍고도 아주 유용한 특성은 원소에 따라서 반감기가 겨우 몇 초에서 수십억 년에 이르기까지 큰 차이를 보인다는 점이다.

우리는 먼 길을 돌고돌아 이제 요점에 다가가고 있다. 방사성 동위원소마다 반감기가 다르다는 사실을 이용하면 암석의 연대를 측정할 수 있다. 화산암에는 칼륨 40과 같은 방사성 동위원소가 들어 있는 경우가 많다. 칼륨 40은 아르곤 40으로 붕괴하며, 반감기는 13억 년이다. 이 반감기는 정확한 시계가 될 수 있다. 그러나 암석에 든 칼륨 40의 양을 그냥 측정하는 것은 아무 소용이 없다. 처음에 얼마나 있었는지 모르기 때문이다! 필요한 것은 칼륨 40 대 아르곤 40의 비율이다. 다행히 암석 결정에 들어 있는 칼륨 40이 붕괴할 때, 아르곤 40(기체)은 결정 속에 갇힌 채 그대로 남는다. 결정에 든 칼륨 40과 아르곤 40의 양이 똑같다면, 원래 있던 칼륨 40의 절반이 붕괴했음을 알 수 있다. 따라서 그 결정이 형성된 지 13억 년이 지났다는 의미이다. 아르곤 40이 칼륨 40보다 3배 더 많다면, 그 결정이 형성된 지 26억 년이 지난 것이다. 칼륨 40은 원래 양에서 4분의 1(절반의 절반)만이 남아 있으므로, 그 결정의 연대는 반감기 두 번, 즉 26억 년이다.

결정이 형성될 때, 즉 화산암을 예로 들면 녹은 용암이 굳는 순간 시계는 0에 맞추어진다. 그 뒤로 모 동위원소는 꾸준히 붕괴하고 딸 동위원소는 결정 속에 갇힌 채 남는다. 당신은 그저 둘의 양과 비율을 측정하고, 물리학 책에서 모 동위원소의 반감기를 찾아서, 결정의 나이를 계산하면 된다. 앞에서 말했듯이, 화석들은 대개 퇴적암에서 발견되는 반면, 연대를 측정할 수 있는 결정들은 대개 화산암에 있으므로, 화석의 연대는 그 지층의 위아래에 놓인 화산암들을 조사하여 간접적으로 파악해야 한다.

때로는 붕괴의 첫 산물이 불안정한 동위원소일 경우도 있으며, 그러면 상황이 복잡해진다. 칼륨 40의 첫 번째 붕괴 산물인 아르곤 40은 다행히 안정하다. 그러나 우라늄 238은 알파 붕괴 9번과 베타 붕괴 7번을 통해서 무려 14종류의 불안정한 중간 산물들을 차례로 거치면서 최종적으로 안정한 동위원소인 납 206으로 바뀐다. 그 연쇄반응 중에서 반감기가 가장 긴 것(45억 년)은 우라늄 238이 토륨 234로 바뀌는 첫 번째 변환이다. 그 연쇄반응의 중간 단계인 비스무스 214에서 탈륨 210으로의 변환은 반감기가 20분에 불과하지만, 그것이 가장 **빠른**(즉 가장 붕괴 가능성이 높은) 것은 아니다. 아무튼 나중의 변환들은 첫 번째 변환에 비해서 시간상으로 무시할 수 있을 정도이므로, 우라늄 238과 안정한 최종 산물인 납 206의 양을 측정하여 특정한 암석의 나이를 계산할 때, 반감기를 45억 년으로 설정할 수 있다.

반감기가 수십억 년에 달하는 우라늄/납 측정법과 칼륨/아르곤 측정법은 아주 오래된 화석들의 연대를 측정할 때에 유용하다. 그러나 더 젊은 암석들의 연대 측정에 쓰기에는 세밀하지 못하다. 그런 암석들에는 반감기가 더 짧은 동위원소들이 필요하다. 다행히 동위원소들의 반감기는 아주 다양하기 때문에 여러 종류의 시계를 사용할 수 있다. 자신이 연구하는 암석의 연대를 가장 정확히 밝혀줄 반감기를 고르기만 하면 된다. 각기 다른 시계를 이용하여 서로 대조하면 더 좋다.

빠른 방사성 시계 중에서 널리 쓰이는 것은 탄소 14 시계이다. 이제 우리는 다시 이 이야기의 화자에게로 돌아간다. 고고학자들이 탄소 14 연대 측정법을 적용하는 주요 대상이 바로 나무이기 때문이다. 탄소 14는 질소 14로 붕괴하며, 반감기가 5,730년이다. 탄소 14 시계는 화석 위아래에 놓인 화산암이 아니라, 실제 죽은 조직 자체의 연대를 측정하는 데에 쓰인다는 점에서 독특하다. 탄소 14 연대 측정법은 비교적 최근의 역사, 즉 대다수 화석들보다 훨씬 더 젊고, 흔히 고고학이라고 부르는 학문의 대상이 되는 시대를 다룰 때에는 아주 중요하기 때문에, 특별한 대접을 받을 만하다.

세계에 있는 탄소의 대부분은 안정한 동위원소인 탄소 12로 이루어져 있다. 세계 탄소의 약 1,000억 분의 1은 불안정한 동위원소인 탄소 14로 이루어져 있다. 반감기가 고작 수천 년이므로, 지구의 탄소 14는 새로 생기지 않는다면 오래 전에 모두 붕괴하여 질소 14가 되었을 것이다. 다행히 대기에 가장 풍부한 기체인 질소 14 중의 일부가 우주 복사선과 충돌하여 탄소 14로 바뀌는 일이 계속 일어난다. 탄소 14가 생성되는 속도는 거의 일정하다. 탄소 14든 더 흔한 탄소 12든 간에, 대기의 탄소는 대부분 화학적으로 산소와 결합한 이산화탄소 형태로 존재한다. 이 기체는 식물에게 흡수되며, 유입된 탄소 원자들은 식물 조직을 만드는 데에 쓰인다. 식물에게는 탄소 14나 탄소 12나 똑같다(식물은 원자의 화학에만 "관심이 있을" 뿐, 원자핵의 특성에는 무심하다). 이 두 종류의 이산화탄소는 대기에 존재하는 비율 거의 그대로 식물에게 동화된다. 식물은 동물에게 먹히고, 동물은 또다른 동물에게 먹히며, 탄소 14는 탄소 12에 대한 비율 그대로 먹이사슬 전체로 분산된다. 먹이사슬을 거치는 데 걸리는 시간은 탄소 14의 반감기에 비하면 짧다. 두 동위원소는 대기에 있을 때와 거의 같은 비율로 생물의 모든 조직에 분포한다. 즉 1,000억 분의 1 정도로 말이다. 그들이 이따금 질소 14 원자로 붕괴하는 것은 분명하다. 그러나 탄소가 대기에서 끊임없이 재생되어 먹이사슬로 들어오는 이산화탄소와 계속 교환되기 때문에 이 일정한 붕괴 속도는 의미가 없어진다.

그러나 죽는 순간에 모든 것이 달라진다. 포식자는 죽는 순간 먹이사슬과 단절된다. 죽은 식물은 더 이상 대기로부터 신선한 이산화탄소를 공급받지 못한다. 죽은 초식동물은 더 이상 신선한 식물을 먹지 않는다. 죽은 동물이나 식물의 몸속에 있는 탄소 14는 계속 질소 14로 붕괴한다. 그러나 더 이상 대기에서 새로운 탄소 14를 공급받지 못한다. 그래서 죽은 조직에서는 탄소 12에 비해서 탄소 14의 비율이 낮아지기 시작한다. 그 낮아지는 속도는 5,730년이라는 반감기에 따른다. 따라서 죽은 동식물에 들어 있는 탄소 12와 탄소 14의 비율을 측정하면, 죽은 시기를 알 수 있다. 이 방법은 연구자들, 특히 이곳 옥스퍼드의 톰 하이엄 같은 이들이 오염 문제를 배제시키면서 고대 분자를 추출하는 기술을 개발함에 따라, 점점 더 정교해지고 있다. 탄소 14 연대 측정법은 토리노의 수의가 예수가 살던 시대의 것일 수 없다는 점을 증명했다. 중세의 것이다. 그 방법은 비교적 최근 역사에 속한 유물의 연대를 측정하는 놀라운 수단이지만, 더 오래된 연대를 측정하는 데에는 쓸모가 없다. 탄소 14가 거의 다 질소 14로 붕괴하고, 남은 양이 너무 적어서 정확히 연대를 측정할 수가 없기 때문이다.

절대 연대를 측정하는 방법들은 더 있으며, 계속 새로운 방법들이 창안되고 있다. 이렇게 방법들이 많으므로, 그것들을 조합하면 짧은 기간에서 대단히 긴 기간까지 다룰 수 있는 이점이 있다. 또 각각의 방법을 써서 나온 연대를 교차 점검할 수도 있다. 서로 다른 방법들을 통해서 확인된 연대 측정값을 반박하기란 극도로 어렵다.

기바통발 이야기

기바통발(humped bladderwort, *Utricularia gibba*)은 금어초와 비슷하게 생긴 노란 꽃이 피는 수생식물이다. 뿌리에 붙어 있는 작은 "주머니(bladder)"는 언뜻 보면 기이하게 느껴질 수도 있다. 그 영어 단어가 방광이라는 뜻도 있기 때문이다. 그러나 이 주머니의 용도는 더 무시무시하다. 같은 속의 여느 통발 종들과 마찬가지로, 이 식물도 육식성이다. 각 주머니는 (말 그대로) 털 한 가닥만 건드려도 작동하는 포충낭, 즉 치명적인 덫이다. 달려 있는 털들 중에서 한 가닥이라도 무엇인가에 스치는 순간 덜컥 열릴 준비를 하고 있는 밀봉된 저압실이다. 지나가는 동물이 털을 건드리면 덫이 펑하고 열리면서 그 안으로 빨려 들어간다. 그러면 그 동물은 갇힌 채 서서히 소화된다.

생물들이 먹고 먹히는 모습은 자연사 다큐멘터리의 단골 소재이다. 기바통발은 식물과 동물의 관계가 역전되었기 때문에 우리의 호기심을 끈다. 그러나 또다른 수준에서도 우리에게 자연사에 관한 교훈을 하나 준다. 생태계의 종들 사이에서 벌어지는 포식이 아니라, 한 유전체에 있는 유전자들의 관계에 관한 교훈이다. 이 기이한 작은 식물이 주는 그 교훈을 이해하려면, 먼저 살펴보아야 할 것이 있다. 이 식물은 이 이야기의 말미에 다시 중앙 무대로 불러들이기로 하자. 그때 이 멋진 작은 유전체는 우리 DNA의 대부분이 실제로 무엇을 하는지를 알려줄 것이다.

1970년대 이래로, 우리는 한 생물의 유전체를 이루는 DNA의 총량, 이른바 "C값 (C-value)"이 유전체의 전체적인 복잡성과는 거의 무관하다는 사실을 깨달았다. 여기에는 "C값 역설"이라는 이름까지 붙어 있다. 이미 우리는 무려 1,330억 개의 문자로 이루어진 유전체를 지닌 알락페어를 만난 적이 있다. 우리의 주목을 끄는 또 하나의 사례는 이 분야의 손꼽히는 연구자인 라이언 그레고리가 내놓았다. 요리 준비를 할 때, 양파(*Allium cepa*)가 사람보다 5배 더 큰 유전체를 지닌다는 사실을 눈물을 글썽이면서 생각해보라. 식물과 동물이 유전체 명령문들을 배치하는 방식이 서로 다르기 때문은 아닐까? 그렇지 않다. 유연관계가 가까운 종들 사이에서도 동일한 양상이 나타난다. 도롱뇽의 한 종류인 플레토돈속(*Plethodon*)에는 우리보다 유전체가 4배나 큰 종들이 있다. 양파의 친척들에서도 마찬가지이다. 골파처럼 생긴 종인 알리움 알틴콜리쿰(*Allium altyncolicum*)은 우리보다 유전체가 "겨우" 2배 크다(다른 부추류의 C값은 우리보다 조금 클 뿐이다). 산마늘의 일종인 알리움 우르시눔(*Allium ursinum*)은 우리보다 유전체가 무려 9배나 크다. 옥수수는 더욱 놀랍다. 한 종 내에서도 유전체 크기가 무려 50퍼센트까지 차이가 날 수도 있다.

C값 역설은 단순히 유전체 전체에 중복이 일어났다는 식으로는 설명할 수가 없다. 척추동물의 유전체는 먼 과거에 그 과정을 통해서 4배로 불어난 바 있다("칠성장어 이야기" 참조). 사실 배수성(polyploidy)이라고 하는 그런 양상은 식물, 특히 밀 같은 작물이나 나팔수선화 품종 같은 원예식물에서 꽤 흔하게 나타난다. 이런 사례들에서는 중복이 최근에 일어났고, 현미경으로 보면 염색체 2개가 쌍을 이룬 전형적인 양상을 보이지 않고, 거의 똑같이 생긴 것이 4개나 6개씩 늘어서 있다. 온전한 유전체 서열을 살펴보고 비슷한 유전자들의 여러 사본들(척추동물의 혹스 유전자들처럼)을 조사함으로써 더 오래 전의 중복 사건을 알아낼 수 있다는 것도 사실이다. 비록 꽃식물의 대다수 집단에서 비슷한 양상을 뚜렷이 볼 수 있지만, 양파도 과연 그런지는 명확하지 않다. 더욱 중요한 점은 부추속(*Allium*)의 종들, 또는 플레토돈속 도롱뇽의 종들이 유전체 크기가 4배까지 차이가 나는 이유를 중복으로는 설명하지 못한다는 것이다.

그 유전체 크기 차이는 대부분 유전자 수에서 비롯되는 것도 아니다. "유전자"를 단백질 암호를 지닌 서열이라는 학술적인 의미로 쓸 때 말이다. 양파 유전체 서열은 아직 분석되지 않았지만, 우리는 사람에게서 단백질 암호를 지닌 영역이 DNA 전체 중에서 1퍼센트를 겨우 넘는 수준에 불과함을 알며, 실제로 양파에서는 그 비율이 훨씬 더 낮을 것이라고 예상할 수 있다. 알려진 유전체들을 비교하면, C값 역설의 해답이 우리 순례자들의 유전체에 있는 방대한 비암호 DNA 영역에 있다는 사실이 명백해진다.

"비암호 DNA(non-coding DNA)"는 유감스러운 용어이다. 전혀 아무 일도 하지 않는 무의미한 서열이라는 말처럼 들린다. 그러나 실제로 반드시 그렇지는 않다. 암호 DNA는 "유전 암호"(DNA의 문자 3개가 단백질의 아미노산 1개에 대응하는 규칙 집합)를 쓰기 때문에 그런 이름이 붙어 있다. 비암호 DNA는 그렇지 못하지만, 그래도 온전한 명령문을 지니고 있을 수 있다. 따라서 그 용어는 혼란을 일으키며, 프랜시스 크릭이 지적했다시피, DNA에서 단백질로의 번역은 어쨌거나 진정한 암호 해독이 아니다. 전문용어를 쓰면, 암호화(cipher)이다. 즉 하나의 정보를 다른 정보로 전환하는 방법이다. 유전학 어휘집에서 "비암호 DNA"라는 용어를 제거하고 오해를 덜 일으키는 용어, 이를테면 "번역되지 않는(untranslated) DNA" 같은 용어로 대체하는 편이 더 낫다. "생쥐 이야기"에서 살펴보았듯이, 이 번역되지 않는 영역에는 유전자를 켜고 끄는 중요한 스위치가 들어 있다. 그러나 거기서 말했다시피, 그런 제어 서열은 번역되지 않는 DNA의 10분의 1도 채 되지 않는다. 그렇다면 나머지는 무엇일까?

무엇을 위해서 있는 것일까? 여기서 곤충학자 조지 맥개빈의 이야기를 들어보자. 어느 화창한 날 이 책의 두 저자가 박물관에서 일하고 있을 때, 한 여성이 그에게 다가와서 물었다. "말벌이 대체 왜 있는 건가요?" 그는 진화를 설명할 때면 으레 그렇듯이, 인내심을 가지고 진화의 기초 지식을 자세히 설명한 다음, 인간의 관점에서 생물이 어떤 무엇인가를 위해서 존재한다는 식으로 보아서는 안 된다고 마무리를 지었다. 그녀는 알아들었다는 태도로 고개를 끄덕이고는 떠났다. 그러나 잠시 뒤에 뭔가를 떠올린 듯이 그녀는 다시 돌아와서 다음 질문을 했다. "그런데 벌레는 왜 있는 건가요?"

이제 맥개빈 박사는 그저 "말벌은 다른 말벌을 만들기 위해서 존재해요"라고 답하곤 한다. 그 함축적인 묘사는 DNA 수준에서 보면 더욱 정확하다. 우리가 파악하는 한, DNA 서열의 기능은 궁극적으로 자신의 사본을 더 많이 만드는 것이다. 『이기적 유전자』가 말하고자 한 것도 바로 그것이며, C값 역설을 풀 열쇠도 거기에 들어 있다. 물론 우리는 한 DNA 서열이 빚어내는 결과를 살펴본 다음, 그 결과가 해당 생물에게 이런저런 이점을 제공한다(그럼으로써 그 서열에 간접적으로 혜택이 제공된다)고 주장할 수 있다. 우리의 눈이 "보기 위해서" 진화했다고 말하는 것이 타당하다면, 분자 수준에서 빨강, 초록, 파랑 옵신 유전자들이 "보기 위해서" 진화했다고 말하는 것도 타당하다. 더 따지고 들면, 우리는 그 유전자들이 하나의 기능을 가진다고 볼 수 있다. 특정한 파장의 빛을 흡수함으로써, 그냥 보는 차원이 아니라 색깔을 볼 수 있게 해주는 단백질을 생산하는 기능이다("울음원숭이 이야기 참조"). 그러나 그렇게 말하면 너무 단순화한 것이다. 빨강과 초록 옵신 유전자가 둘 다 존재하는 궁극적인 이유는 하나뿐이다. 그것들이 들어 있는 몸이 죽은 횟수보다 그 유전자가 복제된 횟수가 더 많았기 때문이다. 돌이켜보면, 그런 일이 일어날 만한 이유는 많이 있다. 그냥 우연히 일어났을 수도 있다. 그러나 그런 유전자들이 몸 전체에 통계적인 혜택을 제공할 가능성이 더 높다. 조상 원숭이가 빨강과 초록을 구별할 수 있게 함으로써, 더 익은 과일을 딸 수 있게 하고, 더 많은 자식을 남기게 할 수 있다. 그 자식들도 옵신 유전자들의 사본을 대물림할 가능성이 높다. 단백질 암호 유전자들은 대부분 그와 동일한 역사적 이유로 존재한다. 그 유전자들은 유전체 전체에 더 많은 사본들이 들어가도록 하기 위해서, 나아가 집단을 통해서, 세대를 통해서 유전체 전체가 계승되도록 하기 위해서 다른 유전자들과 협력한다. 기능과 일관성 있는 설계라는 환상은 바로 거기에서 나온다.

그러나 DNA 서열이 자신의 사본을 만들 수 있는 방법들은 또 있다. 가장 확실한 방법은 개별적으로, 각기 다른 몸 사이를 오가는 것이다. 가장 친숙한 사례는 바이러스이다. 따라서 이 자리에서 바이러스를 소개해도 괜찮을 성싶다. 우리의 이야기와 관련이 있을뿐더러, 다른 생명체들과 어떤 관계에 있는지 불분명하므로 우리 순례여행의 어딘가에서 정식으로 합류하지 못할 것이기 때문이다.

바이러스는 짧은 DNA나 RNA 가닥이 단백질 보호 껍질로 감싸인 형태이다. 적어도 일부 바이러스는 다른 생물의 유전체에 들어가서 일부가 될 가능성이 있으며, 그런 바이러스에게서는 세포 사이를 이동할 능력이 진화했다. 그들은 말 그대로 스스로 삶을 얻은 유전자들이다.*

바이러스는 서열이 짧아서 DNA 복제에 필요한 모든 단백질들의 암호를 지닐 수가 없다(돼지서코바이러스가 서열이 가장 짧다고 알려져 있는데, 겨우 1,768개의 문자로

---

* 비록 바이러스가 진화한다는 데에는 모든 사람들이 동의하지만, 바이러스가 "살아 있는지" 여부를 놓고서는 논쟁이 벌어진다. 우리는 목적지인 캔터베리에 도착했을 때, 생물과 무생물의 구분이 불연속적인 마음의 폭정이 빚어낸 또 하나의 사례임을 보게 될 것이다. 우리가 바이러스가 살아 있다는 꼬리표를 붙이는 쪽을 선택하느냐 여부는 무의미한 의미론적인 문제이다. 우리는 바이러스가 어떻게 활동하는지를 안다. 그것으로 충분하다.

이루어져 있다). 바이러스는 스스로 복제를 하지 않고, 숙주 세포에게 그렇게 하도록 강요한다. 숙주의 세포 기구는 바이러스 유전체를 복제하는 데에 쓰일 뿐만 아니라, 외피와 애초에 세포에 침입할 수 있게 해주는 기구 등 바이러스의 다른 부위들을 합성하는 데에도 쓰인다.

이 글을 읽는 당신의 몸에도 바이러스들이 들어 있다. 수두대상포진 바이러스는 수두를 일으키며, 그 뒤에 당신의 여생 동안 당신의 신경세포 안에서 휴면한 채로 지낸다. 당신이 어릴 때에 수두에 걸렸다면, 그 바이러스가 아직 몸 속에 들어 있을 가능성이 있다. 우리는 그 바이러스가 무엇을 위한 것이고, 왜 거기에 있는지 물을 수도 있다. 스스로 번식할 준비를 할 수 있기 때문에, 그리고 당신의 면역계가 어떤 이유에서인지 그것을 제거할 수 없기 때문에 그렇다는 것은 분명하다. 다시 말해서, 바이러스는 더 많은 바이러스를 만들기 위해서 존재한다.

수두대상포진 바이러스일 때는 누구나 이 결론에 동의할 것이다. 유전체가 언제나 세포에 있는 나머지 DNA와 별개인 상태로 존재하는 바이러스이기 때문이다. 그러나 레트로바이러스(retrovirus)라는 형태의 바이러스는 상황이 조금 복잡하다. 그들은 자신의 유전체를 세포의 주된 DNA에 영구히 이어붙임으로써, 숙주 유전체, 우리 자신의 일부가 될 수 있기 때문이다. 예상할 수 있겠지만, 바이러스가 어느 지점에 삽입되느냐에 따라서, 숙주에게 심각한 문제가 생길 수 있으며, 특히 암이 그렇다(고양이의 백혈병은 흔한 안타까운 사례이다). 인간에게 더 두려운 존재는 면역계의 특정한 세포에 통합되는 레트로바이러스이다. 사람 면역결핍 바이러스(human immunodeficiency virus), 즉 HIV가 악명이 자자한 사례이다. HIV가 가장 잘 알려지기는 했지만, 그것이 사람 레트로바이러스 중에서 가장 흔한 종류는 아니다. 면역계 세포는 궁극적으로 막다른 골목이나 다름없기 때문이다. 우리가 죽을 때에 그들도 죽는다. 그와 유연관계가 있는 한 바이러스, 아니 사실 바이러스 집합은 이 문제를 우회한다. 우리 모두는 그 바이러스에 감염되어 있다. 그들은 어찌어찌하여 인간의 생식계통에 침입했고, 그럼으로써 우리의 나머지 DNA와 함께 부모에게서 자식에게로 전달되기 때문이다. 그들을 내생 레트로바이러스(endogenous retroviruses)라고 하며, 우리와 우리의 조상들은 수백만 년째 그들에게 감염되어 있다.* 그들은 종류가 많으며, 각기 다른 진화적 시점에 우

---

* 이로부터 왜 동물의 생식계통이 생애 초기에 몸의 나머지 부위들과 갈라지는지를 설명하는 흥미로운 주

리를 감염시켰고, 다른 세포로만이 아니라 유전체의 다른 지점으로도 (더 빈번하게) 퍼졌다. 우리 DNA에서 계속 퍼져나간 끝에, 바이러스에서 유래한 서열(마찬가지로 어떻게든 생식계통으로 침입한 다른 많은 바이러스들의 서열도 포함한)은 인간 유전체의 약 10퍼센트를 차지하게 되었다.

번역되지 않는 DNA가 왜 있으며, 양이 왜 그렇게 다양한지는 이것으로 어느 정도는 설명이 된다. 그저 고대의 감염 역사를 반영한다는 것이다. 기카스 마기오르키니스 연구진은 최근에 (구세계원숭이를 제외한) 유인원의 유전체에서 내생 바이러스의 양이 불어나는 속도가 느려졌다는 연구 결과를 내놓았다. 한 주요 내생 바이러스 계통은 아예 소멸했다. 그들의 DNA가 제거되었다는 뜻이 아니다. 그저 돌연변이가 일어나서 그 서열이 더 이상 복제되지 못한다는 의미이다. 그러나 소멸한 바이러스의 사체들은 우리의 유전체에 여전히 널려 있다.

우리는 유전체와 컴퓨터 하드디스크 사이에 타당한 유추를 이끌어낼 수 있다. 유전체처럼 하드디스크에도 기존 자료들의 잔해가 가득하다. 바깥에서는 보이지 않는 것들이다. 당신이 컴퓨터에서 낡은 파일을 하나 삭제했을 때, 그 파일 자체는 지워지는 것이 아니다. 그 파일이 어디에 있는지 가리키는 포인터가 제거되는 것일 뿐이다(그래서 위급한 상황에서는 삭제했던 파일을 복구하는 것이 가능하다). 그와 비슷하게 유전체에서도 쓰이지 않는 유전자는 대개 제거되지 않으며, 대신에 돌연변이가 축적되면서 원래의 기능을 지녔던 서열과 서서히 달라져간다. 바이러스는 그 유추를 한 단계 더 끌고 나간다. 심지어 때로 프로그래머의 사악한 의도를 담은 채 자기 복제를 하는 코드인 "컴퓨터 바이러스"까지 있다. 컴퓨터 바이러스처럼, 생물학적 바이러스나 그 잔해도 정상 기능을 너무 심하게 방해하지 않는 한, 우리의 유전체에서 들키지 않은 채 존속할 수 있다. 사실 내생 바이러스는 우리 유전체의 주요 멀웨어(malware)가 아니다. 그들은 훨씬 더 많은 출연진 중 한 배우에 불과하다. 그 출연진 전체를 일반적으로 전이 인자(transposable element)라고 부른다.

전이 인자, 즉 트랜스포존(transposon)은 유전체 내에서 복제를 할 수 있다는 공통점

장이 하나 나온다. 성년기에 감염되는 바이러스가 생식계통으로 침입하는 것을 막기 위해서라는 것이다. 이는 생식계통을 분리하는 더 일반적인 이유의 한 특수한 사례에 불과하다. 이기적인 복제자가 몸 전체에는 해를 끼치지 않으면서 생식계통을 침투하는 데에 도움을 줄 방법을 진화시키는 것을 막기 위해서이다.

이 있다. 그들은 한 세포에서 DNA의 새 지점으로 도약함으로써 증식한다. 트랜스포존은 인간 DNA의 약 절반을 차지하지만, 컴퓨터 멀웨어처럼 계속 살아남기 위해서 은밀하게 행동하므로 우리는 그들의 움직임을 거의 알아차리지 못한다. 1940년대에 한 세심한 연구를 통해서 옥수수에 그들이 존재한다는 것이 드러났지만, 트랜스포존이 옥수수 유전체의 무려 85퍼센트를 차지함에도 불구하고 그 연구 결과가 받아들여지는 데에는 무려 수십 년이 걸렸다(그 발견자인 바버라 매클린톡은 1983년에야 비로소 노벨상을 받았다). 앞에서 살펴보았듯이, 일부 인자는 바이러스성이며, 생물 사이를 도약할 수 있다. 그러나 오로지 유전체 내에서만 복제를 하는 쪽으로 분화한 다수의 보이지 않는 트랜스포존이 훨씬 더 흔하다. 유전체 서열 분석 결과, 양파, 도롱뇽, 옥수수 등 모든 복잡한 생명체의 유전적 물질의 양이 크게 차이를 보이는 것은 주로 트랜스포존의 수 차이 때문임이 드러났다.

이제 C값 역설로 돌아갈 때이다. 일찍이 1976년에 나는 『이기적 유전자』에서 이런 주장을 했다. "잉여 DNA를 설명하는 가장 단순한 방법은 그것이 기생체라고, 아니 다른 DNA가 만든 생존 기계에 무임승차한, 잘해야 무해하고, 아무런 쓸모도 없는 승객이라고 가정하는 것이다." 4년 뒤에 포드 둘리틀과 카르멘 사피엔자 연구진, 그리고 레슬리 오겔과 프랜시스 크릭이 서로 독자적으로 선구적인 논문을 내놓았다. 전자는 제목이 "이기적 유전자, 표현형 패러다임, 유전체 진화"였고, 후자는 "이기적 DNA : 궁극의 기생체"였다. 물론 나는 대단히 기뻤고, "이기적 DNA"라는 용어는 이제 모든 전이인자를 설명할 때에 으레 쓰인다. 그러나 나는 여기서 이기적이라는 단어가 미흡하다고 생각한다. 『이기적 유전자』라는 책제목의 원래 의미는 모든 DNA 조각(느슨한 의미에서의 "유전자")이 이기적이라는 것이었다. 실질적으로 관습적인 유전 체계가 그들에게 몸을 만드는 데에 협력하라고 부추기기는 해도, 그들은 본래 이기적이라는 의미였다. 트랜스포존은 유전체 내에서 퍼지는, 색다른 복제방식을 터득한 독특한 유형의 이기적 유전자이다. 그들을 "초이기적(ultra-selfish)"이라고 할 수도 있다.

그런데 초이기적이라는 말을 붙일 만한 DNA 조각이 트랜스보존만은 아니다. 적극적으로 악행을 일삼는 조각들도 있다. 정상적인 "멘델" 유전법칙에 따르면, 한 정상적인 유전자가 어느 한 정자에 들어갈 확률은 50퍼센트이다. 그런데 "분리 왜곡 인자(segregation distorter)"라는 유전자는 이 확률을 자기에게 유리하게 편향시킨다. 한 예로, 생쥐의 이른바 t-유전자는 자신을 지니지 않은 정자를 죽인다. 이렇게 멘델 체계에 손대는 방법을 찾아낸 유전적 서열은 많이 있다. 오스틴 버트와 로버트 트리버스는 온갖 유형의 초이기적 유전자들을 폭넓게 살펴본 『갈등하는 유전자 : 이기적 유전인자의 생물학(*Genes in Conflict: The Biology of Selfish Genetic Elements*)』이라는 두꺼운 책을 쓴 바 있다.

그러나 모든 유형의 초이기적 DNA 중에서 가장 만연한 것은 트랜스포존이다. 우리는 30년 전보다 그들을 훨씬 더 많이 안다. 내생 바이러스처럼 그들도 대부분 비활성임을 알고 있다. 대개 치유 불가능한 돌연변이가 일어났거나 유전체의 좋지 않은 지점으로 도약한 결과이다. 또 우리는 아마 인간 유전체에서 가장 흔할 기생성 인자가 Alu라는 서열임을 안다. 약 300개의 문자로 이루어진 서열인데, 우리 유전체에 100만 개가 넘는 사본이 들어 있다. 문자 300개에는 그다지 기능이 담길 수가 없으며, Alu는 다른 트랜스포존의 일부를 이용해야만 자신을 복제할 수 있다. 다시 말해서, 다른 유전체 기생체의 기생체, 즉 "초기생체"이다. Alu는 영장류에게만 있으며, 아마 공조상 8과 9 사이의 어느 시기에 하나의 사본에서 출발했을 것이다. 이들의 기원도 밝혀지고 있다. 그 DNA에는 7SL RNA라는 분자를 만드는 중요한 유전자와 서열이 일치하는 부위들이 있다. 이 유전자는 모든 세포에 있으며, 세포 안에서 단백질을 이동시키는 일을 돕는다. Alu는 이 유전자의 한가운데가 우연히 잘려나가고 그 결과 우연히 도약하는 능력을 얻음으로써 생긴 듯하다. 이것은 자연선택이 어떻게 일어나는지를 보여주는 좋은 사례이다. "복제를 원하는" 것이 유전자라고 생각한다면, 약간의 오해를 불러일으킬 수도 있다. 우연히 이 특성을 습득한 서열은 유전자가 아니라 현재 우리의 유전체에서 발견되는 바로 그 서열 자체이다.

우리 몸에는 다른 전이 인자도 많으며, 대부분은 Alu보다 더 길다. 그중에는 레트로바이러스와 비슷한 방식으로 스스로를 유전체에 이어붙이는 종류도 많다. 한 가지 설득력 있는 이론은 이런 인자가 다른 바이러스의 외피 단백질을 어찌어찌하여 습득하여 "감염성을 띰으로써," HIV 같은 레트로바이러스가 진화했다고 본다. 더 전체적으로 보면, 트랜스포존의 종류와 수는 종마다 다르며, 각 종의 진화 역사에 따라서 다르다. 바로 그것으로 C값 역설도 설명이 된다. 이 DNA는 왜 있을까? 둘리틀과 사피엔자는 이렇게 대답했다. "표현형적 기능이 밝혀지지 않은 어느 DNA나 DNA 집단에서 자신의 유전체 내의 생존을 확보하는 전략(자리 이동 같은)이 진화했음이 드러난다면, 그것이 존재하는 이유를 굳이 다른 식으로 설명할 필요가 없다."

인간이 완성된 존재라는 믿음에 빠져 있는 일부 사람들은 이 개념을 거부한다. 이런 전이 서열의 "기능"을 찾아내려는 시도는 종종 있어왔다. 불필요한 일일 수도 있다는 사실을 인정하지 않은 채 말이다. 그들은 유전체가 얻은 중요한 혜택들 중에서 트랜스포존이 일으킨 돌연변이에까지 거슬러올라갈 수 있는 것들이 아주 많다는 사실에 혹해서 잘못 생각하게 된 것인지도 모른다. 우리는 "울음원숭이 이야기"에서 Alu가 일으킨 유전자 중복에서 삼원색 색각이 나왔음을 살펴본 바 있다. 트랜스포존이 유전자를 켜고 끄는 "스위치"를 낀 채 유전체 내에서 돌아다님으로써 기존 유전자들의 활성을 바꾼다는 것도 알려져 있다. 이들이 우리 유전체의 진화에 이렇게 깊이 관여한다는 사실에 놀랄 필요는 없다. 초이기적 인자들은 우리 유전체에서 엄청난 비율을 차지할 뿐만 아니라, 우리 DNA를 자르고 바꾸는 쪽으로 진화해왔기 때문이다. 우리는 심지어 그 DNA 중의 일부가 나중에 생물 자체의 번식을 돕는 역할을 하는 쪽으로 전용될 것이라고도 예상할 수 있다. 이 기생성 DNA 조각의 돌연변이 유발 활동은 대개 해를 끼친다. 돌연변이의 대다수는 본래 해롭기 때문이다. 그리고 "울음원숭이 이야기"의 경고를 되새기자면, 우리 유전체가 장기적으로 재구성되는 데에 얼마나 많은 기생성 인자들이 관여하든 간에(그들이 주된 추진력이라는 증거도 있다), 그것이 그들이 우리 유전체에 존속하는 이유는 아니다. 자연선택은 어떤 DNA 조각이 혹시나 유용한 돌연변이를 제공할 수 있지 않을까 하면서 그것을 간직하는 짓 따위는 하지 않는다. 시드니 브레너의 냉소적인 말마따나, "백악기에 쓸모 있을지도 모르는" 것을 말이다.

초이기적 DNA가 제공한 혜택을 찾으려는 노력은 ENCODE라는 다른 면에서는 유용한 국제 공동 연구계획 때문에 조금의 오해를 불러일으키기도 했다. 그 계획의 원래 목표는 유전체에서 세포에 쓰이는 영역들을 지도로 작성하겠다는 것이었다. 최근에 그 연구단이 인간 유전체의 80퍼센트가 "생화학적 기능"을 가진다고 말했다고 널리 보도되었다. 우리 유전체의 절반이 기생성이고, 그 절반의 대부분이 잠잠하거나 퇴화하고 있는 영역이라는 점을 생각하면, 약간 엉뚱한 말 같다. 그러나 앞에서 살펴보았듯이, 기능이란 조금은 모호한 용어이다. 인코드 계획은 어떤 DNA 서열이 거의 일관된 방식으로 세포와 상호작용을 한다면 "생화학적 기능"을 가진다고 정의함으로써,

그 단어의 용법을 일상적인 용법보다 더욱 모호하게 만든 듯하다. 물론 그 정의에는 바이러스와 트랜스포존의 활동도 포함된다(생물 자체에 반드시 혜택을 주는 것은 아니라고 해도, 아무튼 "생화학적 기능"이기는 하니까). 서열이 뜻하지 않게 어떤 식으로 세포 기구와 상호작용을 하는 죽은 인자도 포함된다.

그보다 더 의미 있는 해석을 내놓는 진화적 접근법이 있다. 어떤 특정한 DNA 서열이 생물에게 유용한 기능을 제공한다면, 우리는 그것이 지질시대에 걸쳐 보존될 것이라고 예상할 수 있다. 그러한지 여부는 비교적 쉽게 측정할 수 있다. 한 예로, 최근에 이곳 옥스퍼드의 크리스 랜즈 연구진은 우리 유전체에서 삽입이나 결실이 거의 일어나지 않은 영역을 조사했다. 삽입이나 결실은 유용한 기능을 하는 DNA 영역에 일어나면 견뎌낼 가능성이 적은 파괴적인 돌연변이이다. 그 돌연변이는 자연선택을 통해서 제거될 가능성이 높다. 연구진은 이런 교란 불가능한 영역이 우리 DNA의 7-9퍼센트를 차지한다는 것을 알아냈다. 그 7-9퍼센트에 인간을 만드는 기본 명령문들이 들어 있다. 나머지 영역은 덜 유용한 기능을 제공하는 것이 분명해 보인다. 아니 그보다는 그런 영역에서 큰 돌연변이가 일어나도 인간이 영향을 받지 않는 듯하다고 말하는 편이 더 정확하겠다. 그 DNA 중에서 상당 부분이 어떤 생화학적 기능을 가진다고 해도 말이다. 흔히 그 "쓸모없는" 영역을 쓰레기, 즉 "정크(junk) DNA"라고 한다. 물론 트랜스포존이 보여주듯이, 그런 곳도 어떤 기능을 가질 수 있다. 생물 전체에 반드시 유익한 기능이라고 할 수는 없을지라도 말이다.* 어느 DNA든 그것의 기능은 자신을 복제하는 것이다. 우리는 서로 협력하여 생물의 배아를 만드는 우회적인 길을 통해서 이 목표를 달성하는 DNA의 부분집합을 다루는 데에 익숙하다.

우리의 DNA에 기능을 할당하기 위해서 어떤 방법을 쓰든 간에 미묘하고도 간접적인 계산이 필요하며, 아직 우리가 이해하지 못한 부분이 많다. 예를 들면, 서열 자체가 중요한 것이 아니라, 충전재의 사례에서처럼 DNA의 구조가 어떤 역할을 하는 것일 수도 있다. 우리가 정크라고 추정하는 90퍼센트를 제거한 다음에도, 우리의 DNA가 여전히 인간을 만드는지 알아보는 것이야말로 이 문제의 진정한 검사법일 것이다. 기술적으로 불가능하다는 점을 논외로 치더라도, 그런 실험은 세계의 어느 윤리위원회에서

---

* 최근에 숀 에디는 『커런트 바이올로지(*Current Biology*)』에 "C값 역설, 정크 DNA, 인코드"라는 제목으로 이런 질문과 답의 "요약 안내서"라고 할 탁월한 논문을 발표했다.

도 승인을 받지 못할 것이다. 다행히도 우리를 위해서 비슷한 실험이 이루어져왔다. 우리는 마침내 이 이야기의 화자인 기바통발에게로 돌아갈 수 있게 되었다.

"기바통발 이야기"에는 "유전체가 줄어드는 믿을 수 없는 사례"라는 부제목을 붙일 수도 있다. 기바통발의 유전체는 우리의 것보다 약 40배 더 적다. 단백질 암호를 지닌 유전자의 수는 우리보다 실질적으로 상당히 더 많은데도 말이다. 심지어 유연관계가 가까운 물꽈리아재비와 좀더 먼 친척인 토마토처럼 유전체가 작은 다른 꽃식물들과 비교해도 유전체가 훨씬 더 작다. 2013년에 한 국제 연구진이 기바통발 유전체의 서열을 분석함으로써, 그들이 어떻게 그런 놀라운 일을 해냈는지가 밝혀졌다. 독자도 당연히 추측했겠지만, 기바통발은 초이기적 DNA의 대다수를 제거함으로써 그 일을 해냈다. 그 유전체에서 전이 인자가 차지하는 비율은 현재 3퍼센트도 채 되지 않는다.

기바통발이 어떻게 그런 일을 해냈는지는 아직도 수수께끼이지만, 뜻밖에도 그 식물의 유전체는 처음에 세 차례나 연속적으로 유전체 중복 사건을 겪으면서 사실상 **불어났던** 듯하다. 그렇게 여분의 유전자 사본들을 가졌던 덕분에 그 뒤에 유전체의 큰 덩어리가 잘려나갔을 때에도 살아남았을 것이라는 주장이 나와 있다. 그러나 우리가 보기에, 그 논리는 허술하다. 이 식물이 무임승차한 기생성 DNA를 어떻게 제거했는지를 제대로 밝혀낼 수 있으려면, 더 많은 연구가 필요하다.

그런데 왜 유독 기바통발이 그 일을 한 것일까? 진화식물학자들은 확신하지 못하지만, 다른 벌레잡이 식물들처럼 기바통발이 양분이 부족한 환경에서 산다는 점에 해답이 있을지도 모른다. 특히 기바통발은 DNA의 주성분인 인이 늘 부족하다. 그래서 DNA 생산량을 줄이는 쪽으로 극도록 강한 선택압을 받은 것일 수도 있다.

우리 자신을 비롯한 다른 생물들에서도 초이기적 DNA의 양은 어떤 제약을 받고 있는 것이 틀림없다. 그렇지 않다면 그들은 우리 유전체 거의 전체를 차지했을 것이다. 그들을 통제하는 한 가지 방법은 트랜스포존 억제기구를 진화시키는 것이다. 2006년의 노벨 의학상은 1998년에 기존에 알려지지 않았던 유전자 조절기구를 발견한 앤드루 파이어와 크레이그 멜로에게 돌아갔다. RNA 간섭(RNA interference, RNAi)이라는 이 메커니즘은 일종의 유전체 면역계처럼 행동한다. 세포 안에 떠다니는 (이중 가닥) RNA를 만드는 유전자를 인식하여 차단하는데, 트랜스포존이나 레트로바이러스가 바로 그런 RNA를 만든다. 우리 공조상 38의 후손들은 그 뒤로 RNAi 메커니즘을 써서 기생성 유전자뿐 아니라, 온갖 유전자를 조절하는 법을 터득해왔다. RNAi는 현재 생명공학의 필수 도구가 되었다. 그러나 그것이 트랜스포존의 해로운 행동을 막기 위해서 진화했다는 점은 확실하다. 더 최근에는 내생 레트로바이러스의 활동만을 차단하는 다른 유전자 조절기구들도 발견되었다. 그리고 기바통발은 이 유전체 정크 중에서 일부를 제거하는 것이 가능함을 극단적인 양상으로 보여준다. 마치 우리 유전체의 단순히 이기적 요소와 초이기적 요소 사이에 분자 수준에서 장기적인 군비 경쟁이 벌어져 온 듯하다. 우리 몸 그리고 모든 생물의 몸에 든 DNA 양은 이 세포 내전에서 과거에 누가 이기고 졌는지를 반영한다.

믹소트리카 이야기

믹소트리카 파라독사(*Mixotricha paradoxa*)는 "털들의 의외의 조합"을 의미한다. 잠시 뒤에 왜 그런 이름이 붙었는지 살펴보기로 하자. 그들은 오스트레일리아의 흰개미인 "다윈흰개미"의 소화관에 사는 미생물이다. 그곳 주민들에게는 반드시 기뻐할 일은 아니겠지만, 흥미롭게도 그 흰개미들의 주요 서식지인 오스트레일리아 북부에는 다윈이라는 마을도 있다.

흰개미는 거대한 석상 같은 둔덕을 만들면서 열대 곳곳에 무리를 지어 산다. 열대 사바나와 숲에서, 그들의 개체 밀도는 1제곱미터당 1만 마리에 달하며, 연간 생산되는 죽은 나무, 잎, 풀의 3분의 1을 먹어치우는 것으로 추정된다. 그들은 단위면적당 생물량이 세렝게티와 마사이마라에서 돌아다니는 누영양 떼의 2배나 되는 데다가, 열대 전체에 걸쳐 퍼져 있다.

흰개미가 거둔 그런 놀라운 성공의 근원이 무엇인지 묻는다면, 두 가지라고 대답할 수 있다. 첫째, 그들은 나무를 먹을 수 있다. 나무에는 셀룰로오스와 리그닌 같은 대개의 동물 소화관이 소화시킬 수 없는 물질들이 들어 있다. 이 이야기는 뒤에서 다시 하기로 하자. 둘째, 그들은 대단히 사회적이며, 노동 분업을 통해서 상당한 수준의 경제성을 달성했다. 흰개미 둔덕은 크고 게걸스러운 한 개체가 지닐 만한 속성들을 다수 가지고 있다. 독창적인 환기 및 냉각 체계를 비롯하여 자체 해부구조, 자체 생리 현상, 진흙으로 빚어낸 자체 기관들을 갖추고 있다는 점에서 말이다. 둔덕 자체는 한곳에 고정되어 있지만, 그 안에는 무수한 입과 6개가 한 조인 무수한 다리들이 있으며, 섭식 영역은 거의 축구장만 한 넓이이다.

다윈주의 세계에서 흰개미가 이룩한 전설적이라고 할 만한 수준의 협동은 대부분의 개체가 불임인 반면, 생식 능력이 뛰어난 소수의 아주 가까운 친척이 있기 때문에 가능했다. 불임 일꾼들은 부모처럼 어린 자매들을 보살핌으로써 여왕이 알만 낳는 공장 역할에 매진하게 만든다. 여왕은 그 분야에서 기괴할 정도로 능률적이다. 일꾼 행동을 하게 하는 유전자들은 일꾼의 자매인 번식할 운명의 소수를 통해서(불임이 될 운명인 대다수 자매들은 그들의 번식을 돕는다) 다음 세대로 전달된다. 그 체제가 제대로 움직이려면 어린 흰개미가 자라서 일꾼이 될지 번식자가 될지 여부가 오로지 비유전적으로 결정되어야만 한다. 모든 어린 흰개미들은 번식자가 될지 일꾼이 될지 여부를 결정하는 환경의 복권 추첨에 쓰일 유전적 복권을 하나씩 가지고 있다. 어떤 유전자가 무조건 불임을 야기한다면, 그 유전자는 다음 세대로 전달될 수 없다. 따라서 불임 여부는 **조건에 따라** 스위치가 켜지는 유전자들을 통해서 결정되어야 한다. 그 유전자들은 여왕이나 왕의 몸을 통해서 다음 세대로 전달된다. 같은 유전자의 사본들이 일꾼들로 하여금 자신의 번식을 도외시하고 여왕의 번식을 돕도록 하기 때문이다.

가끔 곤충 군체를 인간의 몸에 비유하곤 하는데, 나쁘지는 않다. 우리의 세포들은 대부분 개체성을 양도하고 번식할 수 있는 소수의 세포들을 돕는 데에 헌신한다. 정소나 난소에 있는 "생식세포계" 세포들을 말이다. 그 세포들에 들어 있는 유전자는 정자나 난자를 통해서 먼 미래로 여행할 운명이다. 그러나 생산적인 노동 분업을 위해서 개체성을 양도하는 이유가 유전적인 친척관계 때문만은 아니다. 자연선택은 양쪽이 서로의 부족한 점을 보완해주는 상부상조는 어떤 것이든 선호하는 경향이 있다. 극단적인 사례를 살펴보기 위해서, 부글거리고 악취가 풍길 것 같은 화학 배양기인 흰개미의 소화관 속으로 들어가보자. 그곳은 믹소트리카의 세상이다.

앞에서 말했듯이 흰개미는 꿀벌, 말벌, 개미보다 유리한 점이 있다. 엄청난 소화 능력이 그것이다. 흰개미는 목조 주택에서 당구공, 가치를 따질 수 없는 셰익스피어 초판본에 이르기까지 거의 닥치는 대로 먹어치울 수 있다. 목재는 먹이로서의 가치가 충분하지만, 거의 모든 동물들은 셀룰로오스와 리그닌을 소화시킬 수 없기 때문에 그것을 먹지 않는다. 흰개미와 일부 바퀴 종들은 놀라운 예외 사례이다. 사실 흰개미는 바퀴와 친척 간이며, 다윈흰개미는 다른 이른바 "하등한" 흰개미들과 마찬가지로 일종의 살아 있는 화석이다. 바퀴와 고등한 흰개미의 중간 존재라고 볼 수도 있다.

셀룰로오스를 소화시키려면 셀룰라아제라는 효소가 필요하다. 대다수 동물들은 셀룰라아제를 만들 수 없지만, 일부 미생물들은 만들 수 있다. "태크 이야기"에서 설명하겠지만, 세균과 고세균은 생화학적으로 볼 때, 살아 있는 다른 모든 생물들의 능력을 합친 것보다 더 다재다능하다. 동물들과 식물들은 세균들이 쓸 수 있는 생화학적 비법들 중에서 일부를 사용할 뿐이다. 초식성 포유동물들은 셀룰로오스를 소화시키고자 할 때, 소화관에 살고 있는 미생물들에 의존한다. 진화를 거치면서, 그들은 미생물들이 내놓는 폐기물인 초산 같은 화학물질들을 이용하는 쪽으로 협력관계를 맺었다. 한편 미생물들은 자신들의 생화학 기구로 처리할 수 있게 잘게 잘리고 가공된 원료들이 가득한 안전한 피신처를 얻었다. 모든 초식성 포유동물들의 하부 소화관에는 세균들이 살고 있으며, 그곳에 도달한 먹이는 포유동물의 소화액으로 가공된 상태이다. 나무늘보, 캥거루, 콜로부스원숭이, 특히 되새김질을 하는 반추동물들은 상부 소화관에도 세균들이 살도록 하는 비법을 각기 독자적으로 진화시켰다. 자신이 직접 소화를 시키는 곳보다 더 앞쪽에 말이다.

포유동물들과 달리, 흰개미는 스스로 셀룰라아제를 만들 수 있다. 적어도 이른바 "고등한" 흰개미들은 그렇다. 그러나 다윈흰개미 같은 더 원시적인(즉 바퀴를 더 닮은) 흰개미들은 체중의 3분의 1 정도를 세균과 진핵세포 원생동물들을 비롯한 다양한 장내 미생물이 차지하고 있다. 흰개미들의 몸에서는 나무를 씹어서 소화시키기 좋게 자잘하게 만든다. 미생물들은 흰개미의 생화학적 연장통에 들어 있지 않은 효소들을 이용하여 그 나뭇조각들을 소화시키면서 살아간다. 아니, 그 미생물들이 흰개미의 생화학적 도구의 일부가 되었다고 말할 수도 있을 것이다. 소가 그렇듯이, 흰개미들은 미생물들이 내놓은 폐기물에 의존하여 살아간다. 나는 다윈흰개미를 비롯한 원시적인 흰개미들이 소화관에 미생물을 양식한다고 말할 수도 있지 않을까 생각한다.* 여기서

---

* 먹이 연료에서 에너지를 뽑아내는 방법은 크게 두 가지이다. 혐기성(산소 없이 이루어지는)과 호기성(산소를 이용하여 이루어지는)이다. 둘 다 연료를 태우는 것이 아니라, 효율적으로 이용할 수 있게 잘 구슬려서 에너지를 조금씩 내놓게 하는 화학적 연쇄반응으로 이루어진다. 혐기성 과정 중에서 가장 흔한 형태는 피루브산을 주요 산물로 내놓는다. 이 산물은 가장 흔한 호기성 연쇄반응의 출발점이 된다. 흰개미의 소화관에는 자유 산소가 없기 때문에, 그 안의 미생물들은 혐기성 과정만을 이용하여 나무 연료에

우리는 이 이야기의 화자인 믹소트리카와 만난다.

믹소트리카 파라독사는 세균이 아니다. 흰개미의 소화관에 사는 다른 많은 미생물들처럼, 길이가 0.5밀리미터쯤 되는 커다란 원생동물이다. 그리고 곧 살펴보겠지만, 몸 속에 세균 수십만 마리를 담을 만큼 크다. 이들은 다윈흰개미의 소화관 안에서만 산다. 흰개미의 턱에 분쇄된 나뭇조각들을 먹고사는 미생물 군집의 일원이다. 흰개미들이 둔덕에 우글거리듯이, 그리고 흰개미 둔덕이 사바나에 우글거리듯이, 흰개미의 소화관 안에는 미생물들이 우글거린다. 둔덕이 흰개미들의 마을이라면, 흰개미의 소화관은 미생물들의 마을이다. 따라서 두 단계의 공동체가 있다. 게다가 세 번째 단계의 공동체도 있다. 그것이 바로 이 이야기의 핵심이다. 그 안에는 상세히 다룰 만한 내용이 담겨 있다. 믹소트리카는 자체가 하나의 마을이다. 상세한 이야기는 L. R. 클리블랜드와 A. V. 그림스톤의 연구를 통해서 밝혀졌지만, 믹소트리카가 진화적으로 중요한 의미가 있다는 점을 인식시킨 사람은 미국의 생물학자 린 마굴리스이다.

믹소트리카는 1930년대 초에 J. L. 서덜랜드가 처음 관찰했다. 그녀는 믹소트리카의 몸 표면에서 두 종류의 "털"이 움직이는 것을 보았다. 이리저리 움직이는 수천 개의 작은 털들이 거의 온몸을 뒤덮고 있었다. 그리고 앞쪽 끝에는 아주 길고 가느다란 채찍 같은 구조물들이 몇 개 있었다. 둘 다 그녀가 잘 아는 것인 듯했다. 작은 것들은 "섬모"이고, 큰 것들은 "편모" 같았다. 섬모는 동물세포에 흔하다. 우리의 콧구멍 속도 섬모로 가득하며, 표면이 섬모로 뒤덮인 원생동물들을 섬모류라고 부르는 것도 놀랄 일이 아니다. 전통적으로 인정되어온 또다른 원생동물 집단인 편모류는 훨씬 더 긴 채찍처럼 생긴 "편모"를 가지고 있다. 섬모와 편모는 미세구조가 똑같다. 둘 다 여러 가닥이 모인 케이블처럼 생겼으며, 가닥들은 똑같은 독특한 무늬를 이루며 배열되어 있다. 중앙에 한 쌍의 가닥이 있고, 그 주위를 아홉 쌍의 가닥이 둘러싼 모습이다.

따라서 섬모는 편모보다 단지 크기가 더 작고 수가 더 많은 것이라고 볼 수 있으며, 린 마굴리스는 더 나아가 둘을 별개의 이름으로 부르는 관습을 버리고 "파동모(undulipodia)"라는 별도의 용어를 만들어 썼고, "편모"는 세균의 전혀 다른 부속기관을 지칭하는 의미로 사용했다. 그러나 서덜랜드 시대의 분류학은 원생동물이 섬모나 편모 중 하나만 가지며, 둘 다 가질 수는 없다고 보았다.

서 피루브산을 만든다. 흰개미들은 호기성 과정으로 그 피루브산을 분해하여 에너지를 얻는다.

서덜랜드가 그 미생물에 믹소트리카 파라독사, 즉 "털들의 의외의 조합"이라는 이름을 붙인 것도 그 때문이었다. 믹소트리카 또는 서덜랜드에게 그렇게 여겨진 그 미생물에는 섬모와 편모가 둘 다 있다. 따라서 원생동물의 원칙에 위배된다. 믹소트리카는 앞쪽 끝에 4개의 커다란 편모가 있다. 3개는 앞쪽을 향하고, 하나는 뒤쪽을 향했는데, 그 점은 파라바살리아(Parabasalia)라는 이전에 알려졌던 편모류 집단의 특징이기도 했다. 그러나 믹소트리카는 물결치는 섬모들로 빽빽하게 뒤덮이기도 했다. 아니, 그렇게 보였다.

믹소트리카의 "섬모"는 나중에 서덜랜드가 생각했던 것보다도 훨씬 더 의외의 것임이 드러났지만, 그렇다고 그녀가 우려했듯이 선례를 어긴 것은 아니었다. 안타깝게도 그녀는 살아 있는 믹소트리카를 보지 못했다. 그녀는 슬라이드에 고정된 표본만을 보았을 뿐이다. 믹소트리카는 너무나 유연하게 헤엄을 치기 때문에 자신의 파동모로 헤엄을 치는 것 같지 않다. 클리블랜드와 그림스톤의 말에 따르면, 편모류는 대개 "좌우로 회전하고, 방향을 바꾸고, 이따금 쉬기도 하는 등 다양한 속도로 헤엄을 친다." 섬모류도 마찬가지이다. 그런데 믹소트리카는 방해물이 없는 한 대개 직선으로 매끄럽게 죽 활주한다. 클리블랜드와 그림스톤은 그 매끄러운 활주 운동이 "섬모들"의 움직임에서 비롯된 것이라고 결론지었다. 그런데 훨씬 더 흥미로운 결론이 하나 있다. 전자현미경으로 보니 그 "섬모"가 결코 섬모가 아니라는 사실이 드러났다. 그것들은 섬모가 아니라 세균들이었다. 수십만 개의 작은 털들은 모두 스피로헤타(spirochaeta)였다. 스피로헤타는 몸 전체가 꿈틀거리는 긴 털 모양의 세균이다. 스피로헤타는 매독 같은 심각한 병을 일으키기도 한다. 그들은 대개 자유 유영을 하지만, 믹소트리카의 스피로헤타들은 마치 섬모인 양 믹소트리카의 체벽에 박혀 있다.

그러나 그들의 움직임은 섬모와 다르다. 그들은 스피로헤타처럼 움직인다. 섬모는 노를 젓듯이 힘차게 한 번 휘저은 다음, 물의 저항이 작아지도록 구부리면서 원래 위치로 돌아온다. 반면에 스피로헤타는 완전히 다른 아주 독특한 방식으로 몸을 휘젓는데, 믹소트리카의 "털들"은 바로 그런 식으로 움직인다. 놀랍게도 그 털들은 서로 공조를 하는 듯하다. 몸의 앞쪽 끝에서 시작하여 뒤쪽으로 털들이 물결치듯이 움직인다. 클리블랜드와 그림스톤은 그 파장(물결의 마루 사이의 거리)이 약 100분의 1밀리미터임을 알았다. 이는 스피로헤타들이 어떤 식으로든 서로 "접촉한다"는 뜻이다. 아마 그

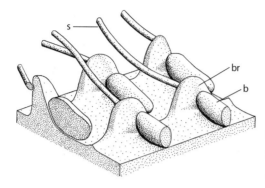

믹소트리카의 표면에서 알약 모양의 세균(b),
까치발(br), 스피로헤타(s)의 배열 클리블랜
드와 그림스톤[70].

들은 말 그대로 접촉하고 있을 것이다. 이웃의 움직임에 직접적으로 반응하기 위해서
말이다. 그런 반응 속도가 파장을 결정한다. 파동이 앞쪽에서 뒤쪽으로 전달되는 이
유는 밝혀지지 않은 듯하다.

  스피로헤타는 아무렇게나 믹소트리카의 피부에 박혀 있는 것이 아니다. 믹소트리카
의 표면 전체에는 스피로헤타를 고정시키는 복잡한 기구들이 늘어서 있다. 게다가 파
동 운동으로 믹소트리카가 앞으로 나아갈 수 있도록 스피로헤타들은 모두 뒤쪽을 향
해 있다. 이 스피로헤타들이 기생생물이라면, 숙주가 기생생물에게 이보다 더 "호의적
인" 사례를 찾기는 어려울 것이다. 클리블랜드와 그림스톤에 따르면, 각 스피로헤타는
"까치발"이라는 작은 받침대에 놓여 있다. 각 까치발은 스피로헤타 하나를 고정시키기
에 안성맞춤이지만, 때로는 한 마리 이상이 붙기도 한다. 어떤 섬모도 이보다 더 좋은
받침대를 갖추지 못할 것이다. 따라서 여기서는 "자신의" 몸과 "외래의" 몸을 구분하기
가 아주 어려워진다. 그리고 예상하겠지만, 그 점이 바로 이 이야기의 주요 내용 중 하
나이다.

  섬모와의 유사성은 그것만이 아니다. 성능 좋은 현미경으로 짚신벌레 같은 섬모를
가진 원생동물의 표면을 자세히 살펴본다면, 모든 섬모의 뿌리에 이른바 기저체(basal
body)가 있음을 알 수 있다. 믹소트리카의 "섬모"가 결코 섬모가 아니라고 할지라도,
놀랍게도 그것들은 기저체를 가진 듯하다. 스피로헤타를 달고 있는 까치발은 각각 바
닥에 비타민 알약과 아주 비슷한 모양의 기저체를 하나씩 가지고 있다. 물론 진짜 기
저체와 다르지만 말이다. 믹소트리카의 독특한 일 처리 방식을 알고 난 지금, 당신은
그 "기저체"가 무엇일지 추측할 수 있다. 그렇다! 그들도 세균이다. 전혀 다른 종류의

세균이다. 스피로헤타가 아니라 타원체 모양의 세균이다.

체벽의 상당히 넓은 부위에 걸쳐 까치발, 스피로헤타, 기저체 세균은 일대일 대응관계를 맺고 있다. 각 까치발에는 스피로헤타가 하나 박혀 있고, 그 밑바닥에는 알약 모양의 세균이 하나 있다. 이렇게 살펴보고 나니, 서덜랜드가 "섬모"를 보았다고 생각한 이유를 쉽게 이해할 수 있을 것이다. 그녀는 당연히 섬모가 있는 곳마다 기저체가 있을 것이라고 예상했고, 예상한 곳을 볼 때마다 당연하게도 "기저체"가 있었다. 그녀는 그 "섬모"와 "기저체"가 둘 다 무임승차한 세균들임을 거의 알아차릴 수 없었을 것이다. 믹소트리카가 가진 진짜 파동모는 4개의 "편모"뿐이다. 그것들은 추진용으로는 전혀 쓰이지 않는 듯하며, 수많은 스피로헤타 "갤리 선 노예들"이 노를 저어 움직이는 선박의 방향을 잡는 키 역할을 하는 듯하다. 여담이지만 마치 내가 그 어구를 만든 것 같지만, 사실 그 비유는 내가 한 것이 아니다. 클리블랜드와 그림스톤의 믹소트리카 연구에 뒤이어 흰개미의 소화관에 사는 다른 원생동물이 같은 비법을 쓴다는 사실을 발견한 S. L. 탬이 만든 용어이다. 그렇지만 그가 말한 갤리 선 노예들은 스피로헤타가 아니라 편모를 가진 보통 세균이었다.

이제 믹소트리카에 있는 다른 세균을 살펴보자. 기저체처럼 보이는 알약 모양의 세균은 도대체 무슨 일을 할까? 그들도 숙주의 집안 살림에 기여할까? 그들도 그 관계를 통해서 이득을 얻는 것일까? 아마 그럴 것이다. 그러나 아직 명확히 밝혀진 것은 없다. 그들은 당연히 나무를 소화시키는 셀룰라아제를 만들 것이다. 물론 믹소트리카는 흰개미의 소화관에서 흰개미의 강력한 턱으로 자디잘게 쪼개진 나뭇조각들을 먹고 살아간다. 이런 깊은 의존성을 보고 있자면, 조너선 스위프트의 시가 떠오른다.

따라서 자연사학자들이 관찰한 바에 따르면,

벼룩에게는 그것을 먹이로 삼는 더 작은 벼룩들이 있고
그것들을 깨무는 더 작은 벼룩들이 있지,
그런 식으로 무한히 이어지네.
마찬가지로 모든 시인들은
뒤에 오는 시인에게 먹히네.

말이 난 김에 덧붙이자면, 스위프트의 이 시에서 중간 행들은 (놀랍게도) 아주 어색하다. 그래서 우리는 잡아먹기 위해서 뒤에 온 오거스터스 드 모르간이 현재 우리 대다수가 알고 있는 형태의 시를 지은 이유를 이해할 수 있다.

큰 벼룩의 등에는 무는 작은 벼룩들이 있고,
작은 벼룩들에게는 더 작은 벼룩들이 있고, 그렇게 한없이 계속되지.
그리고 큰 벼룩들은 더 큰 벼룩들을 물지,
그것들은 다시 더 큰 것들을 물고, 그렇게 한없이 이어지지.

마침내 우리는 "믹소트리카 이야기" 중에서 가장 기이한 내용에 도달한다. 이야기의 핵심에 말이다. 이 대리 생화학 이야기, 즉 큰 생물이 자신의 몸속에 있는 더 작은 생물의 생화학적 재능을 빌린다는 이야기는 진화적 기시감으로 가득하다. 믹소트리카가 나머지 순례자들에게 전하는 교훈은 이것이다. 이런 일은 전에도 죽 일어났다고 말이다. 이제 우리는 "대역사 랑데부"에 도달했다.

대역사 랑데부

이 책에서 "랑데부"는 거슬러올라가는 순례여행의 핵심 비유로서, 아주 특별한 의미를 가진다. 그러나 대격변에 해당하는 사건, 생명의 역사상 가장 결정적인 사건이라고 할 만한 것이 있다. 그것은 진정한 랑데부, 실제로 역사의 순방향으로 일어난 말 그대로 역사적 랑데부였다. (세포핵을 가진) 진핵세포(眞核細胞, eukaryotic cell)의 탄생이 바로 그것이다. 이 행성의 모든 크고 복잡한 생명체들의 토대인 첨단 소형기계의 등장이었다. 비유로 쓰인 다른 거슬러올라가는 랑데부들과 구분하기 위해서, 나는 그 사건을 대역사 랑데부라고 부르고자 한다. "역사"라는 말은 여기서 이중의 의미를 내포한다. "대단히 중요하다"는 의미와 역방향이 아니라 "순방향 연대기"라는 의미이다.

진핵세포의 정교함은 우리가 화보 49에서 재구성한 공조상 38에게서 명확히 볼 수 있는 것과 같은 내부 구획에 토대를 둔다. 진핵(eukaryote)이라는 단어 자체는 "진정한 핵심", 즉 세포의 핵을 뜻한다(eu는 "진짜", karyon은 "핵심" 또는 "알맹이"). 바로 DNA가 들어 있는 영역이다. 커다란 사무실이나 공장처럼, 진핵세포 안에도 각기 다른 일들—에너지 생산, 저장 공간, 조립 라인 같은—을 맡은 구획들이 더 있다. 그리고 물론 그 구획들 사이에 물질을 운반하는 복잡한 기구들도 있다. 우리의 눈이 거시적인 세계에 초점을 맞추고 있는 탓에, 우리는 이 섬세한 세계를 시각화하기가 어렵다. 그러나 내가 보기에는 그 안에 담긴 자연사가 치타의 놀라운 질주 속도나 벌집 안에서 벌어지는 복잡다단한 협동보다도 더욱 경이롭다. 이 아주 작은 마법의 세계를 그 속삭이는 어조로 들려줄 수 있도록, 데이비드 애튼버러(영국의 유명한 자연 다큐멘터리 제작자/역주)의 몸을 축소시킬 수 있다면 얼마나 좋을까!*

---

* 비록 거의 10년쯤 전에 만들어졌지만, 하버드 대학교의 후원으로 제작된 "세포의 내면생활(The Inner Life of the Cell)"이라는 동영상은 지금까지 나온 다큐멘터리 중 최고에 속한다. 경이로우면서 말 그대로 놀라운 내용으로 가득하며, 온라인에서 무료로 볼 수 있다.

그 이야기에서 가장 경이로운 대목은 이 모든 것이 과연 어디에서 왔는가 하는 내용이다. 나는 "대역사 랑데부"를 하나의 사건이라고 말했다. 현재 한 가지 대단히 중대한 결과처럼 보이는 것을 낳았기 때문이다. 그러나 그 랑데부는 사실 시간상으로 멀리 떨어져서 일어난 두 번 또는 세 번에 걸친 사건들이었다. 그 역사적 랑데부 사건 하나하나는 각기 다른 세균의 세포들이 융합하여 더 큰 세포를 형성한 것을 말한다. "믹소트리카 이야기"는 그 사건을 최근에 재현한 사례이며, 당시 어떤 일이 일어났는지 짐작할 수 있게 우리에게 사전 준비를 시킨 셈이다.

아마 20억 년 전, 일종의 원-원생동물(proto-protozoa)인 고대의 단세포생물이 한 세균과 기묘한 협력관계를 맺었을 것이다. 믹소트리카와 세균들이 맺은 것과 비슷한 관계를 말이다. 믹소트리카에서처럼 같은 일이 각기 다른 세균들과 한 번 이상 일어났고, 그 사건들은 수억 년의 시차를 두고 일어났을 가능성이 있다. 우리의 모든 세포들은 오랜 세대에 거쳐 숙주세포와 협력관계를 지속하면서 본래 모습을 거의 잃은 세균들로 가득한 믹소트리카나 다름없다. 믹소트리카에서처럼, 아니 그보다 더 세균들은 진핵세포의 삶 속에 아주 깊이 관여하게 되었다. 그 결과 그들이 거기에 과연 있는지 여부를 찾아내는 것이 중대한 과학적 업적이 될 정도였다. 나는 공생 연구의 손꼽히는 학자인 데이비드 스미스 경이 한때 별개였던 성분들이 세포 내에서 협력하며 살아가는 모습을 체셔 고양이에 비유한 부분을 좋아한다.

세포라는 서식지로 침입한 생물은 서서히 배경과 융합됨으로써 자신의 일부를 잃어버릴 수 있다. 일부 잔재만이 남아서 그것이 원래 있었음을 말해준다. 사실 그것은 앨리스가 이상한 나라에서 만난 체셔 고양이를 생각나게 한다. 앨리스가 보고 있을 때, "그것은 꼬리부터 아주 천천히 사라졌고, 나중에 웃음만 남았다. 웃음은 몸이 모두 사라진 뒤에도 얼마간 더 남아 있었다." 세포 내에는 체셔 고양이의 웃음 같은 것들이 많다. 그것들의 기원을 추적하려고 애쓰는 사람들에게 그 웃음은 자극제이자 진정한 수수께끼이다.

한때 자유생활을 하던 이 세균들이 우리의 삶에 들여온 생화학적 비법들은 무엇일까? 그들이 오늘날까지 수행하는 비법이자, 그것이 없다면 생명 활동이 즉시 중단되는 비법들은 무엇일까? 가장 중요한 것 두 가지 중 하나는 광합성이다. 광합성은 태

668

양 에너지를 이용하여 유기화합물을 합성하며, 부산물로 나온 산소를 대기로 방출한다. 그리고 산화 활동이 있다. 산소(궁극적으로 식물에서 나온)를 이용하여 유기화합물을 서서히 태움으로써 원래 태양에서 왔던 에너지를 다시 방출시키는 것을 말한다.[*] 이 화학적 기술들은 대역사 랑데부 이전에 각기 다른 세균들이 개발한 것이다. 어떤 의미에서는 아직도 세균들만이 그 기술들을 가지고 있다. 이제는 그들이 그 생화학 기술들을 진핵세포라는 공장에서 사용함으로써 상황이 달라졌다.

광합성 세균은 남조류(藍藻類)라고 불린다. 그 이름은 그들 대부분이 남색이 아니며 조류도 아니라는 점에서 잘못되었다. 그들은 대부분 초록색이며, 따라서 그들을 녹색 세균이라고 부르는 편이 더 낫다. 비록 빨강, 노랑, 갈색, 검정, 더 나아가 남색을 띠는 것도 있지만 말이다. "초록"은 광합성을 연상시키는 용어이기도 하므로, 그런 의미에서도 녹색 세균이 더 좋은 이름이다. 그들은 학술용어로는 시아노박테리아(cyanobacteria)라고 불린다. 그들은 고세균이 아니라 진짜 세균이며, 단계통 집단인 듯하다. 다시 말해서, 그들은 모두(그리고 그들만이) 시아노박테리아로 분류된 한 조상의 후손들이다.

조류, 양배추, 소나무, 풀의 초록빛은 세포 내에 있는 엽록체라는 작은 초록빛 물체에서 나온다. 엽록체는 한때 자유생활을 했던 녹색 세균의 먼 후손이다. 그들은 아직 자체 DNA를 지니며, 지금도 무성 분열을 통해서 번식한다. 그들은 숙주세포 내에서 상당한 규모의 집단을 이루기도 한다. 엽록체는 여전히 번식하는 녹색 세균에 속한다. 그들이 살고 번식하는 세계는 식물 세포의 내부이다. 이따금 식물 세포가 2개의 딸세포로 나누어질 때마다 그 세계는 작은 격변을 겪는다. 염색체들도 대강 절반씩 각 딸세포에 들어가며, 그들은 곧 새로운 세계에서 번식하여 정상적인 개체수를 회복한다. 한편 엽록체들은 엽록소로 태양에서 오는 광자들을 포획하여, 그 태양 에너지를 숙주 식물이 제공하는 이산화탄소와 물로부터 유기화합물을 합성하는 용도로 쓴다. 그 과정에서 나온 산소 폐기물 중 일부는 식물에 쓰이며, 나머지는 잎에 난 기공이라는 구멍을 통해서 대기로 배출된다. 엽록체가 합성한 유기화합물들도 나중에 숙주식물의 세포에 이용된다.

앞에서 많은 빛 수확자들이 광합성 능력을 식물로부터 훔쳤다고 지적한 바 있다. 믹

---

[*] 세균(고세균 포함)은 질소 고정도 독점한다(번개와 화학공학자들을 제외하고).

소트리카의 사례에서처럼, 우리는 균류와 동물의 조직에 광합성 능력자가 통합되는 수많은 사례들 속에서 그런 일이 다시금 재현되고 있음을 볼 수 있다. 산호동물이 대표적이다. 갈조류 같은 조류에서는 세포 내부에 있는 막이 그 도둑질을 했다는 놀라운 증거가 된다. 정상적인 식물의 엽록체는 이중막을 지닌다. 안쪽 막은 세균 자체의 바깥막이고, 바깥쪽 막은 숙주 세포의 것이다. 그런데 식물이 아닌 조류 중에는 삼중막, 심지어 사중막을 가진 것도 있다. 앞에서 녹색 세균을 삼킨 바 있는 조류 식물 세포를 그 조류가 다시 삼킴으로써 그런 결과가 나온 것이 분명하다. 막 사이에 짓눌려서 흔적만 남은 식물의 세포핵이 들어 있을 때도 있다. 그것만이 아니다. 쌍편모충류는 적어도 세 차례의 세포 내 공생을 통해서 광합성을 획득했다. 녹색 세균을 삼킨 식물 세포를 삼킨 조류를 다시 삼킴으로써 획득한 것이다. 삼키는 과정이 한 번 더 일어나서 사중 세포 내 공생이 일어났다고 믿는 과학자도 있다. 이 과정을 러시아 인형에 비유하곤 하는 것도 그리 놀랍지 않다. 내포 과정이 정확히 몇 차례 일어났는지를 추론하기가 어려운 사례도 있기는 하다. 모든 막이 온전히 남아 있는 것이 아니기 때문이다. 막이 한 겹 늘어날수록 생명 활동에 필요한 빛이 그만큼 덜 투과된다는 점을 생각하면 놀랄 일도 아니다.

대기의 자유 산소는 모두 자유생활을 하거나 엽록체의 형태로 존재하는 녹색 세균의 산물이다. 그리고 앞에서 말했듯이, 산소가 대기에 처음 나타났을 때에는 독이었다. 사실 지금도 그것이 독이라고 호들갑을 떨며 말하는 사람들도 있다. 의사들이 우리에게 "항산화제"를 권하는 이유도 그 때문이다. 산소를 이용하여 유기화합물에서 (원래 태양의) 에너지를 추출하는 방법을 발견한 것은 진화적으로 볼 때, 대단한 화학적 성공 사례였다. 일종의 역광합성이라고 볼 수 있는 그 방법을 발견한 것은 오로지 세균들이었다. 세균의 종류는 달랐지만 말이다. 광합성 기술도 그렇지만, 세균은 지금도 그 기술을 독점한다. 광합성 사례에서처럼 진핵세포들이 이 산소를 사랑하는 세균들에게 머물 방을 제공함으로써 그들이 미토콘드리아라는 이름으로 거기에 머물고 있다는 것만 빼면 말이다. 우리는 미토콘드리아의 생화학적 마법 덕분에 산소에 깊이 의지하게 되었다. 따라서 산소가 독이라는 말은 그것이 역설임을 의식하는 상태에서 말할 때에만 의미가 있다. 자동차 배기 가스에 들어 있는 치명적 독인 일산화탄소는 우리 몸의 산소 운반 분자인 헤모글로빈이 좋아하는 산소를 빼앗아감으로써 우리를 죽인다. 누군가를 죽이는 빠른 방법은 산소를 빼앗는 것이다. 그러나 우리의 세포들은 도움을 받지 않으면, 산소로 무엇을 해야 할지 모를 것이다. 미토콘드리아와 그들의 세균 사촌들만이 그것을 알고 있다.

분자 비교 연구를 하면, 엽록체뿐만 아니라 미토콘드리아도 어느 세균 집단에서 유래했는지 알 수 있다. 미토콘드리아는 이른바 알파-프로테오박테리아(alpha-proteobacteria)에서 유래했다. 따라서 그들은 발진티푸스를 비롯한 불쾌한 질병들을 일으키는 리케차(rickettsia)의 친척이다. 미토콘드리아는 원래 가지고 있던 유전체 중에서 많은 부분을 잃었으며, 진핵세포 내의 생활에 완전히 적응했다. 그러나 엽록체와 마찬가지로 그들도 아직 분열을 통해서 자가 번식을 하며, 진핵세포 내에서 집단을 이룬다. 비록 미토콘드리아가 유전자들의 대부분을 잃었다고 해도 모두 잃은 것은 아니며, 이 책에서 줄곧 말해왔듯이 그 점은 분자유전학자들에게 다행한 일이다.

미토콘드리아와 엽록체가 공생 세균이라는 개념은 이제 거의 보편적으로 받아들여졌다. 그 개념을 보급하는 데에 주된 역할을 했던 린 마굴리스는 똑같은 개념을 섬모에도 적용하기 위해서 노력했다. 그녀는 "믹소트리카 이야기"에서 우리가 살펴보았던 것 같은 가능성 있는 재현 사례들에 자극을 받아서, 섬모가 스피로헤타에서 기원했다고 본다. 믹소트리카의 사례가 아름답고 설득력이 있기는 하다. 그러나 불행히도 미토콘드리아와 엽록체 사례에서는 마굴리스의 증거에 설득당한 사람들도 대부분 섬모(파동모)가 공생 세균이라는 증거는 설득력이 없다고 본다.

초기 진핵생물에게는 미토콘드리아를 삼킨 일(아니면 침입당한 것일까?)이 훨씬 더 엄청난 파장을 일으켰다. 혹할 만한 한 이론은 세포핵의 출현과 진핵생물 유전자들 특유의 조직 체계도 미토콘드리아에서 유래했다고 본다. 세균의 유전자와 달리, 우리 유전자들은 유전체에 조각나서 흩어져 있다. 단백질 암호를 지닌 유용한 영역(엑손)이 무시되는 잡동사니 영역(인트론) 사이사이에 끼워져 있다. 진핵생물의 인트론이 특정한 유형의 이기적인 유전인자(자기 이어붙이기 인트론 그룹 II[group ii self-splicing intron])에서 기원했음을 보여주는 설득력 있는 증거가 나와 있다. 이 유전인자는 미토콘드리아의 친척 세균들에게 흔하다. 이 이론은 미토콘드리아가 초기 진핵생물에게 유용한 수단을 제공하는 동시에, 초이기적인 DNA 기생체도 감염시켰다고 본다. 그 결과 유용한 정보를 담은 하나의 연속된 끈이었던 우리의 원래 유전자들은 기생성

DNA(나중에 별 의미 없는 인트론으로 진화했다)가 삽입되면서 조각났다는 것이다. 우리 세포가 지닌 많은 특징들도 이 문제에 진화적으로 대응한 결과라고 볼 수 있다. 유전자를 단백질로 번역하려면 먼저 기생성 서열을 어떻게든 잘라버려야 한다. 그 이론은 바로 그 때문에 세포핵이 진화했다고 주장한다. 우리 유전물질을 단백질 생산이 일어나는 부위와 격리시킴으로써, 인트론을 단백질 생산이 이루어지는 곳으로 보내 잘라버릴 수 있게 되었다는 것이다. 여기서 자세히 다룰 수는 없지만, 이 이론을 확장하여 진핵생물이 표준적인 원형 세균 염색체 대신에 여러 개의 선형 염색체를 가지게 된 이유를 설명할 수도 있다.

또 미토콘드리아가 진핵생물 진화의 더 나중 단계에서 성별의 진화를 낳았다고 보는 이론가들도 있다. 원리상 우리가 많은 균류 종에게 나타나는 아주 다양한 "짝짓기 유형들"과 비슷하게, 훨씬 더 다양한 방식으로 상호 교배를 할 수 있는 성을 지니지 말아야 할 이유는 전혀 없다. 성이 암수 두 종류에서 그친 것일까? 잠재적인 짝의 범위를 너무 심하게 줄인 것과 같을 텐데? 다음 세대로 미토콘드리아를 전달하는 역할을 맡은 것이 한쪽 성—대개 암컷이지만 전적으로 그렇지는 않다—이라는 점이 그 근거로 제시된 바 있다. 마크 리들리는 도발적인 책『멘델의 악마(Mendel's Demon)』에서 이 일방적인 결정이 서로 다른 부모에게서 온 미토콘드리아 사이의 갈등을 해소하기 위한 것이라고 설명했다. 그런 갈등이 빚어지면 미토콘드리아의 기능이 훼손되기 쉽고, 그 결과 세포 전체가 파괴될 수 있다는 것이다.

이 두 이론뿐만 아니라 진핵생물의 특징이 어떻게 진화했는지를 설명하는 가설들은 사실상 모두가 사변적이다. 진핵생물의 역사가 너무나 오래되었고 (더 중요한 사항인) 살아남은 중간 존재들이 없다는 점을 생각할 때, 그럴 수밖에 없을 것이다. 그러나 진핵세포의 수수께끼 같은 자연사에 진화적 설명이 필요하다는 점은 분명하다. 이런 이론들은 후속 연구를 위한 좋은 자극제 역할을 한다.

대역사 랑데부가 순방향 역사에서의 진정한 랑데부이므로, 엄밀히 말하면 지금부터 우리의 순례여행은 갈림길로 가야 한다. 우리는 진핵세포를 형성한 다양한 순례자들을 따라 각기 다른 길로 거슬러올라가서 그들이 마침내 다시 합류하는 먼 과거까지 순례여행을 해야 하지만, 그렇게 한다면 불필요하게 복잡한 여행이 될 것이다. 엽록체와 미토콘드리아는 원핵생물 집단인 고세균이 아니라 진정세균과 유연관계가 있다.

39 우리는 이 생물을 어떻게 보아야 할까?
에디아카라 동물상의 하나인 디킨소니아 코스타타
(550쪽 참조).

40 바람의 항해사
푸른관해파리는 중앙에 기체로 채워진 부표가 있고 그 주
위를 촉수들이 둘러싼 형태이다. 가까운 친척인 벨렐라와
마찬가지로, 푸른관해파리도 군체가 아니라 고도로 변형
된 하나의 폴립으로 여겨진다(572쪽 참조).

41 해파리 부대
서태평양 팔라우의 한 호수 수면에 몰려 있는 낙지해파리
들(575쪽 참조).

42 세계 지도를 다시 그린다고 말할 수 있는 동물은 그리 많지 않다
그레이트배리어리프의 헤론 섬(576쪽 참조).

43 바다의 이발소에서 만나는 신뢰
분홍촉수의 몸을 청소하는 등푸른청소놀래기, 홍해(579쪽 참조).

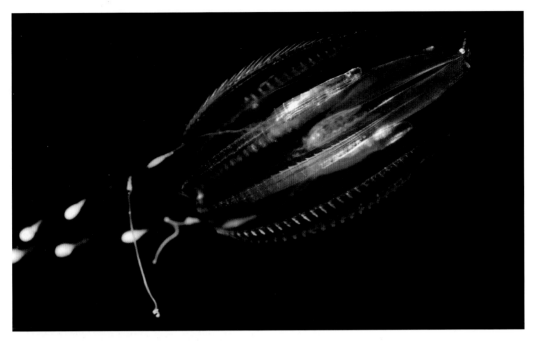

44 세계의 바다를 아름답게 장식하는 존재
왼쪽으로 끈적거리는 긴 촉수를 뻗은 빗해파리인 드리오도라 글란디포르미스. 몸을 따라 나 있는 추진기관인 "털"
에 빛이 회절함으로써 무지갯빛을 띤다(583쪽 참조).

45 여신에게 어울리는
비너스허리띠(585쪽 참조).

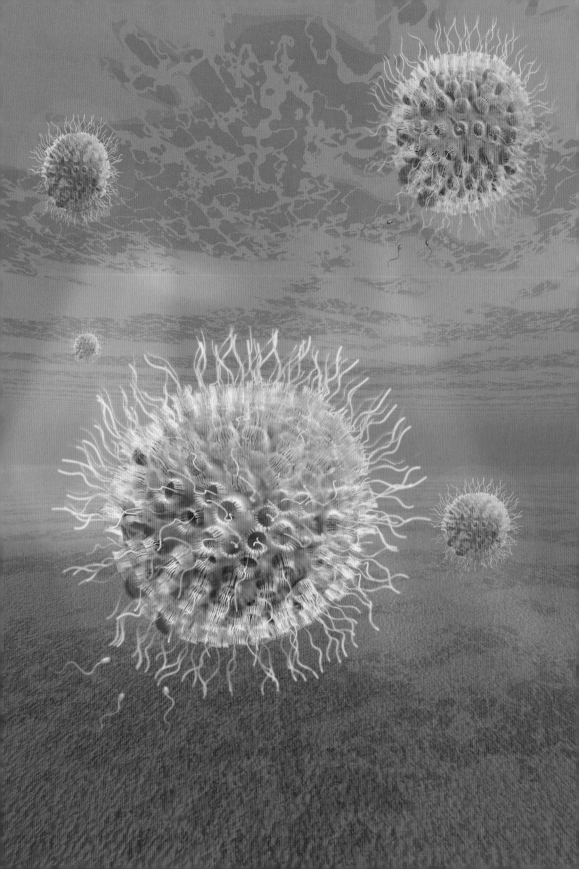

46 공조상 31

공조상 31은 머리카락 같은 섬모들을 흔들어서 깃 안으로 세균들을 끌어모으는 바깥으로 향한 깃세포들("해면동물 이야기" 참조)이 뭉친 공모양이었을 듯하다. 이 다세포동물들은 유성생식을 했다. 그림은 군체 내에 자유 유영을 하는 정자와 난자가 들어 있음을 보여준다(594쪽 참조).

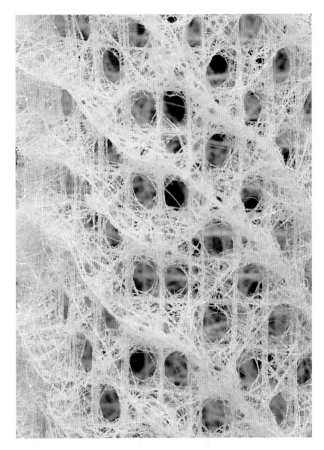

47 비너스꽃바구니

비너스꽃바구니의 골편 뼈대의 세부 구조(594쪽 참조).

48 버섯의 향연

담자균류의 일종인 말뚝버섯(612쪽 참조).

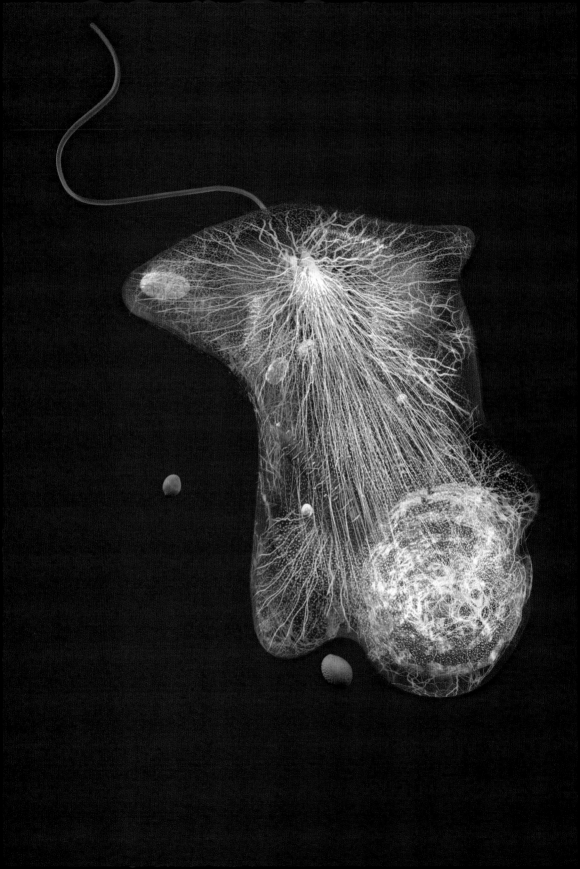

49 공조상 38

재구성한 단세포 진핵생물. 아래 오른쪽에 세포핵이 있고, 구멍이 송송 뚫린 소포체가 그것을 둘러싸고 있다. 세포의 구조는 세포골격(망처럼 펼쳐진 하얀 실들)을 통해서 유지된다. 세포 내에 길쭉한 미토콘드리아 몇 개와 다양한 소포들이 보인다. 이 공조상은 아마 채찍 같은 편모와 몸의 펼쳐진 부위를 이용해서 움직였을 것이다(667쪽 참조).

50 묻히기에 딱 좋은 곳

큰세쿼이아, 캘리포니아 세쿼이아 국립공원(638쪽 참조).

51 스스로 자유롭게 꼬이는

컴퓨터로 그린 운반 RNA. 자체 쌍을 이루어 소형 이중나선을 만든다(714쪽 참조).

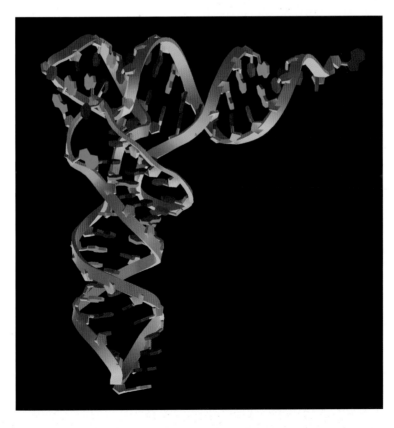

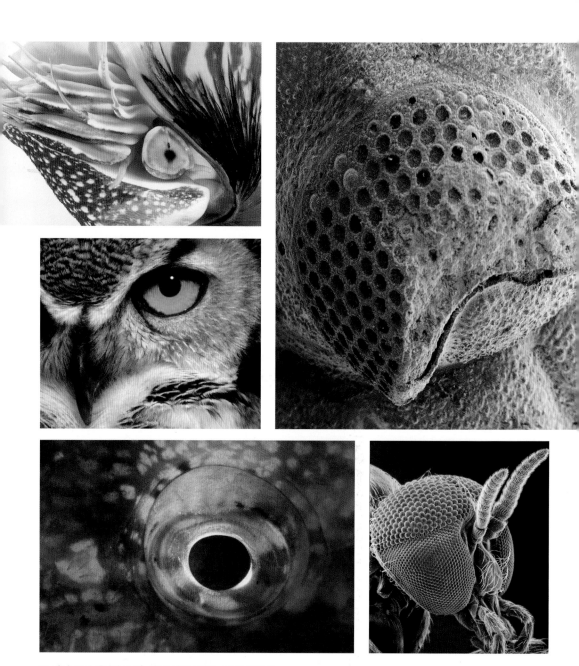

52 거의 꼴불견이라고 할 만큼 진화시키는 데에 열심인
눈의 몇 가지 사례. 왼쪽 위부터 시계 방향으로. 앵무조개(바늘구멍 눈). 삼엽충 화석(*Phacops*, 방해석 수정체로 이루어진 겹눈. 위쪽에 일부를 볼 수 있다), 아프리카먹파리(겹눈), 앵무고기(물고기 눈), 큰뿔부엉이(각막 눈)(729쪽 참조).

그러나 우리의 세포핵 유전자들은 고세균과 약간 더 가깝다. 그 이야기는 고세균과 만나는 다음 랑데부에서 듣기로 하자.

고세균

여행을 하면서 처음으로, 우리 진핵생물들은 원핵생물과 만난다. 흔히 세균이라고 알려진 생물이다. 우리는 이들을 랑데부 39에서 만나기로 했다. 비록 정확한 순번은 아직 확정된 것이 아니지만 말이다(아니, 더 정확히 말하자면 앞으로 몇 년간의 연구에 달려 있다). 622쪽(랑데부 38)의 별 모양 다이어그램에서 뿌리가 어디에 놓이는지에 따라, 40번이나 41번, 혹은 그 이상이 될 수도 있다.

상관없다. 어쨌든 랑데부 순번은 의심스러워지기 시작하고 있다. 지금부터 하나의 랑데부 지점이라는 개념이 무너지기 시작하기 때문이다. 먼저, 대역사 랑데부에서 접한 기이한 상황들은 우리의 세포 중에서 일부가 유전체의 나머지 영역들과 계통이 다르다는 것을 뜻한다. 그것만이 아니다. 원핵생물은 유전물질을 교환하는 방식 때문에, 터무니없을 만치 뒤죽박죽인 유전자들을 가지고 있다. 그 유전자들은 비교적 무난하게 "종" 사이를 뛰어넘을 수 있다. 사실 이 생명체들에서는 종이라는 개념 자체가 의미를 잃기 시작한다. 따라서 점점 더 깊은 시간으로 들어갈수록, 서로 근본적으로 다른 경로로 향하는 유전자들이 점점 더 많아지기 시작한다고 예상할 수 있다.

그렇기는 해도 핵심 유전자 집단이 있다는 주장이 있어왔다. 특히 DNA 복제에 관여하는 유전자들이 그렇다고 본다. 그 유전자들은 도약하는 대신에, 한 세균 세포에 남아서 존속하고 증식하는 경향이 있다는 것이다. 실제로 그렇든 그렇지 않든 간에, 우리 유전자들의 대다수는 대장에서 사는 대장균 같은 "진정"세균이나 미토콘드리아의 친척인 장티푸스를 일으키는 세균 중에는 가장 가까운 친척이 없는 것이 분명해 보인다. 우리 몸에 있는 대다수 유전자의 직계 조상은 원핵생물의 또다른 주요 집단인 고세균에 있다.

고세균은 1970년대 말 일리노이 대학교의 미국 미생물학자 칼 워즈가 발견하고 정

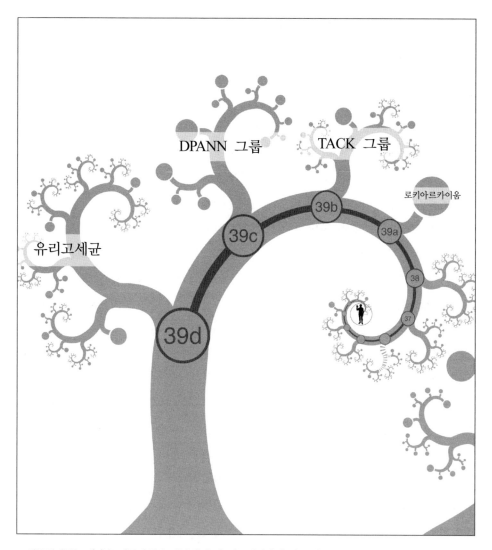

DPANN 그룹

TACK 그룹

로키아르카이움

유리고세균

39b

39c

39a

39d

38

37

고세균의 합류 대다수 전문가들은 생화학적 및 세포형태학적 세부 자료들과 세포핵 DNA를 근거로 삼아 고세균이 진핵생물의 자매 집단이라고 믿는다. 그러나 미토콘드리아 DNA를 이용한다면, 우리의 가장 가까운 친척은 알파-프로테오박테리아 될 것이다. 그 집단에서 미토콘드리아가 유래했기 때문이다(대역사 랑데부 참조). 미시 세계를 탐사하는 새로운 도구들이 점점 더 개발됨에 따라, 발견되는 새로운 미생물 "종"도 점점 늘어나고 있으며, 생명의 나무에 달린 가지도 점점 더 늘어난다. 677쪽에 설명한 로키고세균문이 최근 사례이다. 이 문에는 그림에 실린 로키아르카이움속의 한 종이 속해 있다. 고세균의 유전체가 분석되면서, 우리가 그들 중에서도 특정한 집단과 더 가깝다는 주장이 나오고 있다. 우리도 그 견해를 채택했다. 그러나 아직은 논쟁이 분분하며, 이 분지 순서도 마찬가지이다. 이런 유동적인 상황을 반영하여, 고세균들의 랑데부 지점들을 39a, 39b, 39c 등으로 세분하고, 한 장으로 다루었다. 세균(고세균 포함) 종들은 음영으로 나타내면 대부분 비슷비슷하므로, 앞으로의 프랙털 그림에는 음영 실루엣이 빠져 있다.

의한 생물들이다. 다른 세균들과 동떨어져서 심해에서 살던 그들은 기존의 생물 개념과 너무나 달랐기 때문에 처음에는 정체를 놓고 논란이 분분했다. 그러나 지금은 널리 받아들여졌으며, 워즈는 명성이 자자한 크러퍼드 상과 레벤후크 메달을 비롯하여 받아 마땅한 상들을 거머쥐었다.

고세균에는 아주 고온인 곳, 극도로 산성이거나 염기성인 곳, 짠물 등 다양한 극한 조건들에서 번성하는 종들이 있다. 고세균 집단은 생명이 견딜 수 있는 "한계를 넓히는" 듯하다. 공조상 39가 그런 극한 생물이었는지 여부는 아무도 모르지만, 그 점은 흥미로운 가능성으로 남아 있다.

미생물의 다양성에 관한 해박한 지식을 토대로 생명의 초기 진화를 연구하는, 나의 옥스퍼드 동료 톰 캐벌리어-스미스는 세균 내에서 고세균이 호열성(thermophily) 환경에 적응하기 위해서 독특한 생화학적인 특징들을 진화시켰다고 생각한다. 호열성은 "열을 사랑한다"는 그리스어에서 유래한 말이며, 실제로는 대개 온천에서 사는 생물들을 가리킨다. 그는 열을 사랑하는 이 "호열균"이 나중에 두 집단으로 갈라졌다고 믿는다. 일부는 초호열균(정말로 아주 뜨거운 곳을 좋아한다)이 되어 현대의 고세균을 낳았다. 나머지는 온천에 그대로 남았다가 주변이 더 차가워지자 "믹소트리카 이야기"에 나온 것처럼 다른 원핵생물들을 흡수하여 그들을 이용하는 진핵생물이 되었다. 그가 옳다면 우리는 랑데부 38이 어떤 환경에서 이루어지는지 알 것 같다. 온천 또는 아마 해저 화산활동이 벌어지는 곳일 것이다. 그러나 물론 그가 틀렸을 가능성도 있으며, 그의 견해가 널리 받아들여진 것이 아니라고 말해야겠다.

사실 이 분야에서는 전반적으로 의견이 일치된 사례가 거의 없다. 일부 연구자들은 다양한 고세균 집단들이 진정세균으로부터 각기 다른 유전자 집합을 훔침으로써 다양한 능력을 획득했다는 증거를 찾고 있다. 한편 진핵생물이 단순히 고세균의 자매 집단이 아니라고 보는 이들도 있다. 우리가 바로 고세균이고, 그 가지들에 속해 있다는 것이다. 점점 더 지지를 얻고 있는 이 견해에 따르면, 우리의 핵심 유전자들은 다른 생물들보다 특정한 고세균 집단과 유연관계가 더 가깝다고 한다. 개정판을 위해서 이 장을 고쳐 쓰고 있을 때, 스칸디나비아의 한 연구진이 우리의 가장 가까운 고세균 친척을 발견했다고 발표했다. 연구진은 노르웨이에서 수백 킬로미터 북쪽에 있는 로키의 성(Loki's Castle)이라는 심해 열수 분출구에서 채취한 이 생물에 다소 장난기 어린 로키고세균문(Lokiarchaeota)이라는 이름을 붙였다. 앞으로 더 많은 발견이 이루어질 가능성이 높다. 특히 현재 우리가 심해수에서 개별 세포를 분류한 뒤에 각 유전체의 서열을 분석할 수 있는(불행히도 그 과정에서 세포 자체는 파괴되지만) 놀라운 기술이 있기 때문이다. 현재 생명의 나무에 달린 많은 새로운 원핵생물 가지들이 드러나고 있으며, 그 결과 자연사학자들은 유례없는 상황에 처해 있다. 현재 유전체 전체의 서열은 알고 있지만, 그 외의 것은 전혀 모르는 생물들이 있다. 우리는 그들이 어떻게 생겼는지조차 모른다! 정말로 기이한 시대이다.

로키고세균이나 다른 어떤 새로 발견된 원핵생물 집단이 우리의 가장 가까운 친척인지 여부와 상관없이, 진핵생물이 정말로 고세균에 포함된다는 견해는 설득력이 있어 보인다. 만일 그렇다면, 랑데부 39는 진정한 랑데부 지점들을 가린 무화과 잎(서양화에서 벌거벗은 인물의 국부를 가리는 데에 쓰인다/역주)이 된다. 이 장의 첫머리에 실린 계통수 그림이 그런 형태인 것도 이 때문이다. 다양한 고세균 집단이 랑데부 39a(로키고세균문), 39b(4개 문의 약어인 "TACK" 집단), 39c(미세한 나노고세균문을 포함하여 약어로 "DPANN"이라는 새로 통합된 집단), 39d(유리고세균문)에서 합류한다. 이 견해를 곧이곧대로 받아들여서 이 집단들에 서로 다른 랑데부 순번과 장을 부여하지는 않았다. 그들의 위치를 놓고 심한 논쟁이 벌어지고, 아직 발견되지 않은 고세균이 많이 있기 때문이기도 하지만, 주된 이유는 그들이 DNA를 마구 교환하기 때문이다. "수평" 유전자 전달이라는 이 과정 때문에, 어느 특정한 순서는 우리 유전체에 있는 유전자들 중에서 소수에게만 들어맞게 된다. 이 책의 목적상, 우리는 핵심 유전자들에 초점을 맞추어서 가능한 한 최상의 계통수를 하나 보여주고, 나머지 랑데부 지점들은 랑데부 39라는 하나의 우산 아래에 놓는 방식을 택했다. 우리가 어쩔 수 없이 내놓은 타협안이다.

이렇게 혼란스럽기 그지없지만, 아무튼 고세균은 진정세균으로부터 진화한 듯하다. 그리고 진정세균은 이 책의 마지막 랑데부를 장식하는 놀라운 생물이다.

진정세균

순례여행을 시작할 무렵 우리의 타임머신은 저속으로 움직였고, 우리는 수만 년 단위로 생각을 했다. 그러다가 우리는 속도를 높였고, 우리의 상상도 수백만 년 단위에 맞추어졌으며, 그다음에 동물 순례자들을 계속 태우면서 속도를 높여 캄브리아기에 들어섰을 때에는 수억 년 단위가 되었다. 그러나 캄브리아기도 놀라울 정도로 최근이다. 이 행성에 사는 대부분의 생물들에게 삶이란 본래 원핵생물의 삶에 다름 아니었다. 우리 동물들은 최근에 덧붙여진 후기이다. 이제 이 책은 참을 수 없는 지루한 시간대로 나아가려고 한다. 따라서 우리는 타임머신을 초고속으로 가속하여 고향인 캔터베리로 나아가야 한다. 거의 꼴불견이라고 할 만큼 서두르는 것일 수도 있겠지만, 이제 진핵생물과 고세균까지 합류한 우리 순례자들은 내가 마지막 랑데부라고 가정한, 진정세균과 만나는 랑데부 40을 향해 속도를 높인다. 그러나 이 랑데부는 여러 번에 걸칠 수도 있으며, 우리가 진정세균 중의 일부와 더 가까울 수도 있다. 거슬러올라가는 여행의 이 마지막 단계에서는 비교할 다른 생물들, 즉 외집단이 아예 없기 때문에, 계통수에 뿌리를 그리기가 쉽지 않다. 여기서 프랙털 계통도를 뿌리 없이 그린 이유도 그 때문이다.

앞에서 살펴보았듯이, 그리고 "태크 이야기"를 들으면서 동의하겠지만, 세균은 대단히 다재다능한 화학자들이다. 또 그들은 내가 아는 한 인간 말고 인류 문명의 상징인 바퀴를 발명한 유일한 생물이다. 그 이야기는 리조비움이 들려준다.

리조비움 이야기

흔히 바퀴는 인간의 발명품이라고 말한다. 무엇이든 간에 기계가 웬만큼 복잡하다 싶

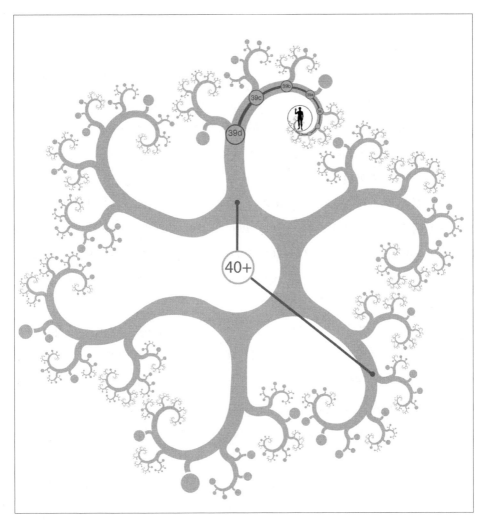

진정세균의 합류 세균의 유연관계를 유달리 불확실하게 만드는 세 가지 요소가 있다. 첫째, 세균들은 서로 DNA를 교환하므로, 전혀 다른 계통수에서 같은 유전자가 발견될 수도 있다. 둘째, 분지가 아주 오래 전에 이루어졌기 때문에 유연관계를 따지기 어렵다. 그래서 별 모양이 계통수가 나온다. 셋째, 계통수의 뿌리 위치를 알려줄 외집단이 전혀 없다(대신에 다른 방안들이 이따금 제시되곤 한다). 이 눈[雪] 결정 모양의 그림은 최종 랑데부 지점을 모른다는 점을 보여주고자 택한 것이다. 기존에는 생명의 뿌리를 고세균과 진정세균 사이에 두었다. 40에서 위쪽으로 뻗은 선이 가리키는 곳이다. 그러나 세균 내에 뿌리가 있다는 주장도 있다. 오른쪽 아래로 뻗은 선이 가리키는 곳이다. 그러면 최종 랑데부가 (이를테면) 랑데부 44가 될 수도 있다는 뜻이다.

50가지가 넘는 세균 "문들" 사이의 관계는 불분명하며, 아직 발견되지 않은 집단들도 많을 것이다. 그러니 691쪽의 그림을 토대로 여기에서 진정세균 가지를 5개로 표시하기는 했지만, 이 그림은 세균의 진화도를 포괄적이고 정확히 나타낸 것이라기보다는 세균의 다양성이 얼마나 높은지를 인상적으로 보여주기 위한 것이라고 보아야 한다. 각 가지의 명칭은 765쪽 참조.

으면 분해했을 때에 바퀴가 나오기 마련이다. 배와 항공기의 프로펠러, 회전 드릴, 선반, 도공의 돌림판 등 우리의 기술은 바퀴 위에서 돌아가며, 바퀴가 없으면 멈춘다. 바퀴는 기원전 4000년경에 메소포타미아에서 발명된 듯하다. 우리는 과연 그 무렵에 바퀴가 발명될 필요가 있었는지 궁금증이 인다. 신대륙 문명에서는 스페인 정복자들이 올 때까지도 바퀴가 없었기 때문이다. 아이들의 장난감에는 바퀴가 있었다는 말도 있지만 너무 기이해서 의심스럽다. 이누이트족에게 눈[雪]에 대한 단어가 50개나 되는 것처럼, 바퀴가 대단히 주목할 만한 발명품이기 때문에 퍼진 이야기가 아닐까?

인간이 어떤 좋은 착상을 떠올릴 때마다, 습관적으로 동물학자들은 동물계에 그것이 예견되어 있었는지 찾아보고는 한다. 음파 반향 탐지(박쥐), 전기 탐지("오리너구리 이야기"), 댐("비버 이야기"), 접시 안테나(삿갓조개), 적외선 열 탐지기(일부 뱀), 피하 주사(말벌, 뱀, 전갈), 작살(자포동물), 제트 추진(오징어) 등 이 책에는 그런 사례들이 무수히 실려 있다. 그러니 바퀴라고 없을까?

바퀴가 그다지 특별해 보이지 않는 우리의 다리와 대비시켰을 때에만 인상적인 것일 뿐이라고 생각할 수도 있다. 연료(화석화한 태양 에너지)로 추진되는 엔진이 없었을 때, 동물들의 다리는 쉽게 우리를 앞지를 수 있었다. 리처드 3세가 난국을 타개하고자 자신의 왕국에 다리가 넷인 운송 수단을 들여온 것도 놀랄 일이 아니다. 아마 대다수 동물들은 바퀴를 써도 별 혜택을 보지 못할 것이다. 그들은 이미 다리로 그만큼 빨리 달릴 수 있기 때문이다. 아무튼 아주 최근까지도 바퀴를 이용한 운송 수단들은 모두 다리의 힘에 밀렸다. 우리는 말보다 빨리 가기 위해서가 아니라 말이 자신의 속도로, 아니면 약간 더 처진 속도로 우리를 옮길 수 있게 하려고 바퀴를 발명한 것이다. 말에게 바퀴란 자신의 속도를 늦추는 무엇이다.

바퀴를 과대평가할 위험에 빠지는 방법은 또 있다. 바퀴의 최대 능률은 앞서 발명된 것, 즉 길(아니면 다른 매끄럽고 단단한 표면)에 따라서 다르다. 자동차의 강력한 엔진은 단단하고 평탄한 길에서는 말이나 개나 치타를 앞지를 수 있지만 울타리나 도랑이 있는 야외나 밭에서 경주한다면 볼 만할 것이다. 말은 구덩이에 처박힌 자동차를 앞지를 것이다.

그렇다면 우리는 질문을 바꿔야 할 듯하다. 동물들은 왜 길을 발명하지 않았을까? 길을 닦는 것은 기술적으로 별로 어렵지 않다. 비버의 댐이나 바우어새의 현란한 정자와 정원에 비하면 길은 어린아이의 장난이다. 심지어 몇몇 나나니벌은 돌을 도구로 삼아 토양을 단단하게 다지기까지 한다. 아마 더 큰 동물이 같은 기술을 이용한다면 길을 평탄하게 다질 수도 있을 것이다.

그러나 그랬다가는 예기치 않은 문제가 생긴다. 도로 건설이 기술적으로 실현 가능하다고 할지라도, 그런 행동은 위험할 정도로 **이타적**이다. 내가 개체로서 A에서 B로 가는 좋은 길을 닦는다면, 당신도 나만큼 그 길에서 혜택을 얻을 수 있을 것이다. 그 문제가 왜 중요할까? 다윈주의는 이기적인 게임이기 때문이다. 남들에게 도움이 될지 모를 길을 닦는다면 자연선택의 벌칙을 받을 것이다. 내 경쟁자는 내 행동으로 나만큼 혜택을 얻지만, 그는 건설비를 지불하지 않는다. 자신이 직접 길을 닦지 않고 내 길을 이용하는 무임승차자들은 나보다 더 많은 에너지를 번식에 쓸 수 있을 것이다. 반면에 나는 **뼈** 빠지게 길을 닦는다. 따라서 특별한 조치가 없다면, 게을러지고 이기적으로 착취하는 유전적 성향들이 근면하게 길을 닦는 성향을 희생시키면서 번성할 것이다. 그러면 어떤 길도 만들어지지 않는 결과가 나타날 것이다. 우리는 선견지명이라는 혜택 때문에, 모두가 더 나빠지리라는 것을 알 수 있다. 그러나 최근에 진화한 큰 뇌를 가진 우리 인간과 달리, 자연선택은 선견지명이 없다.

그러나 우리는 반사회적인 본능을 극복하고 그럭저럭 모두가 쓰는 길을 닦았다. 그렇다면 인류에게는 뭔가 특별한 점이 있는 것일까? 그렇다고 할 수 있다. 노인을 돌보고, 병자와 고아를 보살피고, 자선활동을 하는 체제, 즉 복지국가에 근접한 체제를 이룩한 종은 전혀 없다. 이런 일들은 언뜻 보면 다윈주의에 대한 도전인 듯하지만, 여기서 그것까지는 논의하지 않겠다. 우리는 좋아하든 싫어하든 간에 모두가 받아들이는 정부, 경찰, 조세, 공공사업 등을 가지고 있다. "호의는 감사하지만, 당신네 소득세 체계를 받아들이지 않겠습니다"라고 편지를 쓴 사람은 국세청으로부터 좋지 않은 소리를 들을 것이라고 확신할 수 있다. 불행히도 우리 말고는 세금을 발명한 종은 없다. 그러나 종들은 (가상의) 울타리를 발명했다. 어느 개체가 경쟁자들에 맞서 울타리를 적극 방어한다면, 그 개체는 자원을 배타적으로 사용할 수 있다.

많은 동물 종들은 영토를 가진다. 조류와 포유류만이 아니라 어류와 곤충도 그렇다. 그들은 같은 종의 경쟁자들에 맞서 영역을 수호한다. 사적인 섭식 지역이나 사적인 구애 터나 둥지 영역을 확보하는 식으로 말이다. 넓은 영토를 가진 동물은 경쟁자들이 배제된 그 영토를 가로지르는 잘 닦인 도로망을 건설함으로써 혜택을 누릴 수도 있다. 그런 일이 불가능하지는 않지만, 그런 동물의 길들은 너무 국지적이어서 장거리 고속 여행을 하기에는 적절하지 않을 것이다. 아무리 잘 닦여 있을지라도 그 길들은 개체가 유전적 경쟁자들에 맞서 지키고 있는 자그마한 영역에 한정된다. 바퀴 진화의 기원으로 보기에는 그다지 설득력이 없다.

이제 이 이야기의 화자가 등장할 때이다. 바퀴를 발명한 예외적인 존재가 있다. 일부 미세한 생물들은 어떤 의미로 보아도 완벽한 바퀴를 진화시켰다. 생명이 생겨난 지 처음 20억 년 동안은 거의 세균 형태로만 존재했다는 점을 생각하면, 바퀴가 최초로 진화한 이동장치였을 수도 있다. 많은 세균들은 실 같은 나선형 프로펠러를 이용하여 헤엄을 친다. 리조비움속의 생물들이 대표적이다. 프로펠러는 그 축이 연속 회전함으로써 움직인다. 편모의 축을 따라 파동이 꿈틀거리는 뱀처럼 지나갈 때에 편모는 나선형 회전을 하는 듯이 보인다. 그래서 이 "편모들"은 꼬리처럼 꿈틀거린다고 생각되었다. 실제로는 훨씬 더 놀랍다. 세균의 편모*는 세포벽에 난 구멍 속에서 자유롭게 무한정 회전하는 축에 붙어 있다. 편모는 진정한 굴대, 즉 자유롭게 회전하는 바퀴통이다. 근육과 똑같은 생물리학 원리들을 이용하는 작은 분자 모터가 편모를 움직인다. 그러나 근육은 가역적인 엔진이다. 즉 수축한 뒤에 다시 늘어나서 새롭게 수축할 준비를 해야 한다. 세균의 모터는 한 방향으로만 계속 움직인다. 일종의 분자 터빈인 셈이다.

아주 작은 생물들에게서만 바퀴가 진화했다는 사실은 더 큰 생물들에게는 왜 바퀴가 없는가라는 질문에 가장 설득력 있는 이유를 제시한다. 아주 평범하고 현실적인 이유이지만, 그럼에도 중요하다. 커다란 생물에게는 커다란 바퀴가 필요할 것이고, 인간이 만든 바퀴와 달리 그 바퀴는 죽은 물질로 따로 만들어 부착하는 것이 아니라 그 자리에서 자라야 할 것이다. 그 자리에서 살아 있는 커다란 신체기관이 자라려면 피나 그에 해당하는 것이 필요하며, 아마 신경에 해당하는 부분도 있어야 할 것이다. 자유롭게 회전하는 기관에 꼬이지 않고 원활하게 작동하는 혈관(신경은 말할 것도 없이)을 공급하는 일은 굳이 말하지 않더라도 심각한 문제임을 알 수 있다. 해결책이 있을 수도 있지만,

---

* 세균의 편모는 "믹소트리카 이야기"에서 만난 진핵생물(또는 원생동물)의 편모나 "파동모"와 구조가 전혀 다르다. 진핵생물의 편모는 미세소관들이 9 + 2 배열을 한 것인 반면, 세균의 편모는 플라젤린(flagellin)이라는 단백질로 이루어진 속이 빈 관이다.

작은 분자 모터로 가동되는 진정한 굴대, 자유롭게 회전하는 바퀴통

그것이 발견되지 않았다고 해도 놀랄 필요는 없다.

인간 공학자들은 축의 중앙을 통해서 바퀴의 한가운데로 혈관을 보내는 중심 관을 제시할지도 모른다. 그러나 그것의 진화적 중간 구조들은 어떻게 생겨야 할까? 진화적 개선은 산을 오르는 것과 같다. 절벽의 바닥에서 꼭대기까지 단번에 뛰어오를 수는 없다. 갑작스럽고 무모한 변화는 공학자들에게는 대안이겠지만, 자연에서 진화적 산의 정상은 오직 출발점부터 완만하게 이어진 비탈길을 통해서만 도달할 수 있다. 바퀴는 공학적으로 보면 해결책이 쉽게 나올 수 있으나, 진화적으로 보면 깊은 계곡의 반대편에 놓여 있기 때문에 도달할 수 없는 산봉우리일지도 모른다. 즉 큰 동물들에서는 진화할 수 없지만, 크기가 작은 세균들에서는 가능한 종류의 발명품이다.

필립 풀먼은 수평사고를 창조적으로 적용한 동화 『그의 암흑물질들(*His Dark Materials*)』에서 전혀 의외이면서도 지극히 생물학적인 방식으로 큰 동물에 걸맞은 해결책을 제시한다. 그는 긴 코를 가진 박애주의자 동물인 뮬러파를 창조했다. 뮬러파는 바퀴처럼 생긴 단단한 꼬투리를 만드는 거대한 나무와 공생관계를 진화시켰다. 뮬러파의 발에는 그 꼬투리의 중심에 난 구멍에 딱 맞는, 뿔처럼 생긴 잘 다듬어진 발톱이 달려 있다. 그것을 끼우면 그 꼬투리는 바퀴처럼 작용한다. 나무도 그런 관계로부터 얻는 혜택이 있다. 바퀴가 다 닳아서 버려야 할 때(결국 그렇게 되기 마련이다)마다 뮬러파는 그 안에 든 씨를 퍼트리는 셈이기 때문이다. 그 보답으로 나무는 뮬러파의 축에 딱 맞는 구멍이 있고, 그 안으로 고급 윤활유가 흘러나오는 완벽한 원형 꼬투리를 만드는 쪽으로 진화했다. 뮬러파의 네 다리는 마름모꼴로 배열되어 있다. 앞뒤 다리는 몸의 중심선을 따라 놓여 있고, 거기에 각각 바퀴가 끼워진다. 다른 두 다리는 몸의 중간 양편으로 놓이며, 바퀴를 끼우는 것이 아니라, 발판 없는 구식 자전거처럼 양옆을 발로 차면서 미는 데에 쓰인다. 풀먼은 이 생물들이 사는 세계의 지질학적 특성 때문에 이런 체계가 가능해졌다고 상정한다. 현무암이 우연히 사바나에 긴 띠처럼 배열됨으로써 인위적이지 않은 단단한 길 역할을 했다는 것이다.

풀먼이 말하는 독창적인 공생이 존재하지 않기 때문에, 우리는 바퀴가 비록 처음에는 좋은 착상이라고 할지라도 큰 동물에게서는 진화할 수 없는 발명품들 중 하나라고 받아들일 수 있다. 길이 먼저 필요하기 때문이든, 꼬이는 혈관 문제를 결코 해결할 수 없기 때문이든, 최종 해결책으로 이어질 중간 형태들이 어느 모로 보나 적합하지 않을 것이기 때문이든 간에 말이다. 미시 세계에서는 상황이 전혀 다르며, 그런 기술적 난제들이 없기 때문에 세균들은 바퀴를 진화시킬 수 있었다.

공교롭게도 스스로를 "지적 설계 이론가들"이라고 부르는 창조론자 무리는 최근에 세균의 편모 모터를 이른바 진화 불가능성의 상징이라는 지위에 올려놓았다. 그 모터는 분명히 존재하므로, 그들의 논리는 다른 결론으로 이어진다. 나는 진화 불가능성을 포유동물 같은 큰 동물들이 바퀴를 만들지 않는 이유에 대한 설명으로서 제시한 반면, 창조론자들은 세균의 편모 바퀴를 존재할 수 없지만 존재하는 것으로 보았다. 따라서 초자연적인 방법으로 생긴 것이 분명하다는 주장이다!

이 주장은 예전에는 "설계 논리"라고 불렸으며, "페일리의 시계공 논리" 또는 "환원 불가능한 복잡성 논리"라고도 불린다. 나는 덜 우호적으로 그것을 "개인의 회의심 논리"라고 부르곤 한다. 항상 다음과 같은 형태를 취하기 때문이다. "나는 개인적으로 X가 출현할 수 있는 사건들의 자연적인 순서를 상상할 수 없다. 따라서 그것은 초자연적인 수단을 통해서 출현한 것이 분명하다." 과학자들은 당신이 그 논리를 펼 때마다, 그 논리가 자연을 설명하는 것이 아니라 당신의 상상력 빈곤을 말해줄 뿐이라고 계속 반박했다. "개인의 회의심 논리"는 헤아릴 길 없는 비법을 고안한 탁월한 존재를 볼 때마다 초자연적인 존재를 떠올리게 만든다.

환원 불가능한 복잡성 논리는 내가 바퀴를 가진 포유동물이 없는 이유를 설명했을 때처럼, 존재하지 않는 무엇인가가 없는 이유에 대한 설명으로 제시할 때에는 지극히 타당하다. 그것은 바퀴를 가진 세균 같은 존재하는 무엇인가를 설명해야 하는 과학자의 책임 회피와는 전혀 다른 문제이다. 그렇지만 공정하게 말해서 설계 논리나 환원 불가능한 복잡성 논리의 어떤 수정된 형태를 올바로 사용할 수도 있지 않을까 생각해볼 수 있다. 외계 공간에서 고고학적 발굴을 하려고 우리의 행성으로 온 미래의 방문자들은 비행기와 마이크로폰 같은 설계된 기계와 박쥐의 날개와 귀 같은 진화한 기계를 구분할 방법을 찾아낼 것이 분명하다. 그들이 어떻게 구분할지 생각해보는 것도 흥미롭다. 그들이 미묘한 판단을 내려야 할 정도로 자연 진화와 인간의 설계가 혼동되는 사례들도 있을 것이다. 외계 과학자들이 고고학 유물이 아니라 살아 있는 표본을 연구할 수 있다면, 허약하고 흥분을 잘하는 경주마들과 그레이하운드들을, 제왕절개의 도움이 없으면 태어날 수도 없고 거의 숨도 쉴 수 없는 킁킁거리는 불독들을, 눈이 거의 보이지 않는 페키니즈 대리모들을, 홀스타인젖소처럼 걸어다니는 젖통들을, 랜드레이스돼지들 같은 걸어다니는 베이컨들을, 메리노양 같은 걸어다니는 양털 점퍼들을 어떻게 생각할까? 세균 편모 모터와 같은 크기로 만들어져 인간에게 혜택을 주는 나노 기술의 산물인 분자 기계들은 외계인 과학자들에게 더 어려운 문제를 야기할지도 모른다.

프랜시스 크릭은 『생명 그 자체』에서 세균이 이 행성이 아니라 다른 어딘가에서 접종되었을지 모른다는 추정을 반쯤 진지하게 내놓았다. 크릭의 상상에 따르면, 그들은 외계인이 만든 로켓의 탄두에 담겨 보내졌다. 외계인들은 자신들을 번식시키고 싶어했지만, 스스로 여행을 하는 데에 따르는 기술적인 문제들을 놓고 씨름하다가, 결국 포기하고 대신 세균을 접종시키기로 결정했다. 나머지는 자연 진화에 맡기기로 한 것이다. 크릭과 그 생각을 함께 제안한 동료 레슬리 오겔은 세균이 접종된 행성에서 자연 과정을 통해서 진화했다고 가정했지만, 과학소설적 분위기를 가미하자면 나노 기술로 만든 인공 장치도 섞여 있었다고 말할 수 있을 것이다. 리조비움 같은 세균들에 있는 편모 모터와 비슷한 분자 기어 장치일 수도 있겠다.

후회를 했는지 안심을 했는지 모르겠지만, 크릭은 "지향 범종설"이라는 자신의 이론을 뒷받침하는 증거를 거의 제시하지 못했다. 그러나 과학과 과학소설 사이에 존재하는 오지는 진짜 중요한 질문을 붙들고 씨름하는 정신의 체육관이 되기에 손색이 없는 장소이다. 다윈 자연선택을 통해서 나온 설계라는 환각이 대단히 강력하다는 점을 생각할 때, 자연선택의 산물과 공들여 설계한 인공물을 실질적으로 어떻게 구별할 수 있을까? 또 한 명의 위대한 분자생물학자 자크 모노도 『우연과 필연(*Chance and Necessity*)』을 비슷한 말로 시작했다. 자연에서 환원 불가능한 복잡성을 입증하는 설득력 있는 사례가 과연 있을 수 있을까? 가령 많은 부품들로 이루어진 복잡한 조직에서 어느 한 부품이 사라지면 전체에게 치명적일까? 그렇다고 한다면 그것이 뛰어난 지성체, 이를테면 더 오래되고 더 고도로 진화한 다른 행성의 문명에서 온 누군가가 설계했다는 것을 의미할까?

그런 사례가 언젠가 발견될 가능성은 있다. 그러나 세균 편모 모터는 거기에 해당하지 않는다. 환원 불가능한 복잡성의 사례라고 주장된 이전의 수많은 사례들이 그러했듯이, 세균의 편모는 환원 가능함을 탁월하게 보여준다. 브라운 대학교의 케니스 밀러는 그 문제를 대가답게 탁월하게 설명한다. 밀러가 설명했듯이, 편모 모터의 구성부품들이 다른 기능은 전혀 하지 않는다는 주장은 잘못된 것이다. 한 예로 많은 기생성 세균들은 화학물질들을 숙주세포로 주입하는 TTSS(Type Three Secretory System)라는 메커니즘을 가지고 있다. TTSS는 편모 모터에 쓰이는 것과 똑같은 단백질들을 일부 가져다가 사용한다. 그 단백질들은 원형 바퀴통에 회전운동을 일으키는 것이 아니라 숙주의 세포벽에 원형 구멍을 뚫는 데에 쓰인다. 밀러는 이렇게 요약한다.

솔직히 말해서 TTSS는 편모의 받침에 있는 소수의 단백질들을 가져다가 이 더러운 일을 한다. 진화의 관점에서 보면, 이 관계는 그리 놀랄 일도 아니다. 사실 진화 과정에 편의주의가 끼어들어 단백질들을 섞고 끼워맞추어서 새롭고 색다른 기능들을 만든다는 것은 익히 예상된 바이다. 그러나 환원 불가능한 복잡성 교리에 따르면, 이런 일이 가능할 리가 없다. 편모가 정말로 환원 불가능한 복합체라면, 10-15개는커녕 단 1개의 부품만 제거해도 나머지는 "정의에 따라 비기능적인" 것이 되어야 한다. 그러나 TTSS는 대부분의 편모 부품들이 없는 상태에서도 완전히 제 기능을 한다. TTSS는 우리에게는 나쁜 소식이지만, 그것을 가진 세균의 입장에서 보면 진정 가치 있는 생화학적 장치이다.

다양한 세균들이 TTSS를 가진다는 것은 "환원 불가능한 복합체" 편모 중에서 일부만으로도 중요한 생물학적 기능을 수행할 수 있음을 보여준다. 자연선택이 그런 기능을 선호하는 것은 분명하므로, 편모가 완전히 조립된 상태에서만 구성부품들이 쓸모가 있다는 주장은 명백히 틀렸다. 이것이 의미하는 바는 편모의 지적 설계 논증이 틀렸다는 것이다.

밀러가 "지적 설계 이론"에 분노하게 된 동기가 아주 흥미롭다. 그의 종교적인 확신에서 비롯되었기 때문이다. 그 내용은 『다윈의 신을 발견하다(Finding Darwin's God)』에 상세히 나와 있다. 밀러의 신(설령 다윈의 신이 아니라고 해도)은 자연의 심오한 법칙성 속에서 드러나는 신이다. 아니, 아마 그것과 동의어일 것이다. 개인의 회의심 논리라는 부정적인 경로를 통해서 신을 설명할 방도를 찾는 창조론자는 밀러가 보여주었듯이, 신이 변덕스럽게 자신의 법칙들을 **위반한다**고 가정하고 있음이 드러난다. 밀러 같은 사색적인 종교인이 보기에는 천박하고 품위 없는 신성모독이 아닐 수 없다.

비종교인이기는 하나 나는 밀러의 논리를 나 자신의 논리와 비슷한 것으로 여기며 공감하고 지지할 수 있다. 지적 설계를 주장하는 개인의 회의심 논리는 설령 신성모독은 아니라고 할지라도 게으르다. 나는 그 점을 앤드루 헉슬리 경과 앨런 호지킨 경 사이의 가상의 대화를 통해서 풍자한 적이 있다. 둘 다 왕립학회 회장으로 있었으며, 신경 펄스의 분자생물리학 연구로 노벨상을 공동 수상했다.

"헉슬리 경, 이것 참 대단히 어려운 문제로군요. 저는 신경 펄스가 어떻게 작동하는지 모르겠습니다, 당신은요?"

"저도 모릅니다, 호지킨 경. 그리고 이 미분방정식들은 풀기가 어렵군요. 그냥 포기하고 신경 펄스가 신경 에너지를 통해서 전파된다고 하는 것이 어떻겠습니까?"

"참 좋은 생각입니다, 헉슬리 경. 그럼 『네이처』에 투고를 합시다. 한 줄이면 되겠지요. 그럼 우리가 일을 더 수월하게 만드는 셈이네요."

앤드루 헉슬리의 형인 줄리언은 예전에 앙리 베르그송이 생의 약동(élan vital)이라는 말로 요약한 생기론을 기차 엔진이 기관차의 약동으로 추진된다고 설명하는 것과 다를 바 없다고 조롱했다.* 게으름에 대한 나의 비난과 신성모독에 대한 밀러의 비난은

---

* 생기론자인 앙리 베르그송이 노벨 문학상 수상자 100인 중에서 과학자에 가장 근접한 사람이라는 평을 받다니 서글프다. 그에 맞먹는 사람은 버트런드 러셀이지만, 그는 인도주의적인 저술로 상을 받았다.

지향 범종설에는 적용되지 않는다. 크릭은 초자연적인 설계가 아니라 초인적인 설계를 이야기하기 때문이다. 그 차이는 대단히 중요하다. 크릭의 세계관에서 세균 또는 지구에 그 세균들을 접종시킬 방법을 연구한 초인적인 설계자들은 자기 행성에서 그곳의 다윈 선택에 해당하는 것을 통해서 진화했을 것이다. 중요한 점은 크릭이 대니얼 데닛이 "기중기(crane)"라고 부르는 것을 찾지, "스카이훅(skyhook)"에는 결코 의지하지 않을 것이라는 점이다. 앙리 베르그송은 후자에 의지하겠지만 말이다.

환원 불가능한 복잡성 논리를 결정적으로 반박하는 방법은 편모 모터, 혈액 응고 과정, 크렙스 회로(Krebs cycle) 등 이른바 환원 불가능한 복합체라는 것들이 실제로는 환원 가능함을 보여주는 것이다. 개인의 회의심은 그냥 틀렸다고 보면 된다. 거기에다가 설령 그 복잡성의 단계적인 진화 경로를 아직 생각할 수 없다고 할지라도, 그것이 초자연적인 것이라고 가정하는 쪽으로 적극 밀고 나간다면, 보기에 따라서 신성모독이나 태만으로 여겨질 것이라는 말을 덧붙이기로 하자.

그러나 언급해야 할 반박방법이 하나 더 있다. 그레이엄 케언스-스미스의 "아치(arch)와 비계(scaffolding)"이다. 케언스-스미스는 그것을 다른 맥락에서 썼지만, 그의 요점은 여기에도 적용된다. 아치는 일부를 제거하면 전체가 무너진다는 점에서 환원 불가능하다. 그러나 비계를 통해서 차근차근 세우는 것은 가능하다. 그다음에 더 이상 눈에 띄지 않게 비계를 치운다고 해도, 우리는 석공들에게 신비적이고 몽매주의적으로 초자연적인 힘을 부여하지는 않는다.

편모 모터는 세균들 사이에 흔하다. 리조비움이 그 이야기의 화자로 선택된 것은 세균의 다재다능함을 인상적으로 보여줄 또다른 주제를 지녔기 때문이다. 농부들은 윤작할 때 콩과의 식물을 즐겨 심는다. 거기에는 타당한 이유가 있다. 콩과 식물은 토양에서 질소화합물을 빨아들이는 것이 아니라 대기에서 질소 기체를 직접 가져다 쓸 수 있다(질소는 우리 대기에서 가장 풍부한 기체이다). 그러나 대기의 질소를 고정하여 그것을 사용 가능한 화합물로 바꾸는 일을 하는 것은 식물 자체가 아니다. 그 일은 공생 세균, 특히 리조비움속의 세균들이 맡는다. 그들은 그런 용도로 특별히 마련된 식물 뿌리의 뿌리혹에서 그 일을 한다.

동식물계 전체를 보면, 화학적으로 훨씬 더 다재다능한 세균이 가진 창의적인 화학적 비법들을 그렇게 도급계약(都給契約)하는 사례들이 아주 흔하게 나타난다. 그것이

"태크 이야기"가 전하는 주된 내용이다.

태크 이야기

우리가 알고 있는 모든 생물들을 순례여행에 합류시키면서 가장 오래된 랑데부에 도달했기 때문에, 우리는 그들의 다양성을 살펴볼 수 있는 위치에 와 있다. 가장 깊은 수준에서 보면, 생명의 다양성은 화학적인 것이다. 우리의 동료 순례자들의 직업은 화학적 재능 측면에서 매우 다양하다. 그리고 앞에서 살펴보았듯이, 가장 다양한 화학적 재능을 지닌 쪽은 고세균을 포함한 세균들이다. 집단을 놓고 볼 때, 세균은 이 행성 화학계의 거장들이다. 심지어 우리 세포의 화학도 주로 손님인 세균 일꾼들에게서 빌려온 것이며, 그것도 세균의 능력들 중에서 극히 일부만 빌렸을 뿐이다. 화학적으로 보면, 세균들 중에는 다른 세균들이 아니라 우리와 더 가까운 것들이 있다. 적어도 화학자의 관점에서 보면, 세균을 제외한 모든 생물들이 사라져도 생명의 다양성 중 꽤 많은 부분이 그대로 남아 있을 것이다.

내가 이 이야기의 화자로 택한 세균은 테르무스 아쿠아티쿠스(*Thermus aquaticus*)이다. 분자생물학자들은 이들을 태크(Taq)라는 애칭으로 부른다. 세균들은 저마다의 이유로 우리에게 이질적으로 보인다. 테르무스 아쿠아티쿠스는 이름에서 짐작할 수 있듯이 뜨거운 물을 좋아한다. 그것도 아주 뜨거운 물을. 랑데부 39에서 살펴보았듯이, 고세균들 중에는 호열균과 초호열균이 많지만, 고세균들이 이런 생활방식을 독점하는 것은 아니다. 호열균과 초호열균은 분류학적 범주가 아니라, 초서의 서기, 방앗간 주인, 의사처럼 직업이나 길드에 더 가까운 범주이다. 그들은 다른 누구도 살 수 없는 곳에서 살아간다. 뉴질랜드의 로터루아와 미국 옐로스톤 공원의 끓는 온천이나 중앙 해령의 화산 분출구 같은 곳이다. 테르무스는 진정세균에 속한 초호열균이다. 그들은 거의 끓는 물에서도 별 어려움 없이 살 수 있다. 비록 더 쾌적한 온도인 약 섭씨 70도를 좋아하지만 말이다. 그들이 최고의 온도 기록을 보유한 것은 아니다. 물의 정상적인 끓는점보다 더 높은 섭씨 115도에서도 번성하는 심해 고세균들도 있다.*

---

* 정상적인 끓는점보다 온도가 더 높은 물이 있다는 것이 놀랍게 여겨진다면, 고압에서는 물이 더 높은 온도에서 끓는다는 점을 생각하도록 하자.

테르무스는 분자생물학자들에게 태크 중합효소(polymerase)라는 DNA 복제효소의 공급원으로 잘 알려져 있다. 물론 모든 생물은 DNA를 복제할 효소를 가지지만, 테르무스는 거의 끓는 온도에서도 견딜 수 있는 효소를 진화시켜야 했다. 이 효소는 분자생물학자들에게 유용하다. DNA를 복제 준비 상태로 만드는 가장 쉬운 방법은 끓여서 이중나선의 두 가닥을 서로 분리시키는 것이다. DNA와 태크 중합효소가 들어 있는 용액을 끓였다가 식히기를 반복하면 아무리 소량의 DNA라도 복제된다. "증폭된다"라고도 말한다. 이것을 "중합효소 연쇄반응(polymerase chain reaction)," 줄여서 PCR이라고 하며, 대단히 기발한 방법이다.

전통적으로 생물의 이야기는 큰 동물, 즉 우리의 관점에서 다루어졌다. 이해할 수 있다. 생물은 동물계와 식물계로 나뉘었고, 그 차이는 아주 명확해 보였다. 균류는 식물로 간주되었다. 그들 중에서 많은 것들이 한자리에서 뿌리를 내리고 있으며, 당신이 조사하려고 할 때에 다른 곳으로 걸어가지 않기 때문이다. 우리는 19세기까지 세균이 있는 줄 몰랐으며, 성능 좋은 현미경으로 그들을 처음 관찰했을 때에 사람들은 그들을 사물의 분류체계 중에서 어디에 놓아야 할지 갈피를 잡지 못했다. 그들을 소형 식물이라고 생각한 사람도, 소형 동물이라고 본 사람도 있었다. 빛을 포획하는 세균들은 식물에("남조류"로서), 나머지는 동물에 넣은 사람도 있었다. 세균이 아니며 세균보다 훨씬 더 큰 단세포 진핵생물을 일컫는 "원생생물"도 마찬가지였다. 초록빛 원생생물들은 원생식물, 나머지는 원생동물이라고 불렸다. 원생동물 중 대표적인 사례가 바로 예전에 모든 생물의 조상과 가깝다고 보았던 아메바이다. 우리는 얼마나 잘못된 생각을 했던가. 세균의 "눈"으로 보면, 아메바는 인간과 거의 구별되지 않기 때문이다.

살아 있는 생물들이 눈에 보이는 해부구조에 따라 분류되던 시대였으므로, 동물이나 식물보다 훨씬 덜 다양한 세균들을 원시적인 동물과 식물로 치부한 것도 용서할 수 있는 일이었다. 그러다가 분자들이 제공하는 훨씬 풍부한 정보를 이용하여 생물들을 분류하기 시작하자, 그리고 미생물들이 완벽하게 해내는 화학적 "직업들"의 범위를 살펴보자, 상황은 완전히 달라졌다. 다음에 우리가 지금 생물들을 어떻게 보고 있는지 대강 그린 그림이 있다.

동물과 식물을 각기 계로 다룬다면, 같은 기준을 적용했을 때에 미생물에는 수십 가지의 "계"가 있다. 각 계는 동물이나 식물과 같은 지위에 놓일 만큼 독특하다. 그림

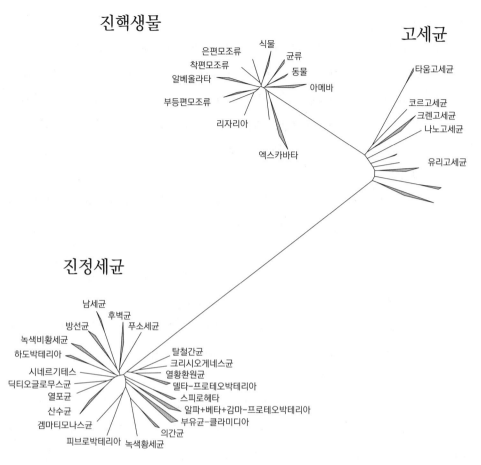

가장 깊은 차원의 생물 분류   최근의 리보솜 단백질 분석을 토대로 세 주요 영역으로 구분한 생명의 나무. 진정세균과 고세균 내의 정확한 관계는 분석방법에 따라서 조금씩 달라진다. 라섹-네셀크비스트와 고가르텐[237, 그림 5].

에 나온 것은 빙산의 일각이다. 길게 뿌리를 내린 몇몇 가지들이 빠져 있다. 우리가 접근할 수 있는 장소에서 사는 것들과 연구실에서 배양할 수 있는 것들만을 표시했다.

사실, 우리가 이 이야기의 수정 작업을 거의 마무리할 즈음, 버클리 연구진이 이 그림에서 진정세균을 고세균과 분리하는 긴 가지에 속한 극도로 작은 세균에서 갈라져나온 새로운 세균을 발견했다고 발표했다. 실험실에서 배양이 불가능해서, 지하수에서 들어 있는 세균 유전체들을 한꺼번에 서열 분석하여 찾아냈다. 너무 최근 자료라서 이 그림에 넣을 수 없었지만, 아직 발견되기를 기다리고 있는 다른 미생물 계들이 더 있을지 누가 알겠는가?

　동물, 식물, 균류는 생명의 나무에 난 3개의 잔가지에 불과하다. 이 친숙한 계들은 많은 세포들로 이루어져서 몸집이 크다는 점에서 다른 계들과 구별된다. 다른 계들은 거의 다 미생물이다. 그들을 그냥 하나의 미생물 계로 묶어서 3대 다세포생물 계들과 대등한 지위에 놓으면 안 될까? 안 되는 타당한 이유를 하나 들자면, 생화학 수준에서 보면 많은 미생물 계들이 우리에게 친숙한 그 3대 계들이 서로 다른 것만큼 서로 다르고, 그 3대 계들과도 다르기 때문이다.

　이런 차이를 기준으로 삼아 계가 "실제로" 20개냐 아니면 25개냐 100개냐 세세하게 따지는 것은 무의미할 것이다. 사실 세균학자들은 그들을 모두 문이라고 부르고, "계"라는 용어를 아예 쓰지 않음으로써 골치 아픈 상황을 회피하는 경향이 있다. 그러나 그림에서 명확한 것은 이 수십 가지의 계가 3개의 상계(super-kingdom), 또는 이 새로운 생명관의 창시자인 앞에서 말했던 칼 워즈의 용어를 빌리면 "영역(domain)"으로 묶인다는 것이다. 세 영역 중에서 첫 번째는 여행의 대부분을 우리와 함께 했던 진핵생물들이다. 두 번째는 랑데부 39에서 만난 미생물인 고세균들이다. 예전에는 이들을 세 번째 영역인 진정한 세균(진정세균)과 합쳤다. 고세균과 진정세균을 그저 세균의 종류일 뿐이라고 보고 싶은 유혹을 느낄지 모르지만, 그들은 결코 가까운 친척지간이 아니다. 우리 진핵생물—적어도 우리 유전자의 대부분—은 고세균과 훨씬 더 가깝다. 고세균 중에서도 특정한 집단과 더욱 가까울 수도 있다. 그래서 생물이 아예 2대 영역(3대 영역이 아니라)으로 분류된다고 주장하는 이들도 있다. 진정세균역과 나머지 생물들로 나뉜다는 것이다. 이 책에서는 그렇게까지 주장하지는 않으련다. 그렇기는 해도 진정세균이 나머지 생물들과 명확히 구별된다는 점은 확실하며, 우리 순례여행의 마지막 여정은 그들의 영역에 속한다. 이 마지막 걸음을 지금까지 존재했던 가장 보편적이고 효율적인 DNA 전파자들과 함께 한다는 것은 특별한 혜택이다.

　물론 이 별 모양 그림 자체는 우리가 보고 만질 수 있는 특징들을 토대로 한 것이다. 생물들을 비교하고 싶다면, 그들 모두가 대체로 공유하는 특징들을 골라야 한다. 대다수 종이 다리가 없다면 다리는 비교할 수 없다. 다리, 머리, 잎, 어깨뼈, 뿌리, 심장, 미토콘드리아 등은 각각 생물들의 특정한 부분집합에서만 나타난다. 그러나 DNA는 보편적이며, 살아 있는 모든 생물들에는 약간의 차이들이 있을 뿐 공통으로 존재하는 극소수의 유전자들이 있다. 이 유전자들이 바로 우리가 대규모로 비교할 때에 사용해야 하는 것들이다. 리보솜을 만드는 암호가 가장 좋은 사례일 것이다.

리보솜은 유전체에서 보낸 RNA 전령 "테이프"를 읽는 세포 내 기계로서, 이 메시지에 따라 단백질을 생산한다. 그들은 소형 단백질 공장이며, 모든 세포에서 핵심적인 역할을 하며, 모든 세포에 들어 있다. 리보솜은 많은 특수한 단백질들이 RNA 고갱이를 감싼 형태이다. 이 고갱이는 리보솜이 읽어서 번역을 하는 RNA 메시지와는 완전히 분리되어 있다. 리보솜은 어디에나 있을 뿐 아니라, 리보솜 고갱이와 그 주변의 단백질을 만드는 "유전자들"은 기나긴 세월 동안 거의 변하지 않았다. 즉 그 유전자들은 우리의 것이나 세균의 것이나 알아볼 수 있을 만큼 서열이 비슷하다. 따라서 "긴팔원숭이 이야기"에서 설명한 방법들을 써서 진화관계를 추론하는 데에 쓸 수 있다.

여기서 주의할 점이 있다. 이런 서열들은 "긴 가지 끌림" 같은 함정에 매우 취약하다. 그래도 잠정적인 계통수를 도출할 수는 있다. 조금 전에 보여준 그림은 리보솜의 많은 단백질과 리보솜 RNA 고갱이의 서열 분석을 토대로 얻은 최근 연구 성과 중의 하나이다. 이 잠정적인 계통수 중 일부 가지는 단연코 불확실하며, 세균 내의 가지들이 더욱 그렇다. 그들이 서로 DNA를 교환하는 경향이 있기 때문에 그런 것일 수도 있다. 진핵생물에서는 그런 문제가 없다. 그렇기는 해도 우리는 리보솜이 세포의 생명을 좌우하는 부분이므로 그 유전암호의 교환이 전혀 또는 거의 일어나지 않을 것이라고 예상할 수 있다. 머나먼 조상들의 역사를 얽히고설킨 망이 아니라 갈라지는 하나의 나무로 나타낸다고 할 때, 691쪽의 그림이 보편적인 생명의 나무를 보는 우리의 현재 관점이다.

유전체 비교를 통해서 측정된 분류학적 거리는 다양성을 보는 방법들 중의 하나이다. 또다른 방법은 다양한 생활방식의 범위, 즉 우리 순례자들이 매진하는 "직업"의 범위를 살펴보는 것이다. 언뜻 보면 세균들은 이런 측면에서 사자와 물소, 두더지와 코알라보다 서로 더 비슷해 보인다. 우리 같은 커다란 동물들이 보기에 연충의 땅을 파는 생활방식은 고무나무의 잎을 씹는 생활방식과 크게 다른 듯하다. 그러나 우리의 세균 화자의 화학적 관점에서 보면, 두더지나 코알라나 사자나 물소나 모두 거의 똑같은 일을 한다. 모두 식물이 태양 에너지를 포획하여 만든 복잡한 분자들을 분해함으로써 에너지를 얻는다. 코알라와 물소는 직접 식물을 먹는다. 사자와 두더지는 (궁극적으로) 식물을 섭취한 다른 동물들을 먹음으로써 간접적으로 태양 에너지를 얻는다.

외계 에너지의 주된 원천은 태양이다. 태양은 식물 세포 내부에 있는 공생하는 녹색 세균을 통해서 우리가 맨눈으로 볼 수 있는 모든 생물들의 유일한 에너지 공급원이 된다. 태양 에너지는 초록 태양 전지판(나뭇잎)에 붙들려서 식물의 당과 녹말 같은 유기화합물을 합성하는 데에 쓰인다. 에너지가 소비되거나 생성되는 일련의 화학반응들을 통해서, 나머지 생물들은 원래 식물이 태양에서 포획했던 에너지를 추출한다. 에너지는 태양에서 식물, 초식동물, 육식동물, 청소동물로 이어지는 생명의 경제를 관통하여 흐른다. 각 단계마다, 즉 생물들 사이에서만이 아니라 생물 자체에서 에너지 경제상의 거래가 이루어질 때마다 에너지가 낭비된다. 에너지 중 일부는 불가피하게 열로 분산되며, 결코 회수되지 않는다. 태양으로부터의 대규모 에너지 유입이 없다면, 교과서에서 흔히 말하듯이 생명이라는 맷돌은 더 이상 돌지 않을 것이다.

이 말은 지금도 대체로 옳다. 그러나 그 교과서들은 세균과 고세균을 고려하지 않았다. 당신이 아주 창의적인 화학자라면, 태양에서 시작하지 않는 대안 에너지의 흐름 체계를 이 행성에서 고안할 수 있을 것이다. 그리고 유용한 화학을 고안할 수 있다면, 그것을 맨 처음 발명한 존재는 세균일 가능성이 높다. 아마 그들은 태양 에너지의 활용비법을 발견하기 이전, 즉 30억 년 전보다 더 앞선 시기에 그런 것을 발명했을지도 모른다. 외부 에너지원이 있어야겠지만, 그것이 반드시 태양일 필요는 없다. 많은 물질에는 화학 에너지가 갇혀 있으며, 적절한 화학반응들을 거치면 그 에너지를 방출시킬 수 있다. 살아 있는 생물들이 채굴할 만한 채산성이 있는 에너지원으로는 수소, 황화수소, 일부 철 화합물을 들 수 있다. 우리는 캔터베리에서 그 채굴하는 생활방식을 다시 접할 것이다.

비록 지금까지 우리의 이야기들이 1인칭 관점에서 쓰인 것은 아니지만, 모든 이야기가 끝나는 마지막 순간에 예외를 두어서, 테르무스 아쿠아티쿠스에게 이야기를 맡기기로 하자.

우리의 관점에서 생물들을 보면, 당신네 진핵생물들은 곧 그런 젠체하는 태도를 버릴 것이다. 당신네 두 발 유인원들, 꼬리 잘린 나무땃쥐, 물기가 빠진 육기어류, 척추를 가진 벌레들, 혹스 유전자를 늘린 해면동물들, 한꺼번에 무더기로 등장한 것들, 진핵생물들, 단조롭고 비좁은 영역에 웅기중기 모인 거의 구별되지 않은 존재들은 세균들의 표면에 있는 변덕스러운 거품에 다름 아니다. 당신들을 이루는 세포들 자체가 우리 세균들이 10억 년 전에 발견한 낡은 기술들을 똑같이 재현하는 세균 군체들이기 때문이다. 우리는 당신들이 오기 전부터 여기에 있었고, 당신들이 떠난 뒤에도 여기에 남을 것이다.

캔터베리

40억 년에 걸친 순례여행의 목적지에 걸맞게, 우리의 캔터베리는 수수께끼 같은 분위기를 풍긴다. 그 목적지를 생명의 기원이라고 말하지만, 유전의 기원이라고 부르는 편이 더 나을 수도 있다. 생명 자체는 명확히 정의된 것이 아니다. 이 말은 직관 및 기존 상식과 모순된다. "에제키엘서" 제37장에는 선지자가 명령을 받들어 뼈들의 계곡으로 내려가서 뼈에 숨을 불어넣어 살리는 장면이 나온다. 나는 그 대목을 인용하지 않을 수 없다.

나는 분부하신 대로 말씀을 전하였다. 내가 말씀을 전하는 동안 뼈들이 움직이며 서로 붙는 소리가 났다.

내가 바라보고 있는 가운데 뼈들에게 힘줄이 이어졌고 살이 붙었으며 가죽이 씌워졌다. 그러나 아직 숨쉬는 기척은 없었다.

야훼께서 나에게 또 말씀하셨다. "숨을 향해 내 말을 전하여라. 너 사람아, 숨을 향해 내 말을 전하여라. '주 야훼가 말한다. 숨아, 사방에서 불어와서 이 죽은 자들을 스쳐 살아나게 하여라.'"

그리고 물론 숨이 불어넣어졌다. 대규모 군대가 숨을 얻어 일어섰다. 에제키엘에게는 숨이 생과 사를 정의한다. 다윈은 『종의 기원』을 끝맺을 때에 더 유창한 문장으로 같은 내용을 전했다(강조한 부분 표시).

따라서 자연의 전쟁, 기근과 죽음이 있고 난 뒤에는 우리가 생각할 수 있는 가장 고귀한 대상, 즉 더 고등한 동물들이 곧장 생겨난다. 원래 극소수의 또는 하나의 형상에 창조자에 의해서 몇 가지 능력과 함께 **숨결이 불어넣어졌고**, 그 뒤 이 행성이 정해진 중력법칙에 따라 계속 도는 동안에 처음에 그토록 단순했던 것에서 가장 아름답고 가장 경이로운 무수한 형상들이 진화했고, 지금도 진화한다는 이런 생명관에는 장엄함이 있다.

다윈은 에제키엘이 본 사건들의 순서를 뒤집어 올바로 놓았다. 생명의 숨이 먼저 나타나서 궁극적으로 뼈와 근육과 살과 피부가 진화할 조건을 만들었다는 것이다. 말이 난 김에 덧붙이자면, "창조자에 의해서"라는 구절은 『종의 기원』 초판에는 없었다. 종교 압력단체들을 달래기 위함이었는지 재판 때에 추가한 것이다. 다윈은 나중에 친구 후커에게 보낸 편지에 그 일을 후회한다고 썼다.

여론에 굴복하여 모세 5경의 창조 용어를 사용했던 것을 오랫동안 후회했네. 실제 그 말은 어떤 미지의 과정을 통해서 "나타났다"는 의미로 쓴 것이었네. 이제는 생명의 기원을 생각한다는 것 자체가 평범한 일이 되어버렸지. 사물의 기원을 생각하는 것처럼 말일세.

다윈은 아마(나는 당연하게 여기지만) 원시 생명의 기원 문제가 자신이 해결한 다른 문제들에 비해서 상대적으로(나는 이 상대적이라는 단어를 강조한다) 쉬울 것이라고 보았다. 일단 시작된 생명이 어떻게 엄청난 다양성, 복잡성, 뛰어난 설계라는 강력한 환각을 낳았는가 하는 문제에 비해서 말이다. 다윈은 나중에(후커에게 보낸 다른 편지에서) 그 모든 것을 시작한 "미지의 과정"에 관해서 추측하는 모험을 감행했다. 그는 생명의 기원이 여러 차례에 걸쳐 이루어졌다고 보지 않는 이유를 곰곰이 생각하다가 그 문제에 이르렀다.

살아 있는 생물이 처음으로 생성되는 데에 필요한 모든 조건들이 현재 존재하며, 계속해서 존재해왔을 수 있다는 말을 흔히 하지. 그러나 만약(그래, 정말로 만약에!) 화학적으로 형성된 단백질 화합물이 훨씬 더 복잡한 변화를 겪을 수 있도록 암모니아, 인산염, 빛, 열, 전기 등 온갖 것들이 존재하는 어떤 따뜻한 작은 연못이 있다고 상상해보면, 현재 그런 물질은 즉시 흡수될 걸세. 살아 있는 생명이 나타나기 전과는 달랐을 거네.

자연 발생 교리가 파스퇴르의 실험을 통해서 반박된 것은 그보다 더 뒤의 일이었다.

그전에는 썩어가는 고기에서 구더기가 자연적으로 발생하고, 조개삿갓에서 흰얼굴기러기가 자연적으로 발생하며, 심지어 밀 곁에 던져둔 더러운 빨랫감에서 생쥐가 발생한다고 믿었다. 기이하게도 자연 발생론은 교회의 지지를 받았다(다른 많은 이론들이 그렇듯이 여기에서도 아리스토텔레스의 견해가 인용되었다). 나는 기이하게도라는 말을 썼다. 적어도 현재 돌이켜보면, 자연 발생은 진화와 마찬가지로 신의 창조에 도전하는 것이기 때문이다. 파리나 생쥐가 자연적으로 발생한다는 개념은 파리나 생쥐의 창조라는 장엄한 성취를 매우 과소평가한다. 즉 창조자를 모욕하는 태도라고 생각할 수 있다. 그러나 과학에 무지한 정신은 파리나 생쥐가 그렇게 생기는 것이 대단히 복잡하고 본질적으로 일어날 법하지 않은 일이라는 점을 이해하지 못한다. 아마 그런 생각이 얼마나 큰 오류인지를 맨 처음 이해한 사람은 다윈이었을 것이다.

1872년에 자연선택의 공동 발견자인 월리스에게 보낸 편지에서 다윈은 다른 부분에서는 찬탄했던 『생명의 시작(*The Beginnings of Life*)』이라는 책에서 주장하는 "윤형동물과 완보동물이 자연적으로 발생한다"는 표현에 회의적인 태도를 보였다. 그의 회의주의는 늘 그렇듯이 정확했다. 윤형동물과 완보동물은 나름대로의 생활방식에 잘 적응한 복잡한 생명체들이다. 그들이 자연적으로 발생한다는 것은 "행복한 우연을 통해서" 적합해지고 복잡해진다는 것을 의미하며, "나는 그것을 믿을 수 없다." 다윈에게 그 정도의 행복한 우연은 금물이었으며, 교회에게도 다른 이유로 그러했어야 한다. 다윈 이론 전체의 이론적인 근거는 예전이나 지금이나 적응적 복잡성이 맹목적인 우연을 끌어다가 설명해야 할 정도로 한 번의 아주 큰 걸음이 아니라, 서서히 점진적인 한 걸음씩을 통해서 출현한다는 것이다. 선택에 쓰일 변이를 공급하는 우연을 작은 걸음들에 배분함으로써, 다윈 이론은 생명을 설명하기 위해서 진짜 행운을 들이대지 않아도 되는 유일하게 현실적인 방법을 제공한다. 윤형동물이 그런 식으로 불쑥 생겨날 수 있다면, 다윈의 평생에 걸친 연구는 불필요했을 것이다.

그러나 자연선택 자체도 시작이 있어야 했다. 오로지 이런 의미에서, 일종의 자연 발생이 단 한 번 일어났음이 분명하다. 다윈이 탁월하게 기여한 부분은 우리가 가정해야 하는 그 단 한 번의 자연 발생이 구더기나 생쥐 같은 복잡한 생물을 만드는 것일 필요가 없었다고 보았다는 점이다. 무엇인가가 만들어지기만 하면 된다. 이제 우리는 그 문제의 핵심에 도달했다. 숨결이 아니라면, 최초로 자연선택을 작동시키고 누적적인 진화 사건들을 통해서 마침내 구더기, 생쥐, 인간을 만든 핵심 요소는 과연 무엇이었을까?

세세한 사항들은 우리의 고대 캔터베리에 아마 발굴할 수도 없을 만큼 깊이 묻혀 있겠지만, 우리는 그 핵심 요소가 틀림없이 지녔을 무엇인가에 최소한 이름을 붙일 수는 있다. 바로 유전이라는 이름이다. 우리는 모호하고 정의되지 않은 생명의 기원이 아니라 유전의 기원을 찾아야 한다. 진정한 유전 말이다. 그리고 그것은 아주 정확한 의미를 가진다. 나는 전에 불에 비유하여 그 점을 설명한 적이 있다.

불은 숨결에 맞먹는 생명의 이미지가 있다. 우리가 죽을 때에 생명의 불꽃도 사라진다. 불을 처음으로 길들인 우리의 조상들은 아마 불을 살아 있는 것으로, 심지어는 신으로까지 생각했을 것이다. 불꽃이나 깜부기불을 응시하고 있을 때, 특히 밤에 자신들을 따뜻하게 해주고 보호해주는 모닥불을 바라보고 있을 때, 그들은 빛을 뿜으며 춤추는 영혼과 대화를 나누는 상상을 하지 않았을까? 불은 계속 지피는 한 살아 있다. 불은 공기가 있어야 숨을 쉰다. 즉 우리는 산소 공급을 중단함으로써 불을 질식시킬 수도 있고, 물로 익사시킬 수도 있다. 야생 불은 추격하는 늑대 떼처럼 빠르고 냉혹하게 먹이동물들의 뒤를 쫓으면서 숲을 집어삼킨다. 우리의 조상들은 늑대 새끼에게 그랬듯이, 불의 새끼를 유용한 애완동물로 삼아 길들이고, 때마다 먹이를 주고, 배설물인 재를 깨끗이 치웠다. 사회는 불을 피우는 기술을 발견하기에 앞서, 불을 사로잡아 관리하는 좀더 낮은 수준의 기술을 터득했을 것이다. 집안에 키우는 불의 살아 있는 움돋이를 항아리에 담아서 불행히도 불이 죽은 이웃과 물물교환도 했을 것이다.

야생 불이 민들레 씨처럼 바람에 실려 불꽃과 불똥을 튀기면서 멀리 있는 메마른 풀 위에 내려앉아 씨를 뿌림으로써, 딸 불을 낳는 광경도 관찰되었을 것이다. 호모 에르가스테르 철학자들은 불이 자연적으로 발생할 수 없으며, 들판의 야생 불이든 벽돌로 잘 둘러싸인 화덕에 있는 불이든 간에 반드시 부모 불로부터 생겨나야 한다는 이론을 세우지 않았을까? 그러다가 최초의 불 피우는 막대가 등장하여 그 세계관을 뒤엎지 않았을까?

심지어 우리의 조상들은 번식하는 야생 불들의 집단이나, 다른 부족에게 사거나 물물교환을 통해서 얻은 조상 불로부터 집안 불들로 이어지는 가계도가 있다고 상상했을지도 모른다. 그러나 거기에는 진정한 유전이 없었다. 왜 없을까? 번식과 가계도는 있으면서 유전이 없다는 말이 어떻게 가능할까? 그것이 바로 불이 우리에게 주는 교훈이다.

진정한 유전은 불 자체가 아니라 각 불이 지닌 **변이**의 대물림을 의미한다. 불 중에는 더 노란 것도 있고, 더 붉은 것도 있다. 포효하는 불, 따닥거리는 불, 쉿쉿거리는 불, 연기를 내는 불, 불꽃을 튀기는 불도 있다. 화염이 파란빛을 띤 것도 초록빛을 띤 것도 있다. 우리의 조상들이 길들인 늑대들을 연구했다면, 개의 가계도와 불의 가계도가 확연히 다르다는 것을 눈치챘을 것이다. 개는 비슷하게 생긴 새끼를 낳는다. 적어도 각 강아지를 식별해주는 무엇인가가 부모로부터 전해진다. 물론 차이는 다른 요인들 때문에 생길 수도 있다. 먹이, 질병, 사고 같은 것들이 그렇다. 불이 지닌 모든 변이는 환경의 산물이며, 부모 불꽃에서 물려받는 것은 전혀 없다. 불의 변이는 연료의 양과 수분 함량, 바람의 방향과 세기, 화덕과 토양의 특성, 화염에 남색이나 자색을 띠게 하는 미량의 구리나 칼륨, 노란색을 띠게 하는 나트륨에서 비롯된다. 개와 달리, 어린 불이 지닌 특성 중에서 부모 불꽃에서 물려받은 것은 아무것도 없다. 파란 불에서 파란 불이 생기는 것은 아니다. 따닥거리는 불은 그 불꽃을 일으킨 부모 불로부터 따닥거림을 물려받는 것이 아니다. 즉 불은 유전 없는 번식을 의미한다.

생명의 기원은 진정한 유전의 기원이 아니었다. 더 나아가 최초의 유전자의 기원도 아니었다고 말할 수 있을지 모른다. 최초의 유전자라는 말이 최초의 DNA 분자를 가리키는 것이 아니라는 말을 서둘러 덧붙여야 하겠다. 최초의 유전자가 DNA로 만들어졌는지는 아무도 모르며, 나는 그렇지 않았다는 쪽에 걸겠다. 최초의 유전자라는 말은 최초의 복제자를 의미한다. 복제자는 자기 사본들로 이루어진 계통을 형성하는 분자 같은 것을 말한다. 복제에는 오류가 수반되기 마련이므로, 개체군은 다양성을 가지게 될 것이다. 진정한 유전의 핵심은 각 복제자가 개체군에서 임의의 구성원이 아니라 자기 원본을 더 닮는다는 것이다. 그런 최초 복제자의 출현은 일어날 법한 사건이 아니었지만, 한 번은 일어났어야 했다. 출현한 최초 복제자는 자급자족을 통해서 자동적으로 번식했으며, 다윈 진화를 통해서 궁극적으로 모든 생명을 낳았다.

DNA는 진정한 복제자이며, 조건에 따라서는 친척 분자인 RNA도 그럴 수 있다. 컴퓨터 바이러스나 행운의 편지도 그렇다. 그러나 이 모든 복제자들은 복잡한 복제기구가 있어야 존속할 수 있다. DNA는 DNA 암호를 읽고 복제하는 데에 잘 적응한 생화학 기구가 갖춰진 세포를 필요로 한다. 컴퓨터 바이러스는 명령문 코드에 잘 복종하도록 인간 공학자들이 설계한 다른 컴퓨터들과 자료 호환성을 갖춘 컴퓨터가 필요하다. 행운의 편지는 최소한 글을 읽을 수 있을 정도의 교육을 받은 진화한 뇌를 가진 많은 얼간이들이 필요하다. 생명의 불꽃을 당긴 최초의 복제자가 다른 점은 진화했거나 설계되었거나 교육을 받은 무엇인가가 미리 제공되지 않은 상황에서 등장했다는 것이다. 최초의 복제자는 사전 준비 없이, 일반 화학법칙들 외에 다른 도움을 전혀 받지 않은 채 새롭게 출발했다.

촉매는 화학반응을 돕는 강력한 물질이며, 복제자의 탄생에 어떤 형태로든 촉매 작용이 개입했음이 분명하다. 촉매는 소비되지 않으면서 화학반응을 촉진하는 매개체이다. 생물의 모든 화학반응에는 촉매가 개입되며, 효소라는 커다란 단백질 분자들이 대개 촉매 역할을 한다. 전형적인 효소는 화학반응에 쓰일 성분들이 끼워질 홈들이 난 삼차원 구조를 가지고 있다. 효소는 홈에 끼워진 성분들끼리 화학결합을 이루도록 함으로써, 그냥 확산된 상태에서는 서로 만날 가능성이 낮은 성분들의 만남을 촉진시킨다.

정의에 따라 촉매는 자신이 촉진하는 화학반응에서 소비되지 않지만, 그 반응을 통해서 생성될 수는 있다. 자가 촉매반응은 자신의 촉매를 생산하는 반응이다. 상상할 수 있겠지만, 자가 촉매반응은 처음에는 일어나기가 쉽지 않지만, 일단 시작되면 야생 불처럼 자체 추진된다. 실제로 불은 자가 촉매반응의 몇 가지 특징들을 가지고 있다. 불은 엄밀히 말하면 촉매가 아니라 자가 발생하는 것이다. 화학적으로 말해서 불은 열을 발생시키는 산화 과정이며, 그 과정이 시작이라는 문턱을 넘도록 하려면 먼저 열을 공급해야 한다. 그러나 일단 시작되면, 불은 연쇄반응을 일으키면서 계속 퍼져나간다. 과정이 재개되는 데에 필요한 열을 스스로 내기 때문이다. 원자폭탄 폭발도 연쇄반응의 사례로 널리 알려져 있는데, 그것은 화학반응이 아니라 핵반응이다. 유전은 자가 촉매, 또는 자가 재생 과정이 운 좋게 시작됨으로써 생겨났다. 그것은 불처럼 순간적으로 생겨나서 퍼졌으며, 결국 자연선택과 그 뒤의 모든 것들이 이어졌다.

우리도 탄소 연료를 산화시켜서 열을 발생시키지만, 우리는 불꽃을 일으키지는 않는다. 에너지를 통제되지 않은 열로 분산시키는 대신에 유용한 경로로 조금씩 보냄으로써, 통제하면서 단계적으로 산화시키기 때문이다. 유전과 마찬가지로 그런 통제된 화학, 즉 물질대사도 생명의 보편적인 특징이다. 생명의 기원에 관한 이론들은 유전과 물질대사를 둘 다 설명해야 하지만, 일부 학자들은 우선순위를 잘못 생각한다. 그들은 물질대사의 자발적인 기원을 설명할 이론을 추구하며, 다른 유용한 기구들과 함께 유전도 거기에 부수적으로 따라나온 것이라고 본다. 그러나 앞으로 살펴보겠지만, 유전을 유용한 기구로 생각해서는 안 된다. 유전이 먼저 있어야 한다. 유전이 출현하기 전에는 유용성이라는 것 자체가 아무 의미가 없기 때문이다. 유전이 없었다면, 따라서 자연선택이 없었다면, 유용한 것이라고는 존재하지 않았을 것이다. 유용성이라는 개념 자체는 유전정보의 자연선택이 시작된 다음에야 의미가 있다.

현재 진지하게 다루어지는 생명의 기원 이론들 중에서 러시아의 A. I. 오파린과 영국의 J. B. S. 할데인이 상대방을 알지 못한 채 1920년대에 각자 발표한 것이 가장 오래된 편에 속한다. 둘 다 유전이 아니라 물질대사를 강조했다. 둘 다 지구의 원시 대기에 자유 산소가 없었다는 중요한 사실을 알아차렸다. 자유 산소가 있을 때, 유기화합물(탄소화합물)은 불타거나 산화하여 이산화탄소로 변하기 쉽다. 산소가 없으면 몇 분 안에 죽는 우리에게는 기이하게 생각되겠지만, 이미 설명했듯이, 산소는 최초의 조상들에게는 치명적인 독이었을 것이다. 우리가 다른 행성들에 관해서 알고 있는 사실들을 종합해보면, 원래 지구의 대기는 환원성이었음이 거의 확실하다. 자유 산소는 나중에 나왔다. 그것은 처음에는 자유롭게 헤엄치다가 나중에 식물 세포 속에 통합된 녹색 세균의 배설물이었다. 어느 시점이 되자 우리의 조상들은 산소에 대처하는 능력을 진화시켰고, 그 뒤로는 산소에 의존하게 되었다.

녹색식물과 조류가 산소를 만든다고 한마디만 하고 그냥 넘어간다면 지나치게 단순화하는 것과 같다. 식물이 산소를 내놓는다는 것은 사실이다. 그러나 식물은 죽으면 분해된다. 분해는 탄소 물질들을 태우는 화학반응이나 다름없으므로, 그 식물이 평생 내뿜은 산소와 동일한 양의 산소가 분해될 때에 소비된다. 따라서 대기 산소의 양은 늘어나지 않을 것이다. 그러나 한 가지 고려할 사항이 있다. 죽은 식물이 모두 분해되는 것은 아니라는 점이다. 그들 중 일부는 묻혀서 석탄(또는 그에 상응하는 것)이 됨으로써 순환 과정에서 빠진다. 일부는 소비되고, 소비자의 몸도 일부가 암석에 갇힐 수 있다.* 그 결과 에너지가 풍부한 화합물이 지하에 저장되고 일부 산소가 자유롭게

---

* 한 가지 중요한 사례는 바보의 금, 즉 황철광이다. 황철광은 황세균이 식물을 소화시키는 과정에서 간

순환되는 순 효과가 나타난다. 화석 연료를 태움으로써 이 저장된 에너지 중 일부를 방출하는 행위는 이 산소를 다시 이산화탄소로 바꿈으로써, 우리 환경을 고대 세계로 되돌리는 것이기도 하다. 다행히도 우리가 대기를 질식을 일으킬 캔터베리 상태로까지 되돌릴 가능성은 적다. 하지만 우리가 숨을 쉴 산소가 있는 이유가 오로지 세계 탄소의 대부분이 지하에 갇혀 있기 때문이라는 것을 잊어서는 안 된다. 우리는 위험을 무릅쓰고 그것을 모두 태우고 있다.

산소 원자는 초기 대기에 늘 존재했지만, 자유로운 산소 기체 상태로는 아니었다. 그것들은 이산화탄소와 물 같은 화합물에 갇혀 있었다. 현재 탄소는 주로 살아 있는 생물의 몸이나 백악, 석회암, 석탄 같은 과거에 살았던 몸의 잔해에 갇혀 있다. 후자에 더 많은 탄소가 갇혀 있다. 캔터베리 시대에, 그 탄소 원자들은 주로 이산화탄소와 메탄 같은 기체 화합물의 형태로 대기에 존재했을 것이다. 현재 대기 기체의 주성분인 질소는 대기에서 수소와 결합한 암모니아 형태였을 것이다.

오파린과 할데인은 대기가 단순한 유기화합물들이 자발적으로 합성되기에 알맞은 환경이었다는 것을 알아차렸다. 할데인의 말을 직접 들어보자. 그의 유명한 결론이 나와 있다.

이제 자외선이 물, 이산화탄소, 암모니아의 혼합물에 작용하자, 단백질의 구성성분이 되었을 것이 분명한 몇몇 물질들과 당을 비롯한 아주 다양한 유기물질들이 만들어진다. 이 사실은 리버풀 대학교의 베일리 연구진의 실험을 통해서 밝혀졌다. 오늘날에는 그런 물질들이 있어도 금방 분해된다. 즉 미생물들에 의해서 파괴된다.[*] 그러나 생명이 기원하기 전에는 원시 대양이 뜨거운 묽은 수프처럼 될 때까지 축적되었을 것이 분명하다.

이 논문은 1929년에 쓰였다. 훨씬 더 많이 인용되는 밀러와 유리의 실험보다 20여 년 앞선 것이다. 할데인의 글을 읽고 나면 그들의 실험이 베일리의 실험을 재현한 것이 아닐까 하는 생각이 들지 모른다. 그러나 E. C. C. 베일리는 생명의 기원에 관심이 없었다. 그의 관심사는 광합성이었으며, 철이나 니켈 같은 촉매가 있는 상태에서 이산화탄

_____

접적으로 형성되는 에너지가 풍부한 화합물이다.

* 이것이 다윈이 "따뜻한 작은 연못" 편지에서 말한 요점이었다.

소를 용해시킨 물에 자외선을 쪼여서 당을 합성하는 것이 그의 목표였다. 밀러-유리의 실험을 연상시키는 무엇인가를 예견하고 그것이 베일리의 연구까지 이어진다고 생각하게 한 사람은 베일리 자신이 아니라 탁월한 선견지명이 있었던 할데인이었다.*

유리의 학생이었던 밀러는 플라스크 2개를 위아래에 설치한 다음, 2개의 관으로 양쪽을 연결했다. 아래 플라스크에는 원시 바다를 나타내는 가열된 물이 들어 있었다. 위 플라스크에는 모사한 원시 대기(메탄, 암모니아, 수증기, 수소)가 들어 있었다. 아래 플라스크의 가열된 "바다"에서 솟아오른 수증기는 한 관을 통해서 위 플라스크의 "대기" 꼭대기로 주입되었다. 다른 관은 "대기"에서 "바다"로 돌아오는 곳이었다. 그 관은 불꽃실("번개")과 냉각실을 거치게 되어 있었다. 냉각실은 수증기를 응축시켜 "비"를 형성함으로써 "바다"를 다시 채우게 되어 있었다.

이 순환 모형을 고작 일주일 가동시키자, 바다는 황갈색으로 변했다. 밀러는 내용물을 분석했다. 할데인은 예측했겠지만, 바다는 단백질의 구성성분인 아미노산 7종류를 비롯하여 유기화합물들로 이루어진 수프가 되어 있었다. 아미노산 7가지 중에서 글리신, 아스파르트산, 알라닌 셋은 생물이 가지고 있는 아미노산 20종류에 속했다.

밀러의 극적인 실험 결과는 엄청난 영향을 미쳐왔다. 엄밀하게 따진다면, 그 실험이 적절하지 않았다고 말할 수도 있을 것이다. 현재 지질학자들은 초기 대기가 그렇지 않았다고 말하기 때문이다(주로 질소와 이산화탄소로 되어 있었다고 본다). 그렇기는 해도, 그 실험은 하나의 일반 원리를 확립했다. 복잡한 유기 분자가 생물이 없이도 형성될 수 있다는 것이다. 가장 최근에는 황화수소와 시안화수소 같은 단순한 분자를 수반하는 반응들이 관심의 대상이 되었다. 운석 충격 때 얼마나 생기는지를 계산한 연구 결과가 나왔기 때문이다. 케임브리지의 존 서덜랜드 연구진은 여기에다가 자외선 및 몇몇 흔한 광물을 첨가하여, 전구물질 형태의 아미노산들만이 아니라(여기서는 8종류), 지방의 복잡한 전구물질, 더 나아가 RNA(왜 중요한지 뒤에서 살펴볼 것이다)까지 만들어냈다. 이 연구진이 쓴 방법은 나중에 생성물들이 빗물을 통해서 한데 모이는 등의 특수한 환경 조건에서 다양한 반응들이 일어나는 것을 전제로 했다.

이런 반응들이 생명의 초기 단계를 정확히 재현했는지 여부를 떠나서, 우리는 복잡

---

* 자신도 그에 못지않았던 인물인 피터 메더워 경은 할데인이 자신이 본 사람들 중에서 가장 현명하다고 했다.

한 유기화합물(아미노산을 포함한)이 자연적인 무생물 반응을 통해서 생성된다는 것을 안다. 운석에서 발견되기 때문이다. 외계 공간에서 이런 화합물들이 어떻게 생기는지는 불확실하지만, 형성된다는 것은 분명하다. 아마 생명 이전의 지구 환경에도 존재했을 것이다. 그러니 밀러가 굳이 실험을 할 필요조차 없었을 것이라는 생각이 들지도 모르겠다. 최초의 자기 복제 분자가 어떻게 출현했는가라는 수수께끼는 여전히 남아 있지만, 지금 보면 적어도 첫 단계—밀러가 모사한 단계—는 흔히 일어났던 듯하다.

오파린은 세포의 기원이 생명 발생의 핵심 단계라고 보았다. 그리고 생물과 마찬가지로 세포도 결코 자연 발생적으로 생기지 않고, 언제나 다른 세포로부터 생긴다는 중요한 특성이 있다. 그러나 그가 나와 달리 "유전자(복제자)"의 기원이 아니라 "세포(대사자)"의 기원을 생명의 기원과 동의어로 본 것도 납득할 수 있다. 더 현대의 이론가들 중에서 저명한 이론물리학자 프리먼 다이슨도 같은 편견을 지닌 채 그 견해를 옹호한다. 그러나 캘리포니아의 레슬리 오겔, 독일의 만프레트 아이겐과 동료들, 스코틀랜드의 그레이엄 케언스-스미스(일일이 다 언급할 수 없을 만큼 많다)를 비롯한 최근의 이론가들은 대부분 시기적으로나 핵심적인 측면으로나 자기 복제를 우선시한다. 내 생각에는 그들이 옳다.

세포가 없는 유전은 어떤 것일까? 닭이냐 달걀이냐 하는 문제가 있지 않을까? 유전이 DNA를 필요로 한다고 보면 분명히 그렇다. DNA는 DNA 암호 정보가 있어야 만들어질 수 있는 단백질들을 비롯하여 다양한 분자들이 뒷받침을 하지 않는다면 복제될 수 없기 때문이다. 그러나 DNA가 우리가 아는 주된 자기 복제 분자라는 이유만으로, 그것이 우리가 상상할 수 있는 유일한, 또는 자연에 지금껏 존재한 유일한 자기 복제 분자라는 주장이 따라나오는 것은 아니다. 그레이엄 케언스-스미스는 원래는 무기 광물 결정들이 복제자였고, 그 뒤에 DNA가 그 자리를 차지했다가, 생명이 『유전적 찬탈(Genetic Takeover)』이 가능해진 시점까지 진화했을 때 주역으로 발돋움했다고 설득력 있는 주장을 펼쳤다. 여기서는 그의 주장을 상세히 다루지 않겠다. 이미 『눈먼 시계공』에서 다루었기 때문이기도 하지만 더 중요한 이유가 있다. 내가 읽은 글들 중에서 복제가 우선이며, DNA보다 앞서서 진정한 유전을 보여주었다는 것 말고는 어떤 특성이 있었는지 알려지지 않은 선배가 있었다는 것을 가장 명확히 밝힌 사람은 케언스-스미스이다. 사람들이 그의 이론 가운데 이 의심의 여지가 없는 부분보다 광물 결정을 선배로 보는 더 논쟁적이고 사색적인 사례에 몰두하는 것은 안타까운 일이 아닐 수 없다.

나는 광물 결정 이론에 절대로 반대하지 않는다. 내가 전에 그 이론을 상세히 설명한 것도 그 때문이다. 그러나 내가 정말로 강조하고 싶은 점은 복제가 우선이며, DNA가 어떤 선배의 자리를 찬탈했을 가능성이 아주 높다는 것이다. 나는 잠시 곁길로 빠져서 그 선배가 무엇이었는지를 다룬 이론을 소개함으로써 그 점을 역설하고자 한다. 최초의 복제자에게 어떤 특성들이 필요했든 간에, RNA가 DNA보다 더 나은 후보자라는 것은 분명하며, 수많은 이론가들은 이른바 "RNA 세계" 이론을 통해서 그것이 선배라고 주장했다. RNA 세계 이론을 소개하려면, 먼저 효소 이야기를 하지 않을 수 없다. 복제자가 생명 드라마의 주인공이라면, 효소는 조연이 아니라 공동 주연이다.

생명은 아주 까다롭게 화학반응들을 촉매하는 효소의 대가다운 솜씨에 깊이 의존한다. 내가 학교에서 효소에 관해서 처음 배울 무렵, 과학은 쉬운 사례를 들어서 가르쳐야 한다는 인습적인(내 생각에는 잘못된) 생각이 팽배해 있었다. 우리는 물속에 침을 뱉은 다음 침에 든 효소인 아밀라아제가 녹말을 분해하여 당을 만드는 능력이 있다는 것을 살펴보았다. 이 실험은 우리에게 효소가 부식산과 같다는 인상을 심어주었다. 소화시키는 효소를 이용하여 빨래에 묻은 더러운 것들을 빼는 생물학적 세제와 똑같다는 인상을 심어준다. 그러나 그런 것들은 파괴적인 효소들이다. 즉 큰 분자들을 작은 성분으로 분해한다. 작은 성분들로부터 큰 분자를 합성하는 데에 관여하는 건설적인 효소들도 있으며, 잠시 뒤에 설명하겠지만 그들은 "중매인 로봇"처럼 행동한다.

세포 안에는 수많은 종류의 분자, 원자, 이온이 용액 상태로 가득 들어 있다. 그 물질들은 무한히 많은 방식으로 서로 결합할 수 있지만, 전체적으로 보면 그런 일은 일어나지 않는다. 즉 세포 내에는 일어나기를 기다리는 엄청나게 다양한 화학반응들이 잠재해 있지만, 대부분은 일어나지 않는다. 다음 부분을 읽을 때에 이 점을 염두에 두기를 바란다. 화학 실험실의 선반에는 수백 개의 병들이 있고, 각 병 속의 내용물들은 화학자가 원할 때 외에는 서로 접촉할 수 없도록 마개로 꼭 막아놓았다. 화학자는 필요할 때마다 한 병에서 시료를 조금 꺼내어 다른 병에서 꺼낸 시료에 첨가한다. 따라서 화학 실험실의 선반에도 일어나기를 기다리는 수많은 화학반응들이 잠재되어 있다고 말할 수 있다.

이제 모든 선반에 있는 모든 병들의 내용물을 물이 가득 들어 있는 커다란 통 속에 쏟아붓는다고 상상하자. 과학적으로 보면 터무니없는 야만 행위이지만, 그 통은 살아 있는 세포와 아주 비슷하다. 세포에는 많은 막들이 있어서 상황이 더 복잡하기는 하다. 온갖 화학반응을 일으킬 잠재력이 있는 성분들은 이제 반응이 필요해질 때까지 각기 다른 병 속에 보관되어 있지 않다. 대신 그들은 모두 한 공간에 섞여 있다. 그래도 그들은 대부분 반응을 일으키지 않은 채 대기한다. 마치 가상의 병들에 따로 들어 있는 양 반응이 요구될 때까지 기다린다. 세포에는 가상의 병 같은 것은 없지만, 로봇 중매인처럼 일하는 효소들이 있다. 원한다면 실험 조수 로봇이라고 불러도 좋다. 효소들은 라디오 동조기가 허공을 소란스럽게 돌아다니면서 한꺼번에 부딪히는 온갖 주파수의 신호들을 무시한 채 특정한 발신기에서 나오는 특정한 무선 신호만을 받아들이듯이 화학물질을 식별한다.

A 성분이 B 성분과 결합하여 Z 산물이 생기는 중요한 화학반응이 있다고 하자. 화학 실험실에서는 한 선반에 있는 A라고 적힌 병과 다른 선반에 있는 B라고 적힌 병에서 내용물을 꺼내어 깨끗한 플라스크에 섞은 뒤에 열이나 교반 같은 필요한 조건들을 제공함으로써 반응을 일으킨다. 즉 선반에서 병 2개만을 꺼냄으로써 원하는 반응을 일으킨다. 살아 있는 세포에는 수많은 A 분자들과 수많은 B 분자들이 다른 수많은 종류의 분자들과 한데 섞여 있다. 둘은 서로 만날 수도 있지만, 설령 만난다고 해도 결합하는 일은 거의 없다. 아무튼 그 결합이 일어날 가능성은 다른 수많은 가능한 결합들과 별반 다르지 않다. 이제 abz아제라는 효소를 첨가해보자. abz아제는 A + B = Z 반응을 촉매한다. 세포 내에는 수백만 개의 abz아제 분자가 있고, 각각은 실험 조수 로봇처럼 행동한다. 각각의 abz아제 실험 조수는 선반이 아니라 세포 내에 떠돌아다니는 A 분자 하나를 움켜쥔다. 그런 다음 지나가는 B 분자도 하나 움켜쥔다. 효소는 A 분자가 특정한 방향을 향하도록 단단히 움켜쥐고 있다. 그리고 B 분자도 마찬가지로 단단히 움켜쥐고서 A 분자와 접촉시킨다. 위치와 방향이 맞도록 둘을 결합시켜 Z 분자를 만든다. 효소는 다른 일들도 할 수 있다. 인간 실험 조수가 교반기를 돌리거나 분젠 버너에 불을 붙이는 식으로 말이다. A와 B는 원자나 이온을 서로 교환함으로써 일시적으로 화학결합을 하며, 효소는 시작할 때와 마찬가지로 효소로 남는다. 이윽고 효소 분자가 "움켜쥔" 곳에서 새로운 Z 분자가 형성된다. 그러면 실험 조수는 Z 분자

를 물로 내보내고 또다른 A 분자가 지나가기를 기다린다. A 분자를 움켜쥐면 이 반응 주기가 재개된다.

실험 조수 로봇이 없다면, 떠도는 A 분자는 마찬가지로 떠도는 B 분자와 어쩌다가 부딪힐 것이고, 어쩌다가 조건이 맞으면 결합한다. 그러나 그런 운 좋은 만남은 드물 것이고, A 분자나 B 분자가 짝이 될 가능성이 있는 다른 수많은 분자들과 우연히 만날 확률과 별반 다르지 않을 것이다. A는 C와 만나서 Y를 만들 수 있다. B는 D와 부딪혀 X를 만들 수 있다. Y와 X도 운 좋게 돌아다니다가 서로 만날 가능성이 있다. 그러나 실험 조수인 abz아제 효소가 있으면 상황은 전혀 달라진다. abz아제가 있으면, Z 분자는 공장에서 대량생산되듯이 나온다(세포의 관점에서 볼 때). 효소는 대개 자발적인 반응 속도를 100만 배에서 1조 배까지 높인다. 다른 효소인 acy아제를 첨가하면, A 분자는 B 분자 대신 C 분자와 결합할 것이고, 마찬가지로 컨베이어 벨트가 돌아가는 속도로 Y 분자가 마구 만들어질 것이다. A 분자는 병 속에 담겨 있지 않고 자유롭게 돌아다니다가 어느 효소가 움켜쥐는가에 따라 B 분자나 C 분자와 결합할 것이다.

따라서 Z와 Y의 생산 속도는 무엇보다도 경쟁관계에 있는 두 실험 조수인 abz아제와 acy아제가 세포 속에 얼마나 많이 떠다니는가에 달려 있다. 그리고 그 양은 세포 핵에 있는 두 유전자 중에서 어느 것이 활성을 띠느냐에 달려 있다. 그러나 상황은 그보다 약간 더 복잡하다. 설령 abz아제 분자가 있다고 할지라도 그것이 비활성 상태일 수도 있다. 어떤 다른 분자가 그 효소의 "활성 자리"에 박히면 그런 일이 벌어질 수 있다. 마치 실험 조수의 로봇 팔에 잠시 수갑을 채우는 것과 같다. 여담이지만, 나는 왠지 수갑이 "실험 조수 로봇"이 실수를 저지를 위험이 있다고 경고하는 비유처럼 느껴진다. 사실 효소 분자는 수갑을 채울 부위는커녕 A 분자 같은 성분을 향해 뻗어서 움켜쥘 팔 같은 것도 없다. 그저 A 분자 같은 것과 친화력을 가진 특수한 부위가 표면에 있을 뿐이다. 친화력은 물리적으로 딱 들어맞는 모양의 홈 때문에 생길 수도 있고, 어떤 난해한 화학적 특성으로 생길 수도 있다. 그리고 이 친화력은 필요할 때 스위치를 끄듯이 일시적으로 없앨 수도 있다.

대다수 효소 분자들은 오직 한 가지 산물만을 만드는 전문 기계이다. 당이나 지방, 퓨린이나 피리미딘(pyrimidine, DNA와 RNA의 구성단위), 아미노산(그들 중 20가지가 천연 단백질의 구성단위이다) 등. 그러나 할 일을 지시하는 천공 테이프를 통해서 프로그래밍이 가능한 장치에 더 가까운 효소들도 있다. 리보솜은 이런 프로그래밍이 가능한 장치의 대표적인 사례이다. "테크 이야기"에서 간략하게 설명했다. 리보솜은 단백질과 RNA로 구성된 크고 복잡한 장치로서, 단백질을 만드는 공장이다. 단백질의 구성단위인 아미노산들은 전담 효소들을 통해서 이미 만들어져 있다. 그것들은 세포 속을 떠다니다가 리보솜에 붙들려서 이용된다. 천공 테이프는 RNA, 그중에서도 "전령 RNA(mRNA)"이다. 전령 테이프는 유전체에 있는 DNA의 메시지를 담은 사본으로, 리보솜의 판독 부위에서 순서대로 읽힌다. 그러면 테이프에 담긴 유전암호가 정한 순서대로 아미노산들이 조립되어 단백질 사슬이 만들어진다.

이 과정은 상세히 밝혀져 있으며, 이루 말할 수 없을 정도로 놀랍다. 세포에는 운반 RNA(tRNA)라는 것도 있다. 이들은 약 70개의 구성단위로 이루어진 작은 분자이다. 각 tRNA는 천연 아미노산 20종류 중 하나, 단 하나와만 선택적으로 결합한다. tRNA 분자에서 아미노산이 붙는 부위의 반대쪽에는 "안티코돈(anti-codon)"이 있다. 안티코돈은 특정한 아미노산을 규정하는 유전암호가 있는 mRNA 서열(코돈)에 정확히 들어맞는 트리플렛(triplet) 코돈이다. mRNA 테이프가 리보솜의 판독 부위를 지나갈 때, mRNA의 코돈에 해당 안티코돈을 가진 tRNA가 결합한다. 그러면 tRNA의 반대편 끝에 매달려 있는 아미노산은 만들어지는 단백질 사슬의 끝에 달라붙기에 딱 좋은 "중매" 위치에 있게 된다. 그 아미노산이 단백질 사슬에 달라붙고 나면, tRNA는 새 아미노산을 찾아 떨어져나간다. 그리고 판독기는 자리를 옮겨서 mRNA 테이프의 다음 암호를 읽는다. 그 과정이 진행됨에 따라서 단백질 사슬은 점점 길어진다. 놀랍게도 mRNA 테이프 하나에 여러 개의 리보솜이 동시에 달라붙기도 한다. 각 리보솜은 테이프의 각기 다른 위치에서 판독기를 움직이며, 각자 새로운 단백질 사슬을 만든다.

리보솜의 판독기가 mRNA를 다 읽으면, 새 단백질 사슬이 완성되어 떨어져나간다. 단백질은 꼬여서 복잡한 삼차원 구조를 이룬다. 모양은 화학법칙을 토대로 단백질 사슬의 아미노산 순서에 따라 결정된다. 서열 자체는 mRNA 사슬의 암호 순서에 따라 결정된다. 그리고 그 순서는 mRNA와 상보적인 DNA의 암호 순서에 따라 결정되며, 그 DNA가 세포의 데이터베이스 원본이다.

따라서 DNA의 암호 서열이 세포 내에서 벌어지는 일을 통제한다. 그것이 단백질의 아미노산 서열을 정하고, 아미노산 서열은 단백질의 삼차원 구조를 결정하며, 삼차원 구조는 단백질의 효소 특성을 결정한다. 중요한 점은 "생쥐 이야기"에서 살펴보았듯이, 어느 유전자가 언제 활성을 띨 것인지 여부를 다른 유전자들이 결정하기 때문에 그 통제가 간접적일 수도 있다는 것이다. 어느 한 세포에 있는 유전자들의 대부분이 동시에 켜지는 것은 아니다. "온갖 성분들이 뒤섞인 통"에서 일어날 수 있는 온갖 반응들 중에서 실제로 한순간에 한두 가지 반응만 일어나는 것도 바로 이 때문이다. "실험 조수"가 활성을 띤 반응만 일어나는 것이다.

촉매 작용과 효소 이야기로 흘렀으니, 이제 일반 촉매 작용에서 자가 촉매 작용이라는 특수한 사례로 이야기를 돌려보자. 자가 촉매 작용은 생명이 기원할 때에 핵심적인 역할을 한 듯하다. abz아제 효소하에서 A와 B 분자가 결합하여 Z 분자를 만든다는 가상의 사례로 다시 돌아가보자. Z 자체가 자신의 효소인 abz아제라면 어떨까? 즉 Z 분자가 A 분자와 B 분자를 하나씩 붙들어 제 방향으로 맞대놓고 결합시켜 자신과 똑같은 새로운 Z 분자를 만들 수 있는 구조와 화학적 특성을 가지고 있다면 어떨까? 앞에서 용액에 든 abz아제의 양이 생산되는 Z의 양에 영향을 미친다고 말했다. 만일 Z가 사실상 abz아제와 같은 분자라면, Z 분자를 단 1개만 집어넣어도 연쇄반응을 일으킬 수 있다. 최초의 Z는 A와 B를 움켜쥐어 결합시켜 더 많은 Z를 만든다. 이 새로운 Z들은 더 많은 A와 B를 움켜쥐어 더 많은 Z를 계속 만든다. 이것이 자가 촉매 작용이다. 조건이 맞으면, Z 분자의 수는 기하급수적으로, 즉 폭발적으로 늘어날 것이다. 바로 이런 분자가 생명의 기원에 필요한 구성요소일 가능성이 높다.

이 이야기들은 모두 추측이다. 그러나 캘리포니아 스크립스 연구소의 줄리어스 레벡 연구진은 그것을 현실로 바꾸어놓았다. 그들은 실제 화학 세계에서 자가 촉매 작용의 흥미로운 사례들을 찾아냈다. Z가 AATE(amino adenosine triacid ester)이고, A는 아미노아데노신, B는 펜타플루오로페닐 에스테르인 반응이 한 예이다. 그 반응은 물이 아니라 클로로포름 용액에서 일어난다. 말할 필요도 없겠지만, 이 화학물질들의 세부 구조나 긴 이름까지 기억할 필요는 없다. 중요한 것은 그 화학반응의 산물이 자신의 촉매라는 점이다. 처음에는 AATE 분자가 만들어지기가 쉽지 않지만, 일단 만들어지면, 그 즉시 스스로 자체 촉매 역할을 함으로써 점점 더 많은 AATE가 합성되는 연쇄반응이 일어난다. 마치 그 정도로는 충분하지 않다는 듯이, 여기에서 정의한 진정한 의미의 유전이 존재함을 보여주는 탁월한 실험들까지 이루어졌다. 레벡 연구진은 자가 촉매

물질이 하나 이상의 형태로 존재하는 계를 발견했다. 각 변이체들도 변이가 일어난 성분들을 이용하여 자신의 합성을 촉매했다. 이는 진정한 유전을 보여주는 물질들의 집단에서 진정한 경쟁과 초보적인 형태의 다윈 선택이 나타날 수 있음을 시사한다.

레벡의 화학은 대단히 인위적이다. 그렇지만 그의 이야기는 화학반응의 산물이 자신의 촉매 역할을 한다는 자가 촉매 작용의 원리를 산뜻하게 설명해준다. 우리가 말하는 생명의 기원에 필요한 것도 바로 그런 자가 촉매 작용이다. 초기 지구 조건하에서 RNA나 RNA와 비슷한 무엇인가가, 레벡의 실험에서처럼 클로로포름이 아니라 물에서 자신의 합성을 자가 촉매할 수 있었을까?

노벨상 수상자인 독일의 화학자 만프레트 아이겐이 설명했듯이, 그 문제는 만만치 않다. 그는 모든 자기 복제 과정은 복제 오류, 즉 돌연변이 때문에 퇴화할 위험이 있다고 지적했다. 복제가 일어날 때마다 오류가 생길 확률이 높은 복제 물질들의 집단이 있다고 상상하자. 한 암호 메시지가 돌연변이들의 유린에 맞서 자신을 지킨다고 하면, 세대마다 적어도 한 개체는 부모와 똑같을 것이 분명하다. 예를 들면, 한 RNA 사슬에 10개의 단위 암호("글자")가 있다면, 글자당 평균 오류율은 10분의 1 이하일 것이 분명하다. 따라서 우리는 자손 세대 중에서 적어도 일부는 올바른 암호 글자들을 완벽하게 가지고 있을 것이라고 예상할 수 있다. 그러나 오류율이 더 크다면, 세대가 지날수록 암호는 가차없이 퇴화할 것이다. 선택압과 상관없이, 돌연변이만으로도 그렇게 될 수 있다. 이것을 오류 파국(error catastrophe)이라고 한다. 앞에서 언급한 바 있는 마크 리들리의 걸작 『멘델의 악마』에는 성별이 진화한 유전체에서의 오류 파국을 막기 위해서 진화했다는 주장이 담겨 있다. 지금 우리가 이야기하고 있는 유전체는 아마 가장 단순한 형태였을 텐데, 그 유전체에 오류 파국이 일어났다면 생명의 기원 자체가 위태로워졌을 것이다.

길이가 짧은 RNA나 DNA 사슬은 효소 없이도 자발적으로 자기 복제를 할 수 있다. 그러나 글자당 오류율은 효소가 있을 때보다 훨씬 더 높다. 이 말은 초기 유전자가 출현했다고 해도, 효소 역할을 할 단백질을 만들 수 있을 정도의 긴 유전자로 진화하기 오래 전에 돌연변이로 파괴되었을 것이라는 의미이다. 그것은 생명 기원의 캐치-22(catch-22)이다. 효소를 만들 정도의 유전자는 아주 크기 때문에 그것이 만들고자 하는 것과 똑같은 종류의 효소로부터 도움을 받지 않고서는 정확히 복제될 수 없을 것이다. 따라서 그런 계는 아예 시작될 수가 없을 듯하다.

아이겐은 캐치-22의 해결책으로 초주기(hypercycle) 이론을 제안한다. 각개격파라는 오래된 원칙을 활용한 이론이다. 암호 정보를 오류 파국의 문턱 바로 밑에 놓일 정도의 작은 하위 단위들로 세분하는 것이다. 각 하위 단위는 나름대로 소형 복제자이며, 적어도 각 세대에 한 사본이 살아남을 수 있을 정도로 작다. 모든 하위 단위들은 협력하여 더 중요한 큰 기능을 수행한다. 세분되지 않은 하나의 큰 화학물질이 촉매한다면 오류 파국을 겪을 만큼 큰 기능을 말이다.

그렇다면 일부 하위 단위들이 다른 것들보다 더 빨리 자기 복제됨으로써, 계 전체가 불안정해질 위험이 있다. 그 이론의 탁월성이 돋보이는 부분이 여기이다. 각 하위 단위는 다른 단위들이 있음으로써 번성한다. 더 구체적으로 말하면, 각 구성단위가 생성될 때에 다른 단위가 촉매 역할을 하며, 그런 식으로 그들은 의존 고리를 형성한다. 그것이 바로 "초주기"이다. 따라서 한 구성단위가 앞서나가지 못하도록 자동적으로 억제된다. 생산이 초주기상에서 이전 단계에 있는 물질에 의존하기 때문에, 앞서나갈 수가 없다.

존 메이너드 스미스는 초주기가 생태계와 비슷하다고 지적했다. 물고기의 수는 먹이인 다프니아(물벼룩류) 개체군의 크기에 의존한다. 그리고 물고기의 수는 물고기를 먹는 새들의 수에 영향을 미친다. 새들은 구아노를 제공하며, 구아노는 다프니아의 먹이인 조류를 번성시킨다. 이 의존 고리 전체가 바로 초주기이다. 아이겐과 동료인 페터 슈스터는 생명의 기원에 관한 캐치-22 수수께끼의 해결책으로서 일종의 분자 초주기를 제안한다.

더 최근에 미국의 닐레시 바이댜 연구진은 실험실에서 A, B, C 세 조각으로 나뉜 RNA 분자를 이용하여 3가지 화학물질로 이루어진 초주기를 만들어냈다. A는 B를 만드는 데에 기여하고, B는 C, C는 A를 만드는 일을 돕는다. 연구진은 생명 기원의 초기 단계가 RNA 세계일 것이라는 이론이 제시하는 바로 그 이유 때문에 RNA를 실험 대상으로 골랐다. 그 이유를 이해하려면, 단백질이 효소로서는 뛰어나지만 복제자로서는 좋지 않다는 점을 이해할 필요가 있다. 그리고 DNA는 복제에 뛰어난 반면 효소로서는 나쁜 이유와, RNA는 캐치-22에서 벗어날 수 있을 만큼 양쪽 역할을 다 잘하는 이유도 말이다.

효소의 삼차원 구조는 효소의 작용에 중요한 역할을 한다. 단백질은 뛰어난 효소이다. 일차원으로 된 아미노산 서열에 따라 자동적으로 거의 어떤 형태의 삼차원 구조든 만들어질 수 있기 때문이다. 단백질 사슬의 각 부위에 있는 아미노산들은 다른 부위에 있는 아미노산들과 각자 화학적 친화력을 가지고 있기 때문에 단백질은 저절로 꼬여서 특정한 형태를 취하게 된다. 따라서 단백질 분자의 삼차원 형태는 아미노산들의 일차원 서열을 통해서 결정되며, 아미노산의 서열 자체는 유전자에 있는 암호 글자들의 일차원 서열에 따라서 결정된다. 원리상 아미노산 서열을 바꿔서 거의 원하는 모양으로 저절로 꼬이게 할 수도 있다(실제 상황은 그렇지 않으며 대단히 어렵다). 뛰어난 효소가 되는 모양뿐만 아니라, 원하는 어떤 모양으로도 말이다.* 단백질이 효소로 작용할 수 있는 것은 바로 이 변화무쌍한 재능 때문이다. 단백질은 무수한 성분들이 가득한 세포에서 일어날 수 있는 수많은 화학반응들 중에서 어느 하나를 선택할 수 있다.

따라서 단백질은 접혀서 어떤 모양이든 만들 수 있는 능력 덕분에 뛰어난 효소가 될 수 있다. 그러나 단백질은 복제자 역할은 잘 하지 못한다. 특수한 짝짓기 규칙(두 창의적인 젊은이가 발견한 "왓슨-크릭 짝짓기 규칙")을 보이는 성분들로 이루어진 DNA나 RNA와 달리, 아미노산에는 그런 규칙이 없다. 반면에 DNA는 놀라운 복제자이지만 생명의 효소 역할을 맡기에는 엉성하다. 거의 무한할 정도로 다양한 삼차원 모양을 만들 수 있는 단백질과 달리, DNA는 이중나선이라는 잘 알려진 한 가지 모양만 취하기 때문이다. 이중나선은 복제에 이상적인 형태이다. 사다리의 양쪽이 쉽게 분리되어, 왓슨-크릭 짝짓기 규칙에 따라 새 글자들이 결합되는 주형으로 작용하기 때문이다. 그러나 그 구조는 그 외의 일에는 그다지 적합하지 않다.

RNA는 DNA가 복제자로서 가진 장점들 중에서 몇 가지와 단백질이 다재다능한 효소로서 가진 장점들 중에서 몇 가지를 겸비하고 있다. RNA의 구성단위인 네 글자는 DNA의 네 글자와 아주 비슷하며, 양쪽 다 서로의 주형 역할을 할 수 있다. 그러나 RNA는 긴 이중나선을 잘 만들지 않는다. 그것은 DNA보다 복제자 역할을 못한다는 의미이다. 이중나선 체계는 어느 정도 스스로 오류 교정을 하기 때문이다. DNA 이중나선이 갈라지고 각 단일 나선이 상보적인 주형이 될 때, 오류는 즉시 검출되어 교정될

---

* 사실 서로 다른 아미노산 서열들에서 같은 모양이 나오는 경우도 많다. 그것이 단백질 사슬의 길이에 그냥 20제곱을 한 소박한 계산을 근거로 삼아 그럴 확률이 천문학적으로 낮다는 주장을 의심하는 한 가지 이유이다.

수 있다. 각 딸 사슬이 "모" 사슬에 그대로 붙어 있으므로, 둘을 비교하면 오류를 즉시 찾을 수 있다. 이 원리에 토대를 둔 오류 교정은 돌연변이율을 10억 분의 1 수준으로 줄인다. 그런 과정 덕분에 우리 같은 커다란 유전체가 존재할 수 있다. 이런 오류 교정 과정이 없는 RNA는 DNA보다 돌연변이율이 수천 배나 더 높다. 이는 일부 바이러스처럼 유전체가 작은 단순한 생물들만이 RNA를 주된 복제자로 사용할 수 있다는 의미이다.

그러나 이중나선 구조가 없는 형태는 단점뿐만 아니라 장점도 있다. RNA 사슬은 상보적인 사슬과 계속 결합하는 것이 아니라, 만들어지자마자 상보적인 사슬로부터 떨어져나가기 때문에 단백질처럼 스스로 자유롭게 꼬일 수 있다. 단백질이 한 사슬 내부의 여러 부위에 있는 아미노산들끼리 화학적 친화력을 보이는 것처럼, RNA는 RNA 사본을 만드는 데에 쓰이는 바로 그 왓슨-크릭 염기 짝짓기 규칙을 이용하여 그 일을 해낸다. 달리 말하면, RNA는 DNA처럼 이중나선을 만들 짝 사슬이 없기 때문에, 자체적으로 자유롭게 군데군데 짝을 짓는다. RNA는 자체적으로 짝을 지을 수 있는 부위들을 찾아 소형 이중나선이나 다른 모양을 만든다. 짝짓기 규칙들에 따르면, 짝을 짓는 가닥들은 서로 반대 방향을 향해야 한다. 그래서 RNA 사슬은 곳곳에 머리핀처럼 굽은 모양을 취하는 경향이 있다(화보 51 참조).

RNA 분자가 스스로 꼬여서 만들 수 있는 삼차원 모양의 종류는 커다란 단백질 분자가 만들 수 있는 종류에 비해서 많지 않을지도 모른다. 그러나 RNA가 다재다능한 효소 역할을 할 수 있을지 모른다는 생각을 떠올릴 만큼은 많다. 그리고 사실 리보자임(ribozyme)이라고 불리는 많은 RNA 효소들이 발견되었다. 결론은 RNA가 DNA의 복제자로서의 장점과 단백질의 효소로서의 장점을 조금씩 가진다는 것이다. 아마 으뜸 복제자인 DNA가 등장하기 전, 그리고 으뜸 촉매인 단백질이 등장하기 전, 양쪽 전문가가 가진 장점들을 겸비한 RNA만이 홀로 존재한 세계가 있었을 것이다. 아마 원래 세계에서 RNA 불꽃은 스스로 점화되었을 것이고, 나중에 RNA 합성을 돕는 단백질을 만들기 시작했을 것이고, 그다음에 DNA가 나타나서 주요 복제자의 지위를 넘겨받았을 것이다. 그것이 RNA 세계 이론이 내놓은 추측이다. 이는 컬럼비아 대학교의 솔 스피겔먼이 제창한 것으로, 오랜 세월에 걸쳐 다양한 형태로 재현한 일련의 뛰어난 실험들을 통해서 여러 학자들의 간접적인 지지를 받고 있다. 스피겔먼의 실험들은 단백질 효소를 사용한다. 그 부분에서 사기처럼 생각될지도 모르지만, 연구진은 이론에서 예측된 중요한 연결 고리들을 규명함으로써, 가치가 있다고 느낄 수밖에 없는 놀라운 결과들을 내놓았다.

우선 배경을 살펴보자. QB라는 바이러스가 있다. RNA 바이러스이다. 즉 유전자들이 전부 DNA가 아니라 RNA로 이루어진다는 의미이다. 이들은 QB 복제효소라는 것을 이용하여 자신의 RNA를 복제한다. 야생 상태의 QB는 세균에 기생하는 박테리오파지(줄여서 파지)이다. 특히 장에서 사는 세균인 대장균에 기생한다. 세균 세포는 QB RNA를 자신의 전령 RNA라고 "생각하고" 자신의 리보솜으로 단백질을 합성한다. 그러나 그 단백질은 숙주 세균이 아니라 바이러스를 도와준다. 그런 단백질은 네 종류이다. 바이러스를 보호하는 외피 단백질, 바이러스를 세균 세포에 달라붙게 하는 접착 단백질, 잠시 뒤에 언급할 이른바 복제 인자, 바이러스가 복제를 완성했을 때 세균 세포를 파괴하는 폭탄 단백질이 그렇다. 세포가 파괴되면 수만 개의 바이러스들이 방출되며, 각각은 돌아다니다가 단백질 외피가 다른 세균 세포에 닿으면 다시 주기가 반복된다. 방금 전에 복제 인자를 언급했다. 그것이 QB 복제효소라고 생각했을지도 모르겠지만, 사실 더 작고 더 간단한 것을 가리킨다. 복제 인자의 암호를 지닌 그 작은 바이러스 유전자가 하는 일이라고는 숙주인 세균이 자신의 목적(전혀 다른)을 위해서 만든 세 종류의 단백질을 하나로 꿰매는 단백질을 만드는 것뿐이다. 이 단백질들이 바이러스의 작은 단백질에 꿰매져서 만들어진 복합체가 바로 QB 복제효소이다.

스피겔먼은 QB 복제효소와 QB RNA를 분리했다. 그는 RNA의 구성성분인 몇 가지 작은 분자들과 함께 그 둘을 물에 넣은 뒤에 무슨 일이 일어나는지 지켜보았다. RNA는 성분들을 모아 왓슨-크릭 짝짓기 규칙을 이용하여 자신의 사본을 만들었다. 숙주 세균도 없고, 단백질 외피 같은 바이러스의 다른 성분들도 없는 상태에서 복제가 이루어진 것이다. 놀라운 결과였다. 야생 상태에서 이 RNA의 정상적인 활동 과정 중에서 단백질 합성 과정이 순환 주기에서 완전히 누락되었다는 점에 주목하자. 즉 굳이 단백질을 만들지 않고서도 스스로를 복제하는 벌거벗은 RNA 복제체계를 얻은 셈이다.

그다음에 스피겔먼은 더 놀라운 실험을 했다. 그는 세포가 전혀 없는 완전히 인위적인 이 시험관 세계에서 일종의 진화를 일으켰다. 그는 시험관들을 죽 늘어세웠다. 각 시험관에는 RNA 없이 QB 복제효소와 RNA 구성성분들만 들어 있었다. 그는 맨 앞에 있는 시험관에 소량의 QB RNA를 접종했다. 그것은 당연히 복제하여 자신의 사본을 많이 만들었다. 그다음에 그는 그 시험관에서 액체를 약간 뽑아서 두 번째 시험관에 떨어뜨렸다. 이렇게 접종된 RNA는 두 번째 시험관에서 복제를 시작했고, 시간이 어느 정도 지난 뒤에 그는 두 번째 시험관에서 액체 한방울을 뽑아 세 번째 시험관에 떨어뜨리는 식으로 실험을 계속했다. 불에서 불씨를 마른 풀로 옮겨 새 불을 일으키고, 새 불에서 다시 불씨를 취해서 다른 불을 일으키는 연쇄적인 방식으로 불씨를 옮기는 것과 같았다. 그러나 결과는 전혀 달랐다. 불은 불씨를 통해서 자신의 특성을 대물림하지 않는 데에 반해서, 스피겔먼의 RNA 분자들은 특성을 대물림했다. 그 결과 진화가 일어났다. 가장 기본적이고 소박한 형태의 자연선택을 통한 진화였다.

스피겔먼은 RNA 시험관 "세대"를 계속 퍼뜨리면서 세균을 감염시키는 잠재력 등 여러 특성들을 관찰했다. 그가 발견한 것은 흥미로웠다. RNA는 진화하면서 크기가 점점 작아졌고, 세균이 든 시험관에 넣어보니 감염 능력도 점점 줄어든다는 것을 알 수 있었다. 74세대*가 지나자, 시험관에 든 RNA 분자는 "야생형 조상"에 비해서 크기가 엄청나게 줄어 있었다. 야생형 RNA는 약 3,600개의 "구슬"로 된 목걸이였다. 74세대의 자연선택을 거쳤을 때, 시험관에 있는 RNA는 평균 550개의 구슬로 된 목걸이가 되었다. 그들은 세균을 감염시키는 능력은 떨어졌지만, 시험관을 감염시키는 능력은 뛰어났다. 무슨 일이 벌어졌는지는 명확했다. RNA에 자발적인 돌연변이들이 계속 일어났고, 감염되기를 기다리는 세균들이 있는 자연 세계가 아니라 시험관 세계에 아주 적합한 돌연변이들이 살아남았던 것이다. 야생형 바이러스는 세균의 기생체로 살아가는 데에 필요한 외피와 폭탄 같은 장비들을 만들 네 가지 단백질 암호를 가졌지만, 시험관 세계의 RNA는 그것들을 모두 버릴 수 있었다는 점이 주된 차이점일 것이다. QB 복제효소와 원료들이 가득한 풍족한 시험관 세계에서 복제를 하는 데에 필요한 기구를 만드는 거의 최소한의 암호만 남았을 뿐이다.

야생형 조상에 비해서 몸집이 10분의 1도 안 되는 이 최소 크기의 생존자는 스피겔먼의 괴물이라고 불리게 되었다. 더 작고 유선형인 이 변이체는 경쟁자들보다 더 빨리 번식하며, 따라서 자연선택은 서서히 그들을 개체군의 대표자로 부상시킨다(개체군

---

* 물론 시험관 세대를 말한다. RNA의 세대로 따지면 더 많을 것이다. RNA 분자들은 각 시험관 세대 내에서 여러 차례 복제를 했을 것이기 때문이다.

이 딱 맞는 용어이다. 비록 우리가 바이러스나 생물이 아니라 자유롭게 떠도는 분자를 말하고 있지만 말이다).

놀랍게도 그 실험을 재현해보면, 똑같은 스피겔먼의 괴물이 진화한다. 게다가 스피겔먼과 함께 생명 기원 연구의 전문가로 손꼽히는 레슬리 오겔은 용액에 브롬화에티디움 같은 유해물질을 첨가하여 실험을 더 심화시켰다. 이런 조건하에서는 다른 괴물이 진화한다. 브롬화에티디움에 내성을 지닌 괴물이다. 각기 다른 화학적 장애물을 놓으면, 각기 다른 괴물이 생기는 쪽으로 진화가 이루어진다.

스피겔먼의 실험은 "야생형" QB RNA를 출발점으로 삼았다. 만프레트 아이겐의 연구실에서 일하던 M. 줌퍼와 R. 루케는 정말로 경악할 만한 결과를 얻었다. 특정한 조건하에서, RNA가 **전혀 없이** 오직 RNA 구성성분들과 QB 복제효소만 있는 시험관에서 자기 복제를 하는 RNA가 자연 발생할 수 있으며, 조건만 맞으면 그것들이 스피겔먼의 괴물과 비슷하게 진화한다는 것이었다. 커다란 분자가 너무나 "있을 법하지 않기 때문에" 진화할 수 없다고 창조론자들이 걱정하는(아니, 차라리 희망한다고 말하고 싶다) 바로 그 일이 실현된 것이다. 누적적인 자연선택(맹목적인 우연이라는 과정이 아닌 자연선택이다)이라는 단순한 힘이 단 며칠 만에 무에서 스피겔먼의 괴물을 만들 정도였던 것이다. 이런 실험들이 생명의 기원에 관한 RNA 세계 가설을 직접 검증하는 것은 아니다. 특히 우리는 아직 QB 복제효소를 실험에 집어넣는 "사기"를 치고 있다. RNA 세계 가설은 RNA가 가진 촉매 능력에 기대고 있다. RNA가 알려진 것처럼 다른 반응들을 촉매할 수 있다면, 자신의 합성을 촉매할 수도 있지 않을까? 줌퍼와 루케의 실험에서도 RNA는 넣지 않았지만 QB 복제효소는 넣었다. 우리에게 필요한 것은 QB 복제효소도 넣지 않은 새로운 실험이다. 연구는 계속되고 있으며, 나는 흥미로운 결과들이 나올 것이라고 기대한다. 이제 RNA 세계 이론 및 현재의 다른 여러 생명의 기원 이론들과 모순되지 않는, 새로 인기를 끄는 한 이론 쪽으로 이야기를 돌려보자. 이 이론은 먼저 중요한 사건들이 다른 곳에서 발생했다고 본다는 점에서 새롭다. "따뜻한 작은 연못"이 아니라 "지하 깊숙한 뜨거운 암석"에서 일어났다는 것이다. 그 흥미로운 이론에 따르면, 우리는 더 나아가야 한다. 캔터베리까지 여행을 마친 우리 순례자들은 이제 원시 암석을 찾아 땅속 깊숙이 구멍을 뚫어야 한다. 이 이론의 주요 제안자는 또 다른 이단자인 토머스 골드이다. 그는 원래 천문학자였지만 "일반 과학자"라는 지금은 보기 드문 영예를 부여받을 만큼 다재다능한 인물이며, 런던 왕립학회와 미국 국립 과학 아카데미 회원으로 선출된 유명인사이다.

골드는 태양을 생명의 주된 에너지원이라고 강조하는 견해가 틀렸을 수도 있다고 믿는다. 우리가 익숙한 것에 이끌려 잘못 생각했을 수도 있다는 것이다. 실상은 그렇지 않은데 우리가 자신이 사는 곳을 만물의 중심에 놓는 실수를 다시 저지르는 것일 수 있다. 교과서마다 모든 생명이 궁극적으로 햇빛에 의존한다고 단언하던 시대가 있었다. 그러다가 1977년에 심해 바닥의 화산 분출구가 햇빛의 혜택을 받지 않은 채 살아가는 기이한 생물 군집을 지탱한다는 놀라운 발견이 이루어졌다. 적열하는 용암은 수온을 섭씨 100도 이상으로 올린다. 그러나 수심이 깊어서 수압이 대단히 높기 때문에 이 수온은 끓는점보다는 낮다. 한편 주변의 물은 매우 차갑기 때문에 수온 기울기가 형성되어 있다. 이런 조건에서 다양한 종류의 세균들이 대사활동을 벌인다. 화산 분출구에서 나오는 황화수소를 이용하는 황세균을 비롯한 이 호열성 세균들은 복잡한 먹이사슬의 바닥에 놓인다. 길이가 3미터나 되는 새빨간 관벌레, 삿갓조개, 홍합, 불가사리, 따개비, 게, 새우, 어류, 환형동물 등 섭씨 80도에서 번성할 수 있는 다양한 생물들이 먹이사슬을 이룬다. 앞에서 말했듯이, 세균들이 그런 지옥 같은 온도에서도 살아갈 수 있음은 이미 알려졌지만, 다른 동물들의 사례는 알려지지 않았기 때문에, 이 환형동물은 폼페이벌레라는 애칭을 얻었다. 홍합과 거대한 관벌레 같은 몇몇 동물들은 이 황세균들에게 집을 제공하기도 했다. 관벌레는 헤모글로빈(그래서 새빨간색을 띤다)을 이용하여 몸속의 세균들에게 황화수소를 공급한다. 세균들이 뜨거운 화산 분출구에서 추출하는 에너지를 기반으로 하는 이 생물 군집은 존재한다는 것 자체가 놀라운 일이었으며, 거의 사막과 조건이 같은, 넓은 해저 한가운데에서 풍부한 생물 다양성을 보여준다는 점에서도 놀라웠다.

이런 경이로운 발견이 있었지만, 대다수의 생물학자들은 여전히 생명 활동이 태양을 중심으로 이루어진다고 믿는다. 심해 열수 분출구 군집의 생물들은 흥미롭지만, 대부분은 그들을 전형적이지 않은 희귀한 일탈 사례로 본다. 그러나 골드는 그렇지 않다고 믿는다. 그는 뜨겁고 어두우며 압력이 높은 심해저를 생명이 본래 속한 곳이자 생명이 유래한 곳이라고 본다. 반드시 바다 밑은 아니며, 땅 깊숙이 자리한 암석 속이 될 수도 있다. 햇빛과 서늘함과 신선한 공기가 있는 지표면에서 사는 우리가 비정상적인 일탈 사례라는 것이다! 그는 세균의 세포벽을 이루는 유기물질인 "호파노이드(hopanoid)"가 암석에 흔하게 존재하며, 세계의 암석 속에 10-100조 톤의 호파노이드가 있다는 권위 있는 추정치를 인용한다. 지표면에서 사는 생물들의 유기 탄소 총량으로 추정되는 약 1조 톤을 훨씬 더 초과한다.

골드는 암석에 틈새와 균열이 많으며, 비록 우리의 눈에는 작아 보이지만, 모두 합치면 세균 크기의 생물들에게 적합한 뜨겁고 습한 공간이 1,000조 세제곱미터가 넘을 것이라고 본다. 열 에너지와 암석 자체에 든 화학물질들은 엄청난 수의 세균들을 충분히 지탱할 수 있을 것이다. 골드는 많은 세균들이 섭씨 110도까지의 고온에서 번성하는데, 그것은 그들이 지하 5-10킬로미터 깊이에서도 살 수 있다는 의미이며, 세균들이 그 깊이까지 내려가는 데에는 1,000년도 걸리지 않을 것이라고 본다. 그의 추측을 증명하는 것은 불가능하지만, 그는 뜨거운 지하 암석에서 사는 세균들의 생물량이 일광욕을 하는 우리에게 친숙한 지표면에서 사는 생물들의 생물량을 초과할 것이라고 생각한다.

이제 생명의 기원 문제로 돌아가보자. 골드를 비롯한 학자들은 고온을 사랑하는 성질인 호열성이 세균과 고세균에게서 드물지 않다고 지적한다. 아주 흔하다. 너무 흔한 데다가 세균의 가계도 내에 너무나 폭넓게 분포해 있어서, 그것을 우리에게 친숙한 차가운 형태의 생물들을 파생시킨 원시 상태로 생각할 수도 있을 듯하다. 화학과 온도 측면에서 볼 때, 일부 과학자들이 명왕대라고 부르는 초창기의 지구 표면은 현재의 지표면이 아니라 골드가 말하는 뜨거운 지하 암석들과 더 가까웠다. 암석을 파내려갈 때, 즉 시간을 거슬러올라가 파나갈 때, 뜨거운 캔터베리로 이어지는 생명의 조건들을 재발견한다면, 정말로 설득력 있는 사례가 될 수 있을 것이다.

영국계 오스트레일리아인 물리학자 폴 데이비스는 최근에 그 개념을 더 발전시켰다. 그는 『다섯 번째 기적(The Fifth Miracle)』이라는 저서에서 골드의 1992년의 논문 이후로 발견된 새로운 증거들을 요약한다. 거기에는 살아서 번식하는 초호열성 세균들이 들어 있는 다양한 굴착 시료들이 나온다. 지표면의 물질들에 오염되지 않도록 세심하게 주의를 기울여 얻은 시료들이다. 이 세균들 중에는 배양에 성공한 것들도 있다. 일종의 압력솥에서 말이다! 골드와 마찬가지로 데이비스도 생명이 깊은 지하에서 유래했을 것이며, 그 세균들이 우리의 먼 조상의 모습에서 거의 달라지지 않은 형태로 지금도 거기에 살고 있을 것이라고 믿는다. 이 개념은 우리 순례여행자들의 흥미를 끈다. 빛, 서늘함, 산소 같은 현대의 조건들에 맞게 변형된 친숙한 세균들이 아니라, 최초의 세균들을 닮은 것들을 만날 수 있다는 희망을 주기 때문이다. 깊숙한 뜨거운 암석에서 생명이 기원했다는 이론은 처음에는 비웃음을 받았지만, 이제 바야흐로 각광을 받기 시작했다. 그 이론이 옳은 것으로 판명날지 밝히려면 더 많은 연구가 이루어질 때까지 기다려야겠지만, 나는 그 이론이 옳기를 바란다고 고백해야겠다.

내가 아직 다루지 않은 이론들도 많다. 아마 우리는 생명의 기원에 관해서 언젠가는 명확하게 합의할지도 모른다. 그렇다고 해도, 나는 그 합의를 뒷받침할 직접적인 증거는 없을 것이라고 추측한다. 직접적인 증거는 모두 지워졌을지도 모르기 때문이다. 오히려 누군가가 내놓은 이론이 널리 받아들여진다면, 너무나 우아하다는 이유에서일 것이다. 미국의 위대한 물리학자 존 아치볼드 휠러가 다른 맥락에서 말한 것처럼 말이다.

우리는 그 모든 것의 핵심 개념이 "오, 어떻게 달리 생각할 수 있었단 말인가! 어떻게 모두가 그토록 오랫동안 알아차리지 못했단 말인가!"라고 서로에게 말하지 않고는 못 배길 정도로 너무나 단순하고 너무나 아름답다는 것을 이해하게 될 것이다.

최종적으로 그렇게 깨닫는 형식을 통해서 생명의 기원이라는 수수께끼의 해답을 알아내지 않는다면, 나는 우리가 결코 그 해답을 알지 못할 것이라고 생각한다.

주인의 귀가

초서와 다른 순례자들을 런던에서 캔터베리까지 안내하면서 각자 이야기를 하도록 주재했던 친절한 주인은 방향을 돌려 그들을 다시 런던으로 곧장 데려갔다. 지금 내가 현재로 돌아온다면, 혼자일 것이다. 진화를 이용해서 같은 길을 두 번 내려오는 것은 거슬러올라가는 우리 여행의 이론적 근거를 부정하는 셈이기 때문이다. 진화는 결코 특정한 종착점을 겨냥하지 않았다. 거슬러올라가는 우리의 순례여행은 점점 더 많은 순례자들이 합류하여 포괄적인 집단을 이루는, 일련의 합병 사건들이었다. 유인원, 영장류, 포유류, 척추동물, 후구동물, 동물, 모든 생물의 조상으로 말이다. 이제 돌아서 앞으로 나아갈 때에는 온 길을 되짚어갈 수가 없다. 그랬다가는 재연될 진화의 경로가 같을 것이라고, 합류 사건들이 갈라지는 방향으로 역행한다는 의미가 될 것이다. 생명의 흐름은 모두 "오른쪽"으로 가지를 칠 것이다. 광합성과 산소에 기반을 둔 물질대사는 재발견되고, 진핵세포는 스스로를 재구성하며, 세포들은 서로 모여서 신후생동물의 몸을 만들 것이다. 식물이 한쪽, 동물과 균류가 다른 쪽으로 갈라지고, 선구동물과 후구동물도 새롭게 갈라질 것이다. 등뼈는 재발견될 것이며, 눈과 귀, 부속지, 신경계 등도 그럴 것이다. 결국 팽창한 뇌를 가진 두 발 동물도 출현할 것이다. 앞을 내다보는 눈과 숙련된 손놀림으로 오스트레일리아 크리켓 선수단을 물리치는 유명한 영국 크리켓 선수단도 나타날 것이다.

역사를 거슬러올라가는 쪽을 택한 근본 이유는 내가 진화에 목적이 있다는 주장을 거부하기 때문이었다. 그렇지만 첫머리에서 나는 진화의 반복되는 패턴과 법칙성과 순방향성을 조심스럽게 탐구할 것이라고 운을 떼기도 했다. 따라서 비록 온 길을 되짚어 돌아가는 것이 아니라고 해도, 나는 되짚어가는 것과 약간 비슷한 편이 적절하지 않을까 공개적으로 의문을 제기하고자 한다.

진화의 재연

미국의 이론생물학자 스튜어트 카우프만은 1985년에 쓴 논문에서 그 의문을 잘 표현했다.

우리가 현재 무지하다는 점을 보여주는 한 가지 방법은 초기 진핵세포들이 형성된 선캄브리아대부터 진화가 재연된다면, 10-20억 년 뒤에 어떤 생물이 나타날까 묻는 것이다. 그리고 그 실험을 수없이 반복했을 때에 계속 되풀이하여 나타나는 특성, 드물게 나타나는 특성, 진화하기 쉬운 특성, 진화하기 어려운 특성은 어떤 것들일까? 현재 진화를 대하는 우리의 사고방식의 문제점은 그런 의문들을 품지 않는다는 것이다. 그 대답들을 통해서 생물의 예상 형질에 대한 깊은 깨달음을 얻을 수 있음에도 말이다.

나는 카우프만이 제시한 통계적인 조건을 무척 좋아한다. 그는 특정한 생명체들의 국지적인 표현 양상이 아니라 생명의 일반 법칙을 탐구하기 위해서 단 하나의 사고실험 대신 사고실험들의 통계 표본을 상상한다. 카우프만의 의문은 다른 행성들의 생명체는 어떻게 생겼을까라는 과학소설의 의문과 비슷하다. 다른 행성들에서는 출발점과 지배적인 조건들이 다를 것이라는 점만 제외하고 말이다. 큰 행성에서는 중력이 새로운 선택압을 가할 것이다. 거미만 한 동물들은 거미발을 가질 수 없고(무게 때문에 부러질 것이다) 우리의 코끼리를 지탱하는 나무줄기 같은 단단한 수직 기둥들을 통해서 몸을 지탱해야 할 것이다. 반면에 더 작은 행성에서는 몸집은 코끼리만 하지만 아주 가벼운 동물들이 깡충거미처럼 수면 위를 미끄러지고 뛰어다닐 수 있을 것이다. 몸의 구성에 관한 기댓값들은 고중력 세계들의 통계 표본 전체와 저중력 세계들의 통계 표본 전체에 적용될 것이다.

중력은 한 행성에 주어진 조건이며, 생명은 그것에 영향을 미칠 수 없다. 항성과의 거리도 그렇다. 낮의 길이를 결정하는 자전 속도와 지축의 기울어짐도 마찬가지이다. 우리 행성처럼 공전궤도가 거의 원형인 행성에서는 주로 그것이 계절을 결정한다. 명왕성처럼 원형이 아닌 궤도를 도는 행성에서는 항성과의 거리 변화가 계절을 결정하는 훨씬 더 주된 요인일 것이다. 하나 또는 여러 개의 달과의 거리, 질량, 궤도는 조석을 통해서 생명에 미묘하지만 강하게 영향을 미친다. 이 모든 요인들은 주어진 것이며, 생명의 영향을 받지 않는다. 따라서 이것들은 카우프만의 사고실험을 반복할 때에 상수로 다루어진다.

예전 세대의 과학자들은 날씨와 대기의 화학적 조성도 주어진 것으로 다루었을 것이다. 이제 우리는 대기, 특히 산소 함량이 높고 탄소 함량이 낮은 대기가 생명이 만든 것임을 안다. 따라서 진화를 반복 재연하는 사고실험은 어떤 종류의 생명체가 진화하느냐에 따라서 대기가 다양한 영향을 받을 가능성을 허용해야 한다. 생명은 날씨, 더 나아가 빙하기와 가뭄 같은 주요 기후 사건들에까지 영향을 미칠 수 있다. 고인이 된 내 동료 W. D. 해밀턴은 구름과 비를 미생물들이 스스로 퍼지기 위해서 만든 적응 양상이라고 주장했는데, 그의 견해들 중에서 나중에 옳다고 판명된 것이 너무나 많았기 때문에 그냥 웃어넘길 수가 없다.

우리가 아는 한, 지구의 가장 안쪽에서 벌어지는 일들은 지표면을 한꺼풀 뒤덮고 있는 생명체들의 영향을 받지 않는다. 그러나 진화를 재연하는 사고실험들은 지질 구조를 바꿀 사건들이 있다고, 따라서 대륙의 위치 변동의 역사가 다를 수 있다고 인정해야 한다. 화산활동과 지진, 외계에서 온 물질들의 충돌 같은 일화들이 카우프만의 반복 재연 실험에서 똑같이 가정되어야 하는가라는 것은 흥미로운 질문이다. 충분히 많은 재연 통계 표본을 상상한다면, 지질 구조에 관한 사건과 천체 충돌의 평균을 낼 수 있는 중요한 변수로 다루는 편이 현명할 것이다.

우리는 카우프만의 질문에 어떻게 대답해야 할까? "테이프"를 통계적으로 의미 있는 횟수만큼 재연한다면 어떤 생명체들이 나타날까? 그 즉시 우리는 점점 더 대답하기 어려워지는 전혀 새로운 카우프만 질문들의 집합이 나타난다는 것을 알 수 있다. 카우프만은 진핵세포가 구성 세균들로부터 조립된 순간에 시계를 다시 맞추는 쪽을 택했다. 그러나 우리는 그보다 두세 배는 더 앞선 생명의 기원 시점부터 과정이 재연되는 식으로 상상할 수도 있다. 혹은 반대편 극단을 상정하여, 시계를 훨씬 더 나중에, 예를 들면 우리와 침팬지가 갈라진 공조상 1에 다시 맞춘 뒤, 공조상 1부터 통계적으로 의미 있는 횟수만큼 반복 재연했을 때에 호미니드가 두 발 보행, 뇌 팽창, 언어, 문명, 야구를 진화시킬 것인지 질문할 수도 있다. 또 포유류의 기원, 척추동물의 기원 등을 시점으로 한 온갖 카우프만의 질문들이 있을 수 있다.

순수한 추측이 아니라, 실제 일어난 생명의 역사가 자연의 카우프만 실험에 근접한 무엇인가를 우리에게 제공할 수 있을까? 그렇다. 우리는 순례여행을 하면서 자연의 실험들을 몇 가지 만났다. 오스트레일리아, 뉴질랜드, 마다가스카르, 남아메리카, 심지어 아프리카도 행복한 우연으로 지리적 격리 상태가 오래도록 지속됨으로써 주요 진화 사건들이 대강 재연되었음을 보여준다.

이 땅덩어리들은 공룡이 사라진 이후 중요한 시기에, 즉 포유류 집단이 진화적 창조성의 대부분을 드러낸 시기에 서로, 그리고 나머지 세계로부터 격리되어 있었다. 그 격리는 완전하지는 않았지만, 마다가스카르의 여우원숭이들과 아프리카의 아프리카수류의 다양한 방산을 일으키기에 충분했다. 남아메리카에서는 기나긴 격리 기간 동안에 세 번에 걸쳐 각기 다른 포유동물이 진화했다. 오스트랄리네아는 이런 자연 실험이 이루어질 가장 완벽한 조건을 갖추었다. 그곳의 격리는 해당 기간의 대부분에 걸쳐 거의 완벽했으며, 아마 단 한 차례의 소규모 유대류 접종(inoculum)과 함께 시작된 듯하다. 뉴질랜드는 예외이다. 그곳만이 포유류 없이 자연 실험이 일어났다.

이 자연 실험들을 살펴볼 때면, 나는 재연이 허용되었을 때에 진화가 대단히 비슷한 양상으로 일어났다는 사실에 감명을 받는다. 우리는 태즈메이니아늑대가 개와, 주머니두더지가 두더지와, 주머니하늘다람쥐가 날다람쥐와, 틸라코스밀루스가 검치류(그리고 태반 포유류에 속한 다양한 "가짜 검치류")와 대단히 닮았음을 알고 있다. 그 차이는 많은 것을 알려주기도 한다. 캥거루는 뛰어다니는 영양의 대체물이다. 두 발 뛰기도 진화적 진보의 끝에서 완성되었을 때에는 네 발 뛰기만큼이나 대단히 빠를 수 있다. 그러나 두 걸음걸이는 전체 해부구조에 큰 차이를 빚어낼 정도로 근본적으로 다르다. 아마 어떤 조상에게서 두 계통이 갈라졌을 때, 두 "실험" 계통들 중에서 한쪽은 두 발 뛰기를 완성시키는 경로로 갔고, 다른 한쪽은 네 발 뛰기를 완성시키는 경로로 갔을지 모른다. 아마 거의 우발적인 이유들 때문에 그저 캥거루는 이쪽 길로, 영양은 저쪽 길로 뛰어간 것일 수도 있다. 어쨌든 현재 우리는 두 최종 결과물 사이의 분화 양상을 보며 놀란다.

포유동물은 각기 다른 땅덩어리들에서 대강 같은 시기에 서로 다른 진화적 방산을 이루었다. 공룡들이 남긴 진공이 그들에게 그럴 자유를 주었다. 그러나 공룡도 자기 시대에 비슷한 진화적 방산을 이루었다. 비록 눈에 띄게 누락된 부분들이 있지만 말이다. 가령 나는 왜 공룡 "두더지"는 보이지 않는가라는 질문의 답을 찾을 수 없다. 그리고 공룡들 이전에도 다양한 평행 진화 양상이 있었다. 포유류형 파충류들이 그러했다. 그들도 비슷한 유형의 다양한 동물들을 진화시켰다.

나는 공개 강연을 할 때마다 끝낼 무렵에 질의 응답 시간을 가지려고 노력한다. 지금까지 가장 흔한 질문은 "인간은 다음에 무엇으로 진화할까?"였다. 애처롭게도 언제나 질문자는 그것이 새롭고 독창적인 질문이라고 생각하는 듯하며, 나는 매번 낙심한다. 그것은 신중한 진화론자라면 누구나 회피할 질문이기 때문이다. 통계적으로 볼때, 종들의 대다수가 사라질 것이라는 말을 제외하고, 어떤 종의 장래 진화를 구체적으로 예견한다는 것은 불가능하다. 그러나 우리가 지금부터 2,000만 년 동안 어떤 종의 미래가 어떻게 될지 예견할 수는 없다고 할지라도, 생태적 유형들의 전체 범위가 어떻게 될 것인지는 예측할 수 있다. 초식동물과 육식동물, 풀을 뜯는 동물과 나뭇잎을 뜯는 동물, 육상동물의 고기를 먹는 동물, 물고기를 먹는 동물, 곤충을 먹는 동물이 있을 것이다. 이런 식성 예측은 2,000만 년 동안 그에 상응하는 먹이들이 여전히 존재한다는 것을 전제로 한다. 나뭇잎을 뜯는 동물은 나무들이 계속 있다는 것을 전제로 한다. 곤충을 먹는 동물은 곤충이나 다리가 달린 작은 무척추동물의 존재를 전제로 한다. 아프리카에서 온 유용한 전문용어를 쓰면, 그런 무척추동물들을 두두(doodoo)라고 한다. 초식동물, 육식동물 등 각 범주 내에서 종들은 몸집별로 나누어질 것이다. 달리는 자, 나는 자, 헤엄치는 자, 기어오르는 자, 굴을 파는 자도 있을 것이다. 그 종들은 우리가 오늘날 보는 종들, 오스트레일리아나 남아메리카에서 평행하게 진화했던 종들, 그에 상응했던 공룡들, 또는 포유류형 파충류와 정확히 똑같지는 않을 것이다. 그러나 비슷한 생활방식들을 택한 비슷한 유형의 동물들이 존재할 것이다.

다음 2,000만 년 동안 공룡의 멸망에 상응하는 대격변과 대량 멸종이 일어난다면, 우리는 새로운 출발점이 될 조상들로부터 도출되는 생태형들의 범위를 예상할 수 있으며, 랑데부 10에서 설치류들이 가능성이 있다고 추측하기는 했지만, 현재의 동물들 중 그 출발점이 될 것들이 무엇인지 추측하기는 아주 어려울지 모른다. 다음의 빅토리아 시대의 그림은 이크티오사우루스 교수가 발굴된 먼 과거의 인간 두개골을 놓고 이야기하는 장면이다. 만일 공룡의 시대에 이크티오사우루스 교수가 격변에 따른 종말을 놓고 토론했다면, 그는 당시 작고 미미한 야행성 식충동물이었던 포유류의 후손들

익티오사우루스 교수 빅토리아 시대에 헨리 델러베시가 찰스 라이엘의 견해를 풍자하여 그린 만화이다. 라이엘은 지구의 기후 및 관련 야생생물들의 주기적인 변화로 미래 세계에 이구아노돈이 다시 한번 숲속을 어슬렁거리고 익티오사우루스가 다시 바다에 출현할 것이라고 주장했다. 익티오사우루스 교수의 탁자 밑에 인간의 머리뼈가 보인다.

이 자신들의 자리를 넘겨받을 것이라고 예측하지 못했을 것이다.

이런 이야기들은 카우프만이 상상한 것 같은 장기간의 재연이 아니라, 아주 최근의 진화를 말한다. 그러나 이렇게 최근 시대를 재연해봄으로써 진화의 본질적인 재현 가능성에 관해서 몇 가지 교훈을 얻을 수 있음이 분명하다. 앞선 진화와 나중의 진화가 간 길들이 비슷하다면, 그 교훈들은 일반 원리에 해당할지 모른다. 나는 우리가 공룡의 멸망 이후 최근 진화로부터 배운 원리들이 적어도 캄브리아기까지, 그리고 아마 진핵세포의 기원에 이르기까지는 잘 들어맞을 것이라고 예상한다. 나는 오스트레일리아, 마다가스카르, 남아메리카, 아프리카, 아시아에서 일어난 포유동물 방산의 평행 진화가 카우프만이 선택한 진핵세포의 기원처럼 훨씬 더 오래된 출발점들에 대한 의문들의 답을 얻고자 할 때 일종의 주형 역할을 할 것이라고 예상한다. 그 획기적인 사건보다 더 이전 시대로 가면 확신은 사라진다. 내 동료 마크 리들리는 『멘델의 악마』에서 진핵생물이라는 복잡성의 기원이 대단히 있을 법하지 않은 사건, 아마 생명의 기원 자체보다도 더욱 일어날 것 같지 않은 사건이었다고 본다. 나는 리들리의 영향을 받아서, 생

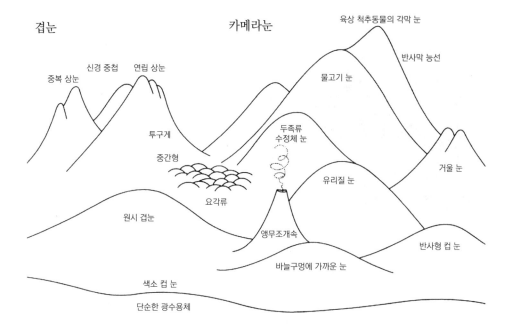

겹눈 카메라눈

육상 척추동물의 각막 눈

반사막 능선

물고기 눈

신경 중첩 연립 상눈

중복 상눈

투구게

두족류
수정체 눈

거울 눈

중간형

유리질 눈

요각류

원시 겹눈

앵무조개속

반사형 컵 눈

바늘구멍에 가까운 눈

색소 컵 눈

단순한 광수용체

계몽을 향한 40번의 길 마이클 랜드 교수가 그린 눈의 진화 경관.

명의 기원을 출발점으로 삼은 재연 사고실험들은 대부분 진핵생물 지배 체제로 귀결되지 않을 것이라고 본다.

우리는 수렴 진화를 연구하고자 할 때, 오스트레일리아에서 이루어진 자연 실험과 달리 지리적 격리에 의존할 필요가 없다. 수렴은 서로 다른 지역에서 같은 출발점에서 시작되는 진화 실험이 아니라 각기 다른 출발점들(같은 지역일 가능성이 아주 높다)에서 재연되는 진화 실험으로 생각할 수 있다. 수렴이 이루어지는 동물들이 서로 너무나 무관하기 때문에 그들이 우리에게 말하는 것은 지리적 격리와 무관하다. "눈"은 동물계에서 40-60번에 걸쳐 독자적으로 진화했다고 추정된다. 나는 그 점에 자극을 받아 『불가능한 산 오르기』의 "계몽을 향한 40번의 길"이라는 장을 썼다. 그 책에서 나의 친구이자 눈의 비교동물학적 연구의 손꼽히는 전문가인 서식스 대학교의 마이클 랜드 교수가 시각 메커니즘에 9가지 독자적인 원리들이 있고, 각각이 한 번 이상 진화했다고 한 말을 인용했다. 그는 친절하게도 그 책에 실린 경관 그림을 재수록하도록 해주었다. 각 봉우리는 눈의 독자적인 진화를 나타낸다.

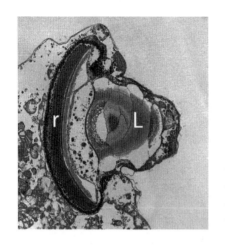

정교한 눈을 만들 일이 없다고? 와르노위아과의 단세포 쌍편모충인 에리트롭시디니움의 공생체 성분들을 이용하여 만든 눈처럼 생긴 구조물. 연구진은 "L"이 수정체, "r"이 망막 역할을 한다고 주장한다. 고벨리스 등[147].

위의 눈은 랜드 교수의 경관 중 어디에 놓일까? 이 눈은 진짜라고 믿기 어려울 만큼 너무나 뛰어나다. 마치 동물학자의 꿈속에서 튀어나온 눈 같다. 2015년 『네이처』에 실린 이 사진의 세부구조를 보면, 척추동물이나 문어의 카메라 눈과 감질날 정도로 비슷해 보이지만, 사실은 단세포 생물인 한 쌍편모충의 눈이다. 우리는 랑데부 38에서 쌍편모충류를 만난 바 있으며, 그들이 밤에 파도가 칠 때마다 매혹적인 발광 현상을 일으킨다는 내용이 떠오를 수도 있다. 이 아름다운 "눈"을 가진 생물은 쌍편모충류 중에서 와르노위아과(Warnowiaceae)에 속한다.

단세포생물의 당당한 일원이 굳이 수정체(L)와 망막(r)을 갖춘 정교한 눈을 만들 이유가 전혀 없다는 것이 동물학계의 기존 상식이었다. 망막은 세포들로 이루어져 있고, 영상의 각 지점마다 각기 다른 망막 세포를 자극한다고 보았다. 그런데 단세포생물이 어떻게 망막을 갖출 수 있었을까? 음, "믹소트리카 이야기"를 기억하는지? 믹소트리카의 세포벽에는 세균 수천 마리가 박혀 있고, 그 세균 각각은 헤엄치는 털 역할을 한다. 세포 내에도 납치당해서(또는 "자원해서") 다른 역할을 수행하는 세균들이 있다. 대역사 랑데부에서 말했듯이, 우리의 모든 진핵세포에도 그런 세균 밀항자들이 있다. 바로 미토콘드리아이다. 식물에는 또다른 밀항자가 있다는 것도 살펴보았다. 식물을 위해서 광합성을 수행하는 엽록체가 그렇다. 그리고 마치 세포 내 공생의 러시아 인형판처럼, 쌍편모충이 납치한 식물 세포(홍조류)를 이용하여 광합성을 하고, 그 납치된 식물 세포는 앞에서 세균을 납치한 종류였다는 이야기도 기억날지 모르겠다. 『네이처』에 실린 논문에 따르면, 와르노위아류의 눈도 그런 과정을 거쳐서 나온 것이라고 한다. "수정체"에 붙은 "홍채"는 미토콘드리아로 이루어져 있다. 그리고 "망막"은 납치당한 조류 세포들이 모여서 형성된 것이다.

이 미생물이 실제로 영상을 볼 수 있다는 강력한 증거는 없는 듯하다. 이 망막에 정말로 영상이 맺힌다면, 그 영상은 신경계에 해당하는 무엇인가를 통해서 처리되어야 할 텐데, 알다시피 우리가 아는 신경계는 많은 세포들로 이루어져 있다. 그렇지만 믹소트리카와 와르노위아 같은 단세포생물은 이미 우리를 충분히 놀라게 했으므로 계속 지켜보기로 하자.

생명, 적어도 이 행성에서 우리가 아는 생명은 거의 꼴불견이라고 할 만큼 눈을 진화시키는 데에 열심인 듯하다(화보 52 참조). 우리는 통계 표본을 냈을 때, 카우프만의 재연 실험들에서 눈이 진화한다고 확신을 가지고 예측할 수 있다. 그냥 눈이 아니라 곤충, 새우, 삼엽충의 것과 같은 겹눈, 우리나 오징어의 것처럼 색각과 초점 및 구경(口徑)을 미세하게 조정하는 메커니즘을 갖춘 카메라 눈 말이다. 또 삿갓조개의 것과 같은 접시 안테나 눈, 랑데부 26에서 만난 떠다니는 나선형 껍데기 안에 들어 있는 말기 암모나이트처럼 생긴 연체동물 앵무조개의 것과 같은 바늘구멍 눈도 나타날 가능성이 높다. 그리고 우주의 다른 행성들에 생명체가 있다면, 그들도 우리가 이 행성에서 아는 것과 같은 유형의 광학 원리들을 토대로 한, 눈을 가지고 있을 가능성이 꽤 높다. 눈을 만드는 방법들이 그만큼밖에 없고, 우리가 아는 생물들이 그것들을 모두 발견했을지도 모른다.

우리는 다른 적응들도 마찬가지로 설명할 수 있다. 음파를 발사하고 메아리가 돌아오는 시간을 정확히 재어서 방향을 찾는 비법인 반향 정위는 최소한 네 번 진화했다. 박쥐, 이빨고래, 기름새, 동굴쇠칼새에게서 말이다. 눈처럼 횟수가 많지는 않지만, 조건이 맞으면 진화할 가능성이 높다는 생각이 들 만큼의 횟수이다. 또 진화를 재연했을 때, 같은 특정한 원리들이 재발견될 가능성이 아주 높다. 즉 난국을 해결하는 똑같은 비법들이 말이다. 그 내용도 예전 책*에서 상세히 다룬 바 있기 때문에 여기서 다시 말하지 않겠지만, 진화를 재연했을 때에 예상되는 사항들을 간단히 요약해보기로 하자. 반향 정위에서는 아주 높은 울음을 사용하는 방식이 되풀이되어서 진화해야 한다

---

* 『눈먼 시계공』.

(저음보다 해상도가 더 높기 때문이다). 적어도 일부 종에서는 한 번 소리를 낼 때, 음을 높이거나 낮추는 주파수 변조방식이 진화할 가능성이 높다(메아리의 앞부분과 뒷부분을 음으로 구분할 수 있으므로 정확도가 향상된다). 메아리들을 분석하는 뇌 속의 계산장치는 메아리 주파수의 도플러 이동을 계산하는 데에 능숙할지 모른다(무의식적으로). 도플러 효과는 소리가 있는 모든 행성에서 나타날 것이 분명하며, 박쥐들이 그것을 정교하게 활용하고 있다.

눈이나 반향 정위 같은 것들이 독자적으로 진화했다는 사실을 어떻게 알 수 있을까? 가계도를 살펴보면 알 수 있다. 기름새와 동굴쇠칼새의 친척들은 반향 정위를 이용하지 않는다. 기름새와 동굴쇠칼새는 각자 독자적으로 동굴 생활을 택했다. 우리는 그들이 그 기술을 박쥐나 고래와 무관하게 독자적으로 진화시켰다는 것을 안다. 가계도에서 주변에 놓인 종들 가운데 아무도 그것을 사용하지 않기 때문이다. 각 집단의 박쥐들도 여러 차례에 걸쳐 서로 독자적으로 반향 정위를 진화시켰을지 모른다. 우리는 반향 정위가 몇 차례에 걸쳐 진화했는지 알지 못한다. 일부 땃쥐와 바다표범도 초보적인 형태이지만 그런 기술이 있다(그리고 일부 맹인들은 그 기술을 학습한다). 익수룡도 그 기술을 썼을까? 밤에도 날 수 있다면 좋을 것이고, 당시에는 경쟁자가 될 만한 박쥐들이 없었으므로 그랬을 가능성도 있다. 어룡에게도 같은 말을 할 수 있다. 그들은 돌고래와 아주 비슷하게 생겼으며, 아마 생활방식도 비슷했을 것이다. 따라서 돌고래가 반향 정위에 깊이 의존하듯이, 돌고래 이전에 살았던 어룡도 그랬을지 궁금증이 이는 것은 당연하다. 직접적인 증거가 전혀 없으므로, 우리는 선입견을 가지지 말아야 한다. 반대되는 증거가 하나 있기는 하다. 어룡의 눈이 대단히 크다는 것이다. 그 것은 어룡의 가장 뚜렷한 특징 중 하나이다. 큰 눈은 그들이 반향 정위 대신 시각에 의존했음을 의미할 수 있다. 돌고래는 비교적 눈이 작으며, **그들의** 가장 뚜렷한 특징 중 하나인 주둥이 위에 둥글게 튀어나온 혹, 이른바 "멜론"은 소리를 돌고래의 앞쪽으로 좁게 모으는 음향 "렌즈" 역할을 한다.

수렴은 가시적인 수준에서만 일어나는 것이 아니다. 예상할 수 있겠지만, 분자 수렴의 사례들도 있다. 이 말은 때로 서로 다른 두 분자가 비슷한 화학적 기능을 하는 쪽으로 진화한다는 의미가 될 수도 있다. 그렇지만 어느 한 유전자나 단백질의 실제 서열이 수렴해왔음을 보여주는 사례들도 점점 늘고 있다. 소화 효소인 라이소자임이 대표적이다. 되새김질을 하는 소의 라이소자임과 나뭇잎을 먹는 원숭이의 라이소자임은 예상외로 서열이 비슷하다. 하지만 더 포괄적인 사례를 제공하는 것은 반향 정위이다. 포유동물의 속귀는 놀라운 소리 증폭기구를 갖추고 있다. 그 안에는 들어오는 소리와 동일한 진동수로 진동하는 특수한 털들이 있다. 상하이의 양리우 연구진과 런던 퀸메리 대학교 연구진은 공동으로 다양한 포유동물이 지닌 청각 단백질인 프레스틴(prestin)의 진화 계통수를 조사했다. 그러자 돌고래를 비롯한 이빨고래류가 박쥐 집단에 소속된다는 결과가 나왔다.

"하마 이야기"를 듣고 깜짝 놀라기는 하겠지만, 분류학자들은 돌고래가 박쥐의 일종이 아니라고 절대적으로 확신한다. 위의 연구에서는 고래류와 박쥐류에게서 독자적으로 프레스틴 분자의 여러 부위에 동일한 방식으로 변화가 일어났기 때문에 두 집단이 하나로 묶인 듯하다. 변화가 일어난 이유도 같을 것이다. 음파 탐지에 필요한 높은 주파수의 소리를 더 잘 듣기 위해서이다. 프레스틴 분자에서 총 14개의 아미노산이 개별적으로 바뀜으로써 이런 수렴이 일어났다.

프레스틴 분자만이 아니다. 퀸메리 대학교의 연구진은 포유동물 22종에서 2,000개의 유전자를 골라서 박쥐와 돌고래를 한 집단으로 묶는 식의 양상을 보이는 것들이 있는지도 조사했다. 연구진은 유전체의 200곳에서 단백질 서열에 수렴이 이루어졌음을 발견했다. 주로 청각 관련 유전자들이었지만, 시각 관련 유전자들도 있었다. 이 다소 놀라운 발견은 시각과 청각 사이에 흥미로운 진화적 관계가 있음을 시사한다. 그 단백질 암호 영역이 아니라 유전자를 켜고 끄는 DNA 영역도 조사하면 흥미로울 것이다. 이런 조절 서열에서도 수렴이 일어났을 것이라고 예상할 수 있지 않을까? 실제로 제이슨 갤런트와 린지 트래저 연구진은 최근에 "오리너구리 이야기"에서 언급한 수렴 진화한 전기 물고기들(뱀장어류, 메기류, 가오리류 등)의 유전체에서도 비슷한 수렴이 이루어졌음을 밝혀냈다. 아주 많은 유전체 서열들이 새로 온라인에 올라오고 있고, 컴퓨터로 DNA를 비교하기가 수월해지고 있으니, 앞으로 이런 연구 결과가 쏟아져나올 것이 확실하다.

모든 동물학자들이 그렇듯이, 나도 내 머릿속에 든 동물 데이터베이스를 뒤져서 "X가 몇 번이나 독자적으로 진화했을까?"라는 질문들에 대해서 추정값을 내놓을 수 있다. 더 체계적으로 계산한다면, 좋은 연구 과제가 될 것이다. 아마 눈처럼 "아주 많이"

라는 대답이 나올 X도 있을 것이고, 반향 정위처럼 "몇 번"이라는 대답이 나올 X도 있을 것이다. "단 한 번"이나 "결코 없었음"에 해당할 X도 있을 것이다. 그런 사례들은 찾아내기가 대단히 어렵겠지만 말이다. 그리고 그 어려움은 흥미로운 것이 될 수 있다. 나는 우리가 생명이 나아가고자 "열망하는" 어떤 잠재적인 진화 경로들을 찾을 수 있을 것이라고 추측한다. 그리고 더 "반감"을 일으키는 경로들도 있을 것이다. 『불가능한 산 오르기』에서 나는 실재하거나 상상할 수 있는 모든 생명체를 소장한 거대한 박물관이라는 비유를 든 적이 있다. 그 박물관에는 마찬가지로 실재하거나 상상할 수 있는 진화적 변화들을 나타내는 수많은 차원으로 뻗은 복도들이 있다. 이 복도들 중에는 거의 오라고 유혹하는 듯이 탁 트인 것들도 있다. 반면에 가기 어렵거나 심지어는 넘을 수 없는 장애물로 막힌 복도도 있다. 진화는 반복하여 쉬운 복도들을 따라가며, 어쩌다가 한 번씩 예기치 않게 어려운 장애물 중의 하나를 뛰어넘을 뿐이다. 뒤에서 "진화 가능성의 진화"를 논의할 때에 진화하려는 "열망"과 "반감"이라는 개념을 다시 살펴보기로 하자.

이제 X가 몇 번이나 진화했는지를 체계적으로 세어보아도 좋을 듯한 사례들을 살펴보기로 하자. 독침(뾰족한 관을 통해서 피부 밑으로 독을 주입하는)은 적어도 10번에 걸쳐 독자적으로 진화했다. 해파리와 친척들, 거미, 전갈, 지네, 곤충,* 연체동물(청자고둥류), 뱀, 상어(가오리류), 경골어류(쑥치류), 포유동물(오리너구리 수컷), 식물(쐐기풀류)이 그렇다. 피하 주사를 비롯하여 독액도 반복해서 진화했을 가능성이 높다.

사회적인 목적으로 내는 소리도 조류, 포유류, 귀뚜라미와 메뚜기, 매미, 어류, 개구리에게서 독자적으로 진화했다. 약한 전기장을 이용하여 방향을 찾는 전기 정위도 "오리너구리 이야기"에서 살펴보았듯이, 몇 차례에 걸쳐 진화했다. 아마 뒤이어 나왔겠지만, 전류를 무기로 이용하는 행동도 마찬가지이다. 전기의 물리학은 모든 세계에서 똑같으며, 우리는 전기를 항해와 공격 양쪽 수단으로 이용하는 생물들이 반복해서 진화했다고 어느 정도 확신할 수 있다.

수동적인 활공이나 낙하가 아닌 진정한 날개 비행은 네 번에 걸쳐 진화한 듯하다. 곤충, 익룡, 박쥐, 조류에게서이다. 낙하와 활공은 다양한 형태로 여러 번 진화했으며, 아마 수백 번에 걸쳐 독자적으로 진화했을 것이다. 그리고 그것은 진정한 비행의 진화

---

* 꿀벌, 말벌, 개미의 침은 산란관이 변형된 것으로서, 암컷만이 침을 가진다.

적 예비 단계에 해당했을 것이다. 도마뱀, 개구리, 뱀, "날아다니는" 어류, 오징어, 날여우원숭이, 유대류, 설치류(두 번)에서 볼 수 있다. 나는 카우프만의 재연 실험을 했을 때, 활공자들이 반복하여 나타날 것이라는 데에 많은 돈을 걸고, 진정한 날개 비행자들이 나타날 것이라는 데에도 상당히 많은 돈을 걸겠다.

제트 추진은 두 번 진화한 듯하다. 한 번은 두족류에게서이다. 고속으로 나아가는 오징어가 그렇다. 나는 제트 추진이 고속으로 나아가지 않는 다른 종류의 연체동물에서 또 한 번 진화한 것이 아닐까 생각한다. 가리비에게서이다. 가리비는 주로 바다 밑바닥에서 살지만, 이따금 헤엄을 친다. 그들은 캐스터네츠를 딱딱거리듯이, 두 껍데기를 율동적으로 여닫으며 헤엄친다. 당신(나 역시)은 그들이 이런 행동을 할 때, 껍데기를 여닫는 쪽과 반대 방향으로 "역추진된다"고 짐작할 것이다. 그러나 실제로 그들은 마치 물을 집어삼키는 것처럼 "앞으로" 나아간다. 어떻게 그럴 수 있을까? 여닫기 운동이 경첩 뒤쪽에 난 한 쌍의 구멍으로 물을 뿜어내는 행동이기 때문이다. 따라서 가리비는 두 가닥의 제트류로 "앞으로" 나아간다. 너무 직관에 반하기 때문에 익살스럽게 느껴진다.

단 한 번 또는 전혀 진화하지 않은 형질은 어떤 것들일까? "리조비움 이야기"에서 배웠듯이, 자유 회전을 하는 축받이가 있는 진정한 바퀴는 단 한 번 세균에게서만 진화한 듯하다. 인류의 기술이 마침내 그것을 발명하기 전까지 말이다. 언어도 우리에게서만 단 한 번 진화한 듯하다. 그에 비하면 눈은 적어도 40번은 더 진화했다. 그토록 "뛰어난 착상"이 한 번밖에 진화하지 않았다고 생각하니 놀랍다.

나는 그 도전 과제를 옥스퍼드의 동료인 곤충학자이자 자연학자인 조지 맥개빈에게 맡겼다. 그는 멋진 목록을 만들어왔다. 그러나 여러 번 진화한 것들의 목록에 비하면 아주 짧았다. 폭탄먼지벌레들은 맥개빈 박사의 지식에 비추어볼 때, 화학물질들을 뒤섞어 폭발물을 만든다는 점에서 유일하다. 폭발 성분들은 각기 다른 분비샘에서 생성되어 보관된다(당연하겠지만!). 위험이 닥치면 그들은 그것들을 몸 뒤쪽 끝에 있는 방으로 뿜어내고, 거기에서 폭발이 일어나 유독한(부식성이 있고 타는 듯한) 액체가 분출구를 통해서 적에게 발사된다. 창조론자들도 이 사례를 잘 알고 있으며, 아주 애용한다. 그들은 중간 형태들은 모두 그냥 폭발하고 말 것이므로, 그것이 점진적 진화가 불가능한 자명한 사례라고 생각한다. 나는 1991년에 BBC 텔레비전으로 방영된 아이들을 위한 왕립연구소 크리스마스 강연 당시 이 주장의 오류를 생생하게 설명했다. 제2차 세계대전 때의 철모를 쓰고, 겁나는 사람은 떠나라고 은근히 겁을 주면서, 나는 히드로퀴논과 과산화수소를 섞었다. 둘 다 폭탄먼지벌레 폭발물의 주요 성분이다. 아무 일도 일어나지 않았다. 따뜻해지는 기미도 보이지 않았다. 그 폭발에는 촉매가 필요하다. 나는 촉매의 농도를 서서히 늘렸고, 그에 따라 뜨겁게 쉭쉭거리는 소리가 점점 커지다가 마침내 흡족스러운 절정의 순간이 찾아왔다. 폭탄먼지벌레는 촉매를 갖추었으며, 진화하면서 촉매의 양을 안전하게 서서히 늘리는 데에는 아무런 어려움이 없다.

맥개빈의 목록에서 그다음에 나오는 것은 물총고깃과에 속한 물총고기이다. 이 어류는 미사일을 발사하여 멀리 있는 먹이를 잡는다는 점에서 독특하다. 이 어류는 수면으로 올라와 약간의 물을 입에 머금었다가 근처에 있는 곤충에게 내뱉는다. 곤충이 맞아서 물로 떨어지면 삼킨다. 개미귀신도 "때려눕히는" 포식자에 포함될 것이다. 개미귀신은 풀잠자리목의 유충으로, 많은 유충들처럼 성체와 전혀 닮지 않았다. 그들은 공포 영화에 나올 법한 거대한 턱을 가지고 있다. 개미귀신은 모래 속에 숨어 지낸다. 모래 표면에 깔때기 모양의 함정을 파놓고 그 밑에 숨는다. 개미귀신은 중앙에서 바깥으로 모래를 격렬하게 튕김으로써 함정을 판다. 그러면 함정을 중심으로 산사태가 일어나기 쉬운 일종의 소형 비탈이 생기며, 나머지는 물리학 법칙이 알아서 함으로써 산뜻한 원추형 깔때기가 형성된다. 먹이는 대개 개미인데, 함정에 빠지면 가파른 비탈을 따라 미끄러져서 개미귀신의 턱으로 곧장 떨어진다. 물총고기와 닮은 점을 찾는다면, 먹이가 수동적으로 떨어지는 것만은 아니라는 점이다. 튕기는 모래알에 맞아서 함정으로 떨어지는 먹이도 가끔 있다. 그러나 초점을 맞출 수 있는 양쪽 눈으로 유도 발사되는 물총고기의 물총처럼 정확히 겨냥하여 모래알을 쏘는 것은 아니다.

가죽거밋과의 거미들은 약간 다르다. 늑대거미의 민첩함이나 그물거미의 그물 대신 가죽거미는 독이 있는 끈끈이를 먼 곳의 먹이에게 발사하여 먹이를 꼼짝 못하게 한 뒤에, 다가가서 물어 죽인다. 먹이를 때려눕히는 물총고기의 기술과는 다르다. 독을 뿜는 코브라처럼, 먹이를 잡기 위해서가 아니라 방어용으로 독을 내뿜는 동물들도 많다. 볼라거미는 또 다르다. 그 거미 역시 독특한 사례일 것이다. 볼라거미는 먹이에게 미사일을 던진다고 할 수 있다(먹이는 나방인데, 거미는 나방 암컷이 내는 것과 같은 가짜 성적 물질을 합성하여 수컷을 꾀어들인다). 그러나 거미줄 덩어리인 그 미사일은 거미줄을 통해서 거미와 연결되어 있어서, 거미는 얼레를 감듯이 그 올가미(또는 볼라)를 끌어당길 수 있다. 카멜레온은 미사일을 먹이에게 내뱉는다고 말할 수 있다. 그 미사일은 묵직하고 두꺼운 혀끝이며, 훨씬 더 가느다란 혀의 나머지 부위는 작살을 회수하는 밧줄에 해당한다. 카멜레온은 혀끝을 당신의 혀끝과 달리 투창처럼 자유롭게 내던질 수 있다. 카멜레온만 그런 것은 아니다. 일부 도롱뇽들도 혀끝을 투창처럼 먹이를 향해 내던지는데, 카멜레온의 혀끝과 달리 그들의 미사일에는 뼈대가 들어 있다. 수박씨를 두 손가락 사이에 놓고 누르는 식으로 발사된다.

맥개빈의 목록에서 진화적으로 단 한 번 진화했을 법한 다음 동물은 멋진 모습을 보여준다. 바로 물거미이다. 이 거미는 물속에서 지내면서 사냥을 하지만, 돌고래, 듀공, 거북, 민물 달팽이 등 물로 돌아간 육상동물들이 그렇듯이 숨을 쉬려면 공기가 있어야 한다. 그러나 다른 망명자들과 달리, 물거미류는 잠수종을 만든다. 물거미는 거미줄을 자아내서(거미는 모든 문제를 거미줄을 이용하여 해결한다) 수중식물에 붙여서 잠수종을 만든다. 물거미는 수면으로 올라와 공기를 모은 다음, 몇몇 수생곤충들처럼 털을 이용하여 몸에 붙여 운반한다. 그러나 가는 곳마다 잠수통처럼 공기를 달고 다니는 수생곤충들과 달리, 거미는 공기를 잠수종으로 가져가서 부려놓아 보충한다. 거미는 잠수종 속에 들어앉은 채 먹이가 지나가기를 기다리며, 먹이를 잡으면 잠수종 속에 보관해놓고 먹는다.

조지 맥개빈의 목록에서 단 한 번 진화한 것들 중 최고봉은 등에속에 포함되는 아프리카 등에의 유충이다. 예상할 수 있겠지만, 아프리카에서 그 유충들이 생활하는 물웅덩이들은 언젠가는 마르고 만다. 그러면 유충들은 진흙 속에 몸을 파묻고 번데기가 된다. 나중에 바짝 마른 진흙에서 성체가 나오고, 성체는 날아다니며 피를 빨아먹다가, 다시 비가 내려서 생기는 물웅덩이에 알을 낳음으로써 생활사를 완결한다. 진흙에 묻힌 유충에게 닥칠 것이라고 예상되는 위험이 하나 있다. 진흙은 마르면 금이 가는데, 그 금이 유충이 있는 곳을 가로지를 위험이 있다. 따라서 다가오는 균열을 우회시킬 방안을 마련할 수 있다면, 유충은 이론상 스스로를 구할 수 있다. 유충은 정말로 경이롭고도 아마도 유일할 독창적인 방식으로 그 일을 해낸다. 유충은 번데기 방에 묻히기 전에, 먼저 진흙을 나선형으로 파서 구멍을 뚫는다. 적당히 뚫으면 반대 방향으로 나선을 뚫으면서 표면으로 다시 나온다. 그런 다음 두 나선 사이에 낀 중앙의 진흙으로 파고든다. 그곳이 물이 다시 돌아올 때까지 험난한 시기를 견디는 피신처이다. 무슨 의미일까? 유충은 진흙 원통 속에 들어 있는 것과 같다. 원통의 가장자리는 나선형으로 파놓았기 때문에 약한 상태이다. 진흙이 마르면서 생기는 금은 뱀처럼 꾸불거리며 다가오다가 원통의 가장자리에 닿으면, 한가운데로 곧장 가로지르는 대신 원통의 가장자리를 따라 우회하게 된다. 따라서 유충은 안전하다. 우표의 가장자리에 난 구멍들이 우표를 뜯을 때에 한가운데가 찢겨나가지 않도록 막아주는 것과 같다. 맥개빈 박사는 그 독창적인 비법이 등에속에서만 나타난다고 믿는다.[*]

자연선택을 통해서 결코 진화한 적이 없는 뛰어난 착상도 있을까? 내가 아는 한 지구의 어떤 동물도 장거리 통신에 쓰이는 전파를 송신하거나 수신하는 기관을 진화시킨 적이 없다. 불의 이용도 한 예이다. 인간의 경험에 비추어볼 때, 불은 대단히 유용하다. 몇몇 식물들은 불의 세례를 한 번 받아야 씨가 발아하지만, 나는 그렇게 불을 이용하는 것을 전기뱀장어가 전기를 이용하는 것과 같은 의미로 생각할 수는 없다고 본다. 금속 뼈대도 인간의 인공물을 제외하고 진화한 적이 없는 뛰어난 착상의 한 예이다. 아마 그것은 불을 이용하지 않고서는 획득하기가 어려울 것이다.

어떤 형질이 몇 번 진화했고, 어떤 형질이 거의 진화하지 않았는지를 세는 이런 비교 연습을 앞에서 논의한 지리학적 비교 결과와 결부시키면, 카우프만의 진화 재연 실험들에서 나올 가능성이 있는 결과들을 추측하는 데뿐만 아니라, 지구 바깥의 생명체에 관한 특성들을 예측하는 데에도 도움이 될 것이다. 우리는 눈, 귀, 날개, 전기 기관은 예상하겠지만, 아마 폭탄먼지벌레의 폭발이나 물총고기의 물총은 예상하지 못할 것이다.

고인이 된 스티븐 제이 굴드로부터 사사받았다고 말할 수 있는 생물학자들은 캄브리아기 이후의 진화를 포함한 모든 진화를 엄청난 우연으로, 즉 카우프만의 재연 실험들에서 반복될 가능성이 거의 없는 운 좋은 것으로 간주한다. 굴드는 그것을 "진화 테이프 다시 감기"라고 부르면서, 독자적으로 카우프만의 사고실험을 전개했다. 두 번 재연했을 때 인간을 어설프게라도 닮은 동물이 나타날 가능성은 미미하다고 널리 받아들여져 있으며, 굴드는 『생명, 그 경이로움에 대하여』에서 그 점을 설득력 있게 주장했다. 내게 첫머리에서 신중한 자기 부정 선언을 하게 만든 것이 바로 이 통설이었다. 사실 내가 거슬러올라가는 순례여행을 하고, 캔터베리에 동료 순례자들을 놓아두고

---

[*] 그 습성을 처음 기재한 사람은 W. A. 램번이다[235].

홀로 돌아가는 것도 그 때문이다. 하지만……나는 우연성이라는 그 위압적인 통설이 혹시 너무 멀리 나아간 것이 아닐까 하는 의구심을 오랫동안 품고 있었다. 나는 굴드의 『풀하우스(*Full House*)』에 서평을 쓸 때(『악마의 사도』에 재수록) 진화에서의 진보라는 인기 없는 개념을 옹호했다. 인간성을 향한 진보(다윈이여, 절대 그런 일이 없기를!)가 아니라, 그 용어를 정당화할 수 있을 만큼 최소한의 예측 가능한 방향으로의 진보를 말한다. 잠시 뒤에 다루겠지만, 눈 같은 복잡한 적응 양상이 점증적으로 강화되는 현상은 그것을 일종의 진보로 볼 수 있음을 강하게 시사한다. 수렴 진화의 몇몇 경이로운 산물들과 연관지어보면 더 그렇다.

수렴 진화는 케임브리지의 지질학자 사이먼 콘웨이 모리스에게도 영감을 주었다. 그의 도발적인 책 『생명의 해법 : 고독한 우주의 필연적인 인간(*Life's Solution: Inevitable Humans in a Lonely Universe*)』에는 굴드의 "우연성"과 정반대되는 사례들이 나와 있다. 콘웨이 모리스는 부제목을 거의 말 그대로의 의미로 쓴다. 그는 진화를 재연하면 정말로 제2의 인류나, 인간과 거의 가까운 누군가가 등장할 것이라고 생각한다. 그리고 그런 인기 없는 주장을 옹호하기 위해서 그는 도전적으로 대담한 사례를 든다. 그가 반복하여 불러내는 두 증인은 수렴과 속박이다.

우리는 이 장을 비롯하여 이 책의 전체에서 수렴과 계속 만났다. 비슷한 문제에는 비슷한 해결책이 도출되기 마련이며, 두세 번이 아니라 수십 번에 걸쳐 같은 해결책이 나타나기도 한다. 나는 나 자신이 수렴 진화에 아주 극단적으로 열광하는 사람이라고 생각했는데, 콘웨이 모리스도 그에 못지않다. 그는 놀라운 사례들을 제시하는데, 그중에는 내가 접해보지 못한 것들도 많다. 그러나 나는 대개 비슷한 선택압을 동원하여 수렴을 설명하는 데에 반해서, 콘웨이 모리스는 두 번째 증인인 속박을 증언대에 세운다. 생명의 구성물질들과 배아 발생 과정은 해당 문제에 대해서 한정된 범위의 해결책들만을 허용한다. 각 진화 출발점의 상황에 따라, 도출될 수 있는 해결책들은 한정되기 마련이다. 따라서 카우프만의 재연 실험을 두 번 했을 때에 비슷한 선택압과 마주친다면, 발생 속박 때문에 같은 해결책에 도달하는 경향이 강화될 것이다.

진화를 재연했을 때, 2개의 숙련된 손과 앞을 향한 카메라 눈을 비롯한 인간의 특징들을 갖춘 커다란 뇌를 가진 두 발 동물로 수렴될 가능성이 높다는 대담한 신념을 옹호하기 위해서 그는 이 두 증인의 증언을 매우 탁월하게 펼친다. 아쉽게도 그 진화는 이 행성에서 단 한 번밖에 일어나지 않았지만, 나는 그것을 첫 사례로 간주해야 한다고 본다. 곤충 진화의 예측 가능성을 뒷받침하기 위해서 콘웨이 모리스가 내놓은 평행 진화 사례들에 내가 감명을 받았다는 점은 인정해야겠다.

곤충의 특징들 중에는 다음과 같은 것들이 있다. 몸마디로 이루어진 외골격, 겹눈, 다리 6개 중에서 3개가 언제나 땅에 닿아 있어서 몸을 안정한 상태로 유지시키는 삼각형을 이루는(한쪽에 다리 2개, 다른 쪽에 1개) 독특한 여섯 다리 보행, 몸의 옆구리를 따라 난 특수한 구멍(숨구멍)들을 통해서 몸속으로 산소를 보내는 역할을 하는 기관이라는 호흡기, 그리고 독창적인 진화 사례들 중 마지막 것에 해당할 항목인 꿀벌에서 나타나는 것과 같은 복잡한 사회성 군체의 반복(적어도 12번에 걸쳐 독자적으로!) 진화. 이 모든 것들이 기이할까? 생명의 복권 추첨에서 모두 한 번씩만 뽑힌 것들일까? 그렇지 않다. 정반대로 이 모든 것들은 수렴 진화했다.

콘웨이 모리스는 자신이 만든 목록을 죽 훑으면서, 각 항목이 동물계의 각기 다른 영역에서 한 번 이상 진화했으며, 곤충 내에서 독자적으로 몇 차례 진화한 것을 비롯하여 여러 번에 걸쳐 진화한 사례도 많음을 보여준다. 자연이 곤충의 각 부위들을 따로따로 진화시키는 일을 그토록 쉽게 해냈다면, 그 목록 전체가 두 번 진화했다고 해도 전혀 놀랍지 않을 것이다. 콘웨이 모리스는 수렴 진화가 발견될 때마다 신기하게 여기면서 널리 알려야 할 아주 희귀한 것으로 보는 시각을 버려야 한다고 믿으며, 나도 그의 생각에 공감한다. 아마 우리는 수렴 진화를 표준으로 보아야 할 듯하다. 이 따금 놀랄 만한 것들이 나타나겠지만 말이다. 가령 진정한 문법을 갖춘 언어는 한 종인 우리에게만 있는 듯하다. 팽창한 뇌를 가진 두 발 동물의 진화를 재연했을 때, 다시 나타나지 않을 만한 것이 그것이 아닐까? 뒤에 다시 이야기하기로 하자.

첫머리에 실린 "사후 자만심" 장에서, 나는 진화에서 패턴, 운율, 이유를 찾으려는 태도에 반대하는 경고 소리에 귀를 기울였으며, 신중한 태도로 그것들을 다룰 것이라고 말했다. "주인의 귀가"는 진화 과정 전체를 순방향으로 훑어보면서 어떤 패턴을 찾을 수 있는지 알아볼 기회였다. 모든 진화가 호모 사피엔스를 만드는 것을 목표로 한다는 개념은 명확히 반박되었으며, 거슬러올라가는 우리의 여행에서 본 그 무엇도 그 개념을 부활시키지 않았다. 콘웨이 모리스조차도 우리 같은 **부류**와 **대강** 비슷한 동물들이 진화를 계속 재연하면 반복하여 나타날 것이라고 예상할 수 있는 몇 가지 산물들—예를 들면, 곤충도 그중 하나—중의 하나라고 주장할 뿐이다.

가치중립적 진보와 가치수반적 진보

우리의 긴 순례여행을 조망할 때, 또다른 패턴이나 운율을 찾을 수 있을까? 진화는 진보적일까? 내가 진보의 타당한 정의라고 옹호하는 것이 적어도 하나 존재한다. 여기서 자세히 살펴볼 필요가 있겠다. 우선 가치판단을 전혀 개입시키지 않은 최소한의 의미에서, 진보는 과거로부터 미래로 어떤 예측 가능한 추세의 지속으로 정의할 수 있다. 아이의 성장은 진보적이다. 체중이나 키나 어떤 추세든 간에 한 해 동안 관찰한 것이 다음 해까지 지속되기 때문이다. 진보의 이 약한 정의에는 가치판단이 개입되지 않는다. 암의 증식도 마찬가지로 약한 의미에서 진보적이다. 치료를 받아 암세포가 줄어드는 것도 마찬가지이다. 그렇다면 약한 의미에서 진보적이지 않은 것은 무엇일까? 무작위적이고 목적 없는 요동이 그렇다. 약간 커졌다가 약간 줄어들었다가, 많이 커졌다가 약간 줄어들었다가, 약간 커졌다가 많이 줄어들었다가 하는 종양이 그렇다. 진보적인 추세는 역행이 전혀 없는 것이다. 혹은 역행한다도 해도 주된 방향으로의 움직임보다 약한 것이다. 이런 가치중립적인 진보는 연대 측정된 화석들을 순서대로 나열했을 때, 어떤 것이든 간에 초기부터 중기까지 관찰되는 해부학적 추세가 중기부터 말기까지도 지속된다는 것을 의미한다.

이제 가치중립적 진보와 가치수반적 진보를 명확히 구분해야겠다. 방금 정의한 약한 의미의 진보는 가치중립적이다. 그러나 대다수의 사람들은 진보를 가치수반적인 것이라고 생각한다. 화학요법을 받고 종양이 줄어든 것을 본 의사는 흡족해하며 선언한다. "나아지고 있습니다." 의사가 수많은 이차 종양들이 달린 커져만 가는 종양의 X선 사진을 보고 나아지고 있다고 선언하지는 않는다. 그렇게 말할 수 있음에도 말이다. 그 말도 가치수반적이지만, 그것은 부정적인 가치이다. 인간의 정치 분야나 사회 분야에서 "진보적"이라는 말은 대개 화자가 바람직하다고 생각하는 방향으로의 추세를 가리킨다. 우리는 인류의 역사를 살펴볼 때, 다음과 같은 추세를 진보적이라고 간주한다. 노예제도의 폐지, 시민권의 확대, 성차별이나 인종차별의 감소, 질병과 빈곤의 감소, 공중보건의 확대, 대기오염의 감소, 교육의 확대 등. 특정한 정치관을 지닌 사람은 적어도 이런 추세들 가운데 몇 가지를 부정적인 가치수반적 관점에서 보고, 여성들에게 투표권이나 클럽 식당 출입 권한이 부여되기 이전의 시대를 향수에 젖어 그리워할지 모른다. 그러나 그 추세들은 우리가 처음에 정의한 최소화한 가치중립적인 약한 의미의 진보보다 훨씬 더 진보적이다. 그것들은 설령 당신이나 내가 공유하는 가치체계가 아닐지라도 어떤 특정한 가치체계하에서 진보적이다.

라이트 형제가 공기보다 무거운 기계로 동력 비행에 처음으로 성공한 것은 놀랍게도 고작 100년 전이었다. 1903년 이래로 비행의 역사는 확연히 진보적이었으며, 그것도 놀라운 속도였다. 고작 42년 뒤인 1945년, 독일 공군의 한스 구이도 무트케는 메제르슈미트 제트 전투기로 음속 장벽을 돌파했다.* 그로부터 겨우 24년 뒤에 인간은 달 위를 걸었다. 지금은 더 이상 달에 가지 않는 것과, 유일한 초음속 여객기 운항이 얼마 전에 중단된 일은 전반적인 진보 추세가 경제 상황 때문에 일시적으로 역행한 사례에 불과하다. 항공기는 점점 더 빨라지고 있으며, 동시에 온갖 방식으로 진보하고 있다. 이 진보 중에는 모든 사람의 가치에 부합되지 않는 것들도 많다. 예를 들면, 항로 바로 밑에서 비행기 소음을 들어야 하는 불행한 사람들도 있다. 그리고 비행의 진보 중에는 군사적 필요성 때문에 이루어지는 것들도 많다. 그러나 일관성 있게 표현할 수 있는 가치 집합의 존재를 부정할 사람은 아무도 없을 것이다. 양식이 있다고 할 만한 사람들 중에서 적어도 일부는 전투기, 폭격기, 유도 미사일까지도 라이트 형제 이래 한 세기 동안 나름대로 진보한 사례라고 주장할지 모른다. 다른 모든 형태의 운송 수단들, 사실 컴퓨터를 비롯한 모든 형태의 기술들에도 똑같은 말을 할 수 있다.

가치수반적 진보를 이야기할 때, 그 가치가 반드시 당신이나 내게 긍정적인 의미를 띤다는 말은 아니라는 점을 다시 강조한다. 방금 말했듯이, 우리가 말하는 기술 진보 중에는 군사적 목적에 따라 추진되고 군사력에 기여하는 것들이 많다. 우리는 그런 발명들이 이루어지기 전의 세계가 더 나았다고 이성적으로 판단을 내릴 수 있다. 이런 의미의 "진보"는 부정적인 뜻에서 가치수반적인 것이다. 그것은 과거로부터 미래로 지속되는 모든 추세를 진보로 보는 내 원래의 가치중립적인 최소 정의를 넘어서서, 한 가

---

* 무트케의 주장은 논란거리이다. 어쨌든 미국에서는 애국심을 고취하기 위해서 1947년 미 공군의 척 이거 소령이 공식 기록을 세웠다고 가르치는데, 그때가 최초로 음속을 돌파한 시점이 아니라는 것은 분명하다. 그보다 2주일 전에 미국 민간인인 조지 웰치가 음속을 돌파했기 때문이다.

지 중요한 의미에서 가치수반적이다. 돌에서 창을 거쳐 긴 활, 부싯돌 점화총, 머스킷, 라이플, 기관총, 포탄, 원자폭탄을 거쳐 파괴력이 점점 커지는 수소폭탄에 이르기까지, 무기의 발달은 설령 당신이나 나의 가치체계에서는 그렇지 않다고 할지라도, **누군가의** 가치체계에서는 진보를 뜻한다. 그렇지 않다면 그것들의 연구와 개발이 이루어지지 않았을 것이다.

진화가 약한 가치중립적인 의미에서만 진보를 나타내는 것은 아니다. 적어도 몇몇 전적으로 타당한 가치체계에서 볼 때, 가치수반적인 진보의 사례들도 있다. 우리는 지금 군사력을 이야기하고 있으므로, 포식자와 먹이 사이의 군비경쟁이 가장 잘 알려진 사례라고 말하기에 딱 좋은 시점이다.

『옥스퍼드 영어사전』에 수록된 바에 따르면, "군비경쟁"이라는 말이 맨 처음 사용된 것은 1936년, 영국 하원의 국회 의사록에서였다.

본 의회는 사실상 군사력만으로 안보를 확보하겠다는 정책에는 동의할 수 없으며, 국가들 사이의 파멸적인 군비경쟁이 필연적으로 전쟁으로 이어질 것임을 강조하는 바이다.

1937년에 「데일리 익스프레스(*Daily Express*)」는 "군비경쟁 우려"라는 제목하에, "군사력 경쟁에 모두가 우려했다"라는 기사를 썼다. 그 뒤 얼마 지나지 않아서 그 주제는 진화생물학 문헌에도 등장했다. 휴 코트는 제2차 세계대전이 한창이던 1940년에 펴낸 『동물의 적응 체색(*Adaptive Coloration in Animals*)』에서 이렇게 썼다.

메뚜기나 나비의 현란한 모습이 불필요하게 세세하다고 주장하기에 앞서, 우리는 우선 곤충의 천적들이 가진 지각과 식별 능력이 어떠한지 파악해야 한다. 그렇게 하지 않는다면, 적의 무기의 특성과 효과를 조사하지 않은 채 순양함의 장갑판이 너무 무겁다거나 총의 사정거리가 너무 길다고 주장하는 것과 같다.* 사실 우리는 문명사회의 세련된 전쟁에서처럼 정글의 원시적인 싸움에서도 원대한 진화적 군비경쟁이 진행되고 있음을 본다. 그것은 방어 측면에서는 속도, 민첩성, 장갑, 가시, 굴 파는 습성, 야행성, 독액 분비, 역겨운 맛, 보호색과

---

* 우스운 노래를 작곡하는 데에 타의 추종을 불허하는 인물인 톰 레러는 피아노 악보의 앞부분에 다음과 같은 말을 적었다. "약간 너무 **빠르게**."

경계색과 의태색 같은 장치들로 표현된다. 그리고 공격 측면에서는 속도, 기습, 매복, 유혹, 예리한 시각, 발톱, 이빨, 가시, 독니, 과시적이고 유혹적인 체색 같은 대항 속성들로 표현된다. 쫓는 자의 속도가 빨라짐에 따라 쫓기는 자의 속도도 더 빨라지듯이, 혹은 공격 무기에 대항하여 방어 장갑이 발달하듯이, 은폐 장치들도 감지 능력의 향상에 대응하여 완벽해지도록 진화했다.

나는 옥스퍼드 동료인 존 크렙스와 함께 1979년 왕립학회에 제출한 논문에서 진화적 군비경쟁의 문제를 다룬 바 있다. 우리는 동물의 군비경쟁에서 나타나는 개선이 일반적으로 생존 자체의 개선이 아니라 생존 장비의 개선임을 지적했다. 거기에는 흥미로운 이유가 있다. 공격측과 방어측 사이에 군비경쟁이 벌어질 때, 어느 한쪽이 일시적으로 앞서나가는 경우가 생길 수 있다. 그러나 일반적으로 어느 한쪽의 개선은 상대의 개선으로 상쇄된다. 심지어 군비경쟁에는 약간 역설적인 점도 있다. 군비경쟁은 양쪽 모두 경제적으로 상당한 비용이 들지만, 어느 쪽도 순 혜택을 보지 못한다. 어느 한쪽의 잠재적인 이익이 다른 쪽의 이익으로 상쇄되기 때문이다. 경제적인 관점에서 보면, 차라리 양편이 군비경쟁을 중단하기로 동의하는 편이 더 낫다. 우스꽝스러울 정도로 극단적인 예를 들면, 먹이 종이 개체들 가운데 일부를 십일조로 희생시키고 대신 나머지는 방해받지 않고 안전하게 풀을 뜯겠다고 할 수도 있다. 그러면 포식자와 먹이 어느 쪽도 빨리 달리기 위한 근육, 적을 포착하기 위한 감각체계, 시간을 낭비하게 하고 스트레스를 주는 민첩성과 길게 이어지는 추적을 위해서 가치 있는 자원을 돌릴 필요가 없다. 그런 협정을 맺을 수 있다면 양편 다 혜택을 볼 것이다.

유감스럽게도 다윈 이론에 따르면 그런 일은 일어날 수가 없다. 그 대신 양편 다 상대를 이기기 위해서 경쟁하는 데에 자원을 쏟아부으며, 양편의 개체들은 자신의 신체 경제 내에서 경제적 균형을 맞춰야 하는 어려운 일을 강요받는다. 포식자가 전혀 없다면, 토끼는 모든 경제 자원과 귀중한 시간을 먹고 더 많은 새끼를 낳는 쪽에 투자할 수 있다. 그러나 현실적으로 그들은 상당한 시간을 포식자가 있는지 살피고, 상당한 경제적 자원을 탈출 장비를 만드는 데에 써야 한다. 또 포식자는 경제 투자의 균형을 번식이라는 핵심 과업으로부터 먹이를 잡는 무기를 개선하는 쪽으로 기울이도록 강요받는다. 동물의 진화에서든 인간의 기술에서든 간에, 군비경쟁은 전반적인 향상이 아나라 삶의 다른 부문에 투입되던 경제적 자원을 군비경쟁 쪽으로 돌리는 것이다.

크렙스와 나는 한쪽이 다른 한쪽보다 더 많은 경제적 자원을 군비경쟁 쪽으로 돌림으로써 군비경쟁에 불균형이 생길 수 있음을 인정했다. 우리는 그런 불균형 사례들 중 하나에 "생명 식사 원리(Life Dinner Principle)"라는 이름을 붙였다. 토끼는 목숨을 걸고 달리는 반면, 여우는 단지 먹기 위해서 달릴 뿐이므로 토끼가 여우보다 더 빨리 달린다는 이솝 우화에서 따온 것이다. 실패의 비용에는 불균형이 있다. 뻐꾸기와 숙주 사이의 군비경쟁에서 우리는 모든 뻐꾸기 개체가 말 그대로 양부모를 속이는 데에 실패한 적이 없는 선조들의 계통을 따라 죽 과거로 이어져 있음을 확신할 수 있다. 반면에 숙주 종의 과거를 돌아보면 뻐꾸기를 접하지 못했던 조상들도, 뻐꾸기를 만나 속은 조상들도 많을 것이다. 뻐꾸기 새끼를 알아차리고 죽이는 데에 실패한 유전자들도 숙주 종의 후손들에게로 전해지는 데에 성공했다. 그러나 숙주를 속이는 데 실패하는 뻐꾸기의 유전자들은 다음 세대로 전해지기가 훨씬 더 어렵다. 이런 위험의 불균형은 또다른 불균형을 낳는다. 개체 경제의 다른 부문들에 투입되는 자원과 군비경쟁에 투입되는 자원의 불균형이다. 요점을 되풀이하자면, 실패의 대가가 숙주보다 뻐꾸기에게 더 크다는 것이다. 따라서 양측이 시간과 다른 경제적 자원들을 각 부분에 할당하는 방식에서도 불균형이 생긴다.

날씨에 진화적으로 순응하는 것과 마찬가지로, 군비경쟁도 어쩔 수 없이 진보적이다. 어느 한 세대의 개체에게 포식자와 기생생물은 나쁜 날씨와 거의 똑같은 방식으로 삶을 더 어렵게 만들 뿐이다. 그러나 진화적 시간의 규모에서 보면 중요한 차이가 있다. 목적 없이 요동하는 날씨와 달리, 포식자와 기생생물(그리고 먹이와 숙주)은 체계적인 방향으로, 희생자의 관점에서 보면 체계적으로 악화되는 방향으로 진화한다. 빙하기와 가뭄을 진화적으로 뒤따르는 것과 달리, 과거로부터 내려온 군비경쟁 추세는 미래로 확대 추정할 수 있으며, 이 추세들은 항공기와 무기의 기술 개선과 똑같은 방식으로 가치수반적이다. 포식자의 눈은 반드시 더 효과적이라고 할 수는 없을지라도 점점 더 예리해진다. 먹이를 찾기가 점점 어려워지기 때문이다. 달리기 속도는 비록 어느 한편의 개선이 상대편의 개선에 의해서 전반적으로 다시 상쇄된다고 할지라도 양편에서 점진적으로 빨라진다. 송곳니는 가죽이 단단해짐에 따라 더 날카로워지고 길어진다. 독소는 그것을 중화시키는 생화학적 기술이 향상됨에 따라 더 독해진다.

진화 시간이 경과할수록 군비경쟁은 진보한다. 인간 공학자가 탄복해 마지않는 복잡성과 우아함을 간직한 생명의 모든 특징들은 더 복잡해지고 더 우아해지며, 더욱더 설계라는 착각을 떠올리게 할 것이다.* 『불가능한 산 오르기』에서 나는 "설계된 듯한 (designoid)"과 "설계된(designed)"을 구별했다. 말똥가리의 눈, 박쥐의 귀, 치타나 가젤의 근골격계 같은 설계된 듯한 눈부신 공학적 성취는 모두 포식자와 먹이 사이의 진화 군비경쟁의 정점에 해당한다. 기생생물/숙주 군비경쟁은 훨씬 더 세세하게 맞물린 설계된 듯한 공적응의 절정을 이룬다.

이제 중요한 요점에 도달했다. 군비경쟁에서 비롯된 어떤 설계된 듯한 복잡한 기관의 진화는 수많은 점진적인 진화 단계들을 거쳐서 이루어진 것이 분명하다는 점이다. 그런 진화는 우리의 정의에 따라 진보적이다. 각 변화가 선조가 나아간 방향으로 지속되는 경향이 있기 때문이다. 한두 단계가 아니라, 수많은 단계로 이루어졌음을 어떻게 알 수 있을까? 기초 확률 이론을 통해서이다. 박쥐의 귀 같은 복잡한 기계의 부품들을 무작위로 재배열하여 다른 형태의 들을 수 있는 진짜 귀를 만들려면 수백만 번을 맞춰보아야 할 것이다. 즉 그런 일은 통계적으로 볼 때 일어날 것 같지 않다. 나중에 돌이켜보았을 때, 부품들의 어떤 특정한 배열이 다른 배열들과 마찬가지로 일어날 법하지 않다는 진부한 의미에서만 그렇다는 것은 아니다. 원자들의 조합들 중에서 극소수만이 정밀한 청각 장치가 된다. 진짜 박쥐의 귀는 극히 보기 드문 조합이다. 그것은 작동한다. 그렇게 통계적으로 있을 법하지 않은 장치를 단 한 번 우연의 결과로 설명한다는 것은 타당하지 않다. 그것은 철학자 대니얼 데닛이 "기중기(crane)"라고 부르는 것(조류가 아니라 인간이 만든 기계에 비유한 용어로서, "스카이훅"에 반대되는 말)을 통해서 "단계적으로 끌어올리는," 즉 있을 법하지 않은 것을 발생시키는 과정을 통해서 생겨야한다. 과학이 아는 유일한 기중기(그리고 나는 우주에 지금까지 존재했거나 앞으로 존재할 유일한 기중기라고 단언한다)는 설계와 자연선택이다. 설계는 확성기의 효율적인 복잡성을 설명한다. 자연선택은 박쥐 귀의 효율적인 복잡성을 설명한다. 궁극적으로 자연선택은 확성기와 다른 설계된 모든 것들을 설명한다. 확성기의 설계자들 자체가 자연선택을 통해서 생긴 진화한 공학자들이기 때문이다. 궁극적으로 설계는 모든 것

---

* 흄은 이렇게 말했다. "이 모든 다양한 기계들, 그리고 심지어 그들의 가장 작은 부품들까지도 그것들을 깊이 생각해본 사람이라면 누구나 찬탄해 마지않을 정도로 정밀하게 서로 조정되어 있다."

을 설명할 수 없다. 필연적으로 설계자의 기원이라는 문제로 회귀하기 때문이다.

설계와 자연선택은 둘 다 점진적이고 단계적인 개선의 과정이다. 적어도 자연선택만은 그 외의 다른 무엇이 될 수 없다. 설계에서 진보는 원리일 수도 있고 아닐 수도 있지만, 관찰된 사실임에는 분명하다. 라이트 형제가 영감을 받아서 순식간에 콩코드기나 스텔스 폭격기를 만든 것은 아니다. 그들은 땅에서 거의 떨어질락 말락 하는 삐걱거리고 흔들거리는 나무 상자를 만들었고, 그것은 이웃집 밭으로 처박혔다. 키티 호크(라이트 형제가 비행기를 띄운 마을/역주)에서 케이프 커내버럴(미국 항공우주국이 있는 곳/역주)에 이르는 길은 선배들이 한걸음 한걸음 닦은 것이다. 개선은 우리의 진보 정의를 충족시키면서, 계속 같은 방향으로 점진적이고 단계적으로 나아간다. 어렵기는 하겠지만, 우리는 제우스처럼 구레나룻을 기른 빅토리아 시대의 한 천재의 머릿속에서 초음속 미사일이 완전한 형태로 설계되는 광경을 상상할 수는 있다. 그런 상상은 모든 상식과 역사를 무시하는 것이지만, 음파를 탐지하면서 날아다니는 현대 박쥐가 자연 발생적으로 진화한다는 생각과 달리 확률법칙과 즉각적으로 충돌을 빚는 것은 아니다.

한 번의 대돌연변이 도약을 통해서 땅에서 사는 조상 땃쥐가 음파를 이용하는 날아다니는 박쥐로 변할 가능성은 마술사가 섞은 카드 한 벌의 순서를 완벽하게 맞추는 데에 성공했을 때, 운이 좋아서 그랬을 가능성을 배제시킬 수 있는 것처럼 배제시켜도 무방하다. 물론 양쪽 사례에서 운이 말 그대로 전혀 불가능한 것은 아니다. 그러나 양식 있는 과학자라면 그런 경이적인 행운을 설명이랍시고 제시하지 않을 것이다. 그런 카드 맞추기는 속임수임에 분명하다. 우리는 풋내기를 당혹스럽게 만드는 속임수들을 익히 알고 있다. 자연은 마술사와 달리 우리를 속일 준비를 하지 않는다. 그러나 우리는 그래도 운을 배제시킬 수 있으며, 자연의 속임수를 간파한 것은 바로 다윈 같은 천재였다. 메아리를 탐지하는 박쥐는 같은 방향으로 진화 추세를 이끌면서 각 조상들에게 추가되어 누적된 사소한 개선들이 이어진 결과이다. 정의에 따라 그것은 진보이다. 그 논리는 설계 환각을 불러일으키는, 따라서 특정한 방향에서 볼 때 통계적으로 일어날 법하지 않은 모든 복잡한 생물학적 대상들에 적용된다. 그 모든 것들은 점진적으로 진화한 것이 분명하다.

현재 진화의 주요 주제들에 대해서 뻔뻔스러울 정도로 관심을 보이는 이 귀가하는 주인은 진보가 그런 주제들 중의 하나라고 본다. 그러나 이런 유형의 진보는 진화가 시작될 때부터 지금까지 일정하게 꾸준히 진행된 추세가 아니다. 오히려 처음에 인용한 마크 트웨인이 역사에 관해서 말한 대로 그것은 운율이다. 우리는 군비경쟁이 일어나는 동안 진보가 이루어짐을 본다. 그러나 그 군비경쟁은 끝에 도달한다. 아마 어느 한쪽이 다른 한쪽에게 멸종될 것이다. 아니면 공룡에게 일어났던 것과 같은 대규모 격변으로 양쪽 다 사라질 수도 있다. 그런 다음 전체 과정이 다시 시작된다. 무에서부터가 아니라, 어떤 파악할 수 있는 이전 단계의 군비경쟁에서부터 말이다. 진화에서 진보는 위로 죽 뻗은 오르막길이 아니라, 톱니와 흡사한 운율을 지닌 궤적이다. 마지막 공룡들이 갑자기 포유류의 진보적인 진화라는 새롭고 눈부신 상승에 밀려났을 때인 백악기 말에 깊은 톱니가 생겼다. 그러나 공룡들의 기나긴 통치 기간에도 더 작은 톱니들은 무수히 존재했다. 그리고 공룡이 사라진 이후에 급부상한 포유동물들도 소규모 군비경쟁을 하다가 멸종하고, 다시 군비경쟁을 재개하는 일을 되풀이했다. 군비경쟁은 많은 단계로 된 점진적인 진화를 주기적으로 전개하면서 더 이전의 군비경쟁과 운율을 맞춘다.

진화 가능성

진보의 동력인 군비경쟁 이야기는 그것이 전부이다. 귀가하는 주인이 과거로부터 현재로 가지고 올 또다른 메시지들이 있을까? 이른바 대(大)진화와 소(小)진화의 구분을 언급하지 않을 수 없다. 나는 "이른바"라고 했다. 나는 대진화(수백만 년이라는 긴 기간의 진화)가 단순히 소진화(개체의 수명 수준에서의 진화)를 수백만 년 동안 진행시키면 도출되는 것이라고 보기 때문이다. 그러나 대진화가 소진화와 질적으로 다르다는 상반되는 견해도 있다. 양쪽 다 자명할 정도로 어리석은 견해는 아니다. 뿐만 아니라 둘이 반드시 모순되는 것도 아니다. 흔히 그렇듯이, 당신이 어떤 의미로 그 말을 사용하느냐에 따라서 달라진다.

여기서 우리는 아이의 성장이라는 비유를 다시 쓸 수 있다. 이른바 대성장과 소성장을 구분하는 논리가 있다고 상상해보자. 대성장을 연구하기 위해서, 몇 달마다 아이의 체중을 잰다. 생일 때마다 아이를 문기둥 앞에 세우고 연필로 키를 표시한다. 더 과학적인 조사를 위해서, 머리 지름, 어깨 넓이, 주요 팔다리뼈의 길이 등 신체 각 부위를 측정하고, "도구인 이야기"에서 설명한 이유들을 들어서 그것들을 로그 값으로 바꾸어 그래프에 표시할 수 있다. 또 소녀의 음모가 처음 나거나 가슴이 부풀어오르는 징후를 처음 발견하거나 생리가 처음 시작되거나, 소년의 수염이 처음 나는 것 같은 중요한 발달 사건들을 기록한다. 이런 것들은 대진화에 해당하는 변화들이며, 우리는 연이나 월 단위로 그것들을 측정한다. 우리의 측정장치들은 신체의 일일 및 시간당 변화, 즉 소성장을 포착할 수 있을 정도로 예민하지는 않다. 몇 달에 걸쳐 더하면 대성장에 해당하는 것이 될 수치들 말이다. 아니, 오히려 장치들이 너무 민감한 것일 수도 있다. 이론적으로 볼 때, 아주 정밀한 체중계는 시간당 성장률을 측정할 수 있지만, 그 정밀한 계측 결과들은 식사 때마다 체중이 증가하고 활동을 할 때마다 체중이 줄어드는 변화에 묻히고 만다. 세포분열을 비롯한 소성장 활동 자체는 체중에 즉각적으로 영향을 미치지 않으며, 체중을 측정할 때에 검출될 만한 영향을 미치지도 않는다.

그렇다면 대성장은 수많은 소성장 사건들의 합일까? 그렇다. 그러나 시간 단위가 다르기 때문에 전혀 다른 연구방법과 사고방식이 적용된다는 것도 사실이다. 세포 속을 보는 현미경은 몸 전체 수준에서 아이의 발달을 연구하는 데에는 적합하지 않다. 그리고 체중계와 줄자는 세포 증식을 연구하는 데에는 적합하지 않다. 현실적으로 두 시간 단위는 근본적으로 다른 연구방법과 사고방식을 요구한다. 대진화와 소진화도 마찬가지이다. 그 용어들이 그것들을 가장 잘 연구할 수 있는 방법상의 차이를 의미하는 용도로 쓰인다면, 나는 소진화와 대진화를 구분하자는 데에 아무 이견이 없다. 내가 문제 삼는 것은 이 지극히 현실적이고 실용적인 구분에 거의, 아니 그 이상으로 신비적인 의미를 부여하는 사람들이 있다는 사실이다. 자연선택을 통한 다윈의 진화론이 소진화는 설명하지만, 원리상 대진화는 설명할 수 없으며, 따라서 추가 요인이 필요하다고, 극단적인 경우에는 신이라는 추가 요인이 필요하다고 생각하는 사람들이 있다!

불행히도 진실한 과학자들 중에는 전혀 그럴 의도가 없었는데 자신도 모르게 이런 스카이훅에 대한 갈망을 지원하고 위로하는 꼴이 된 사람들이 있다. 나는 "단속 평형" 이론을 전에 다룬 바 있고,* 이 책에서도 여러 차례 철저하게 되풀이했으므로, 여기서는 그 이론의 옹호자들이 대개 소진화와 대진화의 근본적인 "단절"을 주장한다는 말만

---

* 나는 단속 평형이 흥미로운 경험적인 문제라고 본다. 즉 사례마다 각기 다른 해답이 나올 가능성이 높으며, 주요 원리의 지위에 오를 만한 것이 못 된다.

덧붙이기로 하자. 그것은 정당성을 얻지 못한 추론이다. 거시 수준을 설명하기 위해서 미시 수준에 덧붙여야 할 추가 요인 같은 것은 없다. 오히려 미시 수준에서 일어난 사건들을 상상할 수도 없는 긴 기간에 걸쳐 확대 추정한 **결과가** 거시 수준에서 **나타난다**는 추가 설명만이 있을 뿐이다.

다른 많은 상황에서도 으레 그렇듯이 우리는 실용적인 관점에서 진화를 소진화와 대진화로 구분할 수 있다. 세계 지도에서 지질학적 시간에 걸쳐 일어난 변화들은 매분, 매일, 매년이라는 시간 단위에서 일어난 판구조 사건들이 수백만 년에 걸쳐 미친 영향 때문이다. 그러나 아이의 성장 사례에서와 마찬가지로, 각 시간 단위에 적용되는 연구 방법들은 실질적으로 전혀 겹치지 않는다. 전압 변화를 다루는 용어들은 마이크로소프트 엑셀 같은 대형 컴퓨터 프로그램이 어떻게 작동하는지를 이야기할 때에는 쓸모가 없다. 알 만한 사람이라면 아무리 복잡한 컴퓨터 프로그램도 두 전압 상태의 시간적 공간적 변화 양상에 따라 실행된다는 것을 안다. 그러나 알 만한 사람들 중 그 누구도 대형 컴퓨터 프로그램을 짜거나, 수정하거나, 사용할 때에 그 점을 되새기지는 않을 것이다.

나는 다음과 같은 명제를 의심할 타당한 이유를 접해본 적이 없다. "대진화는 수많은 소진화 조각들의 끝을 지질학적 시간에 걸쳐 이은 것이며, 유전자 표본이 아니라 화석을 통해서 검출된다." 그렇지만 진화사에서 향후의 진화 특성 자체를 바꾼 주요 사건들이 있을 수 있다. 나는 그렇다고 믿는다. 진화 자체가 진화한다고 말할 수도 있을 것이다. 지금까지 이 장에서 진보는 생물 개체가 본래 하던 일을 진화 시간을 거치면서 더 잘하게 되는 것을 의미했다. 본래 하던 일이란 살아남아 번식하는 것을 말한다. 그러나 우리는 진화라는 현상 자체도 변화한다고 인정할 수 있다. 진화 자체가 세월이 흐르면서 일을 더 잘하게 될 수도 있지 않을까? 진화가 본래 하던 일을 말이다. 나중 진화가 이전 진화의 개선일 수도 있지 않을까? 생물이 단지 살아남아 번식하는 능력뿐만 아니라, 계통의 진화할 능력까지 향상시키는 쪽으로 진화하는 것은 아닐까? 과연 진화 가능성의 진화가 있을까?

나는 『1987년 인공생명 발족 학회보』에 실린 논문에 "진화 가능성"의 진화라는 용어를 만들어 썼다. 인공생명학회는 생물학, 물리학, 컴퓨터 과학 등 여러 분야들을 융합하여 새로 설립된 학회였고, 창립자는 회보의 편집을 맡은 공상적인 물리학자 크리스토퍼 랭턴이었다. 내 논문 때문은 아니었겠지만, 어쨌든 그 논문 이후로 진화 가능성의 진화는 생물학과 인공생명 양쪽 분야의 전문가들 사이에서 활발하게 논의되었다. 내가 그 구절을 사용하기 오래 전에도, 같은 개념을 내놓은 학자들이 있었다. 미국의 어류학자 카렐 리엠은 1973년에 시클리드들이 아프리카의 모든 큰 호수들에서 갑자기 폭발적으로 수백 종으로 진화하게 해준 혁신적인 턱 구조를 "예상 적응(prospective adaptation)"이라고 불렀다. 한마디 덧붙이면, 리엠의 주장은 선적응 개념을 넘어선 것이었다. 선적응은 원래 한 목적으로 진화한 것이 다른 목적에 전용되는 것을 말한다. 리엠의 예상 적응과 나의 진화 가능성의 진화는 단지 새로운 기능에 전용된다는 것이 아니라 새로운 방산 진화를 조장한다는 주장을 담고 있다. 나는 진화가 더 나아지는, 영속적이고 심지어 진보적이기까지 한 추세를 지닌다고 주장하는 것이다.

진화 가능성의 진화라는 개념은 1987년에는 다소 이단적인 취급을 받았다. 이른바 "극단적 다윈주의자"인 내가 주장했으니 더욱더 그랬다. 나는 해명이 왜 필요한지를 이해하지 못하는 사람들에게 해명을 하는 동시에 특정한 개념을 주장해야 하는 난처한 상황에 빠졌다. 그러나 지금은 훨씬 더 많은 논의가 이루어졌으며, 내가 처음에 생각했던 것보다 그 개념을 더 멀리 끌고 나간 사람들도 있다. 가령 세포생물학자인 마크 커슈너와 존 게르하르트, 그리고 『발달 유연성과 진화(Developmental Plasticity and Evolution)』라는 대작을 쓴 진화 곤충학자 메리 제인 웨스트-에버하르드가 그렇다.

생물을 생존과 번식뿐 아니라, 진화에도 뛰어나게 만드는 요인이 무엇일까? 우선 사례를 들어보자. 우리는 이미 군도가 종분화의 작업장이라는 개념을 접한 바 있다. 섬들이 이따금 생물의 이주가 일어날 수 있을 만큼 가깝지만, 이주자들 사이에 충분한 시간에 걸쳐 진화 방산이 일어날 수 있을 만큼 떨어져 있다면, 우리는 종분화의 비법을 가진 셈이다. 종분화는 진화 방산을 향한 첫 단계이다. 그러나 얼마나 가까워야 충분히 가깝다고 할 수 있을까? 얼마나 멀어야 충분히 멀다고 할 수 있을까? 동물들의 이동 능력에 따라 달라진다. 쥐며느리에게 몇 미터는 날아다니는 새나 박쥐의 수백 킬로미터와 같다. 갈라파고스 제도는 방산 진화가 반드시 일어날 만큼은 아니지만, 다윈 핀치들 같은 작은 새들에게 방산 진화가 일어나기에 딱 좋을 만큼 떨어져 있다. 이런 측면에서 볼 때, 섬들의 거리는 절대적인 단위가 아니라 해당 동물의 여행 가능성을 고려해서 평가되어야 한다. 내 부모님이 그레이트블래스켓 섬까지 거리가 얼마나 되는지 묻자,

"날씨가 좋으면 5킬로미터쯤 되지요"라고 대답한 어느 아일랜드인 선원처럼 말이다.

그렇다면 갈라파고스핀치들은 비행 범위가 줄어드는 쪽으로 진화하든 늘어나는 쪽으로 진화하든 간에 그 결과 진화 가능성이 낮아질지 모른다. 비행 범위가 줄어들면 다른 섬으로 가서 새로운 후손을 탄생시킬 기회가 줄어든다. 그 점은 금방 납득이 간다. 반면에 비행 범위가 늘어나도 그렇다는 말은 금방 머릿속에 들어오지 않는다. 그러나 비행 범위가 늘어나면 후손들이 새 섬으로 빈번하게 이주할 것이므로 다음 이주자가 들어오기 전에 독자적인 진화가 일어날 시간이 없다. 극단적인 예를 들면, 섬들 사이의 거리가 아무 문제가 되지 않을 정도로 비행 범위가 넓어진 새들에게는 섬들이 따로 떨어져 있는 것이 아니다. 유전자 흐름의 관점에서 보면, 군도 전체가 하나의 대륙과 같다. 그러면 종분화는 두 번 다시 일어나지 않는다. 진화 가능성을 종분화 속도로 측정한다면, 높은 진화 가능성은 이동 범위가 중간이 됨으로써 나타난 우발적인 결과인 셈이다. 어디를 너무 짧지도 너무 길지도 않은 중간으로 볼 것이냐는 해당 섬들의 분포에 따라 다르다. 물론 여기에서 "섬"이 반드시 물로 둘러싸인 땅을 의미하는 것은 아니다. "시클리드 이야기"에서 살펴보았듯이, 호수도 수생생물들에게는 섬이며, 호수 내의 암초도 각각 섬일 수 있다. 산꼭대기도 낮은 고도에서 잘 버틸 수 없는 동물들에게는 섬이다. 나무도 이동 범위가 짧은 동물에게는 섬이 될 수 있다. AIDS 바이러스에게는 각 사람이 섬이다.

이동 범위가 늘어나든 줄어들든 간에 진화 가능성이 증가하는 결과가 나온다면, 그것을 진화의 "개선"이라고 부를 수 있을까? 극단적 다윈주의자인 나의 수염은 이 부분에서 바르르 떨리기 시작한다. 이단을 판별하는 나의 리트머스 시험지는 붉게 변하기 시작한다. 그 용어는 진화적 선견지명이라는 말처럼 왠지 불편하게 들린다. 새들의 비행 범위가 늘어나거나 줄어드는 쪽으로 진화하는 것은 개체의 생존에 관여하는 자연선택 때문이다. 장래 진화에 어떤 효과가 빚어지든지, 그것은 미리 고려한 결과가 아니다. 그렇지만 우리는 나중에 돌이켜보면서, 세계를 채우고 있는 종들이 진화에 재능이 있는 조상 종들의 후손이라는 경향성을 찾을 수 있을지도 모른다. 따라서 진화 가능성을 선호하는 더 높은 수준의 계통 간 선택이 있다고 말할 수도 있을 것이다. 그것은 미국의 위대한 진화학자 조지 C. 윌리엄스가 분지군 선택이라고 부른 것의 한 예이다. 전통적인 다윈 선택은 각 개체를 세밀하게 조율된 생존 기계로 만든다. 그렇다면 분지군

선택의 결과로서 생명 자체가 점점 더 세밀하게 조율된 진화하는 기계 집합이 될 수도 있지 않을까? 그렇다고 한다면, 우리는 카우프만의 진화 재연 실험을 했을 때, 진화 가능성의 진보적인 개선 사례들이 똑같이 재발견될 것이라고 기대할 수 있을 것이다.

진화 가능성의 진화라는 이야기를 맨 처음 썼을 때, 나는 진화에서 "분수령이 된 사건들"이 많았으며, 그런 사건들 뒤에 진화 가능성이 갑자기 향상되었다고 주장했다. 분수령 사건들 중에서 가장 두드러진 사례라고 볼 수 있는 것은 몸마디의 형성이었다. 기억하겠지만, 몸마디는 몸의 부위와 체계가 앞뒤로 반복되어 이어지는 식으로 몸이 열차처럼 모듈화한 것이다. 몸마디는 절지동물, 척추동물, 환형동물에서 독자적으로 완전한 형태로 발명된 듯하다(혹스 유전자들이 보편적으로 존재하므로 선조격에 해당하는 앞뒤로 연속된 구조가 있었을 것이라는 주장도 있다). 몸마디의 발생은 점진적일 수 없는 진화 사건들 중 하나이다. 경골어류의 척추마디는 대개 약 50개이지만, 뱀장어는 200개나 된다. 무족영원류의 척추마디는 95-285개로 다양하다. 뱀은 척추마디의 수가 더 다양하다. 내가 알고 있는 바에 따르면, 한 멸종한 뱀은 565개의 척추마디를 가지고 있었다.

뱀의 각 척추마디는 갈비뼈 한 쌍과, 분절된 근육과 척수에서 뻗어나온 신경들을 갖춘 하나의 몸마디이다. 몸마디는 분수 값이 될 수 없으며, 다양한 몸마디 개수의 진화는 몸마디의 개수가 달라진 돌연변이 뱀 같은 무수한 사례들을 통해서 이루어질 것이 분명하다. 적어도 한 번에 하나 또는 그 이상의 몸마디가 바뀔 수 있다. 마찬가지로 몸마디가 처음 형성되었을 때에도, 몸마디가 없는 부모로부터 몸마디가 둘(적어도)인 새끼로 곧장 돌연변이 전환이 일어났음이 분명하다. 그런 기형 돌연변이가 짝을 찾고 번식을 하기는커녕 과연 살아남을 수 있었을지도 의문스럽지만, 그런 일이 일어났다는 것은 분명하다. 지금 우리 주변에 몸마디를 가진 동물들이 널려 있으니 말이다. "초파리 이야기"에서 말했듯이, 그 돌연변이는 혹스 유전자와 관련되었을 가능성이 아주 높다. 1987년에 진화 가능성을 다룬 논문에서 나는 다음과 같이 추측했다.

몸마디를 가진 최초의 동물이 성공한 개체였는지 여부는 그다지 중요하지 않다. 다른 수많은 새로운 돌연변이체들이 개체로서 더 성공을 거두었다는 것은 분명하다. 몸마디를 가진 최초의 동물이 지닌 중요한 의미는 그 후손 계통들이 최고의 **진화자들**(evolvers)이었다는 것이다. 그들은 방산하고 종분화함으로써 새로운 문들을 낳았다. 몸마디 형성이 그것을 가진 최초의 동물 개체의 삶에 유익한 적응이었는지 여부에 관계없이, 몸마디 형성은 진화 잠재력 으로 충만한 발생 과정에 어떤 변화가 일어났음을 의미했다.

몸에서 몸마디 전체를 덧붙이거나 **빼는** 것이 용이해졌다는 점이 몸마디 형성이 진화 가능성 강화에 기여한 한 가지 부분이다. 몸마디들 사이의 분화도 그렇다. 노래기나 지렁이 같은 동물의 몸마디들은 대개 서로 똑같다. 그러나 각 몸마디들이 특정한 목적에 맞게 분화된 절지동물과 척추동물에서 볼 수 있듯이, 몸마디들 사이에 분화가 일어나는 경향도 반복해서 나타난다(바닷가재와 지네를 비교해보라). 어떻게든 몸마디 체제를 진화시킨 계통은 몸마디 모듈들을 바꾸는 것만으로도 새로운 다양한 동물들을 진화시킬 수 있다.

몸마디 형성은 모듈 방식의 한 사례이며, 진화 가능성의 진화를 연구하는 최근 학자들은 모듈 방식 자체에 관심을 기울인다. 『옥스퍼드 영어사전』에 나와 있는 모듈의 많은 의미들 중에 적절한 것을 하나 골라보자.

조립이나 교체를 용이하게 하기 위해서 표준화한 것으로, 대개 자족적인 구조물로 사전 제작되는 일련의 생산 단위나 구성 부분의 하나.

모듈 구성은 식물들에서도 흔히 볼 수 있다(잎과 꽃은 모듈이다). 그러나 아마 모듈 방식의 가장 좋은 사례는 세포 수준과 생화학 수준에서 찾을 수 있을 것이다. 세포는 가장 우수한 모듈이며, 세포 내에 있는 단백질 분자는 물론 DNA 자체도 모듈이다.

다세포성의 발명도 진화 가능성을 강화한 것이 거의 확실한 또다른 중요한 분수령 사건이다. 그 일은 몸마디 형성보다 수억 년 앞서 일어났으며, 사실 몸마디 형성은 그것을 더 큰 규모에서 재현한 것이나 다름없다. 즉 모듈 방식의 새로운 도약이었던 셈이다. 분수령이 된 사건들이 또 있었을까? 내가 이 책을 헌정한 존 메이너드 스미스는 헝가리인 동료 에어르스 스자트마리와 함께 『진화의 주요 전환들(*The Major Transitions in Evolution*)』을 썼다. 그들이 말하는 "주요 전환들"은 대부분 나의 "분수령 사건들"이라는 제목 아래에 들어간다. 즉 진화 가능성의 주요 개선들을 말한다. 복제 분자들의 기원도 포함될 것이 분명하다. 그것들이 없었다면 진화가 아예 일어날 수 없었을 테니 말이다. 케언스-스미스를 비롯한 학자들이 주장하는 것처럼, DNA가 중간 단계들을 거쳐서 어떤 능력이 조금 모자라는 선배로부터 복제자라는 핵심 역할을 빼앗았다면, 그 중간 단계들 하나하나는 진화 가능성의 도약이 될 것이다.

우리가 RNA 세계 이론을 받아들인다면, 복제자 겸 효소 역할을 하던 RNA가 복제자 역할은 DNA에, 효소 역할은 단백질에 넘겨주었을 때가 주요 전환점 또는 분수령이었을 것이다. 그다음에 벽으로 둘러싸인 세포 내에 복제자들("유전자들")이 모였다. 그 벽은 유전자 산물들이 스며나가는 것을 막고, 다른 유전자 산물들과 함께 세포화학에 협력하도록 했다. 주요 전환점이자 진화 가능성의 분수령이 되었을 또 하나의 사건은 몇몇 원핵세포들이 합쳐져서 진핵세포를 만든 일이었다. 유성생식의 발생도 마찬가지였다. 그와 함께 종 자체, 유전자 풀, 장래 진화에 의미가 있는 그밖의 모든 것들이 기원했다. 메이너드 스미스와 스자트마리는 그 목록에 다세포성의 기원, 개미와 흰개미 둥지 같은 군체의 기원, 인류 사회와 언어의 기원도 포함시킨다. 적어도 이 주요 전환들 중에서 몇 가지는 비슷한 운율을 지닌다. 이전에 독립적이었던 단위들이 모여서 높은 수준에서 더 큰 집단을 이루면서 낮은 수준에서는 독립성을 잃는 현상과 관련이 있는 것들이 그렇다.

나는 그들의 목록에 이미 몸마디 형성을 추가했고, 내가 병목 지나기(bottlenecking)라고 부르는 또 하나를 추가하고자 한다. 그 이야기를 시시콜콜히 하면 이전의 책들(특히 『확장된 표현형』의 마지막 장인 "생물을 재발견하다")에서 한 말을 되풀이하는 셈이 될 것이다. 병목 지나기는 다세포생물 생활사의 한 형태를 가리킨다. 병목 지나기가 있을 때 생활사는 으레 단세포로 돌아가며, 그 단세포로부터 새롭게 다세포 몸이 자란다. 병목 지나기가 있는 생활사의 대안 방식은 스스로 작은 다세포 덩어리들로 해체되어 흩어졌다가 자란 뒤, 다시 작은 덩어리로 해체되는 제멋대로 흩어지는 가상의 수생식물의 생활사일 것이다. 병목 지나기는 세 가지 중요한 결과를 빚어내며, 셋 다 진화 가능성을 개선시킬 수 있다.

첫째, 기존 구조를 다듬는 것이 아니라, 맨땅에서부터 재창조하는 진화적 혁신이 이루어질 수 있다. 칼을 두들겨서 보습을 만드는 것과 같다. 가령 심장을 개선한다고 할 때, 유전적 변화가 하나의 세포로부터 시작되는 발생 과정 전체를 바꿀 수 있다면 확실하게 개선할 가능성이 더 높다. 그 방식의 대안은 어떤 것일지 상상해보자. 끊임없이 고동치는 기존 심장의 조직들을 성장률을 달리하여 변형시킨다고 상상해보라. 이렇게 바쁜 와중에 뜯어고치다가는 심장의 활동에 장애를 일으킬 것이고, 개선도 어중간하게 이루어질 것이다.

둘째, 생활사가 되풀이될 때에 같은 출발점으로 계속 다시 돌아옴으로써 병목 지나기가 "달력" 역할을 하고, 이 달력에 따라 발생학적 사건들이 제때에 진행될 수 있다. 성장 주기의 주요 시점을 정해놓고 유전자들을 켜거나 끌 수 있게 된다. 위에서 말한 가상의 덩어리 분산자들에게는 그렇게 스위치들을 켜고 끄는 시간을 맞출 시간표가 없다.

셋째, 병목 지나기가 없다면 각 돌연변이들은 덩어리 분산자의 각기 다른 부위에 축적될 것이다. 따라서 세포들 사이에 협동하고자 하는 동기가 줄어들 것이다. 즉 세포들의 하위 집단들은 분산된 덩어리에 자신들의 유전자를 집어넣을 기회를 늘리기 위해서 암처럼 행동하고 싶은 유혹을 느낄 것이다. 병목 지나기가 있다면 모든 세대는 단세포에서 다시 시작하므로, 몸 전체가 한 세포의 후손들인 협력하는 세포들의 통합 유전 집단으로 이루어질 가능성이 아주 높다. 병목 지나기가 없다면, 유전적 관점에서 볼 때에 몸의 세포들 중에서 "왕가"가 나타날 수도 있다.

진화에서 병목 지나기와 관련된 또다른 중요한 획기적인 사건이자, 진화 가능성에 기여할 만하고 카우프만의 재연 실험에서 재발견될지 모를 것이 있다. 생식세포계와 체세포계의 분리이다. 그 점을 맨 처음 명확히 이해한 사람은 독일의 위대한 생물학자 아우구스트 바이스만이었다. 랑데부 31에서 살펴보았듯이, 발생하는 배아는 생식을 위해서 일부 세포들을 따로 떼어놓고(생식세포), 나머지는 몸을 만드는 데에 쓴다(체세포). 생식세포계 유전자들은 영속할 가능성이 있다. 직계 후손들이 수백만 년 동안 이어질 수도 있다. 체세포 유전자들은 대부분 정확히 몇 번이라고 예측할 수는 없지만 한정된 횟수만큼 세포분열을 하여 신체 조직을 만들 운명이며, 그 후 그들의 계통은 종식을 고하고, 그들이 만든 생물도 죽을 것이다. 식물들은 가끔 그 구분을 무시한다. 영양생식을 할 때가 특히 그렇다. 그 점은 식물과 동물의 진화 방식에 중요한 차이를 낳을 수 있다. 진화적으로 별도의 체세포가 발명되기 전에, 살아 있는 모든 세포들은 해면세포들이 아직도 그렇게 하듯이, 무한히 이어지는 후손 계통의 조상이 될 가능성이 있었다.

성의 발명은 중요한 분수령이다. 언뜻 보면 성을 병목 지나기나 생식세포계 분리와 혼동할 수 있지만, 논리적으로 따져보면 구별된다. 가장 일반화하자면, 성은 유전체의 일부를 뒤섞는 것이다. 우리는 그것을 고도화한 형태에 친숙하다. 모든 개체가 부모 양쪽에게서 유전체를 50퍼센트씩 물려받는 형태 말이다.

우리는 암수 두 부모가 있다는 개념에 익숙하지만, 양성 체제가 유성생식의 필수 요소는 아니다. 동형 배우자 접합은 암수로 구분되지 않는 두 개체가 유전자를 반씩 교환하여 새 개체를 만드는 방식이다. 암/수 구분은 또다른 분수령 사건으로 보는 것이 가장 적절하다. 그 사건은 성 자체의 기원보다 더 나중에 일어났다. 이런 양성 체제에서는 세대마다 "감수분열"이 이루어진다. 감수분열을 통해서 각 개체는 자기 유전체의 50퍼센트를 자손에게 물려준다. 이런 삭감이 없다면, 유전체는 세대가 지날 때마다 크기가 2배로 늘어날 것이다.

세균은 간혹 성적으로 기증도 한다. 이런 행동을 성이라고 부르기도 하지만, 사실은 전혀 다른 것이다. 컴퓨터 프로그램에 있는 기능인 오려두기와 붙이기, 또는 복사하기와 붙이기와 공통점이 더 많다. 우리는 한 세균에서 유전체의 한 조각을 복사하거나 오려내서 다른 세균에 가져다붙일 수 있으며, 두 세균이 서로 같은 "종"(세균에서는 종이라는 개념 자체가 의문시되지만)이 아니어도 상관없다. 유전자들은 세포 내에서 각자 작업을 수행하는 소프트웨어 서브루틴이기 때문에, "붙이기"를 한 유전자도 새 환경에서 즉시 일할 수 있으며, 전에 있던 곳에서와 똑같은 일을 한다.*

기증하는 세균에게 무슨 이득이 돌아갈까? 아니 질문이 잘못된 듯하다. 올바른 질문은 이러할 것이다. 기증된 유전자에 무슨 이득이 있을까? 대답은 제대로 기증된 유전자들이 기증을 받은 세균의 생존과 번식을 도움으로써, 자신의 사본 수도 덩달아 늘릴 수 있다는 것이다. 흔하디흔한 우리 진핵생물의 성이 세균의 "오려두기-붙이기"

---

* 현대 작물육종 분야에서 형질전환 조작이 가능한 이유가 바로 이것이다. 북극에서 사는 물고기의 "동결 방지" 유전자를 토마토에 집어넣은 유명한 사례도 있다. 한 프로그램에서 다른 프로그램으로 복사된 컴퓨터 서브루틴이 같은 결과를 내놓을 것이라고 확신할 수 있듯이, 유전자도 마찬가지이다. 물론 실제 유전자 변형 작물 이야기는 그렇게 단순하지 않다. 그러나 그 사례는 이를테면 물고기의 유전자를 토마토에 넣으면 물고기 "맛"도 도입된다는 것 같은 "부자연스러움"에 대한 두려움을 줄이는 역할을 한다. 서브루틴은 그저 서브루틴이며, DNA라는 프로그램 언어는 물고기에서나 토마토에서나 똑같다.

성에서 진화했는지, 아니면 전혀 새로운 분수령 사건이었는지는 분명하지 않다. 어느 쪽이든 간에 그 뒤의 진화에 엄청난 영향을 미친 것이 분명하며, 진화 가능성의 진화라는 제목하에 논의하기에 알맞다. "윤형동물의 이야기"에서 살펴보았듯이, 확립된 성은 향후 진화에 극적인 효과를 미친다. 유전자 풀을 통해서 종의 존재 자체를 가능하게 하기 때문이다.

이 책의 제목인 『조상 이야기(*The Ancestor's Tale*)』에서 조상은 단수로 표기된다. 단수를 택할 때에 문체도 어느 정도 고려했음을 인정한다. 그렇지만 순례여행길에서 만난 수백만 명, 아니 수십억 명의 조상들 중에서, 오직 한 주인공만이 바그너의 유도 동기처럼 반복되어 나타났다. 바로 DNA이다. "이브 이야기"는 유전자도 개체와 마찬가지로 조상들이 있음을 보여주었다. 우리를 나머지 자연 세계와 연결하는 것은 우리의 DNA이다. 우리가 지금까지 따라온 것이 바로 DNA의 조상 찾기 여행―아니 여행들이라고 해야겠다―이었다. "이브 이야기"에서 우리 유전체에 담긴 인류 이야기를 추적할 때, 그렇다는 것을 알았다. "보노보 이야기"에서 유전자들이 앞 다투어서 조상의 역사에 관해서 서로 다른 견해를 주장할 때, 그렇다는 것을 알았다. 또 "울음원숭이 이야기"와 "창고기 이야기"에서 유전자와 유전체에 중복이 일어남으로써 우리의 색각과 복잡한 등뼈를 지닌 몸이 생겼고, 그 중복 양상을 추적하여 종들의 기존 가계도와 비슷한 가계도를 구축할 수 있다는 말을 들었을 때, 그렇다는 것을 알았다. "기바통발 이야기"에서 우리 유전체 전체에 스스로를 복제하는 DNA 기생체들이 널려 있다는 말을 들었을 때, 그렇다는 것을 알았다. 마지막으로, 우리 여행의 마지막 단계에서, DNA가 세포 사이에 수평 전달될 수 있고, 그 결과 단일한 생명의 나무라는 개념이 산산조각 난다는 말을 들었을 때, 그렇다는 것을 알았다. 유전적 역사에 들어 있는 그 유도 동기―주된 주제와 구별되기는 하지만―는 메아리치면서 자연선택의 관점에서 바라본 "이기적 유전자"라는 주된 주제를 알리고 있다. 그리고 바로 그 이기적 유전자는 현재 우리가 자연 세계를 이해하는 데에 중추적인 역할을 한다.

주인의 작별인사

귀가하는 주인이, 함께 했던 순례여행 전체를 돌아볼 때에 주로 받는 느낌은 경이로움일 것이다. 우리가 보았던 세세한 것들의 광상곡도 놀라울 뿐만 아니라, 그런 세세한 것들이 하나의 행성에 있었다는 사실 자체도 놀랍다. 우주는 그냥 생명이 없고 단순한 상태로 남을 수도 있었다. 단지 물리학과 화학만 있는 상태로, 시간과 공간을 낳은 우주 폭발의 먼지들이 흩어진 상태로만 말이다. 그렇지 않았다는 사실, 즉 우주가 말 그대로 무에서 진화한 지 약 100억 년 뒤, 거의 무에서 생명이 진화했다는 사실은 너무나 아득한 것이어서 말로 하나하나 표현하려고 시도했다가는 미치고 말 것이다. 게다가 그것이 끝이 아니다. 진화는 그저 일어나기만 한 것이 아니다. 그것은 궁극적으로 그 과정을 이해할 수 있는, 심지어 자신이 진화를 이해함으로써 그 과정을 이해할 수 있는 존재를 낳았다.

이 순례여행은 말 그대로 여행인 동시에, 1960년대 캘리포니아에서 만난 한 젊은이가 말한 반문화적인 의미에서도 여행이었다. 헤이트나 애시버리나 텔레그래프 거리에서 팔리는 가장 강력한 환각제조차도 이 여행에 비하면 아무것도 아니다. 환각제로 원하는 것이 경이로움이라면 현실 세계를 보라. 그 모든 것들이 들어 있다. 이 책의 표지 바깥에서 헤매지 말고, 띠빗해파리, 이동하는 해파리와 작은 작살을 생각해보라. 오리너구리의 레이더와 전기 물고기, 진흙이 마르면서 생길 균열을 예측하는 듯한 등에 유충을 생각해보라. 삼나무를 생각해보라. 공작을 생각해보라. 수력학적 힘으로 움직이는 불가사리를 생각해보라. 빅토리아 호의 시클리드들이 개맛, 투구게, 실러캔스보다 몇 배나 더 빨리 진화하는지 생각해보라. 당신 자신의 유전체에 초이기적인 DNA 기생체들이 가득한 한편으로, 인류의 역사도 담겨 있다는 사실을 생각해보라. 생명에 왜 경외심을 품어야 하는지 알고 싶다면, 이 책의 아무 데나 펼쳐보라. 내게 그 말을 하라고 부추기는 것은 내 책에 대한 자부심이 아니라 생명 자체에 대한 경외심이다. 그리고 비록 이 책이 인간의 관점에서 쓰이기는 했지만, 1,000만 종의 순례자들 중에서 어느 누구에게서 시작하든 간에 비슷한 책이 쓰일 것이라는 점을 명심하기를. 익숙함으로 인해서 감각이 무뎌지지 않은 모든 사람들에게 이 행성의 생명은 놀랍고 깊은 만족을 준다. 그리고 우리가 자신의 진화적 기원을 이해할 지력이 있다는 사실 덕분에 그 경이로움은 2배로 늘어나고 만족감도 더 깊어진다.

"순례"는 경건함과 경외심을 의미한다. 여기서 나는 내가 관례적인 경건함을 혐오하고 초자연적인 대상을 향한 경외심을 경멸한다는 말을 굳이 하지 않았다. 그러나 나는 그런 태도를 결코 숨기지 않는다. 경외심을 제한하거나 한정짓고 싶기 때문이 아니다. 뿐만 아니라 우리가 일단 제대로 이해하고 나면 우주를 향해 느끼게 되는 진정한 경외심을 약화시키거나 폄하하고 싶어하기 때문도 아니다. 여기서 쓸 말이 "그 반대이다"라는 흔한 말밖에 없다는 사실이 유감이다. 초자연적 대상에 대한 믿음을 내가 반대하는 이유는 바로 그 믿음이 가엾게도 현실 세계의 숭고한 장엄함을 제대로 보지 못한다는 점 때문이다. 그런 믿음은 현실을 극도로 좁게 해석하는 태도, 실제 세계가 제공하는 것을 소홀히 하는 태도를 뜻한다.

나는 자신을 종교적이라고 생각하는 많은 사람들이 나의 견해에 동의하지 않을까 생각해본다. 그들에게 한 학회에서 우연히 들은 좋은 이야기를 하나 소개하고 끝내기로 하자. 내 분야의 한 저명한 선배가 동료와 장시간 논쟁을 벌이던 중이었다. 언쟁이 끝나갈 무렵, 그는 눈을 반짝이면서 말했다. "알겠어요? 사실 우리는 의견이 같아요. 단지 당신이 그것을 틀렸다고 **표현하는** 것뿐이지요!"

나는 진짜 순례여행에서 돌아온 듯한 기분을 느낀다.

더 읽을 만한 책들

이 책의 초판에서는 본문에 언급된 수많은 문헌들 중에서 권장할 만한 도서의 목록을 짧게 실었다. 개정판에서 그 목록을 어떻게 수정할지 고심하다가, 우리는 특정한 도서 목록보다는 우리가 선호하는 생물학 저자들의 목록이 시간이 흘러도 유용할 가능성이 더 높다고 판단했다. 다음은 우리에게 영향이나 영감을 준 저자들의 목록이다. 이분들은 일반 독자를 위해서 책을 쓰고 있으며, 우리가 보기에 앞으로도 계속 우리에게 영향과 영감을 줄 것이다!

Sean B. Carroll (e.g. *The Serengeti Rules: The Quest to Discover How Life Works and Why It Matters*. Princeton University Press, Princeton, N.J. 2016)

Jared Diamond (e.g. *Guns, Germs and Steel: A Short History of Everybody for the Last 13,000 Years*. Chatto & Windus, London 1997)

Richard Fortey (e.g. *Life: An Unauthorised Biography*. HarperCollins, London 1997)

Steve Jones (e.g. *Almost Like A Whale: The Origin Of Species Updated*. Doubleday, London 1999)

Nick Lane (e.g. *Life Ascending: The Ten Great Inventions of Evolution*. Profile Books, London 2010)

Mark Ridley (e.g. *Mendel's Demon: Gene Justice and the Complexity of Life*. Weidenfeld & Nicolson, London 2000)

Matt Ridley (e.g. *Genome: The Autobiography Of Species In 23 Chapters*. Fourth Estate, London 1999)

Adam Rutherford (e.g. *Creation: The Origin of Life / The Future of Life*. Viking, London 2013)

Neil Shubin (e.g. *Your Inner Fish: The Amazing Discovery of our 375-millionyear-old Ancestor*. Allen Lane, London 2008)

Edward O. Wilson (e.g. *The Diversity of Life*. Harvard University Press, Cambridge, Mass. 1992)

Carl Zimmer (e.g. *Evolution: The Triumph of an Idea*. Roberts & Co., Colorado 2001)

다음은 이 책에서 다룬 분야들을 더 포괄적이고 깊이 다룬 책들이다.

Benton, M.J. (2015) *Vertebrate Palaeontology*. 4th Edn. Wiley-Blackwell, Hoboken, New Jersey.

Brusca, R.C. & Brusca, G.J. (2003) *Invertebrates*. 2nd Edn. Sinauer Associates, Sunderland, Mass.

Macdonald, D.W. (ed.). (2009) *The Princeton Encyclopedia of Mammals*. Princeton University

Press, Princeton, NJ.

Maynard Smith, J. & Szathmáry, E. (1998) *The Major Transitions in Evolution*. Oxford University Press, Oxford.

Pääbo, S. (2014) *Neanderthal Man: In Search of Lost Genomes*. Basic Books, New York.

Tudge, C. (2000) *The Variety of Life: A Survey and a Celebration of all the Creatures that Have Ever Lived*. Oxford University Press, Oxford.

Watson, J.D. (ed.). (2014) *Molecular Biology of the Gene*. 7th Edn. Pearson, Boston.

계통도 재구성에 관한 주

[ ] 안의 번호는 참고 문헌의 번호를 참조하라.

프랙털 계통수 그림

지금까지 발표된 계통도들을 표준 분류 체계와 결합하여 지구의 모든 생물을 한 그루의 생명의 나무에 담겠다는 야심찬 노력은 지금도 계속되고 있다. 이 "열린 생명의 나무"[192]는 www.opentreeoflife.org에서 볼 수 있다. 이 나무의 4차 개정판(2015년 11월)은 우리의 많은 프랙털 계통수를 종 수준까지 채우는 데에 쓰였다. 다중 분지 지점을 일련의 두 갈래 가지들로 무작위로 풀어내는 데에도 쓰였다. 그러나 열린 나무에는 이 책에서 다룬 많은 연구 결과들이 아직 반영되지 않고 있으며, 분지 지점들의 연대도 제시하지 않는다. 그 때문에 이 책의 계통수와 랑데부 지점을 구축하고 연대를 추정하기 위해서 다른 많은 추가 문헌들이 쓰였다. 다음은 그 목록이다. 각 랑데부의 파악하기 위해서 분자시계 연대뿐만 아니라, 화석들의 최소와 최대 연대 자료들도 이용했다[28].

랑데부 1 대형 유인원 가지의 순서와 연대는 "침팬지 이야기"와 "보노보 이야기" 참조. 영장류의 분지 양상(랑데부 1–8)은 주로 최근의 포괄적인 영장류 계통수를 토대로 했다[400, AUTOsoft tree]. 연대는 pathd8 소프트웨어를 써서 다음 연대들의 랑데부 지점에 맞게 보정했다.

랑데부 2 연대에 논란이 있다. 최근의 두 분자시계 연구는 유전자의 분기 연대를 각각 1,000만 년 전[400]과 1,500만 년 전이라고 말한다. 인간/고릴라 "종분화" 연대는 이보다 더 최근임이 분명하다. 고릴라 유전체의 분석 결과는 900–1,100만 년 전임을 시사한다[373]. 공조상의 연대는 이보다 좀더 최근일 수도 있으므로, 우리는 랑데부 연대를 800만 년 전이라고 추정했다.

랑데부 3 유전자 분기는 1,500–1,800만 년 전에 일어났고[193, 400], 계통이 갈라진 연대는 900–1,300만 년 전이다[193]. 이 연대들은 더 느린 돌연변이율("침팬지 이야기" 참조)을 고려한 것이 아니므로, 우리는 랑데부 3의 연대를 1,400만 년 전으로 잡았다. 화석 기록 분석 자료[28]와 175쪽 그림에 실린 화석들의 연대 범위와 일치시키기 위해서이다.

랑데부 4 긴팔원숭이 4속의 연대와 분지 순서는 전장 유전체 분석 자료를 토대로 했다[56, 그림 4b]. 영장류 전체 계통수[400]과 어긋나는 부분이 있기는 하지만, 후자는 각 속에 든 종들의 관계를 정하는 데에 쓰였다. 랑데부 연대는 화석들의 연대인 1,200–3,400만 년 전과 들어맞으며, "자기상관적 분자시계"[400](557쪽 참조)를 써서 계산한 유전자 분기 연대인 2,090만 년 전과도 들어맞는다.

랑데부 5와 6   계통수 연대는 [400]을 토대로 했다. 랑데부 5와 6의 연대는 유전자 분기 연대 추정값보다 일부로 좀더 과거로 설정했다. 각각 2,880/2,510만 년과 4,060/4,450만 년 전이다 (AUTOsoft/평균값). 랑데부 5의 연대는 화석 기록[28]에서 추정한 최소 연대인 2,444만 년 전에 들어가도록 정했다.

랑데부 7   안경원숭이들의 전반적인 위치를 두고 예전에는 논란이 있었지만, 분자 자료를 통해서 지금은 완전히 해결된 상태이다[184]. [400]에서 나온 계통수는 첫 유전적 분기가 6,100-6,300만 년 전에 일어났다고 보며, 이 연대는 6,000만 년 전이라는 랑데부 지점의 연대 및 5,500만 년 전이라는 아르키케부스의 연대와 들어맞는다[303].

랑데부 8   계통수 연대는 [400]을 토대로 했다. 분자시계 연구들[113, 400]은 인간/여우원숭이 유전적 분기가 6,700-6,800만 년 전에 일어났다고 보며, 랑데부 지점의 연대로는 6,600-6,500만 년 전에 해당할 것이다. 그리고 화석들이 제시하는 5,600-6,600만 년 전이라는 범위에도 들어간다[28]. 그렇기는 해도 분기 시점을 두고 많은 논란이 있다[114]. 일부 유전적 분석 결과는 분기가 그보다 무려 2,000만 년 더 이전에 일어났다고도 보며, 그렇다면 공조상 9, 10, 11의 연대도 올라간다.

랑데부 9와 10   연대가 불확실한 편이다. 우리는 이 연대들이 랑데부 8과 11사이의 중간쯤에 놓인다고 보는 분자시계 계산값들을 따랐다[113]. 유전자 계통수들이 충돌한다는 것은 랑데부 9와 10의 시간 간격이 짧았음을 시사한다[207, 304]. 날여우원숭이 집단 내의 연대는 최근에 재분석한 분류학 자료를 따랐다[206]. 나뭇팟쥐류 내의 분지와 연대는 모든 포유동물을 분석한 더 오래된 자료[32]를 랑데부 지점 7,000만 년 전에 맞게 보정한 것이다.

랑데부 11   현재 설치류 계통수는 꽤 잘 확정되어 있다. 이 계통수는 [32]를 토대로 했는데, 그 집단의 더 최근 연구 결과[129]와도 들어맞는다. 연대는 랑데부 연대인 7,500만 년 전에 맞게 보정했고, 랑데부 연대는 최근의 분자시계 연구[112]를 토대로 했다. 이 연구에서는 보정방식에 따라서 연대가 6,900만, 8,800만, 7,500만 년 전으로 달라진다.

랑데부 12   계통수와 연대는 [32]를 토대로 했지만, 최근의 계통유전학 연구[113]를 따라서 기제류와 식육류(우제류와 고래류는 제외)를 박쥐류의 가장 가까운 친척으로 옮겼다. [113]은 로라시아수류 6개 목 사이의 분기 연대를 정하는 데에도 쓰였다. 따라서 각 목 내의 분지 연대들도 보정했다. 랑데부 10-13에서는 정확한 연대가 좀 불확실하다. 그래서 [112]에 실린 다양한 연대들 중에서 현실적인 타협안을 택했다.

랑데부 13   [295]는 "아틀란토게나타(atlantogenata)"(아프리카수류 + 이절류)로 묶자고 하는데, 그들 사이의 분지 연대는 아마 랑데부 13에 아주 가까울 것이다[307]. 다른 연구들[362 등]은 아프리카수류를 다른 모든 태반류 포유동물의 외집단으로 놓으며, 이 책의 초판에서도 그렇게 보았다. 이 계통수와 연대는 [32]를 토대로 했지만, [336]을 토대로 수정과 보정을 했다. [336]은 아프리카수류/이절류 분기가 8,910만 년 전에 일어났다고 보며, 코끼리류를 듀공류와 매너티류의 자매 집단으로 본다. 이 랑데부 연대는 최근의 유전자 분기 추정값인 8,900만 년 전에 가깝다[113].

랑데부 14 유대류 7개 목의 계통수와 분기 연대는 주로 [292]를 참조했고, 주머니쥐의 분기는 [32]와 [306]을 토대로 했다. 목 내의 분지 순서는 [32]를 토대로 했고, 연대는 보정했다. 랑데부 연대는 주라마이아(306쪽과 [260] 참조)의 연대 및 유대류 분기 연대가 랑데부 15와 가깝다고 본 분자시계 연구와 들어맞는다.

랑데부 15 단공류 내의 계통수와 연대는 [32]를 토대로 했다. 랑데부 연대는 [113]을 참조했고, 이 연대는 1억6,250만-1억9,110만 년 전이라는 화석들의 연대와 들어맞는다.

랑데부 16 석형류의 계통수는 원줌 사지류 계통수를 따랐다. 그 계통수는 여러 자료를 종합한 것이다. 조류는 www.birdtree.org, 도마뱀은 [29], 뱀은 [342], 거북은 [205], 악어는 [309]를 토대로 했다. 거북의 위치는 [67]과 들어맞는다. 석형류/포유류 분기는 전형적인 보정 지점이며, 전에는 3억1,000만 년 전으로 설정했지만[28], 최근에 화석을 재분석한 결과 3억2,000만-3억2,500만 년 전이라고 나왔다. 따라서 랑데부도 약 3억2,000만 년 전에 일어났을 가능성이 높다.

랑데부 17 계통수는 [204], 주요 집단 사이의 분기 연대는 [341]을 토대로 했다. 랑데부 연대는 3억3,040만-3억5,010만 년 전이라는 화석 연대[28] 및 3억3,000만-3억4,500만 년 전이라는 분자시계 추정값[45]과 들어맞는다.

랑데부 18 [248]을 토대로 폐어를 사지류의 자매 집단으로 보았고, 랑데부 연대는 4억800만-4억1,900만 년 전[298]으로 한정된다. 폐어 계통수는 [78], 분기 연대는 [189]를 토대로 했다.

랑데부 19 랑데부 연대는 랑데부 18과 가깝다[411]. 그래서 4억2,000만 년 전으로 정했다. 두 실러캔스 종 사이의 분지 연대는 인간과 침팬지의 분지와 거의 같거나 그보다 조금 오래되었다 [8].

랑데부 20 조기어류의 계통수는 www.deepfin.org(3판)[45]를 참조했다. 그 자료는 분자시계를 토대로 육기어류/조기어류의 분기가 4억2,700만 년 전에 일어났다고 추정한다. 여기서 실은 연대보다 좀더 최근이다. 하지만 폐어의 분기 연대를 너무 최근으로 본 점이 화석 기록[305]과 맞지 않아서 보정을 했고, 그 결과 랑데부 20의 연대는 4억3,000만-4억3,500만 년 전으로 올라갔다. 이 범위는 화석들의 연대 범위인 4억4,500만-4억2,000만 년 전[28] 안에 들어간다. 어류 목들 내의 종 수준의 계통수는 대부분 열린 생명의 나무를 토대로 정했고, 철갑상어[327], 비처고기[408], 인골류[45]만 예외이다.

랑데부 21 최근의 분자시계 자료는 상어/사지류 유전자 분기가 4억6,500만 년 전에 일어났다고 추정하며[45], 이 값은 화석들의 연대 범위인 4억2,100만-4억6,200만 년 전[28]과 들어맞는다. 그리고 −4억6,000만 년 전이라는 상어형 비늘 조각 화석[370] 연대와도 거의 들어맞는다. 전두어류의 상위 분류군 연대는 [203], 가오리류는 [15]를 토대로 했고, 과에서 종 수준까지의 연대는 열린 생명의 나무를 참조했다.

랑데부 22　칠성장어와 먹장어는 현재 자매 집단으로 여겨진다[188]. 먹장어 계통수는 [132], 칠성장어와의 분기 양상은 [233]을 토대로 했고, 후자는 칠성장어 속들 사이의 연대와 유연관계도 제시한다. 종 수준의 자료는 열린 생명의 나무를 참조했다.

랑데부 23　DNA 자료는 창고기가 아니라 멍게류가 척추동물의 가장 가까운 친척이라고 말한다[103]. 랑데부 연대는 최소 −5억1,500만 년 전이나 그보다 좀더 나중으로 추정되는 청장의 척추동물 화석을 참조했다[28]. 신뢰할 수 있는 최초의 흔적 화석은 랑데부 26이 5억5,500만 년 전보다 그리 더 오래 전이 아니라고 말하며[49, 그림 1.1], 따라서 랑데부 연대는 5억5,500만 년 전보다 좀더 최근으로 고정된다. 멍게류/창고기 분지 순서가 불확실하다는 점을 고려할 때, 랑데부 연대가 랑데부 24에 가까울 가능성이 높으며, 따라서 5억3,500만 년 전이라고 보는 것이 합리적일 듯하다. 멍게류 내의 연대는 진화 속도가 가속한 탓에 불확실하다[30]. 하지만 초기의 긴 가지[419]가 멍게류 내의 분기가 랑데부 23 이후로 5,000만 년 뒤에 일어났다고 시사하기는 한다. 그래서 멍게류의 줄기를 5억 만 년 전이라는 등고선이 가로지른다. 전반적인 계통수는 열린 생명의 나무를 참조로 했다.

랑데부 24　분자시계가 내놓은 가장 최근 연대는 약 5억4,000만 년 전이다[114, 329]. 창고기 내의 분기는 비교적 최근에 일어났다고 널리 받아들여져 있으며, 그림에서처럼 5억 년 전이라는 등고선이 창고기 계통수 줄기를 가로지른다는 것은 확실하다. 전반적인 계통수는 열린 생명의 나무를 참조했다.

랑데부 25　[329]를 토대로 랑데부 연대를 랑데부 26과 24의 중간쯤이라고 정했다. 또 이 자료는 극피동물/반삭동물의 분기가 5억3,000만 년 전에 일어났다고 본다. 극피동물 강들의 분기 순서와 연대는 [334], 각 강 내의 계통수는 열린 생명의 나무를 참조했다. 진와충속의 위치는 심한 논란거리이며, 여기서는 [39]를 토대로 했다. 무장동물도 여기에 속할 수 있다[1].

랑데부 26　선구동물 문들의 분지 순서는 주로 [119, 123, 190]을 참조했다. 문 내의 계통수는 열린 생명의 나무를 토대로 했다. 절지동물 내의 분류군만 예외인데, [244]를 토대로 더 세분했다(하지만 갑각류의 측계통군들은 그대로 남겼다). "나선동물"(촉수담륜동물과 편충동물) 내의 분지 순서는 아직 몹시 불확실하다. 우리는 [151]을 따랐다. 랑데부 연대는 "발톱벌레 이야기"에 실려 있다. 우리는 흔적 화석을 꽤 정확한 연대 기록이라고 보았고[49], 그래서 이 랑데부 연대를 기존 분자시계 연구들에서 제시된 캄브리아기보다 수억 년 전이 아니라, 3,500만 년 전이라고 설정했다.

랑데부 27　형태학적 자료들[1]과 일부 계통수[123]가 무장동물이 좌우대칭동물의 기저군이라고 강력하게 말하고 있지만, 아직 완전히 해결된 것이 아니다. 무장류와 네메르토데르마류의 종 수준의 계통수는 열린 생명의 나무를 참조했다.

랑데부 28　자포동물의 강과 아강 수준의 계통수는 주로 [71]을 참조했고(자포동물 생명의 나무인 www.cnidarian.info와 [424]도 참조), [301]을 토대로 점액포자충류를 자매 집단으로 정했

다. 강 내의 계통수는 열린 생명의 나무를 토대로 했다. 랑데부 연대는 568쪽에 설명했다. 우리
가 택한 연대는 약 5억5,000만–6억3,600만 년 전에 걸친 화석 기록에도 들어맞는다[28]. 그러나
분자시계가 제시한 연대는 가장 낮은 값이라고 해도 이보다 더 이전이다. 한 예로 초기 유전적
분기가 7억900만–6억4,500만 년 전에 일어났다고 말한다[329, 표 1].

랑데부 29 이 지점의 연대는 몹시 불확실하며, 유즐동물의 위치도 논란거리이므로(585쪽 참
조), 이 랑데부 연대는 다소 임의적이다. 우리는 공조상 28과 29의 순서가 불확실하다는 점을
염두에 두고서 그들을 자포동물의 분기 지점 가까이에 놓았다. 유즐동물 8개 목의 상위 분류
군 계통수는 [335], 하위 분류군 계통수는 열린 생명의 나무를 참조했다.

랑데부 30 [401]을 참조하여 판형동물을 유즐동물과 해면동물 사이의 거리를 기준으로 약 45
퍼센트에 해당하는 곳에 두었다. 해면동물은 6억5,000만 년 전, 유즐동물은 6억 년 전에 갈라
졌다고 추정했다. 이 랑데부는 약 6억2,000만 년 전에 이루어진다.

랑데부 31 해면동물 계통수는 세계 해면동물 데이터베이스(www.marinespecies.org/porifera)를
토대로 했다. 그러나 현재 규질해면류(보통해면강과 육방해면강)가 먼저 갈라졌고, 해면동물
이 측계통군이라고 가정하거나 주장하는 논문들이 많이 나오고 있다(반론은 [10] 참조)는 점
도 염두에 두자. 분기 연대는 568쪽 참조.

랑데부 32, 33, 34 분지 지점은 [384]를 참조했고, 연대는 12억 년 전에 균류 분기가 일어났다
고 가정하고서[321, 그림 1B], 그림 1의 가지 길이 비율에 맞추어 추론했다. 랑데부 32와 34의
종 수준의 계통수는 열린 생명의 나무를 참조했다.

랑데부 35 균류의 초기 분지 양상은 주로 [55], 미포자충류, 은균류, 아펠리다는 [214]를 참조했
고, 나머지는 열린 생명의 나무 3판을 토대로 했다. [402]를 토대로 한 가지도 몇 곳 있으며, 나
머지 문들은 열린 생명의 나무 4판을 토대로 했다. 랑데부 연대는 561쪽 참조[321, 329, 402].

랑데부 36, 37, 38 [50]을 토대로 하고 [106]을 참조하여 수정했다. 622쪽 그림에 검은 삼각형
으로 뿌리를 표시했다. 각 집단 내의 계통수는 열린 생명의 나무를 토대로 했다. 동일한 기본
배치를 제시한 [4, 그림 1]도 참조.

랑데부 39 677쪽에 설명했으며, [237, 538]도 참조하기를. 각 가지의 계통수는 열린 생명의 나
무를 참조했다.

랑데부 40 이 수준에서의 관계를 단순한 분지 계통수로 나타낼 수 있는지도 논란이다. 다양
한 세균 "종들"이 으레 서로 유전자를 교환하기 때문이다. 그렇기는 해도, 그림에 실린 집단들
은 교환이 거의 이루어지지 않는 리보솜 유전자 연구를 토대로 했다[237]. 프랙털의 6개 가지
의 이름은 왼쪽 위부터 시계방향으로 다음과 같다. 1) 탈철간균과 열황환원균 같은 몇몇 모호
한 문들의 집합; 2) 고세균과 진핵생물; 3) 대장균, 미토콘드리아, 리조비움(우리의 화자 중 하
나)을 비롯한 프로테오박테리아 대부분과 클라미디아 집단과 녹색황세균 같은 몇몇 집단; 4)
하도박테리아(또다른 화자인 태크가 속한) 같은 다양한 호열성 집단; 5) 시아노박테리아와 방

선균(스트렙토미세스 같은); 6) 유산균(요거트에 들어 있는), 탄저균, 보툴리누스균(보툴리누스 식중독을 일으키고, 보툴리눔 독소인 보톡스를 추출하는 원천)을 포함한 "후벽균"이라는 대집단과 푸소세균. 종 수준의 계통수는 열린 생명의 나무를 참조했지만, 여기에 포함되지 않은 미지의 종, 과, 목, 문도 많다.

공조상 재구성

맬컴 고드윈이 재구성한 공조상 그림들은 현재의 과학적 지식을 토대로 각 공조상의 예상 모습과 서식지에 관해서 보편적인 인상을 심어주려는 의도하에 그려졌다. 털이나 피부의 색깔처럼 골격 이외의 특징들을 그리려면 어쩔 수 없이 추측이 많이 개입되어야 한다. 헨리 베넷-클락, 톰 캐벌리어-스미스, 휴 디킨슨, 윌리엄 호손, 피터 홀랜드, 톰 켐프, 에너 네카리스, 마르셀로 루타, 마크 서턴, 키스 톰슨이 다양한 조언을 해주었다. 하지만 그들은 최종 그림에 아무런 책임이 없다. 해석상 오류가 있다면 오로지 나의 책임이다.

공조상 3 나무 위에서 생활하는 몸집이 큰 네 발 보행 유인원이며[25], 아마 아시아에서 살았을 것이다[403]. (마이오세의 유인원인 안카라비테쿠스로부터 추측할 때) 얼굴은 오랑우탄보다 덜 튀어나왔고, 더 둥글고 넓적한 형태였을 것이다. 오랑우탄보다는 덜했겠지만 팔을 축 늘어뜨리고 다녔을 것이다. 움직임은 긴코원숭이와 비슷했다. 그 외에 돌출한 눈썹, 튀어나온 미간, 상대적으로 많이 진행된 대뇌화, 과일 위주의 식사, (긴팔원숭이 및 구세계원숭이들에 비해서) 커진 젖샘과 더 구부러진 요골 등의 특징을 가졌다[168].

공조상 8 화석 아다피드와 오모미드를 토대로 재구성한 그림이다. 몸무게는 1–4킬로그램이었을 것이고, 야행성이거나 밤낮을 가리지 않았을 가능성이 더 높다. 과일이나 곤충을 찾기 위해서 앞으로 향해 있는 눈[187], 짧은 수염, 스트렙시린 형태의 코, 끝에 달린 잔가지를 기어다니기 알맞게 갈고리발톱[35] 대신에 납작한 발톱이 달린 발과 움켜쥘 수 있는 손을 지닌다.

공조상 16 주로 석탄기 말의 유양막류인 힐로노무스(*Hylonomus*)를 토대로 그렸다[57]. 두개골이 단단했고, 못 같은 이빨로 곤충을 잡았으며, 몸, 발가락, 귓불, 알의 크기에 변이가 심하다.

공조상 17 전기 석탄기의 사지류인 발라네르페톤(*Balanerpeton*)을 일부 토대로 삼아 그린 것이다[290]. 튀어나온 커다란 눈, 고막, 분절된 근육 형태, 머리와 몸과 꼬리의 비율이 약 1 : 3 : 3이라는 점이 특징이다. 일부 화석 양서류들은 발가락 수가 더 적기도 했지만, 잃은 발가락 수를 다시 늘리기가 어렵다는 점을 생각할 때 이 공조상의 발가락은 5개였을 것이다. 체색은 현대의 양서류들보다 더 우중충했을 것이다. 육상 포식자들에 대해서 경고색을 띨 필요가 없었을 것이기 때문이다.

공조상 18 전기 데본기의 선기류인 스틸로이크티스(*Styloichthys*)를 토대로 했다. 지느러미 열편, 머리 방패, 옆줄, 비대칭 꼬리가 특징이다.

공조상 23 창고기와 비슷하지만, 척삭이 주둥이까지 닿지 않았고, 선회하는 데에 쓰는 기관이 없다. 색소가 든 눈, 아가미 틈, 척삭, 근절(V형 근육 덩어리), 장낭(atrium, 몸 아래쪽에 있는 빈 공간)이 특징이다.

공조상 26 한쪽 끝에 머리가 있고, 일직선으로 소화관이 있는 좌우대칭형 연충이다. 눈, 섭식을 돕는 입 주위의 부속지, 연쇄적으로 반복되어 형성되는 몸(하지만 진짜 몸마디는 아니다), 어느 정도의 몸 장식이 특징이다.

공조상 31 바깥으로 향한 동정세포로 이루어진 속이 빈 공 모양으로 여겨진다[366]. 해면동물의 배아와 비슷하다. 섬모를 이용하여 움직이고, 먹이 입자를 동정세포의 "깃"으로 끌어들인다. 세포 분화도 일어났다는 것을 주목하자. 난세포와 자유 유영을 하는 정자를 통해서 유성생식이 이루어진다. 이 재구성한 공조상은 해면동물의 배아처럼 유영생활을 한다.

공조상 38 전형적인 단세포 진핵생물이다. 따라서 미세소관 세포 내 뼈대, 미세소관을 형성하는 중추 역할을 하는 중심립(기저체)이 딸려 있는 섬모(진핵세포형 "편모"), 세포질로 퍼져나가는 구멍이 많은 조면 ER로 에워싸인 다공질 막을 지닌 세포핵을 가지며, 미세한 리보솜들 때문에 알갱이가 들어 있는 듯이 보인다. 내부에 층층이 겹친 막 구조가 있는 미토콘드리아와 소수의 과산화소체를 비롯한 세포 내 주머니도 보이며, 섬모와 짧은 위족을 조합하여 이동도 한다. 이 공조상은 먹이 알갱이(세포 내 뼈대가 모여 있는 부위)를 삼키고 있는 모습이다.

참고 문헌

대괄호 안의 숫자는 참조를 위하여 그림 캡션, 주에 사용된 것이다.

[1] Achatz, J. G., Chiodin, M., Salvenmoser, W., *et al.* (2013) The Acoela: on their kind and kinships, especially with nemertodermatids and xenoturbellids (Bilateria incertae sedis). *Organisms Diversity & Evolution* 13: 267–286.

[2] Adams, D. (1987) *Dirk Gently's Holistic Detective Agency.* William Heinemann, London.

[3] Adams, D. & Carwardine, M. (1991) *Last Chance to See.* Pan Books, London, 2nd edn.

[4] Adl, S. M., Simpson, A. G. B., Lane, C. E., *et al.* (2012) The revised classification of eukaryotes. *Journal of Eukaryotic Microbiology* 59: 429–514.

[5] Alexander, R. D., Hoogland, J. L., Howard, R. D., *et al.* (1979) Sexual dimorphisms and breeding systems in pinnipeds, ungulates, primates, and humans. In *Evolutionary Biology and Human Social Behavior: An Anthropological Perspective* (Chagnon, N. A. & Irons, W., eds.), pp. 402–435, Duxbury Press, North Scituate, Mass.

[6] Ali, J. R. & Huber, M. (2010) Mammalian biodiversity on Madagascar controlled by ocean currents. *Nature* 463: 653–656.

[7] Allentoft, M. E., Sikora, M., Sjögren, K.–G., *et al.* (2015) Population genomics of Bronze Age Eurasia. *Nature* 522: 167–172.

[8] Amemiya, C. T., Alföldi, J., Lee, A. P., *et al.* (2013) The African coelacanth genome provides insights into tetrapod evolution. *Nature* 496: 311–316.

[9] Amson, E., de Muizon, C., Laurin, M., *et al.* (2014) Gradual adaptation of bone structure to aquatic lifestyle in extinct sloths from Peru. *Proceedings of the Royal Society B: Biological Sciences* 281: 20140192– 20140192.

[10] Antcliffe, J. B., Callow, R. H. T. & Brasier, M. D. (2014) Giving the early fossil record of sponges a squeeze: The early fossil record of sponges. *Biological Reviews* 89: 972–1004.

[11] *Arabian Nights, The* (1885) (Burton, R. F., trans.). The Kamashastra Society, Benares.

[12] Arnaud, E., Halverson, G. P. & Shields–Zhou, G. (eds.) (2011) *The geological record of Neoproterozoic glaciations.* Geological Society memoir 36. Geological Society, London.

[13] Arrese, C. A., Hart, N. S., Thomas, N., *et al.* (2002) Trichromacy in Australian marsupials. *Current Biology* 12: 657–660.

[14] Arsuaga, J. L., Martinez, I., Arnold, L. J., *et al.* (2014) Neandertal roots: Cranial and chronological evidence from Sima de los Huesos. *Science* 344: 1358–1363.

[15] Aschliman, N. C., Nishida, M., Miya, M., *et al.* (2012) Body plan convergence in the evolution of skates and rays (Chondrichthyes: Batoidea). *Molecular Phylogenetics and Evolution.* 63: 28–42.

[16] Bada, J. L. & Lazcano, A. (2003) Prebiotic soup – revisiting the Miller experiment. *Science* 300: 745–746.

[17] Bakker, R. (1986) *The Dinosaur Heresies: A Revolutionary View of Dinosaurs.* Longman Scientific and Technical, Harlow.

[18] Balbus, S. A. (2014) Dynamical, biological and anthropic consequences of equal lunar and solar angular radii. *Proceedings of the Royal Society A: Mathematical, Physical and Engineering Sciences* 470: 20140263.

[19] Baldwin, J.M. (1896) A new factor in evolution. *American Naturalist* 30: 441–451.

[20] Barlow, G.W. (2002) *The Cichlid Fishes: Nature's Grand Experiment in Evolution.* Perseus Publishing, Cambridge, Mass.

[21] Bateson, P. P. G. (1976) Specificity and the origins of behavior. In *Advances in the Study of Behavior* (Rosenblatt, J., Hinde, R. A., & Beer, C., eds.), vol. 6, pp. 1–20, Academic Press, New York.

[22] Bateson, W. (1894) *Materials for the Study of Variation Treated with Especial Regard to Discontinuity in the Origin of Species.* Macmillan and Co, London.

[23] Bauer, M. & von Halversen, O. (1987) Separate localization of sound recognizing and sound producing neural mechanisms in a grasshopper. *Journal of Comparative Physiology A* 161: 95–101.

[24] Beerling, D. (2008) *The Emerald Planet: How Plants Changed Earth's History.* Oxford: Oxford Univ. Press.

[25] Begun, D. R. (1999) Hominid family values: Morphological and molecular data on relations among the great apes and humans. In *The Mentalities of Gorillas and Orangutans* (Parker, S. T., Mitchell, R. W., & Miles, H. L., eds.), chap. 1, pp. 3–42, Cambridge University Press, Cambridge.

[26] Bell, G. (1982) *The Masterpiece of Nature: The Evolution and Genetics of Sexuality.* Croom Helm, London.

[27] Belloc, H. (1999) *Complete Verse.* Random House Children's Books, London.

[28] Benton, M. J., Donoghue, P. C., Asher, R. J., et al. (2015) Constraints on the timescale of animal evolutionary history. *Palaeontologia Electronica* 18: 1–106.

[29] Bergmann, P. J. & Irschick, D. J. (2012) Vertebral evolution and the diversification of squamate reptiles. *Evolution* 66: 1044–1058.

[30] Berna, L. & Alvarez-Valin, F. (2014) Evolutionary genomics of fast evolving tunicates. *Genome Biology and Evolution* 6: 1724–1738.

[31] Betzig, L. (1995) Medieval monogamy. *Journal of Family History* 20: 181–216.

[32] Bininda-Emonds, O. R. P., Cardillo, M., Jones, K. E., et al. (2007) The delayed rise of present–day mammals. *Nature* 446: 507–512.

[33] Blackmore, S. (1999) *The Meme Machine.* Oxford University Press, Oxford.

[34] Blair, W.F. (1955) Mating call and stage of speciation in the *Microhyla olivacea – M. carolinensis* complex. *Evolution* 9: 469–480.

[35] Bloch, J. I. & Boyer, D.M. (2002) Grasping primate origins. *Science* 298: 1606–1610.

[36] Blum, M.G. B. & Jakobsson, M. (2011) Deep divergences of human gene trees and models of human origins. *Molecular Biology and Evolution* 28: 889–898.

[37] Bond, M., Tejedor, M.F., Campbell, K. E., et al. (2015) Eocene primates of South America and the African origins of New World monkeys. *Nature* 520: 538–541.

[38] Bonner, J. T. (1993) *Life Cycles: Reflections of an Evolutionary Biologist.* Princeton University Press, Princeton, N.J.

[39] Bourlat, S. J., Juliusdottir, T., Lowe, C. J., et al. (2006) Deuterostome phylogeny reveals monophyletic chordates and the new phylum Xenoturbellida. *Nature* 444: 85–88.

[40] Bourlat, S. J., Nielsen, C., Lockyer, A. E., et al. (2003) Xenoturbella is a deuterostome that eats molluscs. *Nature* 424: 925–928.

[41] Briggs, D., Erwin, D., & Collier, F. (1994) *The Fossils of the Burgess Shale.* Smithsonian Institution Press, Washington, D.C.

[42] Briggs, D. E. G. & Fortey, R. A. (2005) Wonderful strife – systematics, stem groups and the phylogenetic

signal of the Cambrian radiation. *Paleobiology* 31: 94–112.

[43] Bromham, L. & Penny, D. (2003) The modern molecular clock. *Nature Reviews Genetics* 4: 216–224.

[44] Bromham, L., Woolfit, M., Lee, M. S. Y., & Rambaut, A. (2002) Testing the relationship between morphological and molecular rates of change along phylogenies. *Evolution* 56: 1921–1930.

[45] Broughton, R. E., Betancur-R., R., Li, C., *et al.* (2013) Multi-locus phylogenetic analysis reveals the pattern and tempo of bony fish evolution. *PLoS Currents.*

[46] Brown, C. T., Hug, L. A., Thomas, B. C., *et al.* (2015) Unusual biology across a group comprising more than 15% of domain Bacteria. *Nature* 523: 208–211.

[47] Brunet, M., Guy, F., Pilbeam, D., *et al.* (2002) A new hominid from the Upper Miocene of Chad, central Africa. *Nature* 418: 145–151.

[48] Buchsbaum, R. (1987) *Animals Without Backbones.* University of Chicago Press, Chicago, 3rd edn.

[49] Budd, G.E. (2009) The earliest fossil record of animals and its significance. In *Animal Evolution: Genomes, Fossils, and Trees* (Telford, M.J. & Littlewood, D.T. J., eds.), Oxford University Press, Oxford.

[50] Burki, F. (2014) The eukaryotic tree of life from a global phylogenomic perspective. *Cold Spring Harbor Perspectives in Biology* 6: a016147– a016147.

[51] Burt, A. & Trivers, R. (2006) *Genes in Conflict: The Biology of Selfish Genetic Elements.* Cambridge, MA: Belknap Press of Harvard University Press.

[52] Butterfield, N. J. (2000) Bangiomorpha pubescens n. gen., n. sp.: implications for the evolution of sex, multicellularity, and the Mesoproterozoic/Neoproterozoic radiation of eukaryotes. *Paleobiology* 26: 386–404.

[53] Butterfield, N. J. (2001) Paleobiology of the late Mesoproterozoic (ca. 1200 Ma) Hunting Formation, Somerset Island, arctic Canada. *Precambrian Research* 111: 235–256.

[54] Cairns-Smith, A. G. (1985) *Seven Clues to the Origin of Life.* Cambridge University Press, Cambridge.

[55] Capella-Gutiérrez, S., Marcet-Houben, M. & Gabaldón, T. (2012) Phylogenomics supports microsporidia as the earliest diverging clade of sequenced fungi. *BMC Biology* 10: 47.

[56] Carbone, L., Alan Harris, R., Gnerre, S., *et al.* (2014) Gibbon genome and the fast karyotype evolution of small apes. *Nature* 513: 195–201.

[57] Carroll, R. L. (1988) *Vertebrate Paleontology and Evolution.* W.H. Freeman, New York.

[58] Casane, D. & Laurenti, P. (2013) Why coelacanths are not 'living fossils': A review of molecular and morphological data. *BioEssays* 35: 332–338.

[59] Castellano, S., Parra, G., Sanchez-Quinto, F. A., et al. (2014) Patterns of coding variation in the complete exomes of three Neandertals. *Proceedings of the National Academy of Sciences* 111: 6666–6671.

[60] Catania, K. C. & Kaas, J. H. (1997) Somatosensory fovea in the starnosed mole: Behavioral use of the star in relation to innervation patterns and cortical representation. *Journal of Comparative Neurology* 387: 215–233.

[61] Cavalier-Smith, T. (1991) Intron phylogeny: A new hypothesis. *Trends in Genetics* 7: 145–148.

[62] Cavalier-Smith, T. (2002) The neomuran origin of archaebacteria, the negibacterial root of the universal tree and bacterial megaclassification. *International Journal of Systematic and Evolutionary Microbiology* 52: 7–76.

[63] Cavalier-Smith, T. & Chao, E. E. (2010) Phylogeny and evolution of Apusomonadida (Protozoa: Apusozoa): New genera and species. *Protist* 161: 549–576.

[64] Censky, E. J., Hodge, K., & Dudley, J. (1998) Overwater dispersal of lizards due to hurricanes. *Nature* 395: 556.

[65] Chang, J. T. (1999) Recent common ancestors of all present-day individuals. *Advances in Applied Probability*

31: 1002–1026.

[66] Chaucer, G. (2000) *Chaucer: The General Prologue on CD-ROM* (Solopova, E., ed.). Cambridge University Press, Cambridge.

[67] Chiari, Y., Cahais, V., Galtier, N., *et al.* (2012) Phylogenomic analyses support the position of turtles as the sister group of birds and crocodiles (Archosauria). *Bmc Biology* 10: 65.

[68] Clack, J. (2002) *Gaining Ground: The Origin and Evolution of Tetrapods*. Indiana University Press, Bloomington.

[69] Clarke, R. J. (1998) First ever discovery of a well-preserved skull and associated skeleton of *Australopithecus*. *South African Journal of Science* 94: 460–463.

[70] Cleveland, L. R. & Grimstone, A. V. (1964) The fine structure of the flagellate Mixotricha paradoxa and its associated micro-organisms. *Proceedings of the Royal Society of London: Series B* 159: 668–686.

[71] Collins, A. G. (2009) Recent insights into cnidarian phylogeny. *Smithsonian Contributions to Marine Sciences* 38: 139–149.

[72] Conway-Morris, S. (1998) *The Crucible of Creation: The Burgess Shale and the Rise of Animals*. Oxford University Press, Oxford.

[73] Conway-Morris, S. (2003) *Life's Solution: Inevitable Humans in a Lonely Universe*. Cambridge University Press, Cambridge.

[74] Cooper, A. & Fortey, R. (1998) Evolutionary explosions and the phylogenetic fuse. *Trends in Ecology and Evolution* 13: 151–156.

[75] Cooper, A. & Stringer, C. B. (2013) Did the Denisovans cross Wallace's line? *Science* 342: 321–323.

[76] Cott, H. B. (1940) *Adaptive Coloration in Animals*. Methuen, London.

[77] Crick, F. H. C. (1981) *Life Itself: Its Origin and Nature*. Macdonald, London.

[78] Criswell, K. E. (2015) The comparative osteology and phylogenetic relationships of African and South American lungfishes (*Sarcoptergii: Dipnoi*). *Zoological Journal of the Linnean Society* 174: 801–858.

[79] Crockford, S. (2002) *Dog Evolution: A Role for Thyroid Hormone Physiology in Domestication Changes*. Johns Hopkins University Press, Baltimore.

[80] Cronin, H. (1991) *The Ant and the Peacock: Altruism and Sexual Selection from Darwin to Today*. Cambridge University Press, Cambridge.

[81] Csányi, V. (2006) *If Dogs Could Talk: Exploring the Canine Mind*. The History Press.

[82] Daeschler, E. B., Shubin, N. H. & Jenkins, F. A. (2006) A Devonian tetrapod-like fish and the evolution of the tetrapod body plan. *Nature* 440: 757–763.

[83] Dalen, L., Orlando, L., Shapiro, B., *et al.* (2012) Partial genetic turnover in Neanderthals: continuity in the east and population replacement in the west. *Molecular Biology and Evolution* 29: 1893–1897.

[84] Darwin, C. (1860/1859) *On The Origin of Species by Means of Natural Selection*. John Murray, London.

[85] Darwin, C. (1987/1842) *The Geology of the Voyage of HMS Beagle: The Structure and Distribution of Coral Reefs*. New York University Press, New York.

[86] Darwin, C. (2002/1839) *The Voyage of the Beagle*. Dover Publications, New York.

[87] Darwin, C. (2003/1871) *The Descent of Man*. Gibson Square Books, London.

[88] Darwin, F. (ed.) (1888) *The Life And Letters of Charles Darwin*. John Murray, London.

[89] Daubin, V., Gouy, M., & Perriére, G. (2002) A phylogenomic approach to bacterial phylogeny: Evidence for a core of genes sharing common history. *Genome Research* 12: 1080–1090.

[90] Davies, P. (1998) *The Fifth Miracle: The Search for the Origin of Life*. Allen Lane, The Penguin Press, London.

[91] Dawkins, R. (1982) *The Extended Phenotype*. W.H. Freeman, Oxford.

[92] Dawkins, R. (1986) *The Blind Watchmaker*. Longman, London.

[93] Dawkins, R. (1989) The evolution of evolvability. In *Artificial Life* (Langton, C., ed.), pp. 201–220, Addison-Wesley, New York.

[94] Dawkins, R. (1989) *The Selfish Gene*. Oxford University Press, Oxford, 2nd edn.

[95] Dawkins, R. (1995) *River Out of Eden*. Weidenfeld & Nicolson, London.

[96] Dawkins, R. (1996) *Climbing Mount Improbable*. Viking, London.

[97] Dawkins, R. (1998) *Unweaving the Rainbow*. Penguin, London.

[98] Dawkins, R. (2003) *A Devil's Chaplain*. Weidenfeld & Nicolson, London.

[99] Dawkins, R. & Krebs, J. R. (1979) Arms races between and within species. *Proceedings of the Royal Society of London: Series B* 205: 489–511.

[100] de Morgan, A. (2003/1866) *A Budget of Paradoxes*. The Thoemmes Library, Poole, Dorset.

[101] de Waal, F. (1995) Bonobo sex and society. *Scientific American* 272 (March): 82–88.

[102] de Waal, F. (1997) *Bonobo: The Forgotten Ape*. University of California Press, Berkeley.

[103] Delsuc, F., Brinkmann, H., Chourrout, D., et al. (2006) Tunicates and not cephalochordates are the closest living relatives of vertebrates. *Nature* 439: 965–968.

[104] Dennett, D. (1991) *Consciousness Explained*. Little, Brown, Boston.

[105] Dennett, D. (1995) *Darwin's Dangerous Idea: Evolution and the Meaning of Life*. Simon & Schuster, New York.

[106] Derelle, R., Torruella, G., Klimeš, V., et al. (2015) Bacterial proteins pinpoint a single eukaryotic root. *Proceedings of the National Academy of Sciences of the USA* 112: E693–E699.

[107] Deutsch, D. (1997) *The Fabric of Reality*. Allen Lane, The Penguin Press, London.

[108] Diamond, J. (1991) *The Rise and Fall of the Third Chimpanzee*. Radius, London.

[109] Dias, B. G. & Ressler, K. J. (2013) Parental olfactory experience influences behavior and neural structure in subsequent generations. *Nature Neuroscience* 17: 89–96.

[110] Dixon, D. (1981) *After Man: A Zoology of the Future*. Granada, London.

[111] Doolittle, W.F. & Sapienza, C. (1980) Selfish genes, the phenotype paradigm and genome evolution. *Nature* 284: 601–603.

[112] dos Reis, M., Donoghue, P. C. J. & Yang, Z. (2014) Neither phylogenomic nor palaeontological data support a Palaeogene origin of placental mammals. *Biology Letters* 10: 20131003.

[113] dos Reis, M., Inoue, J., Hasegawa, M., et al. (2012) Phylogenomic datasets provide both precision and accuracy in estimating the timescale of placental mammal phylogeny. *Proceedings of the Royal Society B: Biological Sciences* 279: 3491–3500.

[114] dos Reis, M., Thawornwattana, Y., Angelis, K., et al. (2015) Uncertainty in the timing of origin of animals and the limits of precision in molecular timescales. *Current Biology* 25: 2939–2950.

[115] Douady, C. J., Catzeflis, F., Kao, D. J., et al. (2002) Molecular evidence for the monophyly of Tenrecidae (Mammalia) and the timing of the colonization of Madagascar by malagasy tenrecs. *Molecular Phylogenetics and Evolution* 22: 357–363.

[116] Drayton, M. (1931–1941) *The Works of Michael Drayton*. Blackwell, Oxford.

[117] Dudley, J.W. & Lambert, R. J. (1992) Ninety generations of selection for oil and protein in maize. *Maydica*

37: 96–119.

[118] Dulai, K. S., von Dornum, M., Mollon, J. D., & Hunt, D.M. (1999) The evolution of trichromatic color vision by opsin gene duplication in New World and Old World primates. *Genome Research* 9: 629–638.

[119] Dunn, C. W., Hejnol, A., Matus, D. Q., et al. (2008) Broad phylogenomic sampling improves resolution of the animal tree of life. *Nature* 452: 745–749.

[120] Durham, W.H. (1991) *Coevolution: Genes, Culture and Human diversity.* Stanford University Press, Stanford.

[121] Dyson, F. J. (1999) *Origins of Life.* Cambridge University Press, Cambridge, 2nd ed.

[122] Eddy, S. R. (2012) The C-value paradox, junk DNA and ENCODE. *Current Biology* 22: R898–R899.

[123] Edgecombe, G. D., Giribet, G., Dunn, C. W., et al. (2011) Higher-level metazoan relationships: Recent progress and remaining questions. *Organisms Diversity & Evolution* 11: 151–172.

[124] Edwards, A.W.F. (2003) Human genetic diversity: Lewontin's fallacy. *BioEssays* 25: 798–801.

[125] Eigen, M. (1992) *Steps Towards Life: A Perspective on Evolution.* Oxford University Press, Oxford.

[126] Eitel, M., Osigus, H.–J., DeSalle, R., & Schierwater, B. (2013) Global diversity of the Placozoa. *PLoS ONE* 8: e57131.

[127] Erdmann, M. (1999) An account of the first living coelacanth known to scientists from Indonesian waters. *Environmental Biology of Fishes* 54: 439–443.

[128] Ezkurdia, I., Juan, D., Rodriguez, J. M., *et al.* (2014) Multiple evidence strands suggest that there may be as few as 19 000 human proteincoding genes. *Human Molecular Genetics* 23: 5866–5878.

[129] Fabre, P.-H., Hautier, L., Dimitrov, D., *et al.* (2012) A glimpse on the pattern of rodent diversification: a phylogenetic approach. *BMC Evolutionary Biology* 12: 88.

[130] Farina, R. A., Tambusso, P. S., Varela, L., et al. (2013) Arroyo del Vizcaino, Uruguay: a fossil-rich 30-ka-old megafaunal locality with cut-marked bones. *Proceedings of the Royal Society B: Biological Sciences* 281: 20132211–20132211.

[131] Felsenstein, J. (2004) *Inferring phylogenies.* Sunderland, Mass: Sinauer Associates.

[132] Fernholm, B., Norén, M., Kullander, S. O., et al. (2013) Hagfish phylogeny and taxonomy, with description of the new genus Rubicundus (Craniata, Myxinidae). *Journal of Zoological Systematics and Evolutionary Research* 51: 296–307.

[133] Ferrier, D. E. K. & Holland, P.W.H. (2001) Ancient origin of the Hox gene cluster. *Nature Reviews Genetics* 2: 33–38.

[134] Ferrier, D. E. K., Minguillón, C., Holland, P.W.H., & Garcia-Fernàndez, J. (2000) The amphioxus Hox cluster: Deuterostome posterior flexibility and Hox14. *Evolution and Development* 2: 284–293.

[135] Fisher, R. A. (1999/1930) *The Genetical Theory of Natural Selection: A Complete Variorum Edition.* Oxford University Press, Oxford.

[136] Fisher, S. E. & Scharff, C. (2009) FOXP2 as a molecular window into speech and language. *Trends in Genetics* 25: 166–177.

[137] Fogle, B. (1993) *101 Questions Your Dog Would Ask Its Vet.* Michael Joseph, London.

[138] Fortey, R. (1997) *Life: An Unauthorised Biography: A Natural History of the First Four Thousand Million Years of Life on Earth.* HarperCollins, London.

[139] Fortey, R. (2012) *Survivors: The Animals and Plants that Time has Left Behind.* HarperPress, London.

[140] Freedman, A. H., Gronau, I., Schweizer, R. M., *et al.* (2014) Genome sequencing highlights the dynamic early history of dogs. *PLoS Genetics* 10: e1004016.

[141] Fu, Q., Hajdinjak, M., Moldovan, O. T., *et al.* (2015) An early modern human from Romania with a recent Neanderthal ancestor. *Nature* 524: 216–219.

[142] Fu, Q., Li, H., Moorjani, P., et al. (2014) Genome sequence of a 45,000-year-old modern human from western Siberia. *Nature* 514: 445–449.

[143] Fu, Q., Mittnik, A., Johnson, P. L. F., et al. (2013) A revised timescale for human evolution based on ancient mitochondrial genomes. *Current Biology* 23: 553–559.

[144] Gallant, J. R., Traeger, L. L., Volkening, J. D., et al. (2014) Genomic basis for the convergent evolution of electric organs. *Science* 344: 1522–1525.

[145] Gardner, A. & Conlon, J. P. (2013) Cosmological natural selection and the purpose of the universe. *Complexity* 18: 48–56.

[146] Garstang, W. (1951) *Larval Forms and Other Zoological Verses by the late Walter Garstang* (Hardy, A. C., ed.). Blackwell, Oxford.

[147] Gavelis, G. S., Hayakawa, S., White III, R. A., et al (2015) Eye-like ocelloids are built from different endosymbiotically acquired components. *Nature* 523: 204–207.

[148] Geissmann, T. (2002) Taxonomy and evolution of gibbons. *Evolutionary Anthropology* 11, Supplement 1: 28–31.

[149] Gensel, P. G. (2008) The earliest land plants. Annual Review of Ecology, *Evolution, and Systematics* 39: 459–477.

[150] Georgy, S. T., Widdicombe, J. G., & Young, V. (2002) The pyrophysiology and sexuality of dragons. *Respiratory Physiology & Neurobiology* 133: 3–10.

[151] Giribet, G. (2008) Assembling the lophotrochozoan (=spiralian) tree of life. *Philosophical Transactions of the Royal Society B: Biological Sciences* 363: 1513–1522.

[152] Gold, T. (1992) The deep, hot biosphere. *Proceedings of the National Academy of Sciences of the USA* 89: 6045–6049.

[153] Goodman, M. (1985) Rates of molecular evolution: The hominoid slowdown. *BioEssays* 3: 9–14.

[154] Gould, S. J. (1977) *Ontogeny and Phylogeny.* The Belknap Press of Harvard University Press, Cambridge, Mass.

[155] Gould, S. J. (1985) *The Flamingo's Smile: Reflections in Natural History.* Norton, New York.

[156] Gould, S. J. (1989) *Wonderful Life: The Burgess Shale and the Nature of History.* Hutchinson Radius, London.

[157] Gould, S. J. & Calloway, C. B. (1980) Clams and brachiopods: Ships that pass in the night. *Paleobiology* 6: 383–396.

[158] Grafen, A. (1990) Sexual selection unhandicapped by the Fisher process. *Journal of Theoretical Biology* 144: 473–516.

[159] Granger, D. E., Gibbon, R. J., Kuman K., et al. (2015) New cosmogenic burial ages for Sterkfontein Member 2 Australopithecus and Member 5 Oldowan. *Nature* 522: 85–88.

[160] Grant, P. R. (1999/1986) *Ecology and Evolution of Darwin's Finches.* Princeton University Press, Princeton, N. J., revised ed.

[161] Grant, P. R. & Grant, B. R. (2014) *40 Years of Evolution: Darwin's Finches on Daphne Major Island.* Princeton University Press, Princeton, N.J.

[162] Graur, D. & Martin, W. (2004) Reading the entrails of chickens: Molecular timescales of evolution and the illusion of precision. *Trends in Genetics* 20: 80–86.

[163] Green, R. E., Krause, J., Briggs, A. W., et al. (2010) A draft sequence of the Neandertal genome. *Science* 328: 710–722.

[164] Greenwalt, D. E., Goreva, Y. S., Siljestrom, S. M., et al. (2013) Hemoglobin-derived porphyrins preserved in a Middle Eocene blood-engorged mosquito. *Proceedings of the National Academy of Sciences* 110: 18496–18500.

[165] Gribbin, J. & Cherfas, J. (1982) *The Monkey Puzzle.* The Bodley Head, London.

[166] Gribbin, J. & Cherfas, J. (2001) *The First Chimpanzee: In Search of Human Origins*, Penguin, London.

[167] Gross, J. B. (2012) The complex origin of *Astyanax* cavefish. *BMC evolutionary biology* 12: 105.

[168] Groves, C. P. (1986) Systematics of the great apes. In *Systematics, Evolution, and Anatomy* (Swindler, D. R. & Erwin, J., eds.), *Comparative Primate Biology*, vol. 1, pp. 186–217, Alan R. Liss, New York.

[169] Hadzi, J. (1963) *The Evolution of the Metazoa*, Pergamon Press, Oxford.

[170] Haeckel, E. (1866) *Generelle Morphologie der Organismen.* Georg Reimer, Berlin.

[171] Haeckel, E. (1899–1904) *Kunstformen der Natur.*

[172] Haig, D. (1993) Genetic conflicts in human pregnancy. *The Quarterly Review of Biology* 68: 495–532.

[173] Haldane, J. B. S. (1952) Introducing Douglas Spalding. *British Journal for Animal Behaviour* 2: 1.

[174] Haldane, J. B. S. (1985) *On Being the Right Size and Other Essays* (Maynard Smith, J., ed.). Oxford University Press, Oxford.

[175] Halder, G., Callaerts, P., & Gehring, W.J. (1995) Induction of ectopic eyes by targeted expression of the eyeless gene in *Drosophila. Science* 267: 1788–1792.

[176] Hallam, A. & Wignall, P. B. (1997) *Mass Extinctions and their Aftermath.* Oxford University Press, Oxford.

[177] Hamilton, W.D. (2001) *Narrow Roads of Gene Land*, vol. 2. Oxford University Press, Oxford.

[178] Hamilton, W.D. (2006) *Narrow Roads of Gene Land* (Ridley, M., ed.), vol. 3. Oxford University Press, Oxford.

[179] Hamrick, M.W. (2001) Primate origins: Evolutionary change in digital ray patterning and segmentation. *Journal of Human Evolution* 40: 339– 351.

[180] Harcourt, A.H., Harvey, P.H., Larson, S.G., & Short, R.V. (1981) Testis weight, body weight and breeding system in primates. *Nature* 293: 55–57.

[181] Hardy, A. (1965) *The Living Stream.* Collins, London.

[182] Hardy, A. C. (1954) The escape from specialization. In *Evolution as a Process* (Huxley, J., Hardy, A. C., & Ford, E. B., eds.), Allen and Unwin, London, 1st edn.

[183] Harmand, S., Lewis, J. E., Fiebel, C. S., et al. (2015) 3.3-million-year-old stone tools from Lomekwi 3, West Turkana, Kenya. *Nature* 521: 310–315.

[184] Hartig, G., Churakov, G., Warren, W.C., *et al.* (2013) Retrophylogenomics place tarsiers on the evolutionary branch of anthropoids. *Scientific Reports* 3.

[185] Harvey, P. H. & Pagel, M. D. (1991) *The Comparative Method in Evolutionary Biology.* Oxford University Press, Oxford.

[186] Hay, J. M., Subramanian, S., Millar, C. D., *et al.* (2008) Rapid molecular evolution in a living fossil. *Trends in Genetics* 24: 106–109.

[187] Heesy, C. P. & Ross, C. F. (2001) Evolution of activity patterns and chromatic vision in primates: Morphometrics, genetics and cladistics. *Journal of Human Evolution* 40: 111–149.

[188] Heimberg, A. M., Cowper-Sal·lari, R., Semon, M., et al. (2010) micro-RNAs reveal the interrelationships of hagfish, lampreys, and gnathostomes and the nature of the ancestral vertebrate. *Proceedings of the National*

Academy of Sciences 107: 19379–19383.

[189] Heinicke, M.P., Sander, J.M. & Hedges, S. B. (2009) Lungfishes (Dipnoi). In *The Timetree of Life*. Hedges, S. B. & Kumar, S. (Eds)., Oxford?; New York: Oxford University Press.

[190] Hejnol, A., Obst, M., Stamatakis, A., et al. (2009) Assessing the root of bilaterian animals with scalable phylogenomic methods. *Proceedings of the Royal Society B: Biological Sciences* 276: 4261–4270.

[191] Higham, T., Douka, K., Wood, R., et al. (2014) The timing and spatiotemporal patterning of Neanderthal disappearance. *Nature* 512: 306–309.

[192] Hinchliff, C. E., Smith, S. A., Allman, J. F., et al. (2015) Synthesis of phylogeny and taxonomy into a comprehensive tree of life. *Proceedings of the National Academy of Sciences*.

[193] Hobolth, A., Dutheil, J. Y., Hawks, J., et al. (2011) Incomplete lineage sorting patterns among human, chimpanzee, and orangutan suggest recent orangutan speciation and widespread selection. *Genome Research* 21: 349–356.

[194] Holland, N. D. (2003) Early central nervous system evolution: An era of skin brains? *Nature Reviews Neuroscience* 4: 617–627.

[195] Hollmann, J., Myburgh, S., Van der Schijff, M., et al. (1995) Aardvark and cucumber: A remarkable relationship. *Veld and Flora* 108–109.

[196] Home, E. (1802) A description of the anatomy of the Ornithorhynchus paradoxus. *Philosophical Transactions of the Royal Society of London* 92: 67–84.

[197] Hou, X.–G., Aldridge, R. J., Bergstrom, J., et al. (2004) *The Cambrian Fossils of Chengjiang, China: The Flowering of Early Animal Life*. Blackwell Science, Oxford.

[198] Huerta-Sánchez, E., Jin, X., Asan, et al. (2014) Altitude adaptation in Tibetans caused by introgression of Denisovan-like DNA. *Nature* 512: 194–197.

[199] Hume, D. (1957/1757) *The Natural History of Religion* (Root, H. E., ed.). Stanford University Press, Stanford.

[200] Huxley, A. (1939) *After Many a Summer*. Chatto and Windus, London.

[201] Huxley, T. H. (2001/1836) *Man's Place in Nature*. Random House USA, New York.

[202] Ibarra-Laclette, E., Lyons, E., Hernández-Guzmán, G., et al. (2013) Architecture and evolution of a minute plant genome. *Nature* 498: 94–98.

[203] Inoue, J. G., Miya, M., Lam, K., et al. (2010) Evolutionary origin and phylogeny of the modern holocephalans (chondrichthyes: chimaeriformes): A mitogenomic perspective. *Molecular Biology and Evolution* 27: 2576–2586.

[204] Isaac, N. J. B., Redding, D. W., Meredith, H. M., et al. (2012) Phylogenetically-informed priorities for amphibian conservation. *PLoS ONE* 7: e43912.

[205] Jaffe, A. L., Slater, G. J. & Alfaro, M. E. (2011) The evolution of island gigantism and body size variation in tortoises and turtles. *Biology Letters* 7: 558–561.

[206] Janečka, J. E., Helgen, K. M., Lim, N.T.-L., et al. (2008) Evidence for multiple species of Sunda colugo. *Current Biology* 18: R1001–R1002.

[207] Janečka, J. E., Miller, W., Pringle, T. H., et al. (2007) Molecular and genomic data identify the closest living relative of primates. *Science* 318: 792–794.

[208] Jensen, S., Droser, M.L. & Gehling, J. G. (2005) Trace fossil preservation and the early evolution of animals. *Palaeogeography, Palaeoclimatology, Palaeoecology* 220: 19–29.

[209] Jerison, H. J. (1973) *Evolution of the Brain and Intelligence*. Academic Press, New York.

[210] Jimenez-Guri, E., Philippe, H., Okamura, B., et al. (2007) Buddenbrockia is a cnidarian worm. *Science* 317: 116–118.

[211] Johanson, D. C. & Edey, M. A. (1981) *Lucy: The Beginnings of Humankind*. Grenada, London.

[212] Jones, S. (1993) *The Language of the Genes: Biology, History, and the Evolutionary Future*. HarperCollins, London.

[213] Judson, O. (2002) *Dr. Tatiana's Sex Advice to all Creation*. Metropolitan Books, New York.

[214] Karpov, S.A.,Mamkaeva,M.A., Aleoshin,V.V., *et al.* (2014) Morphology, phylogeny, and ecology of the aphelids (Aphelidea, Opisthokonta) and proposal for the new superphylum Opisthosporidia. *Frontiers in Microbiology* 5.

[215] Katzourakis, A. & Gifford, R. J. (2010) Endogenous viral elements in animal genomes. *PLoS Genetics* 6: e1001191.

[216] Kauffman, S. A. (1985) Self-organization, selective adaptation, and its limits. In *Evolution at a Crossroads* (Depew, D. J. & Weber, B. H., eds.), pp. 169–207, MIT Press, Cambridge, Mass.

[217] Keeling, P. J. (2013) The number, speed, and impact of plastid endosymbioses in eukaryotic evolution. *Annual Review of Plant Biology* 64: 583–607.

[218] Kemp, T. S. (1982) The reptiles that became mammals. *New Scientist* 93: 581–584.

[219] Kemp, T. S. (2005) *The Origin and Evolution of Mammals*. Oxford University Press, Oxford.

[220] Kimura, M. (1994) *Population Genetics, Molecular Evolution and the Neutral Theory* (Takahata, N., ed.). University of Chicago Press, Chicago.

[221] King, H. M., Shubin, N. H., Coates, M.I., et al. (2011) Behavioral evidence for the evolution of walking and bounding before terrestriality in sarcopterygian fishes. *Proceedings of the National Academy of Sciences* 108: 21146–21151.

[222] Kingdon, J. (1990) *Island Africa*. Collins, London.

[223] Kingdon, J. (2003) *Lowly Origin: Where, When and Why our Ancestors First Stood Up*. Princeton University Press, Princeton/Oxford.

[224] Kingsley, C. (1995/1863) *The Water Babies*. Puffin, London.

[225] Kipling, R. (1995/1906) *Puck of Pook's Hill*. Penguin, London.

[226] Kirschner, M. & Gerhart, J. (1998) Evolvability. *Proceedings of the National Academy of Sciences of the USA* 95: 8420–8427.

[227] Kittler, R., Kayser, M., & Stoneking, M. (2003) Molecular evolution of *Pediculus humanus* and the origin of clothing. *Current Biology* 13: 1414–1417.

[228] Kivell, T. L. & Schmitt, D. (2009) Independent evolution of knucklewalking in African apes shows that humans did not evolve from a knuckle-walking ancestor. *Proceedings of the National Academy of Sciences* 106: 14241–14246.

[229] Klein, R. G. (1999) *The Human Career: Human Biological and Cultural Origins*. Chicago University Press, Chicago/London, 2nd ed.

[230] Kong, A., Frigge, M. L., Masson, G., et al. (2012) Rate of de novo mutations and the importance of father's age to disease risk. *Nature* 488: 471–475.

[231] Krings, M., Stone, A., Schmitz, R. W., et al. (1997) Neanderthal DNA sequences and the origin of modern humans. *Cell* 90: 19–30.

[232] Kruuk, H. (2003) *Niko's Nature*. Oxford University Press, Oxford.

[233] Kuraku, S. (2008) Insights into cyclostome phylogenomics: Pre-2R or post-2R. *Zool. Sci.* 25: 960–968.

[234] Lack, D. (1947) *Darwin's Finches*. Cambridge University Press, Cambridge.

[235] Lambourn, W.A. (1930) The remarkable adaptation by which a dipterous pupa (Tabanidae) is preserved from the dangers of fissures in drying mud. *Proceedings of the Royal Society of London: Series B* 106: 83– 87.

[236] Lamichhaney, S., Berglund, J., Almén, M.S., et al. (2015) Evolution of Darwin's finches and their beaks revealed by genome sequencing. *Nature* 518: 371–375.

[237] Lasek-Nesselquist, E. & Gogarten, J. P. (2013) The effects of model choice and mitigating bias on the ribosomal tree of life. *Molecular Phylogenetics and Evolution* 69: 17–38.

[238] Laskey, R. A. & Gurdon, J. B. (1970) Genetic content of adult somatic cells tested by nuclear transplantation from cultured cells. *Nature* 228: 1332–1334.

[239] Leakey, M. (1987) The hominid footprints: Introduction. In *Laetoli: A Pliocene Site in Northern Tanzania* (Leakey, M. D. & Harris, J. M., eds.), pp. 490–496, Clarendon Press, Oxford.

[240] Leakey, M., Feibel, C., McDougall, I., & Walker, A. (1995) New fourmillion-year-old hominid species from Kanapoi and Allia Bay, Kenya. *Nature* 376: 565–571.

[241] Leakey, R. (1994) *The Origin of Humankind*. Basic Books, New York.

[242] Leakey, R. & Lewin, R. (1992) *Origins Reconsidered: In Search of What Makes us Human*. Little, Brown, London.

[243] Leakey, R. & Lewin, R. (1996) *The Sixth Extinction: Biodiversity and its Survival*. Weidenfeld & Nicolson, London.

[244] Legg, D. A., Sutton, M.D. & Edgecombe, G. D. (2013) Arthropod fossil data increase congruence of morphological and molecular phylogenies. *Nature Communications* 4.

[245] Lewis-Williams, D. (2002) *The Mind in the Cave*. Thames and Hudson, London.

[246] Lewontin, R. C. (1972) The apportionment of human diversity. *Evolutionary Biology* 6: 381–398.

[247] Li, H. & Durbin, R. (2011) Inference of human population history from individual whole-genome sequences. *Nature* 475: 493–496.

[248] Liang, D., Shen, X. X. & Zhang, P. (2013) One thousand two hundred ninety nuclear genes from a genome-wide survey support lungfishes as the sister group of tetrapods. *Molecular Biology and Evolution* 30: 1803– 1807.

[249] Liem, K. F. (1973) Evolutionary strategies and morphological innovations: cichlid pharyngeal jaws. *Systematic Zoology* 22: 425–441.

[250] Lindblad-Toh, K., Wade, C. M., Mikkelsen, T. S., et al. (2005) Genome sequence, comparative analysis and haplotype structure of the domestic dog. *Nature* 438: 803–819.

[251] Liu, Y., Cotton, J. A., Shen, B., et al. (2010) Convergent sequence evolution between echolocating bats and dolphins. *Current Biology* 20: R53–R54.

[252] Long, J. A., Trinajstic, K. & Johanson, Z. (2009) Devonian arthrodire embryos and the origin of internal fertilization in vertebrates. *Nature* 457: 1124–1127.

[253] Lordkipanidze, D., Ponce de Leon, M.S., Margvelashvili, A., et al. (2013) A complete skull from Dmanisi, Georgia, and the evolutionary biology of early Homo. *Science* 342: 326–331.

[254] Lorenz, K. (2002) *Man Meets Dog*. Routledge Classics, Routledge, London.

[255] Lovejoy, C. O. (1981) The origin of man. *Science* 211: 341–350.

[256] Lovejoy, C. O. (2009) Reexamining human origins in light of *Ardipithecus ramidus*. *Science* 326: 74–74, 74e1–74e8.

[257] Ludeman, D. A., Farrar, N., Riesgo, A., et al. (2014) Evolutionary origins of sensation in metazoans: functional evidence for a new sensory organ in sponges. *BMC Evolutionary Biology* 14: 3.

[258] Luo, Z.-X., Cifelli, R. L., & Kielan-Jaworowska, Z. (2001) Dual origin of tribosphenic mammals. *Nature* 409: 53–57.

[259] Luo, Z.-X., Ji, Q., Wible, J. R., et al. (2003) An Early Cretaceous tribosphenic mammal and metatherian evolution. *Science* 302: 1934–1940.

[260] Luo, Z.-X., Yuan, C.-X., Meng, Q.-J., et al. (2011) A Jurassic eutherian mammal and divergence of marsupials and placentals. *Nature* 476: 442–445.

[261] Macaulay, V. (2005) Single, rapid coastal settlement of Asia revealed by analysis of complete mitochondrial genomes. *Science* 308: 1034–1036.

[262] Magiorkinis, G., Blanco-Melo, D. & Belshaw, R. (2015) The decline of human endogenous retroviruses: extinction and survival. *Retrovirology* 12: 8.

[263] Mandelbrot, B. B. (1982) *The Fractal Geometry of Nature*. San Francisco: W.H. Freeman.

[264] Manger, P. R. & Pettigrew, J. D. (1995) Electroreception and feeding behaviour of the platypus (Ornithorhychus anatinus: Monotrema: Mammalia). *Philosophical Transactions of the Royal Society of London: Biological Sciences* 347: 359–381.

[265] Margulis, L. (1981) *Symbiosis in Cell Evolution*. W.H. Freeman, San Francisco.

[266] Maricic, T., Gunther, V., Georgiev, O., et al. (2013) A recent evolutionary change affects a regulatory element in the human FOXP2 gene. *Molecular Biology and Evolution* 30: 844–852.

[267] Mark Welch, D. & Meselson, M. (2000) Evidence for the evolution of bdelloid rotifers without sexual reproduction or genetic exchange. *Science* 288: 1211–1219.

[268] Martin, R. D. (1981) Relative brain size and basal metabolic rate in terrestrial vertebrates. *Nature* 293: 57–60.

[269] Martin, W. & Koonin, E. V. (2006) Introns and the origin of nucleus–cytosol compartmentalization. *Nature* 440: 41–45.

[270] Mash, R. (2003/1983) *How to Keep Dinosaurs*. Weidenfeld & Nicholson, London.

[271] Mathieson, I., Lazaridis, I., Rohland, N., et al. (2015) Eight thousand years of natural selection in Europe. *bioRxiv*.

[272] Maynard Smith, J. (1978) *The Evolution of Sex*. Cambridge University Press, Cambridge.

[273] Maynard Smith, J. (1986) Evolution – contemplating life without sex. *Nature* 324: 300–301.

[274] Maynard Smith, J. & Szathmàry, E. (1995) *The Major Transitions in Evolution*. Oxford University Press, Oxford.

[275] Mayr, E. (1985/1982) *The Growth of Biological Thought*. Harvard University Press, Cambridge, Mass.

[276] McBrearty, S. & Jablonski, N. G. (2005) First fossil chimpanzee. *Nature* 437: 105–108.

[277] McDougall, I., Brown, F. H. & Fleagle, J. G. (2005) Stratigraphic placement and age of modern humans from Kibish, Ethiopia. *Nature* 433: 733–736.

[278] McPherron, S. P., Alemseged, Z., Marean, C. W., et al. (2010) Evidence for stone-tool assisted consumption of animal tissues before 3.39 million years ago at Dikka, Ethiopia. *Nature* 466: 857–860.

[279] Mendez, F. L., Krahn, T., Schrack, B., et al. (2013) An African American paternal lineage adds an extremely ancient root to the human Y chromosome phylogenetic tree. *The American Journal of Human Genetics* 92: 454–459.

[280] Mendez, F. L., Veeramah, K. R., Thomas, M. G., et al. (2015) Reply to 'The "extremely ancient"

chromosome that isn't' by Elhaik *et al. European Journal of Human Genetics* 23: 564–567.

[281] Menon, L. R., McIlroy, D. & Brasier,M.D. (2013) Evidence for Cnidarialike behavior in ca. 560 Ma Ediacaran Aspidella. *Geology* 41: 895–898.

[282] Menotti-Raymond, M. & O'Brien, S. J. (1993) Dating the genetic bottleneck of the African cheetah. *Proceedings of the National Academy of Sciences of the USA* 90: 3172–3176.

[283] Meyer, M., Fu, Q., Aximu-Petri, A., *et al.* (2013) A mitochondrial genome sequence of a hominin from Sima de los Huesos. *Nature* 505: 403–406.

[284] Meyer, M., Kircher, M., Gansauge, M.-T., *et al.* (2012) A high-coverage genome sequence from an archaic Denisovan individual. *Science* 338: 222–226.

[285] Milius, S. (2000) Bdelloids: No sex for over 40 million years. *Science News* 157: 326.

[286] Miller, G. (2000) *The Mating Mind: How Sexual Choice Shaped the Evolution of Human Nature.* Heinemann, London.

[287] Miller, K. R. (1999) *Finding Darwin's God: A Scientist's Search for Common Ground Between God and Evolution.* Cliff Street Books (HarperCollins), New York.

[288] Miller, K. R. (2004) The flagellum unspun: the collapse of 'irreducible complexity'. In *Debating Design: From Darwin to DNA* (Ruse, M. & Dembski, W., eds.), Cambridge University Press, Cambridge.

[289] Mills, D. R., Peterson, R. L., & Spiegelman, S. (1967) An extracellular Darwinian experiment with a self-duplicating nucleic acid molecule. *Proceedings of the National Academy of Sciences of the USA* 58: 217–224.

[290] Milner, A. R. & Sequeira, S. E. K. (1994) The temnospondyl amphibians from the Viséan of East Kirkton. *Transactions of the Royal Society of Edinburgh, Earth Sciences* 84: 331–361.

[291] Mitchell, K. J., Llamas, B., Soubrier, J., *et al.* (2014) Ancient DNA reveals elephant birds and kiwi are sister taxa and clarifies ratite bird evolution. *Science* 344: 898–900.

[292] Mitchell, K. J., Pratt, R. C., Watson, L. N., *et al.* (2014) Molecular phylogeny, biogeography, and habitat preference evolution of marsupials. *Molecular Biology and Evolution* 31: 2322–2330.

[293] Mollon, J. D., Bowmaker, J. K., & Jacobs, G. H. (1984) Variations of colour vision in a New World primate can be explained by polymorphism of retinal photopigments. *Proceedings of the Royal Society of London: Series B* 222: 373–399.

[294] Monod, J. (1972) *Chance and Necessity: Essay on the Natural Philosophy of Modern Biology.* Collins, London.

[295] Morgan, C. C., Foster, P. G., Webb, A. E., *et al.* (2013) Heterogeneous models place the root of the placental mammal phylogeny. *Molecular Biology and Evolution* 30: 2145–2156.

[296] Morgan, E. (1997) *The Aquatic Ape Hypothesis.* Souvenir Press, London.

[297] Moroz, L. L., Kocot, K. M., Citarella, M.R., *et al.* (2014) The ctenophore genome and the evolutionary origins of neural systems. *Nature* 510: 109–114.

[298] Müller, J. & Reisz, R. R. (2005) Four well-constrained calibration points from the vertebrate fossil record for molecular clock estimates. *BioEssays* 27: 1069–1075.

[299] Murdock, G. P. (1967) *Ethnographic Atlas.* University of Pittsburgh Press, Pittsburgh.

[300] Narkiewicz, M., Grabowski, J., Narkiewicz, K., *et al.* (2015) Palaeoenvironments of the Eifelian dolomites with earliest tetrapod trackways (Holy Cross Mountains, Poland). *Palaeogeography, Palaeoclimatology, Palaeoecology* 420: 173–192.

[301] Nesnidal, M. P., Helmkampf, M., Bruchhaus, I., *et al.* (2013) Agent of whirling disease meets orphan worm: Phylogenomic analyses firmly place Myxozoa in Cnidaria. *PLoS ONE* 8: e54576.

[302] Nesse, R.M. & Williams, G. C. (1994) *The Science of Darwinian Medicine*. Orion, London.

[303] Ni, X., Gebo, D. L., Dagosto, M., *et al.* (2013) The oldest known primate skeleton and early haplorhine evolution. *Nature* 498: 60–64.

[304] Nie, W., Fu, B., O'Brien, P. C., *et al.* (2008) Flying lemurs – The 'flying tree shrews'? Molecular cytogenetic evidence for a Scandentia–Dermoptera sister clade. *BMC Biology* 6: 18.

[305] Niedźwiedzki, G., Szrek, P., Narkiewicz, K., *et al.* (2010) Tetrapod trackways from the early Middle Devonian period of Poland. *Nature* 463: 43–48.

[306] Nilsson, M.A., Churakov, G., Sommer, M., *et al.* (2010) Tracking marsupial evolution using archaic genomic retroposon insertions. *PLoS Biology* 8: e1000436.

[307] Nishihara, H., Maruyama, S. & Okada, N. (2009) Retroposon analysis and recent geological data suggest near-simultaneous divergence of the three superorders of mammals. *Proceedings of the National Academy of Sciences* 106: 5235–5240.

[308] Norman, D. (1991) *Dinosaur!* Boxtree, London.

[309] Oaks, J. R. (2011) A time-calibrated species tree of crocodylia reveals a recent radiation of the true crocodiles. *Evolution* 65: 3285–3297.

[310] Ohta, T. (1992) The nearly neutral theory of molecular evolution. *Annual Review of Ecology and Systematics* 23: 263–286.

[311] O'Leary, M. A., Bloch, J. I., Flynn, J. J., *et al.* (2013) The placental mammal ancestor and the post–K–Pg radiation of placentals. *Science* 339: 662–667.

[312] Oparin, A. I. (1938) *The Origin of Life*. Macmillan, New York.

[313] Orgel, L. E. (1998) The origin of life – a review of facts and speculations. *Trends in Biochemical Sciences* 23: 491–495.

[314] Orgel, L. E. & Crick, F. H. C. (1980) Selfish DNA: the ultimate parasite. *Nature* 284: 604–607.

[315] Orlando, L. & Cooper, A. (2014) Using ancient DNA to understand evolutionary and ecological processes. *Annual Review of Ecology, Evolution, and Systematics* 45: 573–598.

[316] Orlando, L., Ginolhac, A., Zhang, G., *et al.* (2013) Recalibrating Equus evolution using the genome sequence of an early Middle Pleistocene horse. *Nature* 499: 74–78.

[317] Ota, K. G., Fujimoto, S., Oisi, Y., et al. (2011) Identification of vertebralike elements and their possible differentiation from sclerotomes in the hagfish. *Nature Communications* 2: 373.

[318] Pääbo, S. (2014) *Neanderthal Man: In Search of Lost Genomes*. New York, Basic Books.

[319] Pagel, M. & Bodmer, W. (2003) A naked ape would have fewer parasites. *Proceedings of the Royal Society of London: Biological Sciences* (Suppl.) 270: S117–S119.

[320] Panchen, A. L. (2001) Étienne Geoffroy St.-Hilaire: Father of 'evodevo'? *Evolution and Development* 3: 41–46.

[321] Parfrey, L. W., Lahr, D. J. G., Knoll, A. H., *et al.* (2011) Estimating the timing of early eukaryotic diversification with multigene molecular clocks. *Proceedings of the National Academy of Sciences* 108: 13624–13629.

[322] Parker, A. (2003) *In the Blink of an Eye: The Cause of the Most Dramatic Event in the History of Life*. Free Press, London.

[323] Parker, J., Tsagkogeorga, G., Cotton, J. A., *et al.* (2013) Genome-wide signatures of convergent evolution in echolocating mammals. *Nature* 502: 228–231.

[324] Partridge, T. C., Granger, D.E., Caffee, M.W., & Clarke, R. J. (2003) Lower Pliocene hominid remains from Sterkfontein. *Science* 300: 607–612.

[325] Patel, B. H., Percivalle, C., Ritson, D. J., *et al.* (2015) Common origins of RNA, protein and lipid precursors in a cyanosulfidic protometabolism. *Nature Chemistry* 7: 301–307.

[326] Penfield, W. & Rasmussen, T. (1950) *The Cerebral Cortex of Man: A Clinical Study of Localization of Function.* Macmillan, New York.

[327] Peng, Z., Ludwig, A., Wang, D., *et al.* (2007) Age and biogeography of major clades in sturgeons and paddlefishes (Pisces: Acipenseriformes). *Molecular Phylogenetics and Evolution.* 42: 854–862.

[328] Perdeck, A. C. (1957) The isolating value of specific song patterns in two sibling species of grasshoppers. *Behaviour* 12: 1–75.

[329] Peterson, K. J., Cotton, J. A., Gehling, J. G., *et al.* (2008) The Ediacaran emergence of bilaterians: congruence between the genetic and the geological fossil records. *Philosophical Transactions of the Royal Society B: Biological Sciences* 363: 1435–1443.

[330] Pettigrew, J. D., Manger, P. R., & Fine, S. L. B. (1998) The sensory world of the platypus. *Philosophical Transactions of the Royal Society of London: Biological Sciences* 353: 1199–1210.

[331] Pierce, S.E., Clack, J. A. & Hutchinson, J.R. (2012) Three-dimensionalvlimb jointmobility in the early tetrapod Ichthyostega. *Nature* 486: 523–526.

[332] Pinker, S. (1994) *The Language Instinct: The New Science of Language and Mind.* Allen Lane, The Penguin Press, London.

[333] Pinker, S. (1997) *How the Mind Works.* Norton, New York.

[334] Pisani, D., Feuda, R., Peterson, K. J., *et al.* (2012) Resolving phylogenetic signal from noise when divergence is rapid: A new look at the old problem of echinoderm class relationships. *Molecular Phylogenetics and Evolution* 62: 27–34.

[335] Podar, M., Haddock, S. H., Sogin, M. L., *et al.* (2001) A molecular phylogenetic framework for the phylum Ctenophora using 18S rRNA genes. *Molecular Phylogenetics and Evolution.* 21: 218–230.

[336] Poulakakis, N. & Stamatakis, A. (2010) Recapitulating the evolution of Afrotheria: 57 genes and rare genomic changes (RGCs) consolidate their history. *Systematics and Biodiversity* 8: 395–408.

[337] Poux, C., Madsen, O., Marquard, E., *et al.* (2005) Asynchronous colonization of Madagascar by the four endemic clades of primates, tenrecs, carnivores, and rodents as inferred from nuclear genes. *Systematic Biology* 54: 719–730.

[338] Prüfer, K., Munch, K., Hellmann, I., *et al.* (2012) The bonobo genome compared with the chimpanzee and human genomes. *Nature* 486: 527–531.

[339] Prüfer, K., Racimo, F., Patterson, N., *et al.* (2013) The complete genome sequence of a Neanderthal from the Altai Mountains. *Nature* 505: 43–49.

[340] Pullman, P. (2001) *His Dark Materials Trilogy.* Scholastic Press, London.

[341] Pyron, R.A. (2011) Divergence time estimation using fossils as terminal taxa and the origins of Lissamphibia. *Systematic Biology* 60: 466–481.

[342] Pyron, R. A., Kandambi, H. K. D., Hendry, C. R., *et al.* (2013) Genuslevel phylogeny of snakes reveals the origins of species richness in Sri Lanka. *Molecular Phylogenetics and Evolution.* 66: 969–978.

[343] Ralph, P. & Coop, G. (2013) The geography of recent genetic ancestry across Europe. *PLoS Biology* 11: e1001555.

[344] Ramsköld, L. (1992) The second leg row of Hallucigenia discovered. *Lethaia* 25: 221–224.

[345] Rands, C. M., Meader, S., Ponting, C. P., *et al.* (2014) 8.2% of the human genome is constrained: Variation in rates of turnover across functional element classes in the human lineage. *PLoS Genetics* 10: e1004525.

[346] Reader, J. (1988) *Man on Earth*. Collins, London.

[347] Reader, J. (1998) *Africa: A Biography of the Continent*. Penguin, London.

[348] Rebek, J. (1994) Synthetic self-replicating molecules. *Scientific American* 271 (July): 48–55.

[349] Rees, M. (1999) *Just Six Numbers*. Science Masters, Weidenfeld & Nicolson, London.

[350] Reich, D., Green, R. E., Kircher, M., *et al.* (2010) Genetic history of an archaic hominin group from Denisova Cave in Siberia. *Nature* 468: 1053–1060.

[351] Reich, D., Patterson, N., Kircher, M., *et al.* (2011) Denisova admixture and the first modern human dispersals into Southeast Asia and Oceania. *The American Journal of Human Genetics* 89: 516–528.

[352] Richardson, M. K. & Keuck, G. (2002) Haeckel's ABC of evolution and development. *Biological Reviews* 77: 495–528.

[353] Ridley, Mark (1983) *The Explanation of Organic Diversity – The Comparative Method and Adaptations for Mating*. Clarendon Press/Oxford University Press, Oxford.

[354] Ridley, Mark (1986) Embryology and classical zoology in Great Britain. In *A History of Embryology: The Eighth Symposium of the British Society for Developmental Biology* (Horder, T. J., Witkowski, J., & Wylie, C. C., eds.), pp. 35–67, Cambridge University Press, Cambridge.

[355] Ridley, Mark (2000) *Mendel's Demon: Gene Justice and the Complexity of Life*. Weidenfeld & Nicolson, London.

[356] Ridley, Matt (1993) *The Red Queen: Sex and the Evolution of Human Nature*. Viking, London.

[357] Ridley, Matt (2003) *Nature Via Nurture: Genes, Experience and What Makes Us Human*. Fourth Estate, London.

[358] Rinke, C., Schwientek, P., Sczyrba, A., *et al.* (2013) Insights into the phylogeny and coding potential of microbial dark matter. *Nature* 499: 431–437.

[359] Rogers, A. R., Iltis, D. & Wooding, S. (2004) Genetic variation at the MC1R locus and the time since loss of human body hair. *Current Anthropology* 45: 105–108.

[360] Rohde, D. L. T., Olson, S. & Chang, J. T. (2004) Modelling the recent common ancestry of all living humans. *Nature* 431: 562–566.

[361] Rokas, A. & Holland, P.W.H. (2000) Rare genomic changes as a tool for phylogenetics. *Trends in Ecology and Evolution* 15: 454–459.

[362] Romiguier, J., Ranwez, V., Delsuc, F., *et al.* (2013) Less is more in mammalian phylogenomics: AT-rich genes minimize tree conflicts and unravel the root of placental mammals. *Molecular Biology and Evolution* 30: 2134–2144.

[363] Rooney, A. D., Strauss, J. V., Brandon, A. D., *et al.* (2015) A Cryogenian chronology: Two long–lasting synchronous Neoproterozoic glaciations. *Geology* 43: 459–462.

[364] Rosindell, J. & Harmon, L. J. (2012) OneZoom: A fractal explorer for the tree of life. *PLoS Biology* 10: e1001406.

[365] Ruiz-Trillo, I. & Paps, J. (2015) Acoelomorpha: Earliest branching bilaterans or deuterostomes? *Organisms Diversity & Evolution*.

[366] Ruppert, E. E. & Barnes, R. D. (1994) *Invertebrate Zoology*. Saunders College Publishing, Fort Worth, 6th ed.

[367] Sacks, O. (1996) *The Island of the Colour-blind and Cycad Island*. Picador, London.

[368] Saffhill, R., Schneider-Bernloer, H., Orgel, L. E., & Spiegelman, S. (1970) In vitro selection of bacteriophage Q ribonucleic acid variants resistant to ethidium bromide. *Journal of Molecular Biology* 51: 531–539.

[369] Sankararaman, S., Mallick, S., Dannemann, M., *et al.* (2014) The genomic landscape of Neanderthal ancestry in present-day humans. *Nature* 507: 354–357.

[370] Sansom, I. J., Davies, N. S., Coates, M. I., *et al.* (2012) Chondrichthyanlike scales from the Middle Ordovician of Australia. *Palaeontology* 55: 243–247.

[371] Sarich, V.M. & Wilson, A. C. (1967) Immunological time scale for hominid evolution. *Science* 158: 1200–1203.

[372] Scally, A. & Durbin, R. (2012) Revising the human mutation rate: implications for understanding human evolution. *Nature Reviews Genetics* 13: 745–753.

[373] Scally, A., Dutheil, J. Y., Hillier, L. W., *et al.* (2012) Insights into hominid evolution from the gorilla genome sequence. *Nature* 483: 169–175.

[374] Schiffels, S. & Durbin, R. (2014) Inferring human population size and separation history from multiple genome sequences. *Nature Genetics* 46: 919–925.

[375] Schluter, D. (2000) *The Ecology of Adaptive Radiation*. Oxford University Press, Oxford.

[376] Schreiweis, C., Bornschein, U., BurguiËre, E., *et al.* (2014) Humanized Foxp2 accelerates learning by enhancing transitions from declarative to procedural performance. *Proceedings of the National Academy of Sciences* 111: 14253–14258.

[377] Schweitzer, M. H., Zheng, W., Organ, C. L., *et al.* (2009) Biomolecular characterization and protein sequences of the campanian hadrosaur B. canadensis. *Science* 324: 626–631.

[378] Scotese, C. R. (2001) *Atlas of Earth History*, vol. 1, Palaeography. PALEOMAP project, Arlington, Texas.

[379] Seehausen, O. & van Alphen, J. J.M. (1998) The effect of male coloration on female mate choice in closely related Lake Victoria cichlids (Haplochromis nyererei complex). *Behavioral Ecology and Sociobiology* 42: 1–8.

[380] Segurel, L., Thompson, E. E., Flutre, T., *et al.* (2012) The ABO blood group is a trans-species polymorphism in primates. *Proceedings of the National Academy of Sciences* 109: 18493–18498.

[381] Senut, B., Pickford, M., Gommery, D., *et al.* (2001) First hominid from the Miocene (Lukeino Formation, Kenya). *Comptes Rendus de l'Academie des Sciences, Series IIA – Earth and Planetary Science* 332: 137–144.

[382] Sepkoski, J. J. (1996) Patterns of Phanerozoic extinction: A perspective from global databases. In *Global Events and Event Stratigraphy in the Phanerozoic* (Walliser, O. H., ed.), pp. 35–51, Springer-Verlag, Berlin.

[383] Seton, M., Müller, R. D., Zahirovic, S., *et al.* (2012) Global continental and ocean basin reconstructions since 200Ma. *Earth-Science Reviews* 113: 212–270.

[384] Shalchian-Tabrizi, K., Minge, M.A., Espelund, M., et al. (2008) Multigene phylogeny of choanozoa and the origin of animals. *PLoS ONE* 3: e2098.

[385] Shapiro, B., Sibthorpe, D., Rambaut, A., *et al.* (2002) Flight of the dodo. *Science* 295: 1683.

[386] Sheets-Johnstone, M. (1990) *The Roots of Thinking*. Temple University Press, Philadelphia.

[387] Shimeld, S. M. & Donoghue, P. C. J. (2012) Evolutionary crossroads in developmental biology: cyclostomes (lamprey and hagfish). *Development* 139: 2091–2099.

[388] Shu, D.-G., Luo, H.-L., Conway–Morris, S., *et al.* (1999) Lower Cambrian vertebrates from south China. *Nature* 402: 42–46.

[389] Simpson, G. G. (1980) *Splendid Isolation: The Curious History of South American Mammals*. Yale University

Press, New Haven.

[390] Sistiaga, A., Mallol, C., Galván, B., *et al.* (2014) The Neanderthal meal: a new perspective using faecal biomarkers. *PLoS ONE* 9: e101045.

[391] Slack, J. M.W., Holland, P.W.H., & Graham, C. F. (1993) The zootype and the phylotypic stage. *Nature* 361: 490–492.

[392] Smith, C. L., Varoqueaux, F., Kittelmann, M., *et al.* (2014) Novel cell types, neurosecretory cells, and body plan of the early-diverging metazoan Trichoplax adhaerens. *Current Biology* 24: 1565–1572.

[393] Smith, D. C. (1979) From extracellular to intracellular: The establishment of a symbiosis. In *The Cell as a Habitat* (Richmond, M.H. & Smith, D. C., eds.), Royal Society of London, London.

[394] Smith, M. R. & Caron, J.–B. (2015) Hallucigenia's head and the pharyngeal armature of early ecdysozoans. *Nature* 523: 75–78.

[395] Smolin, L. (1997) *The Life of the Cosmos.* Weidenfeld & Nicolson, London.

[396] Southwood, T. R. E. (2003) *The Story of Life.* Oxford University Press, Oxford.

[397] Spang, A., Saw, J. H., Jørgensen, S. L., *et al.* (2015) Complex archaea that bridge the gap between prokaryotes and eukaryotes. *Nature* 521: 173–179.

[398] Sperling, E. A., Peterson, K. J. & Pisani, D. (2009) Phylogenetic-signal dissection of nuclear housekeeping genes supports the paraphyly of sponges and the monophyly of eumetazoa. *Molecular Biology and Evolution* 26: 2261–2274.

[399] Sperling, E. A., Robinson, J. M., Pisani, D., *et al.* (2010) Where's the glass? Biomarkers, molecular clocks, and microRNAs suggest a 200–Myr missing Precambrian fossil record of siliceous sponge spicules: Sponge biomarkers, molecular clocks and microRNAs. *Geobiology* 8: 24–36.

[400] Springer, M.S., Meredith, R. W., Gatesy, J., *et al.* (2012) Macroevolutionary dynamics and historical biogeography of primate diversification inferred from a species supermatrix. *PLoS ONE* 7: e49521.

[401] Srivastava, M., Begovic, E., Chapman, J., *et al.* (2008) The Trichoplax genome and the nature of placozoans. *Nature* 454: 955–960.

[402] Stajich, J. E., Berbee, M.L., Blackwell, M., *et al.* (2009) The Fungi. *Current Biology* 19: R840–R845.

[403] Stewart, C. B. & Disotell, T. R. (1998) Primate evolution – in and out of Africa. *Current Biology* 8: R582–R588.

[404] Storz, J. F., Opazo, J. C. & Hoffmann, F. G. (2013) Gene duplication, genome duplication, and the functional diversification of vertebrate globins. *Molecular Phylogenetics and Evolution* 66: 469–478.

[405] Suga, H., Chen, Z., de Mendoza, A., *et al.* (2013) The Capsaspora genome reveals a complex unicellular prehistory of animals. *Nature Communications* 4: 131.

[406] Sumper, M. & Luce, R. (1975) Evidence for de novo production of selfreplicating and environmentally adapted RNA structures by bacteriophage Qb replicase. *Proceedings of the National Academy of Sciences of the USA* 72: 162–166.

[407] Sutherland, J. L. (1933) Protozoa from Australian termites. *Quarterly Journal of Microscopic Science* 76: 145–173.

[408] Suzuki, D., Brandley, M.C. & Tokita, M. (2010) The mitochondrial phylogeny of an ancient lineage of ray-finned fishes (Polypteridae) with implications for the evolution of body elongation, pelvic fin loss, and craniofacial morphology in Osteichthyes. *BMC Evolutionary Biology* 10: 209.

[409] Swift, J. (1733) *Poetry, A Rhapsody.*

[410] Syed, T. & Schierwater, B. (2002) *Trichoplax adhaerens*: discovered as a missing link, forgotten as a hydrozoan, rediscovered as a key to metazoan evolution. *Vie et Milieu* 52: 177–187.

[411] Takezaki, N. (2004) The phylogenetic relationship of tetrapod, coelacanth, and lungfish revealed by the sequences of forty-four nuclear genes. *Molecular Biology and Evolution* 21: 1512–1524.

[412] Tamm, S. L. (1982) Flagellated endosymbiotic bacteria propel a eukaryotic cell. *Journal of Cell Biology* 94: 697–709.

[413] Taylor, C. R. & Rowntree, V. J. (1973) Running on two or four legs: which consumes more energy? *Science* 179: 186–187.

[414] The Chimpanzee Sequencing and Analysis Consortium. (2005) Initial sequence of the chimpanzee genome and comparison with the human genome. *Nature* 437: 69–87.

[415] Thomson, K. S. (1991) *Living Fossil: The Story of the Coelacanth*. Hutchinson Radius, London.

[416] Toups, M. A., Kitchen, A., Light, J. E., *et al.* (2011) Origin of clothing lice indicates early clothing use by anatomically modern humans in Africa. *Molecular Biology and Evolution* 28: 29–32.

[417] Trivers, R. L. (1972) Parental investment and sexual selection. In *Sexual Selection and the Descent of Man* (Campbell, B., ed.), pp. 136–179, Aldine, Chicago.

[418] Trut, L. N. (1999) Early canid domestication: The farm-fox experiment. *American Scientist* 87: 160–169.

[419] Tsagkogeorga, G., Turon, X., Hopcroft, R. R., *et al.* (2009) An updated 18S rRNA phylogeny of tunicates based on mixture and secondary structure models. *BMC Evolutionary Biology* 9: 187.

[420] Tschopp, E., Mateus, O. & Benson, R. B. J. (2015) A specimen-level phylogenetic analysis and taxonomic revision of Diplodocidae (Dinosauria, Sauropoda). *PeerJ* 3: e857.

[421] Tudge, C. (1998) *Neanderthals, Bandits and Farmers: How Agriculture Really Began*. Weidenfeld & Nicolson, London.

[422] Tudge, C. (2000) *The Variety of Life*. Oxford University Press, Oxford.

[423] Vaidya, N., Manapat, M. L., Chen, I. A., *et al.* (2012) Spontaneous network formation among cooperative RNA replicators. *Nature* 491: 72–77.

[424] van Iten, H., Marques, A. C., Leme, J. de M., *et al.* (2014) Origin and early diversification of the phylum Cnidaria Verrill: major developments in the analysis of the taxon's Proterozoic-Cambrian history. *Palaeontology* 57: 677–690.

[425] van Schaik, C. P., Ancrenaz, M., Borgen, G., *et al.* (2003) Orangutan cultures and the evolution of material culture. *Science* 299: 102–105.

[426] Varricchio, D. J., Martin, A. J. & Katsura, Y. (2007) First trace and body fossil evidence of a burrowing, denning dinosaur. *Proceedings of the Royal Society B: Biological Sciences* 274: 1361–1368.

[427] Verheyen, E., Salzburger, W., Snoeks, J., & Meyer, A. (2003) Origin of the superflock of cichlid fishes from Lake Victoria, East Africa. *Science* 300: 325–329.

[428] Vernot, B. & Akey, J. M. (2014) Resurrecting surviving Neanderthal lineages from modern human genomes. *Science* 343: 1017–1021.

[429] Villmoare, B., Kimbel, W.H., Seyoum, C., *et al.* (2015) Early Homo at 2.8 Ma from Ledi-Geraru, Afar, Ethiopia. *Science* 347: 1352–1355.

[430] Vine, F. J. & Matthews, D. H. (1963) Magnetic anomalies over oceanic ridges. *Nature* 199: 947–949.

[431] Wacey, D., Kilburn, M. R., Saunders, M., *et al.* (2011) Microfossils of sulphur-metabolizing cells in 3.4-billion-year-old rocks of Western Australia. *Nature Geoscience* 4: 698–702.

[432] Wake, D. B. (1997) Incipient species formation in salamanders of the Ensatina complex. *Proceedings of the National Academy of Sciences of the USA* 94: 7761–7767.

[433] Ward, C. V., Walker, A., & Teaford, M. F. (1991) Proconsul did not have a tail. *Journal of Human Evolution* 21: 215–220.

[434] Weinberg, S. (1993) *Dreams of a Final Theory*. Hutchinson Radius, London.

[435] Weiner, J. (1994) *The Beak of the Finch*. Jonathan Cape, London.

[436] Welker, F., Collins, M.J., Thomas, J. A., *et al.* (2015) Ancient proteins resolve the evolutionary history of Darwin's South American ungulates. *Nature* 522: 81–84.

[437] Wesenberg-Lund, C. (1930) Contributions to the biology of the Rotifera. Part II. The periodicity and sexual periods. *Det Kongelige Danske Videnskabers Selskabs Skrifter* 9, II: 1–230.

[438] West, G. B., Brown, J. H., & Enquist, B. J. (2000) The origin of universal scaling laws in biology. In *Scaling in Biology* (Brown, J. H. & West, G. B., eds.), Oxford University Press, Oxford.

[439] West-Eberhard, M. J. (2003) *Developmental Plasticity and Evolution*. Oxford University Press, New York.

[440] Wheeler, J. A. (1990) Information, physics, quantum: The search for links. In *Complexity, Entropy, and the Physics of Information* (Zurek, W.H., ed.), pp. 3–28, Addison-Wesley, New York.

[441] White, T. D., Asfaw, B., DeGusta, D., et al. (2003) Pleistocene Homo sapiens from Middle Awash, Ethiopia. *Nature* 423: 742–747.

[442] White, T. D., Lovejoy, C. O., Asfaw, B., et al. (2015) Neither chimpanzee nor human, Ardipithecus reveals the surprising ancestry of both. *Proceedings of the National Academy of Sciences* 112: 4877–4884.

[443] Whiten, A., Goodall, J., McGrew, W.C., *et al.* (1999) Cultures in chimpanzees. *Nature* 399: 682–685.

[444] Williams, G. C. (1975) *Sex and Evolution*. Princeton University Press, Princeton, N.J.

[445] Williams, G. C. (1992) *Natural Selection: Domains, Levels and Challenges*. Oxford University Press, Oxford.

[446] Williams, T. A., Foster, P. G., Cox, C. J., *et al.* (2013) An archaeal origin of eukaryotes supports only two primary domains of life. *Nature* 504: 231–236.

[447] Wilson, E. O. (1992) *The Diversity of Life*. Harvard University Press, Cambridge, Mass.

[448] Wilson, H. V. (1907) On some phenomena of coalescence and regeneration in sponges. *Journal of Experimental Zoology* 5: 245–258.

[449] Woese, C. R., Kandler, O., & Wheelis, M.L. (1990) Towards a natural system of organisms: Proposal for the domains Archaea, Bacteria, and Eucarya. *Proceedings of the National Academy of Sciences of the USA* 87: 4576–4579.

[450] Wolpert, L. (1991) *The Triumph of the Embryo*. Oxford University Press, Oxford.

[451] Wolpert, L., Tickle, C., Arias, A. M., *et al.* (2015) *Principles of Development*. Oxford University Press, Oxford, 5th edn.

[452] Wray, G. A., Levinton, J. S., & Shapiro, L. H. (1996) Molecular evidence for deep Precambrian divergences among metazoan phyla. *Science* 274: 568–573.

[453] Xiao, S. H., Yuan, X. L., & Knoll, A. H. (2000) Eumetazoan fossils in terminal Proterozoic phosphorites? *Proceedings of the National Academy of Sciences of the USA* 97: 13684–13689.

[454] Yeats, W.B. (1984) *The Poems* (Finneran, R. J., ed.). Macmillan, London.

[455] Yin, Z., Zhu, M., Davidson, E. H., *et al.* (2015) Sponge grade body fossil with cellular resolution dating 60 Myr before the Cambrian. *Proceedings of the National Academy of Sciences* 112: E1453–E1460.

[456] Zahavi, A. & Zahavi, A. (1997) *The Handicap Principle*. Oxford University Press, Oxford.

[457] Zhu, M. & Yu, X. (2002) A primitive fish close to the common ancestor of tetrapods and lungfish. *Nature* 418: 767–770.

[458] Zintzen, V., Roberts, C. D., Anderson, M.J., *et al.* (2011) Hagfish predatory behaviour and slime defence mechanism. *Scientific Reports* 1: 131.

[459] Zuckerkandl, E. & Pauling, L. (1965) Evolutionary divergence and convergence in proteins. In *Evolving Genes and Proteins* (Bryson, V. & Vogels, H. J., eds.), pp. 97–166, Academic Press, New York.

개정판 역자 후기

가뜩이나 두꺼웠던 책이 이 개정판에서는 더욱 늘어났다. 그만큼 지난 10년 사이에 많은 과학적 발견과 성과가 이루어졌음을 반영한다. 초판과 비교해보면, 저자들이 생물학의 전 분야에서 이루어지고 있는 연구들을 얼마나 꼼꼼히 지켜보고 있는지가 고스란히 드러난다. 수정이 이루어진 항목들을 하나하나 비교하면, 어떻게 이런 세세한 점까지 살펴보았을까 하는 감탄이 절로 우러나온다.

하루가 멀다 하고 새로운 연구 결과가 나오면서 분류 체계와 보는 관점이 시시때때로 바뀌곤 하는 미생물 분야를 보면 더욱 그렇다. 새로운 이름과 용어를 만드는 경쟁이 벌어지는 듯이 보일 정도로, 연구자들은 새로운 분류군들을 발견하고 새로운 이름을 붙이고 새로운 분류 체계를 제시한다. 덕분에 어떤 생물인지 찾아보기도 바쁠 지경이다. 당연히 우리말 이름이 없는 것도 부지기수인데(생물 분류에 DNA 분석 기술이 접목되면서 그런 상황은 더욱 심해지고 있다. 불행히도 해당 분야의 연구자도 거의 없는 형편이라서 결국 그나마라도 접할 수 있는 번역어로 옮길 수밖에 없었던 사례도 꽤 있다), 불행히도 DNA 분석이 점점 더 활용될수록 이런 상황은 앞으로 더욱 심해질 듯하다.

그런데 도킨스는 마치 생물학의 전 분야를 한눈에 조망하고 있는 양, 이 구석 저 구석에서 이런저런 발견이 이루어졌고, 그리하여 그 분야 전체를 보는 관점에 어떤 변화가 일어나고 있는지를 하나하나 짚어서 설명한다. 덕분에 어느 한 생물의 이야기를 들으면서, 전체적인 그림을 자연스럽게 떠올리게 된다. 생명의 다양성을 일목요연하게 보여주겠다고 애써 단순화하지 않고서도, 전체 그림을 볼 수 있도록 한다는 점에서, 이 책은 타의 추종을 불허한다는 말이 딱 어울린다.

저자가 깨닫게 하려는 것이 바로 그 점일 텐데, 이 책을 읽다 보면 생물들이 정말로 놀라울 만치 다양하다는 사실을 실감하게 된다. 각 생물이 직접 이야기를 들려주는 방식을 채택한 이유가 이 개정판에서는 더욱 잘 드러난다. 이야기의 화자가 바뀌었을 때 그 이유까지 짚어주기에 각 생물의 특색이 더욱 뚜렷해진다. 그러면서 우리가 다른 생물들에 관해서 알고 있는 내용이 얼마나 빈약한지를 저절로 깨닫게 된다. 겉핥기 수준조차도 못하고 있다는 사실이 여실히 드러난다.

또 이 개정판은 DNA 같은 생명 분자를 토대로 한 새로운 기법들이 생물에 관해서 놀라울 만치 많은 새로운 사실들을 밝힐 수 있다는 점도 잘 보여준다. 저자의 말마따나, 앞으로는 DNA 분석을 통해서 다른 생명체라는 것을 알 뿐, 그 종이 어떤 환경에서 어떤 방식으로 살아가고 있는지는 거의 모르는 종들이 계속 늘어날 가능성이 높다. 어쩌면 그럴수록 우리는 정말로 이 지구의 생명을 너무나 모르고 있다는 자괴감에 빠질지도 모르겠다. 유전자만 알고 있는 생물을 과연 안다고 할 수 있을까?

이 책은 그런 생각들을 막연히 떠올리게 하는 것이 아니라, 구체적인 사례를 접하면서 구체적으로 떠올리게 한다. 자연이 얼마나 구석구석까지 기이한 생물들로 가득 차 있는지를 피부로 느끼게 해준다.

2018년 1월
역자 씀

초판 역자 후기

지구의 수많은 생물들은 어떻게 진화했을까? 진화와 생물의 다양성을 다룬 책들은 대개 생명의 기원으로부터 이야기를 풀어나간다. 원시 생명체가 분열하고 분화하면서 서서히 다양한 생물들로 진화하는 과정을 차례로 훑어 내려가는 것이다.

이 책에서 리처드 도킨스는 그런 통상적인 서술 방식을 뒤집었다. 그는 그렇게 과거부터 열거하는 서술 방식은 마지막에 인간이 등장했다는 식의 이야기가 됨으로써, 인간중심주의로 흐를 가능성이 높다고 본다. 진화의 정점이 인간이라는 왜곡된 인상을 심어줄 위험이 높다는 것이다.

하지만 인간이 독특한 위치에 있다는 점은 분명하며, 진화에 관심을 보이는 것도 인간이므로, 인간 중심의 사고방식을 완전히 떨쳐내기는 어렵다. 그래서 그는 합법적으로 인간중심주의에 빠져들 방법을 찾아냈다. 그것이 바로 이 책의 서술 방식이다. 인간이 자신의 조상을 찾아가는 과정을 담으면 된다는 것이다.

이 책은 이야기의 전개 과정 자체도 흥미롭지만, 담긴 내용도 여간 방대하지 않다. 거의 백과사전에 가까운 지식이 담겨 있다. 게다가 그 지식은 오래된 낡은 내용이 아니다. 이 책에는 최신의 연구 성과들과 근래에 발견된 화석들에 관한 내용뿐만 아니라, 첨단 이론들과 가설들까지 골고루 담겨 있다. 형태학 및 고생물학 자료들뿐만 아니라, DNA와 유전자를 토대로 한 연구 결과들까지 곳곳에 등장한다. 또 사진과 그림까지 풍부하게 수록되어서 독자들의 이해를 돕는다.

저자는 조상을 찾아가는 여행을 "순례여행"이라고 표현한다. 여행하면서 우리 인류는 현재 시점에서 출발한 다른 순례자들, 즉 현재에 살고 있는 다른 생물들과 차례차례 합류하여 조상 찾기 여행을 이어간다. 다른 생물들은 공통 조상이 나타나는 순서에 따라서 기존의 순례자 무리와 합류한다. 우리와 침팬지가 가장 나중에 갈라졌으므로, 우리는 침팬지와 우리의 공통 조상을 맨 처음 만나게 되고, 그다음에 고릴라의 공통 조상을 만난다. 저자는 이 공통 조상들을 공조상이라고 부르며, 만나는 순서대로 그들에게 번호를 붙인다.

놀라운 점은 이런 식의 순례여행을 끝마쳤을 때 공조상들과 만나는 횟수가 40번에 불과하다는 사실이다. 즉 40번만 만나면 생명의 기원에까지 다다른다는 것이다. 생명의 다양성이 이렇게 간단하게 요약된다니 읽으면서도 왠지 실감이 나지 않는다. 저자가 의도한 것이 그런 새로운 깨달음과 충격인 듯도 하다.

저자는 이기적 유전자, 밈, 확장된 표현형 같은 다양한 생물학의 개념들을 제시함으로써 논쟁의 주역을 맡아온 인물답게, 이 책에서도 이야기를 전개하는 틈틈이 도발적이고 신선한 주장을 펼친다. 그는 또한 풍부한 자료와 첨단 이론을 동원해서 DNA의 진화적 가치, 인종, 인간적인 특징들의 진화 등을 새로운 시각에서 살펴보고 있다. 아울러 이따금 한마디씩 던지는 정치적인 촌평(주로 미국에 대한 비판이다)도 읽는 재미를 더해준다.

새로운 첨단 지식과 방대한 내용을 집대성하다 보면 아직 연구가 제대로 이루어지지 않았거나 한창 논란이 벌어지고 있는 사항까지 다룰 수밖에 없다. 저자는 그런 부분이 나오면 그렇다고 사실대로 이야기한다. 그리고 자신이 그렇게 다양한 견해들 중에서 어떤 이유로 어떤 견해를 택했는지 솔직하게 밝히고 있다.

이 책이 최신 이론들을 다루고 있기 때문에, 공조상 37부터는 거의 신세계를 접하는 듯하다. 생물들의 이름을 비롯한 전문 용어들을 우리말로 옮겨야 하는 역자로서는 심히 고역스러운 상황이 아닐 수 없다. 특히 분자 증거들을 토대로 구성한 새로운 분류 체계에 나오는 생물 명칭들 중에는 안타깝게도 아직 정립된 우리말이 없기 때문에, 부득이하게 임의로 번역한 것들도 있다. 곧 우리말 용어가 정립되었으면 한다.

이 책을 번역하면서 방대하다는 말이 어떤 뜻인지 실감했다.

2005년 10월
역자 씀

인명 색인

학명 색인